普通高等教育"十二五"规划教材
北京市高等教育精品教材

微 积 分

（上册）

刘迎东 编

科 学 出 版 社
北 京

内 容 简 介

本书对传统的微积分内容的写作次序作了较大调整，贯彻把数学建模思想融入大学数学基础课程教学的想法，强调微分的概念和应用，叙述精炼，选材及示例经典，习题丰富. 本书分上、下两册，本部分是上册，上册内容包括一元函数微积分学和常微分方程. 包括函数、极限与连续、导数与微分、定积分与不定积分、微分方程、微分中值定理与导数的应用和定积分的应用等内容.

图书在版编目(CIP)数据

微积分. 上册/刘迎东编. —北京：科学出版社，2010. 6
(普通高等教育“十二五”规划教材・北京市高等教育精品教材)
ISBN 978-7-03-027833-3

Ⅰ. ①微… Ⅱ. ①刘… Ⅲ. ①微积分-高等学校-教材 Ⅳ. ①O172

中国版本图书馆 CIP 数据核字(2010)第 103377 号

责任编辑：赵　靖　张中兴 / 责任校对：钟　洋
责任印制：白　洋 / 封面设计：耕者设计工作室

科学出版社出版
北京东黄城根北街 16 号
邮政编码：100717
http://www.sciencep.com
三河市骏杰印刷有限公司印刷
科学出版社发行　各地新华书店经销
*
2010 年 6 月第 一 版　开本：B5(720×1000)
2016 年 8 月第七次印刷　印张：37 1/4
字数：740 000

定价：58.00 元(上、下册)
(如有印装质量问题，我社负责调换)

前　言

微积分是工科大学生要学习的最重要的数学基础课.这一课程的基本内容已经定型,优秀教材不胜枚举.但是,微积分的教与学仍然是一个世界性的难题,究其原因,恐怕和这门学科的历史发现顺序与现在课本上按逻辑讲授的顺序恰好相反有关.

微积分诞生之初就显示了强大的威力,解决了许多过去被认为是高不可攀的难题,取得了辉煌的成绩.然而,最初创立微积分的大师们着眼于发展强有力的方法,解决各种各样的问题,没有来得及为这门新学科建立起严格的理论基础.在以后的发展中,后继者才对其逻辑细节作了逐一的修补.重建基础的细致工作当然是非常重要的,但也给后世的学习者带来了不利的影响.微积分本来是一件完整的艺术杰作,现在却被拆成碎片,对每一细小部分进行详尽、琐细的考察.每一细节都弄得很清楚了,完整的艺术形象却消失了.今日的初学者在很长一段时间里只见树木不见森林.在微积分创立时期刺激了这一学科飞速发展的许多重要的应用问题,今日的初学者却几乎一无所知.因为这些应用往往涉及微分方程,而微分方程则要等漫长的学究式考察完成之后才开始学习.P. Lax、S. Burstein 和 A. Lax 在他们合著的《微积分及其应用与计算》序言中批评道:“传统的课本很像一个车间的工具账,只载明这儿有不同大小的锤子,那儿有锯子,而刨子则在另一个地方,只教给学生每种工具的用法而很少教学生将这些工具一起用于构造某个真正有意义的东西.”

北京大学数学系张筑生先生生前致力于数学分析的教学改革,呕心沥血.作者怀着对张先生崇敬的心情,研读了张先生的经典之作《数学分析新讲》,受益颇深.张先生认为解决上述问题的一个途径是尽可能早一点让初学者对微积分的全貌有一个概括的印象,尽可能早一点让初学者学会用微积分的方法去解决问题.为了达到这一目的,可以在准备好基础之后,不拘泥于每一细节深入详尽的讨论,也不追求最一般的条件,尽快地展开微积分的主要概念(导数、原函数、积分、微分方程)并应用这些概念去解决一些重要而有趣的问题.等到学生对全貌有了初步的印象之后,再进行涉及具体细节的讨论.这样,学生在第一学期就能掌握一元函数微积分的基本理论和方法,能用初等的微分方程解决应用问题,并能了解历史上应用微积分的一些最著名的例子.

作者非常赞成张先生的思想,遂产生了将张先生的改革思想应用于工科大学微积分教学改革的想法.后又拜读了龚昇先生的《简明微积分》,聆听了北京航空航天大学国家级教学名师李尚志先生关于微积分教学的几次演讲,体会到三位先生的思想颇有共通之处,作者更加坚定了自己的想法.而北京交通大学教务处与理学院对微积分基础课程的重视以及科学出版社赵靖与张中兴两位编辑的出色工作,也促成了本书的诞生.

本书分上、下两册,上册是一元函数微积分学和常微分方程,包括函数、极限与连续、导数与微分、定积分与不定积分、微分方程、微分中值定理与导数的应用和定积分的应用等内容;下册是多元函数微积分学与无穷级数,包括多元函数微分法及其应用、重积分、曲线积分与曲面积分和无穷级数等内容.本书适合用作大学工科各专业微积分或高等数学教材、参考书.

本书区别于传统微积分或高等数学教材的地方表现在以下几个方面:

(1) 将微分方程的内容提前,函数、极限、导数、积分和微分方程一气呵成,把关于微分中值定理及其应用这些更深入、细致的内容置后,希望迅速给读者呈现一个紧凑的、完整的一元函数微积分学的整体形象.

(2) 贯彻将数学建模思想融入大学数学基础课程教学的想法.本书选取了开普勒行星运动三大定律与牛顿万有引力定律互推的问题,因为这一问题贯穿了一元函数微积分和常微分方程的全部内容,也是微积分创立之初的重要问题,是很好的微积分教学的数学模型.

(3) 强调微分的概念和应用,将不定积分和定积分融合在一起.在微积分的学与教的过程中,作者感觉到传统教材偏重导数,微分的引入给人以突兀的感觉.殊不知微积分的一大创始人莱布尼茨就是以微分展开概念的,而以导数为主体的做法实际上只对一维空间比较合适,对高维以至无穷维空间微分才是合适的载体.传统教材将定积分与不定积分分开来讲,会给人以不定积分完全是数学家的游戏的错觉.

(4) 力求叙述精炼,选经典题材及示例,有丰富的习题.作者将其数年微积分及高等数学教学的心得融入进本书,体现出本书的另一特点.

作者在数年的教学中,接触了许多微积分相关的优秀教材,它们为本书的编写提供了素材,特别是作者从北京大学文丽、吴良大老师编写的《高等数学》和同济大学编写的《高等数学》中借鉴了很多,在此深表谢意.

由于作者才疏学浅,书中疏漏之处在所难免,希望各位同仁不吝赐教.

刘迎东

2010 年 3 月于北京

目　　录

引　言

16 世纪后期,丹麦天文学家第谷・布拉赫(Tycho Brache)以坚韧不拔的毅力,对太阳系的行星运动进行了长达 20 年的精细观察,积累了丰富的观测资料.他的助手,德国人开普勒(Johanne Kepler)曾参与部分观测工作并继承了他的全部观测数据.在此基础上,开普勒又进行了长达 20 年的研究,总结出关于行星运动的三大定律.

开普勒第一定律　行星绕太阳运行(公转)的轨道是椭圆,太阳位于椭圆的一个焦点上.

开普勒第二定律　从太阳中心指向一个行星的有向线段(向径),在同样的时间内扫过同样的面积.换句话说就是向径的面积速度是常数(图 0.1).

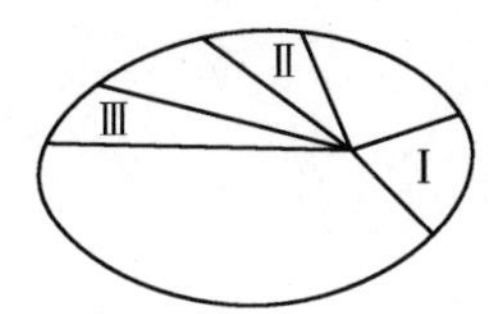

图 0.1

开普勒第三定律　各行星公转周期的平方与其椭圆轨道长轴的立方之比是一个常数.

通过对开普勒三大定律的分析,牛顿判断行星应受到一个指向太阳的力的作用,这力的大小与行星的质量成正比,与距离的平方成反比.但这是一种什么力呢?经过缜密的思考,牛顿终于悟出其中的道理:这种力与地球上使物体下落的重力是一回事,它是存在于一切物体之间的相互吸引力.这样,牛顿总结出以下万有引力定律.

万有引力定律　任何两个物体之间都存在着一种相互吸引的力(称为**万有引力**).这力作用在两物体连线上,它的大小与两物体的质量的乘积成正比,而与这两物体间的距离的平方成反比.

本书将逐步说明怎样从开普勒定律导出万有引力定律,也将说明怎样从万有引力定律推导出开普勒三大定律.后一论证的重要意义在于指出:任何受到与距离平方成反比的有心力作用的物体,都遵循与行星运动相类似的运动规律.于是,我们得知,月球绕地球的运动应该遵循类似的规律;人造卫星绕地球的运动应该遵循类似的规律(牛顿实际上已从理论上预言了发射人造卫星的可能性);原子内部的电子绕原子核的运动也应遵循类似的规律(因为原子核与电子间的静电吸引力也是与距离的平方成反比的力).

上述问题是一个数学建模的问题,它涉及一元函数微积分学和常微分方程的知识(也就是本书上册的全部内容),而由于此问题对于人类生活的重大意义,对它的讨论将会引起大家的兴趣.此问题将贯穿本书上册,大家可以带着这个问题阅读. 本书会在某些章最后一节专门介绍如何将相关知识应用于此问题. 当然,微积分的应用远远不止于此,所以每章中还会介绍许多其他方面的应用,数学理论和这些应用将构成本书的主体. 本书将以这些问题把微积分的知识有机地贯穿起来.

第 1 章　函　　数

初等数学的研究对象基本上是不变的量，而高等数学的研究对象则是变动的量. 所谓函数关系就是变量之间的依赖关系. 函数是微积分主要的研究对象，因此，本书从函数概念讲起. 中学教材已介绍过函数概念和一些初等函数的性质与图形，本章将对原有知识进行复习、补充和提高.

1.1　集合与函数

1.1.1　集合

1. 集合概念

具有某种(或某些)属性的一些对象的全体称为一个**集合**. 集合中的每个对象称为该集合的**元素**. 集合通常用大写的拉丁字母，如 $A,B,C,\cdots$ 来表示，元素则用小写的拉丁字母，如 $a,b,x,y,\cdots$ 来表示. 当 x 是集合 E 的元素时，就说 x **属于** E，记作 $x\in E$；当 x 不是集合 E 的元素时，就说 x **不属于** E，记作 $x\overline{\in} E$ 或 $x\notin E$.

不包含任何元素的集合称为**空集**，记作 $\varnothing$.

表示集合的方法通常有两种. 把集合中的元素列举出来，这种表示集合的方法称为**列举法**. 例如，由元素 $a_1,a_2,\cdots,a_n$ 组成的集合 A，可表示成

$$A=\{a_1,a_2,\cdots,a_n\}.$$

把集合中元素所满足的条件写在元素的后面，用一条竖线隔开，外面写上大括号，这种表示集合的方法称为**描述法**. 例如，集合

$$E=\{x\mid x^2\leqslant 1\}$$

表示所有满足不等式 $x^2\leqslant 1$ 的 x 的全体.

习惯上，全体非负整数，即自然数的集合记作 $\mathbf{N}$，即

$$\mathbf{N}=\{0,1,2,\cdots,n,\cdots\};$$

全体正整数的集合记作 $\mathbf{N}^+$，即

$$\mathbf{N}^+=\{1,2,3,\cdots,n,\cdots\};$$

全体整数的集合记作 $\mathbf{Z}$；全体有理数的集合记作 $\mathbf{Q}$；全体实数的集合记作 $\mathbf{R}$.

2. 区间与邻域

1) 有限区间(有穷区间)

设 a,b 为二实数，且 $a<b$. 满足不等式 $a\leqslant x\leqslant b$ 的所有实数 x 的集合称为一

个**闭区间**,记作

$$[a,b]=\{x\mid a\leqslant x\leqslant b\}.$$

满足不等式 $a<x<b$ 的所有实数 x 的集合称为一个**开区间**,记作

$$(a,b)=\{x\mid a<x<b\}.$$

分别满足不等式 $a\leqslant x<b$ 和 $a<x\leqslant b$ 的所有实数 x 的集合称为**半开区间**,记作

$$[a,b)=\{x\mid a\leqslant x<b\}$$

和

$$(a,b]=\{x\mid a<x\leqslant b\}.$$

以上各种区间都是**有限区间**(或**有穷区间**),a 与 b 分别称为**区间的左、右端点**,数 $b-a$ 称为**区间的长度**.

2) 无穷区间

满足不等式 $-\infty<x<+\infty$ 的所有实数 x 的集合称为**无穷区间**,记作

$$(-\infty,+\infty)=\{x\mid -\infty<x<+\infty\}.$$

可类似写出**半无穷区间**

$$(a,+\infty)=\{x\mid a<x<+\infty\},$$
$$[a,+\infty)=\{x\mid a\leqslant x<+\infty\},$$
$$(-\infty,a)=\{x\mid -\infty<x<a\},$$
$$(-\infty,a]=\{x\mid -\infty<x\leqslant a\}.$$

图 1.1 给出了一些区间的示意图.

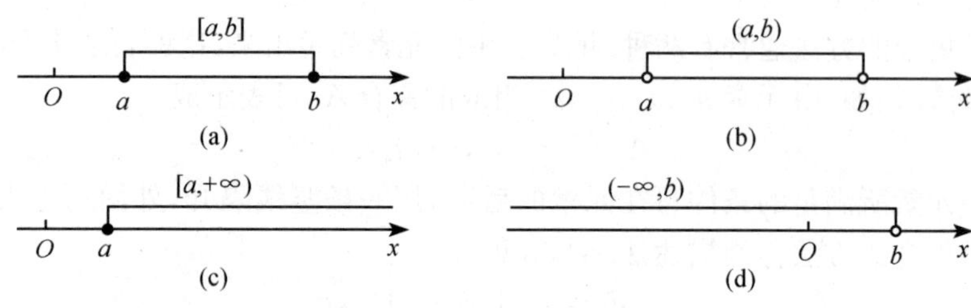

图 1.1

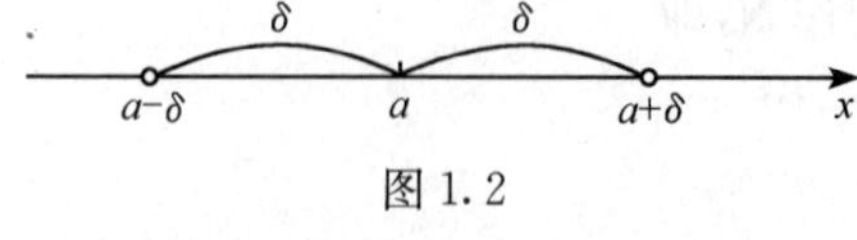

图 1.2

以点 a 为中心、以 $\delta(\delta>0)$ 为半径的对称开区间 $(a-\delta,a+\delta)$ 称为**点 a 的 δ 邻域**,记作 $U(a,\delta)$(图 1.2). 邻域 $U(a,\delta)$ 中除去点 a 后剩余的所有点的集合称为**点 a 的去心邻域**,记作 $\mathring{U}(a,\delta)$.

1.1.2 函数的概念和基本性质

1. 函数概念

假定在某个变化过程中有两个取实数值的变量 x 和 y,x 的变化域为 X. 如果

对于 X 中的每一个 x 值，根据某一规律(或法则) f，变量 y 都有唯一确定的值与它对应，就说 y 是 x 的**函数**，记作

$$y = f(x), \quad x \in X.$$

x 称为**自变量**，y 称为**因变量**.

自变量 x 的变化域 $D(f)=X$ 称为**函数** $y=f(x)$ **的定义域**. 因变量 y 的变化域称为**函数** $y=f(x)$ **的值域**，有时记作

$$R(f) = f(X) = \{y \mid y = f(x), x \in X\}.$$

在函数的定义中，对应规律(即函数关系)及定义域是两个重要因素，而自变量和因变量采用什么符号来表示则是无关紧要的.

函数的定义域通常按以下两种情形来确定：一种是对有实际背景的函数，根据实际背景中变量的实际意义确定；另一种是对抽象地用算式表达的函数，通常约定这种函数的定义域是使得算式有意义的一切实数组成的集合，通常叫做**函数的自然定义域**.

表示函数的主要方法有三种：**表格法**、**图形法**和**解析法**(**公式法**)，其中，用图形法表示函数是基于函数图形的概念，即坐标平面上的点集

$$\{P(x,y) \mid y = f(x), x \in X\}$$

称为**函数** $y=f(x), x\in X$ **的图形**(图 1.3).

2. 一些函数的例子

例 1.1 常值函数

$$y = c$$

的定义域为 $\mathbf{R}$，值域为 $\{c\}$. 图 1.4 中以 $c=2$ 为例.

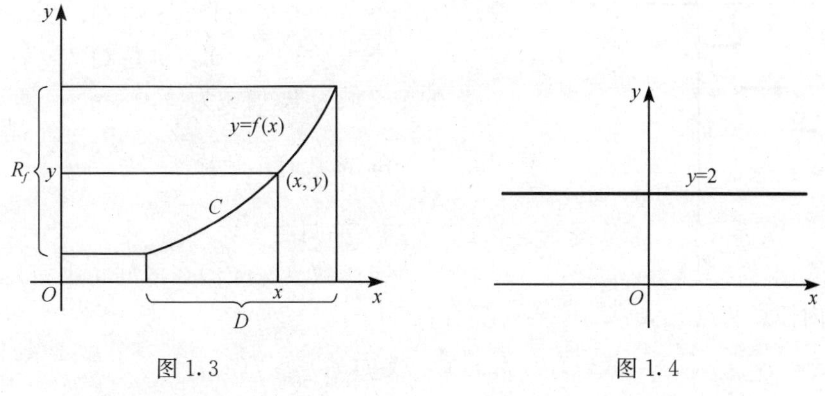

图 1.3　　图 1.4

例 1.2 绝对值函数

$$y = |x| = \begin{cases} x, & x \geqslant 0, \\ -x, & x < 0 \end{cases}$$

的定义域为 **R**,值域为$[0,+\infty)$(图 1.5).

例 1.3　符号函数

$$y=\operatorname{sgn}x=\begin{cases}1, & x>0,\\ 0, & x=0,\\ -1, & x<0\end{cases}$$

的定义域为 **R**,值域为$\{1,0,-1\}$(图 1.6).

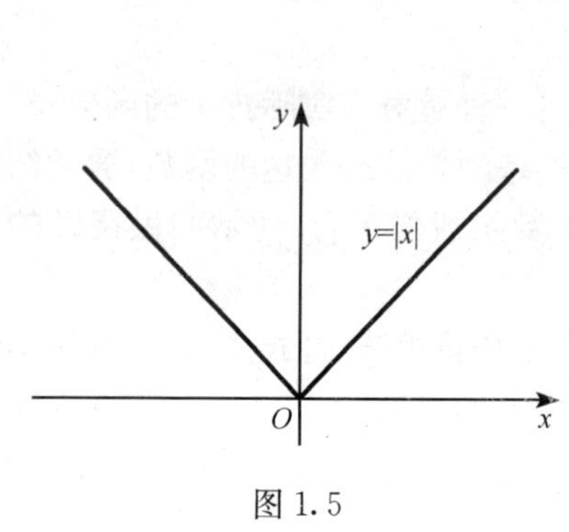

图 1.5

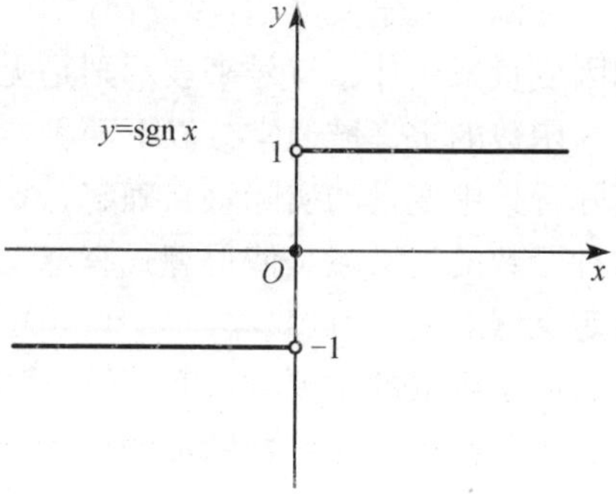

图 1.6

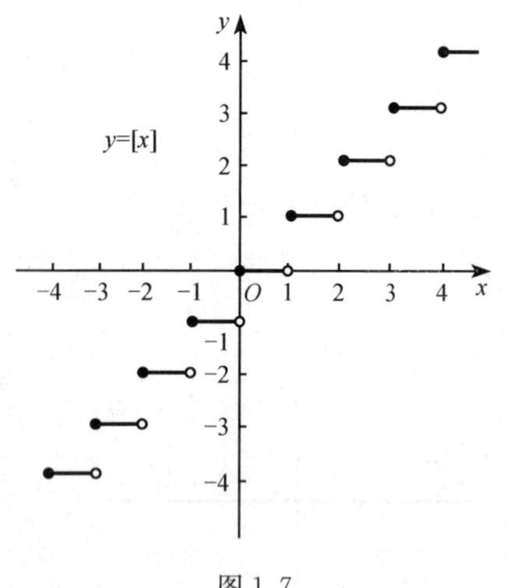

图 1.7

例 1.4　取整函数

$$y=[x]$$

表示取值为不超过 x 的最大整数. 它的定义域为 **R**,值域为整数集合 **Z**(图 1.7).

例 1.5　狄利克雷函数

$$y=\begin{cases}1, & x\in Q,\\ 0, & x\notin Q\end{cases}$$

的定义域为 **R**,值域为$\{1,0\}$.

3. 函数的几种特性

1) 单调性

设函数 $y=f(x)$在区间 I 上有定义. 若对 I 内任意两点 $x_1,x_2(x_1<x_2)$,都有

$$f(x_1)<f(x_2)\quad 或\ f(x_1)>f(x_2),$$

则称 $f(x)$是 I 上的**单调递增**(或**单调递减**)**函数**(图 1.8). I 称为 $f(x)$的**单调区间**. 单调递增函数与单调递减函数统称为**单调函数**.

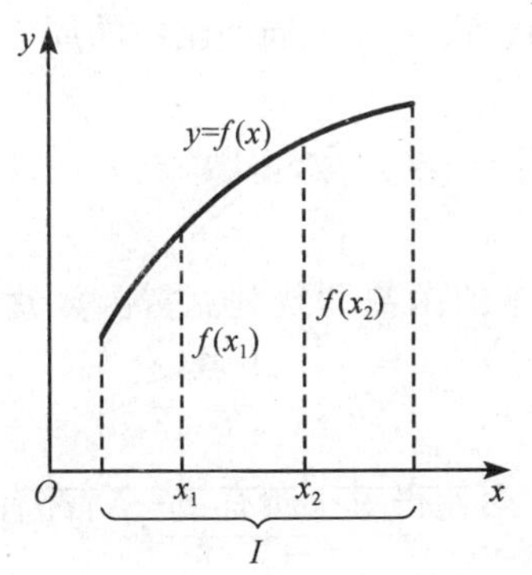

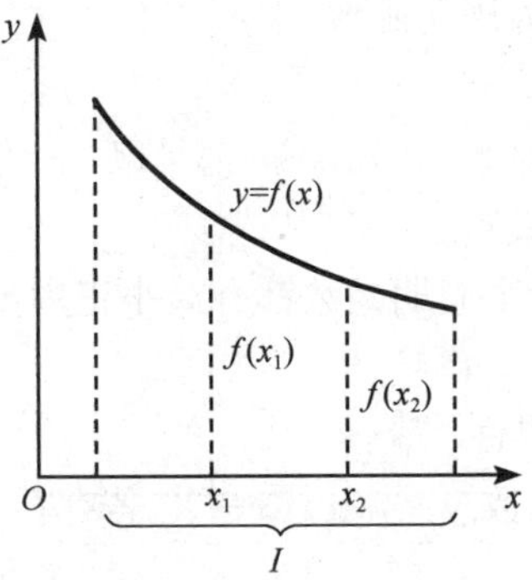

图 1.8

例如，函数 $y=x^2$ 在区间(0，$+\infty$)内单调递增，在$(-\infty,0]$内单调递减(图 1.9)，正弦函数 $y=\sin x$ 在区间$\left(-\frac{\pi}{2},\frac{\pi}{2}\right)$内单调递增，余弦函数 $y=\cos x$ 在区间$[0,\pi]$内单调递减.

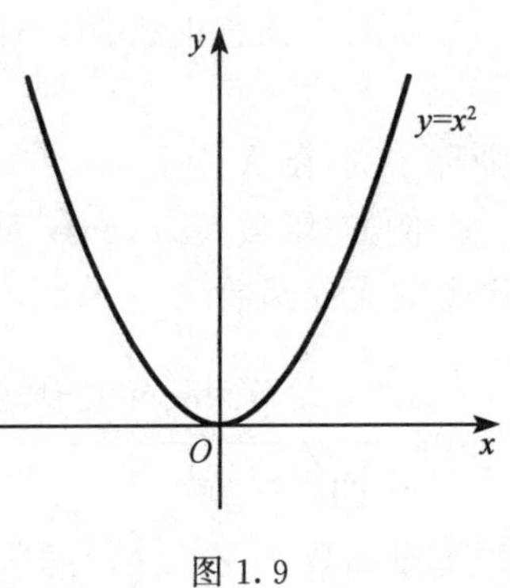

图 1.9

2）奇偶性

设函数 $y=f(x)$的定义域 D 关于原点对称，即 $x\in D\Leftrightarrow -x\in D$. 若对 D 内任意一点 x，都有

$$f(-x)=-f(x)\quad(\text{或 } f(-x)=f(x)),$$

则称 $f(x)$在 D 上是**奇(或偶)函数**.

例如，函数 $y=x^m$ 当 m 为奇数时是奇函数，当 m 为偶数时是偶函数.

奇函数的图像关于原点对称，偶函数的图像关于 y 轴对称(图 1.10).

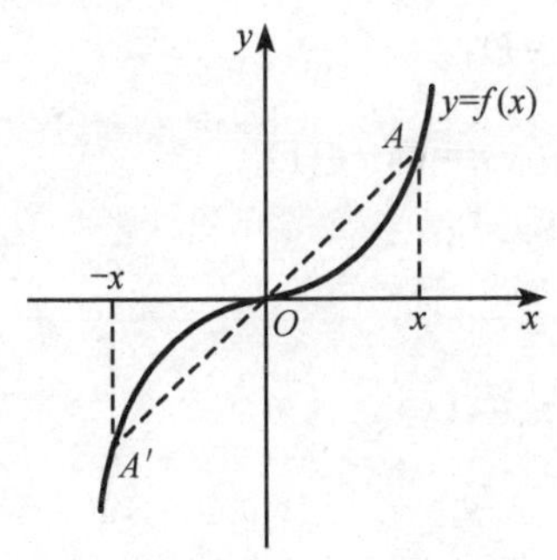

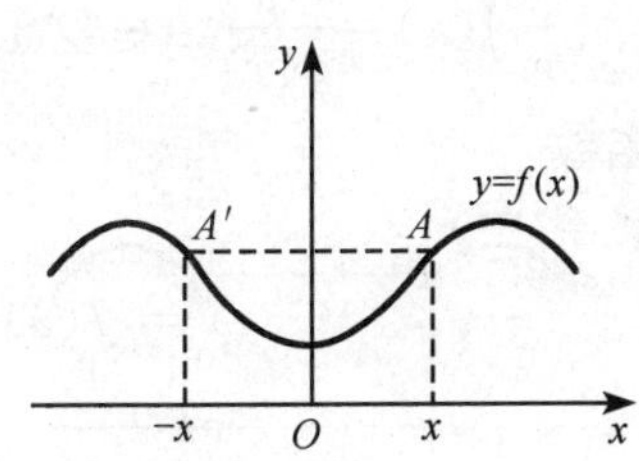

图 1.10

3）周期性

设存在正数 T，使得函数 $y=f(x)$的定义域 D 满足 $x\in D\Leftrightarrow x\pm T\in D$. 若对 D 内任意一点 x，都有

$$f(x+T)=f(x),$$

则称 $f(x)$为**周期函数**,常数 T 称为 $f(x)$的**周期**. 通常说周期函数的周期是指**最小正周期**.

例如,函数 $\sin x,\cos x$ 都是以 2π 为周期的周期函数,函数 $\tan x$ 是以 π 为周期的周期函数.

并非每个周期函数都有最小正周期,如常值函数和狄利克雷函数就没有最小正周期.

4) 有界性

设有函数 $y=f(x),x\in X$. 若存在正数 M,使得对于所有 $x\in X$,都有

$$|f(x)|\leqslant M,$$

则称 $f(x)$是 X 上的**有界函数**,或者说 $f(x)$**在 X 上有界**.

若对于任意正数 M,不论它多么大,总有一个 $x_1\in X$,使得

$$|f(x_1)|>M,$$

则称 $f(x)$在 X 上无界.

例如,函数 $\sin x,\cos x$ 都是 $\mathbf{R}$ 上的有界函数,而函数 $y=x^n$(n 是正整数),则是 $\mathbf{R}$ 上的无界函数.

4. 生成新函数的几种运算

1) 四则运算

设函数 $f(x),g(x)$的定义域依次为 $D_1,D_2,D=D_1\cap D_2\neq\varnothing$,则我们可以定义这两个函数的下列运算而生成新的函数:

和 $f+g$　$(f+g)(x)=f(x)+g(x),x\in D$;

差 $f-g$　$(f-g)(x)=f(x)-g(x),x\in D$;

积 $f\cdot g$　$(f\cdot g)(x)=f(x)\cdot g(x),x\in D$;

商 $\dfrac{f}{g}$　$\left(\dfrac{f}{g}\right)(x)=\dfrac{f(x)}{g(x)},x\in D\backslash\{x\,|\,g(x)=0,x\in D\}$.

2) 复合函数

设有函数

$$y=f(u),\quad u\in U$$

及

$$u=\varphi(x),\quad x\in X,$$

若 $D=\{x\,|\,x\in X,\varphi(x)\in U\}\neq\varnothing$,则在 D 上确定了一个新函数

$$y=f[\varphi(x)],\quad x\in D,$$

称为 $y=f(u)$与 $u=\varphi(x)$的**复合函数**. 也可记作

$$y=f\circ\varphi(x),\quad x\in D,$$

u 称为**中间变量**.

有时,复合的手续会有好几步.例如,函数

$$y=\lg\sin x^2$$

是由三个函数

$$y=\lg u,\quad u=\sin v,\quad v=x^2$$

复合而成的.

3) 反函数

设有函数 $y=f(x)(x\in X)$,其值域为 $Y=f(X)$.如果对于 Y 中每一个 y 值,都可由方程 $f(x)=y$ 唯一确定出 x 的值,那么就得到一个定义在集合 Y 上的新函数,称为 $y=f(x)$的**反函数**,记作

$$x=f^{-1}(y),\quad y\in Y.$$

例如,函数 $y=x^3(x\in R)$的反函数是 $x=\sqrt[3]{y}(y\in R)$.

一般地,有下述结论:**单调函数必存在反函数.**

习惯上通常用字母 x 表示自变量,用字母 y 表示因变量.因此,函数

$$y=f(x),\quad x\in X$$

的反函数常写成

$$y=f^{-1}(x),\quad x\in f(X).$$

$y=f(x)$与 $x=f^{-1}(y)$的图形相同,而 $y=f(x)$与 $y=f^{-1}(x)$的图形关于直线 $y=x$ 对称(图 1.11).

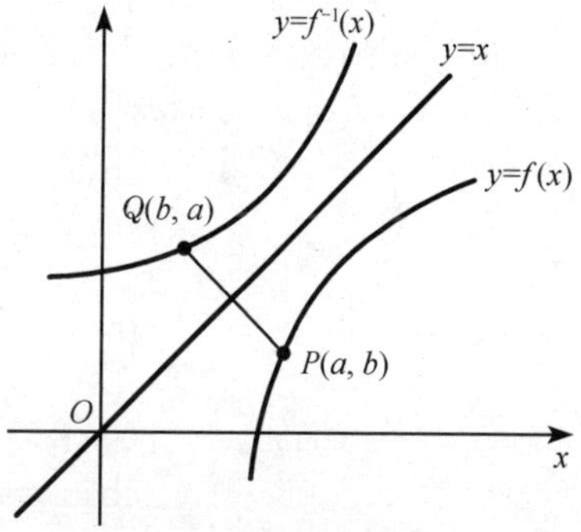

图 1.11

5. *初等函数*

在初等数学中已经讲过下面几类函数:

幂函数 $y=x^{\mu}$($\mu\in\mathbf{R}$ 是常数);

指数函数 $y=a^x(a>0,a\neq1)$;

对数函数 $y=\log_a x(a>0,a\neq1)$;

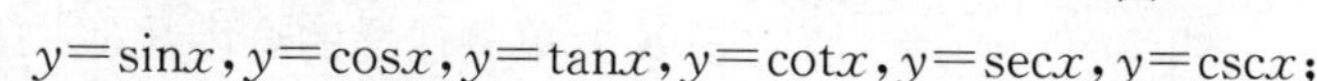

三角函数 $y=\sin x,y=\cos x,y=\tan x,y=\cot x,y=\sec x,y=\csc x$;

反三角函数 $y=\arcsin x,y=\arccos x,y=\arctan x$.

以上这五类函数统称为**基本初等函数**.

由常数和基本初等函数经过有限次的四则运算和有限次的函数复合步骤所构成并可用一个式子表示的函数,称为**初等函数**.例如,多项式

$$y=a_0+a_1x+a_2x^2+\cdots+a_nx^n,$$

有理函数

$$y=\frac{a_0+a_1x+a_2x^2+\cdots+a_nx^n}{b_0+b_1x+b_2x^2+\cdots+b_mx^m},$$

以及

$$y = x + 3\sin x^2, \quad y = \ln(x + \sqrt{1 + x^2})$$

等,都是初等函数.

有一类初等函数在工程技术中经常要用到,这就是**双曲函数**.最常用的有以下几种.

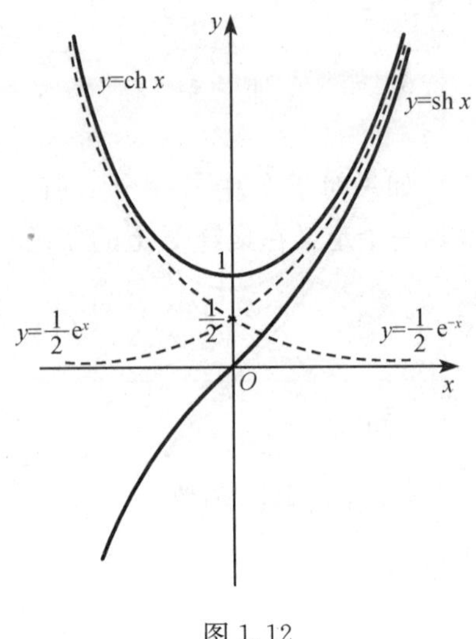

图 1.12

1) 双曲正弦

$\mathrm{sh}x = \dfrac{e^x - e^{-x}}{2}$,它是 **R** 上单调递增的奇函数,值域为 **R**(图 1.12).

2) 双曲余弦

$\mathrm{ch}x = \dfrac{e^x + e^{-x}}{2}$,它是 **R** 上的偶函数,在$(-\infty, 0]$单调递减,在$[0, +\infty)$单调递增,值域为$[1, +\infty)$(图 1.12).

3) 双曲正切

$\mathrm{th}x = \dfrac{\mathrm{sh}x}{\mathrm{ch}x} = \dfrac{e^x - e^{-x}}{e^x + e^{-x}}$,它是 **R** 上单调递增的奇函数,值域为$(-1, 1)$(图 1.13).

由双曲函数的定义,不难得到公式

$$\mathrm{ch}^2 x - \mathrm{sh}^2 x = 1,$$

$$\mathrm{sh}(x \pm y) = \mathrm{sh}x\mathrm{ch}y \pm \mathrm{ch}x\mathrm{sh}y,$$

$$\mathrm{ch}(x \pm y) = \mathrm{ch}x\mathrm{ch}y \pm \mathrm{sh}x\mathrm{sh}y,$$

$$\mathrm{th}(x \pm y) = \frac{\mathrm{th}x \pm \mathrm{th}y}{1 \pm \mathrm{th}x\mathrm{th}y},$$

$$\mathrm{sh}2x = 2\mathrm{sh}x\mathrm{ch}x,$$

$$\mathrm{ch}2x = \mathrm{ch}^2 x + \mathrm{sh}^2 x.$$

4) 反双曲正弦

$y = \mathrm{arsh}x = \ln(x + \sqrt{x^2 + 1})$,它是 **R** 上单调递增的奇函数(图 1.14).

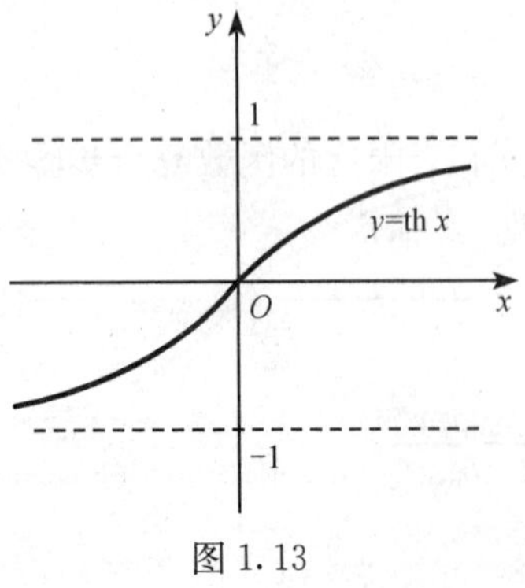

图 1.13

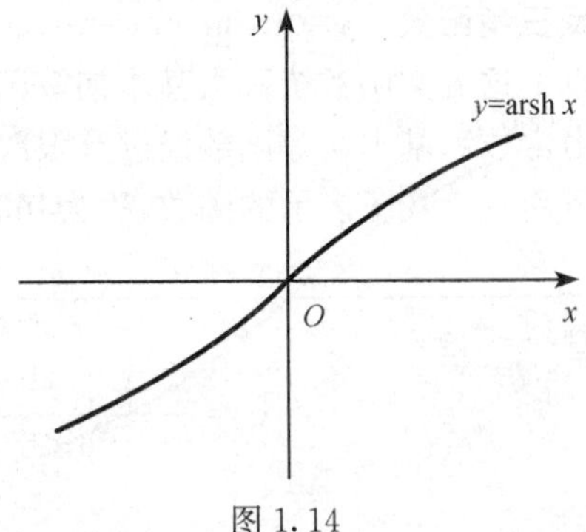

图 1.14

5) 反双曲余弦

$y=\operatorname{arch}x=\ln(x+\sqrt{x^2-1})$,它的定义域是$[1,+\infty)$,值域是$[0,+\infty)$,是其定义域上的单调递增函数(图 1.15).

6) 反双曲正切

$y=\operatorname{arth}x=\frac{1}{2}\ln\frac{1+x}{1-x}$,它的定义域是$(-1,1)$,值域是 R,是其定义域上单调递增的奇函数(图 1.16).

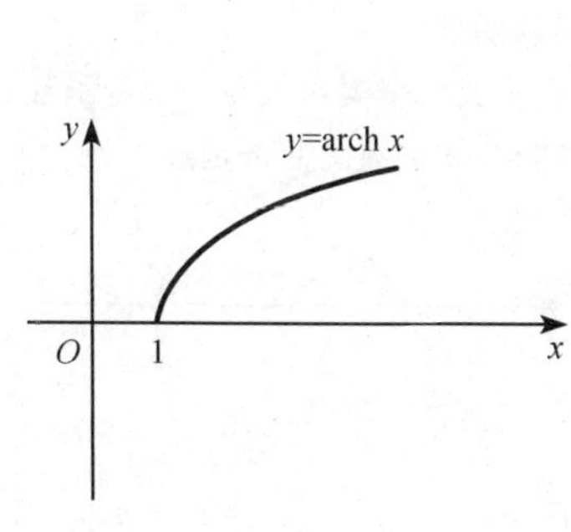

图 1.15

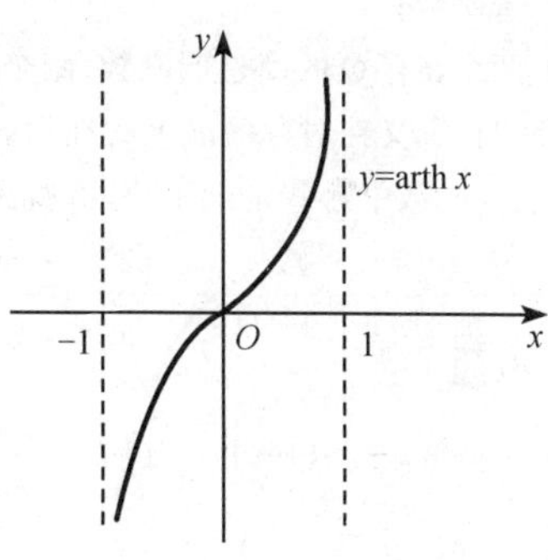

图 1.16

习 题 1.1

1. 求下列函数的自然定义域:

(1) $y=\sqrt{3x+2}$; (2) $y=\frac{1}{1-x^2}$; (3) $y=\frac{1}{\sqrt{4-x^2}}$; (4) $y=\tan(x+1)$;

(5) $y=\arcsin(x-3)$; (6) $y=\ln(x+1)$; (7) $y=\frac{\sqrt{x+1}}{\sin\pi x}$.

2. 求下列函数的值域:

(1) $y=x^2,x\in[-10,0]$; (2) $y=\lg x,x\in(0,10]$;

(3) $y=\sqrt{x-x^2},x\in[0,1]$; (4) $y=\frac{1}{1-x},x\in(0,1)$.

3. 把半径为 R 的一圆形铁皮,自中心处剪去中心角为 α 的一扇形后围成一无底圆锥. 试将这圆锥的体积表示为 α 的函数.

4. 下列各题中,函数 $f(x)$和 $g(x)$是否相同? 为什么?

(1) $f(x)=\lg x^2,g(x)=2\lg x$; (2) $f(x)=x,g(x)=\sqrt{x^2}$;

(3) $f(x)=\sqrt[3]{x^4-x^3},g(x)=x\sqrt[3]{x-1}$;

(4) $f(x)=1,g(x)=\sec^2x-\tan^2x$; (5) $f(x)=\frac{x-1}{x^2-1},g(x)=\frac{1}{x+1}$;

(6) $f(x)=x,g(x)=(\sqrt{x})^2$; (7) $f(x)=1,g(x)=\sin^2x+\cos^2x$;

(8) $f(x)=\sqrt{x+1}\sqrt{x-1}, g(x)=\sqrt{x^2-1}$； (9) $f(x)=\lg x^2, g(x)=2\lg|x|$；

(10) $f(x)=\lg x^3, g(x)=3\lg x$.

5. 设 $f(x)$为定义在$(-l,l)$内的奇函数，若 $f(x)$在$(0,l)$内单调递增，证明 $f(x)$在$(-l,0)$内也单调递增.

6. 设下面所考虑的函数都是定义在$(-l,l)$上的. 证明：

(1) 两个偶函数的和是偶函数，两个奇函数的和是奇函数；

(2) 两个偶函数的乘积是偶函数，两个奇函数的乘积是偶函数，偶函数与奇函数的乘积是奇函数；

(3) 两个奇函数的商是偶函数，两个偶函数的商是偶函数.

7. 证明：定义在对称区间上的任何函数都可唯一表示成一个偶函数与一个奇函数之和.

8. 下列函数中哪些是偶函数，哪些是奇函数，哪些既非偶函数又非奇函数？

(1) $y=x^2(1-x^2)$； (2) $y=3x^2-x^3$；

(3) $y=\dfrac{1-x^2}{1+x^2}$； (4) $y=x(x-1)(x+1)$；

(5) $y=\sin x-\cos x+1$； (6) $y=\dfrac{a^x+a^{-x}}{2}$；

(7) $y=\dfrac{a^x-a^{-x}}{2}$； (8) $y=\lg(x+\sqrt{x^2+1})$.

9. 下列各函数中哪些是周期函数？对于周期函数，指出其周期.

(1) $y=\cos(x-2)$； (2) $y=\cos 4x$； (3) $y=1+\sin \pi x$； (4) $y=x\cos x$； (5) $y=\sin^2 x$.

10. 求下列函数的反函数：

(1) $y=\sqrt[3]{x+1}$； (2) $y=\dfrac{1-x}{1+x}$； (3) $y=\dfrac{ax+b}{cx+d}(ad-bc\neq 0)$；

(4) $y=2\sin 3x\left(-\dfrac{\pi}{6}\leqslant x\leqslant\dfrac{\pi}{6}\right)$； (5) $y=1+\ln(x+2)$；

(6) $y=\dfrac{2^x}{2^x+1}$； (7) $y=\dfrac{1}{2}\left(x-\dfrac{1}{x}\right), x\in(0,+\infty)$.

11. 设 $f(x)$的定义域 $D=[0,1]$，求下列各函数的定义域：

(1) $f(x^2)$； (2) $f(\sin x)$；

(3) $f(x+a)(a>0)$； (4) $f(x+a)+f(x-a)(a>0)$.

12. 设

$$f(x)=\begin{cases}1, & |x|<1,\\ 0, & |x|=1,\\ -1, & |x|>1,\end{cases}\quad g(x)=\mathrm{e}^x,$$

求 $f[g(x)]$和 $g[f(x)]$.

1.2 极 坐 标

在中学使用的是平面直角坐标系，它是最简单和最常用的一种坐标系，但不是唯一的坐标系. 在实际问题中,有时利用其他的坐标系比较方便,如炮兵射击时是以大炮为基点,利用目标的方位角以及目标与大炮的距离来确定目标的位置的. 下面研究如何利用角和距离来建立坐标系.

定义 1.1　在平面内取一个定点 O,称为**极点**,引一条射线 Ox,称为**极轴**,再选定一个长度单位和角度的正方向(通常取逆时针方向)(图 1.17). 对于平面内任意一点 M,用 r 表示线段 OM 的长度,θ 表示从 Ox 到 OM 的角度,r 称为**点 M 的极径**,θ 称为**点 M 的极角**,有序数组(r,θ)称为**点 M 的极坐标**. 这样建立的坐标系称为**极坐标系**. 极坐标为(r,θ)的点 M,可表示为 $M(r,\theta)$.

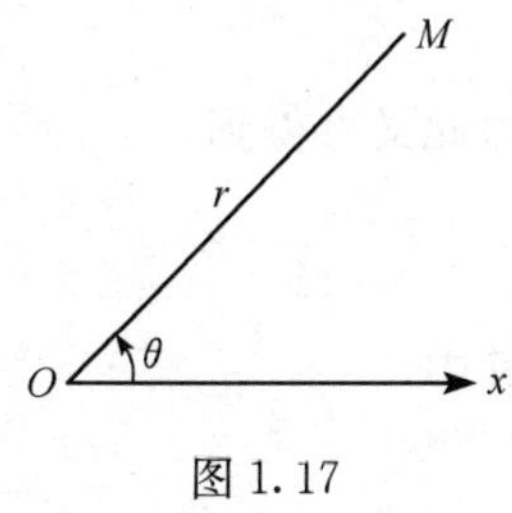

图 1.17

当点 M 在极点时,它的极坐标 $r=0$,θ 可以取任意值.

建立极坐标系后,给定 r 和 θ,就可以在平面内确定唯一一点 M;反过来,给定平面内一点,也可以找到它的极坐标(r,θ). 但和直角坐标系不同的是,平面内一个点的极坐标可以有无数种表示法. 这是因为$(r,2n\pi+\theta)$(n 为任意整数)是同一点的极坐标. 如果限定 $0\leqslant\theta<2\pi$ 或 $-\pi<\theta\leqslant\pi$,那么除极点外,平面内的点和极坐标就可以一一对应了.

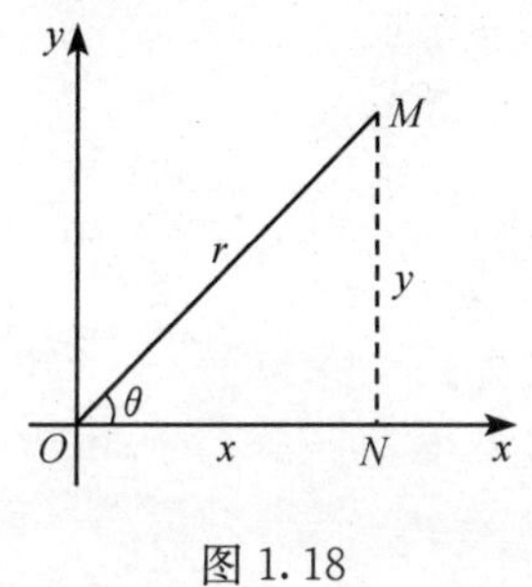

图 1.18

把直角坐标系的原点作为极点,x 轴的正半轴作为极轴,并在两种坐标系中取相同的长度单位(图 1.18). 设 M 是平面内任意一点,它的直角坐标是(x,y),极坐标是(r,θ),经过 M 点作 x 轴的垂线,垂足为 N. 由三角函数的定义,得

$$x=r\cos\theta,\quad y=r\sin\theta.$$

由上述关系式,我们可得关系式

$$r=\sqrt{x^2+y^2},\quad \tan\theta=\frac{y}{x}.$$

1.3　本章内容对开普勒问题的应用

在开普勒问题中,需要用极坐标表示椭圆轨道. 下面来推导椭圆的极坐标方程. 把极点选在椭圆的一个焦点上,让极轴沿着椭圆的长轴指向远离另一焦点的方向(图 1.19). 按照定义,椭圆是到两焦点的距离之和等于常数(设这常数为 $2a$)的点的轨迹. 椭圆的方程应为

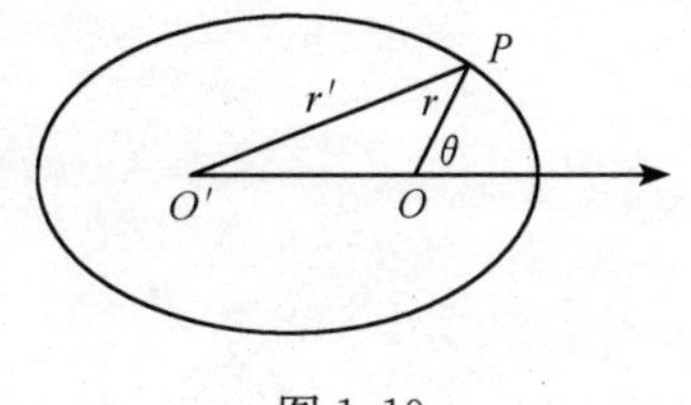

图 1.19

$$r+\sqrt{r^2+4c^2+4rc\cos\theta}=2a,$$

其中设两焦点间的距离为 $2c$.

在上一方程中,先把左边的第一项 r 移到右边,再取两边的平方消去根号,得到

$$r^2+4c^2+4rc\cos\theta=r^2+4a^2-4ra.$$

由此又可得到

$$r=\frac{b^2}{a+c\cos\theta}=\frac{p}{1+\varepsilon\cos\theta},$$

其中,

$$b=\sqrt{a^2-c^2},\quad p=\frac{b^2}{a},\quad \varepsilon=\frac{c}{a}.$$

这样就得到了椭圆的极坐标方程

$$r=\frac{p}{1+\varepsilon\cos\theta}.$$

第 2 章　极限与连续

极限是研究函数各变量之间关系的基本工具，在自然科学和工程技术问题中，有许多量是不可能通过有限次算术运算计算出来，而是需要通过分析变量的无限变化趋势后才能得到，这就是产生极限的实际背景. 极限方法已经成为微积分研究的基本手段. 本章将介绍极限和函数的连续性等基本概念以及它们的一些性质.

2.1　数列的极限

2.1.1　数列极限的定义

极限概念是由于求某些实际问题的精确解答而产生的. 例如，我国古代数学家刘徽(公元 3 世纪)利用圆内接正多边形来推算圆面积的方法——割圆术，就是极限思想在几何学上的应用.

设有一个圆，首先作内接正六边形，把它的面积记为 A_1；再作内接正十二边形，其面积记为 A_2；再作内接正二十四边形，其面积记为 A_3，如此循环下去，每次边数加倍. 一般把内接正 $6\times 2^{n-1}$ 边形的面积记为 $A_n(n\in \mathbf{N}^+)$，这样就得到一系列内接正多边形的面积

$$A_1, A_2, A_3, \cdots, A_n, \cdots,$$

它们构成一列有次序的数. 当 n 越大，内接正多边形与圆的差别就越小，从而以 A_n 作为圆面积的近似值也越精确. 但是无论 n 取得如何大，只要 n 取定了，A_n 终究只是多边形的面积，而不是圆的面积. 因此，设想 n 无限增大(记为 $n\to\infty$)，即内接正多边形的边数无限增加，在这个过程中，内接正多边形无限接近于圆，同时 A_n 也无限接近于某一确定的数值，这个确定的数值就理解为圆的面积. 这个确定的数值在数学上称为上面这列**有次序的数** $A_1, A_2, A_3, \cdots, A_n, \cdots$ **当** $n\to\infty$ **时的极限**. 在圆面积问题中可以看到，正是这个数列的极限精确地表达了圆的面积.

在解决实际问题中逐渐形成的这种极限方法，已成为微积分中的一种基本方法，因此有必要作进一步的阐明.

先说明数列的概念.

遵循某种规律，依照一定顺序排列起来的一串数

$$x_1, x_2, \cdots, x_n, \cdots$$

称为一个**数列**(**或序列**)，简记作 $\{x_n\}$，其中 x_1 称为该数列的第一项，x_2 称为第二

项,…第 n 项 x_n 称为数列的**一般项**或**通项**,n 称为**脚标**或**附标**,如

$$0,1,0,\frac{1}{2},0,\frac{1}{3},\cdots,\frac{1+(-1)^n}{n},\cdots$$

$$\frac{1}{2},\frac{2}{3},\frac{3}{4},\frac{4}{5},\cdots,\frac{n}{n+1},\cdots$$

$$1,-2,3,-4,5,-6,\cdots,(-1)^{n-1}n,\cdots$$

都是数列,它们的通项依次为 $\frac{1+(-1)^n}{n},\frac{n}{n+1},(-1)^{n-1}n$.

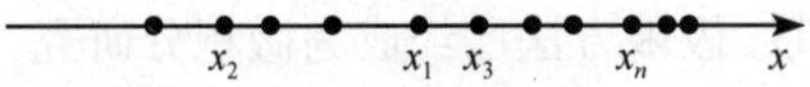

在几何上,数列 $\{x_n\}$ 可看作数轴上的一个动点,它依次取数轴上的点 $x_1,x_2,\cdots,x_n,\cdots$(图 2.1).

图 2.1

数列 $\{x_n\}$ 也可看成函数

$$y=f(n)=x_n,\quad n\in\mathbf{N}^+,$$

因此,数列有时也称为**整变数的函数**.

对于要讨论的问题来说,重要的是当 n 无限增大时(即 $n\to\infty$ 时),对应的 $x_n=f(n)$ 是否能无限接近于某个确定的数值? 如果能够的话,这个数值等于多少?

这里对数列

$$2,\frac{1}{2},\frac{4}{3},\cdots,\frac{n+(-1)^{n-1}}{n},\cdots$$

进行分析,在此数列中,

$$x_n=\frac{n+(-1)^{n-1}}{n}=1+(-1)^{n-1}\frac{1}{n}.$$

两个数 a 与 b 之间的接近程度可以用这两个数之差的绝对值 $|b-a|$ 来度量(在数轴上 $|b-a|$ 表示点 a 与点 b 之间的距离),$|b-a|$ 越小,a 与 b 就越接近.

就上面的数列来说,因为

$$|x_n-1|=\left|(-1)^{n-1}\frac{1}{n}\right|=\frac{1}{n},$$

可见当 n 越来越大时,$\frac{1}{n}$ 越来越小,从而 x_n 就越来越接近于 1. 因为只要 n 足够大,$|x_n-1|$ 即 $\frac{1}{n}$ 可以小于任意给定的正数,所以说,当 n 无限增大时,x_n 无限接近于 1. 例如,给定 $\frac{1}{100}$,欲使 $\frac{1}{n}<\frac{1}{100}$,只要 $n>100$,即从第 101 项起,都能使不等式

$$|x_n-1|<\frac{1}{100}$$

成立. 同样地,如果给定 $\frac{1}{10000}$,则从第 10001 项起,都能使不等式

$$\frac{1}{n}<\varepsilon \quad \text{或}\ n>\frac{1}{\varepsilon},$$

所以，$\forall \varepsilon>0$，取 $N=\left[\frac{1}{\varepsilon}\right]+1$，则当 $n>N$ 时，就有

$$\left|\frac{n+(-1)^{n-1}}{n}-1\right|<\varepsilon,$$

即

$$\lim_{n\to\infty}\frac{n+(-1)^{n-1}}{n}=1.$$

说明　$\left[\frac{1}{\varepsilon}\right]$是$\frac{1}{\varepsilon}$取整数部分，例如$[4.3]=4$，$[-4.3]=-5$.

例 2.2　设$|q|<1$，证明$\lim\limits_{n\to\infty}q^n=0$.

证　令 $x_n=q^n$. 当 $q=0$ 时，结论显然成立. 以下设 $q\neq 0$.

任给 $\varepsilon>0$（不妨设 $\varepsilon<1$），要使

$$|x_n-0|=|q^n-0|=|q|^n<\varepsilon,$$

只需

$$n>\frac{\lg\varepsilon}{\lg|q|}.$$

取 $N=\left[\frac{\lg\varepsilon}{\lg|q|}\right]+1$，则当 $n>N$ 时，有

$$|q^n-0|<\varepsilon,$$

所以

$$\lim_{n\to\infty}q^n=0.$$

例 2.3　证明$\lim\limits_{n\to\infty}\sqrt[n]{n}=1$.

证　任给 $\varepsilon>0$，要使

$$|\sqrt[n]{n}-1|=\sqrt[n]{n}-1<\varepsilon,$$

即要使

$$n<(1+\varepsilon)^n,$$

注意到

$$(1+\varepsilon)^n=1+n\varepsilon+\frac{n(n-1)}{2}\varepsilon^2+\cdots+\varepsilon^n>\frac{n(n-1)}{2}\varepsilon^2 \quad (\text{当}\ n\geqslant 2\ \text{时}),$$

所以，只要

$$n<\frac{n(n-1)}{2}\varepsilon^2,$$

便有 $n<(1+\varepsilon)^n$，取 $N=\max\left\{\left[\frac{2}{\varepsilon^2}+1\right],2\right\}$，则当 $n>N$ 时，便有

$$|\sqrt[n]{n}-1|<\varepsilon,$$

所以

$$\lim_{n\to\infty}\sqrt[n]{n}=1.$$

2.1.2 收敛数列的性质

定理 2.1(极限的唯一性) 如果数列$\{x_n\}$收敛,那么它的极限唯一.

证 设

$$\lim_{n\to\infty}x_n=a,\quad 同时\lim_{n\to\infty}x_n=b,$$

则$\forall\varepsilon>0$,$\exists N_1\in\mathbf{N}^+$,使得当$n>N_1$时,$|x_n-a|<\frac{\varepsilon}{2}$;$\exists N_2\in\mathbf{N}^+$,使得当$n>N_2$时,$|x_n-b|<\frac{\varepsilon}{2}$.取$m>\max\{N_1,N_2\}$,则$0\leqslant|a-b|\leqslant|x_m-a|+|x_m-b|<\frac{\varepsilon}{2}+\frac{\varepsilon}{2}=\varepsilon$.所以由$\varepsilon$的任意性,只能有$|a-b|=0$,即$a=b$.

定理 2.2(收敛数列的有界性) 如果数列$\{x_n\}$收敛,那么数列$\{x_n\}$一定有界,即$\exists M>0$,使得对任意n,都有$|x_n|\leqslant M$.

证 设$\lim\limits_{n\to\infty}x_n=a$,则对于$\varepsilon=1$,存在正整数$N$,当$n>N$时,不等式

$$|x_n-a|<1$$

成立.于是,当$n>N$时,

$$|x_n|\leqslant|x_n-a|+|a|<1+|a|.$$

取$M=\max\{|x_1|,|x_2|,\cdots,|x_N|,1+|a|\}$即可.

根据这个定理,如果数列$\{x_n\}$无界,那么数列$\{x_n\}$一定发散.但是,如果数列$\{x_n\}$有界,却不能断定数列$\{x_n\}$一定收敛.例如,数列

$$1,-1,1,\cdots,(-1)^{n+1},\cdots$$

有界,但下面会证明它是发散的.

定理 2.3(收敛数列的保号性) 如果$\lim\limits_{n\to\infty}x_n=a$且$a>0$(或$a<0$),那么存在正整数$N$,$n>N$时,总有$x_n>0$(或$x_n<0$).

证 就$a>0$的情形证明.由数列极限的定义,对$\varepsilon=\frac{a}{2}>0$,存在正整数$N$,当$n>N$时,有

$$|x_n-a|<\frac{a}{2},$$

从而

$$x_n>a-\frac{a}{2}=\frac{a}{2}>0.$$

推论 2.1 如果数列$\{x_n\}$满足$x_n\geqslant0$(或$x_n\leqslant0$)且$\lim\limits_{n\to\infty}x_n=a$,那么$a\geqslant0$(或

$a \leqslant 0$).

最后,介绍子数列的概念以及关于数列与其子数列收敛性之间的关系.

在数列$\{x_n\}$中,保持原有顺序,从左到右任取其中无穷多项所构成的新数列,称为**数列$\{x_n\}$的子数列**.

子数列一般记作

$$x_{n_1}, x_{n_2}, \cdots, x_{n_k}, \cdots,$$

其中

$$n_1 < n_2 < \cdots < n_k < n_{k+1} < \cdots.$$

在这里,x_{n_k}中的k表示它是子数列的第k项,n_k表示它是原来数列$\{x_n\}$中的第n_k项. 很明显,有$k \leqslant n_k$.

定理 2.4(数列与子数列收敛性的关系) 数列$\{x_n\}$收敛的充分必要条件为它的任何子数列$\{x_{n_k}\}$都收敛.

证 充分性显然. 下证必要性.

设$\lim\limits_{n\to\infty} x_n = a$,故$\forall \varepsilon > 0$,存在正整数$N$,当$n > N$时,$|x_n - a| < \varepsilon$成立. 取$K = N$,则当$k > K$时,$n_k > n_K = n_N \geqslant N$,所以$|x_{n_k} - a| < \varepsilon$,于是$\lim\limits_{k\to\infty} x_{n_k} = a$. 证毕.

由这个定理,如果数列$\{x_n\}$有一个子数列发散或者有两个子数列收敛于不同的极限,那么数列$\{x_n\}$是发散的. 例如,数列

$$1, -1, 1, \cdots, (-1)^{n+1}, \cdots$$

的子数列$\{x_{2k-1}\}$收敛于 1,而子数列$\{x_{2k}\}$收敛于-1,因此此数列发散. 同时这个例子也说明,一个发散的数列可能有收敛的子数列.

习 题 2.1

1. 根据数列极限的定义证明:

(1) $\lim\limits_{n\to\infty} \dfrac{1}{n^2} = 0$; (2) $\lim\limits_{n\to\infty} \dfrac{3n+1}{2n+1} = \dfrac{3}{2}$; (3) $\lim\limits_{n\to\infty} \dfrac{\sqrt{n^2+a^2}}{n} = 1$; (4) $\lim\limits_{n\to\infty} 0.\underbrace{999\cdots9}_{n\text{个}} = 1$;

(5) $\lim\limits_{n\to\infty} \dfrac{3n^2+n}{n^2+1} = 3$; (6) $\lim\limits_{n\to\infty} \left[\dfrac{1}{1\cdot 2} + \dfrac{1}{2\cdot 3} + \cdots + \dfrac{1}{(n-1)n}\right] = 1$;

(7) $\lim\limits_{n\to\infty} \left[\dfrac{1}{n^2} + \dfrac{1}{(n+1)^2} + \cdots + \dfrac{1}{(2n)^2}\right] = 0$; (8) $\lim\limits_{n\to\infty} \left(1 - \dfrac{1}{2^2}\right)\left(1 - \dfrac{1}{3^2}\right)\cdots\left(1 - \dfrac{1}{n^2}\right) = \dfrac{1}{2}$;

(9) $\lim\limits_{n\to\infty} \dfrac{1}{n^\alpha} = 0.\ (\alpha > 0)$; (10) $\lim\limits_{n\to\infty} nq^n = 0(|q| < 1)$; (11) $\lim\limits_{n\to\infty} \dfrac{1}{\sqrt[n]{n!}} = 0$.

2. 若$\lim\limits_{n\to\infty} u_n = a$,证明$\lim\limits_{n\to\infty} |u_n| = |a|$. 并举例说明:数列$\{|x_n|\}$有极限,但数列$\{x_n\}$可以无极限.

3. 设数列$\{x_n\}$有界,且$\lim\limits_{n\to\infty} y_n = 0$,证明$\lim\limits_{n\to\infty} x_n y_n = 0$.

4. 对于数列$\{x_n\}$,若$x_{2k-1} \to a(k\to\infty)$,$x_{2k} \to a(k\to\infty)$,证明$x_n \to a(n\to\infty)$.

5. 若存在正整数 N,对任意的 $\varepsilon>0$,当 $n>N$ 时,有 $|x_n-a|<\varepsilon$,问数列 $\{x_n\}$ 有什么性质?

6. 已知 $\lim\limits_{n\to\infty}a_n=a$,证明 $\lim\limits_{n\to\infty}\frac{1}{n}(a_1+a_2+\cdots+a_n)=a$.

7. 证明:若极限 $\lim\limits_{n\to\infty}x_{2n}$, $\lim\limits_{n\to\infty}x_{2n+1}$, $\lim\limits_{n\to\infty}x_{3n}$ 都存在,则极限 $\lim\limits_{n\to\infty}x_n$ 存在.

2.2 函数的极限

2.2.1 函数极限的定义

1. 自变量趋于无穷大时函数的极限

如果在 $x\to\infty$ 的过程中,对应的函数值 $f(x)$ 无限接近于确定的数值 A,那么 A 叫做**函数 $f(x)$ 当 $x\to\infty$ 时的极限**. 精确地说,就有如下定义.

定义 2.2 设函数 $f(x)$ 在 $|x|$ 充分大时有定义,A 是一个常数. 若对任给 $\varepsilon>0$,不论它多么小,总存在正数 X,使得当 $|x|>X$ 时,恒有

$$|f(x)-A|<\varepsilon,$$

则称**当 x 趋向于无穷时,$f(x)$ 的极限是 A**,记作

$$\lim_{x\to\infty}f(x)=A,$$

或

$$f(x)\to A\quad(\text{当 } x\to\infty).$$

此定义可简单地表达为

$\lim\limits_{x\to\infty}f(x)=A\Leftrightarrow\forall\varepsilon>0,\exists X>0$,当 $|x|>X$ 时,有 $|f(x)-A|<\varepsilon$.

从几何上来说,$\lim\limits_{x\to\infty}f(x)=A$ 的意义是作直线 $y=A-\varepsilon$ 和 $y=A+\varepsilon$,则总有一个正数 X 存在,使得当 $x<-X$ 或 $x>X$ 时,函数 $y=f(x)$ 的图形位于这两直线之间(图 2.3). 这时,直线 $y=A$ 叫做**函数 $y=f(x)$ 的图形的水平渐近线**.

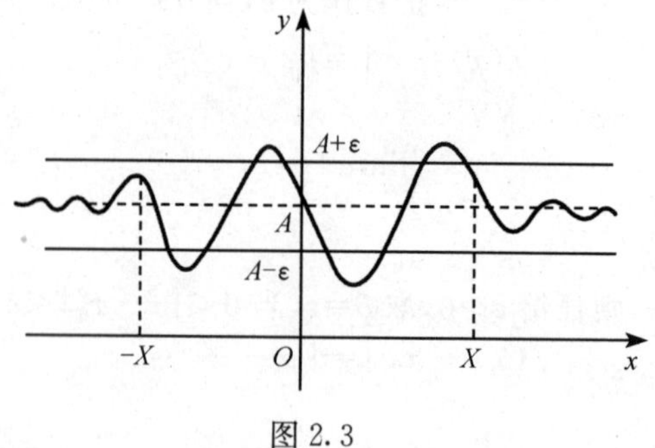

图 2.3

例 2.4 证明

$$\lim_{x\to\infty}\frac{1}{x}=0.$$

证　$\forall\varepsilon>0$,取 $X=\dfrac{1}{\varepsilon}$,则当 $|x|>X$ 时,$\left|\dfrac{1}{x}-0\right|=\dfrac{1}{|x|}<\dfrac{1}{X}=\varepsilon$,所以 $\lim\limits_{x\to\infty}\dfrac{1}{x}=0$.

2. 自变量趋于有限值时函数的极限

现在考虑自变量 x 的变化过程为 $x\to x_0$. 如果在 $x\to x_0$ 的过程中,对应的函数值 $f(x)$ 无限接近于确定的数值 A,那么就说 A 是**函数 $f(x)$ 当 $x\to x_0$ 时的极限**.

定义 2.3　设函数 $f(x)$ 在点 x_0 的某一去心邻域内有定义,A 是一个常数. 若对任给 $\varepsilon>0$,不论它多么小,总存在正数 δ,使得当 x 满足不等式 $0<|x-x_0|<\delta$ 时,恒有

$$|f(x)-A|<\varepsilon,$$

则称当 $x\to x_0$ 时,$f(x)$ 的极限是 A,记作

$$\lim_{x\to x_0}f(x)=A,$$

或

$$f(x)\to A\quad(\text{当 } x\to x_0).$$

此定义可简单地表达为

$\lim\limits_{x\to x_0}f(x)=A\Leftrightarrow\forall\varepsilon>0,\exists\delta>0$,当 $0<|x-x_0|<\delta$ 时,有 $|f(x)-A|<\varepsilon$.

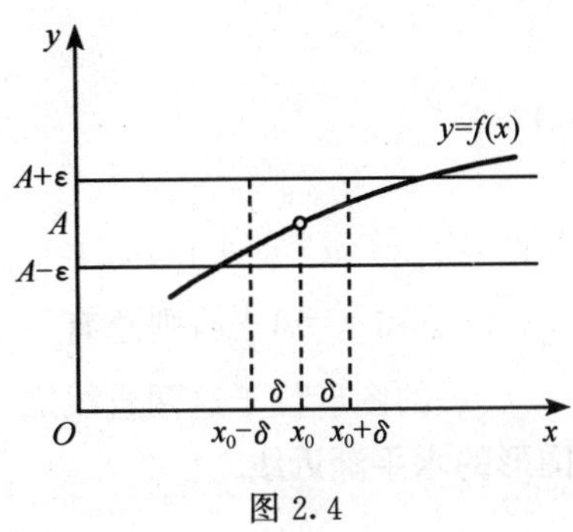

图 2.4

从几何上来说,$\lim\limits_{x\to x_0}f(x)=A$ 的意义是作直线 $y=A-\varepsilon$ 和 $y=A+\varepsilon$,则总有一个正数 δ 存在,使得当 $x_0-\delta<x<x_0$ 或 $x_0<x<x_0+\delta$ 时,函数 $y=f(x)$ 的图形位于这两直线之间(图 2.4).

例 2.5　证明 $\lim\limits_{x\to x_0}c=c$($c$ 为常数).

证　设 $f(x)=c$,则任给 $\varepsilon>0$,可任取一个正数作为 δ,当 $0<|x-x_0|<\delta$ 时,恒有

$$|f(x)-c|=|c-c|<\varepsilon,$$

于是

$$\lim_{x\to x_0}c=c.$$

例 2.6　证明 $\lim\limits_{x\to x_0}x=x_0$.

证　设 $f(x)=x$,则任给 $\varepsilon>0$,取 $\delta=\varepsilon$,当 $0<|x-x_0|<\delta$ 时,恒有

$$|f(x)-x_0|=|x-x_0|<\varepsilon,$$

于是

$$\lim_{x\to x_0}x=x_0.$$

例 2.7　证明

$$\lim_{x\to 1}(x+1)=2.$$

证 设 $f(x)=x+1$,则任给 $\varepsilon>0$,取 $\delta=\varepsilon$,当 $0<|x-1|<\delta$ 时,恒有

$$|f(x)-2|=|x-1|<\varepsilon,$$

于是

$$\lim_{x\to 1}(x+1)=2.$$

例 2.8 证明

$$\lim_{x\to 1}\frac{x^2-1}{x-1}=2.$$

证 设 $f(x)=\frac{x^2-1}{x-1}$,则 $x\neq 1$ 时,有 $|f(x)-2|=\left|\frac{x^2-1}{x-1}-2\right|=|x-1|$.

任给 $\varepsilon>0$,取 $\delta=\varepsilon$,当 $0<|x-1|<\delta$ 时,恒有

$$|f(x)-2|=|x-1|<\varepsilon,$$

于是

$$\lim_{x\to 1}\frac{x^2-1}{x-1}=2.$$

例 2.9 设 $x_0>0$,证明 $\lim\limits_{x\to x_0}\sqrt{x}=\sqrt{x_0}$.

证 设 $f(x)=\sqrt{x}$,则

$$|f(x)-\sqrt{x_0}|=|\sqrt{x}-\sqrt{x_0}|=\left|\frac{x-x_0}{\sqrt{x}+\sqrt{x_0}}\right|\leqslant\frac{1}{\sqrt{x_0}}|x-x_0|.$$

任给 $\varepsilon>0$,取 $\delta=\min\{x_0,\sqrt{x_0}\varepsilon\}$,当 $0<|x-x_0|<\delta$ 时,恒有

$$|f(x)-\sqrt{x_0}|<\varepsilon,$$

于是

$$\lim_{x\to x_0}\sqrt{x}=\sqrt{x_0}.$$

3. 单侧极限

1) 自变量趋于正无穷大时函数的极限

定义 2.4 设函数 $f(x)$ 在 x 充分大时有定义,A 是一个常数.若对任给 $\varepsilon>0$,不论它多么小,总存在正数 X,使得当 $x>X$ 时,恒有

$$|f(x)-A|<\varepsilon,$$

则称当 x 趋向于正无穷时,$f(x)$ 的极限是 A,记作

$$\lim_{x\to+\infty}f(x)=A,$$

或

$$f(x)\to A\quad(当\ x\to+\infty).$$

此定义可简单地表达为

$$\lim_{x\to+\infty} f(x) = A \Leftrightarrow \forall \varepsilon > 0, \exists X > 0,\text{当 } x > X \text{ 时,有 } |f(x) - A| < \varepsilon.$$

从几何上来说，$\lim\limits_{x\to+\infty} f(x)=A$ 的意义是作直线 $y=A-\varepsilon$ 和 $y=A+\varepsilon$，则总有一个正数 X 存在，使得当 $x>X$ 时，函数 $y=f(x)$ 的图形位于这两直线之间(图 2.5). 这时，直线 $y=A$ 是**函数 $y=f(x)$ 的图形的水平渐近线.**

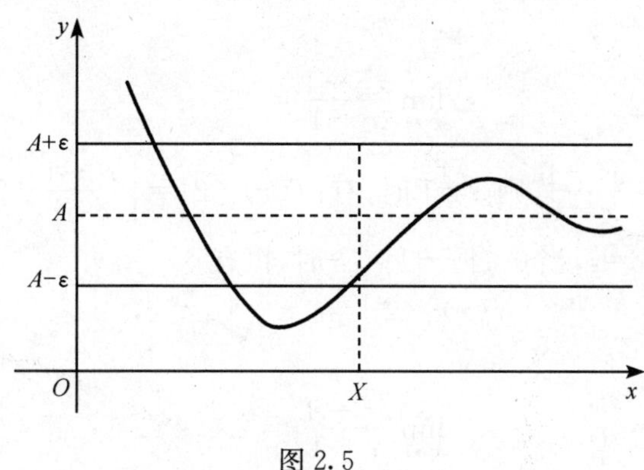

图 2.5

2) 自变量趋于负无穷大时函数的极限

定义 2.5　设函数 $f(x)$ 在 x 充分小时有定义，A 是一个常数. 若对任给 $\varepsilon>0$，不论它多么小，总存在正数 X，使得当 $x<-X$ 时，恒有

$$|f(x) - A| < \varepsilon,$$

则称当 x 趋向于负无穷时，$f(x)$ 的极限是 A，记作

$$\lim_{x\to-\infty} f(x) = A,$$

或

$$f(x) \to A \quad (\text{当 } x \to -\infty).$$

此定义可简单地表达为

$$\lim_{x\to-\infty} f(x) = A \Leftrightarrow \forall \varepsilon > 0, \exists X > 0,\text{当 } x < -X \text{ 时,有 } |f(x) - A| < \varepsilon.$$

从几何上来说，$\lim\limits_{x\to-\infty} f(x)=A$ 的意义是：作直线 $y=A-\varepsilon$ 和 $y=A+\varepsilon$，则总有一个正数 X 存在，使得当 $x<-X$ 时，函数 $y=f(x)$ 的图形位于这两直线之间. 这时，直线 $y=A$ 是**函数 $y=f(x)$ 的图形的水平渐近线.**

3) 自变量从右侧趋于 x_0 时函数的右极限

定义 2.6　设函数 $f(x)$ 在点 x_0 的右侧附近有定义，A 是一个常数. 若对任给 $\varepsilon>0$，不论它多么小，总存在正数 δ，使得当 $0<x-x_0<\delta$ 时，恒有

$$|f(x) - A| < \varepsilon,$$

则称当 x 从右侧趋向于 x_0 时，$f(x)$ 的极限是 A，记作

$$\lim_{x\to x_0^+} f(x) = A \quad \text{或 } f(x_0^+) = A,$$

$$|x_n-1|<\frac{1}{10000}$$

成立. 一般地,不论给定的正数 ε 多么小,总存在着一个正整数 N,使得当 $n>N$ 时,不等式

$$|x_n-1|<\varepsilon$$

都成立. 这就是数列 $x_n=\frac{n+(-1)^{n-1}}{n}(n=1,2,\cdots)$ 当 $n\to\infty$ 时无限接近于 1 这件事的实质. 这样的一个数 1,叫做**数列** $x_n=\frac{n+(-1)^{n-1}}{n}(n=1,2,\cdots)$ **当** $n\to\infty$ **时的极限**.

一般地,有

定义 2.1 设有数列 $\{x_n\}$,常数 a. 若对任意给定的正数 ε,不论它多么小,总存在正整数 N,使得当 $n>N$ 时,恒有

$$|x_n-a|<\varepsilon,$$

则称**数列** $\{x_n\}$ **当** n **趋向于无穷时以** a **为极限**. 或者说,当 n 趋向于无穷时,**数列** $\{x_n\}$ **的极限是** a,记作

$$\lim_{n\to\infty}x_n=a \quad 或\ x_n\to a(当\ n\to\infty).$$

有极限的数列,称为**收敛数列**;没有极限的数列,称为**发散数列**.

下面给"数列 $\{x_n\}$ 的极限为 a"一个几何解释(图 2.2):

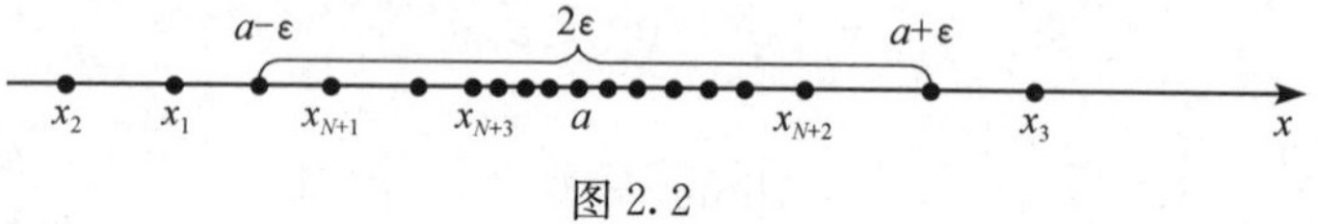

图 2.2

将常数 a 及数列 $x_1,x_2,x_3,\cdots,x_n,\cdots$ 在数轴上用它们的对应点表示出来,再在数轴上作点 a 的 ε 邻域,即开区间 $(a-\varepsilon,a+\varepsilon)$. 因不等式 $|x_n-a|<\varepsilon$ 与不等式 $a-\varepsilon<x_n<a+\varepsilon$ 等价,所以当 $n>N$ 时,几乎所有的点 x_n 都落在开区间 $(a-\varepsilon,a+\varepsilon)$ 内,而只有有限个(至多只有 N 个)在这区间之外.

为了表达方便,引入记号"$\forall$"表示"任意给定","$\exists$"表示"存在",这样,数列极限 $\lim\limits_{n\to\infty}x_n=a$ 的定义可表达为

$$\lim_{n\to\infty}x_n=a\Leftrightarrow\forall\varepsilon>0,\exists\ 正整数\ N,当\ n>N\ 时,有\ |x_n-a|<\varepsilon.$$

例 2.1 证明数列

$$2,\frac{1}{2},\frac{4}{3},\cdots,\frac{n+(-1)^{n-1}}{n},\cdots$$

的极限是 1.

证 $|x_n-a|=\left|\frac{n+(-1)^{n-1}}{n}-1\right|=\frac{1}{n}$,为了使 $|x_n-a|$ 小于任意给定的正数 ε,只要

定理 2.9 如果$\lim\limits_{x\to x_0}f(x)=A\neq 0$,那么存在 x_0 的某一去心邻域 $\mathring{U}(x_0)$,当 $x\in\mathring{U}(x_0)$时,有$|f(x)|>\frac{|A|}{2}$.

证 由函数极限的定义,对 $\varepsilon=\frac{|A|}{2}$来说,存在 $\delta>0$,当 $0<|x-x_0|<\delta$ 时,有

$$|f(x)-A|<\frac{|A|}{2},$$

从而

$$A-\frac{|A|}{2}<f(x)<A+\frac{|A|}{2}.$$

若 $A>0$,有 $f(x)>\frac{A}{2}$;若 $A<0$,有 $f(x)<\frac{A}{2}$,总之,有$|f(x)|>\frac{|A|}{2}$.

由此可得以下定理及推论.

定理 2.10(函数极限的局部保号性) 如果$\lim\limits_{x\to x_0}f(x)=A$,且 $A>0$(或 $A<0$),那么存在常数 $\delta>0$,使得当 $0<|x-x_0|<\delta$ 时,有 $f(x)>0$(或 $f(x)<0$).

推论 2.2 如果在 x_0 的某去心邻域内 $f(x)\geqslant 0$(或 $f(x)\leqslant 0$),而且$\lim\limits_{x\to x_0}f(x)=A$,那么 $A\geqslant 0$(或 $A\leqslant 0$).

定理 2.11(函数极限与数列极限的关系) 函数极限$\lim\limits_{x\to x_0}f(x)$存在的充分必要条件为对于 $f(x)$定义域内任一收敛于 x_0 的数列$\{x_n\}$,且满足:$x_n\neq x_0$ $(n\in\mathbf{N}^+)$,相应的函数值数列$\{f(x_n)\}$都收敛.

证 必要性 设$\lim\limits_{x\to x_0}f(x)=A$,则 $\forall\varepsilon>0$,$\exists\delta>0$,当 $0<|x-x_0|<\delta$ 时,有$|f(x)-A|<\varepsilon$.

又因$\lim\limits_{n\to\infty}x_n=x_0$,故对 $\delta>0$,$\exists N$,当 $n>N$ 时,有$|x_n-x_0|<\delta$.

由假设,$x_n\neq x_0$ $(n\in\mathbf{N}^+)$.故当 $n>N$ 时,$0<|x-x_0|<\delta$,从而$|f(x_n)-A|<\varepsilon$.即$\lim\limits_{n\to\infty}f(x_n)=A$.

充分性 容易说明满足定理中条件的$\{f(x_n)\}$极限都相等,设为 A.若$\lim\limits_{x\to x_0}f(x)$不存在或者$\lim\limits_{x\to x_0}f(x)\neq A$,则存在某个 $\varepsilon_0>0$,使得对于任给 $n\in\mathbf{N}^+$,$\exists x_n$,$0<|x_n-x_0|<\frac{1}{n}$,$|f(x_n)-A|>\varepsilon_0$.数列$\{x_n\}$满足 $x_n\to x_0$,且 $x_n\neq x_0$,但是 $f(x_n)$不趋向于 A,矛盾.

习 题 2.2

1. 根据函数极限的定义证明:

(1) $\lim\limits_{x\to 3}(3x-1)=8$；　(2) $\lim\limits_{x\to -2}\dfrac{x^2-4}{x+2}=-4$；　(3) $\lim\limits_{x\to a}\sin x=\sin a$；

(4) $\lim\limits_{x\to a}\cos x=\cos a$；　(5) $\lim\limits_{x\to a}\sqrt[3]{x}=\sqrt[3]{a}$；　(6) $\lim\limits_{x\to 1}\dfrac{x-1}{x^2-1}=\dfrac{1}{2}$.

2. 求 $f(x)=\dfrac{x}{x}$，$\varphi(x)=\dfrac{|x|}{x}$ 当 $x\to 0$ 时的左、右极限，并说明它们在 $x\to 0$ 时的极限是否存在.

3. 根据函数极限的定义证明：

(1) $\lim\limits_{x\to\infty}\dfrac{1+x^3}{2x^3}=\dfrac{1}{2}$；　(2) $\lim\limits_{x\to+\infty}\dfrac{\sin x}{\sqrt{x}}=0$.

4. 用单侧极限定义证明下列各式：

(1) $\lim\limits_{x\to 2^+}\dfrac{[x]^2-4}{x^2-4}=0$；　(2) $\lim\limits_{x\to 0^+}x^\alpha=0(\alpha>0)$.

5. 设

$$f(x)=\begin{cases}\dfrac{1}{x-1}, & x<0,\\ x, & 0<x<1,\\ 1, & x>1.\end{cases}$$

问 $f(x)$在 $x=0$ 与 $x=1$ 两点的极限是否存在？为什么？

6. 证明：极限 $\lim\limits_{x\to 0^+}\cos\dfrac{1}{x}$不存在.

7. 证明 $\lim\limits_{x\to 0^+}x\left[\dfrac{1}{x}\right]=1$.

8. 证明：函数 $f(x)=|x|$当 $x\to 0$ 时的极限为零.

9. 证明：若 $x\to+\infty$及 $x\to-\infty$时，函数 $f(x)$的极限都存在且都等于 A，则$\lim\limits_{x\to\infty}f(x)=A$.

10. 根据函数极限的定义证明：函数 $f(x)$当 $x\to x_0$ 时极限存在的充分必要条件是左极限、右极限各自存在并且相等.

11. 试给出 $x\to\infty$时函数极限的局部有界性的定理，并加以证明.

12. 已知 $\lim\limits_{x\to+\infty}f(x)=A$，且$\lim\limits_{n\to\infty}x_n=+\infty$，证明$\lim\limits_{n\to\infty}f(x_n)=A$.

2.3　无穷小与无穷大

2.3.1　无穷小

定义 2.8　在某一极限过程中(如 $n\to\infty$；$x\to x_0$；$x\to x_0^+$；$x\to x_0^-$；$x\to\infty$；$x\to+\infty$；$x\to-\infty$)，以 0 为极限的变量称为**该极限过程中的无穷小量**.

例如，$\dfrac{1}{n}$是 $n\to\infty$时的无穷小量；$x-1$ 是 $x\to 1$ 时的无穷小量.

下面的定理说明无穷小与函数极限的关系.

定理 2.12 在自变量的同一变化过程中,函数 $f(x)$具有极限 A 的充分必要条件是 $f(x)=A+\alpha$,其中 α 是无穷小.

证 以自变量 $x\to x_0$ 为例来证.

必要性 设 $\lim\limits_{x\to x_0} f(x)=A$,则 $\forall\varepsilon>0$, $\exists\delta>0$,当 $0<|x-x_0|<\delta$ 时,$|f(x)-A-0|=|f(x)-A|<\varepsilon$,所以$\lim\limits_{x\to x_0}(f(x)-A)=0$,即 $f(x)-A$ 是 $x\to x_0$ 时的无穷小.令 $\alpha=f(x)-A$,则 $f(x)=A+\alpha$.

充分性 设 $f(x)=A+\alpha$,其中 A 为常数,α 为无穷小. $\forall\varepsilon>0$, $\exists\delta>0$,当 $0<|x-x_0|<\delta$ 时,$|f(x)-A|=|\alpha|=|\alpha-0|<\varepsilon$,所以$\lim\limits_{x\to x_0}f(x)=A$.

2.3.2 无穷大

如果在某一极限过程中,函数 $f(x)$的绝对值无限增大,就称 $f(x)$**是此极限过程中的无穷大**.下面以 $x\to x_0$ 为例叙述其定义.

定义 2.9 设函数 $f(x)$在 x_0 的某一去心邻域内有定义.若对任意给定的 $M>0$,无论它多么大,总存在 $\delta>0$,使得当 $0<|x-x_0|<\delta$ 时,

$$|f(x)|>M,$$

则称函数 $f(x)$**为** $x\to x_0$ **时的无穷大**.记作

$$\lim_{x\to x_0}f(x)=\infty.$$

如果在定义中把$|f(x)|>M$ 换成 $f(x)>M$(或 $f(x)<-M$),就得到正无穷大和负无穷大的定义,分别记作

$$\lim_{x\to x_0}f(x)=+\infty \quad \text{或} \lim_{x\to x_0}f(x)=-\infty.$$

类似地,可以给出其他极限过程中的无穷大的定义.

例 2.12 证明$\lim\limits_{x\to 0}\dfrac{1}{x}=\infty$.

证 $\forall M>0$,令 $\delta=\dfrac{1}{M}$,则当 $0<|x-0|=|x|<\delta$ 时,$\left|\dfrac{1}{x}\right|=\dfrac{1}{|x|}>\dfrac{1}{\delta}=M$,所以$\lim\limits_{x\to 0}\dfrac{1}{x}=\infty$.

若$\lim\limits_{x\to x_0}f(x)=\infty$,**就称直线** $x=x_0$ **为函数** $f(x)$**的图形的一条铅直渐近线**.

无穷大与无穷小之间有一种简单的关系.

定理 2.13 在自变量的同一变化过程中,如果 $f(x)$为无穷大,则$\dfrac{1}{f(x)}$为无穷小;反之,若 $f(x)$为无穷小,且 $f(x)\neq 0$,则$\dfrac{1}{f(x)}$为无穷大.

证　以 $x\to x_0$ 时为例.

若 $\lim\limits_{x\to x_0}f(x)=\infty$，任给 $\varepsilon>0$，对于 $M=\dfrac{1}{\varepsilon}$ 来说，存在 $\delta>0$，使得当 $0<|x-x_0|<\delta$ 时，

$$|f(x)|>M=\frac{1}{\varepsilon},$$

即

$$\left|\frac{1}{f(x)}\right|<\varepsilon,$$

所以 $\dfrac{1}{f(x)}$ 为无穷小.

若 $\lim\limits_{x\to x_0}f(x)=0$，任给 $M>0$，对于 $\varepsilon=\dfrac{1}{M}$ 来说，存在 $\delta>0$，使得当 $0<|x-x_0|<\delta$ 时，

$$|f(x)|<\varepsilon=\frac{1}{M},$$

即

$$\left|\frac{1}{f(x)}\right|>M,$$

所以 $\dfrac{1}{f(x)}$ 是无穷大.

习　题　2.3

1. 两个无穷小的商是否一定是无穷小？举例说明.

2. 根据定义证明：

(1) $y=\dfrac{x^2-9}{x+3}$ 为当 $x\to 3$ 时的无穷小；　(2) $y=x\sin\dfrac{1}{x}$ 为当 $x\to 0$ 时的无穷小.

3. 求下列极限并说明理由：

(1) $\lim\limits_{x\to\infty}\dfrac{2x+1}{x}$；　(2) $\lim\limits_{x\to 0}\dfrac{1-x^2}{1-x}$.

4. 根据定义证明：函数 $y=\dfrac{1+2x}{x}$ 为当 $x\to 0$ 时的无穷大.

5. 函数 $y=x\cos x$ 在 $(-\infty,+\infty)$ 内是否有界？这个函数是否为 $x\to+\infty$ 时的无穷大？为什么？

6. 证明：函数 $y=\dfrac{1}{x}\sin\dfrac{1}{x}$ 在区间 $(0,1]$ 上无界，但不是 $x\to 0^+$ 时的无穷大.

7. 求函数 $f(x)=\dfrac{4}{2-x^2}$ 的图形的渐近线.

2.4 极限运算法则

2.4.1 无穷小运算法则

定理 2.14 两个无穷小的和是无穷小.

证 以 $x\to x_0$ 时为例.

设 α 和 β 是 $x\to x_0$ 时的无穷小,而

$$\gamma=\alpha+\beta.$$

$\forall\varepsilon>0$, $\exists\delta_1>0$,当 $0<|x-x_0|<\delta_1$ 时,有

$$|\alpha|<\frac{\varepsilon}{2}.$$

$\exists\delta_2>0$,当 $0<|x-x_0|<\delta_2$ 时,有

$$|\beta|<\frac{\varepsilon}{2}.$$

取 $\delta=\min\{\delta_1,\delta_2\}$,则当 $0<|x-x_0|<\delta$ 时,有

$$|\alpha+\beta|\leqslant|\alpha|+|\beta|<\frac{\varepsilon}{2}+\frac{\varepsilon}{2}=\varepsilon.$$

所以 $\alpha+\beta$ 是无穷小.

定理 2.15 有界函数与无穷小的积是无穷小.

证 以 $x\to x_0$ 时为例.

设 α 是 $x\to x_0$ 时的无穷小,$u(x)$ 在 x_0 的某去心邻域 $\mathring{U}(x_0,\delta_1)$ 内有界,即 $\exists M>0$,使得对一切 $x\in\mathring{U}(x_0,\delta_1)$,$|u(x)|\leqslant M$ 成立.

$\forall\varepsilon>0$, $\exists\delta_2>0$,当 $0<|x-x_0|<\delta_2$ 时,有

$$|\alpha|<\varepsilon.$$

取 $\delta=\min\{\delta_1,\delta_2\}$,则当 $0<|x-x_0|<\delta$ 时,有

$$|u\alpha|\leqslant M\varepsilon.$$

所以 $u\alpha$ 是无穷小.

推论 2.3 常数与无穷小的乘积是无穷小.

推论 2.4 两个无穷小的乘积是无穷小.

推论 2.5 两个无穷小的差是无穷小.

推论 2.6 有限个无穷小的和、差与积都是无穷小.

定理 2.16 若 $f(u)$是极限过程 1 中的无穷小,$u=g(x)$,当 x 满足极限过程 2 时,相应的 $u=g(x)$满足极限过程 1,则 $f(g(x))$是极限过程 2 中的无穷小.

证 以$\lim\limits_{u\to u_0}f(u)=0$,同时$\lim\limits_{x\to x_0}g(x)=u_0$,并且 $\exists\delta_0>0$,使得当 $x\in\mathring{U}(x_0,\delta_0)$时 $g(x)\neq u_0$ 为例证明.

由 $\lim\limits_{u\to u_0} f(u)=0$ 知 $\forall \varepsilon>0$，$\exists \eta>0$，当 $0<|u-u_0|<\eta$ 时，$|f(u)|<\varepsilon$. 又由于 $\lim\limits_{x\to x_0} g(x)=u_0$，所以 $\exists \delta_1>0$，当 $0<|x-x_0|<\delta_1$ 时，$|g(x)-u_0|<\eta$. 取 $\delta=\min\{\delta_0,\delta_1\}$，则当 $0<|x-x_0|<\delta$ 时，$0<|g(x)-u_0|<\eta$，故此时有

$$|f(g(x))|<\varepsilon.$$

所以 $f(g(x))$ 是无穷小.

2.4.2　极限运算法则

定理 2.17　如果 $\lim f(x)=A$，$\lim g(x)=B$，那么

(1) $\lim[f(x)\pm g(x)]=\lim f(x)\pm \lim g(x)=A\pm B$；

(2) $\lim[f(x)\cdot g(x)]=\lim f(x)\cdot \lim g(x)=A\cdot B$；

(3) 若又有 $B\neq 0$，则

$$\lim \frac{f(x)}{g(x)}=\frac{\lim f(x)}{\lim g(x)}=\frac{A}{B}.$$

证　(1) $f(x)=A+\alpha$，$g(x)=B+\beta$，α 和 β 为无穷小.

$$f(x)\pm g(x)=(A+\alpha)\pm(B+\beta)=(A\pm B)+(\alpha\pm\beta).$$

而 $\alpha\pm\beta$ 为无穷小. 由定理 2.12 可得结论.

(2) $f(x)\cdot g(x)=(A+\alpha)\cdot(B+\beta)=A\cdot B+(A\beta+B\alpha+\alpha\beta)$，而 $A\beta+B\alpha+\alpha\beta$ 是无穷小. 由定理 2.12 可得结论.

(3) $\dfrac{f(x)}{g(x)}=\dfrac{A}{B}+\left(\dfrac{f(x)}{g(x)}-\dfrac{A}{B}\right)=\dfrac{A}{B}+\dfrac{1}{Bg(x)}(B\alpha-A\beta)$，而 $\dfrac{1}{Bg(x)}(B\alpha-A\beta)$ 是无穷小. 由定理 2.12 可得结论. 此处用到了定理 2.9，它保证了 $|g(x)|$ 局部有正下界，故 $\dfrac{1}{Bg(x)}$ 有界.

推论 2.7　如果 $\lim f(x)$ 存在，c 为常数，则

$$\lim[cf(x)]=c\lim f(x).$$

推论 2.8　如果 $\lim f(x)$ 存在，n 是正整数，则

$$\lim[f(x)]^n=[\lim f(x)]^n.$$

例 2.13　设 $f(x)=a_nx^n+a_{n-1}x^{n-1}+\cdots+a_0$，求 $\lim\limits_{x\to x_0} f(x)$.

解

$$\begin{aligned}\lim_{x\to x_0} f(x)&=\lim_{x\to x_0}(a_nx^n+a_{n-1}x^{n-1}+\cdots+a_0)\\&=a_n(\lim_{x\to x_0}x)^n+a_{n-1}(\lim_{x\to x_0}x)^{n-1}+\cdots+\lim_{x\to x_0}a_0\\&=a_nx_0^n+a_{n-1}x_0^{n-1}+\cdots+a_0=f(x_0)\end{aligned}$$

例 2.14　设 $F(x)=\dfrac{P(x)}{Q(x)}$，其中 $P(x)$，$Q(x)$ 都是多项式，$Q(x_0)\neq 0$，求 $\lim\limits_{x\to x_0} F(x)$.

解 $\lim\limits_{x\to x_0}F(x)=\lim\limits_{x\to x_0}\dfrac{P(x)}{Q(x)}=\dfrac{\lim\limits_{x\to x_0}P(x)}{\lim\limits_{x\to x_0}Q(x)}=\dfrac{P(x_0)}{Q(x_0)}=F(x_0)$.

例 2.15 求$\lim\limits_{x\to1}\dfrac{x-1}{x^2-1}$.

解 $\lim\limits_{x\to1}\dfrac{x-1}{x^2-1}=\lim\limits_{x\to1}\dfrac{1}{x+1}=\dfrac{1}{2}$.

例 2.16 求$\lim\limits_{x\to1}\dfrac{x+2}{x^2-1}$.

解 因为$\lim\limits_{x\to1}\dfrac{x^2-1}{x+2}=0$,所以$\lim\limits_{x\to1}\dfrac{x+2}{x^2-1}=\infty$.

例 2.17 求$\lim\limits_{x\to\infty}\dfrac{a_mx^m+a_{m-1}x^{m-1}+\cdots+a_0}{b_nx^n+b_{n-1}x^{n-1}+\cdots+b_0}$,其中 $a_m\neq0,b_n\neq0$.

解 当 $n=m$ 时,

$$\lim_{x\to\infty}\frac{a_mx^m+a_{m-1}x^{m-1}+\cdots+a_0}{b_nx^n+b_{n-1}x^{n-1}+\cdots+b_0}=\lim_{x\to\infty}\frac{a_n+a_{n-1}\dfrac{1}{x}+\cdots+a_0\dfrac{1}{x^n}}{b_n+b_{n-1}\dfrac{1}{x}+\cdots+b_0\dfrac{1}{x^n}}=\frac{a_n}{b_n};$$

当 $n>m$ 时,

$$\lim_{x\to\infty}\frac{a_mx^m+a_{m-1}x^{m-1}+\cdots+a_0}{b_nx^n+b_{n-1}x^{n-1}+\cdots+b_0}=\lim_{x\to\infty}\frac{a_m\dfrac{1}{x^{n-m}}+a_{m-1}\dfrac{1}{x^{n-m+1}}+\cdots+a_0\dfrac{1}{x^n}}{b_n+b_{n-1}\dfrac{1}{x}+\cdots+b_0\dfrac{1}{x^n}}=0;$$

当 $n<m$ 时,因为

$$\lim_{x\to\infty}\frac{b_nx^n+b_{n-1}x^{n-1}+\cdots+b_0}{a_mx^m+a_{m-1}x^{m-1}+\cdots+a_0}=0,$$

所以

$$\lim_{x\to\infty}\frac{a_mx^m+a_{m-1}x^{m-1}+\cdots+a_0}{b_nx^n+b_{n-1}x^{n-1}+\cdots+b_0}=\infty.$$

例 2.18 求$\lim\limits_{x\to0}x\sin\dfrac{1}{x}$.

解 因为$\lim\limits_{x\to0}x=0$,而 $\sin\dfrac{1}{x}$有界,所以$\lim\limits_{x\to0}x\sin\dfrac{1}{x}=0$.

定理 2.18(复合函数的极限运算法则) 若 $f(u)$在极限过程 1 中存在极限 A, $u=g(x)$,当 x 满足极限过程 2 时,相应的 $u=g(x)$满足极限过程 1,则 $f(g(x))$在极限过程 2 中也存在极限 A.

证 以$\lim\limits_{u\to u_0}f(u)=A$,同时$\lim\limits_{x\to x_0}g(x)=u_0$,并且$\exists\delta_0>0$,使得当 $x\in\mathring{U}(x_0,\delta_0)$时 $g(x)\neq u_0$ 为例证明.

由$\lim\limits_{u\to u_0}f(u)=A$知$f(u)=A+\alpha(u)$，其中$\alpha(u)$是无穷小. 所以$f(g(x))=A+\alpha(g(x))$，由定理 2.16 知$\alpha(g(x))$也是无穷小. 再由定理 2.12 可得结论.

习　题　2.4

计算下列极限：

(1) $\lim\limits_{x\to 2}\dfrac{x^2+5}{x-3}$；　(2) $\lim\limits_{x\to 1}\dfrac{x^2-2x+1}{x^2-1}$；　(3) $\lim\limits_{x\to\infty}\left(2-\dfrac{1}{x}+\dfrac{1}{x^2}\right)$；　(4) $\lim\limits_{x\to\infty}\dfrac{x^2-1}{2x^2-x-1}$；

(5) $\lim\limits_{x\to\infty}\dfrac{x^2+x}{x^4-3x^2+1}$；　(6) $\lim\limits_{n\to\infty}\left(1+\dfrac{1}{2}+\dfrac{1}{4}+\cdots+\dfrac{1}{2^n}\right)$；

(7) $\lim\limits_{n\to\infty}\dfrac{1+2+3+\cdots+(n-1)}{n^2}$；　(8) $\lim\limits_{x\to 1}\left(\dfrac{1}{1-x}-\dfrac{3}{1-x^3}\right)$；　(9) $\lim\limits_{n\to\infty}\dfrac{(-2)^n+3^n}{(-1)^{n+1}+3^{n+1}}$；

(10) $\lim\limits_{n\to\infty}\dfrac{\sqrt{n+1}-\sqrt{n}}{\sqrt{n+2}-\sqrt{n}}$；　(11) $\lim\limits_{n\to\infty}\dfrac{a^n-a^{-n}}{a^n+a^{-n}}(a>0)$；　(12) $\lim\limits_{x\to 2}\dfrac{x^3+2x^2}{(x-2)^2}$；　(13) $\lim\limits_{x\to\infty}\dfrac{x^2}{2x+1}$；

(14) $\lim\limits_{x\to+\infty}(\sqrt{x^2+x}-x)$；　(15) $\lim\limits_{x\to 0}\dfrac{5x}{\sqrt[3]{1+x}-\sqrt[3]{1-x}}$；　(16) $\lim\limits_{x\to 0}\dfrac{\sqrt[3]{1+3x}-\sqrt[3]{1-2x}}{x+x^2}$；

(17) $\lim\limits_{x\to a^+}\dfrac{\sqrt{x}-\sqrt{a}+\sqrt{x-a}}{\sqrt{x^2-a^2}}(a>0)$；　(18) $\lim\limits_{x\to 1}\dfrac{\sqrt{3-x}-\sqrt{1+x}}{x^2-1}$；

(19) $\lim\limits_{x\to-\infty}\left[\sqrt{x^2+x+1}-\sqrt{x^2-x+1}\right]$；　(20) $\lim\limits_{x\to+\infty}x(\sqrt{x^2+1}-x)$；

(21) $\lim\limits_{x\to 0}x^2\sin\dfrac{1}{x}$；　(22) $\lim\limits_{x\to\infty}\dfrac{\arctan x}{x}$.

2.5　极限存在准则　两个重要极限

2.5.1　夹逼准则和重要极限$\lim\limits_{x\to 0}\dfrac{\sin x}{x}=1$

夹逼准则　若存在$\eta>0$，使得当$0<|x-x_0|<\eta$时，有

$$f(x)\leqslant h(x)\leqslant g(x),$$

且

$$\lim_{x\to x_0}f(x)=\lim_{x\to x_0}g(x)=A,$$

则

$$\lim_{x\to x_0}h(x)=A.$$

证　因为$\lim\limits_{x\to x_0}f(x)=\lim\limits_{x\to x_0}g(x)=A$，所以$f(x)=A+\alpha$，$g(x)=A+\beta$，其中$\alpha,\beta$为无穷小. 把$h(x)$写成$h(x)=A+(h(x)-A)=A+\gamma(x)$，则有$\alpha\leqslant\gamma(x)\leqslant\beta$. 下面证明$\gamma(x)$是无穷小. $\forall\varepsilon>0$，$\exists\delta>0$，当$x\in\mathring{U}(x_0,\delta)$时，$-\varepsilon<\alpha<\varepsilon$，$-\varepsilon<\beta<\varepsilon$，所以$-\varepsilon<\gamma(x)<\varepsilon$. 这说明$\gamma(x)$是无穷小. $\lim\limits_{x\to x_0}h(x)=A$.

其他极限过程中也有类似的**夹逼准则**.

下面利用夹逼准则推导重要极限

$$\lim_{x\to 0}\frac{\sin x}{x}=1.$$

作半径为1的圆,设锐角$\angle AOB$的弧度数为x(图2.7).

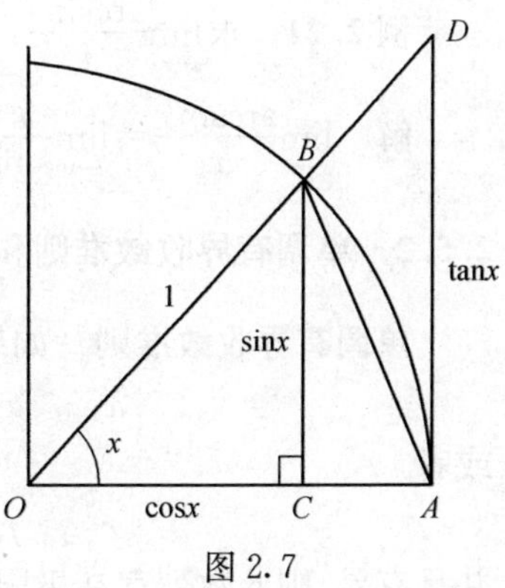

图 2.7

显然有$\triangle AOB$的面积<扇形AOB的面积<$\triangle AOD$的面积,即

$$\frac{1}{2}\sin x<\frac{1}{2}x<\frac{1}{2}\tan x,\quad x\in\left(0,\frac{\pi}{2}\right).$$

亦即

$$\sin x<x<\tan x,\quad x\in\left(0,\frac{\pi}{2}\right).$$

不等号两边都除以$\sin x$,就有

$$1<\frac{x}{\sin x}<\frac{1}{\cos x},$$

或

$$\cos x<\frac{\sin x}{x}<1,$$

因为$\cos x$和$\frac{\sin x}{x}$都是偶函数,所以上式对于$\left(-\frac{\pi}{2},0\right)$内的一切$x$也成立.

引理 2.1 $|\sin x|\leqslant|x|$,等号当且仅当$x=0$时成立.

证 上面已证当$0<|x|<\frac{\pi}{2}$时,$|\sin x|<|x|$成立.当$|x|\geqslant\frac{\pi}{2}$时,显然$|\sin x|<|x|$成立.而$x=0$时,显然等号成立.

下面证明$\lim\limits_{x\to 0}\cos x=1$.

事实上,$1\geqslant\cos x=1-2\sin^2\frac{x}{2}\geqslant 1-2\left(\frac{x}{2}\right)^2=1-\frac{x^2}{2}$,而显然$\lim\limits_{x\to 0}\left(1-\frac{x^2}{2}\right)=1$,用夹逼准则得证$\lim\limits_{x\to 0}\cos x=1$.

再对$\cos x<\frac{\sin x}{x}<1$利用夹逼准则就得到了$\lim\limits_{x\to 0}\frac{\sin x}{x}=1$.

例 2.19 求$\lim\limits_{x\to 0}\frac{\tan x}{x}$.

解 $\lim\limits_{x\to 0}\frac{\tan x}{x}=\lim\limits_{x\to 0}\left(\frac{\sin x}{x}\cdot\frac{1}{\cos x}\right)=\lim\limits_{x\to 0}\frac{\sin x}{x}\cdot\lim\limits_{x\to 0}\frac{1}{\cos x}=1.$

例 2.20 求$\lim\limits_{x\to 0}\frac{1-\cos x}{x^2}$.

解 $\lim\limits_{x\to0}\dfrac{1-\cos x}{x^2}=\lim\limits_{x\to0}\dfrac{2\sin^2\dfrac{x}{2}}{x^2}=\dfrac{1}{2}\lim\limits_{x\to0}\left(\dfrac{\sin\dfrac{x}{2}}{\dfrac{x}{2}}\right)^2=\dfrac{1}{2}.$

例 2.21 求$\lim\limits_{x\to0}\dfrac{\arcsin x}{x}$.

解 $\lim\limits_{x\to0}\dfrac{\arcsin x}{x}=\lim\limits_{t\to0}\dfrac{t}{\sin t}=1.$

2.5.2 单调有界收敛准则和重要极限$\lim\limits_{x\to\infty}\left(1+\dfrac{1}{x}\right)^x=\mathrm{e}$

单调有界收敛准则 如果数列$\{x_n\}$满足条件

$$x_1\leqslant x_2\leqslant x_3\leqslant\cdots\leqslant x_n\leqslant x_{n+1}\leqslant\cdots$$

或者

$$x_1\geqslant x_2\geqslant x_3\geqslant\cdots\geqslant x_n\geqslant x_{n+1}\geqslant\cdots$$

并且有界,则此数列存在极限.

其他极限过程中也有相应的**单调有界收敛准则**.

下面利用单调有界收敛准则推导重要极限

$$\lim_{x\to\infty}\left(1+\frac{1}{x}\right)^x=\mathrm{e}.$$

分两步证明.

(1) 证明$\lim\limits_{n\to\infty}\left(1+\dfrac{1}{n}\right)^n=\mathrm{e}$.

设

$$x_n=\left(1+\frac{1}{n}\right)^n.$$

由二项式定理得

$$\begin{aligned}x_n&=1+n\cdot\frac{1}{n}+\frac{n(n-1)}{2!}\cdot\frac{1}{n^2}+\frac{n(n-1)(n-2)}{3!}\cdot\frac{1}{n^3}+\cdots\\&\quad+\frac{n(n-1)\cdots3\cdot2\cdot1}{n!}\cdot\frac{1}{n^n}\\&=1+1+\frac{1}{2!}\left(1-\frac{1}{n}\right)+\frac{1}{3!}\left(1-\frac{1}{n}\right)\left(1-\frac{2}{n}\right)+\cdots\\&\quad+\frac{1}{n!}\left(1-\frac{1}{n}\right)\left(1-\frac{2}{n}\right)\cdots\left(1-\frac{n-1}{n}\right).\end{aligned}$$

同理可得

$$\begin{aligned}x_{n+1}&=1+1+\frac{1}{2!}\left(1-\frac{1}{n+1}\right)+\frac{1}{3!}\left(1-\frac{1}{n+1}\right)\left(1-\frac{2}{n+1}\right)+\cdots\\&\quad+\frac{1}{n!}\left(1-\frac{1}{n+1}\right)\left(1-\frac{2}{n+1}\right)\cdots\left(1-\frac{n-1}{n+1}\right)\end{aligned}$$

$$+\frac{1}{(n+1)!}\left(1-\frac{1}{n+1}\right)\left(1-\frac{2}{n+1}\right)\cdots\left(1-\frac{n}{n+1}\right).$$

可比较得出$\{x_n\}$是单调上升数列.

又有

$$\begin{aligned}x_n&<1+1+\frac{1}{2!}+\frac{1}{3!}+\cdots+\frac{1}{n!}\\&<1+1+\frac{1}{1\cdot 2}+\frac{1}{2\cdot 3}+\cdots+\frac{1}{(n-1)n}\\&=1+1+\left(1-\frac{1}{2}\right)+\left(\frac{1}{2}-\frac{1}{3}\right)+\cdots+\left(\frac{1}{n-1}-\frac{1}{n}\right)\\&=3-\frac{1}{n}<3.\end{aligned}$$

根据单调有界收敛准则,$\lim\limits_{n\to\infty}\left(1+\frac{1}{n}\right)^n$ 存在,将其值记为 e,即

$$\lim_{n\to\infty}\left(1+\frac{1}{n}\right)^n=\mathrm{e}.$$

e 为自然对数的底.

(2) 证明$\lim\limits_{x\to\infty}\left(1+\frac{1}{x}\right)^x=\mathrm{e}$.

先证$\lim\limits_{x\to+\infty}\left(1+\frac{1}{x}\right)^x=\mathrm{e}$. 因为 $x\to+\infty$,所以不妨设 $x>1$. 令$[x]=n$,则

$$n\leqslant x<n+1,$$

从而$\left(1+\frac{1}{n+1}\right)^n<\left(1+\frac{1}{x}\right)^x<\left(1+\frac{1}{n}\right)^{n+1}$. 注意到

$$\lim_{n\to\infty}\left(1+\frac{1}{n+1}\right)^n=\lim_{n\to\infty}\frac{\left(1+\frac{1}{n+1}\right)^{n+1}}{1+\frac{1}{n+1}}=\mathrm{e},$$

$$\lim_{n\to\infty}\left(1+\frac{1}{n}\right)^{n+1}=\lim_{n\to\infty}\left(1+\frac{1}{n}\right)^n\cdot\left(1+\frac{1}{n}\right)=\mathrm{e},$$

由夹逼准则,得$\lim\limits_{x\to+\infty}\left(1+\frac{1}{x}\right)^x=\mathrm{e}$.

再证$\lim\limits_{x\to-\infty}\left(1+\frac{1}{x}\right)^x=\mathrm{e}$.

$$\lim_{x\to-\infty}\left(1+\frac{1}{x}\right)^x=\lim_{y\to+\infty}\left(1-\frac{1}{y}\right)^{-y}=\lim_{y\to+\infty}\left(1+\frac{1}{y-1}\right)^{y-1}\cdot\left(1+\frac{1}{y-1}\right)=\mathrm{e}.$$

综合上述结果得到$\lim\limits_{x\to\infty}\left(1+\frac{1}{x}\right)^x=\mathrm{e}$.

极限$\lim\limits_{x\to\infty}\left(1+\frac{1}{x}\right)^x=\mathrm{e}$ 有时也写成$\lim\limits_{\alpha\to 0}(1+\alpha)^{\frac{1}{\alpha}}=\mathrm{e}$.

例 2.22 求$\lim\limits_{x\to\infty}\left(\dfrac{x^2-3}{x^2+2}\right)^{2x^2}$.

解

$$\lim_{x\to\infty}\left(\frac{x^2-3}{x^2+2}\right)^{2x^2}=\lim_{x\to\infty}\left(1+\frac{-5}{x^2+2}\right)^{2x^2}=\lim_{\alpha\to0}(1+\alpha)^{\left(-4-\frac{10}{\alpha}\right)}$$
$$=\lim_{\alpha\to0}\frac{1}{(1+\alpha)^4}\cdot\lim_{\alpha\to0}\frac{1}{[(1+\alpha)^{1/\alpha}]^{10}}=\frac{1}{e^{10}}.$$

2.5.3 柯西收敛准则

柯西收敛准则 数列$\{x_n\}$收敛的充分必要条件是: $\forall\varepsilon>0$, $\exists$正整数N,当$m>N,n>N$时,有$|x_m-x_n|<\varepsilon$.

证 只证必要性. 设$\lim\limits_{n\to\infty}x_n=a$,则$\forall\varepsilon>0$, $\exists$正整数N,当$m>N,n>N$时,有$|x_m-a|<\dfrac{\varepsilon}{2}$, $|x_n-a|<\dfrac{\varepsilon}{2}$. 此时, $|x_m-x_n|\leqslant|x_m-a|+|x_n-a|<\dfrac{\varepsilon}{2}+\dfrac{\varepsilon}{2}=\varepsilon$.

习 题 2.5

1. 用单调有界数列必有极限的定理证明下列数列的极限存在:

(1) $x_n=1+\dfrac{1}{2^2}+\cdots+\dfrac{1}{n^2}$;

(2) $x_n=\dfrac{1}{5+10}+\dfrac{1}{5^2+10}+\cdots+\dfrac{1}{5^n+10}$;

(3) $x_n=\dfrac{1}{2}\cdot\dfrac{3}{4}\cdot\cdots\cdot\dfrac{2n-1}{2n}$;

(4) $x_n=\dfrac{1}{n}+\dfrac{1}{n+1}+\cdots+\dfrac{1}{2n}$.

2. 求下列数列的极限:

(1) $x_1=\sqrt{2},\cdots,x_{n+1}=\sqrt{2x_n}$, $n=1,2,\cdots$;

(2) $x_0=1$, $x_{n+1}=1+\dfrac{x_n}{1+x_n}$;

(3) $x_1=\sin x$, $x_{n+1}=\sin x_n$, $n=1,2,\cdots$;

(4) $\lim\limits_{n\to\infty}\sqrt[n]{a_1^n+a_2^n+\cdots+a_k^n}$ $(a_i>0,i=1,\cdots,k)$.

3. 计算下列极限:

(1) $\lim\limits_{x\to0}\dfrac{\sin\omega x}{x}$; (2) $\lim\limits_{x\to0}\dfrac{\tan3x}{x}$; (3) $\lim\limits_{x\to0}x\cot x$; (4) $\lim\limits_{x\to0}\dfrac{1-\cos2x}{x\sin x}$;

(5) $\lim\limits_{n\to\infty}2^n\sin\dfrac{x}{2^n}$; (6) $\lim\limits_{x\to0}\dfrac{\sin\alpha x}{\sin\beta x}(\beta\neq0)$; (7) $\lim\limits_{x\to a}\dfrac{\cos x-\cos a}{x-a}$;

(8) $\lim\limits_{x\to a}\dfrac{\sin x-\sin a}{x-a}$; (9) $\lim\limits_{x\to0}\dfrac{\arctan x}{x}$; (10) $\lim\limits_{x\to\pi}\dfrac{\sqrt{1+\tan x}-\sqrt{1-\tan x}}{\sin2x}$;

(11) $\lim\limits_{x\to\infty}x\sin\dfrac{1}{x}$； (12) $\lim\limits_{x\to0}x\sin\dfrac{1}{x}$； (13) $\lim\limits_{x\to\frac{\pi}{2}}[\sec x-\tan x]$；

(14) $\lim\limits_{x\to0}\dfrac{\sqrt{1+\tan x}-\sqrt{1+\sin x}}{x^3}$； (15) $\lim\limits_{x\to\frac{\pi}{4}}\tan 2x\tan\left(\dfrac{\pi}{4}-x\right)$.

4. 计算下列极限：

(1) $\lim\limits_{x\to0}(1-x)^{\frac{1}{x}}$； (2) $\lim\limits_{x\to0}(1+2x)^{\frac{1}{x}}$； (3) $\lim\limits_{x\to\infty}\left(\dfrac{1+x}{x}\right)^{2x}$；

(4) $\lim\limits_{x\to\infty}\left(1-\dfrac{1}{x}\right)^{kx}$（$k$ 为正整数）；

(5) 若 $\lim\limits_{x\to\infty}\left(\dfrac{x+2a}{x-a}\right)^{x}=8$，求 a； (6) $\lim\limits_{x\to1}(1+\sin\pi x)^{\cot\pi x}$； (7) $\lim\limits_{x\to\frac{\pi}{4}}(\tan x)^{\tan 2x}$；

(8) $\lim\limits_{x\to\infty}\left(\cos\dfrac{a}{x}\right)^{x^2}$ $(a\neq0)$； (9) $\lim\limits_{x\to\frac{\pi}{2}}(\sin x)^{\tan x}$.

5. 利用极限存在准则证明：

(1) $\lim\limits_{n\to\infty}\sqrt{1+\dfrac{1}{n}}=1$；

(2) $\lim\limits_{n\to\infty}n\left(\dfrac{1}{n^2+\pi}+\dfrac{1}{n^2+2\pi}+\cdots+\dfrac{1}{n^2+n\pi}\right)=1$；

(3) 数列 $\sqrt{2}$，$\sqrt{2+\sqrt{2}}$，$\sqrt{2+\sqrt{2+\sqrt{2}}}$，…的极限存在；

(4) $\lim\limits_{x\to0}\sqrt[n]{1+x}=1$；

(5) $\lim\limits_{x\to0^+}x\left[\dfrac{1}{x}\right]=1$；

(6) 设 $a>0$，证明 $\lim\limits_{n\to\infty}\dfrac{a^n}{(1+a)(1+a^2)\cdots(1+a^n)}=0$.

2.6 无穷小的比较

在同一极限过程中出现的几个无穷小量，尽管都以 0 为极限，但趋于 0 的快慢速度可能不一样. 在某些问题中，需要比较它们趋于 0 的速度.

定义 2.10 设 α,β 是同一极限过程中的两个无穷小量.

若 $\lim\dfrac{\alpha}{\beta}=c\neq0$，则称 α 与 β 是**同阶无穷小**. 特别地，若 $\lim\dfrac{\alpha}{\beta}=1$，称 α 与 β 是**等价无穷小**，记作

$$\alpha\sim\beta.$$

若 $\lim\dfrac{\alpha}{\beta}=0$，则称 α 是比 β **高阶的无穷小**，记作

$$\alpha=o(\beta).$$

此时也称 β 是比 α **低阶的无穷小**.

若 $\lim \frac{\alpha}{\beta}$不存在且不是无穷大,则称 α 与 β **无法比较**.

若 $\lim \frac{\alpha}{\beta^k}=c\neq 0$,其中 $k>0$,则称 α 是 β 的 k **阶无穷小**.

例如,易知 $x\to 0$ 时,$2x^2$ 是比 x 高阶的无穷小,即 $2x^2=o(x)$;$n\to\infty$时,$\frac{1}{n^2}$是比$\frac{1}{n^3}$低阶的无穷小;$x\to 0$ 时,$\sin x$ 与 x 是等价无穷小,即 $\sin x\sim x$;$x\to 0$ 时,$1-\cos x$ 是 x 的二阶无穷小;$n\to\infty$时,$\frac{1}{n}$与$\frac{\sin n}{n}$是无法比较的两个无穷小.

定理 2.19　β 与 α 是等价无穷小的充分必要条件是

$$\beta=\alpha+o(\alpha).$$

证　必要性　设 $\beta\sim\alpha$,则 $\lim \frac{\beta-\alpha}{\alpha}=\lim \frac{\beta}{\alpha}-1=0$,所以 $\beta-\alpha=o(\alpha)$,即 $\beta=\alpha+o(\alpha)$.

充分性　设 $\beta=\alpha+o(\alpha)$,则 $\lim \frac{\beta}{\alpha}=\lim \frac{\alpha+o(\alpha)}{\alpha}=1$,即 β 与 α 等价.

例 2.23　因为 $x\to 0$ 时,$\sin x\sim x$,$\tan x\sim x$,$\arcsin x\sim x$,$1-\cos x\sim\frac{1}{2}x^2$,所以当 $x\to 0$ 时,有

$$\sin x=x+o(x),\tan x=x+o(x),\arcsin x=x+o(x),1-\cos x=\frac{1}{2}x^2+o(x^2).$$

定理 2.20　假设在同一极限过程中有变量 u 及非零无穷小量 $\alpha,\alpha_1,\beta,\beta_1$,且 $\alpha\sim\alpha_1,\beta\sim\beta_1$. 又 $\lim u\cdot\frac{\alpha_1}{\beta_1}=A$,则

$$\lim u\cdot\frac{\alpha}{\beta}=\lim u\cdot\frac{\alpha_1}{\beta_1}=A.$$

证　$\lim u\cdot\frac{\alpha}{\beta}=\lim u\cdot\frac{\alpha}{\alpha_1}\cdot\frac{\alpha_1}{\beta_1}\cdot\frac{\beta_1}{\beta}=\lim\frac{\alpha}{\alpha_1}\lim u\cdot\frac{\alpha_1}{\beta_1}\cdot\lim\frac{\beta_1}{\beta}=A.$

定理 2.20 表明**在求极限时,无穷小量因子可由其等价无穷小代换.**

例 2.24　求$\lim\limits_{x\to 0}\frac{\tan 3x}{\arcsin 5x}$.

解　$\lim\limits_{x\to 0}\frac{\tan 3x}{\arcsin 5x}=\lim\limits_{x\to 0}\frac{3x}{5x}=\frac{3}{5}$.

例 2.25　求$\lim\limits_{x\to 0}\frac{\tan 3x}{x^3+3x}$.

解　$\lim\limits_{x\to 0}\frac{\tan 3x}{x^3+3x}=\lim\limits_{x\to 0}\frac{3x}{3x}=1$.

习 题 2.6

1. 当 $x\to 0$ 时，$2x-x^2$ 与 x^2-x^3 相比，哪一个是高阶无穷小？

2. 当 $x\to 1$ 时，无穷小 $1-x$ 和 $1-x^3$，$\frac{1}{2}(1-x^2)$ 是否同阶？是否等价？

3. 证明：当 $x\to 0$ 时，有

(1) $\arctan x\sim x$； (2) $\sec x-1\sim\frac{x^2}{2}$.

4. 利用等价无穷小的性质，求下列极限：

(1) $\lim\limits_{x\to 0}\frac{\tan 3x}{2x}$； (2) $\lim\limits_{x\to 0}\frac{\sin(x^n)}{(\sin x)^m}$ (n,m 为正整数)； (3) $\lim\limits_{x\to 0}\frac{\tan x-\sin x}{\sin^3 x}$.

5. 证明下列各关系式：

(1) $(1+x)^k=1+kx+o(x)\,(x\to 0)$，$k$ 为正整数；

(2) $\frac{1-x}{1+x}\sim 1-\sqrt{x}\,(x\to 1)$；

(3) $\sqrt{x+\sqrt{x+\sqrt{x}}}\sim\sqrt[8]{x}\,(x\to 0^+)$.

6. 当 $x\to 0$ 时，试确定下列各无穷小关于基本无穷小 x 的阶数：

(1) $x^3+10^2x^2$； (2) $\sqrt[3]{x^2}-\sqrt{x}\,(x>0)$； (3) $\frac{x(x+1)}{1+\sqrt{x}}\,(x>0)$； (4) $\sqrt{5+x^3}-\sqrt{5}$；

(5) $\sqrt[3]{\tan x}$； (6) $\ln(1+x)$； (7) $x+\sin x$； (8) $\sin x-\tan x$.

7. 定出适当的 p，使下面各式成立：

(1) $\sqrt{1-\cos x}+\sqrt[3]{x\sin x}\sim x^p\,(x\to 0)$； (2) $\sin(2\pi\sqrt{n^2+1})\sim\frac{\pi}{n^p}\,(n\to\infty)$.

2.7 函数的连续性与间断点

2.7.1 函数的连续性

自然界中有许多现象是连续变化的，经常表现为当一个量有微小变化时，另一个依赖于它的量的变化也很微小. 如果这两个量之间有函数关系 $y=f(x)$，则这种连续变化可以用函数的如下性质描写，即自变量 x 有微小变化时，其引起的因变量 y 的变化也很微小. 这就是**函数连续性**的概念. 下面给出其严格定义.

设变量 u 从它的一个初值 u_1 变到终值 u_2，终值与初值的差 u_2-u_1 就叫做变量 u 的**增量**，记作 Δu，即

$$\Delta u=u_2-u_1.$$

应该注意**增量 Δu 可正可负**.

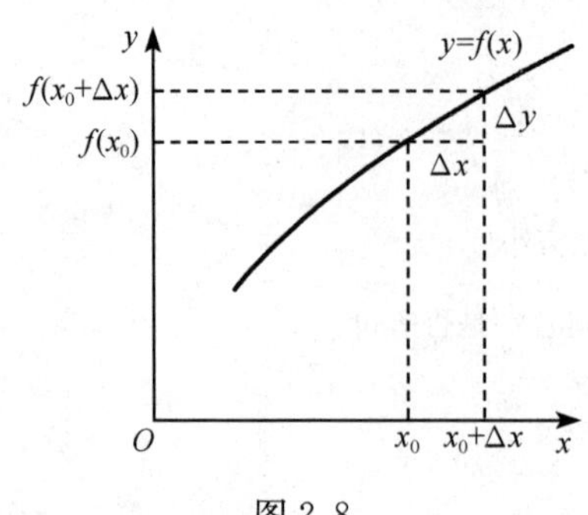

图 2.8

现在假定函数 $y=f(x)$ 在点 x_0 的某一个邻域内有定义，当自变量 x 在此邻域内从 x_0 变到 $x_0+\Delta x$ 时，函数 y 相应地从 $f(x_0)$ 变到 $f(x_0+\Delta x)$，其对应的增量记为 $\Delta y=f(x_0+\Delta x)-f(x_0)$(图 2.8).

定义 2.11 设函数 $y=f(x)$ 在点 x_0 的某一个邻域内有定义，如果

$$\lim_{\Delta x\to 0}\Delta y=0,$$

那么就称**函数 $y=f(x)$ 在点 x_0 处连续**.

设 $x=x_0+\Delta x$，则 $\Delta x\to 0$ 等价于 $x\to x_0$. 而 $\Delta y\to 0$ 等价于 $f(x)\to f(x_0)$. 由此得 $y=f(x)$ 在点 x_0 处连续的等价定义如下.

定义 2.12 设函数 $y=f(x)$ 在点 x_0 的某一个邻域内有定义，如果

$$\lim_{x\to x_0}f(x)=f(x_0),$$

就称**函数 $y=f(x)$ 在点 x_0 处连续**.

如果用 ε-δ 语言，可得 $y=f(x)$ 在点 x_0 处连续的等价定义如下.

定义 2.13 设函数 $y=f(x)$ 在点 x_0 的某一个邻域内有定义，如果

$$\forall\varepsilon>0,\exists\delta>0,\text{当 }|x-x_0|<\delta\text{ 时，有 }|f(x)-f(x_0)|<\varepsilon,$$

就称**函数 $y=f(x)$ 在点 x_0 处连续**.

下面给出单侧连续的概念.

定义 2.14 如果 $f(x_0^-)=f(x_0)$，就称**函数 $y=f(x)$ 在点 x_0 处左连续**；如果 $f(x_0^+)=f(x_0)$，就称**函数 $y=f(x)$ 在点 x_0 处右连续**.

显然 $y=f(x)$ **在点 x_0 处连续等价于 $y=f(x)$ 在点 x_0 处既是左连续的也是右连续的**.

定义 2.15 在区间上每一点都连续的函数，叫做**在该区间上的连续函数**. 如果区间包括端点，那么函数在左端点连续指的是右连续，在右端点连续指的是左连续.

连续函数的图形一般来说是一条连续而不间断的曲线.

例 2.26 常值函数 $y=c$ 是连续函数.

例 2.27 正弦函数 $y=\sin x$ 是连续的.

证 任意取定一点 x，给它一个增量 Δx，则

$$\Delta y=\sin(x+\Delta x)-\sin x=2\sin\frac{\Delta x}{2}\cos\left(x+\frac{\Delta x}{2}\right).$$

所以 $0\leqslant|\Delta y|\leqslant 2\left|\sin\frac{\Delta x}{2}\right|\leqslant|\Delta x|$，由夹逼准则知 $\lim\limits_{\Delta x\to 0}\Delta y=0$，$y=\sin x$ 处处连续.

类似可证 $y=\cos x$ 是连续的.

2.7.2 函数的间断点

与连续对立的概念是间断,下面给出间断点的定义.

定义 2.16 设函数 $f(x)$在点 x_0 的某去心邻域内有定义,如果函数 $f(x)$属于下列三种情形之一:

(1) 在 $x=x_0$ 处没有定义;

(2) 虽在 $x=x_0$ 处有定义,但$\lim\limits_{x\to x_0}f(x)$不存在;

(3) 虽在 $x=x_0$ 处有定义,$\lim\limits_{x\to x_0}f(x)$也存在,但 $\lim\limits_{x\to x_0}f(x)\neq f(x_0)$,就称**函数 $f(x)$在点 x_0 处不连续**,点 x_0 称为 $f(x)$的**间断点**.

例 2.28 $y=\dfrac{\sin x}{x}$在$x=0$ 处无定义,所以 $x=0$ 是间断点,由于$\lim\limits_{x\to 0}\dfrac{\sin x}{x}=1$,所以补充定义后函数 $f(x)=\begin{cases}\dfrac{\sin x}{x}, & x\neq 0\\ 1, & x=0\end{cases}$,在 $x=0$ 处是连续的. 因此,$x=0$ 称为**可去间断点**(图 2.9).

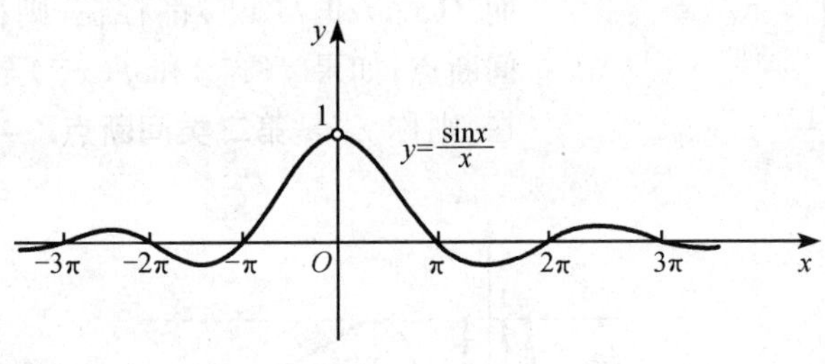

图 2.9

例 2.29 $y=\begin{cases}x, x\neq 0\\ 1, x=0\end{cases}$,满足$\lim\limits_{x\to 0}f(x)=\lim\limits_{x\to 0}x=0\neq 1=f(0)$,所以 $x=0$ 是间断点. 修改 $x=0$ 处定义后得到的函数 $f(x)=x$ 在 $x=0$ 处连续. 因此,$x=0$ 也称为**可去间断点**(图 2.10).

例 2.30 $y=\begin{cases}x, & x\leqslant 0\\ x+1, & x>0\end{cases}$,满足 $f(0^+)=1\neq 0=f(0^-)$,所以 $x=0$ 是间断点. 这种左右极限都存在但不相等的间断点处函数的图形有一个跳跃,所以这种间断点称为**跳跃间断点**(图 2.11).

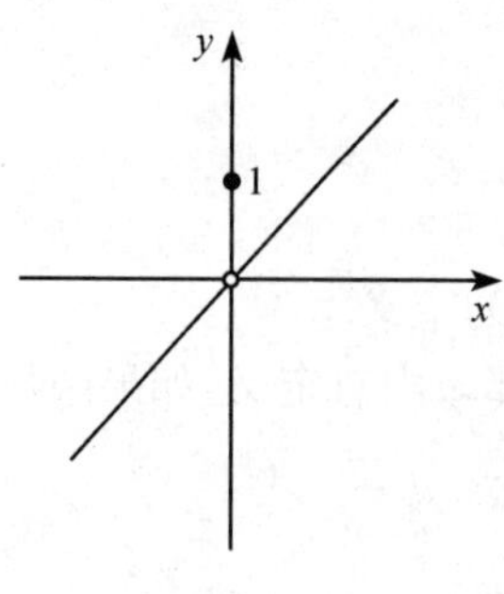

图 2.10

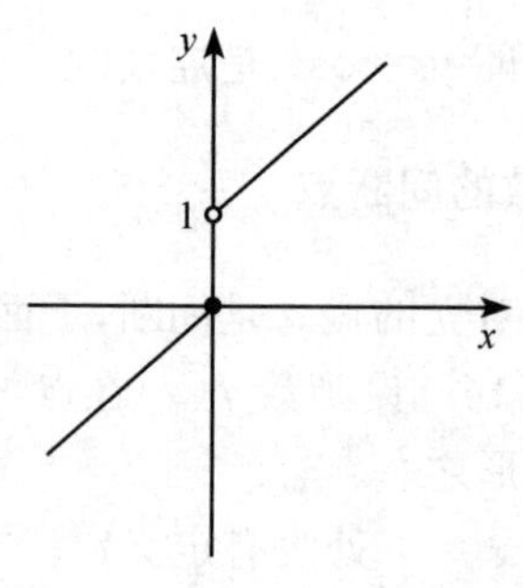

图 2.11

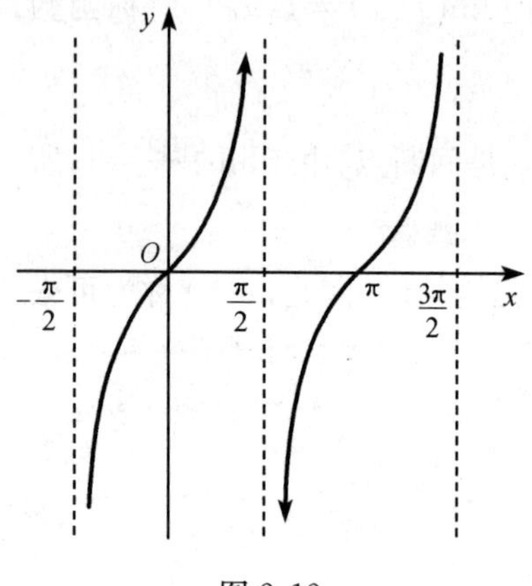

图 2.12

例 2.31　$y=\tan x$ 满足 $\lim\limits_{x\to\frac{\pi}{2}} f(x)=\infty$，$x=\frac{\pi}{2}$称为**无穷间断点**(图 2.12).

例 2.32　$y=\sin\frac{1}{x}$满足 $x\to 0$ 时函数无穷次振荡，极限不存在，$x=0$ 称为**振荡间断点**(图 2.13).

定义 2.17　如果点 x_0 是 $f(x)$的间断点，而 $f(x_0^-)$和 $f(x_0^+)$都存在，则称 x_0 是**第一类间断点**；如果 $f(x_0^-)$和 $f(x_0^+)$至少有一个不存在，则称 x_0 是**第二类间断点**.

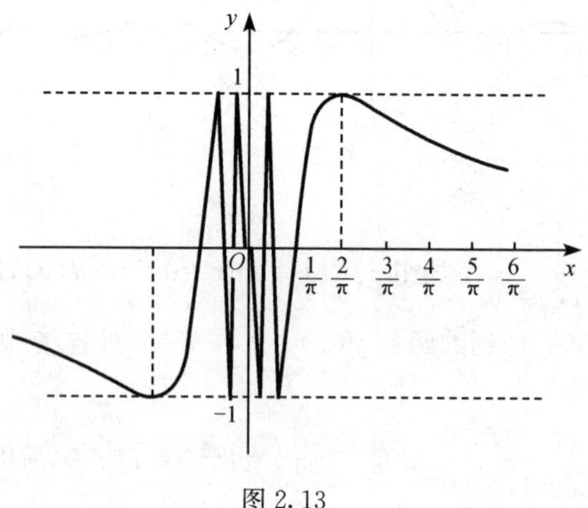

图 2.13

显然**可去间断点和跳跃间断点是第一类间断点，而无穷间断点和振荡间断点是第二类间断点**.

习 题 2.7

1. 研究下列函数的连续性：

(1) $f(x)=\begin{cases}x^2, & 0\leqslant x\leqslant 1,\\ 2-x, & 1<x\leqslant 2;\end{cases}$ (2) $f(x)=\begin{cases}x, & -1\leqslant x\leqslant 1,\\ 1, & x<-1 \text{ 或 } x>1.\end{cases}$

2. 求下列函数的间断点，并指出其类型：

(1) $f(x)=\begin{cases}x^2+1, & x\in[0,1],\\ 2-x^2, & x\in(1,2];\end{cases}$ (2) $f(x)=\dfrac{x^2}{1+x}$； (3) $f(x)=\dfrac{1-x^2}{1-x}$；

(4) $f(x)=\cot\left(2x+\dfrac{\pi}{6}\right)$； (5) $f(x)=\ln(x^2-4)$； (6) $f(x)=\begin{cases}-1, & x<0,\\ 0, & x=0,\\ 1, & x>0;\end{cases}$

(7) $f(x)=x\sin\dfrac{1}{x}$； (8) $f(x)=\sin\dfrac{1}{x}$； (9) $f(x)=\begin{cases}e^{\frac{1}{x-1}}, & x>0,\\ \ln(1+x), & -1<x\leqslant 0.\end{cases}$

3. 下列函数在指出的点处间断，说明这些间断点属于哪一类. 如果是可去间断点，则补充或改变函数的定义使其连续.

(1) $y=\dfrac{x^2-1}{x^2-3x+2}, x=1, x=2$； (2) $y=\dfrac{x}{\tan x}, x=k\pi, x=k\pi+\dfrac{\pi}{2}(k=0,\pm 1,\pm 2\cdots)$；

(3) $y=\cos^2\dfrac{1}{x}, x=0$； (4) $y=\begin{cases}x-1, & x\leqslant 1,\\ 3-x, & x>1,\end{cases}$ $x=1$.

4. 讨论函数 $f(x)=\lim\limits_{n\to\infty}\dfrac{1-x^{2n}}{1+x^{2n}}x$ 的连续性，若有间断点，判别其类型.

5. 证明：若函数 $f(x)$ 在点 x_0 连续且 $f(x_0)\neq 0$，则存在 x_0 的某一邻域 $U(x_0)$，当 $x\in U(x_0)$ 时，$f(x)\neq 0$.

6. 设

$$f(x)=\begin{cases}x, & x\in\mathbf{Q},\\ 0, & x\in\mathbf{R}\backslash\mathbf{Q},\end{cases}$$

证明：

(1) $f(x)$ 在 $x=0$ 连续；

(2) $f(x)$ 在非零的 x 处都不连续.

7. 选择 a 的值，使下列函数处处连续：

(1) $f(x)=\begin{cases}e^x, & x<0,\\ a+x, & x\geqslant 0;\end{cases}$ (2) $f(x)=\begin{cases}\dfrac{2}{x}, & x\geqslant 1,\\ a\cos\pi x, & x<1;\end{cases}$ (3) $f(x)=\begin{cases}x\sin\dfrac{1}{x}, & x>0,\\ a+x^2, & x\leqslant 0.\end{cases}$

2.8 连续函数的运算与初等函数的连续性

2.8.1 连续函数的和、差、积、商的连续性

由函数在某点连续的定义和极限的四则运算法则，可得下面的结果.

定理 2.21　设函数 $f(x)$ 和 $g(x)$ 在点 x_0 连续,则它们的和 $f+g$、差 $f-g$、积 $f\cdot g$ 在 x_0 连续. 若 $g(x_0)\neq 0$,则商 $\dfrac{f}{g}$ 也在 x_0 连续.

例 2.33　因 $\tan x=\dfrac{\sin x}{\cos x}$, $\cot x=\dfrac{\cos x}{\sin x}$, $\sec x=\dfrac{1}{\cos x}$, $\csc x=\dfrac{1}{\sin x}$,再加上常值函数以及正弦函数和余弦函数的连续性,可得三角函数在其定义域内是连续的.

2.8.2　连续函数的反函数的连续性

定理 2.22　如果函数 $y=f(x)$ 在区间 I_x 上单调递增(或单调递减)且连续,那么它的反函数 $x=f^{-1}(y)$ 也在对应的区间 $I_y=\{y\mid y=f(x), x\in I_x\}$ 上单调递增(或单调递减)且连续.

例 2.34　由于 $y=\sin x$ 在 $\left[-\dfrac{\pi}{2},\dfrac{\pi}{2}\right]$ 上单调递增且连续,所以它的反函数 $y=\arcsin x$ 在闭区间 $[-1,1]$ 上也是单调递增且连续的. 同理可证 $\arccos x$, $\arctan x$, $\operatorname{arccot} x$ 在它们的定义域内也是连续的. 总之,反三角函数都是连续函数.

例 2.35　我们不加证明地指出,指数函数 $a^x(a>0, a\neq 1)$ 是 R 上的单调且连续的函数,值域为 $(0,+\infty)$. 所以它的反函数对数函数 $\log_a x(a>0, a\neq 1)$ 是 $(0,+\infty)$ 上的单调且连续的函数.

2.8.3　连续函数的复合函数的连续性

定理 2.23　设函数 $y=f[g(x)]$ 是由函数 $u=g(x)$ 与函数 $y=f(u)$ 复合而成, $U(x_0)\subset D_{f\circ g}$. 若函数 $u=g(x)$ 在 $x=x_0$ 连续,且 $g(x_0)=u_0$,而函数 $y=f(u)$ 在 $u=u_0$ 连续,则复合函数 $y=f[g(x)]$ 在 $x=x_0$ 也连续.

证　$\lim\limits_{x\to x_0} f[g(x)]=\lim\limits_{u\to u_0} f(u)=f(u_0)=f[g(x_0)]$. 需要说明一点, $x\in \mathring{U}(x_0)$ 时有可能 $g(x)=u_0$,但此时 $f[g(x)]=f(u_0)=f[g(x_0)]$ 并不影响上述极限过程.

例 2.36　在 $(0,+\infty)$ 上,幂函数 x^μ 可改写为 $a^{\mu\log_a x}$,由指数函数与对数函数的连续性可得幂函数在 $(0,+\infty)$ 上的连续性. 实际上可以证明幂函数在其定义域内是处处连续的.

2.8.4　初等函数的连续性

由于已经说明常值函数和三角函数、反三角函数、指数函数、对数函数、幂函数等基本初等函数的连续性,也已经说明连续函数的四则运算和复合运算仍然保持连续性,那么根据初等函数的定义可以得到

定理 2.24　一切初等函数在其定义区间内都是连续的.

如果 $f(x)$是初等函数,且 x_0 是 $f(x)$定义区间内的点,则根据连续的定义和初等函数的连续性有

$$\lim_{x\to x_0} f(x) = f(x_0).$$

例 2.37 求$\lim\limits_{x\to 1}\arctan(e^{x^2-1})$.

解 $\lim\limits_{x\to 1}\arctan(e^{x^2-1})=\arctan(e^{1^2-1})=\frac{\pi}{4}$.

例 2.38 求$\lim\limits_{x\to 0}\frac{\sqrt{1+x^2}-1}{x^2}$.

解

$$\begin{aligned}\lim_{x\to 0}\frac{\sqrt{1+x^2}-1}{x^2}&=\lim_{x\to 0}\frac{(\sqrt{1+x^2}-1)(\sqrt{1+x^2}+1)}{x^2(\sqrt{1+x^2}+1)}\\&=\lim_{x\to 0}\frac{1}{\sqrt{1+x^2}+1}=\frac{1}{2}.\end{aligned}$$

例 2.39 求$\lim\limits_{x\to 0}\frac{\log_a(1+x)}{x}$.

解 $\lim\limits_{x\to 0}\frac{\log_a(1+x)}{x}=\lim\limits_{x\to 0}\log_a(1+x)^{\frac{1}{x}}=\log_a e=\frac{1}{\ln a}$.

特别地,$\lim\limits_{x\to 0}\frac{\ln(1+x)}{x}=1$.

例 2.40 求$\lim\limits_{x\to 0}\frac{a^x-1}{x}$.

解 令 $a^x-1=t$,则 $x=\log_a(1+t)$,当 $x\to 0$ 时 $t\to 0$. 于是

$$\lim_{x\to 0}\frac{a^x-1}{x}=\lim_{t\to 0}\frac{t}{\log_a(1+t)}=\ln a.$$

特别地,$\lim\limits_{x\to 0}\frac{e^x-1}{x}=1$.

例 2.41 求$\lim\limits_{x\to 0}(1+3\tan x)^{\frac{2}{\sin x}}$.

解

$$\begin{aligned}\lim_{x\to 0}(1+3\tan x)^{\frac{2}{\sin x}}&=\lim_{x\to 0} e^{\frac{6\tan x}{\sin x}\ln(1+3\tan x)^{\frac{1}{3\tan x}}}\\&=e^{\lim\limits_{x\to 0}\frac{6\tan x}{\sin x}\ln(1+3\tan x)^{\frac{1}{3\tan x}}}=e^6\end{aligned}$$

一般地,对于形如 $u(x)^{v(x)}(u(x)>0)$的函数(通常称为**幂指函数**),如果

$$\lim u(x)=a>0,\quad \lim v(x)=b,$$

那么

$$\lim u(x)^{v(x)}=a^b.$$

例 2.41 也可以这样解

$$\lim_{x\to 0}(1+3\tan x)^{\frac{2}{\sin x}}=\lim_{x\to 0}(1+3\tan x)^{\frac{1}{3\tan x}\cdot\frac{6\tan x}{\sin x}}$$

$$=(\lim_{x\to 0}(1+3\tan x)^{\frac{1}{3\tan x}})^{\lim\limits_{x\to 0}\frac{6\tan x}{\sin x}}=e^6.$$

习　题　2.8

1. 求函数 $f(x)=\dfrac{x^3+3x^2-x-3}{x^2+x-6}$ 的连续区间,并求极限 $\lim\limits_{x\to 0}f(x)$, $\lim\limits_{x\to -3}f(x)$ 及 $\lim\limits_{x\to 2}f(x)$.

2. 设函数 $f(x)$ 与 $g(x)$ 在点 x_0 连续,证明函数

$$\varphi(x)=\max\{f(x),g(x)\},\psi(x)=\min\{f(x),g(x)\}$$

在点 x_0 也连续.

3. 求下列极限:

(1) $\lim\limits_{x\to 0}\dfrac{\sqrt{x+1}-1}{x}$; (2) $\lim\limits_{x\to +\infty}(\sqrt{x^2+x}-\sqrt{x^2-x})$; (3) $\lim\limits_{x\to 0}\dfrac{\sqrt[3]{x+1}\lg(2+x^2)}{(1-x)^2+\cos x}$;

(4) $\lim\limits_{n\to\infty}\ln\left(1+\dfrac{1}{2n}\right)^n$; (5) $\lim\limits_{n\to\infty}e^{n\sin\frac{1}{n}}$; (6) $\lim\limits_{x\to\infty}e^{\frac{1}{x}}$; (7) $\lim\limits_{x\to 0}\ln\dfrac{\sin x}{x}$; (8) $\lim\limits_{x\to\infty}\left(1+\dfrac{1}{x}\right)^{\frac{x}{2}}$;

(9) $\lim\limits_{x\to 0}(1+3\tan^2 x)^{\cot^2 x}$; (10) $\lim\limits_{x\to\infty}\left(\dfrac{3+x}{6+x}\right)^{\frac{x-1}{2}}$; (11) $\lim\limits_{x\to 0}\dfrac{\sqrt{1+\tan x}-\sqrt{1+\sin x}}{x\sqrt{1+\sin^2 x}-x}$;

(12) $\lim\limits_{x\to\infty}\left(\dfrac{2x+2}{2x+1}\right)^x$; (13) $\lim\limits_{x\to 1}\left(\dfrac{1-x}{1-x^2}\right)^{\frac{1-\sqrt{x}}{1-x}}$; (14) $\lim\limits_{x\to\infty}\left(\dfrac{2x^2-x}{x^2+1}\right)^{\frac{3x-1}{x+1}}$;

(15) $\lim\limits_{x\to\infty}\left(\cos\dfrac{a}{x}+k\sin\dfrac{a}{x}\right)^x(a\cdot k\neq 0)$; (16) $\lim\limits_{x\to 0}\left(\dfrac{a^x+b^x+c^x}{3}\right)^{\frac{1}{x}}(a>0,b>0,c>0)$.

2.9　有界闭区间上连续函数的性质

有界闭区间上的连续函数具有几个重要的性质,下面分别来叙述.

2.9.1　最大值最小值定理

先说明最大值和最小值的概念. 设函数 $f(x)$ 的定义域为 D,若存在 $x_0\in D$,使得对于任意的 $x\in D$,都有

$$f(x)\leqslant f(x_0)\quad(f(x)\geqslant f(x_0)),$$

则称 $f(x_0)$ 是**函数 $f(x)$ 在 D 上的最大值(最小值)**.

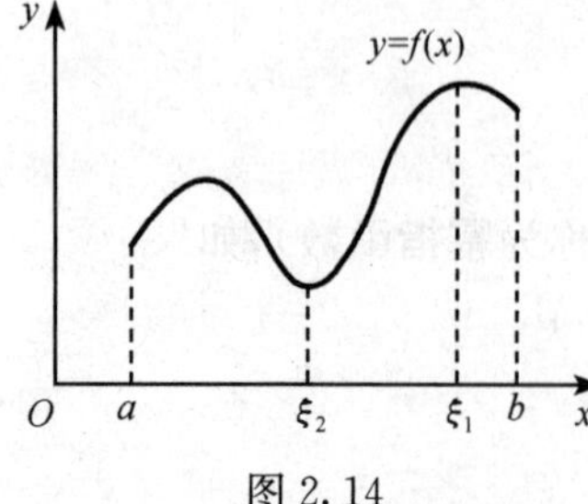

图 2.14

定理 2.25(最大值最小值定理)　有界闭区间上的连续函数在此区间上有最大值和最小值(图 2.14).

推论 2.9(有界性定理)　有界闭区间上的连续函数在此区间上有界.

2.9.2 零点定理与介值定理

如果 $f(x_0)=0$,则称 x_0 **是** $f(x)$**的零点**.

定理 2.26(零点定理) 设函数 $f(x)$在有界闭区间$[a,b]$上连续,$f(a)f(b)<0$,则在开区间(a,b)内至少存在 $f(x)$的一个零点.

几何意义:如果连续曲线弧 $y=f(x)$的两个端点位于 x 轴的不同侧,那么这段曲线弧与 x 轴至少有一个交点(图 2.15).

推论 2.10(介值定理) 设函数 $f(x)$在有界闭区间$[a,b]$上连续,

$$f(a)=A,\quad f(b)=B,$$

则对于 A 与 B 之间的任意一个数 C,在开区间(a,b)内至少存在一点 ξ,使得

$$f(\xi)=C \quad (图 2.16).$$

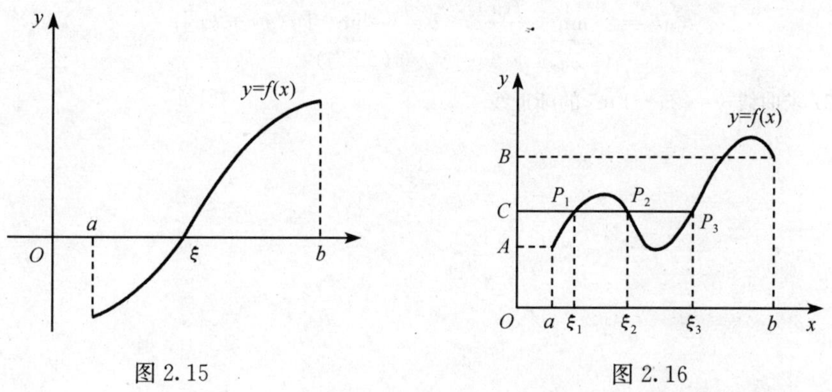

图 2.15　　　　图 2.16

推论 2.11 设函数 $f(x)$在有界闭区间$[a,b]$上连续,则此函数可取到介于最大值和最小值之间的任何值.

例 2.42 证明方程 $x^5-3x=1$ 在区间$(1,2)$内至少有一个根.

证 设 $f(x)=x^5-3x-1$,它在$[1,2]$上连续

$$f(1)=-3<0,$$
$$f(2)=25>0,$$

由零点定理,$f(x)$在$(1,2)$内至少有一个零点,即方程 $x^5-3x=1$ 在区间$(1,2)$内至少有一个根.

习 题 2.9

1. 假设函数 $f(x)$在闭区间$[0,1]$上连续,并且对$[0,1]$上任一点 x 有 $0\leqslant f(x)\leqslant 1$. 试证明$[0,1]$中必存在一点 c,使得 $f(c)=c$(c 称为**函数** $f(x)$**的不动点**).

2. 证明方程 $x=a\sin x+b$,其中 $a>0,b>0$,至少有一个正根,并且它不超过 $a+b$.

3. 证明方程 $\sin x+x+1=0$ 在开区间 $\left(-\frac{\pi}{2},\frac{\pi}{2}\right)$ 内至少有一个根.

4. 若 $f(x)$ 在 $[a,b]$ 上连续，$a<x_1<x_2<\cdots<x_n<b(n\geqslant 3)$，则在 (x_1,x_n) 内至少有一点 ξ，使 $f(\xi)=\frac{f(x_1)+f(x_2)+\cdots+f(x_n)}{n}$.

5. 证明：若 $f(x)$ 在 $(-\infty,+\infty)$ 内连续，且 $\lim\limits_{x\to\infty}f(x)$ 存在，则 $f(x)$ 必在 $(-\infty,+\infty)$ 内有界.

6. 设 $f(x)$ 在 (a,b) 上连续，且 $\lim\limits_{x\to a^+}f(x)=\lim\limits_{x\to b^-}f(x)=B$，又存在 $x_1\in(a,b)$，使得 $f(x_1)\geqslant B$，证明 $f(x)$ 在 (a,b) 上有最大值.

7. 设 $f(x)$ 在 (a,b) 上连续，且 $\lim\limits_{x\to a^+}f(x)=\lim\limits_{x\to b^-}f(x)=+\infty$，证明 $f(x)$ 在 (a,b) 上有最小值.

8. 如果存在直线 $L:y=kx+b$，使得当 $x\to\infty$（或 $x\to+\infty$，$x\to-\infty$）时，曲线 $y=f(x)$ 上的动点 $M(x,f(x))$ 到直线 L 的距离 $d(M,L)\to 0$，则称 L 为**曲线 $y=f(x)$ 的渐近线**.

(1) 证明：直线 $L:y=kx+b$ 为曲线 $y=f(x)$ 的渐近线的充分必要条件是

$$k=\lim_{\substack{x\to\infty\\ \left(\substack{x\to+\infty\\ x\to-\infty}\right)}}\frac{f(x)}{x},\quad b=\lim_{\substack{x\to\infty\\ \left(\substack{x\to+\infty\\ x\to-\infty}\right)}}[f(x)-kx];$$

(2) 求曲线 $y=(2x-1)e^{\frac{1}{x}}$ 的渐近线.

第3章 导数与微分

微分学是微积分的重要组成部分，它的基本概念是导数与微分. 本章主要讨论导数和微分的概念以及它们的计算方法.

3.1 导数与微分的概念

3.1.1 引例

在自然科学和工程技术问题中，往往需要考虑某个函数的因变量随自变量变化的快慢程度(即变化速率). 导数的概念正是从求函数变化率的问题中概括、抽象出来的. 先看两个例子.

例 3.1 质点做变速直线运动的瞬时速度.

大家知道，匀速直线运动的速度就是平均速度. 但对变速直线运动来说，只知道平均速度是不够的，还需要知道运动质点在每个时刻的瞬时速度. 怎样求瞬时速度呢?

设质点 P 沿一直线做变速运动. 用 s 表示从某一选定的时刻开始到时刻 t 为止质点所走过的路程，则 s 是 t 的函数，即 $s=s(t)$. 现在的问题是已知质点 P 的运动规律 $s=s(t)$，试求质点 P 在时刻 t_0 的瞬时速度 $v(t_0)$.

当时间从 t_0 时刻变到 $t_0+\Delta t$ 时刻时，质点 P 所走过的路程为

$$\Delta s = s(t_0+\Delta t)-s(t_0).$$

如果质点做匀速运动，那么，速度是一个常数，它可以用质点所走过的路程 Δs 与所用时间 Δt 的比值，即平均速度来计算，即

$$\overline{v}=\frac{\Delta s}{\Delta t}=\frac{s(t_0+\Delta t)-s(t_0)}{\Delta t},$$

这也是质点在时刻 t_0 的瞬时速度 $v(t_0)$.

当质点 P 做变速直线运动时，速度每时每刻都可能不同，因此，比值 $\overline{v}=\frac{\Delta s}{\Delta t}$不能表示质点 P 在时刻 t_0 的速度，而只能表示质点 P 在 Δt 这段时间内的平均速度. 不过，一般说来，当 $|\Delta t|$ 很小时，质点的运动速度来不及有多大改变，因此可以把运动近似看成是匀速的，这样，平均速度 $\overline{v}=\frac{\Delta s}{\Delta t}$就可以近似地描述瞬时速度 $v(t_0)$. 一般说来，当 $|\Delta t|$ 越小，则 $\overline{v}=\frac{\Delta s}{\Delta t}$越接近于 $v(t_0)$，因而当 $\Delta t\to 0$ 时，平均速度的极限

就是瞬时速度,即

$$v(t_0)=\lim_{\Delta t\to 0}\frac{\Delta s}{\Delta t}=\lim_{\Delta t\to 0}\frac{s(t_0+\Delta t)-s(t_0)}{\Delta t}.$$

例 3.2 曲线上一点处切线的斜率.

先明确一个问题,什么是曲线的切线?

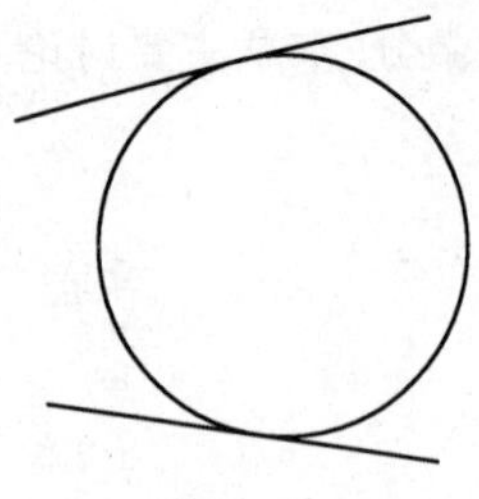

图 3.1

在中学数学里,大家学过圆的切线,它的定义是,与圆(周)只有一个交点的直线(图 3.1).但是,对于一般曲线,这种用交点个数来定义切线的做法是不适用的.例如,抛物线 $y=x^2$ 与 y 轴只有一个交点,然而 y 轴显然不是它的切线.又如,在图 3.2 中,直线 M_0M_1 与曲线 C 的交点不止一个,但从直观上看,却没有理由说 M_0M_1 不是曲线 C 在点 M_0 处的切线.

因此,对于一般曲线的切线,需要重新下定义.

设有曲线 C,为了求出它在点 M_0 处的切线,在曲线 C 上任取另外一点 N,连接点 M_0 和 N,得到割线 M_0N.让点 N 沿着曲线 C 朝着点 M_0 移动,于是割线 M_0N 便绕着点 M_0 转动;当点 N 无限接近于点 M_0 时,若割线 M_0N 有一个极限位置 M_0T,则称直线 M_0T 为**曲线 C 在点 M_0 处的切线**(图 3.3).简言之,**割线的极限位置就是切线.**

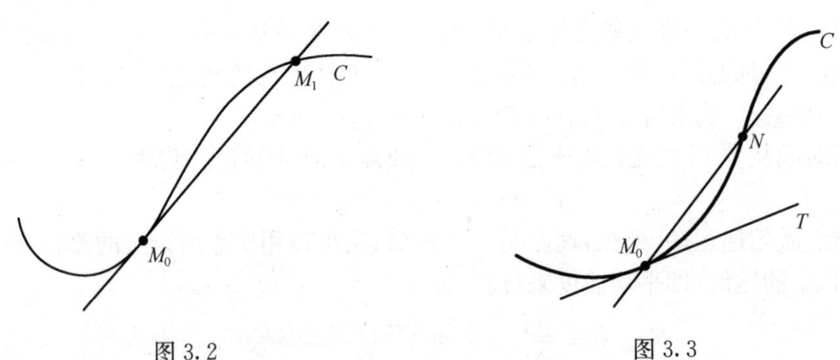

图 3.2　　图 3.3

显然,切线的这个定义对于圆也是适用的.

有了切线的定义,下面来讨论例 3.2.

设有曲线 C,其方程为 $y=f(x)$,$M_0(x_0,f(x_0))$ 为其上一点.为了求曲线 C 在点 M_0 处切线的斜率,在曲线 C 上另取一点 N,设其坐标为 $(x_0+\Delta x, f(x_0+\Delta x))$,连接点 M_0 和 N.易知割线 M_0N 的斜率为

$$\frac{\Delta y}{\Delta x}=\frac{f(x_0+\Delta x)-f(x_0)}{\Delta x}.$$

当点 N 沿曲线 C 移动并无限接近于点 M_0(即 $\Delta x\to 0$)时,割线 M_0N 也随之变化而

趋近于切线 M_0T，于是割线的斜率就趋向于切线的斜率，即有

$$\tan\theta = \lim_{\Delta x \to 0} \frac{\Delta y}{\Delta x} = \lim_{\Delta x \to 0} \frac{f(x_0 + \Delta x) - f(x_0)}{\Delta x},$$

其中 θ 为切线 M_0T 与 x 轴正向的夹角(图 3.4).

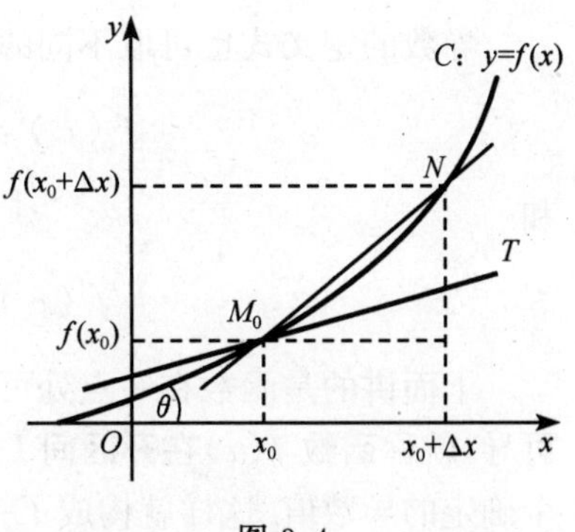

图 3.4

虽然例 3.1 是运动学问题，而例 3.2 是几何学问题，但是它们在数学的处理方法上却是相同的，都是**求函数的局部变化率**，即函数的改变量与自变量的改变量之比(这是平均变化率)当后者趋向于 0 时的极限. 这类求函数变化率的问题在科学技术领域中是很多的，如瞬时功率问题，比热问题，温度梯度问题，线密度问题，瞬时电流问题，化学反应速率问题，生物繁殖率问题等. 这些概念都是用函数在某点处的变化率来刻画的. 这种变化率在数学上称为**导数**.

3.1.2　导数的定义

从上面所讨论的两个问题可以看出，非匀速直线运动的速度和切线的斜率都归结为

$$\lim_{x \to x_0} \frac{f(x) - f(x_0)}{x - x_0},$$

其中 $x-x_0$ 和 $f(x)-f(x_0)$ 分别为函数 $y=f(x)$ 自变量的增量 Δx 和函数的增量 Δy

$$\Delta x = x - x_0,$$

$$\Delta y = f(x) - f(x_0) = f(x_0 + \Delta x) - f(x_0).$$

因 $x \to x_0$ 相当于 $\Delta x \to 0$，故上式也可写成

$$\lim_{\Delta x \to 0} \frac{\Delta y}{\Delta x} \quad 或 \lim_{\Delta x \to 0} \frac{f(x_0 + \Delta x) - f(x_0)}{\Delta x}.$$

定义 3.1　设函数 $y=f(x)$ 在点 x_0 的某个邻域内有定义，当自变量 x 在 x_0 处取得增量 Δx 时，相应的的函数取得增量 $\Delta y = f(x_0+\Delta x) - f(x_0)$；如果 Δy 与 Δx 之比当 $\Delta x \to 0$ 时的极限存在，则称**函数 $y=f(x)$ 在点 x_0 处可导**，并称这个极限为**函数 $y=f(x)$ 在点 x_0 处的导数**，记为 $f'(x_0)$，即

$$f'(x_0) = \lim_{\Delta x \to 0} \frac{\Delta y}{\Delta x} = \lim_{\Delta x \to 0} \frac{f(x_0 + \Delta x) - f(x_0)}{\Delta x},$$

也可记作 $y'|_{x=x_0}$，$\left.\frac{\mathrm{d}y}{\mathrm{d}x}\right|_{x=x_0}$ 或 $\left.\frac{\mathrm{d}f(x)}{\mathrm{d}x}\right|_{x=x_0}$.

导数的定义式也可取不同的形式,常见的有

$$f'(x_0)=\lim_{h\to 0}\frac{f(x_0+h)-f(x_0)}{h}$$

和

$$f'(x_0)=\lim_{x\to x_0}\frac{f(x)-f(x_0)}{x-x_0}.$$

上面讲的是函数在一点处可导. 如果函数 $y=f(x)$ 在开区间 I 内的每点处都可导,就称**函数 $f(x)$ 在开区间 I 内可导**. 这时,对于任一 $x\in I$,都对应着 $f(x)$ 的一个确定的导数值. 这样就构成了一个新的函数,这个函数叫做**原来函数 $y=f(x)$ 的导函数**,记作 y',$f'(x)$,$\frac{\mathrm{d}y}{\mathrm{d}x}$或$\frac{\mathrm{d}f(x)}{\mathrm{d}x}$.

显然,函数 $f(x)$ 在点 x_0 处的导数 $f'(x_0)$ 就是导函数 $f'(x)$ 在点 $x=x_0$ 处的函数值,即

$$f'(x_0)=f'(x)\big|_{x=x_0}.$$

3.1.3　微分的定义

先分析一个具体问题. 一块正方形金属薄片受温度变化的影响,其边长由 x_0 变到 $x_0+\Delta x$(图 3.5),问此薄片的面积改变了多少?

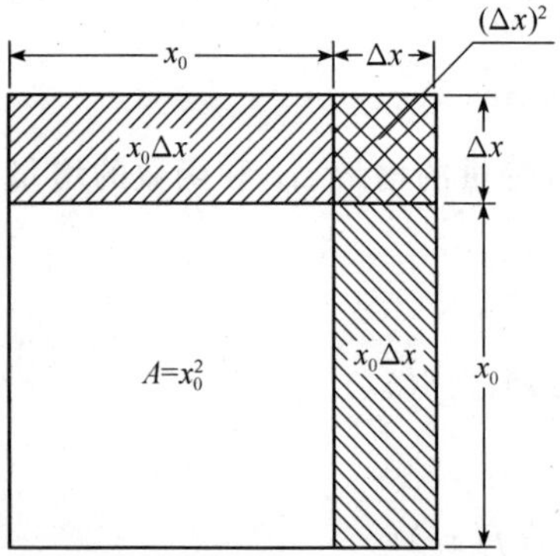

图 3.5

设此薄片的边长为 x,面积为 A,则 A 与 x 存在函数关系 $A=x^2$. 薄片受温度变化的影响时面积的改变量,可以看成是当自变量 x 自 x_0 取得增量 Δx 时,函数 $A=x^2$ 相应的增量 ΔA,即

$$\Delta A=(x_0+\Delta x)^2-x_0^2=2x_0\Delta x+(\Delta x)^2.$$

从上式可以看出,ΔA 分成两部分,第一部分 $2x_0\Delta x$ 是 Δx 的线性函数,即图 3.5 中带有斜线的两个矩形面积之和,而第二部分 $(\Delta x)^2$ 在图中是带有交叉斜线的小正方形的面积,当 $\Delta x\to 0$ 时,第二部分 $(\Delta x)^2$ 是比 Δx 高阶的无穷小,即 $(\Delta x)^2=o(\Delta x)$. 由此可见,如果边长改变很微小,即 $|\Delta x|$ 很小时,面积的改变量 ΔA 可近似地用第一部分来代替.

一般地,如果函数 $y=f(x)$ 满足一定条件,则增量 Δy 可表示为

$$\Delta y=A\Delta x+o(\Delta x),$$

其中 A 为不依赖于 Δx 的常数,因此 $A\Delta x$ 是 Δx 的线性函数,且它与 Δy 之差

$$\Delta y-A\Delta x=o(\Delta x)$$

是比 Δx 高阶的无穷小，所以，当 $A\neq 0$，且 $|\Delta x|$ 很小时，就可以用 Δx 的线性函数 $A\Delta x$ 来近似代替 Δy.

定义 3.2 设函数 $y=f(x)$ 在点 x_0 的某个邻域内有定义，如果增量

$$\Delta y = f(x_0+\Delta x)-f(x_0)$$

可表示为

$$\Delta y = A\Delta x + o(\Delta x),$$

其中 A 为不依赖于 Δx 的常数，则称**函数 $y=f(x)$ 在点 x_0 是可微的**，而 $A\Delta x$ 叫做**函数 $y=f(x)$ 在点 x_0 相应于自变量增量 Δx 的微分**，记作 $\mathrm{d}y$，即

$$\mathrm{d}y = A\Delta x.$$

3.1.4 可微与可导的关系

定理 3.1 函数 $y=f(x)$ 在点 x_0 处可微的充要条件是 $f(x)$ 在点 x_0 处可导. 此时有

$$\mathrm{d}y = f'(x_0)\Delta x.$$

证 必要性 设 $y=f(x)$ 在点 x_0 处可微，由定义知

$$\Delta y = A\Delta x + o(\Delta x),$$

所以

$$\frac{\Delta y}{\Delta x} = A + \frac{o(\Delta x)}{\Delta x},$$

$$\lim_{\Delta x\to 0}\frac{\Delta y}{\Delta x} = \lim_{\Delta x\to 0}A + \lim_{\Delta x\to 0}\frac{o(\Delta x)}{\Delta x} = A,$$

即 $f(x)$ 在点 x_0 处可导，且 $f'(x_0)=A$，即

$$\mathrm{d}y = f'(x_0)\Delta x.$$

充分性 设 $y=f(x)$ 在点 x_0 处可导，即极限

$$\lim_{\Delta x\to 0}\frac{\Delta y}{\Delta x} = f'(x_0)$$

存在，则有

$$\frac{\Delta y}{\Delta x} = f'(x_0)+\alpha,$$

其中 α 为无穷小，所以

$$\Delta y = f'(x_0)\Delta x + \alpha\Delta x = f'(x_0)\Delta x + o(\Delta x),$$

即 $y=f(x)$ 在点 x_0 处可微，且

$$\mathrm{d}y = f'(x_0)\Delta x.$$

3.1.5 导数与微分的几何意义

在直角坐标系中，函数 $y=f(x)$ 的图形是一条曲线. 对于某一固定的 x_0 值，曲

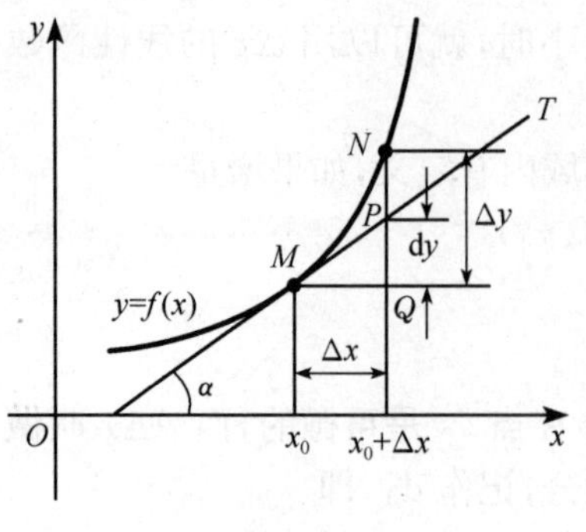

图 3.6

线上有一个确定点 $M(x_0,y_0)$，当自变量 x 有微小增量 Δx 时，就得到曲线上另一点 $N(x_0+\Delta x, y_0+\Delta y)$. 从图 3.6 可知

$$MQ=\Delta x,$$
$$QN=\Delta y.$$

过点 M 作曲线的切线 MT，它的倾角为 α，则**导数 $f'(x_0)$ 就是 MT 的斜率**，即 $f'(x_0)=\tan\alpha$，而

$$QP=MQ\cdot\tan\alpha=\Delta x\cdot f'(x_0),$$

即

$$\mathrm{d}y=QP.$$

由此可见，对于可微函数 $y=f(x)$ 而言，当 Δy 是曲线 $y=f(x)$ 上的点的纵坐标的增量时，$\mathrm{d}y$ 就是曲线的切线上点的纵坐标的相应增量. 当 $|\Delta x|$ 很小时，$|\Delta y-\mathrm{d}y|$ 比 $|\Delta x|$ 小得多. 因此在点 M 的邻近，可以用切线段来近似代替曲线段. 在局部范围内用线性函数近似代替非线性函数，在几何上就是局部用切线段近似代替曲线段，这在数学上称为**非线性函数的局部线性化**，是微分学的基本思想方法之一. 这种思想方法在自然科学和工程问题的研究中经常采用.

3.1.6　求导数与微分举例

例 3.3　求函数 $f(x)=C$ 的导数与微分.

解　因为 $\Delta y=C-C=0=0\cdot\Delta x+0$，所以 $(C)'=0$，$\mathrm{d}(C)=0$.

例 3.4　求函数 $f(x)=x^n\,(n\in\mathbf{N}^+)$ 在 $x=a$ 处的导数与微分.

解　因为

$$\begin{aligned}\Delta y&=(a+\Delta x)^n-a^n=na^{n-1}\Delta x+\frac{n(n-1)}{2}a^{n-2}(\Delta x)^2+\cdots+(\Delta x)^n\\&=na^{n-1}\Delta x+o(\Delta x),\end{aligned}$$

所以 $\mathrm{d}y=na^{n-1}\Delta x$，$f'(a)=na^{n-1}$.

在上例中，若取 $n=1$，则 $\mathrm{d}y=\mathrm{d}x=\Delta x$. 通常把自变量 x 的增量 Δx 称为**自变量的微分**，记作 $\mathrm{d}x$，即 $\mathrm{d}x=\Delta x$，于是函数 $y=f(x)$ 的微分又可记作

$$\mathrm{d}y=f'(x)\mathrm{d}x.$$

从而有

$$\frac{\mathrm{d}y}{\mathrm{d}x}=f'(x).$$

这就是说，函数的微分 $\mathrm{d}y$ 与自变量的微分 $\mathrm{d}x$ 之商等于该函数的导数. 因此，导数

也叫做“微商”.

例 3.5 求函数 $f(x)=\sin x$ 的导数与微分.

解 $\Delta y=\sin(x+\Delta x)-\sin x=2\cos\left(x+\frac{\Delta x}{2}\right)\sin\frac{\Delta x}{2}$,

由 $\cos x$ 的连续性知 $\cos\left(x+\frac{\Delta x}{2}\right)=\cos x+o(1)$. 以后本书也用 $o(1)$表示无穷小.

由 $\lim\limits_{\Delta x\to 0}\frac{\sin\frac{\Delta x}{2}}{\frac{\Delta x}{2}}=1$ 知 $\sin\frac{\Delta x}{2}=\frac{\Delta x}{2}+o(\Delta x)$,所以

$$\begin{aligned}\Delta y&=2\cos\left(x+\frac{\Delta x}{2}\right)\sin\frac{\Delta x}{2}=2(\cos x+o(1))\left(\frac{\Delta x}{2}+o(\Delta x)\right)\\&=(\cos x)\cdot\Delta x+o(\Delta x).\end{aligned}$$

由此可知 $\mathrm{d}\sin x=\cos x\mathrm{d}x$, $(\sin x)'=\cos x$.

类似可证 $\mathrm{d}\cos x=-\sin x\mathrm{d}x$, $(\cos x)'=-\sin x$.

例 3.6 求函数 $f(x)=a^x(a>0,a\neq 1)$的导数与微分.

解 $\Delta y=a^{x+\Delta x}-a^x=a^x(a^{\Delta x}-1)$,

由 $\lim\limits_{\Delta x\to 0}\frac{a^{\Delta x}-1}{\Delta x}=\ln a$ 知 $a^{\Delta x}-1=(\ln a)\Delta x+o(\Delta x)$,所以

$$\Delta y=(a^x\ln a)\Delta x+o(\Delta x).$$

由此可知 $\mathrm{d}a^x=a^x\ln a\mathrm{d}x$, $(a^x)'=a^x\ln a$.

特别地,有 $\mathrm{d}\mathrm{e}^x=\mathrm{e}^x\mathrm{d}x$, $(\mathrm{e}^x)'=\mathrm{e}^x$.

例 3.7 求函数 $f(x)=\log_a x(a>0,a\neq 1)$的导数与微分.

解 $\Delta y=\log_a(x+\Delta x)-\log_a x=\log_a\left(1+\frac{\Delta x}{x}\right)$,

由 $\lim\limits_{\Delta x\to 0}\frac{\log_a\left(1+\frac{\Delta x}{x}\right)}{\frac{\Delta x}{x}}=\frac{1}{\ln a}$ 知 $\log_a\left(1+\frac{\Delta x}{x}\right)=\frac{1}{x\ln a}\Delta x+o(\Delta x)$,所以

$$\Delta y=\frac{1}{x\ln a}\Delta x+o(\Delta x),$$

由此可知 $\mathrm{d}\log_a x=\frac{1}{x\ln a}\mathrm{d}x$, $(\log_a x)'=\frac{1}{x\ln a}$.

特别地, $\mathrm{d}\ln x=\frac{1}{x}\mathrm{d}x$, $(\ln x)'=\frac{1}{x}$.

例 3.8 求函数 $f(x)=|x|$在 $x=0$ 处的导数与微分.

解 $\lim\limits_{h\to 0}\frac{f(0+h)-f(0)}{h}=\lim\limits_{h\to 0}\frac{|h|}{h}$,而

$$\lim_{h\to0^+}\frac{|h|}{h}=\lim_{h\to0^+}\frac{h}{h}=1,\quad \lim_{h\to0^-}\frac{|h|}{h}=\lim_{h\to0^-}\frac{-h}{h}=-1,$$

所以$\lim\limits_{h\to0}\frac{f(0+h)-f(0)}{h}$不存在,即 $f(x)=|x|$在 $x=0$ 处不可导,也不可微.

3.1.7 单侧导数

定义 3.3 若$\lim\limits_{h\to0^-}\frac{f(x_0+h)-f(x_0)}{h}$存在,则称其为 $f(x)$在 x_0 处的左导数,记作 $f'_-(x_0)$;若$\lim\limits_{h\to0^+}\frac{f(x_0+h)-f(x_0)}{h}$存在,则称其为 $f(x)$在 x_0 处的右导数,记作 $f'_+(x_0)$. 这两种导数统称为**单侧导数**. 根据极限与单侧极限的关系,可以得到如下定理.

定理 3.2 函数 $y=f(x)$在点 x_0 处可导的充要条件是 $f(x)$在点 x_0 处的左右导数都存在且相等.

如果函数 $f(x)$在开区间(a,b)内可导,且 $f'_+(a)$和 $f'_-(b)$都存在,就说 $f(x)$在闭区间$[a,b]$上可导.

3.1.8 函数可微性与连续性的关系

设函数 $y=f(x)$在点 x 处可微,则

$$\Delta y=f'(x)\Delta x+o(\Delta x),$$

显然当 $\Delta x\to0$ 时,$\Delta y\to0$. 这就是说,函数 $y=f(x)$在点 x 处是连续的.

反之,若 $y=f(x)$在点 x 处是连续的,则 $y=f(x)$在点 x 处不一定可微. 例 3.8 中的函数 $y=|x|$在 $x=0$ 处就是一个反例.

习 题 3.1

1. 证明$(\cos x)'=-\sin x$.

2. 根据导数定义求下列函数的导数:

(1) $y=ax+c$; (2) $y=\frac{1}{x}$; (3) $y=\sqrt{x}(x>0)$; (4) $y=x^2+x$;

(5) $f(x)=\begin{cases}x^2\sin\frac{1}{x}, & x\neq0,\\ 0, & x=0,\end{cases}$ 求 $f'(0)$.

3. 证明 $y=|\sin x|$在 $x=0$ 点不可导.

4. 证明 $y=x^{\frac{2}{3}}$在 $x=0$ 点的右导数为$+\infty$,而左导数为$-\infty$.

5. 求下列函数 $f(x)$的 $f'_-(0)$及 $f'_+(0)$,且判断 $f'(0)$是否存在:

(1) $f(x)=\begin{cases}\sin x, & x<0,\\ \ln(1+x), & x\geqslant 0;\end{cases}$ (2) $f(x)=\begin{cases}\dfrac{x}{1+e^{\frac{1}{x}}}, & x\neq 0,\\ 0, & x=0;\end{cases}$

(3) $f(x)=\begin{cases}x^2, & x\geqslant 0,\\ -x, & x<0.\end{cases}$

6. 已知物体的运动规律为 $s=t^3$(m),求这物体在 $t=2$(s)时的速度.

7. 如果 $f(x)$为偶函数,且 $f'(0)$存在,证明 $f'(0)=0$.

8. 证明若函数 $f(x)$在$(-\infty,+\infty)$上是可导的奇(或偶)函数,则 $f'(x)$在$(-\infty,+\infty)$上是偶(或奇)函数.

9. 设 $f(x)$在 x_0 点可导,α_n,β_n 分别为趋于零的正数列,证明

$$\lim_{n\to\infty}\frac{f(x_0+\alpha_n)-f(x_0-\beta_n)}{\alpha_n+\beta_n}=f'(x_0).$$

10. 求曲线 $y=\sin x$ 在具有下列横坐标的各点处切线的斜率:

$$x=\frac{2}{3}\pi,\quad x=\pi.$$

11. 求曲线 $y=\cos x$ 上点$\left(\dfrac{\pi}{3},\dfrac{1}{2}\right)$处的切线方程和法线方程.

12. 在抛物线 $y=x^2$ 上取横坐标为 $x_1=1$ 及 $x_2=3$ 的两点,作过这两点的割线.问该抛物线上哪一点的切线平行于这条割线?

13. 设函数

$$f(x)=\begin{cases}x^2, & x\leqslant 1,\\ ax+b, & x>1.\end{cases}$$

如果函数 $f(x)$在 $x=1$ 处连续且可导,a,b 应取什么值?

14. 已知 $f(x)=\begin{cases}\sin x, & x<0,\\ x, & x\geqslant 0,\end{cases}$ 求 $f'(x)$.

15. 证明:双曲线 $xy=a^2$ 上任一点处的切线与两坐标轴构成的三角形的面积都等于 $2a^2$.

3.2 微分和求导的法则

3.2.1 函数的和、差、积、商的微分与求导法则

定理 3.3 如果函数 $u=u(x)$及 $v=v(x)$都在点 x 可微,则它们的和、差、积、商(除分母为零的点外)都在点 x 可微,且

(1) $d[u(x)\pm v(x)]=du(x)\pm dv(x)$; $[u(x)\pm v(x)]'=u'(x)\pm v'(x)$.

(2) $d[u(x)v(x)]=v(x)du(x)+u(x)dv(x)$;

$[u(x)v(x)]'=u'(x)v(x)+u(x)v'(x)$.

(3) $d\left[\dfrac{u(x)}{v(x)}\right]=\dfrac{v(x)du(x)-u(x)dv(x)}{v^2(x)}$; $\left[\dfrac{u(x)}{v(x)}\right]'=\dfrac{u'(x)v(x)-u(x)v'(x)}{v^2(x)}$.

证 (1) 由 $\Delta u=du+o(\Delta x)$,$\Delta v=dv+o(\Delta x)$,可得

$$\Delta(u \pm v) = \Delta u \pm \Delta v = \mathrm{d}u \pm \mathrm{d}v + o(\Delta x).$$

所以式(1)成立.

(2) 由 $\Delta u=\mathrm{d}u+o(\Delta x)$, $\Delta v=\mathrm{d}v+o(\Delta x)$,可得

$$\begin{aligned}\Delta(uv) &= u(x+\Delta x)v(x+\Delta x) - u(x)v(x) \\ &= (u+\Delta u)(v+\Delta v) - uv = (\Delta u)v + u\Delta v + \Delta u\Delta v \\ &= (\mathrm{d}u + o(\Delta x))v + u(\mathrm{d}v + o(\Delta x)) + (\mathrm{d}u + o(\Delta x))(\mathrm{d}v + o(\Delta x)) \\ &= v\mathrm{d}u + u\mathrm{d}v + o(\Delta x).\end{aligned}$$

所以式(2)成立.

(3) 由 $\Delta u=\mathrm{d}u+o(\Delta x)$, $\Delta v=\mathrm{d}v+o(\Delta x)$,可得

$$\begin{aligned}\Delta\left(\frac{1}{v}\right) &= \frac{1}{v(x+\Delta x)} - \frac{1}{v(x)} \\ &= \frac{v(x)-v(x+\Delta x)}{v(x+\Delta x)v(x)} = -\frac{\mathrm{d}v+o(\Delta x)}{v^2(x)} \cdot \frac{v^2(x)}{v^2(x)+o(1)} \\ &= -\left(\frac{\mathrm{d}v}{v^2} + o(\Delta x)\right) \cdot (1+o(1)) = -\frac{1}{v^2}\mathrm{d}v + o(\Delta x),\end{aligned}$$

所以 $\mathrm{d}\left(\frac{1}{v}\right) = -\frac{1}{v^2}\mathrm{d}v$. 从而

$$\begin{aligned}\mathrm{d}\left(\frac{u}{v}\right) &= \frac{1}{v}\mathrm{d}u + u\mathrm{d}\left(\frac{1}{v}\right) = \frac{1}{v}\mathrm{d}u - \frac{u}{v^2}\mathrm{d}v \\ &= \frac{v\mathrm{d}u - u\mathrm{d}v}{v^2},\end{aligned}$$

所以式(3)成立.

例 3.9　求函数 $f(x)=\tan x$ 的导数与微分.

解

$$\begin{aligned}\mathrm{d}\tan x &= \mathrm{d}\left(\frac{\sin x}{\cos x}\right) = \frac{\cos x\mathrm{d}\sin x - \sin x\mathrm{d}\cos x}{\cos^2 x} \\ &= \frac{1}{\cos^2 x}\mathrm{d}x = \sec^2 x\mathrm{d}x,\end{aligned}$$

所以 $(\tan x)'=\sec^2 x$.

例 3.10　求函数 $f(x)=\sec x$ 的导数与微分.

解

$$\begin{aligned}\mathrm{d}\sec x &= \mathrm{d}\left(\frac{1}{\cos x}\right) = -\frac{\mathrm{d}\cos x}{\cos^2 x} \\ &= \frac{\sin x}{\cos^2 x}\mathrm{d}x = \sec x\tan x\mathrm{d}x,\end{aligned}$$

所以 $(\sec x)'=\sec x\tan x$.

同理可得

$$\mathrm{d}\cot x = -\csc^2 x\mathrm{d}x, \quad (\cot x)' = -\csc^2 x,$$
$$\mathrm{d}\csc x = -\csc x\cot x\mathrm{d}x, \quad (\csc x)' = -\csc x\cot x.$$

3.2.2 反函数的微分与求导法则

定理 3.4 如果函数 $x=f(y)$在区间 I_y 内单调、可微且 $f'(y)\neq 0$,则其反函数 $y=f^{-1}(x)$在区间 $I_x=\{x|x=f(y),y\in I_y\}$内也可微,且

$$\mathrm{d}y = \frac{1}{f'(y)}\mathrm{d}x, \quad \frac{\mathrm{d}y}{\mathrm{d}x} = \frac{1}{f'(y)} \quad 或\ \mathrm{d}y = \frac{1}{\frac{\mathrm{d}x}{\mathrm{d}y}}\mathrm{d}x, \quad \frac{\mathrm{d}y}{\mathrm{d}x} = \frac{1}{\frac{\mathrm{d}x}{\mathrm{d}y}}.$$

证 由 $\Delta x = f'(y)\Delta y + o(\Delta y)$,得到 $\Delta y = \frac{1}{f'(y)}\Delta x + \frac{o(\Delta y)}{f'(y)} = \frac{1}{f'(y)}\Delta x + o(\Delta x)$,所以定理的结论成立.

例 3.11 求函数 $y=\arcsin x$ 的导数与微分.

解 设 $x=\sin y, y\in\left[-\frac{\pi}{2},\frac{\pi}{2}\right]$为直接函数,则 $y=\arcsin x$ 是它的反函数. 函数 $x=\sin y$ 在开区间 $I_y=\left(-\frac{\pi}{2},\frac{\pi}{2}\right)$内单调、可导,且

$$(\sin y)' = \cos y > 0.$$

因此,在对应区间 $I_x=(-1,1)$,有

$$\mathrm{d}y = \frac{1}{(\sin y)'}\mathrm{d}x = \frac{1}{\cos y}\mathrm{d}x, \quad \frac{\mathrm{d}y}{\mathrm{d}x} = \frac{1}{\cos y}.$$

但 $\cos y=\sqrt{1-\sin^2 y}=\sqrt{1-x^2}$,所以可得

$$\mathrm{d}(\arcsin x) = \frac{1}{\sqrt{1-x^2}}\mathrm{d}x, \quad (\arcsin x)' = \frac{1}{\sqrt{1-x^2}}.$$

类似可得 $\mathrm{d}(\arccos x) = -\frac{1}{\sqrt{1-x^2}}\mathrm{d}x, \quad (\arccos x)' = -\frac{1}{\sqrt{1-x^2}}.$

例 3.12 求函数 $y=\arctan x$ 的导数与微分.

解 设 $x=\tan y, y\in\left(-\frac{\pi}{2},\frac{\pi}{2}\right)$为直接函数,则 $y=\arctan x$ 是它的反函数. 函数 $x=\tan y$ 在开区间 $I_y=\left(-\frac{\pi}{2},\frac{\pi}{2}\right)$内单调、可导,且

$$(\tan y)' = \sec^2 y > 0.$$

因此,在对应区间 $I_x=(-\infty,+\infty)$有

$$\mathrm{d}y = \frac{1}{(\tan y)'}\mathrm{d}x = \frac{1}{\sec^2 y}\mathrm{d}x, \quad \frac{\mathrm{d}y}{\mathrm{d}x} = \frac{1}{\sec^2 y}.$$

但$\sec^2 y=1+\tan^2 y=1+x^2$,所以可得

$$\mathrm{d}(\arctan x) = \frac{1}{1+x^2}\mathrm{d}x, \quad (\arctan x)' = \frac{1}{1+x^2}.$$

类似可得 $\mathrm{d}(\mathrm{arccot}x)=-\dfrac{1}{1+x^2}\mathrm{d}x$， $(\mathrm{arccot}x)'=-\dfrac{1}{1+x^2}$.

3.2.3 复合函数的微分与求导法则

定理 3.5 如果函数 $u=g(x)$ 在点 x 可微，而 $y=f(u)$ 在点 $u=g(x)$ 可微，则复合函数 $y=f[g(x)]$ 在点 x 可微，且

$$\mathrm{d}y=f'(u)\mathrm{d}u,\quad \frac{\mathrm{d}y}{\mathrm{d}x}=\frac{\mathrm{d}y}{\mathrm{d}u}\cdot\frac{\mathrm{d}u}{\mathrm{d}x}.$$

证 由 $\Delta y=f'(u)\Delta u+o(\Delta u)$，$\Delta u=\mathrm{d}u+o(\Delta x)=g'(x)\mathrm{d}x+o(\Delta x)$，得到

$$\begin{aligned}\Delta y&=f'(u)(\mathrm{d}u+o(\Delta x))+o(\Delta u)=f'(u)\mathrm{d}u+o(\Delta x)\\&=f'(u)g'(x)\mathrm{d}x+o(\Delta x),\end{aligned}$$

所以定理的结论成立.

例 3.13 求函数 $y=x^\mu(x>0)$ 的导数与微分.

解 $y=x^\mu=\mathrm{e}^{\mu\ln x}$，

$$\mathrm{d}y=\mathrm{e}^{\mu\ln x}\mathrm{d}(\mu\ln x)=\mathrm{e}^{\mu\ln x}\frac{\mu}{x}\mathrm{d}x=\mu x^{\mu-1}\mathrm{d}x,$$

所以 $(x^\mu)'=\mu x^{\mu-1}$.

习 题 3.2

1. 推导余切函数及余割函数的导数公式：

$$(\cot x)'=-\csc^2 x,\quad (\csc x)'=-\csc x\cot x.$$

2. 求下列函数的导数：

(1) $y=x^3+\dfrac{7}{x^4}-\dfrac{2}{x}+12$； (2) $y=5x^3-2^x+3\mathrm{e}^x$； (3) $y=2\tan x+\sec x-1$；

(4) $y=\sin x\cdot\cos x$； (5) $y=x^2\ln x$； (6) $y=3\mathrm{e}^x\cos x$； (7) $y=\dfrac{\ln x}{x}$； (8) $y=\dfrac{\mathrm{e}^x}{x^2}+\ln 3$；

(9) $y=x^2(\ln x)\cos x$； (10) $s=\dfrac{1+\sin t}{1+\cos t}$.

3. 求下列函数的微分：

(1) $y=\dfrac{1}{x}+2\sqrt{x}$； (2) $y=x\sin 2x$； (3) $y=\dfrac{x}{\sqrt{x^2+1}}$； (4) $y=\ln^2(1-x)$；

(5) $y=x^2\mathrm{e}^{2x}$； (6) $y=\mathrm{e}^{-x}\cos(3-x)$； (7) $y=\arcsin\sqrt{1-x^2}$； (8) $y=\tan^2(1+2x^2)$；

(9) $y=\arctan\dfrac{1-x^2}{1+x^2}$； (10) $s=A\sin(\omega t+\varphi)$.

4. 以初速度 v_0 竖直上抛的物体，其上升高度 s 与时间 t 的关系是 $s=v_0t-\dfrac{1}{2}gt^2$. 求：

(1) 该物体的速度 $v(t)$； (2) 该物体达到最高点的时刻.

5. 求曲线 $y=2\sin x+x^2$ 上横坐标为 $x=0$ 的点处的切线方程和法线方程.

6. 讨论函数

$$f(x)=\begin{cases}x\sin\dfrac{1}{x}, & x\neq 0,\\ 0, & x=0\end{cases}$$

在 $x=0$ 处的连续性与可导性.

7. 求下列函数的导数：

(1) $y=(2x+5)^4$； (2) $y=\cos(4-3x)$； (3) $y=\mathrm{e}^{-3x^2}$； (4) $y=\ln(1+x^2)$；

(5) $y=\sin^2 x$； (6) $y=\sqrt{a^2-x^2}$； (7) $y=\tan x^2$； (8) $y=\arctan(\mathrm{e}^x)$；

(9) $y=(\arcsin x)^2$； (10) $y=\ln\cos x$； (11) $y=x-\dfrac{1}{2}x^2+\dfrac{1}{3}x^3$；

(12) $y=\dfrac{1}{x}+\dfrac{1}{\sqrt{x}}+\dfrac{1}{\sqrt[3]{x}}$； (13) $y=\dfrac{ax+b}{cx+d}$； (14) $y=(x-a)(x-b)^2(x-c)^3$；

(15) $y=x\sin x+\dfrac{\sin x}{x}$； (16) $y=x\cdot 10^x$.

8. 求下列函数的导数：

(1) $y=\arcsin(1-2x)$； (2) $y=\dfrac{1}{\sqrt{1-x^2}}$； (3) $y=\mathrm{e}^{-\frac{x}{2}}\cos 3x$； (4) $y=\arccos\dfrac{1}{x}$；

(5) $y=\dfrac{1-\ln x}{1+\ln x}$； (6) $y=\dfrac{\sin 2x}{x}$； (7) $y=\arcsin\sqrt{x}$； (8) $y=\ln(x+\sqrt{a^2+x^2})$；

(9) $y=\ln(\sec x+\tan x)$； (10) $y=\ln(\csc x-\cot x)$； (11) $y=\arcsin(\sin x)$；

(12) $y=\arctan\dfrac{1+x}{1-x}$； (13) $y=\ln\tan\dfrac{x}{2}-\cos x\cdot\ln\tan x$； (14) $y=\ln(\mathrm{e}^x+\sqrt{1+\mathrm{e}^{2x}})$；

(15) $y=x^{\frac{1}{x}}\,(x>0)$； (16) $y=\mathrm{e}^{ax}\sin bx$； (17) $y=\arcsin\dfrac{x}{a}$； (18) $y=\dfrac{1}{a}\arctan\dfrac{x}{a}$；

(19) $y=\cos^5 x$； (20) $y=\ln\tan 3x$； (21) $y=\ln\dfrac{t^2}{\sqrt{1+t^2}}$； (22) $y=\arcsin\dfrac{2x}{x^2+1}$；

(23) $y=\dfrac{2}{\sqrt{a^2-b^2}}\arctan\left(\sqrt{\dfrac{a-b}{a+b}}\tan\dfrac{x}{2}\right)(a>b\geqslant 0)$； (24) $y=\dfrac{1}{2a}\ln\left|\dfrac{x-a}{x+a}\right|$；

(25) $y=\dfrac{x}{2}\sqrt{x^2+a^2}+\dfrac{a^2}{2}\ln|x+\sqrt{x^2+a^2}|\,(a\neq 0)$；

(26) $y=\dfrac{x}{2}\sqrt{x^2-a^2}-\dfrac{a^2}{2}\ln|x+\sqrt{x^2-a^2}|\,(a\neq 0)$.

9. 求下列函数的导数：

(1) $y=\left(\arcsin\dfrac{x}{2}\right)^2$； (2) $y=\ln\tan\dfrac{x}{2}$； (3) $y=\sqrt{1+\ln^2 x}$；

(4) $y=\mathrm{e}^{\arctan\sqrt{x}}$； (5) $y=\sin^n x\cos nx$； (6) $y=\dfrac{\arcsin x}{\arccos x}$； (7) $y=\ln\ln\ln x$；

(8) $y=\dfrac{\sqrt{1+x}-\sqrt{1-x}}{\sqrt{1+x}+\sqrt{1-x}}$； (9) $y=\arcsin\sqrt{\dfrac{1-x}{1+x}}$.

10. 设函数 $f(x)$ 和 $g(x)$ 可导，且 $f^2(x)+g^2(x)\neq 0$，试求函数 $y=\sqrt{f^2(x)+g^2(x)}$ 的导数.

11. 设 $f(x)$ 可导，求下列函数的导数：

(1) $y=f(x^2)$； (2) $y=f(\sin^2 x)+f(\cos^2 x)$.

12. 求下列函数的导数：

(1) $y=\mathrm{e}^{-x}(x^2-2x+3)$； (2) $y=\sin^2 x\cdot\sin(x^2)$； (3) $y=\left(\arctan\frac{x}{2}\right)^2$； (4) $y=\frac{\ln x}{x^n}$；

(5) $y=\frac{\mathrm{e}^t-\mathrm{e}^{-t}}{\mathrm{e}^t+\mathrm{e}^{-t}}$； (6) $y=\ln\cos\frac{1}{x}$； (7) $y=\mathrm{e}^{-\sin^2\frac{1}{x}}$； (8) $y=\sqrt{x+\sqrt{x}}$；

(9) $y=x\arcsin\frac{x}{2}+\sqrt{4-x^2}$.

13. 求下列函数的微分：

(1) $y=\frac{1}{x}$； (2) $y=\cos x$； (3) $y=a^x$； (4) $y=\ln x$； (5) $y=\frac{\ln x}{\sqrt{x}}$；

(6) $y=\sqrt{x^2+a^2}$； (7) $y=\tan^2 x+\ln|\cos x|$； (8) $y=\mathrm{e}^{x^2}\cos^4 x$.

14. 用微分的运算法则求下列函数的微分：

(1) $y=(x^2+4x+1)(x^2-\sqrt{x})$； (2) $y=\frac{x^2-1}{x^3+1}$； (3) $y=\tan x+\frac{1}{\cos x}$； (4) $y=\cos x^2$；

(5) $y=\arccos\frac{1}{x}$； (6) $y=\arctan(\ln x)$.

15. 设 $u(x),v(x),w(x)$都是 x 的可微函数,求下列函数的微分：

(1) $y=u\cdot v\cdot w$； (2) $y=\ln\sqrt{u^2+v^2}$； (3) $y=\arctan\frac{u}{v}$； (4) $y=(u^2+v^2+w^2)^{3/2}$；

(5) $y=\mathrm{e}^{u\cdot v}$； (6) $y=\mathrm{e}^v\sin u$； (7) $y=\mathrm{e}^{\arctan(u\cdot v)}$.

16. 设函数 $f(x)$和 $g(x)$均在点 x_0 的某一邻域内有定义,$f(x)$在 x_0 处可导,$f(x_0)=0$,$g(x)$在 x_0 处连续,试讨论 $f(x)g(x)$在 x_0 处的可导性.

17. 设函数 $f(x)$满足下列条件：

(1) $f(x+y)=f(x)\cdot f(y)$,对一切 $x,y\in\mathbf{R}$;

(2) $f(x)=1+xg(x)$,而$\lim\limits_{x\to 0}g(x)=1$.

试证明 $f(x)$在 R 上处处可导,且 $f'(x)=f(x)$.

3.3 高 阶 导 数

3.3.1 定义

设函数 $y=f(x)$的导函数 $y'=f'(x)$存在. 若 $y'=f'(x)$在点 x_0 处的导数存在,则称它为函数 $y=f(x)$的二阶导数,记作

$$f''(x_0),\quad y''(x_0)\quad 或\left.\frac{\mathrm{d}^2y}{\mathrm{d}x^2}\right|_{x=x_0}.$$

若函数 $y=f(x)$在区间 X 内每一点 x 处都有二阶导数,则得到**二阶导函数**

$$f''(x),\quad y''(x)\quad 或\frac{\mathrm{d}^2y}{\mathrm{d}x^2}.$$

同样地,可以定义函数 $y=f(x)$在点 x_0 处的三阶、四阶、…导数

$$f'''(x_0), f^{(4)}(x_0), \cdots$$

以及三阶、四阶、…导函数

$$f'''(x), f^{(4)}(x), \cdots.$$

一般地，若函数 $y=f(x)$ 的 $(n-1)$ 阶导数 $f^{(n-1)}(x)$ 在点 x_0 处的导数存在，则称其为 $y=f(x)$ 的 n **阶导数**，记作

$$f^{(n)}(x_0) = \lim_{\Delta x \to 0} \frac{f^{(n-1)}(x_0 + \Delta x) - f^{(n-1)}(x_0)}{\Delta x},$$

有时也写作

$$f^{(n)}(x_0) = \lim_{x \to x_0} \frac{f^{(n-1)}(x) - f^{(n-1)}(x_0)}{x - x_0}.$$

若 $y=f(x)$ 在区间 X 内每一点 x 处都有 n 阶导数，则得到 n **阶导函数** $f^{(n)}(x)$，$y^{(n)}$ 或 $\frac{d^n y}{dx^n}$.

二阶导数 $y''=f''(x)$ 的力学意义：若质点做变速直线运动，其运动规律为 $s=s(t)$，则一阶导数 $s'(t)=v(t)$ 表示质点的瞬时速度；二阶导数 $s''(t)=a(t)$ 表示质点的瞬时加速度.

3.3.2 例子

例 3.14 设 $y=x^n(n=1,2,\cdots)$，求 $y', y'', \cdots, y^{(m)}$.

解

$$y'=nx^{n-1},$$
$$y''=n(n-1)x^{n-2},$$
$$\cdots$$
$$y^{(n)}=n!,$$
$$y^{(n+1)}=y^{(n+2)}=\cdots=0.$$

例 3.15 设 $y=x^\alpha(x>0,\alpha$ 为常数$)$，求 $y^{(n)}$.

解

$$y'=\alpha x^{\alpha-1},$$
$$y''=\alpha(\alpha-1)x^{\alpha-2},$$
$$\cdots$$
$$y^{(n)}=\alpha(\alpha-1)(\alpha-2)\cdots(\alpha-n+1)x^{\alpha-n}.$$

特例 设 $y=\frac{1}{x}$，即 $\alpha=-1$，则

$$\left(\frac{1}{x}\right)^{(n)} = (-1)(-2)(-3)\cdots(-n)x^{-1-n}$$

$$= \frac{(-1)^n \cdot n!}{x^{n+1}}.$$

例 3.16 设 $y=a^x(a>0,a\neq 1)$，求 $y^{(n)}$.

解

$$y'=a^x\ln a,$$
$$y''=a^x(\ln a)^2,$$
$$\cdots$$
$$y^{(n)}=a^x(\ln a)^n.$$

特例　$(\mathrm{e}^x)^{(n)}=\mathrm{e}^x$.

例 3.17　设 $y=\ln x$,求 $y^{(n)}$.

解　$y'=\frac{1}{x}$,因此

$$y^{(n)}=\left(\frac{1}{x}\right)^{(n-1)}=\frac{(-1)^{n-1}\cdot(n-1)!}{x^n},$$

即

$$(\ln x)^{(n)}=\frac{(-1)^{n-1}\cdot(n-1)!}{x^n}.$$

例 3.18　设 $y=\sin x$,求 $y^{(n)}$.

解　$(\sin x)'=\cos x=\sin\left(x+\frac{\pi}{2}\right)$,

$$(\sin x)''=\left[\sin\left(x+\frac{\pi}{2}\right)\right]'=\cos\left(x+\frac{\pi}{2}\right)=\sin\left(x+2\cdot\frac{\pi}{2}\right),$$

$$(\sin x)'''=\left[\sin\left(x+2\cdot\frac{\pi}{2}\right)\right]'=\cos\left(x+2\cdot\frac{\pi}{2}\right)=\sin\left(x+3\cdot\frac{\pi}{2}\right),$$

用数学归纳法可以证明

$$(\sin x)^{(n)}=\sin\left(x+n\cdot\frac{\pi}{2}\right).$$

类似可得 $(\cos x)^{(n)}=\cos\left(x+n\cdot\frac{\pi}{2}\right)$.

3.3.3　运算法则

如果函数 $u=u(x)$ 及 $v=v(x)$ 都在点 x 处具有 n 阶导数,那么显然 $u(x)+v(x)$ 及 $u(x)-v(x)$ 也在点 x 处具有 n 阶导数,且

$$(u\pm v)^{(n)}=u^{(n)}\pm v^{(n)}.$$

但乘积 $u(x)\cdot v(x)$ 的 n 阶导数并不如此简单,由

$$(uv)'=u'v+uv'$$

首先得出

$$(uv)''=u''v+2u'v'+v'',$$
$$(uv)'''=u'''v+3u''v'+3u'v''+uv'''.$$

用数学归纳法可以证明

$$(uv)^{(n)}=\sum_{k=0}^{n}\mathrm{C}_n^k u^{(n-k)}v^{(k)}.$$

上式称为**莱布尼茨公式**.

例 3.19 设 $y=x^2\cdot e^{3x}$,求 $y^{(n)}$.

解 令 $u=e^{3x}$, $v=x^2$,则

$$v'=2x,\quad v''=2,\quad v'''=v^{(4)}=\cdots=v^{(n)}=0;$$

$$u^{(n)}=3^n\cdot e^{3x},\quad u^{(n-1)}=3^{n-1}\cdot e^{3x},\quad u^{(n-2)}=3^{n-2}\cdot e^{3x}.$$

由莱布尼茨公式得到

$$\begin{aligned} y^{(n)}&=(x^2\cdot e^{3x})^{(n)}=(e^{3x}\cdot x^2)^{(n)}\\ &=(e^{3x})^{(n)}\cdot x^2+n(e^{3x})^{(n-1)}\cdot(x^2)'+\frac{n(n-1)}{2!}(e^{3x})^{(n-2)}\cdot(x^2)''+0\\ &=3^nx^2e^{3x}+2n\cdot 3^{n-1}xe^{3x}+n(n-1)3^{n-2}e^{3x}\\ &=3^{n-2}\cdot e^{3x}[9x^2+6nx+n(n-1)]. \end{aligned}$$

习 题 3.3

1. 求下列函数的二阶导数:

(1) $y=2x^2+\ln x$; (2) $y=e^{2x-1}$; (3) $y=x\cos x$; (4) $y=e^{-t}\sin t$;

(5) $y=\sqrt{a^2-x^2}$; (6) $y=\ln(1-x^2)$; (7) $y=\tan x$; (8) $y=\frac{1}{x^3+1}$;

(9) $y=(1+x^2)\arctan x$; (10) $y=\frac{e^x}{x}$; (11) $y=xe^{x^2}$; (12) $y=\ln(x+\sqrt{1+x^2})$;

(13) $y=\cos^2 x\cdot\ln x$; (14) $y=\frac{x}{\sqrt{1-x^2}}$.

2. 设 $f''(x)$存在,求下列函数的二阶导数$\frac{d^2y}{dx^2}$:

(1) $y=f(x^2)$; (2) $y=\ln[f(x)]$.

3. 试从$\frac{dx}{dy}=\frac{1}{y'}$导出:

(1) $\frac{d^2x}{dy^2}=-\frac{y''}{(y')^3}$; (2) $\frac{d^3x}{dy^3}=\frac{3(y'')^2-y'y'''}{(y')^5}$.

4. 已知物体的运动规律为 $s=A\sin\omega t$(A,ω 是常数),求物体运动的加速度,并验证

$$\frac{d^2s}{dt^2}+\omega^2s=0.$$

5. 密度大的陨星进入大气层时,当它离地心为 s km 时的速度与$\sqrt{s}$成反比. 试证陨星的加速度与 s^2 成反比.

6. 验证函数 $y=C_1e^{\lambda x}+C_2e^{-\lambda x}$($\lambda,C_1,C_2$ 是常数)满足关系式:

$$y''-\lambda^2y=0.$$

7. 求下列函数所指定阶的导数:

(1) $y=e^x\cos x$,求 $y^{(4)}$; (2) $y=x^2\sin 2x$,求 $y^{(50)}$;

(3) $y=x^2(2x-1)^2(x+3)^2$,求 $y^{(6)}$, $y^{(7)}$.

8. 求下列函数的 n 阶导数的一般表达式:

(1) $y=x^n+a_1x^{n-1}+a_2x^{n-2}+\cdots+a_{n-1}x+a_n$ ($a_1,a_2,\cdots,a_n$ 都是常数);

(2) $y=\sin^2 x$; (3) $y=x\ln x$; (4) $y=xe^x$;

(5) $y=(x^2+2x+2)e^{-x}$; (6) $y=\frac{1}{1-x}$; (7) $y=\frac{1}{1-x^2}$; (8) $y=\frac{x^n}{1+x}$; (9) $y=\frac{1}{x}e^x$.

9. 求函数 $f(x)=x^2\ln(1+x)$ 在 $x=0$ 处的 n 阶导数 $f^{(n)}(0)(n\geqslant 3)$.

3.4 隐函数及由参数方程所确定的函数的导数　相关变化率

3.4.1 隐函数的导数

函数 $y=f(x)$ 也称为**显函数**,这是因为因变量 y 直接用自变量 x 的一个式子表示了出来,y 与 x 之间的函数关系很明显.

有时,因变量 y 与自变量 x 之间的对应关系没有用公式 $y=f(x)$ 明显地给出,或者不能用 $y=f(x)$ 明显给出,而是用 x,y 之间的一个方程式 $F(x,y)=0$ 来表示的. 这种由方程 $F(x,y)=0$ 所确定的函数称为**隐函数**.

从方程 $F(x,y)=0$ 中有时可以解出 y 来,这时便得到了显函数. 这叫做**隐函数的显化**. 例如,可从隐函数方程 $3x+5y+1=0$ 解出显函数

$$y=-\frac{3}{5}x-\frac{1}{5}.$$

但是,有时隐函数并不能表为显函数的形式或者表示出来后形式很复杂. 问题是:假定方程 $F(x,y)=0$ 确定 y 是 x 的隐函数,并且 y 对 x 可导,那么,在不解出 y 的情况下,怎样求导数 y'? 下面举例来解决这个问题.

例 3.20 求由方程 $e^y+xy-e=0$ 所确定的隐函数的导数 $\frac{dy}{dx}$.

解 等式两边求微分得

$$d(e^y+xy-e)=d(0)=0,$$

$$e^y dy+x dy+y dx=0,$$

$$dy=-\frac{y}{e^y+x}dx,$$

所以

$$\frac{dy}{dx}=-\frac{y}{e^y+x}.$$

例 3.21 求由方程 $y^5+2y-x-3x^7=0$ 所确定的隐函数在 $x=0$ 处的导数 $\left.\frac{dy}{dx}\right|_{x=0}$.

解 等式两边求微分得

$$d(y^5+2y-x-3x^7)=d(0)=0,$$

$$5y^4\mathrm{d}y+2\mathrm{d}y-\mathrm{d}x-21x^6\mathrm{d}x=0.$$

当 $x=0$ 时,从原方程得 $y=0$,代入上式,得

$$2\mathrm{d}y=\mathrm{d}x,$$

所以

$$\left.\frac{\mathrm{d}y}{\mathrm{d}x}\right|_{x=0}=\frac{1}{2}.$$

例 3.22　求椭圆$\frac{x^2}{16}+\frac{y^2}{9}=1$在点$\left(2,\frac{3}{2}\sqrt{3}\right)$处的切线方程(图 3.7).

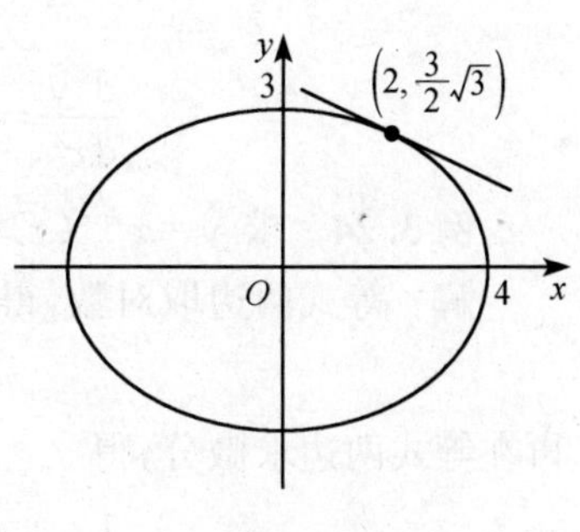

图 3.7

解　由导数的几何意义知道,所求切线的斜率为

$$k=y'|_{x=2}.$$

在椭圆方程两边求微分,得

$$\mathrm{d}\left(\frac{x^2}{16}+\frac{y^2}{9}\right)=\mathrm{d}(1)=0,$$

$$\frac{x}{8}\mathrm{d}x+\frac{2y}{9}\mathrm{d}y=0.$$

把 $x=2,y=\frac{3}{2}\sqrt{3}$代入上式,得

$$\left.\frac{\mathrm{d}y}{\mathrm{d}x}\right|_{x=2}=-\frac{\sqrt{3}}{4},$$

于是所求的切线方程为

$$y-\frac{3}{2}\sqrt{3}=-\frac{\sqrt{3}}{4}(x-2),$$

即

$$\sqrt{3}x+4y-8\sqrt{3}=0.$$

例 3.23　求由方程 $x-y+\frac{1}{2}\sin y=0$ 所确定的隐函数的二阶导数$\frac{\mathrm{d}^2y}{\mathrm{d}x^2}$.

解　等式两边求微分,得

$$\mathrm{d}\left(x-y+\frac{1}{2}\sin y\right)=\mathrm{d}(0)=0,$$

$$\mathrm{d}x-\mathrm{d}y+\frac{1}{2}\cos y\mathrm{d}y=0,$$

$$\mathrm{d}y=\frac{2}{2-\cos y}\mathrm{d}x,$$

所以

$$\frac{\mathrm{d}y}{\mathrm{d}x}=\frac{2}{2-\cos y}.$$

进而得

$$\frac{\mathrm{d}^2y}{\mathrm{d}x^2}=\frac{-2\sin y\frac{\mathrm{d}y}{\mathrm{d}x}}{(2-\cos y)^2}=\frac{-4\sin y}{(2-\cos y)^3}.$$

例 3.24　求 $y=x^{\sin x}(x>0)$的导数.

解　等式两边取对数,得

$$\ln y=\sin x\cdot\ln x.$$

再在等式两边求微分,得

$$\frac{1}{y}\mathrm{d}y=\left(\cos x\cdot\ln x+\sin x\cdot\frac{1}{x}\right)\mathrm{d}x,$$

于是

$$\frac{\mathrm{d}y}{\mathrm{d}x}=y\left(\cos x\cdot\ln x+\sin x\cdot\frac{1}{x}\right)=x^{\sin x}\left(\cos x\cdot\ln x+\sin x\cdot\frac{1}{x}\right).$$

上面的求导方法叫做**对数求导法**.对于一般形式的幂指函数

$$y=u(x)^{v(x)},\quad u(x)>0,$$

如果 $u(x)$,$v(x)$都可导,则可像例 3.24 一样利用对数求导法求出导数.也可把此幂指函数表示为

$$y=\mathrm{e}^{v\ln u}.$$

这样,便可直接求导得

$$y'=\mathrm{e}^{v\ln u}\left(v'\cdot\ln u+v\cdot\frac{u'}{u}\right)=u^v\left(v'\cdot\ln u+\frac{vu'}{u}\right).$$

例 3.25　求 $y=\sqrt[3]{\frac{(x^2-1)(2-x)}{3x+5}}$的导数.

解　等式两边取绝对值,得

$$|y|=\sqrt[3]{\frac{|x^2-1|\cdot|2-x|}{|3x+5|}},$$

再对上式取对数

$$\ln|y|=\frac{1}{3}[\ln|x^2-1|+\ln|2-x|-\ln|3x+5|],$$

两边求微分,得

$$\frac{1}{y}\mathrm{d}y=\frac{1}{3}\left[\frac{2x}{x^2-1}+\frac{1}{x-2}-\frac{3}{3x+5}\right]\mathrm{d}x,$$

所以

$$y' = \frac{y}{3}\left[\frac{2x}{x^2-1} + \frac{1}{x-2} - \frac{3}{3x+5}\right].$$

3.4.2　由参数方程所确定的函数的导数

研究物体运动的轨迹时，常遇到参数方程. 例如，研究抛射体的运动问题时，如果空气阻力忽略不记，则抛射体的运动轨迹可表示为

$$\begin{cases} x = v_1 t, \\ y = v_2 t - \dfrac{1}{2}gt^2, \end{cases}$$

其中 v_1、v_2 分别为抛射体初速度的水平、铅直分量；g 为重力加速度；t 为飞行时间；x 和 y 分别为飞行中抛射体在铅直平面上的位置的横坐标和纵坐标(图 3.8).

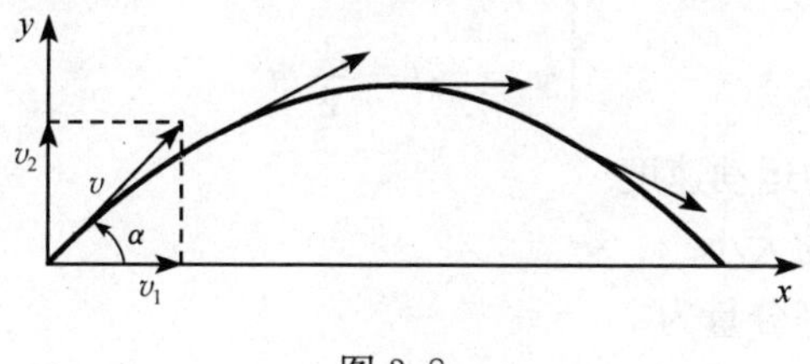

图 3.8

在上式中，x，y 都与 t 存在函数关系. 如果把对应于同一个 t 值的 y 与 x 的值看作是对应的，这样就得到 y 与 x 之间的函数关系，即

$$y = \frac{v_2}{v_1}x - \frac{g}{2v_1^2}x^2.$$

一般地，若参数方程

$$\begin{cases} x = \varphi(t), \\ y = \psi(t) \end{cases}$$

确定 y 与 x 间的函数关系，则称此函数关系所表达的函数为**由参数方程所确定的函数**.

在实际问题中，需要计算由参数方程所确定的函数的导数. 但并不是所有的参数方程确定的函数都能够显式化，有时虽然能够显式化，但显式化后的函数很复杂. 因此需要一种方法能直接由参数方程算出它所确定的函数的导数. 为此，假定函数 $x=\varphi(t)$，$y=\psi(t)$都可导，而且 $\varphi'(t)\neq 0$.

对 $x=\varphi(t)$两边取微分得 $\mathrm{d}x=\varphi'(t)\mathrm{d}t$，所以 $\mathrm{d}t=\dfrac{1}{\varphi'(t)}\mathrm{d}x$；对 $y=\psi(t)$两边取微分得 $\mathrm{d}y=\psi'(t)\mathrm{d}t$，所以 $\mathrm{d}y=\dfrac{\psi'(t)}{\varphi'(t)}\mathrm{d}x$，即

$$\frac{\mathrm{d}y}{\mathrm{d}x}=\frac{\psi'(t)}{\varphi'(t)}$$

或者

$$\frac{\mathrm{d}y}{\mathrm{d}x}=\frac{\frac{\mathrm{d}y}{\mathrm{d}t}}{\frac{\mathrm{d}x}{\mathrm{d}t}}.$$

这就是**参数方程的求导公式**.

如果 $x=\varphi(t)$,$y=\psi(t)$二阶可导,则有

$$\frac{\mathrm{d}^2y}{\mathrm{d}x^2}=\frac{\mathrm{d}}{\mathrm{d}x}\left(\frac{\mathrm{d}y}{\mathrm{d}x}\right)=\frac{\mathrm{d}}{\mathrm{d}t}\left(\frac{\psi'(t)}{\varphi'(t)}\right)\cdot\frac{\mathrm{d}t}{\mathrm{d}x}=\frac{\psi''(t)\varphi'(t)-\psi'(t)\varphi''(t)}{\varphi'^3(t)}.$$

例 3.26　已知抛射体的运动轨迹的参数方程为

$$\begin{cases}x=v_1t,\\ y=v_2t-\dfrac{1}{2}gt^2,\end{cases}$$

求抛射体在时刻 t 的运动速度.

解　先求速度的大小.

由于速度的水平分量为

$$\frac{\mathrm{d}x}{\mathrm{d}t}=v_1,$$

铅直分量为

$$\frac{\mathrm{d}y}{\mathrm{d}t}=v_2-gt,$$

所以抛射体运动速度的大小为

$$v=\sqrt{\left(\frac{\mathrm{d}x}{\mathrm{d}t}\right)^2+\left(\frac{\mathrm{d}y}{\mathrm{d}t}\right)^2}=\sqrt{v_1^2+(v_2-gt)^2}.$$

再求速度的方向,也就是轨迹的切线方向.

设 α 是切线的倾角,则根据导数的几何意义,得

$$\tan\alpha=\frac{\mathrm{d}y}{\mathrm{d}x}=\frac{\frac{\mathrm{d}y}{\mathrm{d}t}}{\frac{\mathrm{d}x}{\mathrm{d}t}}=\frac{v_2-gt}{v_1}.$$

例 3.27　已知椭圆的参数方程为

$$\begin{cases}x=a\cos t,\\ y=b\sin t,\end{cases}$$

求椭圆在 $t=\frac{\pi}{4}$ 相应的点处的切线方程(图 3.9).

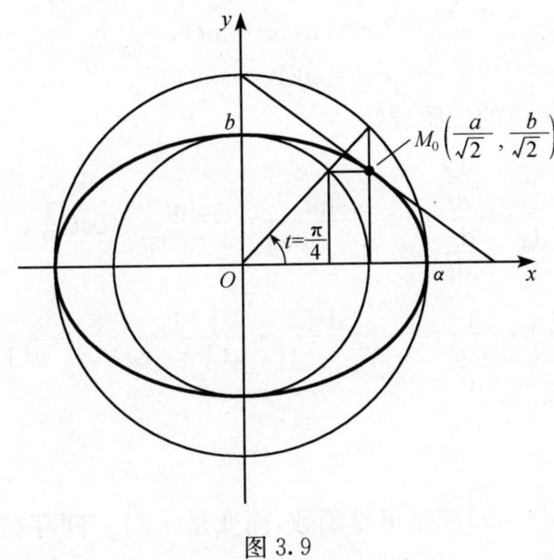

图 3.9

解　当 $t=\frac{\pi}{4}$ 时，椭圆上的相应点 M_0 的坐标是

$$x_0=a\cos\frac{\pi}{4}=\frac{a\sqrt{2}}{2},$$

$$y_0=b\sin\frac{\pi}{4}=\frac{b\sqrt{2}}{2},$$

曲线在点 M_0 的切线斜率为

$$\left.\frac{\mathrm{d}y}{\mathrm{d}x}\right|_{t=\frac{\pi}{4}}=\left.\frac{(b\sin t)'}{(a\cos t)'}\right|_{t=\frac{\pi}{4}}=\left.\frac{b\cos t}{-a\sin t}\right|_{t=\frac{\pi}{4}}=-\frac{b}{a}.$$

代入点斜式方程，即得椭圆在点 M_0 处的切线方程

$$y-\frac{b\sqrt{2}}{2}=-\frac{b}{a}\left(x-\frac{a\sqrt{2}}{2}\right).$$

化简后得

$$bx+ay-\sqrt{2}ab=0.$$

例 3.28　计算由摆线(图 3.10)的参数方程

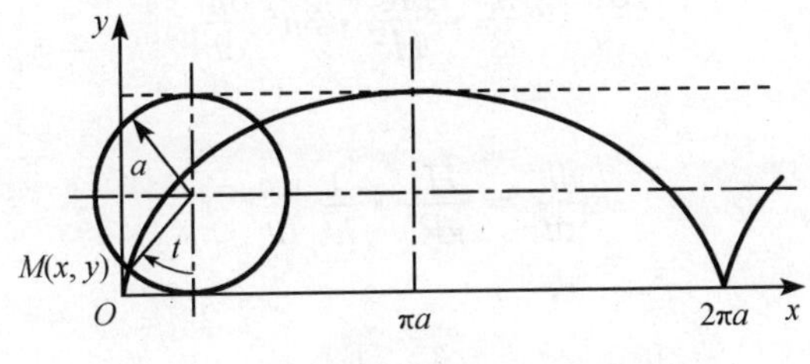

图 3.10

$$\begin{cases} x = a(t - \sin t), \\ y = a(1 - \cos t) \end{cases}$$

所确定的函数 $y=y(x)$ 的二阶导数.

解 $$\frac{dy}{dx}=\frac{\frac{dy}{dt}}{\frac{dx}{dt}}=\frac{a\sin t}{a(1-\cos t)}=\frac{\sin t}{1-\cos t}=\cot\frac{t}{2},$$

$$\frac{d^2y}{dx^2}=\frac{d}{dt}\left(\cot\frac{t}{2}\right)\cdot\frac{1}{\frac{dx}{dt}}=-\frac{1}{2\sin^2\frac{t}{2}}\cdot\frac{1}{a(1-\cos t)}=-\frac{1}{a(1-\cos t)^2}.$$

3.4.3 相关变化率

设 $x=x(t)$ 及 $y=y(t)$ 都是可导函数，而变量 x 与 y 间存在某种关系，从而变化率 $\frac{dx}{dt}$ 与 $\frac{dy}{dt}$ 间也存在一定关系. 这两个相互依赖的变化率称为**相关变化率**. 相关变化率的问题就是研究这两个变化率之间的关系，以便从其中一个变化率求出另一个变化率.

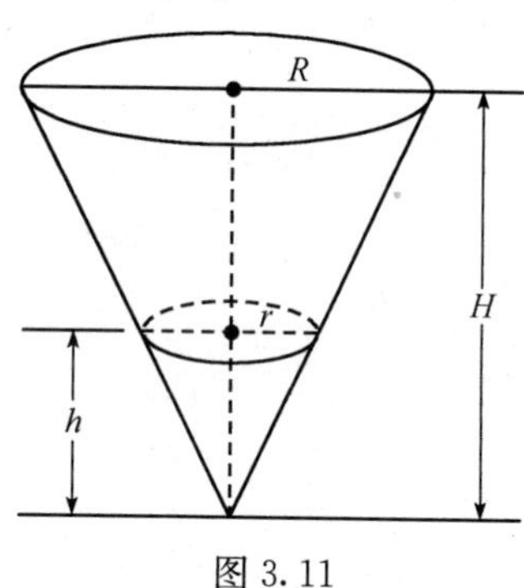

图 3.11

例 3.29 一个倒圆锥形的蓄水池，高 H 为 10m，底半径 R 为 4m，水以 $5\text{m}^3/\text{min}$ 的速率流进水池. 试求当水深为 5m 时，水面上升的速率(图 3.11).

解 令 h 表示在时刻 t 水池内的水面高度. 显然，h 是 t 的函数：$h=h(t)$. 水池内水的体积 v 与 h 的关系为

$$v=\frac{1}{3}\pi r^2 h,$$

其中 r 为小圆锥的底半径. 利用相似三角形可解出

$$v=\frac{1}{3}\cdot\frac{\pi R^2}{H^2}\cdot h^3.$$

两端对 t 求导，得

$$\frac{dv}{dt}=\frac{1}{3}\cdot\frac{\pi R^2}{H^2}\cdot 3h^2\frac{dh}{dt},$$

于是

$$\frac{dh}{dt}=\frac{H^2}{\pi R^2}\cdot\frac{1}{h^2}\frac{dv}{dt}.$$

当 $h=5\text{m}$ 时，有

$$\left.\frac{dh}{dt}\right|_{h=5}=\frac{10^2}{\pi 4^2}\cdot\frac{1}{25}\cdot 5=\frac{5}{4\pi}.$$

习　题　3.4

1. 求由下列方程所确定的隐函数的导数$\frac{dy}{dx}$：

(1) $y^2-2xy+9=0$；　(2) $x^3+y^3-3axy=0$；　(3) $xy=e^{x+y}$；　(4) $y=1-xe^y$；

(5) $\sqrt{x}+\sqrt{y}=\sqrt{a}$；　(6) $y=\cos(x+y)$；　(7) $y\sin x-\cos(x-y)=0$；　(8) $x+\sqrt{xy}+y=0$.

2. 求下列隐函数在指定点的导数$\frac{dy}{dx}$：

(1) $y=\cos x+\frac{1}{2}\sin y$，点$\left(\frac{\pi}{2},0\right)$；　(2) $ye^x+\ln y=1$，点$(0,1)$.

3. 求下列方程确定的隐函数的微分 dy：

(1) $\frac{x^2}{a^2}+\frac{y^2}{b^2}=1$；　(2) $x^y=y^x$.

4. 求曲线 $x^{\frac{2}{3}}+y^{\frac{2}{3}}=a^{\frac{2}{3}}$ 在点$\left(\frac{\sqrt{2}}{4}a,\frac{\sqrt{2}}{4}a\right)$处的切线方程和法线方程.

5. 求由下列方程所确定的隐函数的二阶导数$\frac{d^2y}{dx^2}$：

(1) $x^2-y^2=1$；　(2) $b^2x^2+a^2y^2=a^2b^2$；　(3) $y=\tan(x+y)$；　(4) $y=1+xe^y$.

6. 用对数求导法求下列函数的导数：

(1) $y=\left(\frac{x}{1+x}\right)^x$；　(2) $y=\sqrt[5]{\frac{x-5}{\sqrt[5]{x^2+2}}}$；　(3) $y=\frac{\sqrt{x+2}(3-x)^4}{(x+1)^5}$；

(4) $y=\sqrt{x\sin x\sqrt{1-e^x}}$；　(5) $y=\sqrt[x]{\frac{1-x}{1+x}}$；　(6) $y=\frac{x^2}{1+x}\sqrt{\frac{x+1}{1+x+x^2}}$；

(7) $y=(x-b_1)^{a_1}(x-b_2)^{a_2}\cdots(x-b_n)^{a_n}$；　(8) $y=(1+x^2)^x$.

7. 求下列参数方程所确定的函数的导数$\frac{dy}{dx}$：

(1) $\begin{cases}x=at^2,\\ y=bt^3;\end{cases}$　(2) $\begin{cases}x=\theta(1-\sin\theta),\\ y=\theta\cos\theta.\end{cases}$

8. 写出下列曲线在所给参数值相应的点处的切线方程和法线方程：

(1) $\begin{cases}x=\sin t,\\ y=\cos 2t,\end{cases}$在 $t=\frac{\pi}{4}$处；　(2) $\begin{cases}x=\frac{3at}{1+t^2},\\ y=\frac{3at^2}{1+t^2},\end{cases}$在 $t=2$ 处.

9. 求下列参数方程所确定的函数的二阶导数$\frac{d^2y}{dx^2}$：

(1) $\begin{cases}x=\frac{t^2}{2},\\ y=1-t;\end{cases}$　(2) $\begin{cases}x=a\cos t,\\ y=b\sin t;\end{cases}$　(3) $\begin{cases}x=3e^{-t},\\ y=2e^t;\end{cases}$

(4) $\begin{cases}x=f'(t),\\ y=tf'(t)-f(t),\end{cases}$　设 $f''(t)$存在且不为零；　(5) $\begin{cases}x=t-\sin t,\\ y=1-\cos t;\end{cases}$

(6) $\begin{cases} x=a\text{ch}t, \\ y=b\text{sh}t; \end{cases}$ (7) $\begin{cases} x=a\cos^3\theta, \\ y=a\sin^3\theta; \end{cases}$ (8) $\begin{cases} x=\ln\sqrt{1+t^2}, \\ y=\arctan t. \end{cases}$

10. 求下列参数方程所确定的函数的三阶导数$\dfrac{d^3y}{dx^3}$:

(1) $\begin{cases} x=1-t^2, \\ y=t-t^3; \end{cases}$ (2) $\begin{cases} x=\ln(1+t^2), \\ y=t-\arctan t. \end{cases}$

11. 已知 $f(x)$是周期为 5 的连续函数,它在 $x=0$ 的某个邻域内满足关系式

$$f(1+\sin x)-3f(1-\sin x)=8x+o(x),$$

且 $f(x)$在 $x=1$ 处可导,求曲线 $y=f(x)$在点$(6,f(6))$处的切线方程.

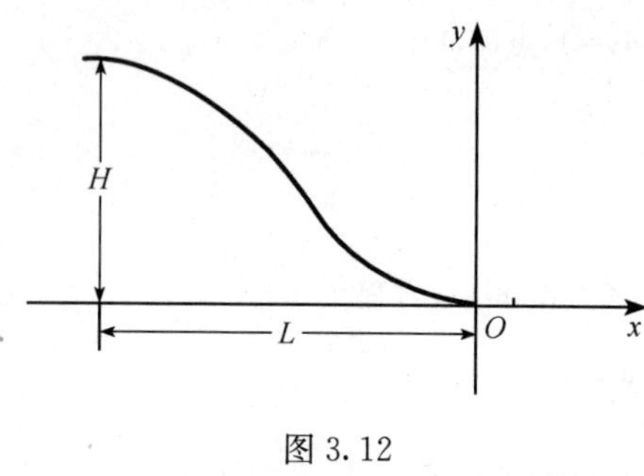

图 3.12

12. 当正在高度 H 水平飞行的飞机开始向机场跑道下降时,如图 3.12 所示,从飞机到机场的水平地面距离为 L. 假设飞机下降的路径为三次函数 $y=ax^3+bx^2+cx+d$ 的图形,其中 $y|_{x=-L}=H$, $y|_{x=0}=0$. 试确定飞机的降落路径.

13. 落在平静水面上的石头,产生同心波纹. 若最外一圈波半径的增大速率总是 6m/s,问在 2s 末扰动水面面积增大的速率为多少?

14. 注水入深 8m 上顶直径 8m 的正圆锥形容器中,其速率为 4m^3/min. 当水深为 5m 时,其表面上升的速率为多少?

15. 溶液自深 18cm 顶直径 12cm 的正圆锥形漏斗中漏入一直径为 10cm 的圆柱形筒中. 开始时漏斗中盛满了溶液. 已知当溶液在漏斗中深为 12cm 时,其表面下降的速率为 1cm/min. 问此时圆柱形筒中溶液表面上升的速率为多少?

16. 一个人以 8km/h 的速度面向一个 62m 高的塔前进,当他距塔底 80m 时,他的头顶以什么速度接近塔顶(设人高为 2m)?

17. 有一长 5m 的梯子,靠在垂直的墙上,设下端沿地面以 3m/s 的速度离开墙脚滑动,求当下端离开墙脚 1.5m 时,梯子上端下滑的速度.

18. 甲船以 6km/h 的速率向东行驶,乙船以 8km/h 的速率向南行驶. 在中午 12 点整,乙船位于甲船之北 16km 处. 问下午 1 点正两船相离的速率为多少?

3.5　微分的简单应用

3.5.1　近似计算

在工程问题中,经常会遇到一些复杂的计算公式. 如果直接用这些公式进行计算,那是很费力的. 利用微分往往可以把一些复杂的计算公式用简单的近似公式来代替.

在 3.1.4 节可微与可导的关系中说过,如果 $y=f(x)$在点 x_0 处的导数 $f'(x_0)\neq$

0,且$|\Delta x|$很小时,有

$$\Delta y \approx \mathrm{d}y = f'(x_0)\Delta x.$$

这个式子也可以写为

$$\Delta y = f(x_0 + \Delta x) - f(x_0) \approx f'(x_0)\Delta x,$$

或

$$f(x_0 + \Delta x) \approx f(x_0) + f'(x_0)\Delta x.$$

令$x=x_0+\Delta x$,即$\Delta x=x-x_0$,则上式可改写为

$$f(x) \approx f(x_0) + f'(x_0)(x - x_0).$$

例 3.30　钟摆的周期原来是 1s. 在冬季,摆长缩短了 0.01cm,问这钟每天大约快多少?

解　物理学告诉我们,单摆的周期 T 与摆长 l 之间有关系式

$$T = 2\pi\sqrt{\frac{l}{g}},$$

g 为重力加速度. 现在因天冷摆长有了改变量$\Delta l=-0.01\text{cm}$,于是引起周期有相应的改变量ΔT. 因为$|\Delta l|=0.01$比较小,所以可用微分$\mathrm{d}T$来近似计算ΔT.

设原来的周期为T_0,摆长为l_0,则由公式$T_0=2\pi\sqrt{\dfrac{l_0}{g}}$,得到

$$l_0 = \frac{T_0^2 g}{(2\pi)^2}.$$

由$T=2\pi\sqrt{\dfrac{l}{g}}$,有

$$\frac{\mathrm{d}T}{\mathrm{d}l} = \frac{2\pi}{\sqrt{g}} \cdot \frac{1}{2\sqrt{l}} = \frac{\pi}{\sqrt{g}} \cdot \frac{1}{\sqrt{l}},$$

于是

$$\left.\frac{\mathrm{d}T}{\mathrm{d}l}\right|_{l=l_0} = \frac{\pi}{\sqrt{g}} \cdot \frac{1}{\sqrt{l_0}} = \frac{\pi}{\sqrt{g}} \cdot \frac{2\pi}{T_0\sqrt{g}} = \frac{2\pi^2}{T_0 g}.$$

从而由近似公式得到

$$\Delta T \approx \mathrm{d}T = \left.\frac{\mathrm{d}T}{\mathrm{d}l}\right|_{l=l_0} \cdot \Delta l = \frac{2\pi^2}{T_0 g} \cdot \Delta l.$$

设$T_0=1\text{s}$,又已知$\Delta l=-0.01\text{cm}$,因此

$$\Delta T \approx \frac{2(3.14)^2}{980}(-0.01)\text{s} \approx -0.0002\text{s}.$$

这表示,由于摆长缩短了 0.01cm,摆的周期也缩短了大约 0.0002s,也就是说,每秒钟大约快 0.0002s,因此每天大约快

$$86400 \times 0.0002\text{s} = 17.28\text{s}.$$

例 3.31　求$\cos 60°12'$的近似值.

解　$$\cos 60°12' = \cos\left(\frac{\pi}{3} + \frac{12}{60} \cdot \frac{\pi}{180}\right) = \cos\left(\frac{\pi}{3} + \frac{12\pi}{10800}\right).$$

令 $f(x)=\cos x, x_0=\frac{\pi}{3}, \Delta x=\frac{12\pi}{10800}$,则

$$f(x_0)=\cos\frac{\pi}{3}, \quad f'(x_0)=-\sin\frac{\pi}{3}.$$

由近似公式得

$$\cos 60°12' \approx \cos\frac{\pi}{3}-\sin\frac{\pi}{3}\cdot\frac{12\pi}{10800}=\frac{1}{2}-\frac{\sqrt{3}}{2}\cdot\frac{12\pi}{10800}\approx 0.4970.$$

下面推导一些常用的近似公式. 取 $x_0=0$,于是

$$f(x)\approx f(0)+f'(0)x.$$

应用此式可以推得以下几个在工程上常用的近似公式(下面都假定 $|x|$ 是较小的数值):

(1) $(1+x)^{\alpha}\approx 1+\alpha x$;

(2) $\sin x\approx x$;

(3) $\tan x\approx x$;

(4) $e^x\approx 1+x$;

(5) $\ln(1+x)\approx x$.

例 3.32　近似计算 $\sqrt[3]{8.0034}$.

解　$\sqrt[3]{8.0034}=\sqrt[3]{8(1+0.0034/8)}=2\sqrt[3]{1+0.0034/8}$.

再对 $\sqrt[3]{1+0.0034/8}$ 利用近似公式

$$\sqrt[3]{1+x}=(1+x)^{1/3}\approx 1+\frac{1}{3}x,$$

将 $x=0.0034/8$ 代入,得到

$$\sqrt[3]{1+0.0034/8}\approx 1+\frac{1}{3}\times\frac{0.0034}{8},$$

从而

$$\sqrt[3]{8.0034}\approx 2\left(1+\frac{1}{3}\times\frac{0.0034}{8}\right)\approx 2.0003.$$

3.5.2　估计误差

在生产实践中,经常要测量各种数据. 但是有的数据不易直接测量,这时就通过测量其他有关数据后,根据某种公式算出所要的数据. 例如,要计算圆钢的截面积 A,可先用卡尺测量圆钢截面的直径 D,然后根据公式 $A=\frac{\pi}{4}D^2$ 算出 A.

由于测量仪器的精度、测量的条件和测量的方法等各种因素的影响,测得的数据往往带有误差,而根据带有误差的数据计算所得的结果也会有误差,这种误差叫做**间接测量误差**.

下面就讨论怎样利用微分来估计间接测量误差.

先说明什么叫绝对误差、什么叫相对误差.

如果某个量的精确值为 A,它的近似值为 a,那么 $|A-a|$ 叫做 a **的绝对误差**,而绝对误差与 $|a|$ 的比值 $\frac{|A-a|}{|a|}$ 叫做 a 的相对误差.

在实际工作中,某个量的精确值往往是无法知道的,于是绝对误差和相对误差也就无法求得. 但是根据测量仪器的精度等因素,有时能够确定误差在某一个范围内. 如果某个量的精确值是 A,测得它的近似值是 a,又知道它的误差不超过 δ_A,即

$$|A-a|\leqslant\delta_A,$$

那么 δ_A 叫做**测量** A **的绝对误差限**,而 $\frac{\delta_A}{|a|}$ 叫做**测量** A **的相对误差限.**

例 3.33 设测得圆钢截面的直径 $D=60.03\text{mm}$,测得 D 的绝对误差限 $\delta_D=0.05\text{mm}$. 利用公式

$$A=\frac{\pi}{4}D^2$$

计算圆钢的截面积时,试估计面积的误差.

解 把测量 D 时所产生的误差当作自变量 D 的增量 ΔD,那么,利用公式 $A=\frac{\pi}{4}D^2$ 计算 A 时所产生的误差就是函数 A 的对应增量 ΔA. 当 $|\Delta D|$ 很小时,可以利用微分 $\mathrm{d}A$ 近似地代替增量 ΔA,即

$$\Delta A\approx\mathrm{d}A=A'\cdot\Delta D=\frac{\pi}{2}D\cdot\Delta D.$$

由于 D 的绝对误差限为 $\delta_D=0.05\text{mm}$,所以

$$|\Delta D|\leqslant\delta_D=0.05,$$

而

$$|\Delta A|\approx|\mathrm{d}A|=\frac{\pi}{2}D\cdot|\Delta D|\leqslant\frac{\pi}{2}D\cdot\delta_D.$$

因此得出 A 的绝对误差限约为

$$\delta_A=\frac{\pi}{2}D\cdot\delta_D=\frac{\pi}{2}\times60.03\times0.05\approx4.715(\text{mm}^2),$$

A 的相对误差限约为

$$\frac{\delta_A}{A}=\frac{\frac{\pi}{2}D\cdot\delta_D}{\frac{\pi}{4}D^2}=2\frac{\delta_D}{D}=2\times\frac{0.05}{60.03}\approx0.17\%.$$

一般地,根据直接测量的 x 值按公式 $y=f(x)$ 计算 y 值时,如果已知测量 x 的绝对误差限是 δ_x,即

$$|\Delta x| \leqslant \delta_x,$$

那么,当 $y' \neq 0$ 时,y 的绝对误差

$$|\Delta y| \approx |\mathrm{d}y| = |y'| \cdot |\Delta x| \leqslant |y'| \cdot \delta_x,$$

即 y 的绝对误差限约为

$$\delta_y = |y'| \cdot \delta_x,$$

y 的相对误差限约为

$$\frac{\delta_y}{|y|} = \left|\frac{y'}{y}\right| \cdot \delta_x.$$

以后常把绝对误差限与相对误差限简称为绝对误差与相对误差.

3.6　本章内容对开普勒问题的应用

考虑在平面上运动的一个质点,它在时刻 t 的位置可以用从原点到这点的有向线段(向径)来表示,也就是说,可以用向量 $\boldsymbol{B}(t)=\{x(t),y(t)\}$ 来表示. 从时刻 t 到时刻 $t+\Delta t$,质点从 $(x(t),y(t))$ 运动到 $(x(t+\Delta t),y(t+\Delta t))$,它的位移可以用向量

$$\Delta\boldsymbol{B}(t) = \boldsymbol{B}(t+\Delta t) - \boldsymbol{B}(t)$$

来表示. 在这段时间里,质点的平均速度为

$$\frac{\Delta\boldsymbol{B}(t)}{\Delta t} = \frac{\boldsymbol{B}(t+\Delta t) - \boldsymbol{B}(t)}{\Delta t},$$

这是一个向量. 让 $\Delta t \to 0$,得到瞬时速度

$$\boldsymbol{v}(t) = \lim_{\Delta t \to 0} \frac{\Delta\boldsymbol{B}(t)}{\Delta t} = \frac{\mathrm{d}\boldsymbol{B}(t)}{\mathrm{d}t} = \{x'(t), y'(t)\}.$$

瞬时速度也是一个向量,它正好沿着质点运动轨迹的切线方向. 瞬时速度向量的模

$$|\boldsymbol{v}(t)| = \left|\frac{\mathrm{d}\boldsymbol{B}(t)}{\mathrm{d}t}\right| = \sqrt{(x'(t))^2 + (y'(t))^2}$$

正好等于质点通过的路程 s 对时间的导数. 为说明这一事实,需要指出

$$\frac{\mathrm{d}s}{\mathrm{d}t} = \sqrt{(x'(t))^2 + (y'(t))^2}.$$

这一事实暂且承认,其证明将在定积分的应用一章中给出. 这样,瞬时速度向量 $\boldsymbol{v}(t) = \frac{\mathrm{d}\boldsymbol{B}(t)}{\mathrm{d}t}$ 很好地描述了运动的瞬时状况:它的大小即路程对时间的导数,它的方向即运动轨迹的切线方向.

根据同样的道理,运动的加速度也表示为一个向量

$$\boldsymbol{a} = \frac{\mathrm{d}\boldsymbol{v}}{\mathrm{d}t} = \frac{\mathrm{d}^2\boldsymbol{B}}{\mathrm{d}t^2}.$$

于是,对于质点的平面运动,牛顿第二定律的数学表示为

$$m\frac{\mathrm{d}^2\boldsymbol{B}}{\mathrm{d}t^2}=\boldsymbol{F},$$

这里作用力 $\boldsymbol{F}$ 也是平面上的向量.

为了以下讨论方便,这里先推导质点运动方程的极坐标形式.质点在每一处都有一个与其向径同方向的单位向量 $\boldsymbol{e}_r=\{\cos\theta(t),\sin\theta(t)\}$,也有一个与 $\boldsymbol{e}_r$ 垂直与切线方向重合的单位向量 $\boldsymbol{e}_\theta=\{-\sin\theta(t),\cos\theta(t)\}$.在极坐标系下,有

$$\{x(t),y(t)\}=\{r(t)\cos\theta(t),r(t)\sin\theta(t)\},$$

所以

$$\begin{aligned}\boldsymbol{v}(t)&=\{x'(t),y'(t)\}\\&=\{r'(t)\cos\theta(t)-r(t)\theta'(t)\sin\theta(t),r'(t)\sin\theta(t)+r(t)\theta'(t)\cos\theta(t)\}\\&=r'\boldsymbol{e}_r+r\theta'\boldsymbol{e}_\theta.\end{aligned}$$

同理,有

$$\begin{aligned}\boldsymbol{a}(t)&=\{x''(t),y''(t)\}\\&=\left\{\begin{aligned}&r''(t)\cos\theta(t)-r(t)(\theta'(t))^2\cos\theta(t)-2r'(t)\theta'(t)\sin\theta(t)-r(t)\theta''(t)\sin\theta(t),\\&r''(t)\sin\theta(t)+2r'(t)\theta'(t)\cos\theta(t)+r\theta''(t)\cos\theta(t)-r(t)(\theta'(t))^2\sin\theta(t)\end{aligned}\right\}\\&=(r''-r(\theta')^2)\boldsymbol{e}_r+(2r'\theta'+r\theta'')\boldsymbol{e}_\theta\\&=a_r\boldsymbol{e}_r+a_\theta\boldsymbol{e}_\theta,\end{aligned}$$

其中

$$a_r=r''-r(\theta')^2,\quad a_\theta=2r'\theta'+r\theta''.$$

作用在质点上的力 $\boldsymbol{F}$ 也沿这两方向分解,即

$$\boldsymbol{F}=F_r\boldsymbol{e}_r+F_\theta\boldsymbol{e}_\theta.$$

把运动方程

$$m\boldsymbol{B}''=\boldsymbol{F}$$

改写成

$$ma_r\boldsymbol{e}_r+ma_\theta\boldsymbol{e}_\theta=F_r\boldsymbol{e}_r+F_\theta\boldsymbol{e}_\theta,$$

所以

$$ma_r=F_r,\quad ma_\theta=F_\theta,$$

即

$$m(r''-r(\theta')^2)=F_r,\quad m(2r'\theta'+r\theta'')=F_\theta.$$

这就是**质点运动方程的极坐标形式**(适用于质点的平面运动).

下面从开普勒定律导出万有引力定律.开普勒第二定律说:从太阳中心指向一个行星的向径,在相等的时间内扫过相等的面积.换句话说就是向径的面积速度等于常数.先承认面积速度的分析表达式为

$$\frac{\mathrm{d}A}{\mathrm{d}t}=\frac{1}{2}r^2\frac{\mathrm{d}\theta}{\mathrm{d}t},$$

即

$$A'=\frac{1}{2}r^2\theta'.$$

具体的证明在定积分的应用部分给出.

这样,开普勒第二定律的数学表示即为

$$r^2\theta'=h(\text{常数}).$$

对上式求导,得

$$2rr'\theta'+r^2\theta''=0.$$

由此得到

$$2r'\theta'+r\theta''=0.$$

于是,得

$$F_\theta=m(2r'\theta'+r\theta'')=0,$$
$$\boldsymbol{F}=F_r\boldsymbol{e}_r+F_\theta\boldsymbol{e}_\theta=F_r\boldsymbol{e}_r.$$

这就是说,行星所受的力作用在太阳与行星的连线上.

其次,根据开普勒第一定律,行星绕太阳运行的轨道是一个椭圆,太阳中心在椭圆的一个焦点上.用极坐标写出轨道的方程

$$r=\frac{p}{1+\varepsilon\cos\theta}.$$

由此得到

$$\frac{1}{r}=\frac{1}{p}(1+\varepsilon\cos\theta)=\frac{1}{p}+\frac{\varepsilon}{p}\cos\theta,$$

两边对 t 求导,得

$$-\frac{r'}{r^2}=-\frac{\varepsilon}{p}\cdot\sin\theta\cdot\theta',$$

$$r'=\frac{\varepsilon}{p}(r^2\theta')\sin\theta=\frac{\varepsilon h}{p}\sin\theta.$$

于是,得

$$\begin{aligned}a_r&=r''-r(\theta')^2=r''-\frac{(r^2\theta')^2}{r^3}=\frac{\varepsilon h^2}{pr^2}\cos\theta-\frac{h^2}{r^3}\\&=\frac{h^2}{r^2}\left(\frac{\varepsilon}{p}\cos\theta-\frac{1}{r}\right)=-\frac{h^2}{p}\frac{1}{r^2},\end{aligned}$$

$$F_r=ma_r=-\frac{mh^2}{p}\frac{1}{r^2}=-km\frac{1}{r^2}.$$

下面指出 $k=h^2/p$ 是一个常数(对太阳系中所有的行星都是一样的).注意到:面积速度$\frac{\mathrm{d}A}{\mathrm{d}t}=\frac{1}{2}r^2\theta'=\frac{1}{2}h$ 与周期 T 相乘应该得到椭圆的面积

$$\frac{1}{2}hT = \pi ab.$$

这里暂且承认椭圆的面积是以上表达式,具体证明在定积分应用部分给出.

由此得到

$$h = \frac{2\pi ab}{T}, \quad h^2 = \frac{4\pi^2 a^2 b^2}{T^2}.$$

根据开普勒第三定律,应有

$$T^2 = \lambda a^3,$$

其中比值 λ 对太阳系中所有的行星都相同. 于是

$$h^2 = \frac{4\pi^2}{\lambda}\frac{b^2}{a} = \frac{4\pi^2}{\lambda}p,$$

$$k = \frac{h^2}{p} = \frac{4\pi^2}{\lambda} \quad (\text{常数}).$$

得

$$F_r = -km\frac{1}{r^2} \quad (k\ \text{是常数}).$$

这就是说:行星所受的力指向太阳,它的大小与行星的质量成正比,与行星到太阳的距离的平方成反比.

牛顿正是从这些结论出发,通过进一步的思考,总结出著名的万有引力定律.

第 4 章　定积分与不定积分

本章讨论微积分学的另一个大问题，即积分问题. 下面将给出定积分与不定积分的概念与计算方法.

4.1　定积分的概念和性质

4.1.1　两个实例

1. 曲边梯形的面积

设曲边梯形由连续曲线 $y=f(x)$（$f(x)\geqslant 0$），x 轴和直线 $x=a$，$x=b$ 围成，求它的面积 A（图 4.1）.

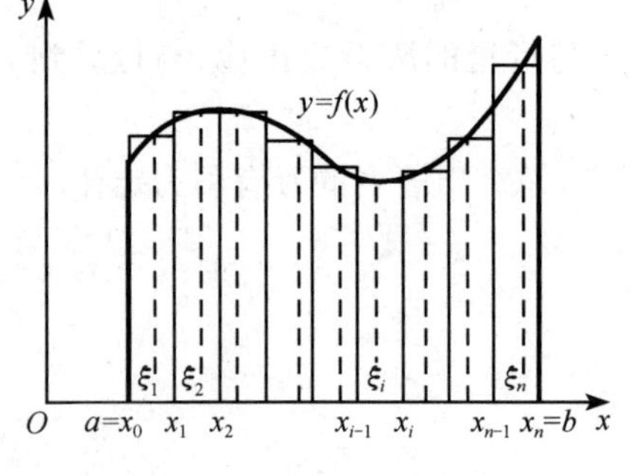

图 4.1

困难在于有一边是“曲”的. 为了克服这个困难，我们先把曲边梯形分细，对于每一个小曲边梯形，可用一个小矩形去近似代替它，这就是“以直代曲”. 求出面积后，再一个个相加，于是得到一个大的阶梯形面积，它是原来大曲边梯形面积 A 的一个近似值. 为了得到 A 的精确值，让分割无限变细，最后得到的极限值就是 A.

具体做法可分为以下四步.

(1) **分割**　把区间 $[a,b]$ 任意分成 n 个小区间，设分点为

$$a=x_0<x_1<x_2<\cdots<x_{n-1}<x_n=b,$$

小区间的长度为

$$\Delta x_i=x_i-x_{i-1},\quad i=1,2,\cdots,n.$$

过每个分点 x_i（$i=1,2,\cdots,n$）作平行于 y 轴的直线，把原曲边梯形分为 n 个小曲边梯形，它们的面积分别记作

$$\Delta A_1,\Delta A_2,\cdots,\Delta A_n.$$

(2) **近似代替**　“以直代曲”：考虑有代表性的小区间

$$[x_{i-1},x_i],\quad i=1,2,\cdots,n,$$

因为 $f(x)$ 是连续函数，所以当分割充分细密时，$f(x)$ 在小区间 $[x_{i-1},x_i]$ 上的值变化不大，从而可用一个小矩形去近似代替小曲边梯形. 这个小矩形的底与小曲边梯

形的底相同，而高是函数值 $f(\xi_i)$，于是得到

$$\Delta A_i \approx f(\xi_i)\cdot\Delta x_i,\quad i=1,2,\cdots,n,$$

其中 ξ_i 是小区间 $[x_{i-1},x_i]$ 上的任意一点.

(3) **求和**　将各小区间上的函数值求和得到 A 的近似值

$$\begin{aligned}A&=\Delta A_1+\Delta A_2+\cdots+\Delta A_n\\&\approx f(\xi_1)\cdot\Delta x_1+f(\xi_2)\cdot\Delta x_2+\cdots+f(\xi_n)\cdot\Delta x_n\\&=\sum_{i=1}^{n}f(\xi_i)\cdot\Delta x_i,\end{aligned}$$

这是一个阶梯形面积.

(4) **取极限**　显然，阶梯形面积 $\sum\limits_{i=1}^{n}f(\xi_i)\cdot\Delta x_i$ 既依赖于区间 $[a,b]$ 的分割方法，也依赖于中间点 $\xi_i(i=1,2,\cdots,n)$ 的取法. 但是，容易看出，当分割充分细时，$\sum\limits_{i=1}^{n}f(\xi_i)\cdot\Delta x_i$ 就可以任意接近所求面积 A；并且当分割无限细下去（表现为 $\lambda=\max\limits_{1\leqslant i\leqslant n}\{\Delta x_i\}\to 0$）时，就有

$$A=\lim_{\lambda\to 0}\sum_{i=1}^{n}f(\xi_i)\cdot\Delta x_i.$$

2. 质点做变速直线运动的路程

设质点沿直线做变速运动，速度为 $v=v(t)$，假定 $v(t)$ 是 t 的连续函数，求质点在时间间隔 $[a,b]$ 内所走过的路程 s.

匀速直线运动的路程公式为 $s=vt$，变速运动怎样求路程呢？

与上一个实例相似，把区间 $[a,b]$ 分细，以便在每个局部，可以把运动近似看成是匀速的. 这就是“以匀代变”.

具体步骤如下：

(1) **分割**　将区间 $[a,b]$ 任意分成 n 份，设分点为

$$a=t_0<t_1<t_2<\cdots<t_{n-1}<t_n=b,$$

小区间的长度为

$$\Delta t_i=t_i-t_{i-1},\quad i=1,2,\cdots,n.$$

(2) **近似代替**　“以匀代变”：考虑小区间 $[t_{i-1},t_i]$ $(i=1,2,\cdots,n)$. 由于区间很小，速度 $v(t)$ 又是连续变化的，因此可把质点在小区间上的运动近似看成匀速运动. 具体地说，可在区间 $[t_{i-1},t_i]$ 上任取一点 τ_i $(t_{i-1}\leqslant\tau_i\leqslant t_i)$，用质点在时刻 τ_i 的速度 $v(\tau_i)$ 去近似代替变速 $v(t)$，于是得到

$$\Delta s_i\approx v(\tau_i)\cdot\Delta t_i,\quad i=1,2,\cdots,n.$$

(3) **求和**

$$
\begin{aligned}
s &= \Delta s_1 + \Delta s_2 + \cdots + \Delta s_n \\
&\approx v(\tau_1)\cdot \Delta t_1 + v(\tau_2)\cdot \Delta t_2 + \cdots + v(\tau_n)\cdot \Delta t_n \\
&= \sum_{i=1}^{n} v(\tau_i)\cdot \Delta t_i.
\end{aligned}
$$

(4) **取极限**　记 $\lambda = \max\limits_{1\leqslant i\leqslant n}\{\Delta t_i\}$，令 $\lambda\to 0$，则

$$s = \lim_{\lambda\to 0}\sum_{i=1}^{n} v(\tau_i)\cdot \Delta t_i.$$

4.1.2　定积分的定义

从上面两个例子可以看到，问题最后都归结为求某种和式的极限. 类似的实际问题还有很多，如变力做功问题，转动惯量问题，引力问题，旋转体的体积问题，曲线的弧长问题等. 把处理这些问题的数学方法加以概括和抽象，便得到了定积分的定义.

定义 4.1(定积分)　设函数 $f(x)$ 在区间 $[a,b]$ 上有定义. 用分点

$$a = x_0 < x_1 < x_2 < \cdots < x_{n-1} < x_n = b$$

将区间 $[a,b]$ 任意分成 n 个小区间，小区间的长度为

$$\Delta x_i = x_i - x_{i-1},\quad i = 1,2,\cdots,n,$$

记 $\lambda = \max\limits_{1\leqslant i\leqslant n}\{\Delta x_i\}$. 在每个小区间 $[x_{i-1},x_i]$ 上任取一点 $\xi_i(x_{i-1}\leqslant \xi_i\leqslant x_i)$，作乘积

$$f(\xi_i)\cdot \Delta x_i,\quad i = 1,2,\cdots,n.$$

将这些乘积相加，得到和式

$$\sigma_n = \sum_{i=1}^{n} f(\xi_i)\cdot \Delta x_i,$$

这个和称为**函数 $f(x)$ 在区间 $[a,b]$ 上的积分和**. 令 $\lambda\to 0$，若积分和 σ_n 有极限 I(这个值 I 不依赖于 $[a,b]$ 的分法以及中间点 ξ_i 的取法 $(i=1,2,\cdots,n)$)，则称此极限值为 $f(x)$ 在 $[a,b]$ 上的定积分，记作

$$I = \lim_{\lambda\to 0}\sum_{i=1}^{n} f(\xi_i)\cdot \Delta x_i = \int_a^b f(x)\mathrm{d}x,$$

其中 a 和 b 分别称为**定积分的下限与上限**，$[a,b]$ 称为**积分区间**.

定积分的这一定义，在历史上首先是由黎曼(Riemann)给出的，因此这种意义上的定积分也称为**黎曼积分**.

若 $f(x)$ 在 $[a,b]$ 上的定积分存在，则称 **$f(x)$ 在 $[a,b]$ 上可积(或黎曼可积)**.

定积分 $\int_a^b f(x)\mathrm{d}x$ 也可用"ε-δ"语言给出定义.

设 $f(x)$ 在 $[a,b]$ 上有定义，I 为常数. 任给 $\varepsilon>0$，若存在 $\delta>0$，使得对于 $[a,b]$

的任意分法以及中间点 $\xi_i(x_{i-1}\leqslant\xi_i\leqslant x_i)$ 的任意取法，只要

$$\lambda=\max_{1\leqslant i\leqslant n}\{\Delta x_i\}<\delta,$$

就有

$$|\sigma_n-I|=\left|\sum_{i=1}^{n}f(\xi_i)\cdot\Delta x_i-I\right|<\varepsilon,$$

则称 I 为 $f(x)$**在**$[a,b]$**上的定积分**，记作

$$I=\lim_{\lambda\to0}\sum_{i=1}^{n}f(\xi_i)\cdot\Delta x_i=\int_a^b f(x)\mathrm{d}x,$$

有了定积分的概念以后，上面的两个实例就可以用定积分来表示.

在第一个实例中，曲边梯形的面积 A 是曲边函数 $y=f(x)$ 在区间 $[a,b]$ 上的定积分，即

$$A=\int_a^b f(x)\mathrm{d}x,\quad f(x)\geqslant0.$$

在第二个实例中，做变速直线运动的质点所走过的路程 s 是速度函数 $v=v(t)$ 在时间区间 $[a,b]$ 上的定积分，即

$$s=\int_a^b v(t)\mathrm{d}t.$$

4.1.3 函数的可积性

若 $f(x)$ 在 $[a,b]$ 上的定积分存在，则称 $f(x)$ 在 $[a,b]$ 上可积，那么，什么样的函数是可积的呢？有下面的重要定理.

定理 4.1 若 $f(x)$ 在 $[a,b]$ 上连续，则 $f(x)$ 在 $[a,b]$ 上可积.

定理 4.2 若 $f(x)$ 在 $[a,b]$ 上只有有限个间断点，并且有界，则 $f(x)$ 在 $[a,b]$ 上可积.

4.1.4 积分的几何意义

在 $[a,b]$ 上 $f(x)\geqslant0$ 时，定积分 $\int_a^b f(x)\mathrm{d}x$ 在几何上表示由曲线 $y=f(x)$，两条直线 $x=a,x=b$ 与 x 轴所围成的曲边梯形的面积；在 $[a,b]$ 上 $f(x)\leqslant0$ 时，由曲线 $y=f(x)$、两条直线 $x=a,x=b$ 与 x 轴所围成的曲边梯形位于 x 轴的下方，定积分 $\int_a^b f(x)\mathrm{d}x$ 在几何上表示上述曲边梯形面积的负值；在 $[a,b]$ 上 $f(x)$ 既取得正值又取得负值时，函数 $f(x)$ 的图形某些部分在 x 轴的上方，而其他部分在 x 轴下方. 此时定积分 $\int_a^b f(x)\mathrm{d}x$ 表示 x 轴上方图形面积减去 x 轴下方图形面积所得之差(图 4.2).

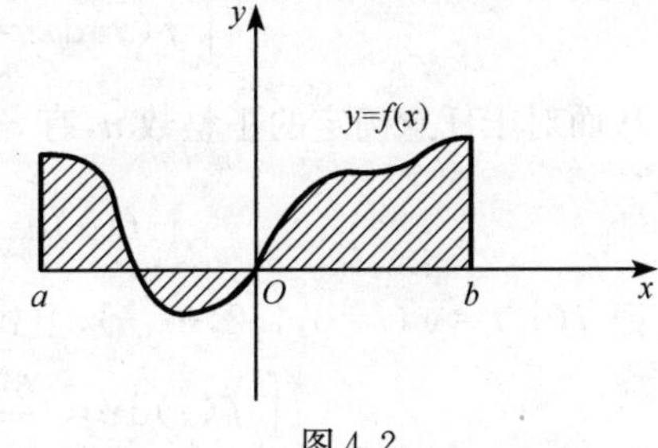

图 4.2

例 4.1 利用定义计算定积分 $\int_0^1 x^2 \mathrm{d}x$.

解 因为被积函数 $f(x)=x^2$ 在积分区间 $[0,1]$ 上连续，而**连续函数是可积的**，所以积分与区间 $[0,1]$ 的分法及点 ξ_i 的取法无关. 因此，为了便于计算，不妨把区间 $[0,1]$ 分成 n 等份，分点为 $x_i=\frac{i}{n}, i=1,2,\cdots,n-1$，这样，每个小区间 $[x_{i-1},x_i]$ 的长度 $\Delta x_i=\frac{1}{n}, i=1,2,\cdots,n$，取 $\xi_i=x_i, i=1,2,\cdots,n$，于是，得和式

$$\begin{aligned}\sum_{i=1}^{n} f(\xi_i)\Delta x_i = \sum_{i=1}^{n}\xi_i^2\Delta x_i &= \sum_{i=1}^{n} x_i^2\Delta x_i \\ &= \sum_{i=1}^{n}\left(\frac{i}{n}\right)^2\cdot\frac{1}{n} = \frac{1}{n^3}\sum_{i=1}^{n} i^2 \\ &= \frac{1}{n^3}\cdot\frac{1}{6}n(n+1)(2n+1) \\ &= \frac{1}{6}\left(1+\frac{1}{n}\right)\left(2+\frac{1}{n}\right).\end{aligned}$$

当 $\lambda\to 0$，即 $n\to\infty$ 时，取上式右端的极限. 由定积分的定义，即得所要计算的积分

$$\int_0^1 x^2\mathrm{d}x = \lim_{\lambda\to 0}\sum_{i=1}^{n}\xi_i^2\Delta x_i = \lim_{n\to\infty}\frac{1}{6}\left(1+\frac{1}{n}\right)\left(2+\frac{1}{n}\right) = \frac{1}{3}.$$

4.1.5 定积分的近似计算

设定积分 $\int_a^b f(x)\mathrm{d}x$ 存在，考虑如何得到它的一个近似值.

用分点 $a=x_0,x_1,x_2,\cdots,x_n=b$ 将 $[a,b]$ 分成 n 个长度相等的小区间，每个小区间的长为

$$\Delta x = \frac{b-a}{n},$$

在小区间 $[x_{i-1},x_i]$ 上，取 $\xi_i=x_{i-1}$，应有

$$\int_a^b f(x)\mathrm{d}x = \lim_{n\to\infty}\frac{b-a}{n}\sum_{i=1}^{n} f(x_{i-1}),$$

从而对于任意确定的正整数 n，有

$$\int_a^b f(x)\mathrm{d}x \approx \frac{b-a}{n}\sum_{i=1}^{n} f(x_{i-1}).$$

记 $f(x_i)=y_i\,(i=0,1,2,\cdots,n)$，上式可记作

$$\int_a^b f(x)\mathrm{d}x \approx \frac{b-a}{n}(y_0+y_1+\cdots+y_{n-1}).$$

如果取 $\xi_i = x_i$，则可得近似公式

$$\int_a^b f(x)\mathrm{d}x \approx \frac{b-a}{n}(y_1 + y_2 + \cdots + y_n).$$

以上求定积分近似值的方法称为矩形法，公式称为**矩形法公式**.

矩形法的几何意义是用窄条矩形的面积作为窄条曲边梯形面积的近似值. 整体上用台阶型的面积作为曲边梯形面积的近似值(图 4.3).

求定积分近似值的方法，常用的还有**梯形法**和**抛物线法**(又称**辛普森法**)，简单介绍如下.

和矩形法一样，将区间 $[a,b]$ n 等分. 设 $f(x_i)=y_i$，曲线 $y=f(x)$ 上的点 (x_i,y_i) 记作 $M_i(i=0,1,2,\cdots,n)$.

梯形法的原理是将曲线 $y=f(x)$ 上的小弧段 $\overset{\frown}{M_{i-1}M_i}$ 用直线段 $\overline{M_{i-1}M_i}$ 代替，也就是把窄条曲边梯形用窄条梯形代替(图 4.4)，由此得到定积分的近似值为

$$\begin{aligned}\int_a^b f(x)\mathrm{d}x &\approx \frac{b-a}{n}\left(\frac{y_0+y_1}{2}+\frac{y_1+y_2}{2}+\cdots+\frac{y_{n-1}+y_n}{2}\right)\\ &= \frac{b-a}{n}\left(\frac{y_0+y_n}{2}+y_1+y_2+\cdots+y_{n-1}\right).\end{aligned}$$

显然，梯形法公式所得近似值就是矩形法公式所得两个近似值的平均值.

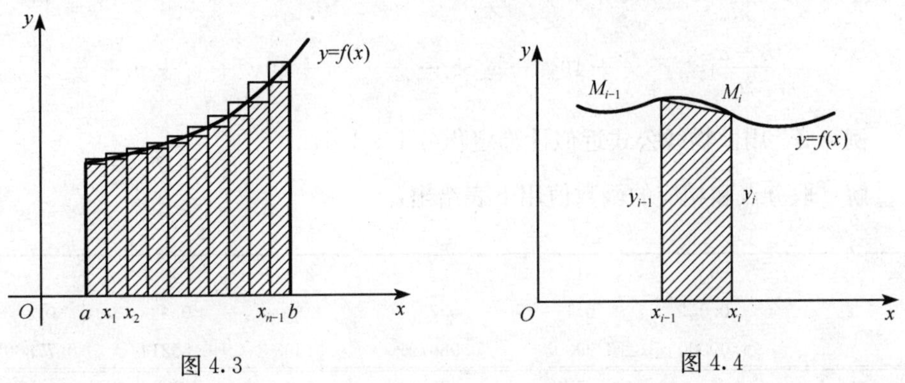

图 4.3　　图 4.4

例 4.2　有一条河，宽 200m. 从一岸到对岸，每隔 20m 测量一次水深，测得数据如下表：

x(宽)/m	0	20	40	60	80	100	120	140	160	180	200
y(深)/m	2	4	6	9	12	16	18	13	8	6	2

求此河的横断面面积 A 的近似值.

解　设此河横断面的底边方程为 $y=f(x)$，则所求面积为

$$A = \int_0^{200} f(x)\mathrm{d}x.$$

利用梯形公式，由于 $n=10$，$\frac{b-a}{n}=20\text{m}$，因此

$$\begin{aligned}A&=\int_0^{200} f(x)\mathrm{d}x\\&\approx 20\left[\frac{2+2}{2}+4+6+9+12+16+18+13+8+6\right]\\&=1880(\mathrm{m}^2).\end{aligned}$$

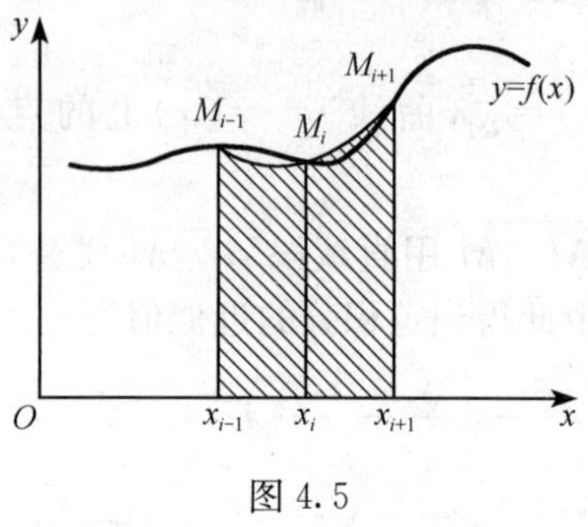

图 4.5

抛物线法的原理是将曲线 $y=f(x)$ 上的两个小弧段 $\overset{\frown}{M_{i-1}M_i}$ 和 $\overset{\frown}{M_iM_{i+1}}$ 合起来，用过 M_{i-1}，M_i，M_{i+1} 三点的抛物线 $y=px^2+qx+r$ 代替(图 4.5)。经推导可得，以此抛物线弧段为曲边、以 $[x_{i-1},x_{i+1}]$ 为底的曲边梯形面积为

$$\begin{aligned}&\frac{1}{6}(y_{i-1}+4y_i+y_{i+1})\cdot 2\Delta x\\&=\frac{b-a}{3n}(y_{i-1}+4y_i+y_{i+1}).\end{aligned}$$

取 n 为偶数，得到定积分的近似值为

$$\begin{aligned}\int_a^b f(x)\mathrm{d}x&\approx\frac{b-a}{3n}[(y_0+4y_1+y_2)+(y_2+4y_3+y_4)+\cdots+(y_{n-2}+4y_{n-1}+y_n)]\\&=\frac{b-a}{3n}[y_0+y_n+4(y_1+y_3+\cdots+y_{n-1})+2(y_2+y_4+\cdots+y_{n-2})].\end{aligned}$$

例 4.3　用抛物线公式近似计算定积分 $\int_0^1 \mathrm{e}^{-x^2}\mathrm{d}x$.

解　取分点和相应的函数值用下表给出：

i	0	1	2	3	4	5
x	0.0	0.1	0.2	0.3	0.4	0.5
y	1.00000	0.99005	0.96079	0.91393	0.85214	0.77880
i	6	7	8	9	10	
x	0.6	0.7	0.8	0.9	1.0	
y	0.69768	0.61263	0.52729	0.44486	0.36788	

于是由抛物线公式，得到

$$\begin{aligned}\int_0^1 \mathrm{e}^{-x^2}\mathrm{d}x&\approx\frac{b-a}{3n}[(y_0+y_{10})+4(y_1+y_3+y_5+y_7+y_9)+2(y_2+y_4+y_6+y_8)]\\&=\frac{1}{30}[1.36788+2\times 3.03790+4\times 3.74027]\\&=0.74683.\end{aligned}$$

4.1.6 定积分的基本性质

为了以后计算及应用方便起见,对定积分做以下两点补充规定:

(1) 当 $a=b$ 时,$\int_a^b f(x)\mathrm{d}x=0$;

(2) 当 $a>b$ 时,$\int_a^b f(x)\mathrm{d}x=-\int_b^a f(x)\mathrm{d}x$.

性质 4.1 $\int_a^b \mathrm{d}x=b-a$.

证 直接运用定义即可.

性质 4.2(线性性质) $\int_a^b [k_1 f(x)+k_2 g(x)]\mathrm{d}x=k_1\int_a^b f(x)\mathrm{d}x+k_2\int_a^b g(x)\mathrm{d}x$.

证

$$
\begin{aligned}
&\int_a^b [k_1 f(x)+k_2 g(x)]\mathrm{d}x\\
&=\lim_{\lambda\to 0}\sum_{i=1}^{n}[k_1 f(\xi_i)+k_2 g(\xi_i)]\cdot\Delta x_i\\
&=\lim_{\lambda\to 0}\Big[k_1\sum_{i=1}^{n} f(\xi_i)\cdot\Delta x_i+k_2\sum_{i=1}^{n} g(\xi_i)\cdot\Delta x_i\Big]\\
&=k_1\lim_{\lambda\to 0}\sum_{i=1}^{n} f(\xi_i)\cdot\Delta x_i+k_2\lim_{\lambda\to 0}\sum_{i=1}^{n} g(\xi_i)\cdot\Delta x_i\\
&=k_1\int_a^b f(x)\mathrm{d}x+k_2\int_a^b g(x)\mathrm{d}x.
\end{aligned}
$$

推论 4.1 $\int_a^b [f(x)\pm g(x)]\mathrm{d}x=\int_a^b f(x)\mathrm{d}x\pm\int_a^b g(x)\mathrm{d}x$.

推论 4.2 $\int_a^b kf(x)\mathrm{d}x=k\int_a^b f(x)\mathrm{d}x$.

性质 4.3 $\int_a^b f(x)\mathrm{d}x=\int_a^c f(x)\mathrm{d}x+\int_c^b f(x)\mathrm{d}x$.

证 先设 $a<c<b$. 因为函数 $f(x)$ 在区间 $[a,b]$ 上可积,所以不论 $[a,b]$ 怎样分,积分和的极限总是不变的. 因此,在分区间时,可以使 c 永远是个分点. 那么,$[a,b]$ 上的积分和等于 $[a,c]$ 上的积分和加 $[c,b]$ 上的积分和,记为

$$
\sum_{[a,b]} f(\xi_i)\Delta x_i=\sum_{[a,c]} f(\xi_i)\Delta x_i+\sum_{[c,b]} f(\xi_i)\Delta x_i.
$$

令 $\lambda\to 0$,上式两端同时取极限,即得

$$
\int_a^b f(x)\mathrm{d}x=\int_a^c f(x)\mathrm{d}x+\int_c^b f(x)\mathrm{d}x.
$$

其他情形的证明从略.

性质 4.4　若 $a<b, f(x)\leqslant g(x)$，则 $\int_a^b f(x)\mathrm{d}x\leqslant\int_a^b g(x)\mathrm{d}x$.

证　因为 $f(x)\leqslant g(x)(a\leqslant x\leqslant b)$，所以对于区间 $[a,b]$ 的任意分割以及中间点 $\xi_i(i=1,2,\cdots,n)$ 的任意取法，都有

$$f(\xi_i)\leqslant g(\xi_i),\quad i=1,2,\cdots,n,$$

从而

$$\sum_{i=1}^{n} f(\xi_i)\cdot\Delta x_i\leqslant\sum_{i=1}^{n} g(\xi_i)\cdot\Delta x_i.$$

令 $\lambda\to 0$，上式两端取极限，得

$$\lim_{\lambda\to 0}\sum_{i=1}^{n} f(\xi_i)\cdot\Delta x_i\leqslant\lim_{\lambda\to 0}\sum_{i=1}^{n} g(\xi_i)\cdot\Delta x_i,$$

即

$$\int_a^b f(x)\mathrm{d}x\leqslant\int_a^b g(x)\mathrm{d}x.$$

推论 4.3　若 $a<b, f(x)\geqslant 0$，则 $\int_a^b f(x)\mathrm{d}x\geqslant 0$.

推论 4.4　若 $a<b, m\leqslant f(x)\leqslant M$，则 $m(b-a)\leqslant\int_a^b f(x)\mathrm{d}x\leqslant M(b-a)$.

推论 4.5　$\left|\int_a^b f(x)\mathrm{d}x\right|\leqslant\int_a^b |f(x)|\mathrm{d}x$ $(a<b)$.

性质 4.5（定积分中值定理）（图 4.6）　若 $f(x)$ 在 $[a,b]$ 上连续，则至少有一点 $\xi\in[a,b]$，使得

$$\int_a^b f(x)\mathrm{d}x=f(\xi)(b-a).$$

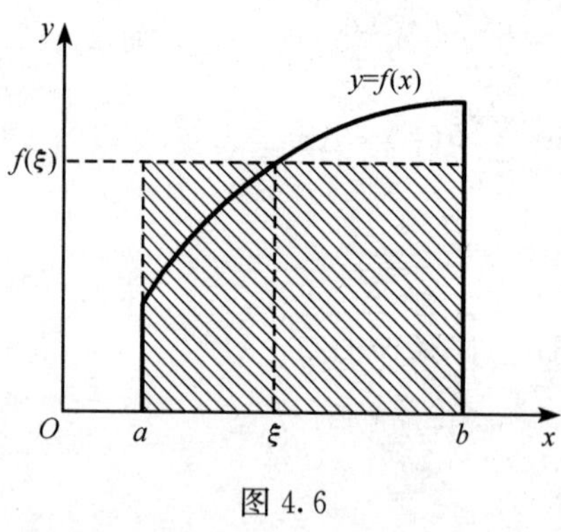

图 4.6

证　因为 $f(x)$ 在 $[a,b]$ 上连续，所以 $f(x)$ 在 $[a,b]$ 上必有最大值 M 和最小值 m，由推论 4.4 得

$$m(b-a)\leqslant\int_a^b f(x)\mathrm{d}x\leqslant M(b-a),$$

$$m\leqslant\frac{1}{b-a}\int_a^b f(x)\mathrm{d}x\leqslant M,$$

则 $\frac{1}{b-a}\int_a^b f(x)\mathrm{d}x$ 为介于 m 与 M 之间的一个数. 由闭区间上连续函数的介值定理知，至少有一点 $\xi\in[a,b]$，使得 $f(\xi)=\frac{1}{b-a}\int_a^b f(x)\mathrm{d}x$，即

$$\int_a^b f(x)\mathrm{d}x=f(\xi)(b-a),\quad a\leqslant\xi\leqslant b.$$

例 4.4 估计 $\int_{\frac{1}{2}}^{1} x^3 \mathrm{d}x$ 的值.

解 因为被积函数 $f(x)=x^3$ 在积分区间 $\left[\frac{1}{2},1\right]$ 上单调上升,所以最大值为 1,最小值为 $\frac{1}{8}$. 由推论 4.4 得

$$\frac{1}{16} \leqslant \int_{\frac{1}{2}}^{1} x^3 \mathrm{d}x \leqslant \frac{1}{2}.$$

习 题 4.1

1. 利用定积分定义计算由抛物线 $y=x^2+1$,两直线 $x=a$, $x=b(b>a)$ 及 x 轴所围成的图形的面积.

2. 利用定积分定义计算下列积分:

(1) $\int_a^b x\mathrm{d}x(a<b)$; (2) $\int_0^1 \mathrm{e}^x \mathrm{d}x$; (3) $\int_a^b (cx+d)\mathrm{d}x$; (4) $\int_0^1 x^3 \mathrm{d}x$.

3. 利用定积分的几何意义,证明下列等式:

(1) $\int_0^1 2x\mathrm{d}x = 1$; (2) $\int_0^1 \sqrt{1-x^2}\,\mathrm{d}x = \frac{\pi}{4}$; (3) $\int_{-\pi}^{\pi} \sin x\mathrm{d}x = 0$;

(4) $\int_{-\frac{\pi}{2}}^{\frac{\pi}{2}} \cos x\mathrm{d}x = 2\int_0^{\frac{\pi}{2}} \cos x\mathrm{d}x$.

4. 设 $f(x)$ 为 $[0,a]$ 上非负单调增加的连续函数,$g(x)$ 是它的反函数,从定积分的几何意义证明

$$\int_0^a f(x)\mathrm{d}x + \int_{f(0)}^{f(a)} g(y)\mathrm{d}y = af(a).$$

5. 利用定积分的几何意义,求下列积分:

(1) $\int_0^t x\mathrm{d}x(t>0)$; (2) $\int_{-2}^4 \left(\frac{x}{2}+3\right)\mathrm{d}x$; (3) $\int_{-1}^2 |x|\,\mathrm{d}x$; (4) $\int_{-3}^3 \sqrt{9-x^2}\,\mathrm{d}x$;

(5) $\int_a^b \sqrt{(x-a)(b-x)}\,\mathrm{d}x$; (6) $\int_a^b \left|x-\frac{a+b}{2}\right|\mathrm{d}x$.

6. 设 $a<b$. 问 a,b 取什么值时,积分 $\int_a^b (x-x^2)\mathrm{d}x$ 取得最大值?

7. 设 $\int_{-1}^1 3f(x)\mathrm{d}x = 18$, $\int_{-1}^3 f(x)\mathrm{d}x = 4$, $\int_{-1}^3 g(x)\mathrm{d}x = 3$. 求

(1) $\int_{-1}^1 f(x)\mathrm{d}x$; (2) $\int_1^3 f(x)\mathrm{d}x$; (3) $\int_3^{-1} g(x)\mathrm{d}x$; (4) $\int_{-1}^3 \frac{1}{3}[4f(x)+3g(x)]\mathrm{d}x$.

8. 水利工程中要计算拦水闸门所受的水压力. 已知闸门上水的压强 p 与水深 h 存在函数关系,且有 $p=9.8h(\mathrm{kN/m^2})$. 若闸门高 $H=3\mathrm{m}$,宽 $L=2\mathrm{m}$,求水面与闸门顶相齐时闸门所受的水压力 P.

9. 设 $f(x)$ 在 $[0,1]$ 上连续,证明 $\int_0^1 f^2(x)\mathrm{d}x \geqslant \left(\int_0^1 f(x)\mathrm{d}x\right)^2$.

10. 设 $f(x)$ 及 $g(x)$ 在 $[a,b]$ 上连续,证明:

(1) 若在$[a,b]$上,$f(x)\geqslant 0$,且$\int_a^b f(x)\mathrm{d}x=0$,则在$[a,b]$上$f(x)\equiv 0$;

(2) 若在$[a,b]$上,$f(x)\geqslant 0$,且$f(x)$不恒等于零,则$\int_a^b f(x)\mathrm{d}x>0$;

(3) 若在$[a,b]$上,$f(x)\leqslant g(x)$,且$\int_a^b f(x)\mathrm{d}x=\int_a^b g(x)\mathrm{d}x$,则在$[a,b]$上$f(x)\equiv g(x)$.

11. 判断下列各对积分哪一个的值较大:

(1) $\int_0^1 x^2\mathrm{d}x$还是$\int_0^1 x^3\mathrm{d}x$? (2) $\int_1^2 x^2\mathrm{d}x$还是$\int_1^2 x^3\mathrm{d}x$? (3) $\int_1^2 \ln x\mathrm{d}x$还是$\int_1^2(\ln x)^2\mathrm{d}x$?

12. 设$f(x)$在区间$[a,b]$上连续,$g(x)$在区间$[a,b]$上连续且不变号. 证明至少存在一点$\xi\in[a,b]$,使下式成立

$$\int_a^b f(x)g(x)\mathrm{d}x=f(\xi)\int_a^b g(x)\mathrm{d}x.$$

4.2 微积分基本公式

定积分对于解决实际问题具有重大的意义,但直接按定义来计算定积分很不容易,所以必须寻求计算定积分的新方法.

4.2.1 启发

有一物体在一直线上运动. 在这直线上取定原点、正向及长度单位,使它成一数轴. 设时刻t时物体所在位置为$s(t)$,速度为$v(t)$.

物体在时间间隔$[T_1,T_2]$内经过的路程可以用速度函数$v(t)$在$[T_1,T_2]$上的定积分

$$\int_{T_1}^{T_2} v(t)\mathrm{d}t$$

来表达;另外,这段路程又可以通过位置函数$s(t)$在区间$[T_1,T_2]$上的增量

$$s(T_2)-s(T_1)$$

来表达. 由此可见,位置函数$s(t)$与速度函数$v(t)$之间的关系为

$$\int_{T_1}^{T_2} v(t)\mathrm{d}t=s(T_2)-s(T_1).$$

因为$s'(t)=v(t)$,为了叙述上的方便,引入原函数的概念.

定义 4.2 对于区间I上的$f(x)$,如果存在可导函数$F(x)$满足

$$F'(x)=f(x)\quad \text{或}\ \mathrm{d}F(x)=f(x)\mathrm{d}x,$$

称$F(x)$为$f(x)$在区间I上的一个原函数.

由原函数的定义可知,如$F(x)$是$f(x)$的一个原函数,显然$F(x)+C$(C为任意一个常数)也是$f(x)$的原函数. 由此可知,如果$f(x)$存在原函数,则原函数有无穷多个. 以后会证明,若$F(x)$、$G(x)$均为$f(x)$的原函数,则它们之间相差一个常

数,所以$\{F(x)+C\}$(C 为任意一个常数)是 $f(x)$的全部的原函数.

有了原函数的概念,就可以说:$v(t)$在$[T_1,T_2]$上的定积分可以用它的一个原函数在积分区间的两个端点处的函数值之差来表示.试着猜想一下,对于一般的定积分 $\int_a^b f(x)\mathrm{d}x$ 来说,如果 $F'(x)=f(x)$,是否有计算公式

$$\int_a^b f(x)\mathrm{d}x = F(b)-F(a).$$

回答是肯定的,但是证明它还需要一些预备知识.

4.2.2 积分上限的函数及其导数

设函数 $f(x)$在区间$[a,b]$上连续,并且设 x 为$[a,b]$上的一点.考虑 $f(x)$在部分区间$[a,x]$上的定积分

$$\int_a^x f(t)\mathrm{d}t.$$

如果上限 x 在区间$[a,b]$上任意变动,则对于每一个取定的 x 值,定积分有一个对应值,所以它在$[a,b]$上定义了一个函数,记作 $\Phi(x)$,且

$$\Phi(x)=\int_a^x f(t)\mathrm{d}t,\quad a\leqslant x\leqslant b.$$

定理 4.3 如果函数 $f(x)$在区间$[a,b]$上连续,则积分上限的函数

$$\Phi(x)=\int_a^x f(t)\mathrm{d}t$$

在$[a,b]$上可导,并且它的导数

$$\Phi'(x)=\frac{\mathrm{d}}{\mathrm{d}x}\int_a^x f(t)\mathrm{d}t = f(x),\quad a\leqslant x\leqslant b.$$

证 若 $x\in(a,b)$,设 x 获得增量 Δx,满足 $x+\Delta x\in(a,b)$,则(图 4.7)

$$\begin{aligned}\Delta\Phi &= \Phi(x+\Delta x)-\Phi(x)\\ &= \int_a^{x+\Delta x} f(t)\mathrm{d}t-\int_a^x f(t)\mathrm{d}t\\ &= \int_x^{x+\Delta x} f(t)\mathrm{d}t.\end{aligned}$$

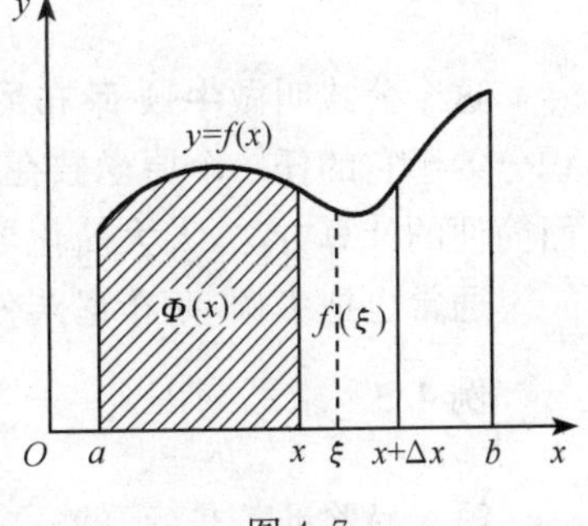

图 4.7

再利用积分中值定理,即有等式

$$\Delta\Phi = f(\xi)\Delta x,$$

其中 ξ 位于 x 与 $x+\Delta x$ 之间.

所以

$$\Phi'(x)=\lim_{\Delta x\to 0}\frac{\Delta\Phi}{\Delta x}=\lim_{\Delta x\to 0}f(\xi)=f(x).$$

这里用到了 $f(x)$的连续性.

若 $x=a$,取 $\Delta x>0$,则同理可证 $\Phi'_+(a)=f(a)$;若 $x=b$,取 $\Delta x<0$,则同理可证 $\Phi'_-(b)=f(b)$.

定理 4.4　如果函数 $f(x)$在区间$[a,b]$上连续,则函数

$$\Phi(x)=\int_a^x f(t)\mathrm{d}t$$

就是 $f(x)$在$[a,b]$上的一个原函数.

4.2.3　牛顿-莱布尼茨公式

定理 4.5　如果函数 $F(x)$是连续函数 $f(x)$在区间$[a,b]$上的一个原函数,则

$$\int_a^b f(x)\mathrm{d}x=F(b)-F(a).$$

证　已知函数 $F(x)$是连续函数 $f(x)$的一个原函数,又因积分上限的函数

$$\Phi(x)=\int_a^x f(t)\mathrm{d}t$$

也是 $f(x)$的一个原函数. 于是这两个原函数之差 $F(x)-\Phi(x)$在$[a,b]$上必定是某一个常数 C,即

$$F(x)-\Phi(x)=C,\quad a\leqslant x\leqslant b.$$

在上式中令 $x=a$,得 $C=F(a)$,再代回上式得 $\Phi(x)=F(x)-F(a)$. 令 $x=b$,得

$$\int_a^b f(x)\mathrm{d}x=F(b)-F(a).$$

为了方便起见,以后把 $F(x)-F(a)$记成$[F(x)]_a^b$. 于是上式又可写成

$$\int_a^b f(x)\mathrm{d}x=[F(x)]_a^b.$$

这个公式叫做**牛顿-莱布尼茨公式**,它表明:一个连续函数在区间$[a,b]$上的定积分等于它的任一个原函数在区间$[a,b]$上的增量. 这就给定积分提供了一个有效而简便的计算方法,大大简化了定积分的计算手续.

通常也把牛顿-莱布尼茨公式叫做**微积分基本公式**.

例 4.5　求 $\int_0^1 x^2\mathrm{d}x$.

解　易验证$\frac{x^3}{3}$是 x^2 的一个原函数,所以按牛顿-莱布尼茨公式,有

$$\int_0^1 x^2\mathrm{d}x=\left[\frac{x^3}{3}\right]_0^1=\frac{1}{3}.$$

例 4.6　求 $\int_{\frac{1}{2}}^1 x^3\mathrm{d}x$ 的值.

解 易验证$\frac{x^4}{4}$是x^3的一个原函数,所以按牛顿-莱布尼茨公式,有

$$\int_{\frac{1}{2}}^{1} x^3 \mathrm{d}x = \left[\frac{x^4}{4}\right]_{\frac{1}{2}}^{1} = \frac{15}{64}.$$

例 4.7 求$\int_0^1 \frac{1}{1+x^2}\mathrm{d}x$的值.

解 易验证 $\arctan x$ 是$\frac{1}{1+x^2}$的一个原函数,所以按牛顿-莱布尼茨公式,有

$$\int_0^1 \frac{1}{1+x^2}\mathrm{d}x = [\arctan x]_0^1 = \frac{\pi}{4}.$$

例 4.8 计算正弦曲线 $y=\sin x$ 在$[0,\pi]$上与 x 轴所围成的平面图形(图 4.8)的面积.

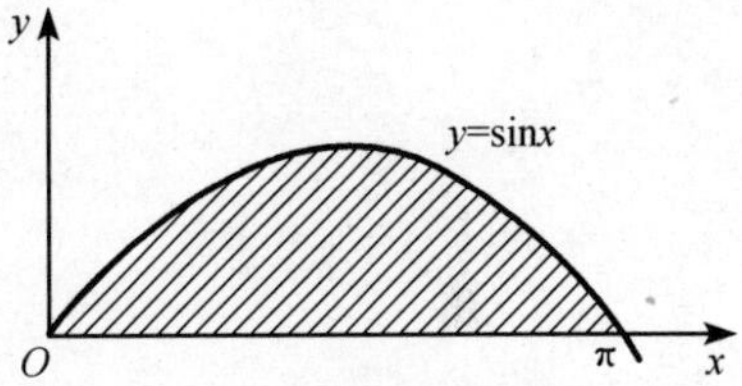

解 这图形是曲边梯形的一个特例. 它的面积

$$A = \int_0^{\pi} \sin x \mathrm{d}x.$$

图 4.8

易验证$-\cos x$ 是 $\sin x$ 的一个原函数,所以按牛顿-莱布尼茨公式,有

$$A = \int_0^{\pi} \sin x \mathrm{d}x = [-\cos x]_0^{\pi} = 2.$$

例 4.9 汽车以每小时 36km 速度行驶,到某处需要减速停车. 设汽车以等加速度 $a=-5\mathrm{m/s}^2$ 刹车. 问从开始刹车到停车,汽车驶过了多少距离?

解 首先要算出从开始刹车到停车经过的时间. 设开始刹车的时刻为 $t=0$,此时汽车速度为

$$v_0 = 36\mathrm{km/h} = \frac{36\times 1000}{3600}\mathrm{m/s} = 10\mathrm{m/s}.$$

刹车后汽车减速行驶,其速度为

$$v(t) = v_0 + at = 10 - 5t.$$

当汽车停住时,速度 $v(t)=0$,故由

$$v(t) = 10 - 5t = 0$$

解得

$$t = \frac{10}{5} = 2(\mathrm{s}).$$

于是在这段时间内,汽车所驶过的距离为

$$s = \int_0^2 v(t)\mathrm{d}t = \int_0^2 (10-5t)\mathrm{d}t = \left[10t - \frac{5t^2}{2}\right]_0^2 = 10(\mathrm{m}).$$

例 4.10 求$\lim\limits_{n\to\infty}\left(\frac{1}{n+1}+\frac{1}{n+2}+\cdots+\frac{1}{n+n}\right)$.

解 将和式改写成

$$\frac{1}{n+1}+\frac{1}{n+2}+\cdots+\frac{1}{n+n}=\frac{1}{n}\left(\frac{1}{1+\frac{1}{n}}+\frac{1}{1+\frac{2}{n}}+\cdots+\frac{1}{1+\frac{n}{n}}\right).$$

上式可以看成是函数 $f(x)=\frac{1}{1+x}$在[0,1]上的黎曼和

$$\sum_{i=1}^{n} f(\xi_i)\Delta x_i,\quad \xi_i=\frac{i}{n},\Delta x_i=\frac{1}{n}.$$

于是

$$\lim_{n\to\infty}\left(\frac{1}{n+1}+\frac{1}{n+2}+\cdots+\frac{1}{n+n}\right)=\lim_{n\to\infty}\sum_{i=1}^{n}\frac{1}{1+\frac{i}{n}}\cdot\frac{1}{n}$$

$$=\int_0^1\frac{1}{1+x}\mathrm{d}x=[\ln(1+x)]_0^1=\ln 2.$$

习　题　4.2

1. 试求函数 $y=\int_0^x \sin t\mathrm{d}t$ 当 $x=0$ 及 $x=\frac{\pi}{4}$时的导数.

2. 求由参数表达式 $x=\int_0^t \sin u\mathrm{d}u, y=\int_0^t \cos u\mathrm{d}u$ 所确定的函数对 x 的导数$\frac{\mathrm{d}y}{\mathrm{d}x}$.

3. 求由 $\int_0^y \mathrm{e}^t\mathrm{d}t+\int_0^x \cos t\mathrm{d}t=0$ 所决定的隐函数对 x 的导数$\frac{\mathrm{d}y}{\mathrm{d}x}$.

4. 计算下列各导数：

(1) $\frac{\mathrm{d}}{\mathrm{d}x}\int_0^{x^2}\sqrt{1+t^2}\mathrm{d}t$；　(2) $\frac{\mathrm{d}}{\mathrm{d}x}\int_{x^2}^{x^3}\frac{\mathrm{d}t}{\sqrt{1+t^4}}$；　(3) $\frac{\mathrm{d}}{\mathrm{d}x}\int_{\sin x}^{\cos x}\cos(\pi t^2)\mathrm{d}t$；　(4) $\frac{\mathrm{d}}{\mathrm{d}x}\int_a^b \sin x^2\mathrm{d}x$.

5. 计算下列各定积分：

(1) $\int_0^a(3x^2-x+1)\mathrm{d}x$；　(2) $\int_1^2\left(x^2+\frac{1}{x^4}\right)\mathrm{d}x$；　(3) $\int_4^9\sqrt{x}(1+\sqrt{x})\mathrm{d}x$；

(4) $\int_{\frac{1}{\sqrt{3}}}^{\sqrt{3}}\frac{\mathrm{d}x}{1+x^2}$；　(5) $\int_{-\frac{1}{2}}^{\frac{1}{2}}\frac{\mathrm{d}x}{\sqrt{1-x^2}}$；　(6) $\int_0^{\sqrt{3}a}\frac{\mathrm{d}x}{a^2+x^2}$；　(7) $\int_0^1\frac{\mathrm{d}x}{\sqrt{4-x^2}}$；

(8) $\int_{-1}^0\frac{3x^4+3x^2+1}{x^2+1}\mathrm{d}x$；　(9) $\int_{-e-1}^{-2}\frac{\mathrm{d}x}{1+x}$；　(10) $\int_0^{\frac{\pi}{4}}\tan^2\theta\mathrm{d}\theta$；　(11) $\int_0^{2\pi}|\sin x|\mathrm{d}x$；

(12) $\int_0^2 f(x)\mathrm{d}x$,其中 $f(x)=\begin{cases}x+1, & x\leqslant 1,\\ \frac{1}{2}x^2, & x>1;\end{cases}$　(13) $\int_0^{\frac{a}{2}}\frac{\mathrm{d}x}{(x-a)(x-2a)}$；

(14) $\int_{\mathrm{sh}1}^{\mathrm{sh}2}\frac{\mathrm{d}x}{\sqrt{1+x^2}}$.

6. 求下列函数：

(1) $f(x)=\int_0^x \mathrm{sgn}t\mathrm{d}t$；　(2) $f(x)=\int_0^x|t|\mathrm{d}t$；　(3) $f(x)=\int_0^1|x-t|\mathrm{d}t$；

(4) $f(x)=\int_0^1 t\,|\,x-t\,|\,\mathrm{d}t$.

7. 设 k 为正整数. 试证下列各题：

(1) $\int_{-\pi}^{\pi}\cos kx\,\mathrm{d}x=0$； (2) $\int_{-\pi}^{\pi}\sin kx\,\mathrm{d}x=0$； (3) $\int_{-\pi}^{\pi}\cos^2 kx\,\mathrm{d}x=\pi$；

(4) $\int_{-\pi}^{\pi}\sin^2 kx\,\mathrm{d}x=\pi$.

8. 设 $k\neq l$ 为两个正整数. 证明：

(1) $\int_{-\pi}^{\pi}\cos kx\sin lx\,\mathrm{d}x=0$； (2) $\int_{-\pi}^{\pi}\cos kx\cos lx\,\mathrm{d}x=0$； (3) $\int_{-\pi}^{\pi}\sin kx\sin lx\,\mathrm{d}x=0$.

9. 设

$$f(x)=\begin{cases}x^2, & x\in[0,1),\\ x, & x\in[1,2].\end{cases}$$

求 $\Phi(x)=\int_0^x f(t)\mathrm{d}t$ 在 $[0,2]$ 上的表达式，并讨论 $\Phi(x)$ 在 $(0,2)$ 内的连续性.

10. 设

$$f(x)=\begin{cases}\dfrac{1}{2}\sin x, & 0\leqslant x\leqslant\pi,\\ 0, & x<0\text{ 或 }x>\pi.\end{cases}$$

求 $\Phi(x)=\int_0^x f(t)\mathrm{d}t$ 在 $(-\infty,+\infty)$ 内的表达式.

11. 用定积分求下列各和数的极限：

(1) $\lim\limits_{n\to\infty}\left(\dfrac{n}{n^2+1^2}+\dfrac{n}{n^2+2^2}+\cdots+\dfrac{n}{n^2+n^2}\right)$； (2) $\lim\limits_{n\to\infty}\dfrac{1}{n}\left(\sin\dfrac{\pi}{n}+\sin\dfrac{2\pi}{n}+\cdots+\sin\dfrac{n-1}{n}\pi\right)$；

(3) $\lim\limits_{n\to\infty}\left(\sqrt{\dfrac{n+1}{n^3}}+\sqrt{\dfrac{n+2}{n^3}}+\cdots+\sqrt{\dfrac{n+n}{n^3}}\right)$； (4) $\lim\limits_{n\to\infty}\dfrac{1^p+2^p+\cdots+n^p}{n^{p+1}}\ (p>0)$.

12. 求极限 $\lim\limits_{n\to\infty}\dfrac{1}{n^3}[1^2+3^2+\cdots+(2n-1)^2]$.

13. 证明下列极限：

(1) $\lim\limits_{n\to\infty}\int_0^1\dfrac{x^n}{1+x}\mathrm{d}x=0$； (2) $\lim\limits_{n\to\infty}\int_0^a\sin^n x\,\mathrm{d}x=0\left(0<a<\dfrac{\pi}{2}\right)$； (3) $\lim\limits_{n\to\infty}\int_0^{\frac{\pi}{2}}\sin^n x\,\mathrm{d}x=0$.

14. 设 $p>0$，证明

$$\frac{p}{p+1}<\int_0^1\frac{\mathrm{d}x}{1+x^p}<1.$$

15. 设函数 $f(x),g(x)$ 在 $[a,b]$ 上连续，证明

$$\left|\int_a^b f\cdot g\,\mathrm{d}x\right|\leqslant\sqrt{\int_a^b f^2\,\mathrm{d}x}\cdot\sqrt{\int_a^b g^2\,\mathrm{d}x}.$$

16. 设函数 $f(x),g(x)$ 在 $[a,b]$ 上连续，证明

$$\sqrt{\int_a^b(f+g)^2\,\mathrm{d}x}\leqslant\sqrt{\int_a^b f^2\,\mathrm{d}x}+\sqrt{\int_a^b g^2\,\mathrm{d}x}.$$

17. 设 $f(x)$ 在区间 $[a,b]$ 上连续，且 $f(x)>0$. 证明

$$\int_a^b f(x)\mathrm{d}x\cdot\int_a^b\frac{\mathrm{d}x}{f(x)}\geqslant(b-a)^2.$$

4.3　不定积分的概念与性质

由微积分基本公式知，计算定积分的关键在于求出被积函数的原函数. 本节将研究如何求一个函数的原函数，给出求原函数的方法——**不定积分**，它是求导运算的逆运算.

4.3.1　不定积分的概念

由 4.2 节知道，如果一个函数 $f(x)$有原函数，则 $f(x)$有无穷多个原函数，任意两个原函数之间相差一个常数. 因此，只要求得 $f(x)$的任一个原函数 $F(x)$，则 $F(x)+C$ 就是 $f(x)$的全部原函数(C 为任意常数).

定义 4.3　如果 $F(x)$是函数 $f(x)$的一个原函数，称 $f(x)$的原函数全体为 $f(x)$的不定积分，记作

$$\int f(x)\mathrm{d}x = F(x) + C,$$

其中 C 为任意常数；x 为积分变量；$f(x)$为被积函数；$f(x)\mathrm{d}x$ 为被积表达式；$\int$ 为积分号.

由定义知，求不定积分 $\int f(x)\mathrm{d}x$ 就是由一个函数的微分 $f(x)\mathrm{d}x$ 去求这个函数本身. 因此，微分运算“d”与不定积分运算“$\int$”构成了一对广义的逆运算

$$\mathrm{d}\left[\int f(x)\mathrm{d}x\right]= f(x)\mathrm{d}x\left\{\text{即}\frac{\mathrm{d}}{\mathrm{d}x}\left[\int f(x)\mathrm{d}x\right]= f(x)\right\}$$

与

$$\int \mathrm{d}F(x) = F(x) + C.$$

例 4.11　求 $\int \frac{1}{x}\mathrm{d}x$.

解　当 $x>0$ 时，由于$(\ln x)'=\frac{1}{x}$，所以 $\ln x$ 是$\frac{1}{x}$在$(0,+\infty)$内的一个原函数. 因此，在$(0,+\infty)$内

$$\int \frac{1}{x}\mathrm{d}x = \ln x + C.$$

当 $x<0$ 时，由于$[\ln(-x)]'=\frac{1}{-x}(-1)=\frac{1}{x}$，所以 $\ln(-x)$是$\frac{1}{x}$在$(-\infty,0)$内的一个原函数. 因此，在$(-\infty,0)$内

$$\int \frac{1}{x}\mathrm{d}x = \ln(-x) + C.$$

把在 $x>0$ 及 $x<0$ 内的结果合起来,可写作

$$\int \frac{1}{x}\mathrm{d}x = \ln|x| + C.$$

例 4.12 设曲线通过点(1,2),且其上任一点处的切线斜率等于这点横坐标的两倍,求此曲线的方程.

解 设所求的曲线方程为 $y=f(x)$,由题设,曲线上任一点(x,y)处的切线斜率为

$$\frac{\mathrm{d}y}{\mathrm{d}x} = 2x,$$

即 $f(x)$是 $2x$ 的一个原函数.

因为

$$\int 2x\mathrm{d}x = x^2 + C,$$

故必有某个常数 C 使 $f(x)=x^2+C$,即曲线方程为 $y=x^2+C$. 因所求曲线通过点(1,2),故

$$2 = 1 + C, \quad C = 1.$$

于是所求曲线方程为

$$y = x^2 + 1.$$

例 4.13 质点以初速度 v_0 铅直上抛,不计阻力,求它的运动规律.

解 所谓运动规律,是指质点的位置关于时间 t 的函数关系. 为表示质点的位置,取坐标系如下:把质点所在的铅直线取作坐标轴,指向朝上,轴与地面的交点取作坐标原点. 设质点抛出时刻为 $t=0$,当 $t=0$ 时质点所在位置的坐标为 x_0,在时刻 t 时坐标为 x(图 4.9),$x=x(t)$就是要求的函数.

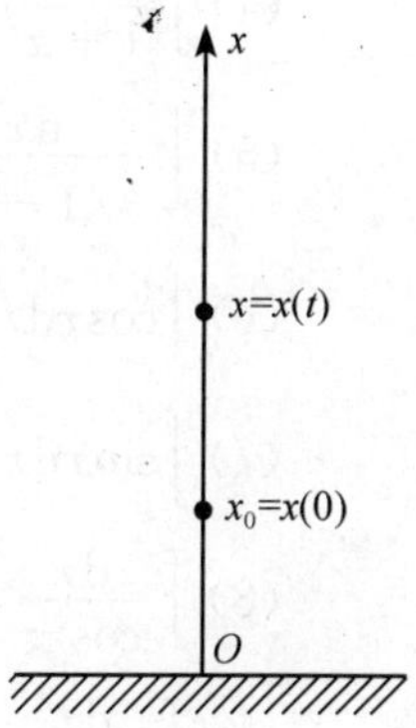

x
x=x(t)
x₀=x(0)
O

图 4.9

由导数的物理意义,知

$$\frac{\mathrm{d}x}{\mathrm{d}t} = v(t)$$

即为质点在时刻 t 时向上运动的速度,且

$$\frac{\mathrm{d}^2 x}{\mathrm{d}t^2} = \frac{\mathrm{d}v}{\mathrm{d}t} = a(t)$$

即为质点在时刻 t 时向上运动的加速度. 按题意,有 $a(t)=-g$,即

$$\frac{\mathrm{d}v}{\mathrm{d}t} = -g \quad 或 \quad \frac{\mathrm{d}^2 x}{\mathrm{d}t^2} = -g.$$

先求 $v(t)$. 由$\frac{\mathrm{d}v}{\mathrm{d}t}=-g$,即 $v(t)$是$(-g)$的原函数,故

$$v(t)=\int(-g)\mathrm{d}t=-gt+C_1,$$

由 $v(0)=v_0$，得 $v_0=C_1$，于是

$$v(t)=-gt+v_0.$$

再求 $x(t)$. 由 $\frac{\mathrm{d}x}{\mathrm{d}t}=v(t)$，即 $x(t)$ 是 $v(t)$ 的原函数，故

$$x(t)=\int v(t)\mathrm{d}t=\int(-gt+v_0)\mathrm{d}t=-\frac{1}{2}gt^2+v_0t+C_2,$$

由 $x(0)=x_0$，得 $x_0=C_2$，于是所求运动规律为

$$x=-\frac{1}{2}gt^2+v_0t+x_0,\quad t\in[0,T],$$

其中 T 表示质点落地的时刻.

4.3.2　基本积分表

由不定积分的定义，结合导数的基本公式，不难得到下面的基本积分：

(1) $\int k\mathrm{d}x=kx+C$（k 是常数）；

(2) $\int x^{\mu}\mathrm{d}x=\frac{x^{\mu+1}}{\mu+1}+C(\mu\neq-1)$；

(3) $\int\frac{1}{x}\mathrm{d}x=\ln|x|+C$；

(4) $\int\frac{\mathrm{d}x}{1+x^2}=\arctan x+C$；

(5) $\int\frac{\mathrm{d}x}{\sqrt{1-x^2}}=\arcsin x+C$；

(6) $\int\cos x\mathrm{d}x=\sin x+C$；

(7) $\int\sin x\mathrm{d}x=-\cos x+C$；

(8) $\int\frac{\mathrm{d}x}{\cos^2x}=\int\sec^2x\mathrm{d}x=\tan x+C$；

(9) $\int\frac{\mathrm{d}x}{\sin^2x}=\int\csc^2x\mathrm{d}x=-\cot x+C$；

(10) $\int\sec x\tan x\mathrm{d}x=\sec x+C$；

(11) $\int\csc x\cot x\mathrm{d}x=-\csc x+C$；

(12) $\int a^x\mathrm{d}x=\frac{a^x}{\ln a}+C$；

(13) $\int \mathrm{sh}x\mathrm{d}x = \mathrm{ch}x + C$；

(14) $\int \mathrm{ch}x\mathrm{d}x = \mathrm{sh}x + C$；

(15) $\int \frac{1}{\mathrm{ch}^2 x}\mathrm{d}x = \mathrm{th}x + C$；

(16) $\int \frac{1}{\mathrm{sh}^2 x}\mathrm{d}x = -\mathrm{coth}x + C.$

4.3.3 不定积分的性质

根据不定积分的定义，可以推得如下两个性质：

性质 4.6 设函数 $f(x)$及 $g(x)$的原函数存在，则

$$\int[f(x)+g(x)]\mathrm{d}x = \int f(x)\mathrm{d}x + \int g(x)\mathrm{d}x.$$

性质 4.7 设函数 $f(x)$的原函数存在，k 为非零常数，则

$$\int kf(x)\mathrm{d}x = k\int f(x)\mathrm{d}x.$$

利用基本积分表以及不定积分的这两个性质，可以求出一些简单函数的不定积分.

例 4.14 求 $\int\left(\sqrt{2}x^3 - \mathrm{e}^x + 3\sin x - \frac{5}{x} - \frac{2}{x^2}\right)\mathrm{d}x.$

解
$$\begin{aligned}\text{原式} &= \sqrt{2}\int x^3\mathrm{d}x - \int \mathrm{e}^x\mathrm{d}x + 3\int \sin x\mathrm{d}x - 5\int \frac{1}{x}\mathrm{d}x - 2\int \frac{1}{x^2}\mathrm{d}x \\ &= \frac{\sqrt{2}}{4}x^4 - \mathrm{e}^x - 3\cos x - 5\ln|x| + \frac{2}{x} + C.\end{aligned}$$

例 4.15 求 $\int(2^x - 3^x)^2\mathrm{d}x.$

解
$$\begin{aligned}\text{原式} &= \int[(2^x)^2 - 2(2^x)\cdot(3^x) + (3^x)^2]\mathrm{d}x \\ &= \int 4^x\mathrm{d}x - 2\int 6^x\mathrm{d}x + \int 9^x\mathrm{d}x \\ &= \frac{4^x}{\ln 4} - \frac{2}{\ln 6}6^x + \frac{9^x}{\ln 9} + C.\end{aligned}$$

例 4.16 求 $\int \tan^2 x\mathrm{d}x.$

解
$$\begin{aligned}\text{原式} &= \int\left(\frac{1}{\cos^2 x} - 1\right)\mathrm{d}x \\ &= \int \frac{1}{\cos^2 x}\mathrm{d}x - \int 1\mathrm{d}x\end{aligned}$$

$$= \tan x - x + C.$$

例 4.17　求 $\int \frac{1}{\sin^2 x \cdot \cos^2 x} dx$.

解

$$\text{原式} = \int \frac{\sin^2 x + \cos^2 x}{\sin^2 x \cos^2 x} dx$$

$$= \int \sec^2 x dx + \int \csc^2 x dx$$

$$= \tan x - \cot x + C.$$

例 4.18　求 $\int \frac{x^2}{1+x^2} dx$.

解

$$\text{原式} = \int \frac{(1+x^2)-1}{1+x^2} dx = \int 1 dx - \int \frac{1}{1+x^2} dx$$

$$= x - \arctan x + C.$$

习　题　4.3

1. 求下列不定积分：

(1) $\int \frac{dx}{x^2}$；　(2) $\int (x^2 - 3x + 2) dx$；　(3) $\int (x^2+1)^2 dx$；　(4) $\int (\sqrt{x}+1)(\sqrt{x^3}-1) dx$；

(5) $\int \frac{(1-x)^2}{\sqrt{x}} dx$；　(6) $\int \left(2e^x + \frac{3}{x}\right) dx$；　(7) $\int \left(\frac{3}{1+x^2} - \frac{2}{\sqrt{1-x^2}}\right) dx$；

(8) $\int e^x \left(1 - \frac{e^{-x}}{\sqrt{x}}\right) dx$；　(9) $\int 3^x e^x dx$；　(10) $\int \frac{2 \cdot 3^x - 5 \cdot 2^x}{3^x} dx$；

(11) $\int \sec x(\sec x - \tan x) dx$；　(12) $\int \cos^2 \frac{x}{2} dx$；　(13) $\int \frac{dx}{1+\cos 2x}$；

(14) $\int \frac{\cos 2x}{\cos x - \sin x} dx$；　(15) $\int \frac{\cos 2x}{\cos^2 x \sin^2 x} dx$；　(16) $\int \cot^2 x dx$；

(17) $\int \cos\theta(\tan\theta + \sec\theta) d\theta$；　(18) $\int \frac{x^2}{x^2+1} dx$；　(19) $\int \frac{3x^4 + 2x^2}{x^2+1} dx$；

(20) $\int \sqrt{x\sqrt{x\sqrt{x}}} dx$；　(21) $\int \frac{\sqrt{x^4 + 2 + x^{-4}}}{x^4} dx$；　(22) $\int |x| dx$.

2. 一曲线通过点$(e^2, 3)$，且在任一点处的切线的斜率等于该点横坐标的倒数，求该曲线的方程.

3. 一物体由静止开始运动，经 t(s)后的速度是 $3t^2$(m/s)，问：

(1) 在 3s 后物体离开出发点的距离是多少？

(2) 物体走完 360m 需要多少时间？

4. 证明函数 $\arcsin(2x-1)$，$\arccos(1-2x)$和 $2\arctan\sqrt{\frac{x}{1-x}}$都是$\frac{1}{\sqrt{x-x^2}}$的原函数.

4.4 换元积分法

利用基本积分表与积分的性质,所能计算的不定积分是非常有限的. 因此,有必要进一步来研究不定积分的求法. 本节把复合函数的微分法反过来用于求不定积分,利用中间变量的代换,得到复合函数的积分法,称为**换元积分法**,简称**换元法**.

4.4.1 第一类换元法(凑微分法)

设 $f(u)$具有原函数 $F(u)$,即

$$F'(u)=f(u),\quad \int f(u)\mathrm{d}u=F(u)+C.$$

如果 u 是中间变量,且 $u=\varphi(x)$,设 $\varphi(x)$可微,则根据复合函数微分法,有

$$\mathrm{d}F[\varphi(x)]=f[\varphi(x)]\varphi'(x)\mathrm{d}x,$$

从而由不定积分的定义,得

$$\int f[\varphi(x)]\varphi'(x)\mathrm{d}x=F[\varphi(x)]+C=\left[\int f(u)\mathrm{d}u\right]_{u=\varphi(x)}.$$

于是有下述定理:

定理 4.6 设 $f(u)$具有原函数,$u=\varphi(x)$可导,则有换元公式

$$\int f[\varphi(x)]\varphi'(x)\mathrm{d}x=\left[\int f(u)\mathrm{d}u\right]_{u=\varphi(x)}.$$

例 4.19 求 $\int 2\cos 2x\mathrm{d}x$.

解

$$\begin{aligned}\text{原式}&=\int\cos 2x\cdot 2\mathrm{d}x=\int\cos 2x\cdot(2x)'\mathrm{d}x\\&=\int\cos u\mathrm{d}u=\sin u+C=\sin 2x+C.\end{aligned}$$

例 4.20 求 $\int\frac{1}{\sqrt{1-3x}}\mathrm{d}x$.

解

$$\begin{aligned}\text{原式}&=-\frac{1}{3}\int\frac{1}{\sqrt{1-3x}}\mathrm{d}(1-3x)=-\frac{1}{3}\int\frac{1}{\sqrt{u}}\mathrm{d}u\\&=-\frac{2}{3}\sqrt{u}+C=-\frac{2}{3}\sqrt{1-3x}+C.\end{aligned}$$

例 4.21 求 $\int\frac{1}{3+2x}\mathrm{d}x$.

解

$$\text{原式}=\frac{1}{2}\int\frac{1}{3+2x}(3+2x)'\mathrm{d}x=\frac{1}{2}\int\frac{1}{u}\mathrm{d}u$$
$$=\frac{1}{2}\ln|u|+C=\frac{1}{2}\ln|3+2x|+C.$$

一般地，对于积分 $\int f(ax+b)\mathrm{d}x$，总可作变换 $u=ax+b$，把它化为

$$\int f(ax+b)\mathrm{d}x=\int\frac{1}{a}f(ax+b)\mathrm{d}(ax+b)=\frac{1}{a}\left[\int f(u)\mathrm{d}u\right]_{u=ax+b}.$$

例 4.22　求 $\int 2x\mathrm{e}^{x^2}\mathrm{d}x$.

解

$$\text{原式}=\int\mathrm{e}^{x^2}\mathrm{d}(x^2)=\int\mathrm{e}^u\mathrm{d}u$$
$$=\mathrm{e}^u+C=\mathrm{e}^{x^2}+C.$$

例 4.23　求 $\int x\sqrt{1-x^2}\mathrm{d}x$.

解

$$\text{原式}=-\frac{1}{2}\int\sqrt{1-x^2}\mathrm{d}(1-x^2)=-\frac{1}{2}\int\sqrt{u}\mathrm{d}u$$
$$=-\frac{1}{3}u^{\frac{3}{2}}+C=-\frac{1}{3}(1-x^2)^{\frac{3}{2}}+C.$$

例 4.24　求 $\int\frac{1}{a^2+x^2}\mathrm{d}x$.

解

$$\text{原式}=\frac{1}{a^2}\int\frac{1}{1+\left(\frac{x}{a}\right)^2}\mathrm{d}x=\frac{1}{a}\int\frac{1}{1+\left(\frac{x}{a}\right)^2}\mathrm{d}\frac{x}{a}$$
$$=\frac{1}{a}\arctan\frac{x}{a}+C.$$

例 4.25　求 $\int\frac{\mathrm{d}x}{\sqrt{a^2-x^2}}(a>0)$.

解

$$\text{原式}=\frac{1}{a}\int\frac{\mathrm{d}x}{\sqrt{1-\left(\frac{x}{a}\right)^2}}=\int\frac{\mathrm{d}\frac{x}{a}}{\sqrt{1-\left(\frac{x}{a}\right)^2}}$$
$$=\arcsin\frac{x}{a}+C.$$

例 4.26 求$\int \frac{1}{x^2-a^2}\mathrm{d}x$.

解

$$\text{原式}=\frac{1}{2a}\int\left(\frac{1}{x-a}-\frac{1}{x+a}\right)\mathrm{d}x=\frac{1}{2a}\left(\int\frac{1}{x-a}\mathrm{d}x-\int\frac{1}{x+a}\mathrm{d}x\right)$$

$$=\frac{1}{2a}\left[\int\frac{1}{x-a}\mathrm{d}(x-a)-\int\frac{1}{x+a}\mathrm{d}(x+a)\right]$$

$$=\frac{1}{2a}\ln\left|\frac{x-a}{x+a}\right|+C.$$

例 4.27 求$\int \sin^3 x\mathrm{d}x$.

解

$$\text{原式}=\int\sin^2 x\sin x\mathrm{d}x=-\int(1-\cos^2 x)\mathrm{d}(\cos x)$$

$$=-\cos x+\frac{1}{3}\cos^3 x+C.$$

例 4.28 求$\int \sin^2 x\cos^5 x\mathrm{d}x$.

解

$$\text{原式}=\int\sin^2 x\cos^4 x\cos x\mathrm{d}x=\int\sin^2 x(1-\sin^2 x)^2\mathrm{d}(\sin x)$$

$$=\int(\sin^2 x-2\sin^4 x+\sin^6 x)\mathrm{d}(\sin x)$$

$$=\frac{1}{3}\sin^3 x-\frac{2}{5}\sin^5 x+\frac{1}{7}\sin^7 x+C.$$

例 4.29 求$\int \tan x\mathrm{d}x$.

解

$$\text{原式}=\int\frac{\sin x}{\cos x}\mathrm{d}x=-\int\frac{1}{\cos x}\mathrm{d}(\cos x)$$

$$=-\ln|\cos x|+C.$$

类似可得

$$\int\cot x\mathrm{d}x=\ln|\sin x|+C.$$

例 4.30 求$\int \cos^2 x\mathrm{d}x$.

解

$$\text{原式}=\int\frac{1+\cos 2x}{2}\mathrm{d}x=\frac{1}{2}\left(\int\mathrm{d}x+\int\cos 2x\mathrm{d}x\right)$$

$$= \frac{1}{2}\int dx + \frac{1}{4}\int \cos 2x d(2x)$$

$$= \frac{x}{2} + \frac{\sin 2x}{4} + C.$$

例 4.31　求 $\int \sin^2 x \cos^4 x dx$.

解

$$原式 = \frac{1}{8}\int (1-\cos 2x)(1+\cos 2x)^2 dx$$

$$= \frac{1}{8}\int (1+\cos 2x - \cos^2 2x - \cos^3 2x) dx$$

$$= \frac{1}{8}\int (\cos 2x - \cos^3 2x) dx + \frac{1}{8}\int (1-\cos^2 2x) dx$$

$$= \frac{1}{8}\int \sin^2 2x \cdot \frac{1}{2} d(\sin 2x) + \frac{1}{8}\int \frac{1}{2}(1-\cos 4x) dx$$

$$= \frac{1}{48}\sin^3 2x + \frac{x}{16} - \frac{1}{64}\sin 4x + C.$$

例 4.32　求 $\int \sec^6 x dx$.

解

$$原式 = \int (\sec^2 x)^2 \sec^2 x dx$$

$$= \int (1+\tan^2 x)^2 d(\tan x)$$

$$= \int (1+2\tan^2 x + \tan^4 x) d(\tan x)$$

$$= \tan x + \frac{2}{3}\tan^3 x + \frac{1}{5}\tan^5 x + C.$$

例 4.33　求 $\int \tan^5 x \sec^3 x dx$.

解

$$原式 = \int \tan^4 x \sec^2 x \sec x \tan x dx$$

$$= \int (\sec^2 x - 1)^2 \sec^2 x d(\sec x)$$

$$= \int (\sec^6 x - 2\sec^4 x + \sec^2 x) d(\sec x)$$

$$= \frac{1}{7}\sec^7 x - \frac{2}{5}\sec^5 x + \frac{1}{3}\sec^3 x + C.$$

例 4.34　求 $\int \csc x dx$.

解

$$\text{原式}=\int\frac{\mathrm{d}x}{\sin x}=\int\frac{\mathrm{d}x}{2\sin\frac{x}{2}\cos\frac{x}{2}}$$

$$=\int\frac{\mathrm{d}\frac{x}{2}}{\tan\frac{x}{2}\cos^2\frac{x}{2}}=\int\frac{\mathrm{d}\left(\tan\frac{x}{2}\right)}{\tan\frac{x}{2}}$$

$$=\ln\left|\tan\frac{x}{2}\right|+C.$$

因为

$$\tan\frac{x}{2}=\frac{\sin\frac{x}{2}}{\cos\frac{x}{2}}=\frac{2\sin^2\frac{x}{2}}{\sin x}=\frac{1-\cos x}{\sin x}=\csc x-\cot x,$$

所以上述不定积分又可表示为

$$\int\csc x\mathrm{d}x=\ln|\csc x-\cot x|+C.$$

例 4.35 求 $\int\sec x\mathrm{d}x$.

解 利用例 4.34 的结果,

$$\text{原式}=\int\csc\left(x+\frac{\pi}{2}\right)\mathrm{d}\left(x+\frac{\pi}{2}\right)$$

$$=\ln\left|\csc\left(x+\frac{\pi}{2}\right)-\cot\left(x+\frac{\pi}{2}\right)\right|+C$$

$$=\ln|\sec x+\tan x|+C.$$

例 4.36 求 $\int\cos3x\cos2x\mathrm{d}x$.

解

$$\text{原式}=\frac{1}{2}\int(\cos x+\cos5x)\mathrm{d}x$$

$$=\frac{1}{2}\left(\int\cos x\mathrm{d}x+\frac{1}{5}\int\cos5x\mathrm{d}(5x)\right)$$

$$=\frac{1}{2}\sin x+\frac{1}{10}\sin5x+C.$$

由微积分基本公式知,对于定积分的计算,凑微分法或第一类换元法也同样适用.

例 4.37 计算 $I=\int_0^{\frac{\pi}{2}}\cos^5x\sin x\mathrm{d}x$.

解　$I=-\int_0^{\frac{\pi}{2}}\cos^5 x\mathrm{d}\cos x=-\frac{1}{6}\cos^6 x\Big|_0^{\frac{\pi}{2}}=\frac{1}{6}.$

例 4.38　计算 $I=\int_0^1(\mathrm{e}^x-1)^4\mathrm{e}^x\mathrm{d}x.$

解　$I=\int_0^1(\mathrm{e}^x-1)^4\mathrm{d}(\mathrm{e}^x-1)=\frac{1}{5}(\mathrm{e}^x-1)^5\Big|_0^1=\frac{1}{5}(\mathrm{e}-1)^5.$

例 4.39　计算 $I=\int_0^{\pi}\sqrt{\sin^3 x-\sin^5 x}\mathrm{d}x$.

解

$$\begin{aligned}I&=\int_0^{\frac{\pi}{2}}\sin^{\frac{3}{2}}x\cos x\mathrm{d}x+\int_{\frac{\pi}{2}}^{\pi}\sin^{\frac{3}{2}}x(-\cos x)\mathrm{d}x\\&=\int_0^{\frac{\pi}{2}}\sin^{\frac{3}{2}}x\mathrm{d}\sin x-\int_{\frac{\pi}{2}}^{\pi}\sin^{\frac{3}{2}}x\mathrm{d}\sin x\\&=\frac{2}{5}\sin^{\frac{5}{2}}x\Big|_0^{\frac{\pi}{2}}-\frac{2}{5}\sin^{\frac{5}{2}}x\Big|_{\frac{\pi}{2}}^{\pi}=\frac{2}{5}-\left(-\frac{2}{5}\right)=\frac{4}{5}.\end{aligned}$$

4.4.2　第二类换元法

定理 4.7　设 $x=\psi(t)$是单调的、可导的函数,并且 $\psi'(t)\neq 0$. 又设 $f[\psi(t)]\psi'(t)$具有原函数,则有换元公式

$$\int f(x)\mathrm{d}x=\left[\int f[\psi(t)]\psi'(t)\mathrm{d}t\right]_{t=\psi^{-1}(x)},$$

其中 $\psi^{-1}(x)$是 $x=\psi(t)$的反函数.

证　设 $f[\psi(t)]\psi'(t)$的原函数为 $\Phi(t)$,记 $\Phi[\psi^{-1}(x)]=F(x)$,利用复合函数及反函数的求导法则,得

$$F'(x)=\frac{\mathrm{d}\Phi}{\mathrm{d}t}\cdot\frac{\mathrm{d}t}{\mathrm{d}x}=f[\psi(t)]\psi'(t)\cdot\frac{1}{\psi'(t)}=f[\psi(t)]=f(x),$$

即 $F(x)$是 $f(x)$的原函数,所以有

$$\int f(x)\mathrm{d}x=F(x)+C=\Phi[\psi^{-1}(x)]+C=\left[\int f(\psi(t))\psi'(t)\mathrm{d}t\right]_{t=\psi^{-1}(x)},$$

这就完成了定理的证明.

例 4.40　求 $\int\sqrt{a^2-x^2}\mathrm{d}x(a>0)$.

解　设 $x=a\sin t,-\frac{\pi}{2}<t<\frac{\pi}{2}$,那么

$$\sqrt{a^2-x^2}=\sqrt{a^2-a^2\sin^2 t}=a\cos t,\quad \mathrm{d}x=a\cos t\mathrm{d}t,$$

所以

$$\int\sqrt{a^2-x^2}\mathrm{d}x=\int a\cos t\cdot a\cos t\mathrm{d}t=a^2\int\cos^2 t\mathrm{d}t$$

$$= a^2\left(\frac{t}{2}+\frac{\sin 2t}{4}\right)+C=\frac{a^2}{2}t+\frac{a^2}{2}\sin t\cos t+C.$$

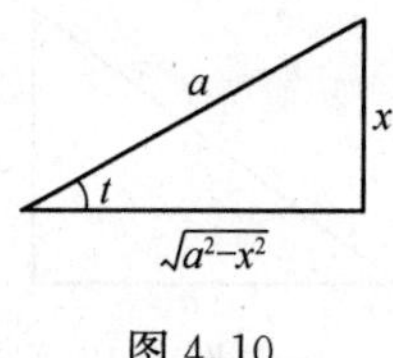

图 4.10

作辅助三角形(图 4.10)可得

$$t=\arcsin\frac{x}{a},\quad \sin t=\frac{x}{a},\quad \cos t=\frac{\sqrt{a^2-x^2}}{a},$$

于是

$$\int\sqrt{a^2-x^2}\,\mathrm{d}x=\frac{a^2}{2}\arcsin\frac{x}{a}+\frac{1}{2}x\sqrt{a^2-x^2}+C.$$

例 4.41 求 $\int\frac{\mathrm{d}x}{\sqrt{x^2+a^2}}(a>0)$.

解 设 $x=a\tan t,-\frac{\pi}{2}<t<\frac{\pi}{2}$,那么

$$\sqrt{x^2+a^2}=\sqrt{a^2+a^2\tan^2 t}=a\sqrt{1+\tan^2 t}=a\sec t,\quad \mathrm{d}x=a\sec^2 t\mathrm{d}t,$$

所以

$$\int\frac{\mathrm{d}x}{\sqrt{x^2+a^2}}=\int\frac{a\sec^2 t}{a\sec t}\mathrm{d}t=\int\sec t\mathrm{d}t$$

$$=\ln|\sec t+\tan t|+C.$$

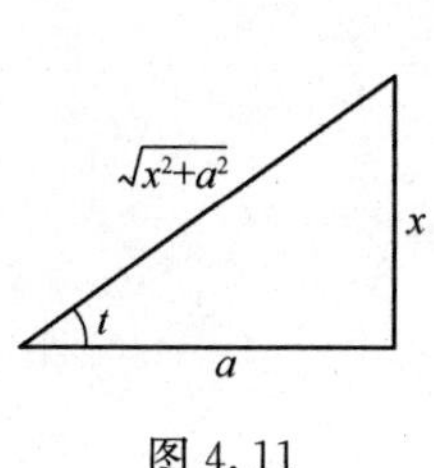

图 4.11

作辅助三角形(图 4.11),可得

$$\sec t=\frac{\sqrt{x^2+a^2}}{a},$$

$$\tan t=\frac{x}{a},$$

于是

$$\int\frac{\mathrm{d}x}{\sqrt{x^2+a^2}}=\ln\left(\frac{x}{a}+\frac{\sqrt{x^2+a^2}}{a}\right)+C=\ln(x+\sqrt{x^2+a^2})+C.$$

例 4.42 求 $\int\frac{\mathrm{d}x}{\sqrt{x^2-a^2}}(a>0)$.

解 当 $x>a$ 时,设 $x=a\sec t,0<t<\frac{\pi}{2}$,那么

$$\sqrt{x^2-a^2}=\sqrt{a^2\sec^2 t-a^2}=a\sqrt{\sec^2 t-1}=a\tan t,\quad \mathrm{d}x=a\sec t\tan t\mathrm{d}t,$$

所以

$$\int\frac{\mathrm{d}x}{\sqrt{x^2-a^2}}=\int\frac{a\sec t\tan t}{a\tan t}\mathrm{d}t=\int\sec t\mathrm{d}t$$

$$=\ln(\sec t+\tan t)+C.$$

作辅助三角形(图 4.12),可得 $\sec t=\frac{x}{a},\tan t=\frac{\sqrt{x^2-a^2}}{a}$,于是

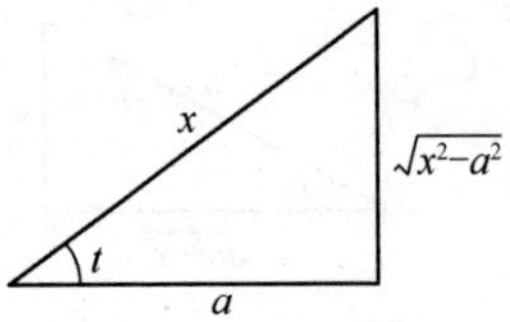

图 4.12

$$\int \frac{\mathrm{d}x}{\sqrt{x^2-a^2}}=\ln\left(\frac{x}{a}+\frac{\sqrt{x^2-a^2}}{a}\right)+C$$
$$=\ln(x+\sqrt{x^2-a^2})+C.$$

当 $x<-a$ 时,令 $x=-u$,那么 $u>a$,由上段结果有

$$\int \frac{\mathrm{d}x}{\sqrt{x^2-a^2}}=-\int \frac{\mathrm{d}u}{\sqrt{u^2-a^2}}=-\ln(u+\sqrt{u^2-a^2})+C$$
$$=-\ln(-x+\sqrt{x^2-a^2})+C=\ln(-x-\sqrt{x^2-a^2})+C.$$

把在 $x>a$ 及 $x<-a$ 内的结果合起来,可写作

$$\int \frac{\mathrm{d}x}{\sqrt{x^2-a^2}}=\ln|x+\sqrt{x^2-a^2}|+C.$$

注:在例 4.41 中,也可用双曲代换 $x=a\mathrm{sh}t$;在例 4.42 中,也可用双曲代换 $x=a\mathrm{ch}t$.

例 4.43　求 $\int \frac{\sqrt{a^2-x^2}}{x^4}\mathrm{d}x$.

解　设 $x=\frac{1}{t}$,那么 $\mathrm{d}x=-\frac{\mathrm{d}t}{t^2}$,于是

$$\int \frac{\sqrt{a^2-x^2}}{x^4}\mathrm{d}x=\int \frac{\sqrt{a^2-\frac{1}{t^2}}\cdot\left(-\frac{\mathrm{d}t}{t^2}\right)}{\frac{1}{t^4}}$$
$$=-\int(a^2t^2-1)^{\frac{1}{2}}|t|\,\mathrm{d}t,$$

当 $x>0$ 时,有

$$\int \frac{\sqrt{a^2-x^2}}{x^4}\mathrm{d}x=-\frac{1}{2a^2}\int(a^2t^2-1)^{\frac{1}{2}}\mathrm{d}(a^2t^2-1)$$
$$=-\frac{(a^2t^2-1)^{\frac{3}{2}}}{3a^2}+C=-\frac{(a^2-x^2)^{\frac{3}{2}}}{3a^2x^3}+C,$$

当 $x<0$ 时,有相同的结果.

再把一些结果作为基本公式总结一下,有

(17) $\int \tan x\mathrm{d}x=-\ln|\cos x|+C$;

(18) $\int \cot x\mathrm{d}x=\ln|\sin x|+C$;

(19) $\int \sec x\mathrm{d}x=\ln|\sec+\tan x|+C$;

(20) $\int \csc x\mathrm{d}x=\ln|\csc x-\cot x|+C$;

(21) $\int \frac{\mathrm{d}x}{a^2+x^2}=\frac{1}{a}\arctan\frac{x}{a}+C$;

(22) $\int \frac{\mathrm{d}x}{x^2-a^2}\mathrm{d}x=\frac{1}{2a}\ln\left|\frac{x-a}{x+a}\right|+C$;

(23) $\int \frac{\mathrm{d}x}{\sqrt{a^2-x^2}}=\arcsin\frac{x}{a}+C$;

(24) $\int \frac{\mathrm{d}x}{\sqrt{x^2+a^2}}=\ln(x+\sqrt{x^2+a^2})+C$;

(25) $\int \frac{\mathrm{d}x}{\sqrt{x^2-a^2}}=\ln|x+\sqrt{x^2-a^2}|+C.$

例 4.44 计算 $I=\int_0^{\frac{\sqrt{2}}{2}}\frac{1}{(1-x^2)^{3/2}}\mathrm{d}x.$

解 设 $x=\sin t, t\in\left[-\frac{\pi}{2},\frac{\pi}{2}\right]$，$\mathrm{d}x=\cos t\mathrm{d}t$，则

$$\int\frac{1}{(1-x^2)^{3/2}}\mathrm{d}x=\int\frac{\cos t}{\cos^3 t}\mathrm{d}t=\int\sec^2 t\mathrm{d}t=\tan t+C$$
$$=\frac{x}{\sqrt{1-x^2}}+C.$$

根据微积分基本公式，得

$$I=\frac{x}{\sqrt{1-x^2}}\Bigg|_0^{\frac{\sqrt{2}}{2}}=1.$$

在本题的计算过程中，如果直接对定积分进行换元，化为新变量下的定积分，可以避免从变量 t 回代成变量 x 的弯路，运算比较简洁. 事实上，当 $x=0$ 时，$t=0$；当 $x=\frac{\sqrt{2}}{2}$时，$t=\frac{\pi}{4}$，则

$$I=\int_0^{\frac{\pi}{4}}\sec^2 t\mathrm{d}t=\tan t\Big|_0^{\frac{\pi}{4}}=1.$$

很自然的问题是这种思想对一般的定积分计算是否仍然成立. 为此给出定积分的第二类换元法.

定理 4.8 设 $f(x)$在$[a,b]$上连续，作变换 $x=\varphi(t)$，其中 $\varphi(t)$满足

(1) $\varphi(\alpha)=a, \varphi(\beta)=b$，且当 $t\in[\alpha,\beta]$时，$\varphi(t)\in[a,b]$；

(2) $\varphi(t)$在$[\alpha,\beta]$上具有连续导数，则

$$\int_a^b f(x)\mathrm{d}x=\int_\alpha^\beta f[\varphi(t)]\varphi'(t)\mathrm{d}t.$$

证 由于 $f(x)$在$[a,b]$上连续，$f[\varphi(t)]\varphi'(t)$在$[\alpha,\beta]$上连续，因此公式等号两边的定积分存在. 故可设 $f(x)$在$[a,b]$上的一个原函数为 $F(x)$，这时

$$\frac{\mathrm{d}F[\varphi(t)]}{\mathrm{d}t}=F'[\varphi(t)]\varphi'(t)=f[\varphi(t)]\varphi'(t).$$

这说明 $F[\varphi(t)]$是 $f[\varphi(t)]\varphi'(t)$在$[\alpha,\beta]$上的原函数. 由微积分基本公式,得

$$\int_a^b f(x)\mathrm{d}x=F(b)-F(a)=F[\varphi(\beta)]-F[\varphi(\alpha)]=\int_\alpha^\beta f[\varphi(t)]\varphi'(t)\mathrm{d}t,$$

故换元公式成立.

例 4.45　计算 $I=\int_4^9\frac{1}{\sqrt{x}-1}\mathrm{d}x$.

解　设$\sqrt{x}=t$, $\mathrm{d}x=2t\mathrm{d}t$, 当 $x=4$ 时, $t=2$; $x=9$ 时, $t=3$, 故

$$I=\int_2^3\frac{2t}{t-1}\mathrm{d}t=\int_2^3\left(2+\frac{2}{t-1}\right)\mathrm{d}t=[2t+2\ln(t-1)]\,|_2^3=2+\ln4.$$

例 4.46　证明:

(1) 若 $f(x)$在$[-a,a]$上是连续的偶函数,则

$$\int_{-a}^a f(x)\mathrm{d}x=2\int_0^a f(x)\mathrm{d}x;$$

(2) 若 $f(x)$在$[-a,a]$上是连续的奇函数,则

$$\int_{-a}^a f(x)\mathrm{d}x=0.$$

证　因为

$$\int_{-a}^a f(x)\mathrm{d}x=\int_{-a}^0 f(x)\mathrm{d}x+\int_0^a f(x)\mathrm{d}x,$$

对积分$\int_{-a}^0 f(x)\mathrm{d}x$ 作代换 $x=-t$,得

$$\int_{-a}^0 f(x)\mathrm{d}x=-\int_a^0 f(-t)\mathrm{d}t=\int_0^a f(-t)\mathrm{d}t=\int_0^a f(-x)\mathrm{d}x.$$

于是

$$\int_{-a}^a f(x)\mathrm{d}x=\int_0^a f(-x)\mathrm{d}x+\int_0^a f(x)\mathrm{d}x=\int_0^a[f(x)+f(-x)]\mathrm{d}x.$$

(1) 若 $f(x)$是偶函数,则

$$f(x)+f(-x)=2f(x),$$

从而

$$\int_{-a}^a f(x)\mathrm{d}x=2\int_0^a f(x)\mathrm{d}x.$$

(2) 若 $f(x)$是奇函数,则

$$f(x)+f(-x)=0,$$

从而

$$\int_{-a}^a f(x)\mathrm{d}x=0.$$

例 4.47 若 $f(x)$ 在 $[0,1]$ 上连续，证明：

(1) $\int_0^{\frac{\pi}{2}} f(\sin x)\mathrm{d}x = \int_0^{\frac{\pi}{2}} f(\cos x)\mathrm{d}x$；

(2) $\int_0^{\pi} xf(\sin x)\mathrm{d}x = \frac{\pi}{2}\int_0^{\pi} f(\sin x)\mathrm{d}x$.

证 (1) 设 $x=\frac{\pi}{2}-t$，则 $\mathrm{d}x=-\mathrm{d}t$，且当 $x=0$ 时，$t=\frac{\pi}{2}$；当 $x=\frac{\pi}{2}$ 时，$t=0$. 于是

$$\int_0^{\frac{\pi}{2}} f(\sin x)\mathrm{d}x = -\int_{\frac{\pi}{2}}^{0} f\left[\sin\left(\frac{\pi}{2}-t\right)\right]\mathrm{d}t = \int_0^{\frac{\pi}{2}} f(\cos t)\mathrm{d}t = \int_0^{\frac{\pi}{2}} f(\cos x)\mathrm{d}x.$$

(2) 设 $x=\pi-t$，则 $\mathrm{d}x=-\mathrm{d}t$，且当 $x=0$ 时，$t=\pi$；当 $x=\pi$ 时，$t=0$. 于是

$$\begin{aligned}\int_0^{\pi} xf(\sin x)\mathrm{d}x &= -\int_{\pi}^{0} (\pi-t)f[\sin(\pi-t)]\mathrm{d}t \\ &= \int_0^{\pi} (\pi-t)f(\sin t)\mathrm{d}t \\ &= \pi\int_0^{\pi} f(\sin t)\mathrm{d}t - \int_0^{\pi} tf(\sin t)\mathrm{d}t \\ &= \pi\int_0^{\pi} f(\sin x)\mathrm{d}x - \int_0^{\pi} xf(\sin x)\mathrm{d}x,\end{aligned}$$

所以

$$\int_0^{\pi} xf(\sin x)\mathrm{d}x = \frac{\pi}{2}\int_0^{\pi} f(\sin x)\mathrm{d}x.$$

例 4.48 计算 $\int_0^{\pi} \frac{x\sin x}{1+\cos^2 x}\mathrm{d}x$.

解

$$\begin{aligned}\int_0^{\pi} \frac{x\sin x}{1+\cos^2 x}\mathrm{d}x &= \frac{\pi}{2}\int_0^{\pi} \frac{\sin x}{1+\cos^2 x}\mathrm{d}x = -\frac{\pi}{2}\int_0^{\pi} \frac{\mathrm{d}(\cos x)}{1+\cos^2 x} \\ &= -\frac{\pi}{2}[\arctan(\cos x)]_0^{\pi} \\ &= -\frac{\pi}{2}\left(-\frac{\pi}{4}-\frac{\pi}{4}\right) = \frac{\pi^2}{4}.\end{aligned}$$

例 4.49 设 $f(x)$ 是连续的周期函数，周期为 T，证明：

(1) $\int_a^{a+T} f(x)\mathrm{d}x = \int_0^{T} f(x)\mathrm{d}x$；

(2) $\int_a^{a+nT} f(x)\mathrm{d}x = n\int_0^{T} f(x)\mathrm{d}x\,(n \in \mathbf{N})$.

证 (1) $\int_a^{a+T} f(x)\mathrm{d}x = \int_a^{0} f(x)\mathrm{d}x + \int_0^{T} f(x)\mathrm{d}x + \int_T^{a+T} f(x)\mathrm{d}x$，

设 $x=t+T$，则 $\mathrm{d}x=\mathrm{d}t$，且当 $x=T$ 时，$t=0$；当 $x=a+T$ 时，$t=a$. 于是

$$\int_T^{a+T} f(x)\mathrm{d}x = \int_0^a f(t+T)\mathrm{d}t = \int_0^a f(t)\mathrm{d}t = -\int_a^0 f(x)\mathrm{d}x,$$

所以

$$\int_a^{a+T} f(x)\mathrm{d}x = \int_0^T f(x)\mathrm{d}x.$$

(2) $\int_a^{a+nT} f(x)\mathrm{d}x = \sum_{k=0}^{n-1}\int_{a+kT}^{a+kT+T} f(x)\mathrm{d}x = n\int_0^T f(x)\mathrm{d}x$.

例 4.50 计算 $\int_0^{n\pi} \sqrt{1+\sin 2x}\mathrm{d}x$.

解 由于$\sqrt{1+\sin 2x}$是以 π 为周期的周期函数，所以

$$\begin{aligned}\int_0^{n\pi} \sqrt{1+\sin 2x}\mathrm{d}x &= n\int_0^{\pi} \sqrt{1+\sin 2x}\mathrm{d}x = n\int_0^{\pi} |\sin x+\cos x|\,\mathrm{d}x \\ &= \sqrt{2}n\int_0^{\pi}\left|\sin\left(x+\frac{\pi}{4}\right)\right|\mathrm{d}x = \sqrt{2}n\int_{\frac{\pi}{4}}^{\frac{5\pi}{4}} |\sin t|\,\mathrm{d}t \\ &= \sqrt{2}n\int_0^{\pi} |\sin t|\,\mathrm{d}t = \sqrt{2}n\int_0^{\pi}\sin t\mathrm{d}t = 2\sqrt{2}n.\end{aligned}$$

习 题 4.4

1. 求下列不定积分：

(1) $\int \mathrm{e}^{5t}\mathrm{d}t$； (2) $\int (3-2x)^3\mathrm{d}x$； (3) $\int \frac{\mathrm{d}x}{1-2x}$； (4) $\int \frac{\mathrm{d}x}{\sqrt[3]{2-3x}}$；

(5) $\int (\sin ax - \mathrm{e}^{\frac{x}{b}})\mathrm{d}x$； (6) $\int \frac{\sin\sqrt{t}}{\sqrt{t}}\mathrm{d}t$； (7) $\int x\mathrm{e}^{-x^2}\mathrm{d}x$； (8) $\int x\cos(x^2)\mathrm{d}x$；

(9) $\int \frac{x}{\sqrt{2-3x^2}}\mathrm{d}x$； (10) $\int \frac{3x^3}{1-x^4}\mathrm{d}x$； (11) $\int \frac{x+1}{x^2+2x+5}\mathrm{d}x$；

(12) $\int \cos^2(\omega t+\varphi)\sin(\omega t+\varphi)\mathrm{d}t$； (13) $\int \frac{\sin x}{\cos^3 x}\mathrm{d}x$； (14) $\int \frac{\sin x+\cos x}{\sqrt[3]{\sin x-\cos x}}\mathrm{d}x$；

(15) $\int \tan^{10} x\cdot\sec^2 x\mathrm{d}x$； (16) $\int \frac{\mathrm{d}x}{x\ln x\ln\ln x}$； (17) $\int \frac{\mathrm{d}x}{(\arcsin x)^2\sqrt{1-x^2}}$；

(18) $\int \frac{10^{2\arccos x}}{\sqrt{1-x^2}}\mathrm{d}x$； (19) $\int \tan\sqrt{1+x^2}\cdot\frac{x\mathrm{d}x}{\sqrt{1+x^2}}$； (20) $\int \frac{\arctan\sqrt{x}}{\sqrt{x}(1+x)}\mathrm{d}x$；

(21) $\int \frac{1+\ln x}{(x\ln x)^2}\mathrm{d}x$； (22) $\int \frac{\mathrm{d}x}{\sin x\cos x}$； (23) $\int \frac{\ln\tan x}{\cos x\sin x}\mathrm{d}x$； (24) $\int \cos^3 x\mathrm{d}x$；

(25) $\int \cos^2(\omega t+\varphi)\mathrm{d}t$； (26) $\int \sin 2x\cos 3x\mathrm{d}x$； (27) $\int \cos x\cos\frac{x}{2}\mathrm{d}x$；

(28) $\int \sin 5x\sin 7x\mathrm{d}x$； (29) $\int \tan^3 x\sec x\mathrm{d}x$； (30) $\int \frac{\mathrm{d}x}{\mathrm{e}^x+\mathrm{e}^{-x}}$； (31) $\int \frac{1-x}{\sqrt{9-4x^2}}\mathrm{d}x$；

(32) $\int \frac{x^3}{9+x^2}\mathrm{d}x$； (33) $\int \frac{\mathrm{d}x}{2x^2-1}$； (34) $\int \frac{\mathrm{d}x}{(x+1)(x-2)}$；

(35) $\int \frac{x}{x^2-x-2}dx$； (36) $\int \frac{x^2dx}{\sqrt{a^2-x^2}}(a>0)$； (37) $\int \frac{dx}{x\sqrt{x^2-1}}$；

(38) $\int \frac{dx}{\sqrt{(x^2+1)^3}}$； (39) $\int \frac{\sqrt{x^2-9}}{x}dx$； (40) $\int \frac{dx}{1+\sqrt{2x}}$； (41) $\int \frac{dx}{1+\sqrt{1-x^2}}$；

(42) $\int \frac{dx}{x+\sqrt{1-x^2}}$； (43) $\int \frac{x-1}{x^2+2x+3}dx$； (44) $\int \frac{x^3+1}{(x^2+1)^2}dx$； (45) $\int \frac{dx}{e^x-e^{-x}}$；

(46) $\int \frac{x}{(1-x)^3}dx$； (47) $\int \frac{x^2}{a^6-x^6}dx(a>0)$； (48) $\int \frac{1+\cos x}{x+\sin x}dx$；

(49) $\int \frac{\sin x\cos x}{1+\sin^4 x}dx$； (50) $\int \tan^4 x dx$； (51) $\int \sin x\sin 2x\sin 3x dx$；

(52) $\int \frac{dx}{x(x^6+4)}$； (53) $\int \sqrt{\frac{a+x}{a-x}}dx(a>0)$； (54) $\int \frac{dx}{\sqrt{x(1+x)}}$；

(55) $\int \frac{dx}{\sqrt{1+e^x}}$； (56) $\int \frac{dx}{x^2\sqrt{x^2-1}}$； (57) $\int \frac{dx}{(a^2-x^2)^{5/2}}$； (58) $\int \frac{dx}{x^4\sqrt{1+x^2}}$；

(59) $\int \frac{\sin^2 x}{\cos^3 x}dx$； (60) $\int \frac{\sqrt{1+\cos x}}{\sin x}dx$； (61) $\int \frac{x^3}{(1+x^8)^2}dx$； (62) $\int \frac{x^{11}}{x^8+3x^4+2}dx$；

(63) $\int \frac{dx}{16-x^4}$； (64) $\int \frac{\sin x}{1+\sin x}dx$； (65) $\int \frac{\sqrt[3]{x}}{x(\sqrt{x}+\sqrt[3]{x})}dx$； (66) $\int \frac{dx}{(1+e^x)^2}$；

(67) $\int \frac{e^{3x}+e^x}{e^{4x}-e^{2x}+1}dx$； (68) $\int \frac{1}{2x+5}dx$； (69) $\int (3x-1)^{100}dx$； (70) $\int \frac{dx}{(2x+11)^{5/2}}$；

(71) $\int \frac{dx}{2+3x^2}$； (72) $\int \frac{dx}{\sqrt{2-5x^2}}$； (73) $\int \frac{dx}{\sqrt{x(1-x)}}$； (74) $\int \frac{e^x}{2+e^x}dx$；

(75) $\int \frac{dx}{\operatorname{ch}x}$； (76) $\int \frac{dx}{\operatorname{sh}x}$； (77) $\int \frac{\ln^2 x}{x}dx$； (78) $\int \frac{dx}{1+\cos x}$； (79) $\int \frac{dx}{1-\sin x}$；

(80) $\int \frac{x^2dx}{(8x^3+27)^{3/2}}$； (81) $\int \frac{1+x}{1-x}dx$； (82) $\int \frac{dx}{(x-1)(x-3)}$； (83) $\int \frac{dx}{x^2+x-2}$；

(84) $\int \frac{dx}{2+e^{2x}}$； (85) $\int \frac{\tan\sqrt{x}}{\sqrt{x}}dx$； (86) $\int \frac{x^{14}}{(x^5+1)^4}dx$； (87) $\int \frac{x^{2n-1}}{x^n-1}dx$；

(88) $\int \frac{dx}{x(x^n+a)}(a\neq 0)$； (89) $\int \frac{\ln(x+1)-\ln x}{x(x+1)}dx$； (90) $\int \frac{1}{x^2-a^2}dx$；

(91) $\int \frac{xdx}{\sqrt{a^2-x^2}}$； (92) $\int \frac{\ln x}{x\sqrt{1+\ln x}}dx$； (93) $\int \frac{dx}{x^4\sqrt{x^2+a^2}}$； (94) $\int \frac{dx}{x^2\sqrt{a^2-x^2}}$；

(95) $\int \frac{\sqrt{a^2-x^2}}{x}dx$； (96) $\int \frac{\sqrt{x^2+a^2}}{x}dx$； (97) $\int \frac{dx}{x\sqrt{x^2+a^2}}$； (98) $\int \frac{dx}{x\sqrt{x^2-a^2}}$；

(99) $\int \frac{x^2}{\sqrt{a^2-x^2}}dx$； (100) $\int \frac{x^2dx}{\sqrt{1+x^6}}$； (101) $\int \frac{dx}{\sqrt{1+e^{2x}}}$； (102) $\int \frac{e^{2x}}{\sqrt[4]{e^x+1}}dx$；

(103) $\int \frac{dx}{\sqrt{5+x-x^2}}$； (104) $\int \sqrt{2+x-x^2}dx$； (105) $\int \frac{xdx}{\sqrt{4x-x^2}}$；

(106) $\int \frac{dx}{\sqrt{x^2-2x+10}}$； (107) $\int \frac{x+1}{\sqrt{x^2+x+1}}dx$.

2. 计算下列定积分：

(1) $\int_{\frac{\pi}{3}}^{\pi}\sin\left(x+\frac{\pi}{3}\right)\mathrm{d}x$；　(2) $\int_{-2}^{1}\frac{\mathrm{d}x}{(11+5x)^3}$；　(3) $\int_0^{\frac{\pi}{2}}\sin\varphi\cos^3\varphi\mathrm{d}\varphi$；

(4) $\int_0^{\pi}(1-\sin^3\theta)\mathrm{d}\theta$；　(5) $\int_{\frac{\pi}{6}}^{\frac{\pi}{2}}\cos^2 u\mathrm{d}u$；　(6) $\int_0^{\sqrt{2}}\sqrt{2-x^2}\mathrm{d}x$；

(7) $\int_{-\sqrt{2}}^{\sqrt{2}}\sqrt{8-2y^2}\mathrm{d}y$；　(8) $\int_{\frac{1}{\sqrt{2}}}^{1}\frac{\sqrt{1-x^2}}{x^2}\mathrm{d}x$；　(9) $\int_0^a x^2\sqrt{a^2-x^2}\mathrm{d}x(a>0)$；

(10) $\int_1^{\sqrt{3}}\frac{\mathrm{d}x}{x^2\sqrt{1+x^2}}$；　(11) $\int_{-1}^{1}\frac{x\mathrm{d}x}{\sqrt{5-4x}}$；　(12) $\int_1^4\frac{\mathrm{d}x}{1+\sqrt{x}}$；

(13) $\int_{\frac{3}{4}}^{1}\frac{\mathrm{d}x}{\sqrt{1-x}-1}$；　(14) $\int_0^{\sqrt{2}a}\frac{x\mathrm{d}x}{\sqrt{3a^2-x^2}}(a>0)$；　(15) $\int_0^1 te^{-\frac{t^2}{2}}\mathrm{d}t$；

(16) $\int_1^{\mathrm{e}^2}\frac{\mathrm{d}x}{x\sqrt{1+\ln x}}$；　(17) $\int_{-2}^{0}\frac{(x+2)\mathrm{d}x}{x^2+2x+2}$；　(18) $\int_0^2\frac{x\mathrm{d}x}{(x^2-2x+2)^2}$；

(19) $\int_{-\pi}^{\pi}x^4\sin x\mathrm{d}x$；　(20) $\int_{-\frac{\pi}{2}}^{\frac{\pi}{2}}4\cos^4\theta\mathrm{d}\theta$；　(21) $\int_{-\frac{1}{2}}^{\frac{1}{2}}\frac{(\arcsin x)^2}{\sqrt{1-x^2}}\mathrm{d}x$；

(22) $\int_{-5}^{5}\frac{x^3\sin^2 x}{x^4+2x^2+1}\mathrm{d}x$；　(23) $\int_{-\frac{\pi}{2}}^{\frac{\pi}{2}}\cos x\cos 2x\mathrm{d}x$；　(24) $\int_{-\frac{\pi}{2}}^{\frac{\pi}{2}}\sqrt{\cos x-\cos^3 x}\mathrm{d}x$；

(25) $\int_0^{\pi}\sqrt{1+\cos 2x}\mathrm{d}x$；　(26) $\int_0^{2\pi}|\sin(x+1)|\mathrm{d}x$；　(27) $\int_0^{\frac{\pi}{4}}\ln(1+\tan x)\mathrm{d}x$；

(28) $\int_0^a\frac{\mathrm{d}x}{x+\sqrt{a^2-x^2}}(a>0)$；　(29) $\int_0^{\frac{\pi}{2}}\sqrt{1-\sin 2x}\mathrm{d}x$；　(30) $\int_0^{\frac{\pi}{2}}\frac{\mathrm{d}x}{1+\cos^2 x}$；

(31) $\int_0^{\pi}x\sqrt{\cos^2 x-\cos^4 x}\mathrm{d}x$；　(32) $\int_0^x\max\{t^3,t^2,1\}\mathrm{d}t$；　(33) $\int_0^1 x(2-x^2)^{12}\mathrm{d}x$；

(34) $\int_{-1}^{1}\frac{x\mathrm{d}x}{x^2+x+1}$；　(35) $\int_0^{\pi/2}\sin x\sin 2x\sin 3x\mathrm{d}x$；　(36) $\int_1^2|1-x|\mathrm{d}x$；

(37) $\int_0^2 f(x)\mathrm{d}x$,其中 $f(x)=\begin{cases}x^2, & 0\leqslant x\leqslant 1,\\ 2-x, & 1<x\leqslant 2;\end{cases}$

(38) $\int_0^2 x|x-a|\mathrm{d}x(0<a<2)$；　(39) $\int_{-2}^{2}|x^2-1|\mathrm{d}x$；

(40) $\int_{-5}^{5}\frac{x^3\sin^2 x}{x^4+x^2+1}\mathrm{d}x$；　(41) $\int_0^a\frac{x^2\mathrm{d}x}{\sqrt{a^2-x^2}}$；　(42) $\int_0^1\frac{\mathrm{d}x}{(x+1)\sqrt{x^2+1}}$；

(43) $\int_0^1\sqrt{(1-x^2)^3}\mathrm{d}x$；　(44) $\int_0^{16}\frac{\mathrm{d}x}{\sqrt{x+9}-\sqrt{x}}$；　(45) $\int_0^{\pi/4}\tan^4 x\mathrm{d}x$.

3. 求 $\int_0^2 f(x-1)\mathrm{d}x$,其中

$$f(x)=\begin{cases}\dfrac{1}{1+x}, & x\geqslant 0,\\[2mm] \dfrac{1}{1+\mathrm{e}^x}, & x<0.\end{cases}$$

4. 设 $f(x)$在$[a,b]$上连续,证明

$$\int_a^b f(x)\mathrm{d}x=\int_a^b f(a+b-x)\mathrm{d}x.$$

5. 证明 $\int_0^{\pi}\sin^n x\mathrm{d}x = 2\int_0^{\pi/2}\sin^n x\mathrm{d}x, \int_0^{\pi}\cos^{2n}x\mathrm{d}x = 2\int_0^{\pi/2}\cos^{2n}x\mathrm{d}x$.

6. 证明 $\int_x^1 \frac{\mathrm{d}t}{1+t^2} = \int_1^{\frac{1}{x}} \frac{\mathrm{d}t}{1+t^2}(x>0)$.

7. 证明 $\int_0^1 x^m(1-x)^n\mathrm{d}x = \int_0^1 x^n(1-x)^m\mathrm{d}x(m,n\in N)$.

8. 设 $f(x)$是周期为 T 的连续函数,证明

$$\lim_{x\to+\infty}\frac{1}{x}\int_0^x f(t)\mathrm{d}t = \frac{1}{T}\int_0^T f(t)\mathrm{d}t.$$

9. 设 $f(x)$在$[A,B]$上连续,$A<a<b<B$. 求证

$$\lim_{h\to 0}\int_a^b \frac{f(x+h)-f(x)}{h}\mathrm{d}x = f(b)-f(a).$$

10. 设 $f(x)$在$[0,1]$上连续,$n\in\mathbf{Z}$,证明

$$\int_{\frac{n}{2}\pi}^{\frac{n+1}{2}\pi} f(|\sin x|)\mathrm{d}x = \int_{\frac{n}{2}\pi}^{\frac{n+1}{2}\pi} f(|\cos x|)\mathrm{d}x = \int_0^{\frac{\pi}{2}} f(\sin x)\mathrm{d}x.$$

11. 若 $f(t)$ 是连续的奇函数,证明 $\int_0^x f(t)\mathrm{d}t$ 是偶函数;若 $f(t)$ 是连续的偶函数,证明 $\int_0^x f(t)\mathrm{d}t$ 是奇函数.

4.5 分部积分法

4.4 节在复合函数求导法则的基础上,得到了换元积分法. 现在利用两个函数乘积的求导法则,来推得另一个求积分的基本方法——分部积分法.

设函数 $u=u(x)$及 $v=v(x)$具有连续导数,那么,两个函数乘积的导数公式为

$$(uv)' = u'v + uv',$$

移项,得

$$uv' = (uv)' - u'v.$$

对这个等式两边求不定积分,得

$$\int uv'\mathrm{d}x = uv - \int u'v\mathrm{d}x.$$

这个公式称为**分部积分公式**. 它也可以写成

$$\int u\mathrm{d}v = uv - \int v\mathrm{d}u.$$

例 4.51 求 $\int x\cos x\mathrm{d}x$.

解 $\int x\cos x\mathrm{d}x = \int x\mathrm{d}\sin x = x\sin x - \int \sin x\mathrm{d}x = x\sin x + \cos x + C.$

例 4.52 求 $\int x^2\mathrm{e}^x\mathrm{d}x$.

解

$$\begin{aligned}\int x^2 e^x dx &= \int x^2 de^x = x^2 e^x - 2\int x e^x dx \\ &= x^2 e^x - 2\int x de^x = x^2 e^x - 2x e^x + 2\int e^x dx \\ &= x^2 e^x - 2x e^x + 2e^x + C.\end{aligned}$$

例 4.53 求 $\int x\ln x dx$.

解

$$\begin{aligned}\int x\ln x dx &= \int \ln x d\frac{x^2}{2} = \frac{x^2}{2}\ln x - \int \frac{x^2}{2} d\ln x \\ &= \frac{x^2}{2}\ln x - \frac{1}{2}\int x dx = \frac{x^2}{2}\ln x - \frac{x^2}{4} + C.\end{aligned}$$

例 4.54 求 $\int \arccos x dx$.

解

$$\begin{aligned}\int \arccos x dx &= x\arccos x - \int x d\arccos x \\ &= x\arccos x + \int \frac{x}{\sqrt{1-x^2}} dx \\ &= x\arccos x - \sqrt{1-x^2} + C.\end{aligned}$$

例 4.55 求 $\int x\arctan x dx$.

解

$$\begin{aligned}\int x\arctan x dx &= \frac{1}{2}\int \arctan x d(x^2) \\ &= \frac{x^2}{2}\arctan x - \frac{1}{2}\int \frac{x^2}{1+x^2} dx \\ &= \frac{1}{2}(x^2+1)\arctan x - \frac{x}{2} + C.\end{aligned}$$

例 4.56 求 $\int e^x \sin x dx$.

解

$$\begin{aligned}\int e^x \sin x dx &= \int \sin x d(e^x) = e^x \sin x - \int e^x d\sin x \\ &= e^x \sin x - \int \cos x de^x = e^x \sin x - e^x \cos x - \int e^x \sin x dx,\end{aligned}$$

所以

$$\int e^x \sin x dx = \frac{e^x}{2}(\sin x - \cos x) + C.$$

例 4.57 求 $\int e^{\sqrt{x}} dx$.

解 令 $\sqrt{x}=t$,则 $x=t^2$,$dx=2tdt$. 于是

$$\int e^{\sqrt{x}}dx = 2\int te^t dt = 2\int tde^t = 2te^t - 2\int e^t dt = 2te^t - 2e^t + C.$$

用$\sqrt{x}=t$代回,得

$$\int e^{\sqrt{x}}dx = 2e^{\sqrt{x}}(\sqrt{x}-1)+C.$$

对于定积分,有类似的分部积分公式.

设 $u(x)$,$v(x)$在$[a,b]$上具有连续导数,则

$$\int_a^b u(x)dv(x) = u(x)v(x)\Big|_a^b - \int_a^b v(x)du(x).$$

例 4.58 计算 $I=\int_0^{\frac{1}{2}}\arcsin x dx$.

解

$$\begin{aligned} I &= x\arcsin x\Big|_0^{\frac{1}{2}} - \int_0^{\frac{1}{2}}\frac{x}{\sqrt{1-x^2}}dx \\ &= \frac{\pi}{12}+\frac{1}{2}\int_0^{\frac{1}{2}}(1-x^2)^{-\frac{1}{2}}d(1-x^2) \\ &= \frac{\pi}{12}+\sqrt{1-x^2}\Big|_0^{\frac{1}{2}} = \frac{\pi}{12}+\frac{\sqrt{3}}{2}-1. \end{aligned}$$

例 4.59 证明

$$\begin{aligned} I_n &= \int_0^{\frac{\pi}{2}}\sin^n x dx = \int_0^{\frac{\pi}{2}}\cos^n x dx \\ &= \begin{cases} \dfrac{n-1}{n}\cdot\dfrac{n-3}{n-2}\cdots\dfrac{3}{4}\cdot\dfrac{1}{2}\cdot\dfrac{\pi}{2}, & n\text{为正偶数}, \\ \dfrac{n-1}{n}\cdot\dfrac{n-3}{n-2}\cdots\dfrac{4}{5}\cdot\dfrac{2}{3}, & n\text{为正奇数}. \end{cases} \end{aligned}$$

证 令 $x=\frac{\pi}{2}-t$,则

$$\int_0^{\frac{\pi}{2}}\sin^n x dx = -\int_{\frac{\pi}{2}}^0\cos^n t dt = \int_0^{\frac{\pi}{2}}\cos^n x dx.$$

当 $n\geqslant 2$ 时,

$$\begin{aligned} I_n &= \int_0^{\frac{\pi}{2}}\sin^n x dx = -\int_0^{\frac{\pi}{2}}\sin^{n-1}x d\cos x \\ &= -\cos x\sin^{n-1}x\Big|_0^{\frac{\pi}{2}} + \int_0^{\frac{\pi}{2}}(n-1)\sin^{n-2}x\cos^2 x dx \\ &= (n-1)\int_0^{\frac{\pi}{2}}\sin^{n-2}x dx - (n-1)\int_0^{\frac{\pi}{2}}\sin^n x dx \end{aligned}$$

$$=(n-1)I_{n-2}-(n-1)I_n.$$

于是,得递推公式

$$I_n=\frac{n-1}{n}I_{n-2}.$$

当 n 为正偶数时,$I_n=\frac{n-1}{n}\cdot\frac{n-3}{n-2}\cdots\frac{3}{4}\cdot\frac{1}{2}I_0$;

当 n 为正奇数时,$I_n=\frac{n-1}{n}\cdot\frac{n-3}{n-2}\cdots\frac{3}{4}\cdot\frac{2}{3}I_1$.

又因为

$$I_1=\int_0^{\frac{\pi}{2}}\sin x\mathrm{d}x=1,$$

$$I_0=\int_0^{\frac{\pi}{2}}\mathrm{d}x=\frac{\pi}{2}.$$

故

$$I_n=\begin{cases}\frac{n-1}{n}\cdot\frac{n-3}{n-2}\cdots\frac{3}{4}\cdot\frac{1}{2}\cdot\frac{\pi}{2}, & n\text{ 为正偶数};\\ \frac{n-1}{n}\cdot\frac{n-3}{n-2}\cdots\frac{4}{5}\cdot\frac{2}{3}, & n\text{ 为正奇数}.\end{cases}$$

习　题　4.5

1. 求下列不定积分:

(1) $\int x\sin x\mathrm{d}x$; (2) $\int\ln x\mathrm{d}x$; (3) $\int\arcsin x\mathrm{d}x$; (4) $\int x\mathrm{e}^{-x}\mathrm{d}x$;

(5) $\int x^2\ln x\mathrm{d}x$; (6) $\int\mathrm{e}^{-x}\cos x\mathrm{d}x$; (7) $\int\mathrm{e}^{-2x}\sin\frac{x}{2}\mathrm{d}x$; (8) $\int x\cos\frac{x}{2}\mathrm{d}x$;

(9) $\int x^2\arctan x\mathrm{d}x$; (10) $\int x\tan^2x\mathrm{d}x$; (11) $\int x^2\cos x\mathrm{d}x$; (12) $\int t\mathrm{e}^{-2t}\mathrm{d}t$;

(13) $\int\ln^2x\mathrm{d}x$; (14) $\int x\sin x\cos x\mathrm{d}x$; (15) $\int x^2\cos^2\frac{x}{2}\mathrm{d}x$; (16) $\int x\ln(x-1)\mathrm{d}x$;

(17) $\int(x^2-1)\sin2x\mathrm{d}x$; (18) $\int\frac{\ln^3x}{x^2}\mathrm{d}x$; (19) $\int\mathrm{e}^{\sqrt[3]{x}}\mathrm{d}x$; (20) $\int\cos\ln x\mathrm{d}x$;

(21) $\int(\arcsin x)^2\mathrm{d}x$; (22) $\int\mathrm{e}^x\sin^2x\mathrm{d}x$; (23) $\int x\ln^2x\mathrm{d}x$; (24) $\int\mathrm{e}^{\sqrt{3x+9}}\mathrm{d}x$;

(25) $\int x\mathrm{ch}x\mathrm{d}x$; (26) $\int x^2\mathrm{e}^{-2x}\mathrm{d}x$; (27) $\int\ln(x+\sqrt{1+x^2})\mathrm{d}x$;

(28) $\int\frac{x\ln x}{(1+x^2)^2}\mathrm{d}x$; (29) $\int\sqrt{x}\arctan\sqrt{x}\mathrm{d}x$; (30) $\int\frac{\arcsin x}{(1-x^2)^{3/2}}\mathrm{d}x$;

(31) $\int\sin x\ln(\tan x)\mathrm{d}x$; (32) $\int x^3(\ln x)^2\mathrm{d}x$; (33) $\int\frac{\arctan\mathrm{e}^x}{\mathrm{e}^x}\mathrm{d}x$;

(34) $\int xe^x\sin^2 x\mathrm{d}x$； (35) $\int \frac{x\arctan x}{(1+x^2)^{3/2}}\mathrm{d}x$； (36) $\int \arcsin\sqrt{1-x^2}\mathrm{d}x$；

(37) $\int \frac{\ln\ln x}{x}\mathrm{d}x$； (38) $\int x\cos^2 x\mathrm{d}x$； (39) $\int \mathrm{e}^{ax}\cos bx\mathrm{d}x$； (40) $\int \sqrt{x}\sin\sqrt{x}\mathrm{d}x$；

(41) $\int \ln(1+x^2)\mathrm{d}x$； (42) $\int \arctan\sqrt{x}\mathrm{d}x$； (43) $\int \frac{x+\sin x}{1+\cos x}\mathrm{d}x$；

(44) $\int \mathrm{e}^{\sin x}\frac{x\cos^3 x-\sin x}{\cos^2 x}\mathrm{d}x$； (45) $\int \frac{x\mathrm{e}^x}{(\mathrm{e}^x+1)^2}\mathrm{d}x$； (46) $\int \ln^2(x+\sqrt{1+x^2})\mathrm{d}x$；

(47) $\int \frac{\ln x}{(1+x^2)^{\frac{3}{2}}}\mathrm{d}x$； (48) $\int \sqrt{1-x^2}\arcsin x\mathrm{d}x$； (49) $\int \frac{x^3\arccos x}{\sqrt{1-x^2}}\mathrm{d}x$；

(50) $\int \frac{\cot x}{1+\sin x}\mathrm{d}x$； (51) $\int \frac{\mathrm{d}x}{\sin^3 x\cos x}$； (52) $\int \frac{\mathrm{d}x}{(2+\cos x)\sin x}$.

2. 计算下列定积分：

(1) $\int_0^1 x\mathrm{e}^{-x}\mathrm{d}x$； (2) $\int_1^{\mathrm{e}} x\ln x\mathrm{d}x$； (3) $\int_0^{\frac{2\pi}{\omega}} t\sin\omega t\mathrm{d}t$； (4) $\int_{\frac{\pi}{4}}^{\frac{\pi}{3}} \frac{x}{\sin^2 x}\mathrm{d}x$；

(5) $\int_1^4 \frac{\ln x}{\sqrt{x}}\mathrm{d}x$； (6) $\int_0^1 x\arctan x\mathrm{d}x$； (7) $\int_0^{\frac{\pi}{2}} \mathrm{e}^{2x}\cos x\mathrm{d}x$； (8) $\int_1^2 x\log_2 x\mathrm{d}x$；

(9) $\int_0^{\pi} (x\sin x)^2\mathrm{d}x$； (10) $\int_1^{\mathrm{e}} \sin(\ln x)\mathrm{d}x$； (11) $\int_{\frac{1}{\mathrm{e}}}^{\mathrm{e}} |\ln x|\mathrm{d}x$；

(12) $\int_0^1 (1-x^2)^{\frac{m}{2}}\mathrm{d}x(m\in\mathbf{N}^+)$； (13) $J_m=\int_0^{\pi} x\sin^m x\mathrm{d}x(m\in\mathbf{N}^+)$；

(14) $\int_0^1 \arcsin x\mathrm{d}x$； (15) $\int_0^{\pi} \ln(x+\sqrt{x^2+a^2})\mathrm{d}x$；

(16) $\int_0^{1/2} (\arcsin x)^2\mathrm{d}x$； (17) $\int_0^{\pi} x\sin^{10} x\mathrm{d}x$； (18) $\int_0^1 x^{10}\sqrt{1-x^2}\mathrm{d}x$；

(19) $\int_0^1 (1-x^2)^4\sqrt{1-x^2}\mathrm{d}x$； (20) $\int_0^1 x(\arctan x)^2\mathrm{d}x$； (21) $\int_0^3 \arcsin\sqrt{\frac{x}{1+x}}\mathrm{d}x$；

(22) $\int_0^{\frac{\pi}{2}} \frac{x+\sin x}{1+\cos x}\mathrm{d}x$； (23) $\int_0^{\pi} x^2|\cos x|\mathrm{d}x$； (24) $\int_1^{\mathrm{e}} (x\ln x)^2\mathrm{d}x$； (25) $\int_0^1 \ln(1+\sqrt{x})\mathrm{d}x$.

4.6 有理函数的积分

4.6.1 有理函数的积分

两个多项式的商$\frac{P(x)}{Q(x)}$称为**有理函数**，又称为**有理分式**. 这里总假定分子多项式 $P(x)$与分母多项式 $Q(x)$之间是没有公因式的. 当分子多项式 $P(x)$的次数小于分母多项式 $Q(x)$的次数时，称此有理函数为**真分式**，否则称为**假分式**.

利用多项式的除法，总可以将一个假分式化成一个多项式与一个真分式之和的形式，如

$$\frac{2x^4+x^2+3}{x^2+1}=2x^2-1+\frac{4}{x^2+1}.$$

由于多项式的积分容易求，故重点讨论真分式的积分方法.

对于真分式$\dfrac{P_n(x)}{Q_m(x)}$，首先将$Q_m(x)$在实数范围内进行因式分解，分解的结果不外乎两种类型，一种是$(x-a)^k$，另外一种是$(x^2+px+q)^l$，其中k,l是正整数且$p^2-4q<0$；其次，根据因式分解的结果，将真分式拆成若干个分式之和.

具体的做法如下：

若$Q_m(x)$分解后含有因式$(x-a)^k$，则和式中对应地含有以下k个分式之和

$$\frac{A_1}{(x-a)}+\frac{A_2}{(x-a)^2}+\cdots+\frac{A_k}{(x-a)^k},$$

其中$A_1,\cdots,A_k$为待定常数.

若$Q_m(x)$分解后含有因式$(x^2+px+q)^l$，则和式中对应地含有l个分式之和

$$\frac{M_1x+N_1}{(x^2+px+q)}+\frac{M_2x+N_2}{(x^2+px+q)^2}+\cdots+\frac{M_lx+N_l}{(x^2+px+q)^l},$$

其中$M_i,N_i(i=1,2,\cdots,l)$为待定常数.

以上这些常数可通过待定系数法来确定. 上述步骤称为**把真分式化为部分分式之和**，所以，**有理函数的积分最终归结为部分分式的积分**.

例 4.60 求$\displaystyle\int\frac{x+1}{x^2-5x+6}\mathrm{d}x$.

解 被积函数的分母分解成$(x-3)(x-2)$，故可设

$$\frac{x+1}{x^2-5x+6}=\frac{A}{x-3}+\frac{B}{x-2},$$

其中A,B为待定系数. 上式两端去分母后，得

$$x+1=A(x-2)+B(x-3),$$

即

$$x+1=(A+B)x-2A-3B.$$

比较上式两端同次幂的系数，即有

$$\begin{cases}A+B=1,\\2A+3B=-1.\end{cases}$$

从而解得

$$A=4,\quad B=-3,$$

于是

$$\begin{aligned}\int\frac{x+1}{x^2-5x+6}\mathrm{d}x&=\int\left(\frac{4}{x-3}-\frac{3}{x-2}\right)\mathrm{d}x\\&=4\ln|x-3|-3\ln|x-2|+C.\end{aligned}$$

例 4.61 求$\displaystyle\int\frac{x+2}{(2x+1)(x^2+x+1)}\mathrm{d}x$.

解 设

$$\frac{x+2}{(2x+1)(x^2+x+1)}=\frac{A}{2x+1}+\frac{Bx+C}{x^2+x+1},$$

则

$$x+2=A(x^2+x+1)+(Bx+C)(2x+1),$$

即

$$x+2=(A+2B)x^2+(A+B+2C)x+A+C,$$

有

$$\begin{cases}A+2B=0,\\A+B+2C=1,\\A+C=2.\end{cases}$$

解得

$$\begin{cases}A=2,\\B=-1,\\C=0.\end{cases}$$

于是

$$\begin{aligned}\int\frac{x+2}{(2x+1)(x^2+x+1)}\mathrm{d}x&=\int\left(\frac{2}{2x+1}-\frac{x}{x^2+x+1}\right)\mathrm{d}x\\&=\ln|2x+1|-\frac{1}{2}\int\frac{(2x+1)-1}{x^2+x+1}\mathrm{d}x\\&=\ln|2x+1|-\frac{1}{2}\int\frac{\mathrm{d}(x^2+x+1)}{x^2+x+1}+\frac{1}{2}\int\frac{\mathrm{d}x}{\left(x+\frac{1}{2}\right)^2+\frac{3}{4}}\\&=\ln|2x+1|-\frac{1}{2}\ln(x^2+x+1)+\frac{1}{\sqrt{3}}\arctan\frac{2x+1}{\sqrt{3}}+C.\end{aligned}$$

例 4.62 求 $\int\frac{x-3}{(x-1)^2(x+1)}\mathrm{d}x.$

解 设

$$\frac{x-3}{(x-1)^2(x+1)}=\frac{A}{(x-1)}+\frac{B}{(x-1)^2}+\frac{C}{(x+1)},$$

则

$$x-3=A(x^2-1)+B(x+1)+C(x-1)^2,$$

即

$$x-3=(A+C)x^2+(B-2C)x+(-A+B+C),$$

有

$$\begin{cases}A+C=0,\\B-2C=1,\\-A+B+C=-3.\end{cases}$$

解得

$$\begin{cases} A = 1, \\ B = -1, \\ C = -1. \end{cases}$$

于是

$$\int \frac{x-3}{(x-1)^2(x+1)}dx = \int \left(\frac{1}{x-1} + \frac{-1}{(x-1)^2} + \frac{-1}{x+1}\right)dx$$

$$= \ln|x-1| + \frac{1}{x-1} - \ln|x+1| + C.$$

4.6.2　可化为有理函数的积分举例

例 4.63　求$\int \frac{1+\sin x}{\sin x(1+\cos x)}dx$.

解　由三角函数知道，$\sin x$ 与 $\cos x$ 都可以用 $\tan\frac{x}{2}$的有理式表示，即

$$\sin x = 2\sin\frac{x}{2}\cos\frac{x}{2} = \frac{2\tan\frac{x}{2}}{\sec^2\frac{x}{2}} = \frac{2\tan\frac{x}{2}}{1+\tan^2\frac{x}{2}},$$

$$\cos x = \cos^2\frac{x}{2} - \sin^2\frac{x}{2} = \frac{1-\tan^2\frac{x}{2}}{\sec^2\frac{x}{2}} = \frac{1-\tan^2\frac{x}{2}}{1+\tan^2\frac{x}{2}}.$$

如果作变换 $u=\tan\frac{x}{2}(-\pi<x<\pi)$，则有

$$\sin x = \frac{2u}{1+u^2}, \quad \cos x = \frac{1-u^2}{1+u^2},$$

而 $x=2\arctan u$，从而

$$dx = \frac{2}{1+u^2}du.$$

于是

$$\int \frac{1+\sin x}{\sin x(1+\cos x)}dx = \int \frac{\left(1+\frac{2u}{1+u^2}\right)\frac{2du}{1+u^2}}{\frac{2u}{1+u^2}\left(1+\frac{1-u^2}{1+u^2}\right)}$$

$$= \frac{1}{2}\int\left(u+2+\frac{1}{u}\right)du = \frac{1}{2}\left(\frac{u^2}{2}+2u+\ln|u|\right)+C$$

$$= \frac{1}{4}\tan^2\frac{x}{2} + \tan\frac{x}{2} + \frac{1}{2}\ln\left|\tan\frac{x}{2}\right| + C.$$

例 4.64　求$\int \frac{\sqrt{x-1}}{x}dx$.

解 设$\sqrt{x-1}=u$,于是$x=u^2+1$,$\mathrm{d}x=2u\mathrm{d}u$,从而所求积分为

$$\begin{aligned}\int\frac{\sqrt{x-1}}{x}\mathrm{d}x&=\int\frac{u}{u^2+1}\cdot 2u\mathrm{d}u=2\int\frac{u^2}{u^2+1}\mathrm{d}u\\&=2\int\left(1-\frac{1}{1+u^2}\right)\mathrm{d}u=2(u-\arctan u)+C\\&=2(\sqrt{x-1}-\arctan\sqrt{x-1})+C.\end{aligned}$$

例 4.65 求$\int\frac{\mathrm{d}x}{1+\sqrt[3]{x+2}}$.

解 设$\sqrt[3]{x+2}=u$,于是$x=u^3-2$,$\mathrm{d}x=3u^2\mathrm{d}u$,从而所求积分为

$$\begin{aligned}\int\frac{\mathrm{d}x}{1+\sqrt[3]{x+2}}&=\int\frac{3u^2}{1+u}\mathrm{d}u\\&=3\int\left(u-1+\frac{1}{1+u}\right)\mathrm{d}u\\&=3\left(\frac{u^2}{2}-u+\ln|1+u|\right)+C\\&=\frac{3}{2}\sqrt[3]{(x+2)^2}-3\sqrt[3]{x+2}+3\ln\left|1+\sqrt[3]{x+2}\right|+C.\end{aligned}$$

例 4.66 求$\int\frac{\mathrm{d}x}{(1+\sqrt[3]{x})\sqrt{x}}$.

解 设$x=t^6$,于是$\mathrm{d}x=6t^5\mathrm{d}t$,从而所求积分为

$$\begin{aligned}\int\frac{\mathrm{d}x}{(1+\sqrt[3]{x})\sqrt{x}}&=\int\frac{6t^5}{(1+t^2)t^3}\mathrm{d}t=6\int\frac{t^2}{1+t^2}\mathrm{d}t\\&=6\int\left(1-\frac{1}{1+t^2}\right)\mathrm{d}t=6(t-\arctan t)+C\\&=6(\sqrt[6]{x}-\arctan\sqrt[6]{x})+C.\end{aligned}$$

例 4.67 求$\int\frac{1}{x}\sqrt{\frac{1+x}{x}}\mathrm{d}x$.

解 设$\sqrt{\frac{1+x}{x}}=t$,于是$\frac{1+x}{x}=t^2$,$x=\frac{1}{t^2-1}$,$\mathrm{d}x=-\frac{2t\mathrm{d}t}{(t^2-1)^2}$,从而所求积分为

$$\begin{aligned}\int\frac{1}{x}\sqrt{\frac{1+x}{x}}\mathrm{d}x&=\int(t^2-1)t\cdot\frac{-2t}{(t^2-1)^2}\mathrm{d}t=-2\int\frac{t^2}{t^2-1}\mathrm{d}t\\&=-2\int\left(1+\frac{1}{t^2-1}\right)\mathrm{d}t=-2t-\ln\left|\frac{t-1}{t+1}\right|+C\\&=-2t+2\ln(t+1)-\ln|t^2-1|+C\\&=-2\sqrt{\frac{1+x}{x}}+2\ln\left(\sqrt{\frac{1+x}{x}}+1\right)+\ln|x|+C.\end{aligned}$$

习　题　4.6

求下列不定积分：

(1) $\int \frac{x^3}{x+3}\mathrm{d}x$； (2) $\int \frac{2x+3}{x^2+3x-10}\mathrm{d}x$； (3) $\int \frac{x+1}{x^2-2x+5}\mathrm{d}x$； (4) $\int \frac{\mathrm{d}x}{x(x^2+1)}$；

(5) $\int \frac{3}{x^3+1}\mathrm{d}x$； (6) $\int \frac{x^2+1}{(x+1)^2(x-1)}\mathrm{d}x$； (7) $\int \frac{x\mathrm{d}x}{(x+1)(x+2)(x+3)}$；

(8) $\int \frac{x^5+x^4-8}{x^3-x}\mathrm{d}x$； (9) $\int \frac{\mathrm{d}x}{(x^2+1)(x^2+x)}$； (10) $\int \frac{1}{x^4-1}\mathrm{d}x$；

(11) $\int \frac{\mathrm{d}x}{(x^2+1)(x^2+x+1)}$； (12) $\int \frac{(x+1)^2}{(x^2+1)^2}\mathrm{d}x$； (13) $\int \frac{-x^2-2}{(x^2+x+1)^2}\mathrm{d}x$；

(14) $\int \frac{\mathrm{d}x}{3+\sin^2 x}$； (15) $\int \frac{\mathrm{d}x}{3+\cos x}$； (16) $\int \frac{\mathrm{d}x}{2+\sin x}$； (17) $\int \frac{\mathrm{d}x}{1+\sin x+\cos x}$；

(18) $\int \frac{\mathrm{d}x}{2\sin x-\cos x+5}$； (19) $\int \frac{\mathrm{d}x}{1+\sqrt[3]{x+1}}$； (20) $\int \frac{(\sqrt{x})^3-1}{\sqrt{x}+1}\mathrm{d}x$；

(21) $\int \frac{\sqrt{x+1}-1}{\sqrt{x+1}+1}\mathrm{d}x$； (22) $\int \frac{\mathrm{d}x}{\sqrt{x}+\sqrt[4]{x}}$； (23) $\int \sqrt{\frac{1-x}{1+x}}\frac{\mathrm{d}x}{x}$；

(24) $\int \frac{\mathrm{d}x}{\sqrt[3]{(x+1)^2(x-1)^4}}$； (25) $\int \frac{\mathrm{d}x}{(x^2-4x+4)(x^2-4x+5)}$； (26) $\int \frac{x^2+5x+4}{x^4+5x^2+4}\mathrm{d}x$；

(27) $\int \frac{x^5}{x+1}\mathrm{d}x$； (28) $\int \frac{\mathrm{d}x}{2-3x^2}$； (29) $\int \frac{\mathrm{d}x}{(x^2-2)(x^2+3)}$； (30) $\int \frac{x^3\mathrm{d}x}{x^4-x^2+2}$；

(31) $\int \frac{\mathrm{d}x}{(x+2)(x^2+2x+2)}$； (32) $\int \frac{x\mathrm{d}x}{(x+a)(x^2+b^2)}$； (33) $\int \frac{x^5+1}{x^6+x^4}\mathrm{d}x$；

(34) $\int \frac{x^{3n-1}}{(x^{2n}+1)^2}\mathrm{d}x$； (35) $\int \frac{x^2+1}{(x+1)^2(x-1)}\mathrm{d}x$； (36) $\int \frac{x^3+1}{x^3-5x^2+6x}\mathrm{d}x$；

(37) $\int \frac{x}{x^3-1}\mathrm{d}x$； (38) $\int \frac{\mathrm{d}x}{x^3+1}$； (39) $\int \frac{\mathrm{d}x}{(x+1)(x+2)^2(x+3)}$；

(40) $\int \frac{x\mathrm{d}x}{(x^2+1)(x+2)}$； (41) $\int \cos\frac{x}{2}\cos\frac{x}{3}\mathrm{d}x$； (42) $\int \sin\left(2x-\frac{\pi}{6}\right)\cos\left(3x+\frac{\pi}{4}\right)\mathrm{d}x$；

(43) $\int \cos x\cos 2x\cos 3x\mathrm{d}x$； (44) $\int \cos^4 x\mathrm{d}x$； (45) $\int \cos^5 x\mathrm{d}x$； (46) $\int \sin^2 x\cos^5 x\mathrm{d}x$；

(47) $\int \sec^2 x\sin^3 x\mathrm{d}x$； (48) $\int \sin^2 x\cos^4 x\mathrm{d}x$； (49) $\int \frac{\mathrm{d}x}{\sin x+\cos x}$；

(50) $\int \frac{\cos x}{\sqrt{2+\cos 2x}}\mathrm{d}x$； (51) $\int \frac{\sin x\cos x}{\sin^4 x+\cos^4 x}\mathrm{d}x$； (52) $\int \sec^3 x\mathrm{d}x$；

(53) $\int \csc^3 x\mathrm{d}x$； (54) $\int \cos^3 x\sin 2x\mathrm{d}x$； (55) $\int \frac{\mathrm{d}x}{1+\varepsilon\cos x}(|\varepsilon|<1)$；

(56) $\int \frac{\sin x\cos x}{\sin x+\cos x}\mathrm{d}x$； (57) $\int \frac{\mathrm{d}x}{\cos^4 x}$； (58) $\int \frac{\cos 2x}{\sin^4 x+\cos^4 x}\mathrm{d}x$；

(59) $\int \mathrm{sh}x\,\mathrm{sh}2x\mathrm{d}x$； (60) $\int \mathrm{ch}x\,\mathrm{ch}3x\mathrm{d}x$； (61) $\int \sqrt{\frac{1+x}{1-x}}\mathrm{d}x$； (62) $\int \frac{1-\sqrt{x+1}}{1+\sqrt[3]{x+1}}\mathrm{d}x$；

(63) $\int \frac{\sqrt{x+1}-\sqrt{x-1}}{\sqrt{x+1}+\sqrt{x-1}}\mathrm{d}x$； (64) $\int \frac{\mathrm{d}x}{x(1+2\sqrt[6]{x})}$； (65) $\int \frac{\mathrm{d}x}{\sqrt[3]{(x+1)^2(x-1)^4}}$；

(66) $\int \frac{x\mathrm{d}x}{\sqrt{x^2-x+2}}$； (67) $\int \frac{x-\sqrt{x^2+3x+2}}{x+\sqrt{x^2+3x+2}}\mathrm{d}x$； (68) $\int x\sqrt{x^2-2x+2}\mathrm{d}x$；

(69) $\int \frac{\mathrm{d}x}{(x+1)\sqrt{x^2+1}}$； (70) $\int \frac{\mathrm{d}x}{1+2\sqrt{x-x^2}}$； (71) $\int \frac{x\mathrm{d}x}{(1+x^{1/3})^{1/2}}$.

4.7 反常积分

在一些实际问题中，常会遇到积分区间为无穷区间，或者被积函数为无界函数的积分，它们已经不属于一般的定积分了. 因此，本节对定积分作两种推广，从而形成反常积分的概念.

4.7.1 无穷限的反常积分

定义 4.4 设函数 $f(x)$在区间$[a,+\infty)$上连续，取 $t>a$，如果极限

$$\lim_{t\to+\infty}\int_a^t f(x)\mathrm{d}x$$

存在，则称此极限为**函数 $f(x)$ 在无穷区间$[a,+\infty)$上的反常积分**，记作 $\int_a^{+\infty} f(x)\mathrm{d}x$，即

$$\int_a^{+\infty} f(x)\mathrm{d}x=\lim_{t\to+\infty}\int_a^t f(x)\mathrm{d}x,$$

这时也称**反常积分** $\int_a^{+\infty} f(x)\mathrm{d}x$ **收敛**；如果上述极限不存在，则函数 $f(x)$ 在无穷区间 $[a,+\infty)$ 上的反常积分$\int_a^{+\infty} f(x)\mathrm{d}x$ 就没有意义，习惯上称为**反常积分**$\int_a^{+\infty} f(x)\mathrm{d}x$ **发散**，这时记号$\int_a^{+\infty} f(x)\mathrm{d}x$ 不再表示数值了.

类似地，设函数 $f(x)$在区间$(-\infty,b]$上连续，取 $t<b$，如果极限

$$\lim_{t\to-\infty}\int_t^b f(x)\mathrm{d}x$$

存在，则称此极限为**函数 $f(x)$ 在无穷区间$(-\infty,b]$上的反常积分**，记作 $\int_{-\infty}^b f(x)\mathrm{d}x$，即

$$\int_{-\infty}^b f(x)\mathrm{d}x=\lim_{t\to-\infty}\int_t^b f(x)\mathrm{d}x,$$

这时也称**反常积分** $\int_{-\infty}^b f(x)\mathrm{d}x$ **收敛**. 如果上述极限不存在，则称**反常积分**

$\int_{-\infty}^{b} f(x)\mathrm{d}x$ **发散.**

设函数 $f(x)$ 在区间 $(-\infty,+\infty)$ 上连续,如果反常积分

$$\int_{-\infty}^{0} f(x)\mathrm{d}x,\quad \int_{0}^{+\infty} f(x)\mathrm{d}x$$

都收敛,则称上述两反常积分之和为**函数 $f(x)$ 在无穷区间 $(-\infty,+\infty)$ 上的反常积分**,记作 $\int_{-\infty}^{+\infty} f(x)\mathrm{d}x$,即

$$\int_{-\infty}^{+\infty} f(x)\mathrm{d}x = \int_{-\infty}^{0} f(x)\mathrm{d}x + \int_{0}^{+\infty} f(x)\mathrm{d}x,$$

这时也称**反常积分** $\int_{-\infty}^{+\infty} f(x)\mathrm{d}x$ **收敛**. 否则就称**反常积分** $\int_{-\infty}^{+\infty} f(x)\mathrm{d}x$ **发散.**

上述反常积分统称为**无穷限的反常积分.**

由上述定义及牛顿-莱布尼茨公式,可得如下结果.

设 $F(x)$ 为 $f(x)$ 在 $[a,+\infty)$ 上的一个原函数,若 $\lim\limits_{x\to+\infty} F(x)$ 存在,则反常积分

$$\int_{a}^{+\infty} f(x)\mathrm{d}x = \lim_{x\to+\infty} F(x) - F(a);$$

若 $\lim\limits_{x\to+\infty} F(x)$ 不存在,则反常积分 $\int_{a}^{+\infty} f(x)\mathrm{d}x$ 发散.

如果记 $F(+\infty)=\lim\limits_{x\to+\infty} F(x)$,$[F(x)]_{a}^{+\infty}=F(+\infty)-F(a)$,则当 $F(+\infty)$ 存在时

$$\int_{a}^{+\infty} f(x)\mathrm{d}x = [F(x)]_{a}^{+\infty};$$

当 $F(+\infty)$ 不存在时,反常积分 $\int_{a}^{+\infty} f(x)\mathrm{d}x$ 发散.

类似地,若在 $(-\infty,b]$ 上 $F'(x)=f(x)$,则当 $F(-\infty)$ 存在时,

$$\int_{-\infty}^{b} f(x)\mathrm{d}x = [F(x)]_{-\infty}^{b};$$

当 $F(-\infty)$ 不存在时,反常积分 $\int_{-\infty}^{b} f(x)\mathrm{d}x$ 发散.

若在 $(-\infty,+\infty)$ 内 $F'(x)=f(x)$,则当 $F(-\infty)$ 与 $F(+\infty)$ 都存在时,

$$\int_{-\infty}^{+\infty} f(x)\mathrm{d}x = [F(x)]_{-\infty}^{+\infty};$$

当 $F(-\infty)$ 与 $F(+\infty)$ 有一个不存在时,反常积分 $\int_{-\infty}^{+\infty} f(x)\mathrm{d}x$ 发散.

例 4.68　计算反常积分 $\int_{-\infty}^{+\infty} \frac{1}{1+x^2}\mathrm{d}x$.

解　$\int_{-\infty}^{+\infty} \frac{1}{1+x^2}\mathrm{d}x = [\arctan x]_{-\infty}^{+\infty}$

$$= \lim_{x \to +\infty} \arctan x - \lim_{x \to -\infty} \arctan x$$

$$= \frac{\pi}{2} - \left(-\frac{\pi}{2}\right) = \pi.$$

这个反常积分的几何意义是位于曲线 $y=\frac{1}{1+x^2}$ 的下方，x 轴上方的图形面积(图 4.13)。

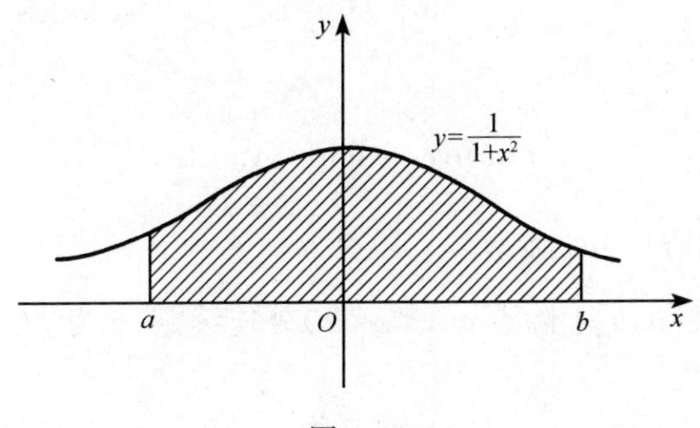

图 4.13

例 4.69 证明反常积分 $\int_a^{+\infty} \frac{\mathrm{d}x}{x^p}(a>0)$ 当 $p>1$ 时收敛，当 $p\leqslant 1$ 时发散.

证 当 $p=1$ 时，

$$\int_a^{+\infty} \frac{\mathrm{d}x}{x^p} = \int_a^{+\infty} \frac{\mathrm{d}x}{x} = [\ln x]_a^{+\infty} = +\infty.$$

当 $p\neq 1$ 时，

$$\int_a^{+\infty} \frac{\mathrm{d}x}{x^p} = \left[\frac{x^{1-p}}{1-p}\right]_a^{+\infty} = \begin{cases} +\infty, & p<1, \\ \dfrac{a^{1-p}}{p-1}, & p>1. \end{cases}$$

因此，当 $p>1$ 时，此反常积分收敛，其值为 $\frac{a^{1-p}}{p-1}$；当 $p\leqslant 1$ 时，此反常积分发散.

4.7.2 无界函数的反常积分

下面把定积分推广到被积函数为无界函数的情形.

如果函数 $f(x)$ 在点 a 的任一邻域内都无界，那么点 a 称为**函数 $f(x)$ 的瑕点**. 无界函数的反常积分又称为**瑕积分**.

定义 4.5 设函数 $f(x)$ 在 $(a,b]$ 上连续，点 a 为 $f(x)$ 的瑕点. 取 $t>a$，如果极限

$$\lim_{t \to a^+} \int_t^b f(x)\mathrm{d}x$$

存在，则称此极限为**函数 $f(x)$ 在 $(a,b]$ 上的反常积分**，仍然记作 $\int_a^b f(x)\mathrm{d}x$，即

$$\int_a^b f(x)\mathrm{d}x = \lim_{t\to a^+}\int_t^b f(x)\mathrm{d}x,$$

这时也称**反常积分** $\int_a^b f(x)\mathrm{d}x$ **收敛**. 如果上述极限不存在,则称**反常积分** $\int_a^b f(x)\mathrm{d}x$ **发散**.

类似地,设函数 $f(x)$在$[a,b)$上连续,点 b 为 $f(x)$的瑕点. 取 $t<b$,如果极限

$$\lim_{t\to b^-}\int_a^t f(x)\mathrm{d}x$$

存在,则定义

$$\int_a^b f(x)\mathrm{d}x = \lim_{t\to b^-}\int_a^t f(x)\mathrm{d}x,$$

否则,称反常积分 $\int_a^b f(x)\mathrm{d}x$ 发散.

设函数 $f(x)$在$[a,b]$上除点 $c(a<c<b)$外连续,点 c 为 $f(x)$的瑕点. 如果两个反常积分

$$\int_a^c f(x)\mathrm{d}x,\quad \int_c^b f(x)\mathrm{d}x$$

都收敛,则定义

$$\int_a^b f(x)\mathrm{d}x = \int_a^c f(x)\mathrm{d}x + \int_c^b f(x)\mathrm{d}x,$$

否则称反常积分 $\int_a^b f(x)\mathrm{d}x$ 发散.

计算无界函数的反常积分,也可借助于牛顿-莱布尼茨公式.

设 $x=a$ 为 $f(x)$的瑕点,在$(a,b]$上 $F'(x)=f(x)$,如果极限 $\lim\limits_{x\to a^+}F(x)$存在,则反常积分

$$\int_a^b f(x)\mathrm{d}x = F(b) - \lim_{x\to a^+}F(x) = F(b) - F(a^+);$$

如果 $\lim\limits_{x\to a^+}F(x)$不存在,则反常积分 $\int_a^b f(x)\mathrm{d}x$ 发散.

如果仍用记号$[F(x)]_a^b$ 来表示 $F(b)-F(a^+)$,则形式上仍有

$$\int_a^b f(x)\mathrm{d}x = [F(x)]_a^b.$$

对于 $f(x)$在$[a,b)$上连续,b 为瑕点的反常积分,也有类似的计算公式,这里不再详述.

例 4.70 计算反常积分

$$\int_0^a \frac{\mathrm{d}x}{\sqrt{a^2-x^2}}\quad (a>0).$$

解 因为

$$\lim_{x\to a^-}\frac{1}{\sqrt{a^2-x^2}}=+\infty,$$

所以点 a 是瑕点，于是

$$\int_0^a\frac{\mathrm{d}x}{\sqrt{a^2-x^2}}=\left[\arcsin\frac{x}{a}\right]_0^a=\lim_{x\to a^-}\arcsin\frac{x}{a}-0=\frac{\pi}{2}.$$

这个反常积分值的几何意义是位于曲线 $y=\frac{1}{\sqrt{a^2-x^2}}$之下，直线 $x=0$ 与 $x=a$ 之间的图形面积(图 4.14).

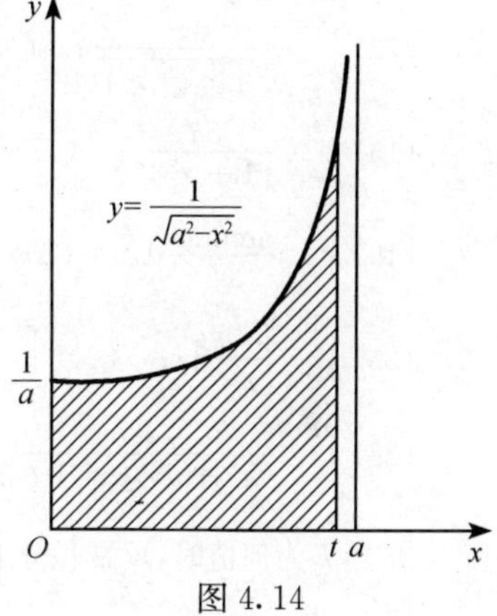

图 4.14

例 4.71 讨论反常积分 $\int_{-1}^1\frac{\mathrm{d}x}{x^2}$ 的收敛性.

解 被积函数 $f(x)=\frac{1}{x^2}$在积分区间$[-1,1]$上除 $x=0$ 外连续，且$\lim\limits_{x\to 0}\frac{1}{x^2}=\infty$.

由于

$$\int_{-1}^0\frac{\mathrm{d}x}{x^2}=\left[-\frac{1}{x}\right]_{-1}^0=\lim_{x\to 0^-}\left(-\frac{1}{x}\right)-1=+\infty,$$

即反常积分$\int_{-1}^0\frac{\mathrm{d}x}{x^2}$发散，所以反常积分$\int_{-1}^1\frac{\mathrm{d}x}{x^2}$发散.

例 4.72 证明反常积分$\int_a^b\frac{\mathrm{d}x}{(x-a)^q}$当 $0<q<1$ 时收敛，当 $q\geqslant 1$ 时发散.

证 当 $q=1$ 时

$$\int_a^b\frac{\mathrm{d}x}{(x-a)^q}=\int_a^b\frac{\mathrm{d}x}{x-a}=[\ln(x-a)]_a^b$$
$$=\ln(b-a)-\lim_{x\to a^+}\ln(x-a)=+\infty.$$

当 $q\neq 1$ 时

$$\int_a^b\frac{\mathrm{d}x}{(x-a)^q}=\left[\frac{(x-a)^{1-q}}{1-q}\right]_a^b=\begin{cases}\dfrac{(b-a)^{1-q}}{1-q}, & 0<q<1,\\ +\infty, & q>1.\end{cases}$$

因此，当 $0<q<1$ 时，此反常积分收敛，其值为$\frac{(b-a)^{1-q}}{1-q}$；当 $q\geqslant 1$ 时，此反常积分发散.

习 题 4.7

1. 判定下列各反常积分的收敛性，如果收敛，计算反常积分的值：

(1) $\int_1^{+\infty}\frac{\mathrm{d}x}{x^4}$； (2) $\int_1^{+\infty}\frac{\mathrm{d}x}{\sqrt{x}}$； (3) $\int_0^{+\infty}\mathrm{e}^{-ax}\mathrm{d}x(a>0)$； (4) $\int_0^{+\infty}\frac{\mathrm{d}x}{(1+x)(1+x^2)}$；

(5) $\int_0^{+\infty}\mathrm{e}^{-pt}\sin\omega t\mathrm{d}t(p>0,\omega>0)$； (6) $\int_{-\infty}^{+\infty}\frac{\mathrm{d}x}{x^2+2x+2}$； (7) $\int_0^1\frac{x\mathrm{d}x}{\sqrt{1-x^2}}$；

(8) $\int_0^2\frac{\mathrm{d}x}{(1-x)^2}$； (9) $\int_1^2\frac{x\mathrm{d}x}{\sqrt{x-1}}$； (10) $\int_1^{\mathrm{e}}\frac{\mathrm{d}x}{x\sqrt{1-(\ln x)^2}}$； (11) $\int_0^{+\infty}\frac{\mathrm{d}x}{\mathrm{e}^{x+1}+\mathrm{e}^{3-x}}$；

(12) $\int_{\frac{1}{2}}^{\frac{3}{2}}\frac{\mathrm{d}x}{\sqrt{|x^2-x|}}$； (13) $\int_0^{+\infty}\mathrm{e}^{-x}\cos x\mathrm{d}x$； (14) $\int_2^{+\infty}\frac{\mathrm{d}x}{x^2-x}$； (15) $\int_1^{+\infty}\frac{\mathrm{d}x}{x\sqrt{x-1}}$；

(16) $\int_{-\infty}^{+\infty}\frac{\mathrm{d}x}{(1+x^2)^n}$； (17) $\int_0^1 x\ln^n x\mathrm{d}x$； (18) $\int_a^b\frac{x\mathrm{d}x}{\sqrt{(x-a)(b-x)}}(a<b)$；

(19) $\int_1^{+\infty}\frac{\arctan x}{x^2}\mathrm{d}x$； (20) $\int_1^2\frac{\mathrm{d}x}{x\sqrt{x^2-1}}$； (21) $\int_0^1\frac{x\mathrm{d}x}{\sqrt{1-x^2}}$； (22) $\int_0^{+\infty}\frac{\mathrm{d}x}{1+x^3}$；

(23) $\int_1^{+\infty}\frac{\ln^2 x}{x^2}\mathrm{d}x$； (24) $\int_{-\infty}^0 x\mathrm{e}^{-x^2}\mathrm{d}x$； (25) $\int_0^{+\infty}\frac{\arctan x}{(1+x^2)^{3/2}}\mathrm{d}x$；

(26) $\int_0^{+\infty}\frac{\mathrm{d}x}{(x^2+a^2)(x^2+b^2)}(a\cdot b\neq 0)$； (27) $\int_0^1\frac{\mathrm{d}x}{(2-x)\sqrt{1-x}}$； (28) $\int_1^5\frac{x\mathrm{d}x}{\sqrt{5-x}}$.

2. 当 k 为何值时，反常积分 $\int_2^{+\infty}\frac{\mathrm{d}x}{x(\ln x)^k}$ 收敛？当 k 为何值时，此反常积分发散？

3. 利用递推公式计算反常积分 $I_n=\int_0^{+\infty}x^n\mathrm{e}^{-x}\mathrm{d}x(n\in\mathbf{N})$.

4. 计算下列反常积分：

(1) $\int_0^{\frac{\pi}{2}}\ln\sin x\mathrm{d}x$； (2) $\int_0^{+\infty}\frac{\mathrm{d}x}{(1+x^2)(1+x^\alpha)}(\alpha\geqslant 0)$；

(3) $\int_2^{+\infty}\frac{x\ln x}{(x^2-1)^2}\mathrm{d}x$； (4) $\int_0^{\frac{\pi}{2}}\ln\cos x\mathrm{d}x$； (5) $\int_1^{+\infty}\frac{\mathrm{d}x}{x\sqrt{1+x^5+x^{10}}}$.

5. 求由曲线 $y=x\mathrm{e}^{-2x^2}$ 和 x 轴的正方向所围成的面积.

6. 设位于坐标原点 O 处有一质量为 m 的质点，另有一单位质量的质点 P 位于 x 轴上距原点 O 为 x 处. 由万有引力定律知，此两质点间的引力为 $F=\frac{km}{x^2}$，其中 k 为常数. 试求质点 P 从 $x=r$ 移动到无穷远处，引力 F 所做的功.

第5章　微 分 方 程

微分方程几乎是和微积分同时产生的，它的发展始于17世纪末.当时，力学、天文学、物理学以及工程技术提出了大量的问题需要解决.在这些问题中，有许多是要寻求函数关系，以便人们对客观事物的运动、变化过程进行规律性的研究.因此如何寻求函数关系，在实践中具有重要意义.在许多问题中，往往不能直接找出所需要的函数关系，但是根据问题所提供的情况，有时可以列出含有要找的函数及其导数的关系式.这样的关系式就是**微分方程**.微分方程建立以后，对它进行研究，找出未知函数来，这就是**解微分方程**.

5.1　微分方程的基本概念

下面通过几个具体例子来引出微分方程的基本概念.

例 5.1　放射性元素的质量随着时间的延长而逐渐减少，称为衰变现象.由实验得知，在任一时刻 t，镭的衰变速率与该时刻镭的质量成正比.假定镭在初始时刻 t_0 的质量为 N_0，试求镭的衰变规律.

解　设镭在时刻 t 的质量为 $N=N(t)$，则根据实验结果得到

$$\frac{\mathrm{d}N(t)}{\mathrm{d}t}=-kN(t),\quad k>0. \tag{5.1}$$

根据初始时刻的已知条件有

$$N(t)\big|_{t=t_0}=N_0. \tag{5.2}$$

如果能设法解出未知函数 $N(t)$，便得到镭的衰变规律 $N=N(t)$.

例 5.2　一曲线通过点(1,2)，且在该曲线上任一点 $M(x,y)$处的切线的斜率为 $2x$，求这曲线的方程.

解　设所求曲线的方程为 $y=y(x)$.根据导数的几何意义，可知未知函数 $y=y(x)$应满足关系式

$$\frac{\mathrm{d}y}{\mathrm{d}x}=2x. \tag{5.3}$$

此外，未知函数 $y=y(x)$还应满足条件

$$x=1\text{ 时},\quad y=2. \tag{5.4}$$

式(5.3)两端积分，得

$$y=\int 2x\mathrm{d}x,$$

即

$$y = x^2 + C, \tag{5.5}$$

其中 C 为任意常数.

把条件"$x=1$ 时, $y=2$"代入式(5.5),得

$$2 = 1^2 + C,$$

由此定出 $C=1$. 把 $C=1$ 代入式(5.5),即得所求曲线方程

$$y = x^2 + 1. \tag{5.6}$$

例 5.3　设有一质量为 m 的物体,受重力作用垂直下落. 试求物体的运动规律.

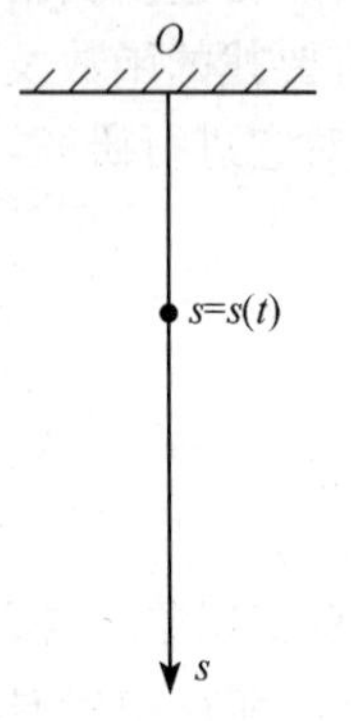

图 5.1

解　取坐标系如图 5.1 所示.

设 t 时刻落体的位移为 $s=s(t)$,则由牛顿第二定律得到

$$mg = m\frac{\mathrm{d}^2 s}{\mathrm{d}t^2},$$

即

$$\frac{\mathrm{d}^2 s}{\mathrm{d}t^2} = g, \tag{5.7}$$

其中 g 为重力加速度. 这个方程很容易求解:两端对 t 求不定积分,得

$$\frac{\mathrm{d}s}{\mathrm{d}t} = gt + C_1.$$

再对 t 求不定积分,得

$$s = \frac{1}{2}gt^2 + C_1 t + C_2, \tag{5.8}$$

其中 C_1, C_2 为两个任意常数. 因此还不能确定物体的运动规律. 为了确定它,还必须知道落体的初始状态,即初始位置和初始速度. 假定初始位置为 $s|_{t=0}=0$,初始速度为 $\left.\frac{\mathrm{d}s}{\mathrm{d}t}\right|_{t=0}=0$,则可确定 $C_1=0, C_2=0$,从而得到自由落体的运动规律

$$s = \frac{1}{2}gt^2. \tag{5.9}$$

例 5.1～例 5.3 中的关系式(5.1),(5.3)和(5.7)都含有未知函数的导数,它们都是**微分方程**. 一般地,凡表示未知函数、未知函数的导数与自变量之间的关系的方程,叫做**微分方程**. 未知函数是一元函数的,叫做**常微分方程**;未知函数是多元函数的,叫做**偏微分方程**. 微分方程有时也简称**方程**.

微分方程中所出现的未知函数的最高阶导数的阶数,叫做**微分方程的阶**. 例如,方程(5.1)和(5.3)是一阶微分方程;方程(5.7)是**二阶微分方程**,又如方程

$$x^3 y''' + x^2 y'' - 4xy' = 3x^2$$

是三阶微分方程;方程

$$y^{(4)} - 4y''' + 10y'' - 12y' + 5y = \sin 2x$$

是四阶微分方程.

一般地,n 阶微分方程的形式是

$$F(x,y,y',\cdots,y^{(n)})=0 \tag{5.10}$$

其中 F 为 $n+2$ 个变量的函数. 这里必须指出,在方程(5.10)中,$y^{(n)}$ 是必须出现的,而 $x,y,y',\cdots,y^{(n-1)}$ 等变量则可以不出现. 例如,n 阶微分方程

$$y^{(n)}+1=0$$

中,除 $y^{(n)}$ 外,其他变量都没有出现.

如果能从方程(5.10)中解出最高阶导数,则得微分方程

$$y^{(n)}=f(x,y,y',\cdots,y^{(n-1)}). \tag{5.11}$$

由前面的例子可以看到,在研究某些实际问题时,首先要建立微分方程,然后找出满足微分方程的函数(解微分方程). 就是说,找出这样的函数,把这函数代入微分方程能使方程成为恒等式. 这个函数就叫做该**微分方程的解**. 确切地说,设函数 $y=\varphi(x)$ 在区间 I 上有 n 阶连续导数,如果在区间 I 上,

$$F[x,\varphi(x),\varphi'(x),\cdots,\varphi^{(n)}(x)]\equiv 0,$$

那么函数 $y=\varphi(x)$ 就叫做**微分方程(5.10)在区间 I 上的解**.

例如,函数(5.5)和(5.6)都是微分方程(5.3)的解;函数(5.8)和(5.9)都是微分方程(5.7)的解.

如果微分方程的解中含有相互独立的任意常数,且任意常数的个数与微分方程的阶数相同,这样的解叫做**微分方程的通解**. 例如,函数(5.5)是方程(5.3)的解,它含有一个任意常数,而方程(5.3)是一阶的,所以函数(5.5)是方程(5.3)的通解;又如函数(5.8)是方程(5.7)的解,它含有两个独立的任意常数,而方程(5.7)是二阶的,所以函数(5.8)是方程(5.7)的通解.

由于通解中含有任意常数,所以它还不能完全确定地反映某一客观事物的规律性. 要完全确定地反映客观事物的规律性,必须确定这些常数的值. 为此,要根据问题的实际情况,提出确定这些常数的条件. 例如,例 5.1 中的条件(5.2),例 5.2 中的条件(5.4)便是这样的条件.

设微分方程中的未知函数为 $y=y(x)$,如果微分方程是一阶的,通常用来确定任意常数的条件是

$$当\ x=x_0\ 时, \quad y=y_0,$$

或写成

$$y\big|_{x=x_0}=y_0,$$

其中 x_0,y_0 都是给定的值;如果微分方程是二阶的,通常用来确定任意常数的条件是

$$当\ x=x_0\ 时, \quad y=y_0, \quad y'=y'_0,$$

或写成

$$y\big|_{x=x_0}=y_0,\quad y'\big|_{x=x_0}=y'_0,$$

其中 x_0,y_0 和 y'_0 都是给定的值. 上述这种条件叫做**初始条件**.

确定了通解中的任意常数以后,就得到微分方程的**特解**. 例如式(5.6)是方程(5.3)满足条件(5.4)的特解;式(5.9)是方程(5.7)满足条件 $s|_{t=0}=0$ 和 $\frac{ds}{dt}|_{t=0}=0$ 的特解.

求微分方程 $y'=f(x,y)$ 满足初始条件 $y|_{x=x_0}=y_0$ 的特解这样一个问题,叫做**一阶微分方程的初值问题**,记作

$$\begin{cases}y'=f(x,y),\\ y\big|_{x=x_0}=y_0.\end{cases}\tag{5.12}$$

微分方程的解的图形是一族曲线,叫做**微分方程的积分曲线**. 初值问题(5.12)的几何意义,就是求微分方程的通过点 (x_0,y_0) 的那条积分曲线. 二阶微分方程的初值问题

$$\begin{cases}y''=f(x,y,y')\\ y\big|_{x=x_0}=y_0,y'\big|_{x=x_0}=y'_0\end{cases}$$

的几何意义是:求微分方程的通过点 (x_0,y_0) 且在该点处的切线斜率为 y'_0 的那条积分曲线.

习 题 5.1

1. 指出下列各题中的函数是否为所给微分方程的解:

(1) $xy'=2y, y=5x^2$;

(2) $y''+y=0, y=3\sin x-4\cos x$;

(3) $y''-2y'+y=0, y=x^2e^x$;

(4) $y''-(\lambda_1+\lambda_2)y'+\lambda_1\lambda_2y=0, y=C_1e^{\lambda_1x}+C_2e^{\lambda_2x}$;

(5) $\frac{dy}{dx}-2y=0, y=\sin x, y=e^{2x}, y=Ce^{2x}$;

(6) $4y'=2y-x, y=\frac{1}{2}x+1, y=Ce^{x/2}, y=Ce^{x/2}+\frac{x}{2}+1$.

2. 在下列各题中,验证所给二元方程所确定的函数为所给微分方程的解:

(1) $(x-2y)y'=2x-y, x^2-xy+y^2=C$;

(2) $(xy-x)y''+xy'^2+yy'-2y'=0, y=\ln(xy)$.

3. 在下列各题中,确定函数关系式中所含的参数,使函数满足所给的初始条件:

(1) $x^2-y^2=C, y|_{x=0}=5$;

(2) $y=(C_1+C_2x)e^{2x}, y|_{x=0}=0, y'|_{x=0}=1$;

(3) $y=C_1\sin(x-C_2), y|_{x=\pi}=1, y'|_{x=\pi}=0$.

4. 求下列微分方程满足所给初始条件的解：

(1) $\begin{cases}\dfrac{\mathrm{d}y}{\mathrm{d}t}=\sin\omega t,\\ y|_{t=0}=0;\end{cases}$ (2) $\begin{cases}y'=\dfrac{1}{x},\\ y|_{x=\mathrm{e}}=0;\end{cases}$ (3) $\begin{cases}\dfrac{\mathrm{d}^2y}{\mathrm{d}x^2}=6x,\\ y|_{x=0}=0,\\ y'|_{x=0}=2.\end{cases}$

5. 写出由下列条件确定的曲线所满足的微分方程：

(1) 曲线在点(x,y)处的切线的斜率等于该点横坐标的平方；

(2) 曲线上点$P(x,y)$处的法线与x轴的交点为Q，且线段PQ被y轴平分.

6. 用微分方程表示一物理命题：某种气体的压强p对于温度T的变化率与压强成正比，与温度的平方成反比.

5.2 可分离变量的微分方程

下面讨论一阶微分方程

$$y'=f(x,y) \tag{5.13}$$

的一些解法.

一阶微分方程有时也写成对称形式

$$P(x,y)\mathrm{d}x+Q(x,y)\mathrm{d}y=0. \tag{5.14}$$

在方程(5.14)中，变量x与y对称，它既可看成是以x为自变量、y为未知函数的方程

$$\frac{\mathrm{d}y}{\mathrm{d}x}=-\frac{P(x,y)}{Q(x,y)}\quad(Q(x,y)\neq 0),$$

也可看成是以y为自变量、x为未知函数的方程

$$\frac{\mathrm{d}x}{\mathrm{d}y}=-\frac{Q(x,y)}{P(x,y)}$$

(这时$P(x,y)\neq 0$).

在例5.2中，遇到一阶微分方程

$$\frac{\mathrm{d}y}{\mathrm{d}x}=2x,$$

或

$$\mathrm{d}y=2x\mathrm{d}x.$$

把上式两端积分就得到这个方程的通解

$$y=x^2+C.$$

但是并不是所有的一阶微分方程都能这样求解. 例如，对于一阶微分方程

$$\frac{\mathrm{d}y}{\mathrm{d}x}=2xy^2 \tag{5.15}$$

就不能像上面那样用直接对两端积分的方法求出它的通解. 这是什么缘故呢？原

因是方程(5.15)的右端含有未知函数 y,积分

$$\int 2xy^2\mathrm{d}x$$

求不出来,这是困难所在.为了解决这个困难,在方程(5.15)的两端同时乘以$\frac{\mathrm{d}x}{y^2}$,使方程(5.15)变为

$$\frac{\mathrm{d}y}{y^2}=2x\mathrm{d}x,$$

这样,变量 x 与 y 已分离在等式的两端,然后两端积分得

$$-\frac{1}{y}=x^2+C,$$

或

$$y=-\frac{1}{x^2+C},\tag{5.16}$$

其中 C 是任意常数.

可以验证,函数(5.16)确实满足一阶微分方程(5.15),且含有一个任意常数,所以它是方程(5.15)的通解.

一般地,如果一个一阶微分方程能写成

$$g(y)\mathrm{d}y=f(x)\mathrm{d}x\tag{5.17}$$

的形式,就是说,能把微分方程写成一端只含 y 的函数和 $\mathrm{d}y$,另一端只含 x 的函数和 $\mathrm{d}x$,那么原方程就称为**可分离变量的微分方程**.

假定方程(5.17)中的函数 $g(y)$ 和 $f(x)$ 是连续的.设 $y=\varphi(x)$ 是方程(5.17)的解,将它代入(5.17)中得到恒等式

$$g[\varphi(x)]\varphi'(x)\mathrm{d}x=f(x)\mathrm{d}x.$$

将上式两端积分,并由 $y=\varphi(x)$ 引进变量 y,得

$$\int g(y)\mathrm{d}y=\int f(x)\mathrm{d}x.$$

设 $G(y)$ 及 $F(x)$ 依次为 $g(y)$ 及 $f(x)$ 的原函数,于是有

$$G(y)=F(x)+C.\tag{5.18}$$

因此,方程(5.17)的解满足关系式(5.18).反之,如果 $y=\varphi(x)$ 是由关系式(5.18)所确定的隐函数,那么在 $g(y)\neq 0$ 的条件下,$y=\varphi(x)$ 也是方程(5.17)的解,事实上,由隐函数的求导法可知,当 $g(y)\neq 0$ 时,

$$\varphi'(x)=\frac{F'(x)}{G'(y)}=\frac{f(x)}{g(y)},$$

这就表示函数 $y=\varphi(x)$ 满足方程(5.17).所以,如果已分离变量的方程(5.17)中,$g(y)$ 和 $f(x)$ 是连续的,且 $g(y)\neq 0$,那么式(5.17)两端积分后得到的关系式(5.18),就用隐式给出了方程(5.17)的解,式(5.18)就叫做**微分方程**(5.17)**的隐式**

解. 又由于关系式(5.18)中含有任意常数,因此式(5.18)所确定的隐函数是方程(5.17)的通解,所以式(5.18)叫做**微分方程**(5.17)**的隐式通解**(当 $f(x)\neq 0$ 时,式(5.18)所确定的隐函数 $x=\psi(y)$ 也可认为是方程(5.17)的解).

例 5.4 求微分方程

$$\frac{\mathrm{d}y}{\mathrm{d}x} = 2xy \tag{5.19}$$

的通解.

解 方程(5.19)是可分离变量的,分离变量后得

$$\frac{\mathrm{d}y}{y} = 2x\mathrm{d}x,$$

两端积分

$$\int \frac{\mathrm{d}y}{y} = \int 2x\mathrm{d}x,$$

得

$$\ln|y| = x^2 + C_1,$$

从而

$$y = \pm \mathrm{e}^{x^2+C_1} = \pm \mathrm{e}^{C_1}\mathrm{e}^{x^2}.$$

因 $\pm \mathrm{e}^{C_1}$ 仍是任意常数,把它记作 C,便得方程(5.19)的通解

$$y = C\mathrm{e}^{x^2}.$$

例 5.5 放射性元素铀由于不断地有原子放射出微粒子而变成其他元素,铀的含量就不断减少,这种现象叫做衰变. 由原子物理学知道,铀的衰变速度与当时未衰变的铀原子的含量 M 成正比. 已知 $t=0$ 时铀的含量为 M_0,求在衰变过程中铀含量 $M(t)$ 随时间 t 变化的规律.

解 铀的衰变速度就是 $M(t)$ 对时间 t 的导数 $\frac{\mathrm{d}M}{\mathrm{d}t}$. 由于铀的衰变速度与其含量成正比,故得微分方程

$$\frac{\mathrm{d}M}{\mathrm{d}t} = -\lambda M, \tag{5.20}$$

其中 $\lambda(\lambda>0)$ 是常数,叫做**衰变系数**,λ 前置负号是由于当 t 增加时 M 单调减少,即 $\frac{\mathrm{d}M}{\mathrm{d}t}<0$ 的缘故.

按题意,初始条件为

$$M|_{t=0} = M_0.$$

方程(5.20)是可分离变量的. 分离变量后得

$$\frac{\mathrm{d}M}{M} = -\lambda\mathrm{d}t.$$

两端积分

$$\int \frac{\mathrm{d}M}{M} = \int (-\lambda)\mathrm{d}t,$$

以 $\ln C$ 表示任意常数，考虑到 $M>0$，得

$$\ln M = -\lambda t + \ln C,$$

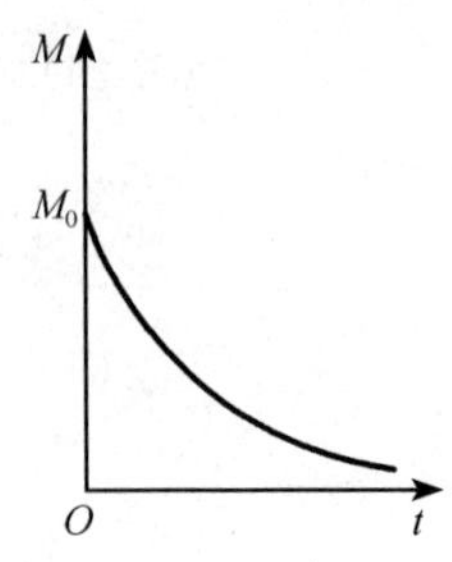

图 5.2

即

$$M = C\mathrm{e}^{-\lambda t}.$$

这就是方程(5.20)的通解. 以初始条件代入上式，得

$$M_0 = C\mathrm{e}^0 = C,$$

所以

$$M = M_0\mathrm{e}^{-\lambda t},$$

这就是所求铀的衰变规律. 由此可见，铀的含量随时间的增加而按指数规律衰减(图 5.2).

例 5.6　设某容器内有 100L 盐水，其中含盐 10kg. 现以 2L/min 的速度注入净水，并以同样速度使混合后的盐水流出(图 5.3). 容器内有搅拌器，可以认为混合后的盐水在同一时刻、在每一点都有相同的浓度. 试求容器内的含盐量. 又问：几分钟后，溶液中含盐的百分比为 3%?

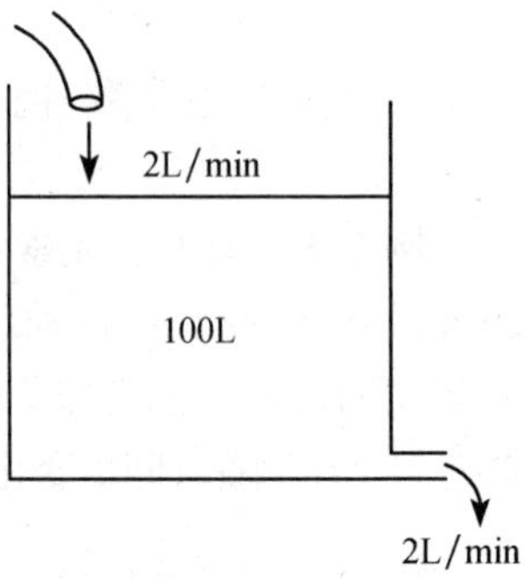

解　第一步　列出微分方程.

这里用微元法.

设 t 时刻溶液中的含盐量为 $Q(t)$，考虑任意时间区间 $[t,t+\mathrm{d}t]$. 在 $\mathrm{d}t$ 时间内，溶液中含盐量的改变量为

$$Q(t+\mathrm{d}t) - Q(t) \approx \mathrm{d}Q.$$

又显然有

$Q(t+\mathrm{d}t) = Q(t) +$ 流进的盐量 $Q_1 -$ 流出的盐量 Q_2，

即

$$\mathrm{d}Q \approx Q(t+\mathrm{d}t) - Q(t) = Q_1 - Q_2.$$

图 5.3

而

$$Q_1 = 0,$$

$$Q_2 = \text{浓度} \times \text{体积} = \frac{Q(t)}{100+(2t-2t)} \cdot 2\mathrm{d}t$$

$$= \frac{2Q(t)}{100}\mathrm{d}t = \frac{Q}{50}\mathrm{d}t.$$

因为 $|\mathrm{d}t|$ 很短，所以可以认为在 $\mathrm{d}t$ 时间内，溶液的浓度不变，就取为 t 时刻的浓度，于是得到微分方程

$$\mathrm{d}Q = -\frac{Q}{50}\mathrm{d}t.$$

这是可分离变量的方程.

第二步 求解初值问题.

$$\begin{cases} dQ = -\dfrac{Q}{50}dt, \\ Q|_{t=0} = 10. \end{cases}$$

分离变量,得

$$\frac{dQ}{Q} = -\frac{1}{50}dt.$$

两边积分,有

$$\ln Q = -\frac{t}{50} + C_1,$$

即

$$Q = C \cdot e^{-\frac{t}{50}} (C = e^{C_1}).$$

将初始条件 $Q(t)|_{t=0}=10$ 代入上式,得 $C=10$,于是得到

$$Q(t) = 10e^{-\frac{t}{50}},$$

由上式可解出

$$\begin{aligned} t &= 50(\ln 10 - \ln 3)\min = 50(2.3026 - 1.0986)\min \\ &= 60.2\min, \end{aligned}$$

即经过 1 小时又 12 秒后,含盐百分比为 3%.

例 5.7 有高为 1m 的半球形容器,水从它的底部小孔流出,小孔横截面积为 1cm^2(图 5.4). 开始时容器内盛满了水,求水从小孔流出过程中容器里水面的高度 h(水面与孔口中心间的距离)随时间 t 变化的规律.

解 由水力学知道,水从孔口流出的流量(即通过孔口横截面的水的体积 V 对时间 t 的变化率)Q 满足公式

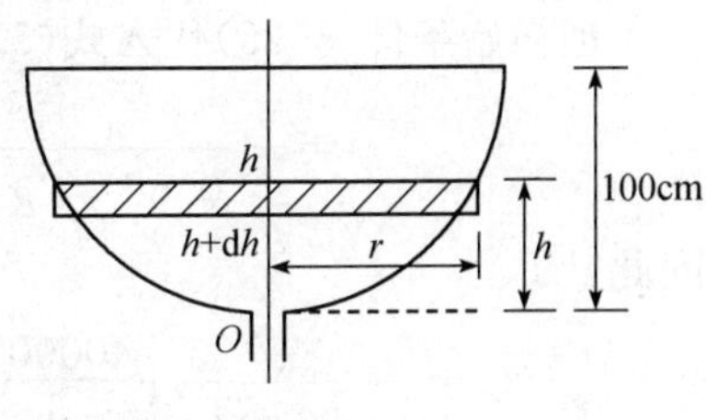

图 5.4

$$Q = \frac{dV}{dt} = 0.62S\sqrt{2gh},$$

其中 0.62 为流量系数;S 为孔口横截面面积;g 为重力加速度. 现在孔口横截面面积 $S=1\text{cm}^2$,故

$$\frac{dV}{dt} = 0.62\sqrt{2gh},$$

或

$$dV = 0.62\sqrt{2gh}\,dt. \tag{5.21}$$

另一方面,设在微小时间间隔$[t, t+dt]$内,水面高度由 h 降至 $h+dh(dh<0)$,则又可得到

$$\mathrm{d}V = -\pi r^2 \mathrm{d}h, \tag{5.22}$$

其中 r 为时刻 t 的水面半径(图 5.4),右端置负号是由于 $\mathrm{d}h<0$ 而 $\mathrm{d}V>0$ 的缘故.又因

$$r = \sqrt{100^2-(100-h)^2} = \sqrt{200h-h^2},$$

所以式(5.22)变成

$$\mathrm{d}V = -\pi(200h-h^2)\mathrm{d}h. \tag{5.23}$$

比较(5.21)和(5.23)两式,得

$$0.62\sqrt{2gh}\,\mathrm{d}t = -\pi(200h-h^2)\mathrm{d}h, \tag{5.24}$$

这就是未知函数 $h=h(t)$ 应满足的微分方程.

此外,开始时容器内的水是满的,所以未知函数 $h=h(t)$ 还应满足初始条件

$$h\big|_{t=0} = 100. \tag{5.25}$$

方程(5.24)是可分离变量的.分离变量后得

$$\mathrm{d}t = -\frac{\pi}{0.62\sqrt{2g}}(200h^{\frac{1}{2}}-h^{\frac{3}{2}})\mathrm{d}h.$$

两端积分,得

$$t = -\frac{\pi}{0.62\sqrt{2g}}\int(200h^{\frac{1}{2}}-h^{\frac{3}{2}})\mathrm{d}h,$$

即

$$t = -\frac{\pi}{0.62\sqrt{2g}}\left(\frac{400}{3}h^{\frac{3}{2}}-\frac{2}{5}h^{\frac{5}{2}}\right)+C, \tag{5.26}$$

其中 C 为任意常数.

把初始条件(5.25)代入式(5.26),得

$$0 = -\frac{\pi}{0.62\sqrt{2g}}\left(\frac{400}{3}\times 100^{\frac{3}{2}}-\frac{2}{5}\times 100^{\frac{5}{2}}\right)+C,$$

因此

$$C = \frac{\pi}{0.62\sqrt{2g}}\left(\frac{400000}{3}-\frac{200000}{5}\right) = \frac{\pi}{0.62\sqrt{2g}}\times\frac{14}{15}\times 10^5.$$

把所得的 C 值代入式(5.26)并化简,就得

$$t = \frac{\pi}{4.65\sqrt{2g}}(7\times 10^5-10^3h^{\frac{3}{2}}+3h^{\frac{5}{2}}).$$

上式表达了水从小孔流出的过程中容器内水面高度 h 与时间 t 之间的函数关系.

这里还要指出,例 5.7 是通过对微元 $\mathrm{d}V$ 的分析得到微分方程(5.24)的.这种微元分析的方法,也是建立微分方程的一种常用方法.

习 题 5.2

1. 求下列微分方程的通解：

(1) $xy'-y\ln y=0$； (2) $3x^2+5x-5y'=0$；

(3) $\sqrt{1-x^2}y'=\sqrt{1-y^2}$； (4) $y'-xy'=a(y^2+y')$；

(5) $\sec^2 x\tan y\mathrm{d}x+\sec^2 y\tan x\mathrm{d}y=0$； (6) $\dfrac{\mathrm{d}y}{\mathrm{d}x}=10^{x+y}$；

(7) $(\mathrm{e}^{x+y}-\mathrm{e}^x)\mathrm{d}x+(\mathrm{e}^{x+y}+\mathrm{e}^y)\mathrm{d}y=0$； (8) $\cos x\sin y\mathrm{d}x+\sin x\cos y\mathrm{d}y=0$；

(9) $(y+1)^2\dfrac{\mathrm{d}y}{\mathrm{d}x}+x^3=0$； (10) $y\mathrm{d}x+(x^2-4x)\mathrm{d}y=0$；

(11) $(t+2)\dfrac{\mathrm{d}x}{\mathrm{d}t}=3x+1$； (12) $y-xy'=a(y^2+y')$；

(13) $xy(y-xy')=x+yy'$； (14) $y^2\mathrm{d}x+y\mathrm{d}y=x^2y\mathrm{d}y-\mathrm{d}x$.

2. 求下列微分方程满足所给初始条件的特解：

(1) $y'=\mathrm{e}^{2x-y}, y|_{x=0}=0$； (2) $\cos x\sin y\mathrm{d}y=\cos y\sin x\mathrm{d}x, y|_{x=0}=\dfrac{\pi}{4}$；

(3) $y'\sin x=y\ln y, y|_{x=\frac{\pi}{2}}=\mathrm{e}$； (4) $\cos y\mathrm{d}x+(1+\mathrm{e}^{-x})\sin y\mathrm{d}y=0, y|_{x=0}=\dfrac{\pi}{4}$；

(5) $x\mathrm{d}y+2y\mathrm{d}x=0, y|_{x=2}=1$； (6) $(1+\mathrm{e}^x)yy'=\mathrm{e}^x, y|_{x=1}=1$；

(7) $\dfrac{x}{1+y}\mathrm{d}x-\dfrac{y}{1+x}\mathrm{d}y=0, y|_{x=0}=1$.

3. 有一盛满了水的圆锥形漏斗，高为 10cm，顶角为 60°，漏斗下面有面积为 $0.5\mathrm{cm}^2$ 的孔，求水面高度变化的规律及流完所需的时间.

4. 质量为 1g(克)的质点受外力作用作直线运动，这外力和时间成正比，和质点运动的速度成反比. 在 $t=10\mathrm{s}$ 时，速度等于 50cm/s，外力为 $4\mathrm{g}\cdot\mathrm{cm/s}^2$，问从运动开始经过了一分钟后的速度是多少？

5. 镭的衰变有如下的规律：镭的衰变速度与它的现存量 R 成正比. 由经验材料得知，镭经过 1600 年后，只余原始量 R_0 的一半. 试求镭的量 R 与时间 t 的函数关系.

6. 一曲线通过点(2,3)，它在两坐标轴间的任一切线线段均被切点所平分，求这曲线方程.

7. 小船从河边点 O 处出发驶向对岸(两岸为平行直线). 设船速为 a，船行方向始终与河岸垂直，又设河宽为 h，河中任一点处的水流速度与该点到两岸距离的乘积成正比(比例系数为 k). 求小船的航行路线.

8. 一个物体在冷却过程中，其温度变化速度与它本身的温度和环境的温度之差成正比. 今有一温度为 50℃的物体，放入温度为 20℃的房间里(房间的温度看作不变)，试求物体温度随时间变化的规律.

9. 根据托里拆利定理，液体从距自由面深度为 $h$cm 的孔流出，流速 $v=c\sqrt{2gh}$cm/s，式中 g 是重力加速度，c 是流出系数，现有一圆柱形储油罐，直径 20m，高 20m，装满汽油，出口管直径 10cm(图 5.5)，实验测定 $c=0.6$. 问全部汽油流完，需要多少时间？

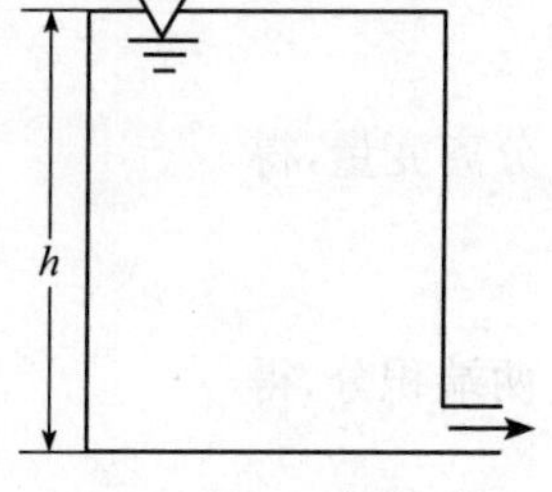

图 5.5

5.3 齐次方程

5.3.1 齐次方程

如果一阶微分方程

$$\frac{\mathrm{d}y}{\mathrm{d}x}=f(x,y)$$

中的函数 $f(x,y)$ 可写成 $\frac{y}{x}$ 的函数，即 $f(x,y)=\varphi\left(\frac{y}{x}\right)$，则称这方程为**齐次方程**，如

$$(xy-y^2)\mathrm{d}x-(x^2-2xy)\mathrm{d}y=0$$

是齐次方程，因为

$$f(x,y)=\frac{xy-y^2}{x^2-2xy}=\frac{\frac{y}{x}-\left(\frac{y}{x}\right)^2}{1-2\left(\frac{y}{x}\right)}.$$

在齐次方程

$$\frac{\mathrm{d}y}{\mathrm{d}x}=\varphi\left(\frac{y}{x}\right) \tag{5.27}$$

中，引进新的未知函数

$$u=\frac{y}{x}, \tag{5.28}$$

就可化为可分离变量的方程. 因为由(5.28)有

$$y=ux,\quad \frac{\mathrm{d}y}{\mathrm{d}x}=u+x\frac{\mathrm{d}u}{\mathrm{d}x},$$

代入方程(5.27)，便得方程

$$u+x\frac{\mathrm{d}u}{\mathrm{d}x}=\varphi(u),$$

即

$$x\frac{\mathrm{d}u}{\mathrm{d}x}=\varphi(u)-u,$$

分离变量，得

$$\frac{\mathrm{d}u}{\varphi(u)-u}=\frac{\mathrm{d}x}{x},$$

两端积分，得

$$\int\frac{\mathrm{d}u}{\varphi(u)-u}=\int\frac{\mathrm{d}x}{x}.$$

求出积分后，再以$\frac{y}{x}$代替u，便得所给齐次方程的通解.

例 5.8 解方程

$$\frac{dy}{dx}=\frac{y+\sqrt{x^2+y^2}}{x}, \quad x>0.$$

解 原方程可写成

$$\frac{dy}{dx}=\frac{y}{x}+\sqrt{1+\left(\frac{y}{x}\right)^2},$$

因此是齐次方程. 令$\frac{y}{x}=u$，则

$$y=ux, \quad \frac{dy}{dx}=u+x\frac{du}{dx},$$

于是原方程变为

$$x\frac{du}{dx}+u=u+\sqrt{1+u^2},$$

即

$$x\frac{du}{dx}=\sqrt{1+u^2},$$

分离变量，得

$$\frac{du}{\sqrt{1+u^2}}=\frac{dx}{x},$$

两端积分，得

$$\ln(u+\sqrt{1+u^2})=\ln x+C_1,$$

即

$$u+\sqrt{1+u^2}=Cx\,(C=e^{C_1}).$$

将$u=\frac{y}{x}$代入上式，得

$$\frac{y}{x}+\sqrt{1+\left(\frac{y}{x}\right)^2}=Cx,$$

于是得到原方程的通积分

$$y+\sqrt{x^2+y^2}=Cx^2.$$

例 5.9 有旋转曲面形状的凹镜，假设由旋转轴上一点O发出的一切光线经此凹镜反射后都与旋转轴平行(探照灯内的凹镜就是这样的)，求这旋转曲面的方程.

解 取旋转轴为x轴，光源所在之处取作原点O，取通过旋转轴的任一平面为

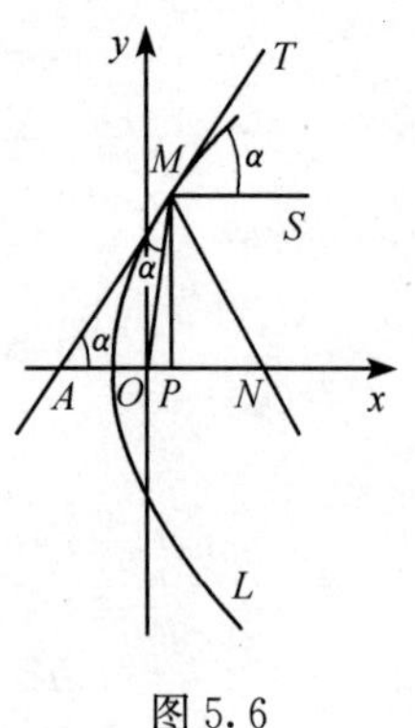

图 5.6

xOy 坐标面，这平面截此旋转面得曲线 L(图 5.6). 按曲线 L 的对称性，可以只在$y>0$的范围内求 L 的方程. 设点 $M(x,y)$ 为 L 上的任一点，点 O 发出的某条光线经点 M 反射后是一条与 x 轴平行的直线 MS. 又设过点 M 的切线 AT 与 x 轴的夹角为 α. 根据题意，$\angle SMT=\alpha$. 另外，$\angle OMA$ 是入射角的余角，于是由光学中的反射定律，有 $\angle OMA=\angle SMT=\alpha$，从而 $AO=OM$，但 $AO=AP-OP=PM\cot\alpha-OP=\frac{y}{y'}-x$，而 $OM=\sqrt{x^2+y^2}$. 于是得微分方程

$$\frac{y}{y'}-x=\sqrt{x^2+y^2}.$$

把 x 看作未知函数，把 y 看作自变量，当 $y>0$ 时，上式即为

$$\frac{\mathrm{d}x}{\mathrm{d}y}=\frac{x}{y}+\sqrt{\left(\frac{x}{y}\right)^2+1},$$

这是齐次方程. 令 $\frac{x}{y}=v$，则 $x=yv$，$\frac{\mathrm{d}x}{\mathrm{d}y}=v+y\frac{\mathrm{d}v}{\mathrm{d}y}$，代入上式，得

$$v+y\frac{\mathrm{d}v}{\mathrm{d}y}=v+\sqrt{v^2+1},$$

即

$$y\frac{\mathrm{d}v}{\mathrm{d}y}=\sqrt{v^2+1},$$

分离变量，得

$$\frac{\mathrm{d}v}{\sqrt{v^2+1}}=\frac{\mathrm{d}y}{y}.$$

积分，得

$$\ln(v+\sqrt{v^2+1})=\ln y-\ln C,$$

或

$$v+\sqrt{v^2+1}=\frac{y}{C}.$$

由

$$\left(\frac{y}{C}-v\right)^2=v^2+1,$$

得

$$\frac{y^2}{C^2}-\frac{2yv}{C}=1,$$

以 $yv=x$ 代入上式，得

$$y^2=2C\left(x+\frac{C}{2}\right).$$

这是以 x 轴为轴、焦点在原点的抛物线,它绕 x 轴旋转所得旋转抛物面的方程为

$$y^2+z^2=2C\left(x+\frac{C}{2}\right),$$

这就是所要求的旋转曲面方程.

如果凹镜底面的直径是 d,从顶点到底面的距离是 h,则以 $x+\frac{C}{2}=h$ 及 $y=\frac{d}{2}$ 代入 $y^2=2C\left(x+\frac{C}{2}\right)$,得 $C=\frac{d^2}{8h}$. 这时旋转抛物面的方程为

$$y^2+z^2=\frac{d^2}{4h}\left(x+\frac{d^2}{16h}\right).$$

例 5.10 设河边点 O 的正对岸为点 A,河宽 $OA=h$,两岸为平行直线,水流速度为 a,有一鸭子从点 A 游向点 O,设鸭子(在静水中)的游速为 $b(b>a)$,且鸭子游动方向始终朝着点 O. 求鸭子游过的轨迹的方程.

解 设水流速度为 $\boldsymbol{a}(|\boldsymbol{a}|=a)$,鸭子游速为 $\boldsymbol{b}(|\boldsymbol{b}|=b)$,则鸭子实际运动速度为 $\boldsymbol{v}=\boldsymbol{a}+\boldsymbol{b}$.

取 O 为坐标原点,河岸朝顺水方向为 x 轴,y 轴指向对岸(图 5.7). 设在时刻 t 鸭子位于点 $P(x,y)$,则鸭子运动速度

$$\boldsymbol{v}=(v_x,v_y)=\left(\frac{\mathrm{d}x}{\mathrm{d}t},\frac{\mathrm{d}y}{\mathrm{d}t}\right),$$

故有

$$\frac{\mathrm{d}x}{\mathrm{d}y}=\frac{v_x}{v_y}.$$

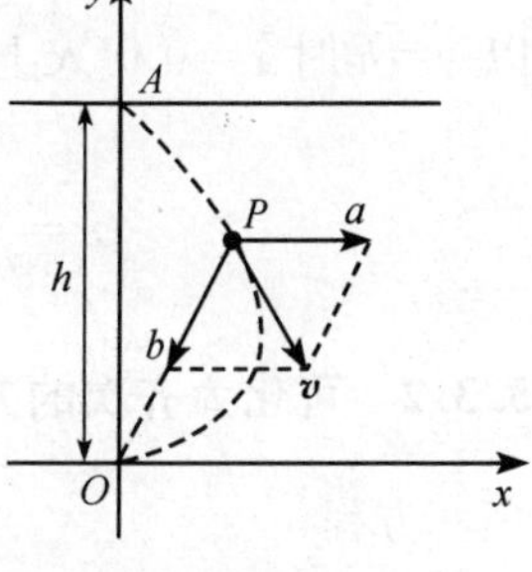

图 5.7

现在 $\boldsymbol{a}=(a,0)$,而 $\boldsymbol{b}=b\boldsymbol{e}_{\overline{PO}}$,其中 $\boldsymbol{e}_{\overline{PO}}$ 为与 $\overline{PO}$ 同方向的单位向量. 由 $\overline{PO}=-(x,y)$,故 $\boldsymbol{e}_{\overline{PO}}=-\frac{1}{\sqrt{x^2+y^2}}(x,y)$,于是 $\boldsymbol{b}=-\frac{b}{\sqrt{x^2+y^2}}(x,y)$,从而

$$\boldsymbol{v}=\boldsymbol{a}+\boldsymbol{b}=\left(a-\frac{bx}{\sqrt{x^2+y^2}},-\frac{by}{\sqrt{x^2+y^2}}\right).$$

由此得微分方程

$$\frac{\mathrm{d}x}{\mathrm{d}y}=\frac{v_x}{v_y}=-\frac{a\sqrt{x^2+y^2}}{by}+\frac{x}{y},$$

即

$$\frac{\mathrm{d}x}{\mathrm{d}y}=-\frac{a}{b}\sqrt{\left(\frac{x}{y}\right)^2+1}+\frac{x}{y}.$$

令$\frac{x}{y}=u$,则$x=yu,\frac{\mathrm{d}x}{\mathrm{d}y}=y\frac{\mathrm{d}u}{\mathrm{d}y}+u$,代入上面的方程,得

$$y\frac{\mathrm{d}u}{\mathrm{d}y}=-\frac{a}{b}\sqrt{u^2+1},$$

分离变量,得

$$\frac{\mathrm{d}u}{\sqrt{u^2+1}}=-\frac{a}{by}\mathrm{d}y,$$

积分,得

$$\mathrm{arsh}u=-\frac{a}{b}(\ln y+\ln C),$$

即

$$u=\mathrm{sh}\ln(Cy)^{-\frac{a}{b}}=\frac{1}{2}[(Cy)^{-\frac{a}{b}}-(Cy)^{\frac{a}{b}}],$$

于是

$$x=\frac{y}{2}[(Cy)^{-\frac{a}{b}}-(Cy)^{\frac{a}{b}}]=\frac{1}{2C}[(Cy)^{1-\frac{a}{b}}-(Cy)^{1+\frac{a}{b}}].$$

以$y=h$时$x=0$代入上式,得$C=\frac{1}{h}$,故鸭子游过的迹线方程为

$$x=\frac{h}{2}\left[\left(\frac{y}{h}\right)^{1-\frac{a}{b}}-\left(\frac{y}{h}\right)^{1+\frac{a}{b}}\right],\quad 0\leqslant y\leqslant h.$$

5.3.2 可化为齐次的方程

方程

$$\frac{\mathrm{d}y}{\mathrm{d}x}=\frac{ax+by+c}{a_1x+b_1y+c_1}\tag{5.29}$$

当$c=c_1=0$时是齐次的,否则不是齐次的. 在非齐次的情形,可用下列变换把它化为齐次方程. 令

$$x=X+h,\quad y=Y+k,$$

其中h及k为待定常数. 于是

$$\mathrm{d}x=\mathrm{d}X,\quad \mathrm{d}y=\mathrm{d}Y,$$

从而方程(5.29)化为

$$\frac{\mathrm{d}Y}{\mathrm{d}X}=\frac{aX+bY+ah+bk+c}{a_1X+b_1Y+a_1h+b_1k+c_1}.$$

如果方程组

$$\begin{cases}ah+bk+c=0\\a_1h+b_1k+c_1=0\end{cases}$$

的系数行列式$\begin{vmatrix} a & b \\ a_1 & b_1 \end{vmatrix} \neq 0$,即$\frac{a_1}{a} \neq \frac{b_1}{b}$,那么可以定出 h 及 k 使它们满足上述方程组.这样,方程(5.29)便化为齐次方程

$$\frac{\mathrm{d}Y}{\mathrm{d}X} = \frac{aX + bY}{a_1 X + b_1 Y}.$$

求出此齐次方程的通解后,在通解中以 $x-h$ 代 X,$y-k$ 代 Y,便得方程(5.29)的通解.

当$\frac{a_1}{a}=\frac{b_1}{b}$时,$h$ 及 k 无法求得,因此上述方法不能应用.但这时令$\frac{a_1}{a}=\frac{b_1}{b}=\lambda$,从而方程(5.29)可写成

$$\frac{\mathrm{d}y}{\mathrm{d}x} = \frac{ax + by + c}{\lambda(ax + by) + c_1}.$$

引入新变量 $v=ax+by$,则

$$\frac{\mathrm{d}v}{\mathrm{d}x} = a + b\frac{\mathrm{d}y}{\mathrm{d}x} \quad \text{或} \quad \frac{\mathrm{d}y}{\mathrm{d}x} = \frac{1}{b}\left(\frac{\mathrm{d}v}{\mathrm{d}x} - a\right).$$

于是方程(5.29)成为

$$\frac{1}{b}\left(\frac{\mathrm{d}v}{\mathrm{d}x} - a\right) = \frac{v + c}{\lambda v + c_1},$$

这是可分离变量的方程.

以上所介绍的方法可以应用于更一般的方程

$$\frac{\mathrm{d}y}{\mathrm{d}x} = f\left(\frac{ax + by + c}{a_1 x + b_1 y + c_1}\right).$$

例 5.11 解方程

$$(2x + y - 4)\mathrm{d}x + (x + y - 1)\mathrm{d}y = 0.$$

解 所给方程属方程(5.29)的类型.令 $x=X+h$,$y=Y+k$,则 $\mathrm{d}x=\mathrm{d}X$,$\mathrm{d}y=\mathrm{d}Y$,代入原方程得

$$(2X + Y + 2h + k - 4)\mathrm{d}X + (X + Y + h + k - 1)\mathrm{d}Y = 0.$$

解方程组

$$\begin{cases} 2h + k - 4 = 0, \\ h + k - 1 = 0, \end{cases}$$

得 $h=3$,$k=-2$.令 $x=X+3$,$y=Y-2$,原方程成为

$$(2X + Y)\mathrm{d}X + (X + Y)\mathrm{d}Y = 0,$$

或

$$\frac{\mathrm{d}Y}{\mathrm{d}X} = -\frac{2X + Y}{X + Y} = -\frac{2 + \frac{Y}{X}}{1 + \frac{Y}{X}},$$

这是齐次方程.

令$\dfrac{Y}{X}=u$,则$Y=uX,\dfrac{\mathrm{d}Y}{\mathrm{d}X}=u+X\dfrac{\mathrm{d}u}{\mathrm{d}X}$,于是方程变为

$$u+X\frac{\mathrm{d}u}{X}=-\frac{2+u}{1+u},$$

或

$$X\frac{\mathrm{d}u}{\mathrm{d}X}=-\frac{2+2u+u^2}{1+u},$$

分离变量,得

$$-\frac{u+1}{u^2+2u+2}\mathrm{d}u=\frac{\mathrm{d}X}{X}.$$

积分,得

$$\ln C_1-\frac{1}{2}\ln(u^2+2u+2)=\ln|X|,$$

于是

$$\frac{C_1}{\sqrt{u^2+2u+2}}=|X|,$$

或

$$C_2=X^2(u^2+2u+2),\quad C_2=C_1^2,$$

即

$$Y^2+2XY+2X^2=C_2.$$

以$X=x-3,Y=y+2$代入上式并化简,得

$$2x^2+2xy+y^2-8x-2y=C,\quad C=C_2-10.$$

习　题　5.3

1. 求下列齐次方程的通解:

(1) $xy'-y-\sqrt{y^2-x^2}=0$; (2) $x\dfrac{\mathrm{d}y}{\mathrm{d}x}=y\ln\dfrac{y}{x}$; (3) $(x^2+y^2)\mathrm{d}x-xy\mathrm{d}y=0$;

(4) $(x^3+y^3)\mathrm{d}x-3xy^2\mathrm{d}y=0$; (5) $\left(2x\sin\dfrac{y}{x}+3y\cos\dfrac{y}{x}\right)\mathrm{d}x-3x\cos\dfrac{y}{x}\mathrm{d}y=0$;

(6) $(1+2\mathrm{e}^{\frac{x}{y}})\mathrm{d}x+2\mathrm{e}^{\frac{x}{y}}\left(1-\dfrac{x}{y}\right)\mathrm{d}y=0$; (7) $y'=\sqrt{4x+2y-1}$;

(8) $2x^3y'=y(2x^2-y^2)$; (9) $xy'-y=x\tan\dfrac{y}{x}$; (10) $xy'=\sqrt{x^2-y^2}+y,x>0$;

(11) $(x-y-1)+(y-x+2)y'=0$; (12) $y'=2\left(\dfrac{y+2}{x+y-1}\right)^2$;

(13) $(y'+1)\ln\dfrac{x+y}{x+3}=\dfrac{x+y}{x+3}$; (14) $\dfrac{\mathrm{d}y}{\mathrm{d}x}=\dfrac{x-y^2}{2y(x+y^2)}$; (15) $y'=\dfrac{y\sqrt{y}}{2x\sqrt{y}-x^2}$.

2. 求下列齐次方程满足所给初始条件的特解：

(1) $(y^2-3x^2)\mathrm{d}y+2xy\mathrm{d}x=0, y|_{x=0}=1$； (2) $y'=\dfrac{x}{y}+\dfrac{y}{x}, y|_{x=1}=2$；

(3) $(x^2+2xy-y^2)\mathrm{d}x+(y^2+2xy-x^2)\mathrm{d}y=0, y|_{x=1}=1$.

3. 设有连接点 $O(0,0)$ 和 $A(1,1)$ 的一段向上凸的曲线弧 $\overset{\frown}{OA}$，对于 $\overset{\frown}{OA}$ 上任一点 $P(x,y)$，曲线弧 $\overset{\frown}{OP}$ 与直线段 $\overline{OP}$ 所围图形的面积为 x^2，求曲线弧 $\overset{\frown}{OA}$ 的方程.

4. 化下列方程为齐次方程，并求出通解：

(1) $(2x-5y+3)\mathrm{d}x-(2x+4y-6)\mathrm{d}y=0$； (2) $(x-y-1)\mathrm{d}x+(4y+x-1)\mathrm{d}y=0$；

(3) $(3y-7x+7)\mathrm{d}x+(7y-3x+3)\mathrm{d}y=0$； (4) $(x+y)\mathrm{d}x+(3x+3y-4)\mathrm{d}y=0$.

5. 证明方程

$$\frac{\mathrm{d}u}{\mathrm{d}v}+\frac{b}{a}=\frac{f(hv+e)}{g(au+bv+c)}$$

可化为分离变量方程，其中 a,b,c,e,h 为常数.

5.4 一阶线性微分方程

5.4.1 线性方程

方程

$$\frac{\mathrm{d}y}{\mathrm{d}x}+P(x)y=Q(x) \tag{5.30}$$

叫做**一阶线性微分方程**，因为它对于未知函数 y 及其导数是一次方程. 如果 $Q(x)\equiv 0$，则方程(5.30)称为**齐次的**；如果 $Q(x)$ 不恒等于零，则方程(5.30)称为**非齐次的**.

设(5.30)为非齐次线性方程. 为了求出非齐次线性方程(5.30)的解，先把 $Q(x)$ 换成零而写出

$$\frac{\mathrm{d}y}{\mathrm{d}x}+P(x)y=0 \tag{5.31}$$

方程(5.31)叫做对应于非齐次线性方程(5.30)的**齐次线性方程**. 方程(5.31)是可分离变量的，分离变量后得

$$\frac{\mathrm{d}y}{y}=-P(x)\mathrm{d}x,$$

两端积分，得

$$\ln|y|=-\int P(x)\mathrm{d}x+C_1,$$

或

$$y=C\mathrm{e}^{-\int P(x)\mathrm{d}x} \quad (C=\pm\mathrm{e}^{C_1}),$$

这是对应的**齐次线性方程**(5.31)**的通解**. 这里记号 $\int P(x)\mathrm{d}x$ 表示 $P(x)$ 的某个确

定的原函数.

现在我们使用所谓常数变易法来求非齐次线性方程(5.30)的通解.这方法是把(5.31)的通解中的 C 换成 x 的未知函数 $u(x)$,即作变换

$$y = u\mathrm{e}^{-\int P(x)\mathrm{d}x}, \tag{5.32}$$

于是

$$\frac{\mathrm{d}y}{\mathrm{d}x} = u'\mathrm{e}^{-\int P(x)\mathrm{d}x} - uP(x)\mathrm{e}^{-\int P(x)\mathrm{d}x}. \tag{5.33}$$

将(5.32)和(5.33)代入方程(5.30)得

$$u'\mathrm{e}^{-\int P(x)\mathrm{d}x} - uP(x)\mathrm{e}^{-\int P(x)\mathrm{d}x} + P(x)u\mathrm{e}^{-\int P(x)\mathrm{d}x} = Q(x),$$

即

$$u'\mathrm{e}^{-\int P(x)\mathrm{d}x} = Q(x), \quad u' = Q(x)\mathrm{e}^{\int P(x)\mathrm{d}x}.$$

两端积分,得

$$u = \int Q(x)\mathrm{e}^{\int P(x)\mathrm{d}x}\mathrm{d}x + C.$$

把上式代入(5.32),便得非齐次线性方程(5.30)的通解

$$y = \mathrm{e}^{-\int P(x)\mathrm{d}x}\left(\int Q(x)\mathrm{e}^{\int P(x)\mathrm{d}x}\mathrm{d}x + C\right). \tag{5.34}$$

将式(5.34)改写成两项之和

$$y = C\mathrm{e}^{-\int P(x)\mathrm{d}x} + \mathrm{e}^{-\int P(x)\mathrm{d}x}\int Q(x)\mathrm{e}^{\int P(x)\mathrm{d}x}\mathrm{d}x,$$

上式右端第一项是对应的**齐次线性方程**(5.31)**的通解**,第二项是**非齐次线性方程**(5.30)**的一个特解**(在(5.30)的通解(5.34)中取 $C=0$ 便得到这个特解).由此可知,一阶非齐次线性方程的通解等于对应的齐次方程的通解与非齐次方程的一个特解之和.

例 5.12　求方程

$$\frac{\mathrm{d}y}{\mathrm{d}x} - \frac{2y}{x+1} = (x+1)^{\frac{5}{2}}$$

的通解.

解　这是一个非齐次线性方程,先求对应的齐次方程的通解.

$$\frac{\mathrm{d}y}{\mathrm{d}x} - \frac{2}{x+1}y = 0,$$

$$\frac{\mathrm{d}y}{y} = \frac{2\mathrm{d}x}{x+1},$$

$$\ln|y| = 2\ln|x+1| + \ln C,$$

$$y = C(x+1)^2.$$

用常数变易法,把 C 换成 u,即令

$$y=u(x+1)^2, \tag{5.35}$$

则

$$\frac{\mathrm{d}y}{\mathrm{d}x}=u'(x+1)^2+2u(x+1),$$

代入所给非齐次方程,得

$$u'=(x+1)^{\frac{1}{2}}.$$

两端积分,得

$$u=\frac{2}{3}(x+1)^{\frac{3}{2}}+C.$$

再把上式代入式(5.35),即得所求方程的通解为

$$y=(x+1)^2\left[\frac{2}{3}(x+1)^{\frac{3}{2}}+C\right].$$

例 5.13 有一个电路,如图 5.8 所示,其中电源电动势为 $E=E_\mathrm{m}\sin\omega t$($E_\mathrm{m}$,$\omega$ 都是常量),电阻 R 和电感 L 都是常量.求电流 $i(t)$.

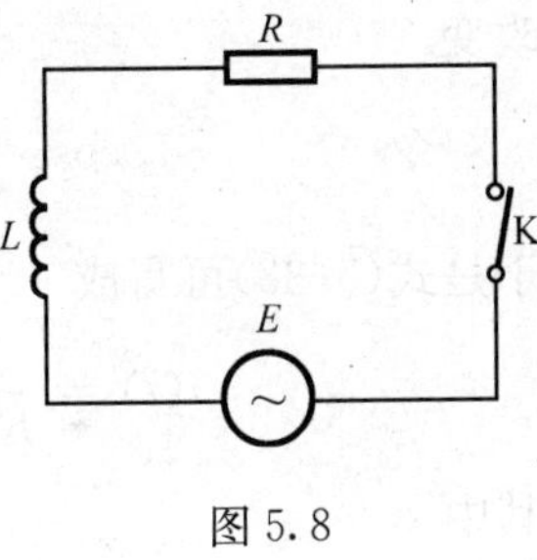

图 5.8

解 (1) 列方程.由电学知道,当电流变化时,L 上有感应电动势 $-L\dfrac{\mathrm{d}i}{\mathrm{d}t}$.由回路电压定律得出

$$E-L\frac{\mathrm{d}i}{\mathrm{d}t}-iR=0,$$

即

$$\frac{\mathrm{d}i}{\mathrm{d}t}+\frac{R}{L}i=\frac{E}{L}.$$

把 $E=E_\mathrm{m}\sin\omega t$ 代入上式,得

$$\frac{\mathrm{d}i}{\mathrm{d}t}+\frac{R}{L}i=\frac{E_\mathrm{m}}{L}\sin\omega t. \tag{5.36}$$

未知函数 $i(t)$ 应满足方程(5.36).此外,设开关 K 闭合的时刻为 $t=0$,这时 $i(t)$ 还应该满足初始条件

$$i\big|_{t=0}=0. \tag{5.37}$$

(2) 解方程.方程(5.36)是一个非齐次线性方程.可以先求出对应的齐次方程的通解,然后用常数变易法求非齐次方程的通解.但是,也可以直接应用通解公式(5.34)来求解.这里 $P(t)=\dfrac{R}{L}$,$Q(t)=\dfrac{E_\mathrm{m}}{L}\sin\omega t$,代入式(5.34),得

$$i(t)=\mathrm{e}^{-\frac{R}{L}t}\left(\int\frac{E_\mathrm{m}}{L}\mathrm{e}^{\frac{R}{L}t}\sin\omega t\,\mathrm{d}t+C\right).$$

应用分部积分法,得

$$\int e^{\frac{R}{L}t}\sin\omega t\,dt=\frac{e^{\frac{R}{L}t}}{R^2+\omega^2L^2}(RL\sin\omega t-\omega L^2\cos\omega t),$$

将上式代入前式并化简,得方程(5.36)的通解

$$i(t)=\frac{E_m}{R^2+\omega^2L^2}(R\sin\omega t-\omega L\cos\omega t)+Ce^{-\frac{R}{L}t},$$

其中 C 为任意常数.

将初始条件式(5.37)代入上式,得

$$C=\frac{\omega LE_m}{R^2+\omega^2L^2},$$

因此,所求函数 $i(t)$ 为

$$i(t)=\frac{\omega LE_m}{R^2+\omega^2L^2}e^{-\frac{R}{L}t}+\frac{E_m}{R^2+\omega^2L^2}(R\sin\omega t-\omega L\cos\omega t).\tag{5.38}$$

为了便于说明式(5.38)所反映的物理现象,下面把 $i(t)$ 中第二项的形式稍加改变.

令
$$\cos\varphi=\frac{R}{\sqrt{R^2+\omega^2L^2}},\quad \sin\varphi=\frac{\omega L}{\sqrt{R^2+\omega^2L^2}},$$

于是式(5.38)可写成

$$i(t)=\frac{\omega LE_m}{R^2+\omega^2L^2}e^{-\frac{R}{L}t}+\frac{E_m}{\sqrt{R^2+\omega^2L^2}}\sin(\omega t-\varphi),$$

其中

$$\varphi=\arctan\frac{\omega L}{R}.$$

当 t 增大时,上式右端第一项(叫做**瞬时电流**)逐渐衰减而趋于零;第二项(叫做**稳态电流**)是正弦函数,它的周期和电动势的周期相同,而相角落后 φ.

例 5.14 设降落伞从跳伞塔下落后,所受空气阻力与速度成正比,并设降落伞离开跳伞塔时($t=0$)速度为零,求降落伞下落速度与时间的函数关系.

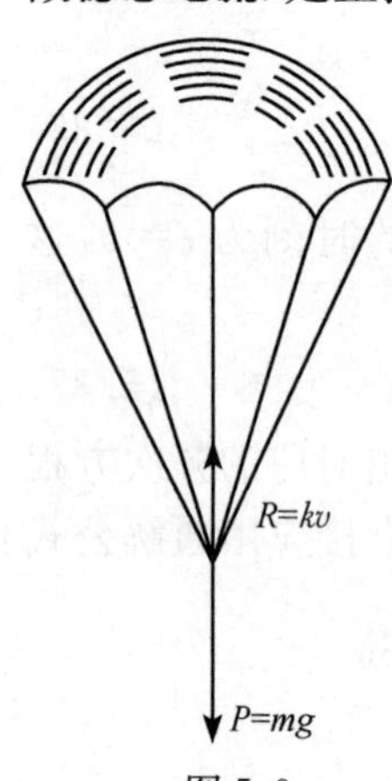

图 5.9

解 设降落伞下落速度为 $v(t)$. 降落伞在空中下落时,同时受到重力 P 与阻力 R 的作用(图 5.9). 重力大小为 mg,方向与 v 一致;阻力大小为 kv(k 为比例系数),方向与 v 相反,从而降落伞所受外力为

$$F=mg-kv.$$

根据牛顿第二运动定律

$$F=ma,$$

其中 a 为加速度,得函数 $v(t)$ 应满足的方程为

$$m\frac{\mathrm{d}v}{\mathrm{d}t}=mg-kv. \tag{5.39}$$

按题意,初始条件为

$$v\big|_{t=0}=0.$$

方程(5.39)是可分离变量的.分离变量后得

$$\frac{\mathrm{d}v}{mg-kv}=\frac{\mathrm{d}t}{m},$$

两端积分

$$\int\frac{\mathrm{d}v}{mg-kv}=\int\frac{\mathrm{d}t}{m},$$

考虑到 $mg-kv>0$,得

$$-\frac{1}{k}\ln(mg-kv)=\frac{t}{m}+C_1,$$

即

$$mg-kv=\mathrm{e}^{-\frac{k}{m}t-kC_1},$$

或

$$v=\frac{mg}{k}+C\mathrm{e}^{-\frac{k}{m}t}\left(C=-\frac{\mathrm{e}^{-kC_1}}{k}\right). \tag{5.40}$$

这就是方程(5.39)的通解.

将初始条件 $v|_{t=0}=0$ 代入式(5.40),得

$$C=-\frac{mg}{k},$$

于是所求的特解为

$$v=\frac{mg}{k}(1-\mathrm{e}^{-\frac{k}{m}t}). \tag{5.41}$$

由(5.41)可以看出,随着时间 t 的增大,速度 v 逐渐接近于常数$\frac{mg}{k}$.且不会超过$\frac{mg}{k}$,也就是说,跳伞后开始阶段是加速运动,但以后逐渐接近于等速运动.

5.4.2　伯努利方程

方程

$$\frac{\mathrm{d}y}{\mathrm{d}x}+P(x)y=Q(x)y^n,\quad n\neq 0,1 \tag{5.42}$$

叫做**伯努利(Bernoulli)方程**.当 $n=0$ 或 $n=1$ 时,这是**线性微分方程**.当 $n\neq 0,n\neq 1$ 时,这方程不是线性的,但是通过变量的代换,便可把它化为线性的.事实上,以 y^n 除方程(5.42)的两端,得

$$y^{-n}\frac{dy}{dx}+P(x)y^{1-n}=Q(x) \tag{5.43}$$

容易看出,上式左端第一项与$\frac{d}{dx}(y^{1-n})$只差一个常数因子 $1-n$,因此引入新的未知函数

$$z=y^{1-n},$$

则

$$\frac{dz}{dx}=(1-n)y^{-n}\frac{dy}{dx}.$$

用$(1-n)$乘方程(5.43)的两端,再通过上述代换便得线性方程

$$\frac{dz}{dx}+(1-n)P(x)z=(1-n)Q(x).$$

求出此方程的通解后,以 y^{1-n}代 z 便得到伯努利方程的通解.

例 5.15 求方程

$$\frac{dy}{dx}+\frac{y}{x}=a(\ln x)y^2$$

的通解.

解 以 y^2 除方程的两端,得

$$y^{-2}\frac{dy}{dx}+\frac{1}{x}y^{-1}=a\ln x,$$

即

$$-\frac{d(y^{-1})}{dx}+\frac{1}{x}y^{-1}=a\ln x,$$

令 $z=y^{-1}$,则上述方程成为

$$\frac{dz}{dx}-\frac{1}{x}z=-a\ln x.$$

这是一个线性方程,它的通解为

$$z=x\left[C-\frac{a}{2}(\ln x)^2\right]$$

以 y^{-1}代 z,得所求方程的通解为

$$yx\left[C-\frac{a}{2}(\ln x)^2\right]=1.$$

在上节中,对于齐次方程 $y'=f\left(\frac{y}{x}\right)$,通过变量代换 $y=xu$,把它化为变量可分离的方程,然后分离变量,经积分求得通解. 在本节中,对于一阶非齐次线性方程

$$y'+P(x)y=Q(x),$$

可以通过解对应的齐次线性方程找到变量代换

$$y = u\mathrm{e}^{-\int P(x)\mathrm{d}x},$$

利用这一代换，把非齐次线性方程化为可分离变量的方程，然后经积分求得通解.

对于伯努利方程

$$y' + P(x)y = Q(x)y^n,$$

通过变量代换 $y^{1-n}=z$，把它化为线性方程，然后按线性方程的解法求得通解.

利用变量代换(因变量的变量代换或自变量的变量代换)，把一个微分方程化为变量可分离的方程，或化为已经知其求解步骤的方程，这是解微分方程最常用的方法. 下面再举一个例子.

例 5.16 解方程 $\dfrac{\mathrm{d}y}{\mathrm{d}x}=\dfrac{1}{x+y}$.

解 若把所给方程变形为

$$\frac{\mathrm{d}x}{\mathrm{d}y} = x + y,$$

即为一阶线性方程，则按一阶线性方程的解法可求得通解.

也可用变量代换来解所给方程.

令 $x+y=u$，则 $y=u-x$，$\dfrac{\mathrm{d}y}{\mathrm{d}x}=\dfrac{\mathrm{d}u}{\mathrm{d}x}-1$. 代入原方程，得

$$\frac{\mathrm{d}u}{\mathrm{d}x}-1=\frac{1}{u},\quad \frac{\mathrm{d}u}{\mathrm{d}x}=\frac{u+1}{u}.$$

分离变量，得

$$\frac{u}{u+1}\mathrm{d}u = \mathrm{d}x,$$

两端积分，得

$$u - \ln|u+1| = x + C.$$

以 $u=x+y$ 代入上式，即得

$$y - \ln|x+y+1| = C,$$

或

$$x = C_1\mathrm{e}^y - y - 1,\quad C_1 = \pm\,\mathrm{e}^{-C}.$$

习 题 5.4

1. 求下列微分方程的通解：

(1) $\dfrac{\mathrm{d}y}{\mathrm{d}x}+y=\mathrm{e}^{-x}$； (2) $xy'+y=x^2+3x+2$；

(3) $y'+y\cos x=\mathrm{e}^{-\sin x}$； (4) $y'+y\tan x=\sin 2x$；

(5) $(x^2-1)y'+2xy-\cos x=0$； (6) $\dfrac{\mathrm{d}\rho}{\mathrm{d}\theta}+3\rho=2$；

(7) $\frac{dy}{dx}+2xy=4x$； (8) $y\ln y dx+(x-\ln y)dy=0$；

(9) $(x-2)\frac{dy}{dx}=y+2(x-2)^3$； (10) $(y^2-6x)\frac{dy}{dx}+2y=0$；

(11) $xy'+y=2\sqrt{xy}$； (12) $xy'\ln x+y=ax(\ln x+1)$；

(13) $\frac{dy}{dx}=\frac{y}{2(\ln y-x)}$； (14) $\frac{dy}{dx}+xy-x^3y^3=0$；

(15) $(y^4-3x^2)dy+xydx=0$； (16) $y'+x=\sqrt{x^2+y}$；

(17) $3y'+2y=6x$； (18) $y'+y=xe^x$；

(19) $y'+x^2y=0$； (20) $xy'-y=\frac{x}{\ln x}$；

(21) $(x-2xy-y^2)y'+y^2=0$.

2. 求下列微分方程满足所给初始条件的特解：

(1) $\frac{dy}{dx}-y\tan x=\sec x, y|_{x=0}=0$； (2) $\frac{dy}{dx}+\frac{y}{x}=\frac{\sin x}{x}, y|_{x=\pi}=1$；

(3) $\frac{dy}{dx}+y\cot x=5e^{\cos x}, y|_{x=\frac{\pi}{2}}=-4$； (4) $\frac{dy}{dx}+3y=8, y|_{x=0}=2$；

(5) $\frac{dy}{dx}+\frac{2-3x^2}{x^3}y=1, y|_{x=1}=0$； (6) $y^3dx+2(x^2-xy^2)dy=0, y|_{x=1}=1$；

(7) $y'+y=e^{-x}, y|_{x=0}=5$； (8) $xy'+y-e^{2x}=0, y|_{x=\frac{1}{2}}=2e$.

3. 已知某曲线经过点(1,1)，它的切线在纵轴上的截距等于切点的横坐标，求它的方程.

4. 已知某车间的体积为$(30\times30\times6)\text{m}^3$，其中的空气含 0.12%(以体积分数)的 CO_2. 现以含 CO_2 0.04%的新鲜空气输入，问每分钟应输入多少，才能在 30min 后使车间空气中 CO_2 的含量不超过 0.06%(假定输入的新鲜空气与原有空气很快混合均匀后，以相同的流量排出.)？

5. 设可导函数 $\varphi(x)$满足

$$\varphi(x)\cos x+2\int_0^x\varphi(t)\sin t dt=x+1,$$

求 $\varphi(x)$.

6. 求一曲线的方程，这曲线通过原点，并且它在点(x,y)处的切线斜率等于 $2x+y$.

7. 设有一质量为 m 的质点做直线运动. 从速度等于零的时刻起，有一个与运动方向一致、大小与时间成正比(比例系数为 k_1)的力作用于它，此外还受一与速度成正比(比例系数为 k_2)的阻力作用. 求质点运动的速度与时间的函数关系.

8. 设有一个由电阻 $R=10\Omega$、电感 $L=2\text{H}$(亨)和电源电压 $E=20\sin5t\text{V}$(伏)串联组成的电路. 开关 K 合上后，电路中有电流通过. 求电流 i 与时间 t 的函数关系.

9. 一潜水艇在水中下沉时，所受阻力与下降速度成正比，如当 $t=0$ 时，$v=v_0$，求下沉速度.

10. 设空中一雨滴的初始质量为 M_0 克，雨滴在自由下落过程中均匀蒸发，假设每秒钟蒸发 m_1 克，且空气阻力和雨滴速度成正比. 设开始时刻雨滴的速度为零，试求雨滴速度与时间的关系.

11. 一子弹以速度 v_0 打进一块厚为 h 的木板，然后穿过它，以速度 v_1 离开此板. 假设木板对子弹的阻力与速度平方成正比，问子弹穿过该板需经过多少时间？

12. 一曲线在任一点的斜率等于$\frac{2y+x+1}{x}$,且通过点(1,0),试求此曲线的方程式.

13. 求曲线的方程,此曲线上任一点(x,y)处之切线垂直于此点与原点的连线.

14. 求下列伯努利方程的通解:

(1) $\frac{dy}{dx}+y=y^2(\cos x-\sin x)$；　(2) $\frac{dy}{dx}-3xy=xy^2$；

(3) $\frac{dy}{dx}+\frac{1}{3}y=\frac{1}{3}(1-2x)y^4$；　(4) $\frac{dy}{dx}-y=xy^5$；

(5) $xdy-[y+xy^3(1+\ln x)]dx=0$；　(6) $\frac{dy}{dx}+\frac{1}{x}y=x^2y^6$；

(7) $\frac{dy}{dx}+\frac{xy}{1-x^2}=xy^{\frac{1}{2}}$；　(8) $3x(1-x^2)y^2\frac{dy}{dx}+(2x^2-1)y^3=ax^3$；

(9) $y'-y=\frac{1}{y}x^2$；　(10) $3y^2y'-ay^3=x+1$；

(11) $y'\cos y+\sin y\cos^2 y=\sin^3 y$.

15. 验证形如$yf(xy)dx+xg(xy)dy=0$的微分方程,可经变量代换$v=xy$化为可分离变量的方程,并求其通解.

16. 用适当的变量代换将下列方程化为可分离变量的方程,然后求出通解:

(1) $\frac{dy}{dx}=(x+y)^2$；　(2) $\frac{dy}{dx}=\frac{1}{x-y}+1$；

(3) $xy'+y=y(\ln x+\ln y)$；

(4) $y'=y^2+2(\sin x-1)y+\sin^2x-2\sin x-\cos x+1$；

(5) $y(xy+1)dx+x(1+xy+x^2y^2)dy=0$.

17. 求解积分方程

$$\int_0^1\varphi(tx)dt=n\varphi(x),$$

其中$\varphi(x)$是可微的未知函数.

5.5　可降阶的高阶微分方程

从本节起将讨论二阶及二阶以上的微分方程,即所谓**高阶微分方程**. 对于有些高阶微分方程,可以通过代换将它化成较低阶的方程来求解. 以二阶微分方程

$$y''=f(x,y,y')\tag{5.44}$$

而论,如果能设法作代换把它从二阶降至一阶,那么就有可能应用前面所讲的方法来求出它的解.

下面介绍三种容易降阶的高阶微分方程的求解方法.

5.5.1　$y^{(n)}=f(x)$型的微分方程

微分方程

$$y^{(n)}=f(x)\tag{5.45}$$

的右端仅含有自变量 x. 容易看出,只要把 $y^{(n-1)}$ 作为新的未知函数,那么式(5.45)就是新未知函数的一阶微分方程. 两边积分,就得到一个 $n-1$ 阶的微分方程

$$y^{(n-1)}=\int f(x)\mathrm{d}x+C_1.$$

同理可得

$$y^{(n-2)}=\int\left[\int f(x)\mathrm{d}x+C_1\right]\mathrm{d}x+C_2.$$

依此法继续进行,接连积分 n 次,便得方程(5.45)的含有 n 个任意常数的通解.

例 5.17 求微分方程

$$y'''=\mathrm{e}^{2x}-\cos x$$

的通解.

解 对所给方程接连积分三次,得

$$y''=\frac{1}{2}\mathrm{e}^{2x}-\sin x+C,$$

$$y'=\frac{1}{4}\mathrm{e}^{2x}+\cos x+Cx+C_2,$$

$$y=\frac{1}{8}\mathrm{e}^{2x}+\sin x+C_1x^2+C_2x+C_3,\quad C_1=\frac{C}{2}.$$

这就是所求的通解.

例 5.18 质量为 m 的质点受力 F 的作用沿 Ox 轴做直线运动. 设力 F 仅是时间 t 的函数,即 $F=F(t)$. 在开始时刻 $t=0$ 时 $F(0)=F_0$,随着时间 t 的增大,此力 F 均匀地减少,直到 $t=T$ 时,$F(T)=0$. 如果开始时质点位于原点,且初速度为零,求这质点的运动规律.

解 设 $x=x(t)$ 表示在时刻 t 时质点的位置,根据牛顿第二定律,质点运动的微分方程为

$$m\frac{\mathrm{d}^2x}{\mathrm{d}t^2}=F(t).\tag{5.46}$$

由题设,力 $F(t)$ 随 t 增大而均匀地减小,且当 $t=0$ 时,$F(0)=F_0$,所以 $F(t)=F_0-kt$;当 $t=T$ 时,$F(T)=0$,从而

$$F(t)=F_0\left(1-\frac{t}{T}\right).$$

于是方程(5.46)可以写成

$$\frac{\mathrm{d}^2x}{\mathrm{d}t^2}=\frac{F_0}{m}\left(1-\frac{t}{T}\right).\tag{5.47}$$

其初始条件为

$$x\big|_{t=0}=0,\quad \left.\frac{\mathrm{d}x}{\mathrm{d}t}\right|_{t=0}=0.$$

把式(5.47)两端积分,得

$$\frac{\mathrm{d}x}{\mathrm{d}t}=\frac{F_0}{m}\int\left(1-\frac{t}{T}\right)\mathrm{d}t,$$

即

$$\frac{\mathrm{d}x}{\mathrm{d}t}=\frac{F_0}{m}\left(t-\frac{t^2}{2T}\right)+C_1. \tag{5.48}$$

将条件$\left.\frac{\mathrm{d}x}{\mathrm{d}t}\right|_{t=0}=0$代入式(5.48),得

$$C_1=0,$$

于是式(5.48)化为

$$\frac{\mathrm{d}x}{\mathrm{d}t}=\frac{F_0}{m}\left(t-\frac{t^2}{2T}\right). \tag{5.49}$$

把式(5.49)两端积分,得

$$x=\frac{F_0}{m}\left(\frac{t^2}{2}-\frac{t^3}{6T}\right)+C_2,$$

将条件 $x|_{t=0}=0$ 代入上式,得

$$C_2=0.$$

于是所求质点的运动规律为

$$x=\frac{F_0}{m}\left(\frac{t^2}{2}-\frac{t^3}{6T}\right),\quad 0\leqslant t\leqslant T.$$

5.5.2 $y''=f(x,y')$型的微分方程

方程

$$y''=f(x,y') \tag{5.50}$$

的右端不显含未知函数 y. 如果设 $y'=p$,那么

$$y''=\frac{\mathrm{d}p}{\mathrm{d}x}=p',$$

而方程(5.50)就化为

$$p'=f(x,p).$$

这是一个关于变量 x,p 的一阶微分方程. 设其通解为

$$p=\varphi(x,C_1).$$

但是 $p=\frac{\mathrm{d}y}{\mathrm{d}x}$,因此又得到一个一阶微分方程

$$\frac{\mathrm{d}y}{\mathrm{d}x}=\varphi(x,C_1).$$

对它进行积分,便得方程(5.50)的通解为

$$y = \int \varphi(x, C_1)\mathrm{d}x + C_2.$$

例 5.19　求解微分方程

$$y'' + \frac{1}{x}y' = x.$$

解　所给方程是 $y''=f(x,y')$ 型的. 设 $y'=p$,则 $y''=p'$,方程化为

$$p' + \frac{1}{x}p = x.$$

这是一阶线性方程. 由通解公式可得

$$\begin{aligned} p &= \mathrm{e}^{-\int \frac{1}{x}\mathrm{d}x}\left[\int x\mathrm{e}^{\int \frac{1}{x}\mathrm{d}x}\mathrm{d}x + C_1\right] = \mathrm{e}^{-\ln|x|}\left[\int x\mathrm{e}^{\ln|x|}\mathrm{d}x + C_1\right] \\ &= \frac{1}{|x|}\left[\int x \cdot |x|\,\mathrm{d}x + C_1\right] = \frac{1}{x}\left[\int x \cdot x\mathrm{d}x + C_2\right] \\ &= \frac{1}{3}x^2 + \frac{C_2}{x}. \end{aligned}$$

再积分,便得到原方程的通解

$$y = \frac{1}{9}x^3 + C_2\ln|x| + C_3,$$

其中 C_2, C_3 为两个任意常数.

例 5.20　设有一均匀、柔软的绳索,两端固定,绳索仅受重力的作用而下垂. 试问该绳索在平衡状态时是怎样的曲线?

解　设绳索的最低点为 A. 取 y 轴通过点 A 铅直向上,并取 x 轴水平向右. 且 $|OA|$ 等于某个定值(这个定值将在以后说明). 设绳索曲线的方程为 $y=y(x)$. 考察绳索上点 A 到另一点 $M(x,y)$ 间的一段弧 $\overset{\frown}{AM}$,设其长为 s. 假定绳索的线密度为 ρ,则弧 $\overset{\frown}{AM}$ 的重量为 ρgs. 由于绳索是柔软的,因而在点 A 处的张力沿水平的切线方向,其大小设为 H;在点 M 处的张力沿该点处的切线方向,设其倾角为 θ,其大小为 T(图 5.10). 因作用于弧段 $\overset{\frown}{AM}$ 的外力相互平衡,把作用于弧 $\overset{\frown}{AM}$ 上的力沿铅直及水平两方向分解,得

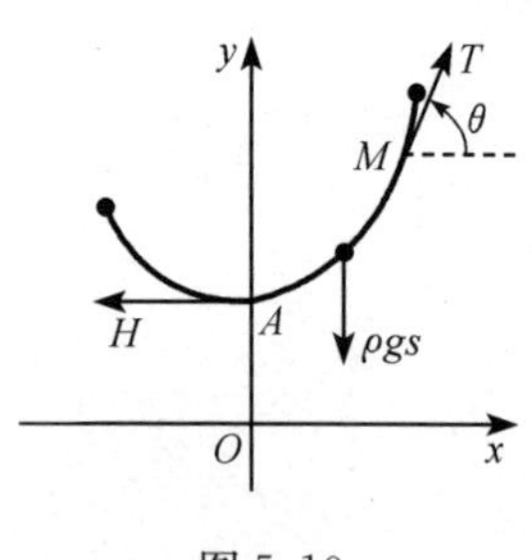

图 5.10

$$T\sin\theta = \rho gs, \quad T\cos\theta = H.$$

两式相除,得

$$\tan\theta = \frac{1}{a}s, \quad \left(a = \frac{H}{\rho g}\right).$$

由于 $\tan\theta = y', s = \int_0^x \sqrt{1+y'^2}\mathrm{d}x$,代入上式,即得

$$y' = \frac{1}{a}\int_0^x \sqrt{1+y'^2}\mathrm{d}x.$$

将上式两端对 x 求导，便得 $y=y(x)$ 满足的微分方程

$$y''=\frac{1}{a}\sqrt{1+y'^2}. \tag{5.51}$$

取原点 O 到点 A 的距离为定值 a，即 $|OA|=a$，那么初始条件为

$$y\,|_{x=0}=a,\quad y'\,|_{x=0}=0.$$

下面来解方程(5.51).

方程(5.51)属于 $y''=f(x,y')$ 的类型. 设 $y'=p$，则 $y''=\dfrac{\mathrm{d}p}{\mathrm{d}x}$，代入方程(5.51)，并分离变量，得

$$\frac{\mathrm{d}p}{\sqrt{1+p^2}}=\frac{\mathrm{d}x}{a}.$$

两端积分，得

$$\operatorname{arsh}p=\frac{x}{a}+C_1. \tag{5.52}$$

把条件 $y'|_{x=0}=p|_{x=0}=0$ 代入式(5.52)，得

$$C_1=0,$$

于是式(5.52)成为

$$\operatorname{arsh}p=\frac{x}{a}.$$

即

$$y'=\operatorname{sh}\frac{x}{a}.$$

积分上式两端，便得

$$y=a\operatorname{ch}\frac{x}{a}+C_2. \tag{5.53}$$

将条件 $y|_{x=0}=a$ 代入式(5.53)，得

$$C_2=0.$$

于是该绳索的形状可由曲线方程

$$y=a\operatorname{ch}\frac{x}{a}=\frac{a}{2}\left(\mathrm{e}^{\frac{x}{a}}+\mathrm{e}^{-\frac{x}{a}}\right)$$

来表示. 此曲线叫做**悬链线**.

5.5.3　$y''=f(y,y')$ 型的微分方程

方程

$$y''=f(y,y') \tag{5.54}$$

中不明显地含自变量 x. 为了求出它的解，令 $y'=p$，并利用复合函数的求导法则把

y''化为对 y 的导数,即

$$y''=\frac{\mathrm{d}p}{\mathrm{d}x}=\frac{\mathrm{d}p}{\mathrm{d}y}\cdot\frac{\mathrm{d}y}{\mathrm{d}x}=p\frac{\mathrm{d}p}{\mathrm{d}y}.$$

这样,方程(5.54)就化为

$$p\frac{\mathrm{d}p}{\mathrm{d}y}=f(y,p).$$

这是一个关于变数 y,p 的一阶微分方程,设它的通解为

$$y'=p=\varphi(y,C_1),$$

分离变量并积分,便得方程(5.54)的通解为

$$\int\frac{\mathrm{d}y}{\varphi(y,C_1)}=x+C_2.$$

例 5.21　求微分方程

$$1+yy''+y'^2=0 \tag{5.55}$$

的通解.

解　方程(5.55)不明显地含自变量 x,设

$$y'=p,\quad 则\ y''=p\frac{\mathrm{d}p}{\mathrm{d}y},$$

代入方程(5.55),得

$$1+yp\frac{\mathrm{d}p}{\mathrm{d}y}+p^2=0.$$

分离变量,得

$$\frac{p\mathrm{d}p}{1+p^2}=-\frac{\mathrm{d}y}{y}.$$

两端积分,得

$$\frac{1}{2}\ln(1+p^2)=-\ln|y|+C,$$

于是有

$$(1+p^2)y^2=C_1,$$

解得

$$p=\pm\frac{\sqrt{C_1-y^2}}{y};$$

即

$$\frac{\mathrm{d}y}{\mathrm{d}x}=\pm\frac{\sqrt{C_1-y^2}}{y}.$$

再分离变量,得

$$\pm \frac{y\mathrm{d}y}{\sqrt{C_1 - y^2}} = \mathrm{d}x,$$

两边积分，得

$$\mp \sqrt{C_1 - y^2} = x + C_2,$$

即

$$(x + C_2)^2 + y^2 = C_1.$$

这就是原方程的通解.

例 5.22　一个离地面很高的物体，受地球引力的作用，由静止开始落向地面. 求它落到地面时的速度和所需的时间(不计空气阻力).

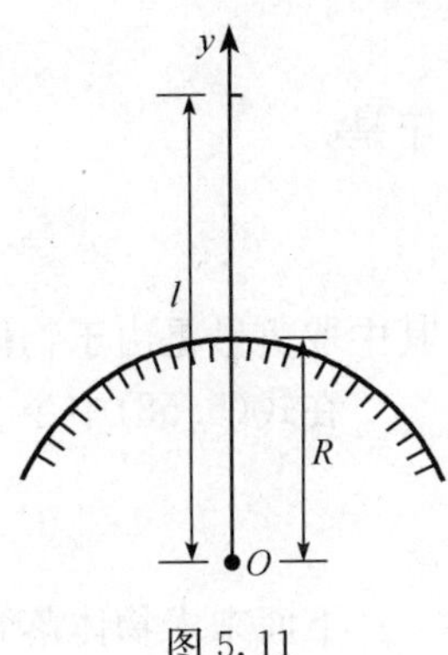

图 5.11

解　取连接地球中心与该物体的直线为 y 轴，其方向铅直向上，取地球的中心为原点 O(图 5.11).

设地球的半径为 R，物体的质量为 m，物体开始下落时与地球中心的距离为 $l(l>R)$，在时刻 t 物体所在位置为 $y=y(t)$，于是速度为 $v(t)=\frac{\mathrm{d}y}{\mathrm{d}t}$. 根据万有引力定律，即得微分方程

$$m\frac{\mathrm{d}^2 y}{\mathrm{d}t^2} = -\frac{kmM}{y^2},$$

即

$$\frac{\mathrm{d}^2 y}{\mathrm{d}t^2} = -\frac{kM}{y^2}, \tag{5.56}$$

其中 M 为地球的质量，k 为引力常数. 因为当 $y=R$ 时，$\frac{\mathrm{d}^2 y}{\mathrm{d}t^2}=-g$(这里负号是由于物体运动加速度的方向与 y 轴的正向相反的缘故)，所以 $g=\frac{kM}{R^2}$，$kM=gR^2$. 于是方程(5.56)化为

$$\frac{\mathrm{d}^2 y}{\mathrm{d}t^2} = -\frac{gR^2}{y^2}, \tag{5.57}$$

初始条件是

$$y\,|_{t=0} = l, \quad y'\,|_{t=0} = 0.$$

先求物体到达地面时的速度. 由 $\frac{\mathrm{d}y}{\mathrm{d}t}=v$，得

$$\frac{\mathrm{d}^2 y}{\mathrm{d}t^2} = \frac{\mathrm{d}v}{\mathrm{d}t} = \frac{\mathrm{d}v}{\mathrm{d}y}\cdot\frac{\mathrm{d}y}{\mathrm{d}t} = v\frac{\mathrm{d}v}{\mathrm{d}y},$$

代入方程(5.57)并分离变量，得

$$v\mathrm{d}v=-\frac{gR^2}{y^2}\mathrm{d}y.$$

两端积分,得

$$v^2=\frac{2gR^2}{y}+C_1.$$

把初始条件代入上式,得

$$C_1=-\frac{2gR^2}{l},$$

于是

$$v^2=2gR^2\left(\frac{1}{y}-\frac{1}{l}\right),\quad v=-R\sqrt{2g\left(\frac{1}{y}-\frac{1}{l}\right)}.\tag{5.58}$$

其中取负号是由于物体运动的方向与 y 轴的正向相反的缘故.

在式(5.58)中令 $y=R$,就得到物体到达地面时的速度为

$$v=-\sqrt{\frac{2gR(l-R)}{l}}.$$

下面来求物体落到地面所需的时间. 由式(5.58),有

$$\frac{\mathrm{d}y}{\mathrm{d}t}=v=-R\sqrt{2g\left(\frac{1}{y}-\frac{1}{l}\right)},$$

分离变量,得

$$\mathrm{d}t=-\frac{1}{R}\sqrt{\frac{l}{2g}}\sqrt{\frac{y}{l-y}}\mathrm{d}y.$$

两端积分(对右端积分利用置换 $y=l\cos^2u$),得

$$t=\frac{1}{R}\sqrt{\frac{l}{2g}}\left[\sqrt{ly-y^2}+l\arccos\sqrt{\frac{y}{l}}\right]+C_2.\tag{5.59}$$

由条件 $y|_{t=0}=l$,得

$$C_2=0.$$

于是式(5.59)化为

$$t=\frac{1}{R}\sqrt{\frac{l}{2g}}\left[\sqrt{ly-y^2}+l\arccos\sqrt{\frac{y}{l}}\right].$$

上式令 $y=R$,便得到物体到达地面所需的时间

$$t=\frac{1}{R}\sqrt{\frac{l}{2g}}\left(\sqrt{lR-R^2}+l\arccos\sqrt{\frac{R}{l}}\right).$$

习　题　5.5

1. 求下列各微分方程的通解:

(1) $y''=x+\sin x$； (2) $y'''=xe^x$；

(3) $y''=\dfrac{1}{1+x^2}$； (4) $y''=1+y'^2$；

(5) $y''=y'+x$； (6) $xy''+y'=0$；

(7) $yy''+2y'^2=0$； (8) $y^3y''-1=0$；

(9) $y''=\dfrac{1}{\sqrt{y}}$； (10) $y''=(y')^3+y'$；

(11) $y''+y'^2+1=0$； (12) $yy''-y'^2-1=0$；

(13) $\left(\dfrac{dy}{dx}\right)^3-4x^2\dfrac{dy}{dx}=0$； (14) $xy(y')^2-(x^2+y^2)y'+xy=0$；

(15) $(y')^3-y'e^{2x}=0$； (16) $(y')^2-4y^2=0$；

(17) $y'^2-2y'+2y=0$； (18) $xy'''+y''=1$；

(19) $y''=[1+y'^2]^{3/2}$； (20) $y''=2yy'$；

(21) $y''(e^x+1)+y'=0$； (22) $xy''=y'+x\sin\dfrac{y'}{x}$.

2. 求下列各微分方程满足所给初始条件的特解：

(1) $y^3y''+1=0, y|_{x=1}=1, y'|_{x=1}=0$；

(2) $y''-ay'^2=0, y|_{x=0}=0, y'|_{x=0}=-1$；

(3) $y'''=e^{ax}, y|_{x=1}=y'|_{x=1}=y''|_{x=1}=0$；

(4) $y''=e^{2y}, y|_{x=0}=y'|_{x=0}=0$；

(5) $y''=3\sqrt{y}, y|_{x=0}=1, y'|_{x=0}=2$；

(6) $y''+(y')^2=1, y|_{x=0}=0, y'|_{x=0}=0$；

(7) $2y''-\sin 2y=0, y|_{x=0}=\dfrac{\pi}{2}, y'|_{x=0}=1$.

3. 试求 $y''=x$ 的经过点 $M(0,1)$ 且在此点与直线 $y=\dfrac{x}{2}+1$ 相切的积分曲线.

4. 设有一质量为 m 的物体，在空中由静止开始下落，如果空气阻力为 $R=cv$(c 为常数，v 为物体运动的速度)，试求物体下落的距离 s 与时间 t 的函数关系.

5.6 高阶线性微分方程

本节和以下两节将讨论在实际问题中应用得较多的所谓**高阶线性微分方程**. 讨论时以二阶线性微分方程为主.

5.6.1 二阶线性微分方程举例

例 5.23 设有一个弹簧，它的上端固定，下端挂一个质量为 m 的物体. 当物体处于静止状态时，作用在物体上的重力与弹性力大小相等、方向相反. 这个位置就是物体的平衡位置. 如图 5.12 所示，取 x 轴铅直向下，并取物体的平衡位置为坐标原点.

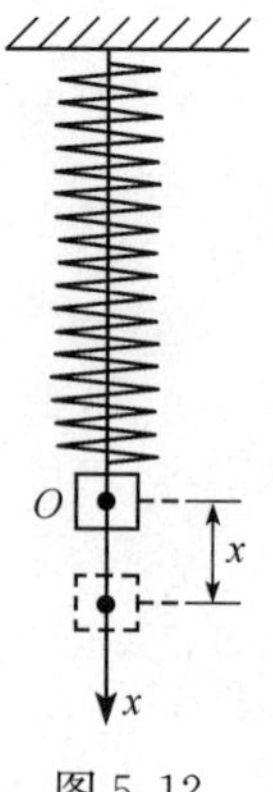

图 5.12

如果使物体具有一个初始速度 $v_0 \neq 0$,那么物体便离开平衡位置,并在平衡位置附近作上下振动.在振动过程中,物体的位置 x 随时间 t 变化,即 x 是 t 的函数,即 $x=x(t)$.要确定物体的振动规律,就要求出函数 $x=x(t)$.

由力学知道,弹簧使物体回到平衡位置的弹性恢复力 f(它不包括在平衡位置时和重力 mg 相平衡的那一部分弹性力)和物体离开平衡位置的位移 x 成正比,即

$$f=-cx,$$

其中 c 为弹簧的弹性系数,负号表示弹性恢复力的方向和物体位移的方向相反.

另外,物体在运动过程中还受到阻尼介质(如空气、油等)的阻力的作用,使得振动逐渐趋向停止.由实验知道,阻力 R 的方向总与运动方向相反,当运动速度不大时,其大小与物体运动的速度成正比,设比例系数为 μ,则有

$$R=-\mu\frac{\mathrm{d}x}{\mathrm{d}t}.$$

根据上述关于物体受力情况的分析,由牛顿第二定律得

$$m\frac{\mathrm{d}^2x}{\mathrm{d}t^2}=-cx-\mu\frac{\mathrm{d}x}{\mathrm{d}t}.$$

移项,并记

$$2n=\frac{\mu}{m},\quad k^2=\frac{c}{m},$$

则上式化为

$$\frac{\mathrm{d}^2x}{\mathrm{d}t^2}+2n\frac{\mathrm{d}x}{\mathrm{d}t}+k^2x=0. \tag{5.60}$$

这就是在**有阻尼的情况下,物体自由振动的微分方程**.

如果物体在振动过程中,还受到铅直干扰力

$$F=H\sin pt$$

的作用,则有

$$\frac{\mathrm{d}^2x}{\mathrm{d}t^2}+2n\frac{\mathrm{d}x}{\mathrm{d}t}+k^2x=h\sin pt, \tag{5.61}$$

其中 $h=\dfrac{H}{m}$.这就是**强迫振动的微分方程**.

例 5.24　设有一个由电阻 R、自感 L、电容 C 和电源 E 串联组成的电路,其中 R,L 及 C 为常数.电源电动势是时间 t 的函数,且 $E=E_{\mathrm{m}}\sin\omega t$,这里 E_{m} 及 ω 也是常数(图 5.13).

设电路中的电流为 $i(t)$,电容器极板上的电荷量为 $q(t)$,两极板间的电压为

u_C,自感电动势为 E_L. 由电学知

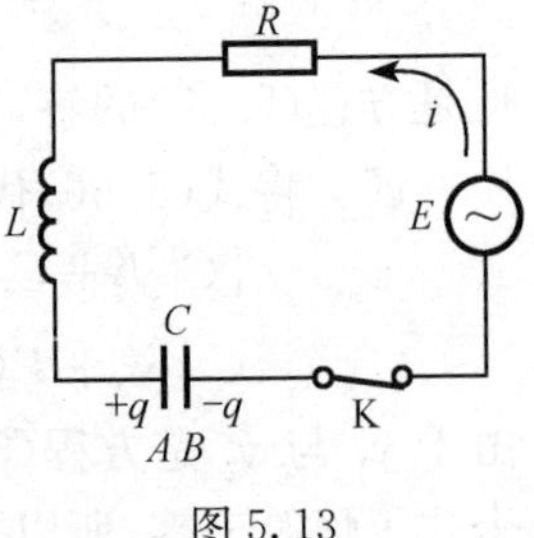

图 5.13

$$i=\frac{\mathrm{d}q}{\mathrm{d}t},\quad u_C=\frac{q}{C},\quad E_L=-L\frac{\mathrm{d}i}{\mathrm{d}t},$$

根据回路电压定律,得

$$E-L\frac{\mathrm{d}i}{\mathrm{d}t}-\frac{q}{C}-Ri=0,$$

即

$$LC\frac{\mathrm{d}^2u_C}{\mathrm{d}t^2}+RC\frac{\mathrm{d}u_C}{\mathrm{d}t}+u_C=E_\mathrm{m}\sin\omega t,$$

或写成

$$\frac{\mathrm{d}^2u_C}{\mathrm{d}t^2}+2\beta\frac{\mathrm{d}u_C}{\mathrm{d}t}+\omega_0^2u_C=\frac{E_\mathrm{m}}{LC}\sin\omega t, \tag{5.62}$$

其中 $\beta=\frac{R}{2L}$,$\omega_0=\frac{1}{\sqrt{LC}}$. 这就是**串联电路的振荡方程**.

如果电容器经充电后撤去外电源($E=0$),则方程(5.62)成为

$$\frac{\mathrm{d}^2u_C}{\mathrm{d}t^2}+2\beta\frac{\mathrm{d}u_C}{\mathrm{d}t}+\omega_0^2u_C=0. \tag{5.63}$$

例 5.22 和例 5.23 虽然是两个不同的实际问题,但是仔细观察一下所得出的方程(5.61)和(5.62),就会发现它们可以归结为同一个形式

$$\frac{\mathrm{d}^2y}{\mathrm{d}x^2}+P(x)\frac{\mathrm{d}y}{\mathrm{d}x}+Q(x)y=f(x) \tag{5.64}$$

而方程(5.60)和方程(5.63)都是方程(5.64)的特殊情形:$f(x)\equiv0$. 在工程技术的其他许多问题中,也会遇到上述类型的微分方程.

方程(5.64)叫做**二阶线性微分方程**. 当方程右端 $f(x)\equiv0$ 时,方程叫做**齐次的**;当 $f(x)$不恒等于零时,方程叫做**非齐次的**.

于是方程(5.61)、(5.62)都是二阶非齐次线性微分方程;方程(5.60)、(5.63)都是二阶齐次线性微分方程.

要进一步讨论例 5.22 和例 5.23 中的问题,就需要解二阶线性微分方程. 为此,下面来讨论二阶线性微分方程的解的一些性质,这些性质可以推广到 n 阶线性方程

$$y^{(n)}+a_1(x)y^{(n-1)}+\cdots+a_{n-1}(x)y'+a_n(x)y=f(x).$$

5.6.2 线性微分方程的解的结构

先讨论二阶齐次线性方程

$$y''+P(x)y'+Q(x)y=0 \tag{5.65}$$

定理 5.1 如果函数 $y_1(x)$与 $y_2(x)$是方程(5.65)的两个解,那么

$$y = C_1 y_1(x) + C_2 y_2(x) \tag{5.66}$$

也是方程(5.65)的解，其中 C_1、C_2 是任意常数.

证 将式(5.66)代入式(5.65)左端，得

$$[C_1 y_1'' + C_2 y_2''] + P(x)[C_1 y_1' + C_2 y_2'] + Q(x)[C_1 y_1 + C_2 y_2]$$
$$= C_1[y_1'' + P(x) y_1' + Q(x) y_1] + C_2[y_2'' + P(x) y_2' + Q(x) y_2]$$

由于 y_1 与 y_2 是方程(5.65)的解，上式右端方括号中的表达式都恒等于零，因而整个式子恒等于零，所以式(5.66)是方程(5.65)的解.

齐次线性方程的这个性质表明它的解符合迭加原理.

迭加起来的解(5.66)从形式上来看含有 C_1 与 C_2 两个任意常数，但它不一定是方程(5.65)的通解. 例如，设 $y_1(x)$ 是方程(5.65)的一个解，则 $y_2(x)=2y_1(x)$ 也是方程(5.65)的解. 这时式(5.66)成为 $y=C_1y_1(x)+2C_2y_1(x)$，可以把它改写成 $y=Cy_1(x)$，其中 $C=C_1+2C_2$. 这显然不是方程(5.65)的通解. 那么在什么情况下式(5.66)才是方程(5.65)的通解呢？要解决这个问题，还需引入一个新的概念，即所谓**函数的线性相关与线性无关**.

设 $y_1(x), y_2(x), \cdots, y_n(x)$ 为定义在区间 I 上的 n 个函数，如果存在 n 个不全为零的常数 $k_1, k_2, \cdots, k_n$，使得当 $x \in I$ 时有恒等式

$$k_1 y_1 + k_2 y_2 + \cdots + k_n y_n \equiv 0$$

成立，那么称**这 n 个函数在区间 I 上线性相关**；否则称**线性无关**.

例如，函数 $1, \cos^2 x, \sin^2 x$ 在整个数轴上是线性相关的. 因为取 $k_1=1, k_2=k_3=-1$，就有恒等式

$$1 - \cos^2 x - \sin^2 x \equiv 0.$$

而函数 $1, x, x^2$ 在任何区间(a,b)内是线性无关的. 因为如果 k_1, k_2, k_3 不全为零，那么在该区间内至多只有两个 x 值能使二次三项式

$$k_1 + k_2 x + k_3 x^2$$

为零；要使它恒等于零，必须 k_1, k_2, k_3 全为零.

应用上述概念可知，对于两个函数的情形，它们线性相关与否，只要看它们的比是否为常数. 如果比为常数，那么它们就线性相关；否则就线性无关.

有了线性无关的概念后，便有如下关于二阶齐次线性微分方程(5.65)的通解结构的定理.

定理 5.2 如果 $y_1(x)$与 $y_2(x)$是方程(5.65)的两个线性无关的特解，那么

$$y = C_1 y_1(x) + C_2 y_2(x), \quad C_1, C_2 \text{ 是任意常数},$$

就是方程(5.65)的通解.

例如，方程 $y''+y=0$ 是二阶齐次线性方程(这里 $P(x)\equiv 0, Q(x)\equiv 1$). 容易验证 $y_1=\cos x$ 与 $y_2=\sin x$ 是所给方程的两个解，且$\dfrac{y_2}{y_1}=\dfrac{\sin x}{\cos x}=\tan x$ 不恒等于常数，

即它们是线性无关的. 因此方程 $y''+y=0$ 的通解为

$$y=C_1\cos x+C_2\sin x.$$

又如, 方程 $(x-1)y''-xy'+y=0$ 也是二阶齐次线性方程 $\left(P(x)=-\dfrac{x}{x-1},Q(x)=\dfrac{1}{x-1}\right)$. 容易验证 $y_1=x,y_2=\mathrm{e}^x$ 是所给方程的两个解,且 $\dfrac{y_2}{y_1}=\dfrac{\mathrm{e}^x}{x}$不恒等于常数,即它们是线性无关的. 因此方程的通解为

$$y=C_1x+C_2\mathrm{e}^x.$$

定理 5.2 不难推广到 n 阶齐次线性方程.

推论 5.1 如果 $y_1(x),y_2(x),\cdots,y_n(x)$是 n 阶齐次线性方程

$$y^{(n)}+a_1(x)y^{(n-1)}+\cdots+a_{n-1}(x)y'+a_n(x)y=0$$

的 n 个线性无关的解,那么,此方程的通解为

$$y=C_1y_1(x)+C_2y_2(x)+\cdots+C_ny_n(x),$$

其中 $C_1,C_2,\cdots,C_n$ 为任意常数.

下面讨论二阶非齐次线性方程(5.64). 方程(5.65)叫做**与非齐次方程(5.64)对应的齐次方程**.

在前面我们已经看到,一阶非齐次线性微分方程的通解由两部分构成:一部分是对应的齐次方程的通解;另一部分是非齐次方程本身的一个特解. 实际上,不仅一阶非齐次线性微分方程的通解具有这样的结构,而且二阶及更高阶的非齐次线性微分方程的通解也具有同样的结构.

定理 5.3 设 $y^*(x)$是二阶非齐次线性方程

$$y''+P(x)y'+Q(x)y=f(x) \tag{5.67}$$

的一个特解. $Y(x)$是与它对应的齐次方程(5.65)的通解,那么

$$y=Y(x)+y^*(x) \tag{5.68}$$

是二阶非齐次线性微分方程(5.67)的通解.

证 把式(5.68)代入方程(5.67)的左端,得

$$\begin{aligned}&(Y''+y^{*''})+P(x)(Y'+y^{*'})+Q(x)(Y+y^*)\\=&[Y''+P(x)Y'+Q(x)Y]+[y^{*''}+P(x)y^{*'}+Q(x)y^*]\end{aligned}$$

由于 Y 是方程(5.65)的解,y^* 是(5.67)的解,可知第一个括号内的表达式恒等于零,第二个恒等于 $f(x)$. 这样,$y=Y+y^*$ 使(5.67)的两端恒等,即式(5.68)是方程(5.67)的解.

由于对应的齐次方程(5.65)的通解 $Y=C_1y_1+C_2y_2$ 中含有两个任意常数,所以 $y=Y+y^*$ 中也含有两个任意常数,从而它就是二阶非齐次线性方程(5.67)的通解.

例如,方程 $y''+y=x^2$ 是二阶非齐次线性微分方程. 已知 $Y=C_1\cos x+C_2\sin x$

是对应的齐次方程 $y''+y=0$ 的通解；又容易验证 $y^*=x^2-2$ 是所给方程的一个特解. 因此

$$y = C_1\cos x + C_2\sin x + x^2 - 2$$

是所给方程的通解.

非齐次线性微分方程(5.67)的特解有时可用下述定理来帮助求出.

定理 5.4　设非齐次线性方程(5.67)的右端 $f(x)$是几个函数之和,如

$$y'' + P(x)y' + Q(x)y = f_1(x) + f_2(x), \tag{5.69}$$

而 $y_1^*(x)$与 $y_2^*(x)$分别是方程

$$y'' + P(x)y' + Q(x)y = f_1(x)$$

与

$$y'' + P(x)y' + Q(x)y = f_2(x)$$

的特解,那么 $y_1^*(x)+y_2^*(x)$就是原方程的特解.

证　将 $y=y_1^*+y_2^*$ 代入方程(5.69)的左端,得

$$\begin{aligned}&(y_1^* + y_2^*)'' + P(x)(y_1^* + y_2^*)' + Q(x)(y_1^* + y_2^*)\\ =&[y_1^{*''} + P(x)y_1^{*'} + Q(x)y_1^*] + [y_2^{*''} + P(x)y_2^{*'} + Q(x)y_2^*]\\ =&f_1(x) + f_2(x),\end{aligned}$$

因此 $y_1^*+y_2^*$ 是方程(5.69)的一个特解.

这一定理通常称为**非齐次线性微分方程的解的迭加原理**.

定理 5.3 和定理 5.4 也可推广到 n 阶非齐次线性方程,这里不再赘述.

5.6.3　常数变异法

在前面,为解一阶非齐次线性方程,用了常数变异法. 其特点是:如果 $Cy_1(x)$是齐次线性方程的通解,那么,可以利用变换 $y=uy_1(x)$(此变换是把齐次方程的通解中的任意常数 C 换成未知函数 $u(x)$而得)去解非齐次线性方程. 这一方法也适用于解高阶线性方程. 下面就二阶线性方程来做讨论.

如果已知齐次方程(5.65)的通解为

$$Y(x) = C_1 y_1(x) + C_2 y_2(x),$$

那么,可以用如下的常数变异法去求非齐次方程(5.67)的通解.

令

$$y = y_1(x)v_1 + y_2(x)v_2, \tag{5.70}$$

要确定未知函数 $v_1(x)$及 $v_2(x)$使式(5.70)所表示的函数 y 满足非齐次方程(5.67). 为此,对式(5.70)求导,得

$$y' = y_1v_1' + y_2v_2' + y_1'v_1 + y_2'v_2.$$

由于两个未知函数 v_1, v_2 只需满足一个关系式(5.67),所以可规定它们再满足一

个关系式. 从 y' 的上述表示式可看出,为了使 y'' 的表示式中不含 v_1'' 和 v_2'',可设

$$y_1v_1' + y_2v_2' = 0 \tag{5.71}$$

从而

$$y' = y_1'v_1 + y_2'v_2,$$

再求导,得

$$y'' = y_1'v_1' + y_2'v_2' + y_1''v_1 + y_2''v_2.$$

把 y,y',y'' 代入方程(5.67),得

$$y_1'v_1' + y_2'v_2' + y_1''v_1 + y_2''v_2 + P(y_1'v_1 + y_2'v_2) + Q(y_1v_1 + y_2v_2) = f,$$

整理得

$$y_1'v_1' + y_2'v_2' + (y_1'' + Py_1' + Qy_1)v_1 + (y_2'' + Py_2' + Qy_2)v_2 = f.$$

注意到 y_1 及 y_2 是齐次方程(5.65)的解,故上式即为

$$y_1'v_1' + y_2'v_2' = f. \tag{5.72}$$

联立方程(5.71)与(5.72),在系数行列式

$$W = \begin{vmatrix} y_1 & y_2 \\ y_1' & y_2' \end{vmatrix} = y_1y_2' - y_1'y_2 \neq 0$$

时,可解得

$$v_1' = -\frac{y_2 f}{W}, \quad v_2' = \frac{y_1 f}{W}.$$

对上两式积分(假定 $f(x)$ 连续),得

$$v_1 = C_1 + \int\left(-\frac{y_2 f}{W}\right)\mathrm{d}x, \quad v_2 = C_2 + \int\frac{y_1 f}{W}\mathrm{d}x.$$

于是得非齐次方程(5.67)的通解为

$$y = C_1y_1 + C_2y_2 - y_1\int\frac{y_2 f}{W}\mathrm{d}x + y_2\int\frac{y_1 f}{W}\mathrm{d}x.$$

例 5.25 求方程 $xy'' - y' = x^2$ 的通解.

解 这是变系数方程,对应齐次方程为

$$xy'' - y' = 0.$$

不难由观察法知,方程有两个线性无关的特解

$$y_1 = 1, \quad y_2 = x^2.$$

于是知方程的通解为

$$\bar{y} = C_1 \cdot 1 + C_2x^2 = C_1 + C_2x^2.$$

下面用常数变异法求非齐次方程 $xy'' - y' = x^2$ 的通解. 把所给方程写成标准形式

$$y'' - \frac{1}{x}y' = x.$$

令 $y=v_1+x^2v_2$. 按照

$$\begin{cases}y_1v_1'+y_2v_2'=0,\\ y_1'v_1'+y_2'v_2'=f,\end{cases}$$

有

$$\begin{cases}v_1'+x^2v_2'=0,\\ 2xv_2'=x.\end{cases}$$

解得

$$v_1'=-\frac{1}{2}x^2,\quad v_2'=\frac{1}{2}.$$

积分,得

$$v_1=C_1-\frac{1}{6}x^3,\quad v_2=C_2+\frac{1}{2}x.$$

于是所求非齐次方程的通解为

$$y=\frac{1}{3}x^3+C_2x^2+C_1.$$

如果只知齐次方程(5.65)的一个不恒为零的解 $y_1(x)$,那么,利用变换 $y=uy_1(x)$,可把非齐次方程(5.67)化为一阶线性方程.

事实上,把

$$y=y_1u,\quad y'=y_1u'+y_1'u,\quad y''=y_1u''+2y_1'u'+y_1''u$$

代入方程(5.67),得

$$y_1u''+2y_1'u'+y_1''u+P(y_1u'+y_1'u)+Qy_1u=f,$$

即

$$y_1u''+(2y_1'+Py_1)u'+(y_1''+Py_1'+Qy_1)u=f.$$

由于 $y_1''+Py_1'+Qy_1\equiv0$,故上式为

$$y_1u''+(2y_1'+Py_1)u'=f.$$

令 $u'=z$,上式即化为一阶线性方程

$$y_1z'+(2y_1'+Py_1)z=f. \tag{5.73}$$

把方程(5.67)化为方程(5.73)以后,按一阶线性方程的解法,设求得方程(5.73)的通解为

$$z=C_2Z(x)+z^*(x),$$

积分,得

$$u=C_1+C_2U(x)+u^*(x),$$

其中 $U'(x)=Z(x)$,$u^{*\prime}(x)=z^*(x)$. 上式乘以 $y_1(x)$,便得方程(5.67)的通解

$$y=C_1y_1(x)+C_2U(x)y_1(x)+u^*(x)y_1(x).$$

上述方法显然也适用于求齐次方程(5.65)的通解.

例 5.26 已知 $y_1(x)=e^x$ 是齐次方程 $y''-2y'+y=0$ 的解,求非齐次方程 $y''-2y'+y=\frac{1}{x}e^x$ 的通解.

解 令 $y=e^x u$,则 $y'=e^x(u'+u)$,$y''=e^x(u''+2u'+u)$,代入非齐次方程,得

$$e^x(u''+2u'+u)-2e^x(u'+u)+e^x u=\frac{1}{x}e^x,$$

即

$$e^x u''=\frac{1}{x}e^x,\quad u''=\frac{1}{x}.$$

这里不需再作变换去化为一阶线性方程,只要直接积分,便得

$$u'=C+\ln|x|,$$

再积分,得

$$u=C_1+Cx+x\ln|x|-x,$$

即

$$u=C_1+C_2x+x\ln|x|,\quad C_2=C-1.$$

于是所求通解为

$$y=C_1e^x+C_2xe^x+xe^x\ln|x|.$$

习 题 5.6

1. 下列函数组在其定义区间内哪些是线性无关的?

(1) x,x^2; (2) $x,2x$;

(3) $e^{2x},3e^{2x}$; (4) e^{-x},e^x;

(5) $\cos 2x,\sin 2x$; (6) e^{x^2},xe^{x^2};

(7) $\sin 2x,\cos x\sin x$; (8) $e^x\cos 2x,e^x\sin 2x$;

(9) $\ln x,x\ln x$; (10) $e^{ax},e^{bx}(a\neq b)$; (11) e^x,xe^x.

2. 验证函数 $y=e^x$ 与 $y=e^{-x}$ 在 $(-\infty,+\infty)$ 上都是二阶线性齐次微分方程

$$y''-y=0$$

的解.求它的通解,并求方程

$$y''-y=-1$$

的通解.

3. 验证函数 $y=1,y=\sin x,y=\cos x$ 在 $(-\infty,+\infty)$ 上都是三阶线性齐次微分方程

$$y'''+y'=0$$

的解.求它的通解,并求方程

$$y'''+y'=x$$

的通解.

4. 验证函数 $y=1,y=x,y=x^2,\cdots,y=x^{n-1}$ 在 $(-\infty,+\infty)$ 上都是 n 阶线性齐次微分方程

$$y^{(n)}=0$$

的解.求它的通解,并求方程

$$y^{(n)}=1$$

的通解.

5. 验证 $y_1=\cos\omega x$ 及 $y_2=\sin\omega x$ 都是方程 $y''+\omega^2y=0$ 的解,并写出该方程的通解.

6. 验证 $y_1=e^{x^2}$ 及 $y_2=xe^{x^2}$ 都是方程 $y''-4xy'+(4x^2-2)y=0$ 的解,并写出该方程的通解.

7. 验证:

(1) $y=C_1e^x+C_2e^{2x}+\frac{1}{12}e^{5x}$($C_1$、$C_2$ 是任意常数)是方程 $y''-3y'+2y=e^{5x}$ 的通解;

(2) $y=C_1\cos3x+C_2\sin3x+\frac{1}{32}(4x\cos x+\sin x)$($C_1$、$C_2$ 是任意常数)是方程 $y''+9y=x\cos x$ 的通解;

(3) $y=C_1x^2+C_2x^2\ln x$(C_1、C_2 是任意常数)是方程 $x^2y''-3xy'+4y=0$ 的通解;

(4) $y=C_1x^5+\frac{C_2}{x}-\frac{x^2}{9}\ln x$($C_1$、$C_2$ 是任意常数)是方程 $x^2y''-3xy'-5y=x^2\ln x$ 的通解;

(5) $y=\frac{1}{x}(C_1e^x+C_2e^{-x})+\frac{e^x}{2}$($C_1$、$C_2$ 是任意常数)是方程 $xy''+2y'-xy=e^x$ 的通解;

(6) $y=C_1e^x+C_2e^{-x}+C_3\cos x+C_4\sin x-x^2$($C_1$、$C_2$、$C_3$、$C_4$ 是任意常数)是方程 $y^{(4)}-y=x^2$ 的通解.

8. 已知 $y_1(x)=e^x$ 是齐次线性方程

$$(2x-1)y''-(2x+1)y'+2y=0$$

的一个解,求此方程的通解.

9. 已知 $y_1(x)=x$ 是齐次线性方程 $x^2y''-2xy'+2y=0$ 的一个解,求非齐次线性方程 $x^2y''-2xy'+2y=2x^3$ 的通解.

10. 已知齐次线性方程 $y''+y=0$ 的通解为 $Y(x)=C_1\cos x+C_2\sin x$,求非齐次线性方程 $y''+y=\sec x$ 的通解.

11. 已知齐次线性方程 $x^2y''-xy'+y=0$ 的通解为 $Y(x)=C_1x+C_2x\cdot\ln|x|$,求非齐次线性方程 $x^2y''-xy'+y=x$ 的通解.

5.7　常系数齐次线性微分方程

先讨论二阶常系数齐次线性微分方程的解法,再把二阶方程的解法推广到 n 阶方程.

在二阶齐次线性微分方程

$$y''+P(x)y'+Q(x)y=0 \tag{5.74}$$

中,如果 y',y 的系数 $P(x)$、$Q(x)$ 均为常数,即式(5.74)成为

$$y''+py'+qy=0 \tag{5.75}$$

其中 p,q 是常数，则称方程(5.75)为**二阶常系数齐次线性微分方程**. 如果 p,q 不全为常数，称方程(5.74)为**二阶变系数齐次线性微分方程**.

由上节讨论可知，要找微分方程(5.75)的通解，可以先求出它的两个解 y_1，y_2，如果$\frac{y_1}{y_2}$不恒为常数，即 y_1 与 y_2 线性无关，那么 $y=C_1y_1+C_2y_2$ 就是方程(5.75)的通解.

当 r 为常数时，指数函数 $y=\mathrm{e}^{rx}$ 和它的各阶导数都只相差一个常数因子. 由于指数函数有这个特点，因此用 $y=\mathrm{e}^{rx}$ 来尝试，看能否选取适当的常数 r，使 $y=\mathrm{e}^{rx}$ 满足方程(5.75).

将 $y=\mathrm{e}^{rx}$ 求导，得

$$y'=r\mathrm{e}^{rx}, y''=r^2\mathrm{e}^{rx}$$

把 y、y' 和 y'' 代入方程(5.75)，得

$$(r^2+pr+q)\mathrm{e}^{rx}=0.$$

由于 $\mathrm{e}^{rx}\neq 0$，所以

$$r^2+pr+q=0. \tag{5.76}$$

由此可见，只要 r 满足代数方程(5.76)，函数 $y=\mathrm{e}^{rx}$ 就是微分方程(5.75)的解，我们把代数方程(5.76)叫做**微分方程(5.75)的特征方程**.

特征方程(5.76)是一个二次代数方程，其中 r^2、r 的系数及常数项恰好依次是微分方程(5.75)中 y''，y' 及 y 的系数.

特征方程(5.76)的两个根 r_1，r_2 可以用公式

$$r_{1,2}=\frac{-p\pm\sqrt{p^2-4q}}{2}$$

求出. 它们有三种不同的情形.

(1) 当 $p^2-4q>0$ 时，r_1，r_2 是两个不相等的实根，即

$$r_1=\frac{-p+\sqrt{p^2-4q}}{2},\quad r_2=\frac{-p-\sqrt{p^2-4q}}{2};$$

(2) 当 $p^2-4q=0$ 时，r_1，r_2 是两个相等的实根，即

$$r_1=r_2=-\frac{p}{2};$$

(3) 当 $p^2-4q<0$ 时，r_1，r_2 是一对共轭复根，即

$$r_1=\alpha+\mathrm{i}\beta,\quad r_2=\alpha-\mathrm{i}\beta,$$

其中

$$\alpha=-\frac{p}{2},\quad \beta=\frac{\sqrt{4q-p^2}}{2}.$$

相应地，微分方程(5.75)的通解也有三种不同的情形，分别讨论如下.

(1) 特征方程有两个不相等的实根，即 $r_1 \neq r_2$.

由上面的讨论知道，$y_1 = e^{r_1 x}$，$y_2 = e^{r_2 x}$ 是微分方程(5.75)的两个解，并且 $\dfrac{y_2}{y_1} = \dfrac{e^{r_2 x}}{e^{r_1 x}} = e^{(r_2 - r_1)x}$ 不是常数，因此微分方程(5.75)的通解为

$$y = C_1 e^{r_1 x} + C_2 e^{r_2 x}.$$

(2) 特征方程有两个相等的实根，即 $r_1 = r_2$.

这时，只得到微分方程(5.75)的一个解

$$y_1 = e^{r_1 x}.$$

为了得出微分方程(5.75)的通解，还需求出另一个解 y_2，并且要求 $\dfrac{y_2}{y_1}$ 不是常数.

设 $\dfrac{y_2}{y_1} = u(x)$，即 $y_2 = e^{r_1 x} u(x)$. 下面来求 $u(x)$.

对 y_2 求导，得

$$y_2' = e^{r_1 x}(u' + r_1 u),$$
$$y_2'' = e^{r_1 x}(u'' + 2r_1 u' + r_1^2 u),$$

将 y_2、y_2' 和 y_2'' 代入微分方程(5.75)，得

$$e^{r_1 x}[(u'' + 2r_1 u' + r_1^2 u) + p(u' + r_1 u) + qu] = 0,$$

约去 $e^{r_1 x}$，并以 u''，u'，u 为准合并同类项，得

$$u'' + (2r_1 + p)u' + (r_1^2 + pr_1 + q)u = 0.$$

由于 r_1 是特征方程(5.76)的二重根，因此 $r_1^2 + pr_1 + q = 0$，且 $2r_1 + p = 0$，于是得

$$u'' = 0.$$

因为只要得到一个不为常数的解，所以不妨选取 $u = x$，由此得到微分方程(5.75)的另一个解

$$y_2 = x e^{r_1 x}.$$

从而微分方程(5.75)的通解为

$$y = C_1 e^{r_1 x} + C_2 x e^{r_1 x},$$

即

$$y = (C_1 + C_2 x) e^{r_1 x}.$$

(3) 特征方程有一对共轭复根，即 $r_1 = \alpha + i\beta$，$r_2 = \alpha - i\beta (\beta \neq 0)$.

这时，$y_1 = e^{(\alpha + i\beta)x}$，$y_2 = e^{(\alpha - i\beta)x}$ 是微分方程(5.75)的两个解，但它们是复值函数. 为了得出实值函数形式，先利用欧拉公式 $e^{i\theta} = \cos\theta + i\sin\theta$ 把 y_1、y_2 改写为

$$y_1 = e^{(\alpha + i\beta)x} = e^{\alpha x} \cdot e^{i\beta x} = e^{\alpha x}(\cos\beta x + i\sin\beta x),$$

$$y_2 = e^{(\alpha - i\beta)x} = e^{\alpha x} \cdot e^{-i\beta x} = e^{\alpha x}(\cos\beta x - i\sin\beta x).$$

由于复值函数 y_1 与 y_2 之间成共轭关系,因此,取它们的和除以 2 就得到它们的实部;取它们的差除以 2i 就得到它们的虚部. 由于方程(5.75)的解符合迭加原理,所以实值函数

$$\overline{y_1} = \frac{1}{2}(y_1 + y_2) = e^{\alpha x}\cos\beta x,$$

$$\overline{y_2} = \frac{1}{2i}(y_1 - y_2) = e^{\alpha x}\sin\beta x,$$

还是微分方程(5.75)的解,且 $\dfrac{\overline{y_1}}{\overline{y_2}} = \dfrac{e^{\alpha x}\cos\beta x}{e^{\alpha x}\sin\beta x} = \cot\beta x$ 不是常数,所以微分方程(5.75)的通解为

$$y = e^{\alpha x}(C_1\cos\beta x + C_2\sin\beta x).$$

综上所述,求二阶常系数齐次线性微分方程

$$y'' + py' + qy = 0 \tag{5.75}$$

的通解的步骤如下:

第一步 写出微分方程(5.75)的特征方程

$$r^2 + pr + q = 0. \tag{5.76}$$

第二步 求出特征方程(5.76)的两个根 r_1, r_2.

第三步 根据特征方程(5.76)的两个根的不同情形,按照下列表格写出微分方程(5.75)的通解.

特征方程 $r^2+pr+q=0$ 的两个根 r_1, r_2	微分方程 $y''+py'+qy=0$ 的通解
两个不相等的实根 r_1, r_2	$y=C_1e^{r_1x}+C_2e^{r_2x}$
两个相等的实根 $r_1=r_2$	$y=(C_1+C_2x)e^{r_1x}$
一对共轭复根 $r_{1,2}=\alpha\pm i\beta$	$y=e^{\alpha x}(C_1\cos\beta x+C_2\sin\beta x)$

例 5.27 求微分方程 $y''+2y'-3y=0$ 的通解.

解 所给微分方程的特征方程为

$$r^2 + 2r - 3 = 0,$$

其根 $r_1=1, r_2=-3$ 是两个不相等的实根,因此所求通解为

$$y = C_1e^x + C_2e^{-3x}.$$

例 5.28 求方程 $\dfrac{d^2s}{dt^2}+2\dfrac{ds}{dt}+s=0$ 满足初始条件 $s|_{t=0}=4, s'|_{t=0}=-2$ 的特解.

解 所给方程的特征方程为

$$r^2 + 2r + 1 = 0.$$

其根 $r_1=r_2=-1$ 为两个相等的实根,因此所求微分方程的通解为

$$s = (C_1 + C_2 t)e^{-t}.$$

将条件 $s|_{t=0}=4$ 代入通解,得 $C_1=4$,从而

$$s = (4 + C_2 t)e^{-t}.$$

将上式对 t 求导,得

$$s' = (C_2 - 4 - C_2 t)e^{-t}.$$

再把条件 $s'|_{t=0}=-2$ 代入上式,得 $C_2=2$. 于是所求特解为

$$s = (4 + 2t)e^{-t}.$$

例 5.29　求微分方程 $y''+y'+y=0$ 的通解.

解　所给方程的特征方程为

$$r^2 + r + 1 = 0.$$

其根 $r_{1,2}=\frac{1}{2}(-1\pm\sqrt{3}\mathrm{i})$ 为一对共轭复根. 因此所求通解为

$$y = e^{-\frac{1}{2}x}\left(C_1\cos\frac{\sqrt{3}}{2}x + C_2\sin\frac{\sqrt{3}}{2}x\right).$$

例 5.30　在上一节例 5.23 中,设物体只受弹性恢复力 f 的作用,且在初始 $t=0$时的位置为 $x=x_0$,初始速度为 $\left.\frac{\mathrm{d}x}{\mathrm{d}t}\right|_{t=0}=v_0$. 求反映物体运动规律的函数 $x=x(t)$.

解　由于不计阻力 R,即假设 $-\mu\frac{\mathrm{d}x}{\mathrm{d}t}=0$,所以上一节中的方程(5.60)化为

$$\frac{\mathrm{d}^2x}{\mathrm{d}t^2} + k^2x = 0, \tag{5.77}$$

方程(5.77)叫做**无阻尼自由振动的微分方程**.

反映物体运动规律的函数 $x=x(t)$ 是满足微分方程(5.77)及初始条件

$$x|_{t=0} = x_0, \quad \left.\frac{\mathrm{d}x}{\mathrm{d}t}\right|_{t=0} = v_0$$

的特解.

方程(5.77)的特征方程为 $r^2+k^2=0$,其根 $r=\pm\mathrm{i}k$ 是一对共轭复根,所以方程(5.77)的通解为

$$x = C_1\cos kt + C_2\sin kt.$$

应用初始条件,定出 $C_1=x_0$, $C_2=\frac{v_0}{k}$. 因此,所求的特解为

$$x = x_0\cos kt + \frac{v_0}{k}\sin kt. \tag{5.78}$$

为了便于说明特解所反映的振动现象,令

$$x_0 = A\sin\varphi, \quad \frac{v_0}{k} = A\cos\varphi, \quad 0 \leqslant \varphi < 2\pi$$

于是(5.78)式化为

$$x = A\sin(kt + \varphi), \tag{5.79}$$

其中

$$A = \sqrt{x_0^2 + \frac{v_0^2}{k^2}}, \quad \tan\varphi = \frac{kx_0}{v_0}.$$

函数(5.79)的图形如图 5.14 所示(图中假定 $x_0>0, v_0>0$).

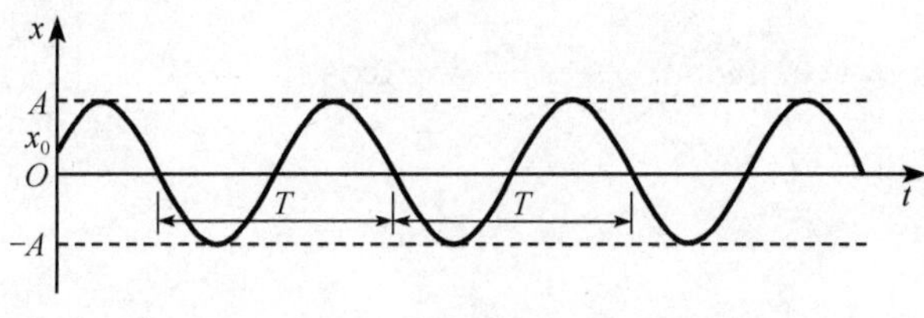

图 5.14

函数(5.79)所反映的运动就是**简谐振动**. 这个振动的振幅为 A,初相为 φ,周期为 $T=\dfrac{2\pi}{k}$,角频率为 k. 由于 $k=\sqrt{\dfrac{c}{m}}$,它与初始条件无关,而完全由振动系统(在本例中就是弹簧和物体所组成的系统)本身所确定. 因此,k 又叫做**系统的固有频率**. 固有频率是反映振动系统特性的一个重要参数.

例 5.31 在上一节例 5.23 中,设物体受弹簧的恢复力 f 和阻力 R 的作用,且在初始 $t=0$ 时的位置 $x=x_0$,初始速度 $\left.\dfrac{\mathrm{d}x}{\mathrm{d}t}\right|_{t=0}=v_0$. 求反映物体运动规律的函数 $x=x(t)$.

解 这就是要找满足有阻尼的自由振动方程

$$\frac{\mathrm{d}^2x}{\mathrm{d}t^2} + 2n\frac{\mathrm{d}x}{\mathrm{d}t} + k^2x = 0 \tag{5.80}$$

及初始条件

$$x\big|_{t=0} = x_0, \quad \left.\frac{\mathrm{d}x}{\mathrm{d}t}\right|_{t=0} = v_0$$

的特解.

方程(5.80)的特征方程为 $r^2+2nr+k^2=0$,其根为

$$r = \frac{-2n \pm \sqrt{4n^2 - 4k^2}}{2} = -n \pm \sqrt{n^2 - k^2}.$$

以下按 $n<k, n>k$ 及 $n=k$ 三种不同情形分别进行讨论.

(1) 小阻尼情形,即 $n<k$.

特征方程的根 $r=-n\pm \mathrm{i}\omega$,($\omega=\sqrt{k^2-n^2}$)是一对共轭复根,所以方程(5.80)

的通解为

$$x = e^{-nt}(C_1\cos\omega t + C_2\sin\omega t).$$

应用初始条件,定出 $C_1 = x_0$,$C_2 = \dfrac{v_0 + nx_0}{\omega}$,因此所求特解为

$$x = e^{-nt}\left(x_0\cos\omega t + \frac{v_0 + nx_0}{\omega}\sin\omega t\right). \tag{5.81}$$

令

$$x_0 = A\sin\varphi, \quad \frac{v_0 + nx_0}{\omega} = A\cos\varphi, \quad 0 \leqslant \varphi < 2\pi, \tag{5.82}$$

那么式(5.81)又可写成

$$x = Ae^{-nt}\sin(\omega t + \varphi), \tag{5.83}$$

其中

$$\omega = \sqrt{k^2 - n^2}; \quad A = \sqrt{x_0^2 + \frac{(v_0 + nx_0)^2}{\omega^2}}, \quad \tan\varphi = \frac{x_0\omega}{v_0 + nx_0}.$$

从式(5.83)看出,物体的运动是周期 $T = \dfrac{2\pi}{\omega}$ 的振动. 但与简谐振动不同,它的振幅 Ae^{-nt} 随时间 t 的增大而逐渐减小. 因此,物体随时间 t 的增大而趋于平衡位置.

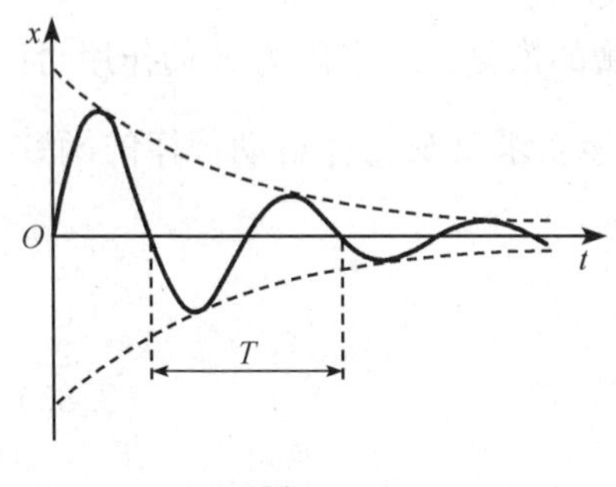

图 5.15

函数(5.83)的图形如图 5.15 所示(图中假定 $x_0 = 0$,$v_0 > 0$).

(2) 大阻尼情形,即 $n > k$.

特征方程的根 $r_1 = -n + \sqrt{n^2 - k^2}$,$r_2 = -n - \sqrt{n^2 - k^2}$ 是两个不相等的负实根,所以方程(5.80)的通解为

$$x = C_1 e^{-(n - \sqrt{n^2 - k^2})t} + C_2 e^{-(n + \sqrt{n^2 - k^2})t}, \tag{5.84}$$

其中任意常数 C_1、C_2 可以由初始条件来确定.

从式(5.84)看出,使 $x = 0$ 的 t 值最多只有一个,即物体最多越过平衡位置一次,因此物体已不再有振动现象. 又当 $t \to +\infty$ 时,$x \to 0$. 因此,物体随时间 t 的增大而趋于平衡位置.

函数(5.84)的图形如图 5.16 所示(图中假定 $x_0 > 0$,$v_0 > 0$).

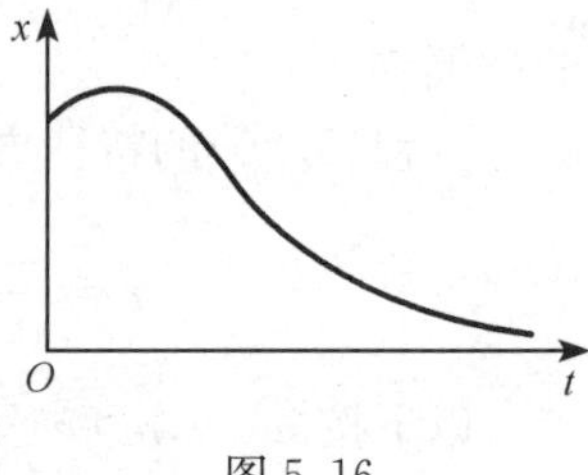

图 5.16

(3) 临界阻尼情形,即 $n = k$.

特征方程的根 $r_1 = r_2 = -n$ 是两个相等的实根,所以方程(5.80)的通解为

$$x = \mathrm{e}^{-nt}(C_1 + C_2 t),$$

其中任意常数 C_1 和 C_2 可由初始条件来确定. 由上式可看出,在临界阻尼情形使 $x=0$ 的 t 值也最多只有一个,因此物体也不再有振动现象. 又由于

$$\lim_{t\to+\infty} t\mathrm{e}^{-nt} = \lim_{t\to+\infty} \frac{t}{\mathrm{e}^{nt}} = 0,$$

从而可以看出,当 $t\to+\infty$时,$x\to0$. 因此,在临界阻尼情形,物体也随时间 t 的增大而趋于平衡位置.

上面讨论二阶常系数齐次线性微分方程所用的方法以及方程的通解的形式,可推广到 n 阶常系数齐次线性微分方程上去,对此不再详细讨论,只简单地叙述如下:

n 阶常系数齐次线性微分方程的一般形式是

$$y^{(n)} + p_1 y^{(n-1)} + p_2 y^{(n-2)} + \cdots + p_{n-1} y' + p_n y = 0, \tag{5.85}$$

其中 $p_1, p_2, \cdots, p_{n-1}, p_n$ 都是常数.

有时用记号 D(**微分算符**)表示对 x 求导的运算$\frac{\mathrm{d}}{\mathrm{d}x}$,把$\frac{\mathrm{d}y}{\mathrm{d}x}$记作 Dy,把$\frac{\mathrm{d}^n y}{\mathrm{d}x^n}$记作 $D^n y$,并把方程(5.85)记作

$$(D^n + p_1 D^{n-1} + \cdots + p_{n-1} D + p_n) y = 0. \tag{5.86}$$

记

$$L(D) = D^n + p_1 D^{n-1} + \cdots + p_{n-1} D + p_n,$$

$L(D)$叫做**微分算符 D 的 n 次多项式**. 于是方程(5.86)可记作

$$L(D) y = 0.$$

如同讨论二阶常系数齐次线性微分方程那样,令 $y=\mathrm{e}^{rx}$. 由于 $D\mathrm{e}^{rx} = r\mathrm{e}^{rx}, \cdots, D^n \mathrm{e}^{rx} = r^n \mathrm{e}^{rx}$,故 $L(D)\mathrm{e}^{rx} = L(r)\mathrm{e}^{rx}$. 因此把 $y=\mathrm{e}^{rx}$ 代入方程(5.86),得

$$L(r)\mathrm{e}^{rx} = 0.$$

由此可见,如果选取 r 为 n 次代数方程

$$L(r) = 0(\text{即 } r^n + p_1 r^{n-1} + p_2 r^{n-2} + \cdots + p_{n-1} r + p_n = 0) \tag{5.87}$$

的根,那么函数 $y=\mathrm{e}^{rx}$ 就是方程(5.86)的一个解.

方程(5.87)叫做**方程(5.86)的特征方程**.

根据特征方程的根,可以写出其对应的微分方程的解如下:

特征方程的根	微分方程通解中的对应项
单实根 r	给出一项 $C\mathrm{e}^{rx}$
一对单复根 $r_{1,2}=\alpha\pm\mathrm{i}\beta$	给出两项 $\mathrm{e}^{\alpha x}(C_1\cos\beta x + C_2\sin\beta x)$
k 重实根 r	给出 k 项 $\mathrm{e}^{rx}(C_1 + C_2 x + \cdots + C_k x^{k-1})$
一对 k 重复根 $r_{1,2}=\alpha\pm\mathrm{i}\beta$	给出 $2k$ 项 $\mathrm{e}^{\alpha x}[(C_1 + C_2 x + \cdots + C_k x^{k-1})\cos\beta x + (D_1 + D_2 x + \cdots + D_k x^{k-1})\sin\beta x]$

由代数学知道，n 次代数方程有 n 个根(重根按重数计算). 而特征方程的每一个根都对应着通解中的一项，且每项各含一个任意常数. 这样就得到 n 阶常系数齐次线性微分方程的通解

$$y = C_1 y_1 + C_2 y_2 + \cdots + C_n y_n.$$

例 5.32　求方程 $y^{(4)} - 6y''' + 22y'' - 30y' + 13y = 0$ 的通解.

解　所给方程的特征方程为

$$r^4 - 6r^3 + 22r^2 - 30r + 13 = 0,$$

即

$$(r-1)^2(r^2 - 4r + 13) = 0.$$

它的根为 $r_1 = r_2 = 1$ 和 $r_{3,4} = 2 \pm 3\mathrm{i}$.

因此所给微分方程的通解为

$$y = \mathrm{e}^x (C_1 + C_2 x) + \mathrm{e}^{2x}(C_3 \cos 3x + C_4 \sin 3x).$$

例 5.33　求方程 $\dfrac{\mathrm{d}^4 w}{\mathrm{d}x^4} + \beta^4 w = 0$ 的通解，其中 $\beta > 0$.

解　所给方程的特征方程为

$$r^4 + \beta^4 = 0.$$

由于

$$\begin{aligned} r^4 + \beta^4 &= r^4 + 2r^2\beta^2 + \beta^4 - 2r^2\beta^2 = (r^2 + \beta^2)^2 - 2r^2\beta^2 \\ &= (r^2 - \sqrt{2}\beta r + \beta^2)(r^2 + \sqrt{2}\beta r + \beta^2), \end{aligned}$$

所以特征方程可以写为

$$(r^2 - \sqrt{2}\beta r + \beta^2)(r^2 + \sqrt{2}\beta r + \beta^2) = 0,$$

它的根为 $r_{1,2} = \dfrac{\beta}{\sqrt{2}}(1 \pm \mathrm{i})$，$r_{3,4} = -\dfrac{\beta}{\sqrt{2}}(1 \pm \mathrm{i})$. 因此所给方程的通解为

$$w = \mathrm{e}^{\frac{\beta}{\sqrt{2}}x}\left(C_1 \cos\frac{\beta}{\sqrt{2}}x + C_2 \sin\frac{\beta}{\sqrt{2}}x\right) + \mathrm{e}^{-\frac{\beta}{\sqrt{2}}x}\left(C_3 \cos\frac{\beta}{\sqrt{2}}x + C_4 \sin\frac{\beta}{\sqrt{2}}x\right).$$

习　题　5.7

1. 求下列微分方程的通解：

(1) $y'' + y' - 2y = 0$；　(2) $y'' - 4y' = 0$；

(3) $y'' + y = 0$；　(4) $y'' + 6y' + 13y = 0$；

(5) $4\dfrac{\mathrm{d}^2 x}{\mathrm{d}t^2} - 20\dfrac{\mathrm{d}x}{\mathrm{d}t} + 25x = 0$；　(6) $y'' - 4y' + 5y = 0$；

(7) $y^{(4)} - y = 0$；　(8) $y^{(4)} + 2y'' + y = 0$；

(9) $y^{(4)} - 2y''' + y'' = 0$；　(10) $y^{(4)} + 5y'' - 36y = 0$；

(11) $y'' + 3y' + 2y = 0$；　(12) $2y'' + 5y' + 2y = 0$；

(13) $y''-3y'=0$； (14) $y''-6y'+9y=0$；

(15) $y''+9y=0$； (16) $y''+y'+y=0$；

(17) $u''+B^2u=0(B>0)$； (18) $y''+2\delta y'+\omega_0^2 y=0(\omega_0>\delta>0)$；

(19) $y'''-y=0$； (20) $y'''-2y'+y=0$；

(21) $y'''+3y''+3y'+y=0$.

2. 求下列微分方程满足所给初始条件的特解：

(1) $y''-4y'+3y=0, y|_{x=0}=6, y'|_{x=0}=10$；

(2) $4y''+4y'+y=0, y|_{x=0}=2, y'|_{x=0}=0$；

(3) $y''-3y'-4y=0, y|_{x=0}=0, y'|_{x=0}=-5$；

(4) $y''+4y'+29y=0, y|_{x=0}=0, y'|_{x=0}=15$；

(5) $y''+25y=0, y|_{x=0}=2, y'|_{x=0}=5$；

(6) $y''-4y'+13y=0, y|_{x=0}=0, y'|_{x=0}=3$；

(7) $y''+4y'+4y=0, y|_{x=0}=1, y'|_{x=0}=1$；

(8) $4y''+9y=0, y|_{x=0}=2, y'|_{x=0}=-1$.

3. 一个单位质量的质点在数轴上运动，开始时质点在原点 O 处且速度为 v_0，在运动过程中，它受到一个力的作用，这个力的大小与质点到原点的距离成正比(比例系数 $k_1>0$)而方向与初速一致，且介质的阻力与速度成正比(比例系数 $k_2>0$). 求反映这质点的运动规律的函数.

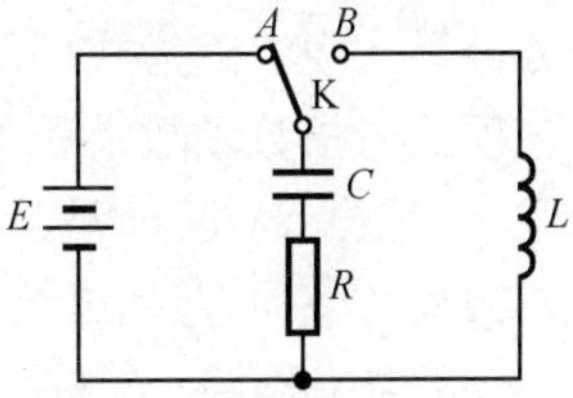

4. 在图 5.17 所示的电路中先将开关 K 拨向 A，达到稳定状态后再将开关 K 拨向 B，求电压 $u_C(t)$ 及电流 $i(t)$. 已知 $E=20\text{V}, C=0.5\times10^{-6}\text{F}$(法)，$L=0.1\text{H}$(亨)，$R=2000\Omega$.

图 5.17

5. 设圆柱形浮筒，直径为 0.5m，铅直放在水中，当稍向下压后突然放开，浮筒在水中上下振动的周期为 2s，求浮筒的质量.

6. 设 $y_1(x), y_2(x)$ 是二阶齐次线性方程 $y''+p(x)y'+q(x)y=0$ 的两个解，令

$$W(x)=\begin{vmatrix} y_1(x) & y_2(x) \\ y_1'(x) & y_2'(x) \end{vmatrix}=y_1(x)y_2'(x)-y_1'(x)y_2(x),$$

证明：(1) $W(x)$ 满足方程 $W'+p(x)W=0$；

(2) $W(x)=W(x_0)\mathrm{e}^{-\int_{x_0}^{x}p(t)\mathrm{d}t}$.

5.8 常系数非齐次线性微分方程

本节着重讨论二阶常系数非齐次线性微分方程的解法，并对 n 阶方程的解法作必要的说明.

二阶常系数非齐次线性微分方程的一般形式是

$$y''+py'+qy=f(x), \tag{5.88}$$

其中 p,q 是常数.

求二阶常系数非齐次线性微分方程的通解，归结为求对应的齐次方程

$$y'' + py' + qy = 0 \tag{5.89}$$

的通解和非齐次方程(5.88)本身的一个特解. 由于二阶常系数齐次线性微分方程的通解的求法已得到解决，所以这里只需讨论求二阶常系数非齐次线性微分方程的一个特解 y^* 的方法.

本节只介绍当方程(5.88)中的 $f(x)$ 取两种常见形式时求 y^* 的方法. 这种方法的特点是不用积分就可求出 y^* 来，叫做**待定系数法**. $f(x)$ 的两种形式是

(1) $f(x)=P_m(x)e^{\lambda x}$，其中 λ 是常数，$P_m(x)$ 是 x 的一个 m 次多项式，写为

$$P_m(x) = a_0x^m + a_1x^{m-1} + \cdots + a_{m-1}x + a_m;$$

(2) $f(x)=e^{\lambda x}[P_l(x)\cos\omega x+P_n(x)\sin\omega x]$，其中 λ、ω 是常数，$P_l(x)$、$P_n(x)$ 分别是 x 的 l 次、n 次多项式，其中有一个可为零.

下面分别介绍 $f(x)$ 为上述两种形式时 y^* 的求法.

5.8.1　$f(x)=e^{\lambda x}P_m(x)$ 型

方程(5.88)的特解 y^* 是使其成为恒等式的函数. 怎样的函数能使式(5.88)成为恒等式呢? 因为式(5.88)右端 $f(x)$ 是多项式 $P_m(x)$ 与指数函数 $e^{\lambda x}$ 的乘积，而多项式与指数函数乘积的导数仍然是多项式与指数函数的乘积，因此，我们推测 $y^*=Q(x)e^{\lambda x}$ ($Q(x)$ 是某个多项式) 可能是方程(5.88)的特解. 把 y^*、$y^{*\prime}$ 及 $y^{*\prime\prime}$ 代入方程(5.88)，然后考虑能否选取适当的多项式 $Q(x)$，使 $y^*=Q(x)e^{\lambda x}$ 满足方程(5.88). 因此，将

$$\begin{aligned} y^* &= Q(x)e^{\lambda x} \\ y^{*\prime} &= e^{\lambda x}[\lambda Q(x) + Q'(x)], \\ y^{*\prime\prime} &= e^{\lambda x}[\lambda^2 Q(x) + 2\lambda Q'(x) + Q''(x)] \end{aligned}$$

代入方程(5.88)并消去 $e^{\lambda x}$，得

$$Q''(x) + (2\lambda + p)Q'(x) + (\lambda^2 + p\lambda + q)Q(x) = P_m(x). \tag{5.90}$$

(1) 如果 λ 不是式(5.89)的特征方程 $r^2+pr+q=0$ 的根，即 $\lambda^2+p\lambda+q\neq 0$，由于 $P_m(x)$ 是一个 m 次多项式，要使式(5.90)的两端恒等，可令 $Q(x)$ 为另一个 m 次多项式

$$Q_m(x) = b_0x^m + b_1x^{m-1} + \cdots + b_{m-1}x + b_m,$$

代入式(5.90)，比较等式两端 x 同次幂的系数，可得到以 $b_0, b_1, \cdots, b_m$ 作为未知数的 $m+1$ 个方程的联立方程组. 从而可以定出这些 $b_i(i=0,1,\cdots,m)$，并得到所求的特解

$$y^* = Q_m(x)e^{\lambda x}.$$

(2) 如果 λ 是特征方程 $r^2+pr+q=0$ 的单根，即 $\lambda^2+p\lambda+q=0$，但 $2\lambda+p\neq 0$，要使式(5.90)的两端恒等，那么 $Q'(x)$ 必须是 m 次多项式. 此时可令

$$Q(x) = xQ_m(x),$$

并且可用同样的方法来确定 $Q_m(x)$ 的系数 $b_i(i=0,1,2,\cdots,m)$.

(3) 如果 λ 是特征方程 $r^2+pr+q=0$ 的重根,即 $\lambda^2+p\lambda+q=0$,且 $2\lambda+p=0$,要使式(5.90)的两端恒等,那么 $Q''(x)$ 必须是 m 次多项式. 此时可令

$$Q(x)=x^2Q_m(x),$$

并用同样的方法来确定 $Q_m(x)$ 中的系数.

综上所述,有如下结论:

如果 $f(x)=P_m(x)\mathrm{e}^{\lambda x}$,则二阶常系数非齐次线性微分方程(5.88)具有形如

$$y^*=x^kQ_m(x)\mathrm{e}^{\lambda x} \tag{5.91}$$

的特解,其中 $Q_m(x)$ 是与 $P_m(x)$ 同次(m 次)的多项式,而 k 按 λ 不是特征方程的根、是特征方程的单根或是特征方程的重根依次取为 0、1 或 2.

上述结论可推广到 n 阶常系数非齐次线性微分方程,但要注意式(5.91)中的 k 是特征方程含根 λ 的重数(即若 λ 不是特征方程的根,k 取为 0;若 λ 是特征方程的 s 重根,k 取为 s).

例 5.34 求微分方程 $y''-2y'-3y=3x+1$ 的一个特解.

解 这是二阶常系数非齐次线性微分方程,且函数 $f(x)$ 是 $P_m(x)\mathrm{e}^{\lambda x}$ 型 ($P_m(x)=3x+1,\lambda=0$).

与所给方程对应的齐次方程为

$$y''-2y'-3y=0,$$

它的特征方程为

$$r^2-2r-3=0.$$

由于这里 $\lambda=0$ 不是特征方程的根,所以应设特解为

$$y^*=b_0x+b_1.$$

把它代入所给方程,得

$$-3b_0x-2b_0-3b_1=3x+1,$$

比较两端 x 同次幂的系数,得

$$\begin{cases}-3b_0=3,\\ -2b_0-3b_1=1.\end{cases}$$

由此求得 $b_0=-1,b_1=\dfrac{1}{3}$. 于是求得一个特解为

$$y^*=-x+\frac{1}{3}.$$

例 5.35 求微分方程 $y''-5y'+6y=x\mathrm{e}^{2x}$ 的通解.

解 所给方程也是二阶常系数非齐次线性微分方程,且 $f(x)$ 呈 $P_m(x)\mathrm{e}^{\lambda x}$ 型 ($P_m(x)=x,\lambda=2$).

与所给方程对应的齐次方程为

$$y''-5y'+6y=0,$$

它的特征方程

$$r^2-5r+6=0$$

有两个实根 $r_1=2, r_2=3$. 于是与所给方程对应的齐次方程的通解为

$$Y=C_1e^{2x}+C_2e^{3x}.$$

由于 $\lambda=2$ 是特征方程的单根，所以应设 y^* 为

$$y^*=x(b_0x+b_1)e^{2x}.$$

把它代入所给方程，得

$$-2b_0x+2b_0-b_1=x.$$

比较等式两端同次幂的系数，得

$$\begin{cases}-2b_0=1,\\ 2b_0-b_1=0.\end{cases}$$

解得 $b_0=-\dfrac{1}{2}, b_1=-1$. 因此求得一个特解为

$$y^*=x\left(-\frac{1}{2}x-1\right)e^{2x}.$$

从而所求的通解为

$$y=C_1e^{2x}+C_2e^{3x}-\frac{1}{2}(x^2+2x)e^{2x}.$$

5.8.2 $f(x)=e^{\lambda x}[P_l(x)\cos\omega x+P_n(x)\sin\omega x]$型

应用欧拉公式，把三角函数表示为复变指数函数的形式，有

$$\begin{aligned}f(x)&=e^{\lambda x}[P_l\cos\omega x+P_n\sin\omega x]\\&=e^{\lambda x}\left[P_l\frac{e^{i\omega x}+e^{-i\omega x}}{2}+P_n\frac{e^{i\omega x}-e^{-i\omega x}}{2i}\right]\\&=\left(\frac{P_l}{2}+\frac{P_n}{2i}\right)e^{(\lambda+i\omega)x}+\left(\frac{P_l}{2}-\frac{P_n}{2i}\right)e^{(\lambda-i\omega)x}\\&=P(x)e^{(\lambda+i\omega)x}+\overline{P}(x)e^{(\lambda-i\omega)x},\end{aligned}$$

其中

$$P(x)=\frac{P_l}{2}+\frac{P_n}{2i}=\frac{P_l}{2}-\frac{P_n}{2}i;$$

$$\overline{P}(x)=\frac{P_l}{2}-\frac{P_n}{2i}=\frac{P_l}{2}+\frac{P_n}{2}i;$$

二者为共轭的 m 次多项式（即它们对应项的系数是共轭复数），而 $m=\max\{l,n\}$.

应用前面的结果，对于 $f(x)$ 中的第一项 $P(x)e^{(\lambda+i\omega)x}$，可求出一个 m 次多项式 $Q_m(x)$，使得 $y_1^*=x^kQ_me^{(\lambda+i\omega)x}$ 为方程

$$y'' + py' + qy = P(x)e^{(\lambda+i\omega)x}$$

的特解,其中 k 按 $\lambda+i\omega$ 不是特征方程的根或是特征方程的单根依次取 0 或 1. 由于 $f(x)$ 的第二项 $\overline{P}(x)e^{(\lambda-i\omega)x}$ 与第一项 $P(x)e^{(\lambda+i\omega)x}$ 成共轭,所以与 y_1^* 成共轭的函数 $y_2^* = x^k\overline{Q}_m e^{(\lambda-i\omega)x}$ 必然是方程

$$y'' + py' + qy = \overline{P}(x)e^{(\lambda-i\omega)x}$$

的特解,其中 $\overline{Q}_m$ 表示与 Q_m 成共轭的 m 次多项式,于是,方程(5.88)具有形如

$$y^* = x^kQ_m e^{(\lambda+i\omega)x} + x^k\overline{Q}_m e^{(\lambda-i\omega)x}$$

的特解. 上式可写为

$$\begin{aligned} y^* &= x^k e^{\lambda x}[Q_m e^{i\omega x} + \overline{Q}_m e^{-i\omega x}] \\ &= x^k e^{\lambda x}[Q_m(\cos\omega x + i\sin\omega x) + \overline{Q}_m(\cos\omega x - i\sin\omega x)], \end{aligned}$$

由于括号内的两项是互成共轭的,相加后无虚部,所以可以写成实函数的形式

$$y^* = x^k e^{\lambda x}[R_m^{(1)}(x)\cos\omega x + R_m^{(2)}\sin\omega x].$$

综上所述,有如下结论:

如果 $f(x)=e^{\lambda x}[P_l(x)\cos\omega x+P_n(x)\sin\omega x]$,则二阶常系数非齐次线性微分方程(5.88)的特解可设为

$$y^* = x^k e^{\lambda x}[R_m^{(1)}(x)\cos\omega x + R_m^{(2)}\sin\omega x] \tag{5.92}$$

其中 $R_m^{(1)}(x)$、$R_m^{(2)}(x)$ 是 m 次多项式,$m=\max\{l,n\}$,而 k 按 $\lambda+i\omega$(或 $\lambda-i\omega$)不是特征方程的根、或是特征方程的单根依次取 0 或 1.

上述结论可推广到 n 阶常系数非齐次线性微分方程,但要注意式(5.92)中的 k 是特征方程中含根 $\lambda+i\omega$(或 $\lambda-i\omega$)的重数.

例 5.36 求微分方程 $y''+y=x\cos 2x$ 的一个特解.

解 所给方程是二阶常系数非齐次线性方程,且 $f(x)$ 属于

$$e^{\lambda x}[P_l(x)\cos\omega x + P_n(x)\sin\omega x]\text{ 型}$$

其中 $\lambda=0,\omega=2,P_l(x)=x,P_n(x)=0$. 与所给方程对应的齐次方程为

$$y'' + y = 0,$$

它的特征方程为

$$r^2 + 1 = 0.$$

由于 $\lambda+i\omega=2i$ 不是特征方程的根,所以应设特解为

$$y^* = (ax+b)\cos 2x + (cx+d)\sin 2x.$$

把它代入所给方程,得

$$(-3ax - 3b + 4c)\cos 2x - (3cx + 3d + 4a)\sin 2x = x\cos 2x.$$

比较两端同类项的系数,得

$$\begin{cases} -3a = 1, \\ -3b + 4c = 0, \\ -3c = 0, \\ -3d - 4a = 0. \end{cases}$$

由此解得

$$a=-\frac{1}{3},\quad b=0,\quad c=0,\quad d=\frac{4}{9}.$$

于是求得一个特解为

$$y^*=-\frac{1}{3}x\cos 2x+\frac{4}{9}\sin 2x.$$

例 5.37 在例 5.23 中,设物体受弹性恢复力 f 和铅直干扰力 F 的作用.试求物体的运动规律.

解 这里需要求出无阻尼强迫振动方程

$$\frac{\mathrm{d}^2x}{\mathrm{d}t^2}+k^2x=h\sin pt \tag{5.93}$$

的通解.

对应的齐次微分方程(即无阻尼自由振动方程)为

$$\frac{\mathrm{d}^2x}{\mathrm{d}t^2}+k^2x=0, \tag{5.94}$$

它的特征方程 $r^2+k^2=0$ 的根为 $r=\pm\mathrm{i}k$.故方程(5.94)的通解为

$$X=C_1\cos kt+C_2\sin kt.$$

令

$$C_1=A\sin\varphi,\quad C_2=A\cos\varphi,$$

则方程(5.94)的通解又可写成

$$X=A\sin(kt+\varphi),$$

其中,A,φ 为任意常数.

方程(5.93)右端的函数

$$f(t)=h\sin pt$$

与 $f(t)=\mathrm{e}^{\lambda t}[P_l(t)\cos\omega t+P_n(t)\sin\omega t]$ 相比较,有 $\lambda=0,\omega=p,P_l(t)=0$,$P_n(t)=h$.分别就 $p\neq k$ 和 $p=k$ 两种情形讨论如下:

(1) 如果 $p\neq k$,则 $\lambda\pm\mathrm{i}\omega=\pm\mathrm{i}p$ 不是特征方程的根,故设

$$x^*=a_1\cos pt+b_1\sin pt.$$

代入方程(5.93),求得

$$a_1=0,\quad b_1=\frac{h}{k^2-p^2}.$$

于是

$$x^*=\frac{h}{k^2-p^2}\sin pt.$$

从而当 $p\neq k$ 时,方程(5.94)的通解为

$$x=X+x^*=A\sin(kt+\varphi)+\frac{h}{k^2-p^2}\sin pt.$$

上式表示,物体的运动由两部分组成,这两部分都是**简谐振动**.上式第一项表示**自由振动**,第二项所表示的振动叫做**强迫振动**.强迫振动是干扰力引起的,它的角频率即为干扰力的角频率 p;当干扰力的角频率 p 与振动系统的固有频率 k 相差很小时,其振幅 $\left|\dfrac{h}{k^2-p^2}\right|$ 可以很大.

(2) 如果 $p=k$,则 $\lambda\pm i\omega=\pm ip$ 是特征方程的根.故设

$$x^* = t(a_1\cos kt + b_1\sin kt).$$

代入方程(5.93)求得

$$a_1 = -\frac{h}{2k},\quad b_1 = 0.$$

于是

$$x^* = -\frac{h}{2k}t\cos kt.$$

从而当 $p=k$ 时,方程(5.93)的通解为

$$x = X + x^* = A\sin(kt+\varphi) - \frac{h}{2k}t\cos kt.$$

上式右端第二项表明,强迫振动的振幅 $\dfrac{h}{2k}t$ 随时间 t 的增大而无限增大.这就发生所谓**共振现象**.为了避免共振现象,应使干扰力的角频率 p 不要靠近振动系统的固有频率 k.反之,如果要利用共振现象,则应使 $p=k$ 或使 p 与 k 尽量靠近.

有阻尼的强迫振动问题可作类似讨论,这里从略.

习 题 5.8

1. 求下列各微分方程的通解:

(1) $2y''+y'-y=2e^x$; (2) $y''+a^2y=e^x$;

(3) $2y''+5y'=5x^2-2x-1$; (4) $y''+3y'+2y=3xe^{-x}$;

(5) $y''-2y'+5y=e^x\sin 2x$; (6) $y''-6y'+9y=(x+1)e^{3x}$;

(7) $y''+5y'+4y=3-2x$; (8) $y''+4y=x\cos x$;

(9) $y''+y=e^x+\cos x$; (10) $y''-y=\sin^2 x$;

(11) $y''+2y'+5y=\sin 2x$; (12) $y'''+y''-2y'=x(e^x+4)$;

(13) $y''-4y'+5y=5$; (14) $y''+2y'=4e^{3x}$;

(15) $y''-7y'+12y=x$; (16) $y''+9y=10\sin 2x$;

(17) $y''+9y=10\cos 2x$; (18) $2y''-3y'-2y=e^x+e^{-x}$;

(19) $y''+y=\cos x\cos 3x$; (20) $y''+2y'+5y=e^x(\sin x+\cos x)$;

(21) $2y''+y'-y=x^2e^{2x}$; (22) $y''-4y=\cos^2 x$;

(23) $y^{(4)}-4y^{(3)}+5y''-4y'+4y=e^x$.

2. 求下列各微分方程满足已给初始条件的特解：

(1) $y''+y+\sin 2x=0, y|_{x=\pi}=1, y'|_{x=\pi}=1$；

(2) $y''-3y'+2y=5, y|_{x=0}=1, y'|_{x=0}=2$；

(3) $y''-10y'+9y=e^{2x}, y|_{x=0}=\frac{6}{7}, y'|_{x=0}=\frac{33}{7}$；

(4) $y''-y=4xe^{x}, y|_{x=0}=0, y'|_{x=0}=1$；

(5) $y''-4y'=5, y|_{x=0}=1, y'|_{x=0}=0$；

(6) $y''+2y'+y=\cos x, y|_{x=0}=0, y'|_{x=0}=\frac{3}{2}$；

(7) $y''-4y=1, y|_{x=0}=0, y'|_{x=0}=\frac{1}{4}$；

(8) $u''-4u'+3u=\sin t, u|_{t=0}=0, u'|_{t=0}=0$；

(9) $y''+y'-2=(x+1)e^{x}, y|_{x=0}=1, y'|_{x=0}=2$.

3. 大炮以仰角 α、初速 v_0 发射炮弹，若不计空气阻力，求弹道曲线.

4. 在 R、L、C 含源串联电路中，电动势为 E 的电源对电容器 C 充电. 已知 $E=20\text{V}$，$C=0.2\mu\text{F}$(微法)，$L=0.1\text{H}$(亨)，$R=1000\Omega$，试求合上开关 K 后的电流 $i(t)$ 及电压 $u_C(t)$.

5. 一链条悬挂在一钉子上，启动时一端离开钉子 8m 另一端离开钉子 12m，分别在以下两种情况下求链条滑下来所需要的时间：

(1) 若不计钉子对链条所产生的摩擦力；

(2) 若摩擦力为 1m 长的链条的重量.

6. 设函数 $\varphi(x)$ 连续，且满足

$$\varphi(x)=e^{x}+\int_0^x t\varphi(t)\,dt-x\int_0^x \varphi(t)\,dt,$$

求 $\varphi(x)$.

5.9 欧拉方程

变系数的线性微分方程一般都是不容易求解的. 但是对于某些特殊的变系数线性微分方程，则可以通过变量代换化为常系数线性微分方程，使其容易求解. 欧拉方程就是其中的一种.

形如

$$x^n y^{(n)}+p_1 x^{n-1} y^{(n-1)}+\cdots+p_{n-1} x y'+p_n y=f(x) \tag{5.95}$$

的方程(其中 $p_1, p_2, \cdots, p_n$ 为常数)，叫做**欧拉方程**.

作变换

$$x=e^t \quad \text{或} \; t=\ln x,$$

将自变量 x 换成 t(这里仅在 $x>0$ 范围内求解. 如果要在 $x<0$ 内求解，则可作变换 $x=-e^t$ 或 $t=\ln(-x)$，所得结果与 $x>0$ 内的结果相类似)，有

$$\frac{dy}{dx}=\frac{dy}{dt}\cdot\frac{dt}{dx}=\frac{1}{x}\frac{dy}{dt},$$

$$\frac{d^2y}{dx^2}=\frac{1}{x^2}\left(\frac{d^2y}{dt^2}-\frac{dy}{dt}\right),$$
$$\frac{d^3y}{dx^3}=\frac{1}{x^3}\left(\frac{d^3y}{dt^3}-3\frac{d^2y}{dt^2}+2\frac{dy}{dt}\right).$$

如果采用记号 D 表示对 t 求导的运算 $\frac{d}{dt}$，那么上述计算结果可以写成

$$xy'=Dy,$$
$$x^2y''=\frac{d^2y}{dt^2}-\frac{dy}{dt}=\left(\frac{d^2}{dt^2}-\frac{d}{dt}\right)y$$
$$=(D^2-D)y=D(D-1)y,$$
$$x^3y'''=\frac{d^3y}{dt^3}-3\frac{d^2y}{dt^2}+2\frac{dy}{dt}$$
$$=(D^3-3D^2+2D)y=D(D-1)(D-2)y.$$

一般地，有

$$x^ky^{(k)}=D(D-1)\cdots(D-k+1)y.$$

把它代入欧拉方程(5.95)，便得一个以 t 为自变量的常系数线性微分方程. 在求出此方程的解后，把 t 换成 $\ln x$，即得原方程的解.

例 5.38 求欧拉方程 $x^3y'''+x^2y''-4xy'=3x^2$ 的通解.

解 作变换 $x=e^t$ 或 $t=\ln x$，原方程化为

$$D(D-1)(D-2)y+D(D-1)y-4Dy=3e^{2t},$$

即

$$D^3y-2D^2y-3Dy=3e^{2t},$$

或

$$\frac{d^3y}{dt^3}-2\frac{d^2y}{dt^2}-3\frac{dy}{dt}=3e^{2t}. \tag{5.96}$$

方程(5.96)所对应的齐次方程为

$$\frac{d^3y}{dt^3}-2\frac{d^2y}{dt^2}-3\frac{dy}{dt}=0, \tag{5.97}$$

其特征方程为

$$r^3-2r^2-3r=0,$$

它有三个根，即 $r_1=0, r_2=-1, r_3=3$. 于是方程(5.97)的通解为

$$Y=C_1+C_2e^{-t}+C_3e^{3t}=C_1+\frac{C_2}{x}+C_3x^3.$$

根据前面，特解的形式为

$$y^*=be^{2t}=bx^2,$$

代入原方程，求得 $b=-\frac{1}{2}$，即

$$y^{*}=-\frac{x^2}{2}.$$

于是，所给欧拉方程的通解为

$$y=C_1+\frac{C_2}{x}+C_3x^3-\frac{1}{2}x^2.$$

习　题　5.9

求下列欧拉方程的通解：

(1) $x^2y''+xy'-y=0$；　(2) $y''-\frac{y'}{x}+\frac{y}{x^2}=\frac{2}{x}$；

(3) $x^3y'''+3x^2y''-2xy'+2y=0$；　(4) $x^2y''-2xy'+2y=\ln^2x-2\ln x$；

(5) $x^2y''+xy'-4y=x^3$；　(6) $x^2y''-xy'+4y=x\sin(\ln x)$；

(7) $x^2y''-3xy'+4y=x+x^2\ln x$；　(8) $x^3y'''+2xy'-2y=x^2\ln x+3x$；

(9) $x^2y''+3xy'+y=0$；　(10) $x^2y''-4xy'+6y=x$；

(11) $\frac{\mathrm{d}^2R}{\mathrm{d}t^2}+\frac{2}{t}\frac{\mathrm{d}R}{\mathrm{d}t}-\frac{n(n+1)}{t^2}R=0(t>0)$；　(12) $x^2y''+3xy'+5y=0$；

(13) $x^2y''-xy'+y=2\ln x$；　(14) $x^2y''+5xy'+4y=\ln x^3$.

5.10　本章内容对开普勒问题的应用

现在从万有引力定律推导开普勒定律. 根据万有引力定律，行星受到指向太阳中心的引力的作用. 行星在某一时刻的速度向量与太阳中心共同决定一张平面. 容易判断：行星以后的运动不会离开这一平面（因为在垂直于这平面的方向上既没有速度，又没有外力的作用）. 我们在这平面上取以太阳中心为极点的极坐标系. 于是，行星所受的力 F 表示为

$$F=F_r\mathrm{e}_r+F_\theta\mathrm{e}_\theta,$$

其中

$$F_r=-G\frac{Mm}{r^2},\quad F_\theta=0.$$

这里 M 是太阳的质量，m 是行星的质量，G 是**万有引力常数**. 行星的运动方程可以写成

$$r''-r(\theta')^2=-\frac{k}{r^2},\quad 2r'\theta'+r\theta''=0,$$

这里 $k=GM$. 后一方程两边乘以 r，得

$$2rr'\theta' + r^2\theta'' = 0,$$

或

$$\frac{\mathrm{d}}{\mathrm{d}t}(r^2\theta') = 0.$$

这说明面积速度为常数,即

$$\frac{\mathrm{d}A}{\mathrm{d}t} = \frac{1}{2}r^2\theta' = \frac{1}{2}h \quad (\text{常数}).$$

再来考察方程

$$r'' - r(\theta')^2 = \frac{-k}{r^2}.$$

记 $u=1/r$,则由

$$r^2\theta' = h$$

可得

$$\theta' = hu^2.$$

于是有

$$r' = \frac{\mathrm{d}}{\mathrm{d}\theta}\left(\frac{1}{u}\right)\theta' = -\frac{1}{u^2}\frac{\mathrm{d}u}{\mathrm{d}\theta}\theta' = -h\frac{\mathrm{d}u}{\mathrm{d}\theta},$$

$$\begin{aligned} r'' &= \frac{\mathrm{d}}{\mathrm{d}t}(r') = \frac{\mathrm{d}}{\mathrm{d}\theta}\left(-h\frac{\mathrm{d}u}{\mathrm{d}\theta}\right)\theta' \\ &= -h\frac{\mathrm{d}^2u}{\mathrm{d}\theta^2}\theta' = -h^2u^2\frac{\mathrm{d}^2u}{\mathrm{d}\theta^2}. \end{aligned}$$

方程化为

$$-h^2u^2\frac{\mathrm{d}^2u}{\mathrm{d}\theta^2} - h^2u^3 = -ku^2,$$

即

$$\frac{\mathrm{d}^2u}{\mathrm{d}\theta^2} + u = \frac{k}{h^2}.$$

这是一个二阶常系数线性微分方程. 容易看出它的一个特解是 $\tilde{u}=k/h^2$. 于是,此方程的一般解为

$$u = D\cos\theta + C\sin\theta + \frac{k}{h^2}.$$

此式又可写成

$$u = L\cos(\theta - \theta_0) + \frac{k}{h^2},$$

其中

$$L = \sqrt{D^2 + C^2},$$

$$\cos\theta_0 = \frac{D}{\sqrt{D^2 + C^2}}, \quad \sin\theta_0 = \frac{C}{\sqrt{D^2 + C^2}}.$$

于是有

$$r=\frac{1}{u}=\frac{1}{L\cos(\theta-\theta_0)+k/h^2}$$

$$=\frac{\frac{h^2}{k}}{1+\frac{h^2L}{k}\cos(\theta-\theta_0)}$$

$$=\frac{p}{1+\varepsilon\cos(\theta-\theta_0)},$$

其中

$$\varepsilon=\frac{h^2L}{k},\quad p=\frac{h^2}{k}.$$

于是得到圆锥曲线的一般方程

$$r=\frac{p}{1+\varepsilon\cos(\theta-\theta_0)}.$$

因为运转中的行星不会跑到无穷远去,它的轨道应该是一个椭圆,所以 $\varepsilon<1$.

最后证明开普勒第三定律. 利用关系

$$\frac{1}{2}hT=\pi ab,\quad p=\frac{h^2}{k}=\frac{b^2}{a},$$

可得

$$T^2=\left(\frac{2\pi ab}{h}\right)^2=\frac{4\pi^2a^2b^2}{h^2}=\frac{\frac{4\pi^2}{k}a^2b^2}{\frac{h^2}{k}}$$

$$=\frac{\frac{4\pi^2}{k}a^2b^2}{\frac{b^2}{a}}=\frac{4\pi^2}{k}a^3,$$

其中 $k=GM$ 是一个常数.

第 6 章　微分中值定理与导数的应用

本章将应用导数来研究函数以及曲线的某些性态，并利用这些知识解决一些实际问题. 而导数描写的是函数局部的性质，要研究的问题往往涉及函数的大范围性质. 联系这两方面的桥梁是微分学的几个中值定理，它们是导数应用的理论基础.

6.1　微分中值定理

6.1.1　罗尔定理

在讲罗尔定理之前，先介绍费马引理.

费马引理　设函数 $f(x)$ 在点 x_0 的某邻域 $U(x_0)$ 内有定义，并且在 x_0 处可导，如果对任意的 $x\in U(x_0)$，有

$$f(x)\leqslant f(x_0)\quad 或\ f(x)\geqslant f(x_0),$$

那么 $f'(x_0)=0$.

证　不妨设 $x\in U(x_0)$ 时，$f(x)\leqslant f(x_0)$. 于是，对于 $x_0+\Delta x\in U(x_0)$ 有

$$f(x_0+\Delta x)\leqslant f(x_0),$$

从而当 $\Delta x>0$ 时，

$$\frac{f(x_0+\Delta x)-f(x_0)}{\Delta x}\leqslant 0;$$

当 $\Delta x<0$ 时，

$$\frac{f(x_0+\Delta x)-f(x_0)}{\Delta x}\geqslant 0.$$

根据函数 $f(x)$ 在 x_0 可导的条件及极限的保号性，便得到

$$f'(x_0)=f'_+(x_0)=\lim_{\Delta x\to 0^+}\frac{f(x_0+\Delta x)-f(x_0)}{\Delta x}\leqslant 0,$$

$$f'(x_0)=f'_-(x_0)=\lim_{\Delta x\to 0^-}\frac{f(x_0+\Delta x)-f(x_0)}{\Delta x}\geqslant 0,$$

所以 $f'(x_0)=0$. 证毕.

罗尔定理　如果函数 $f(x)$ 满足

(1) 在闭区间 $[a,b]$ 上连续；

(2) 在开区间 (a,b) 内可导；

(3) 在区间端点处的函数值相等,即 $f(a)=f(b)$,那么在 (a,b) 内至少有一点 ξ,使得 $f'(\xi)=0$.

证　由于 $f(x)$ 在闭区间 $[a,b]$ 上连续,所以有最大值 M 和最小值 m. 这样只有两种可能情形:

(1) $M=m$. 此时, $f(x)\equiv M$, $\forall \xi\in(a,b)$, 都有 $f'(\xi)=0$;

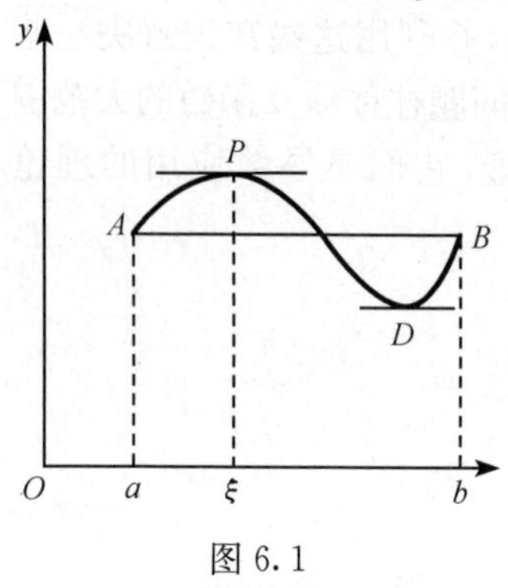

图 6.1

(2) $M>m$. 因为 $f(a)=f(b)$,所以 M 和 m 这两个值至少有一个在 (a,b) 中取到,不妨假定 $\exists\xi\in(a,b)$,使得 $f(\xi)=M$. 由费马引理,有 $f'(\xi)=0$. 定理证毕.

罗尔定理的几何解释:若曲线 $y=f(x)$ 在 A,B 两点间连续,且在 $\overset{\frown}{AB}$ 内每一点处都有不垂直于 x 轴的切线,又 A,B 两点的纵坐标相等,则在 A,B 之间至少存在一点 $P(\xi,f(\xi))$,使得曲线 $y=f(x)$ 在 P 点的切线平行于 x 轴(图 6.1).

6.1.2　拉格朗日中值定理

拉格朗日中值定理　如果函数 $f(x)$ 满足

(1) 在闭区间 $[a,b]$ 上连续;

(2) 在开区间 (a,b) 内可导,

则在 (a,b) 内至少存在一点 ξ,使得 $f(b)-f(a)=f'(\xi)(b-a)$.

证　引进辅助函数

$$\varphi(x)=f(x)-f(a)-\frac{f(b)-f(a)}{b-a}(x-a).$$

容易验证 $\varphi(x)$ 满足罗尔定理的条件. 根据罗尔定理,在 (a,b) 内至少有一点 ξ,使得 $\varphi'(\xi)=0$,即

$$f'(\xi)-\frac{f(b)-f(a)}{b-a}=0.$$

由此得

$$f(b)-f(a)=f'(\xi)(b-a).$$

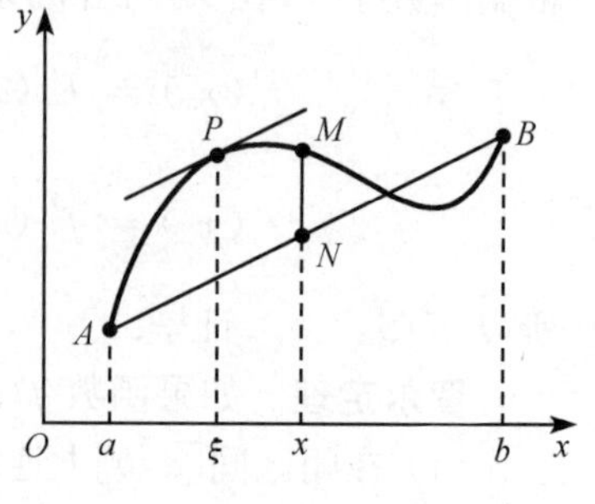

图 6.2

拉格朗日中值定理的几何解释:若曲线 $y=f(x)$ 在 A,B 两点间连续,且在 $\overset{\frown}{AB}$ 内每一点处都有不垂直于 x 轴的切线,则在曲线 $y=f(x)$ 上至少存在一点 $P(\xi,f(\xi))$,使得曲线 $y=f(x)$ 在 P 点的切线与割线 AB 平行(图 6.2).

注 6.1　当 $b<a$ 时, $f(b)-f(a)=f'(\xi)(b-a)$

仍然成立.

注 6.2 设 x 为区间$[a,b]$内一点,$x+\Delta x$ 为这区间内的另一点,拉格朗日中值公式在区间$[x,x+\Delta x]$或$[x+\Delta x,x]$上就成为

$$f(x+\Delta x)-f(x)=f'(x+\theta\Delta x)\cdot\Delta x,\quad 0<\theta<1,$$

其中 θ 为介于 0 与 1 之间的某个数. 上式也称**有限增量公式**.

注 6.3 如果 $f(a)=f(b)$,则拉格朗日中值定理就变成了罗尔定理的情形.

定理 6.1 如果函数 $f(x)$在区间 I 上的导数恒为零,那么 $f(x)$在区间 I 上是一个常数.

证 在区间 I 上任取两点 x_1,x_2,由拉格朗日中值公式得

$$f(x_1)-f(x_2)=f'(\xi)(x_1-x_2),$$

其中 ξ 为 x_1,x_2 之间的某个点. 由于 $f(x)$在区间 I 上的导数恒为零,所以 $f(x_1)=f(x_2)$. 因为 x_1,x_2 是在 I 中任取的,所以 $f(x)$在区间 I 上是一个常数.

例 6.1 证明当 $x>0$ 时

$$\frac{x}{1+x}<\ln(1+x)<x.$$

证 设 $f(t)=\ln t$,显然 $f(t)$在区间$[1,1+x]$上满足拉格朗日中值定理的条件,所以

$$f(1+x)-f(1)=f'(\xi)(1+x-1),\quad 1<\xi<1+x.$$

代入 $f(t)=\ln t$,即得

$$\ln(1+x)=\frac{x}{\xi}.$$

由于 $1<\xi<1+x$,所以

$$\frac{x}{1+x}<\ln(1+x)<x.$$

6.1.3 柯西中值定理

柯西中值定理 如果函数 $f(x)$和 $g(x)$满足条件:

(1) 在闭区间$[a,b]$上连续;

(2) 在开区间(a,b)内可导;

(3) $g'(x)\neq 0,\ \forall x\in(a,b)$,

则在(a,b)内至少存在一点 ξ,使得

$$\frac{f(b)-f(a)}{g(b)-g(a)}=\frac{f'(\xi)}{g'(\xi)}.$$

证 引进辅助函数

$$\varphi(x)=f(x)-f(a)-\frac{f(b)-f(a)}{g(b)-g(a)}(g(x)-g(a)).$$

容易验证 $\varphi(x)$ 满足罗尔定理的条件. 根据罗尔定理, 在 (a,b) 内至少存在一点 ξ, 使得 $\varphi'(\xi)=0$, 即

$$f'(\xi)-\frac{f(b)-f(a)}{g(b)-g(a)}g'(\xi)=0.$$

由此得

$$\frac{f(b)-f(a)}{g(b)-g(a)}=\frac{f'(\xi)}{g'(\xi)}.$$

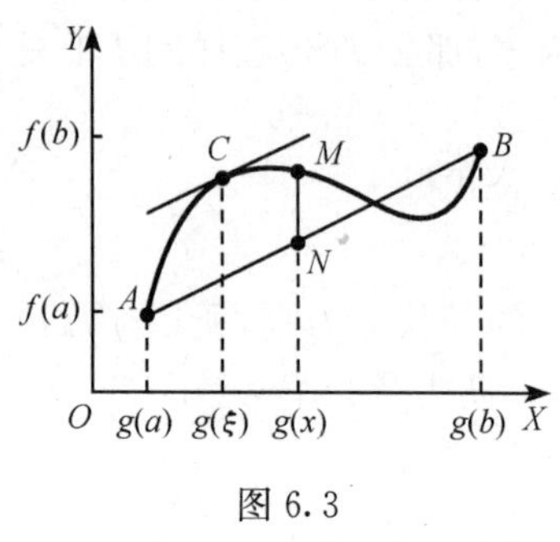

图 6.3

柯西中值定理的几何解释: 设在 XOY 坐标系中, 以 x 为参数, 曲线的参数方程为

$$\begin{cases} X=g(x), \\ Y=f(x), \end{cases} \quad a\leqslant x\leqslant b,$$

则柯西中值定理的几何解释与拉格朗日中值定理的几何解释是一样的(图 6.3).

注 6.4　当 $b<a$ 时, 柯西中值定理仍然成立.

注 6.5　如果 $g(x)=x$, 则柯西中值定理就变成了拉格朗日中值定理的情形.

习　题　6.1

1. 验证罗尔定理对函数 $y=\ln\sin x$ 在区间 $\left[\frac{\pi}{6},\frac{5\pi}{6}\right]$ 上的正确性.

2. 验证拉格朗日中值定理对函数 $y=4x^3-5x^2+x-2$ 在区间 $[0,1]$ 上的正确性.

3. 对函数 $f(x)=\sin x$ 及 $F(x)=x+\cos x$ 在区间 $\left[0,\frac{\pi}{2}\right]$ 上验证柯西中值定理的正确性.

4. 试证明: 对函数 $y=px^2+qx+r$ 应用拉格朗日中值定理时, 所求得的点 ξ 总是位于区间的正中间.

5. 不用求出函数 $f(x)=(x-1)(x-2)(x-3)(x-4)$ 的导数, 说明方程 $f'(x)=0$ 有几个实根, 并指出它们所在的区间.

6. 证明恒等式 $\arcsin x+\arccos x=\frac{\pi}{2}\ (-1\leqslant x\leqslant 1)$.

7. 若方程 $a_0x^n+a_1x^{n-1}+\cdots+a_{n-1}x=0$ 有一个正根 $x=x_0$. 证明:
方程 $a_0nx^{n-1}+a_1(n-1)x^{n-2}+\cdots+a_{n-1}=0$ 必有一个小于 x_0 的正根.

8. 若函数 $f(x)$ 在 (a,b) 内具有二阶导数, 且 $f(x_1)=f(x_2)=f(x_3)$, 其中 $a<x_1<x_2<x_3<b$, 证明: 在 (x_1,x_3) 内至少有一点 ξ, 使得 $f''(\xi)=0$.

9. 设 $a>b>0$, $n>1$, 证明

$$nb^{n-1}(a-b)<a^n-b^n<na^{n-1}(a-b).$$

10. 设 $a>b>0$, 证明

$$\frac{a-b}{a}<\ln\frac{a}{b}<\frac{a-b}{b}.$$

11. 证明下列不等式:

(1) $|\arctan a-\arctan b|\leqslant|a-b|$;

(2) 当 $x>1$ 时,$e^x>e\cdot x$.

12. 证明:方程 $x^5+x-1=0$ 只有一个正根.

13. 设 $f(x),g(x)$在$[a,b]$上连续,在(a,b)内可导,证明在(a,b)内存在一点 ξ,使得

$$\begin{vmatrix} f(a) & f(b) \\ g(a) & g(b) \end{vmatrix} = (b-a)\begin{vmatrix} f(a) & f'(\xi) \\ g(a) & g'(\xi) \end{vmatrix}.$$

14. 证明:若函数 $f(x)$在$(-\infty,+\infty)$内满足关系式 $f'(x)=f(x)$,且 $f(0)=1$,则 $f(x)=e^x$.

15. 设函数 $y=f(x)$在 $x=0$ 的某邻域内具有 n 阶导数,且 $f(0)=f'(0)=\cdots=f^{(n-1)}(0)=0$,试用柯西中值定理证明

$$\frac{f(x)}{x^n}=\frac{f^{(n)}(\theta x)}{n!},\quad 0<\theta<1.$$

16. 设$\lim\limits_{x\to\infty}f'(x)=k$,求$\lim\limits_{x\to\infty}[f(x+a)-f(x)]$.

17. 证明:多项式 $f(x)=x^3-3x+a$ 在$[0,1]$上不可能有两个零点.

18. 设 $a_0+\frac{a_1}{2}+\cdots+\frac{a_n}{n+1}=0$,证明多项式

$$f(x)=a_0+a_1x+\cdots+a_nx^n$$

在$(0,1)$内至少有一个零点.

19. 设 $f(x)$在$[0,a]$上连续,在$(0,a)$内可导,且 $f(a)=0$. 证明:存在一点 $\xi\in(0,a)$,使得 $f(\xi)+\xi f'(\xi)=0$.

20. 设 $0<a<b$,函数 $f(x)$在$[a,b]$上连续,在(a,b)内可导. 试利用柯西中值定理证明:存在一点 $\xi\in(a,b)$,使得

$$f(b)-f(a)=\xi f'(\xi)\ln\frac{b}{a}.$$

21. 设 $f(x),g(x)$都是可导函数,且$|f'(x)|<g'(x)$. 证明:当 $x>a$ 时,

$$|f(x)-f(a)|<g(x)-g(a).$$

22. 证明:若 $f'(x)$为常数,则 $f(x)$是线性函数.

23. 证明下列不等式:

(1) $|\sin x-\sin y|\leqslant|x-y|$;

(2) $|\arcsin x-\arcsin y|\geqslant|x-y|$.

24. 求证:$4ax^3+3bx^2+2cx-a-b-c=0$ 在$(0,1)$间至少有一个根.

25. 求证:$e^x=ax^2+bx+c$ 的根不超过三个.

26. 设函数 $f(x)$在$[x_0,x_0+\delta)$上连续,$f'(x)$在$(x_0,x_0+\delta)$上存在,且 $\lim\limits_{x\to x_0^+}f'(x)=A$,则 $f'_+(x_0)=A$.

27. 设 $f(x)$在$[a,b]$上可微,且 $ab>0$,试证存在 $c\in(a,b)$,使得

$$2c[f(b)-f(a)]=(b^2-a^2)f'(c).$$

28. 设 $f(x)$在$(a,+\infty)$上可微,且 $\lim\limits_{x\to a^+}f(x)=\lim\limits_{x\to+\infty}f(x)$,证明存在 $c\in(a,+\infty)$,使得 $f'(c)=0$.

29. 设函数 $f(x)$在$(-r,r)$上有 n 阶导数,且$\lim\limits_{x\to 0}f^{(n)}(x)=l$,证明 $f^{(n)}(x)$在 0 点连续.

30. 设函数 $f(x),g(x)$在(a,b)上可微,对任意的 $x\in(a,b),g(x)\neq 0$,且在(a,b)上

$$\begin{vmatrix} f(x) & g(x) \\ f'(x) & g'(x) \end{vmatrix} = 0.$$

求证:存在常数 c,使得 $f(x)=cg(x),x\in(a,b)$.

31. 证明达布定理:设 $f(x)$在$[a,b]$上可微,则

(1) 若 $f'_+(a)\cdot f'_-(b)<0$,求证存在 $c\in(a,b)$,使得 $f'(c)=0$;

(2) 若 $f'_+(a)\neq f'_-(b)$,k 属于以 $f'_+(a),f'_-(b)$为端点的开区间,则存在 $c\in(a,b)$,使得 $f'(c)=k$.

32. 若 $f(x)$在区间 I 上可导,且 $f'(x)\neq 0$,则 $f'(x)$在区间 I 上同号.

33. 设 $f(x)$在邻域$(a-h,a+h)$上可导,在$[a-h,a+h]$上连续.求证:

(1) 存在 $\theta\in(0,1)$,使得

$$\frac{f(a+h)-f(a-h)}{h}=f'(a+\theta h)+f'(a-\theta h);$$

(2) 存在 $\theta\in(0,1)$,使得

$$\frac{f(a+h)-2f(a)+f(a-h)}{h}=f'(a+\theta h)-f'(a-\theta h).$$

6.2　洛必达法则

在某一极限过程中,求两个无穷小之比的极限,或两个无穷大量之比的极限,是经常会遇到的问题.它们称为“$\frac{0}{0}$”型或“$\frac{\infty}{\infty}$”**型的未定式**.

定理 6.2　设

(1) 当 $x\to a$ 时,函数 $f(x)$和 $g(x)$都趋于零;

(2) 在点 a 的某去心邻域内,$f'(x)$和 $g'(x)$都存在且 $g'(x)\neq 0$;

(3) $\lim\limits_{x\to a}\frac{f'(x)}{g'(x)}$存在(或为无穷大),

那么

$$\lim_{x\to a}\frac{f(x)}{g(x)}=\lim_{x\to a}\frac{f'(x)}{g'(x)}.$$

证　补充或者修改定义使得 $f(a)=g(a)=0$.这时可以验证 $f(x),g(x)$在点 a 的某邻域内满足柯西中值定理的条件,所以

$$\frac{f(x)}{g(x)}=\frac{f(x)-f(a)}{g(x)-g(a)}=\frac{f'(\xi)}{g'(\xi)},$$

其中 ξ 为位于 a 和 x 之间的某点.上式两边令 $x\to a$ 取极限,注意到 $x\to a$ 时 $\xi\to a$,所以

$$\lim_{x\to a}\frac{f(x)}{g(x)}=\lim_{x\to a}\frac{f'(\xi)}{g'(\xi)}=\lim_{x\to a}\frac{f'(x)}{g'(x)}.$$

例 6.2 求$\lim\limits_{x\to 0}\frac{\sin ax}{\sin bx}(b\neq 0)$.

解

$$\lim_{x\to 0}\frac{\sin ax}{\sin bx}=\lim_{x\to 0}\frac{a\cos ax}{b\cos bx}=\frac{a}{b}.$$

例 6.3 求$\lim\limits_{x\to 1}\frac{x^3-3x+2}{x^3-x^2-x+1}$.

解

$$\lim_{x\to 1}\frac{x^3-3x+2}{x^3-x^2-x+1}=\lim_{x\to 1}\frac{3x^2-3}{3x^2-2x-1}$$

$$=\lim_{x\to 1}\frac{6x}{6x-2}=\frac{3}{2}.$$

例 6.4 求$\lim\limits_{x\to 0}\frac{x-\sin x}{x^3}$.

解

$$\lim_{x\to 0}\frac{x-\sin x}{x^3}=\lim_{x\to 0}\frac{1-\cos x}{3x^2}=\lim_{x\to 0}\frac{\sin x}{6x}=\frac{1}{6}.$$

例 6.5 求$\lim\limits_{x\to 0}\frac{\ln(1+x)}{x^2}$.

解

$$\lim_{x\to 0}\frac{\ln(1+x)}{x^2}=\lim_{x\to 0}\frac{\frac{1}{1+x}}{2x}=\infty.$$

定理 6.3 设

(1) 当 $x\to\infty$时,函数 $f(x)$和 $g(x)$都趋于零;

(2) 当$|x|$充分大时 $f'(x)$和 $g'(x)$都存在且 $g'(x)\neq 0$;

(3) $\lim\limits_{x\to\infty}\frac{f'(x)}{g'(x)}$存在(或为无穷大),

则

$$\lim_{x\to\infty}\frac{f(x)}{g(x)}=\lim_{x\to\infty}\frac{f'(x)}{g'(x)}.$$

定理 6.4 设

(1) 当 $x\to a$ 时,函数 $g(x)$趋于无穷;

(2) 在点 a 的某去心邻域内,$f'(x)$和 $g'(x)$都存在,且 $g'(x)\neq 0$;

(3) $\lim\limits_{x\to a}\frac{f'(x)}{g'(x)}$存在(或为无穷大),

则

$$\lim_{x\to a}\frac{f(x)}{g(x)}=\lim_{x\to a}\frac{f'(x)}{g'(x)}.$$

定理 6.5 设

(1) 当 $x\to\infty$ 时，函数 $g(x)$ 趋于无穷；

(2) 当 $|x|$ 充分大时 $f'(x)$ 和 $g'(x)$ 都存在且 $g'(x)\neq 0$；

(3) $\lim\limits_{x\to\infty}\dfrac{f'(x)}{g'(x)}$ 存在(或为无穷大)，

则

$$\lim_{x\to\infty}\frac{f(x)}{g(x)}=\lim_{x\to\infty}\frac{f'(x)}{g'(x)}.$$

例 6.6　求 $\lim\limits_{x\to+\infty}\dfrac{\dfrac{\pi}{2}-\arctan x}{\dfrac{1}{x}}$.

解　$$\lim_{x\to+\infty}\frac{\dfrac{\pi}{2}-\arctan x}{\dfrac{1}{x}}=\lim_{x\to+\infty}\frac{-\dfrac{1}{1+x^2}}{-\dfrac{1}{x^2}}=\lim_{x\to+\infty}\frac{x^2}{1+x^2}=1.$$

例 6.7　求 $\lim\limits_{x\to+\infty}\dfrac{\ln x}{x^\lambda}(\lambda>0)$.

解　$$\lim_{x\to+\infty}\frac{\ln x}{x^\lambda}=\lim_{x\to+\infty}\frac{\dfrac{1}{x}}{\lambda x^{\lambda-1}}=\lim_{x\to+\infty}\frac{1}{\lambda x^\lambda}=0.$$

例 6.8　求 $\lim\limits_{x\to+\infty}\dfrac{x^n}{e^x}(n\in\mathbf{N}^+)$.

解　$$\lim_{x\to+\infty}\frac{x^n}{e^x}=\lim_{x\to+\infty}\frac{nx^{n-1}}{e^x}=\lim_{x\to+\infty}\frac{n(n-1)x^{n-2}}{e^x}=\cdots$$
$$=\lim_{x\to+\infty}\frac{n!}{e^x}=0.$$

还有一些 $0\cdot\infty$、$\infty-\infty$、0^0、1^∞、∞^0 型的未定式，也可通过 $\dfrac{0}{0}$ 或 $\dfrac{\infty}{\infty}$ 型的未定式来计算. 下面举例说明.

例 6.9　求 $\lim\limits_{x\to0^+}x^\lambda\ln x(\lambda>0)$.

解　$$\lim_{x\to0^+}x^\lambda\ln x=\lim_{x\to0^+}\frac{\ln x}{x^{-\lambda}}=\lim_{x\to0^+}\frac{\dfrac{1}{x}}{-\lambda x^{-\lambda-1}}=\lim_{x\to0^+}\frac{-x^\lambda}{\lambda}=0.$$

例 6.10　求 $\lim\limits_{x\to0}\left(\dfrac{2}{\sin^2x}-\dfrac{1}{1-\cos x}\right)$.

解　$$\lim_{x\to0}\left(\frac{2}{\sin^2x}-\frac{1}{1-\cos x}\right)=\lim_{x\to0}\frac{2-2\cos x-\sin^2x}{\sin^2x(1-\cos x)}$$
$$=\lim_{x\to0}\frac{2-2\cos x-\sin^2x}{x^2\cdot\dfrac{1}{2}x^2}=\lim_{x\to0}\frac{2\sin x-2\sin x\cdot\cos x}{2x^3}$$

$$=\lim_{x\to0}\frac{\sin x\cdot(1-\cos x)}{x^3}=\lim_{x\to0}\frac{x\cdot\frac{1}{2}x^2}{x^3}=\frac{1}{2}.$$

例 6.11 求 $\lim\limits_{x\to0^+}x^x$.

解 设 $y=x^x$,取对数得

$$\ln y = x\ln x.$$

而

$$\lim_{x\to0^+}\ln y = \lim_{x\to0^+}(x\ln x) = 0,$$

所以

$$\lim_{x\to0^+}x^x = \lim_{x\to0^+}y = \mathrm{e}^{\lim\limits_{x\to0^+}\ln y} = \mathrm{e}^0 = 1.$$

习 题 6.2

1. 用洛必达法则求下列极限:

(1) $\lim\limits_{x\to0}\frac{\ln(1+x)}{x}$; (2) $\lim\limits_{x\to0}\frac{\mathrm{e}^x-\mathrm{e}^{-x}}{\sin x}$; (3) $\lim\limits_{x\to a}\frac{\sin x-\sin a}{x-a}$; (4) $\lim\limits_{x\to\pi}\frac{\sin3x}{\tan5x}$;

(5) $\lim\limits_{x\to\frac{\pi}{2}}\frac{\ln\sin x}{(\pi-2x)^2}$; (6) $\lim\limits_{x\to a}\frac{x^m-a^m}{x^n-a^n}(a\neq0)$; (7) $\lim\limits_{x\to0^+}\frac{\ln\tan7x}{\ln\tan2x}$; (8) $\lim\limits_{x\to\frac{\pi}{2}}\frac{\tan x}{\tan3x}$;

(9) $\lim\limits_{x\to+\infty}\frac{\ln\left(1+\frac{1}{x}\right)}{\operatorname{arccot}x}$; (10) $\lim\limits_{x\to0}\frac{\ln(1+x^2)}{\sec x-\cos x}$; (11) $\lim\limits_{x\to0}x\cot2x$; (12) $\lim\limits_{x\to0}x^2\mathrm{e}^{1/x^2}$;

(13) $\lim\limits_{x\to1}\left(\frac{2}{x^2-1}-\frac{1}{x-1}\right)$; (14) $\lim\limits_{x\to\infty}\left(1+\frac{a}{x}\right)^x$; (15) $\lim\limits_{x\to0^+}x^{\sin x}$; (16) $\lim\limits_{x\to0^+}\left(\frac{1}{x}\right)^{\tan x}$;

(17) $\lim\limits_{x\to1}\frac{x-x^x}{1-x+\ln x}$; (18) $\lim\limits_{x\to0}\left[\frac{1}{\ln(1+x)}-\frac{1}{x}\right]$; (19) $\lim\limits_{x\to+\infty}\left(\frac{2}{\pi}\arctan x\right)^x$;

(20) $\lim\limits_{x\to\infty}[(a_1^{\frac{1}{x}}+a_2^{\frac{1}{x}}+\cdots+a_n^{\frac{1}{x}})/n]^{nx}(a_1,a_2,\cdots,a_n>0)$; (21) $\lim\limits_{x\to0}\frac{\tan x-x}{x-\sin x}$;

(22) $\lim\limits_{x\to\frac{\pi}{2}}\frac{\ln\sin x}{(\pi-2x)^2}$; (23) $\lim\limits_{x\to0}\frac{x-\arcsin x}{\sin^3x}$; (24) $\lim\limits_{x\to1}\frac{\sqrt{2x-x^4}-\sqrt[3]{x}}{1-\sqrt[4]{x^3}}$;

(25) $\lim\limits_{x\to0}\frac{(1+x)^{\frac{1}{x}}-\mathrm{e}}{x}$; (26) $\lim\limits_{x\to0}\frac{\mathrm{e}^x-\mathrm{e}^{-x}}{\ln(\mathrm{e}-x)+x-1}$; (27) $\lim\limits_{x\to0}\frac{\mathrm{e}^x-\mathrm{e}^{-x}-2x}{x-\sin x}$;

(28) $\lim\limits_{x\to0^+}\frac{\ln\sin ax}{\ln\sin bx}(a>0,b>0)$; (29) $\lim\limits_{x\to0}\frac{\ln\cos ax}{\ln\cos bx}$; (30) $\lim\limits_{x\to0}\frac{\mathrm{e}^{-1/x^2}}{x^{100}}$;

(31) $\lim\limits_{x\to0^+}x^{x^x}$; (32) $\lim\limits_{x\to\frac{\pi}{2}^-}(\cos x)^{\frac{\pi}{2}-x}$; (33) $\lim\limits_{x\to0^+}(\cot x)^{\frac{1}{\ln x}}$;

(34) $\lim\limits_{x\to+\infty}\left(\frac{2}{\pi}\arctan x\right)^x$; (35) $\lim\limits_{x\to0}\left(\frac{2}{\pi}\arccos x\right)^{\frac{1}{x}}$; (36) $\lim\limits_{x\to0}\left(\frac{\arcsin x}{x}\right)^{\frac{1}{x^2}}$;

(37) $\lim\limits_{x\to1}\left(\frac{1}{\ln x}-\frac{1}{x-1}\right)$; (38) $\lim\limits_{x\to0}\left(\frac{1}{x}-\frac{1}{\mathrm{e}^x-1}\right)$; (39) $\lim\limits_{x\to0}\left(\frac{1}{x^2}-\frac{1}{\sin^2x}\right)$;

(40) $\lim\limits_{x\to\infty}\dfrac{x-\sin x}{x+\sin x}$；　(41) $\lim\limits_{x\to 1}\dfrac{x-x^x}{1-x+\ln x}$；　(42) $\lim\limits_{x\to 1^-}\sqrt{1-x^2}\cot\left[\dfrac{x}{2}\sqrt{\dfrac{1-x}{1+x}}\right]$；

(43) $\lim\limits_{x\to+\infty}\left(\dfrac{\ln(1+x)}{x}\right)^{\frac{1}{x}}$.

2. 验证极限$\lim\limits_{x\to\infty}\dfrac{x+\sin x}{x}$存在，但不能用洛必达法则.

3. 验证极限$\lim\limits_{x\to 0}\dfrac{x^2\sin\dfrac{1}{x}}{\sin x}$存在，但不能用洛必达法则.

4. 讨论函数

$$f(x)=\begin{cases}\left[\dfrac{(1+x)^{\frac{1}{x}}}{\mathrm{e}}\right]^{\frac{1}{x}}, & x>0,\\ \mathrm{e}^{-\frac{1}{2}}, & x\leqslant 0\end{cases}$$

在点 $x=0$ 处的连续性.

5. 求证下列 θ 的极限：

(1) 由中值定理 $\ln(1+x)-0=\dfrac{x}{1+\theta x}$，求证$\lim\limits_{x\to 0}\theta=\dfrac{1}{2}$；

(2) 由中值定理 $\mathrm{e}^x-1=x\mathrm{e}^{\theta x}$，求证$\lim\limits_{x\to 0}\theta=\dfrac{1}{2}$；

(3) 由中值定理 $\arcsin x-0=\dfrac{x}{\sqrt{1-\theta^2x^2}}$，求证$\lim\limits_{x\to 0}\theta=\dfrac{1}{\sqrt{3}}$.

6.3 泰勒公式

对于一些较复杂的函数，为了便于研究，往往希望用一些简单的函数来近似表达. 由于用多项式表示的函数，只要对自变量进行有限次加、减、乘三种运算，便能求出它的函数值来，因此我们经常用多项式来近似表达函数.

用微分近似函数实际上就是用一次多项式来近似函数. 但是这种近似表达式还存在着不足之处. 首先是精确度不高，它所产生的误差仅是关于 $x-x_0$ 的高阶无穷小；其次是用它来做近似计算时，不能具体估算出误差大小. 因此对于精确度要求较高且需要估计误差的时候，就必须用高次多项式来近似表达函数，同时给出误差公式.

于是提出如下问题：设函数 $f(x)$在含有 x_0 的开区间内充分光滑，试找出一个关于$(x-x_0)$的 n 次多项式

$$p_n(x)=a_0+a_1(x-x_0)+a_2(x-x_0)^2+\cdots+a_n(x-x_0)^n$$

来近似表达 $f(x)$，要求 $p_n(x)$与 $f(x)$之差是比$(x-x_0)^n$ 高阶的无穷小.

因为 $f(x)-p_n(x)=o(x-x_0)^n$，所以 $\lim\limits_{x\to x_0}(f(x)-p_n(x))=0$. 这意味着 $a_0=f(x_0)$. 这时 $f(x)-p_n(x)=f(x)-f(x_0)-a_1(x-x_0)-a_2(x-x_0)^2-\cdots$

$-a_n(x-x_0)^n$,而

$$\frac{f(x)-p_n(x)}{x-x_0}=o(x-x_0)^{n-1},$$

所以

$$\begin{aligned}&\lim_{x\to x_0}\frac{f(x)-p_n(x)}{x-x_0}\\&=\lim_{x\to x_0}\left(\frac{f(x)-f(x_0)}{x-x_0}-a_1-a_2(x-x_0)-\cdots-a_n(x-x_0)^{n-1}\right)=0,\end{aligned}$$

由此可得 $a_1=f'(x_0)$.

由此可以按照 $f(x)$ 和 $p_n(x)$ 在 x_0 处的函数值以及直到 n 阶的导数值都相等来确定 p_n 的系数. 由此可得

$$a_0=f(x_0),\quad a_1=f'(x_0),\quad a_2=\frac{1}{2!}f''(x_0),\quad \cdots,\quad a_n=\frac{1}{n!}f^{(n)}(x_0),$$

所以希望

$$\begin{aligned}p_n(x)=&f(x_0)+f'(x_0)(x-x_0)+\frac{1}{2!}f''(x_0)(x-x_0)^2\\&+\cdots+\frac{1}{n!}f^{(n)}(x_0)(x-x_0)^n\end{aligned}$$

能满足要求.

6.3.1 皮亚诺型余项泰勒公式

定理 6.6 若函数 $f(x)$ 在点 x_0 处有 n 阶导数,则有

$$\begin{aligned}f(x)=&f(x_0)+f'(x_0)\cdot(x-x_0)+\frac{f''(x_0)}{2!}\cdot(x-x_0)^2\\&+\cdots+\frac{f^{(n)}(x_0)}{n!}\cdot(x-x_0)^n+R_n(x),\end{aligned}$$

其中

$$R_n(x)=o(x-x_0)^n,\quad x\to x_0.$$

证 只需证明

$$\lim_{x\to x_0}\frac{R_n(x)}{(x-x_0)^n}=0,$$

即

$$\begin{aligned}&\lim_{x\to x_0}\frac{1}{(x-x_0)^n}\left\{f(x)-\left[f(x_0)+f'(x_0)\cdot(x-x_0)+\frac{f''(x_0)}{2!}\cdot(x-x_0)^2\right.\right.\\&\left.\left.+\cdots+\frac{f^{(n)}(x_0)}{n!}\cdot(x-x_0)^n\right]\right\}=0.\end{aligned}$$

连续运用 $n-1$ 次洛必达法则,再用导数定义,得

$$\lim_{x\to x_0}\frac{R_n(x)}{(x-x_0)^n}$$
$$=\lim_{x\to x_0}\frac{1}{n(x-x_0)^{n-1}}\left[f'(x)-f'(x_0)-f''(x_0)(x-x_0)-\cdots-\frac{f^{(n)}(x_0)}{(n-1)!}(x-x_0)^{n-1}\right]$$
$$=\cdots$$
$$=\frac{1}{n!}\lim_{x\to x_0}\left[\frac{f^{(n-1)}(x)-f^{(n-1)}(x_0)}{x-x_0}-f^{(n)}(x_0)\right]$$
$$=0$$

于是定理得证.

定理 6.6 中的公式称为**函数 $f(x)$ 在点 x_0 处的 n 阶局部泰勒公式**(或**泰勒展开式**),也称**带皮亚诺余项的泰勒公式.** $R_n(x)=o(x-x_0)^n\ (x\to x_0)$ 称为**皮亚诺余项.**

当 $x_0=0$ 时,泰勒公式化为

$$f(x)=f(0)+f'(0)x+\frac{f''(0)}{2!}x^2+\cdots+\frac{f^{(n)}(0)}{n!}x^n+o(x^n)(x\to 0).$$

此式又称 **$f(x)$ 的 n 阶局部麦克劳林公式.**

通过直接计算高阶导数,可以得到如下几个常用的初等函数的麦克劳林公式:

(1) $e^x=1+x+\frac{x^2}{2!}+\frac{x^3}{3!}+\cdots+\frac{x^n}{n!}+o(x^n)(x\to 0)$;

(2) $\sin x=x-\frac{x^3}{3!}+\frac{x^5}{5!}-\cdots+(-1)^{m-1}\frac{x^{2m-1}}{(2m-1)!}+o(x^{2m})(x\to 0)$;

(3) $\cos x=1-\frac{x^2}{2!}+\frac{x^4}{4!}-\cdots+(-1)^m\frac{x^{2m}}{(2m)!}+o(x^{2m+1})(x\to 0)$;

(4) $(1+x)^\alpha=1+\alpha x+\frac{\alpha(\alpha-1)}{2!}x^2+\cdots+\frac{\alpha(\alpha-1)\cdots(\alpha-n+1)}{n!}x^n+o(x^n)(x\to 0)$;

(5) $\ln(1+x)=x-\frac{x^2}{2}+\frac{x^3}{3}-\cdots+(-1)^{n-1}\frac{x^n}{n}+o(x^n)(x\to 0)$.

例 6.12　求极限 $\lim\limits_{x\to 0}\frac{\cos x-e^{-x^2/2}}{x^4}$.

解　$\cos x=1-\frac{1}{2}x^2+\frac{1}{4!}x^4+o(x^5)(x\to 0)$,

$$e^{-\frac{x^2}{2}}=1+\left(-\frac{x^2}{2}\right)+\frac{1}{2!}\left(-\frac{x^2}{2}\right)^2+o(x^4)$$
$$=1-\frac{x^2}{2}+\frac{x^4}{8}+o(x^4)(x\to 0),$$

于是

$$\lim_{x\to 0}\frac{\cos x-\mathrm{e}^{-x^2/2}}{x^4}=\lim_{x\to 0}\frac{-\frac{1}{12}x^4+o(x^4)}{x^4}=-\frac{1}{12}.$$

6.3.2 拉格朗日型余项泰勒公式

定理 6.7 若函数 $f(x)$在含有点 x_0 的某个开区间(a,b)内具有直到$(n+1)$阶的导数,则对任意 $x\in(a,b)$有

$$f(x)=f(x_0)+f'(x_0)\cdot(x-x_0)+\frac{f''(x_0)}{2!}\cdot(x-x_0)^2$$
$$+\cdots+\frac{f^{(n)}(x_0)}{n!}\cdot(x-x_0)^n+R_n(x),$$

其中

$$R_n(x)=\frac{f^{(n+1)}(\xi)}{(n+1)!}(x-x_0)^{n+1},$$

ξ是x_0 与 x 之间的某个值.

证 $R_n(x)=f(x)-p_n(x)$. 由假设可知,$R_n(x)$在(a,b)内具有直到 $n+1$ 阶的导数,且

$$R_n(x_0)=R'_n(x_0)=R''_n(x_0)=\cdots=R_n^{(n)}(x_0)=0.$$

对函数 $R_n(x)$及$(x-x_0)^{n+1}$在以 x_0 与 x 为端点的区间上应用柯西中值定理,得

$$\frac{R_n(x)}{(x-x_0)^{n+1}}=\frac{R_n(x)-R_n(x_0)}{(x-x_0)^{n+1}-0}=\frac{R'_n(\xi_1)}{(n+1)(\xi_1-x_0)^n},$$

其中 ξ_1 为 x_0 与 x 之间的某个值. 再对两个函数 $R'_n(x)$及$(n+1)(x-x_0)^n$ 在以 x_0 及 ξ_1 为端点的区间上应用柯西中值定理,得

$$\frac{R'_n(\xi_1)}{(n+1)(\xi_1-x_0)^n}=\frac{R'_n(\xi_1)-R'_n(x_0)}{(n+1)(\xi_1-x_0)^n-0}=\frac{R''_n(\xi_2)}{n(n+1)(\xi_2-x_0)^{n-1}},$$

其中 ξ_2 为 x_0 与 ξ_1 之间的某个值.

照此方法继续做下去,经过$(n+1)$次后,得

$$\frac{R_n(x)}{(x-x_0)^{n+1}}=\frac{R_n^{(n+1)}(\xi)}{(n+1)!},$$

因为 $\xi\in(x_0,\xi_n)$,因而 $\xi\in(x_0,x)$.

注意到 $R_n^{(n+1)}(x)=f^{(n+1)}(x)$,可得

$$R_n(x)=\frac{f^{(n+1)}(\xi)}{(n+1)!}(x-x_0)^{n+1}.$$

定理证毕.

定理 6.7 中的公式称为函数 $f(x)$在点 x_0 **处的带拉格朗日余项的泰勒公式**. $R_n(x)=\frac{f^{(n+1)}(\xi)}{(n+1)!}(x-x_0)^{n+1}$称为**拉格朗日型余项**.

当 $x_0=0$ 时,泰勒公式化为

$$f(x)=f(0)+f'(0)x+\frac{f''(0)}{2!}x^2+\cdots+\frac{f^{(n)}(0)}{n!}x^n+\frac{f^{(n+1)}(\theta x)}{(n+1)!}x^{n+1},\quad 0<\theta<1.$$

此式又称 $f(x)$**的拉格朗日型余项的麦克劳林公式**.

当 $n=0$ 时,泰勒公式变为拉格朗日中值公式.

由泰勒公式知,以多项式 $p_n(x)$ 近似表达函数 $f(x)$ 时,其误差为 $|R_n(x)|$. 如果对于某个固定的 n,当 $x\in(a,b)$ 时,$|f^{(n+1)}(x)|\leqslant M$,则有估计式

$$|R_n(x)|\leqslant\frac{M}{(n+1)!}|x-x_0|^{n+1}.$$

通过直接计算高阶导数,可以得到如下几个常用的初等函数的麦克劳林公式:

(1) $e^x=1+x+\frac{x^2}{2!}+\frac{x^3}{3!}+\cdots+\frac{x^n}{n!}+\frac{e^{\theta x}}{(n+1)!}x^{n+1}(0<\theta<1)$;

(2) $\sin x=x-\frac{x^3}{3!}+\frac{x^5}{5!}-\cdots+(-1)^{m-1}\frac{x^{2m-1}}{(2m-1)!}+(-1)^m\frac{\cos\theta x}{(2m+1)!}x^{2m+1}$ $(0<\theta<1)$;

(3) $\cos x=1-\frac{x^2}{2!}+\frac{x^4}{4!}-\cdots+(-1)^m\frac{x^{2m}}{(2m)!}+(-1)^{m+1}\frac{\cos\theta x}{(2m+2)!}x^{2m+2}$ $(0<\theta<1)$;

(4) $(1+x)^\alpha=1+\alpha x+\frac{\alpha(\alpha-1)}{2!}x^2+\cdots+\frac{\alpha(\alpha-1)\cdots(\alpha-n+1)}{n!}x^n$

$$+\frac{\alpha(\alpha-1)\cdots(\alpha-n+1)(\alpha-n)}{(n+1)!}(1+\theta x)^{\alpha-n-1}x^{n+1}(0<\theta<1);$$

(5) $\ln(1+x)=x-\frac{x^2}{2}+\frac{x^3}{3}-\cdots+(-1)^{n-1}\frac{x^n}{n}+\frac{(-1)^n}{(n+1)(1+\theta x)^{n+1}}x^{n+1}$ $(0<\theta<1)$.

例 6.13　试用拉格朗日型余项的泰勒公式求 e 的近似值,并估计误差.

解　$e^x=1+x+\frac{x^2}{2!}+\frac{x^3}{3!}+\cdots+\frac{x^n}{n!}+\frac{e^{\theta x}}{(n+1)!}x^{n+1},\quad 0<\theta<1,$

由此可知,若令

$$e^x\approx1+x+\frac{x^2}{2!}+\frac{x^3}{3!}+\cdots+\frac{x^n}{n!},$$

则产生的误差为

$$|R_n(x)|=\left|\frac{e^{\theta x}}{(n+1)!}x^{n+1}\right|<\frac{e^{|x|}}{(n+1)!}|x|^{n+1},\quad 0<\theta<1.$$

如果取 $x=1$,则得无理数 e 的近似式

$$e\approx1+1+\frac{1}{2!}+\cdots+\frac{1}{n!},$$

其误差

$$|R_n|<\frac{\mathrm{e}}{(n+1)!}<\frac{3}{(n+1)!}.$$

当 $n=10$ 时,可算出 $\mathrm{e}\approx 2.718282$,其误差不超过 10^{-6}.

习 题 6.3

1. 按 $(x-4)$ 的幂展开多项式 $f(x)=x^4-5x^3+x^2-3x+4$.

2. 应用麦克劳林公式,按 x 的幂展开函数 $f(x)=(x^2-3x+1)^3$.

3. 求函数 $f(x)=\sqrt{x}$ 按 $(x-4)$ 的幂展开的带有拉格朗日型余项的 3 阶泰勒公式.

4. 求函数 $f(x)=\ln x$ 按 $(x-2)$ 的幂展开的带有皮亚诺型余项的 n 阶泰勒公式.

5. 求函数 $f(x)=\dfrac{1}{x}$ 按 $(x+1)$ 的幂展开的带有拉格朗日型余项的 n 阶泰勒公式.

6. 求函数 $f(x)=\tan x$ 的带有皮亚诺型余项的 3 阶麦克劳林公式.

7. 求函数 $f(x)=x\mathrm{e}^x$ 的带有皮亚诺型余项的 n 阶麦克劳林公式.

8. 利用已知的展开式求下列函数的局部麦克劳林展式:

(1) $x\mathrm{e}^x$; (2) $\operatorname{ch}x$; (3) $\ln\dfrac{1+x}{1-x}$; (4) $\cos^2 x$; (5) $\dfrac{x^3+2x+1}{x-1}$; (6) $\cos x^2$.

9. 求 $\arcsin x$ 的局部麦克劳林展式.

10. 写出下列函数的局部麦克劳林公式至所指阶数:

(1) $\mathrm{e}^x\cos x\,(x^4)$; (2) $\arctan x\,(x^3)$;

(3) $\sin(\sin x)\,(x^3)$; (4) $\dfrac{x}{2x^3+x-1}\,(x^3)$;

(5) $\dfrac{1+x+x^2}{1-x+x^2}\,(x^4)$; (6) $\dfrac{x^2}{\sqrt{1-x+x^2}}\,(x^4)$.

11. 利用泰勒公式求下列极限:

(1) $\lim\limits_{x\to+\infty}(\sqrt[3]{x^3+3x^2}-\sqrt[4]{x^4-2x^3})$; (2) $\lim\limits_{x\to0}\dfrac{\cos x-\mathrm{e}^{-\frac{x^2}{2}}}{x^2[x+\ln(1-x)]}$;

(3) $\lim\limits_{x\to0}\dfrac{1+\frac{1}{2}x^2-\sqrt{1+x^2}}{(\cos x-\mathrm{e}^{x^2})\sin x^2}$; (4) $\lim\limits_{x\to0}\dfrac{a^x+a^{-x}-2}{x^2}\,(a>0)$.

(5) $\lim\limits_{x\to0}\dfrac{\ln(1+x+x^2)+\ln(1-x+x^2)}{x\sin x}$; (6) $\lim\limits_{x\to0}\dfrac{\mathrm{e}^{x^3}-1-x^3}{\sin^6 2x}$;

(7) $\lim\limits_{x\to0}\left(\dfrac{1}{x}-\dfrac{1}{\sin x}\right)$.

12. 设 $f''(x_0)$ 存在,证明

$$\lim_{h\to0}\frac{f(x_0+h)+f(x_0-h)-2f(x_0)}{h^2}=f''(x_0).$$

13. 设 $f^{(n)}(x_0)$ 存在,且 $f(x_0)=f'(x_0)=\cdots=f^{(n)}(x_0)=0$,证明

$$f(x)=o[(x-x_0)^n]\quad(x\to x_0).$$

14. 试确定常数 a 和 b,使 $f(x)=x-(a+b\cos x)\sin x$ 为当 $x\to0$ 时关于 x 的 5 阶无穷小.

15. 设对 $\forall x\in(a,b)$，有 $f''(x)>0$，求证 $\forall x_i\in(a,b)$，$i=1,2,\cdots,n$，都有

$$f\left(\frac{x_1+x_2+\cdots+x_n}{n}\right)\leqslant\frac{1}{n}\sum_{i=1}^{n}f(x_i),$$

且等号仅在 $x_i(i=1,2,\cdots,n)$都相等时才成立.

16. 设函数 $f(x)=-\ln x$，求证：当 $x>0$ 时，$f''(x)>0$；当 $x_i>0(i=1,2,\cdots,n)$时，有

$$\frac{n}{\dfrac{1}{x_1}+\dfrac{1}{x_2}+\cdots+\dfrac{1}{x_n}}\leqslant\sqrt[n]{x_1x_2\cdots x_n}\leqslant\frac{x_1+x_2+\cdots+x_n}{n}.$$

6.4　函数的单调性与曲线的凹凸性

6.4.1　函数单调性的判别法

如果函数 $y=f(x)$在某个区间上单调递增(单调递减)，那么它的图形是一条沿 x 轴正向上升(下降)的曲线. 如果曲线具有切线的话，则切线的斜率是非负的(是非正的)，即 $y'=f'(x)\geqslant 0$($y'=f'(x)\leqslant 0$). 于是可以猜想是否可用导数的符号来判断函数的单调性(图 6.4).

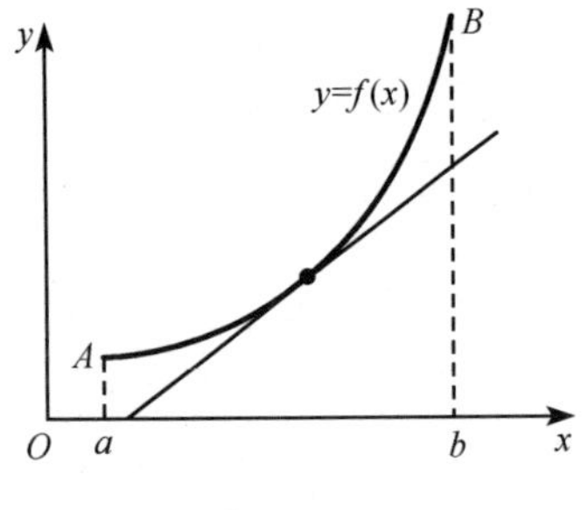

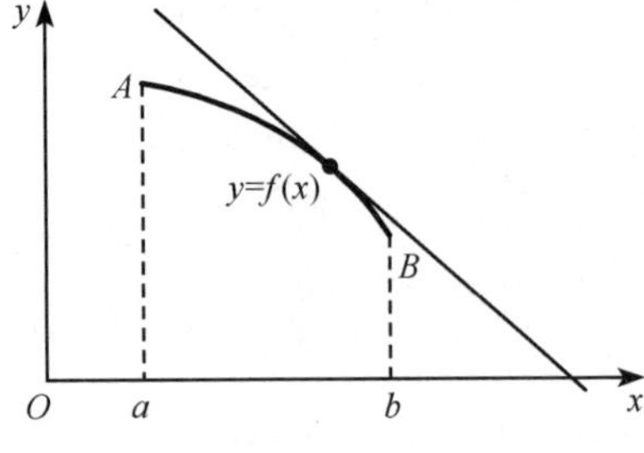

图 6.4

定理 6.8　设函数 $f(x)$在闭区间$[a,b]$上连续，在开区间(a,b)内可微，则

(1) 若在(a,b)内 $f'(x)>0$，则 $f(x)$在$[a,b]$上单调递增；

(2) 若在(a,b)内 $f'(x)<0$，则 $f(x)$在$[a,b]$上单调递减.

证　(1) 在$[a,b]$上任取两点 $x_1<x_2$，由拉格朗日中值定理知，存在一点 $\xi\in(x_1,x_2)$，使得

$$f(x_2)-f(x_1)=f'(\xi)\cdot(x_2-x_1).$$

由 $f'(\xi)>0$，$x_2-x_1>0$ 知 $f(x_2)-f(x_1)>0$，即

$$f(x_1)<f(x_2).$$

因此 $f(x)$在$[a,b]$上单调递增.

(2) 的证明类似.

注 6.6　对于其他类型的区间，如(a,b)，$[a,b)$，$(a,b]$，$(a,+\infty)$，$[a,+\infty)$，$(-\infty,b]$，$(-\infty,b)$，$(-\infty,+\infty)$等，有相应类似的结论.

例 6.14 讨论函数 $f(x)=\mathrm{e}^x$ 在区间 $(-\infty,+\infty)$ 内的单调性.

解 因为

$$f'(x)=\mathrm{e}^x>0,\quad \forall x\in(-\infty,+\infty),$$

所以由定理 6.8 知, $f(x)=\mathrm{e}^x$ 在 $(-\infty,+\infty)$ 内单调递增.

例 6.15 指出函数 $f(x)=\frac{1}{3}x^3-x^2+\frac{1}{3}$ 的单调区间.

解 $f(x)$ 的定义域为 $(-\infty,+\infty)$, 且在 $(-\infty,+\infty)$ 内有

$$f'(x)=x^2-2x=x(x-2).$$

令 $f'(x)=0$, 解出 $x=0,2$. 在区间 $(-\infty,0)$ 内 $f'(x)>0$, 所以 $f(x)$ 单调递增; 在区间 $(0,2)$ 内 $f'(x)<0$, 所以 $f(x)$ 单调递减; 在区间 $(2,+\infty)$ 内, $f'(x)>0$, 所以 $f(x)$ 单调递增.

例 6.16 讨论函数 $y=\sqrt[3]{x^2}$ 的单调性.

解 $f(x)$ 的定义域为 $(-\infty,+\infty)$.

当 $x\neq 0$ 时, 此函数的导数为

$$y'=\frac{2}{3\sqrt[3]{x}},$$

在区间 $(-\infty,0)$ 内 $f'(x)<0$, 所以 $f(x)$ 单调递减; 在区间 $(0,+\infty)$ 内 $f'(x)>0$, 所以 $f(x)$ 单调递增(图 6.5).

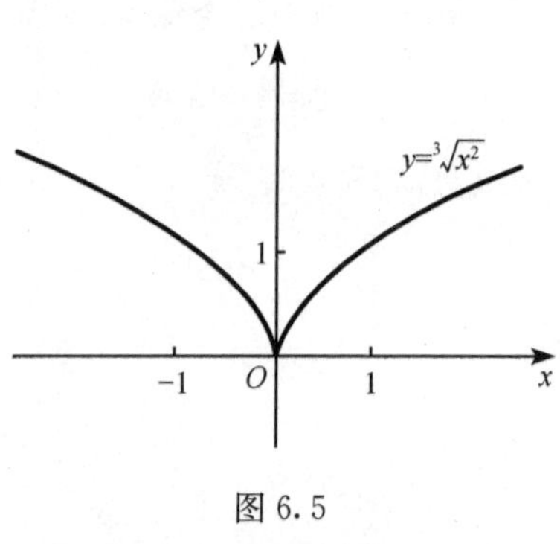

图 6.5

注 6.7 如果函数在其定义区间上连续, 除去有限个导数不存在的点外, 导数存在且连续, 那么只要用方程 $f'(x)=0$ 的根及 $f'(x)$ 不存在的点来划分函数 $f(x)$ 的定义区间, 就可以保证 $f'(x)$ 在各个部分区间内保持定号, 因而函数在各个部分区间上单调.

注 6.8 定理 6.8 只给出了一个函数在某区间上单调的充分条件, 而不是必要条件. 例如, 对于函数 $f(x)=x^3$, 有 $f'(x)=3x^2$. 当 $x=0$ 时 $f'(x)=0$, 但是, $f(x)=x^3$ 在整个区间 $(-\infty,+\infty)$ 内单调上升. 又例如, 对于函数 $f(x)=x^{\frac{1}{3}}$ 来说, 当 $x\neq 0$ 时, 有

$$f'(x)=\frac{1}{3}\cdot\frac{1}{\sqrt[3]{x^2}}>0,$$

但在 $x=0$ 处 $f(x)$ 不可导, 然而 $f(x)=x^{\frac{1}{3}}$ 在 $(-\infty,+\infty)$ 内单调递增(图 6.6).

由此可见, 若 $f(x)$ 在某区间内连续, 只在某几个孤立点处的导数为 0 或不存在, 而在其他点处, 有 $f'(x)>0$ (或 $f'(x)<0$), 则仍可断定 $f(x)$ 在此区间内单调递增(或单调递减).

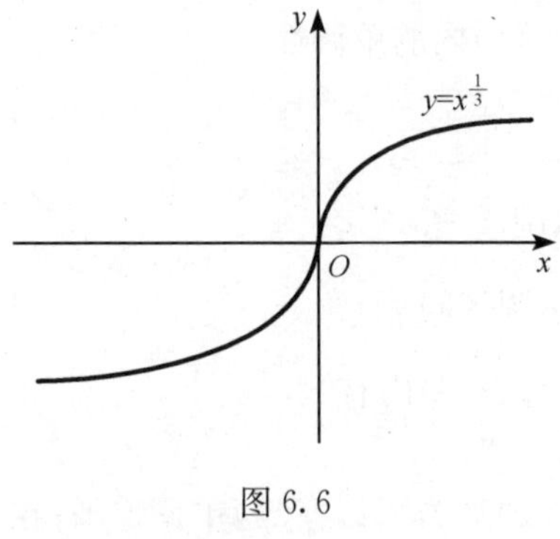

图 6.6

例 6.17　证明：当 $x\neq 0$ 时，有不等式 $e^x>1+x$.

证　设 $f(x)=e^x-1-x$，只需证明：当 $x\neq 0$ 时，有 $f(x)>0$.

因为 $f'(x)=e^x-1$，则在 $(-\infty,0)$ 内 $f'(x)<0$，$f(x)$ 单调递减；在 $(0,+\infty)$ 内，$f'(x)>0$，$f(x)$ 单调递增. 所以 $f(0)=0$ 是函数 $f(x)$ 的最小值，所以当 $x\neq 0$ 时，有

$$f(x)>f(0)=0,$$

即

$$e^x>1+x,$$

如图 6.7 所示.

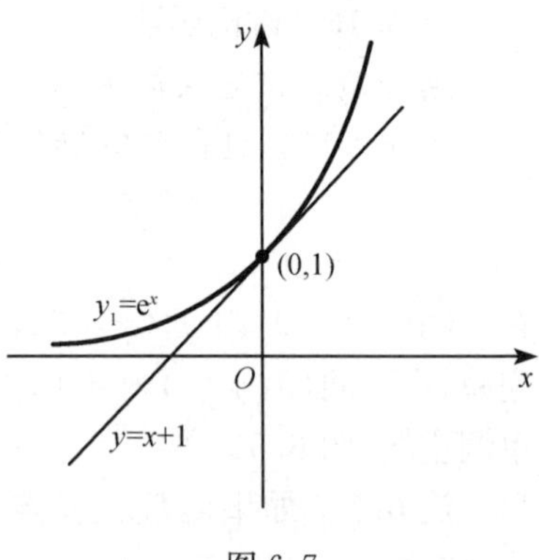

图 6.7

例 6.18　证明：当 $x\in\left(0,\frac{\pi}{2}\right)$ 时，有不等式 $\frac{2}{\pi}x<\sin x<x$.

证　已证明过不等式

$$\sin x<x<\tan x,\quad x\in\left(0,\frac{\pi}{2}\right).$$

所以只需证明

$$\frac{2}{\pi}x<\sin x,\quad x\in\left(0,\frac{\pi}{2}\right),$$

或

$$\frac{\pi}{2}\cdot\frac{\sin x}{x}>1,\quad x\in\left(0,\frac{\pi}{2}\right).$$

令

$$f(x)=\frac{\pi}{2}\cdot\frac{\sin x}{x},$$

则

$$f'(x)=\frac{\pi}{2}\cdot\frac{\cos x}{x^2}(x-\tan x),$$

所以，当 $x\in\left(0,\frac{\pi}{2}\right)$ 时

$$f'(x)<0.$$

从而有

$$f(x)>f\left(\frac{\pi}{2}\right)=1,\quad x\in\left(0,\frac{\pi}{2}\right).$$

6.4.2 曲线的凹凸性与拐点

从几何上看到,在有的曲线弧上,如果任取两点,则联接这两点间的弦总位于这两点间的弧段的上方,而有的曲线弧,则正好相反. 曲线的这种性质就是**曲线的凹凸性**(图 6.8).

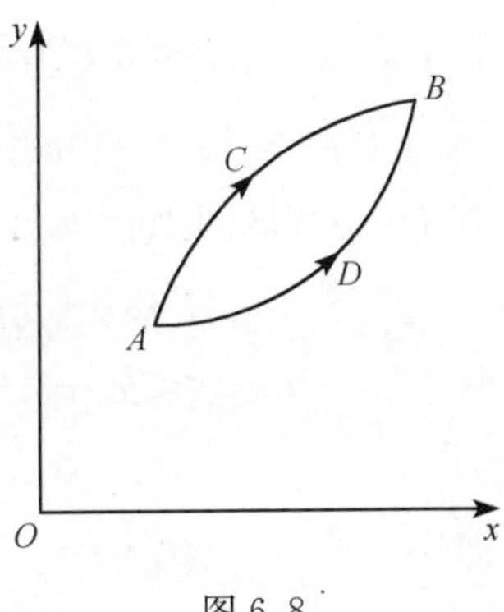

图 6.8

定义 6.1 设 $f(x)$在区间 I 上连续,如果对 I 上任意两点 x_1,x_2,恒有

$$f\left(\frac{x_1+x_2}{2}\right)<\frac{f(x_1)+f(x_2)}{2},$$

则称 $f(x)$在 I 上的图形是(向上)凹的(或凹弧);如果恒有

$$f\left(\frac{x_1+x_2}{2}\right)>\frac{f(x_1)+f(x_2)}{2},$$

则称 $f(x)$在 I 上的图形是(向上)凸的(或凸弧)(图 6.9).

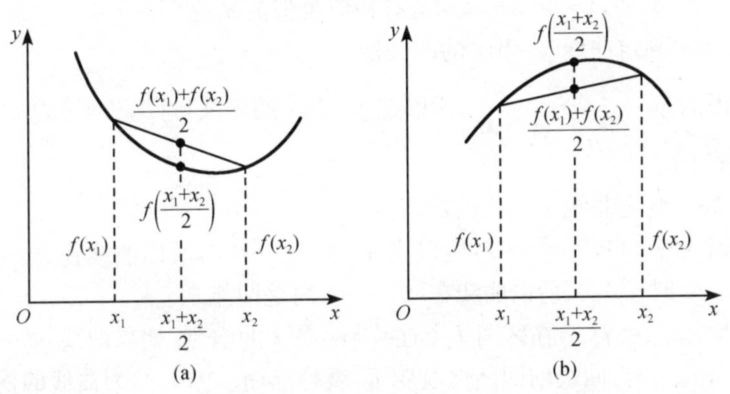

图 6.9

可以用二阶导数的符号来判断曲线的凹凸性.

定理 6.9 设函数 $f(x)$在闭区间$[a,b]$上连续,在开区间(a,b)内具有一阶和二阶导数,那么

(1) 若在(a,b)内 $f''(x)>0$,则 $f(x)$在$[a,b]$上的图形是凹的;

(2) 若在(a,b)内 $f''(x)<0$,则 $f(x)$在$[a,b]$上的图形是凸的.

证 (1) 在$[a,b]$上任取两点 $x_1<x_2$,记$\frac{x_1+x_2}{2}=x_0$,并记 $x_2-x_0=x_0-x_1=h$,则 $x_1=x_0-h,x_2=x_0+h$,由拉格朗日中值定理知

$$f(x_0+h)-f(x_0)=f'(x_0+\theta_1 h)h,$$
$$f(x_0)-f(x_0-h)=f'(x_0-\theta_2 h)h,$$

其中 $0<\theta_1<1$；$0<\theta_2<1$. 两式相减，得

$$f(x_0+h)+f(x_0-h)-2f(x_0)=[f'(x_0+\theta_1 h)-f'(x_0-\theta_2 h)]h.$$

对 $f'(x)$在区间$[x_0-\theta_2 h, x_0+\theta_1 h]$上再次利用拉格朗日中值公式，得

$$[f'(x_0+\theta_1 h)-f'(x_0-\theta_2 h)]h=f''(\xi)(\theta_1+\theta_2)h^2,$$

其中 $x_0-\theta_2 h<\xi<x_0+\theta_1 h$. 由假定知 $f''(\xi)>0$，故有

$$f(x_0+h)+f(x_0-h)-2f(x_0)>0,$$

即

$$f\left(\frac{x_1+x_2}{2}\right)<\frac{f(x_1)+f(x_2)}{2},$$

所以 $f(x)$在$[a,b]$上的图形是凹的.

(2) 的证明类似.

注 6.9　对于其他类型的区间，如(a,b)，$[a,b)$，$(a,b]$，$(a,+\infty)$，$[a,+\infty)$，$(-\infty,b]$，$(-\infty,b)$，$(-\infty,+\infty)$等，有相应类似的结论.

例 6.19　判定曲线 $y=\ln x$ 的凹凸性.

解　因为 $y'=\dfrac{1}{x}$，$y''=-\dfrac{1}{x^2}$，所以在 $y=\ln x$ 的定义域$(0,+\infty)$内 $y''<0$，曲线 $y=\ln x$ 是凸的.

例 6.20　判定曲线 $y=x^3$ 的凹凸性.

解　因为 $y'=3x^2$，$y''=6x$，所以当 $x<0$ 时 $y''<0$，所以曲线在$(-\infty,0]$内是凸弧；当 $x>0$ 时 $y''>0$，所以曲线在$[0,+\infty)$内是凹弧.

一般地，设 $y=f(x)$在区间 I 上连续，x_0 是 I 的内点. 如果曲线 $y=f(x)$在经过点$(x_0,f(x_0))$时，曲线的凹凸性改变了，就称点$(x_0,f(x_0))$为**曲线的拐点**.

例 6.21　求曲线 $f(x)=\dfrac{1}{3}x^3-x^2+\dfrac{1}{3}$的凹凸区间及拐点.

解　$f'(x)=x^2-2x$，$f''(x)=2x-2=2(x-1)$，所以当 $x\in(-\infty,1)$时，$f''(x)<0$，曲线在$(-\infty,1]$内是凸弧；当 $x\in(1,+\infty)$时，$f''(x)>0$，曲线在$[1,+\infty)$内是凹弧. 于是$\left(1,-\dfrac{1}{3}\right)$是曲线的拐点.

例 6.22　求曲线 $f(x)=x^4$ 的凹凸区间及拐点.

解　$f'(x)=4x^3$，$f''(x)=12x^2$，所以除 $x=0$ 外，都有 $f''(x)>0$，曲线在整个定义域$(-\infty,+\infty)$内是凹弧，没有拐点.

例 6.23　求曲线 $y=\sqrt[3]{x}$的凹凸区间及拐点.

解 当 $x\neq 0$ 时，

$$y'=\frac{1}{3\sqrt[3]{x^2}},\quad y''=-\frac{2}{9x\sqrt[3]{x^2}},$$

在$(-\infty,0)$内 $y''>0$,曲线在$(-\infty,0]$上是凹弧；在$(0,+\infty)$内 $y''<0$,曲线在$[0,+\infty)$上是凸弧. $(0,0)$是拐点.

习 题 6.4

1. 判定函数 $f(x)=\arctan x-x$ 的单调性.

2. 判定函数 $f(x)=x+\cos x(0\leqslant x\leqslant 2\pi)$的单调性.

3. 求下列函数的单调性区间与极值点：

(1) $f(x)=3x^2-x^3$； (2) $f(x)=x-\ln(1+x)$； (3) $f(x)=a-b(x-c)^{\frac{2}{3}}(a>0,b>0)$；

(4) $f(x)=x-e^x$； (5) $f(x)=\sqrt{x}\ln x$.

4. 求下列函数的极值点与极值：

(1) $y=x+a^2/x$； (2) $y=xe^{-x}$； (3) $y=\frac{1}{x}\ln^2 x$.

5. 确定下列函数的单调区间：

(1) $y=2x^3-6x^2-18x-7$； (2) $y=2x+\frac{8}{x}(x>0)$；

(3) $y=\frac{10}{4x^3-9x^2+6x}$； (4) $y=\ln(x+\sqrt{1+x^2})$；

(5) $y=(x-1)(x+1)^3$； (6) $y=\sqrt[3]{(2x-a)(a-x)^2}(a>0)$；

(7) $y=x^n e^{-x}(n>0,x\geqslant 0)$； (8) $y=x+|\sin 2x|$.

6. 证明下列不等式：

(1) 当 $x>0$ 时，$1+\frac{1}{2}x>\sqrt{1+x}$；

(2) 当 $x>0$ 时，$1+x\ln(x+\sqrt{1+x^2})>\sqrt{1+x^2}$；

(3) 当 $0<x<\frac{\pi}{2}$时，$\sin x+\tan x>2x$；

(4) 当 $0<x<\frac{\pi}{2}$时，$\tan x>x+\frac{1}{3}x^3$；

(5) 当 $x>4$ 时，$2^x>x^2$；

(6) 当 $0<x_1<x_2<\frac{\pi}{2}$时，$\frac{\tan x_2}{\tan x_1}>\frac{x_2}{x_1}$；

(7) 当 $x>0$ 时，$\ln(1+x)>\frac{\arctan x}{1+x}$；

(8) 当 $e<a<b<e^2$ 时，$\ln^2 b-\ln^2 a>\frac{4}{e^2}(b-a)$；

(9) 当 $x>0$ 时，$x>\ln(1+x)>x-\frac{1}{2}x^2$；

(10) 当 $x\neq 0$ 时，$\frac{e^x+e^{-x}}{2}>1+\frac{x^2}{2}$；

(11) 当 $x\in\left(0,\frac{\pi}{2}\right)$ 时，$2x<\sin x+\tan x$；

(12) 当 $x>0$ 时，$\sin x>x-\frac{1}{6}x^3$.

7. 讨论方程 $\ln x=ax(a>0)$ 有几个实根？

8. 判定下列曲线的凹凸性：

(1) $y=4x-x^2$；(2) $y=\mathrm{sh}x$；

(3) $y=x+\frac{1}{x}(x>0)$；(4) $y=x\arctan x$.

9. 求下列函数图形的拐点及凹或凸的区间：

(1) $y=x^3-5x^2+3x+5$；(2) $y=xe^{-x}$；

(3) $y=(x+1)^4+e^x$；(4) $y=\ln(x^2+1)$；

(5) $y=e^{\arctan x}$；(6) $y=x^4(12\ln x-7)$；

(7) $y=3x^2-x^3$；(8) $y=x+\frac{x}{x^2-1}$；

(9) $y=\sqrt{1+x^2}$.

10. 利用函数图形的凹凸性，证明下列不等式：

(1) $\frac{1}{2}(x^n+y^n)>\left(\frac{x+y}{2}\right)^n(x>0,y>0,x\neq y,n>1)$；

(2) $\frac{e^x+e^y}{2}>e^{\frac{x+y}{2}}(x\neq y)$；

(3) $x\ln x+y\ln y>(x+y)\ln\frac{x+y}{2}(x>0,y>0,x\neq y)$.

11. 试证明：曲线 $y=\frac{x-1}{x^2+1}$ 有三个拐点位于同一直线上.

12. 问 a,b 为何值时，点(1,3)为曲线 $y=ax^3+bx^2$ 的拐点？

13. 试决定曲线 $y=ax^3+bx^2+cx+d$ 中的 a,b,c,d，使得 $x=-2$ 处曲线有水平切线，(1,−10)为拐点，且点(−2,44)在曲线上.

14. 试决定 $y=k(x^2-3)^2$ 中 k 的值，使曲线的拐点处的法线通过原点.

15. 设 $y=f(x)$ 在 $x=x_0$ 的某邻域内具有三阶连续导数，如果 $f''(x_0)=0$，且 $f'''(x_0)\neq 0$，试问 $(x_0,f(x_0))$ 是否为拐点？为什么？

6.5 函数的极值与最大值最小值

6.5.1 函数的极值及其求法

定义 6.2 设函数 $f(x)$ 在点 x_0 的某邻域 $U(x_0)$ 内有定义，如果对于去心邻域 $\mathring{U}(x_0)$ 内的任意 x，有

$$f(x) < f(x_0) \quad \text{或}\ f(x) > f(x_0),$$

就称 $f(x_0)$是**函数** $f(x)$**的一个极大值**(或**极小值**).

函数的极大值与极小值统称为**函数的极值**,使函数取得极值的点称为**极值点**.

由费马引理知,如果函数 $f(x)$在 x_0 处可导,且 $f(x)$在 x_0 处取得极值,则 $f'(x_0)=0$.这是可导函数取得极值的必要条件.使得 $f'(x_0)=0$ 的 x_0 称为驻点,则可说可导函数的极值点必为驻点.但反过来,函数的驻点却不一定是极值点.例如,$x=0$ 是 $f(x)=x^3$ 的驻点,却不是极值点.另外,函数在它的导数不存在的点处也可能取得极值.例如 $f(x)=|x|$在 $x=0$ 处取得极小值.

定理 6.10(第一充分条件)　设函数 $f(x)$在 x_0 处连续,且在 x_0 的某去心邻域 $\mathring{U}(x_0,\delta)$内可导.

(1) 若 $x\in(x_0-\delta,x_0)$时,$f'(x)>0$,而 $x\in(x_0,x_0+\delta)$时,$f'(x)<0$,则 $f(x)$在 x_0 处取得极大值;

(2) 若 $x\in(x_0-\delta,x_0)$时 $f'(x)<0$;而 $x\in(x_0,x_0+\delta)$时 $f'(x)>0$,则 $f(x)$在 x_0 处取得极小值;

(3) 若 $x\in\mathring{U}(x_0,\delta)$时 $f'(x)$的符号保持不变,则 $f(x)$在 x_0 处没有极值(图 6.10).

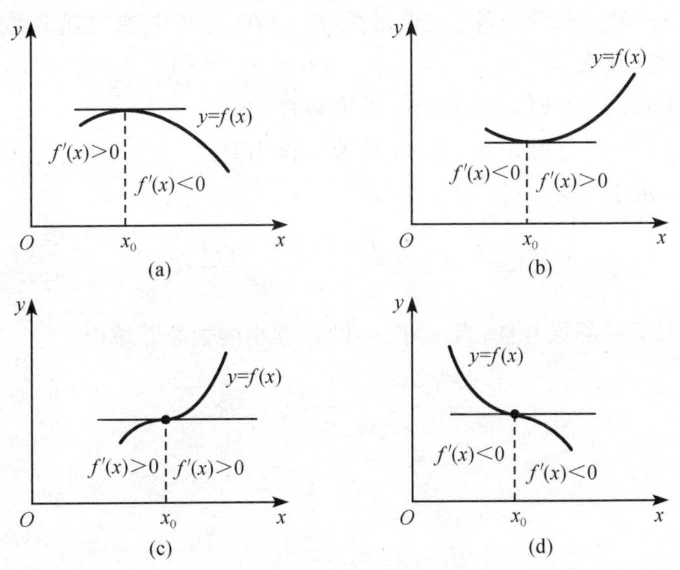

图 6.10

证　(1) 根据函数单调性的判别法,函数 $f(x)$在$(x_0-\delta,x_0]$内单调递增,而在$[x_0,x_0+\delta)$内单调递减.所以 $x\in\mathring{U}(x_0,\delta)$时,总有 $f(x)<f(x_0)$,$f(x)$在 x_0 处取得极大值.

(2),(3)的证明类似.

例 6.24　求 $f(x)=\frac{1}{3}x^3-x^2+\frac{1}{3}$的极值.

解　令 $f'(x)=x^2-2x=x(x-2)=0$,得两个驻点

$$x_1=0,\quad x_2=2.$$

在$(-\infty,0)$内 $y'>0$,在$(0,2)$内 $y'<0$,所以 $f(0)=\frac{1}{3}$为极大值;又因在$(2,+\infty)$内 $y'>0$,所以 $f(2)=-1$ 为极小值.

例 6.25　求 $f(x)=(x-1)\sqrt[3]{x^2}$的极值.

解　当 $x\neq 0$ 时,有

$$f'(x)=\sqrt[3]{x^2}+(x-1)\cdot\frac{2}{3}x^{-1/3}=\frac{5x-2}{3\sqrt[3]{x}},$$

所以可得一驻点 $x=2/5$,且知 $x=0$ 为导数不存在的点.

在$(-\infty,0)$内 $f'(x)>0$,在$\left(0,\frac{2}{5}\right)$内 $f'(x)<0$,所以 $f(0)=0$ 为极大值;又因在$\left(\frac{2}{5},+\infty\right)$内 $f'(x)>0$,所以 $f\left(\frac{2}{5}\right)=-\frac{3}{25}\sqrt[3]{20}$为极小值.

定理 6.11(第二充分条件)　设函数 $f(x)$在 x_0 处具有二阶导数,且 $f'(x_0)=0$,$f''(x_0)\neq 0$,那么

(1) 当 $f''(x_0)<0$ 时,$f(x)$在 x_0 处取得极大值;

(2) 当 $f''(x_0)>0$ 时,$f(x)$在 x_0 处取得极小值.

证　(1) 由于

$$f''(x_0)=\lim_{x\to x_0}\frac{f'(x)-f'(x_0)}{x-x_0}<0,$$

根据函数极限的局部保号性,当 x 在 x_0 的足够小的去心邻域内,

$$\frac{f'(x)-f'(x_0)}{x-x_0}<0,$$

即

$$\frac{f'(x)}{x-x_0}<0.$$

因此,在 x_0 的左去心邻域内,$f'(x)>0$,在 x_0 的右去心邻域内,$f'(x)<0$.

根据函数单调性的判别法,函数 $f(x)$在$(x_0-\delta,x_0]$内单调递增,而在$[x_0,x_0+\delta)$内单调递减,所以 $x\in\mathring{U}(x_0,\delta)$时,总有 $f(x)<f(x_0)$,$f(x)$在 x_0 处取得极大值.

(2)的证明类似.

例 6.26　求 $f(x)=\frac{1}{3}x^3-x^2+\frac{1}{3}$的极值.

解　令 $f'(x)=x^2-2x=x(x-2)=0$,得两个驻点

$$x_1=0,\quad x_2=2.$$

又因为 $f''(x)=2x-2$,所以 $f''(0)=-2<0$,$f(0)=\frac{1}{3}$为极大值;$f''(2)=2>0$,$f(2)=-1$ 为极小值.

例 6.27　求 $f(x)=(x^2-1)^3+1$ 的极值.

解　$f'(x)=6x(x^2-1)^2$.

令 $f'(x)=0$,解得驻点 $x_1=-1$,$x_2=0$,$x_3=1$. 又因

$$f''(x)=6(x^2-1)(5x^2-1),$$

有 $f''(0)=6>0$,故 $f(0)=0$ 为极小值. 在 $x_1=-1$ 的小的去心邻域内,$f'(x)<0$ 保持定号,所以 $x_1=-1$ 不是极值点. 同理 $x_3=1$ 也不是极值点(图 6.11).

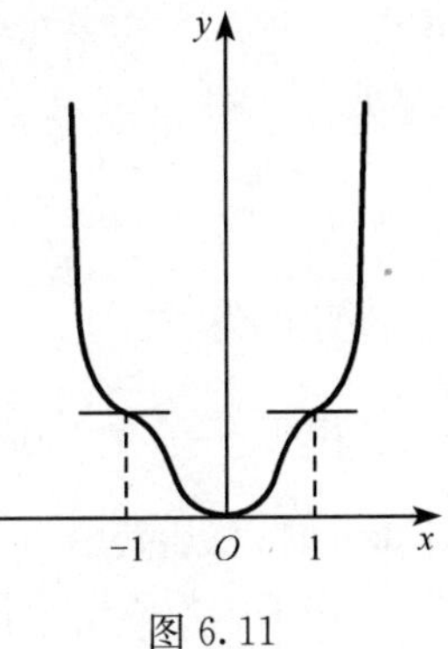

图 6.11

6.5.2　最大值最小值问题

在工农业生产、工程技术及科学实验中,常常会遇到这样一类问题:在一定条件下,怎样使“产品最多”、“用料最省”、“成本最低”、“效率最高”等. 这类问题在数学上有时可归结为**求某一函数(通常称为目标函数)的最大值或最小值问题**.

假定函数 $f(x)$在闭区间$[a,b]$上连续,在开区间(a,b)内只有有限个驻点和不可导点,若 $f(x)$在闭区间$[a,b]$上的最值点在(a,b)内取到,则此最值点必为极值点,所以一定在驻点或者不可导点处取到. 当然,最值点也可能是区间的端点. 所以只要把区间端点、驻点以及不可导点处的函数值都计算出来,其中最大的就是最大值,最小的就是最小值.

例 6.28　求 $f(x)=\sqrt[3]{(x^2-2x)^2}$在闭区间$[-1,3]$上的最大值与最小值.

解　$f'(x)=\frac{4}{3}\frac{x-1}{\sqrt[3]{x(x-2)}}$,所以 1 为驻点,0,2 为导数不存在的点. 由

$f(-1)=\sqrt[3]{9}$,$f(0)=0$,$f(1)=1$,$f(2)=0$,$f(3)=\sqrt[3]{9}$,所以 $f(x)$的最大值为$\sqrt[3]{9}$,最小值为 0.

例 6.29　铁路线上 AB 段的距离为 100km. 工厂 C 距 A 处为 20km,AC 垂直于 AB. 为了运输需要,要在 AB 线上选定一点 D 向工厂修筑一条公路. 已知铁路每公里货运的运费与公路上每公里货运的运费之比为 3∶5. 为了使货物从供应站

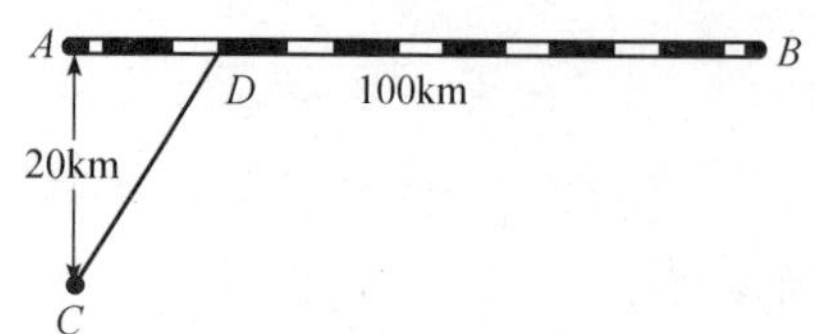

图 6.12

B 运到工厂 C 的运费最省，问 D 点应选在何处(图 6.12)？

解　设 $AD=x\text{km}$，则 $BD=100-x$，

$$CD=\sqrt{400+x^2}.$$

设铁路上每千米的运费为 $3k$，公路上每千米的运费为 $5k$. 设从 B 点到 C 点需要的总运费为 y，则

$$y=5k\sqrt{400+x^2}+3k(100-x),\quad 0\leqslant x\leqslant 100.$$

因为

$$y'=k\left(\frac{5x}{\sqrt{400+x^2}}-3\right),$$

所以驻点为 $x=15$.

由于 $y(0)=400k$，$y(15)=380k$，$y(100)=500k\sqrt{1+\frac{1}{5^2}}$，所以当 $AD=x=15\text{km}$ 时，总运费最省.

在求函数的最大值(或最小值)时，特别值得指出的是下述情形：$f(x)$在一个区间内可导且只有一个驻点 x_0，且这个驻点 x_0 是函数 $f(x)$的极值点，那么，当 $f(x_0)$是极大值时，$f(x_0)$就是 $f(x)$在此区间上的最大值；当 $f(x_0)$是极小值时，$f(x_0)$就是 $f(x)$在此区间上的最小值(图 6.13).

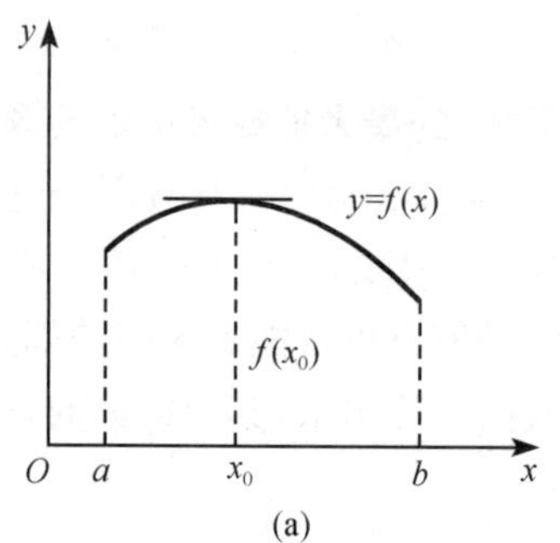

(a)

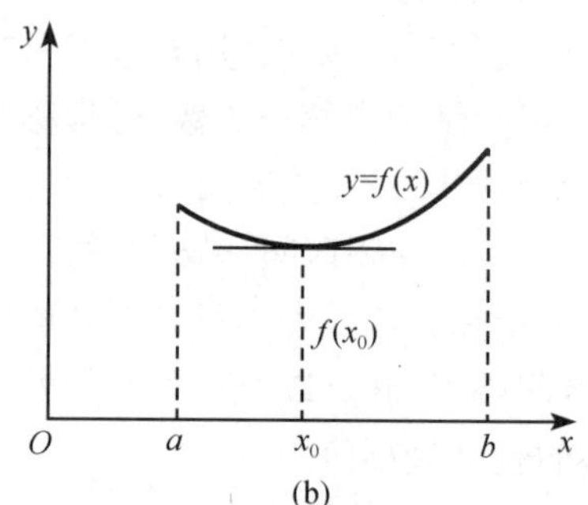

(b)

图 6.13

例 6.30　做一个圆柱形无盖铁桶，容积一定，设为 V_0. 问铁桶的底半径与高的比例应为多少才能最省铁皮(图 6.14)？

解　设铁桶底半径为 r，高为 h，则所需铁皮面积为

$$S=2\pi rh+\pi r^2.$$

由 $V_0=\pi r^2 h$，得

$$h=\frac{V_0}{\pi r^2},$$

所以

$$S=\frac{2V_0}{r}+\pi r^2,\quad 0<r<+\infty.$$

因为

$$\frac{\mathrm{d}S}{\mathrm{d}r}=-\frac{2V_0}{r^2}+2\pi r,$$

所以得唯一的驻点为 $r_1=\sqrt[3]{\frac{V_0}{\pi}}$. 易得出其为极小值点，故为最小值点. 此时有

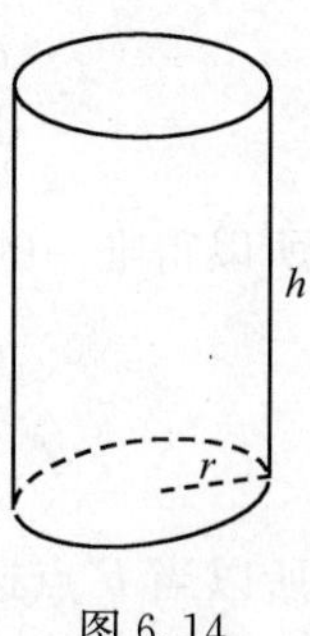

图 6.14

$$h=\frac{V_0}{\pi r^2}\bigg|_{r=r_1}=r_1,$$

所以，当底半径 r 与高 h 相等时，最省铁皮.

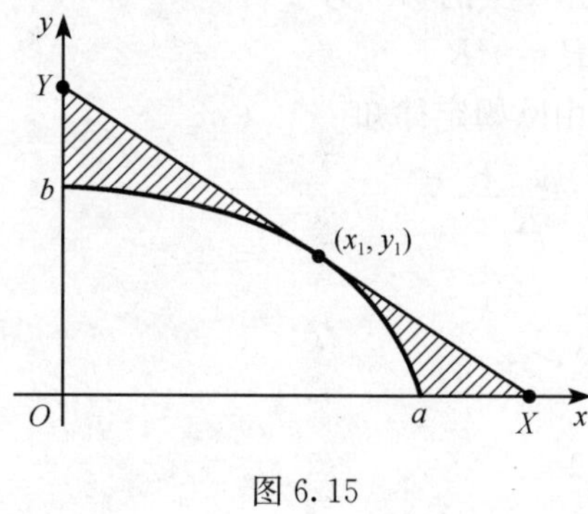

图 6.15

例 6.31　在椭圆 $\frac{x^2}{a^2}+\frac{y^2}{b^2}=1$ 的第一象限部分求一点 P，使过该点的切线与两坐标轴所围图形的面积最小(图 6.15).

解　设 (x_1, y_1) 为椭圆在第一象限的点. 对方程 $\frac{x^2}{a^2}+\frac{y^2}{b^2}=1$ 两边求微分，得

$$\frac{2x\mathrm{d}x}{a^2}+\frac{2y\mathrm{d}y}{b^2}=0,$$

所以

$$\frac{\mathrm{d}y}{\mathrm{d}x}=-\frac{b^2}{a^2}\cdot\frac{x}{y}.$$

于是得到椭圆在点 (x_1, y_1) 处的切线方程

$$y-y_1=-\frac{b^2}{a^2}\cdot\frac{x_1}{y_1}(x-x_1),$$

即

$$\frac{x_1 x}{a^2}+\frac{y_1 y}{b^2}=1.$$

由此易求得切线在 x 轴上的截距为 $X=\frac{a^2}{x_1}$，在 y 轴上的截距为 $Y=\frac{b^2}{y_1}$，所以所求面积为

$$S=\frac{1}{2}XY=\frac{1}{2}\left(\frac{a^2}{x_1}\right)\cdot\left(\frac{b^2}{y_1}\right)=\frac{a^3 b}{2}\cdot\frac{1}{x_1\cdot\sqrt{a^2-x_1^2}},\quad 0<x_1<a.$$

因为

$$\frac{dS}{dx_1}=\frac{a^3b}{2}\cdot\frac{1}{\sqrt{a^2-x_1^2}}\cdot\frac{2x_1^2-a^2}{(a^2-x_1^2)\cdot x_1^2},\quad 0<x_1<a.$$

所以得唯一的驻点为 $x_1=\frac{a}{\sqrt{2}}$. 易得出其为极小值点,故为最小值点. 此时有

$$y_1=\frac{b}{\sqrt{2}},$$

所以当 P 点选为 $\left(\frac{a}{\sqrt{2}},\frac{b}{\sqrt{2}}\right)$ 时,过它的椭圆的切线与两坐标轴围成的面积最小.

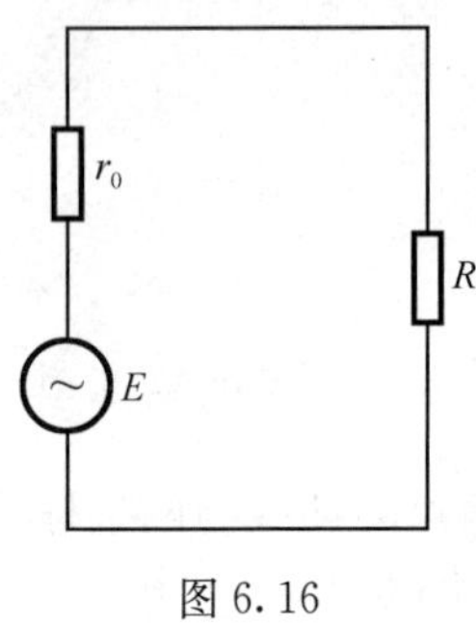

图 6.16

例 6.32　已知一稳压电源回路,电源的电动势为 E,内阻为 r_0. 负载电阻为 R. 问 R 多大时,输出功率最大(图 6.16)?

解　消耗在负载电阻 R 上的功率为

$$P=i^2R.$$

其中 i 为回路中的电流. 由欧姆定律知

$$i=\frac{E}{R+r_0},$$

所以

$$P=\frac{E^2R}{(R+r_0)^2},\quad 0<R<+\infty.$$

因为

$$\frac{dP}{dR}=\frac{E^2(r_0-R)}{(R+r_0)^3},$$

所以得唯一的驻点为 $R=r_0$. 易得出其为极大值点,故为最大值点. 所以当 $R=r_0$ 时输出功率最大.

例 6.33　一束光线由空气中 A 点经过水面折射后到达水中 B 点. 已知光在空气中和水中传播的速度分别是 v_1 和 v_2,试确定光线的传播路径(图 6.17).

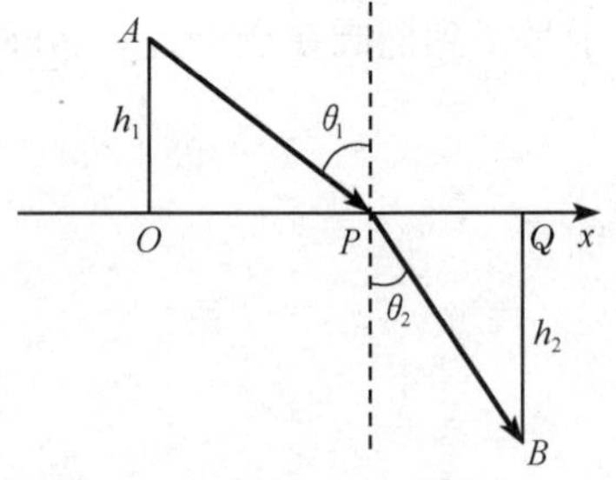

图 6.17

解　设 A 点到水面的垂直距离为 $AO=h_1$, B 点到水面的垂直距离为 $BQ=h_2$, x 轴沿水面过点 O,Q,OQ 的长度为 l.

光线总是沿着耗时最少的路径传播,因此光线在同一均匀介质中必沿直线传播. 设光线的传播路径与 x 轴的交点为 P, $OP=x$,则光线从 A 到 B 的传播路径为折线 APB,所需传播时间为

$$T(x)=\frac{\sqrt{h_1^2+x^2}}{v_1}+\frac{\sqrt{h_2^2+(l-x)^2}}{v_2},\quad x\in[0,l].$$

由于

$$T'(x)=\frac{1}{v_1}\cdot\frac{x}{\sqrt{h_1^2+x^2}}-\frac{1}{v_2}\cdot\frac{l-x}{\sqrt{h_2^2+(l-x)^2}},\quad x\in[0,l],$$

$$T''(x)=\frac{1}{v_1}\cdot\frac{h_1^2}{(h_1^2+x^2)^{\frac{3}{2}}}+\frac{1}{v_2}\cdot\frac{h_2^2}{[h_2^2+(l-x)^2]^{\frac{3}{2}}}>0,\quad x\in[0,l],$$

$$T'(0)<0,\quad T'(l)>0,$$

且 $T'(x)$在$[0,l]$上连续,故 $T'(x)$在$(0,l)$内存在唯一零点 x_0,且 x_0 是 $T(x)$在$(0,l)$内的唯一极小值点,从而也是 $T(x)$在$[0,l]$上的最小值点.

x_0 必然满足

$$\frac{x_0}{v_1\sqrt{h_1^2+x_0^2}}=\frac{l-x_0}{v_2\sqrt{h_2^2+(l-x_0)^2}}.$$

因为

$$\frac{x_0}{\sqrt{h_1^2+x_0^2}}=\sin\theta_1,\quad \frac{l-x_0}{\sqrt{h_2^2+(l-x_0)^2}}=\sin\theta_2,$$

所以

$$\frac{\sin\theta_1}{v_1}=\frac{\sin\theta_2}{v_2},$$

其中 θ_1,θ_2 分别为光线的入射角和折射角. 这就是著名的光的折射定律.

还要指出,实际问题中,往往根据问题的性质就可以断定可导函数 $f(x)$确有最大值或最小值,而且一定在定义区间内部取得. 这时如果 $f(x)$在定义区间内部只有一个驻点 x_0,那么不必讨论$f(x_0)$是不是极值,就可以断定 $f(x_0)$是最大值或最小值.

例 6.34 把一根直径为 d 的圆木锯成截面为矩形的梁. 问矩形截面的高 h 和宽 b 应如何选择才能使梁的抗弯截面模量最大(图 6.18)?

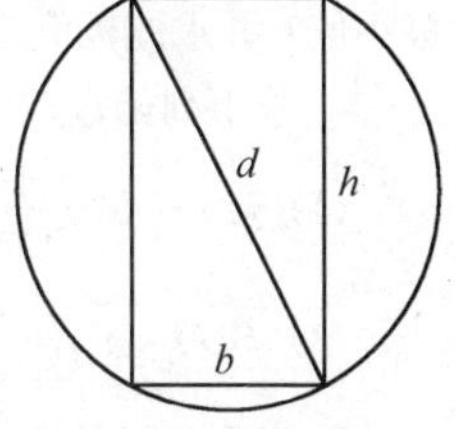

图 6.18

解 由力学分析知,矩形梁的抗弯截面模量为

$$W=\frac{1}{6}bh^2.$$

而

$$h^2=d^2-b^2,$$

所以

$$W=\frac{1}{6}(d^2b-b^3),\quad b\in(0,d).$$

由

$$W'=\frac{1}{6}(d^2-3b^2),$$

得驻点

$$b=\sqrt{\frac{1}{3}}d.$$

由于梁的最大抗弯截面模量一定存在，而且在$(0,d)$内部达到，所以必然在$b=\sqrt{\frac{1}{3}}d$处达到. 此时可以解得

$$d:h:b=\sqrt{3}:\sqrt{2}:1.$$

习　题　6.5

1. 求下列函数的极值：

(1) $y=2x^3-6x^2-18x+7$；(2) $y=x-\ln(1+x)$；

(3) $y=-x^4+2x^2$；(4) $y=x+\sqrt{1-x}$；

(5) $y=\dfrac{1+3x}{\sqrt{4+5x^2}}$；(6) $y=\dfrac{3x^2+4x+4}{x^2+x+1}$；

(7) $y=e^x\cos x$；(8) $y=x^{\frac{1}{x}}$；

(9) $y=3-2(x+1)^{\frac{1}{3}}$；(10) $y=x+\tan x$.

2. 试证明：如果函数 $y=ax^3+bx^2+cx+d$ 满足条件 $b^2-3ac<0$，那么这函数没有极值.

3. 试问 a 为何值时，函数 $f(x)=a\sin x+\frac{1}{3}\sin 3x$ 在 $x=\frac{\pi}{3}$ 处取得极值？它是极大值还是极小值？并求此极值.

4. 求下列函数在$(0,+\infty)$上的最小值：

(1) $f(x)=x+\dfrac{1}{x}$；(2) $f(x)=x+\dfrac{1}{x^2}$；

(3) $f(x)=x^3+\dfrac{1}{x}$.

5. 求下列函数在$[0,a]$上的最大值：

(1) $f(x)=x\sqrt{a^2-x^2}$；(2) $f(x)=x^2\sqrt{a^2-x^2}$；

(3) $f(x)=x^3\sqrt{a^2-x^2}$.

6. 求下列函数的最大值、最小值：

(1) $y=2x^3-3x^2,-1\leqslant x\leqslant 4$；(2) $y=x^4-8x^2+2,-1\leqslant x\leqslant 3$；

(3) $y=x+\sqrt{1-x},-5\leqslant x\leqslant 1$.

7. 问函数 $y=2x^3-6x^2-18x-7(1\leqslant x\leqslant 4)$在何处取得最大值？并求出它的最大值.

8. 问函数 $y=x^2-\dfrac{54}{x}(x<0)$在何处取得最小值？

9. 问函数 $y=\dfrac{x}{x^2+1}(x\geqslant 0)$在何处取得最大值？

10. 设 $a>1$，$f(x)=a^x-ax$ 在$(-\infty,+\infty)$内的驻点为 $x(a)$. 问 a 为何值时 $x(a)$最小？并

求出最小值.

11. 求椭圆 $x^2-xy+y^2=3$ 上纵坐标最大和最小的点.

12. 求数列 $\{\sqrt[n]{n}\}$ 的最大项.

13. 某车间靠墙壁要盖一间长方形小屋,现有存砖只够砌 20m 长的墙壁. 问应围成怎样的长方形才能使这间小屋的面积最大?

14. 要造一圆柱形油罐,体积为 V,问底半径 r 和高 h 各等于多少时,才能使表面积最小?这时底直径与高的比是多少?

15. 某地区防空洞的截面拟建成矩形加半圆(图 6.19). 截面的面积为 5m^2. 问底宽 x 为多少时才能使截面的周长最小,从而使建造时所用的材料最省?

16. 设有质量为 5kg 的物体,置于水平面上,受力 F 的作用而开始移动(图 6.20). 设摩擦系数 $\mu=0.25$,问力 F 与水平线的交角 α 为多少时,才可使力 F 的大小为最小.

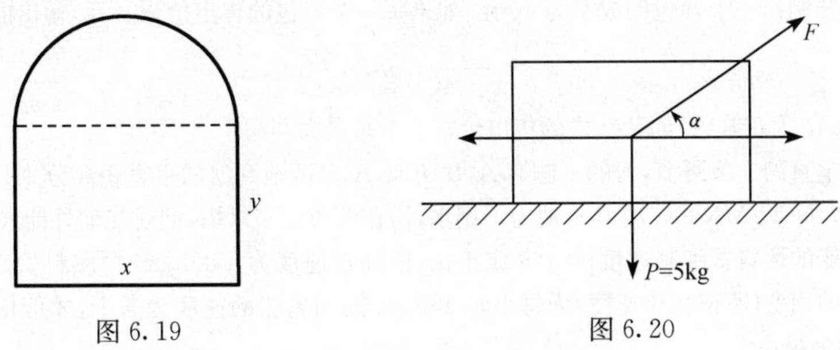

图 6.19　　图 6.20

17. 有一杠杆,支点在它的一端. 在距支点 0.1m 处挂一质量为 49kg 的物体. 加力于杠杆的另一端使杠杆保持水平(图 6.21). 如果杠杆的线密度为 5kg/m,求最省力的杆长.

18. 从一块半径为 R 的圆铁片上挖去一个扇形做成一个漏斗(图 6.22). 问留下的扇形的中心角 φ 取多大时,做成的漏斗的容积最大?

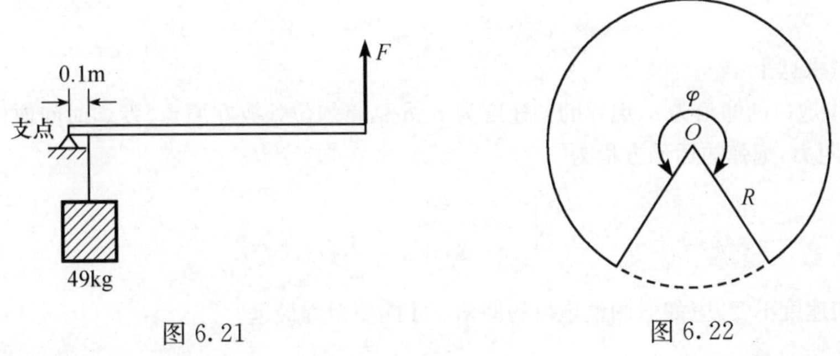

图 6.21　　图 6.22

19. 某吊车的车身高为 1.5m,吊臂长 15m. 现在要把一个 6m 宽、2m 高的屋架,水平地吊到 6m 高的柱子上去(图 6.23),问能否吊得上去?

20. 一房地产公司有 50 套公寓要出租. 当月租金定为 1000 元时,公寓会全部租出去. 当月租金每增加 50 元时,就会多一套公寓租不出去,而租出去的公寓每月需花费 100 元的维修费. 试问房租定为多少可获得最大收入?

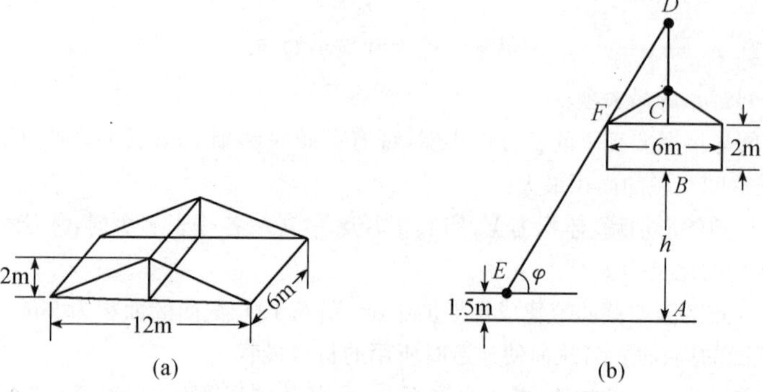

图 6.23

21. 已知制作一个背包的成本为 40 元. 如果每一个背包的售出价为 x 元,售出的背包数由

$$n=\frac{a}{x-40}+b(80-x)$$

给出,其中 a,b 为正常数. 问什么样的售出价格能带来最大利润?

22. 有笔直的一条河流,河的一侧有 A,B 两地,A,B 两地到河的垂直距离分别是 c,d,其垂足分别是 M,N,设 $MN=h$. A,B 两地为了用水,需在河边建一水塔,问建在何处能最省水管?

23. 轮船的燃料费和其速度的立方成正比,已知在速度为 10km/h 时,燃料费总计每小时 30 元,其余的用费(不依赖于速度)为每小时 480 元. 问当轮船的速度为若干,才能使 1km 路程的费用总和为最小?

24. 在椭圆 $\frac{x^2}{a^2}+\frac{y^2}{b^2}=1$ 中,嵌入一内接矩形,矩形的对边分别平行于坐标轴,求使矩形有最大面积时的边长.

25. 用某种仪器测量某一零件的长度 n 次,所得的 n 个结果分别为 $a_1,a_2,\cdots,a_n$,为了较好地表达零件的长度,取 x 使得函数

$$y=(x-a_1)^2+(x-a_2)^2+\cdots+(x-a_n)^2$$

为最小,试求这个 x?

26. 设炮口的仰角为 α,炮弹的初速度为 v_0 m/s,将炮位处放在原点,发炮时间取作 $t=0$,如不计空气阻力,炮弹的运动方程为

$$\begin{cases}x=v_0t\cos\alpha,\\ y=v_0t\sin\alpha-\frac{1}{2}gt^2,\end{cases}$$

问:如果初速度不变,应如何调整炮口的仰角 α 才能使射程最远?

6.6　函数图形的描绘

6.6.1　曲线的渐近线

定义 6.3　若一动点沿曲线的一条无穷分支无限远离原点时,此动点到某一

固定直线的距离趋近于零,则称该直线为**曲线的渐近线**.

渐近线的求法如下:

(1) 垂直渐近线. 若 $\lim\limits_{x\to x_0+0} f(x)=\infty$(或 $\lim\limits_{x\to x_0-0} f(x)=\infty$),则直线 $x=x_0$ 为曲线 $y=f(x)$的垂直渐近线.

(2) 水平渐近线. 若 $\lim\limits_{x\to+\infty} f(x)=k$(或 $\lim\limits_{x\to-\infty} f(x)=k$),其中 k 为常数,则直线 $y=k$ 为曲线 $y=f(x)$的水平渐近线.

(3) 斜渐近线. 若曲线 $y=f(x)$以直线 $y=ax+b$ 为斜渐近线,则由斜渐近线的定义,容易得

$$\lim_{x\to+\infty}[f(x)-(ax+b)]=0.$$

进而有

$$\lim_{x\to+\infty}\left[\frac{f(x)}{x}-a-\frac{b}{x}\right]=0,$$

所以

$$a=\lim_{x\to+\infty}\frac{f(x)}{x}.$$

进而得

$$b=\lim_{x\to+\infty}[f(x)-ax].$$

注 6.10　$x\to-\infty$时的情形可以类似得出.

例 6.35　求曲线 $y=\dfrac{(x-1)^3}{(x+1)^2}$的渐近线.

解　易知

$$\lim_{x\to-1}\frac{(x-1)^3}{(x+1)^2}=\infty,$$

因此 $x=-1$ 为垂直渐近线.

再求斜渐近线.

$$a=\lim_{x\to\infty}\frac{f(x)}{x}=\lim_{x\to\infty}\frac{(x-1)^3}{x(x+1)^2}=1,$$

$$\begin{aligned}b&=\lim_{x\to\infty}[f(x)-ax]=\lim_{x\to\infty}\left[\frac{(x-1)^3}{(x+1)^2}-x\right]\\&=\lim_{x\to\infty}\frac{-5x^2+2x-1}{(x+1)^2}=-5.\end{aligned}$$

于是得斜渐近线 $y=x-5$.

6.6.2 利用导数作函数的图形

利用导数作函数图形的主要步骤如下：

(1) 确定函数 $f(x)$的定义域；

(2) 判断函数的奇偶性、周期性等；

(3) 求一阶导数 $f'(x)$,求出所有驻点,并求出一阶导数不存在的点,以便考虑函数的单调性与极值；

(4) 求二阶导数 $f''(x)$,求出使 $f''(x)=0$ 的所有点,并求出二阶导数不存在的点,以便考虑函数的凹凸性与拐点；

(5) 求出函数的可能的渐近线；

(6) 根据以上各点,列表；

(7) 作图.

例 6.36 作概率曲线 $y=\mathrm{e}^{-x^2}$ 的图形.

解 (1) 定义域:$(-\infty,+\infty)$.

(2) $y=\mathrm{e}^{-x^2}$ 是偶函数,图形关于 y 轴对称,且全部位于 x 轴上方.

(3) $y'=-2x\mathrm{e}^{-x^2}$,由此可得唯一驻点 $x=0$.

(4) $y''=-4\mathrm{e}^{-x^2}\left(\frac{1}{2}-x^2\right)$,由此得二阶导数的两个零点 $x=\pm\frac{1}{\sqrt{2}}$.

(5) 因为

$$a=\lim_{x\to\infty}\frac{f(x)}{x}=\lim_{x\to\infty}\frac{\mathrm{e}^{-x^2}}{x}=0,$$

$$b=\lim_{x\to\infty}\mathrm{e}^{-x^2}=0,$$

所以 $y=0$ 为水平渐近线.

(6) 列表如下：

x	$\left(-\infty,-\frac{1}{\sqrt{2}}\right)$	$-\frac{1}{\sqrt{2}}$	$\left(-\frac{1}{\sqrt{2}},0\right)$	0	$\left(0,\frac{1}{\sqrt{2}}\right)$	$\frac{1}{\sqrt{2}}$	$\left(\frac{1}{\sqrt{2}},+\infty\right)$
$f'(x)$	+	+	+	0	−	−	−
$f''(x)$	+	0	−	−	−	0	+
$f(x)$		拐点 $y\approx0.6$		极大 $y=1$		拐点 $y\approx0.6$	

(7) 作图(图 6.24)如下：

例 6.37 作 $y=f(x)=\frac{(x-1)^3}{(x+1)^2}$的图形.

解 (1) 定义域:$x\neq-1$.

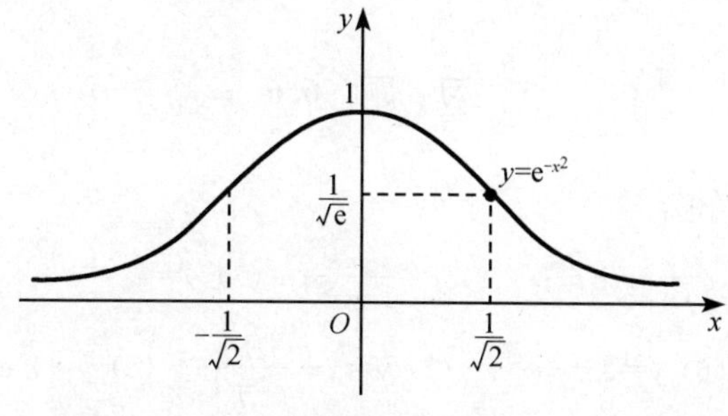

图 6.24

(2) 无对称性.

(3) $f'(x)=\dfrac{(x-1)^2(x+5)}{(x+1)^3}$,由此可得驻点 $x=-5,x=1$.

(4) $f''(x)=\dfrac{24(x-1)}{(x+1)^4}$,由此得二阶导数的零点 $x=1$.

(5) 渐近线:$x=-1$ 为垂直渐近线;$y=x-5$ 为斜渐近线.

(6) 列表如下:

x	$(-\infty,-5)$	-5	$(-5,-1)$	-1	$(-1,1)$	1	$(1,+\infty)$
$f'(x)$	+	0	−	不存在	+	0	+
$f''(x)$	−	−	−	不存在	−	0	+
$f(x)$		极大 −13.5		不存在		拐点 0	

(7) 作图(图 6.25)如下:

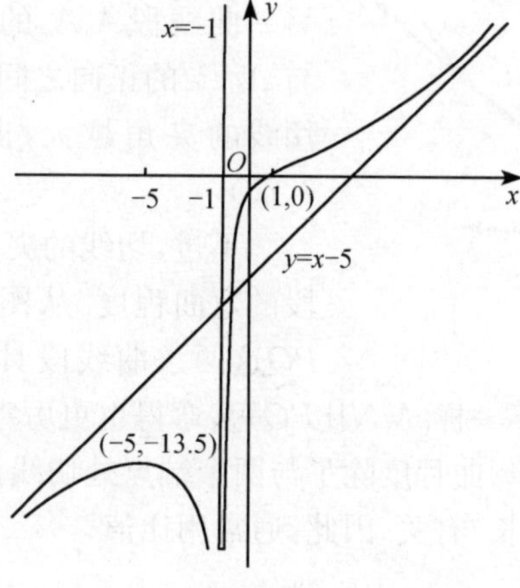

图 6.25

习　题　6.6

描绘下列函数的图形：

(1) $y=\frac{1}{5}(x^4-6x^2+8x+7)$；　(2) $y=\frac{x}{1+x^2}$；　(3) $y=\mathrm{e}^{-(x-1)^2}$；　(4) $y=x^2+\frac{1}{x}$；

(5) $y=\frac{\cos x}{\cos 2x}$；　(6) $y=3x^2-x^3$；　(7) $y=x+\frac{x}{x^2-1}$；　(8) $y=x^2\mathrm{e}^{\frac{1}{x}}$；

(9) $y=x\arctan x$；　(10) $y=\sqrt{\frac{x-1}{x+1}}$；　(11) $y=(x-1)x^{\frac{2}{3}}$.

6.7　曲　　率

有不少实际问题需要考虑曲线的弯曲程度. 例如，在工程技术中往往会遇到梁或轴因受外力作用而弯曲变形的情况，为了保证使用安全，在设计时，必须对弯曲程度有所了解，以便将它限制在一定范围之内. 又如，火车拐弯时，为了保证安全、平稳，需要知道铁轨在弯道处的情况. 现在国内通常采用的是在直线轨道与圆弧轨道之间，接上一段适当的曲线轨道(如三次抛物线轨道)，以便使火车逐渐地拐弯. 这一段曲线称为缓和曲线. 在这个问题中，也要考虑曲线的弯曲程度.

6.7.1　曲率的定义

怎样刻画曲线的弯曲程度呢? 考察长度相同的两条曲线段$\overparen{A_1A_2}$及$\overparen{A_3A_4}$. 当动点从点 A_1 沿着$\overparen{A_1A_2}$运动到点 A_2 时，切线 A_1T_1 也随着转动到切线 A_2T_2，记 φ 为这两条切线正向之间的夹角. 类似地，记另一曲线段$\overparen{A_3A_4}$的两个端点处切线 A_3T_3 与 A_4T_4 的正向之间的夹角为 ψ. 可以看到，切线的夹角越大，曲线段弯得越厉害(图 6.26).

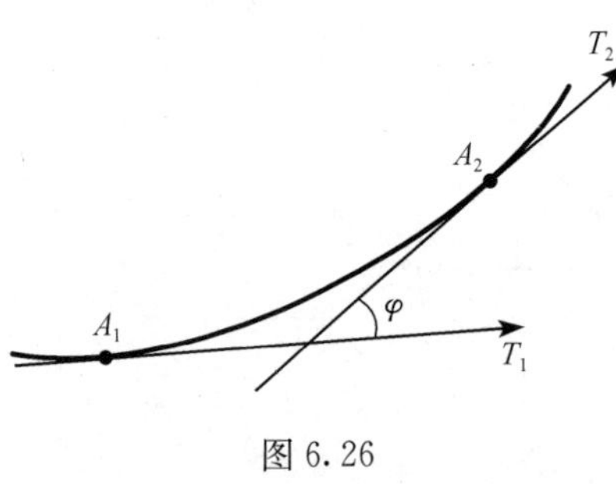

图 6.26

不过，切线的夹角还不能完全刻画曲线段的弯曲程度. 从图 6.27 可以看出，$\overparen{MN}$与$\overparen{PQ}$这两条曲线段具有相同的切线夹角，但是它们的弯曲程度显然不一样. $\overparen{MN}$比$\overparen{PQ}$短，弯得也更厉害.

由此可见，曲线段的弯曲程度除了与两个端点处切线正向的夹角有关以外，还与曲线段的长度(简称弧长)有关. 因此，通常用比值

$$\frac{\text{夹角}}{\text{弧长}},$$

即单位弧长上切线正向转过的角度,来刻画曲线段的弯曲程度.

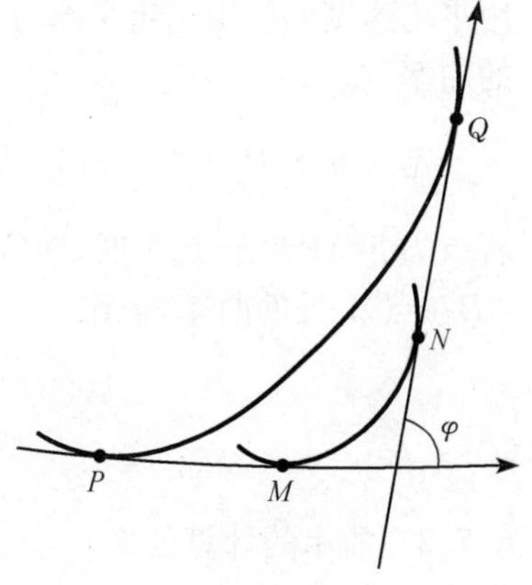

图 6.27

定义 6.4(平均曲率)　设曲线段$\overset{\frown}{AB}$的长度为 s,端点 A,B 处的切线正向的夹角为 φ,则

$$\overline{K}=\frac{\varphi}{s}$$

称为曲线段$\overset{\frown}{AB}$的平均曲率.(图 6.28)

平均曲率刻画了一段曲线的平均弯曲程度.

例 6.38　证明:直线段 AB 的平均曲率为零.

证　对于直线段 AB 来说,$\varphi=0$,因此

$$\overline{K}=\frac{\varphi}{s}=0.$$

例 6.39　证明:半径为 R 的圆周上任一段弧$\overset{\frown}{AB}$的平均曲率为$\frac{1}{R}$.

证　如图 6.29 所示,$\angle AOB=\varphi, s=R\angle AOB=R\varphi$,因此

$$\overline{K}=\frac{\varphi}{s}=\frac{\varphi}{R\varphi}=\frac{1}{R}.$$

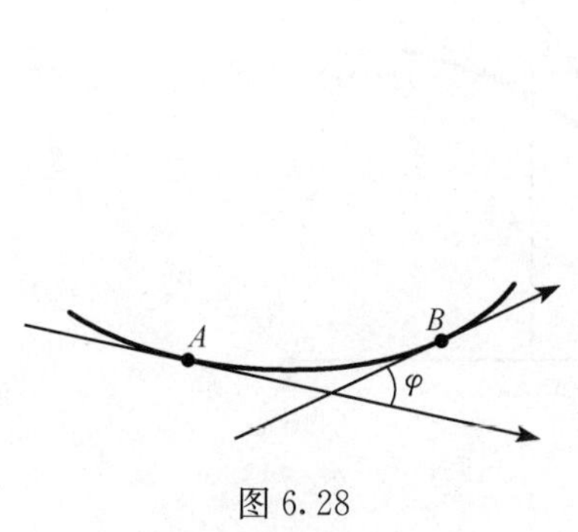

图 6.28

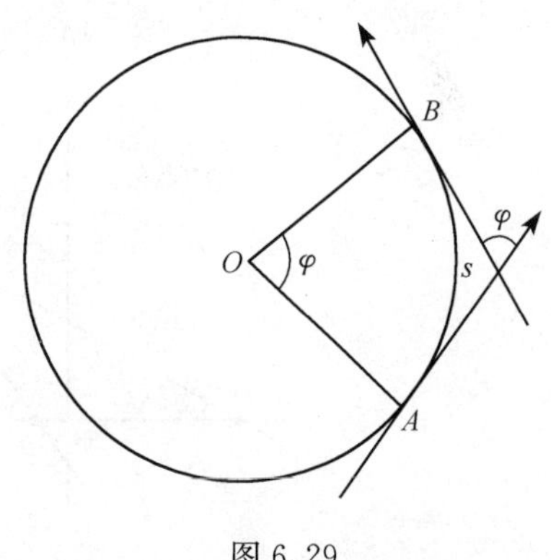

图 6.29

从平均曲率的定义和例 6.38、例 6.39 容易看出,平均曲率越小,曲线段越平坦;平均曲率越大,曲线段越弯曲.

直线段和圆弧是很特殊的两段曲线,它们在每一点附近的弯曲情况都相同.因此,用平均曲率就可以刻画它们的弯曲程度.但是,对于一般的曲线来说,在不同点处的弯曲程度可能不一样.因此,平均曲率只能近似反应曲线的弯曲情况.为了精确刻画曲线在一点处的弯曲程度,有必要引进曲线在一点处的曲率的概念.类似于

用平均速度的极限来定义瞬时速度,下面用平均曲率的极限来定义曲线在一点处的曲率.

定义 6.5(曲线在一点处的曲率)　设有曲线段$\widehat{AB}$,$\overline{K}=\frac{\varphi}{s}$为$\widehat{AB}$的平均曲率.若点 B 沿$\widehat{AB}$趋于点 A 时,曲线段的平均曲率 $\overline{K}$ 有极限,则称此极限值为曲线段$\widehat{AB}$在点 A 处的曲率,记作

$$K=\lim_{s\to 0}\overline{K}=\lim_{s\to 0}\frac{\varphi}{s}.$$

6.7.2　曲率的计算公式

设曲线是充分光滑的,其方程为

$$y=f(x),$$

又设点 A 及点 B 的坐标分别为(x,y)及$(x+\Delta x,y+\Delta y)$,切线 AT 和 BT'对于正 x 轴的倾角分别为θ 及$\theta+\Delta\theta$.

从图 6.30 看出,θ 为$\triangle PQR$ 的外角,它等于不相邻两内角之和,即$\theta=(\theta+\Delta\theta)+\varphi$,因此有

$$\varphi=-\Delta\theta=|\Delta\theta|,$$

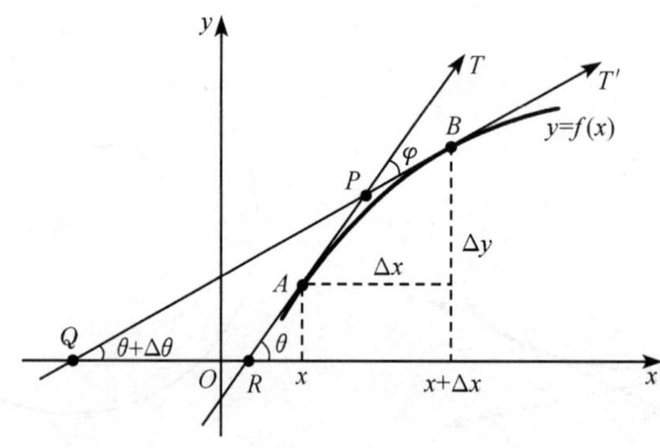

图 6.30

于是$\widehat{AB}$的平均曲率为

$$\overline{K}=\frac{\varphi}{\widehat{AB}}=\frac{|\Delta\theta|}{\widehat{AB}}=\frac{\left|\frac{\Delta\theta}{\Delta x}\right|}{\frac{\widehat{AB}}{|\Delta x|}}=\frac{\left|\frac{\Delta\theta}{\Delta x}\right|}{\frac{\widehat{AB}}{\overline{AB}}\cdot\frac{\overline{AB}}{|\Delta x|}},$$

所以

$$K=\lim_{B\to A}\overline{K}=\lim_{B\to A}\frac{\left|\dfrac{\Delta\theta}{\Delta x}\right|}{\dfrac{\widehat{AB}}{\overline{AB}}\cdot\dfrac{\overline{AB}}{|\Delta x|}}.$$

由于

$$\lim_{B\to A}\frac{\widehat{AB}}{\overline{AB}}=1,\quad \overline{AB}=\sqrt{(\Delta x)^2+(\Delta y)^2},$$

所以

$$K=\lim_{B\to A}\frac{\left|\dfrac{\Delta\theta}{\Delta x}\right|}{\sqrt{1+\left(\dfrac{\Delta y}{\Delta x}\right)^2}}.$$

又因为当 $B\to A$ 时，有 $\Delta x\to 0$，于是

$$K=\lim_{B\to A}\frac{\left|\dfrac{\Delta\theta}{\Delta x}\right|}{\sqrt{1+\left(\dfrac{\Delta y}{\Delta x}\right)^2}}=\frac{\left|\dfrac{\mathrm{d}\theta}{\mathrm{d}x}\right|}{\sqrt{1+y'^2}}.$$

因为 θ 为切线 AT 的倾角，所以 $\theta=\arctan y'$，且

$$\frac{\mathrm{d}\theta}{\mathrm{d}x}=(\arctan y')'_x=\frac{y''}{1+y'^2},$$

即

$$K=\frac{|y''|}{(1+y'^2)^{\frac{3}{2}}}.$$

这就是曲率的计算公式.

若曲线由参数方程

$$\begin{cases}x=\varphi(t),\\ y=\psi(t)\end{cases}$$

给出，则由参数方程求导公式可得

$$K=\frac{|\psi''(t)\cdot\varphi'(t)-\psi'(t)\cdot\varphi''(t)|}{[\varphi'^2(t)+\psi'^2(t)]^{\frac{3}{2}}}.$$

例 6.40 计算等边双曲线 $xy=1$ 在点(1,1)处的曲率.

解 由 $y=\dfrac{1}{x}$，得

$$y' = -\frac{1}{x^2}, \quad y'' = \frac{2}{x^3},$$

因此，

$$y'|_{x=1} = -1, \quad y''|_{x=1} = 2.$$

代入曲率公式，得

$$K = \frac{2}{[1+(-1)^2]^{\frac{3}{2}}} = \frac{\sqrt{2}}{2}.$$

例 6.41　抛物线 $y=ax^2+bx+c$ 上哪一点处的曲率最大？

解　由 $y=ax^2+bx+c$，得

$$y' = 2ax + b, \quad y'' = 2a.$$

代入公式，得

$$K = \frac{|2a|}{[1+(2ax+b)^2]^{3/2}}.$$

所以，当 $2ax+b=0$，即 $x=-\frac{b}{2a}$ 时曲率最大. 也就是说，抛物线在顶点处曲率最大.

例 6.42　求椭圆

$$\begin{cases} x = a\cos t, \\ y = b\sin t \end{cases} \quad a > b > 0, 0 \leqslant t < 2\pi$$

上的最大曲率及最小曲率.

解

$$\frac{\mathrm{d}x}{\mathrm{d}t} = -a\sin t, \quad \frac{\mathrm{d}y}{\mathrm{d}t} = b\cos t,$$

$$\frac{\mathrm{d}^2x}{\mathrm{d}t^2} = -a\cos t, \quad \frac{\mathrm{d}^2y}{\mathrm{d}t^2} = -b\sin t.$$

代入公式，得

$$K = \frac{|(-b\sin t)(-a\sin t)-(b\cos t)(-a\cos t)|}{[(-a\sin t)^2+(b\cos t)^2]^{3/2}} = \frac{ab}{[b^2+(a^2-b^2)\sin^2 t]^{3/2}}.$$

所以，当 $t=0$ 或 π 时，K 达到最大值$\frac{a}{b^2}$；当 $t=\pi/2$ 或 $3\pi/2$ 时，K 达到最小值$\frac{b}{a^2}$. 这表明，椭圆在长轴的两个端点处曲率最大，在短轴的两个端点处曲率最小. 这与直观了解是一致的.

6.7.3　曲率圆与曲率半径

设曲线 $y=f(x)$ 在点 $M(x,y)$ 处的曲率为 $K(K\neq 0)$. 在点 M 处的曲线的法线

上,在凹的一侧取一点 D,使得 $|DM|=\dfrac{1}{K}=\rho$. 以 D 为圆心,ρ 为半径作圆,这个圆叫做曲线在点 M 处的曲率圆,曲率圆的圆心 D 叫做曲线在点 M 处的曲率中心,曲率圆的半径 ρ 叫做曲线在点 M 处的曲率半径(图 6.31).

按上述规定可知,曲率圆与曲线在点 M 处有相同的切线和曲率,且在点 M 邻近有相同的凹向. 因此,在实际问题中,常常用曲率圆在点 M 邻近的一段圆弧来近似代替曲线弧,以使问题简化.

例 6.43 设工件内表面的截线为抛物线 $y=0.4x^2$. 现在要用砂轮磨削其内表面. 问用半径多大的砂轮才比较合适(图 6.32)?

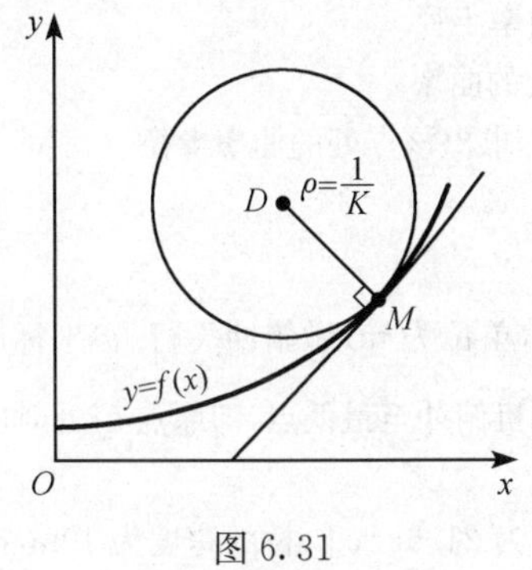

图 6.31

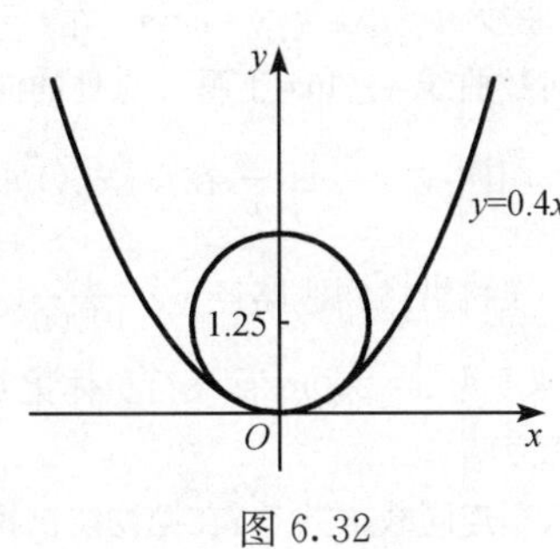

图 6.32

解 为了在磨削时不使砂轮与工件接触处附近的那部分工件磨去太多,砂轮的半径应不大于抛物线上各点处曲率半径中的最小值. 因为抛物线在其顶点处的曲率最大,也就是说,抛物线在其顶点处的曲率半径最小. 由

$$y'=0.8x,\quad y''=0.8,$$

有

$$y'\,|_{x=0}=0,\quad y''\,|_{x=0}=0.8.$$

代入公式,得

$$K=0.8.$$

因而求得抛物线顶点处的曲率半径

$$\rho=\frac{1}{K}=1.25,$$

所以选用砂轮的半径不得超过 1.25.

习 题 6.7

1. 求椭圆 $4x^2+y^2=4$ 在点(0,2)处的曲率.
2. 求下列函数在指定点处的曲率:

(1) 双曲线 $xy=4$,在点(2,2)处;

(2) 抛物线 $y=4x-x^2$,在其顶点处;

(3) $x=a\cos^3 t, y=a\sin^3 t$,在 $t=\pi/4$ 处;

(4) $y=a\operatorname{ch}\dfrac{x}{a}$,在点$(0,a)$处.

3. 求 $x=3t^2, y=3t-t^2$ 在 $t=1$ 处的曲率半径.

4. 求阿基米德螺线 $r=a\varphi$ 的曲率半径.

5. 求对数螺线 $r=ae^{m\varphi}$ 的曲率半径.

6. 求 $y=\ln x$ 的最大曲率.

7. 求曲线 $y=\ln\sec x$ 在点(x,y)处的曲率及曲率半径.

8. 求抛物线 $y=x^2-4x+3$ 在其顶点处的曲率及曲率半径.

9. 求曲线 $x=a\cos^3 t, y=a\sin^3 t$ 在 $t=t_0$ 相应的点处的曲率.

10. 对数曲线 $y=\ln x$ 上哪一点处的曲率半径最小? 求出该点处的曲率半径.

11. 证明曲线 $y=a\operatorname{ch}\dfrac{x}{a}$ 在点(x,y)处的曲率半径为$\dfrac{y^2}{a}$.

12. 一飞机沿抛物线路径 $y=\dfrac{x^2}{10000}$(y 轴铅直向上,单位为 m)做俯冲飞行. 在坐标原点 O 处飞机的速度为 $v=200\text{m/s}$. 飞行员体重 $G=70\text{kg}$. 求飞机俯冲至最低点,即原点 O 处时座椅对飞行员的反力.

13. 汽车连同载重共 5t,在抛物线拱桥上行驶,速度为 21.6km/h,桥的跨度为 10m,拱的矢高为 0.25m(图 6.33). 求汽车越过桥顶时对桥的压力.

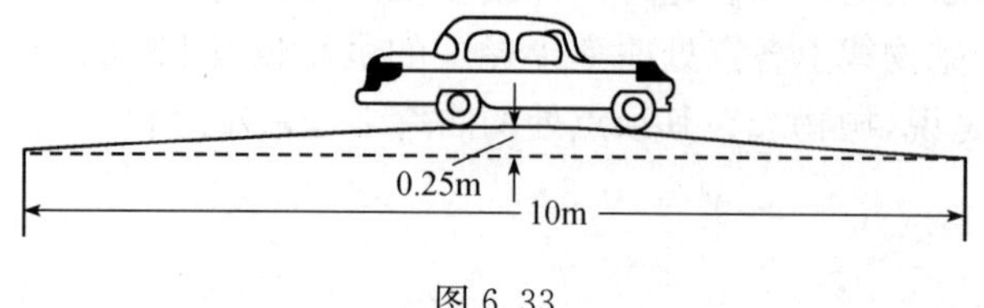

图 6.33

14. 曲线弧 $y=\sin x(0<x<\pi)$上哪一点处的曲率半径最小? 求出该点处的曲率半径.

6.8　方程的近似解

在科学技术问题中,经常会遇到求解高次代数方程或其他类型的方程的问题. 要求得这类方程的实根的精确值往往比较困难,因此需要寻求方程的近似解.

求方程的近似解,可分两步来做.

第一步是确定根的大致范围. 具体地说,就是确定一个区间$[a,b]$,使所求的根是位于这个区间内的唯一实根. 这一步工作称为根的隔离,区间$[a,b]$称为所求实根的隔离区间. 由于方程 $f(x)=0$ 的实根在几何上表示曲线 $y=f(x)$与 x 轴交点的横坐标,因此为了确定根的隔离区间,可以先较精确地画出 $y=f(x)$的图形,然

后从图上定出它与 x 轴交点的大概位置. 由于作图和读数的误差,这种做法得不出根的高精确度的近似值,但一般已可以确定出根的隔离区间.

第二步是以根的隔离区间的端点作为根的初始近似值,逐步改善根的近似值的精确度,直至求得满足精确度要求的近似解. 完成这一步工作有多种方法,这里介绍两种常用的方法——二分法和切线法. 按照这些方法编出简单的程序,就可以在计算机上求出方程足够精确的近似解.

6.8.1 二分法

设 $f(x)$ 在区间 $[a,b]$ 上连续, $f(a)\cdot f(b)<0$, 且方程 $f(x)=0$ 在 (a,b) 内仅有一个实根 ξ, 于是 $[a,b]$ 即为这个根的一个隔离区间.

取 $[a,b]$ 的中点 $\xi_1=\dfrac{a+b}{2}$, 计算 $f(\xi_1)$.

如果 $f(\xi_1)=0$, 则 $\xi=\xi_1$;

如果 $f(\xi_1)$ 与 $f(a)$ 同号, 则取 $a_1=\xi_1, b_1=b$, 由 $f(a_1)\cdot f(b_1)<0$, 即知 $a_1<\xi<b_1$, 且 $b_1-a_1=\dfrac{1}{2}(b-a)$;

如果 $f(\xi_1)$ 与 $f(b)$ 同号, 则取 $a_1=a, b_1=\xi_1$, 也有 $a_1<\xi<b_1$, 且 $b_1-a_1=\dfrac{1}{2}(b-a)$;

总之, 当 $\xi\neq\xi_1$ 时, 可得 $a_1<\xi<b_1$, 且 $b_1-a_1=\dfrac{1}{2}(b-a)$.

以 $[a_1,b_1]$ 作为新的隔离区间, 重复上述做法, 当 $\xi\neq\xi_2=\dfrac{1}{2}(a_1+b_1)$ 时, 可得 $a_2<\xi<b_2$, 且 $b_2-a_2=\dfrac{1}{2^2}(b-a)$.

如此重复 n 次, 可得 $a_n<\xi<b_n$, 且 $b_n-a_n=\dfrac{1}{2^n}(b-a)$.

例 6.44 用二分法求方程 $x^3+1.1x^2+0.9x-1.4=0$ 的实根的近似值, 使误差不超过 10^{-3}.

解 令 $f(x)=x^3+1.1x^2+0.9x-1.4$, 显然 $f(x)$ 在 $(-\infty,+\infty)$ 内连续.

由 $f'(x)=3x^2+2.2x+0.9$, 根据判别式 $B^2-4AC=2.2^2-4\times3\times0.9=-5.96<0$, 知 $f'(x)>0$. 故 $f(x)$ 在 $(-\infty,+\infty)$ 内单调增加, $f(x)=0$ 至多有一个实根.

由 $f(0)=-1.4<0, f(1)=1.6>0$, 知 $f(x)=0$ 在 $[0,1]$ 内有唯一的实根. 取 $a=0, b=1$, $[0,1]$ 即为一个隔离区间.

计算得

$\xi_1 = 0.5, f(\xi_1) = -0.55 < 0$,故 $a_1 = 0.5, b_1 = 1$;
$\xi_2 = 0.75, f(\xi_2) = 0.32 > 0$,故 $a_2 = 0.5, b_2 = 0.75$;
$\xi_3 = 0.625, f(\xi_3) = -0.16 < 0$,故 $a_3 = 0.625, b_3 = 0.75$;
$\xi_4 = 0.687, f(\xi_4) = 0.062 > 0$,故 $a_4 = 0.625, b_4 = 0.687$;
$\xi_5 = 0.656, f(\xi_5) = -0.054 < 0$,故 $a_5 = 0.656, b_5 = 0.687$;
$\xi_6 = 0.672, f(\xi_1) = 0.005 > 0$,故 $a_6 = 0.656, b_6 = 0.672$;
$\xi_7 = 0.664, f(\xi_7) = -0.025 < 0$,故 $a_7 = 0.664, b_7 = 0.672$;
$\xi_8 = 0.668, f(\xi_8) = -0.010 < 0$,故 $a_8 = 0.668, b_8 = 0.672$;
$\xi_9 = 0.670, f(\xi_9) = -0.002 < 0$,故 $a_9 = 0.670, b_9 = 0.672$;
$\xi_{10} = 0.671, f(\xi_{10}) = 0.001 > 0$,故 $a_{10} = 0.670, b_{10} = 0.671$.

于是

$$0.670 < \xi < 0.671,$$

即 0.670 作为根的不足近似值,0.671 作为根的过剩近似值,其误差都小于10^{-3}.

6.8.2　切线法

设 $f(x)$在$[a,b]$上具有二阶导数,$f(a)\cdot f(b)<0$ 且 $f'(x)$及 $f''(x)$在$[a,b]$上保持定号. 在上述条件下,方程 $f(x)=0$ 在(a,b)内有唯一的实根 ξ,$[a,b]$为根的一个隔离区间. 此时,$y=f(x)$在$[a,b]$上的图形$\overset{\frown}{AB}$只有如图 6.34 所示的四种不同情形.

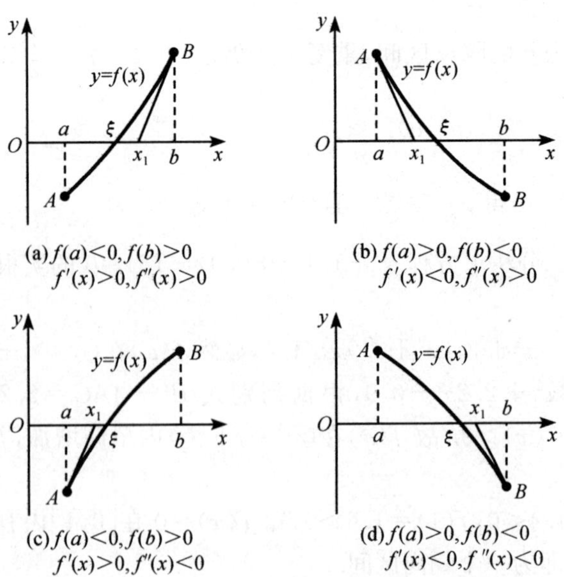

图 6.34

考虑用曲线弧一端的切线来代替曲线弧，从而求出方程实根的近似值.这种方法叫做切线法.从图中看出，如果在纵坐标与 $f''(x)$ 同号的那个端点（此端点记作 $(x_0,f(x_0))$）作切线，切线与 x 轴的交点的横坐标 x_1 就比 x_0 更接近方程的根 ξ.

下面以 $f(a)<0,f(b)>0,f'(x)>0,f''(x)<0$ 的情形为例进行讨论.因为 $f(a)$ 与 $f''(x)$ 同号，所以令 $x_0=a$，在端点 $(x_0,f(x_0))$ 作切线，切线方程为

$$y-f(x_0)=f'(x_0)(x-x_0).$$

令 $y=0$，从上式中解出 x，就得到切线与 x 轴交点的横坐标为

$$x_1=x_0-\frac{f(x_0)}{f'(x_0)}.$$

它比 x_0 更接近方程的根 ξ.

再在点 $(x_1,f(x_1))$ 作切线，可得根的近似值 x_2.如此继续，一般地，在点 $(x_{n-1},f(x_{n-1}))$ 作切线，得根的近似值

$$x_n=x_{n-1}-\frac{f(x_{n-1})}{f'(x_{n-1})}.$$

如果 $f(b)$ 与 $f''(x)$ 同号，切线作在端点 B，可记 $x_0=b$，仍按公式计算切线与 x 轴交点的横坐标.

例 6.45 用切线法求方程 $x^3+1.1x^2+0.9x-1.4=0$ 的实根的近似值，使误差不超过 10^{-3}.

解 令 $f(x)=x^3+1.1x^2+0.9x-1.4$，由例 6.44 知 $[0,1]$ 是根的一个隔离区间.

$$f(0)<0,f(1)>0.$$

在 $[0,1]$ 上，有

$$f'(x)=3x^2+2.2x+0.9>0,$$
$$f''(x)=6x+2.2>0,$$

故 $f(x)$ 在 $[0,1]$ 上的图形属于图中情形.按 $f''(x)$ 与 $f(1)$ 同号，所以令 $x_0=1$.

连续应用公式，得

$$x_1=1-\frac{f(1)}{f'(1)}\approx 0.738;$$

$$x_2=0.738-\frac{f(0.738)}{f'(0.738)}\approx 0.674;$$

$$x_3=0.674-\frac{f(0.674)}{f'(0.674)}\approx 0.671;$$

$$x_4=0.671-\frac{f(0.671)}{f'(0.671)}\approx 0.671.$$

至此,计算不能再继续.注意到 $f(x_i)(i=0,1,\cdots)$ 与 $f''(x)$ 同号,知 $f(0.671)>0$,经计算可知 $f(0.670)<0$,于是有

$$0.670<\xi<0.671.$$

以 0.670 或 0.671 作为根的近似值,其误差都小于 10^{-3}.

第 7 章　定积分的应用

微积分的萌芽、发展和壮大，强烈地联系着实践的需要和检验. 本书已经讲述了定积分的概念、理论和计算，并学习了广义积分. 现在来系统讨论定积分在几何和物理方面的一些应用.

学习这一部分内容，不仅要掌握一些具体的公式，更重要的是学习用定积分去解决实际问题的思想方法. 本章将着重介绍**微元分析法**(简称**微元法**)及其应用，其理论根据是定积分概念和微积分基本公式.

7.1　微元法的基本思想

定积分所要解决的问题是求某个不均匀分布的整体量(记作 A). 这个量可能是一个几何量(如曲边梯形的面积)，也可能是一个物理量(如变速直线运动的路程). 由于这些量是不规则或不均匀的，因而必须先通过分割，把整体问题转化为局部问题，在局部范围内，"以直代曲"或"以匀代不匀"，近似地求出整体量在局部范围内的各部分，然后相加，再取极限，最后得到整体量. 这就是利用定积分解决实际问题的基本思想："**分割—近似代替—求和—取极限**".

凡是能用定积分来计算的这些量，都有以下三个特点：

第一，它们都是分布在某个区间上的，也就是说，这些量都与自变量 x 的某个区间$[a,b]$有关，因此称它们为**整体量**.

第二，这类整体量 A 对于区间$[a,b]$具有可加性. 也就是说，如果把$[a,b]$分成若干个部分区间

$$[x_{i-1},x_i],\quad i=1,2,\cdots,n,$$

则量 A 等于对应于各个部分区间的局部量 $\Delta A_i(i=1,2,\cdots,n)$的总和，即

$$A=\sum_{i=1}^{n}\Delta A_i.$$

第三，由于整体量 A 在区间$[a,b]$上的分布是不均匀的，因而每个局部量 ΔA_i 在部分区间$[x_{i-1},x_i]$上的分布一般也是不均匀的. 可以设法"以匀代不匀"求得局部量的近似值

$$\Delta A_i\approx f(\xi_i)\cdot\Delta x_i\quad i=1,2,\cdots,n,\tag{7.1}$$

其中 $f(x)$为根据实际问题所选择的一个函数；ξ_i 是区间$[x_{i-1},x_i]$上任一点；而 $\Delta x_i=x_i-x_{i-1}$. 正确地写出近似等式(7.1)是很关键的. 在这里，要求当 $\Delta x_i\to 0$

时，ΔA_i 与 $f(\xi_i)\cdot\Delta x_i$ 之差$[\Delta A_i - f(\xi_i)\cdot\Delta x_i]$是比 Δx_i 更高阶的无穷小量，即 $f(\xi_i)\cdot\Delta x_i$ 应当是 ΔA_i 的主要部分. 只有这样，当 $\Delta x_i\to 0(i=1,2,\cdots,n)$时，整体量的近似等式

$$A=\sum_{i=1}^{n}\Delta A_i\approx\sum_{i=1}^{n}f(\xi_i)\cdot\Delta x_i$$

的误差才有可能仍然是无穷小量，从而通过取极限而得到精确等式

$$A=\lim_{\lambda\to 0}\sum_{i=1}^{n}f(\xi_i)\cdot\Delta x_i,$$

其中 $\lambda=\max\limits_{1\leqslant i\leqslant n}\{\Delta x_i\}$.

由于整体量 A 具有上述三个特点，因而可以用"**分割—近似代替—求和—取极限**"的办法来计算它. 在这四步中，关键的一步是"近似代替". 必须正确选择函数 $f(x)$，写出局部范围内的近似等式(7.1).

但是，由于整体量 A 是待求的、未知的，每个局部量 $\Delta A_i(i=1,2,\cdots,n)$也是未知的，因此很难断定写出来的 $f(\xi_i)\cdot\Delta x_i$ 是不是 ΔA_i 的主要部分. 一般说来，只有通过多次实践，不断取得经验，逐步掌握规律.

上面所说的四个步骤，在实际应用中，往往简化为以下两步. 用这两步来解决实际问题的方法称为"**微元法**".

第一步　分割区间$[a,b]$，考虑任意一份，即具有代表性的一份$[x,x+\Delta x]$或$[x,x+\mathrm{d}x]$. 选择函数 $f(x)$，"以匀代不匀"，写出局部量的近似值

$$\Delta A\approx f(x)\cdot\Delta x=f(x)\mathrm{d}x,$$

$f(x)\mathrm{d}x$ 称为**整体量 A 的微元(微小元素)**.

第二步　当 $\Delta x\to 0$ 时，把这些微元在区间$[a,b]$上无限积累，所得的定积分 $\int_a^b f(x)\mathrm{d}x$ 就是整体量 A，即

$$A=\int_a^b f(x)\mathrm{d}x.$$

为什么用这样两步写出的定积分就是所要求的整体量呢？从数量关系上看，"微元"到底是什么？换句话说，微元法的理论根据是什么？

若用函数 $A(x)$表示量 A 对应于变动区间$[a,x](a\leqslant x\leqslant b)$的部分量，则显然有

$$A(a)=0,\quad A(b)=A(b)-A(a)=A.$$

给 x 以改变量 $\mathrm{d}x$，这里把相应于区间$[x,x+\mathrm{d}x]$的部分量记作 ΔA. 如果根据实际问题找到的 $f(x)\mathrm{d}x$ 正好是 ΔA 的线性主要部分，那么，$f(x)\mathrm{d}x$ 就是函数 $A(x)$的微分，即

$$f(x)\mathrm{d}x=\mathrm{d}A=A'(x)\mathrm{d}x,$$

于是由牛顿-莱布尼兹公式知

$$\int_a^b f(x)\mathrm{d}x = \int_a^b A'(x)\mathrm{d}x = A(x)\mid_a^b = A(b) - A(a) = A.$$

这表明,整体量 A 可以表示为定积分

$$A = \int_a^b f(x)\mathrm{d}x,$$

其中函数 $f(x)$是根据实际问题写出来的. 只要“微元”$\mathrm{d}A = f(x)\mathrm{d}x$ 确实是函数 $A(x)$的微分,并且 $f(x)$在$[a,b]$上可积,那么,上面的讨论都是成立的.

如前面所述,由于整体量是待求的,部分量(即函数 $A(x)$)是未知的,因此,很难断定写出来的微元 $f(x)\mathrm{d}x$ 到底是不是 $A(x)$的微分,换句话说,很难断定 $f(x)\mathrm{d}x$ 是不是 ΔA 的主要部分. 一般说来,要多实践,要凭经验,要根据问题的具体情况,对写出的微元,仔细分析. 由此可见,微元法的两步,关键是第一步——把微元 $\mathrm{d}A$ 分析清楚.

以上就是**微元分析法**(或**微元法**)的基本思想和理论根据.

下面介绍怎样用微元法来解决一些几何问题和物理问题.

7.2 平面图形的面积

7.2.1 直角坐标系下的面积公式

设有连续函数 $f(x)$,$g(x)$,满足

$$g(x) \leqslant f(x), \quad x \in [a,b],$$

求由曲线 $y=f(x)$,$y=g(x)$及直线 $x=a$,$x=b$ 所围成的面积 A(图 7.1).

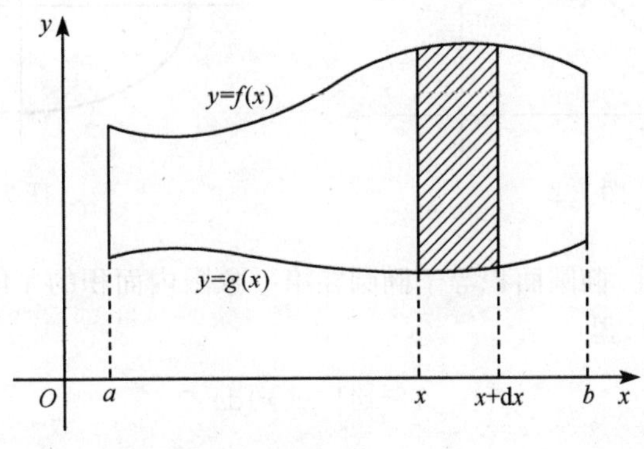

图 7.1

第一步 分割区间$[a,b]$,考虑任意一份$[x,x+\mathrm{d}x]$. 相应于这个小区间的面积微元 $\mathrm{d}A$ 可以取为小矩形面积,该小矩形以$[f(x)-g(x)]$为高、以 $\mathrm{d}x$ 为底,于是

$$dA=[f(x)-g(x)]dx.$$

第二步　将 dA 在区间$[a,b]$上无限求和,得到

$$A=\int_a^b[f(x)-g(x)]dx \tag{7.2}$$

例 7.1　计算由两条抛物线:$y^2=x,y=x^2$ 所围成的图形的面积(图 7.2).

解　先求出这两条抛物线的交点.为此,解方程组

$$\begin{cases}y^2=x,\\ y=x^2,\end{cases}$$

得到两个解

$$x=0,\quad y=0\quad 及\ x=1,\quad y=1,$$

即这两条抛物线的交点为(0,0)及(1,1),从而知此图形在直线 $x=0$ 及 $x=1$ 之间.

根据式(7.2),得所求面积为

$$A=\int_0^1(\sqrt{x}-x^2)dx=\left[\frac{2}{3}x^{3/2}-\frac{x^3}{3}\right]_0^1=\frac{1}{3}.$$

例 7.2　求椭圆$\frac{x^2}{a^2}+\frac{y^2}{b^2}=1$所围图形的面积(图 7.3).

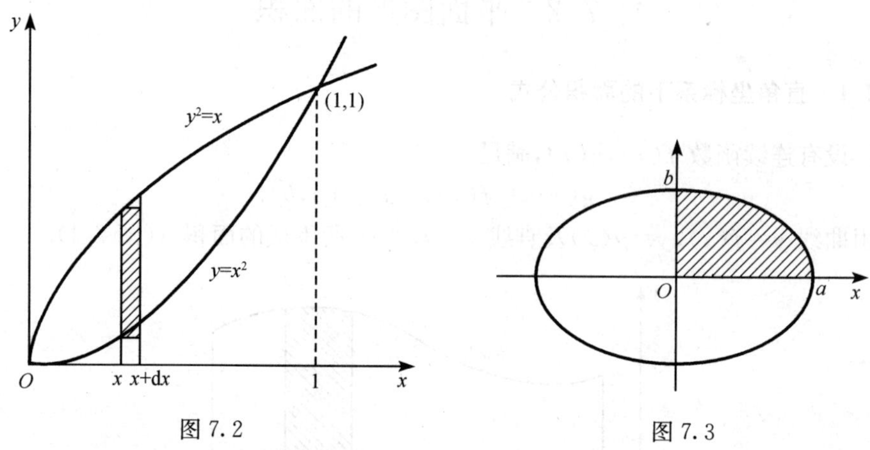

图 7.2　　　　图 7.3

解　由对称性,椭圆面积等于椭圆在第一象限内面积的 4 倍.设椭圆的面积为 A,于是由式(7.2),得

$$A=4\int_0^a y(x)dx.$$

从椭圆方程解出 $y=\pm\frac{b}{a}\sqrt{a^2-x^2}$,上半椭圆方程为

$$y=\frac{b}{a}\sqrt{a^2-x^2},$$

因此

$$A=4\int_0^a \frac{b}{a}\sqrt{a^2-x^2}\,\mathrm{d}x$$

$$=\frac{4b}{a}\left[\frac{x}{2}\sqrt{a^2-x^2}+\frac{a^2}{2}\arcsin\frac{x}{a}\right]_0^a=\pi ab.$$

设平面图形由连续曲线 $x=\varphi(y)$，$x=\psi(y)$ 及直线 $y=c$，$y=d$ 围成，其面积为 A. 如果连续曲线满足

$$\varphi(y)\leqslant\psi(y),\quad y\in[c,d],$$

则有类似的面积公式(图 7.4)

$$A=\int_c^d[\psi(y)-\varphi(y)]\mathrm{d}y \tag{7.3}$$

例 7.3　求曲线 $y^2=-4(x-1)$ 与 $y^2=-2(x-2)$ 围成的图形面积(图 7.5).

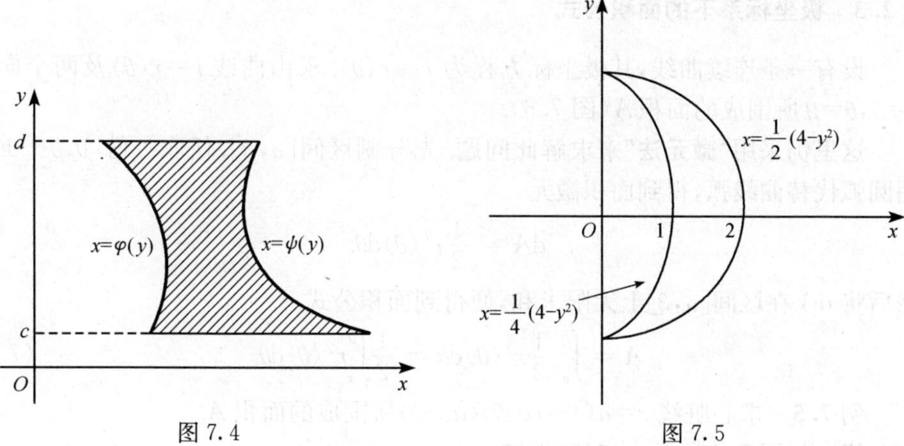

图 7.4　　　　　　　　　　　　图 7.5

解　把 $y^2=-4(x-1)$ 改写为 $x=\varphi(y)=\frac{1}{4}(4-y^2)$，把 $y^2=-2(x-2)$ 改写为 $x=\psi(y)=\frac{1}{2}(4-y^2)$，这是两条相交于两点 $(0,-2)$，$(0,2)$ 的抛物线. 由式(7.3)，得面积为

$$A=\int_{-2}^2\left[\frac{1}{2}(4-y^2)-\frac{1}{4}(4-y^2)\right]\mathrm{d}y$$

$$=2\int_0^2\left[\frac{1}{2}(4-y^2)-\frac{1}{4}(4-y^2)\right]\mathrm{d}y=\frac{8}{3}.$$

7.2.2　边界曲线由参数方程表示时的面积公式

一般地，当曲边梯形的曲边 $y=f(x)$ $(f(x)\geqslant 0, x\in[a,b])$ 由参数方程

$$\begin{cases}x=\varphi(t),\\ y=\psi(t)\end{cases}$$

给出时，如果 $x=\varphi(t)$ 满足 $\varphi(\alpha)=a$，$\varphi(\beta)=b$，$\varphi(t)$ 在 $[\alpha,\beta]$（或 $[\beta,\alpha]$）上具有连续

导数，$y=\psi(t)$连续，则由曲边梯形的面积公式及定积分的换元公式可知，曲边梯形的面积为

$$A=\int_a^b f(x)\mathrm{d}x=\int_\alpha^\beta \psi(t)\varphi'(t)\mathrm{d}t. \tag{7.4}$$

例 7.4 求由摆线 $x=a(t-\sin t), y=a(1-\cos t)$的一拱$(0\leqslant t\leqslant 2\pi)$与 x 轴所围图形的面积.

解 由式(7.4)，得

$$\begin{aligned}A&=\int_0^{2\pi} a(1-\cos t)\cdot a(1-\cos t)\mathrm{d}t\\&=a^2\int_0^{2\pi}(1-2\cos t+\cos^2 t)\mathrm{d}t=3\pi a^2.\end{aligned}$$

7.2.3 极坐标系下的面积公式

设有一条连续曲线，其极坐标方程为 $r=r(\theta)$. 求由曲线 $r=r(\theta)$及两个向径 $\theta=\alpha, \theta=\beta$ 所围成的面积 A(图 7.6).

这里仍采用"**微元法**"来求解此问题. 先分割区间$[\alpha,\beta]$，任取一份$[\theta,\theta+\mathrm{d}\theta]$，用圆弧代替曲线弧，得到面积微元

$$\mathrm{d}A=\frac{1}{2}r^2(\theta)\mathrm{d}\theta.$$

然后将 $\mathrm{d}A$ 在区间$[\alpha,\beta]$上无限求和，便得到面积公式

$$A=\int_\alpha^\beta \frac{1}{2}r^2(\theta)\mathrm{d}\theta=\frac{1}{2}\int_\alpha^\beta r^2(\theta)\mathrm{d}\theta. \tag{7.5}$$

例 7.5 求心脏线 $r=a(1+\cos\theta)(a>0)$所围成的面积 A.

解 如图 7.7 所示，由对称性知

$$\begin{aligned}A&=2\cdot\frac{1}{2}\int_0^\pi a^2(1+\cos\theta)^2\mathrm{d}\theta\\&=a^2\int_0^\pi(1+2\cos\theta+\cos^2\theta)\mathrm{d}\theta=\frac{3}{2}\pi a^2.\end{aligned}$$

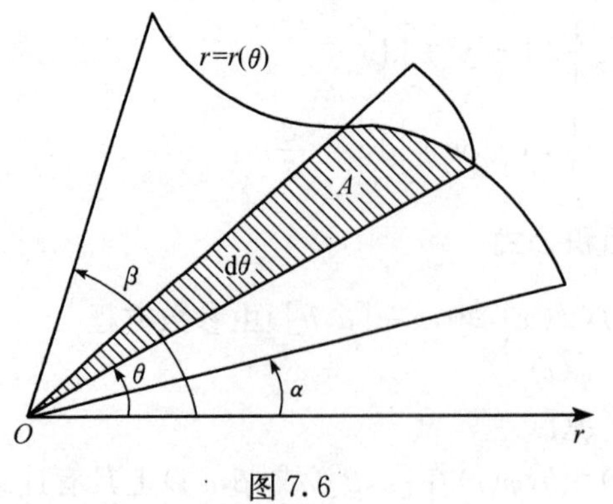

图 7.6

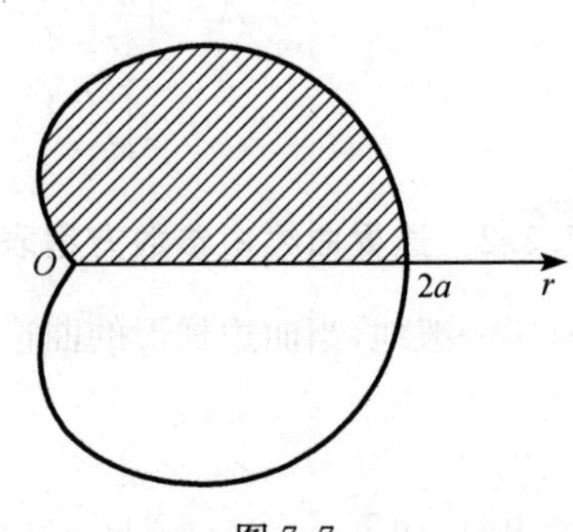

图 7.7

例 7.6 求圆 $\rho=\sqrt{2}\sin\theta$ 与双纽线 $\rho^2=\cos 2\theta$ 的公共部分的面积.

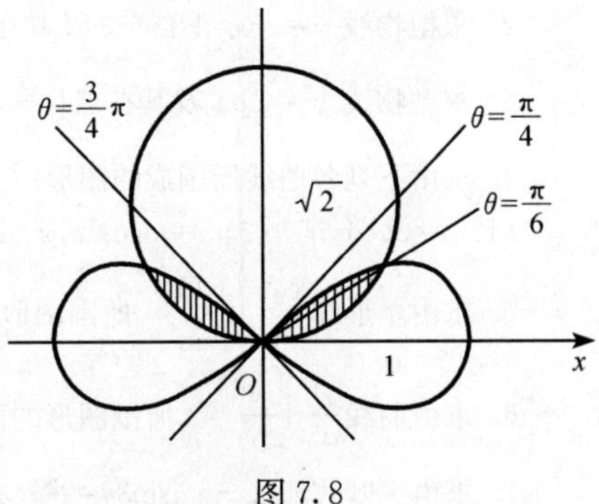

图 7.8

解 圆与双纽线的图形如图 7.8 所示. 它们关于射线 $\theta=\frac{\pi}{2}$ 对称,在第一象限的交点为 $\left(\frac{1}{\sqrt{2}},\frac{\pi}{6}\right)$. 因此,所求面积为第一象限内公共面积的两倍. 从图 7.8 可以看出,公共部分由两部分组成,一部分为由圆 $\rho=\sqrt{2}\sin\theta$ 与矢径 $\theta=0,\theta=\frac{\pi}{6}$ 所围成;另一部分为由双纽线 $\rho^2=\cos 2\theta$ 与矢径 $\theta=\frac{\pi}{6},\theta=\frac{\pi}{4}$ 所围成. 因此,所求面积为

$$\begin{aligned}
A &= 2\left[\frac{1}{2}\int_0^{\frac{\pi}{6}} 2\sin^2\theta \mathrm{d}\theta+\frac{1}{2}\int_{\frac{\pi}{6}}^{\frac{\pi}{4}}\cos 2\theta \mathrm{d}\theta\right] \\
&= \int_0^{\frac{\pi}{6}}(1-\cos 2\theta)\mathrm{d}\theta+\frac{1}{2}\int_{\frac{\pi}{6}}^{\frac{\pi}{4}}(\cos 2\theta)\mathrm{d}(2\theta) \\
&= \left[\theta-\frac{1}{2}\sin 2\theta\right]_0^{\frac{\pi}{6}}+\frac{1}{2}\left[\sin 2\theta\right]_{\frac{\pi}{6}}^{\frac{\pi}{4}} \\
&= \frac{\pi}{6}+\frac{1-\sqrt{3}}{2}.
\end{aligned}$$

习 题 7.2

1. 求由下列各组曲线所围成的图形的面积:

(1) $y=\frac{1}{2}x^2$ 与 $x^2+y^2=8$(两部分都要计算);

(2) $y=\frac{1}{x}$ 与直线 $y=x$ 及 $x=2$;

(3) $y=\mathrm{e}^x,y=\mathrm{e}^{-x}$ 与直线 $x=1$;

(4) $y=\ln x$,y 轴与直线 $y=\ln a,y=\ln b(b>a>0)$;

(5) $y=1-x^2,y=\frac{2}{3}x$;

(6) $y=2x,y=\frac{1}{2}x,y=\frac{1}{4}x+1$;

(7) $y=x^2,y=(x-2)^2,y=0$;

(8) $y=x^2,y=x,y=2x$;

(9) $y=x,y=x+\sin^2 x(0\leqslant x\leqslant\pi)$.

2. 求抛物线 $y=-x^2+4x-3$ 及其在点$(0,-3)$和$(3,0)$处的切线所围成的图形的面积.

3. 求抛物线 $y^2=2px$ 及其在点$\left(\dfrac{p}{2},p\right)$处的法线所围成的图形的面积.

4. 求由下列各曲线所围成的图形的面积：

(1) $\rho=2a\cos\theta$； (2) $x=a\cos^3 t, y=a\sin^3 t$； (3) $\rho=2a(2+\cos\theta)$.

5. 求由星形线$\begin{cases} x=a\cos^3 t, \\ y=a\sin^3 t \end{cases}$所围图形的面积.

6. 求由曲线$\dfrac{x^4}{a^4}+\dfrac{y^4}{b^4}=1$所围图形的面积.

7. 求由三叶玫瑰线 $r=a\sin 3\theta$ 一瓣与极轴所围的面积.

8. 求由曲线 $y=x(x-1)(x-2)$ 与 $y=0$ 所围成图形的面积.

9. 求对数螺线 $\rho=a\mathrm{e}^{\theta}(-\pi\leqslant\theta\leqslant\pi)$及射线 $\theta=\pi$ 所围成的图形的面积.

10. 求下列各曲线所围成图形的公共部分的面积：

(1) $\rho=3\cos\theta$ 及 $\rho=1+\cos\theta$； (2) $\rho=\sqrt{2}\sin\theta$ 及 $\rho^2=\cos 2\theta$.

11. 求位于曲线 $y=\mathrm{e}^x$ 下方，该曲线过原点的切线的左方以及 x 轴上方之间的图形的面积.

12. 求由抛物线 $y^2=4ax$ 与过焦点的弦所围成的图形面积的最小值.

13. 求由曲线 $\rho=a\sin\theta, \rho=a(\cos\theta+\sin\theta)(a>0)$所围图形公共部分的面积.

7.3 体 积

7.3.1 已知平行截面面积，求立体的体积

设空间某立体由一曲面和垂直于 x 轴的二平面 $x=a, x=b$ 围成(图 7.9). 用一组垂直于 x 轴的平面去截它，得到彼此平行的截面. 如果过任一点 $x(a\leqslant x\leqslant b)$且垂直于 x 轴的平面截该立体所得的截面面积 $A(x)$ 是已知的连续函数，则此立体的体积为

$$V=\int_a^b A(x)\mathrm{d}x. \qquad (7.6)$$

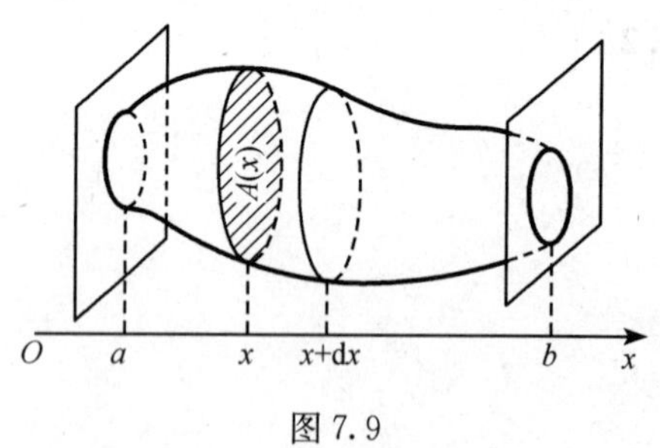

图 7.9

现在用微元法来证明式(7.6). 分割区间$[a,b]$，考虑任一小区间$[x,x+\mathrm{d}x]$. 相应于这一小段的立体可以近似看成小的正柱体，其上、下底的面积都是 $A(x)$，高为 $\mathrm{d}x$. 于是得到体积微元(即微小体积 ΔV 的近似值)

$$\mathrm{d}V=A(x)\mathrm{d}x.$$

将 $\mathrm{d}V$ 在$[a,b]$上无限求和，便得

$$V=\int_a^b A(x)\mathrm{d}x.$$

由此公式易知，夹在两个平行平面之间的两个立体，如果用任意一个平行截面

去截而所得的截面面积相等，那么这两个立体的体积相等. 这个结果通常称为卡瓦列里(Cavalieri)原理. 卡瓦列里是17世纪意大利数学家，他在1635年提出并引用这一原理. 其实这一原理，早在我国南北朝时期已由杰出的数学家祖冲之(429～500)和他的儿子祖暅受刘徽关于体积计算的启示提出. 祖冲之父子的原文是这样说的："**缘幂势既同，则积不容异**". 这里的所谓"幂"就是截面面积、"势"就是高. 所以卡瓦列里提出此原理晚于祖冲之父子约1100年.

例 7.7 设有一半径为 a 的圆柱体，用一与底面交角为 α 的平面去截割，如果平面通过底圆的直径，求截下部分立体的体积.

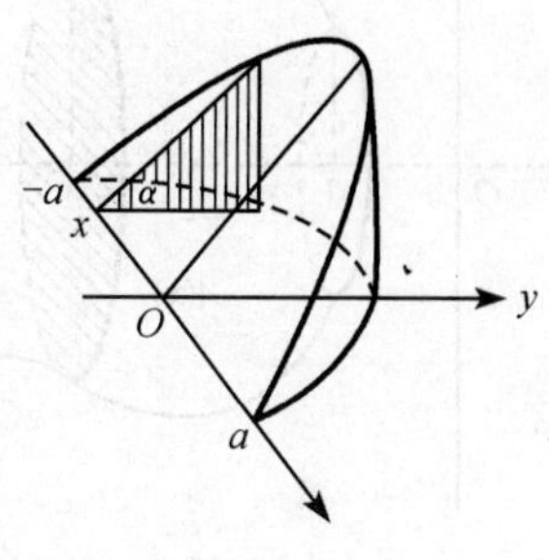

图 7.10

解 取平面与圆柱底面的交线为 x 轴，底面的圆心为坐标原点，建立坐标系如图7.10所示，那么底圆的方程为 $x^2+y^2=a^2$. 在区间 $[-a,a]$ 上任取一点 x，过该点作垂直于 x 轴的平面，与待求体积的立体相交，得截面为一直角三角形，它的两条直角边分别为 y 与 $y\tan\alpha$，从而它的面积为

$$A(x)=\frac{1}{2}y^2\tan\alpha=\frac{1}{2}(a^2-x^2)\tan\alpha,$$

所以截下部分立体的体积为

$$V=\int_{-a}^{a}A(x)\mathrm{d}x=\int_{0}^{a}(a^2-x^2)\tan\alpha\,\mathrm{d}x$$

$$=\tan\alpha\left[a^2x-\frac{1}{3}x^3\right]_0^a=\frac{2}{3}a^3\tan\alpha.$$

例 7.8 求两个半径相等其轴垂直相交的圆柱面 $x^2+y^2=a^2$ 与 $x^2+z^2=a^2$ 所围成的立体的体积(图7.11).

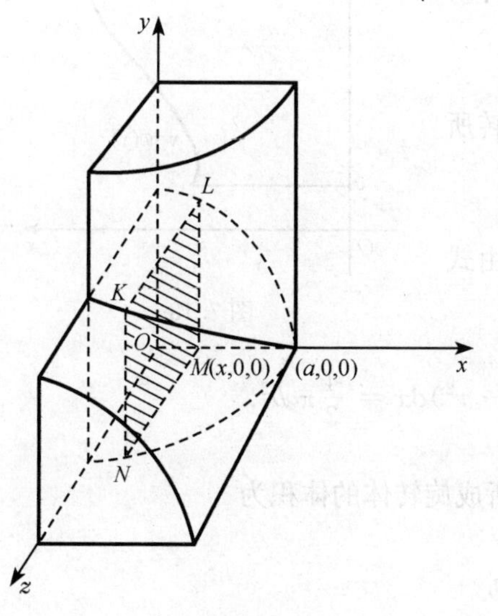

图 7.11

解 根据对称性，只需求出一个象限中的体积再乘以8即可.

现在过点 $(x,0,0)$ 作垂直于 x 轴的平面. 它与此物体在第一卦限所截的图形为一个正方形 $LKNM$，其边长为 $\sqrt{a^2-x^2}$，因此其面积为

$$P(x)=a^2-x^2,$$

于是，所求体积为

$$V=8\int_0^a(a^2-x^2)\mathrm{d}x=\frac{16}{3}a^3.$$

7.3.2 旋转体的体积

设有连续曲线 $y=f(x)$,满足

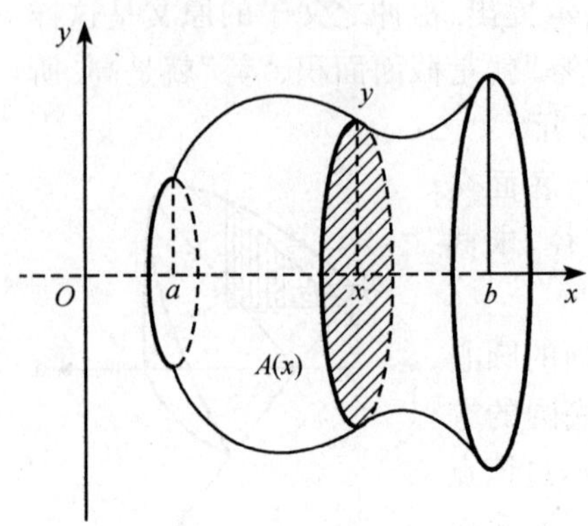

图 7.12

$$f(x) \geqslant 0, \quad x \in [a,b],$$

将此曲线绕 x 轴旋转一周,求所产生的旋转体的体积(图 7.12).

为了利用式(7.6),我们先设法写出平行截面面积 $A(x)$. 过区间 $[a,b]$ 上任一点 x,作垂直于 x 轴的平面,截旋转体所得横截面是一个半径为 $y=f(x)$ 的圆,其面积为

$$A(x) = \pi y^2 = \pi f^2(x).$$

再利用式(7.6),便得到旋转体的体积公式

$$V = \int_a^b A(x)\mathrm{d}x = \pi\int_a^b y^2\mathrm{d}x = \pi\int_a^b f^2(x)\mathrm{d}x. \tag{7.7}$$

同理可得由连续曲线

$$x = \varphi(y), \quad y \in [c,d]$$

(其中 $\varphi(y) \geqslant 0$)绕 y 轴旋转一周所产生的旋转体体积为

$$V = \pi\int_c^d \varphi^2(y)\mathrm{d}y, \tag{7.8}$$

见图 7.13.

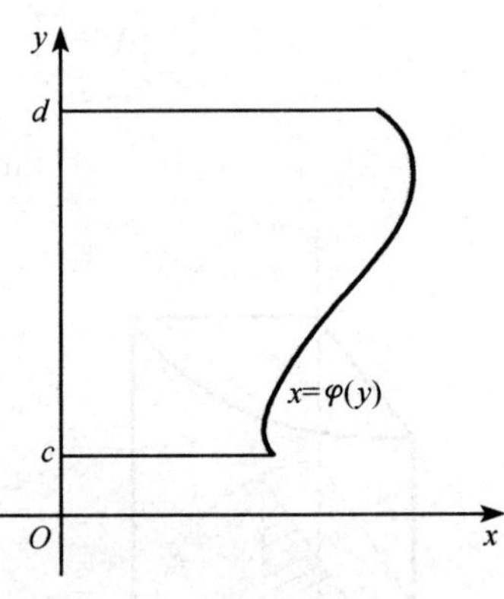

图 7.13

例 7.9　求由椭圆 $\dfrac{x^2}{a^2}+\dfrac{y^2}{b^2}=1$ 绕 x 轴旋转所成旋转体的体积.

解　上半椭圆的方程为 $y=\dfrac{b}{a}\sqrt{a^2-x^2}$. 由式(7.7),得

$$V = \pi\int_{-a}^{a} y^2\mathrm{d}x = \frac{\pi b^2}{a^2}\int_{-a}^{a}(a^2-x^2)\mathrm{d}x = \frac{4}{3}\pi ab^2.$$

同理可得由椭圆 $\dfrac{x^2}{a^2}+\dfrac{y^2}{b^2}=1$ 绕 y 轴旋转所成旋转体的体积为

$$V = \frac{4}{3}\pi a^2 b.$$

特例 当 $a=b$ 时,即为球体体积

$$V=\frac{4}{3}\pi a^3 \quad (a\text{ 为球体半径}).$$

例 7.10 求旋轮线的第一拱

$$x=a(t-\sin t),$$

$$y=a(1-\cos t),\quad 0\leqslant t\leqslant 2\pi$$

与 $y=0$ 所围图形由:①绕 y 轴旋转;②绕直线 $y=2a$ 旋转所得的旋转体的体积 $(a>0)$(图 7.14).

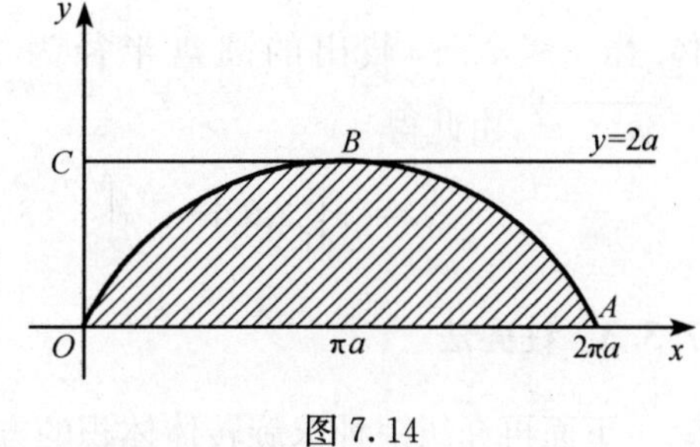

图 7.14

解 (1) 记弧$\overset{\frown}{OB}$上点的横坐标为

$$x_1=a(t-\sin t),\quad 0\leqslant t\leqslant \pi,$$

则弧$\overset{\frown}{AB}$上相应的对称点的横坐标为

$$x_2=2\pi a-x_1=2\pi a-a(t-\sin t),\quad 0\leqslant t\leqslant \pi.$$

设曲边梯形 $OABC$ 和曲边三角形 OBC 绕 y 轴旋转所得的体积分别为 V_2 及 V_1,则由式(7.8)知,所求体积为

$$\begin{aligned}V&=V_2-V_1=\pi\int_0^{2a}x_2^2\mathrm{d}y-\pi\int_0^{2a}x_1^2\mathrm{d}y\\&=\pi\int_0^{\pi}[2\pi a-a(t-\sin t)]^2\mathrm{d}[a(1-\cos t)]-\pi\int_0^{\pi}[a(t-\sin t)]^2\mathrm{d}[a(1-\cos t)]\\&=4\pi^2a^3\int_0^{\pi}(\pi\sin t-t\sin t+\sin^2 t)\mathrm{d}t\\&=6\pi^3a^3.\end{aligned}$$

(2) 设旋轮线第一拱与直线 $y=2a$, $x=0$, $x=2\pi a$ 所围平面图形绕直线 $y=2a$ 旋转所得的体积为 V_0,则

$$V_0=\pi\int_0^{2\pi a}(2a-y)^2\mathrm{d}x$$

$$=\pi a^3\int_0^{2\pi}(1+\cos t-\cos^2 t-\cos^3 t)\mathrm{d}t=\pi^2a^3.$$

于是所求体积为

$$V=\pi(2a)^2\cdot 2\pi a-V_0=7\pi^2a^3.$$

例 7.11 求抛物面 $2az=x^2+y^2$ 与上半球面 $x^2+y^2+z^2=3a^2(a>0,z>0)$ 所围成的立体的体积(图 7.15).

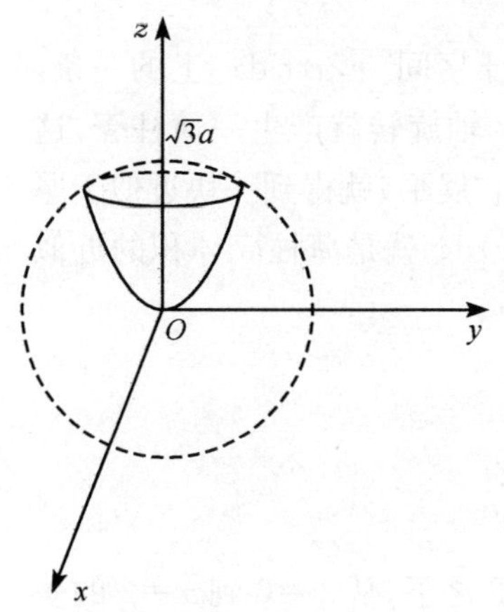

图 7.15

解 两曲面都是绕 z 轴的旋转体,两曲面交线是一个圆. 由

$$\begin{cases} x^2+y^2+z^2=3a^2, \\ x^2+y^2=2az, \end{cases}$$

得 $z=a$,所以交线圆位于 $z=a$ 的平面上.现在用垂直于 z 轴的平面去截这个立体.当 $z\leqslant a$ 时,截出的圆盘半径为 $\sqrt{2az}$,而当 $z>a$ 时截出的圆的半径为 $\sqrt{3a^2-z^2}$,由此得

$$V=\pi\int_0^a 2az\,\mathrm{d}z+\pi\int_a^{\sqrt{3}a}(3a^2-z^2)\,\mathrm{d}z=\frac{\pi a^3}{3}(6\sqrt{3}-5).$$

7.3.3 柱壳法

下面再介绍一种求旋转体体积的方法,称为**柱壳法**.

设在 xOy 平面内有一块由曲线 $y=f_1(x)$,$y=f_2(x)$ 与直线 $x=a$,$x=b$ 所围成的平面图形 $ABDC$(图7.16).假定函数 $f_1(x)$ 与 $f_2(x)$ 在区间 $[a,b]$ 上连续,且 $f_2(x)<f_1(x)$.当图形 $ABDC$ 绕 y 轴旋转时,就产生一个旋转体,现在要求此旋转体的体积.

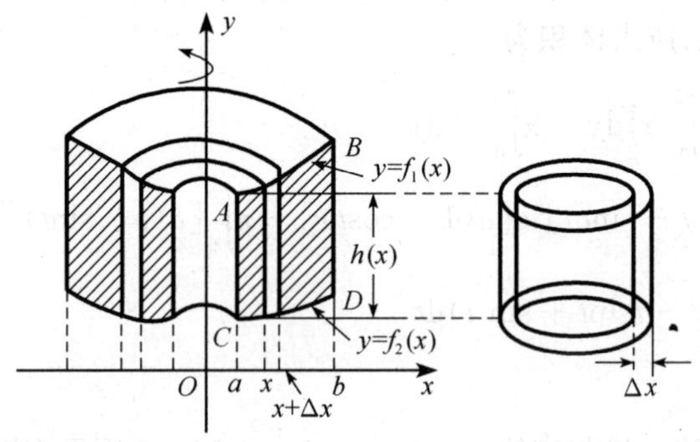

图 7.16

把平面图形分成许多平行于 y 轴的小条,任取位于区间 $[x,x+\mathrm{d}x]$ 上的一条,其宽为 $\mathrm{d}x$,高为 $h(x)=f_1(x)-f_2(x)$.让此小条绕 y 轴旋转就产生一薄柱壳,这一薄柱壳的内表面的面积为 $2\pi xh(x)$.将它剖开并把它展平,就得到一块近似于厚度为 $\mathrm{d}x$,面积为 $2\pi xh(x)$ 的矩形薄板,其体积 $2\pi xh(x)\mathrm{d}x$ 就是薄柱壳体积的近似值,从而得柱壳体积微元

$$\mathrm{d}V=2\pi xh(x)\mathrm{d}x,$$

所以所求旋转体的体积为

$$V=2\pi\int_a^b x[f_1(x)-f_2(x)]\mathrm{d}x.$$

例 7.12 求在曲线 $8y=12x-x^3$ 之上,直线 $y=2$ 之下,从 $x=0$ 到 $x=2$ 的一块平面图形绕 y 轴旋转所产生的旋转体的体积.

解 图 7.17 中平行于 y 轴的典型小条的高为

$$h(x)=2-y=2-\frac{3}{2}x+\frac{1}{8}x^3,$$

所以

$$dV=2\pi x\left(2-\frac{3}{2}x+\frac{1}{8}x^3\right)dx,$$

从而

$$V=2\pi\int_0^2\left(2x-\frac{3}{2}x^2+\frac{1}{8}x^4\right)dx$$

$$=2\pi\left[x^2-\frac{1}{2}x^3+\frac{1}{40}x^5\right]_0^2=\frac{8}{5}\pi.$$

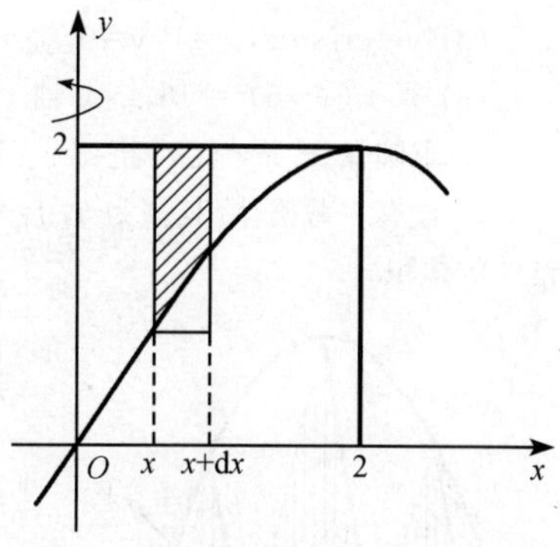

图 7.17

本例如果用垂直于 y 轴的平行截面法去求，则要从方程 $8y=12x-x^3$ 解出 x，这是比较困难的.

习 题 7.3

1. 把抛物线 $y^2=4ax$ 及直线 $x=x_0\,(x_0>0)$ 所围成的图形绕 x 轴旋转，计算所得旋转体的体积.

2. 由 $y=x^3$，$x=2$，$y=0$ 所围成的图形，分别绕 x 轴及 y 轴旋转，计算所得两个旋转体的体积.

3. 把星形线 $x^{2/3}+y^{2/3}=a^{2/3}$ 所围成的图形绕 x 轴旋转，计算所得旋转体的体积(图 7.18).

4. 用积分方法证明球缺的体积(图 7.19)为

$$V=\pi H^2\left(R-\frac{H}{3}\right).$$

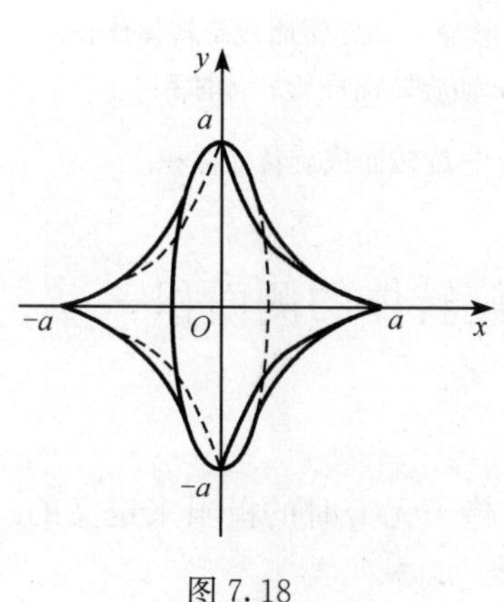

图 7.18

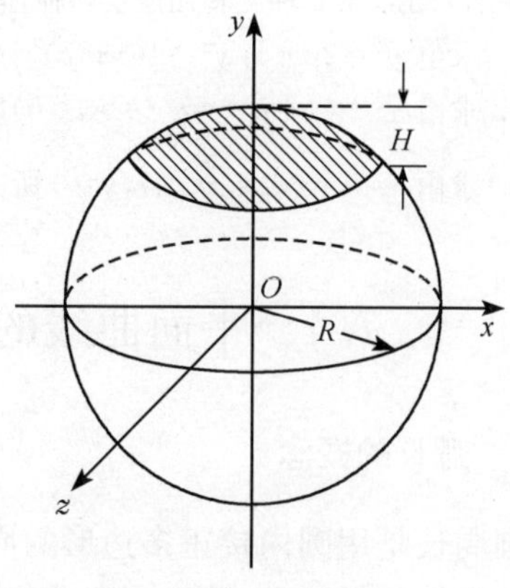

图 7.19

5. 求下列已知曲线所围成的图形，按指定的轴旋转所产生的旋转体的体积：

(1) $y=x^2$，$x=y^2$，绕 y 轴；

(2) $y=\arcsin x, x=1, y=0$,绕 x 轴;

(3) $x^2+(y-5)^2=16$,绕 x 轴.

6. 求圆盘 $x^2+y^2\leqslant a^2$ 绕 $x=-b(b>a>0)$ 旋转所成旋转体的体积.

7. 设有一截椎体,其高为 h,上、下底均为椭圆,椭圆的轴长分别为 $2a,2b$ 和 $2A,2B$,求此截锥体的体积.

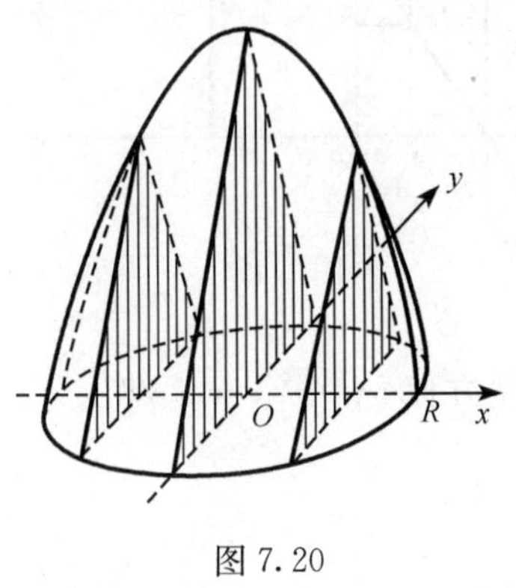

图 7.20

8. 计算底面是半径为 R 的圆,而垂直于底面上一条固定直径的所有截面都是等边三角形的立体体积(图 7.20).

9. 计算曲线 $y=\sin x(0\leqslant x\leqslant\pi)$ 和 x 轴所围成的图形绕 y 轴旋转所得旋转体的体积.

10. 设抛物线 $y=ax^2+bx+c$ 通过点 $(0,0)$,且当 $x\in[0,1]$ 时,$y\geqslant 0$. 试确定 a,b,c 的值,使得抛物线 $y=ax^2+bx+c$ 与直线 $x=1,y=0$ 所围图形的面积为 $\frac{4}{9}$,且使该图形绕 x 轴旋转而成的旋转体的体积最小.

11. 求由曲线 $y=x^{\frac{3}{2}}$,直线 $x=4$ 及 x 轴所围图形绕 y 轴旋转而成的旋转体的体积.

12. 求圆盘 $(x-2)^2+y^2\leqslant 1$ 绕 y 轴旋转而成的旋转体的体积.

13. 求由 $y=x^2$ 与 $y=2$ 所围图形绕 x 轴及 y 轴旋转而成旋转体体积.

14. 求由 $y=a\operatorname{ch}\frac{x}{a}$ 与 $x=0, x=a, y=0$ 所围图形绕 x 轴旋转而成旋转体体积.

15. 求由 $y=\sin x(0\leqslant x\leqslant\pi)$ 与 x 轴所围图形绕 x 轴旋转而成旋转体体积.

16. 求由摆线

$$\begin{cases} x=a(t-\sin t), \\ y=a(1-\cos t), \end{cases} \quad 0\leqslant t\leqslant 2\pi$$

与 x 轴所围图形绕 x 轴旋转而成旋转体体积.

17. 求由 $y^2=2px$ 与 $y^2=4(x-p)^2(p>0)$ 所围图形绕 x 轴旋转而成旋转体体积.

18. 求由 $x^2+(y-b)^2=a^2(b>a>0)$ 所围图形绕 x 轴旋转而成旋转体体积.

19. 求由 $y=\sin x(0\leqslant x\leqslant\pi), y=0$ 所围图形绕 $x=\frac{\pi}{2}$ 旋转而成旋转体体积.

7.4　平面曲线的弧长和旋转体的侧面积

7.4.1　弧长的概念

圆周长是用圆内接正多边形的周长当边数趋于无穷时的极限来定义的. 与圆周长的概念类似,可以建立一般曲线弧的长度概念.

如图 7.21 所示,在曲线弧 $\overset{\frown}{AB}$ 上任取分点

$$A=M_0, M_1, M_2, \cdots, M_{i-1}, M_i, \cdots, M_n=B,$$

依次用弦将相邻两点联结起来,得到一条内接折线. 记每条弦的长度为

$$|M_{i-1}M_i|, \quad i=1,2,\cdots,n,$$

令 $\lambda=\max\limits_{1\leqslant i\leqslant n}|M_{i-1}M_i|$. 如果当分点无限增加,且 $\lambda\to 0$ 时,折线长度的极限

$$\lim_{\lambda\to 0}\sum_{i=1}^{n}|M_{i-1}M_i|$$

存在,则称此极限值为曲线弧$\overset{\frown}{AB}$的**长度**,或**弧长**. 这时,这段曲线弧称为**可求长**的. 下面讨论平面曲线弧长的计算公式.

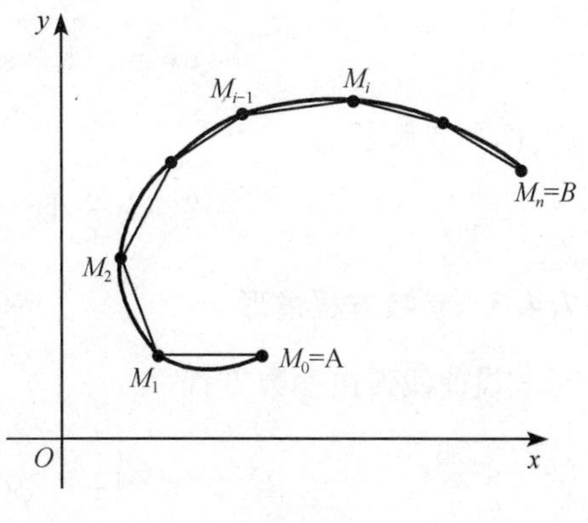

图 7.21

7.4.2 直角坐标情形

设曲线弧由直角坐标方程

$$y=f(x), \quad a\leqslant x\leqslant b$$

给出,其中 $f(x)$在$[a,b]$上具有一阶连续导数. 现在来计算这曲线弧的长度.

取横坐标 x 为积分变量,其变化区间为$[a,b]$. 曲线 $y=f(x)$上相应于$[a,b]$上任一小区间$[x,x+\mathrm{d}x]$的一段弧的长度,可以用该曲线在点$(x,f(x))$处的切线上相应的一小段的长度近似代替. 而切线上这相应的小段的长度为

$$\sqrt{(\mathrm{d}x)^2+(\mathrm{d}y)^2}=\sqrt{1+y'^2}\,\mathrm{d}x,$$

从而得弧长元素(即弧微分)

$$\mathrm{d}s=\sqrt{1+y'^2}\,\mathrm{d}x,$$

以 $\sqrt{1+y'^2}\,\mathrm{d}x$ 为被积表达式,在闭区间$[a,b]$上作定积分,便得所求弧长

$$s=\int_a^b\sqrt{1+y'^2}\,\mathrm{d}x.$$

例 7.13 两根电线杆之间的电线,由于其本身的重量,下垂成曲线型. 这样的曲线叫**悬链线**. 适当选取坐标系后,悬链线的方程为

$$y=c\operatorname{ch}\frac{x}{c},$$

其中 c 为常数. 计算悬链线上介于 $x=-b$ 与 $x=b$ 之间一段弧(图 7.22)的长度.

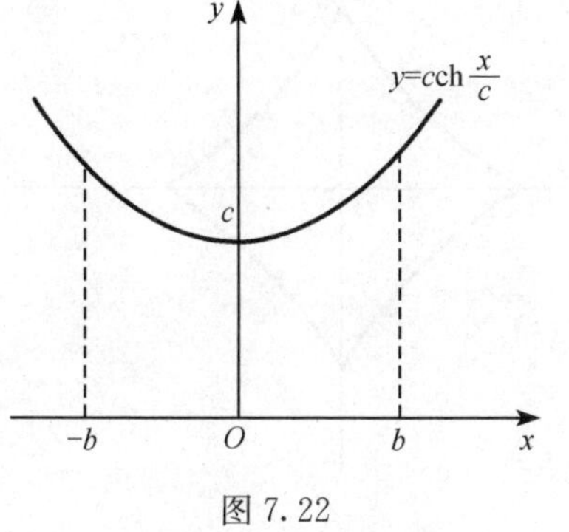

图 7.22

解 由于对称性,要计算的弧长为对应于 x 从 0 到 b 的一段曲线弧长的两倍. 由 $y'=\operatorname{sh}\frac{x}{c}$,得弧长元素

$$\mathrm{d}s=\sqrt{1+\mathrm{sh}^2\frac{x}{c}}\mathrm{d}x=\mathrm{ch}\frac{x}{c}\mathrm{d}x.$$

因此,所求弧长为

$$s=2\int_0^b\mathrm{ch}\frac{x}{c}\mathrm{d}x=2c\left[\mathrm{sh}\frac{x}{c}\right]_0^b=2c\,\mathrm{sh}\frac{b}{c}.$$

7.4.3　参数方程情形

设曲线弧由参数方程

$$\begin{cases}x=\varphi(t),\\ y=\psi(t),\end{cases}\quad \alpha\leqslant t\leqslant\beta$$

给出,其中 $\varphi(t)$,$\psi(t)$在$[\alpha,\beta]$上具有连续导数.现在来计算这曲线弧的长度.

取参数 t 为积分变量,其变化区间为$[\alpha,\beta]$.对应于$[\alpha,\beta]$上任一小区间$[t,t+\mathrm{d}t]$的小弧段的长度的近似值(弧微分),即弧长元素为

$$\mathrm{d}s=\sqrt{(\mathrm{d}x)^2+(\mathrm{d}y)^2}=\sqrt{\varphi'^2(t)(\mathrm{d}t)^2+\psi'^2(t)(\mathrm{d}t)^2}=\sqrt{\varphi'^2(t)+\psi'^2(t)}\mathrm{d}t.$$

于是所求弧长为

$$s=\int_\alpha^\beta\sqrt{\varphi'^2(t)+\psi'^2(t)}\mathrm{d}t.$$

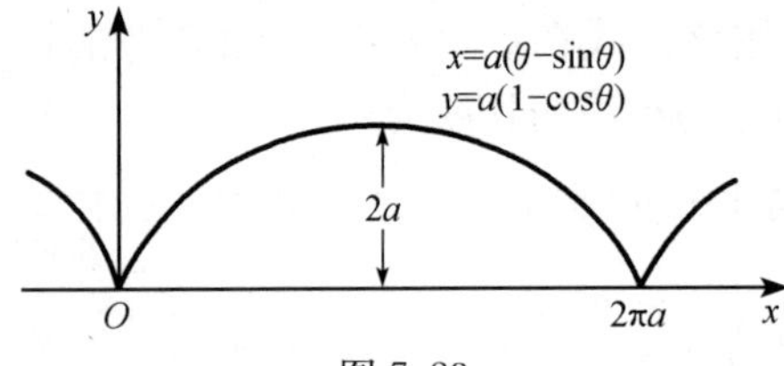

图 7.23

例 7.14　计算摆线(图 7.23)

$$\begin{cases}x=a(\theta-\sin\theta),\\ y=a(1-\cos\theta)\end{cases}$$

的一拱$(0\leqslant\theta\leqslant2\pi)$的长度.

解　弧长元素

$$\begin{aligned}\mathrm{d}s&=\sqrt{a^2(1-\cos\theta)^2+a^2\sin^2\theta}\mathrm{d}\theta\\&=a\sqrt{2(1-\cos\theta)}\mathrm{d}\theta=2a\sin\frac{\theta}{2}\mathrm{d}\theta.\end{aligned}$$

从而,所求弧长

$$s=\int_0^{2\pi}2a\sin\frac{\theta}{2}\mathrm{d}\theta=2a\left[-2\cos\frac{\theta}{2}\right]_0^{2\pi}=8a.$$

例 7.15　计算星形线

$$\begin{cases}x=a\cos^3t,\\ y=a\sin^3t\end{cases}$$

的弧长(图 7.24).

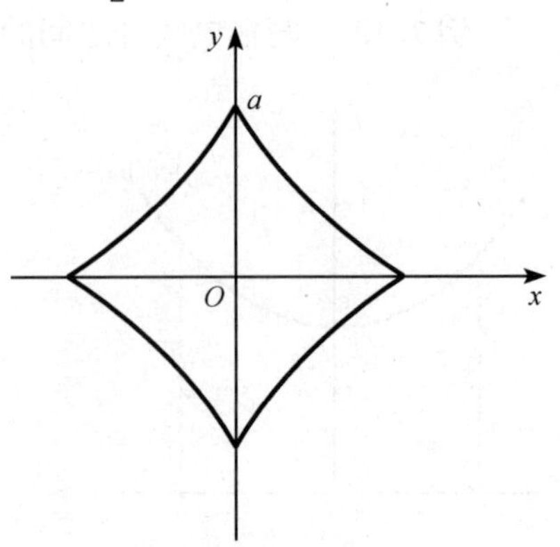

图 7.24

解　根据对称性,只要求出它在第一象限中的一段弧长乘 4 即可,此时参数 t 是由 0 变到$\frac{\pi}{2}$.显然

$$x'(t)=-3a\cos^2 t\sin t,\quad y'(t)=3a\sin^2 t\cos t,$$

因此弧长

$$\begin{aligned}s&=4\int_0^{\frac{\pi}{2}}\sqrt{9a^2\cos^4 t\sin^2 t+9a^2\sin^4 t\cos^2 t}\,\mathrm{d}t\\&=12a\int_0^{\frac{\pi}{2}}\cos t\sin t\,\mathrm{d}t=12a\int_0^{\frac{\pi}{2}}\sin t d\sin t\\&=6a\sin^2 t\Big|_0^{\frac{\pi}{2}}=6a.\end{aligned}$$

7.4.4 极坐标情形

设曲线弧由极坐标方程

$$r=r(\theta),\quad \alpha\leqslant\theta\leqslant\beta$$

给出，其中 $r(\theta)$在$[\alpha,\beta]$上具有连续导数，现在来计算这曲线弧的长度.

由直角坐标与极坐标的关系可得

$$\begin{cases}x=r(\theta)\cos\theta,\\y=r(\theta)\sin\theta,\end{cases}\quad \alpha\leqslant\theta\leqslant\beta.$$

这就是以极角 θ 为参数的曲线弧的参数方程. 于是，弧长元素为

$$\mathrm{d}s=\sqrt{x'^2(\theta)+y'^2(\theta)}\,\mathrm{d}\theta=\sqrt{r^2(\theta)+r'^2(\theta)}\,\mathrm{d}\theta,$$

从而所求弧长为

$$s=\int_\alpha^\beta\sqrt{r^2(\theta)+r'^2(\theta)}\,\mathrm{d}\theta.$$

例 7.16 求对数螺线 $\rho=\mathrm{e}^{m\theta}(m>0)$从点 $P_0(\rho_0,\theta_0)$到任意一点(ρ,θ)的弧长.

解

$$\begin{aligned}s_{\widehat{P_0P}}&=\int_{\theta_0}^{\theta}\sqrt{\mathrm{e}^{2m\theta}+m^2\mathrm{e}^{2m\theta}}\,\mathrm{d}\theta=\sqrt{1+m^2}\int_{\theta_0}^{\theta}\mathrm{e}^{m\theta}\,\mathrm{d}\theta\\&=\frac{\sqrt{1+m^2}}{m}(\mathrm{e}^{m\theta}-\mathrm{e}^{m\theta_0})=\frac{\sqrt{1+m^2}}{m}(\rho-\rho_0)\end{aligned}$$

从这个结果可以看出：

(1) 对数螺线的弧长跟矢径的增量成比例.

(2) 对数螺线从某固定点 P 开始虽可向极点环绕无穷多次，但当 $\theta_0\to-\infty$时，这段弧的长度却趋于有限极限$\dfrac{\sqrt{1+m^2}}{m}\rho$.

7.4.5 旋转体的侧面积

设有光滑曲线段 $y=f(x)$，其中

$$f(x)\geqslant 0,\quad x\in[a,b],$$

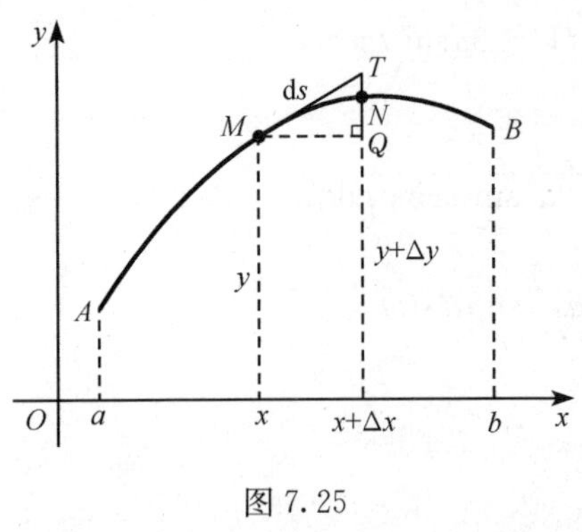

图 7.25

将此曲线段绕 x 轴一周，求所产生的旋转体的侧面积 F.

旋转体的侧面面积即为空间曲面的面积，而有关空间曲面的面积将在多元函数积分学中给出一般的定义. 这里仅凭几何直观来导出旋转体的侧面积公式，且仍用微元法.

采用图 7.25 所示分割区间$[a,b]$，考虑任意一份$[x,x+\mathrm{d}x]$. 相应于这一份的，是由小弧段$\overset{\frown}{MN}$绕 x 轴旋转所得到的侧面积 ΔF，它可以用切线段 MT(其长度为 $\mathrm{d}s$)绕 x 轴旋转所得到的圆台的侧面积来近似代替. 这个圆台的上、下底半径分别是 y 及$y+\mathrm{d}y$，斜高为 $\mathrm{d}s$，于是有

$$\begin{aligned}\text{圆台侧面积} &= \pi\cdot(\text{上底半径}+\text{下底半径})\cdot\text{斜高}\\ &= \pi[y+(y+\mathrm{d}y)]\cdot\mathrm{d}s = 2\pi y\mathrm{d}s+\pi\mathrm{d}y\cdot\mathrm{d}s.\end{aligned}$$

当 $\mathrm{d}x\to 0$ 时，$\mathrm{d}y\cdot\mathrm{d}s$ 是 $\mathrm{d}x$ 的高阶无穷小，略去，得到侧面积微元

$$\mathrm{d}F = 2\pi y\mathrm{d}s = 2\pi y\sqrt{1+y'^2}\mathrm{d}x,$$

将上式从 a 到 b 求定积分，便得到侧面积公式

$$F = 2\pi\int_a^b y\sqrt{1+y'^2}\mathrm{d}x.$$

当光滑曲线段$\overset{\frown}{AB}$由参数方程

$$\begin{cases}x = x(t),\\ y = y(t),\end{cases}\quad \alpha\leqslant t\leqslant\beta$$

给出时，侧面积公式为

$$F = 2\pi\int_\alpha^\beta y(t)\sqrt{x'^2(t)+y'^2(t)}\mathrm{d}t.$$

当光滑曲线段$\overset{\frown}{AB}$由极坐标方程

$$r = r(\theta),\quad \alpha\leqslant\theta\leqslant\beta$$

给出时，则可选 θ 作为参数，侧面积公式为

$$F = 2\pi\int_\alpha^\beta[r(\theta)\sin\theta]\sqrt{r^2(\theta)+r'^2(\theta)}\mathrm{d}\theta.$$

例 7.17　求旋轮线

$$\begin{cases}x = a(t-\sin t),\\ y = a(1-\cos t),\end{cases}\quad 0\leqslant t\leqslant 2\pi$$

绕 x 轴旋转所得旋转体的侧面积.

解　因为

$$\mathrm{d}s=2a\left|\sin\frac{t}{2}\right|\mathrm{d}t,$$

所以

$$\begin{aligned}P&=2\pi\int_0^{2\pi}a(1-\cos t)\cdot 2a\left|\sin\frac{t}{2}\right|\mathrm{d}t\\&=4\pi a^2\int_0^{2\pi}(1-\cos t)\sin\frac{t}{2}\mathrm{d}t\\&=8\pi a^2\int_0^{2\pi}\sin^3\frac{t}{2}\mathrm{d}t=16\pi a^2\int_0^{\pi}\sin^3u\,\mathrm{d}u\\&=-16\pi a^2\int_0^{\pi}(1-\cos^2u)\mathrm{d}\cos u\\&=-16\pi a^2\left(\cos u-\frac{1}{3}\cos^2u\right)\Bigg|_0^{\pi}=\frac{64}{3}\pi a^2.\end{aligned}$$

例 7.18 求心脏线

$$r=a(1+\cos\theta),\quad a>0$$

绕极轴旋转而成的旋转体的侧面积 S.

解 因为

$$\mathrm{d}s=\sqrt{r^2+r'^2}\mathrm{d}\theta=2a\left|\cos\frac{\theta}{2}\right|\mathrm{d}\theta,$$

且在上半平面上此曲线对应参数 θ 为 $0\leqslant\theta\leqslant\pi$,因此

$$\begin{aligned}P&=2\pi\int_0^{\pi}a(1+\cos\theta)\sin\theta\,2a\left|\cos\frac{\theta}{2}\right|\mathrm{d}\theta\\&=4\pi a^2\int_0^{\pi}2\cos^2\frac{\theta}{2}\cdot 2\sin\frac{\theta}{2}\cos\frac{\theta}{2}\cdot\cos\frac{\theta}{2}\mathrm{d}\theta\\&=16\pi a^2\int_0^{\pi}\cos^4\frac{\theta}{2}\sin\frac{\theta}{2}\mathrm{d}\theta=\frac{32}{5}\pi a^2.\end{aligned}$$

例 7.19 求旋转椭球体的表面积.

解 设此椭球体是由

$$\frac{x^2}{a^2}+\frac{y^2}{b^2}=1,\quad a>b$$

绕 x 轴旋转而得. 此时

$$y^2=b^2-\frac{b^2}{a^2}x^2,$$

因而有

$$yy'=-\frac{b^2}{a^2}x$$

及

$$y\sqrt{1+y'^2}=\sqrt{y^2+(yy')^2}=\sqrt{b^2-\frac{b^2}{a^2}x^2+\frac{b^4}{a^4}x^2}$$

$$=\frac{b}{a}\sqrt{a^2-\frac{a^2-b^2}{a^2}x^2}=\frac{b}{a}\sqrt{a^2-\varepsilon^2x^2}$$

其中

$$\varepsilon=\frac{\sqrt{a^2-b^2}}{a}$$

是椭圆的离心率.

这样一来,旋转椭球体的表面积为

$$\begin{aligned}p&=2\pi\frac{b}{a}\int_{-a}^{a}\sqrt{a^2-\varepsilon^2x^2}\,\mathrm{d}x=4\pi\frac{b}{a}\int_{0}^{a}\sqrt{a^2-\varepsilon^2x^2}\,\mathrm{d}x\\&=4\pi\frac{b}{a}\left(\frac{1}{2}x\sqrt{a^2-\varepsilon^2x^2}+\frac{a^2}{2\varepsilon}\arcsin\frac{\varepsilon x}{a}\right)\Bigg|_0^a\\&=2\pi\frac{b}{a}\left(a\sqrt{a^2-\varepsilon^2x^2}+\frac{a^2}{\varepsilon}\arcsin\varepsilon\right)\\&=2\pi b\left(b+\frac{a}{\varepsilon}\arcsin\varepsilon\right).\end{aligned}$$

如果此椭圆绕 y 轴作旋转,则此时旋转体表面积

$$P_1=2\pi\int_{-b}^{b}x\sqrt{1+x'^2}\,\mathrm{d}y.$$

和上面一样,可以算出(只是将 a 与 b 对换以及将 x 换成 y 即可)

$$x\sqrt{1+x'^2}=\frac{a}{b}\sqrt{b^2+\frac{a^2-b^2}{b^2}x^2},$$

因而

$$\begin{aligned}P_1&=2\pi\int_{-b}^{b}\frac{a}{b}\sqrt{b^2+\frac{a^2-b^2}{b^2}x^2}\,\mathrm{d}x\\&=2\pi\frac{a}{b}\frac{b^3}{\sqrt{a^2-b^2}}\Bigg[\frac{\sqrt{a^2-b^2}}{b^2}x\sqrt{\frac{a^2-b^2}{b^4}x^2+1}\\&\quad+\ln\left|\frac{\sqrt{a^2-b^2}}{b^2}x+\sqrt{\frac{a^2-b^2}{b^4}x^2+1}\right|\Bigg]_0^b\\&=2\pi a\left(a+\frac{b^2}{\sqrt{a^2-b^2}}\ln\frac{\sqrt{a^2-b^2}+a}{b}\right).\end{aligned}$$

习　题　7.4

1. 计算曲线 $y=\ln x$ 上相应于$\sqrt{3}\leqslant x\leqslant\sqrt{8}$的一段弧长.

2. 计算曲线 $y=\frac{\sqrt{x}}{3}(3-x)$ 上相应于 $1\leqslant x\leqslant 3$ 的一段弧的长度(图 7.26).

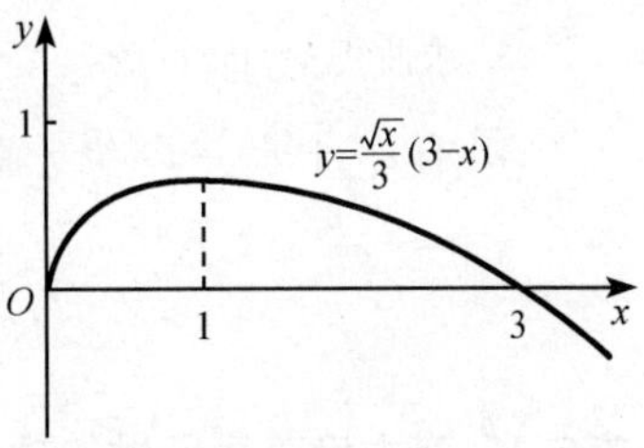

图 7.26

3. 计算半立方抛物线 $y^2=\frac{2}{3}(x-1)^3$ 被抛物线 $y^2=\frac{x}{3}$ 截得的一段弧的长度.

4. 计算抛物线 $y^2=2px$ 从顶点到这曲线上的一点 $M(x,y)$ 的弧长.

5. 将绕在圆(半径为 a)上的细线放开拉直,使细线与圆周始终相切,细线端点画出的轨迹叫做圆的渐伸线,其方程为

$$x=a(\cos t+t\sin t),\quad y=a(\sin t-t\cos t).$$

算出此曲线上对应于 $0\leqslant t\leqslant \pi$ 的一段弧的长度(图 7.27).

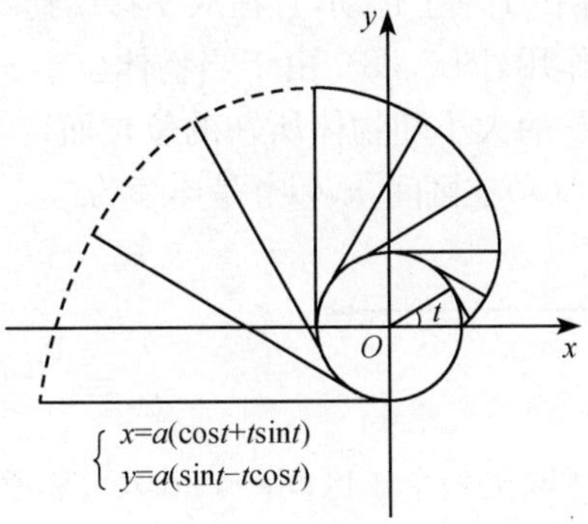

图 7.27

6. 在摆线 $x=a(t-\sin t)$, $y=a(1-\cos t)$ 上求分摆线第一拱成 1∶3 的点的坐标.

7. 求曲线 $\rho\theta=1$ 相应于 $\frac{3}{4}\leqslant\theta\leqslant\frac{4}{3}$ 的一段弧长.

8. 求心形线 $\rho=a(1+\cos\theta)$ 的全长.

9. 求抛物线 $y=\frac{1}{2}x^2$ 被圆 $x^2+y^2=3$ 所截下的有限部分的弧长.

10. 求抛物线 $y=ax^2$ 在 $x=-b$ 到 $x=b$ 之间的弧长.

11. 求阿基米德螺线 $r=a\theta$ 从 $\theta=0$ 到 $\theta=\theta_0$ 之间的弧长.

12. 求曲线 $x=e^t\sin t$, $y=e^t\cos t$ 从 $t=0$ 到 $t=1$ 一段弧长.

13. 求 $y=\ln(1-x^2)$ 上相应于 $0\leqslant x\leqslant\frac{1}{2}$ 的一段弧长.

14. 求曲线 $x=a\cos^4 t$, $y=a\sin^4 t$ 的弧长.

15. 求曲线 $r=ae^{m\theta}\,(m>0)$ 当 $0\leqslant r\leqslant a$ 时的弧长.

16. 求曲线 $y=\ln\cos x$ 由 $x=0$ 到 $x=a\left(0<a<\frac{\pi}{2}\right)$ 一段弧的弧长.

17. 证明:悬链线 $y=a\,\mathrm{ch}\,\frac{x}{a}\,(a>0)$ 自点 $A(0,a)$ 到 $P(x,y)$ 的弧长

$$s=\sqrt{y^2-a^2}.$$

18. 设一半径为 R 的球,被相距 $H(0<H<2R)$ 的两平面所截,求所得球台的侧面积.

19. 求半径为 R 的球的表面积.

20. 求抛物线 $y^2=4ax$ 由顶点到 $x=3a$ 的一段弧绕 x 轴旋转所得的旋转体的侧面积.

21. 求双纽线 $r^2=a^2\cos 2\theta$ 绕极轴旋转所得的旋转体的侧面积.

22. 求悬链线 $y=a\,\mathrm{ch}\,\frac{x}{a}$ 相应于 $|x|\leqslant b$ 的一段弧绕 x 轴及 y 轴旋转所得的旋转体的侧面积.

23. 求曲线 $y=\tan x\left(0\leqslant x\leqslant\frac{\pi}{4}\right)$绕 x 轴旋转所得的旋转面的面积.

24. 求 $x^{2/3}+y^{2/3}=a^{2/3}$绕 x 轴旋转所得的旋转体的侧面积.

7.5　功　水压力和引力

7.5.1　变力沿直线所做的功

由中学物理知,一个物体做直线运动,且在运动的过程中一直受跟运动方向一致的常力 F 的作用,那么当物体有位移 s 时,力 F 所做的功为

$$W = Fs.$$

现在来考虑变力 F 沿直线做功的问题. 该物体在 x 轴上运动,且在从 a 移动到 b 的过程中,始终受到跟 x 轴的正向一致的力 F 的作用(图 7.28). 由于当物体位于 x 轴上的不同位置时,所受力也各异,也就是说,力 F 的大小随物体所在的位置而定,因此它是一个 x 的函数,可设为 $F=\varphi(x)$,且假定 $\varphi(x)$在区间$[a,b]$上是连续的.

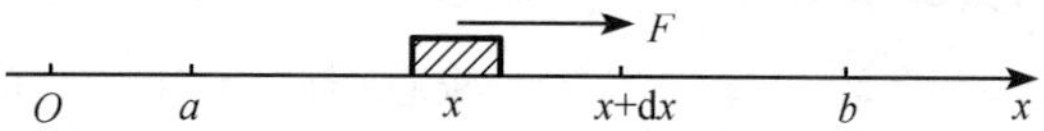

图 7.28

如果把区间$[a,b]$任意分成许多子区间,并任意取出一个子区间$[x,x+\mathrm{d}x]$来考虑,因为力 $\varphi(x)$是连续函数,子区间又很小,所以力的大小在这个子区间上的变化就甚微,所以可以把力 F 在子区间$[x,x+\mathrm{d}x]$左端点处值 $\varphi(x)$看成是物体经过这一子区间时所受的力,从而 $\varphi(x)\mathrm{d}x$ 就是物体从 x 移动到 $x+\mathrm{d}x$ 时,力 F 所做的功的近似值. 因此功元素为

$$\mathrm{d}W = \varphi(x)\mathrm{d}x.$$

所以当物体从 a 沿 x 轴移动到 b 时,作用在其上的力 $F=\varphi(x)$所做的功为

$$W = \int_a^b \varphi(x)\mathrm{d}x.$$

例 7.20　有一弹簧,用 5N 的力可以把它拉长 0.01m. 求把弹簧拉长 0.1m,力所做的功(图 7.29).

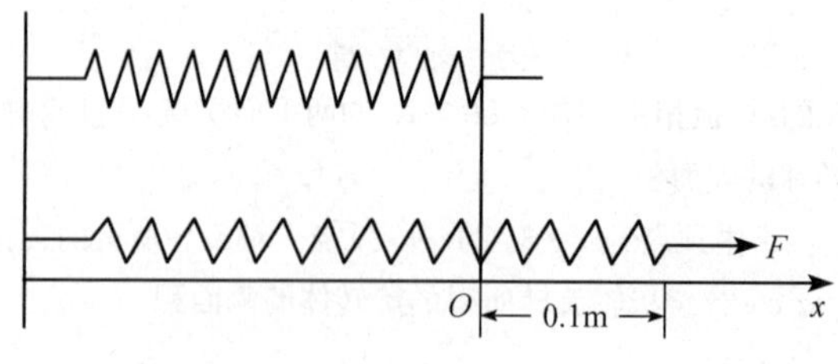

图 7.29

解 由物理学知，使弹簧产生伸缩变形的力，在伸缩量不大的情况下，与伸缩量成正比. 因此，这个力的大小可用 kx 来表示，即

$$F = kx.$$

其中 x 为伸缩量；$k(>0)$为比例常数(称为**弹簧的倔强系数**).

对本题来说，$x>0$，且当 $x=0.01$ 时，$F=5$. 所以

$$k = \frac{5}{0.01} = 500.$$

因此

$$F = 500x.$$

从而要求将弹簧拉长 0.1m 力 F 所做的功，只需将功元素

$$\mathrm{d}W = 500x\,\mathrm{d}x$$

在区间$[0,0.1]$上积分，即

$$W = \int_0^{0.1} 500x\mathrm{d}x = 500\left[\frac{x^2}{2}\right]_0^{0.1} = 2.5\mathrm{J}.$$

例 7.21 自地面垂直向上发射火箭，火箭质量为 m. 试计算将火箭发射到距离地面的高度为 h 处所做的功，并由此计算第二宇宙速度(即火箭脱离地球引力范围的最小速度)(图 7.30).

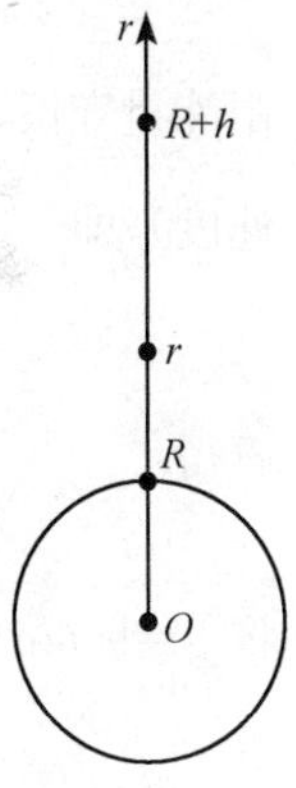

图 7.30

解 设地球质量为 M，半径为 R. 取坐标系如图 7.30 所示. 只需写出在区间$[R,R+h]$的任一点 r 处，对火箭所需施加的外力 $F(r)$.

由实验知，地球对位于点 r 处的火箭的引力的大小为

$$f = G\frac{Mm}{r^2}.$$

其中 r 为火箭到地球中心 O 的距离；$G>0$，为引力常数.

为了发射火箭，必须克服地球的引力. 用于克服地球引力的外力 $F(r)$与地球引力大小相等，因此

$$F(r) = G\frac{Mm}{r^2}.$$

于是，将火箭自地面(即 $r=R$ 处)发射到距离地面高度为 h(此时 $r=R+h$)时所需做的功为

$$W_1 = \int_R^{R+h} F(r)\mathrm{d}r = GMm\int_R^{R+h} \frac{1}{r^2}\mathrm{d}r$$

$$= GMm\left(\frac{1}{R} - \frac{1}{R+h}\right).$$

上式引力常数 G 可以这样确定：当火箭在地面时，地球对火箭的引力大小为 $f=G\dfrac{Mm}{R^2}$，且应该等于重力 mg，即

$$G\frac{Mm}{R^2}=mg\quad(g\ 为重力加速度),$$

于是 $G=R^2 g/M$,所以

$$W_1=\frac{R^2 g}{M}Mm\left(\frac{1}{R}-\frac{1}{R+h}\right)=mgR^2\left(\frac{1}{R}-\frac{1}{R+h}\right).$$

这就是将火箭自地面发射到距离地面高度为 h 处所需做的功.

为了使火箭脱离地球引力范围,也就是把火箭发射到无穷远处,这时所需做的功为

$$W_2=\lim_{h\to+\infty}W_1=mgR^2\lim_{h\to+\infty}\left(\frac{1}{R}-\frac{1}{R+h}\right)=mgR.$$

由能量守恒定律,W_2 应等于外界所给予火箭的动能 $\frac{1}{2}mv_0^2$(v_0 为火箭离开地面的初速度),即

$$mgR=\frac{1}{2}mv_0^2,$$

解得

$$v_0=\sqrt{2gR}.$$

将 $g=9.8\text{m/s}^2$,$R=6371\text{km}=6.731\times10^6\text{m}$ 代入上式,得

$$v_0=\sqrt{2\times9.8\times6.371\times10^6}\text{m/s}=11.2\times10^3\text{m/s}\approx11.2\text{km/s}.$$

这就是第二宇宙速度.

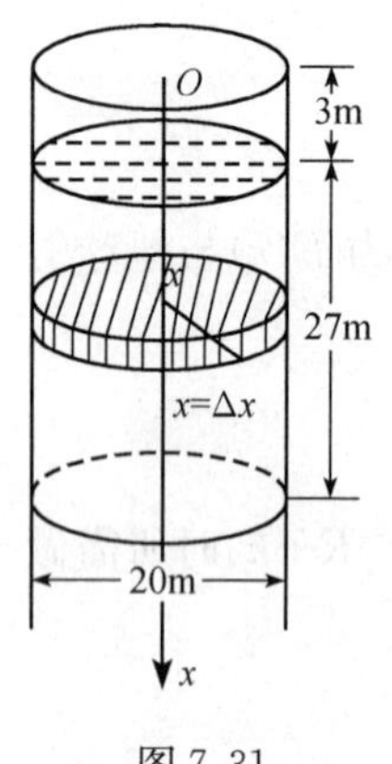

图 7.31

例 7.22　有一圆柱形大蓄水池,直径为 20m,高为 30m,内盛有水,水深为 27m. 求将水从池口全部抽出所做的功.

解　建立坐标系如图 7.31 所示,水深区间为[3,30]. 考虑微小区间 $[x,x+\mathrm{d}x]$ 上的水层,这一水层到池口的距离即可视为 x. 由于水的比重为 9800N/m^3,所以功元素为

$$\mathrm{d}W=\pi\cdot10^2\cdot9800x\mathrm{d}x=9.8\times10^5x\mathrm{d}x,$$

从而所求的功为

$$W=\int_3^{30}9.8\times10^5\pi x\mathrm{d}x=9.8\times10^5\pi\left[\frac{x^2}{2}\right]_3^{30}=1.4\times10^9\text{J}.$$

7.5.2　静止液体对薄板的侧压力

设有一薄板垂直放在一均匀的静止液体中,求液体对薄板的侧压力 P.

因为总可以把任意形状的薄板分成若干个曲边梯形的薄板,所以只需考虑形状

为曲边梯形的薄板. 取直角坐标系 Oxy 如图 7.32, y 轴在水平面上,向右为正向, x 轴垂直向下,向下为正向. 设薄板的底边位于 x 轴上,而平行于 y 轴的两条边的方程分别为 $x=a$, $x=b$,又设曲边的方程为 $y=f(x)$,其中 $f(x)$ 为 x 的连续函数.

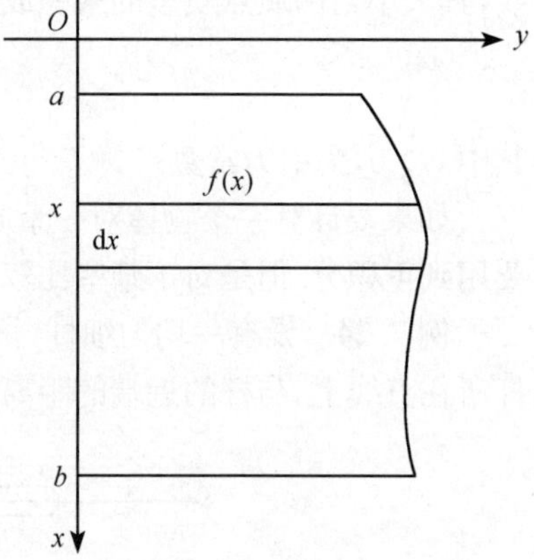

图 7.32

考虑$[x,x+\mathrm{d}x]$对应的一小条薄板. 只要分割足够细,这一小横条所受液体的侧压力 ΔP 近似等于当它水平地放在深度为 x 的位置时所受液体的垂直压力;而后者等于以小横条为底、以 x 为高的液体柱的重量. 当 $\mathrm{d}x$ 充分小时,用小矩形的面积 $f(x)\mathrm{d}x$ 来近似代替小横条的面积,于是液体柱的体积近似为 $xf(x)\mathrm{d}x$,从而

$$\mathrm{d}P=\rho gxf(x)\mathrm{d}x,$$

其中 ρ 为液体的密度; $g=9.8\mathrm{N/kg}$.

因此,所求侧压力为

$$P=\int_a^b \mathrm{d}P=\rho g\int_a^b xf(x)\mathrm{d}x.$$

例 7.23 有一薄板的形状为等腰梯形,其下底为 10m,上底为 6m,高为 5m,已知此薄板垂直地放在水中,下底沉没于水面下的距离是 20m. 求水对于薄板的压力 P.

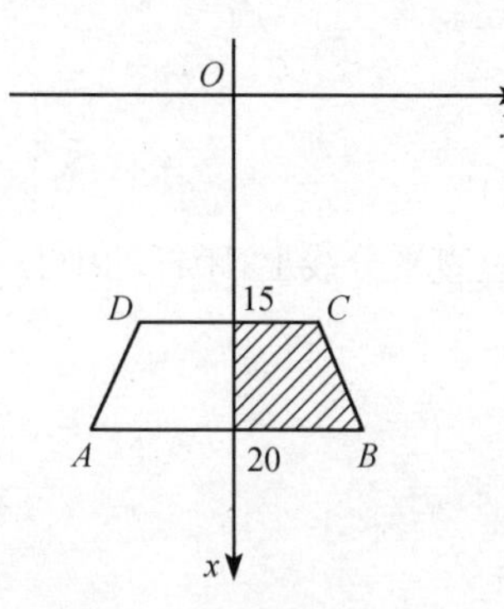

图 7.33

解 如图 7.33 所示,用梯形 $ABCD$ 表示此薄板. 由对称性,只需计算薄板的一半所受的侧压力 $P/2$. 为此,需先求出直线 BC 的方程. 由假设, B, C 两点的坐标分别是(20,5)与(15,3),由此立即得到 BC 的方程

$$y=\frac{2}{5}x-3.$$

水的密度为 $\rho=1000\mathrm{kg/m^3}$,因此

$$\frac{P}{2}=\rho g\int_{15}^{20} x\left(\frac{2}{5}x-3\right)\mathrm{d}x=3470833\mathrm{N},$$

即

$$P=6941666\mathrm{N}.$$

7.5.3 引力

从万有引力定律知,质量为 m_1, m_2 的两质点间的引力,其方向沿着两质点的连

线，其大小与两质点质量的乘积成正比，与两质点间距离 r 的平方成反比，即

$$F = G\frac{m_1 m_2}{r^2},$$

其中 $G>0$，为引力常数.

如果要计算一个物体对一个质点的引力，或者两个物体之间的引力，一般来说，要用到重积分. 但是对于某些比较简单的情形，也可以用定积分计算.

例 7.24　设有一均匀细杆，长为 $2l$，质量为 M. 另一质量为 m 的质点 A，位于细杆所在直线上，与杆的近端的距离为 a(图 7.34). 求细杆对质点的引力 F.

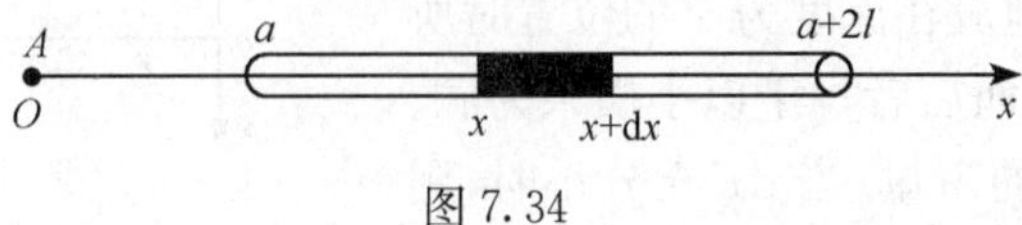

图 7.34

解　取坐标系如图 7.34 所示，质点 A 位于原点. 仍用微元法，分割区间 $[a,a+2l]$，任取一份 $[x,x+\mathrm{d}x]$. 相应的小段细杆可近似看成一个位于 x 处，质量为 $\frac{M}{2l}\mathrm{d}x$ 的质点. 由万有引力定律知，这一小段对质点 A 的引力为

$$\mathrm{d}F = G\frac{\left(\frac{M}{2l}\mathrm{d}x\right)m}{x^2} = \frac{GMm}{2l}\cdot\frac{1}{x^2}\mathrm{d}x.$$

从 a 到 $a+2l$ 求定积分，便得到细杆对质点的引力

$$F = \int_a^{a+2l}\frac{GMm}{2l}\cdot\frac{1}{x^2}\mathrm{d}x = \frac{GMm}{a(2l+a)}.$$

例 7.25　细杆、质点同例 7.24，但质点 A 位于细杆的垂直平分线上，距杆的中心为 a. 求细杆对质点的引力 F.

解　取坐标系如图 7.35 所示.

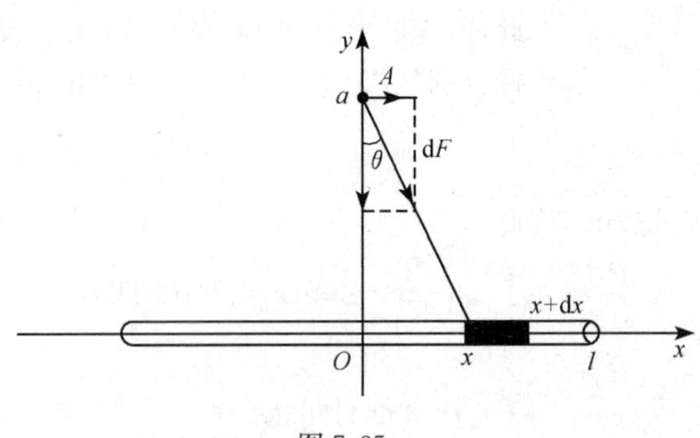

图 7.35

此例与例 7.24 不同. 例 7.24 中细杆上各小段对质点 A 的引力虽然大小不同，方向却相同. 因为力都朝着细杆，所以可以将引力微元相加，得到总的引力. 其中只计

算了总引力的大小 F,而方向,由于朝着细杆,因而未特别说明.此例的情况不一样,细杆上各小段对质点 A 的引力不仅大小不同,而且方向也不同.这样,各段对质点的引力不能像例 7.24 那样相加,而必须利用矢量的加法.也就是说,应把每一小段对质点的引力分解为 x 分量与 y 分量,然后按分量相加,得到总引力的 x 分量 F_x 与 y 分量 F_y.下面根据这一想法,用微元法来求总引力 F.

设总引力为 $F=\{F_x,F_y\}$.由于细杆是均匀的,且质点 A 关于细杆的位置具有对称性,因此总引力 F 的 x 分量 $F_x=0$(细杆左右两端的对称的各段,对质点 A 的引力在 x 方向的分量互相抵消),从而只需计算 F_y.

分割区间$[-l,l]$,任取一份$[x,x+\mathrm{d}x]$.这一小段细杆可近似看作位于 x 处的一个质点,其质量为$\frac{M}{2l}\mathrm{d}x$,到质点 A 的距离为$\sqrt{x^2+a^2}$.因此,由万有引力定律知,这一小段对质点 A 的引力 $\mathrm{d}F$ 的大小为

$$|\mathrm{d}F|=G\frac{\left(\frac{M}{2l}\mathrm{d}x\right)m}{(\sqrt{x^2+a^2})^2}=\frac{GMm}{2l}\cdot\frac{1}{x^2+a^2}\mathrm{d}x,$$

引力 $\mathrm{d}F$ 的方向朝着点 x.易知 $\mathrm{d}F$ 的 y 分量为

$$\begin{aligned}\mathrm{d}F_y&=-|\mathrm{d}F|\cos\theta=-|\mathrm{d}F|\frac{a}{\sqrt{x^2+a^2}}\\&=-\frac{GMma}{2l}\cdot\frac{1}{(x^2+a^2)^{3/2}}\mathrm{d}x,\end{aligned}$$

式中负号表示 $\mathrm{d}F$ 与正 y 轴的夹角为钝角.将上式从 $-l$ 到 l 求定积分,便得到总引力 F 的 y 分量

$$\begin{aligned}F_y&=\int_{-l}^{l}-\frac{GMma}{2l}\cdot\frac{1}{(x^2+a^2)^{3/2}}\mathrm{d}x\\&=-\frac{GMma}{l}\int_0^l\frac{1}{(x^2+a^2)^{3/2}}\mathrm{d}x=-\frac{GMm}{a\sqrt{l^2+a^2}}\end{aligned}$$

于是细杆对质点 A 的引力为

$$F=\left\{0,-\frac{GMm}{a\sqrt{l^2+a^2}}\right\},$$

即细杆对质点 A 的引力大小为$\frac{GMm}{a\sqrt{l^2+a^2}}$,其方向沿着细杆的垂直平分线并指向细杆.

习 题 7.5

1. 由实验知道,弹簧在拉伸过程中,需要的力 F(N)与伸长量 s(cm)成正比,即

$$F = ks \quad (k\text{是比例常数}).$$

如果把弹簧由原长拉伸 6cm，计算所做的功.

2. 直径为 20cm、高为 80cm 的圆筒内充满压强为 10N/cm^2 的蒸汽. 设温度保持不变，要使蒸汽体积缩小一半，问需要做多少功？

3. 一颗人造地球卫星的质量为 173kg，在高于地面 630km 处进入轨道. 问把这颗卫星从地面送到 630km 的高空处，克服地球引力要做多少功？已知 $g=9.8\text{m/s}^2$，地球半径 $R=6370\text{km}$.

4. 一物体按规律 $x=ct^3$ 做直线运动，介质的阻力与速度的平方成正比. 计算物体由 $x=0$ 移至 $x=a$ 时，克服介质阻力所做的功.

5. 用铁锤将一铁钉击入木板，设木板对铁钉的阻力与铁钉击入木板的深度成正比，在击第一次时，将铁钉击入木板 1cm. 如果铁锤每次锤击铁钉所做的功相等，问锤击第二次时，铁钉又击入多少？

6. 设一圆锥形储水池，深 15m，口径 20m，盛满水，今以泵将水吸尽，问要做多少功？

7. 半径为 r 的球沉入水中，球的上部与水面相切，球的密度与水相同，现将球从水中取出，需做多少功？

8. 如果 10N 的力能使弹簧伸长 1cm，现在要使这弹簧伸长 10cm，问需做多少功？

9. 有一弹簧，原长 1m，每压缩 1cm 需力 0.05N. 若从 80cm 长压缩到 60cm 长，问外力做功多少？

10. 有一横截面面积为 $S=20\text{m}^2$，深为 5m 的水池，装满了水，要把池中的水全部抽到高为 10m 的水塔顶上去，要做多少功？

11. 有一长 l 的细杆，均匀带电，总电量为 Q. 在杆的延长线上，距 A 端为 r_0 处，有一单位正电荷. 求这单位正电荷所受的电场力. 如果此单位正电荷由局杆端 A 为 a 处移到距杆端 b 处，电场做的功是多少？

12. 有一矩形闸门，宽 2m，高 3m，水面超过门顶 2m. 求闸门上所受的水压力.

13. 洒水车上的水箱是一个横放的椭圆柱体，椭圆水平轴长 2m，竖直轴长 1.5m. 当水箱装满水时，计算水箱的一个端面所受的压力.

14. 有一等腰梯形闸门，它的两条底边各长 10m 和 6m，高为 20m. 较长的底边与水面相齐. 计算闸门的一侧所受的水压力.

15. 一底为 8cm、高为 6cm 的等腰三角形片，铅直地沉没在水中，顶在上，底在下且与水面平行，而顶离水面 3cm，试求它每面所受的压力.

16. 边长为 a 和 b 的矩形薄板，与液面成 α 角斜沉于液体内，长边平行于液面而位于深 h 处，设 $a>b$，液体的密度为 ρ，试求薄板每面所受的压力.

17. 设有一长度为 l、线密度为 μ 的均匀细直棒，在与棒的一端垂直距离为 a 单位处有一质量为 m 的质点 M，试求这细棒对质点 M 的引力.

18. 设有一半径为 R、中心角为 φ 的圆弧形细棒，其线密度为常数 μ. 在圆心处有一质量为 m 的质点 M. 试求这细棒对质点 M 的引力.

19. 设星形线 $x=a\cos^3 t$，$y=a\sin^3 t$ 上每一点处的线密度的大小等于该点到原点距离立方，在原点 O 处有一单位质点，求星形线在第一象限的弧段对这质点的引力.

20. 设有两均匀细杆，长度分别为 l_1，l_2，质量分别为 M_1，M_2，它们位于同一条直线上，相邻

两端点之距离为 a，试证二者之间的引力为

$$F=\frac{m_1m_2}{l_1l_2}G\ln\frac{(a+l_1)(a+l_2)}{a(a+l_1+l_2)}.$$

21. 一金属棒长 3m，离棒左端 xm 处的线密度为 $\rho(x)=\frac{1}{\sqrt{x+1}}$(kg/m). 问 x 为何值时，$[0,x]$一段的质量为全棒质量的一半.

22. 今有一细棒，长度为 10m，已知距左端点 x 米处的线密度是 $\rho(x)=(6+0.3x)$kg/m. 求这个细棒的质量.

23. 某质点作直线运动，速度为

$$V=t^2+\sin 3t$$

求质点在时间间隔 T 内所经过的路程.

24. 一质点在阻力影响下做匀减速直线运动，速度每秒减少 2m，若初速度为 25m/s. 问质点能走多远?

25. 油类通过油管时，中间流速大，越靠近管壁流速越小. 实验确定，某处的流速 v 和该处到管子中心的距离 r 有关系式 $v=k(a^2-r^2)$，其中 k 为比例常数；a 为油管半径. 求通过油管的流量(图 7.36).

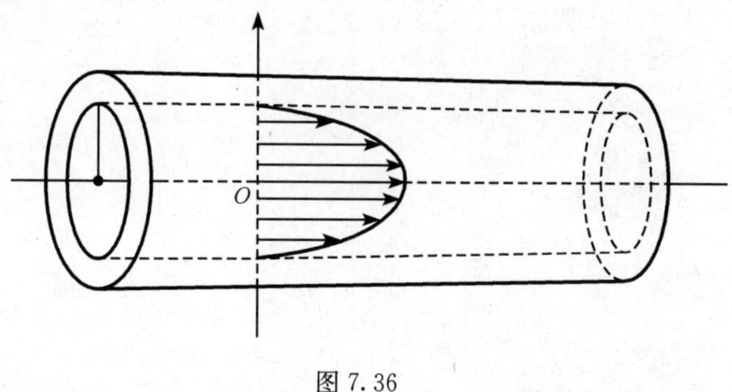

图 7.36

7.6　本章内容对开普勒问题的应用

已经推导出求弧长的公式

$$s=\int_\alpha^t\sqrt{x'^2(t)+y'^2(t)}\,\mathrm{d}t,$$

所以

$$\frac{\mathrm{d}s}{\mathrm{d}t}=\sqrt{(x'(t))^2+(y'(t))^2}.$$

也已推导出面积计算公式

$$A(\theta)=\int_{\alpha}^{\theta}\frac{1}{2}r^{2}(\theta)\mathrm{d}\theta=\frac{1}{2}\int_{\alpha}^{\theta}r^{2}(\theta)\mathrm{d}\theta,$$

所以

$$\frac{\mathrm{d}A}{\mathrm{d}t}=\frac{1}{2}r^{2}\frac{\mathrm{d}\theta}{\mathrm{d}t}.$$

且也已推导出长半轴为 a，短半轴为 b 的椭圆的面积为 πab.

习 题 答 案

第 1 章

习题 1.1

1. (1) $x\geqslant-\frac{2}{3}$； (2) $x\neq\pm1$； (3) $(-2,2)$； (4) $x\neq k\pi+\frac{\pi}{2}-1,k\in\mathbf{Z}$;

   (5) $[2,4]$； (6) $(-1,+\infty)$； (7) $x>-1$ 且 $x\notin\mathbf{Z}$.

2. (1) $[0,100]$； (2) $(-\infty,1]$； (3) $\left[0,\frac{1}{2}\right]$； (4) $(1,+\infty)$.

3. $V=\frac{(2\pi-\alpha)^2R^3}{24\pi^2}\sqrt{\alpha(4\pi-\alpha)},\alpha\in(0,2\pi)$.

4. (1) 不同,定义域不同； (2) 不同,对应法则不同；

   (3) 相同,定义域与对应法则都相同； (4) 不同,定义域不同；

   (5) 不同,定义域不同； (6) 不同,定义域不同；

   (7) 相同,定义域与对应法则都相同； (8) 不同,定义域不同；

   (9) 相同,定义域与对应法则都相同； (10) 相同,定义域与对应法则都相同.

5-7. 略.

8. (1) 偶函数； (2) 非奇非偶函数； (3) 偶函数； (4) 奇函数； (5) 非奇非偶函数；

   (6) 偶函数； (7) 奇函数； (8) 奇函数.

9. (1) 周期函数,$T=2\pi$； (2) 周期函数,$T=\frac{\pi}{2}$； (3) 周期函数,$T=2$；

   (4) 非周期函数； (5) 周期函数,$T=\pi$.

10. (1) $y=x^3-1$； (2) $y=\frac{1-x}{1+x}$； (3) $y=\frac{b-dx}{cx-a}$； (4) $y=\frac{1}{3}\arcsin\frac{x}{2}$；

    (5) $y=e^{x-1}-2$； (6) $y=\log_2\frac{x}{1-x}$； (7) $y=x+\sqrt{1+x^2}$.

11. (1) $[-1,1]$； (2) $[2k\pi,(2k+1)\pi],k\in Z$； (3) $[-a,1-a]$；

    (4) 若 $a>\frac{1}{2}$,定义域为空集；若 $a=\frac{1}{2}$,定义域为 $\left\{\frac{1}{2}\right\}$；

    若 $0<a<\frac{1}{2}$,定义域为 $[a,1-a]$.

12. $f[g(x)]=\begin{cases}1, & x<0;\\ 0, & x=0;\\ -1, & x>0.\end{cases}$ $g[f(x)]=\begin{cases}e, & |x|<1;\\ 1, & |x|=1;\\ e^{-1}, & |x|>1.\end{cases}$

第 2 章

习题 2.1

1. 略.

2. 证明略,反例如 $x_n=(-1)^n$.

3-4. 略.

5. $n>N$ 时,$x_n\equiv a$.

6-7. 略.

习题 2.2

1. 略.

2. $f(0^+)=f(0^-)=1$,极限存在. $\varphi(0^+)=1,\varphi(0^-)=-1$,极限不存在.

3-4. 略.

5. $-1=f(0^-)\neq f(0^+)=0$,所以 $x\to 0$ 时 $f(x)$ 极限不存在;
   $f(1^+)=f(1^-)=1$,所以 $x\to 1$ 时 $f(x)$ 极限存在.

6-12. 略.

习题 2.3

1. 不一定.

2. 略.

3. (1) 2; (2) 1.

4. 略.

5. 无界;不是无穷大.

6. 略.

7. $x=\pm\sqrt{2}$为两条铅直渐近线,$y=0$ 为一条水平渐近线.

习题 2.4

(1) -9; (2) 0; (3) 2; (4) $\dfrac{1}{2}$; (5) 0; (6) 2; (7) $\dfrac{1}{2}$; (8) -1;

(9) $\dfrac{1}{3}$; (10) $\dfrac{1}{2}$; (11) $1,a>1$ 时;$0,a=1$ 时;$-1,a<1$ 时; (12) ∞;

(13) ∞; (14) $\dfrac{1}{2}$; (15) $\dfrac{15}{2}$; (16) $\dfrac{5}{3}$; (17) $\dfrac{1}{\sqrt{2a}}$; (18) $-\dfrac{1}{2\sqrt{2}}$;

(19) -1; (20) $\dfrac{1}{2}$; (21) 0; (22) 0.

习题 2.5

1. 略.

2. (1) 2; (2) $\dfrac{1+\sqrt{5}}{2}$; (3) 0; (4) $\max\limits_{1\leqslant i\leqslant k} a_i$.

3. (1) ω; (2) 3; (3) 1; (4) 2; (5) x; (6) $\dfrac{\alpha}{\beta}$; (7) $-\sin a$; (8) $\cos a$; (9) 1;

   (10) $\dfrac{1}{2}$; (11) 1; (12) 0; (13) 0; (14) $\dfrac{1}{4}$; (15) $\dfrac{1}{2}$.

4. (1) e^{-1}; (2) e^2; (3) e^2; (4) e^{-k}; (5) $a=\ln 2$; (6) e^{-1}; (7) e^{-1};

   (8) $e^{-\frac{a^2}{2}}$; (9) 1.

5. 略.

习题 2.6

1. x^2-x^3 是高阶无穷小.

2. 是同阶无穷小.与$\frac{1}{2}(1-x^2)$等价,与 $1-x^3$ 不等价.

3. 略.

4. (1) $\frac{3}{2}$; (2) $n>m$ 时为 0,$n=m$ 时为 1,$n<m$ 时为∞; (3) $\frac{1}{2}$.

5. 略.

6. (1) 2; (2) $\frac{1}{2}$; (3) 1; (4) 3; (5) $\frac{1}{3}$; (6) 1; (7) 1; (8) 3.

7. (1) $\frac{2}{3}$; (2) 1.

习题 2.7

1. (1) 处处连续; (2) $x=-1$ 为间断点,其他地方连续.

2. (1) $x=1$ 为第一类跳跃间断点; (2) $x=-1$ 为第二类无穷间断点;
   (3) $x=1$ 为第一类可去间断点; (4) $x=\frac{n\pi}{2}-\frac{\pi}{12},n\in\mathbf{Z}$ 为第二类无穷间断点;
   (5) 无间断点; (6) $x=0$ 为第一类跳跃间断点; (7) $x=0$ 为第一类可去间断点;
   (8) $x=0$ 为第二类振荡间断点; (9) $x=0$ 为第一类跳跃间断点,$x=1$ 为第二类间断点.

3. (1) $x=1$ 为第一类可去间断点,可补充定义 $f(1)=-2$ 使得 $x=1$ 变为连续点;
   $x=2$ 为第二类无穷间断点;
   (2) $x=0$ 为第一类可去间断点,可补充定义 $f(0)=1$ 使得 $x=0$ 变为连续点;
   $x=k\pi,k\neq 0$ 为第二类无穷间断点;
   $x=k\pi+\frac{\pi}{2}$ 为第一类可去间断点,可补充定义 $f\left(k\pi+\frac{\pi}{2}\right)=0$ 使得 $x=k\pi+\frac{\pi}{2}$成为连续点;
   (3) $x=0$ 为第二类振荡间断点;
   (4) $x=1$ 为第一类跳跃间断点.

4. $x=\pm 1$ 为第一类跳跃间断点.

5-6. 略.

7. (1) 1; (2) -2; (3) 0.

习题 2.8

1. 连续区间为$(-\infty,-3)$,$(-3,2)$,$(2,+\infty)$;$\lim\limits_{x\to 0}f(x)=\frac{1}{2}$;$\lim\limits_{x\to -3}f(x)=-\frac{8}{5}$;$\lim\limits_{x\to 2}f(x)=\infty$.

2. 略.

3. (1) $\frac{1}{2}$; (2) 1; (3) $\frac{\lg 2}{2}$; (4) $\frac{1}{2}$; (5) e; (6) 1; (7) 0; (8) $e^{\frac{1}{2}}$; (9) e^3;
   (10) $e^{-\frac{3}{2}}$; (11) $\frac{1}{2}$; (12) $e^{\frac{1}{2}}$; (13) $\frac{1}{\sqrt{2}}$; (14) 8; (15) e^{ka}; (16) $\sqrt[3]{abc}$.

习题 2.9

1-7. 略.

8. (1) 略； (2) $y=2x+1$ 为渐近线, $x=0$ 为铅直渐近线.

第3章

习题 3.1

1. 略.

2. (1) a； (2) $-\frac{1}{x^2}$； (3) $\frac{1}{2\sqrt{x}}$； (4) $2x+1$； (5) 0.

3-4. 略.

5. (1) $f'_-(0)=f'_+(0)=1, f'(0)=1$； (2) $f'_-(0)=1, f'_+(0)=0, f'(0)$不存在；
(3) $f'_-(0)=-1, f'_+(0)=0, f'(0)$不存在.

6. 12m/s.

7-9. 略.

10. $-\frac{1}{2}, -1$.

11. 切线 $y-\frac{1}{2}=-\frac{\sqrt{3}}{2}\left(x-\frac{\pi}{3}\right)$, 法线 $y-\frac{1}{2}=\frac{2}{\sqrt{3}}\left(x-\frac{\pi}{3}\right)$.

12. 点(2,4).

13. $a=2, b=-1$.

14. $f'(x)=\begin{cases}\cos x, & x\leqslant 0;\\ 1, & x>0.\end{cases}$

15. 略.

习题 3.2

1. 略.

2. (1) $y'=3x^2-\frac{28}{x^5}+\frac{2}{x^2}$； (2) $y'=15x^2-2^x\ln 2+3e^x$； (3) $y'=2\sec^2 x+\sec x\tan x$；

(4) $y'=\cos 2x$； (5) $y'=2x\ln x+x$； (6) $y'=3e^x(\cos x-\sin x)$； (7) $y'=\frac{1-\ln x}{x^2}$；

(8) $y'=\frac{(x-2)e^x}{x^3}$； (9) $y'=2x(\ln x)\cos x+x\cos x-x^2(\ln x)\sin x$；

(10) $s'=\frac{1+\sin t+\cos t}{(1+\cos t)^2}$.

3. (1) $dy=\left(-\frac{1}{x^2}+\frac{1}{\sqrt{x}}\right)dx$； (2) $dy=(\sin 2x+2x\cos 2x)dx$； (3) $dy=(x^2+1)^{-\frac{3}{2}}dx$；

(4) $dy=\frac{-2\ln(1-x)}{1-x}dx$； (5) $dy=2xe^{2x}(1+x)dx$；

(6) $dy=e^{-x}(\sin(3-x)-\cos(3-x))dx$； (7) $dy=\frac{-x}{\sqrt{1-x^2}\,|x|}dx$；

(8) $dy=8x\tan(1+2x^2)\sec^2(1+2x^2)dx$； (9) $dy=\frac{-2x}{1+x^4}dx$；

(10) $ds=\omega A\cos(\omega t+\varphi)dt$.

4. (1) $v(t)=v_0-gt$; (2) $\dfrac{v_0}{g}$.

5. 切线:$y=2x$,法线:$y=-\dfrac{1}{2}x$.

6. 连续,不可导.

7. (1) $y'=8(2x+5)^3$; (2) $y'=3\sin(4-3x)$; (3) $y'=-6xe^{-3x^2}$; (4) $y'=\dfrac{2x}{1+x^2}$;

(5) $y'=\sin 2x$; (6) $y'=\dfrac{-x}{\sqrt{a^2-x^2}}$; (7) $y'=2x\sec^2 x^2$; (8) $y'=\dfrac{e^x}{1+e^{2x}}$;

(9) $y'=\dfrac{2\arcsin x}{\sqrt{1-x^2}}$; (10) $y'=-\tan x$; (11) $y'=1-x+x^2$;

(12) $y'=-\dfrac{1}{x^2}-\dfrac{1}{2x^{\frac{3}{2}}}-\dfrac{1}{3x^{\frac{4}{3}}}$; (13) $y'=\dfrac{ad-bc}{(cx+d)^2}$;

(14) $y'=(x-b)^2(x-c)^3+2(x-a)(x-b)(x-c)^3+3(x-a)(x-b)^2(x-c)^2$;

(15) $y'=\sin x+x\cos x+\dfrac{x\cos x-\sin x}{x^2}$; (16) $y'=10^x+x10^x\ln 10$.

8. (1) $y'=-\dfrac{1}{\sqrt{x-x^2}}$; (2) $y'=x(1-x^2)^{-\frac{3}{2}}$; (3) $y'=-\dfrac{1}{2}e^{-\frac{x}{2}}\cos 3x-3e^{-\frac{x}{2}}\sin 3x$;

(4) $y'=\dfrac{1}{|x|\sqrt{x^2-1}}$; (5) $y'=\dfrac{-2}{x(1+\ln x)^2}$; (6) $y'=\dfrac{2x\cos 2x-\sin 2x}{x^2}$;

(7) $y'=\dfrac{1}{2\sqrt{x-x^2}}$; (8) $y'=\dfrac{1}{\sqrt{a^2+x^2}}$; (9) $y'=\sec x$; (10) $y'=\csc x$;

(11) $y'=\dfrac{\cos x}{|\cos x|}$; (12) $y'=\dfrac{1}{1+x^2}$; (13) $y'=\sin x\ln\tan x$; (14) $y'=\dfrac{e^x}{\sqrt{1+e^{2x}}}$;

(15) $y'=x^{\frac{1}{x}-2}(1-\ln x)$; (16) $y'=ae^{ax}\sin bx+be^{ax}\cos bx$; (17) $y'=\dfrac{|a|}{a\sqrt{a^2-x^2}}$;

(18) $y'=\dfrac{1}{a^2+x^2}$; (19) $y'=-5\cos^4 x\sin x$; (20) $y'=6\csc 6x$; (21) $y'=\dfrac{2}{t}-\dfrac{t}{1+t^2}$;

(22) $y'=\dfrac{2(1-x^2)}{|1-x^2|(x^2+1)}$; (23) $y'=\dfrac{1}{a+b\cos x}$; (24) $y'=\dfrac{1}{x^2-a^2}$;

(25) $y'=\sqrt{x^2+a^2}$; (26) $y'=\sqrt{x^2-a^2}$.

9. (1) $y'=\dfrac{2\arcsin\dfrac{x}{2}}{\sqrt{4-x^2}}$; (2) $y'=\csc x$; (3) $y'=\dfrac{\ln x}{x\sqrt{1+\ln^2 x}}$; (4) $y'=\dfrac{e^{\arctan\sqrt{x}}}{2\sqrt{x}(1+x)}$;

(5) $y'=n\sin^{n-1}x\cos(n+1)x$; (6) $y'=\dfrac{\arccos x+\arcsin x}{\sqrt{1-x^2}(\arccos x)^2}$; (7) $y'=\dfrac{1}{x\ln x\ln\ln x}$;

(8) $y'=\dfrac{1-\sqrt{1-x^2}}{x^2\sqrt{1-x^2}}$; (9) $y'=-\dfrac{1}{(1+x)\sqrt{2x(1-x)}}$.

10. $y'=\dfrac{ff'+gg'}{\sqrt{f^2+g^2}}$.

11. (1) $y'=2xf'(x^2)$； (2) $y'=\sin 2x(f'(\sin^2 x)-f'(\cos^2 x))$.

12. (1) $y'=e^{-x}(-x^2+4x-5)$； (2) $y'=\sin 2x\sin x^2+2x\sin^2 x\cos x^2$；

(3) $y'=\dfrac{4\arctan\dfrac{x}{2}}{4+x^2}$； (4) $y'=\dfrac{1-n\ln x}{x^{n+1}}$； (5) $y'=\dfrac{4}{(e^t+e^{-t})^2}$； (6) $y'=\dfrac{\tan\dfrac{1}{x}}{x^2}$；

(7) $y'=e^{-\sin^2\frac{1}{x}}\dfrac{\sin\dfrac{2}{x}}{x^2}$； (8) $y'=\dfrac{1+2\sqrt{x}}{4\sqrt{x^2+x\sqrt{x}}}$； (9) $y'=\arcsin\dfrac{x}{2}$.

13. (1) $dy=-\dfrac{1}{x^2}dx$； (2) $dy=-\sin x dx$； (3) $dy=a^x\ln a dx$； (4) $dy=\dfrac{1}{x}dx$；

(5) $dy=\dfrac{2-\ln x}{2x\sqrt{x}}dx$； (6) $dy=\dfrac{x}{\sqrt{x^2+a^2}}dx$； (7) $dy=(2\tan^3 x+\tan x)dx$；

(8) $dy=2e^{x^2}\cos^3 x(x\cos x-2\sin x)dx$.

14. (1) $dy=\left(4x^3+12x^2-\dfrac{5}{2}x\sqrt{x}+2x-6\sqrt{x}-\dfrac{1}{2\sqrt{x}}\right)dx$；

(2) $dy=\dfrac{-x^4+3x^2+2x}{(x^3+1)^2}dx$； (3) $dy=(\sec^2 x+\sec x\mathrm{tg}x)dx$； (4) $dy=-2x\sin x^2 dx$；

(5) $dy=\dfrac{1}{|x|\sqrt{x^2-1}}dx$； (6) $dy=\dfrac{1}{x+x(\ln x)^2}dx$.

15. (1) $dy=vw du+uw dv+uv dw$； (2) $dy=\dfrac{u du+v dv}{u^2+v^2}$； (3) $dy=\dfrac{v du-u dv}{u^2+v^2}$；

(4) $dy=3(u^2+v^2+w^2)^{\frac{1}{2}}(u du+v dv+w dw)$； (5) $dy=e^{uv}(v du+u dv)$；

(6) $dy=e^v(\cos u du+\sin u dv)$； (7) $dy=e^{\arctan(uv)}\dfrac{v du+u dv}{1+u^2v^2}$.

16. 可导.

17. 略.

习题 3.3

1. (1) $y''=4-\dfrac{1}{x^2}$； (2) $y''=4e^{2x-1}$； (3) $y''=-2\sin x-x\cos x$； (4) $y''=-2e^{-t}\cos t$；

(5) $y''=-\dfrac{a^2}{(a^2-x^2)^{\frac{3}{2}}}$； (6) $y''=\dfrac{-2(1+x^2)}{(1-x^2)^2}$； (7) $y''=2\sec^2 x\tan x$；

(8) $y''=\dfrac{6x(2x^3-1)}{(x^3+1)^3}$； (9) $y''=2\arctan x+\dfrac{2x}{1+x^2}$； (10) $y''=\dfrac{e^x(x^2-2x+2)}{x^3}$；

(11) $y''=2xe^{x^2}(3+2x^2)$； (12) $y''=-\dfrac{x}{(1+x^2)^{\frac{3}{2}}}$；

(13) $y''=-2\cos 2x\ln x-\dfrac{2\sin 2x}{x}-\dfrac{\cos^2 x}{x^2}$； (14) $y''=\dfrac{3x}{(1-x^2)^{\frac{5}{2}}}$.

2. (1) $y''=2f'(x^2)+4x^2f''(x^2)$； (2) $y''=\dfrac{ff''-(f')^2}{f^2}$.

3. 略.

4. $s''=-\omega^2 A\sin\omega t$.

5-6. 略.

7. (1) $y^{(4)}=-4e^x\cos x$; (2) $y^{(50)}=-2^{50}x^2\sin 2x+50\cdot 2^{50}x\cos 2x+50\cdot 49\cdot 2^{48}\sin 2x$;
(3) $y^{(6)}=4\cdot 6!, y^{(7)}=0$.

8. (1) $y^{(n)}=n!$; (2) $y^{(n)}=-2^{n-1}\cos\left(2x+\frac{n\pi}{2}\right)$;
(3) $y'=1+\ln x, y^{(n)}=(-1)^{n-2}(n-2)!\ x^{-(n-1)}, n\geqslant 2$;
(4) $y^{(n)}=e^x(x+n)$; (5) $y^{(n)}=(-1)^n e^{-x}[x^2+(2-2n)x+n^2-3n+2]$;
(6) $y^{(n)}=(-1)^{n-1}n!\ (x-1)^{-(n+1)}$;
(7) $y^{(n)}=\frac{n!}{2}(-1)^{n-1}((x-1)^{-(n+1)}-(x+1)^{-(n+1)})$; (8) $y^{(n)}=n!\ (x+1)^{-(n+1)}$;
(9) $y^{(n)}=\sum_{k=0}^{n}(-1)^k\frac{n!}{(n-k)!}\frac{e^x}{x^{k+1}}$.

9. $(-1)^{n-1}\frac{n!}{n-2}(n\geqslant 3)$.

习题 3.4

1. (1) $y'=\frac{y}{y-x}$; (2) $y'=\frac{ay-x^2}{y^2-ax}$; (3) $y'=\frac{e^{x+y}-y}{x-e^{x+y}}$; (4) $y'=\frac{-e^y}{1+xe^y}$;
(5) $y'=-\frac{\sqrt{y}}{\sqrt{x}}$; (6) $y'=\frac{-\sin(x+y)}{1+\sin(x+y)}$; (7) $y'=\frac{y\cos x+\sin(x-y)}{\sin(x-y)-\sin x}$;
(8) $y'=\frac{-y-2\sqrt{xy}}{x+2\sqrt{xy}}$.

2. (1) -2; (2) $-\frac{1}{2}$.

3. (1) $dy=-\frac{b^2x}{a^2y}dx$; (2) $dy=\frac{xy\ln y-y^2}{xy\ln x-x^2}dx$.

4. 切线 $y=-x+\frac{\sqrt{2}}{2}a$;法线 $y=x$.

5. (1) $y''=-\frac{1}{y^3}$; (2) $y''=-\frac{b^4}{a^2y^3}$; (3) $y''=\frac{-2(1+y^2)}{y^5}$; (4) $y''=\frac{e^{2y}(3-y)}{(2-y)^3}$.

6. (1) $y'=\left(\frac{x}{1+x}\right)^x\left(\ln\frac{x}{1+x}+\frac{1}{1+x}\right)$; (2) $y'=\frac{1}{5}\sqrt[5]{\frac{x-5}{\sqrt[5]{x^2+2}}}\left(\frac{1}{x-5}-\frac{2x}{5(x^2+2)}\right)$;
(3) $y'=\frac{\sqrt{x+2}(3-x)^4}{(x+1)^5}\left(\frac{1}{2(x+2)}+\frac{4}{x-3}-\frac{5}{x+1}\right)$;
(4) $y'=\frac{1}{2}\sqrt{x\sin x\sqrt{1-e^x}}\left(\frac{1}{x}+\cot x-\frac{e^x}{2(1-e^x)}\right)$;
(5) $y'=\frac{1}{x^2}\sqrt[x]{\frac{1-x}{1+x}}\left(\frac{2x}{x^2-1}-\ln\frac{1-x}{1+x}\right)$;
(6) $y'=\frac{x^2}{1+x}\sqrt{\frac{x+1}{1+x+x^2}}\left(\frac{2}{x}-\frac{1}{2(1+x)}-\frac{2x+1}{2(1+x+x^2)}\right)$;
(7) $y'=(x-b_1)^{a_1}(x-b_2)^{a_2}\cdots(x-b_n)^{a_n}\left(\frac{a_1}{x-b_1}+\frac{a_2}{x-b_2}+\cdots+\frac{a_n}{x-b_n}\right)$;
(8) $y'=(1+x^2)^x\left(\ln(1+x^2)+\frac{2x^2}{1+x^2}\right)$.

7. (1) $\frac{dy}{dx}=\frac{3bt}{2a}$； (2) $\frac{dy}{dx}=\frac{\cos\theta-\theta\sin\theta}{1-\sin\theta-\theta\cos\theta}$.

8. (1) 切线 $y=-2\sqrt{2}\left(x-\frac{\sqrt{2}}{2}\right)$,法线 $y=\frac{\sqrt{2}}{4}\left(x-\frac{\sqrt{2}}{2}\right)$；

(2) 切线 $y-\frac{12a}{5}=-\frac{4}{3}\left(x-\frac{6a}{5}\right)$,法线 $y-\frac{12a}{5}=\frac{3}{4}\left(x-\frac{6a}{5}\right)$.

9. (1) $y''=\frac{1}{t^3}$； (2) $y''=-\frac{b}{a^2\sin^3 t}$； (3) $y''=\frac{4}{9}e^{3t}$； (4) $y''=\frac{1}{f''(t)}$；

(5) $y''=-\frac{1}{(1-\cos t)^2}$； (6) $y''=-\frac{b}{a^2(\mathrm{sh}t)^3}$； (7) $y''=\frac{1}{3a\sin\theta\cos^4\theta}$； (8) $y''=-\frac{1+t^2}{t^3}$.

10. (1) $y'''=-\frac{3(1+t^2)}{8t^5}$； (2) $y'''=\frac{t^4-1}{8t^3}$.

11. $y=2x-12$.

12. $y=H\left[2\left(\frac{x}{L}\right)^3+3\left(\frac{x}{L}\right)^2\right]$.

13. $144\pi\mathrm{m}^2/\mathrm{s}$.

14. $\frac{16}{25\pi}\mathrm{m/min}$.

15. 0.64cm/min.

16. 6.4km/h.

17. $\frac{4.5}{\sqrt{22.75}}\mathrm{m/s}$.

18. −2.8km/h.

第 4 章

习题 4.1

1. $\frac{b^3-a^3}{3}+b-a$.

2. (1) $\frac{b^2-a^2}{2}$； (2) $e-1$； (3) $\frac{c}{2}(b^2-a^2)+d(b-a)$； (4) $\frac{1}{4}$.

3-4. 略.

5. (1) $\frac{t^2}{2}$； (2) 21； (3) $\frac{5}{2}$； (4) $\frac{9\pi}{2}$； (5) $\frac{\pi(b-a)^2}{8}$； (6) $\frac{(b-a)^2}{4}$.

6. $a=0,b=1$.

7. (1) 6； (2) −2； (3) −3； (4) $\frac{25}{3}$.

8. 88.2kN.

9-10. 略.

11. (1) $\int_0^1 x^2\,dx$； (2) $\int_1^2 x^3\,dx$； (3) $\int_1^2 \ln x\,dx$.

12. 略.

习题 4.2

1. $0, \frac{\sqrt{2}}{2}$.

2. $\cot t$.

3. $-\frac{\cos x}{e^y}$.

4. (1) $2x\sqrt{1+x^4}$； (2) $\frac{3x^2}{\sqrt{1+x^{12}}}-\frac{2x}{\sqrt{1+x^8}}$；

(3) $-\sin x\cos(\pi\cos^2 x)-\cos x\cos(\pi\sin^2 x)$； (4) 0.

5. (1) $a^3-\frac{a^2}{2}+a$； (2) $\frac{21}{8}$； (3) $45\frac{1}{6}$； (4) $\frac{\pi}{6}$； (5) $\frac{\pi}{3}$； (6) $\frac{\pi}{3a}$； (7) $\frac{\pi}{6}$；

(8) $1+\frac{\pi}{4}$； (9) -1； (10) $1-\frac{\pi}{4}$； (11) 4； (12) $\frac{8}{3}$； (13) $\frac{1}{a}\ln\frac{3}{2}$； (14) 1.

6. (1) $f(x)=|x|$； (2) $f(x)=\begin{cases}\frac{x^2}{2}, & x\geqslant 0;\\ -\frac{x^2}{2}, & x<0;\end{cases}$ (3) $f(x)=\begin{cases}\frac{1}{2}-x, & x<0;\\ \frac{1}{2}-x+x^2, & 0\leqslant x\leqslant 1;\\ x-\frac{1}{2}, & x>1;\end{cases}$

(4) $f(x)=\begin{cases}\frac{1}{3}-\frac{x}{2}, & x<0;\\ \frac{1}{3}-\frac{x}{2}+\frac{x^3}{3}, & 0\leqslant x\leqslant 1;\\ \frac{x}{2}-\frac{1}{3}, & x>1.\end{cases}$

7-8. 略.

9. $\Phi(x)=\begin{cases}\frac{x^3}{3}, & 0\leqslant x\leqslant 1;\\ \frac{x^2}{2}-\frac{1}{6}, & 1<x\leqslant 2.\end{cases}$ 处处连续.

10. $\Phi(x)=\begin{cases}0, & x\leqslant 0;\\ \frac{1}{2}(1-\cos x), & 0<x\leqslant\pi;\\ 1, & x>\pi.\end{cases}$

11. (1) $\frac{\pi}{4}$； (2) $\frac{2}{\pi}$； (3) $\frac{2}{3}(2\sqrt{2}-1)$； (4) $\frac{1}{p+1}$.

12. $\frac{4}{3}$.

13-17. 略.

习题 4.3

1. (1) $-\frac{1}{x}+C$； (2) $\frac{1}{3}x^3-\frac{3}{2}x^2+2x+C$； (3) $\frac{1}{5}x^5+\frac{2}{3}x^3+x+C$；

(4) $\frac{1}{3}x^3+\frac{2}{5}x^{\frac{5}{2}}-\frac{2}{3}x^{\frac{3}{2}}-x+C$； (5) $2\sqrt{x}-\frac{4}{3}x^{\frac{3}{2}}+\frac{2}{5}x^{\frac{5}{2}}+C$； (6) $2e^x+3\ln|x|+C$；

(7) $3\arctan x-2\arcsin x+C$； (8) $e^x-2\sqrt{x}+C$； (9) $\dfrac{3^x e^x}{1+\ln 3}+C$；

(10) $2x-\dfrac{5}{\ln 2-\ln 3}\left(\dfrac{2}{3}\right)^x+C$； (11) $\tan x-\sec x+C$； (12) $\dfrac{x+\sin x}{2}+C$；

(13) $\dfrac{1}{2}\tan x+C$； (14) $\sin x-\cos x+C$； (15) $-\cot x-\tan x+C$； (16) $-\cot x-x+C$；

(17) $-\cos\theta+\theta+C$； (18) $x-\arctan x+C$； (19) $x^3-x+\arctan x+C$； (20) $\dfrac{8}{15}x^{\frac{15}{8}}+C$；

(21) $-\dfrac{1}{x}-\dfrac{1}{5x^5}+C$； (22) $\varphi(x)+C,\varphi(x)=\begin{cases}\dfrac{x^2}{2}, & x\geqslant 0;\\ -\dfrac{x^2}{2}, & x<0.\end{cases}$

2. $y=1+\ln x$.

3. 27m，$\sqrt[3]{360}$s.

4. 略.

习题 4.4

1. (1) $\dfrac{1}{5}e^{5t}+C$； (2) $-\dfrac{1}{8}(3-2x)^4+C$； (3) $-\dfrac{1}{2}\ln|1-2x|+C$；

(4) $-\dfrac{1}{2}(2-3x)^{\frac{2}{3}}+C$； (5) $-\dfrac{1}{a}\cos ax-be^{\frac{x}{b}}+C$； (6) $-2\cos\sqrt{t}+C$；

(7) $-\dfrac{1}{2}e^{-x^2}+C$； (8) $\dfrac{1}{2}\sin(x^2)+C$； (9) $-\dfrac{1}{3}(2-3x^2)^{\frac{1}{2}}+C$；

(10) $-\dfrac{3}{4}\ln|1-x^4|+C$； (11) $\dfrac{1}{2}\ln(x^2+2x+5)+C$；

(12) $-\dfrac{1}{3\omega}\cos^3(\omega t+\varphi)+C$； (13) $\dfrac{1}{2\cos^2 x}+C$； (14) $\dfrac{3}{2}\sqrt[3]{(\sin x-\cos x)^2}+C$；

(15) $\dfrac{1}{11}\tan^{11}x+C$； (16) $\ln|\ln\ln x|+C$； (17) $-\dfrac{1}{\arcsin x}+C$； (18) $-\dfrac{10^{2\arccos x}}{2\ln 10}+C$；

(19) $-\ln|\cos\sqrt{1+x^2}|+C$； (20) $(\arctan\sqrt{x})^2+C$； (21) $-\dfrac{1}{x\ln x}+C$；

(22) $\ln|\tan x|+C$； (23) $\dfrac{1}{2}(\ln\tan x)^2+C$； (24) $\sin x-\dfrac{\sin^3 x}{3}+C$；

(25) $\dfrac{t}{2}+\dfrac{1}{4\omega}\sin 2(\omega t+\varphi)+C$； (26) $\dfrac{1}{2}\cos x-\dfrac{1}{10}\cos 5x+C$；

(27) $\dfrac{1}{3}\sin\dfrac{3x}{2}+\sin\dfrac{x}{2}+C$； (28) $\dfrac{1}{4}\sin 2x-\dfrac{1}{24}\sin 12x+C$；

(29) $\dfrac{1}{3}\sec^3 x-\sec x+C$； (30) $\arctan e^x+C$； (31) $\dfrac{1}{2}\arcsin\dfrac{2x}{3}+\dfrac{1}{4}\sqrt{9-4x^2}+C$；

(32) $\dfrac{x^2}{2}-\dfrac{9}{2}\ln(x^2+9)+C$； (33) $\dfrac{1}{2\sqrt{2}}\ln\left|\dfrac{\sqrt{2}x-1}{\sqrt{2}x+1}\right|+C$； (34) $\dfrac{1}{3}\ln\left|\dfrac{x-2}{x+1}\right|+C$；

(35) $\dfrac{2}{3}\ln|x-2|+\dfrac{1}{3}\ln|x+1|+C$； (36) $\dfrac{a^2}{2}\left(\arcsin\dfrac{x}{a}-\dfrac{x}{a^2}\sqrt{a^2-x^2}\right)+C$；

(37) $\arccos\dfrac{1}{|x|}+C$； (38) $\dfrac{x}{\sqrt{1+x^2}}+C$； (39) $\sqrt{x^2-9}-3\arccos\dfrac{3}{|x|}+C$；

(40) $\sqrt{2x}-\ln(1+\sqrt{2x})+C$； (41) $\arcsin x-\dfrac{x}{1+\sqrt{1-x^2}}+C$；

(42) $\dfrac{1}{2}(\arcsin x+\ln|x+\sqrt{1-x^2}|)+C$； (43) $\dfrac{1}{2}\ln(x^2+2x+3)-\sqrt{2}\arctan\dfrac{x+1}{\sqrt{2}}+C$；

(44) $\dfrac{1}{2}\left(\dfrac{x+1}{x^2+1}+\ln(x^2+1)+\arctan x\right)+C$； (45) $\dfrac{1}{2}\ln\dfrac{|e^x-1|}{e^x+1}+C$；

(46) $\dfrac{1}{2(1-x)^2}-\dfrac{1}{1-x}+C$； (47) $\dfrac{1}{6a^3}\ln\left|\dfrac{a^3+x^3}{a^3-x^3}\right|+C$； (48) $\ln|x+\sin x|+C$；

(49) $\dfrac{1}{2}\arctan\sin^2 x+C$； (50) $\dfrac{1}{3}\tan^3 x-\tan x+x+C$；

(51) $\dfrac{1}{8}\left(\dfrac{1}{3}\cos 6x-\dfrac{1}{2}\cos 4x-\cos 2x\right)+C$； (52) $\dfrac{1}{4}\ln|x|-\dfrac{1}{24}\ln(x^6+4)+C$；

(53) $a\arcsin\dfrac{x}{a}-\sqrt{a^2-x^2}+C$； (54) $\ln\left|x+\dfrac{1}{2}+\sqrt{x(x+1)}\right|+C$；

(55) $\ln\dfrac{\sqrt{1+e^x}-1}{\sqrt{1+e^x}+1}+C$； (56) $\dfrac{\sqrt{x^2-1}}{x}+C$； (57) $\dfrac{1}{3a^4}\left[\dfrac{3x}{\sqrt{a^2-x^2}}+\dfrac{x^3}{\sqrt{(a^2-x^2)^3}}\right]+C$；

(58) $-\dfrac{\sqrt{(1+x^2)^3}}{3x^3}+\dfrac{\sqrt{1+x^2}}{x}+C$； (59) $\dfrac{\sin x}{2\cos^2 x}-\dfrac{1}{2}\ln|\sec x+\tan x|+C$；

(60) $\dfrac{1}{\sqrt{2}}\ln\left|\dfrac{\sqrt{1+\cos x}-\sqrt{2}}{\sqrt{1+\cos x}+\sqrt{2}}\right|+C$； (61) $\dfrac{x^4}{8(1+x^8)}+\dfrac{1}{8}\arctan x^4+C$；

(62) $\dfrac{x^4}{4}+\ln\dfrac{\sqrt[4]{x^4+1}}{x^4+2}+C$； (63) $\dfrac{1}{32}\ln\left|\dfrac{2+x}{2-x}\right|+\dfrac{1}{16}\arctan\dfrac{x}{2}+C$；

(64) $\dfrac{2}{1+\tan\dfrac{x}{2}}+x+C$； (65) $\ln\dfrac{x}{(\sqrt[6]{x}+1)^6}+C$； (66) $\dfrac{1}{1+e^x}+\ln\dfrac{e^x}{1+e^x}+C$；

(67) $\arctan(e^x-e^{-x})+C$； (68) $\dfrac{1}{2}\ln|2x+5|+C$； (69) $\dfrac{1}{303}(3x-1)^{101}+C$；

(70) $-\dfrac{1}{3}(2x+11)^{-\frac{3}{2}}+C$； (71) $\dfrac{1}{\sqrt{6}}\arctan\sqrt{\dfrac{3}{2}}x+C$； (72) $\dfrac{1}{\sqrt{5}}\arcsin\sqrt{\dfrac{5}{2}}x+C$；

(73) $\arcsin(2x-1)+C$； (74) $\ln(2+e^x)+C$； (75) $2\arctan e^x+C$；

(76) $\ln\left|\operatorname{th}\dfrac{x}{2}\right|+C$； (77) $\dfrac{1}{3}\ln^3 x+C$； (78) $\tan\dfrac{x}{2}+C$； (79) $\tan\left(\dfrac{x}{2}+\dfrac{\pi}{4}\right)+C$；

(80) $-\dfrac{1}{12}(8x^3+27)^{-\frac{1}{2}}+C$； (81) $-x-2\ln|x-1|+C$； (82) $\dfrac{1}{2}\ln\left|\dfrac{x-3}{x-1}\right|+C$；

(83) $\dfrac{1}{3}\ln\left|\dfrac{x-1}{x+2}\right|+C$； (84) $\dfrac{1}{4}\ln\dfrac{e^{2x}}{e^{2x}+2}+C$； (85) $-2\ln|\cos\sqrt{x}|+C$；

(86) $-\dfrac{1}{5}(x^5+1)^{-1}+\dfrac{1}{5}(x^5+1)^{-2}-\dfrac{1}{15}(x^5+1)^{-3}+C$； (87) $\dfrac{1}{n}x^n+\dfrac{1}{n}\ln|x^n-1|+C$；

(88) $\dfrac{1}{an}\ln\left|\dfrac{x^n}{x^n+a}\right|+C$； (89) $-\dfrac{1}{2}[\ln(x+1)-\ln x]^2+C$；

(90) $\dfrac{1}{2a}\ln\left|\dfrac{x-a}{x+a}\right|+C$； (91) $-\sqrt{a^2-x^2}+C$； (92) $\dfrac{2}{3}(\ln x-2)\sqrt{1+\ln x}+C$；

(93) $-\dfrac{1}{3a^4x^3}(a^2+x^2)^{3/2}+\dfrac{1}{a^4x}\sqrt{a^2+x^2}+C$； (94) $-\dfrac{1}{a^2x}\sqrt{a^2-x^2}+C$；

(95) $a\ln\left|\frac{a-\sqrt{a^2-x^2}}{x}\right|+\sqrt{a^2-x^2}+C$； (96) $a\ln\left|\frac{x}{a+\sqrt{a^2+x^2}}\right|+\sqrt{a^2+x^2}+C$；

(97) $\frac{1}{a}\ln\left|\frac{x}{a+\sqrt{a^2+x^2}}\right|+C$； (98) $\frac{1}{a}\arccos\frac{a}{|x|}+C$；

(99) $-\frac{x}{2}\sqrt{a^2-x^2}+\frac{a^2}{2}\arcsin\frac{x}{a}+C$； (100) $\frac{1}{3}\ln|x^3+\sqrt{1+x^6}|+C$；

(101) $x-\ln(1+\sqrt{1+e^{2x}})+C$； (102) $\frac{4}{7}(1+e^x)^{7/4}-\frac{4}{3}(1+e^x)^{3/4}+C$；

(103) $\arcsin\frac{1}{\sqrt{21}}(2x-1)+C$； (104) $\frac{2x-1}{4}\sqrt{2+x-x^2}+\frac{9}{8}\arcsin\frac{2x-1}{3}+C$；

(105) $2\arcsin\frac{x-2}{2}-\sqrt{4x-x^2}+C$； (106) $\ln|x-1+\sqrt{x^2-2x+10}|+C$；

(107) $\sqrt{x^2+x+1}+\frac{1}{2}\ln\left|x+\frac{1}{2}+\sqrt{x^2+x+1}\right|+C$.

2. (1) 0； (2) $\frac{51}{512}$； (3) $\frac{1}{4}$； (4) $\pi-\frac{4}{3}$； (5) $\frac{\pi}{6}-\frac{\sqrt{3}}{8}$； (6) $\frac{\pi}{2}$； (7) $\sqrt{2}(\pi+2)$；

(8) $1-\frac{\pi}{4}$； (9) $\frac{\pi}{16}a^4$； (10) $\sqrt{2}-\frac{2\sqrt{3}}{3}$； (11) $\frac{1}{6}$； (12) $2+2\ln\frac{2}{3}$；

(13) $1-2\ln2$； (14) $(\sqrt{3}-1)a$； (15) $1-e^{-\frac{1}{2}}$； (16) $2(\sqrt{3}-1)$； (17) $\frac{\pi}{2}$；

(18) $\frac{\pi}{4}+\frac{1}{2}$； (19) 0； (20) $\frac{3}{2}\pi$； (21) $\frac{\pi^3}{324}$； (22) 0； (23) $\frac{2}{3}$； (24) $\frac{4}{3}$；

(25) $2\sqrt{2}$； (26) 4； (27) $\frac{\pi}{8}\ln2$； (28) $\frac{\pi}{4}$； (29) $2(\sqrt{2}-1)$； (30) $\frac{\pi}{2\sqrt{2}}$；

(31) $\frac{\pi}{2}$； (32) $\begin{cases}\frac{1}{3}x^3-\frac{2}{3}, & x<-1;\\ x, & -1\leqslant x\leqslant 1;\\ \frac{1}{4}x^4+\frac{3}{4}, & x>1;\end{cases}$ (33) $\frac{1}{26}(2^{13}-1)$； (34) $\frac{1}{2}\ln3-\frac{\pi}{2\sqrt{3}}$；

(35) $\frac{1}{6}$； (36) $\frac{1}{2}$； (37) $\frac{5}{6}$； (38) $\frac{1}{3}a^3-2a+\frac{8}{3}$； (39) 4； (40) 0； (41) $\frac{1}{4}a^2\pi$；

(42) $\frac{1}{\sqrt{2}}\ln(1+\sqrt{2})$； (43) $\frac{3\pi}{16}$； (44) 12； (45) $\frac{\pi}{4}-\frac{2}{3}$.

3. $\ln(1+e)$.

4-11. 略.

习题 4.5

1. (1) $-x\cos x+\sin x+C$； (2) $x(\ln x-1)+C$； (3) $x\arcsin x+\sqrt{1-x^2}+C$；

(4) $-e^{-x}(x+1)+C$； (5) $\frac{1}{3}x^3\ln x-\frac{1}{9}x^3+C$； (6) $\frac{e^{-x}}{2}(\sin x-\cos x)+C$；

(7) $-\frac{2}{17}e^{-2x}\left(\cos\frac{x}{2}+4\sin\frac{x}{2}\right)+C$； (8) $2x\sin\frac{x}{2}+4\cos\frac{x}{2}+C$；

(9) $\frac{1}{3}x^3\arctan x-\frac{1}{6}x^2+\frac{1}{6}\ln(1+x^2)+C$； (10) $-\frac{1}{2}x^2+x\tan x+\ln|\cos x|+C$；

(11) $x^2\sin x+2x\cos x-2\sin x+C$； (12) $-\frac{e^{-2t}}{2}\left(t+\frac{1}{2}\right)+C$；

(13) $x\ln^2x-2x\ln x+2x+C$； (14) $-\frac{1}{4}x\cos 2x+\frac{1}{8}\sin 2x+C$；

(15) $\frac{x^3}{6}+\frac{1}{2}x^2\sin x+x\cos x-\sin x+C$； (16) $\frac{1}{2}(x^2-1)\ln(x-1)-\frac{1}{4}x^2-\frac{1}{2}x+C$；

(17) $-\frac{1}{2}\left(x^2-\frac{3}{2}\right)\cos 2x+\frac{x}{2}\sin 2x+C$； (18) $-\frac{1}{x}(\ln^3x+3\ln^2x+6\ln x+6)+C$；

(19) $3e^{\sqrt[3]{x}}(\sqrt[3]{x^2}-2\sqrt[3]{x}+2)+C$； (20) $\frac{x}{2}(\cos\ln x+\sin\ln x)+C$；

(21) $x(\arcsin x)^2+2\sqrt{1-x^2}\arcsin x-2x+C$； (22) $\frac{1}{2}e^x-\frac{1}{5}e^x\sin 2x-\frac{1}{10}e^x\cos 2x+C$；

(23) $\frac{1}{2}x^2\left(\ln^2x-\ln x+\frac{1}{2}\right)+C$； (24) $\frac{2}{3}(\sqrt{3x+9}-1)e^{\sqrt{3x+9}}+C$；

(25) $x\operatorname{sh}x-\operatorname{ch}x+C$； (26) $-\frac{1}{4}e^{-2x}(2x^2+2x+1)+C$；

(27) $x\ln(x+\sqrt{1+x^2})-\sqrt{1+x^2}+C$； (28) $\frac{x^2}{2(1+x^2)}\ln x-\frac{1}{4}\ln(1+x^2)+C$；

(29) $\frac{2}{3}\sqrt{x^3}\arctan\sqrt{x}-\frac{1}{3}x+\frac{1}{3}\ln(1+x)+C$；

(30) $\frac{x}{\sqrt{1-x^2}}\arcsin x+\frac{1}{2}\ln|1-x^2|+C$； (31) $-\cos x\ln\tan x+\ln\left|\tan\frac{x}{2}\right|+C$；

(32) $\frac{1}{4}x^4\left[(\ln x)^2-\frac{1}{2}\ln x+\frac{1}{8}\right]+C$； (33) $-e^{-x}\arctan e^x+x-\frac{1}{2}\ln(1+e^{2x})+C$；

(34) $\frac{1}{2}(x-1)e^x-\frac{x}{10}e^x(2\sin 2x+\cos 2x)+\frac{1}{50}e^x(4\sin 2x-3\cos 2x)+C$；

(35) $\frac{-1}{\sqrt{1+x^2}}\arctan x+\frac{x}{\sqrt{1+x^2}}+C$； (36) $x\arcsin\sqrt{1-x^2}-\operatorname{sgn}x\sqrt{1-x^2}+C$；

(37) $\ln x(\ln\ln x-1)+C$； (38) $\frac{1}{4}x^2+\frac{x}{4}\sin 2x+\frac{1}{8}\cos 2x+C$；

(39) $\frac{1}{a^2+b^2}e^{ax}(a\cos bx+b\sin bx)+C$； (40) $(4-2x)\cos\sqrt{x}+4\sqrt{x}\sin\sqrt{x}+C$；

(41) $x\ln(1+x^2)-2x+2\arctan x+C$； (42) $(x+1)\arctan\sqrt{x}-\sqrt{x}+C$；

(43) $x\tan\frac{x}{2}+C$； (44) $e^{\sin x}(x-\sec x)+C$； (45) $\frac{xe^x}{e^x+1}-\ln(1+e^x)+C$；

(46) $x\ln^2(x+\sqrt{1+x^2})-2\sqrt{1+x^2}\ln(x+\sqrt{1+x^2})+2x+C$；

(47) $\frac{x\ln x}{\sqrt{1+x^2}}-\ln(x+\sqrt{1+x^2})+C$； (48) $\frac{1}{4}(\arcsin x)^2+\frac{x}{2}\sqrt{1-x^2}\arcsin x-\frac{x^2}{4}+C$；

(49) $-\frac{1}{3}\sqrt{1-x^2}(x^2+2)\arccos x-\frac{1}{9}x(x^2+6)+C$； (50) $-\ln|\csc x+1|+C$；

(51) $\ln|\tan x|-\frac{1}{2\sin^2x}+C$； (52) $\frac{1}{3}\ln(2+\cos x)-\frac{1}{2}\ln(1+\cos x)+\frac{1}{6}\ln(1-\cos x)+C$.

2. (1) $1-\frac{2}{e}$； (2) $\frac{1}{4}(e^2+1)$； (3) $-\frac{2\pi}{\omega^2}$； (4) $\left(\frac{1}{4}-\frac{\sqrt{3}}{9}\right)\pi+\frac{1}{2}\ln\frac{3}{2}$；

(5) $4(2\ln 2-1)$； (6) $\frac{\pi}{4}-\frac{1}{2}$； (7) $\frac{1}{5}(e^{\pi}-2)$； (8) $2-\frac{3}{4\ln 2}$； (9) $\frac{\pi^3}{6}-\frac{\pi}{4}$；

(10) $\frac{1}{2}(e\sin 1-e\cos 1+1)$； (11) $2\left(1-\frac{1}{e}\right)$； (12) $\begin{cases}\frac{m!!}{(m+1)!!}\cdot\frac{\pi}{2}, & m\text{为奇数},\\ \frac{m!!}{(m+1)!!}, & m\text{为偶数};\end{cases}$

(13) $J_m=\begin{cases}\frac{(m-1)!!}{m!!}\cdot\frac{\pi^2}{2}, & m\text{为偶数},\\ \frac{(m-1)!!}{m!!}\pi, & m\text{为大于 1 的奇数},\end{cases}$ $J_1=\pi$； (14) $\frac{\pi}{2}-1$；

(15) $\pi\ln(\pi+\sqrt{\pi^2+a^2})-\sqrt{\pi^2+a^2}+|a|$； (16) $\frac{1}{72}\pi^2+\frac{\sqrt{3}}{6}\pi-1$； (17) $\frac{63}{512}\pi^2$；

(18) $\frac{21}{2048}\pi$； (19) $\frac{63}{512}\pi$； (20) $\frac{\pi^2}{16}-\frac{\pi}{4}+\frac{1}{2}\ln 2$； (21) $\frac{4}{3}\pi-\sqrt{3}$； (22) $\frac{\pi}{2}$；

(23) $\frac{\pi^2}{2}+2\pi-4$； (24) $\frac{5}{27}e^3-\frac{2}{27}$； (25) $\frac{1}{2}$.

习题 4.6

(1) $\frac{1}{3}x^3-\frac{3}{2}x^2+9x-27\ln|x+3|+C$； (2) $\ln|x-2|+\ln|x+5|+C$；

(3) $\frac{1}{2}\ln(x^2-2x+5)+\arctan\frac{x-1}{2}+C$； (4) $\ln|x|-\frac{1}{2}\ln(x^2+1)+C$；

(5) $\ln|x+1|-\frac{1}{2}\ln(x^2-x+1)+\sqrt{3}\arctan\frac{2x-1}{\sqrt{3}}+C$； (6) $\frac{1}{x+1}+\frac{1}{2}\ln|x^2-1|+C$；

(7) $2\ln|x+2|-\frac{1}{2}\ln|x+1|-\frac{3}{2}\ln|x+3|+C$；

(8) $\frac{1}{3}x^3+\frac{1}{2}x^2+x+8\ln|x|-4\ln|x+1|-3\ln|x-1|+C$；

(9) $\ln|x|-\frac{1}{2}\ln|x+1|-\frac{1}{4}\ln(x^2+1)-\frac{1}{2}\arctan x+C$；

(10) $\frac{1}{4}\ln\left|\frac{x-1}{x+1}\right|-\frac{1}{2}\arctan x+C$； (11) $-\frac{1}{2}\ln\frac{x^2+1}{x^2+x+1}+\frac{\sqrt{3}}{3}\arctan\frac{2x+1}{\sqrt{3}}+C$；

(12) $\arctan x-\frac{1}{x^2+1}+C$； (13) $-\frac{x+1}{x^2+x+1}-\frac{4}{\sqrt{3}}\arctan\frac{2x+1}{\sqrt{3}}+C$；

(14) $\frac{1}{2\sqrt{3}}\arctan\frac{2\tan x}{\sqrt{3}}+C$； (15) $\frac{1}{\sqrt{2}}\arctan\frac{\tan\frac{x}{2}}{\sqrt{2}}+C$；

(16) $\frac{2}{\sqrt{3}}\arctan\frac{2\tan\frac{x}{2}+1}{\sqrt{3}}+C$； (17) $\ln\left|1+\tan\frac{x}{2}\right|+C$；

(18) $\frac{1}{\sqrt{5}}\arctan\frac{3\tan\frac{x}{2}+1}{\sqrt{5}}+C$； (19) $\frac{3}{2}\sqrt[3]{(1+x)^2}-3\sqrt[3]{x+1}+3\ln|1+\sqrt[3]{1+x}|+C$；

(20) $\frac{1}{2}x^2-\frac{2}{3}\sqrt{x^3}+x-4\sqrt{x}+4\ln(\sqrt{x}+1)+C$；

(21) $x-4\sqrt{x+1}+4\ln(\sqrt{1+x}+1)+C$; (22) $2\sqrt{x}-4\sqrt[4]{x}+4\ln(\sqrt[4]{x}+1)+C$;

(23) $\ln\left|\frac{\sqrt{1-x}-\sqrt{1+x}}{\sqrt{1-x}+\sqrt{1+x}}\right|+2\arctan\sqrt{\frac{1-x}{1+x}}+C$; (24) $-\frac{3}{2}\sqrt[3]{\frac{x+1}{x-1}}+C$;

(25) $-\frac{1}{x-2}-\arctan(x-2)+C$; (26) $\arctan x+\frac{5}{6}\ln\frac{x^2+1}{x^2+4}+C$;

(27) $\frac{1}{5}x^5-\frac{1}{4}x^4+\frac{1}{3}x^3-\frac{1}{2}x^2+x-\ln|x+1|+C$; (28) $\frac{1}{2\sqrt{6}}\ln\left|\frac{\sqrt{3}x+\sqrt{2}}{\sqrt{3}x-\sqrt{2}}\right|+C$;

(29) $\frac{1}{10\sqrt{2}}\ln\left|\frac{x-\sqrt{2}}{x+\sqrt{2}}\right|-\frac{1}{5\sqrt{3}}\arctan\frac{x}{\sqrt{3}}+C$;

(30) $\frac{1}{4}\ln|x^4-x^2+2|+\frac{1}{2\sqrt{7}}\arctan\frac{2}{\sqrt{7}}\left(x^2-\frac{1}{2}\right)+C$;

(31) $\frac{1}{2}\ln|x+2|-\frac{1}{4}\ln|x^2+2x+2|+\frac{1}{2}\arctan(x+1)+C$;

(32) $\frac{b}{a^2+b^2}\arctan\frac{x}{b}-\frac{a}{a^2+b^2}\ln|x+a|+\frac{a}{2(a^2+b^2)}\ln|x^2+b^2|+C$;

(33) $\frac{1}{2}\ln|1+x^2|+\arctan x+\frac{1}{x}-\frac{1}{3}x^{-3}+C$; (34) $\frac{1}{2n}\left[\arctan x^n-\frac{x^n}{1+x^{2n}}\right]+C$;

(35) $\frac{1}{2}\ln|x^2-1|+\frac{1}{x+1}+C$; (36) $x+\frac{1}{6}\ln|x|-\frac{9}{2}\ln|x-2|+\frac{28}{3}\ln|x-3|+C$;

(37) $\frac{1}{3}\ln|x-1|-\frac{1}{6}\ln|x^2+x+1|+\frac{1}{\sqrt{3}}\arctan\frac{2}{\sqrt{3}}\left(x+\frac{1}{2}\right)+C$;

(38) $\frac{1}{3}\ln|x+1|-\frac{1}{6}\ln|x^2-x+1|+\frac{1}{\sqrt{3}}\arctan\frac{2}{\sqrt{3}}\left(x-\frac{1}{2}\right)+C$;

(39) $\frac{1}{2}\ln|x+1|-\frac{1}{x+2}-\frac{1}{2}\ln|x+3|+C$;

(40) $-\frac{2}{5}\ln|x+2|+\frac{1}{5}\ln|x^2+1|+\frac{1}{5}\arctan x+C$;

(41) $\frac{3}{5}\sin\frac{5}{6}x+3\sin\frac{x}{6}+C$; (42) $-\frac{1}{10}\cos\left(5x+\frac{\pi}{12}\right)+\frac{1}{2}\cos\left(x+\frac{5\pi}{12}\right)+C$;

(43) $\frac{x}{4}+\frac{\sin 6x}{24}+\frac{\sin 4x}{16}+\frac{\sin 2x}{8}+C$; (44) $\frac{3x}{8}+\frac{\sin 2x}{4}+\frac{\sin 4x}{32}+C$;

(45) $\sin x-\frac{2}{3}\sin^3 x+\frac{1}{5}\sin^5 x+C$; (46) $\frac{1}{3}\sin^3 x-\frac{2}{5}\sin^5 x+\frac{1}{7}\sin^7 x+C$;

(47) $\cos x+\frac{1}{\cos x}+C$; (48) $\frac{1}{16}x-\frac{1}{64}\sin 4x+\frac{1}{48}\sin^3 2x+C$;

(49) $\frac{1}{\sqrt{2}}\ln\left|\tan\left(\frac{x}{2}+\frac{\pi}{8}\right)\right|+C$; (50) $\frac{1}{\sqrt{2}}\arcsin\left(\sqrt{\frac{2}{3}}\sin x\right)+C$;

(51) $-\frac{1}{2}\arctan(\cos 2x)+C$; (52) $\frac{1}{2}\frac{\sin x}{\cos^2 x}+\frac{1}{2}\ln\left|\frac{1+\sin x}{\cos x}\right|+C$;

(53) $-\frac{1}{2}\frac{\cos x}{\sin^2 x}+\frac{1}{2}\ln\left|\tan\frac{x}{2}\right|+C$; (54) $-\frac{2}{5}\cos^5 x+C$;

(55) $\frac{2}{\sqrt{1-\varepsilon^2}}\arctan\left[\sqrt{\frac{1-\varepsilon}{1+\varepsilon}}\tan\frac{x}{2}\right]+C$;

(56) $\frac{1}{2}(\sin x-\cos x)-\frac{1}{2\sqrt{2}}\ln\left|\tan\left(\frac{x}{2}+\frac{\pi}{8}\right)\right|+C$； (57) $\tan x+\frac{1}{3}\tan^3 x+C$；

(58) $\frac{1}{2\sqrt{2}}\ln\left|\frac{\sin 2x+\sqrt{2}}{\sin 2x-\sqrt{2}}\right|+C$； (59) $\frac{2}{3}\mathrm{sh}^3 x+C$；

(60) $\frac{1}{8}\mathrm{sh}4x+\frac{1}{4}\mathrm{sh}2x+C$； (61) $\arcsin x-\sqrt{1-x^2}+C$；

(62) $6t-3t^2-2t^3+\frac{3}{2}t^4+\frac{6}{5}t^5-\frac{6}{7}t^7+3\ln(1+t^2)-6\arctan t+C, t=\sqrt[6]{x+1}$；

(63) $\frac{1}{2}x^2-\frac{x}{2}\sqrt{x^2-1}+\frac{1}{2}\ln|x+\sqrt{x^2-1}|+C$；

(64) $6[\ln|t|-\ln|2t+1|]+C, t=\sqrt[6]{x}$； (65) $-\frac{3}{2}\left(\frac{x+1}{x-1}\right)^{\frac{1}{3}}+C$；

(66) $\sqrt{x^2-x+2}+\frac{1}{2}\ln\left|x-\frac{1}{2}+\sqrt{x^2-x+2}\right|+C$；

(67) $-\frac{5}{18}(1+t)^{-1}-\frac{1}{6}(1+t)^{-2}+\frac{3}{4}\ln|t-1|-\frac{16}{27}\ln|t-2|-\frac{17}{108}\ln|t+1|+C$,

$t=\frac{1}{x+1}\sqrt{x^2+3x+2}$；

(68) $\frac{1}{3}(2-2x+x^2)^{\frac{3}{2}}+\frac{x-1}{2}\sqrt{2-2x+x^2}+\frac{1}{2}\ln(x-1+\sqrt{2-2x+x^2})+C$；

(69) $\frac{1}{\sqrt{2}}\ln\left|\frac{\sqrt{2}\sqrt{1+x^2}+x-1}{1+x}\right|+C$； (70) $\frac{-x}{\sqrt{x-x^2}+x}-\arctan\frac{\sqrt{x-x^2}}{x}+C$；

(71) $\frac{6}{11}t^{11}-\frac{10}{3}t^9+\frac{60}{7}t^7-12t^5+10t^3-6t+C, t=(x^{1/3}+1)^{1/2}$.

习题 4.7

1. (1) $\frac{1}{3}$； (2) 发散； (3) $\frac{1}{a}$； (4) $\frac{\pi}{4}$； (5) $\frac{\omega}{p^2+\omega^2}$； (6) π； (7) 1； (8) 发散；

(9) $\frac{8}{3}$； (10) $\frac{\pi}{2}$； (11) $\mathrm{e}^{-2}\left(\frac{\pi}{2}-\arctan \mathrm{e}^{-1}\right)$； (12) $\frac{\pi}{2}+\ln(2+\sqrt{3})$； (13) $\frac{1}{2}$；

(14) $\ln 2$； (15) π； (16) $\pi\frac{(2n-3)!!}{(2n-2)!!}$； (17) $\frac{1}{2^{n+1}}(-1)^n n!$； (18) $\frac{a+b}{2}\pi$；

(19) $\frac{1}{4}\pi+\frac{1}{2}\ln 2$； (20) $\frac{\pi}{3}$； (21) 1； (22) $\frac{2\pi}{3\sqrt{3}}$； (23) 2； (24) $-\frac{1}{2}$；

(25) $\frac{\pi}{2}-1$； (26) $\frac{1}{2ab(a+b)}\pi$； (27) $\frac{\pi}{2}$； (28) $\frac{44}{3}$.

2. 当 $k>1$ 时收敛于 $\frac{1}{(k-1)(\ln 2)^{k-1}}$；当 $k\leqslant 1$ 时发散.

3. $n!$.

4. (1) $-\frac{\pi}{2}\ln 2$； (2) $\frac{\pi}{4}$； (3) $\frac{2}{3}\ln 2-\frac{1}{4}\ln 3$； (4) $-\frac{\pi}{2}\ln 2$； (5) $\frac{1}{5}\ln\left(1+\frac{2}{\sqrt{3}}\right)$.

5. $\frac{1}{4}$.

6. $\frac{1}{r}$km.

第 5 章

习题 5.1

1. (1) 是； (2) 是； (3) 不是； (4) 是； (5) $y=\sin x$ 不是，$y=e^{2x}$ 是，$y=Ce^{2x}$ 是；

 (6) $y=\frac{1}{2}x+1$ 是，$y=Ce^{x/2}$ 不是，$y=Ce^{x/2}+\frac{x}{2}+1$ 是.

2. 略.

3. (1) $C=-25$； (2) $C_1=0, C_2=1$； (3) $C_1=(-1)^k, C_2=k\pi+\frac{\pi}{2}, k\in\mathbf{Z}$.

4. (1) $y=\frac{1}{\omega}(1-\cos\omega t)$； (2) $y=\ln x-1$； (3) $y=x^3+2x$.

5. (1) $y'=x^2$； (2) $yy'+2x=0$.

6. $\frac{\mathrm{d}p}{\mathrm{d}T}=k\frac{p}{T^2}$.

习题 5.2

1. (1) $y=e^{Cx}$； (2) $y=\frac{1}{2}x^2+\frac{1}{5}x^3+C$； (3) $\arcsin y=\arcsin x+C$；

 (4) $\frac{1}{y}=a\ln|x+a-1|+C$； (5) $\tan x\tan y=C$； (6) $10^{-y}+10^x=C$；

 (7) $(e^x+1)(e^y-1)=C$； (8) $\sin x\sin y=C$； (9) $3x^4+4(y+1)^3=C$；

 (10) $(x-4)y^4=Cx$； (11) $\sqrt[3]{3x+1}=C(t+2)$； (12) $\frac{y}{1-ay}=C(a+x)$；

 (13) $y^2-1=C(1+x^2)$； (14) $y^2+1=C\left(\frac{x-1}{x+1}\right)$.

2. (1) $e^y=\frac{1}{2}(e^{2x}+1)$； (2) $\cos x-\sqrt{2}\cos y=0$； (3) $\ln y=\tan\frac{x}{2}$；

 (4) $(1+e^x)\sec y=2\sqrt{2}$； (5) $x^2y=4$； (6) $y^2=2\ln(1+e^x)+1-2\ln(1+e)$；

 (7) $3x^2+2x^3-3y^2-2y^3+5=0$.

3. $t=-0.0305h^{\frac{5}{2}}+9.64$，水流完所需的时间约为 10s.

4. $v=\sqrt{72500}\approx 269.3(\mathrm{cm/s})$.

5. $R=R_0e^{-0.000433t}$.

6. $xy=6$.

7. 取 O 为原点，河岸朝顺水方向为 x 轴，y 轴指向对岸，则所求航线为

$$x=\frac{k}{a}\left(\frac{h}{2}y^2-\frac{1}{3}y^3\right).$$

8. $T=20+30e^{-kt}$.

9. $\frac{4}{3}\times 10^5\,\mathrm{s}=37.037\mathrm{h}$.

习题 5.3

1. (1) $y+\sqrt{y^2-x^2}=Cx^2$； (2) $\ln\frac{y}{x}=Cx+1$； (3) $y^2=x^2(2\ln|x|+C)$；

(4) $x^3-2y^3=Cx$； (5) $x^2=C\sin^3\dfrac{y}{x}$； (6) $x+2y\mathrm{e}^{\frac{x}{y}}=C$；

(7) $\sqrt{4x+2y-1}-2\ln(\sqrt{4x+2y-1}+2)=x+C$； (8) $x^2=y^2(\ln|x|+C)$；

(9) $\sin\dfrac{y}{x}=Cx$； (10) $\arcsin\dfrac{y}{x}=\ln x+C$； (11) $(x-y)^2-2x+4y=C$；

(12) $\ln|y+2|+2\arctan\dfrac{y+2}{x-3}=C$； (13) $\dfrac{x+y}{x+3}\left(1-\ln\dfrac{x+y}{x+3}\right)=\dfrac{C}{x+3}$；

(14) $x\sqrt{\dfrac{y^4}{x^2}+\dfrac{2y^2}{x}-1}=C$； (15) $\sqrt{y}\sqrt[3]{2-3x^{-1}\sqrt{y}}=C$.

2. (1) $y^3=y^2-x^2$； (2) $y^2=2x^2(\ln x+2)$； (3) $\dfrac{x+y}{x^2+y^2}=1$.

3. $y=x(1-4\ln x)$.

4. (1) $(4y-x-3)(y+2x-3)^2=C$； (2) $\ln[4y^2+(x-1)^2]+\arctan\dfrac{2y}{x-1}=C$；

(3) $(y-x+1)^2(y+x-1)^5=C$； (4) $x+3y+2\ln|x+y-2|=C$.

5. 略.

习题 5.4

1. (1) $y=\mathrm{e}^{-x}(x+C)$； (2) $y=\dfrac{1}{3}x^2+\dfrac{3}{2}x+2+\dfrac{C}{x}$； (3) $y=(x+C)\mathrm{e}^{-\sin x}$；

(4) $y=C\cos x-2\cos^2 x$； (5) $y=\dfrac{\sin x+C}{x^2-1}$； (6) $3\rho=2+C\mathrm{e}^{-3\theta}$； (7) $y=2+C\mathrm{e}^{-x^2}$；

(8) $2x\ln y=\ln^2 y+C$； (9) $y=(x-2)^3+C(x-2)$； (10) $x=Cy^3+\dfrac{1}{2}y^2$；

(11) $x-\sqrt{xy}=C$； (12) $y=ax+\dfrac{C}{\ln x}$； (13) $x=Cy^{-2}+\ln y-\dfrac{1}{2}$；

(14) $y^{-2}=C\mathrm{e}^{x^2}+x^2+1$； (15) $x^2=Cy^6+y^4$； (16) $\sqrt{(x^2+y)^3}=x^3+\dfrac{3}{2}xy+C$；

(17) $y=C\mathrm{e}^{-\frac{2}{3}x}+3x-\dfrac{9}{2}$； (18) $y=C\mathrm{e}^{-x}+\dfrac{1}{2}x\mathrm{e}^{x}-\dfrac{1}{4}\mathrm{e}^{x}$； (19) $y=C\mathrm{e}^{-\frac{1}{3}x^3}$；

(20) $y=Cx+x\ln|\ln x|$； (21) $x=y^2+Cy^2\mathrm{e}^{\frac{1}{y}}$.

2. (1) $y=\dfrac{x}{\cos x}$； (2) $y=\dfrac{\pi-1-\cos x}{x}$； (3) $y\sin x+5\mathrm{e}^{\cos x}=1$；

(4) $y=\dfrac{2}{3}(4-\mathrm{e}^{-3x})$； (5) $2y=x^3-x^3\mathrm{e}^{x^{-2}-1}$； (6) $x(1+2\ln y)-y^2=0$；

(7) $y=(5+x)\mathrm{e}^{-x}$； (8) $y=\dfrac{1}{2x}(\mathrm{e}+\mathrm{e}^{2x})$.

3. $y=x-x\ln x$.

4. $250\mathrm{m}^3$.

5. $\varphi(x)=\cos x+\sin x$.

6. $y=2(\mathrm{e}^x-x-1)$.

7. $v=\dfrac{k_1}{k_2}t-\dfrac{k_1 m}{k_2^2}(1-\mathrm{e}^{-\frac{k_2}{m}t})$.

8. $i=e^{-5t}+\sqrt{2}\sin\left(5t-\frac{\pi}{4}\right)$A.

9. $v=\left(v_0-\frac{1}{k}mg\right)e^{-\frac{k}{m}t}+\frac{1}{k}mg$.

10. $v(t)=\frac{g}{k-m_1}(M_0-m_1t)-\frac{g}{k-m_1}M_0^{1-\frac{k}{m_1}}(M_0-m_1t)^{\frac{k}{m_1}}$.

11. $t_1=\frac{h(v_0-v_1)}{v_0v_1}\left(\ln\frac{v_0}{v_1}\right)^{-1}$.

12. $2y=3x^2-2x-1$.

13. $x^2+y^2=C$.

14. (1) $\frac{1}{y}=-\sin x+Ce^x$； (2) $\frac{3}{2}x^2+\ln\left|1+\frac{3}{y}\right|=C$； (3) $\frac{1}{y^3}=Ce^x-1-2x$；

(4) $\frac{1}{y^4}=-x+\frac{1}{4}+Ce^{-4x}$； (5) $\frac{x^2}{y^2}=-\frac{2}{3}x^3\left(\frac{2}{3}+\ln x\right)+C$； (6) $y^{-5}=\frac{5}{2}x^3+Cx^5$；

(7) $y^{\frac{1}{2}}=C(1-x^2)^{\frac{1}{4}}-\frac{1}{3}(1-x^2),|x|<1;y^{\frac{1}{2}}=C(x^2-1)^{\frac{1}{4}}-\frac{1}{3}(1-x^2),|x|>1$；

(8) $y^3=ax+cx(1-x^2)^{\frac{1}{2}},|x|<1;y^3=ax+cx(x^2-1)^{\frac{1}{2}},|x|>1$；

(9) $y^2=-x^2-x-\frac{1}{2}+Ce^{2x}$； (10) $y^3=-\frac{1}{a}\left[x+1+\frac{1}{a}\right]+Ce^{ax}$；

(11) $(\sin y)^{-2}=Ce^{2x}+2$.

15. $\ln|x|+\int\frac{g(v)\mathrm{d}v}{v[f(v)-g(v)]}=C,v=xy$.

16. (1) $y=-x+\tan(x+C)$； (2) $(x-y)^2=-2x+C$； (3) $y=\frac{1}{x}e^{Cx}$；

(4) $y=1-\sin x-\frac{1}{x+C}$； (5) $2x^2y^2\ln|y|-2xy-1=Cx^2y^2$.

17. $\varphi(x)=C|x|^{\frac{1-n}{n}}$.

习题 5.5

1. (1) $y=\frac{1}{6}x^3-\sin x+C_1x+C_2$； (2) $y=(x-3)e^x+C_1x^2+C_2x+C_3$；

(3) $y=x\arctan x-\frac{1}{2}\ln(1+x^2)+C_1x+C_2$； (4) $y=-\ln|\cos(x+C_1)|+C_2$；

(5) $y=C_1e^x-\frac{1}{2}x^2-x+C_2$； (6) $y=C_1\ln|x|+C_2$； (7) $y^3=C_1x+C_2$；

(8) $C_1y^2-1=(C_1x+C_2)^2$； (9) $x+C_2=\pm\left[\frac{2}{3}(\sqrt{y}+C_1)^{\frac{3}{2}}-2C_1\sqrt{\sqrt{y}+C_1}\right]$；

(10) $y=\arcsin(C_2e^x)+C_1$； (11) $y=\ln|\cos(x+C_1)|+C_2$；

(12) $y=\frac{1}{2C_1}(e^{C_1x+C_2}+e^{-C_1x-C_2})$； (13) $y=C,y=x^2+C,y=-x^2+C$；

(14) $y^2-x^2=C,y=Cx$； (15) $y=C,y=e^x+C,y=-e^x+C$；

(16) $y=Ce^{2x},y=Ce^{-2x}$； (17) $-\sqrt{1-2y}+\ln|\sqrt{1-2y}\pm1|=x+C$；

(18) $y=C_1x\ln x+\frac{1}{2}x^2+C_2x+C_3$； (19) $y=-\sqrt{1-(x+C_1)^2}+C_2$；

(20) 当 $y' \neq 0$ 时，$\int \frac{\mathrm{d}y}{y^2+C_1} = x+C_2$；当 $y'=0$ 时，$y \equiv C$；

(21) $y=C_1(x-\mathrm{e}^{-x})+C_2$；(22) $y=x^2\arctan(C_1x)-\frac{x}{C_1}+\frac{1}{C_1^2}\arctan(C_1x)+C_2$.

2. (1) $y=\sqrt{2x-x^2}$；(2) $y=-\frac{1}{a}\ln(ax+1)$；

(3) $y=\frac{1}{a^3}\mathrm{e}^{ax}-\frac{\mathrm{e}^a}{2a}x^2+\frac{\mathrm{e}^a}{a^2}(a-1)x+\frac{\mathrm{e}^a}{2a^3}(2a-a^2-2)$；(4) $y=\ln\sec x$；

(5) $y=\left(\frac{1}{2}x+1\right)^4$；(6) $y=\ln(\mathrm{e}^x+\mathrm{e}^{-x})-\ln 2$；(7) $y=2\arctan \mathrm{e}^x$.

3. $y=\frac{x^3}{6}+\frac{x}{2}+1$.

4. $s=\frac{mg}{c}\left(t+\frac{m}{c}\mathrm{e}^{-\frac{c}{m}t}-\frac{m}{c}\right)$.

习题 5.6

1. (1) 线性无关；(2) 线性相关；(3) 线性相关；(4) 线性无关；(5) 线性无关；(6) 线性无关；(7) 线性相关；(8) 线性无关；(9) 线性无关；(10) 线性无关；(11) 线性无关.

2. $y=C_1\mathrm{e}^x+C_2\mathrm{e}^{-x}$；$y=1+C_1\mathrm{e}^x+C_2\mathrm{e}^{-x}$.

3. $y=C_1+C_2\sin x+C_3\cos x$；$y=\frac{1}{2}x^2+C_1+C_2\sin x+C_3\cos x$.

4. $y=C_1+C_2x+C_3x^2+\cdots+C_nx^{n-1}$；$y=\frac{1}{n!}x^n+C_1+C_2x+C_3x^2+\cdots+C_nx^{n-1}$.

5. $y=C_1\cos\omega x+C_2\sin\omega x$.

6. $y=(C_1+C_2x)\mathrm{e}^{x^2}$.

7. 略.

8. $y=C_1\mathrm{e}^x+C_2(2x+1)$.

9. $y=C_1x+C_2x^2+x^3$.

10. $y=C_1\cos x+C_2\sin x+x\sin x+\cos x\ln|\cos x|$.

11. $y=C_1x+C_2x\ln|x|+\frac{1}{2}x\ln^2|x|$.

习题 5.7

1. (1) $y=C_1\mathrm{e}^x+C_2\mathrm{e}^{-2x}$；(2) $y=C_1+C_2\mathrm{e}^{4x}$；(3) $y=C_1\cos x+C_2\sin x$；

(4) $y=\mathrm{e}^{-3x}(C_1\cos 2x+C_2\sin 2x)$；(5) $x=(C_1+C_2t)\mathrm{e}^{\frac{5}{2}t}$；

(6) $y=\mathrm{e}^{2x}(C_1\cos x+C_2\sin x)$；(7) $y=C_1\mathrm{e}^x+C_2\mathrm{e}^{-x}+C_3\cos x+C_4\sin x$；

(8) $y=(C_1+C_2x)\cos x+(C_3+C_4x)\sin x$；(9) $y=C_1+C_2x+(C_3+C_4x)\mathrm{e}^x$；

(10) $y=C_1\mathrm{e}^{2x}+C_2\mathrm{e}^{-2x}+C_3\cos 3x+C_4\sin 3x$；(11) $y=C_1\mathrm{e}^{-x}+C_2\mathrm{e}^{-2x}$；

(12) $y=C_1\mathrm{e}^{-2x}+C_2\mathrm{e}^{-\frac{1}{2}x}$；(13) $y=C_1+C_2\mathrm{e}^{3x}$；(14) $y=(C_1+C_2x)\mathrm{e}^{3x}$；

(15) $y=C_1\cos 3x+C_2\sin 3x$；(16) $y=\mathrm{e}^{-\frac{1}{2}x}\left(C_1\cos\frac{\sqrt{3}}{2}x+C_2\sin\frac{\sqrt{3}}{2}x\right)$；

(17) $u=C_1\cos Bt+C_2\sin Bt$； (18) $y=e^{-\delta x}(C_1\cos\sqrt{\omega_0^2-\delta^2}x+C_2\sin\sqrt{\omega_0^2-\delta^2}x)$；

(19) $y=C_1e^x+e^{-\frac{1}{2}x}\left(C_2\cos\frac{\sqrt{3}}{2}x+C_3\sin\frac{\sqrt{3}}{2}x\right)$； (20) $y=C_1e^x+C_2e^{\frac{\sqrt{5}-1}{2}x}+C_3e^{-\frac{\sqrt{5}+1}{2}x}$；

(21) $y=(C_1+C_2x+C_3x^2)e^{-x}$.

2. (1) $y=4e^x+2e^{3x}$； (2) $y=(2+x)e^{-\frac{x}{2}}$； (3) $y=e^{-x}-e^{4x}$； (4) $y=3e^{-2x}\sin 5x$；

(5) $y=2\cos 5x+\sin 5x$； (6) $y=e^{2x}\sin 3x$； (7) $y=(1+3x)e^{-2x}$；

(8) $y=2\cos\frac{3}{2}x-\frac{2}{3}\sin\frac{3}{2}x$.

3. $x=\frac{v_0}{\sqrt{k_2^2+4k_1}}(1-e^{-\sqrt{k_2^2+4k_1}t})e^{\left(-\frac{k_2}{2}+\frac{\sqrt{k_2^2+4k_1}}{2}\right)t}$.

4. $u_C(t)=\frac{10}{9}(19e^{-10^3t}-e^{-1.9\times10^4t})$V. $i(t)=\frac{19}{18}\times10^{-2}(-e^{-10^3t}+e^{-1.9\times10^4t})$A.

5. $M=195$kg.

6. 略.

习题 5.8

1. (1) $y=C_1e^{\frac{x}{2}}+C_2e^{-x}+e^x$； (2) $y=C_1\cos ax+C_2\sin ax+\frac{e^x}{1+a^2}$；

(3) $y=C_1+C_2e^{-\frac{5}{2}x}+\frac{1}{3}x^3-\frac{3}{5}x^2+\frac{7}{25}x$； (4) $y=C_1e^{-x}+C_2e^{-2x}+\left(\frac{3}{2}x^2-3x\right)e^{-x}$；

(5) $y=e^x(C_1\cos 2x+C_2\sin 2x)-\frac{1}{4}xe^x\cos 2x$； (6) $y=(C_1+C_2x)e^{3x}+\frac{x^2}{2}\left(\frac{1}{3}x+1\right)e^{3x}$；

(7) $y=C_1e^{-x}+C_2e^{-4x}+\frac{11}{8}-\frac{1}{2}x$； (8) $y=C_1\cos 2x+C_2\sin 2x+\frac{1}{3}x\cos x+\frac{2}{9}\sin x$；

(9) $y=C_1\cos x+C_2\sin x+\frac{e^x}{2}+\frac{x}{2}\sin x$； (10) $y=C_1e^x+C_2e^{-x}-\frac{1}{2}+\frac{1}{10}\cos 2x$；

(11) $y=e^{-x}(C_1\cos 2x+C_2\sin 2x)-\frac{4}{17}\cos 2x+\frac{1}{17}\sin 2x$；

(12) $y=C_1+C_2e^x+C_3e^{-2x}+\left(\frac{1}{6}x^2-\frac{4}{9}x\right)e^x-x^2-x$；

(13) $y=e^{2x}(C_1\cos x+C_2\sin 2x)+1$； (14) $y=C_1+C_2e^{-2x}+\frac{4}{15}e^{3x}$；

(15) $y=C_1e^{3x}+C_2e^{4x}+\frac{1}{12}x+\frac{7}{144}$； (16) $y=C_1\cos 3x+C_2\sin 3x+2\sin 2x$；

(17) $y=C_1\cos 3x+C_2\sin 3x+2\cos 2x$； (18) $y=C_1e^{2x}+C_2e^{-\frac{1}{2}x}-\frac{1}{3}e^x+\frac{1}{3}e^{-x}$；

(19) $y=C_1\cos x+C_2\sin x-\frac{1}{30}\cos 4x-\frac{1}{6}\cos 2x$；

(20) $y=e^{-x}(C_1\cos 2x+C_2\sin 2x)+e^x\left(\frac{11}{65}\sin x+\frac{3}{65}\cos x\right)$；

(21) $y=C_1e^{-x}+C_2e^{\frac{1}{2}x}+\left(\frac{1}{9}x^2-\frac{2}{9}x+\frac{14}{81}\right)e^{2x}$；

(22) $y=C_1e^{2x}+C_2e^{-2x}-\frac{1}{8}-\frac{1}{16}\cos 2x$；

(23) $y=C_1\sin x+C_2\cos x+(C_3+C_4x)e^{2x}+\frac{1}{2}e^x$.

2. (1) $y=-\cos x-\frac{1}{3}\sin x+\frac{1}{3}\sin 2x$; (2) $y=-5e^x+\frac{7}{2}e^{2x}+\frac{5}{2}$;

(3) $y=\frac{1}{2}(e^{9x}+e^x)-\frac{1}{7}e^{2x}$; (4) $y=e^x-e^{-x}+e^x(x^2-x)$;

(5) $y=\frac{11}{16}+\frac{5}{16}e^{4x}-\frac{5}{4}x$; (6) $y=xe^{-x}+\frac{1}{2}\sin x$;

(7) $y=\frac{3}{16}e^{2x}+\frac{1}{16}e^{-2x}-\frac{1}{4}$; (8) $u=-\frac{1}{4}e^t+\frac{1}{20}e^{3t}+\frac{1}{10}\sin t+\frac{1}{5}\cos t$;

(9) $y=1+\frac{1}{4}e^{-x}+2x+\left(\frac{1}{2}x-\frac{1}{4}\right)e^x$.

3. 取炮口为原点，炮弹前进的水平方向为 x 轴，铅直向上为 y 轴，弹道曲线为

$$\begin{cases}x=v_0\cos\alpha\cdot t,\\ y=v_0\sin\alpha\cdot t-\frac{1}{2}gt^2.\end{cases}$$

4. $u_C(t)=20-20e^{-5\times10^3t}[\cos(5\times10^3t)+\sin(5\times10^3t)]\text{V}$.

$i(t)=4\times10^{-2}e^{-5\times10^3t}\sin(5\times10^3t)\text{A}$.

5. (1) $t=\sqrt{\frac{10}{g}}\ln(5+2\sqrt{6})\text{s}$; (2) $t=\sqrt{\frac{10}{g}}\ln\left(\frac{19+4\sqrt{22}}{3}\right)\text{s}$.

6. $\varphi(x)=\frac{1}{2}(\cos x+\sin x+e^x)$.

习题 5.9

(1) $y=C_1x+\frac{C_2}{x}$.

(2) $y=x(C_1+C_2\ln|x|)+x\ln^2|x|$.

(3) $y=C_1x+C_2x\ln|x|+C_3x^{-2}$.

(4) $y=C_1x+C_2x^2+\frac{1}{2}(\ln^2x+\ln x)+\frac{1}{4}$.

(5) $y=C_1x^2+C_2x^{-2}+\frac{1}{5}x^3$.

(6) $y=x[C_1\cos(\sqrt{3}\ln x)+C_2\sin(\sqrt{3}\ln x)]+\frac{1}{2}x\sin(\ln x)$.

(7) $y=C_1x^2+C_2x^2\ln x+x+\frac{1}{6}x^2\ln^3x$.

(8) $y=C_1x+x[C_2\cos(\ln x)+C_3\sin(\ln x)]+\frac{1}{2}x^2(\ln x-2)+3x\ln x$.

(9) $y=\frac{1}{x}(C_1+C_2\ln|x|)$.

(10) $y=C_1x^2+C_2x^3+\frac{1}{2}x$.

(11) $R=C_1t^{-n-1}+C_2t^n$.

(12) $y=\frac{1}{x}[C_1\cos(2\ln x)+C_2\sin(2\ln x)]$.

(13) $y=(C_1+C_2\ln x)x+4+2\ln x$.

(14) $y=(C_1+C_2\ln x)\frac{1}{x^2}+\frac{3}{4}\ln x-\frac{3}{4}$.

第6章

习题6.1

1-4. 略.

5. 有分别位于(1,2),(2,3)及(3,4)内的三个根.

6-33. 略.

习题6.2

1. (1) 1； (2) 2； (3) $\cos a$； (4) $-\frac{3}{5}$； (5) $-\frac{1}{8}$； (6) $\frac{m}{n}a^{m-n}$； (7) 1； (8) 3； (9) 1； (10) 1； (11) $\frac{1}{2}$； (12) ∞； (13) $-\frac{1}{2}$； (14) e^a； (15) 1； (16) 1； (17) 2； (18) $\frac{1}{2}$； (19) $e^{-\frac{2}{\pi}}$； (20) $a_1a_2\cdots a_n$； (21) 2； (22) $-\frac{1}{8}$； (23) $-\frac{1}{6}$； (24) $\frac{16}{9}$； (25) $-\frac{e}{2}$； (26) $\frac{2e}{e-1}$； (27) 2； (28) 1； (29) $\left(\frac{a}{b}\right)^2$； (30) 0； (31) 0； (32) 1； (33) $\frac{1}{e}$； (34) $e^{-\frac{2}{\pi}}$； (35) $e^{-\frac{2}{\pi}}$； (36) $e^{\frac{1}{6}}$； (37) $\frac{1}{2}$； (38) $\frac{1}{2}$； (39) $-\frac{1}{3}$； (40) 1； (41) 2； (42) 4； (43) 1.

2-3. 略.

4. 连续.

5. 略.

习题6.3

1. $f(x)=-56+21(x-4)+37(x-4)^2+11(x-4)^3+(x-4)^4$.

2. $f(x)=x^6-9x^5+30x^4-45x^3+30x^2-9x+1$.

3. $\sqrt{x}=2+\frac{1}{4}(x-4)-\frac{1}{64}(x-4)^2+\frac{1}{512}(x-4)^3-\frac{15(x-4)^4}{4!\ 16[4+\theta(x-4)]^{\frac{7}{2}}}(0<\theta<1)$.

4. $\ln x=\ln 2+\frac{1}{2}(x-2)-\frac{1}{2^3}(x-2)^2+\frac{1}{3\cdot 2^3}(x-2)^3-\cdots$
$$+(-1)^{n-1}\frac{1}{n\cdot 2^n}(x-2)^n+o((x-2)^n).$$

5. $\frac{1}{x}=-[1+(x+1)+(x+1)^2+\cdots+(x+1)^n]$
$$+(-1)^{n+1}\frac{(x+1)^{n+1}}{[-1+\theta(x+1)]^{n+2}}(0<\theta<1).$$

6. $\tan x=x+\frac{1}{3}x^3+o(x^3)$.

7. $xe^x=x+x^2+\frac{x^3}{2!}+\cdots+\frac{x^n}{(n-1)!}+o(x^n)(0<\theta<1)$.

8. (1) $x+x^2+\frac{1}{2!}x^3+\cdots+\frac{1}{n!}x^{n+1}+o(x^{n+1}),x\to 0$;

(2) $1+\frac{1}{2!}x^2+\frac{1}{4!}x^4+\cdots+\frac{1}{(2n)!}x^{2n}+o(x^{2n+1}),x\to 0$;

(3) $2x+\frac{2}{3}x^3+\frac{2}{5}x^5+\cdots+\frac{2}{2n-1}x^{2n-1}+o(x^{2n}),x\to 0$;

(4) $1-\frac{2}{2!}x^2+\frac{2^3}{4!}x^4+\cdots+(-1)^m\frac{2^{2m-1}}{(2m)!}x^{2m}+o(x^{2m+1}),x\to 0$;

(5) $-1-3x-3x^2-4x^3-4x^4-\cdots-4x^n+o(x^n),x\to 0$.

(6) $1-\frac{1}{2!}x^4+\frac{1}{4!}x^8+\cdots+(-1)^m\frac{1}{(2m)!}x^{4m}+o(x^{4m+2}),x\to 0$.

9. $x+\frac{1}{3!}x^3+\frac{3^2}{5!}x^5+\cdots+\frac{[(2m-1)!!]^2}{(2m+1)!}x^{2m+1}+o(x^{2m+1}),x\to 0$.

10. (1) $1+x-\frac{1}{3}x^3-\frac{1}{6}x^4+o(x^4),x\to 0$;

(2) $x-\frac{1}{3}x^3+o(x^4),x\to 0$; (3) $x-\frac{1}{3}x^3+o(x^3),x\to 0$;

(4) $-x-x^2-3x^3+o(x^3),x\to 0$; (5) $1+2x+2x^2-2x^4+o(x^4),x\to 0$;

(6) $x^2+\frac{1}{2}x^3-\frac{1}{8}x^4+o(x^4),x\to 0$.

11. (1) $\frac{3}{2}$; (2) $\frac{1}{6}$; (3) $-\frac{1}{12}$; (4) $\ln^2 a$; (5) 1; (6) 2^{-7}; (7) 0.

12-13. 略.

14. $a=\frac{4}{3},b=-\frac{1}{3}$.

15-16. 略.

习题 6.4

1. 单调减少.

2. 单调增加.

3. (1) 在$(-\infty,0]$,$[2,+\infty)$上单调下降,在$[0,2]$上单调上升. $f(0)=0$ 为极小值,$f(2)=4$ 为极大值;

(2) 在$(-1,0]$上单调下降,在$[0,+\infty)$上单调上升. $f(0)=0$ 为极小值;

(3) 在$(-\infty,c]$上单调上升,在$[c,+\infty)$上单调下降. $f(c)=a$ 为极大值;

(4) 在$(-\infty,0]$上单调上升,在$[0,+\infty)$上单调下降. $f(0)=-1$ 为极大值;

(5) 在$(0,e^{-2}]$上单调下降,在$[e^{-2},+\infty)$上单调上升. $f(e^{-2})=-2\sqrt{e^{-2}}$为极小值.

4. (1) 在点 a 取极小值 $2a$,在点 $-a$ 取极大值 $-2a$;

(2) 在点 1 取极大值 e^{-1}; (3) 在点 e^2 取极大值 $4e^{-2}$.

5. (1) $(-\infty,-1]$,$[3,+\infty)$上单调增加,$[-1,3]$上单调减少;

(2) $[2,+\infty)$上单调增加,$(0,2]$上单调减少;

(3) $\left[\frac{1}{2},1\right]$上单调增加,$(-\infty,0)$,$\left(0,\frac{1}{2}\right]$,$[1,+\infty)$上单调减少;

(4) $(-\infty,+\infty)$上单调增加;

(5) $\left[\frac{1}{2},+\infty\right)$上单调增加，$\left(-\infty,\frac{1}{2}\right]$上单调减少；

(6) $\left(-\infty,\frac{2}{3}a\right]$，$[a,+\infty)$上单调增加，$\left[\frac{2}{3}a,a\right]$上单调减少；

(7) $[0,n]$上单调增加，$[n,+\infty)$上单调减少；

(8) $\left[\frac{k\pi}{2},\frac{k\pi}{2}+\frac{\pi}{3}\right]$上单调增加，$\left[\frac{k\pi}{2}+\frac{\pi}{3},\frac{k\pi}{2}+\frac{\pi}{2}\right]$上单调减少，$k\in\mathbf{Z}$.

6. 略.

7. $a>\frac{1}{e}$时没有实根，$0<a<\frac{1}{e}$时有两个实根，$a=\frac{1}{e}$时只有 $x=e$ 一个实根.

8. (1) 凸的； (2) $(-\infty,0]$上凸，$[0,+\infty)$上凹； (3) 凹的； (4) 凹的.

9. (1) 拐点$\left(\frac{5}{3},\frac{20}{27}\right)$，在$\left(-\infty,\frac{5}{3}\right]$内凸的，在$\left[\frac{5}{3},+\infty\right)$内凹的；

(2) 拐点$\left(2,\frac{2}{e^2}\right)$，在$(-\infty,2]$内凸的，在$[2,+\infty)$内凹的；

(3) 凹的；

(4) 拐点$(-1,\ln 2)$，$(1,\ln 2)$在$(-\infty,-1]$，$[1,+\infty)$内凸的，在$[-1,1]$内凹的；

(5) 拐点$\left(\frac{1}{2},e^{\arctan\frac{1}{2}}\right)$，在$\left(-\infty,\frac{1}{2}\right]$内凹的，在$\left[\frac{1}{2},+\infty\right)$内凸的；

(6) 拐点$(1,-7)$，在$(0,1]$内凸的，在$[1,+\infty)$内凹的.

(7)-(9) 略.

10-11. 略.

12. $a=-\frac{3}{2}$，$b=\frac{9}{2}$.

13. $a=1$，$b=-3$，$c=-24$，$d=16$.

14. $k=\pm\frac{\sqrt{2}}{8}$.

15. 是拐点.

习题 6.5

1. (1) 极大值 $f(-1)=17$，极小值 $f(3)=-47$；

(2) 极小值 $f(0)=0$；

(3) 极大值 $f(\pm 1)=1$，极小值 $f(0)=0$；

(4) 极大值 $f\left(\frac{3}{4}\right)=\frac{5}{4}$；

(5) 极大值 $f\left(\frac{12}{5}\right)=\frac{1}{10}\sqrt{205}$；

(6) 极大值 $f(0)=4$，极小值 $f(-2)=\frac{8}{3}$；

(7) 极大值 $f\left(\frac{\pi}{4}+2k\pi\right)=\frac{\sqrt{2}}{2}e^{\frac{\pi}{4}+2k\pi}$，

极小值 $f\left(\frac{\pi}{4}+(2k+1)\pi\right)=-\frac{\sqrt{2}}{2}e^{\frac{\pi}{4}+(2k+1)\pi}$. $k\in\mathbf{Z}$；

(8) 极大值 $f(\mathrm{e})=\mathrm{e}^{\frac{1}{\mathrm{e}}}$；

(9) 没有极值；

(10) 没有极值.

2. 略.

3. $a=2, f\left(\frac{\pi}{3}\right)=\sqrt{3}$为极大值.

4. (1) 2； (2) $\frac{3}{2}\sqrt[3]{2}$； (3) $\frac{4}{3}\sqrt[4]{3}$.

5. (1) $\frac{1}{2}a^2$； (2) $\frac{2}{9}\sqrt{3}a^3$； (3) $\frac{3}{16}\sqrt{3}a^4$.

6. (1) 最大值 $f(4)=80$,最小值 $f(-1)=-5$；

(2) 最大值 $f(3)=11$,最小值 $f(2)=-14$；

(3) 最大值 $f\left(\frac{3}{4}\right)=1.25$,最小值 $f(-5)=-5+\sqrt{6}$.

7. 当 $x=1$ 时有最大值 -29.

8. 当 $x=-3$ 时有最小值 27.

9. 当 $x=1$ 时有最大值$\frac{1}{2}$.

10. $a=\mathrm{e}^{\mathrm{e}}$,最小值 $1-\frac{1}{\mathrm{e}}$.

11. $(1,2),(-1,-2)$.

12. $\sqrt[3]{3}$.

13. 长为 10m,宽为 5m.

14. $r=\sqrt[3]{\frac{V}{2\pi}}, h=2\sqrt[3]{\frac{V}{2\pi}}, d:h=1:1$.

15. 底宽为$\sqrt{\frac{40}{4+\pi}}=2.366(\mathrm{m})$.

16. 当 $\alpha=\arctan\mu=\arctan 0.25$ 时,力最小.

17. 杆长 1.4m.

18. $\varphi=\frac{2\sqrt{6}}{3}\pi$.

19. 能.

20. 1800 元.

21. 60 元.

22. 距离 M 点$\frac{ah}{a+b}$处.

23. 20km/h.

24. $a\sqrt{2}, b\sqrt{2}$.

25. $\frac{1}{n}(a_1+a_2+\cdots+a_n)$.

26. $\frac{\pi}{4}$.

习题 6.6

略.

习题 6.7

1. 2.

2. (1) $\frac{1}{4}\sqrt{2}$； (2) 2； (3) $\frac{2}{3a}$； (4) $\frac{1}{a}$.

3. $\frac{1}{18}37^{3/2}$.

4. $\frac{1}{2a^2+r^2}(a^2+r^2)^{3/2}$.

5. $r\sqrt{1+m^2}$.

6. $\frac{2}{9}\sqrt{3}$.

7. $|\cos x|,|\sec x|$.

8. $2,\frac{1}{2}$.

9. $\left|\frac{2}{3a\sin 2t_0}\right|$.

10. $\left(\frac{\sqrt{2}}{2},-\frac{\ln 2}{2}\right),\frac{3\sqrt{3}}{2}$.

11. 略.

12. 1246N.

13. 45400N.

14. $\left(\frac{\pi}{2},1\right),1$.

第 7 章

习题 7.2

1. (1) $2\pi+\frac{4}{3},6\pi-\frac{4}{3}$； (2) $\frac{3}{2}-\ln 2$； (3) $e+\frac{1}{e}-2$； (4) $b-a$； (5) $\frac{40}{81}\sqrt{10}$；

(6) $\frac{84}{49}$； (7) $\frac{2}{3}$； (8) $\frac{7}{6}$； (9) $\frac{\pi}{2}$.

2. $\frac{9}{4}$.

3. $\frac{16}{3}p^2$.

4. (1) πa^2； (2) $\frac{3}{8}\pi a^2$； (3) $18\pi a^2$.

5. $\frac{3}{8}\pi a^2$.

6. $\frac{ab}{2\sqrt{\pi}}\Gamma^2\left(\frac{1}{4}\right)$.

7. $\frac{\pi}{12}a^2$.

8. $\frac{1}{2}$.

9. $\frac{a^2}{4}(\mathrm{e}^{2\pi}-\mathrm{e}^{-2\pi})$.

10. (1) $\frac{5}{4}\pi$; (2) $\frac{\pi}{6}+\frac{1-\sqrt{3}}{2}$.

11. $\frac{\mathrm{e}}{2}$.

12. $\frac{8}{3}a^2$.

13. $\frac{\pi-1}{4}a^2$.

习题 7.3

1. $2\pi a x_0^2$.

2. $\frac{128}{7}\pi, \frac{64}{5}\pi$.

3. $\frac{32}{105}\pi a^3$.

4. 略.

5. (1) $\frac{3}{10}\pi$; (2) $\frac{\pi^3}{4}-2\pi$; (3) $160\pi^2$.

6. $2\pi^2 a^2 b$.

7. $\frac{1}{6}\pi h[2(ab+AB)+aB+bA]$.

8. $\frac{4\sqrt{3}}{3}R^3$.

9. $2\pi^2$.

10. $a=-\frac{5}{3}, b=2, c=0$.

11. $\frac{512}{7}\pi$.

12. $4\pi^2$.

13. $\frac{32}{5}\sqrt{2}\pi, 2\pi$.

14. $\frac{\pi}{2}a^3+\frac{\pi}{4}a^3\,\mathrm{sh}2$.

15. $\frac{1}{2}\pi^2$.

16. $5\pi^2 a^3$.

17. $\frac{5}{12}\pi p^3$.

18. $2\pi^2 a^2 b$.

19. $\pi^2-2\pi$.

习题 7.4

1. $1+\frac{1}{2}\ln\frac{3}{2}$.

2. $2\sqrt{3}-\frac{4}{3}$.

3. $\frac{8}{9}\left[\left(\frac{5}{2}\right)^{\frac{3}{2}}-1\right]$.

4. $\frac{y}{2p}\sqrt{p^2+y^2}+\frac{p}{2}\ln\frac{y+\sqrt{p^2+y^2}}{p}$.

5. $\frac{a}{2}\pi^2$.

6. $\left(\left(\frac{2}{3}\pi-\frac{\sqrt{3}}{2}\right)a,\frac{3}{2}a\right)$.

7. $\ln\frac{3}{2}+\frac{5}{12}$.

8. $8a$.

9. $\sqrt{6}+\ln(\sqrt{2}+\sqrt{3})$.

10. $b\sqrt{1+4a^2b^2}+\frac{1}{2a}\ln(2ab+\sqrt{1+4a^2b^2})$.

11. $\frac{1}{2}a\theta_0\sqrt{1+\theta_0^2}+\frac{1}{2}a\ln|\theta_0+\sqrt{1+\theta_0^2}|$.

12. $\sqrt{2}(\mathrm{e}-1)$.

13. $\ln3-\frac{1}{2}$.

14. $a\left[1+\frac{1}{\sqrt{2}}\ln(1+\sqrt{2})\right]$.

15. $\frac{a}{m}\sqrt{1+m^2}$.

16. $\ln|\sec a+\tan a|$.

17. 略.

18. $2\pi RH$.

19. $4\pi R^2$.

20. $\frac{56}{3}a^2\pi$.

21. $2\pi a^2(2-\sqrt{2})$.

22. $2\pi a\left[b+\frac{a}{2}\mathrm{sh}\frac{2b}{a}\right]$, $2\pi a\left[b\,\mathrm{sh}\frac{b}{a}-a\,\mathrm{ch}\frac{b}{a}+a\right]$.

23. $\pi(\sqrt{5}-\sqrt{2})+\pi\ln\frac{(\sqrt{2}+1)(\sqrt{5}-1)}{2}$.

24. $\frac{12}{5}\pi a^2$.

习题 7.5

1. 0.18kJ.
2. $800\pi\ln 2$J.
3. 9.72×10^5kJ.
4. $\frac{27}{7}kc^{\frac{2}{3}}a^{\frac{7}{3}}$.
5. $(\sqrt{2}-1)$cm.
6. 57697.5kJ.
7. $\frac{4}{3}\pi r^4\rho g$.
8. 5J.
9. 0.3J.
10. $9.8\times1.25\times10^6$J.
11. $\frac{kQ}{l}\left(\frac{1}{a}-\frac{1}{a+l}\right)$；$\frac{kQ}{l}\ln\frac{b(a+l)}{a(b+l)}$.
12. 205.8kN.
13. 17.3kN.
14. 14373kN.
15. 1.65N.
16. $\frac{1}{2}\rho gab(2h+b\sin\alpha)$.
17. 取 y 轴通过细直棒，

$$F_y=Gm\mu\left(\frac{1}{a}-\frac{1}{\sqrt{a^2+l^2}}\right),\quad F_x=-\frac{Gm\mu l}{a\sqrt{a^2+l^2}}.$$

18. 引力的大小为$\frac{2Gm\mu}{R}\sin\frac{\varphi}{2}$,方向为 M 指向圆弧的中点.
19. $F_x=\frac{3}{5}Ga^2,F_y=\frac{3}{5}Ga^2$.
20. 略.
21. $\frac{5}{4}$m.
22. 75kg.
23. $\frac{1}{3}(T^3+1-\cos 3T)$.
24. $\frac{625}{4}$m.
25. $\frac{1}{2}k\pi a^4$.

普通高等教育"十二五"规划教材

北京市高等教育精品教材

微积分

（下册）

刘迎东 编

科学出版社

北京

内 容 简 介

本书对传统的微积分内容的写作次序作了较大调整，贯彻把数学建模思想融入大学数学基础课程教学的想法，强调微分的概念和应用，叙述精炼，选材及示例经典，习题丰富．本书分上、下两册，本部分是下册，下册内容是多元函数微积分学和无穷级数，包括多元函数微分法及其应用、重积分、曲线积分与曲面积分和无穷级数等内容．

本书适合用作大学工科各专业微积分或高等数学教材或参考书，也可供相关的科技人员参考．

图书在版编目(CIP)数据

微积分．下册/刘迎东编．—北京：科学出版社，2010.6
（普通高等教育“十二五”规划教材·北京市高等教育精品教材）
ISBN 978-7-03-027833-3

Ⅰ．①微…　Ⅱ．①刘…　Ⅲ．①微积分-高等学校-教材　Ⅳ．①O172

中国版本图书馆 CIP 数据核字(2010)第 103358 号

责任编辑：赵　靖　张中兴 / 责任校对：刘小梅
责任印制：白　洋 / 封面设计：耕者设计工作室

科学出版社出版
北京东黄城根北街 16 号
邮政编码：100717
http://www.sciencep.com
三河市骏杰印刷有限公司印刷
科学出版社发行　各地新华书店经销
*
2010 年 6 月第 一 版　开本：B5(720×1000)
2016 年 8 月第七次印刷　印张：37 1/4
字数：740 000

定价：58.00 元(上、下册)

目　录

第 8 章　多元函数微分法及其应用

在此以前，本书讨论的函数都是只依赖于一个自变量的函数，即**一元函数**. 但是，在许多问题中，经常会遇到多个自变量的情形，因此需要研究**多元函数**.

多元函数微分学是一元函数微分学的推广和发展，这两者既有许多类似之处，又有不少本质差别. 这里着重讨论二元函数，因为从一元函数发展到二元函数，许多方法和结论有着本质的不同，但是从二元函数到三元函数或更多元函数，却没有重大差别.

8.1　多元函数的基本概念

8.1.1　平面点集

当在平面上引入了一个直角坐标系后，平面上的点 P 与有序二元实数组 (x,y) 之间就建立了一一对应关系. 于是，常把有序实数组 (x,y) 与平面上的点 P 看成是等同的. 这种建立了坐标系的平面称为**坐标平面**.

设 $P_0(x_0,y_0)$ 是 xOy 平面上的一个点，δ 是某一正数. 与点 $P_0(x_0,y_0)$ 距离小于 δ 的点 $P(x,y)$ 的全体，称为**点 P_0 的 δ 邻域**，记作 $U(P_0,\delta)$，即

$$U(P_0,\delta)=\{P \mid |PP_0|<\delta\},$$

也就是

$$U(P_0,\delta)=\{(x,y) \mid \sqrt{(x-x_0)^2+(y-y_0)^2}<\delta\}.$$

点 P_0 的去心 δ 邻域，记作 $\mathring{U}(P_0,\delta)$，即

$$\mathring{U}(P_0,\delta)=\{P \mid 0<|PP_0|<\delta\}.$$

在几何上，$U(P_0,\delta)$ 就是 xOy 平面上以点 $P_0(x_0,y_0)$ 为中心、$\delta>0$ 为半径的圆内部的点 $P(x,y)$ 的全体.

如果不需要强调邻域的半径 δ，则用 $U(P_0)$ 表示点 P_0 的某个邻域，点 P_0 的去心邻域记作 $\mathring{U}(P_0)$.

任意一点 $P\in\mathbf{R}^2$ 与任意一个点集 $E\subset\mathbf{R}^2$ 之间必有以下三种关系中的一种：

(1) **内点**　如果存在点 P 的某个邻域 $U(P)$，使得 $U(P)\subset E$，则称 P 为 E 的内点(如图 8.1 中，P_1 为 E 的内点)；

(2) **外点**　如果存在点 P 的某个邻域 $U(P)$，使得 $U(P)\cap E=\varnothing$，则称 P 为 E 的外点(如图 8.1 中，P_2 为 E 的外点)；

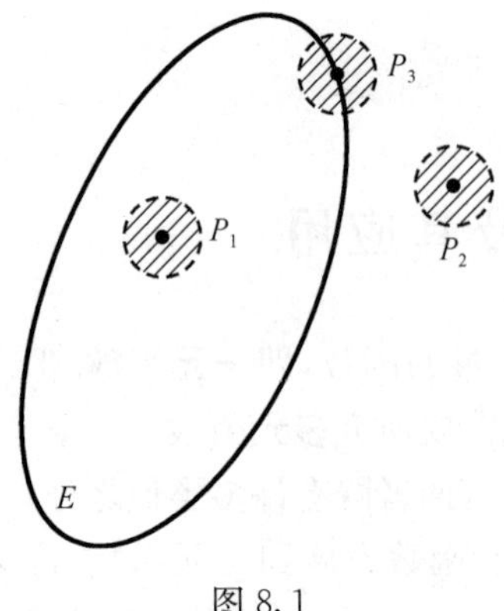

图 8.1

(3) **边界点**　如果点 P 的任一邻域内既含有属于 E 的点，又含有不属于 E 的点，则称 P 为 E **的边界点**(如图 8.1 中，P_3 为 E 的边界点).

E 的边界点的全体，称为 E **的边界**，记作 ∂E.

E 的内点必属于 E；E 的外点必不属于 E；而 E 的边界点既可能属于 E，也可能不属于 E.

任意一点 $P\in\mathbf{R}^2$ 与任意一个点集 $E\subset\mathbf{R}^2$ 之间也可以用另外一种关系来刻画，即**聚点**.

聚点　如果对于任意给定的 $\delta>0$，点 P 的去心邻域 $\mathring{U}(P,\delta)$ 内总有 E 中的点，则称 P 是 E 的**聚点**.

点集 E 的聚点 P 本身，可以属于 E，也可以不属于 E.

例如，设平面点集

$$E=\{(x,y)\mid 1\leqslant x^2+y^2<2\}.$$

满足 $1<x^2+y^2<2$ 的一切点 (x,y) 都是 E 的内点；满足 $x^2+y^2=1$ 的一切点 (x,y) 都是 E 的边界点，它们都属于 E；满足 $x^2+y^2=2$ 的一切点 (x,y) 也都是 E 的边界点，它们都不属于 E；点集 E 以及它的边界 ∂E 上的一切点都是 E 的聚点.

下面再定义一些平面点集的概念.

开集：如果点集 E 的点都是 E 的内点，则称 E **为开集**.

闭集：如果点集 E 的边界 $\partial E\subset E$，则称 E **为闭集**.

例如，集合 $\{(x,y)\mid 1<x^2+y^2<2\}$ 是开集；集合 $\{(x,y)\mid 1\leqslant x^2+y^2\leqslant 2\}$ 是闭集；而集合 $\{(x,y)\mid 1\leqslant x^2+y^2<2\}$ 既非开集，也非闭集.

连通集：如果点集 E 内任何两点，都可用折线连接起来，且该折线上的点都属于 E，则称 E **为连通集**.

区域(或开区域)：连通的开集称为**区域**或**开区域**.

闭区域：开区域连同其边界一起所构成的点集称为**闭区域**.

例如，集合 $\{(x,y)\mid 1<x^2+y^2<2\}$ 是区域；而集合 $\{(x,y)\mid 1\leqslant x^2+y^2\leqslant 2\}$ 是闭区域.

有界集：对于平面点集 E，如果存在某一正数 r，使得

$$E\subset U(O,r),$$

其中 O 是坐标原点，则称 E **为有界集**.

无界集：一个集合如果不是有界集，就称这集合为**无界集**.

例如，集合 $\{(x,y)\mid 1\leqslant x^2+y^2\leqslant 2\}$ 是有界闭区域；集合 $\{(x,y)\mid x+y>0\}$ 是无界开区域，集合 $\{(x,y)\mid x+y\geqslant 0\}$ 是无界闭区域.

8.1.2　多元函数概念

在很多自然现象以及实际问题中，经常会遇到多个变量之间的依赖关系，举例

如下：

例 8.1 一定质量的理想气体，其压强 p 和容积 V 以及热力学温度 T 之间满足关系式(称为**气态方程**)

$$p=\frac{RT}{V},\quad T>T_0, V>0, R\text{ 是摩尔气体常数}.$$

当 T,V 的值分别给定时，按照这个关系式，p 就有一个确定的值与它们对应.

例 8.2 设 R 是电阻 R_1,R_2 并联后的总电阻，由电学知道，它们之间具有关系

$$R=\frac{R_1R_2}{R_1+R_2},\quad R_1>0, R_2>0.$$

当 R_1,R_2 取定后，R 的值就唯一确定了.

由上面两个例子，可以归纳出**二元函数**的定义.

定义 8.1 设 D 是 $\mathbf{R}^2$ 的一个非空子集，称映射 $f:D\to\mathbf{R}$ 为定义在 D 上的二元函数，通常记为

$$z=f(x,y),\quad (x,y)\in D$$

或

$$z=f(P),\quad P\in D,$$

其中点集 D 称为**该函数的定义域**，x、y 称为**自变量**；z 称为**因变量**. 函数值 $f(x,y)$ 的全体构成的集合称为**函数 f 的值域**，记作 $f(D)$，即

$$f(D)=\{z\mid z=f(x,y),(x,y)\in D\}.$$

类似地，可以定义**三元函数** $u=f(x,y,z),(x,y,z)\in D$ 以及**三元以上的函数**.

当 $n=1$ 时，n 元函数就是**一元函数**. 当 $n\geqslant 2$ 时，n 元函数统称为**多元函数**.

关于多元函数的定义域，与一元函数相类似，我们作如下约定：一般在讨论用算式表达的多元函数 $u=f(P)$ 时，就以使这个算式有意义的变元 P 所组成的点集为这个**多元函数的自然定义域**.

在空间直角坐标系 $Oxyz$ 中，对于 D 中的每一点 $P(x,y)$，依照函数关系 $z=f(x,y)$，有空间中一点 M 与之对应，M 的坐标为 $(x,y,f(x,y))$. 在空间中，点 M 的全体称为**函数 $z=f(x,y)$ 的图形**. 一般说来，它是一张曲面，任何一条平行于 z 轴且通过区域 D 的直线与它都有且只有一个交点(图 8.2).

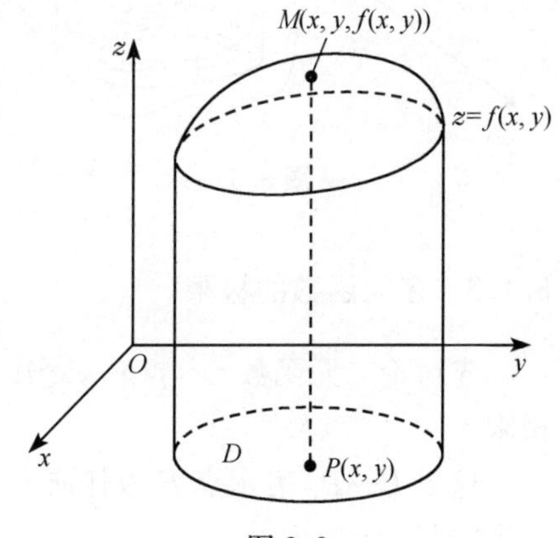

图 8.2

例 8.3 求函数 $z=\sqrt{1-x^2-y^2}$ 的定义域，并作函数的图形.

解 定义域为 $\{(x,y)\mid x^2+y^2\leqslant 1\}$ (图 8.3). 函数的图形是**上半球面**(图 8.4).

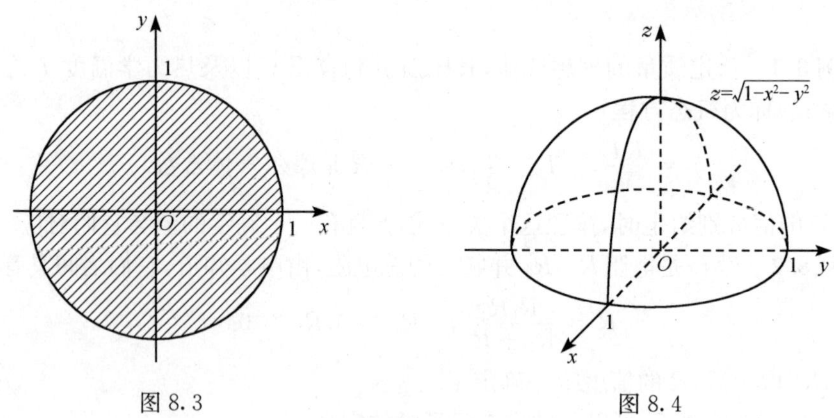

图 8.3　　图 8.4

例 8.4　研究函数 $z=x^2+y^2$ 的定义域和图形.

解　定义域为整个 xOy 平面. 函数的图形是**旋转抛物面**.

对于一般的二元函数 $z=f(x,y)$，其图形往往难以画出. 在实际工作中，有时利用"**等值线**"来了解函数的图形. 可用函数值 $z=$常数(即一组与水平面平行的平面)去截曲面 $z=f(x,y)$，所得到的截痕是一组平面曲线，把它们投影到 xOy 平面上，就是**等值线**，或称**等高线**(图 8.5，图 8.6).

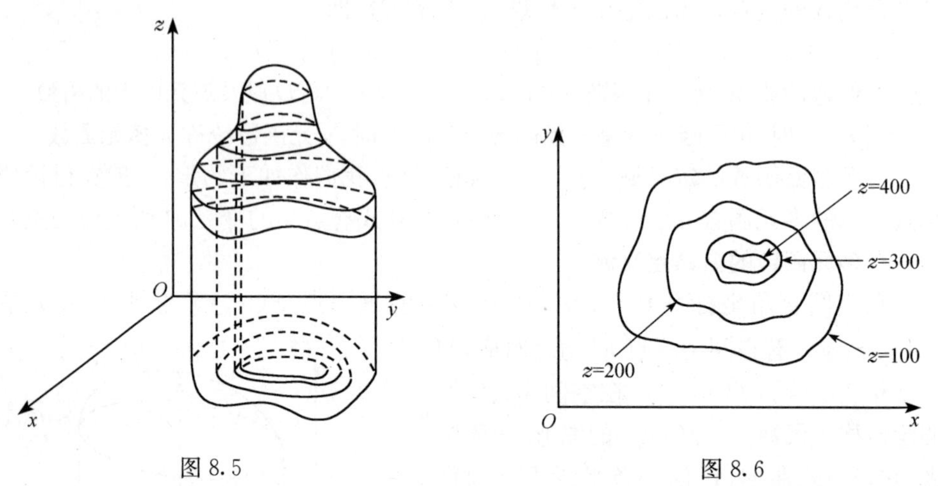

图 8.5　　图 8.6

8.1.3　多元函数的极限

先讨论二元函数 $z=f(x,y)$ 当 $(x,y)\to(x_0,y_0)$，即 $P(x,y)\to P_0(x_0,y_0)$ 时的极限.

这里 $P\to P_0$ 表示点 P 以任何方式趋于点 P_0，也就是点 P 与点 P_0 间的距离趋于零，即

$$|PP_0| = \sqrt{(x-x_0)^2+(y-y_0)^2} \to 0.$$

如果在 $P(x,y)\to P_0(x_0,y_0)$ 的过程中，对应的函数值 $f(x,y)$ 无限接近于一个确定的常数 A，就说 A 是**函数** $f(x,y)$ **当** $(x,y)\to(x_0,y_0)$ **时的极限**.

定义 8.2 设二元函数 $f(P)=f(x,y)$ 的定义域为 D，$P_0(x_0,y_0)$ 是 D 的聚点. 如果存在常数 A，对于任意给定的正数 ε，总存在正数 δ，使得当点 $P(x,y)\in D\cap \mathring{U}(P_0,\delta)$ 时，都有

$$|f(P)-A| = |f(x,y)-A| < \varepsilon$$

成立，就称**常数** A **为函数** $f(x,y)$ **当** $(x,y)\to(x_0,y_0)$ **时的极限**，记作

$$\lim_{(x,y)\to(x_0,y_0)} f(x,y) = A \quad \text{或 } f(x,y)\to A((x,y)\to(x_0,y_0)),$$

也记作

$$\lim_{P\to P_0} f(P) = A \quad \text{或 } f(P)\to A(P\to P_0).$$

为了区别于一元函数的极限，把二元函数的极限叫做**二重极限**.

例 8.5 设 $f(x,y)=(x^2+y^2)\cos\dfrac{1}{x^2+y^2}$，求证 $\lim\limits_{(x,y)\to(0,0)} f(x,y)=0$.

证 因为

$$|f(x,y)-0| = \left|(x^2+y^2)\cos\frac{1}{x^2+y^2}-0\right| \leqslant x^2+y^2,$$

可见，$\forall \varepsilon>0$，取 $\delta=\sqrt{\varepsilon}$，则当

$$0 < \sqrt{(x-0)^2+(y-0)^2} < \delta,$$

即 $P(x,y)\in D\cap \mathring{U}(O,\delta)$ 时，总有

$$|f(x,y)-0| < \varepsilon$$

成立，所以

$$\lim_{(x,y)\to(0,0)} f(x,y) = 0.$$

必须注意，所谓二重极限存在，是指 $P(x,y)$ 以任何方式趋于 $P_0(x_0,y_0)$ 时，$f(x,y)$ 都无限接近于 A. 因此，如果 $P(x,y)$ 以某一特殊方式，如沿着一条定直线或定曲线趋于 $P_0(x_0,y_0)$ 时，即使 $f(x,y)$ 无限接近于某一确定值，仍然不能由此断定函数的极限存在. 但是反过来，如果当 $P(x,y)$ 以不同方式趋于 $P_0(x_0,y_0)$ 时，$f(x,y)$ 趋于不同的值，就可以断定这函数的极限不存在.

例 8.6 证明：函数 $f(x,y)=\dfrac{xy}{x^2+y^2}$ 在点 $(0,0)$ 处的极限不存在.

证 点 (x,y) 沿直线 $y=kx$ 趋向于点 $(0,0)$ 时，有

$$\lim_{\substack{y=kx \\ (x,y)\to(0,0)}} \frac{xy}{x^2+y^2} = \lim_{x\to 0}\frac{kx^2}{x^2+k^2x^2} = \frac{k}{1+k^2}.$$

当 k 不同时，此极限值显然不同，因此该函数在点 $(0,0)$ 的极限不存在.

例 8.7　证明:函数 $f(x,y)=\sin\frac{y}{x^2}$在点(0,0)处的极限不存在.

证　点(x,y)沿直线 $y=x$ 趋向于点(0,0)时,有

$$\sin\frac{y}{x^2}=\sin\frac{1}{x},$$

而$\lim\limits_{x\to0}\sin\frac{1}{x}$不存在,因此 $f(x,y)=\sin\frac{y}{x^2}$在点(0,0)的极限不存在.

例 8.8　证明:函数 $f(x,y)=\frac{x^2y}{x^4+y^2}$当点$(x,y)$沿任一直线趋于点(0,0)时,极限都为 0,但 $f(x,y)$在点(0,0)处没有极限.

证　对任意实数 k,显然有

$$\lim_{\substack{y=kx\\x\to0}}f(x,y)=\lim_{x\to0}\frac{kx}{x^2+k^2}=0,$$

它表明,点(x,y)沿除 y 轴以外的过原点的任一直线趋于点(0,0)时,极限都为 0. 另外

$$\lim_{\substack{x=0\\y\to0}}f(x,y)=\lim_{y\to0}0=0,$$

即点(x,y)沿 y 轴趋于点(0,0)时,$f(x,y)$的极限也为 0. 这说明,函数 $f(x,y)=\frac{x^2y}{x^4+y^2}$当点$(x,y)$沿任一直线趋于点(0,0)时,极限都为 0. 但是

$$\lim_{\substack{y=x^2\\x\to0}}f(x,y)=\lim_{x\to0}\frac{x^4}{x^4+x^4}=\frac{1}{2},$$

所以,$f(x,y)$在点(0,0)处没有极限.

以上关于二元函数的极限概念,可相应地推广到 n 元函数 $u=f(P)=f(x_1,x_2,\cdots,x_n)$上去.

关于多元函数的极限运算,有与一元函数类似的运算法则.

例 8.9　求 $\lim\limits_{(x,y)\to(0,1)}\frac{\sin(xy)}{x}$.

解

$$\lim_{(x,y)\to(0,1)}\frac{\sin(xy)}{x}=\lim_{(x,y)\to(0,1)}\left[\frac{\sin(xy)}{xy}\cdot y\right]=\lim_{xy\to0}\frac{\sin(xy)}{xy}\cdot\lim_{y\to1}y$$
$$=1\cdot1=1.$$

若 x_0 与 y_0 有一个或两个是∞或$\pm\infty$,则有类似的极限定义及其运算定理.

例 8.10　求极限 $I=\lim\limits_{\substack{x\to+\infty\\y\to+\infty}}(x^2+y^2)\mathrm{e}^{-(x+y)}$.

解　易知,若一元函数 $f(x)$的极限存在,且$\lim\limits_{x\to x_0}f(x)=A$,则把 $f(x)$看成关于

x,y 的二元函数时,其极限也存在,且

$$\lim_{\substack{x \to x_0 \\ y \to y_0}} f(x) = A.$$

由极限的四则运算法得

$$\begin{aligned} I &= \lim_{\substack{x \to +\infty \\ y \to +\infty}} [x^2 e^{-x} e^{-y} + y^2 e^{-x} e^{-y}] \\ &= \lim_{\substack{x \to +\infty \\ y \to +\infty}} x^2 e^{-x} \cdot \lim_{\substack{x \to +\infty \\ y \to +\infty}} e^{-y} + \lim_{\substack{x \to +\infty \\ y \to +\infty}} y^2 e^{-y} \cdot \lim_{\substack{x \to +\infty \\ y \to +\infty}} e^{-x} \\ &= 0 \cdot 0 + 0 \cdot 0 = 0. \end{aligned}$$

8.1.4 多元函数的连续性

定义 8.3 设二元函数 $f(P)=f(x,y)$ 的定义域为 D, $P_0(x_0,y_0)$ 为 D 的聚点,且 $P_0 \in D$. 如果

$$\lim_{(x,y) \to (x_0,y_0)} f(x,y) = f(x_0,y_0),$$

则称**函数 $f(x,y)$ 在点 $P_0(x_0,y_0)$ 连续**.

设函数 $f(x,y)$ 在 D 上有定义, D 内的每一点都是函数定义域的聚点. 如果函数 $f(x,y)$ 在 D 的每一点都连续,就称**函数 $f(x,y)$ 在 D 上连续**,或者称 $f(x,y)$ **是 D 上的连续函数**.

以上关于二元函数的连续性概念,可相应地推广到 n 元函数 $f(P)$ 上去.

例 8.11 设

$$f(x,y) = \begin{cases} xy\ln(x^2+y^2), & x^2+y^2 \neq 0, \\ 0, & x^2+y^2 = 0, \end{cases}$$

证明: $f(x,y)$ 在点 $(0,0)$ 处连续.

证 令 $x=r\cos\theta$, $y=r\sin\theta$. 当 $(x,y) \to (0,0)$ 时,显然有 $r=\sqrt{x^2+y^2} \to 0$,于是

$$\lim_{\substack{x \to 0 \\ y \to 0}} f(x,y) = \lim_{r \to 0} r^2 \cos\theta \cdot \sin\theta \cdot \ln r^2 = 0 = f(0,0),$$

所以 $f(x,y)$ 在点 $(0,0)$ 处连续.

由于若一元函数 $f(x)$ 的极限存在: $\lim\limits_{x \to x_0} f(x)=A$,则把 $f(x)$ 看成 x,y 的二元函数时,其极限也存在,且

$$\lim_{\substack{x \to x_0 \\ y \to y_0}} f(x) = A.$$

所以,如果把一元连续函数看成二元函数或者二元以上的多元函数,它们在各自的定义域内都是连续的. 特别地,一元基本初等函数看成二元函数或者二元以上的多元函数时,它们在各自的定义域内都是连续的.

定义 8.4 设函数 $f(x,y)$ 的定义域为 D, $P_0(x_0,y_0)$ 为 D 的聚点,如果函数

$f(x,y)$在点 $P_0(x_0,y_0)$不连续,则称 $P_0(x_0,y_0)$**为函数 $f(x,y)$的间断点**.

例如,(0,0)为函数

$$f(x,y)=\begin{cases}\dfrac{xy}{x^2+y^2}, & x^2+y^2\neq 0,\\ 0, & x^2+y^2=0\end{cases}$$

的间断点.

一元函数中关于极限的运算法则,对于多元函数仍然适用.根据多元函数的极限运算法则,可以证明**多元连续函数的和、差、积仍为连续函数;连续函数的商在分母不为零处仍连续;多元连续函数的复合函数也是连续函数.**

多元初等函数是指可用一个式子表示的多元函数,这个式子是由常数及具有不同自变量的一元基本初等函数经过有限次的四则运算和复合运算而得到的.

根据连续函数的和、差、积、商的连续性以及连续函数的复合函数的连续性,再利用基本初等函数的连续性,可得如下结论:

一切多元初等函数在其定义区域内是连续的. 所谓**定义区域**是指包含在定义域内的区域或闭区域.

由多元初等函数的连续性,如果要求它在点 P_0 处的极限,而该点又在此函数的定义区域内,则极限值就是函数在该点的函数值,即

$$\lim_{P\to P_0}f(P)=f(P_0).$$

例 8.12 求极限

$$I=\lim_{\substack{x\to 2\\ y\to 1}}\frac{\ln x+y^2\sin xy}{e^y\sin(x^2+y^2)}.$$

解

$$I=\frac{\ln 2+1^2\sin(2\cdot 1)}{e^1\sin(2^2+1^2)}=\frac{\ln 2+\sin 2}{e\sin 5}.$$

例 8.13 求极限 $\lim\limits_{(x,y)\to(0,0)}\dfrac{\sqrt{xy+1}-1}{xy}$.

解

$$\begin{aligned}\lim_{(x,y)\to(0,0)}\frac{\sqrt{xy+1}-1}{xy}&=\lim_{(x,y)\to(0,0)}\frac{xy+1-1}{xy(\sqrt{xy+1}+1)}\\&=\lim_{(x,y)\to(0,0)}\frac{1}{\sqrt{xy+1}+1}=\frac{1}{2}.\end{aligned}$$

最后列举一些有界闭区域上多元连续函数的好的性质.

性质 8.1(有界性与最大值最小值定理) 在有界闭区域 D 上的多元连续函数,存在最大值和最小值,因而有界.

性质 8.2(介值定理) 在有界闭区域 D 上的多元连续函数必取得介于最大值

和最小值之间的任何值.

习 题 8.1

1. 判定下列平面点集中哪些是开集、闭集、区域、有界集、无界集？并分别指出它们的聚点所成的点集(称为**导集**)和边界.

(1) $\{(x,y)\mid x\neq 0,y\neq 0\}$； (2) $\{(x,y)\mid 1<x^2+y^2\leqslant 4\}$；

(3) $\{(x,y)\mid y>x^2\}$； (4) $\{(x,y)\mid x^2+(y-1)^2\geqslant 1\}\cap\{(x,y)\mid x^2+(y-2)^2\leqslant 4\}$.

2. 已知函数 $f(x,y)=x^2+y^2-xy\tan\dfrac{x}{y}$,试求 $f(tx,ty)$.

3. 试证函数 $F(x,y)=\ln x\cdot\ln y$ 满足关系式

$$F(xy,uv)=F(x,u)+F(x,v)+F(y,u)+F(y,v).$$

4. 已知函数 $f(u,v,w)=u^w+w^{u+v}$,试求 $f(x+y,x-y,xy)$.

5. 求下列函数的定义域：

(1) $z=\ln(y^2-2x+1)$； (2) $z=\dfrac{1}{\sqrt{x+y}}+\dfrac{1}{\sqrt{x-y}}$；

(3) $z=\sqrt{x-\sqrt{y}}$； (4) $z=\ln(y-x)+\dfrac{\sqrt{x}}{\sqrt{1-x^2-y^2}}$；

(5) $u=\sqrt{R^2-x^2-y^2-z^2}+\dfrac{1}{\sqrt{x^2+y^2+z^2-r^2}}\ (R>r>0)$；

(6) $u=\arccos\dfrac{z}{\sqrt{x^2+y^2}}$； (7) $z=\sqrt{x}+\sqrt{y}$；

(8) $z=\ln(-x-y)$； (9) $z=\arcsin\dfrac{x^2+y^2}{4}+\arccos\dfrac{1}{x^2+y^2}$；

(10) $z=\arcsin\dfrac{y}{x}$； (11) $u=\ln(z^2-x^2-y^2)$.

6. 求下列各极限：

(1) $\lim\limits_{(x,y)\to(0,1)}\dfrac{1-xy}{x^2+y^2}$； (2) $\lim\limits_{(x,y)\to(1,0)}\dfrac{\ln(x+e^y)}{\sqrt{x^2+y^2}}$；

(3) $\lim\limits_{(x,y)\to(0,0)}\dfrac{2-\sqrt{xy+4}}{xy}$； (4) $\lim\limits_{(x,y)\to(0,0)}\dfrac{xy}{\sqrt{2-e^{xy}}-1}$；

(5) $\lim\limits_{(x,y)\to(2,0)}\dfrac{\tan(xy)}{y}$； (6) $\lim\limits_{(x,y)\to(0,0)}\dfrac{1-\cos(x^2+y^2)}{(x^2+y^2)e^{x^2y^2}}$；

(7) $\lim\limits_{(x,y)\to(0,0)}\dfrac{xy}{\sqrt{xy+1}-1}$； (8) $\lim\limits_{(x,y)\to(0,a)}\dfrac{\sin xy}{x}$；

(9) $\lim\limits_{(x,y)\to(0,0)}(x+y)\sin\dfrac{1}{x}\cos\dfrac{1}{y}$； (10) $\lim\limits_{\substack{x\to\infty\\ y\to\infty}}\dfrac{1+x^2+y^2}{x^2+y^2}$.

(11) $\lim\limits_{(x,y)\to(0,0)}\dfrac{x^3+y^3}{x^2+y^2}$； (12) $\lim\limits_{(x,y)\to(0,0)}\dfrac{\sin(x^3+y^3)}{x^2+y^2}$；

(13) $\lim\limits_{(x,y)\to(0,0)} (x^2+y^2)^{x^2y^2}$；(14) $\lim\limits_{(x,y)\to(1,0)} \dfrac{\ln(x+e^y)}{\sqrt{x^2+y^2}}$；

(15) $\lim\limits_{(x,y,z)\to(0,1,2)} e^{xy}\sin\left(\dfrac{\pi}{4}yz\right)$；(16) $\lim\limits_{(x,y)\to(1,2)} \dfrac{3xy+x^2y^2}{x+y}$.

7. 证明下列极限不存在：

(1) $\lim\limits_{(x,y)\to(0,0)} \dfrac{x+y}{x-y}$；(2) $\lim\limits_{(x,y)\to(0,0)} \dfrac{x^2y^2}{x^2y^2+(x-y)^2}$；

(3) $\lim\limits_{\substack{x\to+\infty\\ y\to+\infty}} \left(1+\dfrac{1}{x}\right)^{\frac{x^2}{x+y}}$.　(4) $f(x,y)=\dfrac{x^2+y^2}{x^2+y^2+(x-y)^2}$在$(0,0)$点；

(5) $f(x,y)=\begin{cases}\dfrac{x-y}{x+y}, & y\neq -x,\\ 0, & y=-x\end{cases}$在$(0,0)$点.

8. 函数$z=\dfrac{y^2+2x}{y^2-2x}$在何处是间断的?

9. 证明$\lim\limits_{(x,y)\to(0,0)} \dfrac{xy}{\sqrt{x^2+y^2}}=0$.

10. 设$F(x,y)=f(x)$，$f(x)$在x_0处连续，证明：对任意$y_0\in\mathbf{R}$，$F(x,y)$在(x_0,y_0)处连续.

11. 求函数$f(x,y)=\dfrac{\sqrt{4x-y^2}}{\ln(1-x^2-y^2)}$的定义域，并求$\lim\limits_{(x,y)\to\left(\frac{1}{2},0\right)} f(x,y)$.

12. 证明：极限$\lim\limits_{(x,y)\to(0,0)} \dfrac{xy^2}{x^2+y^4}$不存在.

13. 证明$f(x,y)$在区域D上连续，则$|f(x,y)|$在区域D上连续.

14. 设$\bar{D}$是平面上的有界闭区域，$P_0(x_0,y_0)$为$\bar{D}$外一点. 证明：在$\bar{D}$内一定存在一点与P_0最近，也存在一点与P_0最远.

15. 如果在区域D内，函数$f(x,y)$对变量x是连续，而对变量y满足利普希茨条件，即存在常数k，对$\forall(x,y_1),(x,y_2)\in D$，有

$$|f(x,y_1)-f(x,y_2)|<k|y_1-y_2|,$$

则函数$f(x,y)$在区域D内是二元连续的.

16. 设$f(x,y)$在区域D上连续，

$$(x_i,y_i)\in D,\quad i=1,2,\cdots,n.$$

证明：在D上存在一点(ξ,η)，使得

$$f(\xi,\eta)=\frac{f(x_1,y_1)+f(x_2,y_2)+\cdots+f(x_n,y_n)}{n}.$$

8.2 偏 导 数

8.2.1 偏导数的定义及其计算法

在研究一元函数时，从研究函数的变化率引入了导数概念. 对于多元函数同样

需要讨论它的变化率. 但多元函数的自变量不止一个,因变量与自变量的关系要比一元函数复杂得多. 本节首先考虑多元函数关于其中一个自变量的变化率. 以二元函数 $z=f(x,y)$为例,如果只有自变量 x 变化,而自变量 y 固定(即看成常量),这时它就是 x 的一元函数,此函数对 x 的导数,就称为**二元函数 $z=f(x,y)$对于 x 的偏导数**.

定义 8.5 设函数 $z=f(x,y)$在点(x_0,y_0)的某邻域内有定义,当 y 固定在 y_0 而 x 在 x_0 处有增量 Δx 时,相应的函数有增量

$$f(x_0+\Delta x,y_0)-f(x_0,y_0).$$

如果

$$\lim_{\Delta x\to 0}\frac{f(x_0+\Delta x,y_0)-f(x_0,y_0)}{\Delta x}$$

存在,则称此极限为**函数 $z=f(x,y)$在点(x_0,y_0)处对 x 的偏导数**,记作

$$\left.\frac{\partial z}{\partial x}\right|_{\substack{x=x_0\\y=y_0}},\quad \left.\frac{\partial f}{\partial x}\right|_{\substack{x=x_0\\y=y_0}},\quad z_x\Big|_{\substack{x=x_0\\y=y_0}}\quad 或\ f_x(x_0,y_0).$$

类似地,函数 $z=f(x,y)$在点(x_0,y_0)处对 y 的偏导数定义为

$$\lim_{\Delta y\to 0}\frac{f(x_0,y_0+\Delta y)-f(x_0,y_0)}{\Delta y},$$

记作

$$\left.\frac{\partial z}{\partial y}\right|_{\substack{x=x_0\\y=y_0}},\quad \left.\frac{\partial f}{\partial y}\right|_{\substack{x=x_0\\y=y_0}},\quad z_y\Big|_{\substack{x=x_0\\y=y_0}}\quad 或\ f_y(x_0,y_0).$$

如果函数 $z=f(x,y)$在区域 D 内每一点(x,y)处对 x 的偏导数都存在,那么这个偏导数就是 x,y 的函数,它就称为**函数 $z=f(x,y)$对自变量 x 的偏导函数**,记作

$$\frac{\partial z}{\partial x},\quad \frac{\partial f}{\partial x},\quad z_x\quad 或\ f_x(x,y).$$

类似地,可以定义**函数 $z=f(x,y)$对自变量 y 的偏导函数**,记作

$$\frac{\partial z}{\partial y},\quad \frac{\partial f}{\partial y},\quad z_y\quad 或\ f_y(x,y).$$

由偏导函数的概念可知,$f(x,y)$在点(x_0,y_0)处对 x 的偏导数 $f_x(x_0,y_0)$就是偏导函数 $f_x(x,y)$在点(x_0,y_0)处的函数值.

至于实际求 $z=f(x,y)$的偏导数,并不需要新的方法,因为这里只有一个自变量在变动,所以仍旧是一元函数的微分法问题.

偏导数的概念还可推广到二元以上的函数. 例如,三元函数 $u=f(x,y,z)$在点(x,y,z)处对 x 的偏导数定义为

$$f_x(x,y,z)=\lim_{\Delta x\to 0}\frac{f(x+\Delta x,y,z)-f(x,y,z)}{\Delta x}.$$

例 8.14　设 $z=x^2y+y^2$，求 $z_x(2,3)$，$z_y(2,3)$.

解　因为 $\frac{\partial z}{\partial x}=2xy$，$\frac{\partial z}{\partial y}=x^2+2y$，所以

$$z_x(2,3)=2xy\big|_{(2,3)}=12,$$

$$z_y(2,3)=(x^2+2y)\big|_{(2,3)}=10.$$

例 8.15　求函数 $z=x^y+\ln x\cdot\sin(xy)(x>0)$ 的偏导数.

解

$$z_x=yx^{y-1}+\frac{\sin(xy)}{x}+y\ln x\cdot\cos(xy),$$

$$z_y=x^y\ln x+x\ln x\cdot\cos(xy).$$

例 8.16　设 $z=x^y(x>0,x\neq1)$，求证

$$\frac{x}{y}\frac{\partial z}{\partial x}+\frac{1}{\ln x}\frac{\partial z}{\partial y}=2z.$$

证　因为

$$\frac{\partial z}{\partial x}=yx^{y-1},\quad \frac{\partial z}{\partial y}=x^y\ln x,$$

所以

$$\frac{x}{y}\frac{\partial z}{\partial x}+\frac{1}{\ln x}\frac{\partial z}{\partial y}=\frac{x}{y}yx^{y-1}+\frac{1}{\ln x}x^y\ln x=x^y+x^y=2z.$$

例 8.17　一定质量的理想气体，其压强 p 和容积 V 以及热力学温度 T 之间满足气态方程 $pV=RT$（R 为摩尔气体常数），求 $\frac{\partial p}{\partial V}$，$\frac{\partial V}{\partial T}$，$\frac{\partial T}{\partial p}$，并验证热力学公式

$$\frac{\partial p}{\partial V}\cdot\frac{\partial V}{\partial T}\cdot\frac{\partial T}{\partial p}=-1.$$

解　由 $p=\frac{RT}{V}$，得 $\frac{\partial p}{\partial V}=-\frac{RT}{V^2}$；由 $V=\frac{RT}{p}$，得 $\frac{\partial V}{\partial T}=\frac{R}{p}$；由 $T=\frac{pV}{R}$，得 $\frac{\partial T}{\partial p}=\frac{V}{R}$. 于是得

$$\frac{\partial p}{\partial V}\cdot\frac{\partial V}{\partial T}\cdot\frac{\partial T}{\partial p}=-\frac{RT}{V^2}\cdot\frac{R}{p}\cdot\frac{V}{R}=-\frac{RT}{pV}=-1.$$

由此可知，偏导数的符号是一个整体符号，不能像一元函数的导数那样看成分子与分母之商.

例 8.18　求三元函数 $u=\frac{1}{\sqrt{x^2+y^2+z^2}}$ 的偏导数.

解　$\frac{\partial u}{\partial x}=-\frac{1}{2}(x^2+y^2+z^2)^{-3/2}\cdot(2x)=-\frac{x}{(x^2+y^2+z^2)^{3/2}}$.

同理可得

$$\frac{\partial u}{\partial y}=-\frac{y}{(x^2+y^2+z^2)^{3/2}},$$

$$\frac{\partial u}{\partial z}=-\frac{z}{(x^2+y^2+z^2)^{3/2}}.$$

二元函数 $z=f(x,y)$ 在点 (x_0,y_0) 的偏导数有下述几何意义：

设 $M_0(x_0,y_0,f(x_0,y_0))$ 为曲面 $z=f(x,y)$ 上的一点，过 M_0 作平面 $y=y_0$，截此曲面得一曲线，此曲线在平面 $y=y_0$ 上的方程为 $z=f(x,y_0)$，则导数 $\frac{\mathrm{d}}{\mathrm{d}x}f(x,y_0)\big|_{x=x_0}$，即偏导数 $f_x(x_0,y_0)$ 就是此曲线在点 M_0 处的切线 M_0T_x 对 x 轴的斜率. 同样，偏导数 $f_y(x_0,y_0)$ 的几何意义是曲面被平面 $x=x_0$ 所截得的曲线在点 M_0 处的切线 M_0T_y 对 y 轴的斜率(图 8.7).

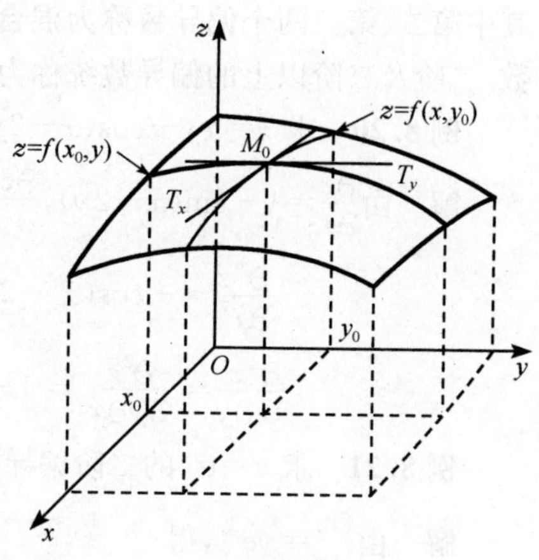

图 8.7

例 8.19 证明：函数

$$f(x,y)=\begin{cases}\dfrac{xy}{x^2+y^2}, & (x,y)\neq(0,0),\\ 0, & (x,y)=(0,0)\end{cases}$$

在点(0,0)处的两个偏导数都存在，但函数在该点不连续.

证 由

$$\lim_{\Delta x\to 0}\frac{f(\Delta x,0)-f(0,0)}{\Delta x}=\lim_{\Delta x\to 0}\frac{0-0}{\Delta x}=0$$

知 $f_x(0,0)=0$，同样有 $f_y(0,0)=0$. 但是

$$\lim_{\substack{(x,y)\to(0,0)\\ y=x}}f(x,y)=\lim_{\substack{(x,y)\to(0,0)\\ y=x}}\frac{x^2}{x^2+x^2}=\frac{1}{2}\neq f(0,0),$$

因此，$f(x,y)$ 在点(0,0)处不连续.

8.2.2 高阶偏导数

设函数 $z=f(x,y)$ 在区域 D 内具有偏导数

$$\frac{\partial z}{\partial x}=f_x(x,y),\quad \frac{\partial z}{\partial y}=f_y(x,y),$$

那么在 D 内 $f_x(x,y)$，$f_y(x,y)$ 都是 x,y 的函数. 如果这两个函数的偏导数也存在，则称它们为**函数 $z=f(x,y)$ 的二阶偏导数**. 按照对变量求导次序的不同有下列 4 个二阶偏导数：

$$\frac{\partial}{\partial x}\left(\frac{\partial z}{\partial x}\right)=\frac{\partial^2 z}{\partial x^2}=f_{xx}(x,y),\quad \frac{\partial}{\partial y}\left(\frac{\partial z}{\partial x}\right)=\frac{\partial^2 z}{\partial x\partial y}=f_{xy}(x,y),$$

$$\frac{\partial}{\partial x}\left(\frac{\partial z}{\partial y}\right)=\frac{\partial^2 z}{\partial y\partial x}=f_{yx}(x,y),\quad \frac{\partial}{\partial y}\left(\frac{\partial z}{\partial y}\right)=\frac{\partial^2 z}{\partial y^2}=f_{yy}(x,y),$$

其中第二、第三两个偏导数称为**混合偏导数**. 同样可得三阶、四阶、……、n 阶偏导数. 二阶及二阶以上的偏导数统称为**高阶偏导数**.

例 8.20 求 $z=xy+\cos(x-2y)$的二阶偏导数.

解 由$\frac{\partial z}{\partial x}=y-\sin(x-2y)$,$\frac{\partial z}{\partial y}=x+2\sin(x-2y)$,得

$$\frac{\partial^2 z}{\partial x^2}=-\cos(x-2y),\quad \frac{\partial^2 z}{\partial y^2}=-4\cos(x-2y),$$

$$\frac{\partial^2 z}{\partial x\partial y}=\frac{\partial^2 z}{\partial y\partial x}=1+2\cos(x-2y).$$

例 8.21 求 $z=e^{xy}$的二阶偏导数.

解 由$\frac{\partial z}{\partial x}=ye^{xy}$,得

$$\frac{\partial^2 z}{\partial x^2}=y^2e^{xy},\quad \frac{\partial^2 z}{\partial x\partial y}=(1+xy)e^{xy}.$$

再由表达式 $z=e^{xy}$中 x,y 的对称性知

$$\frac{\partial z}{\partial y}=xe^{xy},\quad \frac{\partial^2 z}{\partial y^2}=x^2e^{xy},\quad \frac{\partial^2 z}{\partial y\partial x}=(1+xy)e^{xy}.$$

在上面两个例子中,两个混合偏导数相等,即

$$\frac{\partial^2 z}{\partial x\partial y}=\frac{\partial^2 z}{\partial y\partial x}.$$

这并不是偶然的,事实上,有下述定理.

定理 8.1 若函数 $z=f(x,y)$的两个混合偏导数 $f_{xy}(x,y)$和 $f_{yx}(x,y)$在点 $P_0(x_0,y_0)$处连续,则它们必相等.

换句话说,二阶混合偏导数在连续的条件下与求导的次序无关.

对于二元以上的函数,也可以类似地定义高阶偏导数,而且高阶混合偏导数在偏导数连续的条件下也与求导的次序无关.

例 8.22 验证函数 $z=\ln\sqrt{x^2+y^2}$满足方程

$$\frac{\partial^2 z}{\partial x^2}+\frac{\partial^2 z}{\partial y^2}=0.$$

证 因为

$$z=\ln\sqrt{x^2+y^2}=\frac{1}{2}\ln(x^2+y^2),$$

所以

$$\frac{\partial z}{\partial x}=\frac{x}{x^2+y^2},\quad \frac{\partial z}{\partial y}=\frac{y}{x^2+y^2},$$

$$\frac{\partial^2 z}{\partial x^2}=\frac{y^2-x^2}{(x^2+y^2)^2},\quad \frac{\partial^2 z}{\partial y^2}=\frac{x^2-y^2}{(x^2+y^2)^2}.$$

因此

$$\frac{\partial^2 z}{\partial x^2}+\frac{\partial^2 z}{\partial y^2}=0.$$

例 8.23 验证函数 $u=\frac{1}{r}$ 满足方程

$$\frac{\partial^2 u}{\partial x^2}+\frac{\partial^2 u}{\partial y^2}+\frac{\partial^2 u}{\partial z^2}=0,$$

其中 $r=\sqrt{x^2+y^2+z^2}$.

证

$$\frac{\partial u}{\partial x}=-\frac{1}{r^2}\frac{\partial r}{\partial x}=-\frac{1}{r^2}\cdot\frac{x}{r}=-\frac{x}{r^3},$$

$$\frac{\partial^2 u}{\partial x^2}=-\frac{1}{r^3}+\frac{3x}{r^4}\cdot\frac{\partial r}{\partial x}=-\frac{1}{r^3}+\frac{3x^2}{r^5}.$$

由于函数关于自变量的对称性,所以

$$\frac{\partial^2 u}{\partial y^2}=-\frac{1}{r^3}+\frac{3y^2}{r^5},\quad \frac{\partial^2 u}{\partial z^2}=-\frac{1}{r^3}+\frac{3z^2}{r^5}.$$

因此

$$\frac{\partial^2 u}{\partial x^2}+\frac{\partial^2 u}{\partial y^2}+\frac{\partial^2 u}{\partial z^2}=-\frac{3}{r^3}+\frac{3(x^2+y^2+z^2)}{r^5}=0.$$

例 8.24 设

$$f(x,y)=\begin{cases}xy\,\dfrac{x^2-y^2}{x^2+y^2}, & x^2+y^2\neq 0,\\ 0, & x^2+y^2=0,\end{cases}$$

求 $f_{xy}(0,0)$ 及 $f_{yx}(0,0)$.

解

$$f_x(x,y)=\begin{cases}y\,\dfrac{x^2-y^2}{x^2+y^2}+\dfrac{4x^2y^3}{(x^2+y^2)^2}, & x^2+y^2\neq 0,\\ 0, & x^2+y^2=0,\end{cases}$$

所以

$$f_{xy}(0,0)=\lim_{y\to 0}\frac{f_x(0,y)-f_x(0,0)}{y-0}=\lim_{y\to 0}\frac{-y}{y}=-1.$$

$$f_y(x,y)=\begin{cases}x\,\dfrac{x^2-y^2}{x^2+y^2}-\dfrac{4x^3y^2}{(x^2+y^2)^2}, & x^2+y^2\neq 0,\\ 0, & x^2+y^2=0,\end{cases}$$

所以

$$f_{yx}(0,0)=\lim_{x\to 0}\frac{f_y(x,0)-f_y(0,0)}{x-0}=\lim_{x\to 0}\frac{x}{x}=1.$$

习　题　8.2

1. 求下列函数的偏导数：

(1) $z=x^3y-y^3x$；　(2) $s=\frac{u^2+v^2}{uv}$；　(3) $z=\sqrt{\ln(xy)}$；　(4) $z=\sin(xy)+\cos^2(xy)$；

(5) $z=\ln\tan\frac{x}{y}$；　(6) $z=(1+xy)^y$；　(7) $u=x^{\frac{y}{z}}$；　(8) $u=\arctan(x-y)^z$；

(9) $z=x^4+y^4-4x^2y^2$；　(10) $z=xy+\frac{x}{y}$；　(11) $z=x\sin(x+y)$；　(12) $z=\arctan\frac{x}{y}$；

(13) $u=\left(\frac{x}{y}\right)^z$；　(14) $u=z^{xy}$；　(15) $u=\tan\frac{x^2}{y}$.

2. 求下列指定点的偏导数：

(1) $z=x+(y-1)\arcsin\sqrt{\frac{x}{y}}$，求 $z_x(x,1)$，$z_y(1,y)$；

(2) $z=\frac{x}{\sqrt{x^2+y^2}}$，求 $z_x(1,0)$，$z_y(0,1)$；

(3) $z=\arctan\frac{x+y}{1+xy}$，求 $z_x(0,0)$，$z_y(1,1)$；

(4) $z=\frac{x\cos y-y\cos x}{1+\sin x+\sin y}$，求 $z_x(0,0)$，$z_y(0,0)$.

3. 证明：函数

$$f(x,y)=\begin{cases}\sqrt{x^2+y^2}, & x^2+y^2\neq 0,\\ 0, & x^2+y^2=0\end{cases}$$

在(0,0)处连续，但 $f_x(0,0)$ 不存在.

4. 设 $u=\ln(x^3+y^3+z^3-3xyz)$，证明

$$\frac{\partial u}{\partial x}+\frac{\partial u}{\partial y}+\frac{\partial u}{\partial z}=\frac{3}{x+y+z}.$$

5. 设 $x=\rho\cos\varphi$，$y=\rho\sin\varphi$，求行列式 $\begin{vmatrix}\frac{\partial x}{\partial\rho} & \frac{\partial x}{\partial\varphi}\\ \frac{\partial y}{\partial\rho} & \frac{\partial y}{\partial\varphi}\end{vmatrix}$ 的值.

6. 设 $x=\rho\sin\varphi\cos\theta$，$y=\rho\sin\varphi\sin\theta$，$z=\rho\cos\varphi$，证明雅可比行列式

$$\frac{\partial(x,y,z)}{\partial(\rho,\varphi,\theta)}=\begin{vmatrix}\frac{\partial x}{\partial\rho} & \frac{\partial y}{\partial\rho} & \frac{\partial z}{\partial\rho}\\ \frac{\partial x}{\partial\varphi} & \frac{\partial y}{\partial\varphi} & \frac{\partial z}{\partial\varphi}\\ \frac{\partial x}{\partial\theta} & \frac{\partial y}{\partial\theta} & \frac{\partial z}{\partial\theta}\end{vmatrix}=\rho^2\sin\varphi.$$

7. 求函数

$$f(x,y)=\begin{cases}\dfrac{xy}{\sqrt{x^2+y^2}}, & x^2+y^2\neq 0,\\ 0, & x^2+y^2=0\end{cases}$$

的偏导数,并证明它在全平面上有界.

8. 设 $u=\arctan(2x-t)$,证明$\dfrac{\partial^2 u}{\partial x^2}+2\dfrac{\partial^2 u}{\partial x\partial t}=0$.

9. 证明:函数 $u=\dfrac{1}{2a\sqrt{\pi t}}\mathrm{e}^{-\frac{(x-b)^2}{4a^2t}}$ 满足热传导方程

$$\frac{\partial u}{\partial t}=a^2\frac{\partial^2 u}{\partial x^2}.$$

10. 设 $u=u(x,y)$,$v=v(x,y)$在区域 D 上有二阶连续的偏导数,且一阶偏导数满足方程

$$\frac{\partial u}{\partial x}=\frac{\partial v}{\partial y},\quad \frac{\partial u}{\partial y}=-\frac{\partial v}{\partial x}.$$

证明:$u=u(x,y)$,$v=v(x,y)$在区域 D 上满足拉普拉斯方程,即

$$\Delta u=\frac{\partial^2 u}{\partial x^2}+\frac{\partial^2 u}{\partial y^2}=0,\quad \Delta v=0.$$

11. 设函数

$$f(x,y)=\begin{cases}\dfrac{xy}{\sqrt{x^2+y^2}}, & x^2+y^2\neq 0,\\ 0, & x^2+y^2=0.\end{cases}$$

求 $f_{xx}(0,0)$,$f_{yy}(0,0)$,并证明 $f_{xy}(0,0)$不存在.

12. 设 $T=2\pi\sqrt{\dfrac{l}{g}}$,求证 $l\dfrac{\partial T}{\partial l}+g\dfrac{\partial T}{\partial g}=0$.

13. 设 $z=\mathrm{e}^{-\left(\frac{1}{x}+\frac{1}{y}\right)}$,求证 $x^2\dfrac{\partial z}{\partial x}+y^2\dfrac{\partial z}{\partial y}=2z$.

14. 曲线$\begin{cases}z=\dfrac{x^2+y^2}{4},\\ y=4\end{cases}$在点(2,4,5)处的切线对于 x 轴的倾角是多少?

15. 求下列函数的$\dfrac{\partial^2 z}{\partial x^2}$,$\dfrac{\partial^2 z}{\partial y^2}$和$\dfrac{\partial^2 z}{\partial x\partial y}$:

(1) $z=x^4+y^4-4x^2y^2$;

(2) $z=\arctan\dfrac{y}{x}$;

(3) $z=y^x$;

(4) $z=\ln(x+y^2)$;

(5) $u=\arctan\dfrac{x+y}{1-xy}$.

16. 设 $f(x,y,z)=xy^2+yz^2+zx^2$,求 $f_{xx}(0,0,1)$,$f_{xz}(1,0,2)$,$f_{yz}(0,-1,0)$及 $f_{zzx}(2,0,1)$.

17. 设 $z=x\ln(xy)$,求$\dfrac{\partial^3 z}{\partial x^2\partial y}$及$\dfrac{\partial^3 z}{\partial x\partial y^2}$.

18. 设 $u=\sin(x^2+y^2)$，求 u_{x_3}，u_{y_3}.

19. 设 $u=(x-x_0)^m(y-y_0)^n$，m,n 为正整数，求 $u_{x_m y_n}$.

20. 验证：

(1) $y=\mathrm{e}^{-kn^2 t}\sin nx$ 满足 $\dfrac{\partial y}{\partial t}=k\dfrac{\partial^2 y}{\partial x^2}$；

(2) $r=\sqrt{x^2+y^2+z^2}$ 满足 $\dfrac{\partial^2 r}{\partial x^2}+\dfrac{\partial^2 r}{\partial y^2}+\dfrac{\partial^2 r}{\partial z^2}=\dfrac{2}{r}$.

21. 设

$$f(x,y)=\begin{cases}\dfrac{x^2 y}{x^2+y^2}, & x^2+y^2\neq 0,\\ 0, & x^2+y^2=0.\end{cases}$$

求 $f_x(x,y)$ 及 $f_y(x,y)$.

8.3 全 微 分

8.3.1 全微分的定义

一元函数 $y=f(x)$ 在点 x_0 处的微分是 $\mathrm{d}y=A\Delta x$，它具有两个特性：①$\mathrm{d}y$ 是 Δx 的线性函数；②当 $\Delta x\to 0$ 时，它与函数改变量 Δy 之差是比 Δx 更高阶的无穷小，即有

$$\Delta y=A\Delta x+o(\Delta x)=\mathrm{d}y+o(\Delta x)(\Delta x\to 0).$$

在几何上，微分 $\mathrm{d}y$ 表示曲线 $y=f(x)$ 在点 $(x_0,f(x_0))$ 处的切线的纵坐标的改变量.

如果研究二元函数 $z=f(x,y)$，可以发现，在一定条件下，它也有一个具有类似性质的量，这就是**全微分**.

定义 8.6 设函数 $z=f(x,y)$ 在点 (x_0,y_0) 的某个邻域内有定义. 给 x_0，y_0 以改变量 Δx，Δy，得到函数 z 的改变量

$$\Delta z=f(x_0+\Delta x,y_0+\Delta y)-f(x_0,y_0).$$

若 Δz 可以表示为

$$\Delta z=A\Delta x+B\Delta y+o(\rho)\quad(\rho\to 0),$$

其中 A，B 仅与点 (x_0,y_0) 有关，与 Δx，Δy 无关；且 $\rho=\sqrt{(\Delta x)^2+(\Delta y)^2}$，则称**函数 $z=f(x,y)$ 在点 (x_0,y_0) 处可微**，并称 $A\Delta x+B\Delta y$ 为**函数 $z=f(x,y)$ 在点 (x_0,y_0) 处的全微分**，记作

$$\mathrm{d}z=A\Delta x+B\Delta y.$$

若函数在区域 D 内各点处都可微，则称**函数在 D 内可微**.

显然，全微分也具有两个特性：

(1) 它是 Δx，Δy 的线性函数；

(2) 当 $\rho\to0$ 时，$\mathrm{d}z$ 与 Δz 之差是比 ρ 更高阶的无穷小量.

定理 8.2 若函数 $z=f(x,y)$ 在点 (x_0,y_0) 处可微，则必在点 (x_0,y_0) 处连续.

证 由函数可微即有

$$\Delta z = A\Delta x + B\Delta y + o(\rho)\quad(\rho\to0).$$

令 $\rho\to0$，则 $\Delta x\to0$，$\Delta y\to0$，从而 $\Delta z\to0$，即 $z=f(x,y)$ 在点 (x_0,y_0) 处连续.

定理 8.3(可微的必要条件) 若函数 $z=f(x,y)$ 在点 (x,y) 处可微，则 $z=f(x,y)$ 在点 (x,y) 的两个偏导数存在，且

$$\mathrm{d}z = \frac{\partial z}{\partial x}\Delta x + \frac{\partial z}{\partial y}\Delta y.$$

证 设函数 $z=f(x,y)$ 在点 $P(x,y)$ 处可微. 于是对点 P 的某个邻域内的任意一点 $P'(x+\Delta x,y+\Delta y)$，

$$\Delta z = A\Delta x + B\Delta y + o(\rho)\quad(\rho\to0)$$

总成立. 令 $\Delta y=0$，得

$$f(x+\Delta x,y)-f(x,y)=A\cdot\Delta x+o(|\Delta x|).$$

上式两边各除以 Δx，再令 $\Delta x\to0$，取极限得

$$\frac{\partial z}{\partial x}=\lim_{\Delta x\to0}\frac{f(x+\Delta x,y)-f(x,y)}{\Delta x}=A,$$

同样可证 $\frac{\partial z}{\partial y}=B$.

例 8.25 考察函数

$$f(x,y)=\begin{cases}\dfrac{xy}{\sqrt{x^2+y^2}}, & x^2+y^2\neq0,\\ 0, & x^2+y^2=0,\end{cases}$$

在 $(0,0)$ 处的可微性.

解 易得 $f_x(0,0)=f_y(0,0)=0$，所以

$$\Delta z-[f_x(0,0)\Delta x+f_y(0,0)\Delta y]=\frac{\Delta x\cdot\Delta y}{\sqrt{(\Delta x)^2+(\Delta y)^2}},$$

如果考虑点 $P'(\Delta x,\Delta y)$ 沿着直线 $y=x$ 趋于 $(0,0)$，则

$$\frac{\dfrac{\Delta x\cdot\Delta y}{\sqrt{(\Delta x)^2+(\Delta y)^2}}}{\rho}=\frac{\Delta x\cdot\Delta x}{(\Delta x)^2+(\Delta x)^2}=\frac{1}{2},$$

所以它不是比 ρ 高阶的无穷小量，即函数在 $(0,0)$ 处不可微.

此例说明，**偏导数存在是可微的必要条件但不是充分条件.**

定理 8.4(可微的充分条件) 若函数 $z=f(x,y)$ 的偏导数 $\frac{\partial z}{\partial x},\frac{\partial z}{\partial y}$ 在点 (x,y)

处连续,则函数在该点可微.

例 8.26　设

$$f(x,y)=\begin{cases}xy\sin\dfrac{1}{x^2+y^2}, & x^2+y^2\neq 0,\\ 0, & x^2+y^2=0,\end{cases}$$

试证明:(1) $f(x,y)$在点(0,0)处可微;(2) $f_x(x,y)$在点(0,0)处不连续.

证　(1) 易得 $f_x(0,0)=f_y(0,0)=0$,又因

$$\Delta z-(0\cdot\Delta x+0\cdot\Delta y)=(\Delta x)(\Delta y)\sin\frac{1}{(\Delta x)^2+(\Delta y)^2}=o(\rho)\quad(\rho\to 0),$$

所以 $f(x,y)$在点(0,0)处可微.

(2) 当 $x^2+y^2\neq 0$ 时,有

$$f_x(x,y)=y\sin\frac{1}{x^2+y^2}-\frac{2x^2y}{(x^2+y^2)^2}\cos\frac{1}{x^2+y^2}.$$

让点(x,y)沿直线 $y=x$ 趋于点(0,0),则

$$\lim_{\substack{(x,y)\to(0,0)\\ y=x}}f_x(x,y)=\lim_{x\to 0}\left[x\sin\frac{1}{2x^2}-\frac{1}{2x}\cos\frac{1}{2x^2}\right].$$

易知上述极限不存在,所以 $f_x(x,y)$在点(0,0)处不连续.

此例说明,**偏导数连续是函数可微的充分不必要的条件.**

以上关于二元函数全微分的定义及可微的必要条件和充分条件,可以完全类似地推广到三元和三元以上的多元函数.

习惯上,将自变量的增量 $\Delta x,\Delta y$ 分别记作 $\mathrm{d}x,\mathrm{d}y$,并分别称为**自变量 x,y 的微分**. 这样,函数 $z=f(x,y)$的全微分就可写为

$$\mathrm{d}z=\frac{\partial z}{\partial x}\mathrm{d}x+\frac{\partial z}{\partial y}\mathrm{d}y.$$

例 8.27　求函数 $z=\sin(x^2+y^2)$的全微分.

解　因为

$$\frac{\partial z}{\partial x}=2x\cos(x^2+y^2),\quad \frac{\partial z}{\partial y}=2y\cos(x^2+y^2),$$

所以

$$\mathrm{d}z=2x\cos(x^2+y^2)\mathrm{d}x+2y\cos(x^2+y^2)\mathrm{d}y.$$

例 8.28　计算函数 $z=\mathrm{e}^{xy}$在点(2,1)处的全微分.

解　因为

$$\frac{\partial z}{\partial x}=y\mathrm{e}^{xy},\quad \frac{\partial z}{\partial y}=x\mathrm{e}^{xy},$$

所以

$$\left.\frac{\partial z}{\partial x}\right|_{\substack{x=2\\ y=1}}=\mathrm{e}^2,\quad \left.\frac{\partial z}{\partial y}\right|_{\substack{x=2\\ y=1}}=2\mathrm{e}^2,$$

$$dz\big|_{\substack{x=2\\y=1}} = e^2dx + 2e^2dy.$$

例 8.29 求函数 $u=x^2y^2z^2$ 的全微分.

解 因为

$$\frac{\partial u}{\partial x} = 2xy^2z^2,\quad \frac{\partial u}{\partial y} = 2yx^2z^2,\quad \frac{\partial u}{\partial z} = 2zx^2y^2,$$

所以

$$du = 2xyz(yzdx + xzdy + xydz).$$

8.3.2 全微分在近似计算中的应用

函数 $z=f(x,y)$ 在点 (x_0,y_0) 处可微,即等式

$$\begin{aligned}\Delta z &= f(x_0+\Delta x, y_0+\Delta y) - f(x_0,y_0)\\ &= f_x(x_0,y_0)\Delta x + f_y(x_0,y_0)\Delta y + o(\rho)\quad (\rho\to 0)\end{aligned}$$

成立. 因此,当 $|\Delta x|$, $|\Delta y|$ 都充分小时,有近似公式

$$\Delta z \approx dz = f_x(x_0,y_0)\Delta x + f_y(x_0,y_0)\Delta y$$

或

$$f(x_0+\Delta x, y_0+\Delta y) \approx f(x_0,y_0) + f_x(x_0,y_0)\Delta x + f_y(x_0,y_0)\Delta y.$$

1. 利用近似公式作近似计算

例 8.30 近似计算 $(1.04)^{2.02}$ 的值.

解 令 $z=f(x,y)=x^y$, $(x_0,y_0)=(1,2)$, $\Delta x=0.04$, $\Delta y=0.02$, 则

$$f_x(1,2) = yx^{y-1}\big|_{(1,2)} = 2, f_y(1,2) = x^y\ln x\big|_{(1,2)} = 0,$$

又因 $f(1,2)=1$,于是由近似公式得

$$(1.04)^{2.02} \approx f(1,2) + f_x(1,2)\Delta x + f_y(1,2)\Delta y = 1.08.$$

例 8.31 有一圆柱体,受压后发生形变. 它的半径由 20cm 增大到 20.05cm,高度由 100cm 减少到 99cm,求此圆柱体体积变化的近似量.

解 设圆柱体的半径,高以及体积分别是 r,h,V,则

$$V = \pi r^2 h.$$

记 r,h,V 的改变量分别为 $\Delta r,\Delta h,\Delta V$,则由近似公式得

$$\begin{aligned}\Delta V \approx dV &= \frac{\partial V}{\partial r}\Delta r + \frac{\partial V}{\partial h}\Delta h\\ &= 2\pi rh\Delta r + \pi r^2\Delta h.\end{aligned}$$

将 $r=20$cm, $h=100$cm, $\Delta r=0.05$cm, $\Delta h=-1$cm 代入上式,得

$$\begin{aligned}\Delta V &\approx 2\pi\times 20\times 100\times 0.05\text{cm}^3 + \pi\times 20^2\times(-1)\text{cm}^3\\ &= -200\pi\text{cm}^3,\end{aligned}$$

即此圆柱体受压后体积大约减少了 $200\pi\text{cm}^3$.

2. 利用近似公式作误差估计

设有二元函数 $z=f(x,y)$，x,y 可以直接测得，而 z 由 $z=f(x,y)$ 来计算. 由于测量 x,y 时有误差 $\Delta x,\Delta y$，因此计算出的 z 也有误差 Δz. 设 x,y 的最大绝对误差为 $\delta x,\delta y$，即 $|\Delta x|\leqslant\delta x$，$|\Delta y|\leqslant\delta y$，则由近似公式知

$$|\Delta z|\approx|\mathrm{d}z|=|f_x(x_0,y_0)\Delta x+f_y(x_0,y_0)\Delta y|$$

$$\leqslant|f_x(x_0,y_0)|\delta x+|f_y(x_0,y_0)|\delta y=\delta z.$$

$$\left|\frac{\Delta z}{z}\right|\leqslant\frac{|f_x(x_0,y_0)|\delta x+|f_y(x_0,y_0)|\delta y}{|f(x_0,y_0)|}=\frac{\delta z}{|f(x_0,y_0)|},$$

其中 $\delta z,\dfrac{\delta z}{|z|}$ 分别是近似值 $f(x_0,y_0)$ 的最大绝对误差与最大相对误差.

例 8.32　利用单摆测重力加速度 g 的公式是

$$g=\frac{4\pi^2 l}{T^2}.$$

现测得摆长 l 与振动周期 T 分别为

$$l=(100\pm0.1)\mathrm{cm},\quad T=(2\pm0.004)\mathrm{s},$$

问由此引起的 g 的最大绝对误差和最大相对误差各是多少?

解　$\dfrac{\partial g}{\partial l}=\dfrac{4\pi^2}{T^2}$，$\dfrac{\partial g}{\partial T}=-\dfrac{8\pi^2 l}{T^3}$，所以 g 的最大绝对误差和最大相对误差分别为

$$\delta g=\left|\frac{\partial g}{\partial l}\right|\delta l+\left|\frac{\partial g}{\partial T}\right|\delta T=4\pi^2\left(\frac{1}{T^2}\delta l+\frac{2l}{T^3}\delta T\right),$$

$$\frac{\delta g}{|g|}=\frac{\delta l}{l}+\frac{2\delta T}{T}.$$

将 $l=100\mathrm{cm}$，$T=2\mathrm{s}$，$\delta l=0.1\mathrm{cm}$，$\delta T=0.004\mathrm{s}$ 代入上式，得

$$\delta g=0.5\pi^2\mathrm{cm/s^2}=4.93\mathrm{cm/s^2},$$

$$\frac{\delta g}{|g|}=\frac{0.5\pi^2}{\dfrac{4\pi^2\times100}{2^2}}=0.5\%.$$

习　题　8.3

1. 求下列函数的全微分：

(1) $z=xy+\dfrac{x}{y}$；(2) $z=\mathrm{e}^{\frac{y}{x}}$；

(3) $z=\dfrac{y}{\sqrt{x^2+y^2}}$；(4) $u=x^{yz}$；

(5) $z=x^m y^n$；(6) $r=\sqrt{x^2+y^2}$；

(7) $u=\dfrac{z}{x^2+y^2}$；(8) $u=\dfrac{1}{\sqrt{x^2+y^2}}$；

(9) $u=\sqrt{R^2-x^2-y^2-z^2}$.

2. 求下列函数在给定点的全微分：

(1) $z=x^4+y^4-4x^2y^2$, $(0,0)$, $(1,1)$；

(2) $z=x\sin(x+y)$, $(0,0)$, $\left(\dfrac{\pi}{4},\dfrac{\pi}{4}\right)$；

(3) $u=\ln(x+y^2+z^3)$, $(0,1,2)$.

3. 求函数 $u=\dfrac{x}{\sqrt{x^2+y^2}}$ 在下列给定点与给定 $\Delta x,\Delta y$ 的全微分：

(1) 点 $(0,1)$, $\Delta x=0.1$, $\Delta y=0.2$；

(2) 点 $(1,0)$, $\Delta x=0.2$, $\Delta y=0.1$.

4. 证明：$f(x,y)=\sqrt{|xy|}$ 在 $(0,0)$ 点连续，$f_x(0,0)$, $f_y(0,0)$ 存在，但 $f(x,y)$ 在 $(0,0)$ 点不可微.

5. 设 $f_x(x,y)$ 在 (x_0,y_0) 点存在，$f_y(x,y)$ 在 (x_0,y_0) 点连续，求证 $f(x,y)$ 在 (x_0,y_0) 点可微.

6. 求函数 $z=\ln(1+x^2+y^2)$ 当 $x=1,y=2$ 时的全微分.

7. 求函数 $z=\dfrac{y}{x}$ 当 $x=2,y=1,\Delta x=0.1,\Delta y=-0.2$ 时的全增量和全微分.

8. 求函数 $z=e^{xy}$ 当 $x=1,y=1,\Delta x=0.15,\Delta y=0.1$ 时的全微分.

9. 设

$$f(x,y)=\begin{cases}\dfrac{x^2y^2}{(x^2+y^2)^{3/2}}, & x^2+y^2\neq 0,\\ 0, & x^2+y^2=0.\end{cases}$$

证明：$f(x,y)$ 在点 $(0,0)$ 处连续且偏导数存在，但不可微.

8.4 多元复合函数的求导法则

8.4.1 复合函数微分法

定理 8.5 设 $z=f(u,v)$ 与 $u=u(x,y)$, $v=v(x,y)$ 构成 x,y 的复合函数 $z=f[u(x,y),v(x,y)]$. 若 $z=f(u,v)$ 可微，且 $u(x,y)$, $v(x,y)$ 对 x,y 的偏导数存在，则复合函数 $z=f[u(x,y),v(x,y)]$ 对 x,y 的偏导数存在，且有公式

$$\frac{\partial z}{\partial x}=\frac{\partial f}{\partial u}\cdot\frac{\partial u}{\partial x}+\frac{\partial f}{\partial v}\cdot\frac{\partial v}{\partial x},$$

$$\frac{\partial z}{\partial y}=\frac{\partial f}{\partial u}\cdot\frac{\partial u}{\partial y}+\frac{\partial f}{\partial v}\cdot\frac{\partial v}{\partial y}.$$

此公式称为**锁链法则**.

证 将 y 固定，若 x 有改变量 Δx，相应地，u 和 v 有改变量

$$\Delta u = u(x+\Delta x, y) - u(x, y),$$
$$\Delta v = v(x+\Delta x, y) - v(x, y),$$

从而函数 $z=f(u,v)$ 也有相应的改变量

$$\Delta z = f(u+\Delta u, v+\Delta v) - f(u, v).$$

由 $f(u,v)$ 可微知

$$\Delta z = \frac{\partial f}{\partial u}\Delta u + \frac{\partial f}{\partial v}\Delta v + o(\rho) \quad (\rho \to 0),$$

其中 $\rho=\sqrt{(\Delta u)^2+(\Delta v)^2}$. 用 Δx 除上式各项，得

$$\frac{\Delta z}{\Delta x} = \frac{\partial f}{\partial u}\cdot\frac{\Delta u}{\Delta x} + \frac{\partial f}{\partial v}\cdot\frac{\Delta v}{\Delta x} + \frac{o(\rho)}{\Delta x}.$$

显然

$$\left|\frac{o(\rho)}{\Delta x}\right| = \left|\frac{o(\rho)}{\rho}\right|\cdot\left|\frac{\rho}{\Delta x}\right| = \left|\frac{o(\rho)}{\rho}\right|\cdot\sqrt{\left(\frac{\Delta u}{\Delta x}\right)^2+\left(\frac{\Delta v}{\Delta x}\right)^2}.$$

由于已知 $u(x,y)$，$v(x,y)$ 对 x 的偏导数存在，因此当 $\Delta x\to 0$ 时，有 $\Delta u\to 0$，$\Delta v\to 0$，从而 $\rho\to 0$，且

$$\lim_{\Delta x\to 0}\frac{\Delta z}{\Delta x} = \frac{\partial f}{\partial u}\lim_{\Delta x\to 0}\frac{\Delta u}{\Delta x} + \frac{\partial f}{\partial v}\lim_{\Delta x\to 0}\frac{\Delta v}{\Delta x},$$

则

$$\frac{\partial z}{\partial x} = \frac{\partial f}{\partial u}\cdot\frac{\partial u}{\partial x} + \frac{\partial f}{\partial v}\cdot\frac{\partial v}{\partial x}.$$

同理可证

$$\frac{\partial z}{\partial y} = \frac{\partial f}{\partial u}\cdot\frac{\partial u}{\partial y} + \frac{\partial f}{\partial v}\cdot\frac{\partial v}{\partial y}.$$

例 8.33 设 $z=f(u,v)$ 可微，且 $u=x^2+y^2$，$v=xy$，求 $\frac{\partial z}{\partial x}, \frac{\partial z}{\partial y}$.

解

$$\frac{\partial z}{\partial x} = 2x\frac{\partial f}{\partial u} + y\frac{\partial f}{\partial v}.$$

再由对称性，知

$$\frac{\partial z}{\partial y} = 2y\frac{\partial f}{\partial u} + x\frac{\partial f}{\partial v}.$$

例 8.34 设 $u=f(x,y)$ 的所有二阶偏导数连续，把下列表达式转换为极坐标系中的形式：

(1) $\left(\frac{\partial u}{\partial x}\right)^2+\left(\frac{\partial u}{\partial y}\right)^2$； (2) $\frac{\partial^2 u}{\partial x^2}+\frac{\partial^2 u}{\partial y^2}$.

解 (1) 由直角坐标与极坐标之间的关系式

$$\rho=\sqrt{x^2+y^2},\quad \theta=\arctan\frac{y}{x},$$

(当然,确切地说,当点 $P(x,y)$ 位于第一、第四象限时,规定 θ 的取值范围为 $-\frac{\pi}{2}<\theta<\frac{\pi}{2}$,则 $\theta=\arctan\frac{y}{x}$,当点 $P(x,y)$ 位于第二、第三象限时,规定 θ 的取值范围为 $\frac{\pi}{2}<\theta<\frac{3\pi}{2}$,则 $\theta=\arctan\frac{y}{x}+\pi$,但按上述记法进行求导运算不会产生问题),把 ρ,θ 看成中间变量,x,y 看成自变量. 注意到

$$\frac{\partial\rho}{\partial x}=\frac{x}{\sqrt{x^2+y^2}}=\cos\theta,\quad \frac{\partial\rho}{\partial y}=\frac{y}{\sqrt{x^2+y^2}}=\sin\theta,$$

$$\frac{\partial\theta}{\partial x}=-\frac{y}{x^2+y^2}=-\frac{\sin\theta}{\rho},\quad \frac{\partial\theta}{\partial y}=\frac{x}{x^2+y^2}=\frac{\cos\theta}{\rho},$$

有

$$\frac{\partial u}{\partial x}=\frac{\partial u}{\partial\rho}\cos\theta-\frac{\partial u}{\partial\theta}\frac{\sin\theta}{\rho},\quad \frac{\partial u}{\partial y}=\frac{\partial u}{\partial\rho}\sin\theta+\frac{\partial u}{\partial\theta}\frac{\cos\theta}{\rho}.$$

两式平方后相加,得

$$\left(\frac{\partial u}{\partial x}\right)^2+\left(\frac{\partial u}{\partial y}\right)^2=\left(\frac{\partial u}{\partial\rho}\right)^2+\frac{1}{\rho^2}\left(\frac{\partial u}{\partial\theta}\right)^2.$$

(2)

$$\begin{aligned}\frac{\partial^2 u}{\partial x^2}&=\frac{\partial}{\partial\rho}\left(\frac{\partial u}{\partial x}\right)\cdot\frac{\partial\rho}{\partial x}+\frac{\partial}{\partial\theta}\left(\frac{\partial u}{\partial x}\right)\cdot\frac{\partial\theta}{\partial x}\\&=\frac{\partial}{\partial\rho}\left(\frac{\partial u}{\partial\rho}\cos\theta-\frac{\partial u}{\partial\theta}\frac{\sin\theta}{\rho}\right)\cdot\cos\theta-\frac{\partial}{\partial\theta}\left(\frac{\partial u}{\partial\rho}\cos\theta-\frac{\partial u}{\partial\theta}\frac{\sin\theta}{\rho}\right)\cdot\frac{\sin\theta}{\rho}\\&=\frac{\partial^2 u}{\partial\rho^2}\cos^2\theta-2\frac{\partial^2 u}{\partial\rho\partial\theta}\frac{\sin\theta\cos\theta}{\rho}+\frac{\partial^2 u}{\partial\theta^2}\frac{\sin^2\theta}{\rho^2}+\frac{\partial u}{\partial\theta}\frac{2\sin\theta\cos\theta}{\rho^2}+\frac{\partial u}{\partial\rho}\frac{\sin^2\theta}{\rho}.\end{aligned}$$

同理可得

$$\frac{\partial^2 u}{\partial y^2}=\frac{\partial^2 u}{\partial\rho^2}\sin^2\theta+2\frac{\partial^2 u}{\partial\rho\partial\theta}\frac{\sin\theta\cos\theta}{\rho}+\frac{\partial^2 u}{\partial\theta^2}\frac{\cos^2\theta}{\rho^2}-\frac{\partial u}{\partial\theta}\frac{2\sin\theta\cos\theta}{\rho^2}+\frac{\partial u}{\partial\rho}\frac{\cos^2\theta}{\rho}.$$

两式相加,得

$$\frac{\partial^2 u}{\partial x^2}+\frac{\partial^2 u}{\partial y^2}=\frac{\partial^2 u}{\partial\rho^2}+\frac{1}{\rho}\frac{\partial u}{\partial\rho}+\frac{1}{\rho^2}\frac{\partial^2 u}{\partial\theta^2}=\frac{1}{\rho^2}\left[\rho\frac{\partial}{\partial\rho}\left(\rho\frac{\partial u}{\partial\rho}\right)+\frac{\partial^2 u}{\partial\theta^2}\right].$$

当中间变量的个数增多时,有类似的锁链法则. 例如,当 $z=f(u,v,w)$ 可微,且 $u=u(x,y)$,$v=v(x,y)$,$w=w(x,y)$ 对 x,y 的偏导数存在时,有公式

$$\frac{\partial z}{\partial x}=\frac{\partial f}{\partial u}\cdot\frac{\partial u}{\partial x}+\frac{\partial f}{\partial v}\cdot\frac{\partial v}{\partial x}+\frac{\partial f}{\partial w}\cdot\frac{\partial w}{\partial x},$$

$$\frac{\partial z}{\partial y}=\frac{\partial f}{\partial u}\cdot\frac{\partial u}{\partial y}+\frac{\partial f}{\partial v}\cdot\frac{\partial v}{\partial y}+\frac{\partial f}{\partial w}\cdot\frac{\partial w}{\partial y}.$$

多元函数的复合关系是多种多样的,下面再对几种常见的情形给出求导公式.

情形 1　若函数 $z=f(u,v)$可微,且 $u=u(x)$和 $v=v(x)$对 x 的导数皆存在,则复合函数 $z=f[u(x),v(x)]$对 x 的导数存在,且有公式

$$\frac{\mathrm{d}z}{\mathrm{d}x}=\frac{\partial f}{\partial u}\cdot\frac{\mathrm{d}u}{\mathrm{d}x}+\frac{\partial f}{\partial v}\cdot\frac{\mathrm{d}v}{\mathrm{d}x}.$$

情形 2　若函数 $z=f(u,x,y)$可微,而 $u=u(x,y)$对 x,y 的偏导数存在,则复合函数 $z=f[u(x,y),x,y]$对 x,y 的偏导数可按下面公式求得:

$$\frac{\partial z}{\partial x}=\frac{\partial f}{\partial u}\cdot\frac{\partial u}{\partial x}+\frac{\partial f}{\partial x},\quad \frac{\partial z}{\partial y}=\frac{\partial f}{\partial u}\cdot\frac{\partial u}{\partial y}+\frac{\partial f}{\partial y}.$$

其中,等式左端的$\frac{\partial z}{\partial x}$是在复合函数 $z=f[u(x,y),x,y]$中将 y 看作常数时,对 x 求的偏导数;而等式右端的$\frac{\partial f}{\partial x}$是在函数 $z=f(u,x,y)$中将 u,y 都看作常数时,对 x 求的偏导数. 一般说来,它们并不相等. 为了区别起见,有时把右端的$\frac{\partial f}{\partial x}$写成 f'_2,表示函数 $f(u,x,y)$仅对第二个变量 x 求偏导数. 于是上述两式又可写为

$$z_x=f'_1u_x+f'_2,\quad z_y=f'_1u_y+f'_3.$$

例 8.35　设 $u=f(x,y,z)=\mathrm{e}^{x^2+y^2+z^2}$,而 $z=x^2\sin y$,求$\frac{\partial u}{\partial x}$和$\frac{\partial u}{\partial y}$.

解

$$\begin{aligned}\frac{\partial u}{\partial x}&=\frac{\partial f}{\partial x}+\frac{\partial f}{\partial z}\frac{\partial z}{\partial x}=2x\mathrm{e}^{x^2+y^2+z^2}+2z\mathrm{e}^{x^2+y^2+z^2}\cdot 2x\sin y\\&=2x(1+2x^2\sin^2 y)\mathrm{e}^{x^2+y^2+x^4\sin^2 y}.\\\frac{\partial u}{\partial y}&=\frac{\partial f}{\partial y}+\frac{\partial f}{\partial z}\frac{\partial z}{\partial y}=2y\mathrm{e}^{x^2+y^2+z^2}+2z\mathrm{e}^{x^2+y^2+z^2}\cdot x^2\cos y\\&=2(y+x^4\sin y\cos y)\mathrm{e}^{x^2+y^2+x^4\sin^2 y}.\end{aligned}$$

例 8.36　设 $z=uv+\sin t$,而 $u=\mathrm{e}^t,v=\cos t$. 求$\frac{\mathrm{d}z}{\mathrm{d}t}$.

解

$$\begin{aligned}\frac{\mathrm{d}z}{\mathrm{d}t}&=\frac{\partial z}{\partial u}\frac{\mathrm{d}u}{\mathrm{d}t}+\frac{\partial z}{\partial v}\frac{\mathrm{d}v}{\mathrm{d}t}+\frac{\partial z}{\partial t}=v\mathrm{e}^t-u\sin t+\cos t\\&=\mathrm{e}^t(\cos t-\sin t)+\cos t.\end{aligned}$$

例 8.37　设 $u=f(x,xy,xyz)$,其中 f 具有二阶连续偏导数,求 u_x,u_y,u_z 及 u_{zy}.

解

$$u_x = f'_1 + yf'_2 + yzf'_3,$$
$$u_y = xf'_2 + xzf'_3,$$
$$u_z = xyf'_3,$$
$$u_{zy} = xf'_3 + xy(f''_{32} \cdot x + f''_{33} \cdot xz) = x^2yf''_{32} + x^2yzf''_{33} + xf'_3.$$

8.4.2 一阶全微分形式的不变性

定理 8.6 设 $z=f(u,v)$，$u=u(x,y)$，$v=v(x,y)$. 若函数 $f(u,v)$，$u(x,y)$，$v(x,y)$都有连续的偏导数，则复合函数

$$z = f[u(x,y),v(x,y)]$$

在点(x,y)处的全微分 $\mathrm{d}z$ 仍可表示为

$$\mathrm{d}z = \frac{\partial z}{\partial u}\mathrm{d}u + \frac{\partial z}{\partial v}\mathrm{d}v.$$

这说明**一阶全微分的形式是不变的.**

证

$$\begin{aligned}
\mathrm{d}z &= \frac{\partial z}{\partial x}\mathrm{d}x + \frac{\partial z}{\partial y}\mathrm{d}y \\
&= \left(\frac{\partial z}{\partial u} \cdot \frac{\partial u}{\partial x} + \frac{\partial z}{\partial v} \cdot \frac{\partial v}{\partial x}\right)\mathrm{d}x + \left(\frac{\partial z}{\partial u} \cdot \frac{\partial u}{\partial y} + \frac{\partial z}{\partial v} \cdot \frac{\partial v}{\partial y}\right)\mathrm{d}y \\
&= \frac{\partial z}{\partial u}\left(\frac{\partial u}{\partial x}\mathrm{d}x + \frac{\partial u}{\partial y}\mathrm{d}y\right) + \frac{\partial z}{\partial v}\left(\frac{\partial v}{\partial x}\mathrm{d}x + \frac{\partial v}{\partial y}\mathrm{d}y\right) \\
&= \frac{\partial z}{\partial u}\mathrm{d}u + \frac{\partial z}{\partial v}\mathrm{d}v.
\end{aligned}$$

利用一阶全微分形式的不变性，容易证明多元函数全微分的四则运算法则（设u，v 为多元函数）：

(1) $\mathrm{d}(u \pm v) = \mathrm{d}u \pm \mathrm{d}v$；

(2) $\mathrm{d}(ku) = k\mathrm{d}u$（$k$ 为常数）；

(3) $\mathrm{d}(uv) = v\mathrm{d}u + u\mathrm{d}v$；

(4) $\mathrm{d}\left(\dfrac{u}{v}\right) = \dfrac{v\mathrm{d}u - u\mathrm{d}v}{v^2}$.

例 8.38 求函数 $u=\dfrac{x}{x^2+y^2+z^2}$的全微分及三个偏导数.

解

$$\begin{aligned}
\mathrm{d}u &= \frac{(x^2+y^2+z^2)\mathrm{d}x - x\mathrm{d}(x^2+y^2+z^2)}{(x^2+y^2+z^2)^2} \\
&= \frac{(y^2+z^2-x^2)\mathrm{d}x - 2xy\mathrm{d}y - 2xz\mathrm{d}z}{(x^2+y^2+z^2)^2},
\end{aligned}$$

于是得到三个偏导数

$$\frac{\partial u}{\partial x}=\frac{y^2+z^2-x^2}{(x^2+y^2+z^2)^2},$$

$$\frac{\partial u}{\partial y}=\frac{-2xy}{(x^2+y^2+z^2)^2},$$

$$\frac{\partial u}{\partial z}=\frac{-2xz}{(x^2+y^2+z^2)^2}.$$

例 8.39　设 $u=f(xy,yz,zx)$，求 u_x,u_y,u_z.

解

$$\begin{aligned}\mathrm{d}u&=f'_1\mathrm{d}(xy)+f'_2\mathrm{d}(yz)+f'_3\mathrm{d}(zx)\\&=(yf'_1+zf'_3)\mathrm{d}x+(xf'_1+zf'_2)\mathrm{d}y+(yf'_2+xf'_3)\mathrm{d}z,\end{aligned}$$

于是得到三个偏导数

$$u_x=yf'_1+zf'_3,$$

$$u_y=xf'_1+zf'_2,$$

$$u_z=yf'_2+xf'_3.$$

习　题　8.4

1. 设 $z=u^2+v^2$，而 $u=x+y,v=x-y$，求 $\frac{\partial z}{\partial x},\frac{\partial z}{\partial y}$.

2. 设 $u=f(x^2+y^2+z^2)$，求 $\frac{\partial u}{\partial x},\frac{\partial^2 u}{\partial x^2},\frac{\partial^2 u}{\partial x\partial y}$.

3. 设 $z=f\left(x,\frac{x}{y}\right)$，求 $\frac{\partial z}{\partial y},\frac{\partial^2 z}{\partial x\partial y}$.

4. 设 $u=f(x+y+z,x^2+y^2+z^2)$，求

$$\Delta u=\frac{\partial^2 u}{\partial x^2}+\frac{\partial^2 u}{\partial y^2}+\frac{\partial^2 u}{\partial z^2}.$$

5. 设 $u=f(x,y),x=\mathrm{e}^s\cos t,y=\mathrm{e}^s\sin t$，求 $\frac{\partial^2 u}{\partial s^2},\frac{\partial^2 u}{\partial t^2}$.

6. 设 $z=f(\xi,\eta),\xi=x+y,\eta=x-y$，求 $\frac{\partial z}{\partial x},\frac{\partial^2 z}{\partial x\partial y}$.

7. 设 $u=\frac{x+2y}{2x-y},x=\mathrm{e}^t,y=\mathrm{e}^{-t}$，求 $\frac{\mathrm{d}u}{\mathrm{d}t}$.

8. 若可微函数 $z=f(x,y)$ 满足方程 $xz_x+yz_y=0$，证明：$f(x,y)$ 在极坐标系里只是 θ 的函数.

9. 若可微函数 $z=f(x,y)$ 满足方程 $\frac{z_x}{x}=\frac{z_y}{y}$，证明：$f(x,y)$ 在极坐标系里只是 r 的函数.

10. 证明：函数 $z=x^nf\left(\frac{y}{x^2}\right)$（$f$ 是可微函数）满足方程

$$x\frac{\partial z}{\partial x}+2y\frac{\partial z}{\partial y}=nz.$$

11. 设二元可微函数 $F(x,y)$ 在直角坐标系中可写为

$$F(x,y)=f(x)+g(y),$$

在极坐标系中可写为 $F(x,y)=S(r)$，试求出二元函数 $F(x,y)$.

12. 设二元可微函数 $F(x,y)$ 在直角坐标系中可写为

$$F(x,y)=f(x)g(y),$$

在极坐标系中可写为 $F(x,y)=\varphi(\theta)$，试求出二元函数 $F(x,y)$.

13. 若可微函数 $f(x,y,z)$ 对任意正实数 t 满足关系式

$$f(tx,ty,tz)=t^n f(x,y,z),$$

则称 $f(x,y,z)$ 为 n 次齐次函数. 证明：n 次齐次函数满足方程

$$xf_x+yf_y+zf_z=nf(x,y,z).$$

14. 设函数 $f(x,y,z)$ 在包含原点的区域上有连续的偏导数，且满足方程：

$$xf_x+yf_y+zf_z=0,$$

证明：$u=f(x,y,z)$ 是零次齐次函数.

15. 求下列复合函数的全微分：

(1) $z=f(t), t=x+y$;

(2) $z=f(t), t=\sqrt{x^2+y^2}$.

16. 证明：函数 $u=\varphi(x-ct)+\psi(x+ct)$ 满足弦振动方程

$$c^2\frac{\partial^2 u}{\partial x^2}=\frac{\partial^2 u}{\partial t^2},$$

其中 φ,ψ 为任意次可微函数.

17. 若 $f(u,v)$ 的二阶偏导数连续，且满足拉普拉斯方程

$$\Delta f=\frac{\partial^2 f}{\partial u^2}+\frac{\partial^2 f}{\partial v^2}=0.$$

证明：函数 $z=f(x^2-y^2,2xy)$ 也满足拉普拉斯方程

$$\Delta z=\frac{\partial^2 z}{\partial x^2}+\frac{\partial^2 z}{\partial y^2}=0.$$

18. 设 $z=u^2\ln v$，而 $u=\dfrac{x}{y}, v=3x-2y$，求 $\dfrac{\partial z}{\partial x},\dfrac{\partial z}{\partial y}$.

19. 设 $z=\mathrm{e}^{x-2y}$，而 $x=\sin t, y=t^3$，求 $\dfrac{\mathrm{d}z}{\mathrm{d}t}$.

20. 设 $z=\arcsin(x-y)$，而 $x=3t, y=4t^3$，求 $\dfrac{\mathrm{d}z}{\mathrm{d}t}$.

21. 设 $z=\arctan(xy)$，而 $y=\mathrm{e}^x$，求 $\dfrac{\mathrm{d}z}{\mathrm{d}x}$.

22. 设 $u=\dfrac{\mathrm{e}^{ax}(y-z)}{a^2+1}$，而 $y=a\sin x, z=\cos x$，求 $\dfrac{\mathrm{d}u}{\mathrm{d}x}$.

23. 设 $z=\arctan\dfrac{x}{y}$，而 $x=u+v, y=u-v$，验证

$$\frac{\partial z}{\partial u}+\frac{\partial z}{\partial v}=\frac{u-v}{u^2+v^2}.$$

24. 求下列函数的一阶偏导数(其中 f 具有一阶连续偏导数)：

(1) $u=f(x^2-y^2,e^{xy})$； (2) $u=f\left(\frac{x}{y},\frac{y}{z}\right)$；

(3) $u=f(x,xy,xyz)$.

25. 设 $z=xy+xF(u)$，而 $u=\frac{y}{x}$，$F(u)$为可导函数. 证明

$$x\frac{\partial z}{\partial x}+y\frac{\partial z}{\partial y}=z+xy.$$

26. 设 $z=\frac{y}{f(x^2-y^2)}$，其中 $f(u)$为可导函数. 验证

$$\frac{1}{x}\frac{\partial z}{\partial x}+\frac{1}{y}\frac{\partial z}{\partial y}=\frac{z}{y^2}.$$

27. 设 $z=f(x^2+y^2)$，其中 f 具有二阶导数. 求$\frac{\partial^2 z}{\partial x^2},\frac{\partial^2 z}{\partial x\partial y},\frac{\partial^2 z}{\partial y^2}$.

28. 求下列函数的$\frac{\partial^2 z}{\partial x^2},\frac{\partial^2 z}{\partial x\partial y},\frac{\partial^2 z}{\partial y^2}$(其中 f 具有二阶连续偏导数)：

(1) $z=f(xy,y)$； (2) $z=f\left(x,\frac{x}{y}\right)$；

(3) $z=f(xy^2,x^2y)$； (4) $z=f(\sin x,\cos y,e^{x+y})$.

29. 设 $u=f(x,y)$的所有二阶偏导数连续，而

$$x=\frac{s-\sqrt{3}t}{2},\quad y=\frac{\sqrt{3}s+t}{2}.$$

证明

$$\left(\frac{\partial u}{\partial x}\right)^2+\left(\frac{\partial u}{\partial y}\right)^2=\left(\frac{\partial u}{\partial s}\right)^2+\left(\frac{\partial u}{\partial t}\right)^2$$

及

$$\frac{\partial^2 u}{\partial x^2}+\frac{\partial^2 u}{\partial y^2}=\frac{\partial^2 u}{\partial s^2}+\frac{\partial^2 u}{\partial t^2}.$$

30. 设 $u=x^y$，而 $x=\varphi(t)$，$y=\psi(t)$都是可微函数. 求$\frac{du}{dt}$.

31. 作自变量变换 $\xi=x,\eta=y-x,\zeta=z-x$. 求方程

$$\frac{\partial u}{\partial x}+\frac{\partial u}{\partial y}+\frac{\partial u}{\partial z}=0$$

的解.

32. 作自变量变换 $u=x,v=xy$. 求方程

$$x\frac{\partial z}{\partial x}-y\frac{\partial z}{\partial y}=0$$

的解.

33. 作线性变换

$$\xi=ax+by,\quad \eta=cx+dy,$$

将方程

$$3\frac{\partial^2 u}{\partial x^2}-4\frac{\partial^2 u}{\partial x\partial y}+\frac{\partial^2 u}{\partial y^2}=0$$

化为$\frac{\partial^2 u}{\partial\xi\partial\eta}=0$，从而求方程的解.

34. 在函数类 $u=f(\sqrt{x^2+y^2+z^2})$ 中求解拉普拉斯方程

$$\frac{\partial^2 u}{\partial x^2}+\frac{\partial^2 u}{\partial y^2}+\frac{\partial^2 u}{\partial z^2}=0.$$

35. 试作自变量变换 $\xi=x+t,\eta=x-t$，求解弦振动方程 $u_{x^2}=u_{t^2}$.

36. 用变换 $x=e^s,y=e^t$ 来变换方程

$$ax^2u_{x^2}+2bxyu_{xy}+cy^2u_{y^2}=0.$$

37. 在函数类 $u=f(\sqrt{x^2+y^2+z^2},t)$ 中求解方程

$$\frac{\partial^2 u}{\partial x^2}+\frac{\partial^2 u}{\partial y^2}+\frac{\partial^2 u}{\partial z^2}=\frac{\partial^2 u}{\partial t^2}.$$

38. 设 $z=f(u,v,w)$ 具有连续偏导数，而

$$u=\eta-\zeta,\quad v=\zeta-\xi,\quad w=\xi-\eta,$$

求$\frac{\partial z}{\partial\xi},\frac{\partial z}{\partial\eta},\frac{\partial z}{\partial\zeta}$.

39. 设 $z=f(u,x,y),u=xe^y$，其中 f 具有连续的二阶偏导数. 求$\frac{\partial^2 z}{\partial x\partial y}$.

8.5 隐函数的求导公式

8.5.1 一个方程的情形

隐函数存在定理 1 设函数 $F(x,y)$ 在点 $P(x_0,y_0)$ 的某一邻域内具有连续偏导数，且 $F(x_0,y_0)=0,F_y(x_0,y_0)\neq 0$，则方程 $F(x,y)=0$ 在点 (x_0,y_0) 的某一邻域内恒能唯一确定一个连续且具有连续导数的函数 $y=f(x)$. 它满足条件 $y_0=f(x_0)$，并有

$$\frac{dy}{dx}=-\frac{F_x}{F_y}.$$

这个定理本书不作证明，仅就导数公式作如下推导：

将 $F(x,y)=0$ 所确定的函数 $y=f(x)$ 代入 $F(x,y)=0$，得恒等式

$$F(x,f(x))\equiv 0.$$

上式两边对 x 求导得

$$\frac{\partial F}{\partial x}+\frac{\partial F}{\partial y}\frac{dy}{dx}=0,$$

于是得

$$\frac{dy}{dx}=-\frac{F_x}{F_y}.$$

如果 $F(x,y)$ 的二阶偏导数都连续，则

$$\frac{\mathrm{d}^2 y}{\mathrm{d}x^2}=-\frac{\left(F_{xx}+F_{xy}\frac{\mathrm{d}y}{\mathrm{d}x}\right)F_y-F_x\left(F_{yx}+F_{yy}\frac{\mathrm{d}y}{\mathrm{d}x}\right)}{(F_y)^2}$$

$$=-\frac{F_{xx}F_y^2-2F_{xy}F_xF_y+F_{yy}F_x^2}{F_y^3}.$$

例 8.40　验证方程 $x^2+y^2-1=0$ 在点(0,1)的某一邻域内能唯一确定一个有连续导数，当 $x=0$ 时 $y=1$ 的隐函数 $y=f(x)$，并求此函数的一阶与二阶导数在 $x=0$ 的值.

解　设 $F(x,y)=x^2+y^2-1$，则 $F_x=2x,F_y=2y,F(0,1)=0,F_y(0,1)=2\neq 0$. 因此由隐函数存在定理 1 可知，方程 $x^2+y^2-1=0$ 在点(0,1)的某邻域内能唯一确定一个有连续导数，当 $x=0$ 时 $y=1$ 的函数 $y=f(x)$.

下面求此函数的一阶及二阶导数.

$$\frac{\mathrm{d}y}{\mathrm{d}x}=-\frac{F_x}{F_y}=-\frac{x}{y},\quad \left.\frac{\mathrm{d}y}{\mathrm{d}x}\right|_{\substack{x=0\\y=1}}=0;$$

$$\frac{\mathrm{d}^2 y}{\mathrm{d}x^2}=-\frac{y-xy'}{y^2},\quad \left.\frac{\mathrm{d}^2 y}{\mathrm{d}x^2}\right|_{\substack{x=0\\y=1}}=-1.$$

隐函数定理还可以推广到更多元函数的情形.

隐函数存在定理 2　设函数 $F(x,y,z)$在点 $P(x_0,y_0,z_0)$的某一邻域内具有连续偏导数，且 $F(x_0,y_0,z_0)=0,F_z(x_0,y_0,z_0)\neq 0$，则方程 $F(x,y,z)=0$ 在点(x_0,y_0,z_0)的某一邻域内恒能唯一确定一个连续且具有连续偏导数的函数 $z=f(x,y)$，它满足条件 $z_0=f(x_0,y_0)$，且有

$$\frac{\partial z}{\partial x}=-\frac{F_x}{F_z},\quad \frac{\partial z}{\partial y}=-\frac{F_y}{F_z}.$$

这个定理本书也不作证明，仅就偏导数公式作如下推导：

由于

$$F(x,y,f(x,y))\equiv 0,$$

两边分别对 x 和 y 求偏导得

$$F_x+F_z\frac{\partial z}{\partial x}=0,\quad F_y+F_z\frac{\partial z}{\partial y}=0.$$

于是得

$$\frac{\partial z}{\partial x}=-\frac{F_x}{F_z},\quad \frac{\partial z}{\partial y}=-\frac{F_y}{F_z}.$$

例 8.41　求由方程 $\mathrm{e}^{-xy}-2z+\mathrm{e}^z=0$ 所确定的隐函数 $z=z(x,y)$的偏导数 z_x,z_y 及 z_{x^2}.

解　方法一　利用公式

设 $F(x,y,z)=\mathrm{e}^{-xy}-2z+\mathrm{e}^z$，则

$$F_x = -ye^{-xy}, \quad F_y = -xe^{-xy}, \quad F_z = -2 + e^z,$$

所以

$$z_x = -\frac{F_x}{F_z} = \frac{ye^{-xy}}{e^z - 2}, \quad z_y = -\frac{F_y}{F_z} = \frac{xe^{-xy}}{e^z - 2}.$$

进而

$$z_{x^2} = \frac{\partial}{\partial x}\left(\frac{ye^{-xy}}{e^z - 2}\right) = y\frac{-ye^{-xy}(e^z - 2) - e^{-xy}e^z\dfrac{ye^{-xy}}{e^z - 2}}{(e^z - 2)^2}$$

$$= -\frac{y^2e^{-xy}\left[(e^z - 2)^2 + e^z e^{-xy}\right]}{(e^z - 2)^3}.$$

方法二 方程两边直接求偏导

$$-ye^{-xy} - 2z_x + e^z z_x = 0,$$

解得

$$z_x = \frac{ye^{-xy}}{e^z - 2}.$$

由对称性得

$$z_y = \frac{xe^{-xy}}{e^z - 2}.$$

在 $-ye^{-xy} - 2z_x + e^z z_x = 0$ 两边再对 x 求偏导,得

$$(-y)^2 e^{-xy} - 2z_{x^2} + e^z z_x z_x + e^z z_{x^2} = 0.$$

解得

$$z_{x^2} = -\frac{y^2e^{-xy}\left[(e^z - 2)^2 + e^z e^{-xy}\right]}{(e^z - 2)^3}.$$

方法三 利用全微分

$$d(e^{-xy} - 2z + e^z) = 0,$$

所以

$$-e^{-xy}(xdy + ydx) - 2dz + e^z dz = 0,$$

$$dz = \frac{ye^{-xy}}{e^z - 2}dx + \frac{xe^{-xy}}{e^z - 2}dy.$$

于是得

$$z_x = \frac{ye^{-xy}}{e^z - 2}, \quad z_y = \frac{xe^{-xy}}{e^z - 2},$$

进而求得

$$z_{x^2} = -\frac{y^2e^{-xy}\left[(e^z - 2)^2 + e^z e^{-xy}\right]}{(e^z - 2)^3}.$$

8.5.2　方程组的情形

隐函数存在定理 3　设 $F(x,y,u,v)$,$G(x,y,u,v)$在点 $P(x_0,y_0,u_0,v_0)$的某一邻域内具有对各个变量的连续偏导数,又 $F(x_0,y_0,u_0,v_0)=0$,$G(x_0,y_0,u_0,v_0)=0$,且偏导数所组成的雅可比行列式

$$J=\frac{\partial(F,G)}{\partial(u,v)}=\begin{vmatrix}\dfrac{\partial F}{\partial u} & \dfrac{\partial F}{\partial v}\\ \dfrac{\partial G}{\partial u} & \dfrac{\partial G}{\partial v}\end{vmatrix}$$

在点 $P(x_0,y_0,u_0,v_0)$不等于零,则方程组 $F(x,y,u,v)=0$,$G(x,y,u,v)=0$ 在点 $P(x_0,y_0,u_0,v_0)$的某一邻域内恒能唯一确定一组连续且具有连续偏导数的函数 $u=u(x,y)$,$v=v(x,y)$,它们满足条件 $u_0=u(x_0,y_0)$,$v_0=v(x_0,y_0)$,并有

$$\frac{\partial u}{\partial x}=-\frac{1}{J}\frac{\partial(F,G)}{\partial(x,v)}=-\frac{\begin{vmatrix}F_x & F_v\\ G_x & G_v\end{vmatrix}}{\begin{vmatrix}F_u & F_v\\ G_u & G_v\end{vmatrix}},$$

$$\frac{\partial v}{\partial x}=-\frac{1}{J}\frac{\partial(F,G)}{\partial(u,x)}=-\frac{\begin{vmatrix}F_u & F_x\\ G_u & G_x\end{vmatrix}}{\begin{vmatrix}F_u & F_v\\ G_u & G_v\end{vmatrix}},$$

$$\frac{\partial u}{\partial y}=-\frac{1}{J}\frac{\partial(F,G)}{\partial(y,v)}=-\frac{\begin{vmatrix}F_y & F_v\\ G_y & G_v\end{vmatrix}}{\begin{vmatrix}F_u & F_v\\ G_u & G_v\end{vmatrix}},$$

$$\frac{\partial v}{\partial y}=-\frac{1}{J}\frac{\partial(F,G)}{\partial(u,y)}=-\frac{\begin{vmatrix}F_u & F_y\\ G_u & G_y\end{vmatrix}}{\begin{vmatrix}F_u & F_v\\ G_u & G_v\end{vmatrix}},$$

这个定理也不作证明,仅就偏导数公式作如下推导:

由于

$$F[x,y,u(x,y),v(x,y)]\equiv 0,$$
$$G[x,y,u(x,y),v(x,y)]\equiv 0,$$

两边分别对 x 求偏导,得

$$\begin{cases}F_x+F_u\dfrac{\partial u}{\partial x}+F_v\dfrac{\partial v}{\partial x}=0,\\ G_x+G_u\dfrac{\partial u}{\partial x}+G_v\dfrac{\partial v}{\partial x}=0.\end{cases}$$

解此方程组,得

$$\frac{\partial u}{\partial x}=-\frac{1}{J}\frac{\partial(F,G)}{\partial(x,v)}=-\frac{\begin{vmatrix}F_x & F_v\\ G_x & G_v\end{vmatrix}}{\begin{vmatrix}F_u & F_v\\ G_u & G_v\end{vmatrix}},\quad \frac{\partial v}{\partial x}=-\frac{1}{J}\frac{\partial(F,G)}{\partial(u,x)}=-\frac{\begin{vmatrix}F_u & F_x\\ G_u & G_x\end{vmatrix}}{\begin{vmatrix}F_u & F_v\\ G_u & G_v\end{vmatrix}}.$$

同理可得

$$\frac{\partial u}{\partial y}=-\frac{1}{J}\frac{\partial(F,G)}{\partial(y,v)}=-\frac{\begin{vmatrix}F_y & F_v\\ G_y & G_v\end{vmatrix}}{\begin{vmatrix}F_u & F_v\\ G_u & G_v\end{vmatrix}},\quad \frac{\partial v}{\partial y}=-\frac{1}{J}\frac{\partial(F,G)}{\partial(u,y)}=-\frac{\begin{vmatrix}F_u & F_y\\ G_u & G_y\end{vmatrix}}{\begin{vmatrix}F_u & F_v\\ G_u & G_v\end{vmatrix}}.$$

例 8.42 设 $xu-yv=0, yu+xv=1$,求$\frac{\partial u}{\partial x},\frac{\partial u}{\partial y},\frac{\partial v}{\partial x}$和$\frac{\partial v}{\partial y}$.

解 方法一 利用公式(略).

方法二 将所给方程两边求导,得

$$\begin{cases}x\dfrac{\partial u}{\partial x}-y\dfrac{\partial v}{\partial x}=-u,\\ y\dfrac{\partial u}{\partial x}+x\dfrac{\partial v}{\partial x}=-v.\end{cases}$$

解此方程组,得

$$\frac{\partial u}{\partial x}=-\frac{xu+yv}{x^2+y^2},\quad \frac{\partial v}{\partial x}=\frac{yu-xv}{x^2+y^2}.$$

同理可得

$$\frac{\partial u}{\partial y}=\frac{xv-yu}{x^2+y^2},\quad \frac{\partial v}{\partial y}=-\frac{xu+yv}{x^2+y^2}.$$

例 8.43 设函数 $x=x(u,v), y=y(u,v)$在点(u,v)的某一邻域内连续且有连续偏导数,且

$$\frac{\partial(x,y)}{\partial(u,v)}\neq 0.$$

(1) 证明方程组

$$\begin{cases}x=x(u,v),\\ y=y(u,v)\end{cases}$$

在点(x,y,u,v)的某一邻域内唯一确定一组连续且具有连续偏导数的反函数 $u=u(x,y), v=v(x,y)$.

(2) 求反函数 $u=u(x,y), v=v(x,y)$对 x,y 的偏导数.

解 (1) 将方程组改写成下面的形式:

$$\begin{cases}F(x,y,u,v)\equiv x-x(u,v)=0,\\ G(x,y,u,v)\equiv y-y(u,v)=0.\end{cases}$$

按假定

$$J=\frac{\partial(F,G)}{\partial(u,v)}=\frac{\partial(x,y)}{\partial(u,v)}\neq 0.$$

由隐函数存在定理 3,即得结论.

(2) 将反函数 $u=u(x,y),v=v(x,y)$带入原方程组,得

$$\begin{cases}x\equiv x[u(x,y),v(x,y)],\\ y\equiv y[u(x,y),v(x,y)].\end{cases}$$

两边分别对 x 求偏导数,得

$$\begin{cases}1=\dfrac{\partial x}{\partial u}\cdot\dfrac{\partial u}{\partial x}+\dfrac{\partial x}{\partial v}\cdot\dfrac{\partial v}{\partial x},\\ 0=\dfrac{\partial y}{\partial u}\cdot\dfrac{\partial u}{\partial x}+\dfrac{\partial y}{\partial v}\cdot\dfrac{\partial v}{\partial x},\end{cases}$$

解得

$$\frac{\partial u}{\partial x}=\frac{1}{J}\frac{\partial y}{\partial v},\quad \frac{\partial v}{\partial x}=-\frac{1}{J}\frac{\partial y}{\partial u}.$$

同理可得

$$\frac{\partial u}{\partial y}=-\frac{1}{J}\frac{\partial x}{\partial v},\quad \frac{\partial v}{\partial y}=\frac{1}{J}\frac{\partial x}{\partial u}.$$

习　题　8.5

1. 设 $\sin y+\mathrm{e}^x-xy^2=0$. 求$\dfrac{\mathrm{d}y}{\mathrm{d}x}$.

2. 求由下列方程确定的函数 $z=z(x,y)$的所有一阶偏导数:

(1) $x^n+y^n+z^n=a^n$; (2) $x+y+z=\mathrm{e}^{x+y+z}$;

(3) $\dfrac{x}{z}=\ln\dfrac{z}{y}$; (4) $z^x=y^z$.

3. 设 $z^3-3xyz=a^3$. 求 z_x,z_y,z_{x^2}.

4. 设 $x+y+z=\mathrm{e}^z$. 求$\dfrac{\partial^2 z}{\partial x\partial y}$.

5. 设 $z=\sqrt{x^2-y^2}\tan\dfrac{z}{\sqrt{x^2-y^2}}$. 求$\dfrac{\partial z}{\partial y},\dfrac{\partial^2 z}{\partial y^2}$.

6. 设 $F(x,x+y,x+y+z)=0$. 求 z_x,z_y.

7. 求由下列方程所确定的函数 $z=z(x,y)$的全微分:

(1) $z=f(xz,z-y)$;

(2) $f(x-y,y-z,z-x)=0$;

(3) $f(x,x+y,x+y+z)=0$.

8. 设 $x=u+v,y=u^2+v^2,z=u^3+v^3$ 确定函数 $z=z(x,y)$. 求$\dfrac{\partial z}{\partial x},\dfrac{\partial z}{\partial y}$.

9. 设 $x=\cos\varphi\cos\theta, y=\cos\varphi\sin\theta, z=\sin\varphi$，确定函数 $z=z(x,y)$. 求$\frac{\partial z}{\partial x}$.

10. 函数 $z=z(x,y)$由方程

$$x^2+y^2+z^2=yf\left(\frac{z}{y}\right)$$

所确定. 证明

$$(x^2-y^2-z^2)\frac{\partial z}{\partial x}+2xy\frac{\partial z}{\partial y}=2xz.$$

11. 函数 $z=z(x,y)$由方程

$$F\left(x+\frac{z}{y},y+\frac{z}{x}\right)=0$$

所确定. 证明

$$x\frac{\partial z}{\partial x}+y\frac{\partial z}{\partial y}=z-xy.$$

12. 函数 $u=u(x,y,z)$由方程

$$F(u^2-x^2,u^2-y^2,u^2-z^2)=0$$

所确定. 证明

$$\frac{u_x}{x}+\frac{u_y}{y}+\frac{u_z}{z}=\frac{1}{u}.$$

13. 设 $x^2+y^2=\frac{1}{2}z^2, x+y+z=2$. 求$\frac{\mathrm{d}x}{\mathrm{d}z},\frac{\mathrm{d}y}{\mathrm{d}z}$在 $x=1,y=-1,z=2$ 时的值.

14. 设 $u+v=x+y, \frac{\sin u}{\sin v}=\frac{x}{y}$. 求 $\mathrm{d}u, \mathrm{d}v$.

15. 设 $x=t+t^{-1}, y=t^2+t^{-2}, z=t^3+t^{-3}$. 求$\frac{\mathrm{d}y}{\mathrm{d}x},\frac{\mathrm{d}z}{\mathrm{d}x},\frac{\mathrm{d}^2y}{\mathrm{d}x^2}$和$\frac{\mathrm{d}^2z}{\mathrm{d}x^2}$.

16. 设 $\ln\sqrt{x^2+y^2}=\arctan\frac{y}{x}$. 求$\frac{\mathrm{d}y}{\mathrm{d}x}$.

17. 设 $x+2y+z-2\sqrt{xyz}=0$. 求$\frac{\partial z}{\partial x}$及$\frac{\partial z}{\partial y}$.

18. 设$\frac{x}{z}=\ln\frac{z}{y}$. 求$\frac{\partial z}{\partial x}$及$\frac{\partial z}{\partial y}$.

19. 设 $2\sin(x+2y-3z)=x+2y-3z$. 证明$\frac{\partial z}{\partial x}+\frac{\partial z}{\partial y}=1$.

20. 设 $x=x(y,z), y=y(x,z), z=z(x,y)$都是由方程 $F(x,y,z)=0$ 所确定的具有连续偏导数的函数. 证明

$$\frac{\partial x}{\partial y}\cdot\frac{\partial y}{\partial z}\cdot\frac{\partial z}{\partial x}=-1.$$

21. 设 $\Phi(u,v)$具有连续偏函数. 证明：由方程 $\Phi(cx-az,cy-bz)=0$ 所确定的函数 $z=f(x,y)$满足 $a\frac{\partial z}{\partial x}+b\frac{\partial z}{\partial y}=c$.

22. 设 $\mathrm{e}^z-xyz=0$，求$\frac{\partial^2 z}{\partial x^2}$.

23. 设 $z^3-3xyz=a^3$,求$\frac{\partial^2 z}{\partial x\partial y}$.

24. 求由下列方程组所确定的函数的导数或偏导数:

(1) 设$\begin{cases} z=x^2+y^2, \\ x^2+2y^2+3z^2=20, \end{cases}$求$\frac{\mathrm{d}y}{\mathrm{d}x}$,$\frac{\mathrm{d}z}{\mathrm{d}x}$;

(2) 设$\begin{cases} x+y+z=0, \\ x^2+y^2+z^2=1, \end{cases}$求$\frac{\mathrm{d}x}{\mathrm{d}z}$,$\frac{\mathrm{d}y}{\mathrm{d}z}$;

(3) 设$\begin{cases} u=f(ux,v+y), \\ v=g(u-x,v^2y), \end{cases}$其中 f,g 具有一阶连续偏导数,求$\frac{\partial u}{\partial x}$,$\frac{\partial v}{\partial x}$;

(4) 设$\begin{cases} x=\mathrm{e}^u+u\sin v, \\ y=\mathrm{e}^u-u\cos v, \end{cases}$求$\frac{\partial u}{\partial x}$,$\frac{\partial u}{\partial y}$,$\frac{\partial v}{\partial x}$,$\frac{\partial v}{\partial y}$.

25. 设 $y=f(x,t)$,而 $t=t(x,y)$是由方程 $F(x,y,t)=0$ 所确定的函数,其中 f,F 都具有一阶连续偏导数.试证明

$$\frac{\mathrm{d}y}{\mathrm{d}x}=\frac{\frac{\partial f}{\partial x}\frac{\partial F}{\partial t}-\frac{\partial f}{\partial t}\frac{\partial F}{\partial x}}{\frac{\partial f}{\partial t}\frac{\partial F}{\partial y}+\frac{\partial F}{\partial t}}.$$

26. 设 $x=\mathrm{e}^u\cos v$,$y=\mathrm{e}^u\sin v$,$z=uv$.试求$\frac{\partial z}{\partial x}$和$\frac{\partial z}{\partial y}$.

8.6 多元函数微分学的几何应用

8.6.1 空间曲线的切线与法平面

设空间曲线 L 的参数方程为

$$x=x(t),\quad y=y(t),\quad z=z(t)\quad (t\text{ 为参数}),$$

其中 $x'(t)$,$y'(t)$,$z'(t)$都存在.点 $M_0(x_0,y_0,z_0)$为曲线 L 上一点,它对应于参数 t_0,即 $x_0=x(t_0)$,$y_0=y(t_0)$,$z_0=z(t_0)$.设 $x'(t_0)$,$y'(t_0)$,$z'(t_0)$不全为零,试求曲线 L 在点 M_0 处的切线方程与法平面方程.显然,关键是求出切线的方向向量 $\boldsymbol{T}$.

对于空间曲线,其切线的定义仍为割线的极限位置.因此,只要先求割线的方向向量,再取极限即可.

在曲线 L 上点 M_0 附近任取一点 $M(x(t),y(t),z(t))$,于是割线 M_0M 的方向向量为

$$\{x(t)-x(t_0),y(t)-y(t_0),z(t)-z(t_0)\},$$

除以$(t-t_0)$后,向量

$$\left\{\frac{x(t)-x(t_0)}{t-t_0},\frac{y(t)-y(t_0)}{t-t_0},\frac{z(t)-z(t_0)}{t-t_0}\right\}$$

仍是割线 M_0M 的方向向量.让点 M 沿着曲线 L 趋向于点 M_0,此时 $t\to t_0$,割线的

方向向量就趋向于曲线 L 在点 M_0 处切线的方向向量 $\boldsymbol{T}$,即

$$\begin{aligned}\boldsymbol{T}&=\left\{\lim_{t\to t_0}\frac{x(t)-x(t_0)}{t-t_0},\lim_{t\to t_0}\frac{y(t)-y(t_0)}{t-t_0},\lim_{t\to t_0}\frac{z(t)-z(t_0)}{t-t_0}\right\}\\&=\{x'(t_0),y'(t_0),z'(t_0)\}.\end{aligned}$$

从而得到曲线 L 在点 M_0 处的切线方程

$$\frac{x-x_0}{x'(t_0)}=\frac{y-y_0}{y'(t_0)}=\frac{z-z_0}{z'(t_0)},$$

以及曲线 L 在点 M_0 处的法平面方程

$$x'(t_0)(x-x_0)+y'(t_0)(y-y_0)+z'(t_0)(z-z_0)=0.$$

例 8.44 求曲线 $x=t,y=t^2,z=t^3$ 在点(1,1,1)处的切线方程与法平面方程.

解 易知点(1,1,1)对应于参数 $t=1$. 由

$$x'(t)=1,\quad y'(t)=2t,\quad z'(t)=3t^2,$$

得曲线在点(1,1,1)处切线的方向向量 $\boldsymbol{T}=\{1,2,3\}$. 所以,曲线在点(1,1,1)处的切线方程为

$$\frac{x-1}{1}=\frac{y-1}{2}=\frac{z-1}{3},$$

法平面方程为

$$(x-1)+2(y-1)+3(z-1)=0,$$

即

$$x+2y+3z-6=0.$$

如果空间曲线 Γ 的方程以

$$\begin{cases}y=\varphi(x),\\z=\psi(x)\end{cases}$$

的形式给出,取 x 为参数,它就可以表示为参数方程的形式

$$\begin{cases}x=x,\\y=\varphi(x),\\z=\psi(x).\end{cases}$$

若 $\varphi(x),\psi(x)$ 都在 $x=x_0$ 处可导,则切线的方向向量为 $\boldsymbol{T}=\{1,\varphi'(x_0),\psi'(x_0)\}$,因此曲线 Γ 在点 $M(x_0,y_0,z_0)$ 处的切线方程为

$$\frac{x-x_0}{1}=\frac{y-y_0}{\varphi'(x_0)}=\frac{z-z_0}{\psi'(x_0)},$$

在点 $M(x_0,y_0,z_0)$ 处的法平面方程为

$$(x-x_0)+\varphi'(x_0)(y-y_0)+\psi'(x_0)(z-z_0)=0.$$

设空间曲线 Γ 的方程以

$$\begin{cases} F(x,y,z)=0, \\ G(x,y,z)=0 \end{cases}$$

的形式给出,$M(x_0,y_0,z_0)$是曲线 Γ 上的一个点. 又设 F,G 对各个变量有连续的偏导数. 这种形式意思是曲线 Γ 用曲面 $F(x,y,z)=0$ 和 $G(x,y,z)=0$ 的交线给出. 从几何上看,$M(x_0,y_0,z_0)$处曲线 Γ 的切线的方向向量垂直于两个曲面在点 $M(x_0,y_0,z_0)$处的切平面的法向量. 后面会导出曲面 $F(x,y,z)=0$ 在 $M(x_0,y_0,z_0)$处的切平面的法向量为$\left(\frac{\partial F}{\partial x},\frac{\partial F}{\partial y},\frac{\partial F}{\partial z}\right)_{(x_0,y_0,z_0)}$,曲面 $G(x,y,z)=0$ 在 $M(x_0,y_0,z_0)$处的切平面的法向量为$\left(\frac{\partial G}{\partial x},\frac{\partial G}{\partial y},\frac{\partial G}{\partial z}\right)_{(x_0,y_0,z_0)}$,所以 $M(x_0,y_0,z_0)$处曲线 Γ 的切线的方向向量 $\boldsymbol{T}$ 可取为

$$\boldsymbol{T}=\begin{vmatrix} \boldsymbol{i} & \boldsymbol{j} & \boldsymbol{k} \\ \frac{\partial F}{\partial x} & \frac{\partial F}{\partial y} & \frac{\partial F}{\partial z} \\ \frac{\partial G}{\partial x} & \frac{\partial G}{\partial y} & \frac{\partial G}{\partial z} \end{vmatrix}=\left\{\begin{vmatrix} F_y & F_z \\ G_y & G_z \end{vmatrix}_M,\begin{vmatrix} F_z & F_x \\ G_z & G_x \end{vmatrix}_M,\begin{vmatrix} F_x & F_y \\ G_x & G_y \end{vmatrix}_M\right\},$$

于是曲线 Γ 在 $M(x_0,y_0,z_0)$处的切线方程为

$$\frac{x-x_0}{\begin{vmatrix} F_y & F_z \\ G_y & G_z \end{vmatrix}_M}=\frac{y-y_0}{\begin{vmatrix} F_z & F_x \\ G_z & G_x \end{vmatrix}_M}=\frac{z-z_0}{\begin{vmatrix} F_x & F_y \\ G_x & G_y \end{vmatrix}_M},$$

在 $M(x_0,y_0,z_0)$处的法平面方程为

$$\begin{vmatrix} F_y & F_z \\ G_y & G_z \end{vmatrix}_M(x-x_0)+\begin{vmatrix} F_z & F_x \\ G_z & G_x \end{vmatrix}_M(y-y_0)+\begin{vmatrix} F_x & F_y \\ G_x & G_y \end{vmatrix}_M(z-z_0)=0.$$

例 8.45　求曲线 $x^2+y^2+z^2=6,x+y+z=0$ 在点$(1,-2,1)$处的切线方程与法平面方程.

解　方法一　利用公式(略).

方法二　把曲线的方程设想为以 x 为参数的参数方程来求切向量.

所给方程两边对 x 求导,得

$$\begin{cases} y\frac{\mathrm{d}y}{\mathrm{d}x}+z\frac{\mathrm{d}z}{\mathrm{d}x}=-x, \\ \frac{\mathrm{d}y}{\mathrm{d}x}+\frac{\mathrm{d}z}{\mathrm{d}x}=-1, \end{cases}$$

解得

$$\frac{\mathrm{d}y}{\mathrm{d}x}=\frac{z-x}{y-z},\quad \frac{\mathrm{d}z}{\mathrm{d}x}=\frac{x-y}{y-z},$$

$$\left.\frac{\mathrm{d}y}{\mathrm{d}x}\right|_{(1,-2,1)}=0,\quad \left.\frac{\mathrm{d}z}{\mathrm{d}x}\right|_{(1,-2,1)}=-1.$$

从而

$$\boldsymbol{T}=\{1,0,-1\}.$$

所求切线方程为

$$\frac{x-1}{1}=\frac{y+2}{0}=\frac{z-1}{-1}.$$

法平面方程为

$$(x-1)+0\cdot(y+2)-(z-1)=0,$$

即

$$x-z=0.$$

8.6.2 曲面的切平面与法线

本书先给出曲面的切平面定义与法线定义.

在曲面 S 上过点 M_0 任意作一条曲线,假定曲线在该点的切线存在. 如果所有这种曲线在点 M_0 处的切线都在同一平面上,那么这个平面就称为**曲面 S 在点 M_0 处的切平面**. 过点 M_0 且与切平面垂直的直线称为**曲面 S 在点 M_0 处的法线**.

下面求曲面的切平面方程与法线方程.

设曲面 S 的方程为

$$F(x,y,z)=0,$$

$M_0(x_0,y_0,z_0)$ 为曲面 S 上一点. 假定函数 $F(x,y,z)$ 可微,且 F_x,F_y,F_z 在点 M_0 处不全为零.

在曲面 S 上过点 M_0 任作一条曲线 L(图 8.8),设其方程为

$$x=\varphi(t),\quad y=\psi(t),\quad z=\omega(t),$$

并设点 M_0 对应于参数 t_0. 假定 $\varphi(t),\psi(t),\omega(t)$ 可微,且 $\varphi'(t_0),\psi'(t_0),\omega'(t_0)$ 不全为零. 我们不难求出切平面的法向量. 因为曲线 L 在曲面 S 上,所以有

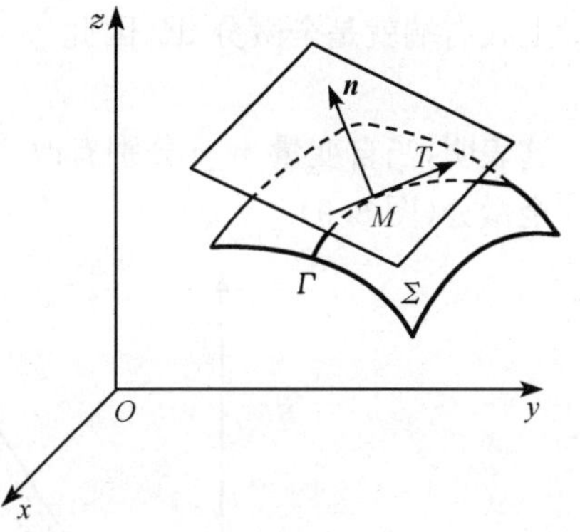

图 8.8

$$F[\varphi(t),\psi(t),\omega(t)]\equiv 0.$$

将上式两边在 t_0 处对 t 求导,得

$$F_x(x_0,y_0,z_0)\varphi'(t_0)+F_y(x_0,y_0,z_0)\psi'(t_0)+F_z(x_0,y_0,z_0)\omega'(t_0)=0.$$

此式表明,向量

$$\boldsymbol{n}=\{F_x(x_0,y_0,z_0),F_y(x_0,y_0,z_0),F_z(x_0,y_0,z_0)\}$$

与曲面 S 上过点 M_0 的任一条曲线 L 的切向量

$$\boldsymbol{T}=\{\varphi'(t_0),\psi'(t_0),\omega'(t_0)\}$$

都垂直,因此 $\boldsymbol{n}$ 就是切平面的法向量. 于是得到曲面 S 在点 M_0 处的切平面方程

$$F_x(x_0,y_0,z_0)(x-x_0)+F_y(x_0,y_0,z_0)(y-y_0)+F_z(x_0,y_0,z_0)(z-z_0)=0$$

及法线方程

$$\frac{x-x_0}{F_x(x_0,y_0,z_0)}=\frac{y-y_0}{F_y(x_0,y_0,z_0)}=\frac{z-z_0}{F_z(x_0,y_0,z_0)}.$$

特别地,若曲面 S 的方程由显函数 $z=f(x,y)$ 表示,则可看成隐函数方程 $F(x,y,z)=f(x,y)-z=0$,于是切平面的法向量为

$$\boldsymbol{n}=\{\pm f_x(x_0,y_0),\pm f_y(x_0,y_0),\mp 1\},$$

从而不难写出曲面 S 在点 M_0 处的切平面方程

$$f_x(x_0,y_0)(x-x_0)+f_y(x_0,y_0)(y-y_0)-(z-z_0)=0$$

及法线方程

$$\frac{x-x_0}{f_x(x_0,y_0)}=\frac{y-y_0}{f_y(x_0,y_0)}=\frac{z-z_0}{-1}.$$

这里顺便指出全微分的几何意义.

曲面 $z=f(x,y)$ 在点 $M_0(x_0,y_0,z_0)$ 处的切平面方程又可写为

$$z-z_0=f_x(x_0,y_0)(x-x_0)+f_y(x_0,y_0)(y-y_0).$$

记 $\Delta x=x-x_0$, $\Delta y=y-y_0$,即

$$z-z_0=f_x(x_0,y_0)\Delta x+f_y(x_0,y_0)\Delta y.$$

上式右端就是全微分 dz,因此

$$dz=z-z_0.$$

这表明,当自变量 x,y 分别有改变量 $\Delta x,\Delta y$ 时,切平面上 z 的改变量 $z-z_0$ 就是全微分(图 8.9).

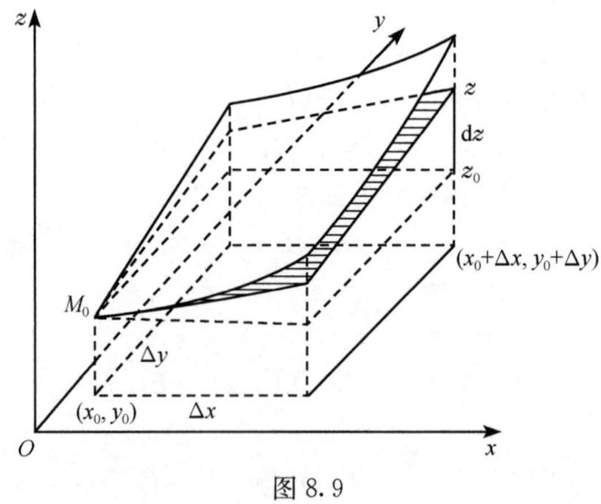

图 8.9

例 8.46　求旋转抛物面 $z=x^2+y^2-1$ 在点 $(2,1,4)$ 处的切平面及法线方程.

解

$$f(x,y)=x^2+y^2-1,$$
$$\boldsymbol{n}=\{f_x,f_y,-1\}=\{2x,2y,-1\},$$
$$\boldsymbol{n}\mid_{(2,1,4)}=\{4,2,-1\},$$

所以在点(2,1,4)处的切平面方程为

$$4(x-2)+2(y-1)-(z-4)=0,$$

即

$$4x+2y-z-6=0.$$

法线方程为

$$\frac{x-2}{4}=\frac{y-1}{2}=\frac{z-4}{-1}.$$

例 8.47 证明:曲面 $xy=z^2$ 与曲面 $x^2+y^2+z^2=9$ 正交.

证 只需证明二曲面的切平面正交,即它们的法向量正交.

设曲面 S_1 方程为 $F(x,y,z)=xy-z^2=0$,曲面 S_2 方程为 $G(x,y,z)=x^2+y^2+z^2-9=0$,则 S_1,S_2 在点 $M(x,y,z)$处的切平面的法向量分别为

$$\boldsymbol{n}_1=\{F_x,F_y,F_z\}=\{y,x,-2z\},$$
$$\boldsymbol{n}_2=\{G_x,G_y,G_z\}=\{2x,2y,2z\},$$

因为 $\boldsymbol{n}_1\cdot\boldsymbol{n}_2=2(xy+xy-2z^2)=4(xy-z^2)$,而点 M 在曲面 S_1 上,所以 $\boldsymbol{n}_1\cdot\boldsymbol{n}_2=0$,即 S_1 与 S_2 正交.

如果曲面 S 的方程为参数方程形式

$$\begin{cases}x=x(u,v),\\ y=y(u,v),\\ z=z(u,v),\end{cases}$$

并设 S 上点 $M_0(x_0,y_0,z_0)$对应于参数(u_0,v_0). 在曲面 S 上过点 M_0 作两条曲线

$$\begin{cases}x=x(u,v_0),\\ y=y(u,v_0),\\ z=z(u,v_0),\end{cases}\quad \begin{cases}x=x(u_0,v),\\ y=y(u_0,v),\\ z=z(u_0,v),\end{cases}$$

这两条曲线在点 M_0 处的切向量分别为

$$\boldsymbol{T}_1=\{x_u,y_u,z_u\}\mid_{(u_0,v_0)},$$
$$\boldsymbol{T}_2=\{x_v,y_v,z_v\}\mid_{(u_0,v_0)}.$$

因曲面 S 在点 M_0 处切平面的法向量 $\boldsymbol{n}$ 同时与它们垂直,因此可取 $\boldsymbol{n}$ 为

$$\boldsymbol{n}=\boldsymbol{T}_1\times\boldsymbol{T}_2=\begin{vmatrix}\boldsymbol{i} & \boldsymbol{j} & \boldsymbol{k}\\ x_u & y_u & z_u\\ x_v & y_v & z_v\end{vmatrix}_{(u_0,v_0)},$$

于是得到曲面 S 在点 M_0 处的切平面方程

$$\begin{vmatrix} x-x_0 & y-y_0 & z-z_0 \\ x_u(u_0,v_0) & y_u(u_0,v_0) & z_u(u_0,v_0) \\ x_v(u_0,v_0) & y_v(u_0,v_0) & z_v(u_0,v_0) \end{vmatrix}=0.$$

例 8.48　求曲面 $x=u\cos v, y=u\sin v, z=av$ 在点 $M_0(u_0,v_0)$处的切平面方程.

解　设点 M_0 的直角坐标为(x_0,y_0,z_0),则

$$(x_0,y_0,z_0)=(u_0\cos v_0,u_0\sin v_0,av_0),$$

$$\{x_u,y_u,z_u\}=\{\cos v,\sin v,0\},$$

$$\{x_v,y_v,z_v\}=\{-u\sin v,u\cos v,a\},$$

$$\boldsymbol{n}=\begin{vmatrix} \boldsymbol{i} & \boldsymbol{j} & \boldsymbol{k} \\ \cos v_0 & \sin v_0 & 0 \\ -u_0\sin v_0 & u_0\cos v_0 & a \end{vmatrix}=\{a\sin v_0,-a\cos v_0,u_0\}.$$

于是曲面在 M_0 处的切平面方程为

$$(a\sin v_0)x-(a\cos v_0)y+u_0z-au_0v_0=0.$$

习　题　8.6

1. 求曲线 $x=t-\sin t, y=1-\cos t, z=4\sin\dfrac{t}{2}$ 在与 $t_0=\dfrac{\pi}{2}$ 相应的点处的切线及法平面方程.

2. 求曲线 $x=\dfrac{t}{1+t}, y=\dfrac{1+t}{t}, z=t^2$ 在对应于 $t_0=1$ 的点处的切线及法平面方程.

3. 求曲线 $y^2=2mx, z^2=m-x$ 在点(x_0,y_0,z_0)处的切线及法平面方程.

4. 求曲线 $\begin{cases} x^2+y^2+z^2-3x=0, \\ 2x-3y+5z-4=0 \end{cases}$ 在点$(1,1,1)$处的切线及法平面方程.

5. 求出曲线 $x=t, y=t^2, z=t^3$ 上的点,使得该点的切线平行于平面 $x+2y+z=4$.

6. 求曲面 $e^z-z+xy=3$ 在点$(2,1,0)$处的切平面及法线方程.

7. 求曲面 $ax^2+by^2+cz^2=1$ 在点(x_0,y_0,z_0)处的切平面及法线方程.

8. 求椭球面 $x^2+2y^2+z^2=1$ 上平行于平面 $x-y+2z=0$ 的切平面方程.

9. 求旋转椭球面 $3x^2+y^2+z^2=16$ 上点$(-1,-2,3)$处的切平面与 xOy 面的夹角的余弦.

10. 试证曲面$\sqrt{x}+\sqrt{y}+\sqrt{z}=\sqrt{a}(a>0)$上任意点处的切平面在各坐标轴上的截距之和等于 a.

11. 求螺旋线 $x=a\cos\theta, y=a\sin\theta, z=b\theta$ 在点$(a,0,0)$处的切线及法平面方程.

12. 在曲面 $z=xy$ 上求一点,使该点处的法线垂直于平面 $x+3y+z+9=0$,并写出此法线的方程.

13. 求下列曲线在给定点处的切线方程与法平面方程:

(1) 曲线 $x=a\cos\beta\cos t, y=a\sin\beta\cos t, z=a\sin t$,在 $t=\dfrac{\pi}{4}$ 处;

(2) 曲线 $y=x, z=x^2$,在点$(1,1,1)$处;

(3) 曲线 $\begin{cases} x^2+y^2+z^2=6, \\ x+y+z=0, \end{cases}$ 在点 $M(1,-2,1)$处;

(4) 曲线 $x=a\sin^2 t, y=b\sin t\cos t, z=c\cos^2 t$，在 $t=\frac{\pi}{3}$ 处.

14. 证明：螺旋线 $x=a\cos\theta, y=a\sin\theta, z=b\theta$ 的切线与 Oz 轴成定角.

15. 证明：球面 $x^2+y^2+z^2=a^2$ 在球面上点 (x_0, y_0, z_0) 与 $(-x_0, -y_0, -z_0)$ 处的切平面互相平行.

16. 求椭球 $x^2+2y^2+3z^2=21$ 上平行于平面

$$x+4y+6z=0$$

的各切平面方程.

17. 求球面 $x^2+y^2+z^2=14$ 与椭球面 $3x^2+y^2+z^2=16$ 在点 $(1,2,3)$ 处的交角 β.

8.7 方向导数与梯度

8.7.1 方向导数

函数 $z=f(x,y)$ 在点 (x_0,y_0) 处的两个偏导数 $f_x(x_0,y_0)$ 和 $f_y(x_0,y_0)$ 分别刻画了函数 $f(x,y)$ 在该点处沿 x 轴和 y 轴正方向的变化率. 然而，在许多问题中还要求讨论函数沿任意方向的变化率，这就是**方向导数**.

定义 8.7 设函数 $z=f(x,y)$ 在点 $M_0(x_0,y_0)$ 的某邻域 $S(M_0,\delta)$ 内有定义，$\boldsymbol{l}$ 是过点 M_0 的任一确定的方向. 在 $\boldsymbol{l}$ 上任取一点 $M(x_0+\Delta x, y_0+\Delta y)$，使 $M\in S(M_0,\delta)$. 点 M_0 与 M 之间的距离记作 $\rho=|M_0M|=\sqrt{(\Delta x)^2+(\Delta y)^2}$，于是得到函数 $f(x,y)$ 在点 M_0 处沿方向 l 的平均变化率

$$\frac{\Delta z}{\rho}=\frac{f(x_0+\Delta x, y_0+\Delta y)-f(x_0,y_0)}{\rho}.$$

当点 M 沿方向 l 趋于点 M_0（即 $\rho\to 0$）时，若上式的极限存在，则称此极限值为**函数 $z=f(x,y)$ 在点 $M_0(x_0,y_0)$ 处沿方向 $\boldsymbol{l}$ 的方向导数**（或**方向微商**），记作

$$\left.\frac{\partial z}{\partial \boldsymbol{l}}\right|_{M_0}=\left.\frac{\partial f}{\partial \boldsymbol{l}}\right|_{M_0}=\lim_{\rho\to 0}\frac{f(x_0+\Delta x, y_0+\Delta y)-f(x_0,y_0)}{\rho}\text{（图 8.10）}.$$

下面给出方向导数的计算公式.

定理 8.7 若函数 $z=f(x,y)$ 在点 $M_0(x_0,y_0)$ 处可微，则 $f(x,y)$ 在该点处沿任意方向 l 的方向导数存在，且

$$\left.\frac{\partial z}{\partial \boldsymbol{l}}\right|_{M_0}=\left.\frac{\partial f}{\partial x}\right|_{M_0}\cos\alpha+\left.\frac{\partial f}{\partial y}\right|_{M_0}\cos\beta,$$

其中 $\cos\alpha, \cos\beta$ 为 $\boldsymbol{l}$ 的方向余弦.

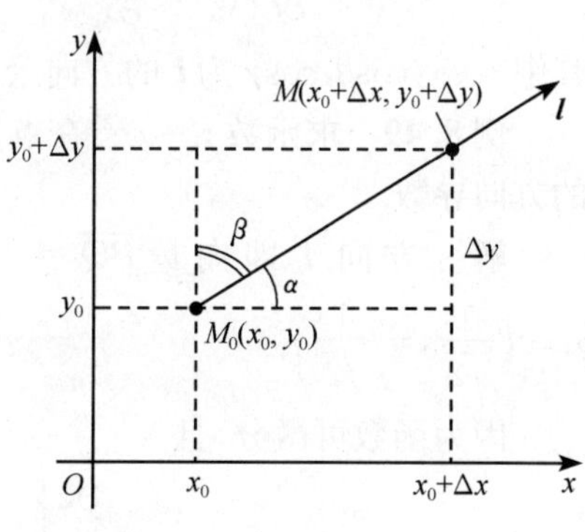

图 8.10

证 在 $\boldsymbol{l}$ 上任取一点 $M(x_0+\Delta x, y_0+\Delta y)$，记

$$\rho=\sqrt{(\Delta x)^2+(\Delta y)^2}.$$

根据函数可微的假定，函数的全增量 Δz 可表示为

$$\begin{aligned}\Delta z&=f(x_0+\Delta x,y_0+\Delta y)-f(x_0,y_0)\\&=\left.\frac{\partial f}{\partial x}\right|_{M_0}\Delta x+\left.\frac{\partial f}{\partial y}\right|_{M_0}\Delta y+o(\rho)(\rho\to 0).\end{aligned}$$

用 ρ 除上式两边，得

$$\begin{aligned}\frac{\Delta z}{\rho}&=\frac{f(x_0+\Delta x,y_0+\Delta y)-f(x_0,y_0)}{\rho}\\&=\left.\frac{\partial f}{\partial x}\right|_{M_0}\frac{\Delta x}{\rho}+\left.\frac{\partial f}{\partial y}\right|_{M_0}\frac{\Delta y}{\rho}+\frac{o(\rho)}{\rho}\\&=\left.\frac{\partial f}{\partial x}\right|_{M_0}\cos\alpha+\left.\frac{\partial f}{\partial y}\right|_{M_0}\cos\beta+\frac{o(\rho)}{\rho}(\rho\to 0),\end{aligned}$$

令 $\rho\to 0$，即得结论.

特别地，当 $\boldsymbol{l}$ 为正 x 轴时，有 $\alpha=0,\beta=\frac{\pi}{2}$，上式化为

$$\left.\frac{\partial z}{\partial \boldsymbol{l}}\right|_{M_0}=\left.\frac{\partial f}{\partial x}\right|_{M_0}.$$

因此，函数 $z=f(x,y)$ 在点 M_0 处沿 x 轴正方向的方向导数就是函数 $z=f(x,y)$ 在该点处对 x 的偏导数. 同理，函数 $z=f(x,y)$ 在点 M_0 处沿 y 轴正方向的方向导数就是函数 $z=f(x,y)$ 在该点处对 y 的偏导数. 由此可见，偏导数是方向导数的特殊情形.

对于三元函数 $u=f(x,y,z)$，可类似定义它在点 $M_0(x_0,y_0,z_0)$ 处沿任意方向 $\boldsymbol{l}$ 的方向导数 $\left.\frac{\partial u}{\partial \boldsymbol{l}}\right|_{M_0}$，并且可以证明：当 $u=f(x,y,z)$ 在点 M_0 处可微时，有计算公式

$$\left.\frac{\partial u}{\partial \boldsymbol{l}}\right|_{M_0}=\left.\frac{\partial f}{\partial x}\right|_{M_0}\cos\alpha+\left.\frac{\partial f}{\partial y}\right|_{M_0}\cos\beta+\left.\frac{\partial f}{\partial z}\right|_{M_0}\cos\gamma,$$

其中 $\cos\alpha,\cos\beta,\cos\gamma$ 为 $\boldsymbol{l}$ 的方向余弦.

例 8.49　求函数 $z=xe^{2y}$ 在点 $P(1,0)$ 处沿从点 $P(1,0)$ 到点 $Q(2,-1)$ 的方向的方向导数.

解　方向 $\boldsymbol{l}$ 即向量 $\overrightarrow{PQ}=\{1,-1\}$ 的方向，与 $\boldsymbol{l}$ 同向的单位向量为 $\boldsymbol{e}_l=\left\{\frac{1}{\sqrt{2}},-\frac{1}{\sqrt{2}}\right\}$.

因为函数可微分，且

$$\left.\frac{\partial z}{\partial x}\right|_{(1,0)}=\left.e^{2y}\right|_{(1,0)}=1,$$

$$\left.\frac{\partial z}{\partial y}\right|_{(1,0)}=2x\mathrm{e}^{2y}\left.\right|_{(1,0)}=2,$$

故所求方向导数为

$$\left.\frac{\partial z}{\partial \boldsymbol{l}}\right|_{(1,0)}=1\cdot\frac{1}{\sqrt{2}}+2\cdot\left(-\frac{1}{\sqrt{2}}\right)=-\frac{\sqrt{2}}{2}.$$

例 8.50 求三元函数 $u=\ln(x+y^2+z^3)$ 在点 $M_0(0,-1,2)$ 处沿方向 $\boldsymbol{l}=\{3,-1,-1\}$ 的方向导数.

解 函数 u 关于 x,y,z 在点 M_0 处的偏导数分别为

$$\left.\frac{\partial u}{\partial x}\right|_{M_0}=\left.\frac{1}{x+y^2+z^3}\right|_{M_0}=\frac{1}{9},$$

$$\left.\frac{\partial u}{\partial y}\right|_{M_0}=\left.\frac{2y}{x+y^2+z^3}\right|_{M_0}=-\frac{2}{9},$$

$$\left.\frac{\partial u}{\partial z}\right|_{M_0}=\left.\frac{3z^2}{x+y^2+z^3}\right|_{M_0}=\frac{12}{9}.$$

又由 $|\boldsymbol{l}|=\sqrt{3^2+(-1)^2+(-1)^2}=\sqrt{11}$ 知

$$\boldsymbol{l}_0=\frac{\boldsymbol{l}}{|\boldsymbol{l}|}=\left\{\frac{3}{\sqrt{11}},-\frac{1}{\sqrt{11}},-\frac{1}{\sqrt{11}}\right\},$$

所以

$$\frac{\partial u}{\partial \boldsymbol{l}}\Big|_{M_0}=\frac{1}{9}\times\frac{3}{\sqrt{11}}-\frac{2}{9}\left(-\frac{1}{\sqrt{11}}\right)+\frac{12}{9}\left(-\frac{1}{\sqrt{11}}\right)=-\frac{7}{9\sqrt{11}}.$$

8.7.2 梯度

函数 $u=f(x,y,z)$ 在点 M_0 处沿方向 $\boldsymbol{l}$ 的方向导数 $\left.\frac{\partial u}{\partial \boldsymbol{l}}\right|_{M_0}$ 刻画了函数在该点处沿方向 $\boldsymbol{l}$ 的变化率,当它为正数时,表示函数沿此方向增加;当它为负数时,表示函数沿此方向减少. 然而在许多问题里,往往还需要知道函数在点 M_0 处究竟沿哪一个方向增加最快,也就是增长率最大,并且需要知道这个最大的增长率等于多少. 梯度的概念正是从研究这样的问题中抽象出来的.

设有函数 $u=f(x,y,z)$. 当函数 $f(x,y,z)$ 在点 $M_0(x_0,y_0,z_0)$ 处可微时,它在该点处沿方向 $\boldsymbol{l}$(假定其方向余弦为 $\cos\alpha,\cos\beta,\cos\gamma$)的方向导数为

$$\left.\frac{\partial u}{\partial \boldsymbol{l}}\right|_{M_0}=\left.\frac{\partial f}{\partial x}\right|_{M_0}\cos\alpha+\left.\frac{\partial f}{\partial y}\right|_{M_0}\cos\beta+\left.\frac{\partial f}{\partial z}\right|_{M_0}\cos\gamma.$$

此式也可写为向量 $\left.\left\{\frac{\partial f}{\partial x},\frac{\partial f}{\partial y},\frac{\partial f}{\partial z}\right\}\right|_{M_0}$ 与 $\boldsymbol{l}_0=\{\cos\alpha,\cos\beta,\cos\gamma\}$ 点乘的形式,即

$$\left.\frac{\partial u}{\partial \boldsymbol{l}}\right|_{M_0}=\left.\left\{\frac{\partial f}{\partial x},\frac{\partial f}{\partial y},\frac{\partial f}{\partial z}\right\}\right|_{M_0}\cdot\boldsymbol{l}_0.$$

如果引进一个向量

$$\boldsymbol{g}=\left\{\frac{\partial f}{\partial x},\frac{\partial f}{\partial y},\frac{\partial f}{\partial z}\right\}\bigg|_{M_0}$$

(显然,这个向量只与函数 $u=f(x,y,z)$ 及点 M_0 有关,而与方向 $\boldsymbol{l}$ 无关),那么

$$\frac{\partial u}{\partial \boldsymbol{l}}\bigg|_{M_0}=\boldsymbol{g}\cdot\boldsymbol{l}_0=|\boldsymbol{g}\|\boldsymbol{l}_0|\cos\langle\boldsymbol{g},\boldsymbol{l}_0\rangle=|\boldsymbol{g}|\cos\langle\boldsymbol{g},\boldsymbol{l}_0\rangle.$$

从上式容易看出,方向导数 $\frac{\partial u}{\partial \boldsymbol{l}}\Big|_{M_0}$ 的值是正是负,是由夹角 $\langle\boldsymbol{g},\boldsymbol{l}_0\rangle$ 来确定的. 当 $\langle\boldsymbol{g},\boldsymbol{l}_0\rangle$ 为锐角时, $\frac{\partial u}{\partial \boldsymbol{l}}\Big|_{M_0}>0$,这时,函数 u 沿方向 $\boldsymbol{l}$ 增加;当 $\langle\boldsymbol{g},\boldsymbol{l}_0\rangle$ 为钝角时, $\frac{\partial u}{\partial \boldsymbol{l}}\Big|_{M_0}<0$,这时,函数 u 沿方向 $\boldsymbol{l}$ 减少;特别地,当 $\langle\boldsymbol{g},\boldsymbol{l}\rangle=0$,即 $\boldsymbol{l}$ 恰好是向量 g 的方向时, $\cos\langle\boldsymbol{g},\boldsymbol{l}_0\rangle=1$,此时方向导数最大. 又因为 $\frac{\partial u}{\partial \boldsymbol{l}}\Big|_{M_0}=|\boldsymbol{g}|>0$,所以函数是增加的. 这就是说,当 $\boldsymbol{l}$ 恰好是向量 $\boldsymbol{g}$ 的方向时,函数 u 增长最快,而这个最大增长率的值就是向量 $\boldsymbol{g}$ 的模. 换句话说,方向导数的最大值就是向量 $\boldsymbol{g}$ 的模. 由此引进**梯度**的概念.

定义 8.8　设有函数 $u=f(x,y,z)$,它在点 $M_0(x_0,y_0,z_0)$ 处的梯度是这样一个向量,其方向是使函数增加最快的方向,其大小是函数的最大增长率(即方向导数的最大值). 函数 u 在点 M_0 处的梯度记作 $\mathbf{grad}\,u|_{M_0}$. 在直角坐标系下,它的表达式为

$$\mathbf{grad}\,u\,|_{M_0}=\left\{\frac{\partial f}{\partial x},\frac{\partial f}{\partial y},\frac{\partial f}{\partial z}\right\}\bigg|_{M_0}.$$

梯度 $\mathbf{grad}\,u$ 有时记作 ∇u. “∇”称为**哈密顿(Hamilton)算符**,读作“Nabla”.

当 $\boldsymbol{l}$ 取 $-\boldsymbol{g}$ 的方向时, $\frac{\partial u}{\partial \boldsymbol{l}}\Big|_{M_0}$ 最小,其数值为 $-|\mathbf{grad}\,u|_{M_0}$. $-\mathbf{grad}\,u|_{M_0}$ 称为**函数 u 在点 M_0 处的负梯度**. 函数沿负梯度的方向减少最快.

对于二元函数 $z=f(x,y)$,可类似地定义函数在点 $M_0(x_0,y_0)$ 处的梯度 $\mathbf{grad}\,z|_{M_0}$. 在直角坐标系下,有表达式

$$\mathbf{grad}\,z|_{M_0}=\left\{\frac{\partial f}{\partial x},\frac{\partial f}{\partial y}\right\}\bigg|_{M_0}.$$

一般来说,二元函数 $z=f(x,y)$ 在几何上表示一个曲面,此曲面被平面 $z=c$ (c 是常数)所截得的曲线 L 的方程为

$$\begin{cases}z=f(x,y),\\ z=c,\end{cases}$$

这条曲线 L 在 xOy 面上的投影是一条平面曲线 L^*,它在 xOy 平面直角坐标系中的方程为

$$f(x,y)=c.$$

对于所有曲线 L^* 上的点,已给函数的函数值都是 c,所以称平面曲线 L^* 为函数 $z=f(x,y)$ 的等值线(图 8.11).

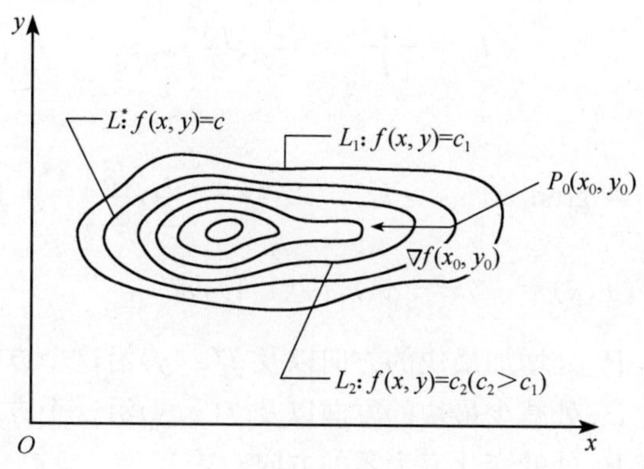

图 8.11

若 f_x,f_y 不同时为零,则等值线 $f(x,y)=c$ 上任一点 $P_0(x_0,y_0)$ 处的一个单位法向量为

$$\boldsymbol{n}=\frac{1}{\sqrt{f_x^2(x_0,y_0)+f_y^2(x_0,y_0)}}\{f_x(x_0,y_0),f_y(x_0,y_0)\}=\frac{\nabla f(x_0,y_0)}{|\nabla f(x_0,y_0)|}.$$

这表明函数 $f(x,y)$ 在一点 (x_0,y_0) 的梯度 $\nabla f(x_0,y_0)$ 的方向就是等值线 $f(x,y)=c$ 在这点的法线方向 $\boldsymbol{n}$,而梯度的模 $|\nabla f(x_0,y_0)|$ 就是沿这个法线方向的方向导数 $\frac{\partial f}{\partial \boldsymbol{n}}$,于是有

$$\nabla f(x_0,y_0)=\frac{\partial f}{\partial \boldsymbol{n}}\boldsymbol{n}.$$

经过与二元函数的情形完全类似的讨论可知,如果引进曲面

$$f(x,y,z)=c$$

为函数 $f(x,y,z)$ 的等值面的概念,则可得函数 $f(x,y,z)$ 在一点 (x_0,y_0,z_0) 的梯度 $\nabla f(x_0,y_0,z_0)$ 的方向就是等值面 $f(x,y,z)=c$ 在这点的法线方向 $\boldsymbol{n}$,而梯度的模 $|\nabla f(x_0,y_0,z_0)|$ 就是函数沿这个法线方向的方向导数 $\frac{\partial f}{\partial \boldsymbol{n}}$.

例 8.51 求函数 $z=x^2+y^2$ 在点 $M_0(1,2)$ 处的梯度,并求函数从点 $M_0(1,2)$ 到点 $M_1(2,2+\sqrt{3})$ 的方向导数.

解 函数 z 关于 x,y 在点 M_0 处的偏导数分别为

$$\left.\frac{\partial z}{\partial x}\right|_{(1,2)}=2x\,|_{x=1}=2,\quad \left.\frac{\partial z}{\partial y}\right|_{(1,2)}=2y\,|_{y=2}=4,$$

所以

$$\mathbf{grad}\, z\,|_{(1,2)} = \{2,4\}.$$

又,从点 M_0 到 M_1 的方向为 $l=\overrightarrow{M_0M_1}=\{1,\sqrt{3}\}$,$|\boldsymbol{l}|=\sqrt{1+3}=2$,因此

$$\boldsymbol{l}_0 = \frac{\boldsymbol{l}}{|\boldsymbol{l}|} = \left\{\frac{1}{2},\frac{\sqrt{3}}{2}\right\}.$$

所以

$$\left.\frac{\partial z}{\partial \boldsymbol{l}}\right|_{(1,2)} = \mathbf{grad}\, z\,|_{(1,2)} \cdot \boldsymbol{l}_0 = \{2,4\}\cdot\left\{\frac{1}{2},\frac{\sqrt{3}}{2}\right\} = 1+2\sqrt{3}.$$

例 8.52 设 $f(x,y)=\frac{1}{2}(x^2+y^2)$,$P_0(1,1)$,求

(1) $f(x,y)$在 P_0 处增加最快的方向以及 $f(x,y)$沿这个方向的方向导数;

(2) $f(x,y)$在 P_0 处减少最快的方向以及 $f(x,y)$沿这个方向的方向导数;

(3) $f(x,y)$在 P_0 处的变化率为零的方向.

解 (1) $f(x,y)$在 P_0 处沿$\nabla f(1,1)$的方向增加最快,

$$\nabla f(1,1) = (x\boldsymbol{i}+y\boldsymbol{j})\,|_{(1,1)} = \boldsymbol{i}+\boldsymbol{j},$$

故所求方向为

$$\boldsymbol{n} = \frac{\nabla f(1,1)}{|\nabla f(1,1)|} = \frac{1}{\sqrt{2}}\boldsymbol{i}+\frac{1}{\sqrt{2}}\boldsymbol{j},$$

方向导数为

$$\left.\frac{\partial f}{\partial \boldsymbol{n}}\right|_{(1,1)} = |\nabla f(1,1)| = \sqrt{2}.$$

(2) $f(x,y)$在 P_0 处沿$-\nabla f(1,1)$的方向减少最快,这方向可取为

$$\boldsymbol{n}_1 = -\boldsymbol{n} = -\frac{1}{\sqrt{2}}\boldsymbol{i}-\frac{1}{\sqrt{2}}\boldsymbol{j},$$

方向导数为

$$\left.\frac{\partial f}{\partial \boldsymbol{n}_1}\right|_{(1,1)} = -|\nabla f(1,1)| = -\sqrt{2}.$$

(3) $f(x,y)$在 P_0 处沿垂直于$\nabla f(1,1)$的方向变化率为零,此方向为

$$\boldsymbol{n}_2 = -\frac{1}{\sqrt{2}}\boldsymbol{i}+\frac{1}{\sqrt{2}}\boldsymbol{j} \quad \text{或}\ \boldsymbol{n}_3 = \frac{1}{\sqrt{2}}\boldsymbol{i}-\frac{1}{\sqrt{2}}\boldsymbol{j}.$$

例 8.53 设 $f(x,y,z)=x^3-xy^2-z$,$P_0(1,1,0)$. 问 $f(x,y,z)$在 P_0 处沿什么方向变化最快,在这个方向的变化率是多少?

解

$$\nabla f = f_x\boldsymbol{i}+f_y\boldsymbol{j}+f_z\boldsymbol{k} = (3x^2-y^2)\boldsymbol{i}-2xy\boldsymbol{j}-\boldsymbol{k},$$

$$\nabla f(1,1,0) = 2\boldsymbol{i}-2\boldsymbol{j}-\boldsymbol{k}.$$

$f(x,y,z)$在 P_0 处沿$\nabla f(1,1,0)$的方向增加最快,沿$-\nabla f(1,1,0)$的方向减少最快,在这两个方向的变化率分别是

$$|\nabla f(1,1,0)|=\sqrt{2^2+(-2)^2+1}=3,$$
$$-|\nabla f(1,1,0)|=-3.$$

例 8.54 求曲面 $x^2+y^2+z=9$ 在点 $P_0(1,2,4)$的切平面和法线方程.

解 设 $f(x,y,z)=x^2+y^2+z$. 由梯度与等值面的关系可知,梯度

$$\nabla f\,|_{P_0}=(2x\boldsymbol{i}+2y\boldsymbol{j}+\boldsymbol{k})\,|_{(1,2,4)}=2\boldsymbol{i}+4\boldsymbol{j}+\boldsymbol{k}$$

的方向是等值面 $f(x,y,z)=9$ 在点 P_0 的法线方向,因此切平面方程是

$$2(x-1)+4(y-2)+(z-4)=0,$$

即

$$2x+4y+z=14,$$

曲面在 P_0 处的法线方程是

$$\begin{cases}x=1+2t,\\ y=2+4t,\\ z=4+t.\end{cases}$$

例 8.55 设点电荷 q 位于坐标原点,则空间任一点 $M(x,y,z)$到它的距离为 $r=\sqrt{x^2+y^2+z^2}$. 从物理学知道,点电荷 q 产生的静电场在点 M 处的电势为

$$V=\frac{q}{4\pi\varepsilon r}=\frac{q}{4\pi\varepsilon}\frac{1}{r}.$$

求电势 V 的梯度.

解 函数 V 关于 x 的偏导数为

$$\frac{\partial V}{\partial x}=\frac{q}{4\pi\varepsilon}\frac{\partial}{\partial x}\left(\frac{1}{r}\right)=-\frac{q}{4\pi\varepsilon r^3}x.$$

同理有

$$\frac{\partial V}{\partial y}=-\frac{q}{4\pi\varepsilon r^3}y,\quad \frac{\partial V}{\partial z}=-\frac{q}{4\pi\varepsilon r^3}z.$$

于是

$$\textbf{grad}\,V=\left\{-\frac{q}{4\pi\varepsilon r^3}x,-\frac{q}{4\pi\varepsilon r^3}y,-\frac{q}{4\pi\varepsilon r^3}z\right\}=-\frac{q}{4\pi\varepsilon r^2}\cdot\frac{\boldsymbol{r}}{r}.$$

由物理学知,除去负号,这正是点电荷在点 $M(x,y,z)$处的电场强度 $\boldsymbol{E}$,因此 $\boldsymbol{E}=-\textbf{grad}\,V$. 即电场强度为电位的负梯度. 可见,梯度的概念有很强的物理背景.

习 题 8.7

1. 求函数 $z=x^2+y^2$ 在点(1,2)处沿从点(1,2)到点$(2,2+\sqrt{3})$的方向的方向导数.

2. 求函数 $z=xy$ 在点 (x,y) 沿方向 $\boldsymbol{l}=\{\cos\alpha,\cos\beta\}$ 的方向微商，并求在这点的梯度和最大的方向微商及最小的方向微商.

3. 求函数 $z=\arctan\dfrac{x-a}{y-b}$ 在点 (x_0,y_0) 处的梯度向量 $\mathbf{grad}\,z$.

4. 设有二元函数

$$f(x,y)=-1+x(x-2y)+x^2y^2,$$

求在点 (x_0,y_0) 处 $f(x,y)$ 的绝对值减少最快的方向.

5. 求函数 $u=x^2-xy+y^2$ 在点 $(1,1)$ 处的最大方向微商与最小方向微商.

6. 设 $r=\sqrt{x^2+y^2+z^2}$，求 $\mathbf{grad}\,r$，$\mathbf{grad}\,\dfrac{1}{r}$.

7. 求函数 $z=\ln(x+y)$ 在抛物线 $y^2=4x$ 上点 $(1,2)$ 处，沿此抛物线在该点处偏向 x 轴正向的切线方向的方向导数.

8. 求函数 $z=1-\left(\dfrac{x^2}{a^2}+\dfrac{y^2}{b^2}\right)$ 在点 $\left(\dfrac{a}{\sqrt{2}},\dfrac{b}{\sqrt{2}}\right)$ 处沿曲线 $\dfrac{x^2}{a^2}+\dfrac{y^2}{b^2}=1$ 在这点的内法线方向的方向导数.

9. 求函数 $u=xy^2+z^3-xyz$ 在点 $(1,1,2)$ 处沿方向角为 $\alpha=\dfrac{\pi}{3}$，$\beta=\dfrac{\pi}{4}$，$\gamma=\dfrac{\pi}{3}$ 的方向的方向导数.

10. 设过椭球面 $2x^2+3y^2+z^2=6$ 上点 $P(1,1,1)$ 处的指向外侧的法向量为 $\boldsymbol{n}$. 求函数 $u=\dfrac{\sqrt{6x^2+8y^2}}{z}$ 在点 P 处沿方向 $\boldsymbol{n}$ 的方向导数.

11. 求函数 $u=xyz$ 在点 $(5,1,2)$ 处沿从点 $(5,1,2)$ 到点 $(9,4,14)$ 的方向的方向导数.

12. 求函数 $u=x^2+y^2+z^2$ 在曲线 $x=t,y=t^2,z=t^3$ 上点 $(1,1,1)$ 处，沿曲线在该点的切线正方向(对应于 t 增大的方向)的方向导数.

13. 求函数 $u=x+y+z$ 在球面 $x^2+y^2+z^2=1$ 上点 (x_0,y_0,z_0) 处，沿球面在该点的外法线方向的方向导数.

14. 设 $u=f(x,y)$ 在点 $M_0(x_0,y_0)$ 处可微，在点 M_0 给定 n 个单位向量 $\boldsymbol{l}_i(i=1,2,\cdots,n)$，相邻两个向量之间的夹角为 $\dfrac{2\pi}{n}$，证明

$$\sum_{i=1}^{n}\frac{\partial f}{\partial l_i}=0.$$

15. 求函数 $u=x^3+y^3+z^3-3xyz$ 的梯度. 并问在何处其梯度(1) 垂直于 z 轴；(2) 平行于 z 轴；(3) 等于零.

16. 求函数 $u=\dfrac{x}{x^2+y^2+z^2}$ 在点 $A(1,2,2)$ 与 $B(-3,1,0)$ 处两梯度之间的夹角.

17. 设 $f(x,y,z)=x^2+2y^2+3z^2+xy+3x-2y-6z$，求

$$\mathbf{grad}\,f(0,0,0)\ \text{及}\ \mathbf{grad}\,f(1,1,1).$$

18. 设函数 $u(x,y,z)$，$v(x,y,z)$ 的各个偏导数都存在且连续，证明：

(1) $\nabla(cu)=c\nabla u$ (c 为常数)；

(2) $\nabla(u\pm v)=\nabla u\pm\nabla v$；

(3) $\nabla(uv)=v\nabla u+u\nabla v$;

(4) $\nabla\left(\dfrac{u}{v}\right)=\dfrac{v\nabla u-u\nabla v}{v^2}$.

19. 求函数 $u=xy^2z$ 在点 $P_0(1,-1,2)$ 处变化最快的方向,并求沿这个方向的方向导数.

20. 设 $e_l=\{\cos\theta,\sin\theta\}$,求函数

$$f(x,y)=x^2-xy+y^2$$

在点(1,1)沿方向 $\boldsymbol{l}$ 的方向导数,并分别确定角 θ,使得此导数(1) 有最大值;(2) 有最小值;(3) 等于零.

21. 求函数 $u=x^2+y^2+z^2$ 在椭球面 $\dfrac{x^2}{a^2}+\dfrac{y^2}{b^2}+\dfrac{z^2}{c^2}=1$ 上点 $M_0(x_0,y_0,z_0)$ 处沿外法线方向的方向导数.

8.8 多元函数的极值及其求法

8.8.1 多元函数的极值及最大值、最小值

在实际问题中,往往会遇到多元函数的最大值、最小值问题.与一元函数相类似,多元函数的最大值、最小值与极大值、极小值有密切联系,因此我们以二元函数为例,先来讨论多元函数的极值问题.

定义 8.9 设函数 $f(x,y)$ 在点 $P_0(x_0,y_0)$ 的某邻域内有定义.若在此邻域内对异于 P_0 的点恒有

$$f(x,y)<f(x_0,y_0)\quad(\text{或 } f(x,y)>f(x_0,y_0)),$$

则称 $f(x_0,y_0)$ 为函数 $f(x,y)$ 的一个极大(或极小)值,(x_0,y_0) 称为函数 $f(x,y)$ 的极大(或极小)值点.

函数的极大值与极小值统称为**函数的极值**,使函数达到极值的点称为**函数的极值点**.

例如,函数 $z=1-x^2-y^2$ 在点(0,0)处的值为 1,而在点(0,0)附近的函数值恒小于 1,因此,函数 $z=1-x^2-y^2$ 在点(0,0)处达到极大值 1,其图形为开口向下的旋转抛物面(图 8.12).

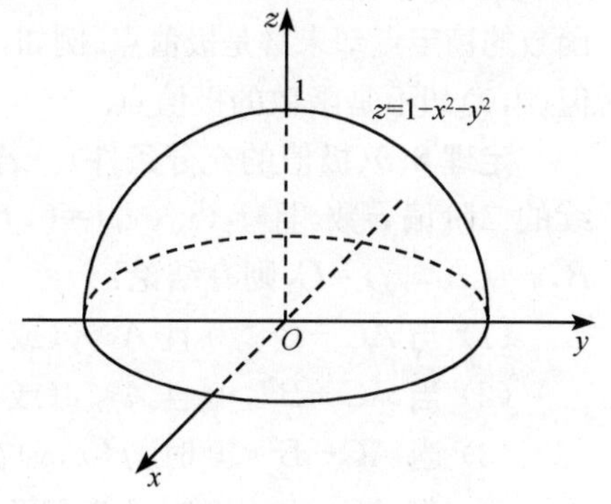

图 8.12

又如,函数 $z=\sqrt{x^2+y^2}$ 在点(0,0)处的值为 0,而在点(0,0)附近的函数值恒大于 0,因此,函数 $z=\sqrt{x^2+y^2}$ 在点(0,0)处达到极小值 0(图 8.13).

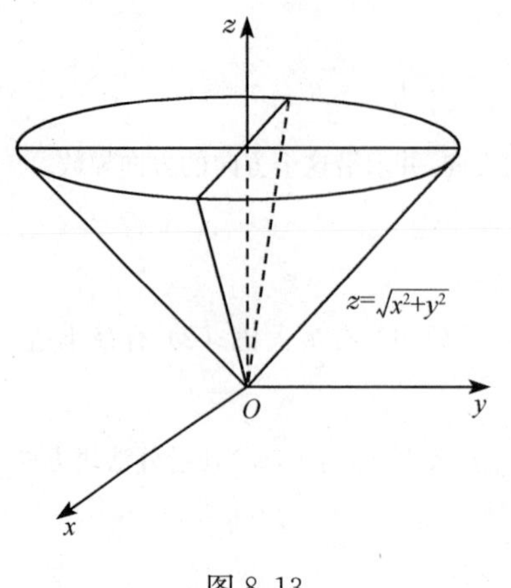

图 8.13

定理 8.8（极值的必要条件） 若函数 $f(x,y)$ 在点 $P_0(x_0,y_0)$ 处达到极值，且 $f_x(x_0,y_0)$ 和 $f_y(x_0,y_0)$ 存在，则

$$f_x(x_0,y_0)=0,\quad f_y(x_0,y_0)=0.$$

证 不妨设 $f(x_0,y_0)$ 为极大值，即在 P_0 点附近，对异于 P_0 的点 $P(x,y)$ 恒有

$$f(x,y)<f(x_0,y_0).$$

从而当 y 固定为 y_0 时，对 $x\neq x_0$，有

$$f(x,y_0)<f(x_0,y_0).$$

这表示，一元函数 $f(x,y_0)$ 在点 x_0 处达到极大值. 于是由一元可微函数取极值的必要条件（费马定理）知

$$\left[\frac{\mathrm{d}}{\mathrm{d}x}f(x,y_0)\right]_{x=x_0}=0,$$

即

$$f_x(x_0,y_0)=0.$$

同理

$$f_y(x_0,y_0)=0.$$

偏导数都为零的点称为**函数的稳定点或驻点**.

从几何上看，此时如果曲面 $z=f(x,y)$ 在点 (x_0,y_0,z_0) 处有切平面，则切平面

$$z-z_0=f_x(x_0,y_0)(x-x_0)+f_y(x_0,y_0)(y-y_0)$$

成为平行于 xOy 坐标面的平面 $z-z_0=0$.

类似可得，三元函数 $u=f(x,y,z)$ 在点 (x_0,y_0,z_0) 具有极值的必要条件为

$$f_x(x_0,y_0,z_0)=0,\quad f_y(x_0,y_0,z_0)=0,\quad f_z(x_0,y_0,z_0)=0.$$

定理 8.8 说明，在一阶偏导数存在的条件下，函数的极值点必是稳定点. 但是，函数的稳定点却未必是极值点. 例如，函数 $z=xy$（其图形是马鞍面）有稳定点 $(0,0)$，但 $(0,0)$ 却不是函数的极值点.

定理 8.9（极值的充分条件） 若函数 $f(x,y)$ 在点 $P_0(x_0,y_0)$ 的某邻域内有连续的二阶偏导数，且 $f_x(x_0,y_0)=0$，$f_y(x_0,y_0)=0$. 记 $f_{x^2}(x_0,y_0)=A$，$f_{xy}(x_0,y_0)=B$，$f_{y^2}(x_0,y_0)=C$，则有结论：

(1) 当 $AC-B^2>0$ 且 $A>0$（或 $C>0$）时，$f(x_0,y_0)$ 为极小值；

(2) 当 $AC-B^2>0$ 且 $A<0$（或 $C<0$）时，$f(x_0,y_0)$ 为极大值；

(3) 当 $AC-B^2<0$ 时，$f(x,y)$ 在点 (x_0,y_0) 处无极值；

(4) 当 $AC-B^2=0$ 时可能有极值，也可能没有极值，还需另做讨论.

例 8.56 求函数 $f(x,y)=x^3-y^3+3x^2+3y^2-9x$ 的极值.

解 先解方程组

$$\begin{cases} f_x(x,y)=3x^2+6x-9=0, \\ f_y(x,y)=-3y^2+6y=0, \end{cases}$$

得驻点为(1,0),(1,2),(−3,0),(−3,2).

二阶偏导数

$$f_{xx}(x,y)=6x+6,\quad f_{xy}(x,y)=0,\quad f_{yy}(x,y)=-6y+6.$$

在点(1,0)处,$AC-B^2=12\cdot 6>0$,又因 $A>0$,所以函数在(1,0)处有极小值 $f(1,0)=-5$;

在点(1,2)处,$AC-B^2=12\cdot(-6)<0$,所以 $f(1,2)$不是极值;

在点(−3,0)处,$AC-B^2=-12\cdot 6<0$,所以 $f(-3,0)$不是极值;

在点(−3,2)处,$AC-B^2=-12\cdot(-6)>0$,又 $A<0$,所以函数在(−3,2)处有极大值 $f(-3,2)=31$.

讨论函数的极值问题时,如果函数在所讨论的区域内具有偏导数,则极值只可能在驻点处取得. 然而,如果函数在个别点处的偏导数不存在,这些点当然不是驻点,但也可能是极值点. 例如,函数 $z=-\sqrt{x^2+y^2}$ 在点(0,0)处的偏导数不存在,但该函数在点(0,0)处却具有极大值. 因此,在考虑函数的极值问题时,除了考虑函数的驻点外,如果有偏导数不存在的点,对这些点也应当考虑.

与一元函数类似,可以利用函数的极值来求函数的最大值和最小值. 如果 $f(x,y)$在有界闭区域 D 上连续,则 $f(x,y)$在 D 上必定能取得最大值和最小值. 这种使函数取得最大值或最小值的点既可能在 D 的内部,也可能在 D 的边界上. 假定函数在 D 上连续,在 D 内可微分且只有有限个驻点,这时如果函数在 D 的内部取得最大值(最小值),则这个最大值(最小值)也是函数的极大值(极小值). 因此,在上述假定下,求函数的最大值和最小值的一般方法是将函数 $f(x,y)$在 D 内的所有驻点处的函数值及在 D 的边界上的最大值和最小值相互比较,其中最大的就是最大值,最小的就是最小值. 但这种做法要求出 $f(x,y)$在 D 的边界上的最大值和最小值,所以往往相当复杂. 在通常遇到的实际问题中,如果根据问题的性质,知道函数 $f(x,y)$的最大值(最小值)一定在 D 的内部取得,而函数在 D 内只有一个驻点,那么可以肯定该驻点处的函数值就是函数 $f(x,y)$在 D 上的最大值(最小值).

例 8.57 某工厂用钢板制造容积为 V 的无盖长方盒,问怎样选取长、宽、高,才最省钢板?

解 设盒长为 x,宽为 y,则高为 $h=\dfrac{V}{xy}$. 因此,无盖长方盒的表面积为

$$S=xy+\frac{V}{xy}(2x+2y)=xy+2V\left(\frac{1}{x}+\frac{1}{y}\right),\quad (x,y)\in D,$$

其中 D 为区域$\{0<x<+\infty;0<y<+\infty\}$. 解方程组

$$\begin{cases}\dfrac{\partial S}{\partial x}=y-\dfrac{2V}{x^2}=0,\\ \dfrac{\partial S}{\partial y}=x-\dfrac{2V}{y^2}=0,\end{cases}$$

得稳定点$(x_0,y_0)=(\sqrt[3]{2V},\sqrt[3]{2V})$. 容易看出,可微函数 S 在 D 内有最小值,而它在 D 内只有一个稳定点,于是可以断定,函数 S 在点$(\sqrt[3]{2V},\sqrt[3]{2V})$处达到最小值,即当长,宽分别为$\sqrt[3]{2V}$,$\sqrt[3]{2V}$,而高为 $h=\dfrac{V}{xy}=\dfrac{1}{2}\sqrt[3]{2V}$时,最省钢板.

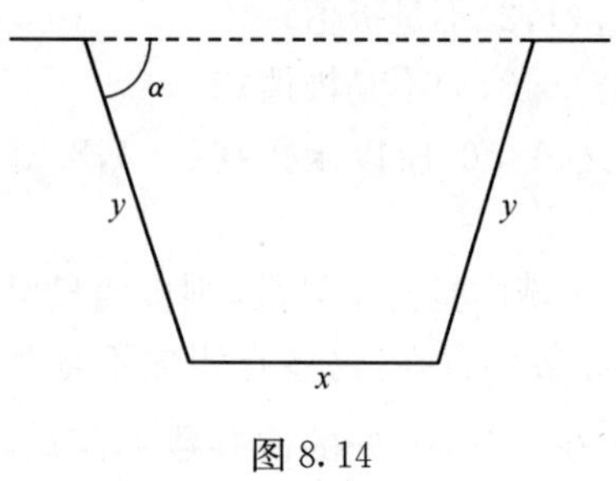

图 8.14

例 8.58　设有一条直的引水渠道,横截面为一等腰梯形. 当横截面的面积一定时,问:如何选取等腰梯形各边的长度,才能使渠道表面所铺水泥的用量最省?

解　设截面积为定值 S_0. 梯形的下底为 x,腰为 y,腰与上底的夹角为 α(图 8.14). 由梯形面积公式得

$$S_0=\frac{1}{2}(2x+2y\cos\alpha)y\sin\alpha=xy\sin\alpha+y^2\sin\alpha\cos\alpha.$$

要求水泥用量最少,就是要求梯形的三边总长度

$$L=x+2y$$

最小,即要求函数 L 的最小值. 由前式解得

$$x=\frac{S_0}{y\sin\alpha}-y\cos\alpha,$$

所以

$$L=\frac{S_0}{y\sin\alpha}-y\cos\alpha+2y.$$

解方程组

$$\begin{cases}\dfrac{\partial L}{\partial y}=\dfrac{S_0}{\sin\alpha}\left(-\dfrac{1}{y^2}\right)-\cos\alpha+2=0,\\ \dfrac{\partial L}{\partial \alpha}=\dfrac{S_0}{y}\left(-\dfrac{1}{\sin^2\alpha}\cos\alpha\right)+y\sin\alpha=0,\end{cases}$$

得

$$\alpha=\frac{\pi}{3},\quad x=y=\frac{2\sqrt{S_0}}{\sqrt{3}\sqrt[4]{3}}.$$

由实际情况可知,最小值是存在的,所以,当等腰梯形的腰与下底相等且夹角为$\dfrac{\pi}{3}$时,水泥用量最少.

8.8.2 条件极值 拉格朗日乘子法

在极值问题中，大量出现的是函数满足若干条件(也称约束方程)的极值问题，即条件极值问题. 例如，函数 $z=\sqrt{1-x^2-y^2}$ 满足约束方程 $y=0$ 的极大值是 1，而满足约束方程 $y-a=0(0<a<1)$ 的极大值是 $\sqrt{1-a^2}$(图 8.15). 这些都是条件极值. 又如，在本节例 8.57 中，如果设盒高为 z，那么例 8.57 就可看成求函数 $S=xy+2yz+2xz$ 满足约束方程 $xyz-V=0$ 的条件极值问题. 前面在解决这个问题时，是从约束方程中解出

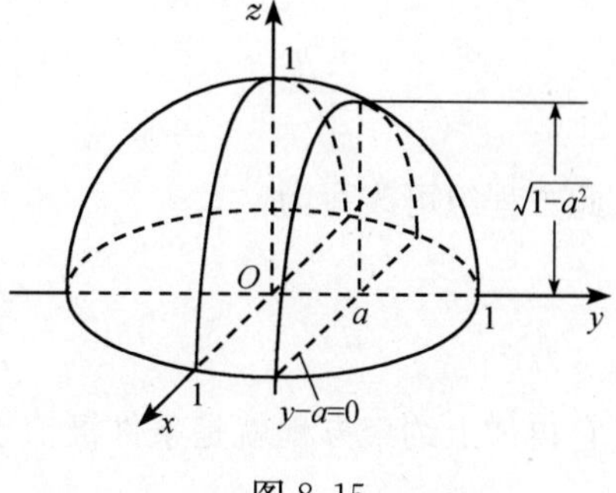

图 8.15

$$z=\frac{V}{xy}$$

代入 S，得二元函数

$$S=xy+2V\left(\frac{1}{x}+\frac{1}{y}\right),$$

然后求二元函数的普通极值。但是对有些问题，要解出 z 并不方便. 下面介绍不从约束方程中解出 z 的求条件极值的方法，即拉格朗日乘子法.

先来讨论一般的三元函数

$$u=f(x,y,z)$$

满足约束方程

$$\varphi(x,y,z)=0$$

的条件极值问题.

假定函数 $f(x,y,z)$ 与 $\varphi(x,y,z)$ 都有连续的一阶偏导数，且 $\varphi_z(x,y,z)\neq 0$，那么，方程 $\varphi(x,y,z)=0$ 就确定了 z 是 x,y 的隐函数 $z=z(x,y)$，将它代入式中，得到二元函数

$$u=f[x,y,z(x,y)].$$

三元函数的条件极值问题即化为二元函数的普通极值问题. 由极值的必要条件知，为了求稳定点，应求解方程组

$$\begin{cases}\dfrac{\partial u}{\partial x}=\dfrac{\partial f}{\partial x}+\dfrac{\partial f}{\partial z}\dfrac{\partial z}{\partial x}=0,\\[2ex]\dfrac{\partial u}{\partial y}=\dfrac{\partial f}{\partial y}+\dfrac{\partial f}{\partial z}\dfrac{\partial z}{\partial y}=0.\end{cases}$$

由隐函数存在定理知

$$\frac{\partial z}{\partial x}=-\frac{\varphi_x}{\varphi_z},\quad \frac{\partial z}{\partial y}=-\frac{\varphi_y}{\varphi_z},$$

代入上面方程组,得

$$\begin{cases} f_x - \dfrac{\varphi_x}{\varphi_z} f_z = 0, \\ f_y - \dfrac{\varphi_y}{\varphi_z} f_z = 0. \end{cases}$$

此方程组可改写为

$$\frac{f_x}{\varphi_x} = \frac{f_y}{\varphi_y} = \frac{f_z}{\varphi_z},$$

它再加上约束方程就是条件极值点(x_0, y_0, z_0)所应满足的方程组.

令$\dfrac{f_z}{\varphi_z} = -\lambda$,则只需解方程组

$$\begin{cases} f_x + \lambda\varphi_x = 0, \\ f_y + \lambda\varphi_y = 0, \\ f_z + \lambda\varphi_z = 0, \\ \varphi(x, y, z) = 0. \end{cases}$$

若解出 x, y, z, λ,则(x, y, z)即为稳定点. 而在上面的假定下,条件极值点必定是稳定点,因此,解方程组是求条件极值点的关键.

此方程组不易记忆. 为了便于记忆,下面换一个讲法,即拉格朗日乘子法.

此方程组可看成四个独立变量 x, y, z, λ 的函数

$$F(x, y, z, \lambda) = f(x, y, z) + \lambda\varphi(x, y, z)$$

取普通极值的必要条件,即化为下列方程组:

$$\begin{cases} F_x = f_x + \lambda\varphi_x = 0, \\ F_y = f_y + \lambda\varphi_y = 0, \\ F_z = f_z + \lambda\varphi_z = 0, \\ F_\lambda = \varphi(x, y, z) = 0. \end{cases}$$

从上式解出 x, y, z, λ 后,(x, y, z)就是条件极值问题的稳定点. 如果根据实际问题能从直观上判断条件极值点是存在的,而从上面方程组中解出的稳定点又只有一个,那么,这个稳定点就是条件极值点.

例 8.59　用拉格朗日乘子法重新求解例 8.57.

解　作四元辅助函数

$$F(x, y, z, \lambda) = xy + 2yz + 2xz + \lambda(xyz - V),$$

解方程组

$$\begin{cases}F_x = y + 2z + \lambda yz = 0,\\ F_y = x + 2z + \lambda xz = 0,\\ F_z = 2y + 2x + \lambda xy = 0,\\ F_\lambda = xyz - V = 0\end{cases}$$

得稳定点$\left(\sqrt[3]{2V}, \sqrt[3]{2V}, \frac{1}{2}\sqrt[3]{2V}\right)$.

由于稳定点只有一个,并且从实际问题来判断,此条件极值问题的最小值显然是存在的,因此,函数就在该稳定点处取得最小值.

注 8.1 当约束方程有两个,分别为

$$\varphi(x,y,z) = 0, \quad \psi(x,y,z) = 0,$$

则求三元函数 $u=f(x,y,z)$的条件极值时,拉格朗日乘子法的主要步骤是作五元辅助函数

$$F(x,y,z,\lambda_1,\lambda_2) = f(x,y,z) + \lambda_1\varphi(x,y,z) + \lambda_2\psi(x,y,z),$$

解方程组

$$\begin{cases}F_x = f_x + \lambda_1\varphi_x + \lambda_2\psi_x = 0,\\ F_y = f_y + \lambda_1\varphi_y + \lambda_2\psi_y = 0,\\ F_z = f_z + \lambda_1\varphi_z + \lambda_2\psi_z = 0,\\ F_{\lambda_1} = \varphi(x,y,z) = 0,\\ F_{\lambda_2} = \psi(x,y,z) = 0,\end{cases}$$

得稳定点(x_0,y_0,z_0);然后再判断所求稳定点是否是极值点.

注 8.2 求二元函数 $z=f(x,y)$满足约束方程 $\varphi(x,y)=0$ 的条件极值时,拉格朗日乘子法的主要步骤是作三元辅助函数

$$F(x,y,\lambda) = f(x,y) + \lambda\varphi(x,y),$$

解方程组

$$\begin{cases}F_x = f_x + \lambda\varphi_x = 0,\\ F_y = f_y + \lambda\varphi_y = 0,\\ F_\lambda = \varphi(x,y) = 0,\end{cases}$$

得稳定点(x_0,y_0);然后再判断所求稳定点是否为极值点.

例 8.60 设有一单位正电荷,位于直角坐标系的原点处.另有一单位负电荷,在椭圆

$$\begin{cases}z = x^2 + y^2,\\ x + y + z = 1\end{cases}$$

上移动.问:两电荷间的引力何时最大,何时最小?

解 由物理学知,当负电荷在点(x,y,z)处时,两电荷间的引力为

$$f=\frac{k}{x^2+y^2+z^2},\quad k>0 \text{ 为常数.}$$

考虑函数 $g=\frac{k}{f}=x^2+y^2+z^2$，$f$ 的最大(小)值显然就是 g 的最小(大)值.

作五元辅助函数

$$F(x,y,z,\lambda)=x^2+y^2+z^2+\lambda_1(x^2+y^2-z)+\lambda_2(x+y+z-1),$$

解方程组

$$\begin{cases}F_x=2x+2\lambda_1 x+\lambda_2=0,\\ F_y=2y+2\lambda_1 y+\lambda_2=0,\\ F_z=2z-\lambda_1+\lambda_2=0,\\ F_{\lambda_1}=x^2+y^2-z=0,\\ F_{\lambda_2}=x+y+z-1=0,\end{cases}$$

得两个稳定点为

$$M_1\left(\frac{-1+\sqrt{3}}{2},\frac{-1+\sqrt{3}}{2},2-\sqrt{3}\right),\quad M_2\left(\frac{-1-\sqrt{3}}{2},\frac{-1-\sqrt{3}}{2},2+\sqrt{3}\right).$$

且 $g(M_1)=9-5\sqrt{3}$，$g(M_2)=9+5\sqrt{3}$.

从几何上看，函数 g 的最大值和最小值显然是存在的，因此，g 在点 M_1，M_2 处分别达到最小值和最大值，从而函数 f 在点 M_1，M_2 处分别达到最大值和最小值，即两电荷间的引力当单位负电荷在点 M_1 处时为最大，在点 M_2 处时为最小.

例 8.61　试求点(8,2)到抛物线 $x^2=4y$ 的最短距离.

解　点(8,2)到抛物线 $x^2=4y$ 上任一点 (x,y) 的距离为

$$d=\sqrt{(x-8)^2+(y-2)^2}.$$

注意到正值函数 f 与其平方函数总在同一点处达到极大值或极小值，可将问题化为求解二元函数

$$u=d^2=(x-8)^2+(y-2)^2$$

满足约束方程 $x^2-4y=0$ 的条件极值问题.

作三元辅助函数

$$F(x,y,\lambda)=(x-8)^2+(y-2)^2+\lambda(x^2-4y),$$

解方程组

$$\begin{cases}F_x=2(x-8)+2\lambda x=0,\\ F_y=2(y-2)-4\lambda=0,\\ F_\lambda=x^2-4y=0,\end{cases}$$

得稳定点为(4,4).

从几何图像上不难判断，点(4,4)为极小值点，并且是最小值点，所求的最短距离就是点(8,2)与点(4,4)之间的距离 $\sqrt{20}$.

习 题 8.8

1. 求函数 $f(x,y)=4(x-y)-x^2-y^2$ 的极值.

2. 求下列函数的极值:

(1) $z=x^2-(y-1)^2$; (2) $z=x^3+y^3-3xy$;

(3) $z=\sin x+\cos y+\cos(x-y)\left(0\leqslant x\leqslant\dfrac{\pi}{2},0\leqslant y\leqslant\dfrac{\pi}{2}\right)$;

(4) $z=x^4+y^4-x^2-2xy-y^2$; (5) $z=e^{2x+3y}(8x^2-6xy+3y^2)$.

3. 求由下列方程决定的函数 $z=f(x,y)$的极值:

(1) $x^2+y^2+z^2-2x-2y-4z-10=0$;

(2) $x^2+y^2+z^2-xz-yz+2x+2y+2z-2=0$.

4. 求下列函数在所给条件下的极值:

(1) $z=\dfrac{x}{a}+\dfrac{y}{b},x^2+y^2=1(a>0,b>0)$;

(2) $z=x^2+y^2,\dfrac{x}{a}+\dfrac{y}{b}=1(a>0,b>0)$;

(3) $z=\cos^2x+\cos^2y,x-y=\dfrac{\pi}{4}$;

(4) $u=xyz,x^2+y^2+z^2=1,x+y+z=0$.

5. 求函数 $f(x,y)=(6x-x^2)(4y-y^2)$的极值.

6. 求函数 $f(x,y)=e^{2x}(x+y^2+2y)$的极值.

7. 求函数 $z=xy$ 在满足条件 $x+y=1$ 下的极大值.

8. 从斜边之长为 l 的一切直角三角形中,求有最大周长的直角三角形.

9. 要建造一个体积等于定数 k 的长方体无盖水池,应如何选择水池的尺寸,使得它的表面积最小.

10. 在平面 xOy 上求一点,使它到 $x=0,y=0$ 及 $x+2y-16=0$ 三直线的距离平方之和为最小.

11. 有一块宽为 $2a$ 的长方形铁片,把它两边宽为 x 的边缘分别向上折成一个水槽,问 x 和 θ 取何值时使水槽的容积最大(图 8.16)?

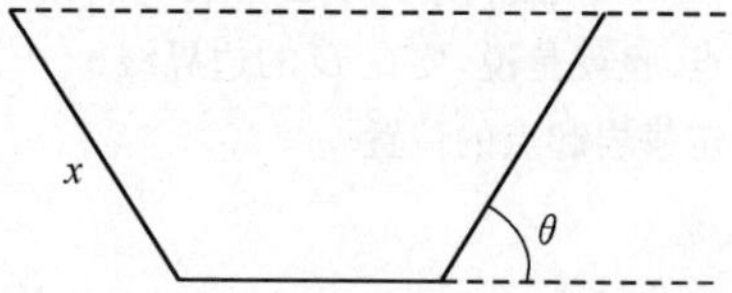

图 8.16

12. 已知三角形的周长为 $2p$,问怎样的三角形绕着自己的一边旋转所成的体积最大?

13. 求抛物线 $y=x^2$ 与直线 $x-y-2=0$ 间的最短距离.

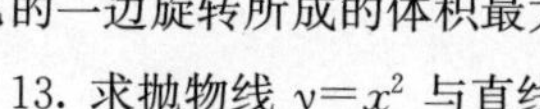

14. 求点 $M_0(x_0,y_0,z_0)$至平面 $Ax+By+Cz+D=0$ 的距离.

15. 在椭球面$\dfrac{x^2}{96}+y^2+z^2=1$ 上求距离平面

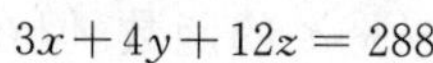
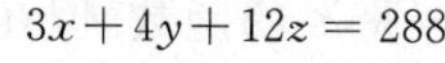

$$3x+4y+12z=288$$

的最近点与最远点.

16. 当 n 个正数 $x_1, x_2, \cdots, x_n$ 之和为常数时，求它们的乘积开 n 次根的最大值.

17. 将周长为 $2p$ 的矩形绕它的一边旋转而构成一个圆柱体. 问：矩形的边长各为多少时，才可使圆柱体的体积为最大？

18. 求内接于半径为 a 的球且有最大体积的长方体.

19. 抛物面 $z=x^2+y^2$ 被平面 $x+y+z=1$ 截成一椭圆，求这椭圆上的点到原点的距离的最大值与最小值.

20. 设有一圆板占有平面闭区域 $\{(x,y)\mid x^2+y^2\leqslant 1\}$. 该圆板被加热，以致在点 (x,y) 的温度是

$$T = x^2 + 2y^2 - x.$$

求该圆板的最热点和最冷点.

21. 形状为椭球 $4x^2+y^2+4z^2\leqslant 16$ 的空间探测器进入地球大气层，其表面开始受热，1 小时后在探测器的点 (x,y,z) 处的温度 $T=8x^2+4yz-16z+600$，求探测器表面最热的点.

22. 求平面 $\dfrac{x}{3}+\dfrac{y}{4}+\dfrac{z}{5}=1$ 和柱面 $x^2+y^2=1$ 的交线上与 xOy 平面距离最短的点.

23. 在第一卦限内做椭球面 $\dfrac{x^2}{a^2}+\dfrac{y^2}{b^2}+\dfrac{z^2}{c^2}=1$ 的切平面，使该切平面与三坐标面所围成的四面体的体积最小. 求这切平面的切点，并求此最小体积.

24. 某厂家生产的一种产品同时在两个市场销售，售价分别为 p_1 和 p_2，销售量分别为 q_1 和 q_2，需求函数分别为

$$q_1 = 24 - 0.2p_1, \quad q_2 = 10 - 0.05p_2,$$

总成本函数为

$$C = 35 + 40(q_1 + q_2).$$

试问：厂家如何确定两个市场的售价，能使其获得的总利润最大？最大总利润为多少？

25. 有一小山，取它的底面所在的平面为 xOy 坐标面，其底部所占的闭区域为 $D=\{(x,y)\mid x^2+y^2-xy\leqslant 75\}$，小山的高度函数为 $h=f(x,y)=75-x^2-y^2+xy$.

(1) 设 $M(x_0,y_0)\in D$，问 $f(x,y)$ 在该点沿平面上什么方向的方向导数最大？若记此方向导数的最大值为 $g(x_0,y_0)$，试写出 $g(x_0,y_0)$ 的表达式.

(2) 欲利用此小山开展攀岩活动，为此需要在山脚找一上山坡度最大的点作为攀岩的起点. 也就是说，要在 D 的边界线 $x^2+y^2-xy=75$ 上找出(1)中的 $g(x,y)$ 达到最大值的点. 试确定攀岩起点的位置.

8.9　最小二乘法

最小二乘法是利用多元函数的极值理论寻求经验公式的一种数学方法.

在实际工作中，常常需要根据实测的一组数据找出函数关系，即经验公式. 这里只介绍直线型经验公式.

假设有两个变量 x, y，其中 y 是 x 的函数. 但在实际问题里，只测得了一组如下数据：

x	x_1	x_2	…	x_i	…	x_n
y	y_1	y_2	…	y_i	…	y_n

怎样找出 x,y 之间的最佳近似公式呢？

第一步　分析数据.

先将数据表中的数对 $(x_i,y_i)(i=1,2,\cdots,n)$ 看成点的坐标，画在坐标纸上，即实际工作中所说的“点图”；再看 x 与 y 之间的关系是否近似于一次函数. 此处假定，n 个点 $(x_i,y_i)(i=1,2,\cdots,n)$ 基本上分布在一条直线附近(图 8.17). 因而可以认为 y 是 x 的线性(即一次)函数：

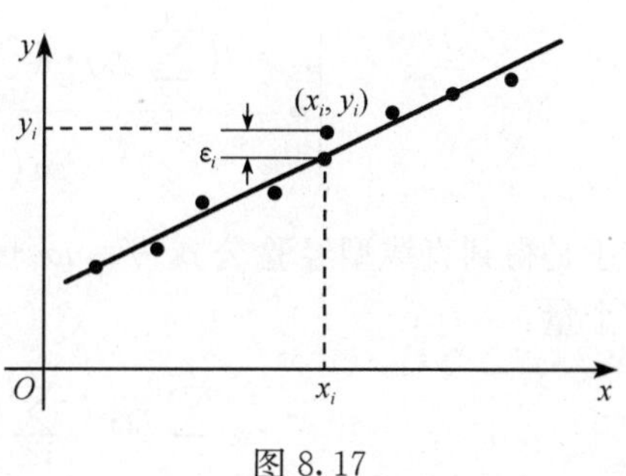

图 8.17

$$y=ax+b.$$

第二步　求 a,b，找出直线型经验公式.

显然，实测值 y_i 与按照公式计算出的理论值 (ax_i+b) 不一定相等. 也就是说，存在误差

$$\varepsilon_i=y_i-(ax_i+b)=y_i-ax_i-b,\quad i=1,2,\cdots,n,$$

这 n 个 ε_i 有正有负，将它们平方之后，再求和，称为总偏差

$$\varepsilon=\sum_{i=1}^{n}\varepsilon_i^2=\sum_{i=1}^{n}(y_i-ax_i-b)^2.$$

ε 为 a,b 的二元函数 $\varepsilon=\varepsilon(a,b)$. 下面介绍在总偏差取最小值的意义下，怎样定出常数 a,b，从而求得最佳近似公式——直线型经验公式 $y=ax+b$. 这种根据总偏差 $\varepsilon(a,b)$ 为最小的条件来确定系数 a,b 的方法，就是**最小二乘法**.

由极值的必要条件得

$$\begin{cases}\dfrac{\partial\varepsilon}{\partial a}=\displaystyle\sum_{i=1}^{n}2(y_i-ax_i-b)\cdot(-x_i)=0,\\ \dfrac{\partial\varepsilon}{\partial b}=\displaystyle\sum_{i=1}^{n}2(y_i-ax_i-b)\cdot(-1)=0,\end{cases}$$

即

$$\begin{cases}\left(\displaystyle\sum_{i=1}^{n}x_i^2\right)a+\left(\displaystyle\sum_{i=1}^{n}x_i\right)b=\displaystyle\sum_{i=1}^{n}x_iy_i,\\ \left(\displaystyle\sum_{i=1}^{n}x_i\right)a+nb=\displaystyle\sum_{i=1}^{n}y_i.\end{cases}$$

解得

$$\begin{cases} a = \dfrac{n\sum\limits_{i=1}^{n} x_i y_i - (\sum\limits_{i=1}^{n} x_i) \cdot (\sum\limits_{i=1}^{n} y_i)}{n(\sum\limits_{i=1}^{n} x_i^2) - (\sum\limits_{i=1}^{n} x_i)^2}, \\ b = \dfrac{(\sum\limits_{i=1}^{n} y_i) \cdot (\sum\limits_{i=1}^{n} x_i^2) - (\sum\limits_{i=1}^{n} x_i) \cdot (\sum\limits_{i=1}^{n} x_i y_i)}{n(\sum\limits_{i=1}^{n} x_i^2) - (\sum\limits_{i=1}^{n} x_i)^2}, \end{cases}$$

于是得到直线型经验公式 $y=ax+b$. 由此可知，为了求得 a,b，需要计算下面四个量：

$$\sum_{i=1}^{n} x_i, \quad \sum_{i=1}^{n} y_i, \quad \sum_{i=1}^{n} x_i y_i, \quad \sum_{i=1}^{n} x_i^2.$$

例 8.62　已知金属棒的长度 l 与温度 t 有关，它随温度的变化而变化，变化规律由膨胀系数 k 决定. 由分析知，有公式

$$l = l_0(1+kt),$$

其中 l_0 为 0℃时金属棒的长度. 为了应用这个公式，需要定出常数 l_0 及 k. 现测得金属棒长度 l 与对应的温度 t 之间有如下五组数据：

温度 t/℃	20	30	40	50	60
长度 l/mm	1000.36	1000.53	1000.74	1000.91	1001.06

解　可用最小二乘法来做.

令 $l_0k=a, l_0=b$，则式化为

$$l = at + b.$$

为了计算方便，列出下表：

i	1	2	3	4	5
t_i	20	30	40	50	60
l_i	1000.36	1000.53	1000.74	1000.91	1001.06
t_il_i	20007.20	30015.90	40029.60	50045.50	60063.60
t_i^2	400	900	1600	2500	3600

于是有

$$\sum_{i=1}^{5} t_i = 200, \quad \sum_{i=1}^{5} l_i = 5003.60,$$

$$\sum_{i=1}^{5} t_i l_i = 200161.80, \quad \sum_{i=1}^{5} t_i^2 = 9000.$$

代入公式，得

$$a = 0.0178, \quad b = 1000.01.$$

于是得直线型经验公式

$$l = 0.0178t + 1000.01,$$

且

$$l_0 = b = 1000.01,$$

$$k = \frac{a}{l_0} = 0.0000177.$$

以上是利用最小二乘法求直线型经验公式的例子. 有时所测量的数据之间的关系也可能不是一次函数,而是幂函数或指数函数,或二次函数等. 对于这些情况,也可以利用最小二乘法来做. 例如,如果公式为指数函数

$$y = Ae^{\beta x},$$

那么,根据 n 组数据 $(x_i, y_i)(i=1,2,\cdots,n)$,可以用最小二乘法求出 A 与 β 的最佳值. 事实上,可以在以上公式的两边取对数,得

$$\ln y = \ln A + \beta x,$$

令 $\alpha = \ln A$,则上式化为

$$\ln y = \alpha + \beta x.$$

这时,数据 (x_i, y_i) 换为 $(x_i, \ln y_i)(i=1,2,\cdots,n)$. 用最小二乘法可求出 α, β 的最佳值,然后定出 $A = e^{\alpha}$,便得到公式 $y = Ae^{\beta x}$.

例 8.63 在研究某单分子化学反应速率时,得到下列数据:

i	1	2	3	4	5	6	7	8
τ_i	3	6	9	12	15	18	21	24
y_i	57.6	41.9	31.0	22.7	16.6	12.2	8.9	6.5

其中 τ 为从实验开始算起的时间;y 为时刻 τ 反应物的量. 试根据上述数据定出经验公式 $y = f(\tau)$.

解 由化学反应速率的理论知道,$y = f(\tau)$ 应是指数函数,设 $y = ke^{m\tau}$,其中 k 和 m 为待定常数. 对这批数据,先来验证这个结论. 为此,在 $y = ke^{m\tau}$ 的两边取常用对数,得

$$\lg y = (m \cdot \lg e)\tau + \lg k.$$

记 $m \cdot \lg e$,即 $0.4343m = a$,$\lg k = b$,则上式可写为

$$\lg y = a\tau + b,$$

于是 $\lg y$ 就是 τ 的线性函数. 所以,把表中各对数据 $(\tau_i, y_i)(i=1,2,\cdots,8)$ 所对应的点描在半对数坐标纸上(半对数坐标纸的横轴上各点处所标明的数字与普通的直角坐标纸相同,而纵轴上各点处所表明的数字是这样的,它的常用对数就是该点到原点的距离),如图 8.18 所示. 从图 8.18 中看出,这些点的连线非常接近于一条直线,这说明 $y = f(\tau)$ 确实可以认为是指数函数.

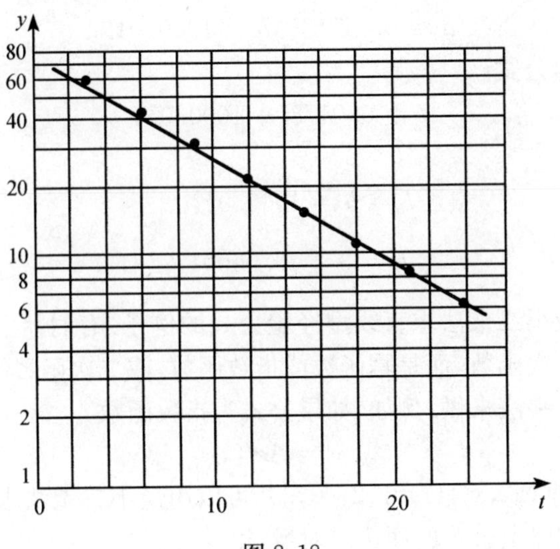

图 8.18

下面来具体定出 k 与 m 的值.

由于

$$\lg y = a\tau + b,$$

所以可通过求方程组

$$\begin{cases} a\sum_{i=1}^{8}\tau_i^2 + b\sum_{i=1}^{8}\tau_i = \sum_{i=1}^{8}\tau_i\lg y_i, \\ a\sum_{i=1}^{8}\tau_i + 8b = \sum_{i=1}^{8}\lg y_i \end{cases}$$

的解,把 a,b 确定出来.

下面通过列表来计算 $\sum_{i=1}^{8}\tau_i$, $\sum_{i=1}^{8}\tau_i^2$, $\sum_{i=1}^{8}\lg y_i$ 及 $\sum_{i=1}^{8}\tau_i\lg y_i$:

	τ_i	τ_i^2	y_i	$\lg y_i$	$\tau_i\lg y_i$
	3	9	57.6	1.7604	5.2812
	6	36	41.9	1.6222	9.7332
	9	81	31.0	1.4914	13.4226
	12	144	22.7	1.3560	16.2720
	15	225	16.6	1.2201	18.3015
	18	324	12.2	1.0864	19.5552
	21	441	8.9	0.9494	19.9374
	24	576	6.5	0.8129	19.5096
$\sum$	108	1836	197.4	10.2988	122.0127

将它们代入方程组(其中取 $\sum_{i=1}^{8}\lg y_i\approx 10.3$，$\sum_{i=1}^{8}\tau_i\lg y_i\approx 122$)，得

$$\begin{cases}1836a+108b=122,\\108a+8b=10.3.\end{cases}$$

解这方程组，得

$$\begin{cases}a=0.4343m=-0.045,\\b=\lg k=1.8964.\end{cases}$$

所以

$$m=-0.1036,\quad k=78.78.$$

因此所求的经验公式为

$$y=78.78\mathrm{e}^{-0.1036\tau}.$$

第 9 章　重　积　分

由一元函数积分学知道，定积分是某种确定形式的和的极限. 这种和的极限的概念推广到定义在区域上多元函数的情形，就得到**重积分**的概念. 本章将介绍重积分(包括二重积分和三重积分)的概念、计算法以及它们的一些应用.

9.1　二重积分的概念与性质

9.1.1　二重积分的概念

1. 曲顶柱体的体积

设 $z=f(x,y)$ 是有界闭区域 D 上的非负连续函数，则它的图形是一张连续曲面，记为 S. 以区域 D 为底，以 S 为顶，以柱面(其准线为 D 的边界，母线平行于 z 轴)为侧面的立体，称为"**曲顶柱体**"(图 9.1). 下面来求该曲顶柱体的体积 V.

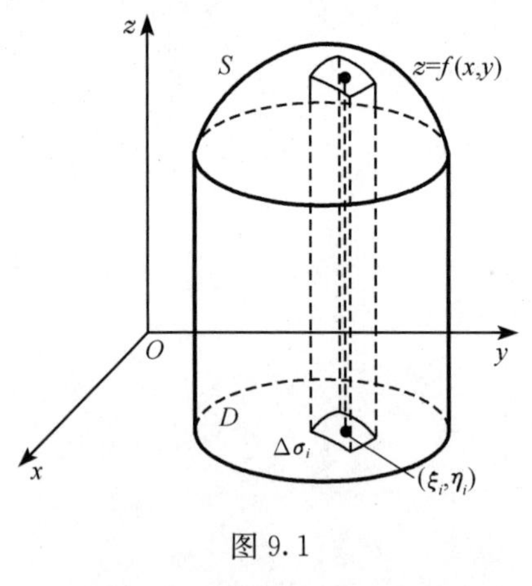

图 9.1

如果柱体的顶是平行于底面的平面，那么柱体的体积就等于底面积乘以高. 现在柱体的顶是曲面，于是可以用类似于求曲边梯形面积的办法来求曲顶柱体的体积. 具体步骤如下：

(1) 用任意的曲线网将区域 D 分为几个小区域

$$\Delta\sigma_1,\Delta\sigma_2,\cdots,\Delta\sigma_n$$

(并用它们表示小区域的面积)，于是曲顶柱体相应地被分成 n 个小曲顶柱体，设体积为 $\Delta V_i(i=1,2,\cdots,n)$，则 $V=\sum\limits_{i=1}^{n}\Delta V_i$.

(2) 在每个小区域 $\Delta\sigma_i$ 上任取一点 (ξ_i,η_i). 因为 $f(x,y)$ 连续，所以当分割充分细密时，小曲顶柱体的体积 ΔV_i 就近似等于以 $f(\xi_i,\eta_i)$ 为高，以 $\Delta\sigma_i$ 为底的小平顶柱体的体积，即

$$\Delta V_i\approx f(\xi_i,\eta_i)\Delta\sigma_i,\quad i=1,2,\cdots,n.$$

(3) 求和，得到

$$V=\sum_{i=1}^{n}\Delta V_i\approx\sum_{i=1}^{n}f(\xi_i,\eta_i)\Delta\sigma_i.$$

(4) 记 λ 为诸小区域 $\Delta\sigma_i$ 的直径的最大者. 让每个小区域都收缩为一点,即令 $\lambda\to 0$,则上式右端的和数就趋近于 V,即有

$$V=\lim_{\lambda\to 0}\sum_{i=1}^{n}f(\xi_i,\eta_i)\Delta\sigma_i.$$

2. *不均匀平面薄板的质量*

设一块质量分布不均匀的物质薄板在 xOy 平面上占有区域 D. 此薄板在点 (x,y) 处的面密度为 $\mu(x,y)$,$\mu(x,y)$ 为 D 上的连续函数. 下面来求该薄板的质量 m.

将薄板任意分为 n 个小区域,小区域及其面积都记作

$$\Delta\sigma_1,\Delta\sigma_2,\cdots,\Delta\sigma_n.$$

在每个小区域 $\Delta\sigma_i$ 上任取一点 (ξ_i,η_i)(图 9.2),以点 (ξ_i,η_i) 处的面密度 $\mu(\xi_i,\eta_i)$ 作为小区域 $\Delta\sigma_i$ 上各点面密度的近似值,便得到第 i 块小薄板的质量的近似值 $\mu(\xi_i,\eta_i)\Delta\sigma_i$,从而整块薄板的质量

$$m\approx\sum_{i=1}^{n}\mu(\xi_i,\eta_i)\Delta\sigma_i.$$

记 λ 为各小区域 $\Delta\sigma_i$ 的直径的最大者. 让每个小区域都收缩为一点,即令 $\lambda\to 0$ 时,便得到薄板的质量

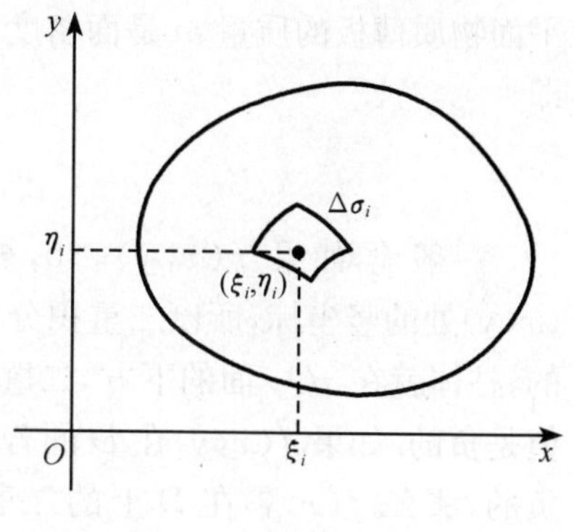

图 9.2

$$m=\lim_{\lambda\to 0}\sum_{i=1}^{n}\mu(\xi_i,\eta_i)\Delta\sigma_i.$$

以上两例,虽然具体内容不同,但解决问题的方法是一样的,都归结为求一种具有相同结构的和式的极限. 把它抽象出来,就得到**二重积分**的定义.

定义 9.1　设二元函数 $f(x,y)$ 在有界闭区域 D 上有定义. 用任意的曲线网分 D 为 n 个小区域,小区域及其面积都记作

$$\Delta\sigma_1,\Delta\sigma_2,\cdots,\Delta\sigma_n.$$

在每个小区域 $\Delta\sigma_i$ 上任取一点 (ξ_i,η_i),作和数(称为**积分和**)

$$\sum_{i=1}^{n}f(\xi_i,\eta_i)\Delta\sigma_i.$$

记 λ 为各小区域直径的最大者,令 $\lambda\to 0$,若积分和有极限 I(I 的值不依赖于区域 D 的分法及点 (ξ_i,η_i) 的取法),则称此极限值为**函数** $f(x,y)$ **在区域** D **上的二重积分**,记作

$$I=\lim_{\lambda\to 0}\sum_{i=1}^{n}f(\xi_i,\eta_i)\Delta\sigma_i=\iint_D f(x,y)\mathrm{d}\sigma,$$

其中 $f(x,y)$ 称为**被积函数**，D 称为**积分区域**，$\mathrm{d}\sigma$ 称为**面积元素**.

当二重积分 $\iint_D f(x,y)\mathrm{d}\sigma$ 存在时，则称函数 $f(x,y)$ **在区域 D 上可积**，记作 $f\in R(D)$.

与定积分类似，可以证明：**若函数 $f(x,y)$ 在区域 D 上可积，则必在 D 上有界.**

对于有界闭区域 D 上的连续函数 $f(x,y)$，$\iint_D f(x,y)\mathrm{d}\sigma$ 一定是存在的.

由二重积分的定义知，前面例子中曲顶柱体的体积 V 是曲顶函数 $f(x,y)$ 在底面区域 D 上的二重积分，即

$$V=\iint_D f(x,y)\mathrm{d}\sigma.$$

平面物质薄板的质量 m 是面密度函数 $\mu(x,y)$ 在薄板所占区域 D 上的二重积分，即

$$m=\iint_D \mu(x,y)\mathrm{d}\sigma.$$

一般地，如果 $f(x,y)\geqslant 0$，被积函数 $f(x,y)$ 可解释为曲顶柱体的顶在点 (x,y) 处的竖坐标，所以二重积分的几何意义就是柱体的体积. 如果 $f(x,y)$ 是负的，柱体就在 xOy 面的下方，二重积分的绝对值仍等于柱体的体积，但二重积分的值是负的. 如果 $f(x,y)$ 在 D 的若干部分区域上是正的，而在其他的部分区域上是负的，那么，$f(x,y)$ 在 D 上的二重积分就等于 xOy 面上方的柱体体积减去 xOy 面下方的柱体体积所得之差.

9.1.2　二重积分的性质

二重积分具有与定积分类似的性质：

性质 9.1　设 α,β 为常数，则

$$\iint_D[\alpha f(x,y)+\beta g(x,y)]\mathrm{d}\sigma=\alpha\iint_D f(x,y)\mathrm{d}\sigma+\beta\iint_D g(x,y)\mathrm{d}\sigma.$$

性质 9.2　如果闭区域 D 被有限条曲线分为有限个部分闭区域，则在 D 上的二重积分等于在各部分闭区域上的二重积分的和.

例如，D 分为两个闭区域 D_1 与 D_2，则

$$\iint_D f(x,y)\mathrm{d}\sigma=\iint_{D_1} f(x,y)\mathrm{d}\sigma+\iint_{D_2} f(x,y)\mathrm{d}\sigma.$$

这个性质表示二重积分对于积分区域具有可加性.

性质 9.3　如果在 D 上，$f(x,y)=1$，σ 为 D 的面积，则

$$\sigma=\iint_D 1\cdot\mathrm{d}\sigma=\iint_D \mathrm{d}\sigma.$$

这个性质的几何意义是很明显的，因为高为 1 的平顶柱体的体积在数值上就等于柱体的底面积.

性质 9.4　如果在 D 上，$f(x,y)\leqslant\varphi(x,y)$，则有

$$\iint_D f(x,y)\mathrm{d}\sigma=\iint_D \varphi(x,y)\mathrm{d}\sigma.$$

特殊地，由于

$$-|f(x,y)|\leqslant f(x,y)\leqslant|f(x,y)|,$$

又有

$$\left|\iint_D f(x,y)\mathrm{d}\sigma\right|\leqslant\iint_D |f(x,y)|\mathrm{d}\sigma.$$

性质 9.5　设 M,m 分别是 $f(x,y)$ 在闭区域 D 上的最大值和最小值，σ 是 D 的面积，则有

$$m\sigma\leqslant\iint_D f(x,y)\mathrm{d}\sigma\leqslant M\sigma.$$

性质 9.6（二重积分的中值定理）　设函数 $f(x,y)$ 在闭区域 D 上连续，σ 是 D 的面积，则在 D 上至少存在一点 (ξ,η)，使得

$$\iint_D f(x,y)\mathrm{d}\sigma=f(\xi,\eta)\cdot\sigma.$$

证　由性质 9.5 得

$$m\leqslant\frac{1}{\sigma}\iint_D f(x,y)\mathrm{d}\sigma\leqslant M.$$

这就是说，数值 $\frac{1}{\sigma}\iint_D f(x,y)\mathrm{d}\sigma$ 是介于函数 $f(x,y)$ 的最大值 M 与最小值 m 之间的. 根据在闭区域上连续函数的介值定理，在 D 上至少存在一点 (ξ,η)，使得函数在该点的值与这个数值相等，即

$$\frac{1}{\sigma}\iint_D f(x,y)\mathrm{d}\sigma=f(\xi,\eta).$$

由此即得结论.

习　题　9.1

1. 根据二重积分的性质，比较下列积分的大小：

(1) $\iint_D (x+y)^2\mathrm{d}\sigma$ 与 $\iint_D (x+y)^3\mathrm{d}\sigma$，其中积分区域 D 为由 x 轴、y 轴与直线 $x+y=1$ 所围成；

(2) $\iint_D (x+y)^2\mathrm{d}\sigma$ 与 $\iint_D (x+y)^3\mathrm{d}\sigma$，其中积分区域 D 为由圆周 $(x-2)^2+(y-1)^2=2$ 所围成；

(3) $\iint_D \ln(x+y)\mathrm{d}\sigma$ 与 $\iint_D [\ln(x+y)]^2\mathrm{d}\sigma$，其中 D 为三角形闭区域，三顶点分别为(1,0)，(1,1)，(2,0)；

(4) $\iint_D \ln(x+y)\mathrm{d}\sigma$ 与 $\iint_D [\ln(x+y)]^2\mathrm{d}\sigma$，其中 $D=\{(x,y)\mid 3\leqslant x\leqslant 5,0\leqslant y\leqslant 1\}$.

2. 利用二重积分的性质估计下列积分的值：

(1) $I=\iint_D xy(x+y)\mathrm{d}\sigma$，其中 $D=\{(x,y)\mid 0\leqslant x\leqslant 1,0\leqslant y\leqslant 1\}$；

(2) $I=\iint_D \sin^2 x\sin^2 y\mathrm{d}\sigma$，其中 $D=\{(x,y)\mid 0\leqslant x\leqslant \pi,0\leqslant y\leqslant \pi\}$；

(3) $I=\iint_D (x+y+1)\mathrm{d}\sigma$，其中 $D=\{(x,y)\mid 0\leqslant x\leqslant 1,0\leqslant y\leqslant 2\}$；

(4) $I=\iint_D (x^2+4y^2+9)\mathrm{d}\sigma$，其中 $D=\{(x,y)\mid x^2+y^2\leqslant 4\}$.

9.2　二重积分的计算法

按照二重积分的定义来计算二重积分，对少数特别简单的被积函数和积分区域来说是可行的. 但对一般的函数和区域来说，这不是一种切实可行的方法. 本节介绍一种计算二重积分的方法，这种方法是把二重积分化为两次单积分(即两次定积分)来计算.

9.2.1　利用直角坐标计算二重积分

当 $f(x,y)$ 在区域 D 上可积时，其积分值与分割方法无关，因此我们可以采取特殊的分割方法来计算二重积分. 例如，在直角坐标系中，可用平行于坐标轴的直线网来分割区域 D(图 9.3). 这时面积元素 $\mathrm{d}\sigma=\mathrm{d}x\mathrm{d}y$，于是二重积分也记作

$$\iint_D f(x,y)\mathrm{d}x\mathrm{d}y.$$

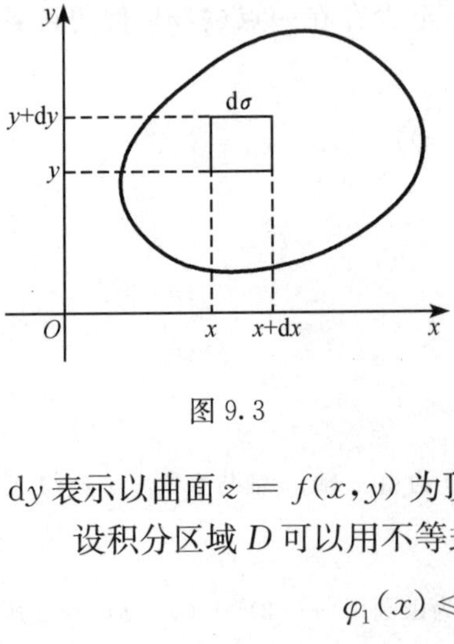

图 9.3

为了计算这个二重积分，先从几何上看一看.

当 $f(x,y)\geqslant 0$ 时，二重积分 $\iint_D f(x,y)\mathrm{d}x\mathrm{d}y$ 表示以曲面 $z=f(x,y)$ 为顶，以区域 D 为底的曲顶柱体体积 V.

设积分区域 D 可以用不等式

$$\varphi_1(x)\leqslant y\leqslant \varphi_2(x),\quad a\leqslant x\leqslant b$$

来表示，其中函数 $\varphi_1(x)$，$\varphi_2(x)$ 在区间$[a,b]$上连续.

下面利用计算“平行截面面积为已知的立体的体积”的方法来计算这个曲顶柱体的体积.

先计算截面面积. 在区间$[a,b]$上任意取定一点 x_0，作平行于 yOz 面的平面$x=x_0$. 此平面截曲顶柱体所得的截面是一个以区间$[\varphi_1(x_0),\varphi_2(x_0)]$为底，曲线$z=f(x_0,y)$为曲边的曲边梯形(图 9.4)，所以截面的面积为

$$A(x_0)=\int_{\varphi_1(x_0)}^{\varphi_2(x_0)}f(x_0,y)\mathrm{d}y.$$

一般地，过区间$[a,b]$上任一点 x 且平行于 yOz 面的平面截曲顶柱体所得截面的面积为

$$A(x)=\int_{\varphi_1(x)}^{\varphi_2(x)}f(x,y)\mathrm{d}y.$$

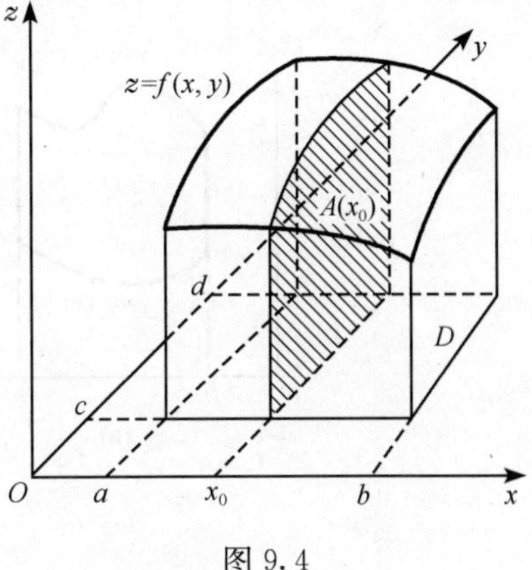

图 9.4

于是，应用计算平行截面面积为已知的立体体积的方法，得曲顶柱体体积为

$$V=\int_a^b A(x)\mathrm{d}x=\int_a^b\left[\int_{\varphi_1(x)}^{\varphi_2(x)}f(x,y)\mathrm{d}y\right]\mathrm{d}x.$$

这个体积也就是所求二重积分的值，从而有等式

$$\iint_D f(x,y)\mathrm{d}\sigma=\int_a^b\left[\int_{\varphi_1(x)}^{\varphi_2(x)}f(x,y)\mathrm{d}y\right]\mathrm{d}x.$$

上式右端的积分叫做先对 y、后对 x 的二次积分，也常记作

$$\int_a^b\mathrm{d}x\int_{\varphi_1(x)}^{\varphi_2(x)}f(x,y)\mathrm{d}y.$$

类似地，如果积分区域 D 可以用不等式

$$\psi_1(y)\leqslant x\leqslant\psi_2(y),\quad c\leqslant y\leqslant d$$

来表示，其中函数 $\psi_1(y)$、$\psi_2(y)$在区间$[c,d]$上连续，那么就有

$$\iint_D f(x,y)\mathrm{d}\sigma=\int_c^d\left[\int_{\psi_1(y)}^{\psi_2(y)}f(x,y)\mathrm{d}x\right]\mathrm{d}y.$$

上式右端的积分叫做**先对** x、**后对** y **的二次积分**，也常记作

$$\int_c^d\mathrm{d}y\int_{\psi_1(y)}^{\psi_2(y)}f(x,y)\mathrm{d}x.$$

以后称图 9.5 所示的积分区域为 X **型区域**，图 9.6 所示的积分区域为 Y **型区域**. 应用先 y 后 x 的公式时，积分区域必须是 X 型区域，X 型区域 D 的特点是穿过 D 内部且平行于 y 轴的直线与 D 的边界相交不多于两点；而用先 x 后 y 的公式时，积分区域必须是 Y 型区域，Y 型区域 D 的特点是穿过 D 内部且平行于 x 轴的直线与 D 的边界相交不多于两点. 对于既不是 X 型区域，又不是 Y 型区域的区

域，可以把 D 分成几部分，使每个部分是 X 型区域或是 Y 型区域，然后把每个部分上的积分加起来即可(图 9.7).

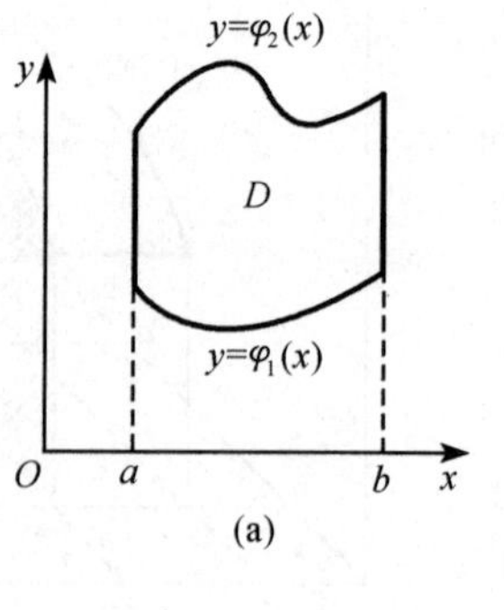

(a)

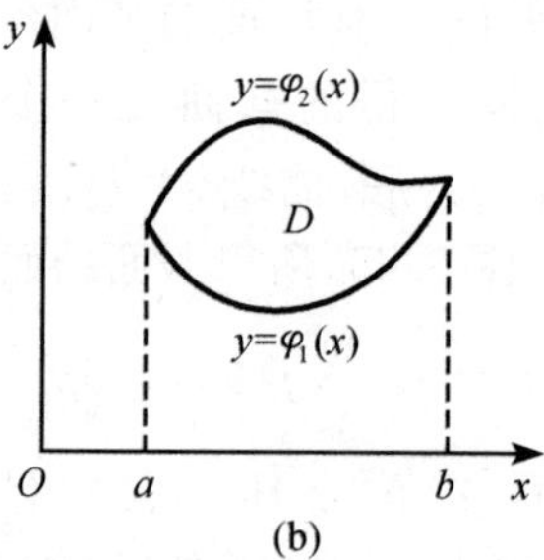

(b)

图 9.5

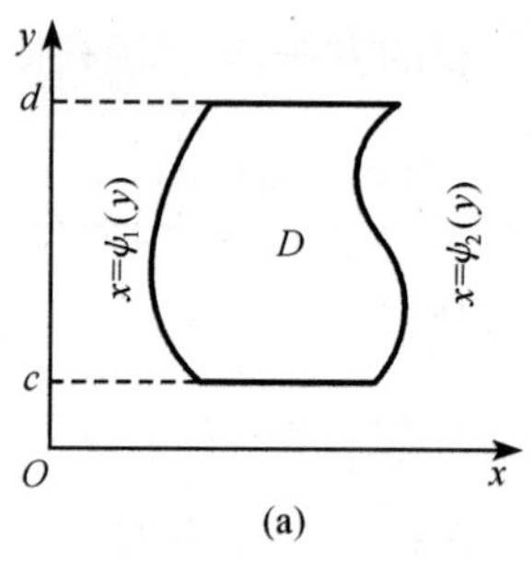

(a)

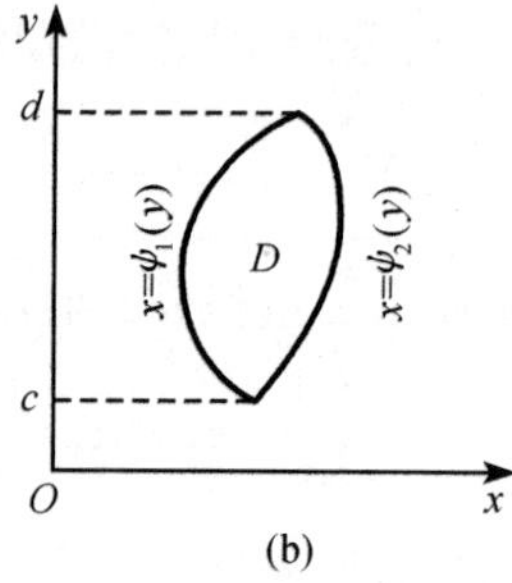

(b)

图 9.6

如果积分区域 D 既是 X 型的，可用不等式 $\varphi_1(x)\leqslant y\leqslant\varphi_2(x)$，$a\leqslant x\leqslant b$ 表示，又是 Y 型的，可用不等式 $\psi_1(y)\leqslant x\leqslant\psi_2(y)$，$c\leqslant y\leqslant d$ 表示(图 9.8)，则

$$\iint_D f(x,y)\mathrm{d}\sigma=\int_a^b\mathrm{d}x\int_{\varphi_1(x)}^{\varphi_2(x)}f(x,y)\mathrm{d}y=\int_c^d\mathrm{d}y\int_{\psi_1(y)}^{\psi_2(y)}f(x,y)\mathrm{d}x.$$

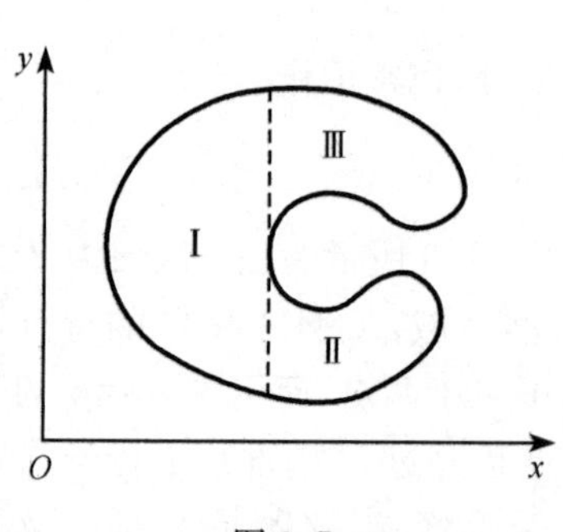

图 9.7

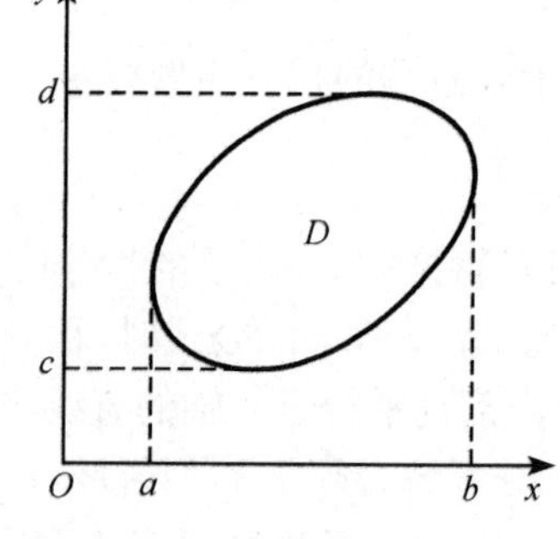

图 9.8

例 9.1　计算二重积分$\iint_D xy\,\mathrm{d}x\,\mathrm{d}y$,其中 D 由 $y=x, y=x^2$ 围成.

解　若先对 y 积分,则区域 D 可表示为(图 9.9)

$$D=\{(x,y)\mid x^2\leqslant y\leqslant x, 0\leqslant x\leqslant 1\},$$

于是

$$\iint_D xy\,\mathrm{d}x\,\mathrm{d}y=\int_0^1\mathrm{d}x\int_{x^2}^x xy\,\mathrm{d}y=\frac{1}{2}\int_0^1(x^3-x^5)\mathrm{d}x=\frac{1}{24}.$$

若先对 x 积分,则区域 D 可表示为(图 9.10)

$$D=\{(x,y)\mid y\leqslant x\leqslant\sqrt{y}, 0\leqslant y\leqslant 1\},$$

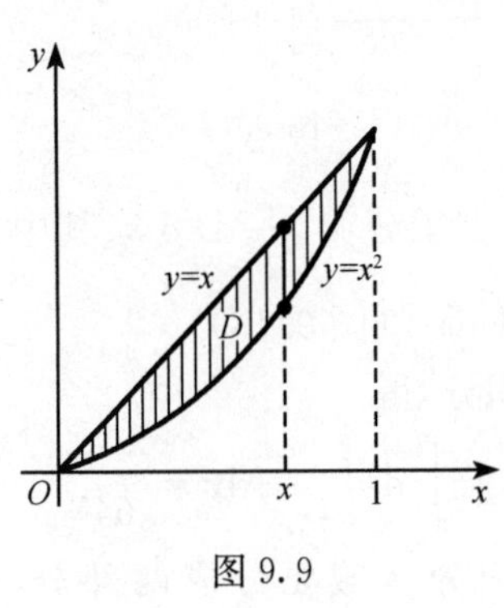

图 9.9

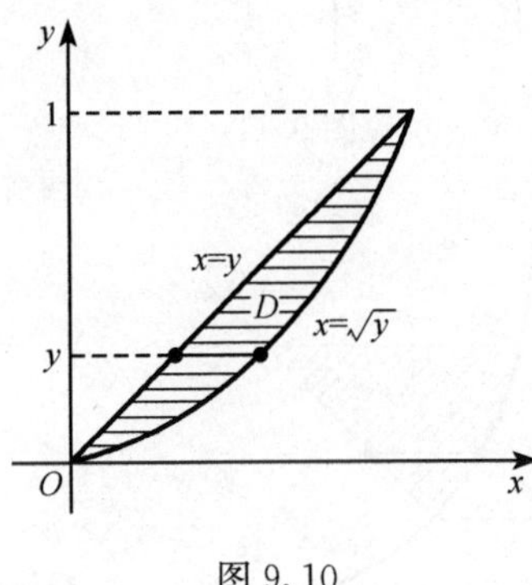

图 9.10

于是

$$\iint_D xy\,\mathrm{d}x\,\mathrm{d}y=\int_0^1\mathrm{d}y\int_y^{\sqrt{y}} xy\,\mathrm{d}x=\frac{1}{2}\int_0^1(y^2-y^3)\mathrm{d}y=\frac{1}{24}.$$

例 9.2　计算二重积分$\iint_D y\sqrt{1+x^2-y^2}\,\mathrm{d}\sigma$,其中 D 由 $y=x, x=-1$ 和 $y=1$ 围成.

解　若先对 y 积分(图 9.11),得

$$\begin{aligned}\iint_D y\sqrt{1+x^2-y^2}\,\mathrm{d}\sigma&=\int_{-1}^1\left[\int_x^1 y\sqrt{1+x^2-y^2}\,\mathrm{d}y\right]\mathrm{d}x\\&=-\frac{1}{3}\int_{-1}^1\left[(1+x^2-y^2)^{\frac{3}{2}}\right]_x^1\mathrm{d}x\\&=-\frac{1}{3}\int_{-1}^1(|x|^3-1)\mathrm{d}x\\&=-\frac{2}{3}\int_0^1(x^3-1)\mathrm{d}x=\frac{1}{2}.\end{aligned}$$

若先对 x 积分(图 9.12),得

$$\iint_D y\sqrt{1+x^2-y^2}\,\mathrm{d}\sigma=\int_{-1}^1 y\left[\int_{-1}^y\sqrt{1+x^2-y^2}\,\mathrm{d}x\right]\mathrm{d}y,$$

计算下去会很麻烦.

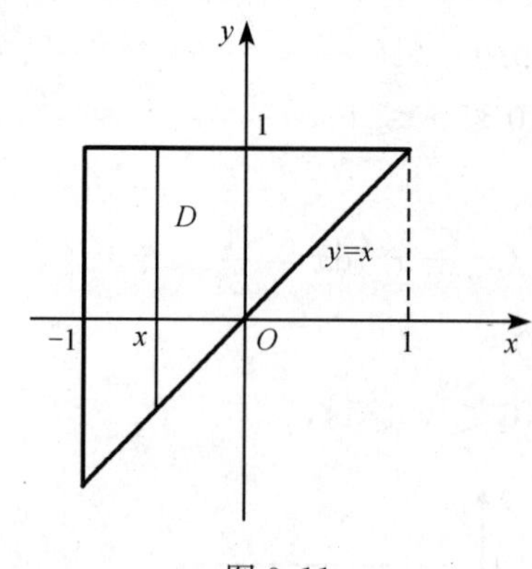

图 9.11

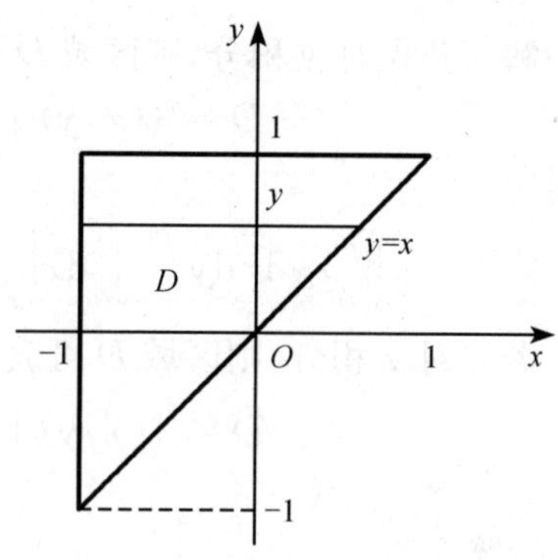

图 9.12

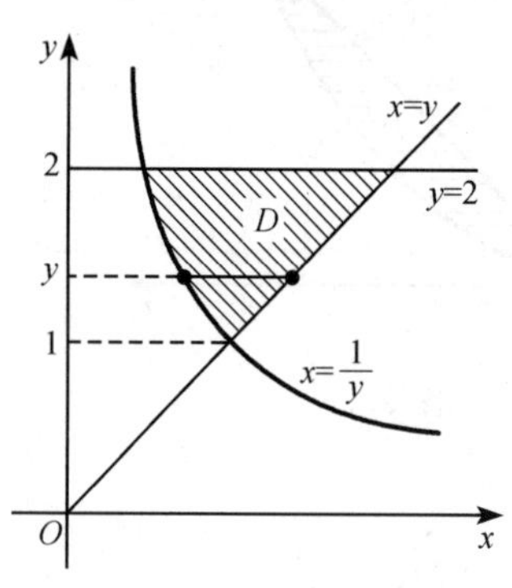

图 9.13

例 9.3 计算二重积分$\iint_D \frac{x^2}{y^2}\mathrm{d}x\,\mathrm{d}y$,其中 D 由 $y=2$,$y=x$ 和 $xy=1$ 围成(图 9.13).

解 若先对 x 积分,得

$$\iint_D \frac{x^2}{y^2}\mathrm{d}x\,\mathrm{d}y=\int_1^2\mathrm{d}y\int_{\frac{1}{y}}^{y}\frac{x^2}{y^2}\mathrm{d}x=\frac{27}{64}.$$

若先对 y 积分,则积分区域要分成两部分,比较麻烦.

例 9.4 计算二重积分$\iint_D y\sin\frac{\pi x}{y}\mathrm{d}x\mathrm{d}y$,其中 D 由 $y=x$ 和 $x=y^2$ 围成.

解 若先对 x 积分,得

$$\begin{aligned}\iint_D y\sin\frac{\pi x}{y}\mathrm{d}x\,\mathrm{d}y&=\int_0^1 y\mathrm{d}y\int_y^{y^2}\sin\frac{\pi x}{y}\mathrm{d}x\\&=\int_0^1 y\cdot\frac{y}{\pi}\left(-\cos\frac{\pi x}{y}\right)\Bigg|_{x=y}^{x=y^2}\mathrm{d}y\\&=-\frac{1}{\pi}\int_0^1 y^2\cos\pi y\mathrm{d}y-\frac{1}{\pi}\int_0^1 y^2\mathrm{d}y\\&=-\frac{1}{\pi^2}\int_0^1 y^2\mathrm{d}(\sin\pi y)-\frac{1}{3\pi}=\frac{1}{\pi^3}\left(2-\frac{\pi^2}{3}\right).\end{aligned}$$

若先对 y 积分,则原函数不是初等函数,无法进行下去.

例 9.1～9.4 说明,在化二重积分为二次积分时,为了计算简便,需要选择恰当的二次积分的次序.这时,既要考虑积分区域 D 的形状,又要考虑被积函数 $f(x,y)$的特性.

例 9.5 求两个底圆半径都等于 R 的直交圆柱面所围成的立体的体积.

解 设这两个圆柱面的方程分别为

$$x^2 + y^2 = R^2, \quad x^2 + z^2 = R^2.$$

利用立体关于坐标平面的对称性，只要算出它在第一卦限部分的体积 V_1，再乘以 8 就行了.

所求立体在第一卦限部分可以看成是一个曲顶柱体，它的底为

$$D = \{(x,y) \mid 0 \leqslant y \leqslant \sqrt{R^2 - x^2}, 0 \leqslant x \leqslant R\},$$

它的顶是柱面 $z=\sqrt{R^2-x^2}$（图 9.14）. 于是

$$\begin{aligned} V_1 &= \iint_D \sqrt{R^2 - x^2}\,\mathrm{d}\sigma = \int_0^R \left[\int_0^{\sqrt{R^2-x^2}} \sqrt{R^2 - x^2}\,\mathrm{d}y\right]\mathrm{d}x \\ &= \int_0^R (R^2 - x^2)\,\mathrm{d}x = \frac{2}{3}R^3. \end{aligned}$$

从而所求立体的体积为

$$V = 8V_1 = \frac{16}{3}R^3.$$

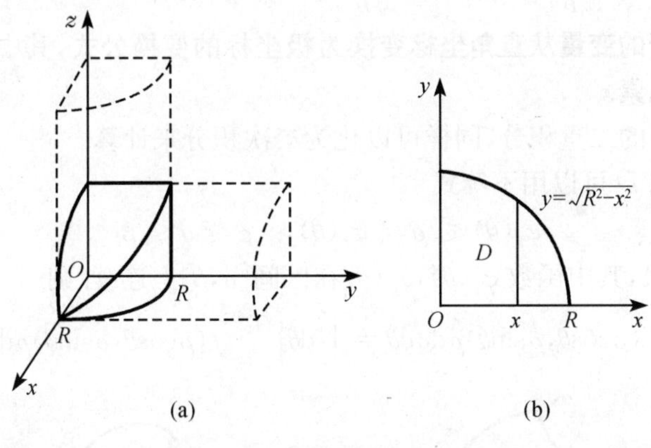

图 9.14

9.2.2 用极坐标计算二重积分

有些二重积分，积分区域 D 的边界曲线用极坐标方程来表示比较方便，且被积函数用极坐标 r,θ 表示比较简单. 这时，就可以考虑利用极坐标来计算二重积分 $\iint_D f(x,y)\,\mathrm{d}\sigma$.

假定从极点 O 出发且穿过闭区域 D 内部的射线与 D 的边界曲线相交不多于两点. 用以极点为中心的一族同心圆：即 $\rho=$常数，以及从极点出发的一族射线：即 $\theta=$常数，把 D 分成 n 个小闭区域（图 9.15）. 除了包含边界点的一些小闭区域外，

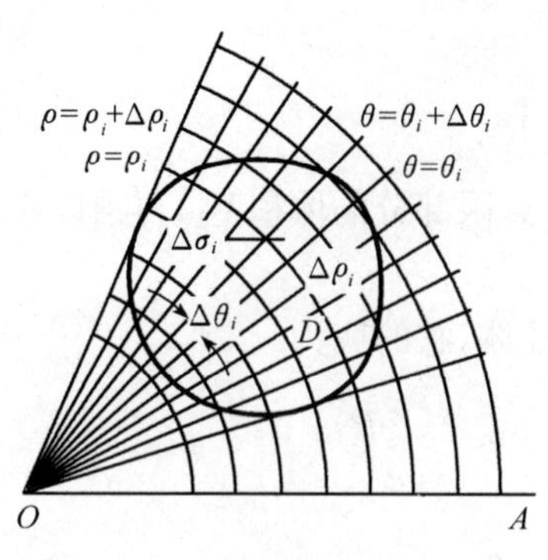

图 9.15

小闭区域的面积 $\Delta\sigma_i$ 可计算如下：

$$\begin{aligned}\Delta\sigma_i &= \frac{1}{2}(\rho_i+\Delta\rho_i)^2\cdot\Delta\theta_i-\frac{1}{2}\rho_i^2\cdot\Delta\theta_i \\ &= \frac{1}{2}(2\rho_i+\Delta\rho_i)\Delta\rho_i\cdot\Delta\theta_i \\ &= \frac{\rho_i+(\rho_i+\Delta\rho_i)}{2}\cdot\Delta\rho_i\cdot\Delta\theta_i \\ &= \overline{\rho_i}\cdot\Delta\rho_i\cdot\Delta\theta_i,\end{aligned}$$

其中 $\overline{\rho_i}$ 为相邻两圆弧的半径的平均值. 在这小闭区域内取圆周 $\rho=\overline{\rho_i}$ 上的一点 $(\overline{\rho_i},\overline{\theta_i})$，该点的直角坐标设为 ξ_i,η_i，则由直角坐标与极坐标之间的关系有 $\xi_i=\overline{\rho_i}\cos\overline{\theta_i}$，$\eta_i=\overline{\rho_i}\sin\overline{\theta_i}$. 于是

$$\lim_{\lambda\to0}\sum_{i=1}^{n}f(\xi_i,\eta_i)\Delta\sigma_i=\lim_{\lambda\to0}\sum_{i=1}^{n}f(\overline{\rho_i}\cos\overline{\theta_i},\overline{\rho_i}\sin\overline{\theta_i})\,\overline{\rho_i}\cdot\Delta\rho_i\cdot\Delta\theta_i,$$

即

$$\iint_D f(x,y)\mathrm{d}\sigma=\iint_D f(\rho\cos\theta,\rho\sin\theta)\rho\,\mathrm{d}\rho\,\mathrm{d}\theta.$$

这就是**二重积分的变量从直角坐标变换为极坐标的变换公式**，其中 $\rho\,\mathrm{d}\rho\,\mathrm{d}\theta$ 为**极坐标系中的面积元素**.

极坐标系中的二重积分，同样可以化为二次积分来计算.

设积分区域 D 可以用不等式

$$\varphi_1(\theta)\leqslant\rho\leqslant\varphi_2(\theta),\quad \alpha\leqslant\theta\leqslant\beta$$

来表示(图 9.16)，其中函数 $\varphi_1(\theta)$，$\varphi_2(\theta)$ 在区间 $[\alpha,\beta]$ 上连续. 则

$$\iint_D f(\rho\cos\theta,\rho\sin\theta)\rho\,\mathrm{d}\rho\,\mathrm{d}\theta=\int_\alpha^\beta\mathrm{d}\theta\int_{\varphi_1(\theta)}^{\varphi_2(\theta)}f(\rho\cos\theta,\rho\sin\theta)\rho\,\mathrm{d}\rho.$$

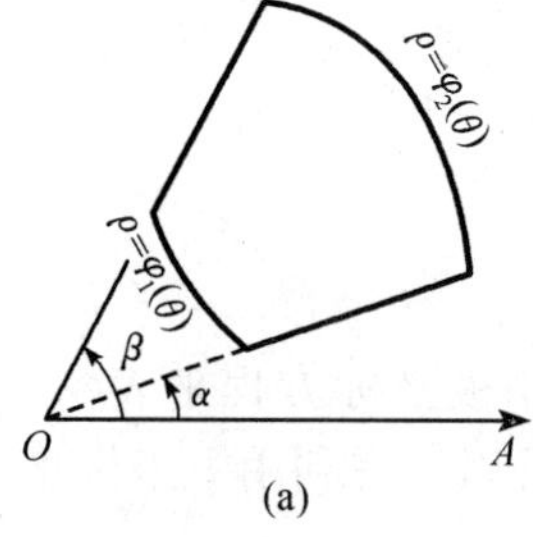

(a)

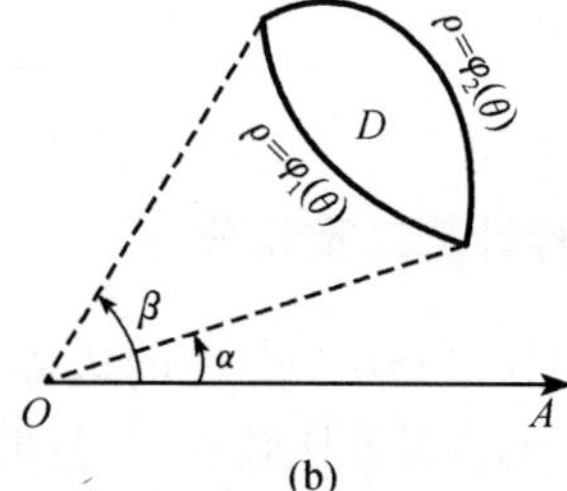

(b)

图 9.16

例 9.6 设一不均匀薄板 D 由 $y=x$，$x=0$ 及 $x^2+(y-b)^2=b^2$，$x^2+(y-a)^2=a^2(0<a<b)$ 围成，其面密度为 $\mu=kxy(k>0$ 为常数). 求薄板质量 m(图 9.17).

解

$$m=\iint_D kxy\,\mathrm{d}\sigma = k\iint_D r\cos\theta\cdot r\sin\theta\cdot r\,\mathrm{d}r\,\mathrm{d}\theta$$

$$=k\int_{\pi/4}^{\pi/2}\cos\theta\cdot\sin\theta\,\mathrm{d}\theta\int_{2a\sin\theta}^{2b\sin\theta}r^3\,\mathrm{d}r$$

$$=4k(b^4-a^4)\int_{\pi/4}^{\pi/2}\sin^5\theta\cdot\cos\theta\,\mathrm{d}\theta=\frac{7}{12}k(b^4-a^4).$$

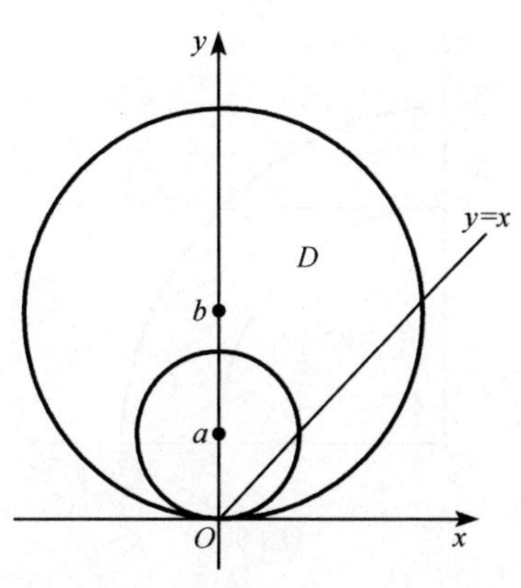

图 9.17

例 9.7 由圆柱面 $x^2+y^2=Rx$ 围成的空间区域被球面 $x^2+y^2+z^2=R^2$ 所截，得一立体. 求该立体的体积 V.

解 由立体的对称性知，只需计算它在第一卦限内的体积 V_1，再 4 倍即可.

该立体在第一卦限的部分是一个曲顶柱体（图 9.18），其顶为上半球面 $z=\sqrt{R^2-x^2-y^2}$，底为半圆形区域

$$r=R\cos\theta,\quad 0\leqslant\theta\leqslant\frac{\pi}{2},$$

于是

$$V_1=\iint_{D_1}\sqrt{R^2-x^2-y^2}\,\mathrm{d}\sigma=\iint_{D_1}\sqrt{R^2-r^2}\,r\,\mathrm{d}r\,\mathrm{d}\theta$$

$$=\int_0^{\pi/2}\mathrm{d}\theta\int_0^{R\cos\theta}\sqrt{R^2-r^2}\,r\,\mathrm{d}r=\frac{1}{3}\left(\frac{\pi}{2}-\frac{2}{3}\right)R^3,$$

因此，所求立体体积为

$$V=4V_1=\frac{4}{3}\left(\frac{\pi}{2}-\frac{2}{3}\right)R^3.$$

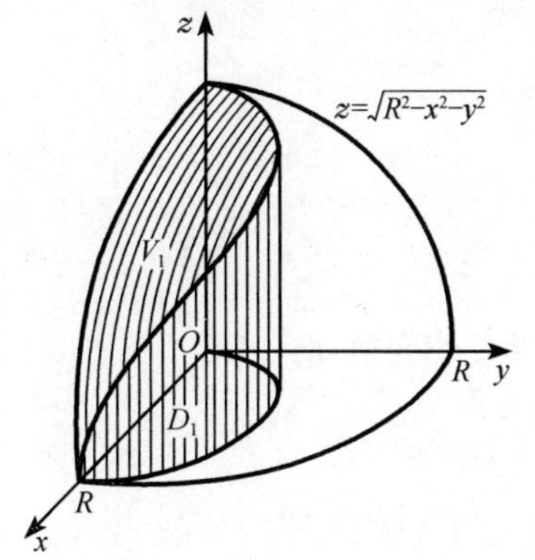

图 9.18

例 9.8 计算二重积分 $\iint_D \mathrm{e}^{-x^2-y^2}\,\mathrm{d}x\,\mathrm{d}y$，其中 D 为圆 $x^2+y^2=a^2$ 在第一象限的部分. 并由此证明：概率积分

$$\int_0^{+\infty}\mathrm{e}^{-x^2}\,\mathrm{d}x=\frac{\sqrt{\pi}}{2}.$$

解 $\iint_D \mathrm{e}^{-x^2-y^2}\,\mathrm{d}\sigma=\iint_D \mathrm{e}^{-r^2}\cdot r\,\mathrm{d}r\,\mathrm{d}\theta=\int_0^{\pi/2}\mathrm{d}\theta\int_0^a \mathrm{e}^{-r^2}\cdot r\,\mathrm{d}r=\frac{\pi}{4}(1-\mathrm{e}^{-a^2}).$

为了计算概率积分 $\int_0^{+\infty}\mathrm{e}^{-x^2}\,\mathrm{d}x$，令 $I_a=\int_0^a\mathrm{e}^{-x^2}\,\mathrm{d}x$，于是

$$\int_0^{+\infty}\mathrm{e}^{-x^2}\,\mathrm{d}x=\lim_{a\to+\infty}I_a.$$

考虑图 9.19 中的三个区域：D 为正方形 $\{(x,y)\mid 0\leqslant x\leqslant a, 0\leqslant y\leqslant a\}$，$R_1$ 为圆 $x^2+y^2\leqslant a^2$ 的第一象限部分，R_2 为圆 $x^2+y^2\leqslant 2a^2$ 的第一象限部分. 显然

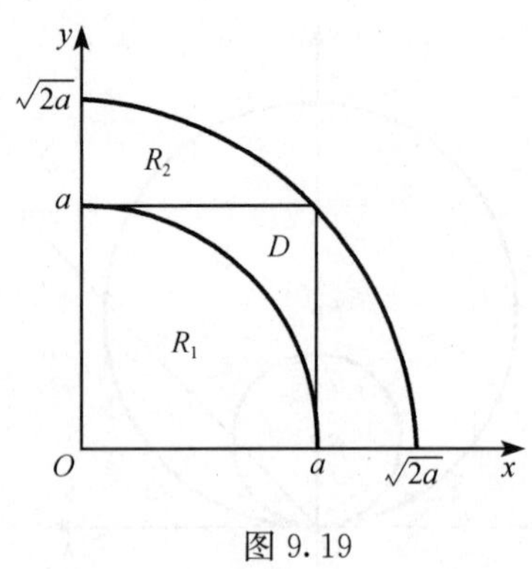

图 9.19

$$\iint_{R_1} e^{-x^2-y^2}\,dx\,dy \leqslant \iint_D e^{-x^2-y^2}\,dx\,dy \leqslant \iint_{R_2} e^{-x^2-y^2}\,dx\,dy.$$

易知不等式中间的积分

$$\iint_D e^{-x^2-y^2}\,dx\,dy = \int_0^a dx\int_0^a e^{-x^2-y^2}\,dx\,dy = \int_0^a e^{-x^2}\,dx\int_0^a e^{-y^2}\,dy = \left(\int_0^a e^{-x^2}\,dx\right)^2 = I_a^2,$$

所以

$$\frac{\pi}{4}(1-e^{-a^2}) \leqslant I_a^2 \leqslant \frac{\pi}{4}(1-e^{-2a^2}).$$

由夹逼定理，$\lim\limits_{a\to+\infty} I_a^2=\pi/4$，从而 $\lim\limits_{a\to+\infty} I_a=\sqrt{\pi}/2$，即

$$\int_0^{+\infty} e^{-x^2}\,dx = \frac{\sqrt{\pi}}{2}.$$

9.2.3　二重积分的换元法

定理 9.1　设函数 $f(x,y)$ 在有界闭区域 D 上连续. 作变换 T：

$$x = x(u,v),\quad y = y(u,v),$$

使满足

(1) 把 uv 平面上的区域 D' 一一对应于 xy 平面上的区域 D；

(2) 变换函数 $x(u,v)$，$y(u,v)$ 在 D' 上连续，且有连续的一阶偏导数；

(3) 雅可比行列式在 D' 上处处不等于 0，即

$$J(u,v) = \frac{\partial(x,y)}{\partial(u,v)} \neq 0,\quad (u,v)\in D',$$

则有换元公式

$$\iint_D f(x,y)\,dx\,dy = \iint_{D'} f[x(u,v),y(u,v)]\,|\,J(u,v)\,|\,du\,dv.$$

证　显然，在定理的假设下，上式两端的二重积分都存在. 由于二重积分与积分区域的分法无关，因此用平行于坐标轴的直线网来分割 D'，使得除去包含边界点的小闭区域外，其余的小闭区域都为边长是 h 的正方形区域. 任取一个这样得到的正方形闭区域，设其顶点是 $M_1'(u,v)$，$M_2'(u+h,v)$，$M_3'(u+h,v+h)$，$M_4'(u,v+h)$，其面积为 $\Delta\sigma'=h^2$(图 9.20(a)). 正方形闭区域 $M_1'M_2'M_3'M_4'$ 经变换变成 xOy 平面上的一个曲边四边形 $M_1M_2M_3M_4$，它的 4 个顶点的坐标是

$$M_1: x_1 = x(u,v),\ y_1 = y(u,v);$$

$$M_2: x_2 = x(u+h,v) = x(u,v) + x_u(u,v)h + o(h),$$
$$\quad y_2 = y(u+h,v) = y(u,v) + y_u(u,v)h + o(h);$$
$$M_3: x_3 = x(u+h,v+h) = x(u,v) + x_u(u,v)h + x_v(u,v)h + o(h),$$
$$\quad y_3 = y(u+h,v+h) = y(u,v) + y_u(u,v)h + y_v(u,v)h + o(h);$$
$$M_4: x_4 = x(u,v+h) = x(u,v) + x_v(u,v)h + o(h),$$
$$\quad y_4 = y(u,v+h) = y(u,v) + y_v(u,v)h + o(h),$$

其面积为 $\Delta\sigma$(图 9.20(b)). 可以证明,曲边四边形 $M_1M_2M_3M_4$ 的面积与直边四边形 $M_1M_2M_3M_4$ 的面积当 $h\to 0$ 时只相差高阶无穷小. 又由上面这些坐标表示式可知,若不计高阶无穷小,则有

$$x_2 - x_1 = x_3 - x_4, \quad y_2 - y_1 = y_3 - y_4,$$
$$x_4 - x_1 = x_3 - x_2, \quad y_4 - y_1 = y_3 - y_2,$$

这表示,直边四边形 $M_1M_2M_3M_4$ 的对边的长度可看作两两相等. 因此,若不计高阶无穷小,曲边四边形 $M_1M_2M_3M_4$ 可看作平行四边形,于是它的面积 $\Delta\sigma$ 近似等于 $\Delta M_1M_2M_3$ 的面积的两倍. 根据解析几何,$\Delta M_1M_2M_3$ 的面积的两倍等于行列式

$$\begin{vmatrix} x_2 - x_1 & x_3 - x_2 \\ y_2 - y_1 & y_3 - y_2 \end{vmatrix}$$

的绝对值,由于

$$x_2 - x_1 = x_u(u,v)h + o(h), \quad x_3 - x_2 = x_v(u,v)h + o(h),$$
$$y_2 - y_1 = y_u(u,v)h + o(h), \quad y_3 - y_2 = y_v(u,v)h + o(h),$$

因此上面的行列式与行列式

$$\begin{vmatrix} x_u(u,v)h & x_v(u,v)h \\ y_u(u,v)h & y_v(u,v)h \end{vmatrix} = \begin{vmatrix} x_u(u,v) & x_v(u,v) \\ y_u(u,v) & y_v(u,v) \end{vmatrix} h^2$$

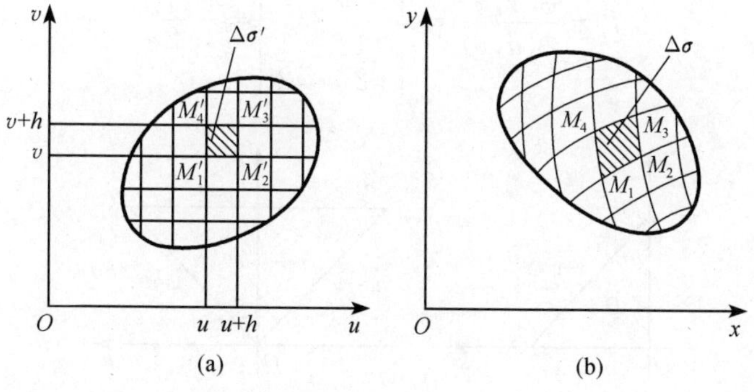

(a) (b)

图 9.20

只相差一个比 h^2 高阶的无穷小. 于是

$$\Delta\sigma = \left|\frac{\partial(x,y)}{\partial(u,v)}\right| \Delta\sigma' + o(\Delta\sigma')(h\to 0).$$

将 $f(x,y)=f[x(u,v),y(u,v)]$ 的两端分别与上式两端相乘，得

$$f(x,y)\Delta\sigma = f[x(u,v),y(u,v)]\left|\frac{\partial(x,y)}{\partial(u,v)}\right|\Delta\sigma' + f[x(u,v),y(u,v)]\cdot o(\Delta\sigma').$$

上式对一切小正方形闭区域取和并令 $h\to 0$ 取极限，由于上式右端第二项的和的极限为零，于是定理得证.

注 9.1　如果雅可比行列式 $J(u,v)$ 只在 D' 内个别点上，或一些曲线上为零，而在其他点处不为零，那么换元公式仍成立.

在变换为极坐标 $x=r\cos\theta, y=r\sin\theta$ 的情形下，雅可比行列式

$$J=\begin{vmatrix}\dfrac{\partial x}{\partial r} & \dfrac{\partial x}{\partial \theta}\\[2ex] \dfrac{\partial y}{\partial r} & \dfrac{\partial y}{\partial \theta}\end{vmatrix}=\begin{vmatrix}\cos\theta & -r\sin\theta\\ \sin\theta & r\cos\theta\end{vmatrix}=r,$$

它仅在 $r=0$ 处为零，故换元公式

$$\iint_D f(x,y)\,\mathrm{d}x\,\mathrm{d}y=\iint_D f(r\cos\theta, r\sin\theta)r\,\mathrm{d}r\,\mathrm{d}\theta$$

成立.

例 9.9　计算 $\iint_D \mathrm{e}^{\frac{y-x}{y+x}}\mathrm{d}x\,\mathrm{d}y$，其中 D 为由 x 轴，y 轴和直线 $x+y=2$ 所围成的闭区域.

解　令 $u=y-x, v=y+x$，则 $x=\dfrac{v-u}{2}, y=\dfrac{v+u}{2}$.

作变换 $x=\dfrac{v-u}{2}, y=\dfrac{v+u}{2}$（图 9.21），雅可比行列式为

$$J=\frac{\partial(x,y)}{\partial(u,v)}=\begin{vmatrix}-\dfrac{1}{2} & \dfrac{1}{2}\\[2ex] \dfrac{1}{2} & \dfrac{1}{2}\end{vmatrix}=-\frac{1}{2}.$$

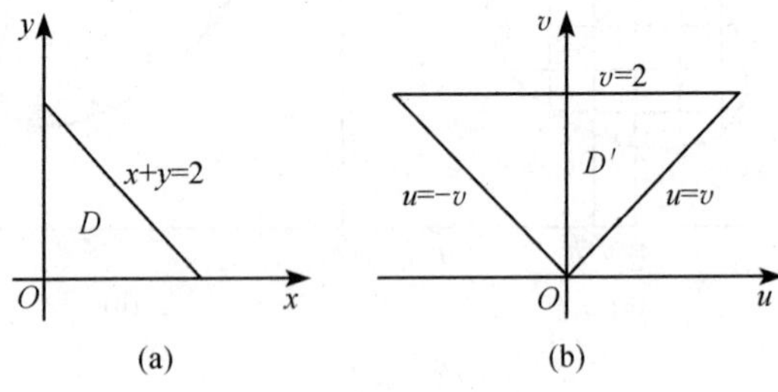

图 9.21

所以

$$\iint_D e^{\frac{y-x}{y+x}}dxdy=\iint_{D'} e^{\frac{u}{v}}\left|-\frac{1}{2}\right|dudv$$

$$=\frac{1}{2}\int_0^2 dv\int_{-v}^{v} e^{\frac{u}{v}}du=\frac{1}{2}\int_0^2(e-e^{-1})vdv=e-e^{-1}.$$

例 9.10 计算二重积分 $\iint_D xy\,dxdy$,其中区域 D 由 $y=x,y=2x,xy=1$, $xy=3$围成.

解 令 $u=\frac{y}{x},v=xy$,则 $x=\sqrt{\frac{v}{u}},y=\sqrt{uv}$(图 9.22).

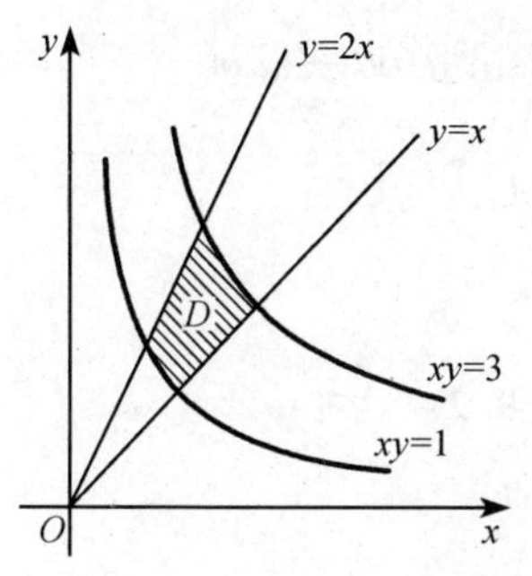

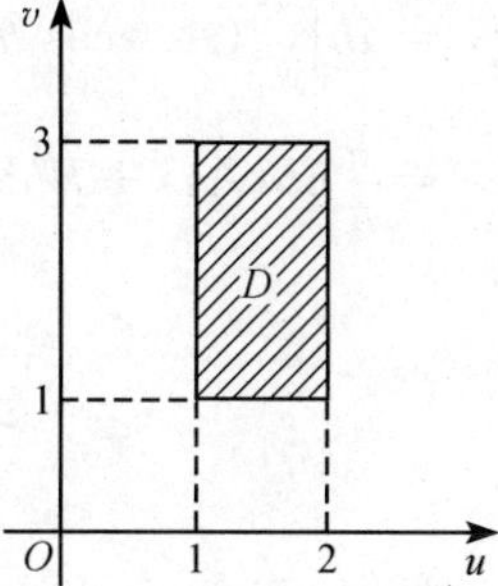

图 9.22

作变换 $x=\sqrt{\frac{v}{u}},y=\sqrt{uv}$. 雅可比行列式为

$$J=\frac{\partial(x,y)}{\partial(u,v)}=\begin{vmatrix}-\frac{1}{2u}\sqrt{\frac{v}{u}} & \frac{1}{2}\sqrt{\frac{1}{uv}}\\ \frac{1}{2}\sqrt{\frac{v}{u}} & \frac{1}{2}\sqrt{\frac{u}{v}}\end{vmatrix}=-\frac{1}{2u}.$$

所以

$$\iint_D xy\,dxdy=\frac{1}{2}\iint_{D'}\frac{v}{u}dudv$$

$$=\frac{1}{2}\int_1^2\frac{1}{u}du\int_1^3 vdv=2\ln 2.$$

例 9.11 计算二重积分

$$\iint\limits_{\frac{x^2}{a^2}+\frac{y^2}{b^2}\leqslant 1}(Ax^2+By^2+C)dxdy,$$

其中 a,b,A,B,C 为常数,且 $a>0,b>0$.

解　做广义极坐标变换 $x=ar\cos\theta, y=br\sin\theta$，雅可比行列式为

$$J=\frac{\partial(x,y)}{\partial(r,\theta)}=\begin{vmatrix} a\cos\theta & -ar\sin\theta \\ b\sin\theta & br\cos\theta \end{vmatrix}=abr,$$

所以

$$\begin{aligned}&\iint\limits_{\frac{x^2}{a^2}+\frac{y^2}{b^2}\leqslant 1}(Ax^2+By^2+C)\,\mathrm{d}x\,\mathrm{d}y\\ &=ab\int_0^{2\pi}\mathrm{d}\theta\int_0^1(Aa^2r^2\cos^2\theta+Bb^2r^2\sin^2\theta+C)r\,\mathrm{d}r\\ &=ab\int_0^{\pi/2}(Aa^2\cos^2\theta+Bb^2\sin^2\theta)\,\mathrm{d}\theta+\pi abC\\ &=\frac{\pi}{4}ab(Aa^2+Bb^2)+\pi abC.\end{aligned}$$

习　题　9.2

1. 计算下列二重积分：

(1) $\iint_D(x^2+y^2)\mathrm{d}\sigma$，其中 $D=\{(x,y)\mid |x|\leqslant 1, |y|\leqslant 1\}$；

(2) $\iint_D(3x+2y)\mathrm{d}\sigma$，其中 D 为由两坐标轴及直线 $x+y=2$ 所围成的闭区域；

(3) $\iint_D(x^3+3x^2y+y^3)\mathrm{d}\sigma$，其中 $D=\{(x,y)\mid 0\leqslant x\leqslant 1, 0\leqslant y\leqslant 1\}$；

(4) $\iint_D x\cos(x+y)\mathrm{d}\sigma$，其中 D 为顶点分别为 $(0,0)$，$(\pi,0)$ 和 (π,π) 的三角形闭区域；

(5) $\iint_D y\mathrm{e}^{xy}\mathrm{d}x\mathrm{d}y$，其中 D 由 $x=2, y=2, xy=1$ 所围成；

(6) $\iint_D xy^2\mathrm{d}x\mathrm{d}y$，其中 D 由 $x=\frac{p}{2}, y^2=2px\,(p<0)$ 所围成；

(7) $\iint_D \mathrm{e}^{x+y}\mathrm{d}x\mathrm{d}y$，其中 D 由 $x=0, x=1, y=0, y=1$ 所围成；

(8) $\iint_D x\sin(x+y)\mathrm{d}x\mathrm{d}y$，其中 D 由 $x=0, x=\pi, y=0, y=\frac{\pi}{2}$ 所围成；

(9) $\iint_D \sin xy\cos(x^2+y^2)\mathrm{d}x\mathrm{d}y$，其中 $D=\{x^2+y^2\leqslant 1\}$；

(10) $\iint_D x^3\sin(x^2+y^2)\mathrm{d}x\mathrm{d}y$，其中 $D=\{x^2+y^2\leqslant 2y\}$；

(11) $\iint_D y^2\sqrt{1-x^2}\,\mathrm{d}x\mathrm{d}y$，其中 D 为单位圆 $x^2+y^2\leqslant 1$；

(12) $\iint_D(|x|+|y|)\mathrm{d}x\mathrm{d}y$，其中 D 为 $|x|+|y|\leqslant 1$；

(13) $\iint_D (x^2+y^2)\mathrm{d}x\mathrm{d}y$,其中 D 为由 $x^2+y^2=1, x^2+y^2=2x$ 所围区域的公共部分;

(14) $\iint_D \sin(x^2+y^2)\mathrm{d}x\mathrm{d}y$,其中 D 为 $\pi^2 \leqslant x^2+y^2 \leqslant 4\pi^2$;

(15) $\iint_D \sqrt{R^2-x^2-y^2}\mathrm{d}x\mathrm{d}y$,其中 D 为 $x^2+y^2 \leqslant R^2$;

(16) $\iint_D \sqrt{R^2-x^2-y^2}\mathrm{d}x\mathrm{d}y$,其中 D 为 $x^2+y^2 \leqslant Rx(R>0)$;

(17) $\iint_D (x^2+xy)\mathrm{d}x\mathrm{d}y$,其中 D 由 $x+y=1, x+y=2, y=x, y=2x$ 所围成;

(18) $\iint_D (x^3+y^3)\mathrm{d}x\mathrm{d}y$,其中 D 由 $x^2=2y, x^2=3y, x=y^2, x=2y^2$ 所围成.

2. 画出积分区域,并计算下列二重积分:

(1) $\iint_D x\sqrt{y}\mathrm{d}\sigma$,其中 D 为由两条抛物线 $y=\sqrt{x}, y=x^2$ 所围成的闭区域;

(2) $\iint_D xy^2\mathrm{d}\sigma$,其中 D 为由圆周 $x^2+y^2=4$ 及 y 轴所围成的右半闭区域;

(3) $\iint_D \mathrm{e}^{x+y}\mathrm{d}\sigma$,其中 $D=\{(x,y): |x|+|y| \leqslant 1\}$;

(4) $\iint_D (x^2+y^2-x)\mathrm{d}\sigma$,其中 D 为由直线 $y=2, y=x$ 及 $y=2x$ 所围成的闭区域;

(5) $\iint_D (1+x)\sin y\mathrm{d}\sigma$,其中 D 为顶点分别为(0,0),(1,0),(1,2) 和(0,1) 的梯形闭区域;

(6) $\iint_D (x^2-y^2)\mathrm{d}\sigma$,其中 $D=\{(x,y) \mid 0 \leqslant y \leqslant \sin x, 0 \leqslant x \leqslant \pi\}$;

(7) $\iint_D (y^2+3x-6y+9)\mathrm{d}\sigma$,其中 $D=\{(x,y) \mid x^2+y^2 \leqslant R^2\}$.

3. 如果二重积分 $\iint_D f(x,y)\mathrm{d}x\mathrm{d}y$ 的被积函数 $f(x,y)$ 是两个函数 $f_1(x)$ 及 $f_2(y)$ 的乘积,即 $f(x,y)=f_1(x)\cdot f_2(y)$,积分区域 $D=\{(x,y) \mid a \leqslant x \leqslant b, c \leqslant y \leqslant d\}$,证明此二重积分等于两个单积分的乘积,即

$$\iint_D f_1(x)\cdot f_2(y)\mathrm{d}x\mathrm{d}y = \left[\int_a^b f_1(x)\mathrm{d}x\right]\cdot\left[\int_c^d f_2(y)\mathrm{d}y\right].$$

4. 化二重积分

$$I=\iint_D f(x,y)\mathrm{d}\sigma$$

为二次积分(分别列出对两个变量先后次序不同的两个二次积分),其中积分区域 D 为:

(1) 由直线 $y=x$ 及抛物线 $y^2=4x$ 所围成的闭区域;

(2) 由 x 轴及半圆周 $x^2+y^2=r^2(y \geqslant 0)$ 所围成的闭区域;

(3) 由直线 $y=x, x=2$ 及双曲线 $y=\dfrac{1}{x}(x>0)$ 所围成的闭区域;

(4) 环形闭区域 $\{(x,y) \mid 1 \leqslant x^2+y^2 \leqslant 4\}$;

(5) 以 $O(0,0), A(2,0), B(2,1), C(0,1)$ 为顶点的矩形;

(6) 以 $O(0,0)$，$A(1,0)$，$B(1,1)$，为顶点的三角形；

(7) 以 $O(0,0)$，$A(2a,0)$，$B(3a,a)$，$C(a,a)$ 为顶点的平行四边形；

(8) 由 $x+y=1$，$y-x=1$，$y=0$ 所围成的区域；

(9) 由 $y=x^2$，$x+y=2$ 所围成的区域；

(10) 由 $y=x^2$，$y=4-x^2$ 所围成的区域；

(11) 由 $xy=2$，$y=2x$，$2y-x=0$ 所围区域的第一象限部分.

5. 设 $f(x,y)$ 在 D 上连续，其中 D 为由直线 $y=x$，$y=a$ 及 $x=b(b>a)$ 所围成的闭区域. 证明

$$\int_a^b \mathrm{d}x\int_a^x f(x,y)\mathrm{d}y=\int_a^b \mathrm{d}y\int_y^b f(x,y)\mathrm{d}x.$$

6. 改变下列二次积分的积分次序：

(1) $\int_0^1 \mathrm{d}y\int_0^y f(x,y)\mathrm{d}x$；　(2) $\int_0^2 \mathrm{d}y\int_{y^2}^{2y} f(x,y)\mathrm{d}x$；

(3) $\int_0^1 \mathrm{d}y\int_{-\sqrt{1-y^2}}^{\sqrt{1-y^2}} f(x,y)\mathrm{d}x$；　(4) $\int_1^2 \mathrm{d}x\int_{2-x}^{\sqrt{2x-x^2}} f(x,y)\mathrm{d}y$；

(5) $\int_1^e \mathrm{d}x\int_0^{\ln x} f(x,y)\mathrm{d}y$；　(6) $\int_0^\pi \mathrm{d}x\int_{-\sin\frac{x}{2}}^{\sin x} f(x,y)\mathrm{d}y$；

(7) $\int_0^4 \mathrm{d}y\int_{-\sqrt{4-y}}^{\frac{1}{2}(y-4)} f(x,y)\mathrm{d}x$；　(8) $\int_0^1 \mathrm{d}y\int_0^{2y} f(x,y)\mathrm{d}x+\int_1^3 \mathrm{d}y\int_0^{3-y} f(x,y)\mathrm{d}x$；

(9) $\int_0^1 \mathrm{d}x\int_{\sqrt{x}}^{1+\sqrt{1-x^2}} f(x,y)\mathrm{d}y$；　(10) $\int_0^a \mathrm{d}x\int_0^x f(x,y)\mathrm{d}y(a>0)$；

(11) $\int_0^1 \mathrm{d}x\int_{x^3}^{x^2} f(x,y)\mathrm{d}y$；　(12) $\int_0^a \mathrm{d}y\int_{-y}^{\sqrt{y}} f(x,y)\mathrm{d}x$；

(13) $\int_{-1}^1 \mathrm{d}x\int_{x^2+x}^{x+1} f(x,y)\mathrm{d}y$.

7. 证明

$$\int_0^a \mathrm{d}y\int_0^y \mathrm{e}^{m(a-x)} f(x)\mathrm{d}x=\int_0^a (a-x)\mathrm{e}^{m(a-x)} f(x)\mathrm{d}x.$$

8. 应用二重积分证明：由射线 $\theta=\alpha$，$\theta=\beta$ 与曲线 $r=r(\theta)$ 所围扇形区域 D 的面积为

$$\frac{1}{2}\int_\alpha^\beta [r(\theta)]^2\mathrm{d}\theta.$$

9. 求心脏线 $r=a(1+\cos\theta)$ 所围区域的面积.

10. 将二重积分 $\iint\limits_{x^2+y^2\leqslant x} f\left(\frac{y}{x}\right)\mathrm{d}x\mathrm{d}y$ 表示成定积分.

11. 求 $\iint_D y\mathrm{d}x\mathrm{d}y$，$D$：$0\leqslant \alpha x\leqslant y\leqslant \beta x$，$a^2\leqslant x^2+y^2\leqslant b^2(b>a>0,\beta>\alpha>0)$.

12. 求 $\iint_D \arctan\frac{y}{x}\mathrm{d}x\mathrm{d}y$，$D$：$x^2+y^2\leqslant R^2$.

13. 求 $\iint_D \frac{\mathrm{d}x\mathrm{d}y}{(a^2+x^2+y^2)^{3/2}}$，$D$：$0\leqslant x\leqslant a$，$0\leqslant y\leqslant a$.

14. 计算 $\iint\limits_{x^2+y^2\leqslant x+y}(x+y)\mathrm{d}x\mathrm{d}y$.

15. 计算 $\iint\limits_{x^4+y^4\leqslant 1}(x^2+y^2)\mathrm{d}x\mathrm{d}y$.

16. 引进变量替换 $x+y=u, y=uv$ 将积分 $\iint_D f(x,y)\mathrm{d}x\mathrm{d}y(D: x\geqslant 0, y\geqslant 0, x+y\leqslant 1$ 的公共部分) 化为变量 u,v 的累次积分.

17. 求曲线 $y^2=px, y^2=qx, x^2=ay, x^2=by(0<p<q, 0<a<b)$ 所围区域的面积.

18. 设平面薄片所占的闭区域 D 由直线 $x+y=2, y=x$ 和 x 轴所围成,其面密度 $\mu(x,y)=x^2+y^2$. 求该薄片的质量.

19. 计算由四个平面 $x=0, y=0, x=1, y=1$ 所围成的柱体被平面 $z=0$ 及 $2x+3y+z=6$ 截得的立体的体积.

20. 求由平面 $x=0, y=0, x+y=1$ 所围成的柱体被平面 $z=0$ 及抛物面 $x^2+y^2=6-z$ 截得的立体的体积.

21. 求由曲面 $z=x^2+2y^2$ 及 $z=6-2x^2-y^2$ 所围成的立体的体积.

22. 画出积分区域,把积分 $\iint_D f(x,y)\mathrm{d}x\mathrm{d}y$ 表示为极坐标形式的二次积分,其中积分区域 D 为

(1) $\{(x,y)\mid x^2+y^2\leqslant a^2\}(a>0)$;

(2) $\{(x,y)\mid x^2+y^2\leqslant 2x\}$;

(3) $\{(x,y)\mid a^2\leqslant x^2+y^2\leqslant b^2\}$,其中 $0<a<b$;

(4) $\{(x,y)\mid 0\leqslant y\leqslant 1-x, 0\leqslant x\leqslant 1\}$;

(5) $\{(x,y)\mid x^2\leqslant y\leqslant 1, -1\leqslant x\leqslant 1\}$;

(6) $\{(x,y)\mid x^2+y^2\leqslant ax\}(a>0)$;

(7) $\{(x,y)\mid x^2+y^2\leqslant by\}(b>0)$;

(8) 由 $x^2+y^2\geqslant 4x, x^2+y^2\leqslant 8x, y\geqslant x, y\leqslant 2x$ 所围区域的公共部分;

(9) 由 $x^2+y^2\leqslant ax, x^2+y^2\leqslant ay(a>0)$ 所围区域的公共部分.

23. 化下列二次积分为极坐标形式的二次积分:

(1) $\int_0^1\mathrm{d}x\int_0^1 f(x,y)\mathrm{d}y$; (2) $\int_0^2\mathrm{d}x\int_x^{\sqrt{3}x} f(\sqrt{x^2+y^2})\mathrm{d}y$;

(3) $\int_0^1\mathrm{d}x\int_{1-x}^{\sqrt{1-x^2}} f(x,y)\mathrm{d}y$; (4) $\int_0^1\mathrm{d}x\int_0^{x^2} f(x,y)\mathrm{d}y$.

24. 把下列积分化为极坐标形式,并计算积分值:

(1) $\int_0^{2a}\mathrm{d}x\int_0^{\sqrt{2ax-x^2}}(x^2+y^2)\mathrm{d}y$; (2) $\int_0^a\mathrm{d}x\int_0^x\sqrt{x^2+y^2}\,\mathrm{d}y$;

(3) $\int_0^1\mathrm{d}x\int_{x^2}^x(x^2+y^2)^{-\frac{1}{2}}\mathrm{d}y$; (4) $\int_0^a\mathrm{d}y\int_0^{\sqrt{a^2-y^2}}(x^2+y^2)\mathrm{d}x$.

25. 设 $f(x,y)$ 在闭区域 $D=\{(x,y)\mid x^2+y^2\leqslant y, x\geqslant 0\}$ 上连续,且

$$f(x,y)=\sqrt{1-x^2-y^2}-\frac{8}{\pi}\iint_D f(x,y)\mathrm{d}x\mathrm{d}y.$$

求 $f(x,y)$.

26. 利用极坐标计算下列各题：

(1) $\iint_D e^{x^2+y^2}\,d\sigma$,其中 D 为由圆周 $x^2+y^2=4$ 所围成的闭区域；

(2) $\iint_D \ln(1+x^2+y^2)\,d\sigma$,其中 D 为由圆周 $x^2+y^2=1$ 及坐标轴所围成的在第一象限内的闭区域；

(3) $\iint_D \arctan\dfrac{y}{x}\,d\sigma$,其中 D 为由圆周 $x^2+y^2=4$,$x^2+y^2=1$ 及直线 $y=0$,$y=x$ 所围成的在第一象限内的闭区域.

27. 选用适当的坐标计算下列各题：

(1) $\iint_D \dfrac{x^2}{y^2}\,d\sigma$, 其中 D 为由直线 $x=2$,$y=x$ 及曲线 $xy=1$ 所围成的闭区域；

(2) $\iint_D \sqrt{\dfrac{1-x^2-y^2}{1+x^2+y^2}}\,d\sigma$,其中 D 为由圆周 $x^2+y^2=1$ 及坐标轴所围成的在第一象限内的闭区域；

(3) $\iint_D (x^2+y^2)\,d\sigma$,其中 D 为由直线 $y=x$,$y=x+a$,$y=a$,$y=3a(a>0)$ 所围成的闭区域；

(4) $\iint_D \sqrt{x^2+y^2}\,d\sigma$,其中 D 为圆环形闭区域$\{(x,y)\mid a^2\leqslant x^2+y^2\leqslant b^2\}$.

28. 设平面薄片所占的闭区域 D 由螺线 $\rho=2\theta$ 上一段弧$\left(0\leqslant\theta\leqslant\dfrac{\pi}{2}\right)$与直线 $\theta=\dfrac{\pi}{2}$ 所围成，其面密度为 $\mu(x,y)=x^2+y^2$. 求此薄片的质量.

29. 求由平面 $y=0$,$y=kx(k>0)$,$z=0$ 以及球心在原点、半径为 R 的上半球面所围成的在第一卦限内的立体的体积.

30. 计算以 xOy 面上的圆周 $x^2+y^2=ax$ 围成的闭区域为底，而以曲面 $z=x^2+y^2$ 为顶的曲顶柱体的体积.

31. 作适当的变换，计算下列二重积分：

(1) $\iint_D (x-y)^2\sin^2(x+y)\,dx\,dy$,其中 D 为平行四边形闭区域，它的四个顶点是$(\pi,0)$,$(2\pi,\pi)$,$(\pi,2\pi)$ 和$(0,\pi)$；

(2) $\iint_D x^2y^2\,dx\,dy$,其中 D 为由两条双曲线 $xy=1$ 和 $xy=2$,直线 $y=x$ 和 $y=4x$ 所围成的在第一象限内的闭区域；

(3) $\iint_D e^{\frac{y}{x+y}}\,dx\,dy$,其中 D 为由 x 轴、y 轴和直线 $x+y=1$ 所围成的闭区域；

(4) $\iint_D \left(\dfrac{x^2}{a^2}+\dfrac{y^2}{b^2}\right)dx\,dy$,其中 $D=\left\{(x,y)\,\middle|\,\dfrac{x^2}{a^2}+\dfrac{y^2}{b^2}\leqslant 1\right\}$.

32. 求由下列曲线所围成的闭区域 D 的面积：

(1) D 为由曲线 $xy=4$,$xy=8$,$xy^3=5$,$xy^3=15$ 所围成的第一象限部分的闭区域；

(2) D 为由曲线 $y=x^3$,$y=4x^3$,$x=y^3$,$x=4y^3$ 所围成的第一象限部分的闭区域.

33. 设闭区域 D 由直线 $x+y=1, x=0, y=0$ 所围成,求证

$$\iint_D \cos\left(\frac{x-y}{x+y}\right)\mathrm{d}x\,\mathrm{d}y = \frac{1}{2}\sin 1.$$

34. 选取适当的变换,证明下列等式:

(1) $\iint_D f(x+y)\mathrm{d}x\,\mathrm{d}y = \int_{-1}^{1} f(u)\mathrm{d}u$,其中闭区域 $D=\{(x,y) \mid |x|+|y|\leqslant 1\}$;

(2) $\iint_D f(ax+by+c)\mathrm{d}x\,\mathrm{d}y = 2\int_{-1}^{1}\sqrt{1-u^2} f(u\sqrt{a^2+b^2}+c)\mathrm{d}u$,其中 $D=\{(x,y) \mid x^2+y^2\leqslant 1\}$,且 $a^2+b^2\neq 0$.

9.3 三重积分

9.3.1 三重积分的概念

现在来讨论空间物体的质量问题,并由此引进三重积分.

设某物体占有空间区域 Ω,它在点 (x,y,z) 处的体密度为 $\mu(x,y,z)$,$\mu(x,y,z)$ 为 Ω 上的连续函数,求物体的质量 m.

将 Ω 任意分成 n 个小区域,小区域及其体积都记作 ΔV_i,小块质量记作 $\Delta m_i(i=1,2,\cdots,n)$. 在每个小区域 ΔV_i 中任取一点 (ξ_i,η_i,ζ_i),因为函数 $\mu(x,y,z)$ 连续,所以当分割充分细密时,可用点 (ξ_i,η_i,ζ_i) 处的体密度 $\mu(\xi_i,\eta_i,\zeta_i)$ 作为小区域 ΔV_i 上各点处体密度的近似值,于是得到

$$\Delta m_i \approx \mu(\xi_i,\eta_i,\zeta_i)\Delta V_i,\quad i=1,2,\cdots,n.$$

对 i 求和,得

$$m = \sum_{i=1}^{n}\Delta m_i \approx \sum_{i=1}^{n}\mu(\xi_i,\eta_i,\zeta_i)\Delta V_i.$$

记 λ 为各小区域的直径的最大者,让 $\lambda\to 0$,就得到质量

$$m = \lim_{\lambda\to 0}\sum_{i=1}^{n}\mu(\xi_i,\eta_i,\zeta_i)\Delta V_i.$$

还有许多力学和物理问题,也要求做类似的讨论. 把这些问题的共同点抽象出来,就得到三重积分的概念.

定义 9.2 设三元函数 $f(x,y,z)$ 在某一空间有界闭区域 Ω 上有定义. 用任意的曲面网将 Ω 分为 n 个小区域. 小区域及其体积都记作 $\Delta V_i(i=1,2,\cdots,n)$. 在每一个小区域 ΔV_i 上任取一点 (ξ_i,η_i,ζ_i),作和数(称为**积分和**)

$$\sum_{i=1}^{n} f(\xi_i,\eta_i,\zeta_i)\Delta V_i.$$

记所有小区域的直径的最大者为 λ,令 $\lambda\to 0$,若积分和有极限 I(I 的值不依赖于区

域 Ω 的分法及点(ξ_i,η_i,ζ_i)的取法)，则称此极限值为**函数** $f(x,y,z)$ **在区域** Ω **上的三重积分**，记作

$$I=\lim_{\lambda\to 0}\sum_{i=1}^{n}f(\xi_i,\eta_i,\zeta_i)\Delta V_i=\iiint_{\Omega}f(x,y,z)\mathrm{d}V,$$

其中 $f(x,y,z)$称为**被积函数**，Ω 称为**积分区域**，$\mathrm{d}V$ 称为**体积元素**.

当三重积分 $\iiint_{\Omega}f(x,y,z)\mathrm{d}V$ 存在时，称**函数** $f(x,y,z)$ **在区域** Ω **上可积**，记作 $f\in R(\Omega)$.

与二重积分类似，若 $f(x,y,z)$在 Ω 上可积，则必在 Ω 上有界.

由三重积分的定义知，空间物体 Ω 的质量 m 等于体密度函数的三重积分，即 $m=\iiint_{\Omega}\mu(x,y,z)\mathrm{d}V$.

当 $\mu(x,y,z)\equiv 1$ 时，三重积分 $\iiint_{\Omega}1\mathrm{d}V$ 的值等于区域 Ω 的体积.

有界闭区域 Ω 上的连续函数或分块连续函数在 Ω 上是可积的.

三重积分也有与二重积分类似的性质，这里不再重复.

9.3.2　三重积分的计算

1. 利用直角坐标计算三重积分

在直角坐标系 $Oxyz$ 中，常用分别平行于三个坐标面的三组平面，即 $x=$常数，$y=$常数，$z=$常数去分割区域 Ω，于是 $\Delta V_i=\Delta x_i\Delta y_i\Delta z_i(i=1,2,\cdots,n)$，体积元素为

$$\mathrm{d}V=\mathrm{d}x\,\mathrm{d}y\mathrm{d}z,$$

因此三重积分可以写为

$$\iiint_{\Omega}f(x,y,z)\mathrm{d}x\,\mathrm{d}y\mathrm{d}z.$$

设区域 Ω 是上，下底分别为曲面

$$z=z_2(x,y),\quad z=z_1(x,y)$$

的曲顶，曲底的柱体，它在 xy 平面上的投影区域为 D(图 9.23)，则

$$\iiint_{\Omega}f(x,y,z)\mathrm{d}x\,\mathrm{d}y\mathrm{d}z=\iint_{D}\mathrm{d}x\,\mathrm{d}y\int_{z_1(x,y)}^{z_2(x,y)}f(x,y,z)\mathrm{d}z.$$

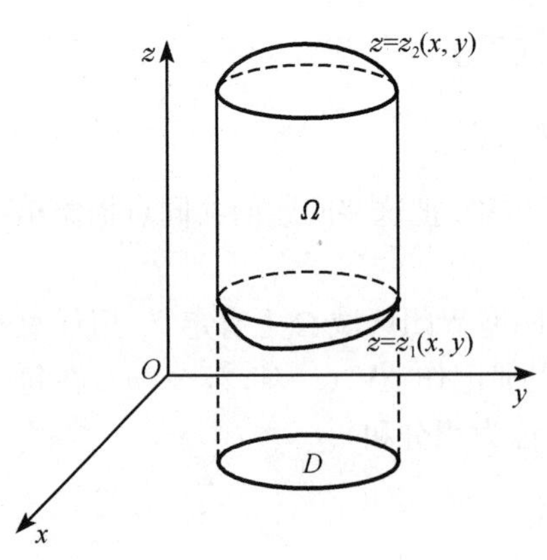

图 9.23

此公式可以这样理解：先在 D 上固定一

点(x,y),函数沿z轴的正方向从点$z_1(x,y)$到点$z_2(x,y)$的线段上积分,得到内层积分$\int_{z_1(x,y)}^{z_2(x,y)} f(x,y,z)\mathrm{d}z$,它是变量$x,y$的二元函数,然后再将该二元函数在区域$D$上求二重积分,就得到在整个区域$\Omega$上的三重积分.

例 9.12　计算三重积分$\iiint_\Omega y\mathrm{d}x\mathrm{d}y\mathrm{d}z$,其中$\Omega$为由三个坐标平面及平面$x+y+2z=2$所围成的区域(图 9.24).

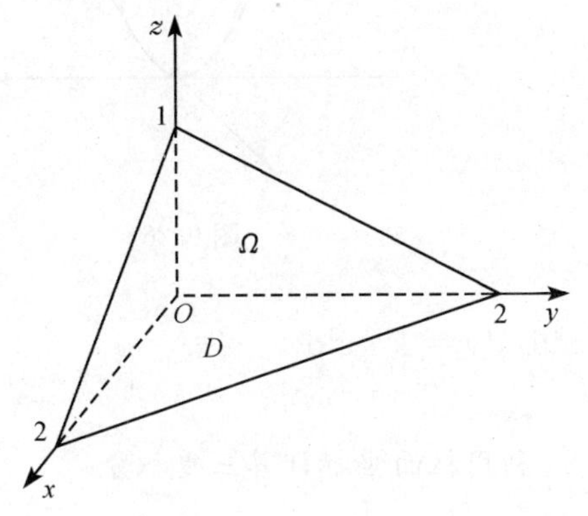

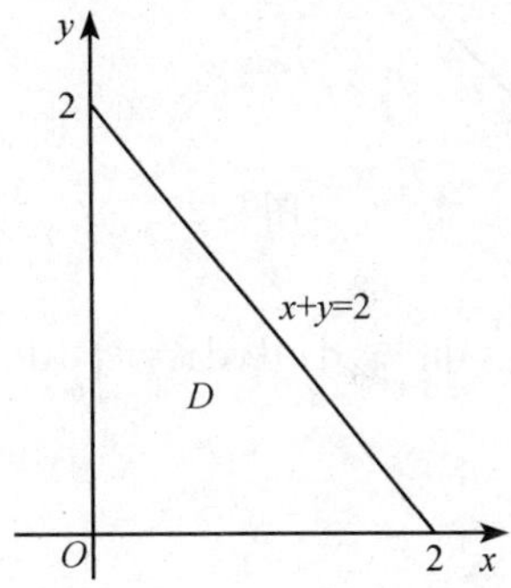

图 9.24

解

$$\begin{aligned}\iiint_\Omega y\mathrm{d}x\mathrm{d}y\mathrm{d}z&=\iint_D \mathrm{d}x\mathrm{d}y\int_0^{1-\frac{1}{2}(x+y)} y\mathrm{d}z\\&=\iint_D\left[1-\frac{1}{2}(x+y)\right]y\mathrm{d}x\mathrm{d}y\\&=\int_0^2\mathrm{d}x\int_0^{2-x}\left[1-\frac{1}{2}(x+y)\right]y\mathrm{d}y=\frac{1}{3}.\end{aligned}$$

化三重积分为累次积分时,除了可以先求定积分再求二重积分外,有时也可先求二重积分,再求定积分.

设空间区域Ω夹在两平面$z=c$及$z=d$之间.过区间$[c,d]$上任一点z作垂直于z轴的平面,截Ω得平面区域$D(z)$,则

$$\iiint_\Omega f(x,y,z)\mathrm{d}x\mathrm{d}y\mathrm{d}z=\int_c^d\mathrm{d}z\iint_{D(z)} f(x,y,z)\mathrm{d}x\mathrm{d}y(\text{图 } 9.25).$$

例 9.13　计算三重积分$\iiint_\Omega z^2\mathrm{d}x\mathrm{d}y\mathrm{d}z$,其中$\Omega$由曲面$z=x^2+y^2$及平面$z=2$围成(图 9.26).

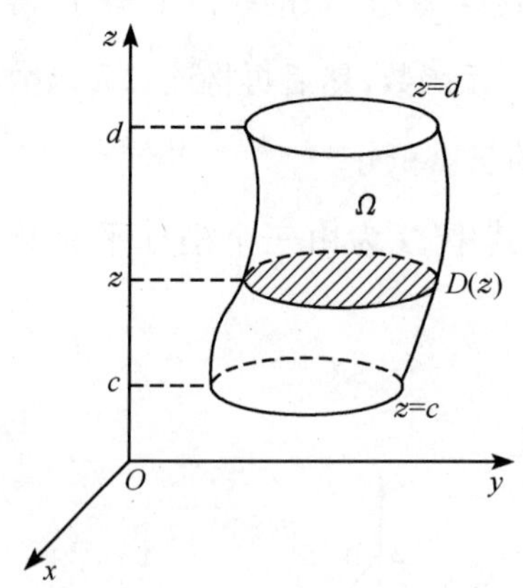

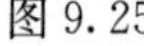
图 9.25

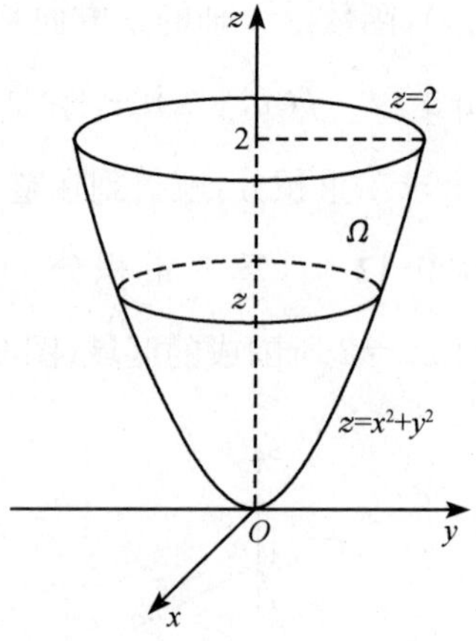

图 9.26

解 $\iiint_{\Omega} z^2 \mathrm{d}x\mathrm{d}y\mathrm{d}z = \int_0^2 \mathrm{d}z \iint\limits_{x^2+y^2\leqslant z} z^2 \mathrm{d}x\mathrm{d}y = \int_0^2 \pi z^3 \mathrm{d}z = 4\pi.$

2. 利用柱面坐标计算三重积分

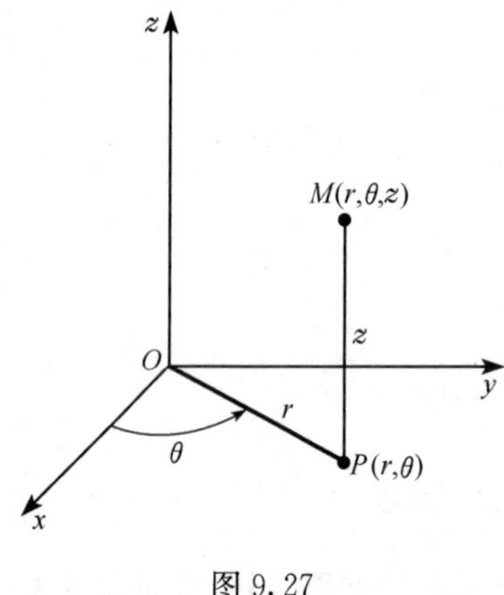

图 9.27

柱坐标系就是 xy 平面的极坐标系加上 z 轴. 在柱坐标系下,空间的点 M 可用有序数组 (r,θ,z) 来确定. 其中 (r,θ) 为空间的点 M 在 xy 平面上的投影点 P 的极坐标;z 为点 M 的第三个直角坐标(图 9.27). 点 M 的直角坐标 (x,y,z) 与柱坐标 (r,θ,z) 之间有关系式

$$\begin{cases} x = r\cos\theta, \\ y = r\sin\theta, \\ z = z, \end{cases} \qquad \begin{cases} r = \sqrt{x^2+y^2}, \\ \tan\theta = \dfrac{y}{x}, \\ z = z. \end{cases}$$

当 M 取遍空间一切点时,r,θ,z 的取值范围是

$$0 \leqslant r < +\infty, \quad 0 \leqslant \theta < 2\pi, \quad -\infty < z < +\infty.$$

在柱坐标系下,三组坐标面分别是:

$r=$常数,即以 z 轴为对称轴,r 为半径的圆柱面,

$\theta=$常数,即过 z 轴的半平面,

$z=$常数,即与 xy 平面平行的平面.

在柱坐标系下计算三重积分时,需要写出体积元素 $\mathrm{d}V$ 在柱坐标系下的表示式. 为此,下面用柱坐标系的三组坐标面去分割积分区域 Ω. 设 ΔV 是由半径为 r

和 $r+\mathrm{d}r$ 的圆柱面,极角为 θ 和 $\theta+\mathrm{d}\theta$ 的半平面,以及高度为 z 和 $z+\mathrm{d}z$ 的平面所围成的小柱体.其高为 $\mathrm{d}z$,其底面积可近似看成以 $\mathrm{d}r$ 和 $r\mathrm{d}\theta$ 为两边的小矩形面积(图 9.28),因此体积元素为

$$\mathrm{d}V = r\,\mathrm{d}r\,\mathrm{d}\theta\,\mathrm{d}z,$$

于是三重积分化为

$$\iiint_{\Omega} f(x,y,z)\mathrm{d}V = \iiint_{\Omega} f(r\cos\theta, r\sin\theta, z)r\,\mathrm{d}r\,\mathrm{d}\theta\,\mathrm{d}z.$$

再在柱坐标系下化为累次积分即可.

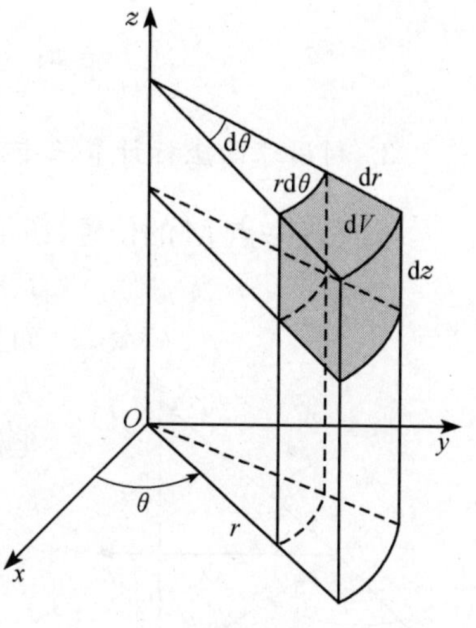

图 9.28

例 9.14 计算三重积分 $\iiint_{\Omega} z\sqrt{x^2+y^2}\mathrm{d}V$,其中 Ω 由球面 $x^2+y^2+z^2=2$ 与抛物面 $z=x^2+y^2$ 围成(图 9.29).

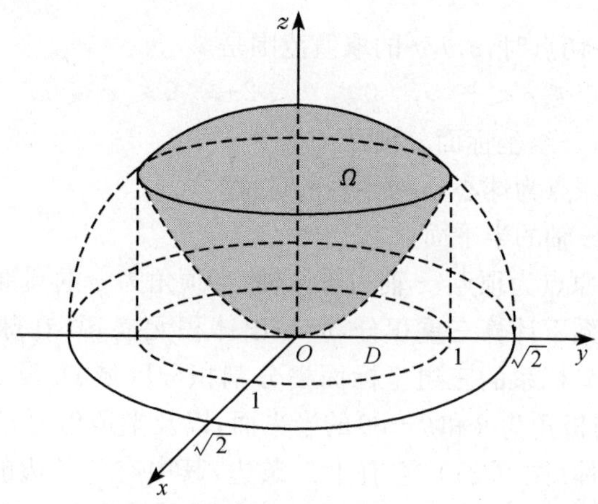

图 9.29

解 上半球面 $z=\sqrt{2-x^2-y^2}$ 的柱坐标方程为 $z=\sqrt{2-r^2}$,抛物面 $z=x^2+y^2$ 的柱坐标方程为 $z=r^2$,区域 Ω 在 xy 平面上的投影区域 D 是一个圆域.解方程组

$$\begin{cases} z = \sqrt{2-r^2}, \\ z = r^2, \end{cases}$$

得 $r=1$,这就是 D 的半径.于是

$$\iiint_{\Omega} z\sqrt{x^2+y^2}\mathrm{d}V = \iint_{D} r\,\mathrm{d}r\,\mathrm{d}\theta\int_{r^2}^{\sqrt{2-r^2}} zr\,\mathrm{d}z = \int_0^{2\pi}\mathrm{d}\theta\int_0^1 r^2\,\mathrm{d}r\int_{r^2}^{\sqrt{2-r^2}} z\mathrm{d}z$$

$$=\pi\int_0^1(2r^2-r^4-r^6)\mathrm{d}r=\frac{34}{105}\pi.$$

3. 利用球面坐标计算三重积分

空间任一点 M 的位置,还可用球坐标来确定. 球坐标是指有序数组(ρ,θ,φ),其中 ρ 为向量$\overrightarrow{OM}$的大小,设$\overrightarrow{OM}$在 xy 平面上的投影向量为$\overrightarrow{OP}$,则从正 x 轴按逆时针方向转到$\overrightarrow{OP}$的角度为θ,正 z 轴与$\overrightarrow{OM}$的夹角为 φ(图 9.30). 点 M 的直角坐标(x,y,z)与球坐标(ρ,θ,φ)之间有关系式

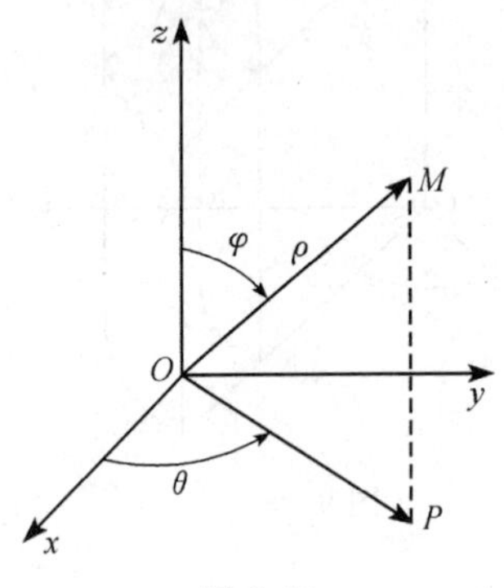

图 9.30

$$\begin{cases}x=\rho\sin\varphi\cos\theta,\\ y=\rho\sin\varphi\sin\theta,\\ z=\rho\cos\varphi,\end{cases}\qquad \begin{cases}\rho=\sqrt{x^2+y^2+z^2},\\ \tan\theta=\dfrac{y}{x},\\ \cos\varphi=\dfrac{z}{\sqrt{x^2+y^2+z^2}}.\end{cases}$$

当点 M 取遍空间一切点时,ρ,θ,φ 的取值范围是

$$0\leqslant\rho<+\infty,\quad 0\leqslant\theta<2\pi,\quad 0\leqslant\varphi\leqslant\pi.$$

在球坐标系下,三组坐标面分别是:

$\rho=$常数,即以原点为球心,ρ 为半径的球面,

$\theta=$常数,即过 z 轴的半平面,

$\varphi=$常数,即以原点为顶点,z 轴为对称轴,半顶角为 φ 的圆锥面.

为了在球坐标系下计算三重积分,应写出体积元素 $\mathrm{d}V$ 在球坐标系下的表达式. 为此,下面用球坐标系的三组坐标面去分割积分区域 Ω. 设 ΔV 是由半径为 ρ 和 $\rho+\mathrm{d}\rho$ 的球面,与极角为 θ 和 $\theta+\mathrm{d}\theta$ 的半平面,以及半顶角为 φ 和 $\varphi+\mathrm{d}\varphi$ 的圆锥面所围成的小六面体(图 9.31),它有十二条边,其中有三条边的长度分别为 $\mathrm{d}\rho$,$\rho\sin\varphi\,\mathrm{d}\theta$,$\rho\,\mathrm{d}\varphi$. 当分割充分细密时,这个小六面体可近似看成一个小长方体,因此体积元素为

$$\mathrm{d}V=(\mathrm{d}\rho)(\rho\sin\varphi\,\mathrm{d}\theta)(\rho\,\mathrm{d}\varphi)=\rho^2\sin\varphi\,\mathrm{d}\rho\,\mathrm{d}\theta\,\mathrm{d}\varphi,$$

于是三重积分化为

$$\iiint_\Omega f(x,y,z)\mathrm{d}V=\iiint_\Omega f(\rho\sin\varphi\cos\theta,\rho\sin\varphi\sin\theta,\rho\cos\varphi)\rho^2\sin\varphi\,\mathrm{d}\rho\,\mathrm{d}\theta\,\mathrm{d}\varphi.$$

再在球坐标系下化为累次积分即可.

例 9.15 计算三重积分 $I=\iiint_\Omega(x^3+y^3+z^3)\mathrm{d}V$,其中 Ω 由球面 $x^2+y^2+z^2=2z$ 与锥面 $\sqrt{x^2+y^2}=z$ 围成(图 9.32).

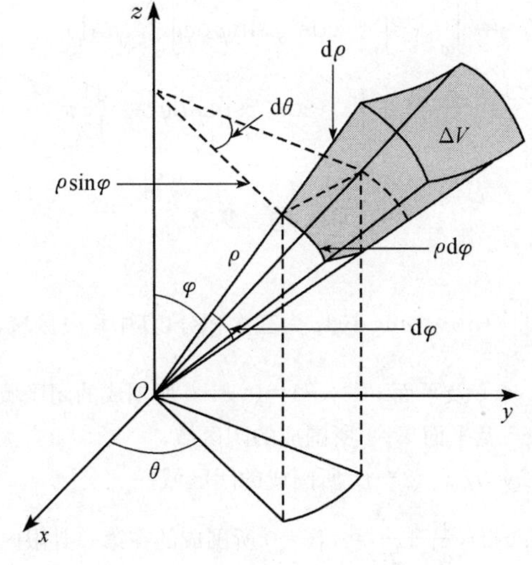

图 9.31

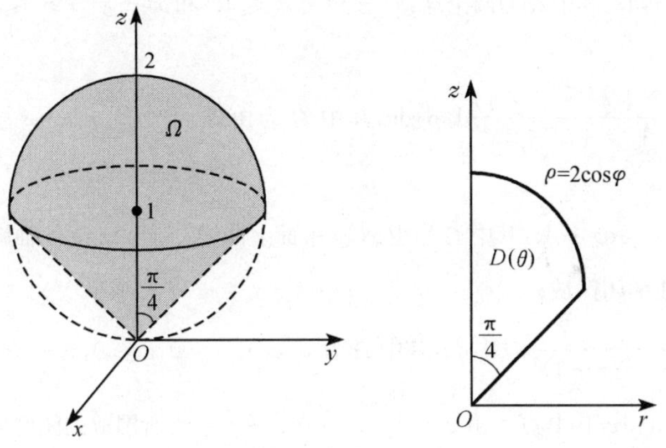

图 9.32

解 球面 $x^2+y^2+z^2=2z$ 的球坐标方程为 $\rho^2=2\rho\cos\varphi$，即 $\rho=2\cos\varphi$，锥面 $\sqrt{x^2+y^2}=z$ 的球坐标方程是 $\varphi=\frac{\pi}{4}$，因此区域 Ω 可以表示为

$$\Omega=\left\{(\rho,\theta,\varphi)\mid 0\leqslant\rho\leqslant 2\cos\varphi, 0\leqslant\varphi\leqslant\frac{\pi}{4}, 0\leqslant\theta\leqslant 2\pi\right\},$$

所以

$$I=\iiint_{\Omega}z^3\,\mathrm{d}V=\iiint_{\Omega}\rho^3\cos^3\varphi\rho^2\sin\varphi\,\mathrm{d}\rho\,\mathrm{d}\theta\,\mathrm{d}\varphi$$

$$= \int_0^{2\pi} d\theta \int_0^{\pi/4} \cos^3\varphi \sin\varphi \, d\varphi \int_0^{2\cos\varphi} \rho^5 \, d\rho$$
$$= \frac{\pi}{3} \times 2^6 \int_0^{\pi/4} \cos^9\varphi \sin\varphi \, d\varphi = \frac{31}{15}\pi.$$

习　题　9.3

1. 化三重积分 $I = \iiint\limits_{\Omega} f(x,y,z)\,dx\,dy\,dz$ 为三次积分，其中积分区域 Ω 分别为：

(1) 由双曲抛物面 $xy=z$ 及平面 $x+y-1=0, z=0$ 所围成的闭区域；

(2) 由曲面 $z=x^2+y^2$ 及平面 $z=1$ 所围成的闭区域；

(3) 由曲面 $z=x^2+2y^2$ 及 $z=2-x^2$ 所围成的闭区域；

(4) 由曲面 $cz=xy(c>0)$，$\frac{x^2}{a^2}+\frac{y^2}{b^2}=1$，$z=0$ 所围成的在第一卦限内的闭区域.

2. 计算下列三重积分：

(1) $\iiint_{\Omega} z^2\,dx\,dy\,dz$，其中 Ω 为两个球：$x^2+y^2+z^2 \leqslant R^2$ 和 $x^2+y^2+z^2 \leqslant 2Rz\,(R>0)$ 的公共部分；

(2) $\iiint_{\Omega} \frac{z\ln(x^2+y^2+z^2+1)}{x^2+y^2+z^2+1}\,dx\,dy\,dz$，其中 Ω 为由球面 $x^2+y^2+z^2=1$ 所围成的闭区域；

(3) $\iiint_{\Omega} (y^2+z^2)\,dx\,dy\,dz$，其中 Ω 为由 xOy 平面上曲线 $y^2=2x$ 绕 x 轴旋转而成的曲面与平面 $x=5$ 所围成的闭区域；

(4) $\iiint_{\Omega} \frac{1}{(x+y+z+1)^2}\,dx\,dy\,dz$，其中 Ω 为 $x \geqslant 0, y \geqslant 0, z \geqslant 0, x+y+z \leqslant 1$ 所围；

(5) $\iiint_{\Omega} xy\,dx\,dy\,dz$，其中 Ω 为由 $z=xy, z=0, x+y=1$ 所围成的闭区域；

(6) $\iiint_{\Omega} xy^2z^3\,dx\,dy\,dz$，其中 Ω 为由 $z=xy, y=x, x=1, z=0$ 所围成的闭区域；

(7) $\iiint_{\Omega} xyz\,dx\,dy\,dz$，其中 Ω 为 $x^2+y^2+z^2 \leqslant 1, x \geqslant 0, y \geqslant 0, z \geqslant 0$ 所围成的闭区域；

(8) $\iiint_{\Omega} xyz\sin(x+y+z)\,dx\,dy\,dz$，其中 Ω 为 $x \geqslant 0, y \geqslant 0, z \geqslant 0, x+y+z \leqslant \frac{\pi}{2}$ 所围成的闭区域；

(9) $\iiint_{\Omega} (lx^2+my^2+nz^2)\,dx\,dy\,dz$，其中 Ω 为由 $x^2+y^2+z^2 \leqslant a^2$ 所围成的闭区域（l,m,n 为常数）；

(10) $\iiint_{\Omega} \sqrt{x^2+y^2}\,dx\,dy\,dz$，$\Omega$：$x^2+y^2 \leqslant z^2, 0 \leqslant z \leqslant h$；

(11) $\iiint_{\Omega} (x^2+y^2)\,dx\,dy\,dz$，$\Omega$：$x^2+y^2 \leqslant 2z, z \leqslant 2$；

(12) $\iiint_\Omega (x^2+y^2)\mathrm{d}x\mathrm{d}y\mathrm{d}z, \Omega: x^2+y^2+z^2 \leqslant a^2$;

(13) $\iiint_\Omega \dfrac{z}{\sqrt{x^2+y^2+z^2}}\mathrm{d}x\mathrm{d}y\mathrm{d}z$，$\Omega$ 由曲面 $x^2+y^2=a^2, z=0, z=h(h>0)$ 所围成；

(14) $\iiint_\Omega z\mathrm{d}x\mathrm{d}y\mathrm{d}z, \Omega: x^2+y^2+z^2 \leqslant 2, x^2+y^2 \leqslant z$;

(15) $\iiint_\Omega z^2\mathrm{d}x\mathrm{d}y\mathrm{d}z, \Omega: x^2+y^2+z^2 \leqslant a^2, x^2+y^2 \leqslant ax(a>0)$;

(16) $\iiint_\Omega x^2y^2z\mathrm{d}x\mathrm{d}y\mathrm{d}z$，其中 Ω 由 $2z=x^2+y^2$ 和 $z=2$ 围成；

(17) $\iiint_\Omega (x^2+y^2+z^2)\mathrm{d}x\mathrm{d}y\mathrm{d}z$，其中 Ω 由 $z=\sqrt{R^2-x^2-y^2}$ 和 $z=\sqrt{x^2+y^2}$ 围成；

(18) $\iiint_\Omega z^3\mathrm{d}x\mathrm{d}y\mathrm{d}z, \Omega: x^2+y^2+z^2 \leqslant R^2, x \geqslant 0, y \geqslant 0, z \geqslant 0$;

(19) $\iiint_\Omega \sqrt{x^2+y^2+z^2}\mathrm{d}x\mathrm{d}y\mathrm{d}z$，其中 Ω 由 $x^2+y^2+z^2=z$ 围成；

(20) $\iiint_\Omega (x^2+y^2)\mathrm{d}x\mathrm{d}y\mathrm{d}z, \Omega: a^2 \leqslant x^2+y^2+z^2 \leqslant b^2, z \geqslant 0$;

(21) $\iiint_\Omega \dfrac{1}{\sqrt{x^2+y^2+z^2}}\mathrm{d}x\mathrm{d}y\mathrm{d}z$，其中 Ω 由 $x^2+y^2+z^2=2az(a>0)$ 围成；

(22) $\iiint_\Omega \dfrac{1}{(x^2+y^2+z^2)^2}\mathrm{d}x\mathrm{d}y\mathrm{d}z, \Omega: a^2 \leqslant x^2+y^2+z^2 \leqslant b^2(b>a>0)$;

(23) $\iiint_\Omega (x+y+z)\mathrm{d}x\mathrm{d}y\mathrm{d}z, \Omega: x^2+y^2+z^2 \leqslant 2az, \sqrt{x^2+y^2} \leqslant z$;

(24) $\iiint_\Omega \sqrt{1-x^2-y^2-z^2}\mathrm{d}x\mathrm{d}y\mathrm{d}z, \Omega: x^2+y^2+z^2 \leqslant 1$;

(25) $\iiint_\Omega \sqrt{1-\dfrac{x^2}{a^2}-\dfrac{y^2}{b^2}-\dfrac{z^2}{c^2}}\mathrm{d}x\mathrm{d}y\mathrm{d}z, \Omega: \dfrac{x^2}{a^2}+\dfrac{y^2}{b^2}+\dfrac{z^2}{c^2} \leqslant 1$;

(26) $\iiint_\Omega (x+y+z)\mathrm{d}x\mathrm{d}y\mathrm{d}z, \Omega: (x-a)^2+(y-b)^2+(z-c)^2 \leqslant R^2$.

3. 设函数 $f(x)$ 连续且恒大于零，

$$F(t)=\frac{\displaystyle\iiint_{\Omega(t)} f(x^2+y^2+z^2)\mathrm{d}v}{\displaystyle\iint_{D(t)} f(x^2+y^2)\mathrm{d}\sigma},$$

$$G(t)=\frac{\displaystyle\iint_{D(t)} f(x^2+y^2)\mathrm{d}\sigma}{\displaystyle\int_{-t}^{t} f(x^2)\mathrm{d}x},$$

其中 $\Omega(t)=\{(x,y,z)\mid x^2+y^2+z^2\leqslant t^2\}, D(t)=\{(x,y)\mid x^2+y^2\leqslant t^2\}$.

(1) 讨论 $F(t)$ 在区间 $(0,+\infty)$ 内的单调性；

(2) 证明：当 $t>0$ 时，$F(t)>\dfrac{2}{\pi}G(t)$.

4. 设有一物体，占有空间闭区域 $\Omega=\{(x,y,z)|0\leqslant x\leqslant 1,0\leqslant y\leqslant 1,0\leqslant z\leqslant 1\}$，在点 (x,y,z) 处的密度为 $\rho(x,y,z)=x+y+z$，计算该物体的质量.

5. 如果三重积分 $\iiint_\Omega f(x,y,z)\mathrm{d}x\mathrm{d}y\mathrm{d}z$ 的被积函数 $f(x,y,z)$ 是三个函数 $f_1(x)$，$f_2(y)$，$f_3(z)$ 的乘积，即 $f(x,y,z)=f_1(x)\cdot f_2(y)\cdot f_3(z)$，积分区域 $\Omega=\{(x,y,z)\mid a\leqslant x\leqslant b,c\leqslant y\leqslant d,l\leqslant z\leqslant m\}$，证明：此三重积分等于三个一元积分的乘积，即

$$\iiint_\Omega f_1(x)f_2(y)f_3(z)\mathrm{d}x\mathrm{d}y\mathrm{d}z=\int_a^b f_1(x)\mathrm{d}x\int_c^d f_2(y)\mathrm{d}y\int_l^m f_3(z)\mathrm{d}z.$$

6. 计算 $\iiint_\Omega \frac{\mathrm{d}x\mathrm{d}y\mathrm{d}z}{(1+x+y+z)^3}$，其中 Ω 为平面 $x=0,y=0,z=0,x+y+z=1$ 所围成的四面体.

7. 计算 $\iiint_\Omega xz\mathrm{d}x\mathrm{d}y\mathrm{d}z$，其中 Ω 为由平面 $z=0,z=y,y=1$ 以及抛物柱面 $y=x^2$ 所围成的闭区域.

8. 计算 $\iiint_\Omega z\mathrm{d}x\mathrm{d}y\mathrm{d}z$，其中 Ω 为由锥面 $z=\frac{h}{R}\sqrt{x^2+y^2}$ 与平面 $z=h(R>0,h>0)$ 所围成的闭区域.

9. 利用球面坐标计算下列三重积分：

(1) $\iiint_\Omega (x^2+y^2+z^2)\mathrm{d}v$，其中 Ω 为由球面 $x^2+y^2+z^2=1$ 所围成的闭区域；

(2) $\iiint_\Omega z\mathrm{d}v$，其中闭区域 Ω 由不等式 $x^2+y^2+(z-a)^2\leqslant a^2,x^2+y^2\leqslant z^2$ 所确定.

10. 选用适当的坐标计算下列三重积分：

(1) $\iiint_\Omega xy\mathrm{d}v$，其中 Ω 为柱面 $x^2+y^2=1$ 及平面 $z=1,z=0,x=0,y=0$ 所围成的在第一卦限内的闭区域；

(2) $\iiint_\Omega (x^2+y^2)\mathrm{d}v$，其中 Ω 为由曲面 $4z^2=25(x^2+y^2)$ 及平面 $z=5$ 所围成的闭区域.

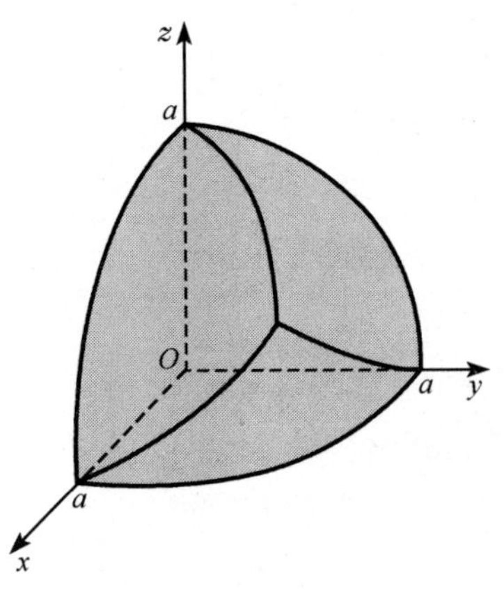

图 9.33

11. 求下列区域 V 的体积：

(1) V：$x^2+y^2\leqslant a^2,z\geqslant 0,z\leqslant mx(m>0)$；

(2) V：$\frac{x^2}{a^2}+\frac{y^2}{b^2}+\frac{z^2}{c^2}\leqslant 2,\frac{y^2}{b^2}+\frac{z^2}{c^2}\leqslant\frac{x}{a}(a>0)$；

(3) V 由曲面 $x^2+y^2=a^2,y^2+z^2=a^2,z^2+x^2=a^2$ 所围成(图 9.33，本图仅画出第一卦限部分).

12. 利用三重积分计算下列由曲面所围成的立体的体积：

(1) $z=6-x^2-y^2$ 及 $z=\sqrt{x^2+y^2}$；

(2) $x^2+y^2+z^2=2az(a>0)$ 及 $x^2+y^2=z^2$(含有 z 轴的部分)；

(3) $z=\sqrt{x^2+y^2}$ 及 $z=x^2+y^2$；

(4) $z=\sqrt{5-x^2-y^2}$ 及 $x^2+y^2=4z$；

(5) $y^2=a^2-az, x^2+y^2=(\frac{a}{2})^2, z=0(a>0)$；

(6) $y^2=a^2-az, x^2+y^2=ax, z=0(a>0)$；

(7) 求由曲面 $x^2+y^2+az=4a^2$ 将球 $x^2+y^2+z^2=4az$ 分成两部分之体积比.

13. 求球体 $r\leqslant a$ 位于锥面 $\varphi=\frac{\pi}{3}$ 和 $\varphi=\frac{2}{3}\pi$ 之间的部分的体积.

14. 求上、下分别为球面 $x^2+y^2+z^2=2$ 和抛物面 $z=x^2+y^2$ 所围立体的体积.

15. 球心在原点、半径为 R 的球体，在其上任意一点的密度的大小与这点到球心的距离成正比，求此球体的质量.

16. 把积分 $\iiint_\Omega f(x,y,z)\mathrm{d}x\mathrm{d}y\mathrm{d}z$ 化为三次积分，其中积分区域 Ω 为由曲面 $z=x^2+y^2$，$y=x^2$ 及平面 $y=1, z=0$ 所围成的闭区域.

9.4 重积分的应用

9.4.1 曲面的面积

设有一空间曲面，其方程为

$$z=f(x,y),$$

该曲面在 xOy 平面上的投影区域为 D，假定 $f(x,y)$ 在 D 上有连续的一阶偏导数(这样的曲面称为**光滑曲面**)，下面来讨论曲面 S 的面积概念及计算方法.

把区域 D 任意分为 n 个小区域，以 $\mathrm{d}\sigma$ 作为小区域的代表，并记分法为 T. 在 $\mathrm{d}\sigma$ 上任取一点 $P(x,y)$，相应地得到曲面 S 上一点 $M(x,y,f(x,y))$. 过点 M 做曲面 S 的切平面. 以 $\mathrm{d}\sigma$ 的边界为准线，作母线平行于 z 轴的柱面，设此柱面截切平面所得的面积为 $\mathrm{d}S$(图 9.34). 当分法 T 的最大直径 $\lambda(T)\to 0$ 时，若这些小切平面块的面积之和 $\sum \mathrm{d}S$ 有极限 A(A 的值不依赖于分法 T 及点 P 的取法)，则此极限值为曲面 S 的面积，即

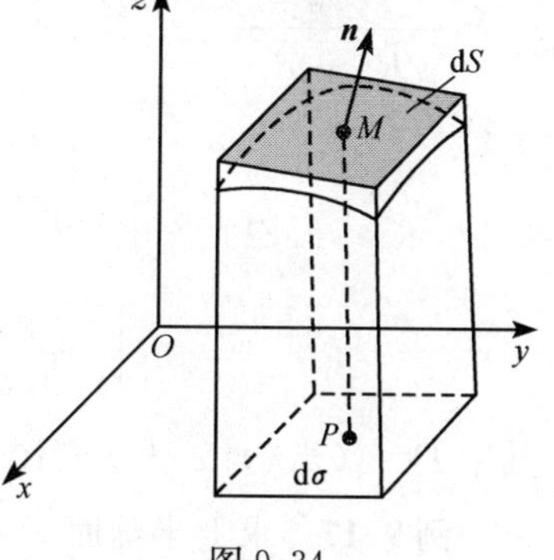

图 9.34

$$A=\lim_{\lambda(T)\to 0}\sum \mathrm{d}S.$$

下面给出面积 A 的计算公式.

曲面 S 上点 $M(x,y,f(x,y))$ 处切平面的法向量是 $\boldsymbol{n}=\{f_x,f_y,-1\}$. 从而单位法向量为 $\boldsymbol{n}_0=\left\{\frac{f_x}{\sqrt{1+f_x^2+f_y^2}},\frac{f_y}{\sqrt{1+f_x^2+f_y^2}},\frac{-1}{\sqrt{1+f_x^2+f_y^2}}\right\}$. 设 $\boldsymbol{n}$ 与正 z 轴的

夹角为γ,则有

$$\cos\gamma = \frac{-1}{\sqrt{1+f_x^2+f_y^2}}.$$

由于区域 $d\sigma$ 是切平面上区域 dS 在 xy 平面上的投影,而两平面的法线的夹角为γ,因此

$$d\sigma = dS \cdot |\cos\gamma| = |\cos\gamma|\, dS(\text{图 } 9.35),$$

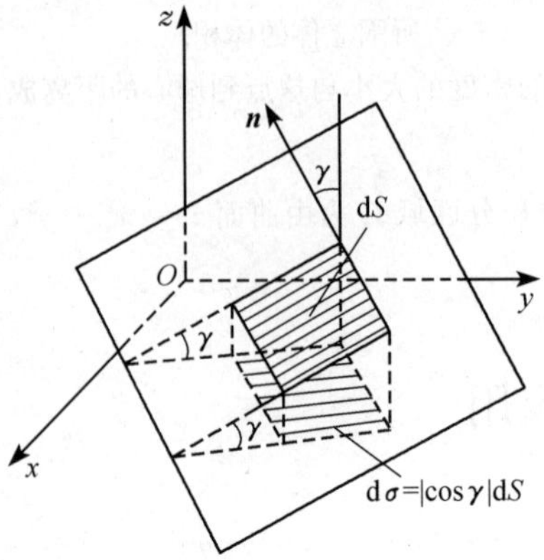

从而面积元素为

$$dS = \frac{1}{|\cos\gamma|}d\sigma = \sqrt{1+f_x^2+f_y^2}d\sigma,$$

于是得到曲面的面积

$$S = \lim_{\lambda\to 0}\sum dS = \lim_{\lambda\to 0}\sum \sqrt{1+f_x^2+f_y^2}d\sigma,$$

即

$$S = \iint_D \sqrt{1+f_x^2+f_y^2}d\sigma = \iint_D \sqrt{1+z_x^2+z_y^2}d\sigma.$$

图 9.35

例 9.16 证明:半径为 R 的球面面积 $A=4\pi R^2$.

证 只需求出上半球面的面积,再两倍即可.

设球心位于坐标系 $Oxyz$ 的原点,则上半球面方程为

$$z = \sqrt{R^2-x^2-y^2},$$

从而

$$z_x = \frac{-x}{\sqrt{R^2-x^2-y^2}},\quad z_y = \frac{-y}{\sqrt{R^2-x^2-y^2}},\quad \sqrt{1+z_x^2+z_y^2} = \frac{R}{\sqrt{R^2-x^2-y^2}}.$$

于是

$$\begin{aligned} A &= 2\iint_D \sqrt{1+z_x^2+z_y^2}d\sigma = 2R\iint_D \frac{1}{\sqrt{R^2-x^2-y^2}}d\sigma \\ &= 2R\int_0^{2\pi}d\theta\int_0^R \frac{1}{\sqrt{R^2-r^2}}r\,dr = 4\pi R^2, \end{aligned}$$

其中 $D=\{(x,y)\,|\,x^2+y^2\leqslant R^2\}$.

例 9.17 求上半球面 $z=\sqrt{R^2-x^2-y^2}$ 被圆柱面 $x^2+y^2=Rx$ 所截得部分的面积.

解 由对称性,只需求出曲面在第一卦限部分的面积,再两倍即可(图 9.36).

所截曲面的投影区域 D 为 xOy 平面上的圆域. 圆周的极坐标方程为

$$r = R\cos\theta\left(-\frac{\pi}{2}\leqslant\theta\leqslant\frac{\pi}{2}\right),$$

所以

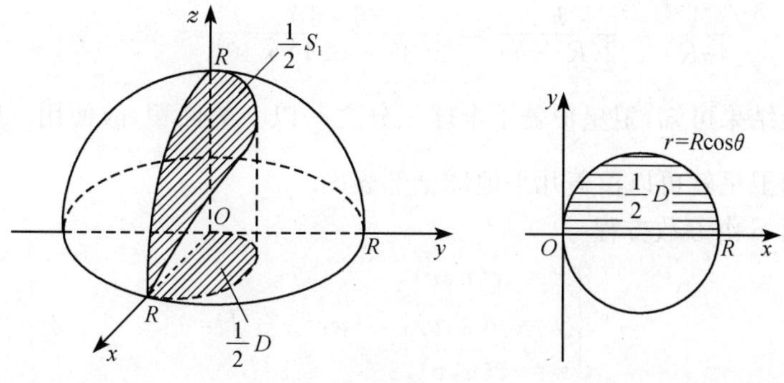

图 9.36

$$A=2\iint_D \frac{R}{\sqrt{R^2-x^2-y^2}}\mathrm{d}\sigma=2R\int_0^{\pi/2}\mathrm{d}\theta\int_0^{R\cos\theta}\frac{r}{\sqrt{R^2-r^2}}\mathrm{d}r=R^2(\pi-2).$$

例 9.18　设有一颗地球同步轨道通信卫星，距地面的高度为 $h=36000\mathrm{km}$，运行的角速度与地球自转的角速度相同. 试计算该通信卫星的覆盖面积与地球表面积的比值(地球半径 $R=6400\mathrm{km}$).

解　取地心为坐标原点，地心到通信卫星中心的连线为 z 轴，建立坐标系(图 9.37).

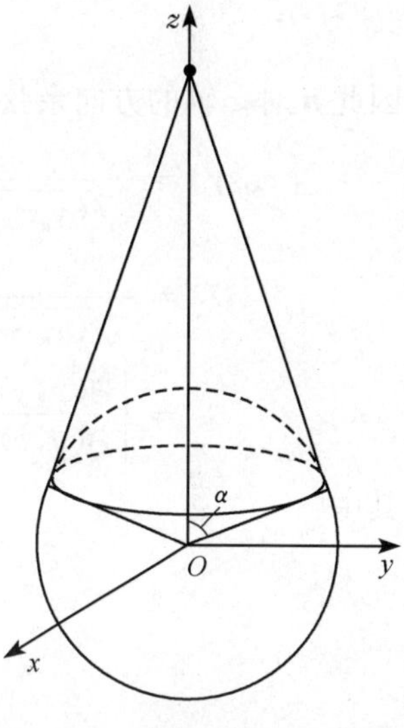

通信卫星覆盖的曲面 Σ 是上半球面被半顶角为 α 的圆锥面所截得的部分. Σ 的方程为

$$z=\sqrt{R^2-x^2-y^2},\quad x^2+y^2\leqslant R^2\sin^2\alpha.$$

于是通信卫星的覆盖面积为

$$\begin{aligned}A&=\iint_D\sqrt{1+\left(\frac{\partial z}{\partial x}\right)^2+\left(\frac{\partial z}{\partial y}\right)^2}\,\mathrm{d}x\,\mathrm{d}y\\&=\iint_D\frac{R}{\sqrt{R^2-x^2-y^2}}\mathrm{d}x\,\mathrm{d}y,\end{aligned}$$

图 9.37

其中 $D=\{(x,y)\mid x^2+y^2\leqslant R^2\sin^2\alpha\}$.

于是

$$A=\int_0^{2\pi}\mathrm{d}\theta\int_0^{R\sin\alpha}\frac{R}{\sqrt{R^2-r^2}}r\,\mathrm{d}r=2\pi R\int_0^{R\sin\alpha}\frac{r}{\sqrt{R^2-r^2}}\mathrm{d}r=2\pi R^2(1-\cos\alpha).$$

由于 $\cos\alpha=\dfrac{R}{R+h}$，代入上式得

$$A=2\pi R^2\left(1-\frac{R}{R+h}\right)=2\pi R^2\cdot\frac{h}{R+h}.$$

由此得这颗通信卫星的覆盖面积与地球表面积之比为

$$\frac{A}{4\pi R^2}=\frac{h}{2(R+h)}=\frac{36\cdot 10^6}{2(36+6.4)\cdot 10^6}\approx 42.5\%.$$

由以上结果可知，卫星覆盖了全球三分之一以上的面积，故使用三颗相隔$\frac{2}{3}\pi$角度的通信卫星就可以覆盖几乎地球全部表面.

若曲面 S 由参数方程

$$\begin{cases}x=x(u,v),\\ y=y(u,v),\quad (u,v)\in D,\\ z=z(u,v),\end{cases}$$

给出，其中 D 为 uv 平面上的有界闭区域. 设 $x(u,v)$，$y(u,v)$，$z(u,v)$在 D 上具有连续的一阶偏导数. 曲面 S 的法向量为

$$\boldsymbol{n}=\begin{vmatrix}\boldsymbol{i} & \boldsymbol{j} & \boldsymbol{k}\\ x_u & y_u & z_u\\ x_v & y_v & z_v\end{vmatrix},$$

因此 $\boldsymbol{n}$ 对 z 轴的方向余弦的绝对值为

$$\begin{aligned}|\cos\gamma| &= \frac{|x_u y_v - x_v y_u|}{\sqrt{(y_u z_v - y_v z_u)^2+(x_u z_v - x_v z_u)^2+(x_u y_v - x_v y_u)^2}}\\ &= \frac{|x_u y_v - x_v y_u|}{\sqrt{(x_u^2+y_u^2+z_u^2)(x_v^2+y_v^2+z_v^2)-(x_u x_v+y_u y_v+z_u z_v)^2}}\\ &= \left|\frac{\partial(x,y)}{\partial(u,v)}\right|\frac{1}{\sqrt{EG-F^2}},\end{aligned}$$

其中

$$\begin{cases}E=x_u^2+y_u^2+z_u^2,\\ F=x_u x_v+y_u y_v+z_u z_v,\\ G=x_v^2+y_v^2+z_v^2,\end{cases}$$

于是

$$S=\iint_D\frac{1}{|\cos\gamma|}\mathrm{d}\sigma=\iint_D\frac{1}{|\cos\gamma|}\left|\frac{\partial(x,y)}{\partial(u,v)}\right|\mathrm{d}u\,\mathrm{d}v=\iint_D\sqrt{EG-F^2}\,\mathrm{d}u\,\mathrm{d}v,$$

其中$\sqrt{EG-F^2}\,\mathrm{d}u\,\mathrm{d}v$ 称为曲面的面积元素.

下面利用此方法重新推导球面的面积公式.

半径为 R 的球面的参数方程为

$$\begin{cases}x=R\sin\varphi\cos\theta,\\ y=R\sin\varphi\sin\theta,\quad (\varphi,\theta)\in D,\\ z=R\cos\varphi,\end{cases}$$

其中 $D=\{(\varphi,\theta)\mid 0\leqslant\varphi\leqslant\pi,0\leqslant\theta<2\pi\}$.

由于

$$\sqrt{EG-F^2}=R^2\sin\varphi,$$

于是

$$A=\iint_D R^2\sin\varphi\,\mathrm{d}\varphi\,\mathrm{d}\theta=R^2\int_0^{2\pi}\mathrm{d}\theta\int_0^{\pi}\sin\varphi\,\mathrm{d}\varphi=4\pi R^2.$$

9.4.2 质心

设薄板占据平面区域 D，面密度为 $\mu(x,y)$. 下面利用微元法写出薄板的质心公式. 任意分割区域 D，考察有代表性的小区域 $\mathrm{d}\sigma$，(x,y)为其中任意一点(图 9.38). 小块 $\mathrm{d}\sigma$ 的质量为 $\mathrm{d}m=\mu(x,y)\mathrm{d}\sigma$，小块对 y 轴的静矩为 $x\cdot\mu(x,y)\mathrm{d}\sigma$，因此整个薄板对 y 轴的静矩为

$$M_y=\iint_D x\mu(x,y)\mathrm{d}\sigma.$$

同理，薄板对 x 轴的静矩为

$$M_x=\iint_D y\mu(x,y)\mathrm{d}\sigma.$$

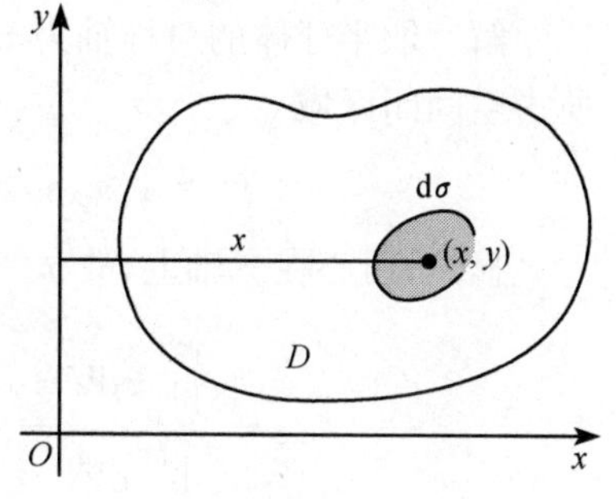

图 9.38

设薄板 D 的质心为$(\bar{x},\bar{y})$，质量为 m. 则由静矩定理知，薄板对坐标轴的静矩，等于集中了该薄板质量 m 的质点——质心 $\bar{P}(\bar{x},\bar{y})$ 对该轴的静矩，于是得到质心坐标

$$\begin{cases}\bar{x}=\dfrac{M_y}{m}=\dfrac{\iint_D x\mu(x,y)\mathrm{d}\sigma}{\iint_D \mu(x,y)\mathrm{d}\sigma},\\[2ex]\bar{y}=\dfrac{M_x}{m}=\dfrac{\iint_D y\mu(x,y)\mathrm{d}\sigma}{\iint_D \mu(x,y)\mathrm{d}\sigma}.\end{cases}$$

例 9.19 求位于两圆 $r=2\sin\theta$ 和 $r=4\sin\theta$ 之间的均匀薄片的质心(图 9.39).

解 因为闭区域 D 对称于 y 轴，所以质心 $C(\bar{x},\bar{y})$ 必位于 y 轴上，于是 $\bar{x}=0$. 而

$$\bar{y}=\frac{\iint_D y\,\mathrm{d}\sigma}{\iint_D \mathrm{d}\sigma}=\frac{\int_0^{\pi}\sin\theta\,\mathrm{d}\theta\int_{2\sin\theta}^{4\sin\theta}\rho^2\,\mathrm{d}\rho}{3\pi}=\frac{7}{3}.$$

于是所求质心为 $C\left(0,\dfrac{7}{3}\right)$.

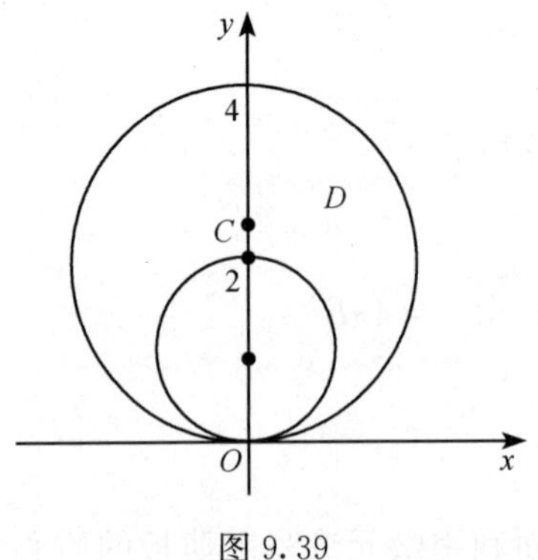

图 9.39

类似地,设物体占据空间区域 Ω,其体密度为 $\mu(x,y,z)$,则物体的质心坐标为

$$\bar{x}=\frac{\iiint_{\Omega} x\mu(x,y,z)\mathrm{d}V}{\iiint_{\Omega}\mu(x,y,z)\mathrm{d}V},\quad \bar{y}=\frac{\iiint_{\Omega} y\mu(x,y,z)\mathrm{d}V}{\iiint_{\Omega}\mu(x,y,z)\mathrm{d}V},$$

$$\bar{z}=\frac{\iiint_{\Omega} z\mu(x,y,z)\mathrm{d}V}{\iiint_{\Omega}\mu(x,y,z)\mathrm{d}V}.$$

例 9.20　求均匀半球体的质心.

解　取半球体的对称轴为 z 轴,原点取在球心上,又设球半径为 a,则半球体所占空间闭区域

$$\Omega=\{(x,y,z)\mid x^2+y^2+z^2\leqslant a^2,z\geqslant 0\}.$$

显然,质心在 z 轴上,故 $\bar{x}=\bar{y}=0$.

$$\bar{z}=\frac{\iiint_{\Omega} z\mathrm{d}V}{\iiint_{\Omega}\mathrm{d}V}=\frac{\int_0^{2\pi}\mathrm{d}\theta\int_0^{\frac{\pi}{2}}\cos\varphi\sin\varphi\,\mathrm{d}\varphi\int_0^a r^3\mathrm{d}r}{\frac{2}{3}\pi a^3}=\frac{3}{8}a.$$

所以质心为 $\left(0,0,\frac{3}{8}a\right)$.

9.4.3　转动惯量

设薄板占据 xy 平面上的区域 D,面密度为 $\mu(x,y)$,薄板绕固定轴 u 转动,记转动惯量为 J. 为求 J,这里采用微元法.

任意分割 D,考虑任一小块 $\mathrm{d}\sigma$,(x,y) 为 $\mathrm{d}\sigma$ 中任一点(图 9.40). 小块 $\mathrm{d}\sigma$ 对 u 轴的转动惯量为

$$\mathrm{d}J=r^2(x,y)\mathrm{d}m=r^2(x,y)\mu(x,y)\mathrm{d}\sigma,$$

其中 $r(x,y)$ 为点 (x,y) 到 u 轴的距离,于是得到薄板 D 对 u 轴的转动惯量

$$J=\iint_D r^2(x,y)\mu(x,y)\mathrm{d}\sigma.$$

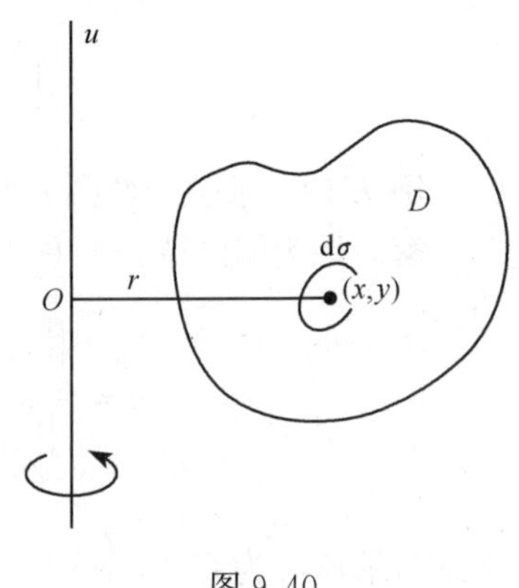

图 9.40

特别地,薄板 D 对 x,y 轴的转动惯量分别为

$$\begin{cases} J_x=\iint_D y^2\mu(x,y)\mathrm{d}\sigma,\\ J_y=\iint_D x^2\mu(x,y)\mathrm{d}\sigma.\end{cases}$$

例 9.21 求半径为 a 的均匀半圆薄片(面密度为常量 μ)对于其直径边的转动惯量(图 9.41).

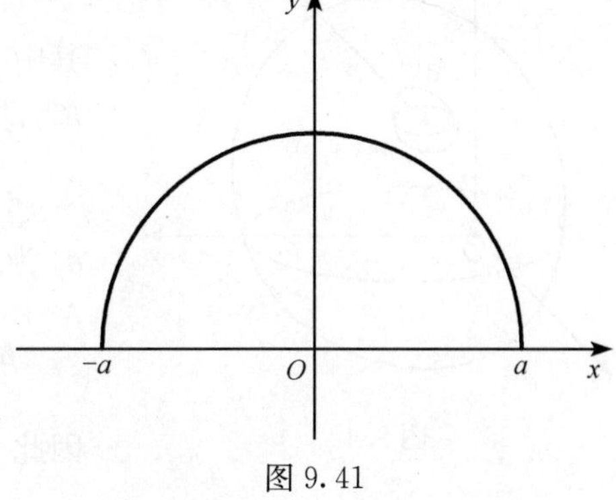

图 9.41

解 设薄片所占闭区域为

$$D=\{(x,y)\mid x^2+y^2\leqslant a^2,y\geqslant 0\},$$

而所求转动惯量,即半圆薄片对于 x 轴的转动惯量为

$$J_x=\iint_D \mu y^2\mathrm{d}\sigma=\mu\iint_D r^3\sin^2\theta\mathrm{d}r\mathrm{d}\theta$$

$$=\mu\int_0^\pi\mathrm{d}\theta\int_0^a r^3\sin^2\theta\mathrm{d}r=\frac{1}{4}Ma^2.$$

类似地,占有空间有界闭区域 Ω,在点 (x,y,z) 处密度为 $\rho(x,y,z)$ 的物体对于 x,y,z 轴的转动惯量分别为

$$J_x=\iiint_\Omega(y^2+z^2)\rho(x,y,z)\mathrm{d}V,$$

$$J_y=\iiint_\Omega(z^2+x^2)\rho(x,y,z)\mathrm{d}V,$$

$$J_z=\iiint_\Omega(x^2+y^2)\rho(x,y,z)\mathrm{d}V.$$

例 9.22 求密度为 μ 的均匀球体对于过球心的一条轴 l 的转动惯量.

解 取球心为坐标原点,z 轴与轴 l 重合,又设球的半径为 a,则球体所占空间闭区域为

$$\Omega=\{(x,y,z)\mid x^2+y^2+z^2\leqslant a^2\}.$$

所求转动惯量,即球体对于 z 轴的转动惯量为

$$J_z=\iiint_\Omega(x^2+y^2)\mu\mathrm{d}V=\mu\iiint_\Omega(\rho^2\sin^2\varphi\cos^2\theta+\rho^2\sin^2\varphi\sin^2\theta)\rho^2\sin\varphi\mathrm{d}\rho\mathrm{d}\varphi\mathrm{d}\theta$$

$$=\mu\int_0^{2\pi}\mathrm{d}\theta\int_0^\pi\sin^3\varphi\mathrm{d}\varphi\int_0^a\rho^4\mathrm{d}\rho=\frac{2}{5}a^2M.$$

9.4.4 引力

设物体占据空间区域 Ω,其体密度为 $\mu(x,y,z)$. 区域 Ω 外有一质量为 m_0 的质点 $A(a,b,c)$,求物体 Ω 对质点 A 的引力 $\boldsymbol{F}$.

任意分割区域 Ω,考虑有代表性的一小块(图 9.42),其体积元素为 $\mathrm{d}V$. 在 $\mathrm{d}V$ 内任取一点 $M(x,y,z)$,则小块 $\mathrm{d}V$ 的质量为 $\mathrm{d}m=\mu(x,y,z)\mathrm{d}V$. 小块 $\mathrm{d}V$ 对质点 A 的引力 $\mathrm{d}\boldsymbol{F}$ 可根据两质点间的引力来计算,即有

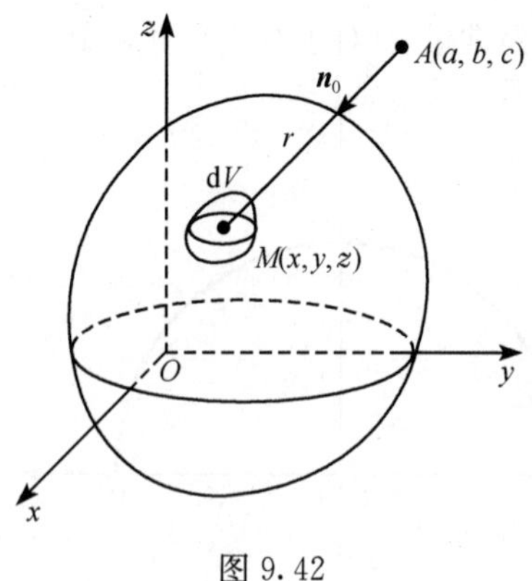

图 9.42

$$\mathrm{d}\boldsymbol{F}=G\frac{m_0\mathrm{d}m}{r^2}\boldsymbol{n}_0=Gm_0\frac{\mu(x,y,z)\mathrm{d}V}{r^2}\boldsymbol{n}_0,$$

其中 $G>0$ 为引力常数；r 为点 A 到点 M 的距离，即

$$r=\sqrt{(x-a)^2+(y-b)^2+(z-c)^2};$$

$\boldsymbol{n}_0$ 为$\overrightarrow{AM}$的单位向量，即

$$\boldsymbol{n}_0=\frac{\overrightarrow{AM}}{|\overrightarrow{AM}|}=\left\{\frac{x-a}{r},\frac{y-b}{r},\frac{z-c}{r}\right\}.$$

因此 $\mathrm{d}\boldsymbol{F}$ 在 3 个坐标轴上的分量分别为

$$\mathrm{d}F_x=Gm_0\frac{x-a}{r^3}\mu(x,y,z)\mathrm{d}V,$$

$$\mathrm{d}F_y=Gm_0\frac{y-b}{r^3}\mu(x,y,z)\mathrm{d}V,$$

$$\mathrm{d}F_z=Gm_0\frac{z-c}{r^3}\mu(x,y,z)\mathrm{d}V,$$

于是得到引力 $\boldsymbol{F}$ 在 3 个坐标轴上的分量分别为

$$\begin{cases}F_x=Gm_0\iiint_\Omega\frac{x-a}{r^3}\mu(x,y,z)\mathrm{d}V,\\F_y=Gm_0\iiint_\Omega\frac{y-b}{r^3}\mu(x,y,z)\mathrm{d}V,\\F_z=Gm_0\iiint_\Omega\frac{z-c}{r^3}\mu(x,y,z)\mathrm{d}V.\end{cases}$$

例 9.23　设半径为 R 的匀质球占有空间闭区域 $\Omega=\{(x,y,z)\mid x^2+y^2+z^2\leqslant R^2\}$. 求它对位于 $M_0(0,0,a)(a>R)$处的单位质量的质点的引力.

解　设球的密度为 ρ_0，由球体的对称性及质量分布的均匀性知 $F_x=F_y=0$，所求引力沿 z 轴的分量为

$$\begin{aligned}F_z&=\iiint_\Omega G\rho_0\frac{z-a}{[x^2+y^2+(z-a)^2]^{\frac{3}{2}}}\mathrm{d}V\\&=G\rho_0\int_{-R}^{R}(z-a)\mathrm{d}z\iint\limits_{x^2+y^2\leqslant R^2-z^2}\frac{\mathrm{d}x\,\mathrm{d}y}{[x^2+y^2+(z-a)^2]^{\frac{3}{2}}}\\&=G\rho_0\int_{-R}^{R}(z-a)\mathrm{d}z\int_0^{2\pi}\mathrm{d}\theta\int_0^{\sqrt{R^2-z^2}}\frac{\rho\,\mathrm{d}\rho}{[\rho^2+(z-a)^2]^{\frac{3}{2}}}=-G\frac{M}{a^2},\end{aligned}$$

其中 $M=\frac{4\pi R^3}{3}\rho_0$ 为球的质量. 上述结果表明：匀质球对球外一质点的引力如同球

的质量集中于球心时两质点间的引力.

习 题 9.4

1. 求球面 $x^2+y^2+z^2=a^2$ 位于圆柱面 $x^2+y^2=ax$ 内部的那部分面积.

2. 求下列曲面的面积:

(1) 球面 $x^2+y^2+z^2=2az$ 被锥面 $z=\sqrt{x^2+y^2}$ 所割($a>0$);

(2) 旋转抛物面 $2z=x^2+y^2$ 被柱面 $x^2+y^2=1$ 所割;

(3) 曲面 $az=xy$ 被圆柱 $x^2+y^2=a^2$ 所割;

(4) 由三个圆柱面 $x^2+y^2=R^2$, $x^2+z^2=R^2$, $y^2+z^2=R^2$ 所围成的立体的表面;

(5) 曲面 $z=\arctan\dfrac{y}{x}$ 在第一卦限中被圆柱面 $x^2+y^2=1$ 所割.

3. 求锥面 $z=\sqrt{x^2+y^2}$ 被柱面 $z^2=2x$ 所割下部分的曲面面积.

4. 求底面半径相等的两个直交圆柱面 $x^2+y^2=R^2$ 及 $x^2+z^2=R^2$ 所围立体的表面积.

5. 求平面 $\dfrac{x}{a}+\dfrac{y}{b}+\dfrac{z}{c}=1$ 被三坐标面所割出的有限部分的面积.

6. 设薄片所占的闭区域 D 如下,求均匀薄片的质心:

(1) D 由 $y=\sqrt{2px}$, $x=x_0$, $y=0$ 所围成;

(2) D 为半椭圆形闭区域 $\left\{(x,y)\,\middle|\,\dfrac{x^2}{a^2}+\dfrac{y^2}{b^2}\leqslant 1, y\geqslant 0\right\}$;

(3) D 为介于两个圆 $\rho=a\cos\theta$, $\rho=b\cos\theta$ $(0<a<b)$ 之间的闭区域.

7. 设平面薄片所占的闭区域 D 由抛物线 $y=x^2$ 及直线 $y=x$ 所围成,它在点 (x,y) 处的面密度 $\mu(x,y)=x^2y$,求该薄片的质心.

8. 设有一等腰直角三角形薄片,腰长为 a,各点处的面密度等于该点到直角顶点的距离的平方,求这薄片的质心.

9. 利用三重积分计算下列由曲面所围立体的质心(设密度 $\rho=1$):

(1) $z^2=x^2+y^2$, $z=1$;

(2) $z=\sqrt{A^2-x^2-y^2}$, $z=\sqrt{a^2-x^2-y^2}$ $(A>a>0)$, $z=0$;

(3) $z=x^2+y^2$, $x+y=a$, $x=0$, $y=0$, $z=0$.

10. 设球体占有闭区域 $\Omega=\{(x,y,z)\mid x^2+y^2+z^2\leqslant 2Rz\}$,它在内部各点处的密度的大小等于该点到坐标原点的距离的平方. 试求此球体的质心.

11. 在均匀的半径为 R 的半圆形薄片的直径上,要接上一个一边与直径等长的同样材料的均匀矩形薄片,为了使整个均匀薄片的质心恰好落在圆心上,问接上去的均匀矩形薄片另一边的长度应是多少?

12. 求质量分布均匀的半个旋转椭球体 $\Omega=\left\{(x,y,z)\,\middle|\,\dfrac{x^2+y^2}{a^2}+\dfrac{z^2}{b^2}\leqslant 1, z\geqslant 0\right\}$ 的质心.

13. 求高为 h,底半径为 a 的圆锥体的质心.

14. 设物体占据空间区域 V: $0\leqslant x\leqslant 1$, $0\leqslant y\leqslant 1$, $0\leqslant z\leqslant 1$,在点 $M(x,y,z)$ 处密度为

$\mu=x+y+z$,求该物体的质量与质心.

15. 有一物质球体,球心在原点,半径为R;又有一定点为$P_0\left(0,0,\frac{R}{2}\right)$.若球体上任一点的密度与由该点到定点$P_0$的距离的平方成正比(正比常数为$k$),求此物质球体质心的位置.

16. 设均匀薄片(面密度为常数1)所占闭区域D如下,求指定的转动惯量:

(1) $D=\left\{(x,y)\left|\frac{x^2}{a^2}+\frac{y^2}{b^2}\leqslant 1\right.\right\}$,求$I_y$;

(2) D由抛物线$y^2=\frac{9}{2}x$与直线$x=2$所围成,求I_x和I_y;

(3) D为矩形闭区域$\{(x,y)\mid 0\leqslant x\leqslant a,0\leqslant y\leqslant b\}$,求$I_x$和$I_y$;

17. 已知均匀矩形板(面密度为常量μ)的长和宽分别为b和h,计算此矩形板对于通过其形心且分别与一边平行的两轴的转动惯量.

18. 一均匀物体(密度ρ为常量)占有的闭区域Ω由曲面$z=x^2+y^2$和平面$z=0,|x|=a,|y|=a$所围成,

(1) 求物体的体积;

(2) 求物体的质心;

(3) 求物体关于z轴的转动惯量.

19. 求半径为a,高为h的均匀圆柱体对于过中心而平行于母线的轴的转动惯量(设密度$\rho=1$).

20. 求由抛物线$y=x^2$及直线$y=1$所围成的均匀薄片(面密度为常数μ)对于直线$y=-1$的转动惯量.

21. 求占据空间区域Ω:$x^2+y^2\leqslant 2z,z\leqslant 2$的密度均匀的物体对$z$轴的转动惯量.

22. 设有一密度均匀半径为R的半球物质体,求此物质体对底面上一直径之转动惯量.

23. 求高为h,底半径为a的圆锥体对中心轴的转动惯量.

24. 设面密度为常量μ的匀质半圆环形薄片占有闭区域$D=\{(x,y,0)\mid R_1\leqslant\sqrt{x^2+y^2}\leqslant R_2,x\geqslant 0\}$,求它对位于$z$轴上点$M_0(0,0,a)(a>0)$处的单位质量的质点的引力$\boldsymbol{F}$.

25. 设均匀柱体密度为ρ,占有闭区域$\Omega=\{(x,y,z)\mid x^2+y^2\leqslant R^2,0\leqslant z\leqslant h\}$.求它对于位于点$M_0(0,0,a)(a>h)$处的单位质量的质点的引力.

26. 设在xOy面上有一质量为M的匀质半圆形薄片,占有平面闭区域$D=\{(x,y)\mid x^2+y^2\leqslant R^2,y\geqslant 0\}$,过圆心$O$垂直于薄片的直线上有一质量为$m$的质点$P$,$OP=a$.求半圆形薄片对质点$P$的引力.

27. 求球外一质点A(质量为单位质量)对此球(均匀)的引力.

28. 设有一柱壳,由柱面$x^2+y^2=4,x^2+y^2=9$和平面$z=0,z=4$所围成,其体密度均匀为μ.求它对位于原点处质量为m的质点之引力.

29. 一球形行星的半径为R,其质量为M,其密度呈球对称分布,并向着球心线性增加.若行星表面的密度为零,那么行星中心的密度是多少?

30. 有一占据平面区域D的薄板,置入水中.证明:该薄板一侧面所受的水压力等于面积全部集中在质心的压力.

第 10 章　曲线积分与曲面积分

第 9 章将一元函数的定积分推广到了多元函数的重积分. 为了实践和理论的需要,还应该把积分概念推广到曲线积分与曲面积分. 本章将介绍曲线积分与曲面积分的概念和计算,并建立几种积分之间的联系.

10.1　第一型曲线积分

10.1.1　第一型曲线积分的概念和基本性质

例 10.1　假设有一条不均匀的物质曲线 L,在 L 上点 M 处的线密度为连续函数 $\mu(M)$. 求 L 的质量 m.

解　如果曲线 L 上质量分布是均匀的,那么很容易求出 L 的质量. 只需用线密度乘以弧长. 本例中 L 是不均匀的曲线,因此,求其质量需用积分的办法来解决,即需要"分割,近似代替,求和,取极限"(图 10.1).

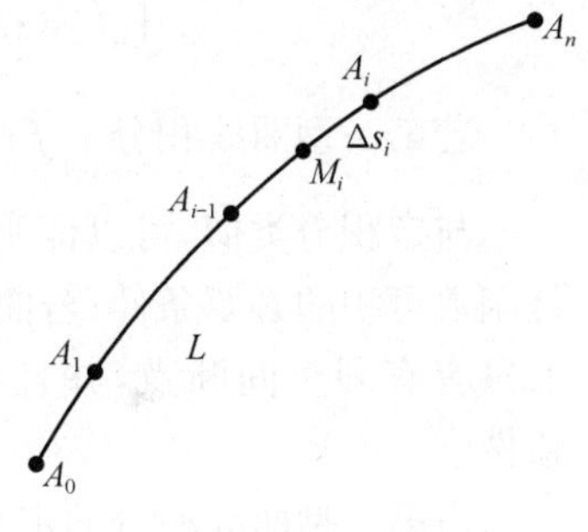

图 10.1

将曲线 L 任意分成 n 个小弧段,设分点为 A_0, A_1, $\cdots$, A_n. 各小弧段的弧长记作 Δs_i $(i=1,2,\cdots,n)$,令 $\lambda=\max\limits_{i}\{\Delta s_i\}$.

在小弧段 $\widehat{A_{i-1}A_i}$ 上任取一点 M_i,当分割充分细密时,可用曲线 L 在点 M_i 处的线密度 $\mu(M_i)$ 去近似代替这一小弧段上变化的线密度,于是小弧段 $\widehat{A_{i-1}A_i}$ 的质量 Δm_i 可近似表示为

$$\Delta m_i \approx \mu(M_i)\Delta s_i, \quad i=1,2,\cdots,n.$$

对其求和,得到

$$m=\sum_{i=1}^{n}\Delta m_i \approx \sum_{i=1}^{n}\mu(M_i)\Delta s_i.$$

令 $\lambda\to 0$,则得到曲线 L 的质量为

$$m=\lim_{\lambda\to 0}\sum_{i=1}^{n}\mu(M_i)\Delta s_i.$$

求这种和式的极限还会在许多问题(如求质量分布不均匀的曲线弧的质心和转动惯量等)中遇到,现在把它抽象出来,引进**第一型曲线积分**的概念.

定义 10.1　设函数 $f(M)$在分段光滑的曲线 L 上有定义.将 L 任意分成 n 个小弧段,设分点为 $A_0,A_1,\cdots,A_n$.记小弧段$\widehat{A_{i-1}A_i}$的长度为 $\Delta s_i\ (i=1,2,\cdots,n)$,$\lambda=\max\limits_i\{\Delta s_i\}$.在小弧段$\widehat{A_{i-1}A_i}$上任取一点 M_i,作和式 $\sum\limits_{i=1}^{n}f(M_i)\Delta s_i$.令 $\lambda\to0$,若此和式的极限 I 存在(I 的值不依赖于曲线 L 的分法及点 M_i 的取法),则称此极限值为**函数 $f(M)$在曲线 L 上的第一型曲线积分**,记作

$$I=\lim_{\lambda\to0}\sum_{i=1}^{n}f(M_i)\Delta s_i=\int_L f(M)\mathrm{d}s,$$

其中 $f(M)$称为**被积函数**,L 称为**积分曲线**,$\mathrm{d}s$ 称为**弧微分**.

易知,线密度为 $\mu(M)$的物质曲线 L 的质量为

$$m=\int_L\mu(M)\mathrm{d}s.$$

上述定义可以类似地推广到积分弧段为空间曲线弧 Γ 的情形,即函数 $f(x,y,z)$在曲线弧 Γ 上的第一型曲线积分

$$\int_\Gamma f(x,y,z)\mathrm{d}s=\lim_{\lambda\to0}\sum_{i=1}^{n}f(\xi_i,\eta_i,\zeta_i)\Delta s_i.$$

若第一型曲线积分 $\int_L f(M)\mathrm{d}s$ 存在,则称**函数 $f(M)$在曲线 L 上可积**.

与定积分类似,可以证明:若函数 $f(M)$在曲线 L 上可积,则必在 L 上有界.这是函数可积的必要条件;若曲线 L 分段光滑,函数 $f(M)$在 L 上连续(或 $f(M)$在 L 上只有有限个间断点,并且有界),则 $f(M)$在 L 上可积.这是函数可积的充分条件.

由第一型曲线积分的定义容易证明以下性质.

性质 10.1　设 α,β 为常数,则

$$\int_L[\alpha f(x,y)+\beta g(x,y)]\mathrm{d}s=\alpha\int_L f(x,y)\mathrm{d}s+\beta\int_L g(x,y)\mathrm{d}s.$$

性质 10.2　若曲线 L 由曲线 L_1 与曲线 L_2 连接而成,且 $f(M)$在 L,L_1,L_2 上可积,则

$$\int_L f(M)\mathrm{d}s=\int_{L_1}f(M)\mathrm{d}s+\int_{L_2}f(M)\mathrm{d}s.$$

性质 10.3　设在 L 上 $f(x,y)\leqslant g(x,y)$,则

$$\int_L f(x,y)\mathrm{d}s\leqslant\int_L g(x,y)\mathrm{d}s.$$

特别地,有

$$\left|\int_L f(x,y)\mathrm{d}s\right|\leqslant\int_L|f(x,y)|\mathrm{d}s.$$

性质 10.4(中值定理)　若函数 $f(M)$在曲线 L 上连续,则在 L 上至少存在一

点 M_0,使得

$$\int_L f(M)\mathrm{d}s = f(M_0)s, \quad M_0 \in L,$$

其中 s 为曲线 L 的弧长.

性质 10.5 第一型曲线积分的值与曲线的指向无关,即若曲线的两个端点为 A,B,则

$$\int_{\widehat{AB}} f(M)\mathrm{d}s = \int_{\widehat{BA}} f(M)\mathrm{d}s.$$

10.1.2 第一型曲线积分的计算

定理 10.1 设曲线 L 由参数方程

$$\begin{cases} x = x(t), \\ y = y(t), \end{cases} \quad \alpha \leqslant t \leqslant \beta$$

给出,$x(t),y(t)$在区间$[\alpha,\beta]$上有连续的一阶导数(即 L 为光滑曲线),函数 $f(x,y)$在 L 上连续,则

$$\int_L f(x,y)\mathrm{d}s = \int_\alpha^\beta f[x(t),y(t)]\sqrt{[x'(t)]^2+[y'(t)]^2}\,\mathrm{d}t.$$

在上式右端的定积分中,总是下限小于上限,即 $\alpha<\beta$.

证 设

$$\alpha = t_0 < t_1 < \cdots < t_n = \beta$$

为区间$[\alpha,\beta]$的一个分割,相应地,得到曲线 L 上的一个分割. 记对应于参数 t_{i-1} 到 t_i 这一段曲线的弧长为 Δs_i,并记 $\Delta t_i = t_i - t_{i-1}$,于是由弧长公式知

$$\Delta s_i = \int_{t_{i-1}}^{t_i} \sqrt{[x'(t)]^2+[y'(t)]^2}\,\mathrm{d}t,$$

由积分中值定理得

$$\Delta s_i = \sqrt{[x'(t_i^*)]^2+[y'(t_i^*)]^2}\,\Delta t_i,$$

其中 $t_i^* \in [t_{i-1},t_i]$. 记 $\mu=\max\limits_i\{\Delta t_i\}$,$\lambda=\max\limits_i\{\Delta s_i\}$,显然,当 $\mu\to 0$ 时,有 $\lambda\to 0$,所以

$$\begin{aligned}\int_L f(x,y)\mathrm{d}s &= \lim_{\lambda\to 0}\sum_{i=1}^n f[x(t_i^*),y(t_i^*)]\Delta s_i \\ &= \lim_{\mu\to 0}\sum_{i=1}^n f[x(t_i^*),y(t_i^*)]\sqrt{[x'(t_i^*)]^2+[y'(t_i^*)]^2}\,\Delta t_i \\ &= \int_\alpha^\beta f[x(t),y(t)]\sqrt{[x'(t)]^2+[y'(t)]^2}\,\mathrm{d}t.\end{aligned}$$

如果曲线 L 由方程

$$y = \psi(x), \quad x_0 \leqslant x \leqslant X$$

给出,那么可以把这种情形看成是特殊的参数方程

$$x=x, y=\psi(x),\quad x_0\leqslant x\leqslant X$$

的情形,从而

$$\int_L f(x,y)\mathrm{d}s=\int_{x_0}^{X} f[x,\psi(x)]\sqrt{1+\psi'^2(x)}\mathrm{d}x.$$

类似地,如果曲线 L 由方程

$$x=\varphi(y),\quad y_0\leqslant y\leqslant Y$$

给出,则有

$$\int_L f(x,y)\mathrm{d}s=\int_{y_0}^{Y} f[\varphi(y),y]\sqrt{1+\varphi'^2(y)}\mathrm{d}y.$$

如果是空间曲线弧 Γ 由参数方程

$$x=\varphi(t),\quad y=\psi(t),\quad z=\omega(t),\quad \alpha\leqslant t\leqslant\beta$$

给出的情形,这时有

$$\int_L f(x,y,z)\mathrm{d}s=\int_{\alpha}^{\beta} f[\varphi(t),\psi(t),\omega(t)]\sqrt{\varphi'^2(t)+\psi'^2(t)+\omega'^2(t)}\mathrm{d}t.$$

例 10.2　计算 $\int_L x\mathrm{d}s$,其中 L 为抛物线 $y=x^2$ 上自点(0,0)至点(1,1)的一段弧(图 10.2).

解　点从(0,0)到(1,1),对应于 x 从 0 到 1,而 $y'=2x$. 因此

$$\int_L x\mathrm{d}s=\int_0^1 x\sqrt{1+(2x)^2}\mathrm{d}x=\frac{1}{12}(5\sqrt{5}-1).$$

例 10.3　计算半径为 R、中心角为 2α 的圆弧 L 关于它的对称轴的转动惯量 J(设线密度 $\mu=1$).

解　取坐标系如图 10.3 所示,则

$$I=\int_L y^2\mathrm{d}s.$$

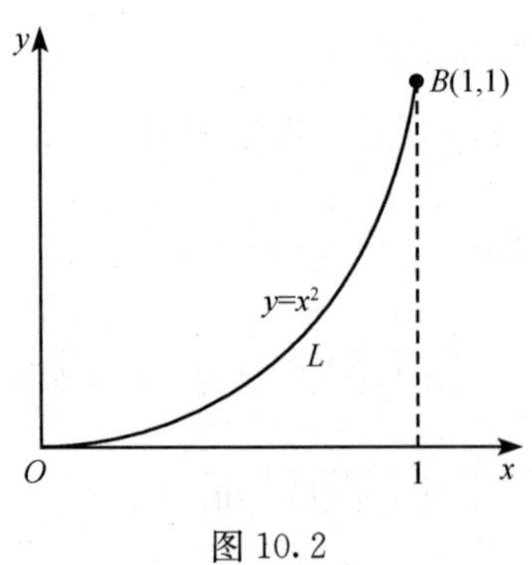

图 10.2

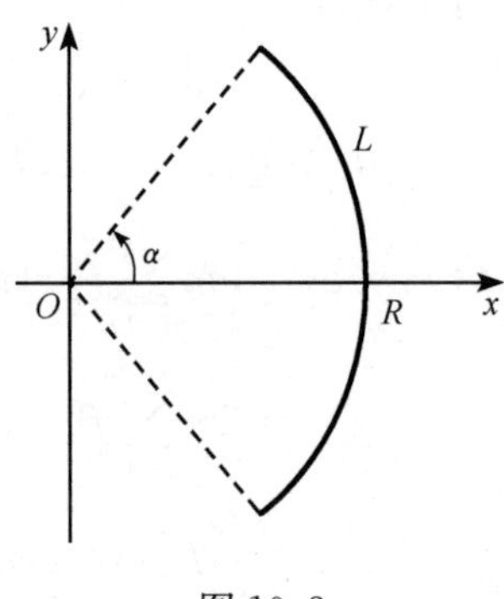

图 10.3

L 的参数方程为

$$x=R\cos\theta,\quad y=R\sin\theta,\quad -\alpha\leqslant\theta\leqslant\alpha.$$

于是

$$J=\int_L y^2\mathrm{d}s=\int_{-\alpha}^{\alpha}R^2\sin^2\theta\sqrt{(-R\sin\theta)^2+(R\cos\theta)^2}\mathrm{d}\theta$$

$$=R^3\int_{-\alpha}^{\alpha}\sin^2\theta\mathrm{d}\theta=R^3(\alpha-\sin\alpha\cos\alpha).$$

例 10.4 计算 $\int_L z\mathrm{d}s$,其中 L 为螺旋线

$$x=a\cos t,\quad y=a\sin t,\quad z=bt$$

在 $0\leqslant t\leqslant 2\pi$ 上的一段.

解 $x'(t)=-a\sin t,\quad y'(t)=a\cos t,\quad z'(t)=b,$

$$\sqrt{[x'(t)]^2+[y'(t)]^2+[z'(t)]^2}=\sqrt{a^2+b^2},$$

所以

$$\int_L z\mathrm{d}s=\int_0^{2\pi}bt\sqrt{a^2+b^2}\mathrm{d}t=2b\sqrt{a^2+b^2}\pi^2.$$

习 题 10.1

1. 设在 xOy 面内有一分布着质量的曲线弧 L,在点 (x,y) 处它的线密度为 $\mu(x,y)$. 用第一型曲线积分分别表达

(1) 这曲线弧对 x 轴、对 y 轴的转动惯量 J_x,J_y;

(2) 这曲线弧的质心坐标 $\bar{x},\bar{y}$.

2. 计算下列第一型曲线积分:

(1) $\oint_L(x^2+y^2)^n\mathrm{d}s$,其中 L 为圆周 $x=a\cos t,y=a\sin t\quad(0\leqslant t\leqslant 2\pi)$;

(2) $\oint_L(x+y)\mathrm{d}s$,其中 L 为连接 $(1,0)$ 及 $(0,1)$ 两点的直线段;

(3) $\oint_L x\mathrm{d}s$,其中 L 为由直线 $y=x$ 及抛物线 $y=x^2$ 所围成的区域的整个边界;

(4) $\oint_L \mathrm{e}^{\sqrt{x^2+y^2}}\mathrm{d}s$,其中 L 为圆周 $x^2+y^2=a^2$,直线 $y=x$ 及 x 轴在第一象限内所围成的扇形的整个边界;

(5) $\oint_\Gamma\frac{1}{x^2+y^2+z^2}\mathrm{d}s$,其中 Γ 为曲线 $x=\mathrm{e}^t\cos t,y=\mathrm{e}^t\sin t,z=\mathrm{e}^t$ 上相应于 t 从 0 变到 2 的这段弧;

(6) $\oint_\Gamma x^2yz\mathrm{d}s$,其中 Γ 为折线 $ABCD$,此处 A,B,C,D 依次为点 $(0,0,0),(0,0,2),(1,0,2),(1,3,2)$;

(7) $\oint_L y^2\mathrm{d}s$,其中 L 为摆线的一拱 $x=a(t-\sin t),y=a(1-\cos t)\quad(0\leqslant t\leqslant 2\pi)$;

(8) $\oint_L(x^2+y^2)\mathrm{d}s$,其中 L 为曲线

$$x = a(\cos t + t\sin t),\quad y = a(\sin t - t\cos t),\quad 0 \leqslant t \leqslant 2\pi;$$

(9) $\int_{\Gamma} z\mathrm{d}s$,其中 Γ 为曲线 $x = t\cos t, y = t\sin t, z = t \quad (0 \leqslant t \leqslant t_0)$;

(10) $\oint_L \sqrt{x^2 + y^2}\mathrm{d}s$,其中 L 为圆周 $x^2 + y^2 = ax$;

(11) $\int_L (x+y)\mathrm{d}s$,其中 L 为由(0,0),(1,0),(0,1)三点所连接的闭折线;

(12) $\int_L (x^2 + y^2 + z^2)\mathrm{d}s$,其中 L 为螺旋线

$$x = a\cos t,\quad y = a\sin t,\quad z = bt,\quad 0 \leqslant t \leqslant 2\pi;$$

(13) $\int_L y\mathrm{d}s$,其中 L 为抛物线 $y^2 = 4x$ 自点(0,0)到点(1,2)的一段;

(14) $\int_L (x^{\frac{4}{3}} + y^{\frac{4}{3}})\mathrm{d}s$,其中 L 为内摆线 $x^{\frac{2}{3}} + y^{\frac{2}{3}} = a^{\frac{2}{3}}$ 的弧;

(15) $\int_L x^2\mathrm{d}s$,其中 L 为圆周 $x^2 + y^2 + z^2 = a^2, x + y + z = 0$.

3. 求半径为 R 的半圆形金属丝(设线密度为常数 μ)对位于圆心的质点(设质量为 m_0)的引力 $\boldsymbol{F}$.

4. 求物质曲线 $x = at, y = \frac{a}{2}t^2, z = \frac{a}{3}t^3\ (0 \leqslant t \leqslant 1)$ 的质量,其线密度 $\rho = \sqrt{\frac{2y}{a}}$.

5. 求半径为 a,中心角为 2φ 的均匀圆弧(线密度 $\mu = 1$)的质心.

6. 设螺旋形弹簧一圈的方程为 $x = a\cos t, y = a\sin t, z = kt$,其中 $0 \leqslant t \leqslant 2\pi$,它的线密度 $\rho(x,y,z) = x^2 + y^2 + z^2$. 求

(1) 它关于 z 轴的转动惯量 J_z;

(2) 它的质心.

10.2　第二型曲线积分

10.2.1　第二型曲线积分的概念和基本性质

例 10.5　设一质点在变力 $\boldsymbol{F}(M)$ 的作用下,沿曲线 L 从点 A 运动到点 B. 求变力 $\boldsymbol{F}(M)$ 对质点所做的功 W.

解　我们知道,若质点在常力 $\boldsymbol{F}$ 作用下有一直线位移 $\Delta\boldsymbol{r}$,则力 $\boldsymbol{F}$ 对质点所做的功为

$$\boldsymbol{F} \cdot \Delta\boldsymbol{r} = |\boldsymbol{F}|\,|\Delta\boldsymbol{r}|\cos\langle\boldsymbol{F}, \Delta\boldsymbol{r}\rangle.$$

对于变力 $\boldsymbol{F}(M)$ 和曲线位移的情况,可用"分割—近似代替—求和—取极限"的办法来讨论.

用分点

$$A = A_0, A_1, \cdots, A_n = B$$

将曲线 L 任意分成 n 个小段,记小弧段 $\widehat{A_{i-1}A_i}$ 的长度为 Δs_i,并记向量 $\overrightarrow{A_{i-1}A_i} =$

$\Delta \boldsymbol{r}_i(i=1,2,\cdots,n)$(图 10.4). 当分割充分细密时，可近似认为在小弧段上质点做直线运动，变力 $\boldsymbol{F}$ 也近似看成常力，因此，力 $\boldsymbol{F}(M)$ 在小弧段 $\overset{\frown}{A_{i-1}A_i}$ 上所做的功 ΔW_i 可近似表示为

$$\Delta W_i \approx \boldsymbol{F}(M_i) \cdot \Delta \boldsymbol{r}_i, \quad i=1,2,\cdots,n,$$

其中 M_i 为 $\overset{\frown}{A_{i-1}A_i}$ 上任一点. 对 i 求和，得

$$W = \sum_{i=1}^{n} \Delta W_i \approx \sum_{i=1}^{n} \boldsymbol{F}(M_i) \cdot \Delta \boldsymbol{r}_i.$$

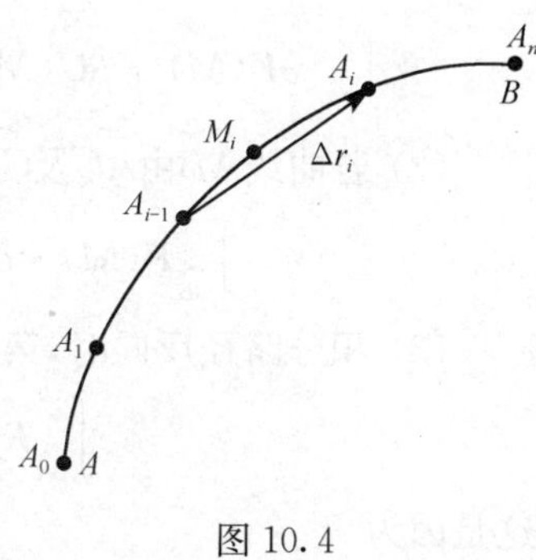

图 10.4

当分割无限细密，即 $\lambda = \max_i \{\Delta s_i\} \to 0$ 时，就得到

$$W = \lim_{\lambda \to 0} \sum_{i=1}^{n} \boldsymbol{F}(M_i) \cdot \Delta \boldsymbol{r}_i.$$

有很多实际问题都要求这种和式的极限，由此可以引进第二类曲线积分的定义.

定义 10.2 设 L 是一条从点 A 到点 B 的光滑曲线(或分段光滑曲线)，向量函数 $\boldsymbol{F}(M)$ 在 L 上有定义. 用分点

$$A = A_0, A_1, \cdots, A_n = B$$

将曲线 L 按照从 A 到 B 的方向任意分成 n 个小弧段，记弧段 $\overset{\frown}{A_{i-1}A_i}$ 的长度为 Δs_i，并记向量 $\overrightarrow{A_{i-1}A_i} = \Delta \boldsymbol{r}_i (i=1,2,\cdots,n)$. 在小弧段 $\overset{\frown}{A_{i-1}A_i}$ 上任取一点 M_i，作数量积

$$\boldsymbol{F}(M_i) \cdot \Delta \boldsymbol{r}_i, \quad i=1,2,\cdots,n.$$

对 i 求和，得 $\sum\limits_{i=1}^{n} \boldsymbol{F}(M_i) \cdot \Delta \boldsymbol{r}_i$. 令 $\lambda = \max\limits_i \{\Delta s_i\} \to 0$，若此和式的极限存在(它不依赖于曲线的分割及点 M_i 的取法)，则称此极限值为**向量函数 $\boldsymbol{F}(M)$ 沿曲线 L 从点 A 到点 B 的第二型曲线积分**，记作

$$\lim_{\lambda \to 0} \sum_{i=1}^{n} \boldsymbol{F}(M_i) \cdot \Delta \boldsymbol{r}_i = \int_{\overset{\frown}{AB}} \boldsymbol{F}(M) \cdot \mathrm{d}\boldsymbol{r}.$$

有向曲线 $\overset{\frown}{AB}$ 称为**积分路径**.

由定义知，变力 $\boldsymbol{F}(M)$ 沿曲线 L 从点 A 到点 B 对质点所做的功为

$$W = \int_{\overset{\frown}{AB}} \boldsymbol{F}(M) \cdot \mathrm{d}\boldsymbol{r}.$$

定理 10.2 若曲线 $\overset{\frown}{AB}$ 分段光滑，向量函数 $\boldsymbol{F}(x,y,z)$ 的各个分量函数 $P(x,y,z)$, $Q(x,y,z)$, $R(x,y,z)$ 在 $\overset{\frown}{AB}$ 上连续(或在 $\overset{\frown}{AB}$ 上只有有限个间断点，并且有界)，则 $F(x,y,z)$ 沿曲线 $\overset{\frown}{AB}$ 从点 A 到点 B 的第二型曲线积分存在.

第二型曲线积分有以下基本性质：

设有向曲线 $\overset{\frown}{AB}$ 分段光滑，向量函数 $\boldsymbol{F}(M)$, $\boldsymbol{G}(M)$ 的各分量函数在 $\overset{\frown}{AB}$ 上连续(或只有有限个间断点，并且有界)，则

(1) 设 α, β 为常数，有

$$\int_{\widehat{AB}}[\alpha \boldsymbol{F}(M)+\beta \boldsymbol{G}(M)]\cdot \mathrm{d}\boldsymbol{r}=\alpha\int_{\widehat{AB}}\boldsymbol{F}(M)\cdot \mathrm{d}\boldsymbol{r}+\beta\int_{\widehat{AB}}\boldsymbol{G}(M)\cdot \mathrm{d}\boldsymbol{r}.$$

(2) 若曲线$\widehat{AB}$由$\widehat{AC}$及$\widehat{CB}$组成,则

$$\int_{\widehat{AB}}\boldsymbol{F}(M)\cdot \mathrm{d}\boldsymbol{r}=\int_{\widehat{AC}}\boldsymbol{F}(M)\cdot \mathrm{d}\boldsymbol{r}+\int_{\widehat{CB}}\boldsymbol{F}(M)\cdot \mathrm{d}\boldsymbol{r}.$$

(3) 积分路径反向时,第二型曲线积分变号,即

$$\int_{\widehat{BA}}\boldsymbol{F}(M)\cdot \mathrm{d}\boldsymbol{r}=-\int_{\widehat{AB}}\boldsymbol{F}(M)\cdot \mathrm{d}\boldsymbol{r}.$$

这是因为

$$\begin{aligned}\int_{\widehat{BA}}\boldsymbol{F}(M)\cdot \mathrm{d}\boldsymbol{r}&=\lim_{\lambda\to 0}\sum_{i=1}^{n}\boldsymbol{F}(M_i)\cdot\overrightarrow{A_iA_{i-1}}\\&=\lim_{\lambda\to 0}\sum_{i=1}^{n}\boldsymbol{F}(M_i)\cdot(-\overrightarrow{A_{i-1}A_i})=-\int_{\widehat{AB}}\boldsymbol{F}(M)\cdot \mathrm{d}\boldsymbol{r}.\end{aligned}$$

其中表达式$\int_{\widehat{AB}}\boldsymbol{F}(M)\cdot \mathrm{d}\boldsymbol{r}$也称为**第二型曲线积分的向量形式**,它表达简明,物理意义清楚.但是,这种形式不便于计算.为了计算第二型曲线积分,下面给出它的坐标形式.

设向量函数 $\boldsymbol{F}(M)$在空间直角坐标系中的分量表达式为

$$\boldsymbol{F}(x,y,z)=\{P(x,y,z),Q(x,y,z),R(x,y,z)\},$$

并假设点 A_{i-1},A_i,M_i 的坐标分别为

$$A_{i-1}(x_{i-1},y_{i-1},z_{i-1}),\quad A_i(x_i,y_i,z_i),\quad M_i(\xi_i,\eta_i,\zeta_i),$$

于是

$$\Delta\boldsymbol{r}_i=\overrightarrow{A_{i-1}A_i}=\{x_i-x_{i-1},y_i-y_{i-1},z_i-z_{i-1}\}=\{\Delta x_i,\Delta y_i,\Delta z_i\},$$

积分和为

$$\sum_{i=1}^{n}\boldsymbol{F}(M_i)\cdot\Delta\boldsymbol{r}_i=\sum_{i=1}^{n}[P(\xi_i,\eta_i,\zeta_i)\Delta x_i+Q(\xi_i,\eta_i,\zeta_i)\Delta y_i+R(\xi_i,\eta_i,\zeta_i)\Delta z_i],$$

当 $\lambda\to 0$ 时,把上式右端的极限记作

$$\int_{\widehat{AB}}P(x,y,z)\mathrm{d}x+Q(x,y,z)\mathrm{d}y+R(x,y,z)\mathrm{d}z,$$

于是得到

$$\int_{\widehat{AB}}\boldsymbol{F}(x,y,z)\cdot \mathrm{d}\boldsymbol{r}=\int_{\widehat{AB}}P(x,y,z)\mathrm{d}x+Q(x,y,z)\mathrm{d}y+R(x,y,z)\mathrm{d}z.$$

10.2.2　第二型曲线积分的计算

定理 10.3　设

(1) 光滑曲线$\widehat{AB}$的参数方程为

$$x=x(t),\quad y=y(t),\quad z=z(t),\quad \alpha\leqslant t\leqslant\beta \text{或} \beta\leqslant t\leqslant\alpha;$$

(2) 当参数 t 单调地从 α 变到 β 时，点 $M(x,y,z)$ 从点 A 沿曲线 $\overset{\frown}{AB}$ 变到点 B；

(3) 函数 $P(x,y,z)$，$Q(x,y,z)$，$R(x,y,z)$ 在 $\overset{\frown}{AB}$ 上连续，

则第二型曲线积分 $\int_{\overset{\frown}{AB}} P\mathrm{d}x+Q\mathrm{d}y+R\mathrm{d}z$ 存在，且有如下计算公式：

$$\int_{\overset{\frown}{AB}} P\mathrm{d}x+Q\mathrm{d}y+R\mathrm{d}z$$

$$=\int_{\alpha}^{\beta}\{P[x(t),y(t),z(t)]x'(t)+Q[x(t),y(t),z(t)]y'(t)+R[x(t),y(t),z(t)]z'(t)\}\mathrm{d}t.$$

证 为确定起见，假设 $\alpha<\beta$. 并设区间 $[\alpha,\beta]$ 的任一分割为

$$\alpha=t_0<t_1<t_2<\cdots<t_n=\beta,$$

参数 t_i 对应于曲线 $\overset{\frown}{AB}$ 上的分点 $A_i(x_i,y_i,z_i)(i=1,2,\cdots,n)$. 令 $\mu=\max\limits_i\{\Delta t_i\}$，$\lambda=\max\limits_i\{\Delta s_i\}$，其中 Δs_i 为 $\overset{\frown}{A_{i-1}A_i}$ 的弧长. 当 $\mu\to 0$ 时，有 $\lambda\to 0$. 由微分中值定理得

$$\Delta x_i=x_i-x_{i-1}=x(t_i)-x(t_{i-1})=x'(\tau_i)\Delta t_i,\quad \tau_i\in(t_{i-1},t_i).$$

设参数 τ_i 对应于 $\overset{\frown}{AB}$ 上的点 M_i，显然，$M_i\in\overset{\frown}{A_{i-1}A_i}(i=1,2,\cdots,n)$. 所以

$$\int_{\alpha}^{\beta}P[x(t),y(t),z(t)]x'(t)\mathrm{d}t$$

$$=\lim_{\lambda\to 0}\sum_{i=1}^{n}P[x(\tau_i),y(\tau_i),z(\tau_i)]x'(\tau_i)\Delta t_i$$

$$=\lim_{\lambda\to 0}\sum_{i=1}^{n}P(M_i)\Delta x_i=\int_{\overset{\frown}{AB}}P(x,y,z)\mathrm{d}x.$$

同理可证

$$\int_{\alpha}^{\beta}Q[x(t),y(t),z(t)]y'(t)\mathrm{d}t=\int_{\overset{\frown}{AB}}Q(x,y,z)\mathrm{d}y,$$

$$\int_{\alpha}^{\beta}R[x(t),y(t),z(t)]z'(t)\mathrm{d}t=\int_{\overset{\frown}{AB}}R(x,y,z)\mathrm{d}z.$$

此三式相加即得定理结果.

例 10.6 设 $\boldsymbol{F}=\{y/3,-x,x+y+z\}$. 求 $\int_L\boldsymbol{F}\cdot\mathrm{d}\boldsymbol{r}$，其中 L 为从点 $A(1,0,0)$ 到点 $B(3,3,4)$ 的直线(图 10.5).

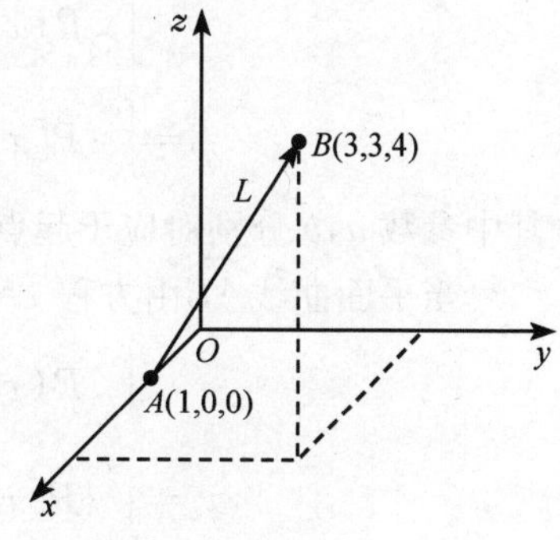

图 10.5

解 易得直线的参数方程为

$$\begin{cases}x=1+2t,\\ y=3t, & 0\leqslant t\leqslant 1.\\ z=4t\end{cases}$$

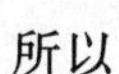
所以

$$\begin{aligned}\int_L \boldsymbol{F}\cdot d\boldsymbol{r}&=\int_{AB}\frac{y}{3}dx-xdy+(x+y+z)dz\\&=\int_0^1\left[\frac{3t}{3}\times 2-(1+2t)\times 3+(1+2t+3t+4t)\times 4\right]dt\\&=\int_0^1(1+32t)dt=17.\end{aligned}$$

例 10.7　计算曲线积分 $I=\oint_L xydx+yzdy+zxdz$，其中 L 为圆柱面 $x^2+y^2=1$ 与平面 $x+y+z=1$ 的交线，方向规定如下：沿平面的法向量$\{1,1,1\}$往原点看时，L 为逆时针方向.

解　可设 L 的参数方程为

$$\begin{cases}x=\cos t,\\y=\sin t,\\z=1-\cos t-\sin t,\end{cases}\qquad 0\leqslant t\leqslant 2\pi,$$

所以

$$\begin{aligned}I=&\int_0^{2\pi}[\cos t\cdot\sin t\cdot(-\sin t)+\sin t\cdot(1-\cos t-\sin t)\cdot\cos t\\&+(1-\cos t-\sin t)\cdot\cos t\cdot(\sin t-\cos t)]dt\\=&-\pi.\end{aligned}$$

下面讨论平面曲线积分的计算.

当$\widehat{AB}$为平面曲线，其参数方程为 $x=x(t),y=y(t)$时，有相应的计算公式

$$\begin{aligned}&\int_{\widehat{AB}}P(x,y)dx+Q(x,y)dy\\=&\int_\alpha^\beta\{P[x(t),y(t)]x'(t)+Q[x(t),y(t)]y'(t)\}dt,\end{aligned}$$

其中参数 α,β 分别对应于起点 A 及终点 B.

当平面曲线$\widehat{AB}$由方程 $y=y(x)$给出时，有相应的计算公式

$$\begin{aligned}&\int_{\widehat{AB}}P(x,y)dx+Q(x,y)dy\\=&\int_a^b\{P[x,y(x)]+Q[x,y(x)]y'(x)\}dx,\end{aligned}$$

其中参数 a,b 分别对应于起点 A 及终点 B，此处选 x 作参数.

当平面曲线$\widehat{AB}$由方程 $x=x(y)$给出时，有相应的计算公式

$$\begin{aligned}&\int_{\widehat{AB}}P(x,y)dx+Q(x,y)dy\\=&\int_c^d\{P[x(y),y]x'(y)+Q[x(y),y]\}dy,\end{aligned}$$

其中参数 c,d 分别对应于起点 A 及终点 B，此处选 y 作参数.

例 10.8 计算曲线积分 $I_L=\int_L (x^2+y^2)\mathrm{d}x+(x^2-y^2)\mathrm{d}y$,其中,路径 L 分别为下列两种情形:(1)圆弧$\overset{\frown}{AB}$(半径为 1),(2)折线 ACB(图 10.6).

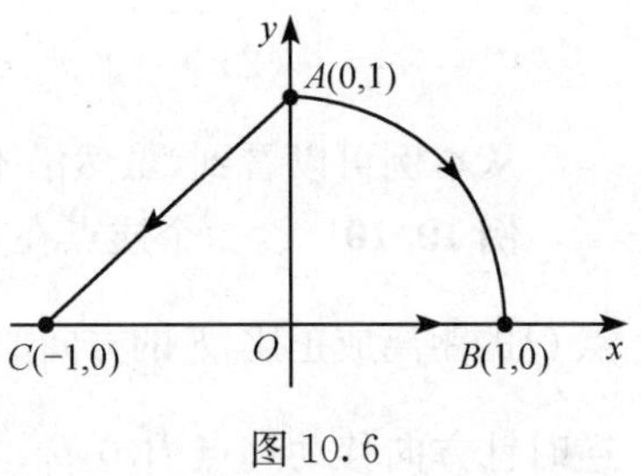

图 10.6

解 (1) 圆弧的参数方程取为

$$x=\cos t,\quad y=\sin t,\quad t\in\left[0,\frac{\pi}{2}\right],$$

则

$$I_{\overset{\frown}{AB}}=\int_{\pi/2}^{0}[(\cos^2 t+\sin^2 t)(-\sin t)+(\cos^2 t-\sin^2 t)\cos t]\mathrm{d}t$$
$$=\frac{2}{3}.$$

(2) $I_{ACB}=I_{AC}+I_{CB}$. 直线 AC 的方程为 $y=x+1$,有 $y'=1$,所以

$$I_{AC}=\int_0^{-1}\{x^2+(x+1)^2+[x^2-(x+1)^2]\cdot 1\}\mathrm{d}x=-\frac{2}{3}.$$

直线 CB 的方程为 $y=0$,有 $\mathrm{d}y=0$,所以

$$I_{CB}=\int_{-1}^{1}x^2\mathrm{d}x=\frac{2}{3}.$$

因此

$$I_{ACB}=-\frac{2}{3}+\frac{2}{3}=0.$$

从本例可以看到,曲线积分的值不但与积分路径的起点及终点有关,而且与路径本身有关.

例 10.9 计算 $\int_L 2xy\mathrm{d}x+x^2\mathrm{d}y$,其中 L 分别为

(1) 抛物线 $y=x^2$ 上从 $O(0,0)$ 到 $B(1,1)$ 的一段弧;

(2) 抛物线 $x=y^2$ 上从 $O(0,0)$ 到 $B(1,1)$ 的一段弧;

(3) 有向折线 OAB,其中 O,A,B 依次为点(0,0),(1,0),(1,1)(图 10.7).

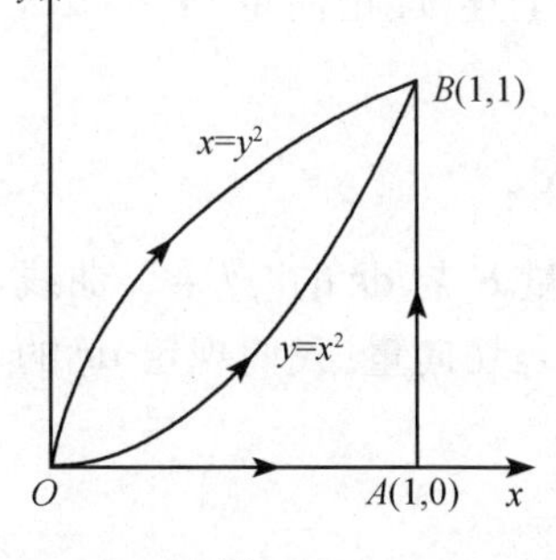

图 10.7

解 (1) 这种情形可以化为对 x 的定积分.

$$\int_L 2xy\mathrm{d}x+x^2\mathrm{d}y=\int_0^1(2x\cdot x^2+x^2\cdot 2x)\mathrm{d}x=1.$$

(2) 这种情形可以化为对 y 的定积分.

$$\int_L 2xy\mathrm{d}x+x^2\mathrm{d}y=\int_0^1(2y^2\cdot y\cdot 2y+y^4)\mathrm{d}y=1.$$

(3)

$$\int_L 2xy\mathrm{d}x+x^2\mathrm{d}y=\int_{OA}2xy\mathrm{d}x+x^2\mathrm{d}y+\int_{AB}2xy\mathrm{d}x+x^2\mathrm{d}y$$

$$=\int_0^1(2x\cdot 0+x^2\cdot 0)\mathrm{d}x+\int_0^1(2y\cdot 0+1)\mathrm{d}y=0+1=1.$$

从本例可以看到，虽然沿不同路径，曲线积分的值可以相等.

例 10.10 设一个质点在点 $M(x,y)$ 处受到力 $\boldsymbol{F}$ 的作用，$\boldsymbol{F}$ 的大小与点 M 到原点 O 的距离成正比，$\boldsymbol{F}$ 的方向恒指向原点. 此质点由点 $A(a,0)$ 沿椭圆 $\frac{x^2}{a^2}+\frac{y^2}{b^2}=1$ 按逆时针方向移动到点 $B(0,b)$. 求力 $\boldsymbol{F}$ 所做的功 W.

解 $\overrightarrow{OM}=x\boldsymbol{i}+y\boldsymbol{j}$，$|\overrightarrow{OM}|=\sqrt{x^2+y^2}$.

由假设有 $\boldsymbol{F}=-k(x\boldsymbol{i}+y\boldsymbol{j})$，其中 $k>0$ 为比例常数. 于是

$$W=\int_{\widehat{AB}}\boldsymbol{F}\cdot\mathrm{d}\boldsymbol{r}=\int_{\widehat{AB}}(-kx\mathrm{d}x-ky\mathrm{d}y)=-k\int_{\widehat{AB}}x\mathrm{d}x+y\mathrm{d}y.$$

利用椭圆的参数方程 $\begin{cases}x=a\cos t,\\ y=b\sin t,\end{cases}$ 得

$$W=-k\int_0^{\frac{\pi}{2}}(-a^2\cos t\sin t+b^2\sin t\cos t)\mathrm{d}t=\frac{k}{2}(a^2-b^2).$$

10.2.3 两类曲线积分之间的联系

所讨论的两种类型的曲线积分有着本质的区别：第一型曲线积分 $\int_L f(M)\mathrm{d}s$ 是数量函数 $f(M)$ 对弧长 s 的积分；第二型曲线积分 $\int_L P\mathrm{d}x+Q\mathrm{d}y+R\mathrm{d}z$ 则是向量函数 $\boldsymbol{F}=\{P,Q,R\}$ 的各分量函数对坐标的积分之和. 前一种与积分路径的方向无关，在化为定积分时，下限总是小于上限；后一种却与积分路径的方向有关（方向相反时，积分值变号），在化为定积分时，下限未必小于上限. 不过，两类曲线积分并不是彼此孤立的，它们有着密切的联系，在一定条件下可以互相转化.

设向量函数 $\boldsymbol{F}=\{P,Q,R\}$ 在有向光滑曲线 $L=\widehat{AB}$ 上连续. 记向量 $\mathrm{d}\boldsymbol{r}=\{\mathrm{d}x,\mathrm{d}y,\mathrm{d}z\}$，则由关系式

$$\int_{\widehat{AB}}\boldsymbol{F}\cdot\mathrm{d}\boldsymbol{r}=\int_{\widehat{AB}}P\mathrm{d}x+Q\mathrm{d}y+R\mathrm{d}z$$

看出，可以把上式左端积分的被积表达式 $\boldsymbol{F}\cdot\mathrm{d}\boldsymbol{r}$ 看成向量 $\boldsymbol{F}$ 与 $\mathrm{d}\boldsymbol{r}$ 的“点乘”. 曲线 $L=\widehat{AB}$ 的切向量为 $\{x',y',z'\}$，从而 $\mathrm{d}\boldsymbol{r}=\{\mathrm{d}x,\mathrm{d}y,\mathrm{d}z\}$ 也是切向量. 我们规定 $\mathrm{d}\boldsymbol{r}$ 的方向与积分路径的方向一致. 由于

$$|\mathrm{d}\boldsymbol{r}|=\sqrt{(\mathrm{d}x)^2+(\mathrm{d}y)^2+(\mathrm{d}z)^2}=\mathrm{d}s,$$

因此，若记 $\boldsymbol{T}_0$ 为 L 的单位切向量，则

$$\mathrm{d}\boldsymbol{r}=|\mathrm{d}\boldsymbol{r}|\boldsymbol{T}_0=\boldsymbol{T}_0\mathrm{d}s.$$

记 $\mathrm{d}\boldsymbol{r}$ 的方向余弦为 $\cos\alpha,\cos\beta,\cos\gamma$，则 $\boldsymbol{T}_0=\{\cos\alpha,\cos\beta,\cos\gamma\}$，从而第二型曲线积

分化为

$$\begin{aligned}\int_{\widehat{AB}}\boldsymbol{F}\cdot \mathrm{d}\boldsymbol{r}&=\int_{\widehat{AB}}\boldsymbol{F}\cdot \boldsymbol{T}_0\mathrm{d}s\\&=\int_{\widehat{AB}}\{P,Q,R\}\cdot\{\cos\alpha,\cos\beta,\cos\gamma\}\mathrm{d}s\\&=\int_{\widehat{AB}}(P\cos\alpha+Q\cos\beta+R\cos\gamma)\mathrm{d}s,\end{aligned}$$

即

$$\int_{\widehat{AB}}P\mathrm{d}x+Q\mathrm{d}y+R\mathrm{d}z=\int_{\widehat{AB}}(P\cos\alpha+Q\cos\beta+R\cos\gamma)\mathrm{d}s.$$

当第二型曲线积分的路径$\widehat{AB}$改变方向时，方向余弦也变号，此时上式仍然成立，因此上式就是两类曲线积分的转化公式.

由 $\boldsymbol{T}_0=\dfrac{\mathrm{d}\boldsymbol{r}}{|\mathrm{d}\boldsymbol{r}|}=\left\{\dfrac{\mathrm{d}x}{\mathrm{d}s},\dfrac{\mathrm{d}y}{\mathrm{d}s},\dfrac{\mathrm{d}z}{\mathrm{d}s}\right\}=\{\cos\alpha,\cos\beta,\cos\gamma\}$知

$$\mathrm{d}x=\mathrm{d}s\cos\alpha,\quad \mathrm{d}y=\mathrm{d}s\cos\beta,\quad \mathrm{d}z=\mathrm{d}s\cos\gamma.$$

习 题 10.2

1. 设 L 为 xOy 面内直线 $x=a$ 上的一段. 证明：

$$\int_L P(x,y)\mathrm{d}x=0.$$

2. 设 L 为 xOy 面内 x 轴上从点$(a,0)$到点$(b,0)$的一段直线. 证明：

$$\int_L P(x,y)\mathrm{d}x=\int_a^b P(x,0)\mathrm{d}x.$$

3. 计算下列第二型曲线积分：

(1) $\int_L (x^2-y^2)\mathrm{d}x$，其中 L 为抛物线 $y=x^2$ 上从点$(0,0)$到点$(2,4)$的一段弧；

(2) $\int_L xy\mathrm{d}x$，其中 L 为圆周$(x-a)^2+y^2=a^2(a>0)$及 x 轴所围成的在第一象限内的区域的整个边界(按逆时针方向绕行)；

(3) $\int_L y\mathrm{d}x+x\mathrm{d}y$，其中 L 为圆周 $x=R\cos t, y=R\sin t$ 上对应 t 从 0 到$\dfrac{\pi}{2}$的一段弧；

(4) $\int_L \dfrac{(x+y)\mathrm{d}x-(x-y)\mathrm{d}y}{x^2+y^2}$，其中 L 为圆周 $x^2+y^2=a^2$(按逆时针方向绕行)；

(5) $\int_\Gamma x^2\mathrm{d}x+z\mathrm{d}y-y\mathrm{d}z$，其中 Γ 为曲线 $x=k\theta, y=a\cos\theta, z=a\sin\theta$ 上对应 θ 从 0 到 π 的一段弧；

(6) $\int_\Gamma x\mathrm{d}x+y\mathrm{d}y+(x+y-1)\mathrm{d}z$，其中 Γ 为从点$(1,1,1)$到点$(2,3,4)$的一段直线；

(7) $\int_\Gamma \mathrm{d}x-\mathrm{d}y+y\mathrm{d}z$，其中 Γ 为有向闭折线 $ABCA$，此处 A,B,C 依次为点$(1,0,0)$，$(0,1,0)$，$(0,0,1)$；

(8) $\int_L (x^2-2xy)\mathrm{d}x+(y^2-2xy)\mathrm{d}y$,其中 L 为抛物线 $y=x^2$ 上从点(−1,1)到点(1,1)的一段弧;

(9) $\int_L \boldsymbol{F}\cdot\mathrm{d}\boldsymbol{r}$,其中 $\boldsymbol{F}=\{x+y,x-y\}$,$L$ 为 $\frac{x^2}{a^2}+\frac{y^2}{b^2}=1$ 沿逆时针一周;

(10) $\int_L \boldsymbol{F}\cdot\mathrm{d}\boldsymbol{r}$,其中 $\boldsymbol{F}=\{x\mathrm{e}^y,y\}$,$L$ 为如图 10.8 由点(0,0)到点(1,1)的四条不同的路径;

(11) $\int_L \cos y\mathrm{d}x+\cos x\mathrm{d}y$,其中 L 为如图 10.9 的三角形;

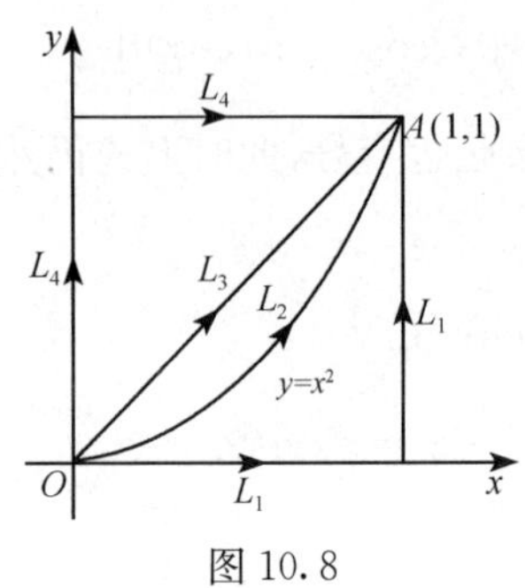

图 10.8

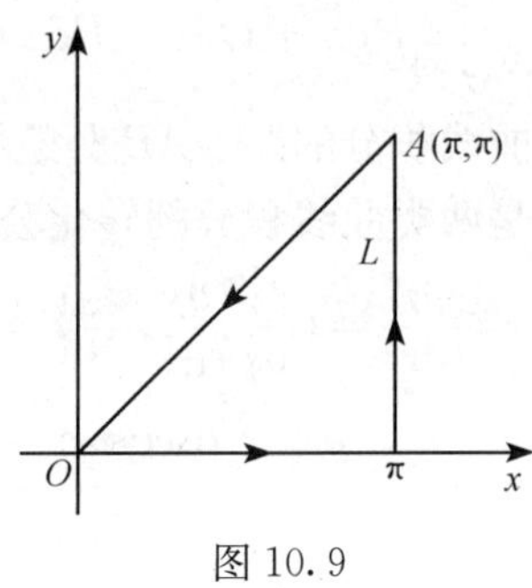

图 10.9

(12) $\oint_\Gamma xyz\mathrm{d}z$,其中 Γ 为用平面 $y=z$ 截球面 $x^2+y^2+z^2=1$ 所得的截痕,从 z 轴的正向看去,沿逆时针方向;

(13) $\int_\Gamma (y^2-z^2)\mathrm{d}x+2yz\mathrm{d}y-x^2\mathrm{d}z$,其中 Γ 为曲线 $x=t,y=t^2,z=t^3$ 上由 $t_1=0$ 到 $t_2=1$ 的一段弧;

4. 计算 $\int_L xy\mathrm{d}x+(y-x)\mathrm{d}y$,其中 L 为由点(0,0)到点(1,1)的下列四条不同路径:

(1) 直线 L_1　$y=x$;

(2) 抛物线 L_2　$y=x^2$;

(3) 抛物线 L_3　$x=y^2$;

(4) 立方抛物线 L_4　$y=x^3$.

5. 计算 $\int_L (x-y^2)\mathrm{d}x+2xy\mathrm{d}y$,其中 L 分别为下列两种情形:

(1) 连接 $O(0,0)$,$A(1,1)$的直线段;

(2) 连接 $O(0,0)$,$B(0,1)$,$A(1,1)$的折线段.

6. 计算 $\int_L (y^2+2xy)\mathrm{d}x+(2xy+x^2)\mathrm{d}y$,其中 L 分别为下列两种情形:

(1) 连接 $O(0,0)$,$A(1,1)$的直线段;

(2) 连接 $O(0,0)$,$B(0,1)$,$A(1,1)$的折线段.

7. 计算 $\oint_{ABCDA}\frac{\mathrm{d}x+\mathrm{d}y}{|x|+|y|}$,其中 $ABCDA$ 为以 $A(1,0)$,$B(0,1)$,$C(-1,0)$,$D(0,-1)$为顶点的正方形闭路.

8. 计算$\int_L \frac{x^2\mathrm{d}y-y^2\mathrm{d}x}{x^{5/3}+y^{5/3}}$,其中$L$为星形线$x=a\cos^3 t$,$y=a\sin^3 t$在第一象限中自点$A(a,0)$到$B(0,a)$的一段.

9. 计算$\int_L (y^2-z^2)\mathrm{d}x+2yz\mathrm{d}y-x^2\mathrm{d}z$,其中$L$为依参数$t$增加方向进行的曲线:$x=t$,$y=t^2$,$z=t^3(0\leqslant t\leqslant 1)$.

10. 计算$\int_L y^2\mathrm{d}x+xy\mathrm{d}y+xz\mathrm{d}z$,其中,$L$分别为下列两种情形:(1) 自$O(0,0,0)$到$A(1,1,1)$的直线段;(2)由$O(0,0,0)$,$B(1,0,0)$,$C(1,1,0)$直到$A(1,1,1)$的折线段.

11. 计算$\int_L (y^2-z^2)\mathrm{d}x+(z^2-x^2)\mathrm{d}y+(x^2-y^2)\mathrm{d}z$,其中$L$为球面$x^2+y^2+z^2=1$在第一卦限部分的边界线由点$A(1,0,0)$至$B(0,1,0)$再至$C(0,0,1)$的一段.

12. 弹性力$\boldsymbol{F}$的方向向着坐标原点,力的大小与质点到坐标原点的距离成正比.设质点在力$\boldsymbol{F}$作用下沿椭圆$\frac{x^2}{a^2}+\frac{y^2}{b^2}=1$依逆时针方向运动一周,求弹性力$\boldsymbol{F}$做的功.

13. 计算$\int_L \boldsymbol{F}\cdot\mathrm{d}\boldsymbol{r}$,其中$\boldsymbol{F}=\{y-z,z-x,x-y\}$,$L$为圆周

$$\begin{cases}x^2+y^2+z^2=a^2,\\ y=x\tan\beta\end{cases}\quad 0<\beta<\frac{\pi}{2},$$

其方向为从x轴正向看去,这圆周是沿逆时针方向进行的.

14. 设$P(x,y)$,$Q(x,y)$在光滑曲线L上连续.试证下面的估计式:

$$\left|\int_L P\mathrm{d}x+Q\mathrm{d}y\right|\leqslant lM,$$

其中l为积分路径L的长度,$M=\max\limits_L\sqrt{P^2+Q^2}$.

15. 计算$\int_L (x+y)\mathrm{d}x+(y-x)\mathrm{d}y$,其中$L$分别为

(1) 抛物线$y^2=x$上从点$(1,1)$到点$(4,2)$的一段弧;

(2) 从点$(1,1)$到点$(4,2)$的直线段;

(3) 先沿直线从点$(1,1)$到点$(1,2)$,然后再沿直线到点$(4,2)$的折线;

(4) 曲线$x=2t^2+t+1$,$y=t^2+1$上从点$(1,1)$到点$(4,2)$的一段弧.

16. 一力场由沿横轴正方向的恒力F所构成.试求当一质量为m的质点沿圆周$x^2+y^2=R^2$按逆时针方向移过位于第一象限的那一段弧时场力所做的功.

17. 设z轴与重力的方向一致,求质量为m的质点从位置(x_1,y_1,z_1)沿直线移到(x_2,y_2,z_2)时重力所做的功.

18. 把对坐标的曲线积分$\int_L P(x,y)\mathrm{d}x+Q(x,y)\mathrm{d}y$化成对弧长的曲线积分,其中$L$为

(1) 在xOy面内沿直线从点$(0,0)$到点$(1,1)$;

(2) 沿抛物线$y=x^2$从点$(0,0)$到点$(1,1)$;

(3) 沿上半圆周$x^2+y^2=2x$从点$(0,0)$到点$(1,1)$.

19. 设Γ为曲线$x=t$,$y=t^2$,$z=t^3$上相应于t从0变到1的曲线弧.把对坐标的曲线积分

$\int_{\Gamma} P\mathrm{d}x+Q\mathrm{d}y+R\mathrm{d}z$ 化成对弧长的曲线积分.

10.3　格林公式及其应用

10.3.1　格林公式

平面闭曲线上的第二型曲线积分与闭曲线所围平面区域上的二重积分之间有着密切的联系，在一定的条件下，它们可以互相转化. 揭示这种联系的公式称为**格林公式**.

若区域 D 内的任何闭曲线所围的区域全部在 D 内，则称 D 为**单连通区域**(图 10.10). 不符合这个条件的区域称为**复(多)连通区域**(图 10.11).

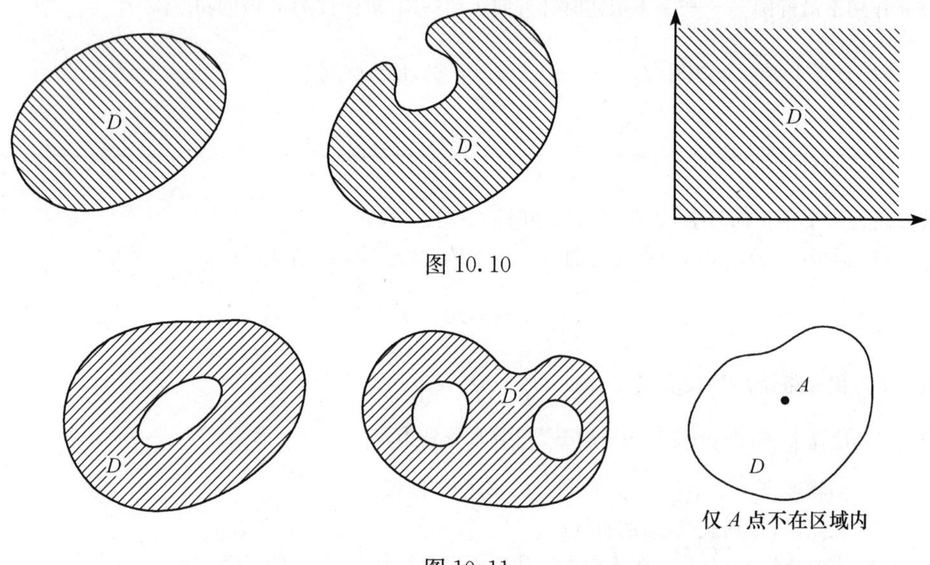

图 10.10

图 10.11

设有界闭区域 D 由一条或几条曲线围成，这些曲线构成 D **的边界**. 边界的正向是这样规定的：沿着这个方向前进时，区域 D 永远在其左边. 实际上也就是外边界的正向是逆时针方向，而内边界的正向是顺时针方向.

定理 10.4(格林公式)　若 D 为有界闭区域(单连通或复连通)，其边界 L 是分段光滑曲线，函数 $P(x,y)$，$Q(x,y)$ 在 D 上有连续的一阶偏导数，则有格林公式

$$\oint_{L^+} P\mathrm{d}x+Q\mathrm{d}y=\iint_D\left(\frac{\partial Q}{\partial x}-\frac{\partial P}{\partial y}\right)\mathrm{d}x\mathrm{d}y,$$

其中 L^+ 表示沿边界 L 的正方向.

证　先证明

$$\oint_{L^+} P\mathrm{d}x = -\iint_D \frac{\partial P}{\partial y}\mathrm{d}x\mathrm{d}y.$$

假定区域 D 的边界由曲线

$$y = y_1(x), \quad y = y_2(x)$$

及直线 $x=a, x=b$ 围成，其中 $y_1(x) \leqslant y_2(x)(a\leqslant x\leqslant b)$(图 10.12).

曲线积分

$$\oint_{L^+} P\mathrm{d}x = \int_{AA'} P\mathrm{d}x + \int_{\widehat{A'B'}} P\mathrm{d}x + \int_{B'B} P\mathrm{d}x + \int_{\widehat{BA}} P\mathrm{d}x,$$

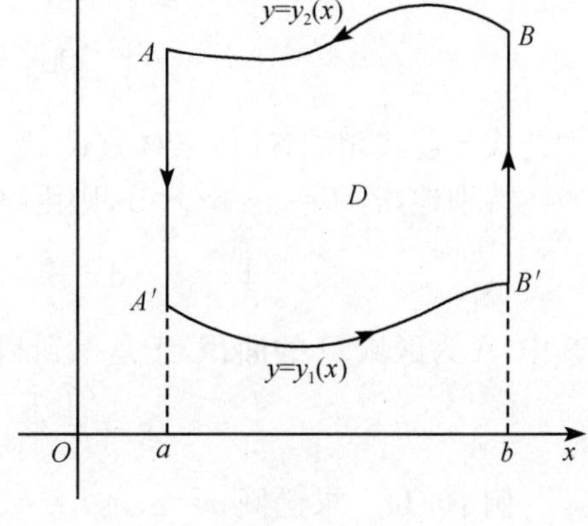

图 10.12

注意到在线段 AA' 上，$x\equiv a$，在线段 $B'B$ 上，$x\equiv b$，因此都有 $\mathrm{d}x=0$，于是根据曲线积分的计算公式得到

$$\begin{aligned}\oint_{L^+} P\mathrm{d}x &= \int_{\widehat{A'B'}} P\mathrm{d}x + \int_{\widehat{BA}} P\mathrm{d}x \\ &= \int_a^b P[x, y_1(x)]\mathrm{d}x + \int_b^a P[x, y_2(x)]\mathrm{d}x \\ &= \int_a^b P[x, y_1(x)]\mathrm{d}x - \int_a^b P[x, y_2(x)]\mathrm{d}x.\end{aligned}$$

由二重积分的计算公式得

$$\begin{aligned}\iint_D \frac{\partial P}{\partial y}\mathrm{d}x\mathrm{d}y &= \int_a^b \mathrm{d}x\int_{y_1(x)}^{y_2(x)} \frac{\partial P}{\partial y}\mathrm{d}y = \int_a^b P(x,y)\Big|_{y=y_1(x)}^{y=y_2(x)}\mathrm{d}x \\ &= \int_a^b P[x, y_2(x)]\mathrm{d}x - \int_a^b P[x, y_1(x)]\mathrm{d}x.\end{aligned}$$

所以，定理在这种情形下成立.

若区域 D 的边界不是上述情形，则可做一些辅助线把 D 分为若干个那样的区域(图 10.13). 在每一个小区域上，格林公式成立. 再把这些式子相加，注意到在辅助线上的曲线积分要来回各一次，正好互相抵消，因此格林公式成立.

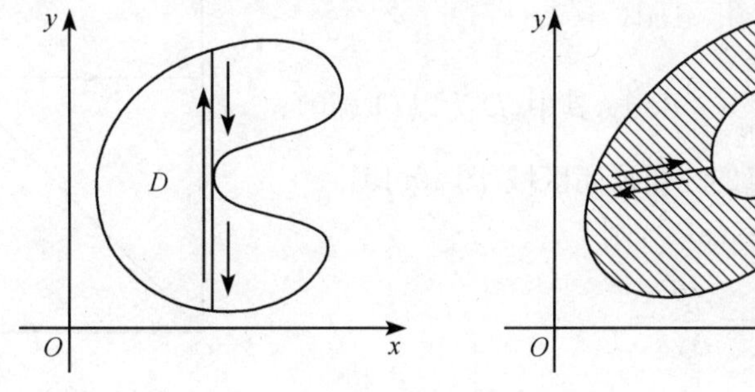

图 10.13

用同样的方法可以证明

$$\oint_{L^+} Q\mathrm{d}y = \iint_D \frac{\partial Q}{\partial x}\mathrm{d}x\mathrm{d}y.$$

把此式与前式相加,即得格林公式.

特别地,若 $P=-y,Q=x$,则由格林公式得

$$\oint_{L^+}(-y\mathrm{d}x + x\mathrm{d}y) = \iint_D 2\mathrm{d}x\mathrm{d}y = 2A,$$

其中,A 为区域 D 的面积. 于是得到利用曲线积分计算平面区域面积的公式

$$A = \frac{1}{2}\oint_{L^+}(-y\mathrm{d}x + x\mathrm{d}y).$$

例 10.11　求椭圆 $x=a\cos\theta, y=b\sin\theta$ 所围成图形的面积 A.

解　$A=\dfrac{1}{2}\oint_L x\mathrm{d}y - y\mathrm{d}x = \dfrac{1}{2}\int_0^{2\pi}(ab\cos^2\theta + ab\sin^2\theta)\mathrm{d}\theta = \pi ab.$

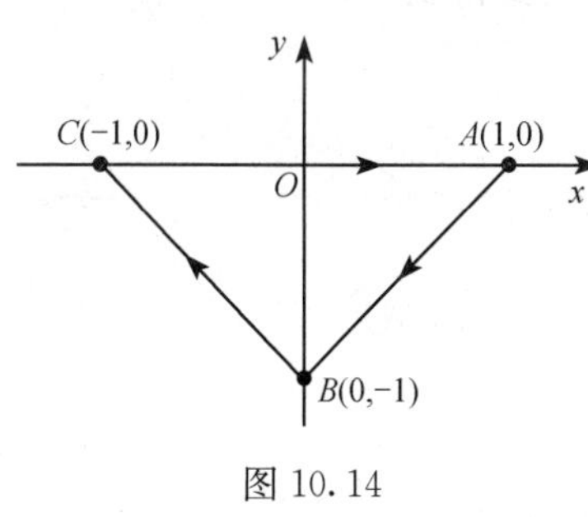

图 10.14

例 10.12　计算曲线积分 $I=\oint_L (3x^2 + 4y)\mathrm{d}x - (x^2 - y^2)\mathrm{d}y$,其中 L 为以 $A(1,0)$, $B(0,-1)$, $C(-1,0)$ 为顶点的三角形,沿顺时针方向(图 10.14).

解　已知 $P=3x^2+4y, Q=-x^2+y^2$, $\dfrac{\partial Q}{\partial x} - \dfrac{\partial P}{\partial y} = -2(x+2)$,所以

$$-I = \iint_D \left(\frac{\partial Q}{\partial x} - \frac{\partial P}{\partial y}\right)\mathrm{d}x\mathrm{d}y,$$

即

$$I = -\iint_D -2(x+2)\mathrm{d}x\mathrm{d}y = 2\iint_D (x+2)\mathrm{d}x\mathrm{d}y.$$

由对称性和面积的积分表示

$$I = 4\iint_D \mathrm{d}x\mathrm{d}y = 4.$$

例 10.13　计算 $\iint_D \mathrm{e}^{-y^2}\mathrm{d}x\mathrm{d}y$,其中,$D$ 为以 $O(0,0)$, $A(1,1)$, $B(0,1)$ 为顶点的三角形闭区域(图 10.15).

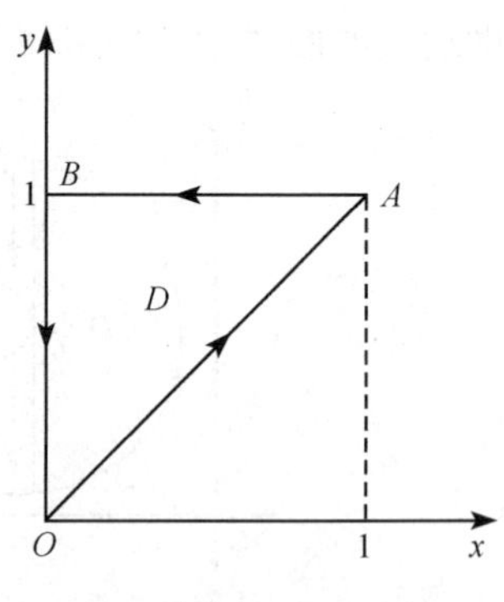

图 10.15

解　令 $P=0, Q=x\mathrm{e}^{-y^2}$,则

$$\frac{\partial Q}{\partial x} - \frac{\partial P}{\partial y} = \mathrm{e}^{-y^2}.$$

因此

$$\iint_D \mathrm{e}^{-y^2}\,\mathrm{d}x\mathrm{d}y = \int_{OA+AB+BO} x\mathrm{e}^{-y^2}\,\mathrm{d}y = \int_{OA} x\mathrm{e}^{-y^2}\,\mathrm{d}y = \int_0^1 x\mathrm{e}^{-x^2}\,\mathrm{d}x = \frac{1}{2}(1-\mathrm{e}^{-1}).$$

例 10.14 计算曲线积分

$$I = \int_{\widehat{ABC}} (x + xy^2 + 3)\mathrm{d}y - \left(x + y - \frac{y^3}{3}\right)\mathrm{d}x,$$

其中曲线$\widehat{ABC}$由圆 $x^2+y^2=1$ 在第四象限的部分$\widehat{AB}$与椭圆$\dfrac{x^2}{a^2}+\dfrac{y^2}{b^2}=1$ 在第一象限的部分$\widehat{BC}$连接而成($0<a<b$),起点为 $A(0,-a)$,终点为 $C(0,b)$(图 10.16).

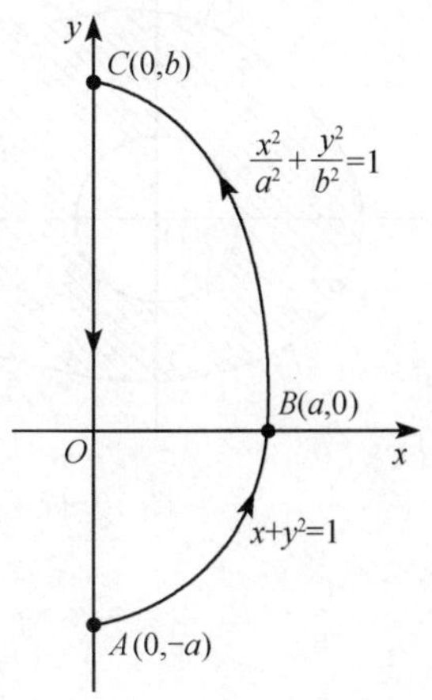

图 10.16

解 已知 $P=-\left(x+y-\dfrac{y^3}{3}\right)=-x-y+\dfrac{y^3}{3}$,$Q=x+xy^2+3$.

补一条直线段 CA,方向从点 C 到点 A,则得到分段光滑的封闭路径 $ABCA$,并取逆时针方向为路径的正向. 记 D 为该闭路所围区域,所以

$$\begin{aligned}\int_{\widehat{CA}} P\,\mathrm{d}x + Q\mathrm{d}y + \int_{\widehat{ABC}} P\,\mathrm{d}x + Q\mathrm{d}y &= \iint_D \left(\frac{\partial Q}{\partial x} - \frac{\partial P}{\partial y}\right)\mathrm{d}x\mathrm{d}y \\ &= \iint_D [1 + y^2 - (-1 + y^2)]\mathrm{d}x\mathrm{d}y \\ &= 2\iint_D \mathrm{d}x\mathrm{d}y = \frac{\pi a}{2}(a+b).\end{aligned}$$

于是,所求积分为

$$\begin{aligned}I &= \int_{\widehat{ABC}} P\,\mathrm{d}x + Q\mathrm{d}y \\ &= \frac{\pi a}{2}(a+b) - \int_{CA} (x + xy^2 + 3)\mathrm{d}y - \left(x + y - \frac{y^3}{3}\right)\mathrm{d}x \\ &= \frac{\pi a}{2}(a+b) - \int_b^{-a} 3\mathrm{d}y \\ &= (a+b)\cdot\left(\frac{\pi a}{2} + 3\right).\end{aligned}$$

例 10.15 计算$\displaystyle\oint_{L^+} \frac{y\mathrm{d}x - x\mathrm{d}y}{x^2+y^2}$,其中 L 为包围原点的任意封闭的分段光滑曲线,取正方向为逆时针方向(图 10.17).

解 此处 $P=\dfrac{y}{x^2+y^2}$,$Q=\dfrac{-x}{x^2+y^2}$,它们在原点(0,0)处不连续,因此不能用格林公式. 为了能用格林公式,以原点为圆心、ε 为半径做一个小圆 C,使 C 整个在以

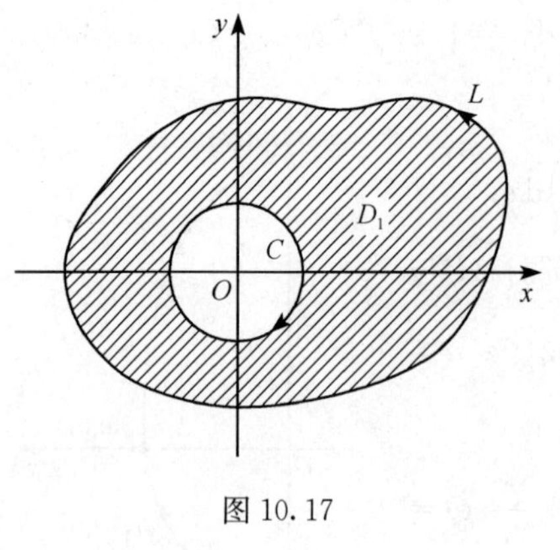

图 10.17

L 为边界的有界闭区域内. 于是在挖去这个小圆域之后的区域 D_1 上，可以应用格林公式. 这时，有

$$\frac{\partial Q}{\partial x}-\frac{\partial P}{\partial y}=\frac{x^2-y^2}{(x^2+y^2)^2}-\frac{x^2-y^2}{(x^2+y^2)^2}=0,$$

因此

$$\oint_{L^+}\frac{y\mathrm{d}x-x\mathrm{d}y}{x^2+y^2}+\oint_{C^+}\frac{y\mathrm{d}x-x\mathrm{d}y}{x^2+y^2}=\iint_{D_1}0\mathrm{d}x\mathrm{d}y=0,$$

即

$$\oint_{L^+}\frac{y\mathrm{d}x-x\mathrm{d}y}{x^2+y^2}=-\oint_{C^+}\frac{y\mathrm{d}x-x\mathrm{d}y}{x^2+y^2}.$$

由于 C 的参数方程为

$$\begin{cases}x=\varepsilon\cos\theta,\\ y=\varepsilon\sin\theta\end{cases}\quad 0\leqslant\theta\leqslant 2\pi.$$

所以

$$\oint_{L^+}\frac{y\mathrm{d}x-x\mathrm{d}y}{x^2+y^2}=-\oint_{C^+}\frac{y\mathrm{d}x-x\mathrm{d}y}{x^2+y^2}$$
$$=-\int_{2\pi}^{0}\frac{\varepsilon\sin\theta(-\varepsilon\sin\theta)-\varepsilon\cos\theta(\varepsilon\cos\theta)}{\varepsilon^2}\mathrm{d}\theta=-2\pi.$$

10.3.2 平面上曲线积分与路径无关的条件

本小节研究一下什么条件下第二型曲线积分 $\int_{\widehat{AB}}P\mathrm{d}x+Q\mathrm{d}y$ 的值与路径无关，只依赖于起点和终点.

定理 10.5 设向量函数 $\boldsymbol{F}(x,y)=\{P(x,y),Q(x,y)\}$ 的各分量在区域 D 上有连续的一阶偏导数，则下面的三个条件互相等价：

(1) 对 D 内的任一分段光滑的封闭曲线 L，有

$$\oint_L P(x,y)\mathrm{d}x+Q(x,y)\mathrm{d}y=0;$$

(2) 对 D 内的任意分段光滑曲线 $\widehat{AB}$，曲线积分

$$\int_{\widehat{AB}}P(x,y)\mathrm{d}x+Q(x,y)\mathrm{d}y$$

与积分路径无关，只与起点 A 及终点 B 有关；

(3) 微分式 $P(x,y)\mathrm{d}x+Q(x,y)\mathrm{d}y$ 在区域 D 内是某一函数 $u(x,y)$ 的全微

分，即 $\mathrm{d}u=P(x,y)\mathrm{d}x+Q(x,y)\mathrm{d}y$.

证 (1)⇒(2)：

设$\overset{\frown}{ACB}$与$\overset{\frown}{AEB}$为区域 D 内从点 A 到点 B 的任意两条分段光滑的路径(图 10.18)，则由(1)知

$$\int_{\overset{\frown}{AEBCA}} P\mathrm{d}x+Q\mathrm{d}y=0,$$

此式左端即

$$\int_{\overset{\frown}{AEB}} P\mathrm{d}x+Q\mathrm{d}y+\int_{\overset{\frown}{BCA}} P\mathrm{d}x+Q\mathrm{d}y$$
$$=\int_{\overset{\frown}{AEB}} P\mathrm{d}x+Q\mathrm{d}y-\int_{\overset{\frown}{ACB}} P\mathrm{d}x+Q\mathrm{d}y$$

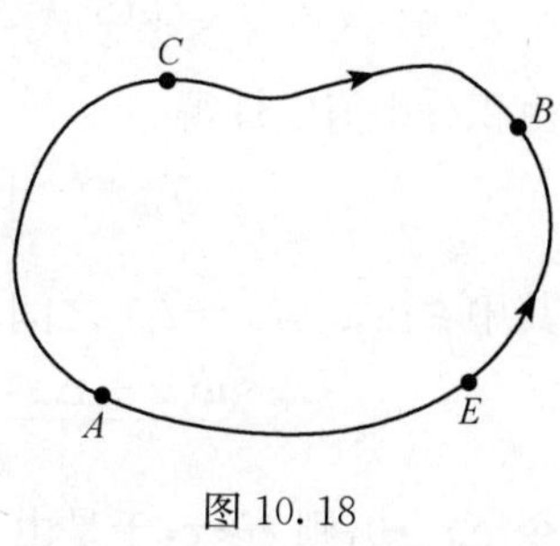

图 10.18

所以

$$\int_{\overset{\frown}{AEB}} P\mathrm{d}x+Q\mathrm{d}y=\int_{\overset{\frown}{ACB}} P\mathrm{d}x+Q\mathrm{d}y.$$

(2)⇒(3)：

设点 $M_0(x_0,y_0)$为 D 内一固定点，$M(x,y)$为 D 内任一点. 由于曲线积分与路径无关，因此，积分

$$\int_{\overset{\frown}{M_0M}} P(x,y)\mathrm{d}x+Q(x,y)\mathrm{d}y$$

只依赖于终点 $M(x,y)$，即它是点 $M(x,y)$的函数，把它记作

$$u(x,y)=\int_{(x_0,y_0)}^{(x,y)} P(x,y)\mathrm{d}x+Q(x,y)\mathrm{d}y.$$

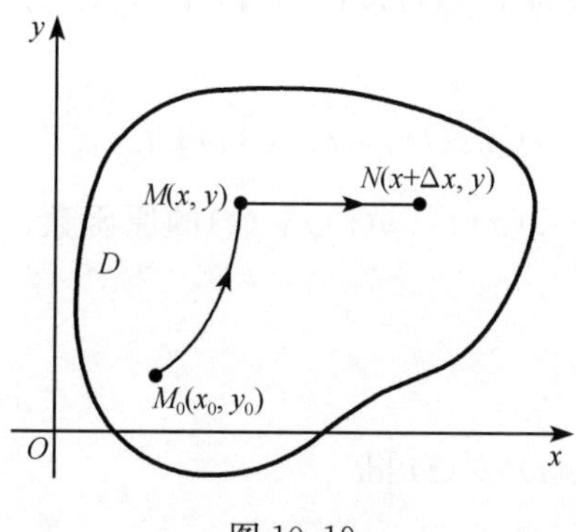

图 10.19

可以证明

$$\frac{\partial u}{\partial x}=P(x,y),\quad \frac{\partial u}{\partial y}=Q(x,y).$$

事实上，在点 $M(x,y)$ 附近，取一点 $N(x+\Delta x,y)$，使直线段 MN 仍在 D 内. 显然有

$$u(x+\Delta x,y)$$
$$=\int_{(x_0,y_0)}^{(x+\Delta x,y)} P(x,y)\mathrm{d}x+Q(x,y)\mathrm{d}y.$$

因为积分与路径无关，所以上式右端的积分可以选取路径$\overline{M_0MN}$(图 10.19)，于是

$$u(x+\Delta x,y)-u(x,y)$$
$$=\left(\int_{\overset{\frown}{M_0M}} P\mathrm{d}x+Q\mathrm{d}y+\int_{MN} P\mathrm{d}x+Q\mathrm{d}y\right)-\int_{\overset{\frown}{M_0M}} P\mathrm{d}x+Q\mathrm{d}y$$
$$=\int_{MN} P\mathrm{d}x+Q\mathrm{d}y=\int_{(x,y)}^{(x+\Delta x,y)} P\mathrm{d}x+Q\mathrm{d}y.$$

由于在直线 MN 上，$y\equiv$常数，$\mathrm{d}y=0$，因此

$$u(x+\Delta x,y)-u(x,y)=\int_x^{x+\Delta x}P(x,y)\mathrm{d}x.$$

由积分中值定理得

$$\int_x^{x+\Delta x}P(x,y)\mathrm{d}x=P(\xi,y)\Delta x,$$

其中 ξ 在 x 与 $x+\Delta x$ 之间. 从而

$$\frac{u(x+\Delta x,y)-u(x,y)}{\Delta x}=\frac{P(\xi,y)\Delta x}{\Delta x}=P(\xi,y).$$

令 $\Delta x\to 0$，则 $\xi\to x$，于是由 $P(x,y)$ 的连续性知

$$\begin{aligned}\frac{\partial u}{\partial x}&=\lim_{\Delta x\to 0}\frac{u(x+\Delta x,y)-u(x,y)}{\Delta x}\\&=\lim_{\xi\to x}P(\xi,y)=P(x,y).\end{aligned}$$

同理可证$\dfrac{\partial u}{\partial y}=Q(x,y)$.

由 $P(x,y)$，$Q(x,y)$的连续性知，$\dfrac{\partial u}{\partial x}$，$\dfrac{\partial u}{\partial y}$在 D 内连续，因此函数 $u(x,y)$在 D 内可微，即全微分存在，且

$$\mathrm{d}u=\frac{\partial u}{\partial x}\mathrm{d}x+\frac{\partial u}{\partial y}\mathrm{d}y=P(x,y)\mathrm{d}x+Q(x,y)\mathrm{d}y.$$

(3)⇒(1)：

不妨设封闭曲线$\overset{\frown}{ACBA}$是光滑的，其参数方程为 $x=x(t)$，$y=y(t)$，$t_0\leqslant t\leqslant t_1$，$(x(t_0),y(t_0))$，$(x(t_1),y(t_1))$都对应 A 点，则

$$\int_{\overset{\frown}{ACBA}}P\mathrm{d}x+Q\mathrm{d}y=\int_{t_0}^{t_1}[P(x(t),y(t))x'(t)+Q(x(t),y(t))y'(t)]\mathrm{d}t.$$

容易验证 $u(x(t),y(t))$是 $P(x(t),y(t))x'(t)+Q(x(t),y(t))y'(t)$的原函数，所以

$$\begin{aligned}&\int_{\overset{\frown}{ACBA}}P\mathrm{d}x+Q\mathrm{d}y\\&=\int_{t_0}^{t_1}[P(x(t),y(t))x'(t)+Q(x(t),y(t))y'(t)]\mathrm{d}t\\&=u(x(t_1),y(t_1))-u(x(t_0),y(t_0))=u(A)-u(A)=0.\end{aligned}$$

推论 10.1(曲线积分的基本定理)　设 $\boldsymbol{F}(x,y)=P(x,y)\boldsymbol{i}+Q(x,y)\boldsymbol{j}$ 是平面区域 G 内的一个向量场，$P(x,y)$，$Q(x,y)$都在 G 内连续，且存在一个数量函数 $f(x,y)$，使得 $\boldsymbol{F}=\nabla f$，则曲线积分$\int_L\boldsymbol{F}\cdot\mathrm{d}\boldsymbol{r}$ 在 G 内与路径无关，且

$$\int_L\boldsymbol{F}\cdot\mathrm{d}\boldsymbol{r}=f(B)-f(A),$$

其中 L 为位于 G 内起点为 A、终点为 B 的任意分段光滑曲线.

定理 10.6 设向量函数 $\boldsymbol{F}(x,y)=\{P(x,y),Q(x,y)\}$ 的各分量在**单连通**区域 D 上有连续的一阶偏导数,则下面的两个条件互相等价:

(1) 对 D 内的任意分段光滑曲线 $\overset{\frown}{AB}$,曲线积分

$$\int_{\overset{\frown}{AB}} P(x,y)\mathrm{d}x+Q(x,y)\mathrm{d}y$$

与积分路径无关,只与起点 A 及终点 B 有关;

(2) $\dfrac{\partial Q}{\partial x}=\dfrac{\partial P}{\partial y}$ 在 D 内恒成立.

证 (1)⇒(2):

在 D 内任取一条闭曲线 C 都有 $\oint_C P\mathrm{d}x+Q\mathrm{d}y=0$. 因为 D 是单连通的,所以,闭曲线 C 所包围的区域 G 完全位于 D 内,由格林公式,有

$$\iint_G \left(\frac{\partial Q}{\partial x}-\frac{\partial P}{\partial y}\right)\mathrm{d}x\mathrm{d}y=\oint_C P\mathrm{d}x+Q\mathrm{d}y=0.$$

由于对于 D 的任何子区域 G 都有

$$\iint_G \left(\frac{\partial Q}{\partial x}-\frac{\partial P}{\partial y}\right)\mathrm{d}x\mathrm{d}y=0.$$

再加上 $\dfrac{\partial Q}{\partial x},\dfrac{\partial P}{\partial y}$ 的连续性,可以推得 $\dfrac{\partial Q}{\partial x}=\dfrac{\partial P}{\partial y}$ 在 D 内恒成立.

(2)⇒(1):

在 D 内任取一条闭曲线 C,因为 D 是单连通的,闭曲线 C 所包围的区域 G 完全位于 D 内,由格林公式,有

$$\oint_C P\mathrm{d}x+Q\mathrm{d}y=\iint_G \left(\frac{\partial Q}{\partial x}-\frac{\partial P}{\partial y}\right)\mathrm{d}x\mathrm{d}y=0.$$

所以,积分与路径无关.

例 10.16 计算曲线积分

$$I=\int_L [(2x^2+6y)\mathrm{d}x+(6x-y)\mathrm{d}y],$$

其中 L 为抛物线 $y=x^2$ 从点 $O(0,0)$ 到点 $B(2,4)$ 的一段弧.

解 方法一 由 $P=2x^2+6y, Q=6x-y$ 知, $\dfrac{\partial P}{\partial y}=6=\dfrac{\partial Q}{\partial x}$ 在全平面成立,因此曲线积分与路径无关. 为了计算方便,可取折线 OAB(图 10.20). 于是

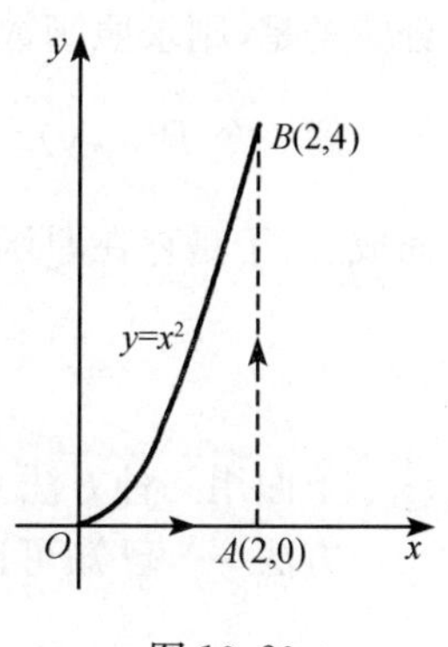

图 10.20

$$I=\int_{OA}+\int_{AB}=\int_0^2 2x^2\mathrm{d}x+\int_0^4(12-y)\mathrm{d}y$$
$$=\frac{2}{3}x^3\Big|_0^2+\left(12y-\frac{y^2}{2}\right)\Big|_0^4=\frac{136}{3}.$$

方法二　因为$\frac{\partial Q}{\partial x}=\frac{\partial P}{\partial y}$在全平面成立，所以，被积表达式$(2x^2+6y)\mathrm{d}x+(6x-y)\mathrm{d}y$是某个函数$u(x,y)$的全微分. 由微分运算不难看出

$$\begin{aligned}&(2x^2+6y)\mathrm{d}x+(6x-y)\mathrm{d}y\\&=2x^2\mathrm{d}x+(6y\mathrm{d}x+6x\mathrm{d}y)-y\mathrm{d}y\\&=\mathrm{d}\left(\frac{2}{3}x^3\right)+\mathrm{d}(6xy)-\mathrm{d}\left(\frac{y^2}{2}\right)\\&=\mathrm{d}\left(\frac{2}{3}x^3+6xy-\frac{y^2}{2}\right),\end{aligned}$$

即有

$$u(x,y)=\frac{2}{3}x^3+6xy-\frac{y^2}{2}.$$

于是

$$\begin{aligned}I&=\int_{(0,0)}^{(2,4)}(2x^2+6y)\mathrm{d}x+(6x-y)\mathrm{d}y\\&=\int_{(0,0)}^{(2,4)}\mathrm{d}\left(\frac{2}{3}x^3+6xy-\frac{y^2}{2}\right)\\&=\left(\frac{2}{3}x^3+6xy-\frac{y^2}{2}\right)\Big|_{(0,0)}^{(2,4)}=\frac{136}{3}.\end{aligned}$$

例 10.17　微分式$\frac{2x(1-\mathrm{e}^y)}{(1+x^2)^2}\mathrm{d}x+\frac{\mathrm{e}^y}{1+x^2}\mathrm{d}y$是否为某个函数$u(x,y)$的全微分？若是，则求原函数$u(x,y)$.

解　令$P(x,y)=\frac{2x(1-\mathrm{e}^y)}{(1+x^2)^2}$，$Q(x,y)=\frac{\mathrm{e}^y}{1+x^2}$，则$\frac{\partial Q}{\partial x}=\frac{-2x\mathrm{e}^y}{(1+x^2)^2}=\frac{\partial P}{\partial y}$在全平面成立，于是存在原函数$u(x,y)$，使得所给微分式的确是$u(x,y)$的全微分，即有

$$\mathrm{d}u(x,y)=\frac{2x(1-\mathrm{e}^y)}{(1+x^2)^2}\mathrm{d}x+\frac{\mathrm{e}^y}{1+x^2}\mathrm{d}y.$$

下面用三种方法来求原函数$u(x,y)$：

方法一　已知可选

$$u(x,y)=\int_{(0,0)}^{(x,y)}\frac{2x(1-\mathrm{e}^y)}{(1+x^2)^2}\mathrm{d}x+\frac{\mathrm{e}^y}{1+x^2}\mathrm{d}y,$$

可选取积分路径为折线 OAM(图 10.21),于是

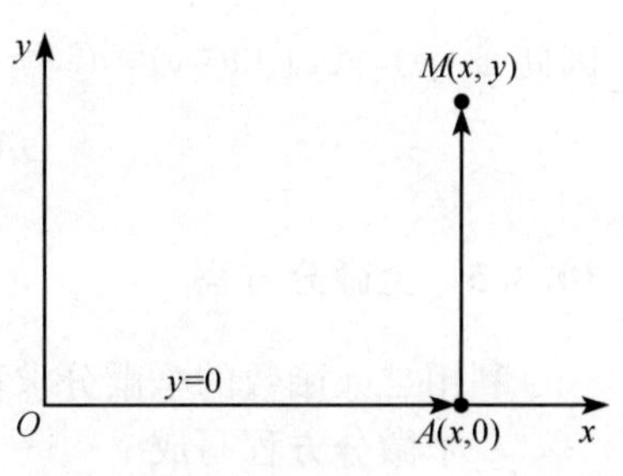

图 10.21

$$u(x,y)=\int_{OA}+\int_{AM}=0+\int_0^y\frac{e^y}{1+x^2}dy$$

$$=\frac{1}{1+x^2}\int_0^y e^y dy=\frac{e^y-1}{1+x^2}.$$

可证,$u(x,y)=\frac{e^y-1}{1+x^2}+C$ 即为全部原函数.

方法二 "凑"全微分.

$$du(x,y)=\frac{2x(1-e^y)}{(1+x^2)^2}dx+\frac{e^y}{1+x^2}dy$$

$$=\frac{2xdx}{(1+x^2)^2}-\frac{e^y\cdot 2xdx}{(1+x^2)^2}+\frac{d(e^y)}{1+x^2}$$

$$=\frac{d(1+x^2)}{(1+x^2)^2}+\frac{(1+x^2)d(e^y)-e^y d(1+x^2)}{(1+x^2)^2}$$

$$=d\left(-\frac{1}{1+x^2}\right)+d\left(\frac{e^y}{1+x^2}\right)$$

$$=d\left(\frac{e^y-1}{1+x^2}\right),$$

因此 $u(x,y)=\frac{e^y-1}{1+x^2}+C$,其中 C 为任意常数.

方法三 由全微分表达式

$$du(x,y)=\frac{\partial u}{\partial x}dx+\frac{\partial u}{\partial y}dy$$

$$=\frac{2x(1-e^y)}{(1+x^2)^2}dx+\frac{e^y}{1+x^2}dy$$

知,有

$$\frac{\partial u}{\partial x}=\frac{2x(1-e^y)}{(1+x^2)^2}dx,$$

$$\frac{\partial u}{\partial y}=\frac{e^y}{1+x^2}.$$

所以

$$u(x,y)=(1-e^y)\int\frac{2xdx}{(1+x^2)^2}$$

$$=(1-e^y)\cdot\frac{-1}{1+x^2}+\varphi(y),$$

其中 $\varphi(y)$ 为 y 的任意可微函数,根据另一条件确定. 由

$$\frac{\partial u}{\partial y}=\frac{e^y}{1+x^2}+\varphi'(y)=\frac{e^y}{1+x^2},$$

因此 $\varphi'(y)\equiv 0$，即 $\varphi(y)\equiv C$，所以原函数

$$u(x,y)=\frac{\mathrm{e}^y-1}{1+x^2}+C.$$

10.3.3　全微分方程

利用二元函数的全微分求积分，还可以用来求解下面一类一阶微分方程.

一个微分方程写成

$$P(x,y)\mathrm{d}x+Q(x,y)\mathrm{d}y=0$$

形式后，如果它的左端恰好是某一函数 $u(x,y)$ 的全微分

$$\mathrm{d}u(x,y)=P(x,y)\mathrm{d}x+Q(x,y)\mathrm{d}y,$$

那么，方程就叫做**全微分方程**.

容易知道，如果方程的左端是**函数 $u(x,y)$ 的全微分**，那么

$$u(x,y)=C$$

就是**全微分方程的隐式通解**，其中 C 为任意常数.

例 10.18　求解方程

$$(5x^4+3xy^2-y^3)\mathrm{d}x+(3x^2y-3xy^2+y^2)\mathrm{d}y=0.$$

解　设 $P(x,y)=5x^4+3xy^2-y^3$，$Q(x,y)=3x^2y-3xy^2+y^2$，则

$$\frac{\partial Q}{\partial x}=6xy-3y^2=\frac{\partial P}{\partial y}.$$

因此，所给方程是全微分方程. 设 $(5x^4+3xy^2-y^3)\mathrm{d}x+(3x^2y-3xy^2+y^2)\mathrm{d}y$ 的原函数为 $u(x,y)$，则

$$\begin{aligned}u(x,y)&=\int(5x^4+3xy^2-y^3)\mathrm{d}x\\&=x^5+\frac{3}{2}x^2y^2-xy^3+\varphi(y).\end{aligned}$$

再由

$$\frac{\partial u}{\partial y}=3x^2y-3xy^2+\varphi'(y)=3x^2y-3xy^2+y^2.$$

得

$$\varphi'(y)=y^2,\quad \varphi(y)=\frac{1}{3}y^3+C.$$

故所给方程通解为

$$x^5+\frac{3}{2}x^2y^2-xy^3+\frac{1}{3}y^3=C.$$

习　题　10.3

1. 计算下列曲线积分，并验证格林公式的正确性：

(1) $\oint_L (2xy-x^2)\mathrm{d}x+(x+y^2)\mathrm{d}y$,其中 L 为由抛物线 $y=x^2$ 和 $y^2=x$ 所围成的区域的正向边界曲线;

(2) $\oint_L (x^2-xy^3)\mathrm{d}x+(y^2-2xy)\mathrm{d}y$,其中 L 为四个顶点分别为(0,0),(2,0),(2,2)和(0,2)的正方形区域的正向边界.

2. 利用曲线积分,求下列曲线所围成的图形的面积:

(1) 星形线 $x=a\cos^3 t, y=a\sin^3 t$;

(2) 椭圆 $9x^2+16y^2=144$;

(3) 圆 $x^2+y^2=2ax$;

(4) 椭圆 $x=a\cos t, y=b\sin t(0\leqslant t\leqslant 2\pi)$;

(5) 双纽线 $r=a\sqrt{\cos 2\theta}$.

3. 计算曲线积分 $\oint_L \dfrac{y\mathrm{d}x-x\mathrm{d}y}{2(x^2+y^2)}$,其中 L 为圆周 $(x-1)^2+y^2=2$,L 的方向为逆时针方向.

4. 计算下列曲线积分:

(1) $\int_L (2a-y)\mathrm{d}x+x\mathrm{d}y$,其中 L 为摆线 $x=a(t-\sin t), y=a(1-\cos t)$ 上对应 t 从 0 到 2π 的一段弧.

(2) $\int_L (\mathrm{e}^x\sin y-2y)\mathrm{d}x+(\mathrm{e}^x\cos y-2)\mathrm{d}y$,其中 L 为上半圆周 $(x-a)^2+y^2=a^2, y\geqslant 0$ 沿逆时针方向.

5. 证明下列曲线积分在整个 xOy 面内与路径无关,并计算积分值:

(1) $\int_{(1,1)}^{(2,3)} (x+y)\mathrm{d}x+(x-y)\mathrm{d}y$;

(2) $\int_{(1,2)}^{(3,4)} (6xy^2-y^3)\mathrm{d}x+(6x^2y-3xy^2)\mathrm{d}y$;

(3) $\int_{(1,0)}^{(2,1)} (2xy-y^4+3)\mathrm{d}x+(x^2-4xy^3)\mathrm{d}y$.

6. 利用格林公式,计算下列曲线积分:

(1) $\oint_L (2x-y+4)\mathrm{d}x+(5y+3x-6)\mathrm{d}y$,其中 L 为三顶点分别为(0,0),(3,0)和(3,2)的三角形正向边界;

(2) $\oint_L (x^2y\cos x+2xy\sin x-y^2\mathrm{e}^x)\mathrm{d}x+(x^2\sin x-2y\mathrm{e}^x)\mathrm{d}y$,其中 L 为正向星形线 $x^{\frac{2}{3}}+y^{\frac{2}{3}}=a^{\frac{2}{3}}(a>0)$;

(3) $\oint_L (2xy^3-y^2\cos x)\mathrm{d}x+(1-2y\sin x+3x^2y^2)\mathrm{d}y$,其中 L 为在抛物线 $2x=\pi y^2$ 上由点(0,0)到$\left(\frac{\pi}{2},1\right)$的一段弧;

(4) $\oint_L (x^2-y)\mathrm{d}x-(x+\sin^2 y)\mathrm{d}y$,其中 L 为在圆周 $y=\sqrt{2x-x^2}$ 上由点(0,0)到点(1,1)的一段弧;

(5) $\int_{L^+}(x+y)\mathrm{d}x-(x-y)\mathrm{d}y$，其中 L 为椭圆$\frac{x^2}{a^2}+\frac{y^2}{b^2}=1$；

(6) $\int_{L^+}xy^2\mathrm{d}y-x^2y\mathrm{d}x$，其中 L 为圆周 $x^2+y^2=a^2$；

(7) $\int_{L^+}(x+y^2)\mathrm{d}x+(x^2-y^2)\mathrm{d}y$，其中 L 为$\triangle ABC$ 的边界，其中 $A(1,1)$，$B(3,2)$，$C(3,5)$；

(8) $\int_{L^+}\mathrm{e}^x[(1-\cos y)\mathrm{d}x-(y-\sin y)\mathrm{d}y]$，其中 L 为区域 $0\leqslant x\leqslant\pi$ 与 $0\leqslant y\leqslant\sin x$ 的边界；

(9) $\int_{L^+}(x^2+xy)\mathrm{d}x+(x^2+y^2)\mathrm{d}y$，其中 L 为区域 $0\leqslant x\leqslant 1$ 与 $-1\leqslant y\leqslant 1$ 的边界；

(10) $\int_{\widehat{AMO}}(\mathrm{e}^x\sin y-my)\mathrm{d}x+(\mathrm{e}^x\cos y-m)\mathrm{d}y$，其中$\widehat{AMO}$为由点 $A(a,0)$ 经 $M\left(\frac{a}{2},\frac{a}{2}\right)$ 至 $O(0,0)$ 的上半圆周 $x^2+y^2=ax$.

7. 设一变力为 $\boldsymbol{F}=\{x+y^2,2xy-8\}$，这变力确定了一个力场. 证明质点在此场内移动时，场力所做的功与路径无关.

8. 计算曲线积分 $\int_{\widehat{A_iA_{i+1}}}(x^4+4xy^3)\mathrm{d}x+(6x^2y^2-5y^4)\mathrm{d}y\,(i=1,2,3)$，其中 $A_1(-2,-1)$，$A_2(3,0)$，$A_3(0,3)$，$A_4(1,1)$，$\widehat{A_iA}_{i+1}$为任意的逐段光滑的曲线.

9. 设 D 是以逐段光滑曲线 l 为边界的平面有界闭区域，$u(x,y)$，$v(x,y)$ 在 D 上有连续的偏导数，则有关系式

$$\oint_{l^+}[u\cos(n,x)+v\cos(n,y)]\mathrm{d}s=\iint_D\left(\frac{\partial u}{\partial x}+\frac{\partial v}{\partial y}\right)\mathrm{d}\sigma,$$

其中 $\cos(n,x)$，$\cos(n,y)$ 为曲线 l 的外法向量的方向余弦. 此公式是格林公式的另一种形式.

10. 曲线积分 $\int_L(x^2+2xy)\mathrm{d}x+(x^2+y^4)\mathrm{d}y$ 是否与路径无关？若与路径无关，求其原函数. 并计算由点 $O(0,0)$ 到 $B(1,1)$ 的曲线 L：$y=\sin\frac{\pi}{2}x$ 上的积分.

11. 设 l 为封闭曲线，$\boldsymbol{r}$ 为任一固定的方向，则有

$$\oint_{l^+}\cos\langle\boldsymbol{r},\boldsymbol{n}\rangle\mathrm{d}s=0,$$

其中 $\boldsymbol{n}$ 为 l 的外法线单位法向量.

12. 计算曲线积分

$$I=\oint_{l^+}[x\cos\langle\boldsymbol{n},\boldsymbol{i}\rangle+y\cos\langle\boldsymbol{n},\boldsymbol{j}\rangle]\mathrm{d}s,$$

其中 l 为封闭曲线，$\boldsymbol{n}$ 为它的外法线方向.

13. 证明：$\frac{x\mathrm{d}x+y\mathrm{d}y}{x^2+y^2}$在整个 xOy 平面除去 y 的负半轴及原点的区域 G 内是某个二元函数的全微分，并求出一个这样的二元函数.

14. 设在半平面 $x>0$ 内有力 $\boldsymbol{F}=-\frac{k}{\rho^3}(x\boldsymbol{i}+y\boldsymbol{j})$ 构成力场，其中 k 为常数，$\rho=\sqrt{x^2+y^2}$. 证明：在此力场中场力所做的功与所取的路径无关.

15. 设函数 $f(x)$ 在$(-\infty,+\infty)$内具有一阶连续导数，L 是上半平面$(y>0)$内的有向分段光滑曲线，其起点为(a,b)，终点为(c,d). 记

$$I=\int_L \frac{1}{y}[1+y^2 f(xy)]\mathrm{d}x+\frac{x}{y^2}[y^2 f(xy)-1]\mathrm{d}y,$$

(1) 证明曲线积分 I 与路径无关；

(2) 当 $ab=cd$ 时，求 I 的值.

16. 验证下列 $P(x,y)\mathrm{d}x+Q(x,y)\mathrm{d}y$ 在整个 xOy 平面内是某一函数 $u(x,y)$ 的全微分，并求这样的一个 $u(x,y)$：

(1) $(x+2y)\mathrm{d}x+(2x+y)\mathrm{d}y$；

(2) $2xy\mathrm{d}x+x^2\mathrm{d}y$；

(3) $4\sin x\sin 3y\cos x\mathrm{d}x-3\cos 3y\cos 2x\mathrm{d}y$；

(4) $(3x^2y+8xy^2)\mathrm{d}x+(x^3+8x^2y+12ye^y)\mathrm{d}y$；

(5) $(2x\cos y+y^2\cos x)\mathrm{d}x+(2y\sin x-x^2\sin y)\mathrm{d}y$.

17. 设有一变力在坐标轴上的投影为 $X=x+y^2, Y=2xy-8$，这变力确定了一个力场. 证明质点在此场内移动时，场力所做的功与路径无关.

18. 判别下列方程中哪些是全微分方程？对于全微分方程，求出它的通解：

(1) $(3x^2+6xy^2)\mathrm{d}x+(6x^2y+4y^2)\mathrm{d}y=0$；

(2) $(a^2-2xy-y^2)\mathrm{d}x-(x+y)^2\mathrm{d}y=0$（$a$ 为常数）；

(3) $e^y\mathrm{d}x+(xe^y-2y)\mathrm{d}y=0$；

(4) $(x\cos y+\cos x)y'-y\sin x+\sin y=0$；

(5) $(x^2-y)\mathrm{d}x-x\mathrm{d}y=0$；

(6) $y(x-2y)\mathrm{d}x-x^2\mathrm{d}y=0$；

(7) $(1+e^{2\theta})\mathrm{d}\rho+2\rho e^{2\theta}\mathrm{d}\theta=0$；

(8) $(x^2+y^2)\mathrm{d}x+xy\mathrm{d}y=0$.

19. 确定常数 λ，使在右半平面 $x>0$ 上的向量 $\boldsymbol{A}(x,y)=2xy(x^4+y^2)^{\lambda}\boldsymbol{i}-x^2(x^4+y^2)^{\lambda}\boldsymbol{j}$ 为某二元函数 $u(x,y)$ 的梯度，并求 $u(x,y)$.

20. 设 $u(x,y)$，$v(x,y)$ 在闭区域 D 上都具有二阶连续偏导数，分段光滑的曲线 L 为 D 的正向边界曲线. 证明：

(1) $\iint_D \Delta u\mathrm{d}\sigma=\int_L \frac{\partial u}{\partial n}\mathrm{d}s$，其中 $\frac{\partial u}{\partial n}$ 为 L 的外法向的方向导数.

(2) $\iint_D v\Delta u\mathrm{d}x\mathrm{d}y=-\iint_D(\mathbf{grad}\,u\cdot\mathbf{grad}\,v)\mathrm{d}x\mathrm{d}y+\oint_L v\frac{\partial u}{\partial n}\mathrm{d}s$.

(3) $\iint_D(u\Delta v-v\Delta u)\mathrm{d}x\mathrm{d}y=\oint_L\left(u\frac{\partial v}{\partial n}-v\frac{\partial u}{\partial n}\right)\mathrm{d}s$.

(4) $\iint_{x^2+y^2\leqslant r^2}\Delta u\mathrm{d}\sigma=\int_0^{2\pi}\frac{\partial u}{\partial r}r\mathrm{d}\theta$，其中 $\{(x,y)\mid x^2+y^2\leqslant r^2\}\subset D$.

其中 $\frac{\partial u}{\partial n}$，$\frac{\partial v}{\partial n}$ 分别为 u，v 沿 L 的外法线向量 $\boldsymbol{n}$ 的方向导数，符号 $\Delta=\frac{\partial^2}{\partial x^2}+\frac{\partial^2}{\partial y^2}$ 称作**二维拉普拉斯算子**.

21. 设 $u(x,y)$ 在有界闭区域 D 上调和，即 $u\in C^2(D)$ 且在 D 上满足拉普拉斯方程 $\frac{\partial^2 u}{\partial x^2}+\frac{\partial^2 u}{\partial y^2}=0$. 证明

(1) $\int_l u\dfrac{\partial u}{\partial \boldsymbol{n}}\mathrm{d}s=\iint_D\left[\left(\dfrac{\partial u}{\partial x}\right)^2+\left(\dfrac{\partial u}{\partial y}\right)^2\right]\mathrm{d}\sigma$,其中 l 为 D 的边界,$\boldsymbol{n}$ 为 l 的外法线方向;

(2) 若 $u(x,y)$在 l 上取值为零,则 u 在 D 上恒为零.

10.4　第一型曲面积分

曲面积分的积分区域是空间的一张曲面,下面我们讨论的曲面都是光滑的或分片光滑的.光滑曲面是指,在曲面上每点 M 处都有切平面,并且当点 M 在曲面上连续变动时,切平面法向量的方向也连续变化.分片光滑曲面是指由多块光滑曲面组成的连续曲面.

10.4.1　第一型曲面积分的概念

例 10.19　设有一分片光滑的物质曲面 S,其上质量分布不均匀,在 S 上点 M 处的面密度为连续函数 $\mu(M)$.求 S 的质量 m.

解　将 S 任意分为 n 小块,各小块曲面及其面积都记作

$$\Delta S_1,\Delta S_2,\cdots,\Delta S_n,$$

在每一小块 ΔS_i 上任取一点 M_i,则小块的质量 Δm_i 近似等于 $\mu(M_i)\Delta S_i$,即

$$\Delta m_i\approx\mu(M_i)\Delta S_i,\quad i=1,2,\cdots,n.$$

对 i 求和,得

$$m=\sum_{i=1}^{n}\Delta m_i\approx\sum_{i=1}^{n}\mu(M_i)\Delta S_i.$$

令各 ΔS_i 的直径的最大者 $\lambda\to0$,就得到

$$m=\lim_{\lambda\to0}\sum_{i=1}^{n}\mu(M_i)\Delta S_i.$$

下面引进第一型曲面积分的概念.

定义 10.3　设函数 $f(M)=f(x,y,z)$在分片光滑的曲面 S 上有定义.将 S 任意分为 n 小块,小块及其面积都记作

$$\Delta S_1,\Delta S_2,\cdots,\Delta S_n,$$

在 ΔS_i 上任取一点(ξ_i,η_i,ζ_i),作和式

$$\sum_{i=1}^{n}f(\xi_i,\eta_i,\zeta_i)\Delta S_i,$$

记 λ 为各 ΔS_i 的直径最大者.令 $\lambda\to0$,若上式和式的极限存在,则称此极限值为**函数 $f(x,y,z)$在曲面 S 上的第一型曲面积分**,记作

$$\lim_{\lambda\to0}\sum_{i=1}^{n}f(\xi_i,\eta_i,\zeta_i)\Delta S_i=\iint_S f(x,y,z)\mathrm{d}S.$$

显然,物质曲面 S 的质量为面密度函数 $\mu(x,y,z)$ 在 S 上的第一型曲面积分,即

$$m=\iint_S \mu(x,y,z)\mathrm{d}S.$$

注 10.1 特别地,当 $\mu(x,y,z)\equiv 1$ 时,有

$$\iint_S 1\mathrm{d}S=\text{曲面 } S \text{ 的面积}.$$

可以证明,若函数 $f(x,y,z)$ 在曲面 S 上的第一型曲面积分存在,则 $f(x,y,z)$ 在 S 上有界.

定理 10.7 若 S 是分片光滑曲面,函数 $f(x,y,z)$ 在 S 上连续(或除有限条分段光滑曲线外,$f(x,y,z)$ 在 S 上连续,且在 S 上有界),则 $f(x,y,z)$ 在 S 上的第一型曲面积分存在.

第一型曲面积分具有类似于第一型曲线积分的一些性质,此处不再叙述.

10.4.2 第一型曲面积分的计算

第一型曲面积分可以化为二重积分来计算.

定理 10.8 设分片光滑曲面 S 的方程为

$$z=z(x,y),\quad (x,y)\in D,$$

其中 D 为 S 在 xy 平面上的投影区域,函数 $f(x,y,z)$ 在 S 上连续,则有计算公式

$$\iint_S f(x,y,z)\mathrm{d}S=\iint_D f[x,y,z(x,y)]\sqrt{1+z_x^2+z_y^2}\,\mathrm{d}x\mathrm{d}y.$$

这里略去此定理的证明,只说明与第一型曲线积分的公式的推导类似,注意到曲面 S 的面积元素为

$$\mathrm{d}S=\sqrt{1+z_x^2+z_y^2}\,\mathrm{d}x\mathrm{d}y$$

再代入即可.

如果积分曲面 Σ 由方程 $x=x(y,z)$ 或 $y=y(z,x)$ 给出,也可类似地把对面积的曲面积分化为相应的二重积分.

例 10.20 计算曲面积分 $I=\iint_S (x+y+z)\mathrm{d}S$,其中,$S$ 为上半球面 $z=\sqrt{R^2-x^2-y^2}$.

解 由积分的线性性质知

$$I=\iint_S x\mathrm{d}S+\iint_S y\mathrm{d}S+\iint_S z\mathrm{d}S.$$

由第一型曲面积分的定义和对称性知

$$\iint_S x\mathrm{d}S=\iint_S y\mathrm{d}S=0.$$

因此

$$I=\iint_S z\mathrm{d}S=\iint_D \sqrt{R^2-x^2-y^2}\,\frac{R}{\sqrt{R^2-x^2-y^2}}\mathrm{d}x\mathrm{d}y$$

$$=R\iint_D \mathrm{d}x\mathrm{d}y=\pi R^3.$$

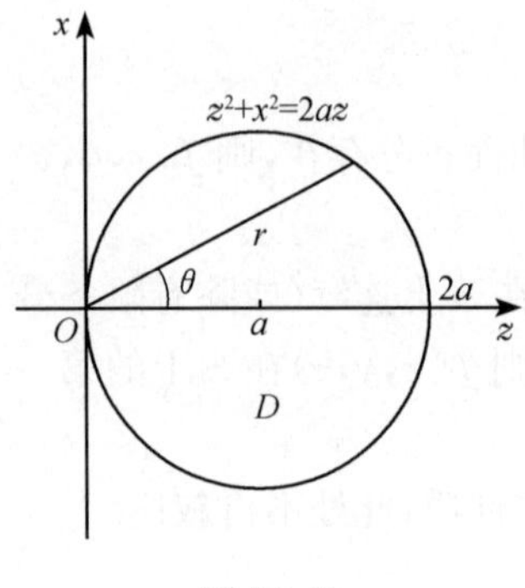

图 10.22

例 10.21　计算 $I=\iint_S (xy+yz+zx)\mathrm{d}S$，其中 S 为锥面 $y=\sqrt{z^2+x^2}$ 在柱体 $z^2+x^2\leqslant 2az(a>0)$ 内的那部分.

解　如图 10.22 所示，S 在 zx 平面上的投影区域为

$$D=\{(z,x)\mid z^2+x^2\leqslant 2az\},$$

由于 $\frac{\partial y}{\partial z}=\frac{z}{\sqrt{z^2+x^2}}$，$\frac{\partial y}{\partial x}=\frac{x}{\sqrt{z^2+x^2}}$，因此面积元素为

$$\mathrm{d}S=\sqrt{1+\left(\frac{\partial y}{\partial z}\right)^2+\left(\frac{\partial y}{\partial x}\right)^2}\mathrm{d}z\mathrm{d}x=\sqrt{2}\mathrm{d}z\mathrm{d}x,$$

所以

$$I=\iint_D[(x+z)\sqrt{z^2+x^2}+zx]\sqrt{2}\mathrm{d}z\mathrm{d}x.$$

再由对称性

$$I=\sqrt{2}\iint_D z\sqrt{z^2+x^2}\mathrm{d}z\mathrm{d}x.$$

利用极坐标

$$\begin{cases}z=r\cos\theta,\\ x=r\sin\theta,\end{cases}$$

得到

$$I=\sqrt{2}\int_{-\pi/2}^{\pi/2}\mathrm{d}\theta\int_0^{2a\cos\theta}[r\cos\theta\cdot r]r\mathrm{d}r$$

$$=\frac{64}{15}\sqrt{2}a^4.$$

习　题　10.4

1. 设有一分布着质量的曲面 Σ，在点 (x,y,z) 处它的面密度为 $\mu(x,y,z)$，用第一型曲面积分表示这曲面对于 x 轴的转动惯量.

2. 计算曲面积分$\iint_{\Sigma} f(x,y,z)\mathrm{d}S$,其中$\Sigma$为抛物面$z=2-(x^2+y^2)$在$xOy$面上方的部分,$f(x,y,z)$分别如下:

(1) $f(x,y,z)=1$;

(2) $f(x,y,z)=x^2+y^2$;

(3) $f(x,y,z)=3z$.

3. 计算$\iint_{\Sigma}(x^2+y^2)\mathrm{d}S$,其中$\Sigma$为

(1) 锥面$z=\sqrt{x^2+y^2}$及平面$z=1$所围成的区域的整个边界曲面;

(2) 锥面$z^2=3(x^2+y^2)$被平面$z=0$和$z=3$所截得的部分.

4. 计算下列对面积的曲面积分:

(1) $\iint_{\Sigma}\left(z+2x+\frac{4}{3}y\right)\mathrm{d}S$,其中$\Sigma$为平面$\frac{x}{2}+\frac{y}{3}+\frac{z}{4}=1$在第一卦限中的部分;

(2) $\iint_{\Sigma}(2xy-2x^2-x-z)\mathrm{d}S$,其中$\Sigma$为平面$2x+2y+z=6$在第一卦限中的部分;

(3) $\iint_{\Sigma}(x+y+z)\mathrm{d}S$,其中$\Sigma$为球面$x^2+y^2+z^2=a^2$上$z\geqslant h(0<h<a)$的部分;

(4) $\iint_{\Sigma}\frac{\mathrm{d}S}{x^2+y^2+z^2}$,其中$\Sigma$为界于平面$z=0$及$z=H$之间的圆柱面$x^2+y^2=R^2$;

(5) $\iint_{S}\frac{\mathrm{d}S}{(1+x+y)^2}$,其中$S$为由平面$x+y+z=1$及三个坐标平面所围成四面体的整个边界.

5. 求抛物面壳$z=\frac{1}{2}(x^2+y^2)(0\leqslant z\leqslant 1)$的质量,此壳的面密度为$\mu=z$.

6. 求面密度为μ_0的均匀半球壳$x^2+y^2+z^2=a^2(z\geqslant 0)$关于$z$轴的转动惯量.

7. 求均匀曲面$z=\sqrt{a^2-x^2-y^2}$的质心的坐标.

8. 计算$\iint_{S} z\mathrm{d}S$,其中S为螺旋面$x=u\cos v, y=u\sin v, z=v(0\leqslant u\leqslant a, 0\leqslant v\leqslant 2\pi)$.

9. 计算$\iint_{S} z^2\mathrm{d}S$,其中S为圆锥表面$x=\rho\cos\theta\sin\alpha$, $y=\rho\sin\theta\sin\alpha$, $z=\rho\cos\alpha(0\leqslant\rho\leqslant a$, $0\leqslant\theta\leqslant 2\pi)$的一部分,其中$\alpha$为常数$(0<\alpha<\frac{\pi}{2})$.

10. 求一段均匀圆柱面$S: x^2+y^2=R^2$与$0\leqslant z\leqslant h$对原点处单位质量的引力(面密度$\mu=1$).

10.5 第二型曲面积分

10.5.1 第二型曲面积分的概念和性质

第二型曲线积分与积分路径的方向有关,与此类似,第二型曲面积分与曲面的“侧”有关.

人们常见的曲面,大多是可以分出两侧的曲面,即**双侧曲面**. 例如,一般的纸张

有正、反两面,篮球、排球也有里面和外面. 这类曲面就是常说的**双侧曲面**. 对于双侧曲面,可以在不同侧涂上不同的颜色而把它们区别开. 这两种颜色各在曲面的一侧,若不越过边界(如果有边界的话),永远不会碰头.

然而,并非所有曲面都可以分出两侧. 例如,莫比乌斯带就是这类曲面的一个例子. 把长方形纸条 $ABCD$ 先扭转一次,再粘合起来,使 A 点与 C 点重合,B 点与 D 点重合(图 10.23). 这样得到的曲面就分不出两侧,不越过边界就可用同一种颜色将它涂满. 这类曲面称为**单侧曲面**.

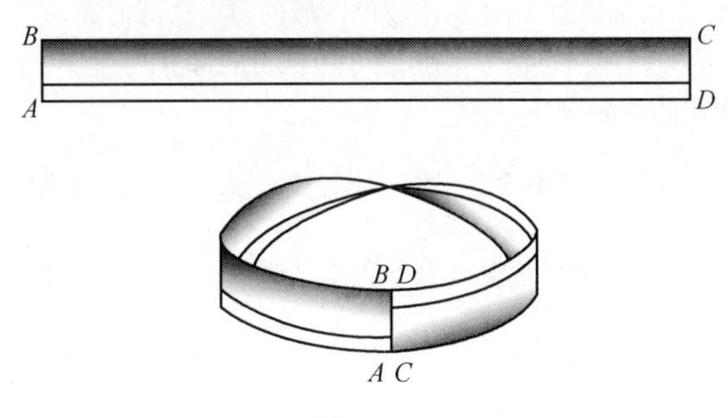

图 10.23

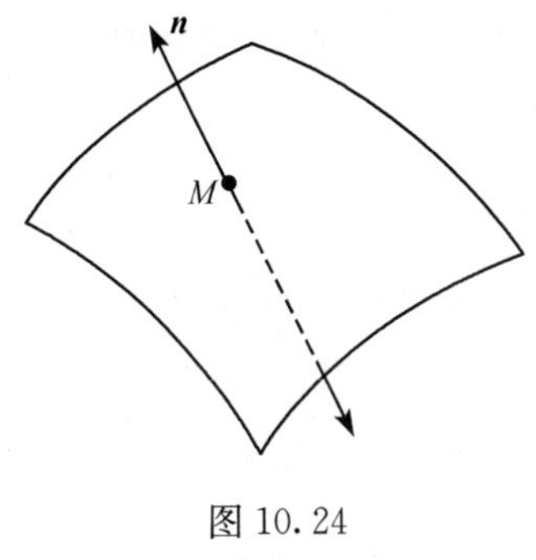

图 10.24

下面讨论的都是双侧曲面. 在数学上可以这样来描述它:设 S 为一光滑曲面,M 为 S 上任意一点,曲面 S 在点 M 处的法向量有两个指向,取定一个指向,记作 $\boldsymbol{n}$(图 10.24). 若动点从 M 点出发,在 S 上不越过边界面任意地连续变动,最后又回到 M 点时,法向量 $\boldsymbol{n}$ 的方向不改变,则称 S 为**双侧曲面**,否则称为**单侧曲面**. 这就是说,对于双侧曲面 S,可用其法向量的指向来规定它的两侧. 这两侧一般称为**正侧和负侧**,分别记作 S^+ 和 S^-. 规定了正、负侧的双侧曲面称为**有向曲面**.

对于封闭曲面,通常规定其外侧(即外法线方向所指的一侧)为正侧,而规定内侧(即内法线方向所指的一侧)为负侧.

对于不封闭的曲面,通常这样规定其正、负侧:当曲面分为上、下两侧时,规定其上侧为正侧,下侧为负侧. 也就是说,当曲面的方程由 $z=z(x,y)$ 给出时,规定其法向量与正 z 轴的夹角为锐角的一侧为正侧,因此,这一侧的法向量应是

$$\boldsymbol{n}=\{-z_x,-z_y,1\},$$

而负侧的法向量是 $\{z_x,z_y,-1\}$.

当曲面分为左、右两侧时,规定其右侧为正侧,左侧为负侧;当曲面分为前、后两侧时,规定其前侧为正侧,后侧为负侧.

例 10.22 设有一稳定流体，以速度$\boldsymbol{v}(M)$流过有向曲面 S(从负侧流向正侧)，求流量 Q.

解 在物理学中，流量即体积流量，它是指单位时间内通过流体中某一截面的流体的体积. 如果流速$\boldsymbol{v}(M)$在每一点都相同(即$\boldsymbol{v}(M)$是一个常向量)，而且 S 为一平面，那么流量比较容易计算. 如图 10.25 流量 Q 等于以 S 为底，以$|\boldsymbol{v}(M)|$为斜高的柱体体积，它又等于以 S 为底，以点 M 和 A 之间距离$\overline{MA}$为高的正柱体体积，即高度乘以底面积

$$Q=(\overline{MA})S.$$

其中 S 为底面的面积；$\overline{MA}$为向量$\boldsymbol{v}(M)$在 S 的单位法向量 $\boldsymbol{n}_0(M)$上的投影. 由于数量积

$$\begin{aligned}\boldsymbol{v}(M)\cdot\boldsymbol{n}_0(M)&=|\boldsymbol{v}(M)||\boldsymbol{n}_0(M)|\cos\theta\\&=|\boldsymbol{v}(M)|\cos\theta=\overline{MA},\end{aligned}$$

因此，流量为

$$Q=\boldsymbol{v}(M)\cdot\boldsymbol{n}_0(M)S.$$

现在，流速$\boldsymbol{v}(M)$不是常向量，S 也不是平面而是曲面(图 10.26). 为了求流量，可用积分的方法：把大范围的曲面问题化为小范围的平面问题，并在小范围内，把流速近似地看成常向量.

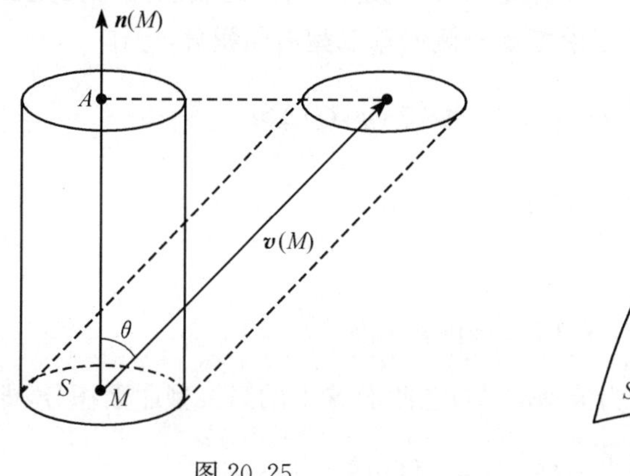

图 20.25

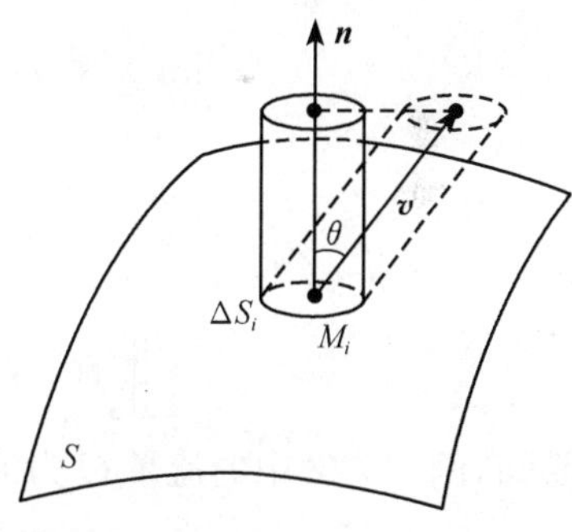

图 20.26

任意分割有向曲面 S 为 n 小块，小块及其面积都记作

$$\Delta S_1,\Delta S_2,\cdots,\Delta S_n.$$

在每一小块 ΔS_i 上，任取一点 M_i，设曲面 S 在点 M_i 处的单位法向量为 $\boldsymbol{n}_0(M_i)$ $(i=1,2,\cdots,n)$. 当分割充分细密时，ΔS_i 可近似看做一小块平面，并可近似认为流速在 ΔS_i 上点点相同，都是$\boldsymbol{v}(M_i)$. 这样，流体流过小块 ΔS_i 的流量 ΔQ_i 为

$$\Delta Q_i\approx\boldsymbol{v}(M_i)\cdot\boldsymbol{n}_0(M_i)\Delta S_i,\quad i=1,2,\cdots,n.$$

于是总流量为

$$Q=\sum_{i=1}^{n}\Delta Q_i\approx\sum_{i=1}^{n}v(M_i)\cdot n_0(M_i)\Delta S_i.$$

当各小块 ΔS_i 的最大直径 $\lambda\to 0$ 时,便得到

$$Q=\lim_{\lambda\to 0}\sum_{i=1}^{n}\boldsymbol{v}(M_i)\cdot\boldsymbol{n}_0(M_i)\Delta S_i.$$

除了流量以外,电场强度 $\boldsymbol{E}(M)$ 通过有向曲面 S 的电通量 Φ 也可表示为同一类型的极限

$$\Phi=\lim_{\lambda\to 0}\sum_{i=1}^{n}\boldsymbol{E}(M_i)\cdot\boldsymbol{n}_0(M_i)\Delta S_i.$$

于是引进下述定义.

定义 10.4　设有分片光滑的双侧曲面 S,取定其一侧,记这一侧的单位法向量为 $\boldsymbol{n}_0(M)=\boldsymbol{n}_0(x,y,z)$,$\boldsymbol{F}(M)=F(x,y,z)$ 为定义在 S 上的向量函数. 任意分割 S 为 n 小块,小块及其面积都记作

$$\Delta S_1,\Delta S_2,\cdots,\Delta S_n.$$

在每一小块 ΔS_i 上,任取一点 $M_i(\xi_i,\eta_i,\zeta_i)$,作和式

$$\sum_{i=1}^{n}\boldsymbol{F}(M_i)\cdot\boldsymbol{n}_0(M_i)\Delta S_i=\sum_{i=1}^{n}\boldsymbol{F}(\xi_i,\eta_i,\zeta_i)\cdot\boldsymbol{n}_0(\xi_i,\eta_i,\zeta_i)\Delta S_i,$$

令各小块 ΔS_i 的直径之最大者 $\lambda\to 0$,若此和式有极限,则称此极限值为**向量函数 $\boldsymbol{F}(M)=\boldsymbol{F}(x,y,z)$ 在有向曲面 S 上沿指定一侧的第二型曲面积分**,记作

$$\lim_{\lambda\to 0}\sum_{i=1}^{n}\boldsymbol{F}(\xi_i,\eta_i,\zeta_i)\cdot\boldsymbol{n}_0(\xi_i,\eta_i,\zeta_i)\Delta S_i$$
$$=\iint_S\boldsymbol{F}(x,y,z)\cdot\boldsymbol{n}_0(x,y,z)\mathrm{d}S.$$

简记作

$$\iint_S\boldsymbol{F}\cdot\boldsymbol{n}_0\mathrm{d}S\quad\text{或}\iint_S\boldsymbol{F}\cdot\mathrm{d}\boldsymbol{S}.$$

易知,例 10.22 中的流量 Q 为流速 $\boldsymbol{v}(M)$ 在曲面 S 上的第二型曲面积分,即

$$Q=\iint_S\boldsymbol{v}(M)\cdot\boldsymbol{n}_0(M)\mathrm{d}S.$$

电通量 Φ 为电场强度 $\boldsymbol{E}(M)$ 在 S 上的第二型曲面积分,即

$$\Phi=\iint_S\boldsymbol{E}(M)\cdot\boldsymbol{n}_0(M)\mathrm{d}S.$$

当 S 为封闭曲面时,第二型曲面积分常记作

$$\oint\!\!\!\oint_S\boldsymbol{F}(M)\cdot\boldsymbol{n}_0(M)\mathrm{d}S.$$

第二型曲面积分具有以下简单性质:

(1) 线性性质.

$$\iint_S (k_1\boldsymbol{F}_1+k_2\boldsymbol{F}_2)\cdot\boldsymbol{n}_0\,\mathrm{d}S=k_1\iint_S\boldsymbol{F}_1\cdot\boldsymbol{n}_0\,\mathrm{d}S+k_2\iint_S\boldsymbol{F}_2\cdot\boldsymbol{n}_0\,\mathrm{d}S,$$

其中 k_1,k_2 为常数.

(2) 可加性. 若 S 由 S_1 和 S_2 组成,则

$$\iint_S\boldsymbol{F}\cdot\boldsymbol{n}_0\,\mathrm{d}S=\iint_{S_1}\boldsymbol{F}\cdot\boldsymbol{n}_0\,\mathrm{d}S+\iint_{S_2}\boldsymbol{F}\cdot\boldsymbol{n}_0\,\mathrm{d}S.$$

(3) 有向性.

$$\iint_{S^+}\boldsymbol{F}\cdot\boldsymbol{n}_0\,\mathrm{d}S=-\iint_{S^-}\boldsymbol{F}\cdot\boldsymbol{n}_0\,\mathrm{d}S.$$

这是因为改变曲面的侧向时,法向量要改变方向,因此 $\boldsymbol{F}\cdot\boldsymbol{n}_0$ 要变号,从而积分值变号.

两类曲线积分可以互相转化,与此类似,两类曲面积分也有转化的公式. 设

$$\boldsymbol{F}(x,y,z)=\{P(x,y,z),Q(x,y,z),R(x,y,z)\},$$
$$\boldsymbol{n}_0(x,y,z)=\{\cos\alpha,\cos\beta,\cos\gamma\}$$

(其中 $\boldsymbol{n}_0(x,y,z)$ 为有向曲面 S 在指定一侧的点 (x,y,z) 处的单位法向量,α,β,γ 为 $\boldsymbol{n}_0$ 的方向角,一般说来,它们都是 x,y,z 的函数),则

$$\boldsymbol{F}\cdot\boldsymbol{n}_0=P\cos\alpha+Q\cos\beta+R\cos\gamma,$$

从而第二型曲面积分

$$\iint_S\boldsymbol{F}\cdot\boldsymbol{n}_0\,\mathrm{d}S=\iint_S(P\cos\alpha+Q\cos\beta+R\cos\gamma)\,\mathrm{d}S.$$

上式右端是函数 $(P\cos\alpha+Q\cos\beta+R\cos\gamma)$ 在 S 上的第一型曲面积分. 因此,上式就是两类曲面积分的转化公式.

10.5.2 第二型曲面积分的计算

设光滑的有向曲面 S 由方程

$$z=z(x,y),\quad (x,y)\in D_{xy}$$

给出,其中 D_{xy} 为 S 在 xy 平面上的投影区域,函数 $z(x,y)$ 在 D_{xy} 上有连续的一阶偏导数,则由

$$\begin{cases}\cos\alpha=\dfrac{\mp z_x}{\sqrt{1+z_x^2+z_y^2}},\\[2mm] \cos\beta=\dfrac{\mp z_y}{\sqrt{1+z_x^2+z_y^2}},\\[2mm] \cos\gamma=\dfrac{\pm 1}{\sqrt{1+z_x^2+z_y^2}}\end{cases}$$

和 $\mathrm{d}S=\sqrt{1+z_x^2+z_y^2}\mathrm{d}x\mathrm{d}y$ 得到

$$\begin{aligned}\iint_S \boldsymbol{F}\cdot\boldsymbol{n}_0\mathrm{d}S&=\iint_S(P\cos\alpha+Q\cos\beta+R\cos\gamma)\mathrm{d}S\\&=\pm\iint_{D_{xy}}\{P[x,y,z(x,y)]\cdot(-z_x)+Q[x,y,z(x,y)]\cdot(-z_y)\\&\quad+R[x,y,z(x,y)]\cdot 1\}\mathrm{d}x\mathrm{d}y.\end{aligned}$$

若曲面取上侧，即正侧，则上式右端积分前取正号；若曲面取下侧，即负侧，则右端积分前取负号. 上式就是化第二型曲面积分为二重积分的公式.

第二型曲面积分往往用坐标形式来表示. 常用记号 $\mathrm{d}y\mathrm{d}z,\mathrm{d}z\mathrm{d}x,\mathrm{d}x\mathrm{d}y$ 分别表示面积微元 $\mathrm{d}S$ 在 yOz 平面，zOx 平面和 xOy 平面上的有向投影，即

$$\mathrm{d}y\mathrm{d}z=\cos\alpha\mathrm{d}S,\quad \mathrm{d}z\mathrm{d}x=\cos\beta\mathrm{d}S,\quad \mathrm{d}x\mathrm{d}y=\cos\gamma\mathrm{d}S.$$

（它们的值或正或负，其符号取决于方向角 α,β,γ 是锐角还是钝角）因此第二型曲面积分可表示为

$$\begin{aligned}\iint_S \boldsymbol{F}\cdot\boldsymbol{n}_0\mathrm{d}S&=\iint_S(P\cos\alpha+Q\cos\beta+R\cos\gamma)\mathrm{d}S\\&=\iint_S P\mathrm{d}y\mathrm{d}z+Q\mathrm{d}z\mathrm{d}x+R\mathrm{d}x\mathrm{d}y.\end{aligned}$$

上式右端的积分称为**第二型曲面积分的坐标形式**.

例 10.23　计算 $I=\iint_S\dfrac{xy^2z\mathrm{d}y\mathrm{d}z+(z-R)^2\mathrm{d}x\mathrm{d}y}{(x^2+y^2+z^2)^{3/2}}$，其中 S 为上半球面 $z=\sqrt{R^2-x^2-y^2}\,(R>0)$，该曲面取上侧.

解　在 S 上，有 $x^2+y^2+z^2=R^2$，因此

$$I=\frac{1}{R^3}\iint_S xy^2z\mathrm{d}y\mathrm{d}z+(z-R)^2\mathrm{d}x\mathrm{d}y.$$

其中 S 在 xOy 平面上的投影区域为 $D_{xy}=\{(x,y)\mid x^2+y^2\leqslant R^2\}$. 因为 S 取上侧，所以公式右端的积分前应取正号，即有

$$\begin{aligned}I&=\frac{1}{R^3}\iint_{Dxy}[xy^2\sqrt{R^2-x^2-y^2}\cdot(-z_x)+(\sqrt{R^2-x^2-y^2}-R)^2\cdot 1]\mathrm{d}x\mathrm{d}y\\&=\frac{1}{R^3}\iint_{D_{xy}}[x^2y^2-(x^2+y^2)-2R\sqrt{R^2-(x^2+y^2)}+2R^2]\mathrm{d}x\mathrm{d}y\\&=\frac{\pi R}{24}(R^2+4).\end{aligned}$$

若光滑有向曲面 S 由方程

$$x=x(y,z),\quad (y,z)\in D_{yz}$$

给出，其中 D_{yz} 为 S 在 yz 平面上的投影区域，函数 $x(y,z)$ 在 D_{yz} 上有连续的一阶

偏导数,则可将第二型曲面积分化为在 D_{yz} 上的二重积分,即有公式

$$\iint_S F\cdot n_0\mathrm{d}S=\iint_S P\mathrm{d}y\mathrm{d}z+Q\mathrm{d}z\mathrm{d}x+R\mathrm{d}x\mathrm{d}y$$
$$=\pm\iint_{D_{yz}}\{P[x(y,z),y,z]\cdot 1+Q[x(y,z),y,z]\cdot(-x_y)$$
$$+R[x(y,z),y,z]\cdot(-x_z)\}\mathrm{d}y\mathrm{d}z.$$

若曲面取前侧,即正侧,则上式右端积分前取正号;若曲面取后侧,即负侧,则右端积分前取负号.

若光滑有向曲面 S 由方程

$$y=y(z,x),\quad (z,x)\in D_{zx}$$

给出,其中 D_{zx} 为 S 在 zx 平面上的投影区域,函数 $y(z,x)$ 在 D_{zx} 上有连续的一阶偏导数,则可将第二型曲面积分化为在 D_{zx} 上的二重积分,即有公式

$$\iint_S \boldsymbol{F}\cdot \boldsymbol{n}_0\mathrm{d}S=\iint_S P\mathrm{d}y\mathrm{d}z+Q\mathrm{d}z\mathrm{d}x+R\mathrm{d}x\mathrm{d}y$$
$$=\pm\iint_{D_{zx}}\{P[x,y(z,x),z]\cdot(-y_x)+Q[x,y(z,x),z]\cdot 1$$
$$+R[x,y(z,x),z]\cdot(-y_z)\}\mathrm{d}z\mathrm{d}x.$$

若曲面取右侧,即正侧,则上式右端积分前取正号;若曲面取左侧,即负侧,则右端积分前取负号.

例 10.24 计算 $\iint_S x\mathrm{d}y\mathrm{d}z-y\mathrm{d}z\mathrm{d}x-2z\mathrm{d}x\mathrm{d}y$,其中,$S$ 为曲面 $z=x^2+y^2$ 的前半部介于 $z=0$ 及 $z=1$ 之间的部分,取后侧.

解 由 S 的方程 $x=\sqrt{z-y^2}$ 知

$$x_y=\frac{-y}{\sqrt{z-y^2}},\quad x_z=\frac{1}{2\sqrt{z-y^2}}.$$

又有 S 在 yz 平面上的投影区域(图 10.27)是

$$D_{yz}=\{(y,z)\mid x=0,z\geqslant y^2,0\leqslant z\leqslant 1\},$$

由于 S 取后侧,因此公式右端积分前应取负号,于是得到

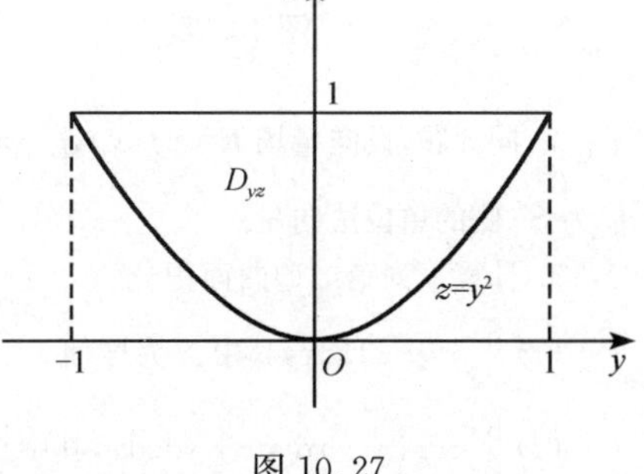

图 10.27

$$\iint_S x\mathrm{d}y\mathrm{d}z-y\mathrm{d}z\mathrm{d}x-2z\mathrm{d}x\mathrm{d}y$$
$$=-\iint_{D_{yz}}\left[\sqrt{z-y^2}\cdot 1-y\frac{y}{\sqrt{z-y^2}}-2z\frac{-1}{2\sqrt{z-y^2}}\right]\mathrm{d}y\mathrm{d}z$$

$$=-2\iint_{D_{yz}}\sqrt{z-y^2}\,\mathrm{d}y\mathrm{d}z=-\frac{\pi}{2}.$$

习　题　10.5

1. 设流体速度场 $\boldsymbol{v}=\{c,y,z\}$（c 为常数），一半径为 R 的球面球心在原点. 求流体从球面内部流出的流量.

2. 设流体速度场 $\boldsymbol{v}=(x+y+z)\boldsymbol{k}$. 求单位时间内流过曲面 $x^2+y^2=z$（其中 $0\leqslant z\leqslant h$）的流量，曲面 S 的法向量与 z 轴的夹角为钝角（图 10.28）.

3. 设向量场 $\boldsymbol{F}=\{x^2,y^2,xyz\}$. 求 $\iint_{S^+}(\boldsymbol{F}\cdot\boldsymbol{n}_0)\mathrm{d}S$，其中 S^+ 由 S_1 和 S_2 组成（图 10.29），$\boldsymbol{n}_0$ 为 S^+ 侧的单位法向量.

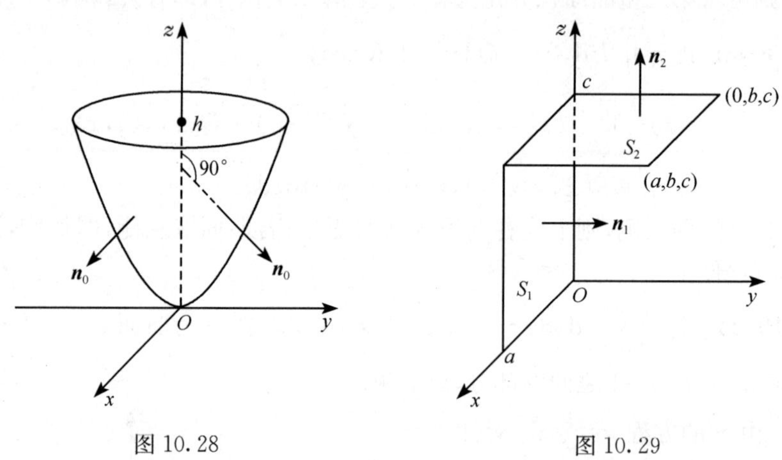

图 10.28　　　　图 10.29

4. 同 3 题，设向量场 $\boldsymbol{F}=\{f(x),g(y),h(z)\}$. 求 $\iint_{S^+}(\boldsymbol{F}\cdot\boldsymbol{n}_0)\mathrm{d}S$，其中 S^+ 由 S_1 和 S_2 组成，$\boldsymbol{n}_0$ 为 S^+ 侧的单位法向量.

5. 计算下列第二型曲面积分：

(1) $\iint_{\Sigma}x^2y^2z\mathrm{d}x\mathrm{d}y$，其中 Σ 为球面 $x^2+y^2+z^2=R^2$ 的下半部分的下侧；

(2) $\iint_{\Sigma}z\mathrm{d}x\mathrm{d}y+x\mathrm{d}y\mathrm{d}z+y\mathrm{d}z\mathrm{d}x$，其中 Σ 为柱面 $x^2+y^2=1$ 被平面 $z=0$ 及 $z=3$ 所截得的在第一卦限内的部分的前侧；

(3) $\iint_{\Sigma}[f(x,y,z)+x]\mathrm{d}y\mathrm{d}z+[2f(x,y,z)+y]\mathrm{d}z\mathrm{d}x+[f(x,y,z)+z]\mathrm{d}x\mathrm{d}y$，其中 $f(x,y,z)$ 为连续函数，Σ 为平面 $x-y+z=1$ 在第四卦限部分的上侧；

(4) $\iint_{\Sigma}xz\mathrm{d}x\mathrm{d}y+xy\mathrm{d}y\mathrm{d}z+yz\mathrm{d}z\mathrm{d}x$，其中 Σ 为平面 $x=0,y=0,z=0,x+y+z=1$ 所围成的空间区域的整个边界曲面的外侧；

(5) $\iint_{\Sigma} x^2y^2z\mathrm{d}x\mathrm{d}y$,其中 Σ 为曲面 $z=\sqrt{x^2+y^2}(x^2+y^2\leqslant R^2)$ 的下侧；

(6) $\iint_{\Sigma} x\mathrm{d}y\mathrm{d}z+y\mathrm{d}z\mathrm{d}x+z\mathrm{d}x\mathrm{d}y$,其中,$\Sigma$ 为球面 $x^2+y^2+z^2=R^2$ 的外侧；

(7) $\iint_{\Sigma} z\mathrm{d}x\mathrm{d}y$,其中 Σ 为球面 $x^2+y^2+z^2=R^2$ 的外侧；

(8) $\iint_{\Sigma} \frac{\mathrm{e}^z}{\sqrt{x^2+y^2}}\mathrm{d}x\mathrm{d}y$,其中 Σ 为锥面 $z=\sqrt{x^2+y^2}$ 及平面 $z=1,z=2$ 所围立体的整个边界之外侧；

(9) $\iint_{\Sigma} \frac{\mathrm{d}y\mathrm{d}z}{x}+\frac{\mathrm{d}x\mathrm{d}z}{y}+\frac{\mathrm{d}x\mathrm{d}y}{z}$,其中 Σ 为椭球面 $\frac{x^2}{a^2}+\frac{y^2}{b^2}+\frac{z^2}{c^2}=1$ 的外侧；

(10) $\iint_{\Sigma} z\mathrm{d}x\mathrm{d}y+x\mathrm{d}y\mathrm{d}z+y\mathrm{d}z\mathrm{d}x$,其中 Σ 为柱面 $x^2+y^2=1$ 被平面 $z=0$ 及 $z=3$ 所截部分的外侧；

(11) $\iint_{\Sigma} (y-z)\mathrm{d}y\mathrm{d}z-(z-x)\mathrm{d}z\mathrm{d}x+(x-y)\mathrm{d}x\mathrm{d}y$,其中 Σ 为圆锥面 $x^2+y^2=z^2(0\leqslant z\leqslant h)$ 的外表面；

(12) $\iint_{\Sigma} (y-z)\mathrm{d}y\mathrm{d}z-(z-x)\mathrm{d}z\mathrm{d}x+(x-y)\mathrm{d}x\mathrm{d}y$,其中 Σ 为 $x^2+y^2+z^2=2Rx$ 的上半球面被柱面 $x^2+y^2=2rx(R>r>0)$ 所截下部分的上侧；

(13) $\iint_{\Sigma} y\mathrm{d}y\mathrm{d}z+z\mathrm{d}z\mathrm{d}x+x\mathrm{d}x\mathrm{d}y$,其中 Σ 为螺旋面 $x=u\cos v, y=u\sin v, z=cv(a\leqslant u\leqslant b, 0\leqslant v\leqslant 2\pi)$ 的上侧.

6. 把第二型曲面积分

$$\iint_{\Sigma} P(x,y,z)\mathrm{d}y\mathrm{d}z+Q(x,y,z)\mathrm{d}z\mathrm{d}x+R(x,y,z)\mathrm{d}x\mathrm{d}y$$

化成第一型曲面积分,其中,

(1) Σ 为平面 $3x+2y+2\sqrt{3}z=6$ 在第一卦限的部分的上侧；

(2) Σ 为抛物面 $z=8-(x^2+y^2)$ 在 xOy 面上方的部分的上侧.

10.6　高斯公式　通量与散度

10.6.1　高斯公式

格林公式反映了平面闭曲线上的曲线积分与所围区域上二重积分的关系. 同样,空间曲面上的曲面积分与所围区域上的三重积分也有内在的联系,在一定条件下,它们可以互相转化,转化的公式称为**高斯公式**.

定理 10.9　设 Ω 为空间有界闭区域,其边界面 S 是分片光滑曲面,曲面的正侧记作 S^+,向量函数 $\boldsymbol{F}(x,y,z)=\{P(x,y,z),Q(x,y,z),R(x,y,z)\}$ 的各分量在

Ω 及 S 上有连续的一阶偏导数，则有高斯公式

$$\iint_{S^+}\boldsymbol{F}\cdot\boldsymbol{n}_0\,\mathrm{d}S=\iiint_{\Omega}\left(\frac{\partial P}{\partial x}+\frac{\partial Q}{\partial y}+\frac{\partial R}{\partial z}\right)\mathrm{d}V$$

或写为

$$\begin{aligned}&\oiint_{S^+}(P\cos\alpha+Q\cos\beta+R\cos\gamma)\mathrm{d}S\\=&\oiint_{S^+}P\mathrm{d}y\mathrm{d}z+Q\mathrm{d}z\mathrm{d}x+R\mathrm{d}x\mathrm{d}y\\=&\iiint_{\Omega}\left(\frac{\partial P}{\partial x}+\frac{\partial Q}{\partial y}+\frac{\partial R}{\partial z}\right)\mathrm{d}V,\end{aligned}$$

其中 $\boldsymbol{n}_0=\{\cos\alpha,\cos\beta,\cos\gamma\}$ 为 S^+ 在点 (x,y,z) 处的单位法向量.

证　先证明

$$\oiint_{S^+}R\cos\gamma\mathrm{d}S=\oiint_{S^+}R\mathrm{d}x\mathrm{d}y=\iiint_{\Omega}\frac{\partial R}{\partial z}\mathrm{d}V.$$

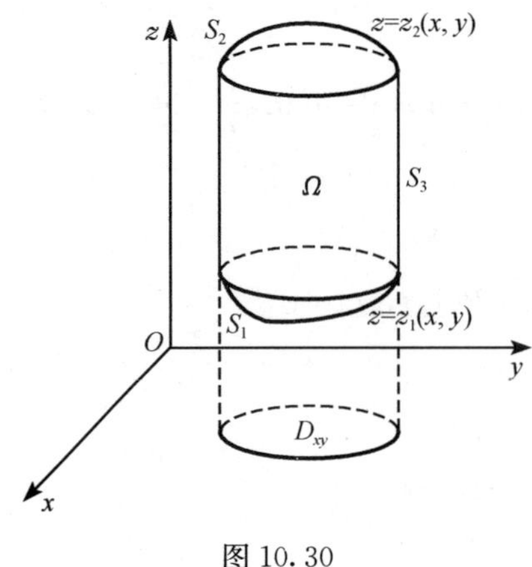

图 10.30

假设空间区域 Ω 是由曲面 $S_1: z=z_1(x,y)$，曲面 $S_2: z=z_2(x,y)$ 以及母线平行于 z 轴的柱面 S_3 所围成的(图 10.30)，并设 Ω 在 xOy 平面上的投影区域为 D_{xy}，则由三重积分的计算公式得

$$\begin{aligned}\iiint_{\Omega}\frac{\partial R}{\partial z}\mathrm{d}V&=\iint_{D_{xy}}\mathrm{d}x\mathrm{d}y\int_{z_1(x,y)}^{z_2(x,y)}\frac{\partial R}{\partial z}\mathrm{d}z\\&=\iint_{D_{xy}}R[x,y,z_2(x,y)]\mathrm{d}x\mathrm{d}y\\&\quad-\iint_{D_{xy}}R[x,y,z_1(x,y)]\mathrm{d}x\mathrm{d}y.\end{aligned}$$

另外，由曲面积分的可加性知

$$\oiint_{S^+}R\cos\gamma\mathrm{d}S=\oiint_{S^+}R\mathrm{d}x\mathrm{d}y=\iint_{S_1}R\mathrm{d}x\mathrm{d}y+\iint_{S_2}R\mathrm{d}x\mathrm{d}y+\iint_{S_3}R\mathrm{d}x\mathrm{d}y.$$

因为 S^+ 是曲面 S 的外侧，所以，在 S_1 上，方向角 γ 为钝角；在 S_2 上，γ 为锐角；在 S_3 上，γ 为直角，因此

$$\iint_{S_3}R\mathrm{d}x\mathrm{d}y=\iint_{S_3}R\cos\gamma\mathrm{d}S=\iint_{S_3}0\mathrm{d}S=0.$$

又由第二型曲面积分的计算公式得

$$\iint_{S_1} R\mathrm{d}x\mathrm{d}y = -\iint_{D_{xy}} R[x,y,z_1(x,y)]\mathrm{d}x\mathrm{d}y,$$

$$\iint_{S_2} R\mathrm{d}x\mathrm{d}y = \iint_{D_{xy}} R[x,y,z_2(x,y)]\mathrm{d}x\mathrm{d}y,$$

于是得到

$$\begin{aligned}\oiint_{S^+} R\cos\gamma\mathrm{d}S &= \oiint_{S^+} R\mathrm{d}x\mathrm{d}y = \iint_{S_2} R\mathrm{d}x\mathrm{d}y + \iint_{S_1} R\mathrm{d}x\mathrm{d}y \\ &= \iint_{D_{xy}} R[x,y,z_2(x,y)]\mathrm{d}x\mathrm{d}y - \iint_{D_{xy}} R[x,y,z_1(x,y)]\mathrm{d}x\mathrm{d}y \\ &= \iiint_{\Omega} \frac{\partial R}{\partial z}\mathrm{d}V.\end{aligned}$$

即 $\oiint_{S^+} R\cos\gamma\mathrm{d}S = \oiint_{S^+} R\mathrm{d}x\mathrm{d}y = \iiint_{\Omega} \frac{\partial R}{\partial z}\mathrm{d}V$ 成立.

对于一般的区域 Ω,可用一些辅助曲面把它分成若干个区域,在每一个部分区域上,等式成立,然后将这些式子相加,注意到在辅助曲面上的积分要正反两侧各积分一次,正好互相抵消,因此原式成立.

同理可证

$$\oiint_{S^+} P\cos\alpha\mathrm{d}S = \oiint_{S^+} P\mathrm{d}y\mathrm{d}z = \iiint_{\Omega} \frac{\partial P}{\partial x}\mathrm{d}V,$$

$$\oiint_{S^+} Q\cos\beta\mathrm{d}S = \oiint_{S^+} Q\mathrm{d}z\mathrm{d}x = \iiint_{\Omega} \frac{\partial Q}{\partial y}\mathrm{d}V.$$

将三个式子相加,即得高斯公式成立.

特别地,若 $P=x, Q=y, R=z$,则 $\frac{\partial P}{\partial x}+\frac{\partial Q}{\partial y}+\frac{\partial R}{\partial z}=3$,于是由高斯公式得到空间立体 Ω 的体积

$$\begin{aligned}V &= \iiint_{\Omega} 1\mathrm{d}V = \frac{1}{3}\iiint_{\Omega}\left(\frac{\partial x}{\partial x}+\frac{\partial y}{\partial y}+\frac{\partial z}{\partial z}\right)\mathrm{d}V \\ &= \frac{1}{3}\oiint_{S^+} x\mathrm{d}y\mathrm{d}z + y\mathrm{d}z\mathrm{d}x + z\mathrm{d}x\mathrm{d}y,\end{aligned}$$

其中,S^+ 为区域 Ω 的边界面的外侧.

例 10.25 利用高斯公式计算曲面积分

$$\oiint_{\Sigma} (x-y)\mathrm{d}x\mathrm{d}y + (y-z)x\mathrm{d}y\mathrm{d}z,$$

其中 Σ 为柱面 $x^2+y^2=1$ 及平面 $z=0, z=3$ 所围成的空间闭区域 Ω 的整个边界

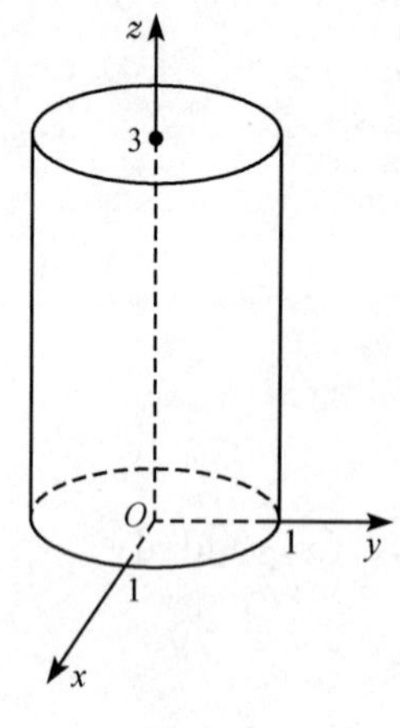

图 10.31

曲面的外侧(图 10.31).

解　因

$$P=(y-z)x,\quad Q=0,\quad R=x-y,$$

$$\frac{\partial P}{\partial x}=y-z,\quad \frac{\partial Q}{\partial y}=0,\quad \frac{\partial R}{\partial z}=0,$$

利用高斯公式把所给曲面积分化为三重积分,再利用柱面坐标计算三重积分,得

$$\begin{aligned}&\oiint_{\Sigma}(x-y)\mathrm{d}x\mathrm{d}y+(y-z)x\mathrm{d}y\mathrm{d}z\\&=\iiint_{\Omega}(y-z)\mathrm{d}x\mathrm{d}y\mathrm{d}z=\iiint_{\Omega}(\rho\sin\theta-z)\rho\,\mathrm{d}\rho\,\mathrm{d}\theta\mathrm{d}z\\&=\int_0^{2\pi}\mathrm{d}\theta\int_0^1\rho\,\mathrm{d}\rho\int_0^3(\rho\sin\theta-z)\mathrm{d}z=-\frac{9\pi}{2}.\end{aligned}$$

例 10.26　试利用高斯公式计算

$$I=\iint_S\frac{xy^2z\mathrm{d}y\mathrm{d}z+(z-R)^2\mathrm{d}x\mathrm{d}y}{(x^2+y^2+z^2)^{3/2}},$$

其中 S 为上半球面 $z=\sqrt{R^2-x^2-y^2}\,(R>0)$,取其上侧.

解

$$\begin{aligned}I&=\frac{1}{R^3}\iint_S xy^2z\mathrm{d}y\mathrm{d}z+(z-R)^2\mathrm{d}x\mathrm{d}y\\&=\frac{1}{R^3}\iint_S P\mathrm{d}y\mathrm{d}z+Q\mathrm{d}x\mathrm{d}y.\end{aligned}$$

因上半球面 S 不封闭,为利用高斯公式,可在 xy 平面上补一个圆

$$S_1:\begin{cases}x^2+y^2\leqslant R^2,\\z=0,\end{cases}$$

取下侧,记作 S_1^-. 并记 S 的上侧为 S^+,则 $(S^++S_1^-)$ 组成一封闭曲面,并取外侧,即正侧. 记 $(S^++S_1^-)$ 所围成的空间区域为 Ω,则由高斯公式得

$$\begin{aligned}&\frac{1}{R^3}\oiint_{S^++S_1^-}P\mathrm{d}y\mathrm{d}z+Q\mathrm{d}x\mathrm{d}y\\&=\frac{1}{R^3}\iiint_{\Omega}\left[\frac{\partial}{\partial x}(xy^2z)+0+\frac{\partial}{\partial z}(z-R)^2\right]\mathrm{d}V\\&=\frac{1}{R^3}\left[\iiint_{\Omega}(y^2z+2z)\mathrm{d}V-2R\iiint_{\Omega}1\mathrm{d}V\right]\\&=\frac{1}{R^3}\iiint_{\Omega}(y^2z+2z)\mathrm{d}V-\frac{4}{3}\pi R\end{aligned}$$

$$=\frac{\pi}{24}R^3-\frac{5}{6}\pi R,$$

又由可加性知 $\oiint_{S^++S_1^-}=\iint_{S^+}+\iint_{S_1^-}$，代入上式，便得到所求积分

$$I=\frac{1}{R^3}\iint_{S^+}=\frac{1}{R^3}\iiint_{\Omega}-\frac{1}{R^3}\iint_{S_1^-},$$

在 S_1^- 上，$z=0$，又因为 S_1 取下侧，即负侧，所以

$$\frac{1}{R^3}\iint_{S_1^-}=-\frac{1}{R^3}\iint_{D_{xy}}[0+(0-R)^2]\mathrm{d}x\mathrm{d}y=-\pi R,$$

因此

$$I=\frac{1}{R^3}\iiint_{\Omega}-\frac{1}{R^3}\iint_{S_1^-}=\frac{\pi R}{24}(R^2+4).$$

例 10.27 设函数 $u(x,y,z)$ 和 $v(x,y,z)$ 在包含闭区域 Ω 的区域上具有一阶及二阶连续偏导数. 证明

$$\iiint_{\Omega}u\left(\frac{\partial^2 v}{\partial x^2}+\frac{\partial^2 v}{\partial y^2}+\frac{\partial^2 v}{\partial z^2}\right)\mathrm{d}V=\oiint_S u\frac{\partial v}{\partial \boldsymbol{n}}\mathrm{d}S-\iiint_{\Omega}\left(\frac{\partial u}{\partial x}\cdot\frac{\partial v}{\partial x}+\frac{\partial u}{\partial y}\cdot\frac{\partial v}{\partial y}+\frac{\partial u}{\partial z}\cdot\frac{\partial v}{\partial z}\right)\mathrm{d}V,$$

其中 S 为区域 Ω 的整个外边界面，$\frac{\partial v}{\partial \boldsymbol{n}}$ 为函数 $v(x,y,z)$ 沿 S 外法线方向的方向导数.

证 在高斯公式

$$\iiint_{\Omega}\left(\frac{\partial P}{\partial x}+\frac{\partial Q}{\partial y}+\frac{\partial R}{\partial z}\right)\mathrm{d}V=\oiint_S(P\cos\alpha+Q\cos\beta+R\cos\gamma)\mathrm{d}S$$

中，令 $P=u\frac{\partial v}{\partial x}$，$Q=u\frac{\partial v}{\partial y}$，$R=u\frac{\partial v}{\partial z}$，得到

$$\iiint_{\Omega}\left[u\left(\frac{\partial^2 v}{\partial x^2}+\frac{\partial^2 v}{\partial y^2}+\frac{\partial^2 v}{\partial z^2}\right)+\frac{\partial u}{\partial x}\frac{\partial v}{\partial x}+\frac{\partial u}{\partial y}\frac{\partial v}{\partial y}+\frac{\partial u}{\partial z}\frac{\partial v}{\partial z}\right]\mathrm{d}V$$
$$=\oiint_S u\left(\frac{\partial v}{\partial x}\cos\alpha+\frac{\partial v}{\partial y}\cos\beta+\frac{\partial v}{\partial z}\cos\gamma\right)\mathrm{d}S.$$

把上式左端分成两个积分，将其中一个移至等式右端，注意到

$$\frac{\partial v}{\partial x}\cos\alpha+\frac{\partial v}{\partial y}\cos\beta+\frac{\partial v}{\partial z}\cos\gamma=\frac{\partial v}{\partial \boldsymbol{n}},$$

就证得结论.

若利用拉普拉斯算子“Δ”来表示，则 $\Delta v=\frac{\partial^2 v}{\partial x^2}+\frac{\partial^2 v}{\partial y^2}+\frac{\partial^2 v}{\partial z^2}$，于是上式可写成

$$\iiint_{\Omega}u\Delta v\mathrm{d}V=\oiint_S u\frac{\partial v}{\partial \boldsymbol{n}}\mathrm{d}S-\iiint_{\Omega}\mathbf{grad}\,u\cdot\mathbf{grad}\,v\mathrm{d}V.$$

10.6.2　沿任意闭曲面的曲面积分为零的条件

在怎样的条件下，曲面积分

$$\iint_{\Sigma} P\,\mathrm{d}y\mathrm{d}z + Q\mathrm{d}z\mathrm{d}x + R\mathrm{d}x\mathrm{d}y$$

与曲面 Σ 无关而只取决于 Σ 的边界曲线？这问题相当于在怎样的条件下，沿任意闭曲面的曲面积分为零？这问题可用高斯公式来解决.

下面先介绍空间二维单连通区域及一维单连通区域的概念. 对空间区域 G，如果 G 内任一闭曲面所围成的区域全属于 G，则 G 是**空间二维单连通区域**；如果 G 内任一闭曲线总可以张成一片以其为边界的、完全属于 G 的曲面，则称 G 为**空间一维单连通区域**. 例如球面所围成的区域既是空间二维单连通的，又是空间一维单连通的；环面所围成的区域是空间二维单连通的，但不是空间一维单连通的；两个同心球面之间的区域是空间一维单连通的，但不是空间二维单连通的.

对于沿任意闭曲面的曲面积分为零的条件，有以下结论成立.

定理 10.10　设 G 是空间二维单连通区域，$P(x,y,z)$，$Q(x,y,z)$，$R(x,y,z)$ 在 G 内具有一阶连续偏导数，则曲面积分

$$\iint_{\Sigma} P\,\mathrm{d}y\mathrm{d}z + Q\mathrm{d}z\mathrm{d}x + R\mathrm{d}x\mathrm{d}y$$

在 G 内与所取曲面 Σ 无关而只取决于 Σ 的边界曲线（或沿 G 内任一闭曲面的曲面积分为零）的充分必要条件是

$$\frac{\partial P}{\partial x} + \frac{\partial Q}{\partial y} + \frac{\partial R}{\partial z} = 0$$

在 G 内恒成立.

10.6.3　通量与散度

设有向量场

$$\boldsymbol{A}(x,y,z) = P(x,y,z)\boldsymbol{i} + Q(x,y,z)\boldsymbol{j} + R(x,y,z)\boldsymbol{k},$$

其中，函数 P,Q,R 均具有一阶连续偏导数，Σ 为场内的一片有向曲面，$\boldsymbol{n}$ 为 Σ 在点 (x,y,z) 处的单位法向量，则积分

$$\iint_{\Sigma} \boldsymbol{A} \cdot \boldsymbol{n}\mathrm{d}S$$

称为**向量场 $\boldsymbol{A}$ 通过曲面 Σ 向着指定侧的通量**（或**流量**）.

由两类曲面积分的关系，通量又可表达为

$$\iint_{\Sigma} \boldsymbol{A} \cdot \boldsymbol{n}\mathrm{d}S = \iint_{\Sigma} \boldsymbol{A} \cdot \mathrm{d}\boldsymbol{S} = \iint_{\Sigma} P\,\mathrm{d}y\mathrm{d}z + Q\mathrm{d}z\mathrm{d}x + R\mathrm{d}x\mathrm{d}y.$$

例 10.28　求向量场 $\boldsymbol{A} = yz\boldsymbol{j} + z^2\boldsymbol{k}$ 穿过曲面 Σ 流向上侧的通量，其中 Σ 为柱

面 $y^2+z^2=1(z\geqslant 0)$ 被平面 $x=0$ 及 $x=1$ 截下的有限部分(图 10.32).

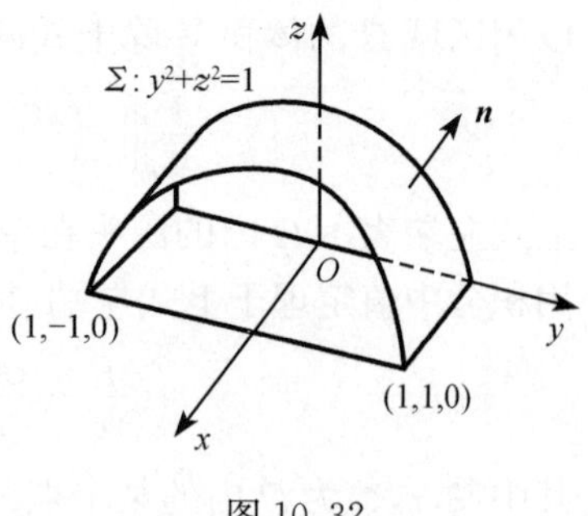

图 10.32

解 曲面 Σ 上侧的法向量可以由

$$f(x,y,z)=y^2+z^2$$

的梯度 ∇f 得出,即

$$\boldsymbol{n}=\frac{\nabla f}{|\nabla f|}=\frac{2y\boldsymbol{j}+2z\boldsymbol{k}}{\sqrt{(2y)^2+(2z)^2}}$$
$$=y\boldsymbol{j}+z\boldsymbol{k}\,(y^2+z^2=1).$$

在曲面 Σ 上

$$\boldsymbol{A}\cdot\boldsymbol{n}=y^2z+z^3=z(y^2+z^2)=z.$$

因此,$\boldsymbol{A}$ 穿过 Σ 流向上侧的通量为

$$\iint_{\Sigma}\boldsymbol{A}\cdot\boldsymbol{n}\mathrm{d}S=\iint_{\Sigma}z\,\mathrm{d}S=\iint_{D_{xy}}\sqrt{1-y^2}\cdot\frac{1}{\sqrt{1-y^2}}\mathrm{d}x\mathrm{d}y$$
$$=\iint_{D_{xy}}\mathrm{d}x\mathrm{d}y=2.$$

下面讨论一下高斯公式

$$\iiint_{\Omega}\left(\frac{\partial P}{\partial x}+\frac{\partial Q}{\partial y}+\frac{\partial R}{\partial z}\right)\mathrm{d}V=\oiint_{\Sigma}P\,\mathrm{d}y\mathrm{d}z+Q\mathrm{d}z\mathrm{d}x+R\mathrm{d}x\mathrm{d}y$$

的物理意义.

设在闭区域 Ω 上有稳定流动的、不可压缩的流体(假定流体的密度为 1)的速度场

$$\boldsymbol{v}(x,y,z)=P(x,y,z)\boldsymbol{i}+Q(x,y,z)\boldsymbol{j}+R(x,y,z)\boldsymbol{k},$$

其中,函数 P,Q,R 均具有一阶连续偏导数,Σ 是闭区域 Ω 的边界曲面的外侧,$\boldsymbol{n}$ 是曲面 Σ 在点 (x,y,z) 处的单位法向量. 我们知道,单位时间内流体经过曲面 Σ 流向指点侧的流体总质量就是

$$\iint_{\Sigma}\boldsymbol{v}\cdot\boldsymbol{n}\mathrm{d}S=\iint_{\Sigma}v_n\mathrm{d}S=\iint_{\Sigma}P\,\mathrm{d}y\mathrm{d}z+Q\mathrm{d}z\mathrm{d}x+R\mathrm{d}x\mathrm{d}y.$$

因此,高斯公式的右端可解释为速度场 $\boldsymbol{v}$ 通过闭曲面 Σ 流向外侧的通量,即流体在单位时间内离开闭区域 Ω 的总质量. 由于我们假定流体是不可压缩且流动是稳定的,因此在流体离开 Ω 的同时,Ω 的内部必须有产生流体的"源头"产生出同样多的流体来进行补充,所以高斯公式的左端可解释为分布在 Ω 内的源头在单位时间内所产生的流体的总质量.

为简便起见,把高斯公式改写成

$$\iiint_{\Omega}\left(\frac{\partial P}{\partial x}+\frac{\partial Q}{\partial y}+\frac{\partial R}{\partial z}\right)\mathrm{d}V=\oiint_{\Sigma}v_n\mathrm{d}S.$$

以闭区域 Ω 的体积 V 除上式两端，得

$$\frac{1}{V}\iiint_{\Omega}\left(\frac{\partial P}{\partial x}+\frac{\partial Q}{\partial y}+\frac{\partial R}{\partial z}\right)\mathrm{d}V=\frac{1}{V}\oiint_{\Sigma}v_n\mathrm{d}S.$$

上式左端表示 Ω 内的源头在单位时间单位体积内所产生的流体质量的平均值. 应用积分中值定理于上式左端，得

$$\left(\frac{\partial P}{\partial x}+\frac{\partial Q}{\partial y}+\frac{\partial R}{\partial z}\right)\Big|_{(\xi,\eta,\zeta)}=\frac{1}{V}\oiint_{\Sigma}v_n\mathrm{d}S.$$

其中(ξ,η,ζ)为 Ω 内的某个点. 令 Ω 缩向一点 $M(x,y,z)$，取上式的极限，得

$$\frac{\partial P}{\partial x}+\frac{\partial Q}{\partial y}+\frac{\partial R}{\partial z}=\lim_{\Omega\to M}\frac{1}{V}\oiint_{\Sigma}v_n\mathrm{d}S.$$

上式左端称为**速度场 $\boldsymbol{v}$ 在点 M 的通量密度或散度**，记作 $\mathrm{div}\,\boldsymbol{v}(M)$，即

$$\mathrm{div}\,\boldsymbol{v}(M)=\frac{\partial P}{\partial x}+\frac{\partial Q}{\partial y}+\frac{\partial R}{\partial z}.$$

其中 $\mathrm{div}\,\boldsymbol{v}(M)$可看作稳定流动的不可压缩流体在点 M 的源头强度——在单位时间单位体积内所产生的流体质量. 在 $\mathrm{div}\,\boldsymbol{v}(M)>0$ 的点处，流体从该点向外发散，表示流体在该点处有正源；在 $\mathrm{div}\,\boldsymbol{v}(M)<0$ 的点处，流体向该点汇聚，表示流体在该点处有吸收流体的负源（又称为汇或洞）；在 $\mathrm{div}\,\boldsymbol{v}(M)=0$ 的点处，表示流体在该点处无源.

对于一般的向量场

$$\mathbf{A}(x,y,z)=P(x,y,z)\boldsymbol{i}+Q(x,y,z)\boldsymbol{j}+R(x,y,z)\boldsymbol{k}$$

$\frac{\partial P}{\partial x}+\frac{\partial Q}{\partial y}+\frac{\partial R}{\partial z}$叫做**向量场 $\mathbf{A}$ 的散度**，记作 $\mathrm{div}\,\mathbf{A}$，即

$$\mathrm{div}\,\mathbf{A}=\frac{\partial P}{\partial x}+\frac{\partial Q}{\partial y}+\frac{\partial R}{\partial z}.$$

利用向量微分算子∇，$\mathbf{A}$ 的散度 $\mathrm{div}\,\mathbf{A}$ 也可表达为$\nabla\cdot\mathbf{A}$，即

$$\mathrm{div}\,\mathbf{A}=\nabla\cdot\mathbf{A}.$$

如果向量场 A 的散度 $\mathrm{div}\,\mathbf{A}$ 处处为零，则称**向量场 $\mathbf{A}$ 为无源场**.

利用向量场的通量和散度，高斯公式可以写成下面的向量形式：

$$\iiint_{\Omega}\mathrm{div}\,\mathbf{A}\mathrm{d}V=\iint_{\Sigma}A_n\mathrm{d}S$$

或

$$\iiint_{\Omega}\nabla\cdot\mathbf{A}\mathrm{d}V=\iint_{\Sigma}A_n\mathrm{d}S.$$

高斯公式的物理意义是，向量场 A 通过闭曲面 Σ 流向外侧的通量等于向量场 A 的散度在闭曲面 Σ 所围闭区域 Ω 上的积分.

习 题 10.6

1. 利用高斯公式计算曲面积分：

(1) $\oiint_{\Sigma} x^2\mathrm{d}y\mathrm{d}z+y^2\mathrm{d}z\mathrm{d}x+z^2\mathrm{d}x\mathrm{d}y$，其中 Σ 为平面 $x=0,y=0,z=0,x=a,y=a,z=a$ 所围成的立体的表面的外侧；

(2) $\oiint_{\Sigma} x^3\mathrm{d}y\mathrm{d}z+y^3\mathrm{d}z\mathrm{d}x+z^3\mathrm{d}x\mathrm{d}y$，其中 Σ 为球面 $x^2+y^2+z^2=a^2$ 的外侧；

(3) $\oiint_{\Sigma} xz^2\mathrm{d}y\mathrm{d}z+(x^2y-z^3)\mathrm{d}z\mathrm{d}x+(2xy+y^2z)\mathrm{d}x\mathrm{d}y$，其中 Σ 为上半球体 $0\leqslant z\leqslant\sqrt{a^2-x^2-y^2}$，$x^2+y^2\leqslant a^2$ 的表面的外侧；

(4) $\oiint_{\Sigma} x\mathrm{d}y\mathrm{d}z+y\mathrm{d}z\mathrm{d}x+z\mathrm{d}x\mathrm{d}y$，其中 Σ 为界于 $z=0$ 和 $z=3$ 之间的圆柱体 $x^2+y^2\leqslant 9$ 的整个表面的外侧；

(5) $\oiint_{\Sigma} 4xz\mathrm{d}y\mathrm{d}z-y^2\mathrm{d}z\mathrm{d}x+yz\mathrm{d}x\mathrm{d}y$，其中 Σ 为平面 $x=0,y=0,z=0,x=1,y=1,z=1$ 所围成的立方体的全表面的外侧；

(6) $\oiint_{\Sigma} (x-y)\mathrm{d}x\mathrm{d}y+(y-z)x\mathrm{d}y\mathrm{d}z$，其中 Σ 为由柱面 $x^2+y^2=1$ 与平面 $z=0,z=3$ 所围立体边界的外侧；

(7) $\oiint_{\Sigma} (\boldsymbol{A}\cdot\boldsymbol{n}_0)\mathrm{d}S$，其中 $\boldsymbol{A}=\{x^2,y^2,z^2\}$，$S^+$ 为锥面 $x^2+y^2=z^2$ 在 $0\leqslant z\leqslant h$ 部分的外侧，$\boldsymbol{n}_0$ 为 S^+ 侧的单位法向量；

(8) $\oiint_{\Sigma} xy^2\mathrm{d}y\mathrm{d}z+yz^2\mathrm{d}z\mathrm{d}x+zx^2\mathrm{d}x\mathrm{d}y$，其中 Σ 为椭球面 $\frac{x^2}{a^2}+\frac{y^2}{b^2}+\frac{z^2}{c^2}=1$ 的外侧.

2. 计算下列曲面积分：

(1) $\iint_{\Sigma} (y^2-z)\mathrm{d}y\mathrm{d}z+(z^2-x)\mathrm{d}z\mathrm{d}x+(x^2-y)\mathrm{d}x\mathrm{d}y$，其中 Σ 为锥面 $z=\sqrt{x^2+y^2}\,(0\leqslant z\leqslant h)$ 的外侧；

(2) $\iint_{\Sigma} x\mathrm{d}y\mathrm{d}z+y\mathrm{d}z\mathrm{d}x+z\mathrm{d}x\mathrm{d}y$，其中 Σ 为半球面 $z=\sqrt{R^2-x^2-y^2}$ 的上侧；

(3) $\iint_{\Sigma} xyz\mathrm{d}x\mathrm{d}y$，其中 Σ 为球面 $x^2+y^2+z^2=1\,(x\geqslant 0,y\geqslant 0)$ 的外侧.

3. 设 $\boldsymbol{a}$ 是常向量，S^+ 为任意的逐块光滑闭曲面的外侧，$\boldsymbol{n}_0$ 为 S^+ 侧的单位法向量. 证明

$$\iint_{S^+}(\boldsymbol{a}\cdot\boldsymbol{n}_0)\mathrm{d}S=0.$$

4. 计算 $\iint_S \cos\langle\boldsymbol{r},\boldsymbol{n}_0\rangle\mathrm{d}S$，其中 $\boldsymbol{r}=\{x,y,z\}$，$\boldsymbol{n}_0$ 为球面 $x^2+y^2+z^2=R^2$ 外侧单位法向量.

5. 计算 $\iint_{S^+}\frac{\cos\langle\boldsymbol{r},\boldsymbol{n}_0\rangle}{|\boldsymbol{r}|^2}\mathrm{d}S$，其中 $\boldsymbol{r}=\{x,y,z\}$，$\boldsymbol{n}_0$ 为闭曲面 S 外侧单位法向量，闭曲面 S 为下面三种情形：

(1) $x^2+y^2+z^2=R^2$；

(2) $\frac{x^2}{a^2}+\frac{y^2}{b^2}+\frac{z^2}{c^2}=1$；

(3) 不包含原点的闭曲面.

6. 设 u 是三维调和函数,即满足

$$\frac{\partial^2 u}{\partial x^2}+\frac{\partial^2 u}{\partial y^2}+\frac{\partial^2 u}{\partial z^2}=0,$$

且 u 有二阶连续的偏导数. 证明

(1) $\iint_S u\frac{\partial u}{\partial \boldsymbol{n}}\mathrm{d}S=\iiint_V(u_x^2+u_y^2+u_z^2)\mathrm{d}V$,其中,$\frac{\partial u}{\partial \boldsymbol{n}}$为 S 的外法向方向导数；

(2) 若 $u=u(x,y,z)$在边界面 S 上恒为零,则 u 在区域 V 上恒为零(S 为 V 的边界面).

7. 求下列向量 $\mathbf{A}$ 穿过曲面 Σ 流向指定侧的通量：

(1) $\mathbf{A}=yz\boldsymbol{i}+xz\boldsymbol{j}+xy\boldsymbol{k}$,其中 Σ 为圆柱 $x^2+y^2\leqslant a^2(0\leqslant z\leqslant h)$的全表面,流向外侧；

(2) $\mathbf{A}=(2x-z)\boldsymbol{i}+x^2y\boldsymbol{j}-xz^2\boldsymbol{k}$,其中 Σ 为立方体 $0\leqslant x\leqslant a,0\leqslant y\leqslant a,0\leqslant z\leqslant a$ 的全表面,流向外侧；

(3) $\mathbf{A}=(2x+3z)\boldsymbol{i}-(xz+y)\boldsymbol{j}+(y^2+2z)\boldsymbol{k}$,其中 Σ 为以点$(3,-1,2)$为球心,半径 $R=3$ 的球面,流向外侧；

(4) $\mathbf{A}=x\boldsymbol{i}+y\boldsymbol{j}+z\boldsymbol{k}$,其中 Σ 为闭区域 $\Omega=\{(x,y,z)\mid 0\leqslant x\leqslant 1,0\leqslant y\leqslant 1,0\leqslant z\leqslant 1\}$的边界曲面,流向外侧.

8. 求下列向量场 $\mathbf{A}$ 的散度：

(1) $\mathbf{A}=(x^2+yz)\boldsymbol{i}+(y^2+xz)\boldsymbol{j}+(z^2+xy)\boldsymbol{k}$；

(2) $\mathbf{A}=\mathrm{e}^{xy}\boldsymbol{i}+\cos(xy)\boldsymbol{j}+\cos(xz^2)\boldsymbol{k}$；

(3) $\mathbf{A}=y^2\boldsymbol{i}+xy\boldsymbol{j}+xz\boldsymbol{k}$；

9. 设 $u(x,y,z),v(x,y,z)$是两个定义在闭区域 Ω 上的具有二阶连续偏导数的函数,$\frac{\partial u}{\partial \boldsymbol{n}},\frac{\partial v}{\partial \boldsymbol{n}}$依次表示 $u(x,y,z),v(x,y,z)$沿 Σ 的外法线方向的方向导数. 证明

$$\iiint_\Omega(u\Delta v-v\Delta u)\mathrm{d}x\mathrm{d}y\mathrm{d}z=\oiint_\Sigma\left(u\frac{\partial v}{\partial \boldsymbol{n}}-v\frac{\partial u}{\partial \boldsymbol{n}}\right)\mathrm{d}S.$$

其中 Σ 为空间闭区域 Ω 的整个边界曲面. 这个公式叫做**格林第二公式**.

10. 利用高斯公式推证阿基米德原理:浸没在液体中的物体所受液体的压力的合力(即浮力)的方向铅直向上,其大小等于这物体所排开的液体的重力.

10.7　斯托克斯公式　环流量与旋度

10.7.1　斯托克斯公式

格林公式和高斯公式都是区域(平面区域或空间区域)上的积分与区域边界上的积分之间的联系公式. 同样的事实反映在空间曲面上,就是曲面上的曲面积分与

曲面边界上的曲线积分之间的联系公式——**斯托克斯公式**.

定理 10.11 设 S 为分片光滑的双侧曲面,其边界为分段光滑曲线 L,取定 S 的一侧,将这一侧的单位法向量记作 $\boldsymbol{n}_0$. 若向量函数 $\boldsymbol{F}(x,y,z)=\{P(x,y,z),Q(x,y,z),R(x,y,z)\}$的三个分量在包围曲面 S 的空间区域内有连续的一阶偏导数,则有斯托克斯公式

$$\begin{aligned}\oint_L P\mathrm{d}x+Q\mathrm{d}y+R\mathrm{d}z&=\iint_S\left[\left(\frac{\partial R}{\partial y}-\frac{\partial Q}{\partial z}\right)\cos\alpha+\left(\frac{\partial P}{\partial z}-\frac{\partial R}{\partial x}\right)\cos\beta+\left(\frac{\partial Q}{\partial x}-\frac{\partial P}{\partial y}\right)\cos\gamma\right]\mathrm{d}S\\&=\iint_S\left(\frac{\partial R}{\partial y}-\frac{\partial Q}{\partial z}\right)\mathrm{d}y\mathrm{d}z+\left(\frac{\partial P}{\partial z}-\frac{\partial R}{\partial x}\right)\mathrm{d}z\mathrm{d}x+\left(\frac{\partial Q}{\partial x}-\frac{\partial P}{\partial y}\right)\mathrm{d}x\mathrm{d}y,\end{aligned}$$

其中 $\boldsymbol{n}_0=\{\cos\alpha,\cos\beta,\cos\gamma\}$,且左端的积分路径 L 的方向与 $\boldsymbol{n}_0$ 组成右手系.

为了便于记忆,斯托克斯公式又可写为

$$\begin{aligned}\oint_L P\mathrm{d}x+Q\mathrm{d}y+R\mathrm{d}z&=\iint_S\begin{vmatrix}\cos\alpha&\cos\beta&\cos\gamma\\\dfrac{\partial}{\partial x}&\dfrac{\partial}{\partial y}&\dfrac{\partial}{\partial z}\\P&Q&R\end{vmatrix}\mathrm{d}S\\&=\iint_S\begin{vmatrix}\mathrm{d}y\mathrm{d}z&\mathrm{d}z\mathrm{d}x&\mathrm{d}x\mathrm{d}y\\\dfrac{\partial}{\partial x}&\dfrac{\partial}{\partial y}&\dfrac{\partial}{\partial z}\\P&Q&R\end{vmatrix}.\end{aligned}$$

证 先证明

$$\oint_L P\mathrm{d}x=\iint_S\left(\frac{\partial P}{\partial z}\cos\beta-\frac{\partial P}{\partial y}\cos\gamma\right)\mathrm{d}S.$$

设曲面 S 的方程为

$$z=f(x,y),\quad (x,y)\in D_{xy}.$$

为了确定起见,不妨取 S 为上侧. D_{xy} 为 S 在 xOy 平面上的投影区域,其边界 C 是 S 的边界 L 在 xOy 平面上的投影曲线. 设 C 的方向与 L 的方向一致(图 10.33).

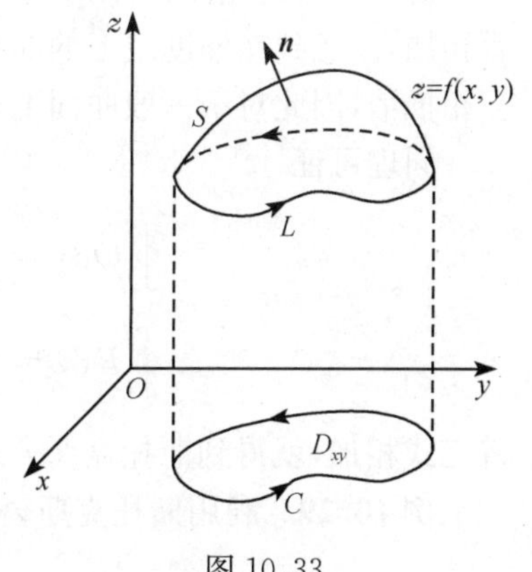

图 10.33

由曲线积分的定义知,上式左端

$$\oint_L P(x,y,z)\mathrm{d}x=\oint_C P[x,y,f(x,y)]\mathrm{d}x$$

于是由格林公式得

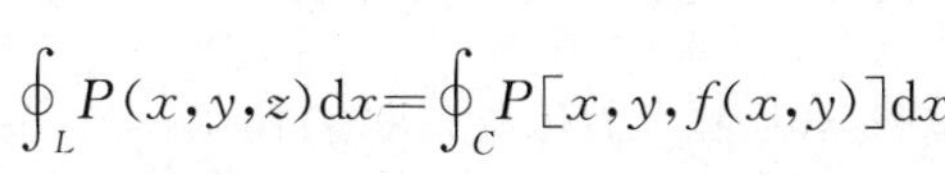

$$\oint_L P(x,y,z)\mathrm{d}x=\oint_C P[x,y,f(x,y)]\mathrm{d}x$$

$$=-\iint_{D_{xy}}\left\{\frac{\partial}{\partial y}P[x,y,f(x,y)]\right\}\mathrm{d}x\mathrm{d}y$$
$$=-\iint_{D_{xy}}\left(\frac{\partial P}{\partial y}+\frac{\partial P}{\partial z}\cdot\frac{\partial z}{\partial y}\right)\mathrm{d}x\mathrm{d}y$$
$$=-\iint_{D_{xy}}\left(\frac{\partial P}{\partial y}+\frac{\partial P}{\partial z}f_y\right)\mathrm{d}x\mathrm{d}y.$$

曲面 S 的法向量为$\{\pm f_x,\pm f_y,\mp 1\}$,它与单位法向量 $\boldsymbol{n}_0=\{\cos\alpha,\cos\beta,\cos\gamma\}$共线,因此有

$$\frac{\cos\alpha}{f_x}=\frac{\cos\beta}{f_y}=\frac{\cos\gamma}{-1},$$

从而

$$\cos\beta=-f_y\cos\gamma,$$

于是

$$\iint_S\left(\frac{\partial P}{\partial z}\cos\beta-\frac{\partial P}{\partial y}\cos\gamma\right)\mathrm{d}S$$
$$=\iint_S\left[\frac{\partial P}{\partial z}(-f_y\cos\gamma)-\frac{\partial P}{\partial y}\cos\gamma\right]\mathrm{d}S$$
$$=-\iint_S\left(\frac{\partial P}{\partial z}f_y+\frac{\partial P}{\partial y}\right)\cos\gamma\mathrm{d}S$$
$$=-\iint_{D_{xy}}\left(\frac{\partial P}{\partial z}f_y+\frac{\partial P}{\partial y}\right)\mathrm{d}x\mathrm{d}y.$$

由此可得结论.

对于一般的曲面,可用一些辅助线把它分为若干块,使每一块上上式成立,然后相加,注意到在辅助线上的曲线积分要在正反向的两个方向上各计算一次,正好互相抵消,因此对于一般曲面上式也成立.

同理可证

$$\oint_L Q\mathrm{d}y=\iint_S\left(\frac{\partial Q}{\partial x}\cos\gamma-\frac{\partial Q}{\partial z}\cos\alpha\right)\mathrm{d}S,$$
$$\oint_L R\mathrm{d}z=\iint_S\left(\frac{\partial R}{\partial y}\cos\alpha-\frac{\partial R}{\partial x}\cos\beta\right)\mathrm{d}S.$$

将三式相加,就得到斯托克斯公式.

例 10.29　利用斯托克斯公式计算曲线积分

$$I=\oint_\Gamma(y^2-z^2)\mathrm{d}x+(z^2-x^2)\mathrm{d}y+(x^2-y^2)\mathrm{d}z,$$

其中 Γ 为用平面 $x+y+z=\frac{3}{2}$ 截立方体$\{(x,y,z)\mid 0\leqslant x\leqslant 1,0\leqslant y\leqslant 1,0\leqslant z\leqslant 1\}$的

表面所得的截痕,若从 Ox 轴的正向看去,取逆时针方向(图 10.34).

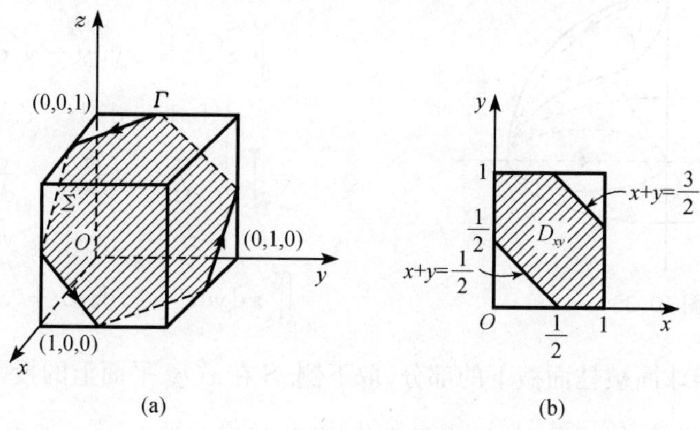

图 10.34

解 取 Σ 为平面 $x+y+z=\frac{3}{2}$ 的上侧被 Γ 所围成的部分,Σ 的单位法向量 $\boldsymbol{n}=\frac{1}{\sqrt{3}}(1,1,1)$,即 $\cos\alpha=\cos\beta=\cos\gamma=\frac{1}{\sqrt{3}}$. 按斯托克斯公式,有

$$I=\iint_{\Sigma}\begin{vmatrix}\frac{1}{\sqrt{3}} & \frac{1}{\sqrt{3}} & \frac{1}{\sqrt{3}}\\ \frac{\partial}{\partial x} & \frac{\partial}{\partial y} & \frac{\partial}{\partial z}\\ y^2-z^2 & z^2-x^2 & x^2-y^2\end{vmatrix}\mathrm{d}S$$

$$=-\frac{4}{\sqrt{3}}\iint_{\Sigma}(x+y+z)\mathrm{d}S$$

$$=-\frac{4}{\sqrt{3}}\cdot\frac{3}{2}\iint_{\Sigma}\mathrm{d}S=-2\sqrt{3}\iint_{D_{xy}}\sqrt{3}\mathrm{d}x\mathrm{d}y=-6\sigma_{xy},$$

其中 D_{xy} 为 Σ 在 xOy 平面上的投影区域,σ_{xy} 为 D_{xy} 的面积,因

$$\sigma_{xy}=1-2\times\frac{1}{8}=\frac{3}{4}$$

故

$$I=-\frac{9}{2}.$$

例 10.30 利用斯托克斯公式计算空间曲线积分 $\oint_L z^2\mathrm{d}x+xy\mathrm{d}y+yz\mathrm{d}z$,其中 L 为上半球面 $z=\sqrt{a^2-x^2-y^2}$ 与柱面 $x^2+y^2=ay$ 的交线,其方向与上半球面的

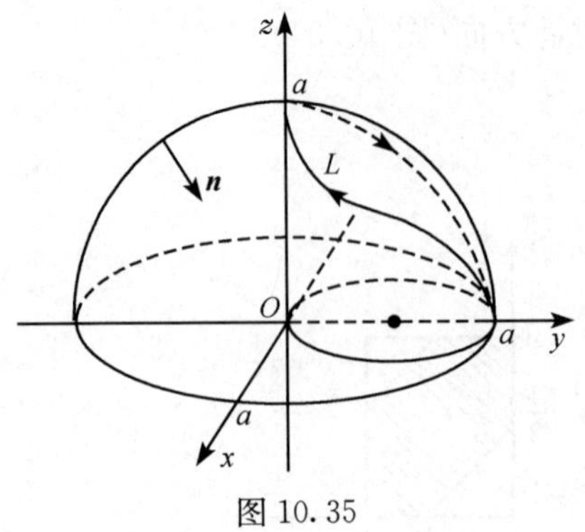

图 10.35

下侧组成右手系(图 10.35).

解 由斯托克斯公式得

$$\oint_L z^2\mathrm{d}x+xy\mathrm{d}y+yz\mathrm{d}z$$

$$=\iint_S\begin{vmatrix}\mathrm{d}y\mathrm{d}z & \mathrm{d}z\mathrm{d}x & \mathrm{d}x\mathrm{d}y\\ \dfrac{\partial}{\partial x} & \dfrac{\partial}{\partial y} & \dfrac{\partial}{\partial z}\\ z^2 & xy & yz\end{vmatrix}$$

$$=\iint_S z\mathrm{d}y\mathrm{d}z+2z\mathrm{d}z\mathrm{d}x+y\mathrm{d}x\mathrm{d}y,$$

其中 S 为上半球面被柱面截下的部分,取下侧. S 在 xOy 平面上的投影区域 D_{xy} 是圆心在 y 轴上的点 $\left(0,\dfrac{a}{2},0\right)$ 处、半径为 $\dfrac{a}{2}$ 的圆,圆周方程为 $r=a\sin\theta(0\leqslant\theta\leqslant\pi)$. 由上半球面方程 $z=\sqrt{a^2-x^2-y^2}$ 知

$$z_x=\frac{-x}{\sqrt{a^2-x^2-y^2}},\quad z_y=\frac{-y}{\sqrt{a^2-x^2-y^2}}.$$

因为上半球面取下侧,所以

$$\oint_L z^2\mathrm{d}x+xy\mathrm{d}y+yz\mathrm{d}z$$

$$=\iint_S z\mathrm{d}y\mathrm{d}z+2z\mathrm{d}z\mathrm{d}x+y\mathrm{d}x\mathrm{d}y$$

$$=-\iint_{D_{xy}}\left[\sqrt{a^2-x^2-y^2}\cdot\frac{-(-x)}{\sqrt{a^2-x^2-y^2}}+2\sqrt{a^2-x^2-y^2}\cdot\frac{-(-y)}{\sqrt{a^2-x^2-y^2}}+y\cdot 1\right]\mathrm{d}x\mathrm{d}y$$

$$=-\iint_{D_{xy}}(x+3y)\mathrm{d}x\mathrm{d}y$$

$$=-3\iint_{D_{xy}}y\mathrm{d}x\mathrm{d}y=-\frac{3}{8}\pi a^3.$$

10.7.2 空间曲线积分与路径无关的条件

利用斯托克斯公式,可推得空间曲线积分与路径无关的条件.

首先应当指出,空间曲线积分与路径无关相当于沿任意闭曲线的曲线积分为零. 关于空间曲线积分在什么条件下与路径无关的问题,有以下结论.

定理 10.12 设空间区域 G 是一维单连通域,函数 $P(x,y,z)$,$Q(x,y,z)$,

$R(x,y,z)$在 G 内具有一阶连续偏导数,则空间积分$\oint_\Gamma P\mathrm{d}x+Q\mathrm{d}y+R\mathrm{d}z$ 在 G 内与路径无关(或沿 G 内任意闭曲线的曲线积分为零)的充分必要条件是

$$\frac{\partial P}{\partial y}=\frac{\partial Q}{\partial x},\quad \frac{\partial Q}{\partial z}=\frac{\partial R}{\partial y},\quad \frac{\partial R}{\partial x}=\frac{\partial P}{\partial z}$$

在 G 内恒成立.

定理 10.13 设区域 G 是空间一维单连通区域,函数 $P(x,y,z),Q(x,y,z)$,$R(x,y,z)$在 G 内具有一阶连续偏导数,则表达式 $P\mathrm{d}x+Q\mathrm{d}y+R\mathrm{d}z$ 在 G 内成为某一函数 $u(x,y,z)$的全微分的充分必要条件是

$$\frac{\partial P}{\partial y}=\frac{\partial Q}{\partial x},\quad \frac{\partial Q}{\partial z}=\frac{\partial R}{\partial y},\quad \frac{\partial R}{\partial x}=\frac{\partial P}{\partial z}$$

在 G 内恒成立. 此时,这函数(不计一常数之差)可用下式求出:

$$u(x,y,z)=\int_{(x_0,y_0,z_0)}^{(x,y,z)}P\mathrm{d}x+Q\mathrm{d}y+R\mathrm{d}z$$

或用定积分表示为

$$u(x,y,z)=\int_{x_0}^{x}P(x,y_0,z_0)\mathrm{d}x+\int_{y_0}^{y}Q(x,y,z_0)\mathrm{d}y+\int_{z_0}^{z}R(x,y,z)\mathrm{d}z.$$

其中 $M_0(x_0,y_0,z_0)$为 G 内某一定点,点 $M(x,y,z)\in G$(图 10.36).

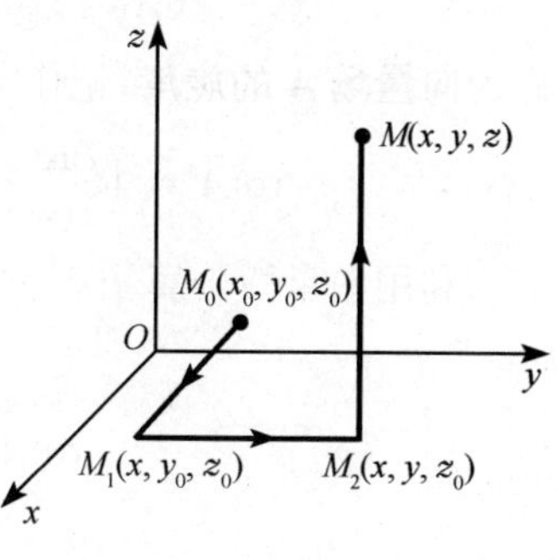

图 10.36

10.7.3 环流量与旋度

设有向量场

$$\boldsymbol{A}(x,y,z)=P(x,y,z)\boldsymbol{i}+Q(x,y,z)\boldsymbol{j}+R(x,y,z)\boldsymbol{k},$$

其中函数 P,Q,R 均连续,Γ 为 A 的定义域内的一条分段光滑的有向闭曲线,$\boldsymbol{\tau}$ 为 Γ 在点(x,y,z)处的单位切向量,则积分

$$\oint_\Gamma \boldsymbol{A}\cdot\boldsymbol{\tau}\mathrm{d}s$$

称为**向量场 A 沿有向闭曲线 Γ 的环流量**.

由两类曲线积分的关系,环流量又可表达为

$$\oint_\Gamma \boldsymbol{A}\cdot\boldsymbol{\tau}\mathrm{d}s=\oint_\Gamma \boldsymbol{A}\cdot\mathrm{d}\boldsymbol{r}=\oint_\Gamma P\mathrm{d}x+Q\mathrm{d}y+R\mathrm{d}z.$$

例 10.31 求向量场 $\boldsymbol{A}=(x^2-y)\boldsymbol{i}+4z\boldsymbol{j}+x^2\boldsymbol{k}$ 沿闭曲线 Γ 的环流量,其中 Γ 为锥面 $z=\sqrt{x^2+y^2}$和平面 $z=2$ 的交线,从 z 轴正向看 Γ 为逆时针方向.

解 Γ 的向量方程为

$$\boldsymbol{r}=2\cos\theta\boldsymbol{i}+2\sin\theta\boldsymbol{j}+2\boldsymbol{k},\quad 0\leqslant\theta\leqslant 2\pi.$$

于是

$$\boldsymbol{A}=(x^2-y)\boldsymbol{i}+4z\boldsymbol{j}+x^2\boldsymbol{k}=(4\cos^2\theta-2\sin\theta)\boldsymbol{i}+8\boldsymbol{j}+4\cos^2\theta\boldsymbol{k},$$

$$\mathrm{d}\boldsymbol{r}=(-2\sin\theta\mathrm{d}\theta)\boldsymbol{i}+(2\cos\theta\mathrm{d}\theta)\boldsymbol{j},$$

$$\oint_\Gamma \boldsymbol{A}\cdot\boldsymbol{\tau}\mathrm{d}s=\oint_\Gamma \boldsymbol{A}\cdot\mathrm{d}\boldsymbol{r}=\int_0^{2\pi}(-8\cos^2\theta\sin\theta+4\sin^2\theta+16\cos\theta)\mathrm{d}\theta=4\pi.$$

类似于由向量场 $\boldsymbol{A}$ 的通量可以引出向量场 $\boldsymbol{A}$ 在一点的通量密度(即散度)一样,由向量场 A 沿一闭曲线的环流量可引出向量场 $\boldsymbol{A}$ 在一点的环量密度或旋度. 它是一个向量,定义如下:

设有一向量场

$$\boldsymbol{A}(x,y,z)=P(x,y,z)\boldsymbol{i}+Q(x,y,z)\boldsymbol{j}+R(x,y,z)\boldsymbol{k},$$

其中函数 P,Q,R 均具有一阶连续偏导数,则向量

$$\left(\frac{\partial R}{\partial y}-\frac{\partial Q}{\partial z}\right)\boldsymbol{i}+\left(\frac{\partial P}{\partial z}-\frac{\partial R}{\partial x}\right)\boldsymbol{j}+\left(\frac{\partial Q}{\partial x}-\frac{\partial P}{\partial y}\right)\boldsymbol{k}$$

称为**向量场 A 的旋度**,记作 $\mathrm{rot}\boldsymbol{A}$,即

$$\mathrm{rot}\boldsymbol{A}=\left(\frac{\partial R}{\partial y}-\frac{\partial Q}{\partial z}\right)\boldsymbol{i}+\left(\frac{\partial P}{\partial z}-\frac{\partial R}{\partial x}\right)\boldsymbol{j}+\left(\frac{\partial Q}{\partial x}-\frac{\partial P}{\partial y}\right)\boldsymbol{k}.$$

利用向量微分算子∇,向量场 $\boldsymbol{A}$ 的旋度 $\mathrm{rot}\boldsymbol{A}$ 可表示为$\nabla\times\boldsymbol{A}$,即

$$\mathrm{rot}\boldsymbol{A}=\nabla\times\boldsymbol{A}=\begin{vmatrix}\boldsymbol{i} & \boldsymbol{j} & \boldsymbol{k}\\ \dfrac{\partial}{\partial x} & \dfrac{\partial}{\partial y} & \dfrac{\partial}{\partial z}\\ P & Q & R\end{vmatrix}.$$

如果向量场 $\boldsymbol{A}$ 的旋度 $\mathrm{rot}\boldsymbol{A}$ 处处为零,则称向量场 $\boldsymbol{A}$ 为**无旋场**. 而一个无源、无旋的向量场称为**调和场**. 调和场是物理学中另一类重要的向量场,这种场与调和函数有密切的联系.

例 10.32 求向量场 $\boldsymbol{A}=(x^2-y)\boldsymbol{i}+4z\boldsymbol{j}+x^2\boldsymbol{k}$ 的旋度.

解

$$\mathrm{rot}\boldsymbol{A}=\nabla\times\boldsymbol{A}=\begin{vmatrix}\boldsymbol{i} & \boldsymbol{j} & \boldsymbol{k}\\ \dfrac{\partial}{\partial x} & \dfrac{\partial}{\partial y} & \dfrac{\partial}{\partial z}\\ x^2-y & 4z & x^2\end{vmatrix}=-4\boldsymbol{i}-2x\boldsymbol{j}+\boldsymbol{k}.$$

设斯托克斯公式中的有向曲面 Σ 在点(x,y,z)处的单位法向量为

$$\boldsymbol{n}=\cos\alpha\boldsymbol{i}+\cos\beta\boldsymbol{j}+\cos\gamma\boldsymbol{k},$$

则

$$\mathrm{rot}\boldsymbol{A}\cdot\boldsymbol{n}=(\nabla\times\boldsymbol{A})\cdot\boldsymbol{n}=\begin{vmatrix}\cos\alpha & \cos\beta & \cos\gamma\\ \dfrac{\partial}{\partial x} & \dfrac{\partial}{\partial y} & \dfrac{\partial}{\partial z}\\ P & Q & R\end{vmatrix}.$$

于是,斯托克斯公式可以写成下面的向量形式

$$\iint_{\Sigma} \mathrm{rot}\boldsymbol{A} \cdot \boldsymbol{n} \mathrm{d}S = \oint_{\Gamma} \boldsymbol{A} \cdot \boldsymbol{\tau} \mathrm{d}s$$

或

$$\iint_{\Sigma} (\mathrm{rot}\boldsymbol{A})_n \mathrm{d}S = \oint_{\Gamma} A_{\tau} \mathrm{d}s.$$

斯托克斯公式的物理意义是,向量场 $\boldsymbol{A}$ 沿有向闭曲线 Γ 的环流量等于向量场 $\boldsymbol{A}$ 的旋度通过曲面 Σ 的通量,这里 Γ 的正向与 Σ 的侧应符合右手法则.

最后从力学角度来对 $\mathrm{rot}\boldsymbol{A}$ 的含义做些解释.

设有刚体绕定轴 l 转动,角速度为 $\boldsymbol{\omega}$,M 为刚体内任意一点. 在定轴 l 上任取一点 O 为坐标原点,作空间直角坐标系,使 z 轴与定轴 l 重合,则 $\boldsymbol{\omega}=\omega\boldsymbol{k}$,而点 M 可用向量 $\boldsymbol{r}=\overrightarrow{OM}=(x,y,z)$ 来确定. 由力学知道,点 M 的线速度 $\boldsymbol{v}$ 可表示为

$$\boldsymbol{v} = \boldsymbol{\omega} \times \boldsymbol{r}.$$

由此有

$$\boldsymbol{v} = \begin{vmatrix} \boldsymbol{i} & \boldsymbol{j} & \boldsymbol{k} \\ 0 & 0 & \omega \\ x & y & z \end{vmatrix} = (-\omega y, \omega x, 0),$$

而

$$\mathrm{rot}\boldsymbol{v} = \begin{vmatrix} \boldsymbol{i} & \boldsymbol{j} & \boldsymbol{k} \\ \dfrac{\partial}{\partial x} & \dfrac{\partial}{\partial y} & \dfrac{\partial}{\partial z} \\ -\omega y & \omega x & 0 \end{vmatrix} = (0,0,2\omega) = 2\boldsymbol{\omega}.$$

从速度场 $\boldsymbol{v}$ 的旋度与旋转角速度的这个关系,可见“旋度”这一名词的由来.

习 题 10.7

1. 利用斯托克斯公式,计算下列曲线积分:

(1) $\oint_{\Gamma} y\mathrm{d}x + z\mathrm{d}y + x\mathrm{d}z$,其中 Γ 为圆周 $x^2+y^2+z^2=a^2$,$x+y+z=0$,若从 x 轴的正向看去,这圆周是取逆时针方向;

(2) $\oint_{\Gamma} (y-z)\mathrm{d}x + (z-x)\mathrm{d}y + (x-y)\mathrm{d}z$,其中 Γ 为椭圆 $x^2+y^2=a^2$,$\dfrac{x}{a}+\dfrac{z}{b}=1(a>0,b>0)$,若从 x 轴正向看去,这椭圆是取逆时针方向;

(3) $\oint_{\Gamma} 3y\mathrm{d}x - xz\mathrm{d}y + yz^2\mathrm{d}z$,其中 Γ 为圆周 $x^2+y^2=2z$,$z=2$,若从 z 轴正向看去,此圆周是取逆时针方向;

(4) $\oint_{\Gamma} 2y\mathrm{d}x + 3x\mathrm{d}y - z^2\mathrm{d}z$,其中 Γ 为圆周 $x^2+y^2+z^2=9$,$z=0$,若从 z 轴正向看去,此圆周

是取逆时针方向.

2. 求下列向量场 $\mathbf{A}$ 的旋度：

(1) $\mathbf{A}=(2z-3y)\boldsymbol{i}+(3x-z)\boldsymbol{j}+(y-2x)\boldsymbol{k}$；

(2) $\mathbf{A}=(z+\sin y)\boldsymbol{i}-(z-x\cos y)\boldsymbol{j}$；

(3) $\mathbf{A}=x^2\sin y\boldsymbol{i}+y^2\sin(xz)\boldsymbol{j}+xy\sin(\cos z)\boldsymbol{k}$；

3. 利用斯托克斯公式把曲面积分 $\iint\limits_{\Sigma}\mathrm{rot}\mathbf{A}\cdot\boldsymbol{n}\mathrm{d}S$ 化为曲线积分，并计算积分值，其中 $\mathbf{A}$，Σ 及 $\boldsymbol{n}$ 分别如下：

(1) $\mathbf{A}=y^2\boldsymbol{i}+xy\boldsymbol{j}+xz\boldsymbol{k}$，$\Sigma$ 为上半球面 $z=\sqrt{1-x^2-y^2}$ 的上侧，$\boldsymbol{n}$ 为 Σ 的单位法向量；

(2) $\mathbf{A}=(y-z)\boldsymbol{i}+yz\boldsymbol{j}-xz\boldsymbol{k}$，$\Sigma$ 为立方体 $\{(x,y,z)\mid 0\leqslant x\leqslant 2,0\leqslant y\leqslant 2,0\leqslant z\leqslant 2\}$ 的表面外侧去掉 xOy 面上的那个底面，$\boldsymbol{n}$ 为 Σ 的单位法向量；

4. 求下列向量场 $\mathbf{A}$ 沿闭曲线 Γ(从 z 轴正向看 Γ 依逆时针方向)的环流量：

(1) $\mathbf{A}=-y\boldsymbol{i}+x\boldsymbol{j}+c\boldsymbol{k}$($c$ 为常数)，Γ 为圆周 $x^2+y^2=1,z=0$；

(2) $\mathbf{A}=(x-z)\boldsymbol{i}+(x^3+yz)\boldsymbol{j}-3xy^2\boldsymbol{k}$，其中 Γ 为圆周 $z=2-\sqrt{x^2+y^2},z=0$.

5. 设 $u=u(x,y,z)$ 具有二阶连续偏导数. 求 $\mathrm{rot}(\mathbf{grad}\,u)$.

6. 求力 $\boldsymbol{F}=y\boldsymbol{i}+z\boldsymbol{j}+x\boldsymbol{k}$ 沿有向闭曲线 Γ 所做的功，其中 Γ 为平面 $x+y+z=1$ 被三个坐标面所截成的三角形的整个边界，从 z 轴正向看去，沿顺时针方向.

7. 用斯托克斯公式计算积分：

$\int_{L^+}(y^2+z^2)\mathrm{d}x+(z^2+x^2)\mathrm{d}y+(x^2+y^2)\mathrm{d}z$，其中曲线 L 为球面 $z=\sqrt{2Rx-x^2-y^2}$ 与柱面 $x^2+y^2=2rx(0<r<R,z>0)$ 的交线，且 L^+ 与球面上侧成右手系.

第 11 章　无 穷 级 数

无穷级数是高等数学的一个重要组成部分，它是表示函数、研究函数的性质以及进行数值计算的一种工具. 本章先讨论常数项级数，介绍无穷级数的一些基本内容，然后讨论函数项级数，着重讨论如何将函数展开成幂级数和三角级数的问题.

11.1　常数项级数的概念和性质

11.1.1　常数项级数的概念

人们认识事物在数量方面的特性，往往有一个由近似到精确的过程. 在这种认识过程中，会遇到由有限个数量相加到无穷多个数量相加的问题.

例如，计算半径为 R 的圆面积 A，具体做法如下：作圆的内接正六边形，算出这六边形的面积 a_1，它是圆面积 A 的一个粗糙的近似值. 为了比较准确地计算出 A 的值，这里以这个正六边形的每一边为底分别作一个顶点在圆周上的等腰三角形(图 11.1)，算出这六个等腰三角形的面积之和 a_2. 那么 a_1+a_2(即内接正十二边形的面积)就是 A 的一个较好的近似值. 同样地，在此正十二边形的每一边上分别做一个顶点在圆周上的等腰三角形，算出这十二个等腰三角形的面积之和 a_3. 那么 $a_1+a_2+a_3$(即内接正二十四边形的面积)是 A 的一个更好的近似值. 如此继续下去，内接正 3×2^n 边形的面积就逐步逼近圆面积：

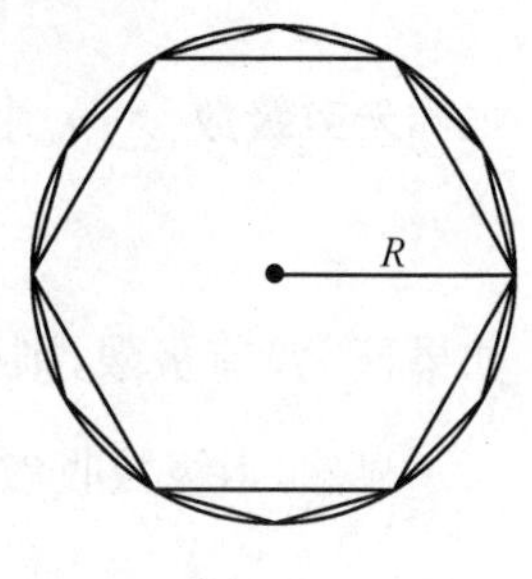

图 11.1

$$A\approx a_1,\quad A\approx a_1+a_2,\quad A\approx a_1+a_2+a_3,\quad \cdots,\quad A\approx a_1+a_2+\cdots+a_n.$$

如果内接正多边形的边数无限增多，即 n 无限增大，则和 $a_1+a_2+\cdots+a_n$ 的极限就是所要求的圆面积 A. 这时和式中的项数无限增多，于是出现了无穷多个数量依次相加的数学式子.

一般地，如果给定一个数列

$$u_1,u_2,u_3,\cdots,u_n,\cdots,$$

则由这数列构成的表达式

$$u_1+u_2+u_3+\cdots+u_n+\cdots$$

叫做(常数项)**无穷级数**，简称(常数项)**级数**，记为 $\sum\limits_{n=1}^{\infty}u_n$，即

$$\sum_{n=1}^{\infty} u_n = u_1 + u_2 + u_3 + \cdots + u_n + \cdots,$$

其中第 n 项 u_n 叫做**级数的一般项**.

上述级数的定义只是一个形式上的定义,怎样理解无穷级数中无穷多个数量相加呢? 联系上面关于计算圆面积的例子,可以从有限项的和出发,观察它们的变化趋势,由此来理解无穷多个数量相加的定义. 作(常数项)级数的前 n 项的和

$$s_n = u_1 + u_2 + \cdots + u_n = \sum_{i=1}^{n} u_i,$$

s_n 称为**级数的部分和**. 当 n 依次取 1,2,3,…时,它们构成一个新的数列

$$s_1 = u_1, \quad s_2 = u_1 + u_2, \quad s_3 = u_1 + u_2 + u_3, \quad \cdots,$$
$$s_n = u_1 + u_2 + \cdots + u_n, \cdots.$$

根据这个数列有没有极限,下面引进无穷级数的收敛与发散的概念.

定义 11.1　如果级数 $\sum\limits_{n=1}^{\infty} u_n$ 的部分和数列$\{s_n\}$有极限 s,即

$$\lim_{n\to\infty} s_n = s,$$

则称**无穷级数** $\sum\limits_{n=1}^{\infty} u_n$ **收敛**,这时极限 s 叫做**级数的和**,并写成

$$s = u_1 + u_2 + \cdots + u_n + \cdots;$$

如果$\{s_n\}$没有极限,则称**无穷级数** $\sum\limits_{n=1}^{\infty} u_n$ **发散**.

显然,当级数收敛时,其部分和 s_n 是级数和 s 的近似值,它们之间的差值

$$r_n = s - s_n = u_{n+1} + u_{n+2} + \cdots$$

叫做**级数的余项**. 用近似值 s_n 代替和 s 所产生的误差是这个余项的绝对值,即误差是$|r_n|$.

从上述定义可知,级数与数列极限有着紧密的联系. 给定级数 $\sum\limits_{n=1}^{\infty} u_n$,就有部分和数列 $\left\{s_n = \sum\limits_{i=1}^{n} u_i\right\}$; 反之,给定数列$\{s_n\}$,就有以$\{s_n\}$为部分和数列的级数

$$s_1 + (s_2 - s_1) + \cdots + (s_n - s_{n-1}) + \cdots$$
$$= s_1 + \sum_{n=2}^{\infty} (s_n - s_{n-1}) = \sum_{n=1}^{\infty} u_n,$$

其中 $u_1 = s_1$; $u_n = s_n - s_{n-1}$ $(n \geqslant 2)$. 按定义,级数 $\sum\limits_{n=1}^{\infty} u_n$ 与数列$\{s_n\}$同时收敛或同时发散,且在收敛时,有

$$\sum_{n=1}^{\infty} u_n = \lim_{n\to\infty} s_n,$$

即

$$\sum_{n=1}^{\infty} u_n = \lim_{n\to\infty}\sum_{i=1}^{n} u_i.$$

例 11.1　讨论级数

$$\sum_{k=1}^{\infty}(-1)^{k-1} = 1-1+1-1+\cdots+(-1)^{n-1}+\cdots$$

的收敛性.

解　考察此级数的部分和数列

$$s_1 = 1,\quad s_2 = 0,$$
$$s_3 = 1,\quad s_4 = 0,$$
$$\cdots$$
$$s_{2n-1} = 1,\quad s_{2n} = 0,$$
$$\cdots$$

显然当 $n\to\infty$ 时，s_n 的极限不存在，因此级数 $\sum\limits_{k=1}^{\infty}(-1)^{k-1}$ 发散.

例 11.2　讨论级数 $\sum\limits_{n=1}^{\infty}\ln\left(1+\dfrac{1}{n}\right)$ 的收敛性.

解　此级数的前 n 项部分和为

$$\begin{aligned} s_n &= \sum_{k=1}^{n}\ln\left(1+\frac{1}{k}\right) = \sum_{k=1}^{n}[\ln(1+k)-\ln k] \\ &= \ln(n+1)\to+\infty\ (n\to\infty), \end{aligned}$$

因此，级数 $\sum\limits_{n=1}^{\infty}\ln\left(1+\dfrac{1}{n}\right)$ 发散.

例 11.3　讨论级数 $\sum\limits_{n=1}^{\infty}\dfrac{1}{n(n+1)}$ 的收敛性.

解　前 n 项部分和为

$$\begin{aligned} s_n &= \frac{1}{1\cdot 2}+\frac{1}{2\cdot 3}+\cdots+\frac{1}{n(n+1)} \\ &= \left(1-\frac{1}{2}\right)+\left(\frac{1}{2}-\frac{1}{3}\right)+\cdots+\left(\frac{1}{n}-\frac{1}{n+1}\right) \\ &= 1-\frac{1}{n+1}. \end{aligned}$$

因为

$$\lim_{n\to\infty} s_n = \lim_{n\to+\infty}\left(1-\frac{1}{n+1}\right) = 1,$$

所以级数 $\sum\limits_{n=1}^{\infty}\dfrac{1}{n(n+1)}$ 收敛，其和为 1，即

$$\sum_{n=1}^{\infty} \frac{1}{n(n+1)} = 1.$$

例 11.4　讨论**等比级数**(**几何级数**)

$$\sum_{n=1}^{\infty} aq^{n-1} = a + aq + aq^2 + \cdots + aq^{n-1} + \cdots$$

$(a \neq 0)$的收敛性,其中 q 称为**公比**.

解　(1) 当公比 $q=1$ 时,级数化为

$$a + a + \cdots + a + \cdots,$$

它的前 n 项部分和

$$s_n = a + a + \cdots + a = na \to \infty, \quad n \to \infty,$$

因此级数发散.

当 $q=-1$ 时,级数化为

$$a - a + a - a + \cdots + (-1)^{n-1}a + \cdots,$$

级数发散.

(2) 当 $|q| \neq 1$ 时,级数的前 n 项部分和为

$$s_n = a + aq + aq^2 + \cdots + aq^{n-1} = a\frac{1-q^n}{1-q}.$$

当 $|q|<1$ 时

$$\lim_{n\to\infty} s_n = \lim_{n\to\infty} a\frac{1-q^n}{1-q} = \frac{a}{1-q},$$

级数收敛,其和为$\frac{a}{1-q}$.

当 $|q|>1$ 时,$s_n \to \infty (n \to \infty)$,级数发散.

综合起来,得到下述结论:

当公比 q 的绝对值 $|q|<1$ 时,等比级数 $\sum_{n=1}^{\infty} aq^{n-1}$ 收敛,其和为$\frac{a}{1-q}$;当 $|q| \geqslant 1$ 时,等比级数 $\sum_{n=1}^{\infty} aq^{n-1}$ 发散.

11.1.2　级数的基本性质

根据无穷级数收敛、发散以及和的概念,可以得出收敛级数的几个基本性质.

定理 11.1　若级数 $\sum_{k=1}^{\infty} u_k$ 收敛,c 为任一常数,则级数 $\sum_{k=1}^{\infty} cu_k$ 也收敛,且

$$\sum_{k=1}^{\infty} cu_k = c\sum_{k=1}^{\infty} u_k.$$

证　设 $s_n = u_1 + u_2 + \cdots + u_n$,则由条件知,极限 $\lim_{n\to\infty} s_n$ 存在,设为 s,即 $\lim_{n\to\infty} s_n = s$.

设级数 $\sum_{k=1}^{\infty} cu_k$ 的前 n 项部分和为 σ_n，则

$$\begin{aligned}\sigma_n &= cu_1 + cu_2 + \cdots + cu_n \\ &= c(u_1 + u_2 + \cdots + u_n) \\ &\to cs(n \to \infty),\end{aligned}$$

因此级数 $\sum_{k=1}^{\infty} cu_k$ 收敛，其和为 $cs = c\sum_{k=1}^{\infty} u_k$.

推论 11.1 若级数 $\sum_{k=1}^{\infty} u_k$ 发散，常数 $c \neq 0$，则级数 $\sum_{k=1}^{\infty} cu_k$ 也发散.

定理 11.2 若级数 $\sum_{k=1}^{\infty} u_k$ 与 $\sum_{k=1}^{\infty} v_k$ 收敛，则级数 $\sum_{k=1}^{\infty} (u_k \pm v_k)$ 也收敛，且

$$\sum_{k=1}^{\infty} (u_k \pm v_k) = \sum_{k=1}^{\infty} u_k \pm \sum_{k=1}^{\infty} v_k.$$

证 设 $\sum_{k=1}^{\infty} u_k = A, \sum_{k=1}^{\infty} v_k = B$，即

$$\lim_{n\to\infty}\sum_{k=1}^{n} u_k = A, \quad \lim_{n\to\infty}\sum_{k=1}^{n} v_k = B,$$

则

$$\begin{aligned}\lim_{n\to\infty}\sum_{k=1}^{n} (u_k \pm v_k) &= \lim_{n\to\infty}\left(\sum_{k=1}^{n} u_k \pm \sum_{k=1}^{n} v_k\right) \\ &= \lim_{n\to\infty}\sum_{k=1}^{n} u_k \pm \lim_{n\to\infty}\sum_{k=1}^{n} v_k = A \pm B,\end{aligned}$$

即

$$\sum_{k=1}^{\infty} (u_k \pm v_k) = \sum_{k=1}^{\infty} u_k \pm \sum_{k=1}^{\infty} v_k.$$

定理 11.1，11.2 说明，**收敛级数具有与有穷和相同的线性性质**.

定理 11.3 在级数前面加上(或去掉)有限项，不影响级数的敛散性.

证 考虑两个级数

$$u_1 + u_2 + \cdots + u_n + \cdots$$

与

$$a_1 + a_2 + \cdots + a_l + u_1 + u_2 + \cdots + u_n + \cdots,$$

下面级数是在上面级数的前面加上 l 项后所得到的. 设 σ_n 与 s_n 分别表示两级数的前 n 项部分和，则显然有

$$s_{n+l} = (a_1 + a_2 + \cdots + a_l) + \sigma_n.$$

因为$(a_1 + a_2 + \cdots + a_l)$是一个与 n 无关的常数，所以当 $n \to \infty$时，s_{n+l}与 σ_n 同时有极限或同时无极限，从而级数同时收敛或同时发散.

同理可证,去掉级数前面的有限项也不影响级数的收敛性.

推论 11.2 在级数中任意加上、去掉或改变有限项不改变级数的敛散性.

定理 11.4 将收敛级数的项任意加括号后所成的级数仍然收敛,且其和不变(这个性质也称为**无穷和的结合律**).

证 设收敛级数

$$s = u_1 + u_2 + \cdots + u_n + \cdots$$

任意加括号后所成的级数为

$$(u_1 + \cdots + u_{i_1}) + (u_{i_1+1} + \cdots + u_{i_2}) + \cdots + (u_{i_{n-1}+1} + \cdots + u_{i_n}) + \cdots,$$

并设原级数部分和数列为$\{s_n\}$,则新级数的部分和数列为

$$s_{i_1}, s_{i_2}, \cdots, s_{i_n}, \cdots,$$

它是数列$\{s_n\}$的一个子数列,因此与$\{s_n\}$有相同的极限 s.

推论 11.3 若加括号后的级数发散,则原来的级数必发散.

定理 11.4 说明,对收敛级数可以任意加括号.但是请注意,收敛级数不能任意去括号.例如,级数

$$(1-1) + (1-1) + \cdots + (1-1) + \cdots$$

收敛,而去括号后所成的级数

$$1-1+1-1+\cdots+1-1+\cdots$$

却发散.

定理 11.5 若级数 $\sum\limits_{k=1}^{\infty} u_k$ 收敛,则一般项 u_n 趋于零,即$\lim\limits_{n\to\infty} u_n = 0$.

证 设 $\sum\limits_{k=1}^{\infty} u_k = s$, 即$\lim\limits_{n\to\infty} s_n = s$,则

$$\begin{aligned}\lim_{n\to\infty} u_n &= \lim_{n\to\infty}(s_n - s_{n-1}) = \lim_{n\to\infty} s_n - \lim_{n\to\infty} s_{n-1} \\ &= s - s = 0.\end{aligned}$$

本定理可以用来判断某些级数的发散性.例如,级数 $\sum\limits_{k=1}^{\infty}(-1)^{k-1}$ 发散,因为它的一般项 $u_n = (-1)^{n-1}$不趋于零.

注 11.1 一般项趋于零仅仅是级数 $\sum\limits_{k=1}^{\infty} u_k$ 收敛的必要条件,而不是充分条件.例如,级数

$$\sum_{n=1}^{\infty} \ln\left(1+\frac{1}{n}\right)$$

的一般项 $\ln\left(1+\frac{1}{n}\right) \to 0 (n\to\infty)$,但该级数却是发散的.

11.1.3 柯西收敛原理(柯西准则)

怎样判别一个级数是否收敛呢？下面的柯西收敛原理给出了判别级数收敛性的充分必要条件.

定理 11.6(判别级数收敛性的柯西收敛原理) 级数 $\sum\limits_{k=1}^{\infty} u_k$ 收敛的充分必要条件是任给 $\varepsilon>0$,存在 $N>0$,使得当 $n>N$ 时,对于任意正整数 p,不等式

$$\left|\sum_{k=n+1}^{n+p} u_k\right|<\varepsilon, \quad p=1,2,\cdots$$

都成立.

证 设 $s_n=\sum\limits_{k=1}^{n} u_k$ 为级数 $\sum\limits_{k=1}^{\infty} u_k$ 的前 n 项部分和. 由判断数列收敛性的柯西准则知,数列 $\{s_n\}$ 收敛的充要条件是任给 $\varepsilon>0$,存在 $N>0$,使得当 $m,n>N$ 时,恒有

$$|s_n-s_m|<\varepsilon.$$

显然,可改写为当 $n>N$ 时,有

$$|s_{n+p}-s_n|<\varepsilon, \quad p=1,2,\cdots,$$

即当 $n>N$ 时,有

$$\left|\sum_{k=n+1}^{n+p} u_k\right|<\varepsilon, \quad p=1,2,\cdots.$$

例 11.5 利用柯西收敛原理证明调和级数

$$\sum_{n=1}^{\infty} \frac{1}{n}=1+\frac{1}{2}+\frac{1}{3}+\cdots+\frac{1}{n}+\cdots$$

发散.

证 考虑此级数的一段

$$\frac{1}{n+1}+\cdots+\frac{1}{n+n}=\frac{1}{n+1}+\cdots+\frac{1}{2n}.$$

显然

$$\left|\frac{1}{n+1}+\cdots+\frac{1}{2n}\right|>\left|\frac{1}{2n}+\frac{1}{2n}+\cdots+\frac{1}{2n}\right|=\frac{1}{2}.$$

这表明,不论 n 多么大,调和级数的这一段的绝对值都不可能任意小,从而由柯西收敛原理知,调和级数发散.

例 11.6 利用柯西审敛原理判定级数 $\sum\limits_{n=1}^{\infty} \frac{1}{n^2}$ 的收敛性.

解 因为对任意正整数 p,都有

$$\begin{aligned}&|u_{n+1}+u_{n+2}+\cdots+u_{n+p}|\\=&\frac{1}{(n+1)^2}+\frac{1}{(n+2)^2}+\cdots+\frac{1}{(n+p)^2}\end{aligned}$$

$$< \frac{1}{n(n+1)} + \frac{1}{(n+1)(n+2)} + \cdots + \frac{1}{(n+p-1)(n+p)}$$

$$= \left(\frac{1}{n} - \frac{1}{n+1}\right) + \left(\frac{1}{n+1} - \frac{1}{n+2}\right) + \cdots + \left(\frac{1}{n+p-1} - \frac{1}{n+p}\right)$$

$$= \frac{1}{n} - \frac{1}{n+p} < \frac{1}{n},$$

所以对于任意给定的正数 ε，取正整数 $N \geqslant \frac{1}{\varepsilon}$，则当 $n > N$ 时，对任何正整数 p，都有

$$| u_{n+1} + u_{n+2} + \cdots + u_{n+p} | < \varepsilon$$

成立. 按柯西收敛原理，级数 $\sum_{n=1}^{\infty} \frac{1}{n^2}$ 收敛.

习　题　11.1

1. 根据级数收敛与发散的定义判定下列级数的收敛性：

(1) $\sum_{n=1}^{\infty} (\sqrt{n+1} - \sqrt{n})$；

(2) $\frac{1}{1 \cdot 3} + \frac{1}{3 \cdot 5} + \frac{1}{5 \cdot 7} + \cdots + \frac{1}{(2n-1)(2n+1)} + \cdots$；

(3) $\sin \frac{\pi}{6} + \sin \frac{2\pi}{6} + \cdots + \sin \frac{n\pi}{6} + \cdots$；

(4) $\sum_{n=1}^{\infty} (\sqrt{n+2} - 2\sqrt{n+1} + \sqrt{n})$；

(5) $\left(\frac{1}{5} - \frac{1}{6}\right) + \left(\frac{1}{5^2} - \frac{1}{6^2}\right) + \cdots + \left(\frac{1}{5^n} - \frac{1}{6^n}\right) + \cdots$；

(6) $\frac{1}{1 \cdot 6} + \frac{1}{6 \cdot 11} + \cdots + \frac{1}{(5n-4)(5n+1)} + \cdots$.

2. 判定下列级数的收敛性：

(1) $-\frac{8}{9} + \frac{8^2}{9^2} - \frac{8^3}{9^3} + \cdots + (-1)^n \frac{8^n}{9^n} + \cdots$；

(2) $\frac{1}{3} + \frac{1}{6} + \frac{1}{9} + \cdots + \frac{1}{3n} + \cdots$；

(3) $\frac{1}{3} + \frac{1}{\sqrt{3}} + \frac{1}{\sqrt[3]{3}} + \cdots + \frac{1}{\sqrt[n]{3}} + \cdots$；

(4) $\frac{3}{2} + \frac{3^2}{2^2} + \frac{3^3}{2^3} + \cdots + \frac{3^n}{2^n} + \cdots$；

(5) $\left(\frac{1}{2} + \frac{1}{3}\right) + \left(\frac{1}{2^2} + \frac{1}{3^2}\right) + \left(\frac{1}{2^3} + \frac{1}{3^3}\right) + \cdots + \left(\frac{1}{2^n} + \frac{1}{3^n}\right) + \cdots$；

(6) $\frac{8^3}{9} + \frac{8^4}{9^2} + \frac{8^5}{9^3} + \cdots$；

(7) $\cos\frac{\pi}{1}+\cos\frac{\pi}{2}+\cdots+\cos\frac{\pi}{n}+\cdots$;

(8) $1+\frac{2^2}{2!}+\frac{3^3}{3!}+\cdots+\frac{n^n}{n!}+\cdots$;

(9) $\frac{2}{3}+\frac{3}{4}+\frac{4}{5}+\frac{5}{6}+\cdots$;

(10) $1+\frac{2}{3}+\frac{3}{5}+\frac{4}{7}+\frac{5}{9}+\cdots$;

(11) $\frac{\ln 2}{2}+\frac{\ln^2 2}{2^2}+\frac{\ln^3 2}{2^3}+\cdots$;

(12) $0.001+\sqrt{0.001}+\sqrt[3]{0.001}+\cdots+\sqrt[n]{0.001}+\cdots$;

(13) $\sum\limits_{n=1}^{\infty}\frac{1}{\sqrt[n]{n}}$;

(14) $1-\frac{1}{2}+\frac{1}{3^2}-\frac{1}{4}+\frac{1}{5^2}-\frac{1}{6}+\frac{1}{7^2}-\cdots$.

3. 利用柯西审敛原理判定下列级数的收敛性：

(1) $\sum\limits_{n=1}^{\infty}\frac{(-1)^{n+1}}{n}$;

(2) $1+\frac{1}{2}-\frac{1}{3}+\frac{1}{4}+\frac{1}{5}-\frac{1}{6}+\cdots$;

(3) $\sum\limits_{n=1}^{\infty}\frac{\sin nx}{2^n}$;

(4) $\sum\limits_{n=1}^{\infty}\frac{1}{n}\cos\frac{1}{n}$;

(5) $\sum\limits_{n=1}^{\infty}\sin\frac{n\pi}{2}$.

4. 若级数 $\sum\limits_{n=1}^{\infty}u_n$ 的部分和 S_{2n}, S_{2n+1} 都收敛到 A，证明：此级数收敛.

5. 若级数 $\sum\limits_{n=1}^{\infty}u_n$ 收敛，级数 $\sum\limits_{n=1}^{\infty}v_n$ 发散，问：级数 $\sum\limits_{n=1}^{\infty}(u_n\pm v_n)$ 是否收敛？

6. 若级数 $\sum\limits_{k=1}^{\infty}a_k$ 与 $\sum\limits_{k=1}^{\infty}b_k$ 都收敛，且 $a_k\leqslant u_k\leqslant b_k(k=1,2,\cdots)$，求证：级数 $\sum\limits_{k=1}^{\infty}u_k$ 收敛.

7. 设有数列 $\{x_n\}$. 证明：若级数 $\sum\limits_{n=1}^{\infty}|x_n-x_{n+1}|$ 收敛，则数列 $\{x_n\}$ 收敛.

8. 证明：若级数 $\sum\limits_{n=1}^{\infty}a_n$ 收敛，且 $a_n\geqslant a_{n+1}\geqslant 0(n=1,2,\cdots)$，则 $\lim\limits_{n\to+\infty}na_n=0$.

11.2　常数项级数的审敛法

11.2.1　正项级数及其审敛法

柯西收敛原理在理论研究上十分重要，但是对于具体的级数，应用起来并不方便. 因此,还需要建立一些便于应用的判别法.

定义 11.2　若级数的每一项都是非负的,则称此级数为**正项级数**.

定理 11.7　正项级数 $\sum_{k=1}^{\infty} u_k$ 收敛的充分必要条件是部分和数列$\{s_n\}$有上界.

证　必要性　设 $\sum_{k=1}^{\infty} u_k$ 收敛于 s,即

$$\lim_{n\to\infty} s_n = s,$$

则数列$\{s_n\}$有上界.

充分性　设$\{s_n\}$有上界,由于

$$u_k \geqslant 0, \quad k = 1,2,\cdots,$$

因此数列$\{s_n\}$单调上升. 于是由单调有界数列必有极限的定理知,极限$\lim_{n\to\infty} s_n$ 存在,即级数 $\sum_{k=1}^{\infty} u_k$ 收敛.

定理 11.8(比较判别法)　设两个正项级数 $\sum_{n=1}^{\infty} u_n$ 与 $\sum_{n=1}^{\infty} v_n$ 的相应项之间满足不等式

$$u_n \leqslant v_n, \quad n = 1,2,\cdots,$$

则

(1) 若级数 $\sum_{n=1}^{\infty} v_n$ 收敛,则级数 $\sum_{n=1}^{\infty} u_n$ 也收敛;

(2) 若级数 $\sum_{n=1}^{\infty} u_n$ 发散,则级数 $\sum_{n=1}^{\infty} v_n$ 也发散.

证　设

$$s_n = u_1 + u_2 + \cdots + u_n,$$
$$\sigma_n = v_1 + v_2 + \cdots + v_n,$$

则由条件知

$$s_n \leqslant \sigma_n, \quad n = 1,2,\cdots.$$

(1) 若 $\sum_{n=1}^{\infty} v_n$ 收敛,则$\{\sigma_n\}$有上界,从而$\{s_n\}$也有上界,所以 $\sum_{n=1}^{\infty} u_n$ **收敛**.

(2) 若 $\sum_{n=1}^{\infty} u_n$ 发散,则$\{s_n\}$无上界,从而$\{\sigma_n\}$也无上界,所以 $\sum_{n=1}^{\infty} v_n$ **发散**.

例 11.7　正项级数 $\sum_{n=1}^{\infty} \sin\frac{\pi}{2^n}$ 收敛. 事实上,有不等式

$$\sin\frac{\pi}{2^n} \leqslant \frac{\pi}{2^n}, \quad n = 1,2,\cdots,$$

而等比级数 $\sum_{n=1}^{\infty}\frac{\pi}{2^n}$ 收敛，于是级数 $\sum_{n=1}^{\infty}\sin\frac{\pi}{2^n}$ 收敛.

例 11.8 证明级数 $\sum_{n=1}^{\infty}\frac{1}{\sqrt{n(n+1)}}$ 是发散的.

证 因为 $n(n+1)<(n+1)^2$，所以 $\frac{1}{\sqrt{n(n+1)}}>\frac{1}{n+1}$. 而级数

$$\sum_{n=1}^{\infty}\frac{1}{n+1}=\frac{1}{2}+\frac{1}{3}+\cdots+\frac{1}{n+1}+\cdots$$

是发散的，根据比较判别法可知所给级数也是发散的.

定理 11.9（比较判别法的极限形式） 设 $\sum_{n=1}^{\infty}u_n$ 与 $\sum_{n=1}^{\infty}v_n$ 都是正项级数，

(1) 如果 $\lim_{n\to\infty}\frac{u_n}{v_n}=l\ (0\leqslant l<+\infty)$，且级数 $\sum_{n=1}^{\infty}v_n$ 收敛，则级数 $\sum_{n=1}^{\infty}u_n$ 也收敛；

(2) 如果 $\lim_{n\to\infty}\frac{u_n}{v_n}=l>0$ 或 $\lim_{n\to\infty}\frac{u_n}{v_n}=+\infty$，且级数 $\sum_{n=1}^{\infty}v_n$ 发散，则级数 $\sum_{n=1}^{\infty}u_n$ 发散.

证 (1) 由极限定义可知，对 $\varepsilon=1$，存在正整数 N，当 $n>N$ 时，有

$$\frac{u_n}{v_n}<l+1,$$

即 $u_n<(l+1)v_n$. 而级数 $\sum_{n=1}^{\infty}v_n$ 收敛，根据比较判别法知，级数 $\sum_{n=1}^{\infty}u_n$ 收敛.

(2) 可知 $\lim_{n\to\infty}\frac{v_n}{u_n}=\frac{1}{l}$ 或 $\lim_{n\to\infty}\frac{v_n}{u_n}=0$，反设级数 $\sum_{n=1}^{\infty}u_n$ 收敛，就推出级数 $\sum_{n=1}^{\infty}v_n$ 收敛. 与题设矛盾，所以级数 $\sum_{n=1}^{\infty}u_n$ 发散.

例 11.9 讨论级数 $\sum_{n=1}^{\infty}\frac{2n-1}{n^3+10}$ 的敛散性.

解 因为 $\lim_{n\to\infty}\frac{2n-1}{n^3+10}\Big/\frac{1}{n^2}=2>0$，而级数 $\sum_{n=1}^{\infty}\frac{1}{n^2}$ 收敛，所以级数 $\sum_{n=1}^{\infty}\frac{2n-1}{n^3+10}$ 收敛.

例 11.10 正项级数 $\sum_{n=1}^{\infty}\sin\frac{\pi}{n}$ 发散，这是因为

$$\lim_{n\to\infty}\frac{\sin\frac{\pi}{n}}{\frac{1}{n}}=\pi>0,$$

而调和级数 $\sum_{n=1}^{\infty}\frac{1}{n}$ 发散.

定理 11.10(达朗贝尔判别法或比值判别法)　设正项级数 $\sum_{n=1}^{\infty} u_n$ 的每一项都不是零,且满足

$$\lim_{n\to\infty}\frac{u_{n+1}}{u_n}=l,$$

则

(1) 当 $l<1$ 时,级数 $\sum_{n=1}^{\infty} u_n$ 收敛;

(2) 当 $l>1$ $\left(或\lim\limits_{n\to\infty}\frac{u_{n+1}}{u_n}=+\infty\right)$时,级数 $\sum_{n=1}^{\infty} u_n$ 发散.

证　(1) 当 $l<1$ 时,则存在正数 ε_0,使得

$$l+\varepsilon_0=q<1.$$

又因为$\lim\limits_{n\to\infty}\frac{u_{n+1}}{u_n}=l$,所以对于 $\varepsilon_0>0$,存在 N,使得当 $n\geqslant N$ 时,有

$$\left|\frac{u_{n+1}}{u_n}-l\right|<\varepsilon_0,$$

从而

$$\frac{u_{n+1}}{u_n}<l+\varepsilon_0=q,$$

或

$$u_{n+1}<qu_n,\quad n\geqslant N.$$

于是

$$\begin{aligned}&u_{N+1}<qu_N,\\&u_{N+2}<qu_{N+1}<q^2u_N,\\&u_{N+3}<qu_{N+2}<q^3u_N,\\&\cdots\\&u_{N+k}<\cdots<q^ku_N,\end{aligned}$$

即级数

$$\sum_{k=1}^{\infty}u_{N+k}=u_{N+1}+u_{N+2}+\cdots+u_{N+k}+\cdots$$

的各项分别小于等比级数

$$\sum_{k=1}^{\infty}u_Nq^k=u_Nq+u_Nq^2+\cdots+u_Nq^k+\cdots$$

的对应项,而 $\sum_{k=1}^{\infty}u_Nq^k$ 收敛,因此级数$\sum_{k=1}^{\infty}u_{N+k}$ 收敛,进而$\sum_{n=1}^{\infty}u_n$ 收敛.

(2) 当 $l>1$ 时,存在正数 ε_1,使得

$$l-\varepsilon_1>1.$$

由$\lim\limits_{n\to\infty}\frac{u_{n+1}}{u_n}=l$知,对于$\varepsilon_1>0$,存在$N$,使得当$n\geqslant N$时,有

$$\left|\frac{u_{n+1}}{u_n}-l\right|<\varepsilon_1,$$

从而

$$\frac{u_{n+1}}{u_n}>l-\varepsilon_1>1,$$

或

$$u_{n+1}>u_n,\quad n\geqslant N.$$

于是

$$\begin{aligned}&u_{N+1}>u_N,\\&u_{N+2}>u_{N+1}>u_N,\\&\cdots\end{aligned}$$

即

$$u_n>u_N>0,\quad n>N,$$

因此一般项u_n不可能趋于零,从而级数$\sum\limits_{n=1}^{\infty}u_n$发散. $\lim\limits_{n\to\infty}\frac{u_{n+1}}{u_n}=+\infty$时类似可证.

注 11.2 当$l=1$时,不能用此方法确定敛散性. 事实上,收敛级数$\sum\limits_{n=1}^{\infty}\frac{1}{n^2}$和发散级数$\sum\limits_{n=1}^{\infty}\frac{1}{n}$都满足$\lim\limits_{n\to\infty}\frac{u_{n+1}}{u_n}=1$.

例 11.11 证明级数

$$1+\frac{1}{1}+\frac{1}{1\cdot 2}+\frac{1}{1\cdot 2\cdot 3}+\cdots+\frac{1}{(n-1)!}+\cdots$$

是收敛的,并估计以级数的部分和s_n近似代替和s所产生的误差.

解 因为

$$\lim_{n\to\infty}\frac{u_{n+1}}{u_n}=\lim_{n\to\infty}\frac{(n-1)!}{n!}=\lim_{n\to\infty}\frac{1}{n}=0<1,$$

根据比值审敛法可知所给级数收敛.

以此级数的部分和s_n近似代替级数和s所产生的误差为

$$\begin{aligned}|r_n|&=\frac{1}{n!}+\frac{1}{(n+1)!}+\frac{1}{(n+2)!}+\cdots\\&=\frac{1}{n!}\left(1+\frac{1}{n+1}+\frac{1}{(n+1)(n+2)}+\cdots\right)\\&<\frac{1}{n!}\left(1+\frac{1}{n}+\frac{1}{n^2}+\cdots\right)\end{aligned}$$

$$=\frac{1}{n!}\frac{1}{1-\frac{1}{n}}=\frac{1}{(n-1)(n-1)!}.$$

例 11.12 判定级数

$$\frac{1}{10}+\frac{1\cdot 2}{10^2}+\frac{1\cdot 2\cdot 3}{10^3}+\cdots+\frac{n!}{10^n}+\cdots$$

的收敛性.

解 因为

$$\frac{u_{n+1}}{u_n}=\frac{(n+1)!}{10^{n+1}}\cdot\frac{10^n}{n!}=\frac{n+1}{10},$$

$$\lim_{n\to\infty}\frac{u_{n+1}}{u_n}=\lim_{n\to\infty}\frac{n+1}{10}=\infty.$$

根据比值判别法可知所给级数发散.

例 11.13 证明:级数 $\sum_{n=1}^{\infty}\frac{(n!)^2}{(2n)!}$ 收敛.

证 设 $u_n=\frac{(n!)^2}{(2n)!}$,则

$$\lim_{n\to\infty}\frac{u_{n+1}}{u_n}=\lim_{n\to\infty}\frac{[(n+1)!]^2}{[2(n+1)]!}\cdot\frac{(2n)!}{(n!)^2}$$

$$=\lim_{n\to\infty}\frac{n+1}{2(2n+1)}=\frac{1}{4}<1,$$

由比值判别法知,级数收敛.

例 11.14 讨论级数 $\sum_{n=1}^{\infty}\frac{a^n\cdot n!}{n^n}(a>0)$ 的收敛性.

解 设 $u_n=\frac{a^n\cdot n!}{n^n}$,则

$$\lim_{n\to\infty}\frac{u_{n+1}}{u_n}=\lim_{n\to\infty}\frac{a^{n+1}\cdot(n+1)!}{(n+1)^{n+1}}\cdot\frac{n^n}{a^n\cdot n!}$$

$$=a\lim_{n\to\infty}\left(\frac{n}{n+1}\right)^n=\frac{a}{\mathrm{e}}.$$

由比值判别法知,

当 $\frac{a}{\mathrm{e}}<1$ 即 $a<\mathrm{e}$ 时,级数 $\sum_{n=1}^{\infty}\frac{a^n\cdot n!}{n^n}$ 收敛;

当 $\frac{a}{\mathrm{e}}>1$ 即 $a>\mathrm{e}$ 时,级数 $\sum_{n=1}^{\infty}\frac{a^n\cdot n!}{n^n}$ 发散;

当 $\frac{a}{\mathrm{e}}=1$ 即 $a=\mathrm{e}$ 时,由于数列 $\left\{\left(\frac{n+1}{n}\right)^n\right\}=\left\{\left(1+\frac{1}{n}\right)^n\right\}$ 单调递增,即数列 $\left\{\frac{u_{n+1}}{u_n}\right\}=\left\{\mathrm{e}\cdot\left(\frac{n}{n+1}\right)^n\right\}$ 单调递减,且 $\lim_{n\to\infty}\frac{u_{n+1}}{u_n}=1$,因此有 $\frac{u_{n+1}}{u_n}\geqslant 1$,即有

$$u_{n+1} \geqslant u_n \geqslant \cdots \geqslant u_1 = \mathrm{e},$$

从而一般项 u_n 不趋于零,级数发散.

注 11.3 由级数 $\sum_{n=1}^{\infty} \frac{2^n \cdot n!}{n^n}$ 收敛知,其一般项应趋于零,即有

$$\lim_{n\to\infty} \frac{2^n \cdot n!}{n^n} = 0.$$

这就提供了一种利用级数收敛性求数列极限的方法.

定理 11.11(柯西判别法或根值判别法) 设正项级数 $\sum_{n=1}^{\infty} u_n$ 满足

$$\lim_{n\to\infty} \sqrt[n]{u_n} = l,$$

则

(1) 当 $l<1$ 时,级数 $\sum_{n=1}^{\infty} u_n$ 收敛;

(2) 当 $l>1$(或 $\lim_{n\to\infty}\sqrt[n]{u_n}=+\infty$)时,级数 $\sum_{n=1}^{\infty} u_n$ 发散.

例 11.15 讨论级数 $\sum_{n=1}^{\infty} \frac{n^2}{\left(n+\frac{1}{n}\right)^n}$ 的敛散性.

解 因为

$$\lim_{n\to\infty} \sqrt[n]{u_n} = \lim_{n\to\infty} \frac{(\sqrt[n]{n})^2}{n+\frac{1}{n}} = 0 < 1,$$

所以级数 $\sum_{n=1}^{\infty} \frac{n^2}{\left(n+\frac{1}{n}\right)^n}$ 收敛.

例 11.16 讨论级数 $\sum_{n=1}^{\infty} \frac{x^n}{3^n}(x>0)$ 的敛散性.

解 因为

$$\lim_{n\to\infty} \sqrt[n]{u_n} = \lim_{n\to\infty} \frac{x}{3} = \frac{x}{3},$$

根据根值判别法知,当 $\frac{x}{3}<1$,即 $0<x<3$ 时,级数 $\sum_{n=1}^{\infty} \frac{x^n}{3^n}(x>0)$ 收敛;当 $\frac{x}{3}>1$,即 $x>3$ 时,此级数发散;当 $\frac{x}{3}=1$,即 $x=3$ 时,级数化为

$$\sum_{n=1}^{\infty} 1 = 1+1+\cdots+1+\cdots,$$

级数发散.

例 11.17　判定级数 $\sum\limits_{n=1}^{\infty}\frac{2+(-1)^n}{2^n}$ 的收敛性.

证

$$\lim_{n\to\infty}\sqrt[n]{u_n}=\lim_{n\to\infty}\frac{1}{2}\sqrt[n]{2+(-1)^n}=\frac{1}{2},$$

因此,根据根值判别法知所给级数收敛.

定理 11.12(柯西积分判别法)　设 $\sum\limits_{n=1}^{\infty}u_n$ 为正项级数.若存在一个定义在区间 $[1,+\infty)$ 上的单调递减的非负值函数 $f(x)$,满足

$$u_n=f(n),\quad n=1,2,\cdots,$$

则级数 $\sum\limits_{n=1}^{\infty}u_n$ 收敛的充分必要条件是反常积分 $\int_1^{+\infty}f(x)\mathrm{d}x$ 收敛(图 11.2).

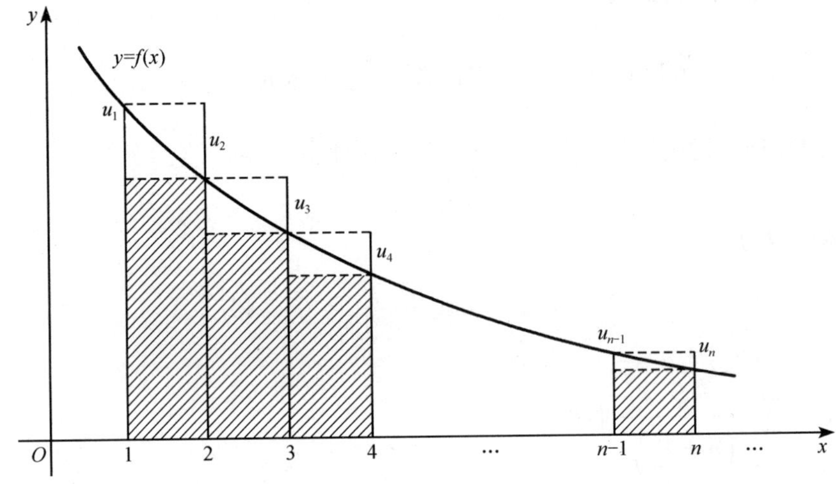

图 11.2

证　当 $x\in[k-1,k](k=2,3,\cdots,n)$ 时,由

$$0\leqslant f(k)\leqslant f(x)\leqslant f(k-1)$$

知

$$\int_{k-1}^{k}f(k)\mathrm{d}x\leqslant\int_{k-1}^{k}f(x)\mathrm{d}x\leqslant\int_{k-1}^{k}f(k-1)\mathrm{d}x,$$

即

$$u_k=f(k)\leqslant\int_{k-1}^{k}f(x)\mathrm{d}x\leqslant f(k-1)=u_{k-1},$$

从而

$$\sum_{k=2}^{n}u_k\leqslant\sum_{k=2}^{n}\int_{k-1}^{k}f(x)\mathrm{d}x\leqslant\sum_{k=2}^{n}u_{k-1},$$

即

$$\sum_{k=2}^{n}u_k\leqslant\int_{1}^{n}f(x)\mathrm{d}x\leqslant\sum_{k=2}^{n}u_{k-1}=\sum_{k=1}^{n-1}u_k.$$

若级数 $\sum\limits_{k=1}^{\infty}u_k$ 收敛,则其部分和数列 $\left\{\sum\limits_{k=1}^{n}u_k\right\}$ 有上界,从而 $\left\{\sum\limits_{k=1}^{n-1}u_k\right\}$ 有上界,设其上界为 M,于是对任意自然数 n,有

$$\int_{1}^{n}f(x)\mathrm{d}x\leqslant M.$$

考虑积分 $\int_{1}^{A}f(x)\mathrm{d}x$ ($A>1$,为任意实数). 由 $f(x)\geqslant 0$ 知

$$\int_{1}^{A}f(x)\mathrm{d}x\leqslant\int_{1}^{[A]+1}f(x)\mathrm{d}x\leqslant M.$$

又由于 $\int_{1}^{A}f(x)\mathrm{d}x$ 是 A 的单调递增函数,因此当 $A\to+\infty$ 时存在极限值,即 $\int_{1}^{+\infty}f(x)\mathrm{d}x$ 收敛.

反过来,若 $\int_{1}^{+\infty}f(x)\mathrm{d}x$ 收敛,则 $\sum\limits_{k=2}^{n}u_k$ 有界,所以正项级数 $\sum\limits_{k=1}^{\infty}u_k$ 收敛.

例 11.18 证明:p 级数 $\sum\limits_{n=1}^{\infty}\dfrac{1}{n^p}$ ($p>0$) 当 $p>1$ 时收敛,当 $p\leqslant 1$ 时发散.

证 由 $u_n=\dfrac{1}{n^p}$ 知,可设 $f(x)=\dfrac{1}{x^p}$,于是 $f(n)=u_n$. 显然 $f(x)$ 当 $x\geqslant 1$ 时是单调递减的非负值函数. 考虑无穷积分

$$\int_{1}^{+\infty}\frac{1}{x^p}\mathrm{d}x.$$

当 $p=1$ 时

$$\int_{1}^{+\infty}\frac{1}{x^p}\mathrm{d}x=\lim_{A\to+\infty}\int_{1}^{A}\frac{1}{x}\mathrm{d}x=\lim_{A\to+\infty}\ln A=+\infty,$$

因此调和级数 $\sum\limits_{n=1}^{\infty}\dfrac{1}{n}$ 发散.

当 $p\neq 1$ 时

$$\begin{aligned}\int_{1}^{+\infty}\frac{1}{x^p}\mathrm{d}x&=\lim_{A\to+\infty}\int_{1}^{A}x^{-p}\mathrm{d}x=\lim_{A\to+\infty}\frac{1}{1-p}x^{1-p}\Big|_{1}^{A}\\&=\begin{cases}\lim\limits_{A\to+\infty}\dfrac{1}{1-p}(A^{1-p}-1)=+\infty, & p<1,\\ \lim\limits_{A\to+\infty}\dfrac{1}{1-p}\left(\dfrac{1}{A^{p-1}}-1\right)=\dfrac{1}{p-1}, & p>1.\end{cases}\end{aligned}$$

因此级数 $\sum\limits_{n=1}^{\infty}\frac{1}{n^p}(p>0)$ 当 $p>1$ 时收敛,当 $p\leqslant 1$ 时发散.

例 11.19　讨论级数 $\sum\limits_{n=1}^{\infty}\frac{b^n}{n^a}(a>0,b>0)$ 的敛散性.

解　因为

$$\lim_{n\to\infty}\frac{u_{n+1}}{u_n}=\lim_{n\to\infty}\frac{b^{n+1}}{(n+1)^a}\cdot\frac{n^a}{b^n}$$
$$=b\lim_{n\to\infty}\left(\frac{n}{n+1}\right)^a=b,$$

由比值判别法知,当 $b<1$ 时,级数 $\sum\limits_{n=1}^{\infty}\frac{b^n}{n^a}$ 收敛;当 $b>1$ 时,级数发散;当 $b=1$ 时,级数化为 $\sum\limits_{n=1}^{\infty}\frac{1}{n^a}$,当 $a>1$ 时,级数收敛,当 $a\leqslant 1$ 时,级数发散.

例 11.20　讨论下列级数的敛散性:

(1) $\sum\limits_{n=3}^{\infty}\frac{1}{n(\ln n)^p}(p>0)$;　(2) $\sum\limits_{n=3}^{\infty}\frac{1}{\ln(n!)}$.

解　(1) 由 $u_n=\frac{1}{n(\ln n)^p}$知,可设

$$f(x)=\frac{1}{x(\ln x)^p},\quad p>0.$$

当 $x\geqslant 3$ 时,$f(x)$是非负递减函数,且

$$\int_3^{+\infty}\frac{1}{x(\ln x)^p}\mathrm{d}x=\begin{cases}\ln(\ln x)\Big|_3^{+\infty}=+\infty, & p=1,\\ \dfrac{1}{1-p}(\ln x)^{1-p}\Big|_3^{+\infty}=+\infty, & p<1,\\ \dfrac{1}{1-p}\cdot\dfrac{1}{(\ln x)^{p-1}}\Big|_3^{+\infty}=\dfrac{1}{p-1}\cdot\dfrac{1}{(\ln 3)^{p-1}}, & p>1,\end{cases}$$

于是,级数 $\sum\limits_{n=3}^{\infty}\frac{1}{n(\ln n)^p}(p>0)$ 当 $0<p\leqslant 1$ 时发散;当 $p>1$ 时收敛.

(2) 当 $n\geqslant 3$ 时,有

$$\ln(n!)=\ln 2+\ln 3+\cdots+\ln n<n\ln n,$$

即

$$\frac{1}{\ln(n!)}>\frac{1}{n\ln n}>0,\quad n\geqslant 3.$$

级数$\sum\limits_{n=3}^{\infty}\frac{1}{n\ln n}$ 发散,因此由比较判别法知,级数$\sum\limits_{n=3}^{\infty}\frac{1}{\ln(n!)}$ 发散.

例 11.21　判定级数 $\sum\limits_{n=1}^{\infty}\ln\left(1+\frac{1}{n^2}\right)$ 的收敛性.

解 因$\lim\limits_{n\to\infty}\dfrac{\ln\left(1+\dfrac{1}{n^2}\right)}{\dfrac{1}{n^2}}=1$，而$\sum\limits_{n=1}^{\infty}\dfrac{1}{n^2}$收敛，故$\sum\limits_{n=1}^{\infty}\ln\left(1+\dfrac{1}{n^2}\right)$收敛.

例 11.22 判定级数$\sum\limits_{n=1}^{\infty}\sqrt{n+1}\left(1-\cos\dfrac{\pi}{n}\right)$的收敛性.

解 因$\lim\limits_{n\to\infty}\dfrac{\sqrt{n+1}\left(1-\cos\dfrac{\pi}{n}\right)}{n^{\frac{3}{2}}}=\dfrac{\pi^2}{2}$，而$\sum\limits_{n=1}^{\infty}\dfrac{1}{n^{\frac{3}{2}}}$收敛，故$\sum\limits_{n=1}^{\infty}\sqrt{n+1}\left(1-\cos\dfrac{\pi}{n}\right)$收敛.

11.2.2 交错级数及其审敛法

定义 11.3 正项、负项交替出现的级数称为交错级数，不失一般性，下面来研究

$$\sum_{n=1}^{\infty}(-1)^{n-1}u_n=u_1-u_2+u_3-u_4+\cdots+(-1)^{n-1}u_n+\cdots,$$

其中 $u_n>0(n=1,2,\cdots)$.

关于交错级数，有一个比较简单而又常用的判别法.

定理 11.13（莱布尼茨判别法） 若交错级数

$$\sum_{n=1}^{\infty}(-1)^{n-1}u_n=u_1-u_2+u_3-u_4+\cdots+(-1)^{n-1}u_n+\cdots,$$

其中 $u_n>0(n=1,2,\cdots)$，且满足

(1) $u_1\geqslant u_2\geqslant\cdots\geqslant u_n\geqslant u_{n+1}\geqslant\cdots$;

(2) $\lim\limits_{n\to\infty}u_n=0$,

则级数$\sum\limits_{n=1}^{\infty}(-1)^{n-1}u_n$收敛，其和 $s\leqslant u_1$，且余项的绝对值$|r_n|\leqslant u_{n+1}$.

证 设 s_n 为级数$\sum\limits_{n=1}^{\infty}(-1)^{n-1}u_n$的前 n 项部分和. 为了证明级数收敛，即$\lim\limits_{n\to\infty}s_n$存在，下面来证明$\lim\limits_{n\to\infty}s_{2n}=\lim\limits_{n\to\infty}s_{2n+1}$.

由条件(1)知

$$s_{2(n+1)}=s_{2n}+(u_{2n+1}-u_{2n+2})\geqslant s_{2n},$$

即$\{s_{2n}\}$单调递增. 又因为

$$s_{2n}=u_1-(u_2-u_3)-(u_4-u_5)-\cdots-(u_{2n-2}-u_{2n-1})-u_{2n}\leqslant u_1,$$

所以数列$\{s_{2n}\}$单调递增且有上界，从而极限$\lim\limits_{n\to\infty}s_{2n}$存在，设为 s.

再看数列$\{s_{2n+1}\}$. 由条件(2)知

$$\lim_{n\to\infty}s_{2n+1}=\lim_{n\to\infty}(s_{2n}+u_{2n+1})$$

$$= \lim_{n\to\infty} s_{2n} + \lim_{n\to\infty} u_{2n+1}$$
$$= s + 0 = s,$$

因此$\lim\limits_{n\to\infty} s_n = s$，即级数收敛.

显然

$$s = \lim_{n\to\infty} s_{2n} \leqslant u_1.$$

最后，易知余项

$$r_n = \pm (u_{n+1} - u_{n+2} + \cdots),$$

其绝对值

$$|r_n| = u_{n+1} - u_{n+2} + \cdots$$

也是一个交错级数，并且显然满足定理中的两个条件，因此其和不超过第一项，即

$$|r_n| \leqslant u_{n+1}.$$

例 11.23　交错级数

$$\sum_{n=1}^{\infty} (-1)^{n-1} \frac{1}{n} = 1 - \frac{1}{2} + \frac{1}{3} - \frac{1}{4} + \cdots + (-1)^{n-1} \frac{1}{n} + \cdots$$

收敛. 事实上，$u_n = \dfrac{1}{n}$，显然

$$u_n > u_{n+1} = \frac{1}{n+1}, \quad \lim_{n\to\infty} u_n = \lim_{n\to\infty} \frac{1}{n} = 0,$$

即满足定理 11.13 中的条件. 易知，其和 $s<1$. 如果取前 n 项的和

$$s_n = 1 - \frac{1}{2} + \frac{1}{3} - \cdots + (-1)^{n-1} \frac{1}{n}$$

作为 s 的近似值，所产生的误差$|r_n| \leqslant \dfrac{1}{n+1}$.

例 11.24　讨论级数 $\sum\limits_{n=1}^{\infty} (-1)^n \dfrac{n+2}{n+1} \cdot \dfrac{1}{\sqrt{n}}$ 的收敛性.

解　设 $u_n = \dfrac{n+2}{n+1} \cdot \dfrac{1}{\sqrt{n}}$，可证 $u_n > u_{n+1}$ $(n = 1, 2, \cdots)$. 且 $\lim\limits_{n\to\infty} u_n = \lim\limits_{n\to\infty} \dfrac{n+2}{n+1} \cdot \dfrac{1}{\sqrt{n}} = 0$，于是根据莱布尼茨判别法知，级数 $\sum\limits_{n=1}^{\infty} (-1)^n \dfrac{n+2}{n+1} \cdot \dfrac{1}{\sqrt{n}}$ 收敛.

11.2.3　绝对收敛与条件收敛

现在讨论一般的级数

$$u_1 + u_2 + \cdots + u_n + \cdots,$$

它的各项为任意实数. 如果级数 $\sum\limits_{n=1}^{\infty} u_n$ 各项的绝对值所构成的正项级数 $\sum\limits_{n=1}^{\infty} |u_n|$ 收

敛，则称级数$\sum_{n=1}^{\infty}u_n$ **绝对收敛**；如果级数$\sum_{n=1}^{\infty}u_n$收敛，而级数$\sum_{n=1}^{\infty}|u_n|$发散，则称**级数**$\sum_{n=1}^{\infty}u_n$ **条件收敛**. 容易知道，级数$\sum_{n=1}^{\infty}(-1)^{n-1}\frac{1}{n^2}$是绝对收敛级数，而级数$\sum_{n=1}^{\infty}(-1)^{n-1}\frac{1}{n}$是条件收敛级数.

级数绝对收敛与收敛有以下重要关系.

定理 11.14　如果级数$\sum_{n=1}^{\infty}u_n$绝对收敛，则级数$\sum_{n=1}^{\infty}u_n$必定收敛.

证　令

$$v_n=\frac{1}{2}(u_n+|u_n|),\quad n=1,2,\cdots.$$

显然$v_n\geqslant 0$，且$v_n\leqslant|u_n|(n=1,2,\cdots)$. 因级数$\sum_{n=1}^{\infty}|u_n|$收敛，故由比较判别法知道，级数$\sum_{n=1}^{\infty}v_n$收敛，从而级数$\sum_{n=1}^{\infty}2v_n$也收敛. 而$u_n=2v_n-|u_n|$，由收敛级数的基本性质可知

$$\sum_{n=1}^{\infty}u_n=\sum_{n=1}^{\infty}2v_n-\sum_{n=1}^{\infty}|u_n|,$$

所以级数$\sum_{n=1}^{\infty}u_n$收敛.

上述证明中引入的级数$\sum_{n=1}^{\infty}v_n$，其一般项

$$v_n=\frac{1}{2}(u_n+|u_n|)=\begin{cases}u_n, & u_n>0,\\ 0, & u_n\leqslant 0,\end{cases}$$

可见级数$\sum_{n=1}^{\infty}v_n$是把级数$\sum_{n=1}^{\infty}u_n$中的负项换成零而得的，它也就是级数$\sum_{n=1}^{\infty}u_n$中的全体正项所构成的级数. 类似可知，令

$$w_n=\frac{1}{2}(|u_n|-u_n),$$

则$\sum_{n=1}^{\infty}w_n$为级数$\sum_{n=1}^{\infty}u_n$中全体负项的绝对值所构成的级数. 如果级数$\sum_{n=1}^{\infty}u_n$绝对收敛，则级数$\sum_{n=1}^{\infty}v_n$与$\sum_{n=1}^{\infty}w_n$都收敛；如果级数条件收敛，则级数$\sum_{n=1}^{\infty}v_n$与$\sum_{n=1}^{\infty}w_n$都发散.

对于一般的级数$\sum_{n=1}^{\infty}u_n$，如果用正项级数的收敛性判别法判定级数$\sum_{n=1}^{\infty}|u_n|$

收敛,则此级数收敛.这就使得一大类级数的收敛性判定问题,转化成为正项级数的收敛性判定问题.

一般说来,如果级数 $\sum_{n=1}^{\infty}|u_n|$ 发散,不能断定级数 $\sum_{n=1}^{\infty}u_n$ 也发散.但是,如果用比值判别法或根值判别法根据 $\lim_{n\to\infty}\left|\frac{u_{n+1}}{u_n}\right|=\rho>1$ 或 $\lim_{n\to\infty}\sqrt[n]{|u_n|}=\rho>1$ 判定级数 $\sum_{n=1}^{\infty}|u_n|$ 发散,则 $\sum_{n=1}^{\infty}u_n$ 必定发散.这是因为从 $\rho>1$ 可知 $|u_n|$ 不趋于零 $(n\to\infty)$,从而 u_n 不趋于零 $(n\to\infty)$,因此级数 $\sum_{n=1}^{\infty}u_n$ 是发散的.

例 11.25 讨论级数 $\sum_{n=1}^{\infty}\frac{\sin n}{n^2}$ 的收敛性.

解 $\left|\frac{\sin n}{n^2}\right|\leqslant\frac{1}{n^2}$,而级数 $\sum_{n=1}^{\infty}\frac{1}{n^2}$ 收敛,因此级数 $\sum_{n=1}^{\infty}\left|\frac{\sin n}{n^2}\right|$ 收敛,从而级数 $\sum_{n=1}^{\infty}\frac{\sin n}{n^2}$ 收敛.

例 11.26 讨论级数 $\sum_{n=1}^{\infty}\frac{x^n}{2^n\cdot n}$ 的敛散性,其中 x 为实数.

解 由

$$\left|\frac{u_{n+1}}{u_n}\right|=\frac{|x|^{n+1}}{2^{n+1}(n+1)}\cdot\frac{2^n\cdot n}{|x|^n}=\frac{|x|}{2}\cdot\frac{n}{n+1}$$

得

$$\lim_{n\to+\infty}\left|\frac{u_{n+1}}{u_n}\right|=\frac{|x|}{2}.$$

于是

当 $\frac{|x|}{2}<1$,即 $|x|<2$ 时,级数 $\sum_{n=1}^{\infty}\frac{x^n}{2^n\cdot n}$ 绝对收敛,从而收敛.

当 $\frac{|x|}{2}>1$,即 $|x|>2$ 时,级数 $\sum_{n=1}^{\infty}\frac{x^n}{2^n\cdot n}$ 发散.

当 $x=2$ 时,原级数化为 $\sum_{n=1}^{\infty}\frac{1}{n}$,显然发散.

当 $x=-2$ 时,原级数化为 $\sum_{n=1}^{\infty}(-1)^n\frac{1}{n}$,级数收敛.

例 11.27 判定级数 $\sum_{n=1}^{\infty}(-1)^n\frac{1}{2^n}\left(1+\frac{1}{n}\right)^{n^2}$ 的收敛性.

解 $\sqrt[n]{\left|(-1)^n\frac{1}{2^n}\left(1+\frac{1}{n}\right)^{n^2}\right|}\to\frac{\mathrm{e}}{2}\ (n\to\infty)$,而 $\frac{\mathrm{e}}{2}>1$,所以级数发散.

11.2.4 绝对收敛级数的性质

定理 11.15 绝对收敛级数经改变项的位置后构成的级数也收敛，且与原级数有相同的和(即绝对收敛级数具有可交换性).

证 (1) 先证定理对于收敛的正项级数是正确的.

设级数

$$u_1+u_2+\cdots+u_n+\cdots$$

为收敛的正项级数，其部分和为 s_n，和为 s. 并设级数

$$u_1^*+u_2^*+\cdots+u_n^*+\cdots$$

为改变项的位置后构成的级数，其部分和为 s_n^*.

对于任何 n，当它固定后，取 m 足够大，使 $u_1^*,u_2^*,\cdots,u_n^*$ 各项都出现在 $s_m=u_1+u_2+\cdots+u_m$ 中，于是得

$$s_n^*\leqslant s_m\leqslant s,$$

所以，单调增加的数列 $\{s_n^*\}$ 不超过定数 s，可知 $\lim\limits_{n\to\infty}s_n^*$ 存在，即级数 $\sum\limits_{n=1}^{\infty}u_n^*$ 收敛，且

$$\lim_{n\to\infty}s_n^*=s^*\leqslant s.$$

另一方面，如果把原来级数 $\sum\limits_{n=1}^{\infty}u_n$ 看成是级数 $\sum\limits_{n=1}^{\infty}u_n^*$ 改变项的位置后所成的级数，又有

$$s\leqslant s^*,$$

所以

$$s=s^*.$$

(2) 再证定理对一般的绝对收敛级数是正确的.

设级数 $\sum\limits_{n=1}^{\infty}|u_n|$ 收敛. 已得

$$u_n=2v_n-|u_n|,$$

而 $\sum\limits_{n=1}^{\infty}v_n$ 是收敛的正项级数. 故有

$$\sum_{n=1}^{\infty}u_n=\sum_{n=1}^{\infty}(2v_n-|u_n|)=\sum_{n=1}^{\infty}2v_n-\sum_{n=1}^{\infty}|u_n|.$$

若级数 $\sum\limits_{n=1}^{\infty}u_n$ 改变项的位置后的级数为 $\sum\limits_{n=1}^{\infty}u_n^*$，则相应的 $\sum\limits_{n=1}^{\infty}v_n$ 变为 $\sum\limits_{n=1}^{\infty}v_n^*$，$\sum\limits_{n=1}^{\infty}|u_n|$ 变为 $\sum\limits_{n=1}^{\infty}|u_n^*|$，所以

$$\sum_{n=1}^{\infty}u_n^*=\sum_{n=1}^{\infty}2v_n^*-\sum_{n=1}^{\infty}|u_n^*|=\sum_{n=1}^{\infty}2v_n-\sum_{n=1}^{\infty}|u_n|=\sum_{n=1}^{\infty}u_n.$$

证毕.

两个有穷和相乘时,只需逐项相乘,然后相加,下面所要讨论的问题是两个收敛级数(即两个无穷和)能不能相乘. 在什么条件下,可以像两个有穷和的乘法那样进行?

设$\sum\limits_{k=1}^{\infty} u_k = s, \sum\limits_{k=1}^{\infty} v_k = \sigma$为两个收敛级数,仿照有穷和的乘法,写出所有可能的乘积

$$u_i v_j, \quad i,j = 1,2,\cdots,$$

把它们排列成表:

	v_1	v_2	v_3	$\cdots$	v_j	$\cdots$
u_1	u_1v_1	u_1v_2	u_1v_3	$\cdots$	u_1v_j	$\cdots$
u_2	u_2v_1	u_2v_2	u_2v_3	$\cdots$	u_2v_j	$\cdots$
u_3	u_3v_1	u_3v_2	u_3v_3	$\cdots$	u_3v_j	$\cdots$
$\vdots$	$\vdots$	$\vdots$	$\vdots$		$\vdots$	
u_i	u_iv_1	u_iv_2	u_iv_3	$\cdots$	u_iv_j	$\cdots$
$\vdots$	$\vdots$	$\vdots$	$\vdots$		$\vdots$	

这些乘积可按各种不同的顺序相加,最常用的有两种方法,一种是按对角线相加,称为**对角线法**(图 11.3).

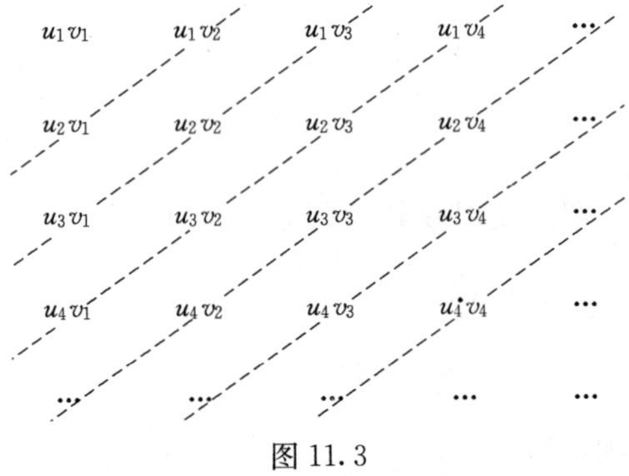

图 11.3

这样相加所得到的级数称为$\sum\limits_{k=1}^{\infty} u_k$**与**$\sum\limits_{k=1}^{\infty} v_k$**的柯西乘积**,记作

$$\sum_{n=1}^{\infty} a_n = u_1v_1 + (u_1v_2 + u_2v_1) + (u_1v_3 + u_2v_2 + u_3v_1) + \cdots + (u_1v_n + u_2v_{n-1} + \cdots + u_nv_1) + \cdots$$

其通项为

$$a_n = u_1v_n + u_2v_{n-1} + \cdots + u_nv_1, \quad n = 1,2,\cdots.$$

另一种是按正方形法相加(图 11.4).

u_1v_1	u_1v_2	u_1v_3	$\cdots$
u_2v_1	u_2v_2	u_2v_3	$\cdots$
u_3v_1	u_3v_2	u_3v_3	$\cdots$
$\vdots$	$\vdots$	$\vdots$	

图 11.4

这样得到的级数是

$$\sum_{n=1}^{\infty} b_n = u_1v_1 + (u_1v_2 + u_2v_2 + u_2v_1) + (u_1v_3 + u_2v_3 + u_3v_3 + u_3v_2 + u_3v_1) + \cdots,$$

其通项为

$$b_n = u_1v_n + u_2v_n + \cdots + u_nv_n + u_nv_{n-1} + u_nv_{n-2} + \cdots + u_nv_1, \quad n = 1,2,\cdots.$$

现在的问题是在什么条件下,这两个级数都收敛,并且它们的和等于 $s \cdot \sigma$.

定理 11.16 若级数 $\sum\limits_{k=1}^{\infty} u_k = s, \sum\limits_{k=1}^{\infty} v_k = \sigma$ 都绝对收敛,则它们各项的乘积 $u_iv_j(i,j = 1,2,\cdots)$ 按任意次序相加后所成的级数绝对收敛,且其和为 $s \cdot \sigma$.

证 设所有乘积 $u_iv_j(i,j=1,2,\cdots)$ 按任意一种次序相加后得到的级数是 $\sum\limits_{k=1}^{\infty} w_k$. 先证它绝对收敛. 为此,只需证其部分和数列 $\left\{\sum\limits_{k=1}^{n} |w_k|\right\}$ 有界. 记作

$$w_1 = u_{k_1}v_{l_1}, \quad w_2 = u_{k_2}v_{l_2}, \quad \cdots, \quad w_n = u_{k_n}v_{l_n},$$

且令 $m=\max\{k_1,k_2,\cdots,k_n;l_1,l_2,\cdots,l_n\}$,则显然有

$$\sum_{k=1}^{n} |w_k| \leqslant \left(\sum_{k=1}^{m} |u_k|\right)\left(\sum_{k=1}^{m} |v_k|\right).$$

因为级数 $\sum\limits_{k=1}^{\infty} u_k$ 和 $\sum\limits_{k=1}^{\infty} v_k$ 都绝对收敛,所以部分和数列 $\left(\sum\limits_{k=1}^{m} |u_k|\right)$ 和 $\left(\sum\limits_{k=1}^{m} |v_k|\right)$ 都有界,从而 $\left\{\sum\limits_{k=1}^{n} |w_k|\right\}$ 有界. 于是证明了级数 $\sum\limits_{k=1}^{\infty} w_k$ 绝对收敛.

再证 $\sum\limits_{k=1}^{\infty} w_k = s \cdot \sigma$. 只需证明按某一种固定方法将各项 $u_iv_j(i,j=1,2,\cdots)$ 相加后所得级数收敛到 $s \cdot \sigma$. 为简单起见,考虑用正方形法所得到的级数

$$\sum_{k=1}^{\infty} b_k = \sum_{k=1}^{\infty} (u_1v_k + u_2v_k + \cdots + u_kv_k + u_kv_{k-1} + u_kv_{k-2} + \cdots + u_kv_1).$$

易知

$$\sum_{k=1}^{n} b_k = \left(\sum_{k=1}^{n} u_k\right)\left(\sum_{k=1}^{n} v_k\right),$$

令 $n \to \infty$,便得到

$$\begin{aligned}\lim_{n\to\infty}\sum_{k=1}^{n} b_k &= \lim_{n\to\infty}\left(\sum_{k=1}^{n} u_k\right)\left(\sum_{k=1}^{n} v_k\right) \\ &= \left(\lim_{n\to\infty}\sum_{k=1}^{n} u_k\right)\left(\lim_{n\to\infty}\sum_{k=1}^{n} v_k\right) = s \cdot \sigma,\end{aligned}$$

即 $\sum\limits_{k=1}^{\infty} b_k = s \cdot \sigma$.

习　题　11.2

1. 用比较审敛法或极限形式的比较审敛法判定下列级数的收敛性：

(1) $1+\frac{1}{3}+\frac{1}{5}+\cdots+\frac{1}{(2n-1)}+\cdots$；

(2) $1+\frac{1+2}{1+2^2}+\frac{1+3}{1+3^2}+\cdots+\frac{1+n}{1+n^2}+\cdots$；

(3) $\frac{1}{2\cdot 5}+\frac{1}{3\cdot 6}+\cdots+\frac{1}{(n+1)(n+4)}+\cdots$；

(4) $\sin\frac{\pi}{2}+\sin\frac{\pi}{2^2}+\sin\frac{\pi}{2^3}+\cdots+\sin\frac{\pi}{2^n}+\cdots$；

(5) $\sum\limits_{n=1}^{\infty}\frac{1}{1+a^n}(a>0)$.

2. 用比较判别法讨论下列正项级数的敛散性：

(1) $\sum\limits_{n=1}^{\infty}\frac{10}{n^2-n+1}$；　(2) $\sum\limits_{n=1}^{\infty}\frac{1}{\sqrt{n^2+n}}$；

(3) $\sum\limits_{n=1}^{\infty}\frac{1}{\sqrt{n}+1}$；　(4) $\sum\limits_{n=1}^{\infty}\frac{2+(-1)^n}{2^n}$；

(5) $\sum\limits_{n=1}^{\infty}\frac{1}{\sqrt{n^4+1}}$；　(6) $\frac{1}{1}+\frac{1}{\sqrt[3]{2}}+\frac{1}{\sqrt[3]{3}}+\cdots+\frac{1}{\sqrt[3]{n}}+\cdots$；

(7) $\frac{2}{1}+\frac{2}{2^2}+\frac{2}{3^3}+\cdots+\frac{2}{n^n}+\cdots$；　(8) $\frac{4}{2\cdot 3}+\frac{8}{3\cdot 4}+\frac{12}{4\cdot 5}+\cdots+\frac{4n}{(n+1)(n+2)}+\cdots$；

(9) $\frac{3}{2\cdot 3\cdot 4}+\frac{5}{3\cdot 4\cdot 5}+\frac{7}{4\cdot 5\cdot 6}+\cdots+\frac{2n+1}{(n+1)(n+2)(n+3)}+\cdots$；

(10) $\frac{1}{3}+\frac{1}{5}+\frac{1}{7}+\cdots+\frac{1}{2n+1}+\cdots$；　(11) $\sum\limits_{n=1}^{\infty}\frac{n^{n-1}}{(2n^2+n+1)^{\frac{n+1}{2}}}$；

(12) $\sum\limits_{n=1}^{\infty}n\tan\frac{1}{2^n}$.

3. 用比值审敛法判定下列级数的收敛性：

(1) $\frac{3}{1\cdot 2}+\frac{3^2}{2\cdot 2^2}+\frac{3^3}{3\cdot 2^3}+\cdots+\frac{3^n}{n\cdot 2^n}+\cdots$；　(2) $\sum\limits_{n=1}^{\infty}\frac{n^2}{3^n}$；　(3) $\sum\limits_{n=1}^{\infty}n\tan\frac{\pi}{2^{n+1}}$.

4. 用根值审敛法判定下列级数的收敛性：

(1) $\sum\limits_{n=1}^{\infty}\left(\frac{n}{2n+1}\right)^n$；　(2) $\sum\limits_{n=1}^{\infty}\frac{1}{[\ln(n+1)]^n}$；　(3) $\sum\limits_{n=1}^{\infty}\left(\frac{n}{3n-1}\right)^{2n-1}$；

(4) $\sum\limits_{n=1}^{\infty}\left(\frac{b}{a_n}\right)^n$，其中 $a_n\to a(n\to\infty)$，a_n,b,a 均为正数.

5. 判定下列级数的收敛性：

(1) $\frac{3}{4}+2\left(\frac{3}{4}\right)^2+3\left(\frac{3}{4}\right)^3+\cdots+n\left(\frac{3}{4}\right)^n+\cdots$；

(2) $\frac{1^4}{1!}+\frac{2^4}{2!}+\frac{3^4}{3!}+\cdots+\frac{n^4}{n!}+\cdots$；

(3) $\sum\limits_{n=1}^{\infty}\dfrac{n+1}{n(n+2)}$;

(4) $\sum\limits_{n=1}^{\infty}2^n\sin\dfrac{\pi}{3^n}$;

(5) $\sqrt{2}+\sqrt{\dfrac{3}{2}}+\cdots+\sqrt{\dfrac{n+1}{n}}+\cdots$;

(6) $\dfrac{1}{a+b}+\dfrac{1}{2a+b}+\cdots+\dfrac{1}{na+b}+\cdots(a>0,b>0)$;

(7) $\sum\limits_{n=1}^{\infty}\dfrac{1}{n\sqrt[n]{n}}$;

(8) $\sum\limits_{n=1}^{\infty}\dfrac{(n!)^2}{2n^2}$;

(9) $\sum\limits_{n=1}^{\infty}\dfrac{n\cos^2\dfrac{n\pi}{3}}{2^n}$;

(10) $\sum\limits_{n=2}^{\infty}\dfrac{1}{\ln^{10}n}$;

(11) $\sum\limits_{n=1}^{\infty}\dfrac{a^n}{n^s}(a>0,s>0)$;　(12) $\dfrac{1}{1\cdot 2}+\dfrac{1}{3\cdot 2^3}+\dfrac{1}{5\cdot 2^5}+\cdots$;

(13) $\dfrac{3}{2}+\dfrac{3^2}{2\cdot 2^2}+\dfrac{3^3}{3\cdot 2^3}+\dfrac{3^4}{4\cdot 2^4}+\cdots$;

(14) $\sum\limits_{n=1}^{\infty}\dfrac{n}{2^n}\cos^2\dfrac{\pi}{3n}$;　(15) $\sum\limits_{n=1}^{\infty}\dfrac{(n!)^2}{2^{n^2}}$;

(16) $\sum\limits_{n=1}^{\infty}\dfrac{n^2}{\left(2+\dfrac{1}{n}\right)^n}$;　(17) $\sum\limits_{n=1}^{\infty}(\sqrt{2}-\sqrt[3]{2})(\sqrt{2}-\sqrt[5]{2})\cdots(\sqrt{2}-\sqrt[2n+1]{2})$;

(18) $\sum\limits_{n=1}^{\infty}\dfrac{1}{\sqrt[3]{n^4+4}}$;　(19) $\sum\limits_{n=1}^{\infty}\dfrac{\ln n}{n^{1+\alpha}}(\alpha>0)$;

(20) $\sum\limits_{n=3}^{\infty}\dfrac{1}{n(\ln\ln n)^{\alpha}}(\alpha>0)$;　(21) $\sum\limits_{n=3}^{\infty}\dfrac{1}{n(\ln n)^{\alpha}(\ln\ln n)^{\beta}}(\alpha>0,\beta>0)$.

6. 判定下列级数是否收敛,如果收敛,是绝对收敛还是条件收敛.

(1) $1-\dfrac{1}{\sqrt{2}}+\dfrac{1}{\sqrt{3}}-\dfrac{1}{\sqrt{4}}+\cdots$;

(2) $\sum\limits_{n=1}^{\infty}(-1)^{n-1}\dfrac{n}{3^{n-1}}$;

(3) $\dfrac{1}{3}\cdot\dfrac{1}{2}-\dfrac{1}{3}\cdot\dfrac{1}{2^2}+\dfrac{1}{3}\cdot\dfrac{1}{2^3}-\dfrac{1}{3}\cdot\dfrac{1}{2^4}+\cdots$;

(4) $\dfrac{1}{\ln 2}-\dfrac{1}{\ln 3}+\dfrac{1}{\ln 4}-\dfrac{1}{\ln 5}+\cdots$;

(5) $\sum\limits_{n=1}^{\infty}(-1)^{n+1}\dfrac{2^{n^2}}{n!}$;

(6) $\sum\limits_{n=1}^{\infty}(-1)^n\dfrac{1}{n^p}$;

(7) $\sum_{n=1}^{\infty}(-1)^{n+1}\frac{\sin\frac{\pi}{n+1}}{\pi^{n+1}}$；

(8) $\sum_{n=1}^{\infty}(-1)^{n}\ln\frac{n+1}{n}$；

(9) $\sum_{n=1}^{\infty}(-1)^{n}\frac{(n+1)!}{n^{n+1}}$；

(10) $1-\frac{1}{3^2}+\frac{1}{5^2}-\frac{1}{7^2}+\cdots$；

(11) $1-\frac{1}{3}+\cdots+(-1)^{n+1}\frac{1}{2n-1}+\cdots$；

(12) $\sum_{n=1}^{\infty}(-1)^{n+1}\frac{n!}{2^{n^2}}$； (13) $\sum_{n=1}^{\infty}(-1)^{\frac{n(n-1)}{2}}\frac{n^{10}}{2^n}$；

(14) $\sum_{n=1}^{\infty}(-1)^{n+1}\frac{\ln n}{n}$；

(15) $\sum_{n=1}^{\infty}(-1)^{n+1}\sin\frac{x}{n}(x\neq 0)$； (16) $\sum_{n=1}^{\infty}\frac{(-1)^{n+1}}{n^{\alpha}(\ln n)^{\beta}}(\alpha>0,\beta>0)$；

(17) $\sum_{n=1}^{\infty}\frac{(-1)^n}{n-\ln n}$； (18) $\sum_{n=2}^{\infty}\frac{(-1)^n\sqrt{n}}{n-1}$；

(19) $1+\frac{1}{2}+\frac{1}{3}-\frac{1}{4}-\frac{1}{5}-\frac{1}{6}+\frac{1}{7}+\frac{1}{8}+\frac{1}{9}-\cdots$.

7. 下列级数中 x 在什么范围内收敛？是绝对收敛还是条件收敛？在什么范围内发散？

(1) $\sum_{n=1}^{\infty}\frac{x^n}{n3^n}$； (2) $\sum_{n=1}^{\infty}\frac{n^2}{\left(2+\frac{1}{n}\right)^n}\cdot\frac{x^n}{x+1}(x\neq -1)$；

(3) $\sum_{n=2}^{\infty}\frac{x^2+3}{x^n\ln n}$； (4) $\sum_{n=1}^{\infty}\frac{(-1)^n}{(n+x)^p}$；

(5) $\sum_{n=1}^{\infty}\frac{x^n}{(1+x)(1+x^2)\cdots(1+x^n)}$； (6) $\sum_{n=1}^{\infty}\frac{x^n}{1+x^{2n}}$；

(7) $\sum_{n=1}^{\infty}\frac{(-1)^n}{2n-1}\left(\frac{1-x}{1+x}\right)^n$.

8. 设正项级数 $\sum_{n=1}^{\infty}u_n$ 和 $\sum_{n=1}^{\infty}v_n$ 都收敛，证明：级数 $\sum_{n=1}^{\infty}(u_n+v_n)^2$ 也收敛.

9. 设级数 $\sum_{n=1}^{\infty}u_n$ 收敛，且 $\lim_{n\to\infty}\frac{v_n}{u_n}=1$. 问：级数 $\sum_{n=1}^{\infty}v_n$ 是否也收敛？试说明理由.

10. 若正项级数 $\sum_{n=1}^{\infty}a_n$ 与 $\sum_{n=1}^{\infty}b_n$ 都发散，问：下列级数是否发散？

(1) $\sum_{n=1}^{\infty}\max(a_n,b_n)$； (2) $\sum_{n=1}^{\infty}\min(a_n,b_n)$.

11. 若正项级数 $\sum_{n=1}^{\infty}u_n$ 收敛，证明：级数 $\sum_{n=1}^{\infty}u_n^2$ 亦收敛. 反之不成立，举出例子.

12. 若 $\lim_{n\to\infty}na_n=a\neq 0$，证明：级数 $\sum_{n=1}^{\infty}a_n$ 发散.

13. 设$\{a_k\}$,$\{b_k\}$为两个数列,令 $s_n = \sum_{i=1}^{n} b_i$,那么

(1) 若 s_n 有界,级数 $\sum_{k=1}^{\infty}(a_{k+1}-a_k)$ 绝对收敛,且 $a_n \to 0(n\to+\infty)$,证明:级数 $\sum_{k=1}^{\infty} a_k b_k$ 收敛;

(2) 若级数 $\sum_{k=1}^{\infty} b_k$ 与 $\sum_{k=1}^{\infty} | a_{k+1}-a_k |$ 收敛,证明:级数 $\sum_{k=1}^{\infty} a_k b_k$ 收敛.

14. 设$\{na_n\}$收敛,证明:级数 $\sum_{n=1}^{\infty} a_n$ 收敛的充要条件是级数 $\sum_{n=1}^{\infty} n(a_n - a_{n+1})$ 收敛.

15. 求极限

$$\lim_{n\to\infty} \frac{1}{n}\sum_{k=1}^{n} \frac{1}{3^k}\left(1+\frac{1}{k}\right)^{k^2}.$$

16. 设$|x|<1$,$|y|<1$,证明

$$\sum_{k=1}^{\infty}(x^{k-1}+x^{k-2}y+\cdots+xy^{k-2}+y^{k-1}) = \frac{1}{(1-x)(1-y)}.$$

17. 证明 $\sum_{n=0}^{\infty} \frac{x^n}{n!}\sum_{n=0}^{\infty} \frac{y^n}{n!} = \sum_{n=0}^{\infty} \frac{(x+y)^n}{n!}$.

11.3 幂 级 数

11.3.1 函数项级数的概念

如果给定一个定义在区间 I 上的函数列

$$u_1(x),u_2(x),u_3(x),\cdots,u_n(x),\cdots,$$

则由这函数列构成的表达式

$$u_1(x)+u_2(x)+u_3(x)+\cdots+u_n(x)+\cdots$$

称为**定义在区间 I 上的(函数项)无穷级数**,简称**(函数项)级数**.

对于每一个确定的值 $x_0\in I$,函数项级数成为常数项级数

$$u_1(x_0)+u_2(x_0)+u_3(x_0)+\cdots+u_n(x_0)+\cdots$$

这个级数可能收敛也可能发散. 如果级数收敛,就称点 x_0 **是函数项级数的收敛点**;如果级数发散,就称点 x_0 **是函数项级数的发散点**. 函数项级数的收敛点的全体称为它的**收敛域**,发散点的全体称为它的**发散域**.

对应于收敛域内的任意一个数 x,函数项级数成为一收敛的常数项级数,因而有一确定的和 s. 这样,在收敛域上,函数项级数的和是 x 的函数 $s(x)$,通常称 $s(x)$ **为函数项级数的和函数**,这函数的定义域就是级数的收敛域,并写成

$$s(x) = u_1(x)+u_2(x)+u_3(x)+\cdots+u_n(x)+\cdots$$

把函数项级数的前 n 项的部分和记作 $s_n(x)$,则在收敛域上有

$$\lim_{n\to\infty} s_n(x) = s(x).$$

记 $r_n(x)=s(x)-s_n(x)$,$r_n(x)$ 叫做**函数项级数的余项**(当然,只有 x 在收敛域上

$r_n(x)$才有意义),并有

$$\lim_{n\to\infty} r_n(x) = 0.$$

11.3.2　幂级数及其收敛性

每一项都是幂函数的级数

$$\sum_{n=0}^{\infty} a_n(t-t_0)^n = a_0 + a_1(t-t_0) + a_2(t-t_0)^2 + \cdots + a_n(t-t_0)^n + \cdots$$

称为**幂级数**,其中常数 $a_n(n=0,1,2,\cdots)$称为**幂级数的系数**. 作变换 $t-t_0=x$,则级数化为

$$\sum_{n=0}^{\infty} a_n x^n = a_0 + a_1 x + a_2 x^2 + \cdots + a_n x^n + \cdots.$$

因为由此级数不难推知上面级数的性质,所以下面主要讨论这样的幂级数. 容易了解,任何幂级数至少有一个收敛点 $x=0$. 为了研究幂级数的收敛域的特点,先看三个例子.

例 11.28　级数 $\sum_{n=1}^{\infty} \frac{x^n}{n!}$ 在任意点 $x \in (-\infty, +\infty)$ 处收敛.

事实上,当 $x=0$ 时,级数收敛;当 $x\neq 0$ 时,

$$\begin{aligned}\lim_{n\to\infty}\left|\frac{u_{n+1}}{u_n}\right| &= \lim_{n\to\infty}\left|\frac{x^{n+1}}{(n+1)!}\cdot\frac{n!}{x^n}\right| \\ &= \lim_{n\to\infty}\frac{|x|}{n+1} = 0 < 1,\end{aligned}$$

于是由达朗贝尔判别法知,级数 $\sum_{n=1}^{\infty} \frac{x^n}{n!}$ 收敛.

例 11.29　级数 $\sum_{n=1}^{\infty} (n!)x^n$ 只在一个点 $x=0$ 处收敛.

事实上,当 $x\neq 0$ 时,

$$\begin{aligned}\lim_{n\to\infty}\left|\frac{u_{n+1}}{u_n}\right| &= \lim_{n\to\infty}\left|\frac{(n+1)!x^{n+1}}{n!x^n}\right| \\ &= \lim_{n\to\infty}(n+1)\,|x| = +\infty,\end{aligned}$$

于是由达朗贝尔判别法知,此级数发散.

例 11.30　级数 $\sum_{n=1}^{\infty} \frac{x^n}{n}$ 在区间$[-1,1)$内收敛.

事实上,当 $x=0$ 时,级数收敛;当 $x\neq 0$ 时,

$$\begin{aligned}\lim_{n\to\infty}\left|\frac{u_{n+1}}{u_n}\right| &= \lim_{n\to\infty}\left|\frac{x^{n+1}}{(n+1)}\cdot\frac{n}{x^n}\right| \\ &= \lim_{n\to\infty}\frac{n\,|x|}{n+1} = |x|,\end{aligned}$$

由达朗贝尔判别法知,当$|x|<1$时级数收敛,当$|x|>1$级数发散.当$x=1$时,级数化为调和级数$\sum\limits_{n=1}^{\infty}\frac{1}{n}$,它是发散的;当$x=-1$时,级数化为

$$\sum_{n=1}^{\infty}\frac{(-1)^n}{n},$$

由莱布尼茨判别法知,级数收敛.

这三个例子代表了幂级数收敛域的以下三种情形:

(1) 收敛域为整个实数轴$(-\infty,+\infty)$;

(2) 收敛域由一个点$x=0$组成;

(3) 收敛域是一个对称的有限区间(端点处要另行讨论).

下面的引理和定理将说明:对于一般的幂级数$\sum\limits_{n=0}^{\infty}a_nx^n$,其收敛域必是这三种情形之一.

引理 11.1(阿贝尔第一定理) 若幂级数在点$x_1(\neq 0)$处收敛,则对于满足不等式

$$|x|<|x_1|$$

的一切点x,幂级数绝对收敛;若幂级数在点$x_2(\neq 0)$处发散,则对于满足不等式

$$|x|>|x_2|$$

的一切点x,幂级数发散.

证 首先,设$\sum\limits_{n=0}^{\infty}a_nx^n$在点$x_1(\neq 0)$处收敛,即数项级数$\sum\limits_{n=0}^{\infty}a_nx_1^n$收敛,则其一般项必趋于零,即有

$$\lim_{n\to\infty}a_nx_1^n=0,$$

因而数列$\{a_nx_1^n\}$有界,即存在常数$M>0$,使得

$$|a_nx_1^n|\leqslant M,\quad n=0,1,2,\cdots.$$

当$|x|<|x_1|$时,对于$n=0,1,2,\cdots$有

$$|a_nx^n|=|a_nx_1^n|\cdot\left|\frac{x}{x_1}\right|^n\leqslant M\left|\frac{x}{x_1}\right|^n,\quad n=0,1,2,\cdots,$$

而$\left|\frac{x}{x_1}\right|<1$,等比级数$\sum\limits_{n=0}^{\infty}M\left|\frac{x}{x_1}\right|^n$收敛,于是由比较判别法知,级数$\sum\limits_{n=0}^{\infty}|a_nx^n|$收敛,即$\sum\limits_{n=0}^{\infty}a_nx^n$绝对收敛.

其次,设$\sum\limits_{n=0}^{\infty}a_nx_2^n$发散,要证$\sum\limits_{n=0}^{\infty}a_nx^n$对于一切满足

$$|x|>|x_2|$$

的点 x 都发散. 用反证法,若有一点 x_0 满足 $|x_0|>|x_2|$,而级数 $\sum_{n=0}^{\infty} a_n x_0^n$ 收敛,则由上面的证明知,级数 $\sum_{n=0}^{\infty} a_n x_2^n$ 绝对收敛,从而收敛,矛盾. 于是引理得证.

这个引理说明:当幂级数既有非零的收敛点又有发散点时,它的收敛点和发散点必分成互相隔离的两部分,它们各自密集地排列在实数轴上. 如果从原点(这是收敛点)出发,在实数轴上等距离地向远离原点的两个方向走,那么首先碰到的必是收敛点,然后才是发散点. 并且,只要碰到一个发散点后,就永远不会再碰到一个收敛点. 这样,收敛点集与发散点集之间,必有分界点 P,P'. 这两个点关于原点对称,它们可能是收敛点,也可能是发散点(图 11.5).

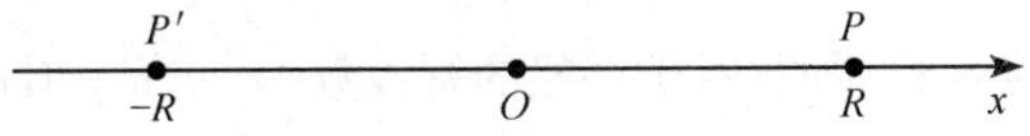

图 11.5

由以上直观分析,可得下面定理.

定理 11.17　如果幂级数既有非零的收敛点,又有发散点,那么必存在唯一确定的正数 R,使得

(1) 当 $|x|<R$ 时,幂级数绝对收敛;

(2) 当 $|x|>R$ 时,幂级数发散.

定义 11.4　上面定理 11.17 中的正数 R 称为**幂级数的收敛半径**,区间 $(-R,R)$ 称为**幂级数的收敛区间**.

当幂级数在整个区间 $(-\infty,+\infty)$ 上都收敛时,则规定收敛半径 $R=+\infty$;当幂级数只在一个点 $x=0$ 处收敛时,则规定收敛半径 $R=0$.

下面给出根据幂级数的系数来求收敛半径的公式.

定理 11.18　若幂级数 $\sum_{n=0}^{\infty} a_n x^n$ 的相邻两项系数之比满足条件

$$\lim_{n\to\infty}\left|\frac{a_{n+1}}{a_n}\right|=\rho,$$

则

(1) 当 $0<\rho<+\infty$ 时,收敛半径 $R=\frac{1}{\rho}$;

(2) 当 $\rho=0$ 时,收敛半径 $R=+\infty$;

(3) 当 $\rho=+\infty$ 时,收敛半径 $R=0$.

证　记 $u_n=a_n x^n$,则由条件知

$$\lim_{n\to\infty}\left|\frac{u_{n+1}}{u_n}\right|=\lim_{n\to\infty}\left|\frac{a_{n+1}x^{n+1}}{a_n x^n}\right|$$

$$= \lim_{n\to\infty}\left|\frac{a_{n+1}}{a_n}\right| \cdot |x| = \rho |x|.$$

于是由达朗贝尔判别法知：

(1) 当 $0<\rho<+\infty$时，若 $\rho|x|<1$，即 $|x|<\frac{1}{\rho}$，则幂级数 $\sum\limits_{n=0}^{\infty} a_n x^n$ 收敛；若 $\rho|x|>1$，即 $|x|>\frac{1}{\rho}$，则幂级数 $\sum\limits_{n=0}^{\infty} a_n x^n$ 发散，因此收敛半径 $R=\frac{1}{\rho}$.

(2) 当 $\rho=0$ 时，则对任何实数 x，有 $\rho|x|=0<1$，从而幂级数 $\sum\limits_{n=0}^{\infty} a_n x^n$ 收敛，因此收敛半径 $R=+\infty$.

(3) 当 $\rho=+\infty$时，对任何 $x\neq 0$ 都有 $\rho|x|=+\infty$，从而幂级数 $\sum\limits_{n=0}^{\infty} a_n x^n$ 发散，因此收敛半径 $R=0$.

例 11.31 求幂级数 $\sum\limits_{n=1}^{\infty} \frac{(-2)^n}{n} x^n$ 的收敛半径和收敛域.

解 由

$$\lim_{n\to\infty}\left|\frac{a_{n+1}}{a_n}\right| = \lim_{n\to\infty}\left|\frac{(-2)^{n+1}}{n+1}\cdot\frac{n}{(-2)^n}\right|$$
$$= \lim_{n\to\infty}\frac{2n}{n+1} = 2$$

知，收敛半径 $R=\frac{1}{2}$，收敛区间为$\left(-\frac{1}{2},\frac{1}{2}\right)$. 再考察端点：

当 $x=-\frac{1}{2}$时，级数化为 $\sum\limits_{n=1}^{\infty}\frac{1}{n}$，因此发散；

当 $x=\frac{1}{2}$时，级数化为 $\sum\limits_{n=1}^{\infty}(-1)^n\frac{1}{n}$，由莱布尼茨判别法知其收敛.

综上得到原级数的收敛域为$\left(-\frac{1}{2},\frac{1}{2}\right]$.

例 11.32 求幂级数

$$x + 2x^3 + 2^2x^5 + \cdots + 2^{n-1}x^{2n-1} + \cdots$$

的收敛半径和收敛域.

解 考虑级数 $\sum\limits_{n=1}^{\infty} u_n$，其中 $u_n=2^{n-1}x^{2n-1}$，$u_{n+1}=2^n x^{2n+1}$，则

$$\lim_{n\to\infty}\left|\frac{u_{n+1}}{u_n}\right| = \lim_{n\to\infty} 2|x|^2 = 2|x|^2,$$

于是由达朗贝尔判别法知：

当 $2|x|^2<1$ 即 $|x|<\frac{1}{\sqrt{2}}$时，级数 $\sum\limits_{n=1}^{\infty} u_n$ 绝对收敛，即原级数绝对收敛；

当 $2|x|^2>1$ 即 $|x|>\frac{1}{\sqrt{2}}$ 时，级数 $\sum\limits_{n=1}^{\infty}u_n$ 发散，即原级数发散；

当 $x=-\frac{1}{\sqrt{2}}$ 时，级数的一般项为

$$u_n=2^{n-1}\left(-\frac{1}{\sqrt{2}}\right)^{2n-1}=-\frac{\sqrt{2}}{2},$$

所以原级数发散；

同理知，原级数在 $x=\frac{1}{\sqrt{2}}$ 处也发散.

综上得原级数的收敛域为 $\left(-\frac{1}{\sqrt{2}},\frac{1}{\sqrt{2}}\right)$.

有时利用达朗贝尔判别法求收敛半径并不很方便，则可以使用柯西判别法. 例如，对于级数

$$\sum_{n=1}^{\infty}(-1)^n\left(1-\frac{2}{n}\right)^{n^2}(x+1)^n,$$

记 $u_n=(-1)^n\left(1-\frac{2}{n}\right)^{n^2}(x+1)^n$，则

$$\lim_{n\to\infty}\sqrt[n]{|u_n|}=\lim_{n\to\infty}\left(1-\frac{2}{n}\right)^n\cdot|x+1|=\frac{1}{e^2}|x+1|.$$

由柯西判别法知，当 $\frac{1}{e^2}|x+1|<1$，即 $-1-e^2<x<-1+e^2$ 时，级数绝对收敛；当 $\frac{1}{e^2}|x+1|>1$ 时，级数发散.

再讨论端点：

当 $x=-1+e^2$ 时，原级数化为

$$\sum_{n=1}^{\infty}(-1)^n\left(1-\frac{2}{n}\right)^{n^2}e^{2n},$$

其一般项不趋于零，因此级数发散；

当 $x=-1-e^2$ 时，原级数化为

$$\sum_{n=1}^{\infty}\left(1-\frac{2}{n}\right)^{n^2}e^{2n},$$

显然也发散.

综上所述，原级数的收敛域为 $(-1-e^2,-1+e^2)$.

例 11.33　求幂级数 $\sum\limits_{n=1}^{\infty}\frac{(x-1)^n}{2^n\cdot n}$ 的收敛域.

解　令 $t=x-1$，上述级数变为

$$\sum_{n=1}^{\infty}\frac{t^n}{2^n\cdot n}.$$

因为

$$\rho=\lim_{n\to\infty}\left|\frac{a_{n+1}}{a_n}\right|=\lim_{n\to\infty}\frac{2^n\cdot n}{2^{n+1}(n+1)}=\frac{1}{2},$$

所以收敛半径 $R=2$. 收敛区间为 $|t|<2$, 即 $-1<x<3$.

当 $x=3$ 时,级数变为 $\sum\limits_{n=1}^{\infty}\frac{1}{n}$,此级数发散;当 $x=-1$ 时,级数变为 $\sum\limits_{n=1}^{\infty}\frac{(-1)^n}{n}$,此级数收敛. 因此原级数的收敛域为 $[-1,3)$.

11.3.3 幂级数的运算

设幂级数

$$a_0+a_1x+a_2x^2+\cdots+a_nx^n+\cdots$$

及

$$b_0+b_1x+b_2x^2+\cdots+b_nx^n+\cdots$$

分别在区间 $(-R,R)$ 及 $(-R',R')$ 内收敛,对于这两个幂级数,可以进行下列四则运算:

加法

$$(a_0+a_1x+a_2x^2+\cdots+a_nx^n+\cdots)+(b_0+b_1x+b_2x^2+\cdots+b_nx^n+\cdots)$$
$$=(a_0+b_0)+(a_1+b_1)x+(a_2+b_2)x^2+\cdots+(a_n+b_n)x^n+\cdots.$$

减法

$$(a_0+a_1x+a_2x^2+\cdots+a_nx^n+\cdots)-(b_0+b_1x+b_2x^2+\cdots+b_nx^n+\cdots)$$
$$=(a_0-b_0)+(a_1-b_1)x+(a_2-b_2)x^2+\cdots+(a_n-b_n)x^n+\cdots.$$

根据收敛级数的基本性质,上面两式在 $(-R,R)$ 与 $(-R',R')$ 中较小的区间内成立.

乘法

$$(a_0+a_1x+a_2x^2+\cdots+a_nx^n+\cdots)\cdot(b_0+b_1x+b_2x^2+\cdots+b_nx^n+\cdots)$$
$$=a_0b_0+(a_0b_1+a_1b_0)x+(a_0b_2+a_1b_1+a_2b_0)x^2+\cdots$$
$$+(a_0b_n+a_1b_{n-1}+\cdots+a_nb_0)x^n+\cdots.$$

这是**两个幂级数的柯西乘积**. 可以证明上式在 $(-R,R)$ 与 $(-R',R')$ 中较小的区间内成立.

除法

$$\frac{a_0+a_1x+a_2x^2+\cdots+a_nx^n+\cdots}{b_0+b_1x+b_2x^2+\cdots+b_nx^n+\cdots}$$
$$=c_0+c_1x+c_2x^2+\cdots+c_nx^n+\cdots,$$

其中假设 $b_0\neq0$. 为了决定系数 $c_0,c_1,c_2,\cdots,c_n,\cdots$,可以将级数 $\sum\limits_{n=0}^{\infty}b_nx^n$ 与 $\sum\limits_{n=0}^{\infty}c_nx^n$

相乘,并令乘积中各项的系数分别等于级数 $\sum\limits_{n=0}^{\infty} a_n x^n$ 中同次幂的系数,即得

$$
\begin{aligned}
a_0 &= b_0 c_0, \\
a_1 &= b_1 c_0 + b_0 c_1, \\
a_2 &= b_2 c_0 + b_1 c_1 + b_0 c_2, \\
&\cdots
\end{aligned}
$$

由这些方程就可以依次求出 $c_0, c_1, c_2, \cdots, c_n, \cdots$.

相除后所得的幂级数 $\sum\limits_{n=0}^{\infty} c_n x^n$ 的收敛区间可能比原来两级数的收敛区间小得多.

关于幂级数的和函数有下列重要性质:

性质 11.1　幂级数 $\sum\limits_{n=0}^{\infty} a_n x^n$ 的和函数 $s(x)$ 在其收敛域 I 上连续.

性质 11.2　幂级数 $\sum\limits_{n=0}^{\infty} a_n x^n$ 的和函数 $s(x)$ 在其收敛域 I 上可积,并有逐项积分公式

$$
\begin{aligned}
\int_0^x s(x)\mathrm{d}x &= \int_0^x \Big[\sum_{n=0}^{\infty} a_n x^n\Big]\mathrm{d}x = \sum_{n=0}^{\infty}\int_0^x a_n x^n \mathrm{d}x \\
&= \sum_{n=0}^{\infty} \frac{a_n}{n+1} x^{n+1}, \quad x \in I,
\end{aligned}
$$

逐项积分后所得到的幂级数和原级数有相同的收敛半径.

性质 11.3　幂级数 $\sum\limits_{n=0}^{\infty} a_n x^n$ 的和函数 $s(x)$ 在其收敛区间 $(-R,R)$ 内可导,且有逐项求导公式

$$
s'(x) = \Big(\sum_{n=0}^{\infty} a_n x^n\Big)' = \sum_{n=0}^{\infty} (a_n x^n)' = \sum_{n=1}^{\infty} n a_n x^{n-1}, \quad |x| < R,
$$

逐项求导后所得到的幂级数和原级数有相同的收敛半径.

反复应用上述结论,可知幂级数 $\sum\limits_{n=0}^{\infty} a_n x^n$ 的和函数 $s(x)$ 在其收敛区间 $(-R,R)$ 内具有任意阶导数.

例 11.34　求幂级数 $\sum\limits_{n=0}^{\infty} \dfrac{x^n}{n+1}$ 的和函数.

解　先求收敛域. 由

$$
\lim_{n\to\infty}\left|\frac{a_{n+1}}{a_n}\right| = \lim_{n\to\infty}\frac{n+1}{n+2} = 1,
$$

得收敛半径 $R=1$.

在端点 $x=-1$ 处，幂级数为 $\sum\limits_{n=0}^{\infty}\frac{(-1)^n}{n+1}$，是收敛的交错级数；在端点 $x=1$ 处，幂级数为 $\sum\limits_{n=0}^{\infty}\frac{1}{n+1}$，是发散的. 因此收敛域为 $I=[-1,1)$.

设和函数为 $s(x)$，即

$$s(x)=\sum_{n=0}^{\infty}\frac{x^n}{n+1},\quad x\in[-1,1).$$

于是

$$xs(x)=\sum_{n=0}^{\infty}\frac{x^{n+1}}{n+1}.$$

逐项求导，并由

$$\frac{1}{1-x}=1+x+x^2+\cdots+x^n+\cdots,\quad -1<x<1,$$

得

$$[xs(x)]'=\sum_{n=0}^{\infty}\left(\frac{x^{n+1}}{n+1}\right)'=\sum_{n=0}^{\infty}x^n=\frac{1}{1-x},\quad |x|<1.$$

对上式从 0 到 x 积分，得

$$xs(x)=\int_0^x\frac{1}{1-x}\mathrm{d}x=-\ln(1-x),\quad -1\leqslant x<1.$$

于是，当 $x\neq 0$ 时，有 $s(x)=-\frac{1}{x}\ln(1-x)$.

而 $s(0)$ 可由 $s(0)=a_0=1$ 得出，也可由和函数的连续性得到，即

$$s(0)=\lim_{x\to 0}s(x)=\lim_{x\to 0}\left[-\frac{1}{x}\ln(1-x)\right]=1.$$

故

$$s(x)=\begin{cases}-\frac{1}{x}\ln(1-x), & x\in[-1,0)\cup(0,1),\\ 1, & x=0.\end{cases}$$

例 11.35 利用幂级数的和函数求下列数项级数的和：

(1) $\sum\limits_{n=1}^{\infty}\frac{2n}{3^n}$； (2) $\sum\limits_{n=1}^{\infty}\frac{n(n+1)}{2^n}$.

解 (1) 易知此级数收敛，且有

$$\sum_{n=1}^{\infty}\frac{2n}{3^n}=\frac{2}{3}\sum_{n=1}^{\infty}n\cdot\left(\frac{1}{3}\right)^{n-1}.$$

级数 $\sum\limits_{n=1}^{\infty}n\cdot\left(\frac{1}{3}\right)^{n-1}$ 可看作幂级数 $\sum\limits_{n=1}^{\infty}nx^{n-1}$ 在点 $x=\frac{1}{3}$ 处的值，因此只需设法求出幂级数 $\sum\limits_{n=1}^{\infty}nx^{n-1}$ 的和.

考虑熟知的等比级数 $\sum\limits_{n=1}^{\infty} x^n$，即

$$\frac{x}{1-x} = x + x^2 + \cdots + x^n + \cdots, \quad x \in (-1,1),$$

两边求导，得

$$\frac{1}{(1-x)^2} = 1 + 2x + \cdots + nx^{n-1} + \cdots, \quad x \in (-1,1),$$

即

$$\sum_{n=1}^{\infty} nx^{n-1} = \frac{1}{(1-x)^2}, \quad x \in (-1,1).$$

令 $x=\frac{1}{3}$，得

$$\sum_{n=1}^{\infty} n\left(\frac{1}{3}\right)^{n-1} = \frac{1}{\left(1-\frac{1}{3}\right)^2} = \frac{9}{4}.$$

从而

$$\sum_{n=1}^{\infty} \frac{2n}{3^n} = \frac{2}{3}\sum_{n=1}^{\infty} n\left(\frac{1}{3}\right)^{n-1} = \frac{2}{3} \times \frac{9}{4} = \frac{3}{2}.$$

(2) 考虑幂级数 $\sum\limits_{n=1}^{\infty} \frac{n(n+1)}{2^n} x^{n-1}$，由达朗贝尔判别法知，当 $|x|<2$ 时，它是收敛的，而数项级数 $\sum\limits_{n=1}^{\infty} \frac{n(n+1)}{2^n}$ 正是此幂级数在 $x=1$ 时的值，因此只需求出幂级数的和函数. 设和函数为 $s(x)$，则

$$s(x) = \sum_{n=1}^{\infty} \frac{n(n+1)}{2^n} x^{n-1} = \sum_{n=1}^{\infty} \frac{n+1}{2^n} \cdot nx^{n-1}, \quad |x| < 2.$$

两边求积分，得

$$\begin{aligned}\sigma(x) &= \int_0^x s(t)\,\mathrm{d}t = \sum_{n=1}^{\infty} \frac{n+1}{2^n} \int_0^x nt^{n-1}\,\mathrm{d}t \\ &= \sum_{n=1}^{\infty} \frac{1}{2^n}(n+1)x^n, \quad |x| < 2.\end{aligned}$$

两边再求积分，得

$$\begin{aligned}\int_0^x \sigma(t)\,\mathrm{d}t &= \sum_{n=1}^{\infty} \frac{1}{2^n} \int_0^x (n+1)t^n\,\mathrm{d}t \\ &= \sum_{n=1}^{\infty} \frac{1}{2^n} x^{n+1} = 2\sum_{n=1}^{\infty} \left(\frac{x}{2}\right)^{n+1}\end{aligned}$$

$$= 2 \cdot \frac{\left(\frac{x}{2}\right)^2}{1 - \frac{x}{2}} = \frac{x^2}{2 - x}, \quad |x| < 2.$$

两边求导，得

$$\sigma(x) = \left(\frac{x^2}{2 - x}\right)' = \frac{4x - x^2}{(2 - x)^2}, \quad |x| < 2.$$

两边再求导，得

$$s(x) = \sigma'(x) = \left[\frac{4x - x^2}{(2 - x)^2}\right]' = \frac{8}{(2 - x)^3}, \quad |x| < 2.$$

令 $x=1$，得所求数项级数的和

$$\sum_{n=1}^{\infty} \frac{n(n+1)}{2^n} = s(1) = 8.$$

习 题 11.3

1. 求下列幂级数的收敛区间：

(1) $x + 2x^2 + 3x^3 + \cdots + nx^n + \cdots$；

(2) $1 - x + \frac{x^2}{2^2} + \cdots + (-1)^n \frac{x^n}{n^2} + \cdots$；

(3) $\frac{x}{2} + \frac{x^2}{2 \cdot 4} + \frac{x^3}{2 \cdot 4 \cdot 6} + \cdots + \frac{x^n}{2 \cdot 4 \cdot \cdots \cdot (2n)} + \cdots$；

(4) $\frac{x}{1 \cdot 3} + \frac{x^2}{2 \cdot 3^2} + \frac{x^3}{3 \cdot 3^3} + \cdots + \frac{x^n}{n \cdot 3^n} + \cdots$；

(5) $\frac{2}{2}x + \frac{2^2}{5}x^2 + \frac{2^3}{10}x^3 + \cdots + \frac{2^n}{n^2+1}x^n + \cdots$；

(6) $\sum\limits_{n=1}^{\infty} (-1)^n \frac{x^{2n+1}}{2n+1}$；

(7) $\sum\limits_{n=1}^{\infty} \frac{2n-1}{2^n} x^{2n-2}$；

(8) $\sum\limits_{n=1}^{\infty} \frac{(x-5)^n}{\sqrt{n}}$；

(9) $\sum\limits_{n=1}^{\infty} \frac{3^n + 5^n}{n} x^n$；

(10) $\sum\limits_{n=1}^{\infty} \left(1 + \frac{1}{n}\right)^{n^2} x^n$；

(11) $\sum\limits_{n=1}^{\infty} n(x+1)^n$；

(12) $\sum\limits_{n=1}^{\infty} \frac{n}{2^n} x^{2n}$.

2. 求下列级数的收敛区间,并讨论在端点是否收敛:

(1) $x+\frac{x^2}{\sqrt{2}}+\frac{x^3}{\sqrt{3}}+\cdots$;　(2) $x+x^4+x^9+x^{16}+\cdots$;

(3) $\sum\limits_{n=1}^{\infty}\frac{\ln(n+1)}{n+1}x^n$;　(4) $1-\frac{\theta^2}{2!}+\frac{\theta^4}{4!}-\frac{\theta^6}{6!}+\cdots$;

(5) $\sum\limits_{n=1}^{\infty}\frac{1}{2^n}x^{n^2}$;　(6) $\frac{1}{2}ax+\frac{1}{5}a^2x^2+\frac{1}{10}a^3x^3+\cdots+\frac{1}{n^2+1}a^nx^n+\cdots(a>0)$;

(7) $\sum\limits_{n=1}^{\infty}\frac{x^n}{a^n+b^n}(a>0,b>0)$;　(8) $\sum\limits_{n=1}^{\infty}\left(1+\frac{1}{2}+\cdots+\frac{1}{n}\right)x^n$;

(9) $\sum\limits_{n=1}^{\infty}\frac{(2n)!}{(n!)^2}x^n$;　(10) $\sum\limits_{n=1}^{\infty}\frac{3^n+(-2)^n}{n}(x+1)^n$;

(11) $(2x+1)+\frac{1}{2}(2x+1)^2+\frac{1}{3}(2x+1)^3+\cdots$;

(12) $\ln x+(\ln x)^2+(\ln x)^3+\cdots$;

(13) $\sum\limits_{n=1}^{\infty}\frac{n^2}{x^n}$;　(14) $\sum\limits_{n=0}^{\infty}\frac{1}{2n+1}\left(\frac{1-x}{1+x}\right)^n$.

3. 设幂级数 $\sum\limits_{n=0}^{\infty}a_nx^n$ 与 $\sum\limits_{n=0}^{\infty}b_nx^n$ 的收敛半径分别为 R_1 与 R_2,当 $R_1<R_2$ 时,求 $\sum\limits_{n=0}^{\infty}(a_n+b_n)x^n$ 的收敛半径;若 $R_1=R_2$,能否求收敛半径?

4. 求下列幂级数的和函数:

(1) $\sum\limits_{n=1}^{\infty}\frac{2n-1}{2^n}x^{2(n-1)}$;　(2) $\sum\limits_{n=1}^{\infty}\frac{(-1)^{n-1}}{2n-1}x^{2n-1}$;

(3) $\sum\limits_{n=1}^{\infty}n(x-1)^n$;　(4) $\sum\limits_{n=1}^{\infty}\frac{x^n}{n(n+1)}$.

5. 利用逐项求导或逐项积分,求下列级数的和函数:

(1) $\sum\limits_{n=1}^{\infty}nx^{n-1}$;

(2) $\sum\limits_{n=1}^{\infty}\frac{x^{4n+1}}{4n+1}$;

(3) $x+\frac{x^3}{3}+\frac{x^5}{5}+\cdots+\frac{x^{2n-1}}{2n-1}+\cdots$;

(4) $\sum\limits_{n=1}^{\infty}n(n+1)x^n$;

(5) $\sum\limits_{n=1}^{\infty}\frac{(-1)^{n-1}}{n(2n-1)}x^{2n}$;

(6) $\sum\limits_{n=0}^{\infty}\frac{(2n+1)}{n!}x^{2n}$.

6. 设 $f(x)=\sum\limits_{n=0}^{\infty}a_nx^n(|x|<R)$,证明

$$a_n=\frac{1}{n!}f^{(n)}(0),\quad n=0,1,2,\cdots.$$

7. 证明函数 $y=\sum_{n=0}^{\infty}\frac{x^n}{(n!)^2}$ 满足方程 $xy''+y'-y=0$.

11.4　函数展开成幂级数

当一个幂级数 $\sum_{n=0}^{\infty}a_n(x-x_0)^n$ 的收敛半径 $R>0$ 时,则在收敛区间 (x_0-R,x_0+R) 内,该幂级数收敛到它的和函数 $s(x)$,即

$$s(x)=\sum_{n=0}^{\infty}a_n(x-x_0)^n,\quad x\in(x_0-R,x_0+R),$$

并且具有可以逐项积分和逐项求导等性质.

由于幂级数的这些性质对研究函数有着重要作用,那么,对于一个已知函数 $f(x)$ 来说,在某个区间上是否可以用幂级数来表示?就是说,是否能找到这样一个幂级数,它在某区间内收敛,且其和恰好就是给定的函数 $f(x)$. 如果能找到这样的幂级数,就说此幂级数在该区间内就表达了函数 $f(x)$.

假设函数 $f(x)$ 在点 x_0 的某邻域 $U(x_0)$ 内能展开成幂级数,即有

$$f(x)=a_0+a_1(x-x_0)+a_2(x-x_0)^2+\cdots+a_n(x-x_0)^n+\cdots,\quad x\in U(x_0),$$

那么,根据和函数的性质,可知 $f(x)$ 在 $U(x_0)$ 内应具有任意阶导数,且

$$f^{(n)}(x)=n!a_n+(n+1)!a_{n+1}(x-x_0)+\frac{(n+2)!}{2!}a_{n+2}(x-x_0)^2+\cdots,$$

由此可得

$$f^{(n)}(x_0)=n!a_n,$$

于是

$$a_n=\frac{1}{n!}f^{(n)}(x_0),\quad n=0,1,2,\cdots.$$

这就表明,如果函数 $f(x)$ 有幂级数展开式,那么该幂级数必为

$$f(x_0)+f'(x_0)(x-x_0)+\frac{f''(x_0)}{2!}(x-x_0)^2+\cdots+\frac{f^{(n)}(x_0)}{n!}(x-x_0)^n+\cdots$$

$$=\sum_{n=0}^{\infty}\frac{f^{(n)}(x_0)}{n!}(x-x_0)^n$$

而展开式必为

$$f(x)=\sum_{n=0}^{\infty}\frac{f^{(n)}(x_0)}{n!}(x-x_0)^n,\quad x\in U(x_0).$$

定义 11.5　若函数 $f(x)$ 在点 $x=x_0$ 处具有任意阶导数,则称幂级数

$$\sum_{n=0}^{\infty}\frac{f^{(n)}(x_0)}{n!}(x-x_0)^n$$

$$=f(x_0)+f'(x_0)(x-x_0)+\frac{f''(x_0)}{2!}(x-x_0)^2+\cdots+\frac{f^{(n)}(x_0)}{n!}(x-x_0)^n+\cdots$$

为**函数 $f(x)$ 在点 $x=x_0$ 处的泰勒级数**,可记作

$$f(x)\sim\sum_{n=0}^{\infty}\frac{f^{(n)}(x_0)}{n!}(x-x_0)^n.$$

当 $x_0=0$ 时,称为**麦克劳林级数**.

定义 11.6 若函数 $f(x)$ 在点 $x=x_0$ 处具有任意阶导数,且在含有点 x_0 的某个区间 I 内可以表示成它的泰勒级数,即等式

$$f(x)=\sum_{n=0}^{\infty}\frac{f^{(n)}(x_0)}{n!}(x-x_0)^n,\quad x\in I$$

成立,则称 **$f(x)$ 在区间 I 内可展开成(或能表示为)它的泰勒级数**.

定理 11.19 设函数 $f(x)$ 在点 x_0 的某一邻域 $U(x_0)$ 内具有各阶导数,则 $f(x)$ 在该邻域内能展开成泰勒级数的充分必要条件是在该邻域内 $f(x)$ 的泰勒公式中的余项 $R_n(x)$ 当 $n\to\infty$ 时的极限为零,即

$$\lim_{n\to\infty}R_n(x)=0,\quad x\in U(x_0).$$

证 $f(x)$ 的 n 阶泰勒公式为

$$f(x)=p_n(x)+R_n(x),$$

其中

$$p_n(x)=f(x_0)+f'(x_0)(x-x_0)+\frac{f''(x_0)}{2!}(x-x_0)^2+\cdots+\frac{f^{(n)}(x_0)}{n!}(x-x_0)^n$$

叫做**函数 $f(x)$ 的 n 次泰勒多项式**,而

$$R_n(x)=f(x)-p_n(x)$$

就是定理中所指的余项.

由于 n 次泰勒多项式 $p_n(x)$ 就是级数的前 $n+1$ 项部分和,根据级数收敛的定义,即有

$$\sum_{n=0}^{\infty}\frac{1}{n!}f^{(n)}(x_0)(x-x_0)^n=f(x),\quad x\in U(x_0)$$

$$\Leftrightarrow\lim_{n\to\infty}p_n(x)=f(x),\quad x\in U(x_0)$$

$$\Leftrightarrow\lim_{n\to\infty}[f(x)-p_n(x)]=0,\quad x\in U(x_0)$$

$$\Leftrightarrow\lim_{n\to\infty}R_n(x)=0,\quad x\in U(x_0).$$

下面主要介绍函数的麦克劳林展开式,即 $x_0=0$ 时的泰勒展开式.

由以上讨论可知,将已知函数 $f(x)$ 展开成麦克劳林级数的一般步骤为:

(1) 计算出在点 $x_0=0$ 处的函数值 $f(0)$ 及各阶导数值 $f^{(n)}(0)(n=1,2,\cdots)$,写出 $f(x)$ 的麦克劳林级数,即

$$f(x) \sim \sum_{n=0}^{\infty} \frac{f^{(n)}(0)}{n!} x^n = f(0) + f'(0)x + \frac{1}{2!}f''(0)x^2 + \cdots + \frac{1}{n!}f^{(n)}(0)x^n + \cdots;$$

(2) 求出此级数的收敛区间$(-R,R)$；

(3) 对于收敛区间$(-R,R)$内任一点 x，考察余项 $R_n(x)$当 $n\to\infty$时是否以 0 为极限. 若$\lim\limits_{n\to\infty}R_n(x)=0$，则可写出等式

$$f(x) = \sum_{n=0}^{\infty} \frac{f^{(n)}(0)}{n!} x^n, \quad x \in (-R,R),$$

这就是 $f(x)$的麦克劳林级数展开式.

例 11.36 试将 e^x 展开为麦克劳林级数.

解 容易写出 e^x 的麦克劳林级数

$$e^x \sim 1 + \frac{x}{1!} + \frac{x^2}{2!} + \cdots + \frac{x^n}{n!} + \cdots,$$

且右端级数的收敛区间为$(-\infty,+\infty)$.

再看此级数是否收敛到 e^x.

对于任意固定的 $x\in(-\infty,+\infty)$，由不等式

$$|R_n(x)| = \left|\frac{e^{\theta x}}{(n+1)!}x^{n+1}\right| \leqslant \frac{e^{|x|}}{(n+1)!}|x|^{n+1}, \quad 0<\theta<1$$

知$\lim\limits_{n\to\infty}R_n(x)=0$，因此有等式

$$e^x = 1 + \frac{x}{1!} + \frac{x^2}{2!} + \cdots + \frac{x^n}{n!} + \cdots, \quad x \in (-\infty,+\infty).$$

这就是 e^x 的麦克劳林展开式.

如果在 $x=0$ 附近，用级数的部分和(即多项式)近似代替 e^x，那么随着项数的增加，它们就越来越接近于 e^x，如图 11.6 所示.

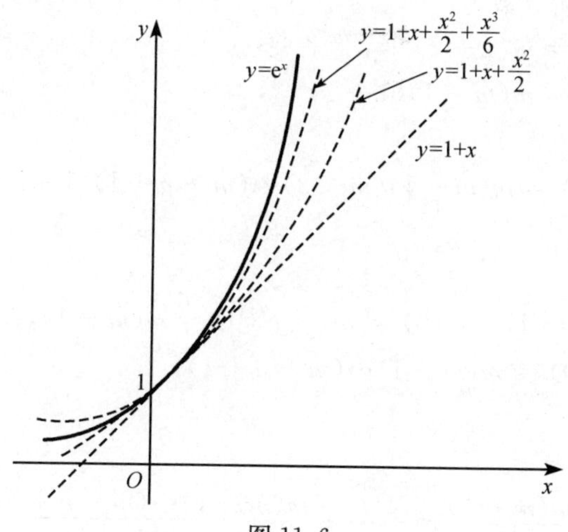

图 11.6

例 11.37　写出 $\sin x,\cos x$ 的麦克劳林展开式.

解　设 $f(x)=\sin x$，则

$$f^{(n)}(x)=(\sin x)^{(n)}=\sin\left(x+\frac{n\pi}{2}\right),\quad n=1,2,\cdots,$$

因此

$$f(0)=0,\quad f'(0)=1,\quad f''(0)=-1,\cdots,$$
$$f^{(2n-1)}(0)=(-1)^{n-1},\quad f^{(2n)}(0)=0,\cdots.$$

于是得到麦克劳林级数

$$\sin x\sim x-\frac{x^3}{3!}+\frac{x^5}{5!}-\cdots+(-1)^{n-1}\frac{x^{2n-1}}{(2n-1)!}+\cdots,$$

由达朗贝尔判别法知，右端级数的收敛区间为$(-\infty,+\infty)$.

再看此级数在$(-\infty,+\infty)$内是否收敛到 $\sin x$.

由 $R_n(x)=(-1)^n\dfrac{\cos\theta x}{(2n+1)!}x^{2n+1}(0<\theta<1)$知，对于任意 $x\in(-\infty,+\infty)$，有

$$|R_n(x)|\leqslant\frac{1}{(2n+1)!}|x|^{2n+1},$$

因此$\lim\limits_{n\to\infty}R_n(x)=0$，从而得到麦克劳林展开式

$$\sin x=x-\frac{x^3}{3!}+\frac{x^5}{5!}-\cdots+(-1)^{n-1}\frac{x^{2n-1}}{(2n-1)!}+\cdots,\quad x\in(-\infty,+\infty).$$

同理得

$$\cos x=1-\frac{x^2}{2!}+\frac{x^4}{4!}-\cdots+(-1)^n\frac{x^{2n}}{(2n)!}+\cdots,\quad x\in(-\infty,+\infty).$$

注 11.4　也可由 $\sin x$ 及其展开式通过逐项求导得到 $\cos x$ 的展开式.

例 11.38　将函数 $f(x)=(1+x)^m$ 展开成 x 的幂级数，其中 m 为任意实数.

解　$f(x)$的各阶导数为

$$f'(x)=m(1+x)^{m-1},$$
$$f''(x)=m(m-1)(1+x)^{m-2},$$
$$\cdots$$
$$f^{(n)}(x)=m(m-1)(m-2)\cdots(m-n+1)(1+x)^{m-n},$$
$$\cdots$$

所以

$$f(0)=1,\quad f'(0)=m,\quad f''(0)=m(m-1),\quad\cdots,$$
$$f^{(n)}(0)=m(m-1)\cdots(m-n+1),$$
$$\cdots$$

于是得级数

$$1+mx+\frac{m(m-1)}{2!}x^2+\cdots+\frac{m(m-1)\cdots(m-n+1)}{n!}x^n+\cdots.$$

该级数相邻两项的系数之比的绝对值

$$\left|\frac{a_{n+1}}{a_n}\right| = \left|\frac{m-n}{n+1}\right| \to 1, \quad n \to \infty,$$

因此,对于任意实数 m,此级数在开区间$(-1,1)$内收敛.

为了避免直接研究余项,设此级数在开区间$(-1,1)$内收敛到函数 $F(x)$,即

$$F(x) = 1 + mx + \frac{m(m-1)}{2!}x^2 + \cdots + \frac{m(m-1)\cdots(m-n+1)}{n!}x^n + \cdots, \quad -1 < x < 1,$$

下面证明 $F(x)=(1+x)^m(-1<x<1)$.

对 $F(x)$逐项求导,得

$$F'(x) = m\left[1 + \frac{m-1}{1}x + \cdots + \frac{(m-1)\cdots(m-n+1)}{(n-1)!}x^{n-1} + \cdots\right],$$

两边各乘以$(1+x)$,并把含有 $x^n(n=1,2,\cdots)$的两项合并起来. 根据恒等式

$$\frac{(m-1)\cdots(m-n+1)}{(n-1)!} + \frac{(m-1)\cdots(m-n)}{n!} = \frac{m(m-1)\cdots(m-n+1)}{n!}, \quad n = 1,2,\cdots,$$

可得

$$\begin{aligned}&(1+x)F'(x)\\ &= m\left[1 + mx + \frac{m(m-1)}{2!}x^2 + \cdots + \frac{m(m-1)\cdots(m-n+1)}{n!}x^n + \cdots\right]\\ &= mF(x), \quad -1 < x < 1.\end{aligned}$$

现在令

$$\varphi(x) = \frac{F(x)}{(1+x)^m},$$

于是 $\varphi(0)=F(0)=1$,且

$$\varphi'(x) = \frac{(1+x)^m F'(x) - m(1+x)^{m-1}F(x)}{(1+x)^{2m}} = \frac{(1+x)^{m-1}[(1+x)F'(x) - mF(x)]}{(1+x)^{2m}} = 0,$$

所以 $\varphi(x)=c$(常数). 但是 $\varphi(0)=1$,从而 $\varphi(x)=1$,即

$$F(x) = (1+x)^m.$$

因此在区间$(-1,1)$内有展开式

$$(1+x)^m = 1 + mx + \frac{m(m-1)}{2!}x^2 + \cdots + \frac{m(m-1)\cdots(m-n+1)}{n!}x^n + \cdots, \quad -1 < x < 1.$$

展开式在区间的端点是否成立要看 m 的数值而定.

此公式叫做**二项展开式**. 特别地,当 m 为正整数时,级数为 x 的 m 次多项式,这就是**代数学中的二项式定理**.

对应于 $m=\frac{1}{2},-\frac{1}{2}$ 的二项式展开式分别为

$$\sqrt{1+x}=1+\frac{1}{2}x-\frac{1}{2\cdot 4}x^2+\frac{1\cdot 3}{2\cdot 4\cdot 6}x^3-\frac{1\cdot 3\cdot 5}{2\cdot 4\cdot 6\cdot 8}x^4+\cdots,\quad -1\leqslant x\leqslant 1,$$

$$\frac{1}{\sqrt{1+x}}=1-\frac{1}{2}x+\frac{1\cdot 3}{2\cdot 4}x^2-\frac{1\cdot 3\cdot 5}{2\cdot 4\cdot 6}x^3+\frac{1\cdot 3\cdot 5\cdot 7}{2\cdot 4\cdot 6\cdot 8}x^4-\cdots,\quad -1<x\leqslant 1.$$

例 11.39　将函数 $f(x)=\ln(1+x)$ 展开成 x 的幂级数.

解　已知

$$\frac{1}{1+x}=\sum_{n=0}^{\infty}(-1)^n x^n,\quad -1<x<1.$$

两边从 0 到 x 积分,可得

$$\ln(1+x)=\sum_{n=0}^{\infty}\frac{(-1)^n}{n+1}x^{n+1}=\sum_{n=1}^{\infty}\frac{(-1)^{n-1}}{n}x^n,\quad -1<x\leqslant 1.$$

例 11.40　将函数 $f(x)=a^x$ 展开成 x 的幂级数.

解　$a^x=e^{x\ln a}=\sum_{n=0}^{\infty}\frac{(\ln a)^n}{n!}x^n,\quad -\infty<x<+\infty.$

例 11.41　将函数 $f(x)=\arctan x$ 展开成 x 的幂级数.

解　已知

$$\frac{1}{1+x}=\sum_{n=0}^{\infty}(-1)^n x^n,\quad -1<x<1,$$

所以

$$\frac{1}{1+x^2}=\sum_{n=0}^{\infty}(-1)^n x^{2n},\quad -1<x<1.$$

对上式从 0 到 x 积分,可得

$$\arctan x=\sum_{n=0}^{\infty}\frac{(-1)^n}{2n+1}x^{2n+1},\quad -1\leqslant x\leqslant 1.$$

在上式中令 $x=1$,可得

$$\frac{\pi}{4}=1-\frac{1}{3}+\frac{1}{5}-\cdots+(-1)^{n-1}\frac{1}{2n-1}+\cdots.$$

例 11.42　将函数 $f(x)=(1-x)\ln(1+x)$ 展开成 x 的幂级数.

解　由

$$\ln(1+x)=\sum_{n=1}^{\infty}\frac{(-1)^{n-1}}{n}x^n,\quad -1<x\leqslant 1$$

得

$$
\begin{aligned}
f(x) &= (1-x)\sum_{n=1}^{\infty}\frac{(-1)^{n-1}}{n}x^n \\
&= \sum_{n=1}^{\infty}\frac{(-1)^{n-1}}{n}x^n - \sum_{n=1}^{\infty}\frac{(-1)^{n-1}}{n}x^{n+1} \\
&= \sum_{n=1}^{\infty}\frac{(-1)^{n-1}}{n}x^n - \sum_{n=2}^{\infty}\frac{(-1)^{n}}{n-1}x^n \\
&= x + \sum_{n=2}^{\infty}\frac{(-1)^{n-1}(2n-1)}{n(n-1)}x^n, \quad -1 < x \leqslant 1.
\end{aligned}
$$

例 11.43 将函数 $f(x)=\ln x$ 展开成 $(x-2)$ 的幂级数.

解

$$
\begin{aligned}
\ln x &= \ln(2+x-2) = \ln 2\left(1+\frac{x-2}{2}\right) \\
&= \ln 2 + \ln\left(1+\frac{x-2}{2}\right) \\
&= \ln 2 + \frac{1}{2}(x-2) - \frac{1}{2}\cdot\frac{1}{2^2}(x-2)^2 + \frac{1}{3}\cdot\frac{1}{2^3}(x-2)^3 \\
&\quad + \cdots + (-1)^{n-1}\frac{1}{n}\cdot\frac{1}{2^n}(x-2)^n + \cdots, \quad 0 < x \leqslant 4.
\end{aligned}
$$

例 11.44 将函数 $f(x)=\sin x$ 展开成 $\left(x-\frac{\pi}{4}\right)$ 的幂级数.

解 因为

$$
\begin{aligned}
\sin x &= \sin\left[\frac{\pi}{4}+\left(x-\frac{\pi}{4}\right)\right] \\
&= \sin\frac{\pi}{4}\cos\left(x-\frac{\pi}{4}\right) + \cos\frac{\pi}{4}\sin\left(x-\frac{\pi}{4}\right) \\
&= \frac{1}{\sqrt{2}}\left[\cos\left(x-\frac{\pi}{4}\right)+\sin\left(x-\frac{\pi}{4}\right)\right],
\end{aligned}
$$

并且有

$$
\cos\left(x-\frac{\pi}{4}\right) = 1 - \frac{\left(x-\frac{\pi}{4}\right)^2}{2!} + \frac{\left(x-\frac{\pi}{4}\right)^4}{4!} - \cdots, \quad -\infty < x < +\infty,
$$

$$
\sin\left(x-\frac{\pi}{4}\right) = \left(x-\frac{\pi}{4}\right) - \frac{\left(x-\frac{\pi}{4}\right)^3}{3!} + \frac{\left(x-\frac{\pi}{4}\right)^5}{5!} - \cdots, \quad -\infty < x < +\infty,
$$

所以

$$\sin x=\frac{1}{\sqrt{2}}\left[1+\left(x-\frac{\pi}{4}\right)-\frac{\left(x-\frac{\pi}{4}\right)^2}{2!}-\frac{\left(x-\frac{\pi}{4}\right)^3}{3!}+\cdots\right],\quad -\infty<x<+\infty.$$

例 11.45　将函数 $f(x)=\dfrac{1}{x^2+4x+3}$ 展开成 $(x-1)$ 的幂级数.

解　因为

$$f(x)=\frac{1}{x^2+4x+3}=\frac{1}{(x+1)(x+3)}=\frac{1}{2(1+x)}-\frac{1}{2(3+x)}$$
$$=\frac{1}{4\left(1+\frac{x-1}{2}\right)}-\frac{1}{8\left(1+\frac{x-1}{4}\right)},$$

并且有

$$\frac{1}{4\left(1+\frac{x-1}{2}\right)}=\frac{1}{4}\sum_{n=0}^{\infty}\frac{(-1)^n}{2^n}(x-1)^n,\quad -1<x<3,$$

$$\frac{1}{8\left(1+\frac{x-1}{4}\right)}=\frac{1}{8}\sum_{n=0}^{\infty}\frac{(-1)^n}{4^n}(x-1)^n,\quad -3<x<5,$$

所以

$$f(x)=\frac{1}{x^2+4x+3}=\sum_{n=0}^{\infty}(-1)^n\left(\frac{1}{2^{n+2}}-\frac{1}{2^{2n+3}}\right)(x-1)^n,\quad -1<x<3.$$

例 11.46　求函数 $f(x)=\dfrac{\ln(1-x)}{1-x}$ 的麦克劳林展开式.

解　因为

$$\frac{1}{1-x}=1+x+x^2+\cdots+x^n+\cdots,\quad -1<x<1,$$

$$\ln(1-x)=-x-\frac{x^2}{2}-\frac{x^3}{3}-\cdots-\frac{x^{n+1}}{n+1}-\cdots,\quad -1\leqslant x<1.$$

在区间(−1,1)内,以上两级数可以相乘,得

$$\frac{\ln(1-x)}{1-x}=\sum_{n=0}^{\infty}c_nx^n,$$

其中

$$c_n=\sum_{k=0}^{n}a_kb_{n-k}$$
$$=-\left(1+\frac{1}{2}+\frac{1}{3}+\cdots+\frac{1}{n}\right),$$

于是有展开式

$$\frac{\ln(1-x)}{1-x}=-\sum_{n=0}^{\infty}\left(1+\frac{1}{2}+\frac{1}{3}+\cdots+\frac{1}{n}\right)x^n,\quad -1<x<1.$$

习 题 11.4

1. 求函数 $f(x)=\cos x$ 的泰勒级数,并验证它在整个数轴上收敛于此函数.

2. 将下列函数展开成 x 的幂级数,并求展开式成立的区间:

(1) $\operatorname{sh}x=\dfrac{e^x-e^{-x}}{2}$; (2) $\ln(a+x)(a>0)$;

(3) $\sin^2 x$; (4) $(1+x)\ln(1+x)$; (5) $\dfrac{x}{\sqrt{1+x^2}}$.

3. 将下列函数展开成$(x-1)$的幂级数,并求展开式成立的区间:

(1) $\sqrt{x^3}$; (2) $\lg x$.

4. 将函数 $f(x)=\cos x$ 展开成$\left(x+\dfrac{\pi}{3}\right)$的幂级数.

5. 将函数 $f(x)=\dfrac{1}{x}$展开成$(x-3)$的幂级数.

6. 将函数 $f(x)=\dfrac{1}{x^2+3x+2}$展开成$(x+4)$的幂级数.

7. 将下列函数展开成 x 的幂级数:

(1) $\ln(x+\sqrt{x^2+1})$; (2) $\dfrac{1}{(2-x)^2}$.

8. 求下列数项级数的和:

(1) $\sum\limits_{n=1}^{\infty}\dfrac{n^2}{n!}$; (2) $\sum\limits_{n=0}^{\infty}(-1)^n\dfrac{n+1}{(2n+1)!}$.

9. 利用某些函数的已知展开式求下列函数在 $x=0$ 处的幂级数展开式,并确定收敛范围:

(1) $a^x(a>0)$; (2) $\int_0^x e^{-t^2}\,dt$;

(3) $\dfrac{1}{a-x}(a\neq 0)$;

(4) $\ln(a+x)(a>0)$; (5) $\cos^2 x$;

(6) $\sin^3 x$; (7) $\sin\left(\dfrac{\pi}{4}+x\right)$;

(8) $\ln(1+x-2x^2)$; (9) $\dfrac{x}{1+x-2x^2}$;

(10) $\dfrac{1}{2}\arctan x+\dfrac{1}{4}\ln\dfrac{1+x}{1-x}$.

10. 求下列函数在指定点的幂级数展开式,并求其收敛范围:

(1) x^2+2x+1,在 $x=1$ 处; (2) $\cos x$,在 $x=-\dfrac{\pi}{3}$处;

(3) e^x,在 $x=1$ 处; (4) $\dfrac{1}{x}$,在 $x=3$ 处.

11. 将$\dfrac{d}{dx}\left(\dfrac{e^x-1}{x}\right)$展开为 x 的幂级数,并证明

$$\sum_{n=1}^{\infty}\frac{n}{(n+1)!}=1.$$

11.5 函数的幂级数展开式的应用

11.5.1 近似计算

有了函数的幂级数展开式，就可用它来进行近似计算，即在展开式有效的区间上，函数值可以近似地利用这个级数按精确度要求计算出来.

例 11.47 计算$\sqrt[5]{240}$的近似值，要求误差不超过 0.0001.

解 因为

$$\sqrt[5]{240}=\sqrt[5]{243-3}=3\left(1-\frac{1}{3^4}\right)^{1/5},$$

所以在二项展开式中取 $m=\frac{1}{5}$，$x=-\frac{1}{3^4}$，即得

$$\sqrt[5]{240}=3\left(1-\frac{1}{5}\cdot\frac{1}{3^4}-\frac{1\cdot 4}{5^2\cdot 2!}\cdot\frac{1}{3^8}-\frac{1\cdot 4\cdot 9}{5^3\cdot 3!}\cdot\frac{1}{3^{12}}-\cdots\right).$$

这个级数收敛很快. 取前两项的和作为$\sqrt[5]{240}$的近似值，其误差为

$$\begin{aligned}|r_2|&=3\left(\frac{1\cdot 4}{5^2\cdot 2!}\cdot\frac{1}{3^8}+\frac{1\cdot 4\cdot 9}{5^3\cdot 3!}\cdot\frac{1}{3^{12}}+\frac{1\cdot 4\cdot 9\cdot 14}{5^4\cdot 4!}\cdot\frac{1}{3^{16}}+\cdots\right)\\&<3\cdot\frac{1\cdot 4}{5^2\cdot 2!}\cdot\frac{1}{3^8}\left[1+\frac{1}{81}+\left(\frac{1}{81}\right)^2+\cdots\right]\\&=\frac{6}{25}\cdot\frac{1}{3^8}\cdot\frac{1}{1-\frac{1}{81}}=\frac{1}{25\cdot 27\cdot 40}<\frac{1}{20000}.\end{aligned}$$

于是取近似式为

$$\sqrt[5]{240}\approx 3\left(1-\frac{1}{5}\cdot\frac{1}{3^4}\right)\approx 2.9926.$$

例 11.48 利用 $\sin x\approx x-\frac{x^3}{3!}$求 $\sin 9^\circ$的近似值，并估计误差.

解 首先把角度化成弧度，即

$$9^\circ=\frac{\pi}{180}\times 9\text{rad}=\frac{\pi}{20}\text{rad},$$

从而

$$\sin\frac{\pi}{20}\approx\frac{\pi}{20}-\frac{1}{3!}\left(\frac{\pi}{20}\right)^3.$$

其次估计这个近似值的精确度. 在 $\sin x$ 的幂级数展开式中令 $x=\frac{\pi}{20}$，得

$$\sin\frac{\pi}{20}=\frac{\pi}{20}-\frac{1}{3!}\left(\frac{\pi}{20}\right)^3+\frac{1}{5!}\left(\frac{\pi}{20}\right)^5-\frac{1}{7!}\left(\frac{\pi}{20}\right)^7+\cdots.$$

等式右端是一个收敛的交错级数,且各项的绝对值单调减少.取它的前两项之和作为 $\sin\frac{\pi}{20}$的近似值,其误差为

$$|r_n|\leqslant\frac{1}{5!}\left(\frac{\pi}{20}\right)^5<\frac{1}{120}\cdot(0.2)^5<\frac{1}{300000}.$$

因此取

$$\frac{\pi}{20}\approx 0.157080,\quad \frac{1}{3!}\left(\frac{\pi}{20}\right)^3\approx 0.000646,$$

于是得

$$\sin 9^\circ\approx 0.15643,$$

这时误差不超过 10^{-5}.

例 11.49　计算 ln2 的近似值,要求误差不超过 0.0001.

解　因为

$$\ln 2=1-\frac{1}{2}+\frac{1}{3}-\cdots+(-1)^n\frac{1}{n+1}+\cdots,$$

上式右端为交错级数.若取前 n 项之和作为 ln2 的近似值,要使误差 $|r_n|\leqslant\frac{1}{n+1}<0.0001$,需取 $n=10000$,计算量太大.因此需要另外找一个收敛得较快的级数来计算 ln2.

为此,将两个级数

$$\ln(1+x)=x-\frac{x^2}{2}+\frac{x^3}{3}-\frac{x^4}{4}+\frac{x^5}{5}-\cdots,\quad -1<x\leqslant 1,$$

$$\ln(1-x)=-x-\frac{x^2}{2}-\frac{x^3}{3}-\frac{x^4}{4}-\frac{x^5}{5}-\cdots,\quad -1\leqslant x<1$$

相减,得

$$\ln\frac{1+x}{1-x}=2\left(x+\frac{x^3}{3}+\frac{x^5}{5}+\cdots\right),\quad -1<x<1.$$

令$\frac{1+x}{1-x}=2$,即 $x=\frac{1}{3}$,得

$$\ln 2=2\left[\frac{1}{3}+\frac{1}{3\cdot 3^3}+\frac{1}{5\cdot 3^5}+\cdots+\frac{1}{(2n-1)3^{2n-1}}+\cdots\right],$$

若取近似公式

$$\ln 2\approx 2\left[\frac{1}{3}+\frac{1}{3\cdot 3^3}+\frac{1}{5\cdot 3^5}+\cdots+\frac{1}{(2n-1)3^{2n-1}}\right],$$

则误差 R_n 可估计如下:

$$
\begin{aligned}
0<R_n&=2\left[\frac{1}{(2n+1)3^{2n+1}}+\frac{1}{(2n+3)3^{2n+3}}+\frac{1}{(2n+5)3^{2n+5}}+\cdots\right]\\
&<2\,\frac{1}{(2n+1)3^{2n+1}}\left(1+\frac{1}{3^2}+\frac{1}{3^4}+\cdots\right)\\
&=\frac{2}{(2n+1)3^{2n+1}}\cdot\frac{1}{1-\frac{1}{3^2}}\\
&=\frac{1}{4(2n+1)3^{2n-1}},
\end{aligned}
$$

令$\dfrac{1}{4(2n+1)3^{2n-1}}<0.0001$,得 $n=4$,此时

$$R_4<\frac{1}{4\cdot 9\cdot 3^7}=\frac{1}{78732}<\frac{1}{10000},$$

于是

$$\ln 2\approx 2\left[\frac{1}{3}+\frac{1}{3\cdot 3^2}+\frac{1}{5\cdot 3^5}+\frac{1}{7\cdot 3^7}\right]\approx 0.6931.$$

例 11.50　求定积分$\displaystyle\int_0^1\frac{\sin x}{x}\mathrm{d}x$ 的近似值,精确到 0.0001.

解　由 $\sin x$ 的麦克劳林展开式知

$$\frac{\sin x}{x}=1-\frac{x^2}{3!}+\frac{x^4}{5!}-\frac{x^6}{7!}+\cdots,\quad -\infty<x<+\infty.$$

逐项积分,得

$$
\begin{aligned}
\int_0^1\frac{\sin x}{x}\mathrm{d}x&=\int_0^1\left(1-\frac{x^2}{3!}+\frac{x^4}{5!}-\frac{x^6}{7!}+\cdots\right)\mathrm{d}x\\
&=1-\frac{1}{3\cdot 3!}+\frac{1}{5\cdot 5!}-\frac{1}{7\cdot 7!}+\cdots+\frac{(-1)^{n-1}}{(2n-1)(2n-1)!}+\cdots.
\end{aligned}
$$

若取右端级数的前 n 项之和作为近似值,则可令误差

$$|R_n|\leqslant\frac{1}{(2n+1)\cdot(2n+1)!}<0.0001,$$

解得 $n=3$,此时

$$|R_3|\leqslant\frac{1}{7\cdot 7!}<\frac{1}{30000},$$

于是

$$\int_0^1\frac{\sin x}{x}\mathrm{d}x\approx 1-\frac{1}{3\cdot 3!}+\frac{1}{5\cdot 5!}\approx 0.9461.$$

例 11.51　求定积分 $\dfrac{2}{\sqrt{\pi}}\displaystyle\int_0^{\frac{1}{2}}\mathrm{e}^{-x^2}\,\mathrm{d}x$ 的近似值,精确到 0.0001$\left(\text{取}\dfrac{1}{\sqrt{\pi}}\approx 0.56419\right)$.

解　将 e^x 的幂级数展开式中的 x 换成 $-x^2$,就得到被积函数的幂级数展开式

$$\begin{aligned} e^{-x^2} &= 1+\frac{(-x^2)}{1!}+\frac{(-x^2)^2}{2!}+\frac{(-x^2)^3}{3!}+\cdots \\ &= \sum_{n=0}^{\infty}(-1)^n\frac{x^{2n}}{n!}, \quad -\infty<x<+\infty. \end{aligned}$$

逐项积分，得

$$\begin{aligned} \frac{2}{\sqrt{\pi}}\int_0^{\frac{1}{2}} e^{-x^2}\,dx &= \frac{2}{\sqrt{\pi}}\int_0^{\frac{1}{2}}\left[\sum_{n=0}^{\infty}\frac{(-1)^n}{n!}x^{2n}\right]dx \\ &= \frac{2}{\sqrt{\pi}}\sum_{n=0}^{\infty}\frac{(-1)^n}{n!}\int_0^{\frac{1}{2}} x^{2n}\,dx \\ &= \frac{1}{\sqrt{\pi}}\left(1-\frac{1}{2^2\cdot 3}+\frac{1}{2^4\cdot 5\cdot 2!}-\frac{1}{2^6\cdot 7\cdot 3!}+\cdots\right). \end{aligned}$$

取前四项的和作为近似值，其误差为

$$|r_4|\leqslant\frac{1}{\sqrt{\pi}}\frac{1}{2^8\cdot 9\cdot 4!}<\frac{1}{90000},$$

所以

$$\frac{2}{\sqrt{\pi}}\int_0^{\frac{1}{2}} e^{-x^2}\,dx\approx\frac{1}{\sqrt{\pi}}\left(1-\frac{1}{2^2\cdot 3}+\frac{1}{2^4\cdot 5\cdot 2!}-\frac{1}{2^6\cdot 7\cdot 3!}\right),$$

即

$$\frac{2}{\sqrt{\pi}}\int_0^{\frac{1}{2}} e^{-x^2}\,dx\approx 0.5205.$$

11.5.2 微分方程的幂级数解法

这里简单介绍一阶微分方程和二阶齐次线性微分方程的幂级数解法.

为求一阶微分方程

$$\frac{dy}{dx}=f(x,y)$$

满足初始条件 $y|_{x=x_0}=y_0$ 的特解，如果其中函数 $f(x,y)$ 是 $(x-x_0)$，$(y-y_0)$ 的多项式，即

$$f(x,y)=a_{00}+a_{10}(x-x_0)+a_{01}(y-y_0)+\cdots+a_{lm}(x-x_0)^l(y-y_0)^m.$$

那么可以设所求特解可展开为 $x-x_0$ 的幂级数，即

$$y=y_0+a_1(x-x_0)+a_2(x-x_0)^2+\cdots+a_n(x-x_0)^n+\cdots,$$

其中 $a_1,a_2,\cdots,a_n,\cdots$ 为待定的系数. 把它代入方程后用比较系数法求解原问题.

例 11.52 利用幂级数求解初值问题

$$\begin{cases} y'=x+y^2, \\ y(0)=0 \end{cases}$$

(求到五次多项式).

解　设方程有幂级数解

$$y=a_0+a_1x+a_2x^2+\cdots+a_nx^n+\cdots.$$

由初始条件知 $a_0=0$,因此

$$y=a_1x+a_2x^2+\cdots+a_nx^n+\cdots,$$
$$y'=a_1+2a_2x+3a_3x^2+\cdots+na_nx^{n-1}+\cdots.$$

将 y 和 y'代入方程,得

$$\begin{aligned}&a_1+2a_2x+3a_3x^2+\cdots+na_nx^{n-1}+\cdots\\=&x+(a_1x+a_2x^2+\cdots+a_nx^n+\cdots)^2\\=&x+a_1^2x^2+2a_1a_2x^3+(a_2^2+2a_1a_3)x^4+\cdots,\end{aligned}$$

比较系数,得

$$\begin{cases}a_1=0,\\2a_2=1,\\3a_3=a_1^2,\\4a_4=2a_1a_2,\\5a_5=a_2^2+2a_1a_3,\\\cdots,\end{cases}$$

解得

$$a_1=0,\quad a_2=\frac{1}{2},\quad a_3=0,\quad a_4=0,\quad a_5=\frac{1}{5}(a_2^2+2a_1a_3)=\frac{1}{20},\quad \cdots,$$

于是初值问题的解为

$$y=\frac{1}{2}x^2+\frac{1}{20}x^5+\cdots.$$

关于二阶齐次线性方程

$$y''+P(x)y'+Q(x)y=0$$

用幂级数求解的问题,有如下定理.

定理 11.20　如果方程中的系数 $P(x)$与 $Q(x)$可在 $-R<x<R$ 内展开为 x 的幂级数,那么在 $-R<x<R$ 内,方程必有形如

$$y=\sum_{n=0}^{\infty}a_nx^n$$

的解.

例 11.53　求解初值问题

$$\begin{cases}y''=xy,\\y(0)=0,\quad y'(0)=1.\end{cases}$$

解　设方程有幂级数解

$$y = a_0 + a_1 x + a_2 x^2 + \cdots + a_n x^n + \cdots.$$

于是

$$y' = a_1 + 2a_2 x + 3a_3 x^2 + \cdots + na_n x^{n-1} + \cdots,$$
$$y'' = 2a_2 + 3\cdot 2a_3 x + \cdots + n(n-1)a_n x^{n-2} + \cdots.$$

将 y 和 y'' 代入方程,得

$$2a_2 + 3\cdot 2a_3 x + \cdots + n(n-1)a_n x^{n-2} + \cdots$$
$$= a_0 x + a_1 x^2 + \cdots + a_{n-3} x^{n-2} + \cdots,$$

两端比较系数,得

$$\begin{cases} 2a_2 = 0, \\ 3\cdot 2a_3 = a_0, \\ \cdots \\ n(n-1)a_n = a_{n-3}, \\ \cdots, \end{cases} \Rightarrow \begin{cases} a_2 = 0, \\ a_3 = \dfrac{a_0}{3\cdot 2}, \\ \cdots \\ a_n = \dfrac{a_{n-3}}{n(n-1)}, \\ \cdots, \end{cases}$$

于是得递推公式

$$a_n = \frac{a_{n-3}}{n(n-1)}, \quad n = 3,4,5,\cdots.$$

由 $a_2=0$ 知

$$a_5 = a_8 = \cdots = a_{3k+2} = 0, \quad k = 1,2,\cdots.$$

将初始条件代入 y 和 y',得 $a_0=0, a_1=1$,从而

$$a_{3k} = 0, \quad k = 1,2,\cdots.$$

只剩下

$$a_1 = 1,$$
$$a_4 = \frac{a_1}{4\cdot 3} = \frac{1}{4\cdot 3},$$
$$a_7 = \frac{a_4}{7\cdot 6} = \frac{1}{7\cdot 6\cdot 4\cdot 3},$$
$$\cdots$$
$$a_{3k+1} = \frac{1}{(3k+1)(3k)(3k-2)(3k-3)\cdot\cdots\cdot 7\cdot 6\cdot 4\cdot 3}$$
$$(k = 1,2,\cdots).$$

于是得初值问题的幂级数解

$$y = x + \sum_{k=1}^{\infty} \frac{x^{3k+1}}{(3k+1)(3k)(3k-2)(3k-3)\cdot\cdots\cdot 7\cdot 6\cdot 4\cdot 3}.$$

11.5.3　欧拉公式

考虑复数项级数

$$\sum_{n=1}^{\infty} z_n = z_1 + z_2 + \cdots + z_n + \cdots,$$

其中 $z_n = a_n + \mathrm{i}b_n (n = 1,2,\cdots)$ 为复数. 若各项的实部所组成的级数 $\sum\limits_{n=1}^{\infty} a_n$ 收敛到 A,同时各项的虚部所组成的级数 $\sum\limits_{n=1}^{\infty} b_n$ 收敛到 B,则称**复数项级数** $\sum\limits_{n=1}^{\infty} z_n$ **收敛**,其和为 $A + \mathrm{i}B$,记作

$$\sum_{n=1}^{\infty} z_n = \sum_{n=1}^{\infty} (a_n + \mathrm{i}b_n) = A + \mathrm{i}B.$$

若级数 $\sum\limits_{n=1}^{\infty} z_n$ 各项的模所组成的正项级数

$$\sum_{n=1}^{\infty} |z_n|$$

收敛,则称**级数** $\sum\limits_{n=1}^{\infty} z_n$ **绝对收敛**. 因为 $|a_n| \leqslant |z_n|$, $|b_n| \leqslant |z_n|$,所以由比较判别法知,当复数项级数 $\sum\limits_{n=1}^{\infty} z_n$ 绝对收敛时,级数 $\sum\limits_{n=1}^{\infty} a_n$ 与 $\sum\limits_{n=1}^{\infty} b_n$ 都绝对收敛,从而也收敛,因此 $\sum\limits_{n=1}^{\infty} z_n$ 收敛. 这也就是说,复数项级数 $\sum\limits_{n=1}^{\infty} z_n$ 绝对收敛时,必定是收敛的.

现在考虑一个具体的复数项级数

$$\sum_{n=0}^{\infty} \frac{z^n}{n!} = 1 + z + \frac{z^2}{2!} + \cdots + \frac{z^n}{n!} + \cdots,$$

其中 $z=x+\mathrm{i}y$. 显然正项级数

$$\sum_{n=0}^{\infty} \left| \frac{z^n}{n!} \right| = \sum_{n=0}^{\infty} \frac{|z|^n}{n!}$$

对任意复数 z 收敛,因而复数项级数 $\sum\limits_{n=0}^{\infty} \frac{z^n}{n!}$ 收敛. 那么,它的和函数是什么呢?

已知当 $z=x$ 为实数时,有

$$\mathrm{e}^x = \sum_{n=0}^{\infty} \frac{x^n}{n!} = 1 + x + \frac{x^2}{2!} + \cdots + \frac{x^n}{n!} + \cdots, \quad |x| < +\infty,$$

因此当 $z=x+\mathrm{i}y$ 为复数时,定义级数的和函数为 e^z,即

$$\mathrm{e}^z = \sum_{n=0}^{\infty} \frac{z^n}{n!} = 1 + z + \frac{z^2}{2!} + \cdots + \frac{z^n}{n!} + \cdots, \quad |z| < +\infty.$$

当 $z=\mathrm{i}x$ 为纯虚数时,有

$$
\begin{aligned}
e^{ix} &= \sum_{n=0}^{\infty} \frac{(ix)^n}{n!} = 1 + (ix) + \frac{(ix)^2}{2!} + \cdots + \frac{(ix)^n}{n!} + \cdots \\
&= \left(1 - \frac{x^2}{2!} + \frac{x^4}{4!} - \cdots + (-1)^n \frac{x^{2n}}{(2n)!} + \cdots\right) \\
&\quad + i\left(x - \frac{x^3}{3!} + \frac{x^5}{5!} - \cdots + (-1)^n \frac{x^{2n+1}}{(2n+1)!} + \cdots\right) \\
&= \cos x + i\sin x \quad (|x| < +\infty),
\end{aligned}
$$

这就是**欧拉公式**.

在上式中,将 x 换为 $-x$,得

$$e^{-ix} = \cos x - i\sin x.$$

两式相加,减,便得到

$$\cos x = \frac{e^{ix} + e^{-ix}}{2}, \quad \sin x = \frac{e^{ix} - e^{-ix}}{2i},$$

这也叫做**欧拉公式**.

习 题 11.5

1. 试用幂级数求下列各微分方程的解:

(1) $y' - xy - x = 1$;

(2) $y'' + xy' + y = 0$;

(3) $(1-x)y' = x^2 - y$.

2. 试用幂级数求下列方程满足所给初始条件的特解:

(1) $y' = y^2 + x^3, y|_{x=0} = \frac{1}{2}$;

(2) $(1-x)y' + y = 1 + x, y|_{x=0} = 0$.

3. 利用欧拉公式将函数 $e^x \cos x$ 展开成 x 的幂级数.

11.6 傅里叶级数

11.6.1 三角级数 三角函数系的正交性

周期函数反映了客观世界中的周期运动.

正弦函数是一种常见而简单的周期函数. 例如,描述简谐振动的函数

$$y = A\sin(\omega t + \varphi)$$

就是一个以 $\frac{2\pi}{\omega}$ 为周期的正弦函数,其中 y 表示动点的位置;t 表示时间;A 为振幅;ω 为角频率;φ 为初相.

在实际问题中，除了正弦函数外，还会遇到非正弦函数的周期函数，它们反映了较复杂的周期运动，如电子技术中常用的周期为 T 的矩形波(图 11.7)，就是一个非正弦周期函数的例子.

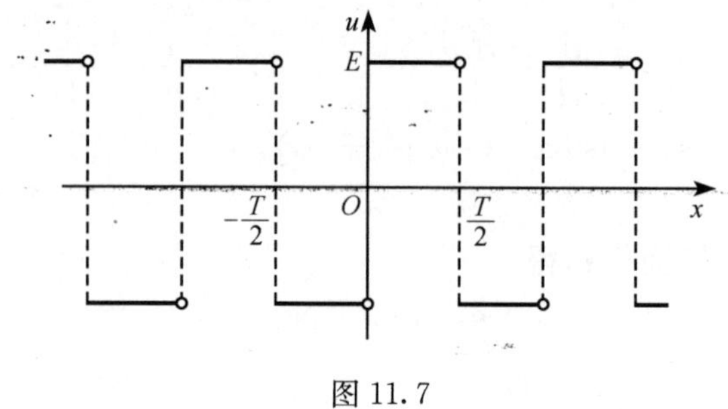

图 11.7

如何深入研究非正弦周期函数呢？联系到前面介绍过的用函数的幂级数展开式表示与讨论函数，也可以将周期函数展开成由简单的周期函数，如三角函数组成的级数. 具体地说，将周期为 $T=\frac{2\pi}{\omega}$ 的周期函数用一系列以 T 为周期的正弦函数 $A_n\sin(n\omega t+\varphi_n)$ 组成的级数来表示，记作

$$f(t)=A_0+\sum_{n=1}^{\infty}A_n\sin(n\omega t+\varphi_n),$$

其中 $A_0,A_n,\varphi_n(n=1,2,3,\cdots)$ 都为常数.

将周期函数按上述方式展开，它的物理意义是很明确的，这就是把一个比较复杂的周期运动看成是许多不同频率的简谐振动的叠加. 在电工学上，这种展开称为**谐波分析**. 常数项 A_0 称为 $f(t)$ 的**直流分量**；$A_1\sin(\omega t+\varphi_1)$ 称为**一次谐波**(又叫做**基波**)；而 $A_2\sin(2\omega t+\varphi_2)$，$A_3\sin(3\omega t+\varphi_3)$，…依次称为**二次谐波**，**三次谐波**等.

为了以后讨论方便，将正弦函数 $A_n\sin(n\omega t+\varphi_n)$ 按三角公式变形，得

$$A_n\sin(n\omega t+\varphi_n)=A_n\sin\varphi_n\cos n\omega t+A_n\cos\varphi_n\sin n\omega t,$$

并且令 $\frac{a_0}{2}=A_0$，$a_n=A_n\sin\varphi_n$，$b_n=A_n\cos\varphi_n$，$\omega=\frac{\pi}{l}$(即 $T=2l$)，则右端的级数就可以改写为

$$\frac{a_0}{2}+\sum_{n=1}^{\infty}\left(a_n\cos\frac{n\pi t}{l}+b_n\sin\frac{n\pi t}{l}\right).$$

形如上式的级数叫做**三角级数**，其中 $a_0,a_n,b_n(n=1,2,3,\cdots)$ 都是常数.

令 $\frac{\pi t}{l}=x$，上式成为

$$\frac{a_0}{2}+\sum_{n=1}^{\infty}(a_n\cos nx+b_n\sin nx),$$

这就把以 $2l$ 为周期的三角级数转换成以 2π 为周期的三角级数.

在三角级数的讨论中，要用到三角函数系

$$\{1,\cos x,\sin x,\cos 2x,\sin 2x,\cdots,\cos nx,\sin nx,\cdots\}$$

的一个重要性质.

定理 11.21 三角函数系中任意两个不同函数的乘积在区间$[-\pi,\pi]$上的积分为零，即

$$\int_{-\pi}^{\pi}1\cdot\sin nx\,dx=0,\quad \int_{-\pi}^{\pi}1\cdot\cos nx\,dx=0,\quad n=1,2,\cdots,$$

$$\int_{-\pi}^{\pi}\sin mx\cdot\cos nx\,dx=0,\quad m,n=1,2,\cdots,$$

$$\int_{-\pi}^{\pi}\sin mx\cdot\sin nx\,dx=0,\quad m\neq n;m,n=1,2,\cdots,$$

$$\int_{-\pi}^{\pi}\cos mx\cdot\cos nx\,dx=0,\quad m\neq n;m,n=1,2,\cdots.$$

证

$$\begin{aligned}\int_{-\pi}^{\pi}\cos mx\cdot\cos nx\,dx&=\frac{1}{2}\int_{-\pi}^{\pi}[\cos(m-n)x+\cos(m+n)x]dx\\&=\frac{1}{2}\left[\frac{\sin(m-n)x}{m-n}+\frac{\sin(m+n)x}{m+n}\right]\Bigg|_{-\pi}^{\pi}=0,\\&m\neq n;m,n=1,2,\cdots.\end{aligned}$$

其余的类似可证.

上述性质称为**三角函数系在区间$[-\pi,\pi]$上的正交性**.

此外还容易验证

$$\int_{-\pi}^{\pi}1^2dx=2\pi,\quad \int_{-\pi}^{\pi}\cos^2 nx\,dx=\pi,\quad \int_{-\pi}^{\pi}\sin^2 nx\,dx=\pi,\quad n=1,2,\cdots.$$

11.6.2 函数展开成傅里叶级数

设$f(x)$是以2π为周期的函数，假定$f(x)$在区间$[-\pi,\pi]$上可以展开成三角级数

$$f(x)=\frac{a_0}{2}+\sum_{n=1}^{\infty}(a_n\cos nx+b_n\sin nx),$$

在假定可以逐项积分的条件下，下面来确定展开式的系数.

首先确定a_0. 由

$$\int_{-\pi}^{\pi}f(x)dx=\int_{-\pi}^{\pi}\frac{a_0}{2}dx+\sum_{n=1}^{\infty}\left(a_n\int_{-\pi}^{\pi}\cos nx\,dx+b_n\int_{-\pi}^{\pi}\sin nx\,dx\right)=a_0\pi+0,$$

从而

$$a_0=\frac{1}{\pi}\int_{-\pi}^{\pi}f(x)dx.$$

然后确定 $a_n(n=1,2,\cdots)$. 由

$$\begin{aligned}&\int_{-\pi}^{\pi} f(x)\cos nx\,\mathrm{d}x\\&=\frac{a_0}{2}\int_{-\pi}^{\pi}\cos nx\,\mathrm{d}x+\sum_{k=1}^{\infty}\left(a_k\int_{-\pi}^{\pi}\cos kx\cdot\cos nx\,\mathrm{d}x+b_k\int_{-\pi}^{\pi}\sin kx\cdot\cos nx\,\mathrm{d}x\right)\\&=a_n\int_{-\pi}^{\pi}\cos^2 nx\,\mathrm{d}x=a_n\pi,\end{aligned}$$

从而

$$a_n=\frac{1}{\pi}\int_{-\pi}^{\pi} f(x)\cos nx\,\mathrm{d}x,\quad n=1,2,\cdots.$$

再确定 $b_n(n=1,2,\cdots)$. 由

$$\int_{-\pi}^{\pi} f(x)\sin nx\,\mathrm{d}x=b_n\int_{-\pi}^{\pi}\sin^2 nx\,\mathrm{d}x=b_n\pi,$$

从而

$$b_n=\frac{1}{\pi}\int_{-\pi}^{\pi} f(x)\sin nx\,\mathrm{d}x,\quad n=1,2,\cdots.$$

于是得到公式

$$\begin{cases}a_n=\dfrac{1}{\pi}\displaystyle\int_{-\pi}^{\pi} f(x)\cos nx\,\mathrm{d}x, & n=0,1,2,\cdots,\\ b_n=\dfrac{1}{\pi}\displaystyle\int_{-\pi}^{\pi} f(x)\sin nx\,\mathrm{d}x, & n=1,2,\cdots,\end{cases}$$

此公式称为**欧拉-傅里叶公式**. 区间$[-\pi,\pi]$有时也可改为$[0,2\pi]$. 事实上,基于函数的周期性,确定这些系数时,可在任何一个长度为周期 2π 的区间上积分.

定义 11.7　若 $f(x)$以 2π 为周期,则上式确定的系数 $a_0,a_n,b_n(n=1,2,\cdots)$称为 $f(x)$**的傅里叶系数**(**或傅氏系数**),用它们作系数的三角级数

$$\frac{a_0}{2}+\sum_{n=1}^{\infty}(a_n\cos nx+b_n\sin nx)$$

称为 $f(x)$**的傅里叶级数**(**或傅氏级数**),可记作

$$f(x)\sim\frac{a_0}{2}+\sum_{n=1}^{\infty}(a_n\cos nx+b_n\sin nx).$$

一个定义在$(-\infty,+\infty)$上周期为 2π 的函数 $f(x)$,如果它在一个周期上可积,则一定可以作出 $f(x)$的傅里叶级数. 然而,函数 $f(x)$的傅里叶级数是否一定收敛? 如果它收敛,它是否一定收敛于函数 $f(x)$? 一般说来,这两个问题的答案都不是肯定的. 那么,$f(x)$在怎样的条件下,它的傅里叶级数不仅收敛,而且收敛于 $f(x)$? 也就是说,$f(x)$满足什么条件可以展开成傅里叶级数?

定理 11.22(收敛定理,狄利克雷充分条件)　设 $f(x)$是周期为 2π 的周期函数,如果它满足:

(1) 在一个周期内连续或只有有限个第一类间断点，

(2) 在一个周期内至多只有有限个极值点，

则 $f(x)$的傅里叶级数收敛，并且当 x 是 $f(x)$的连续点时，级数收敛于 $f(x)$；当 x 是 $f(x)$的间断点时，级数收敛于

$$\frac{1}{2}[f(x^-)+f(x^+)].$$

收敛定理说明：只要函数在$[-\pi,\pi]$上至多有有限个第一类间断点，并且不做无限次振动，函数的傅里叶级数在连续点处就收敛于该点的函数值，在间断点处收敛于该点左极限与右极限的算术平均值. 可见，函数展开成傅里叶级数的条件比展开成幂级数的条件低得多. 记

$$C=\left\{x \mid f(x)=\frac{1}{2}[f(x^-)+f(x^+)]\right\},$$

在 C 上就成立 $f(x)$的傅里叶级数展开式

$$f(x)=\frac{a_0}{2}+\sum_{n=1}^{\infty}(a_n\cos nx+b_n\sin nx),\quad x\in C.$$

例 11.54 设 $f(x)$以 2π 为周期，且在$[-\pi,\pi)$内有表达式

$$f(x)=\begin{cases}0, & -\pi\leqslant x<0,\\ E, & 0\leqslant x<\pi,\end{cases}$$

其中 $E>0$，为常数(图 11.8). 求 $f(x)$的傅里叶级数，并讨论其在$[-\pi,\pi]$上的收敛情况.

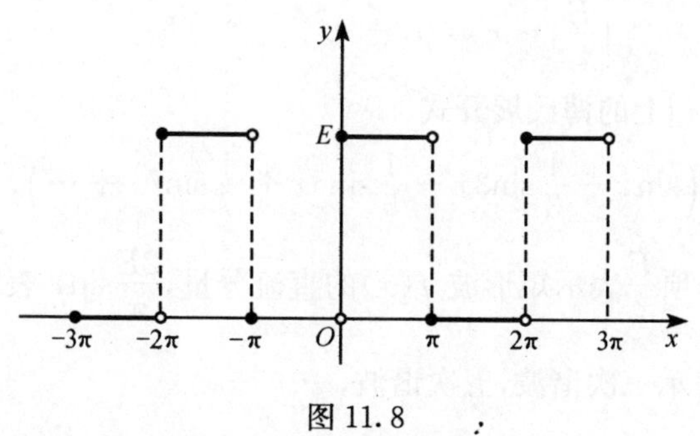

图 11.8

解 这个周期函数在无线电技术中常会遇到，它表示矩形波.

$$a_0=\frac{1}{\pi}\int_{-\pi}^{\pi}f(x)\mathrm{d}x=\frac{1}{\pi}\int_{-\pi}^{\pi}E\mathrm{d}x=E,$$

$$\begin{aligned}a_n&=\frac{1}{\pi}\int_{-\pi}^{\pi}f(x)\cos nx\,\mathrm{d}x=\frac{1}{\pi}\int_{-\pi}^{\pi}E\cos nx\,\mathrm{d}x\\&=\frac{E}{\pi}\cdot\frac{1}{n}\sin nx\Big|_0^{\pi}=0,\quad n=1,2,\cdots,\end{aligned}$$

$$b_n=\frac{1}{\pi}\int_{-\pi}^{\pi}f(x)\sin nx\,\mathrm{d}x=\frac{1}{\pi}\int_{-\pi}^{\pi}E\sin nx\,\mathrm{d}x$$
$$=\frac{-E}{n\pi}\cos nx\Big|_0^{\pi}=-\frac{E}{n\pi}(\cos n\pi-1)$$
$$=\frac{E}{n\pi}[1-(-1)^n]$$
$$=\begin{cases}\dfrac{2E}{(2k-1)\pi}, & n=2k-1,\\ 0, & n=2k\end{cases}\quad k=1,2,\cdots.$$

于是得 $f(x)$ 的傅氏级数

$$f(x)\sim\frac{a_0}{2}+\sum_{n=1}^{\infty}(a_n\cos nx+b_n\sin nx)$$
$$=\frac{E}{2}+E\sum_{n=1}^{\infty}\frac{1-(-1)^n}{n\pi}\sin nx$$
$$=\frac{E}{2}+\frac{2E}{\pi}\left(\sin x+\frac{1}{3}\sin 3x+\frac{1}{5}\sin 5x+\cdots\right).$$

因为 $f(x)$ 在 $[-\pi,\pi]$ 上满足狄利克雷条件，所以傅氏级数的收敛函数

$$s(x)=\frac{E}{2}+\frac{2E}{\pi}\left(\sin x+\frac{1}{3}\sin 3x+\frac{1}{5}\sin 5x+\cdots\right)$$
$$=\begin{cases}0, & -\pi<x<0,\\ E, & 0<x<\pi,\\ \dfrac{E}{2}, & x=0,\pm\pi.\end{cases}$$

$f(x)$ 在 $[-\pi,\pi]$ 上的傅氏展开式

$$f(x)=\frac{E}{2}+\frac{2E}{\pi}\left(\sin x+\frac{1}{3}\sin 3x+\frac{1}{5}\sin 5x+\frac{1}{7}\sin 7x+\cdots\right),\quad 0<|x|<\pi.$$

上式右端第一项 $\frac{E}{2}$ 表示矩形波 $f(x)$ 的直流分量，$\frac{2E}{\pi}\sin x$ 表示基波，$\frac{2E}{\pi}\sin 3x$，$\frac{2E}{\pi}\sin 5x$，…依次表示三次谐波，五次谐波，….

利用函数的傅氏展开式，可以得到一些有用的结果. 例如，当 $x=\frac{\pi}{2}$ 时，由上式得

$$E=\frac{E}{2}+\frac{2E}{\pi}\left(\sin\frac{\pi}{2}+\frac{1}{3}\sin\frac{3}{2}\pi+\frac{1}{5}\sin\frac{5}{2}\pi+\frac{1}{7}\sin\frac{7}{2}\pi+\cdots\right)$$
$$=\frac{E}{2}+\frac{2E}{\pi}\left(1-\frac{1}{3}+\frac{1}{5}-\frac{1}{7}+\cdots\right),$$

从而得到一个交错级数的和

$$\frac{\pi}{4}=1-\frac{1}{3}+\frac{1}{5}-\frac{1}{7}+\cdots.$$

例 11.55 设 $f(x)$是周期为 2π 的周期函数,它在$[-\pi,\pi)$上的表达式为

$$f(x)=\begin{cases}x, & -\pi\leqslant x<0,\\ 0, & 0\leqslant x<\pi.\end{cases}$$

将 $f(x)$展开成傅里叶级数.

解 所给函数满足收敛定理的条件,它在点 $x=(2k+1)\pi(k=0,\pm1,\pm2,\cdots)$处不连续.因此,$f(x)$的傅里叶级数在 $x=(2k+1)\pi$ 处收敛于

$$\frac{f(\pi^{-})+f(-\pi^{+})}{2}=\frac{0-\pi}{2}=-\frac{\pi}{2}.$$

在连续点 $x(x\neq(2k+1)\pi)$处收敛于 $f(x)$.和函数的图形如图 11.9 所示.

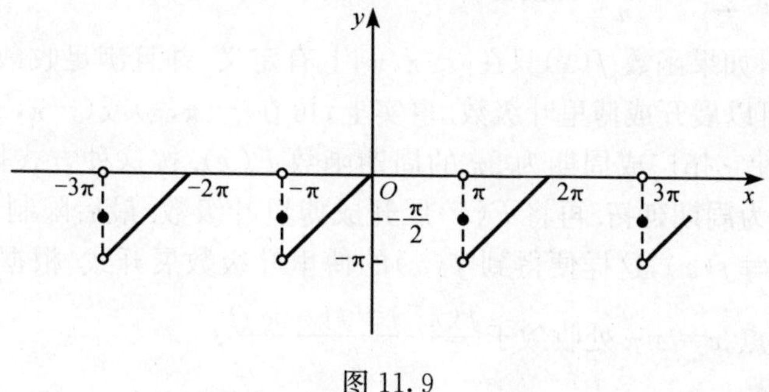

图 11.9

计算傅里叶系数如下:

$$\begin{aligned}a_n&=\frac{1}{\pi}\int_{-\pi}^{\pi}f(x)\cos nx\,\mathrm{d}x=\frac{1}{\pi}\int_{-\pi}^{0}x\cos nx\,\mathrm{d}x\\&=\frac{1}{\pi}\left[\frac{x\sin nx}{n}+\frac{\cos nx}{n^2}\right]_{-\pi}^{0}\\&=\frac{1}{n^2\pi}(1-\cos n\pi)\\&=\begin{cases}\dfrac{2}{n^2\pi}, & n=1,3,5,\cdots,\\ 0, & n=2,4,6,\cdots;\end{cases}\end{aligned}$$

$$a_0=\frac{1}{\pi}\int_{-\pi}^{\pi}f(x)\,\mathrm{d}x=\frac{1}{\pi}\int_{-\pi}^{0}x\,\mathrm{d}x=-\frac{\pi}{2};$$

$$\begin{aligned}b_n&=\frac{1}{\pi}\int_{-\pi}^{\pi}f(x)\sin nx\,\mathrm{d}x=\frac{1}{\pi}\int_{-\pi}^{0}x\sin nx\,\mathrm{d}x\\&=\frac{1}{\pi}\left[-\frac{x\cos nx}{n}+\frac{\sin nx}{n^2}\right]_{-\pi}^{0}\end{aligned}$$

$$=-\frac{\cos n\pi}{n}=\frac{(-1)^{n+1}}{n}.$$

$f(x)$的傅里叶级数展开式为

$$\begin{aligned}f(x)=&-\frac{\pi}{4}+\left(\frac{2}{\pi}\cos x+\sin x\right)\\&-\frac{1}{2}\sin 2x+\left(\frac{2}{3^2\pi}\cos 3x+\frac{1}{3}\sin 3x\right)\\&-\frac{1}{4}\sin 4x+\left(\frac{2}{5^2\pi}\cos 5x+\frac{1}{5}\sin 5x\right)-\cdots\\=&-\frac{\pi}{4}+\frac{2}{\pi}\sum_{k=1}^{\infty}\frac{1}{(2k-1)^2}\cos(2k-1)x\\&+\sum_{n=1}^{\infty}\frac{(-1)^{n-1}}{n}\sin nx,\quad -\infty<x<+\infty;\ x\neq\pm\pi,\pm 3\pi,\cdots.\end{aligned}$$

应该注意,如果函数 $f(x)$只在$[-\pi,\pi]$上有定义,并且满足收敛定理的条件,那么 $f(x)$也可以展开成傅里叶级数. 事实上,可在$[-\pi,\pi)$或$(-\pi,\pi]$外补充函数 $f(x)$的定义,使它拓广成周期为 2π 的周期函数 $F(x)$. 按这种方式拓广函数的定义域的过程称为**周期延拓**. 再将 $F(x)$展开成傅里叶级数. 最后限制 x 在$(-\pi,\pi)$内,此时 $F(x)\equiv f(x)$,这样便得到 $f(x)$的傅里叶级数展开式. 根据收敛定理,这级数在区间端点 $x=\pm\pi$ 处收敛于$\dfrac{f(\pi^-)+f(-\pi^+)}{2}$.

例 11.56　将函数

$$u(t)=E\left|\sin\frac{t}{2}\right|,\quad -\pi\leqslant t\leqslant\pi$$

展开成傅里叶级数,其中 E 是正常数.

解　所给函数在区间$[-\pi,\pi]$上满足收敛定理的条件,并且拓广为周期函数时,它在每一点 t 处都连续(图 11.10),因此拓广的周期函数的傅里叶级数在$[-\pi,\pi]$上收敛于 $u(t)$.

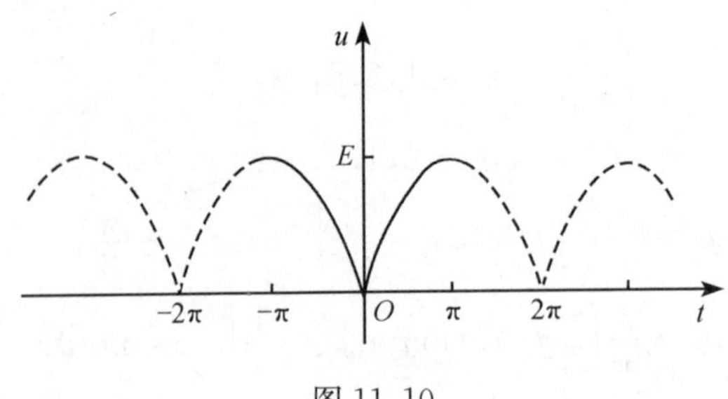

图 11.10

计算傅里叶系数如下:

$$a_n=\frac{1}{\pi}\int_{-\pi}^{\pi}u(t)\cos nt\,\mathrm{d}t=\frac{E}{\pi}\int_{-\pi}^{\pi}\left|\sin\frac{t}{2}\right|\cos nt\,\mathrm{d}t$$
$$=\frac{2E}{\pi}\int_{0}^{\pi}\sin\frac{t}{2}\cos nt\,\mathrm{d}t$$
$$=-\frac{4E}{(4n^2-1)\pi},\quad n=0,1,2,\cdots.$$
$$b_n=\frac{E}{\pi}\int_{-\pi}^{\pi}\left|\sin\frac{t}{2}\right|\sin nt\,\mathrm{d}t=0,\quad n=1,2,3,\cdots.$$

$u(t)$的傅里叶级数展开式为

$$u(t)=\frac{4E}{\pi}\left(\frac{1}{2}-\sum_{n=1}^{\infty}\frac{1}{4n^2-1}\cos nt\right),\quad -\pi\leqslant t\leqslant\pi.$$

11.6.3 正弦级数和余弦级数

对于周期为 2π 的函数 $f(x)$，它的傅里叶系数计算公式为

$$a_n=\frac{1}{\pi}\int_{-\pi}^{\pi}f(x)\cos nx\,\mathrm{d}x,\quad n=0,1,2,\cdots,$$
$$b_n=\frac{1}{\pi}\int_{-\pi}^{\pi}f(x)\sin nx\,\mathrm{d}x,\quad n=1,2,3,\cdots.$$

当 $f(x)$为奇函数时，$f(x)\cos nx$ 是奇函数，$f(x)\sin nx$ 是偶函数，故

$$a_n=0,\quad n=0,1,2,\cdots,$$
$$b_n=\frac{2}{\pi}\int_{0}^{\pi}f(x)\sin nx\,\mathrm{d}x,\quad n=1,2,3,\cdots,$$

即知奇函数的傅里叶级数是只含正弦项的正弦级数

$$\sum_{n=1}^{\infty}b_n\sin nx.$$

当 $f(x)$为偶函数时，$f(x)\cos nx$ 是偶函数，$f(x)\sin nx$ 是奇函数，故

$$a_n=\frac{2}{\pi}\int_{0}^{\pi}f(x)\cos nx\,\mathrm{d}x,\quad n=0,1,2,\cdots,$$
$$b_n=0,\quad n=1,2,3,\cdots,$$

即知偶函数的傅里叶级数是只含常数项和余弦项的余弦级数

$$\frac{a_0}{2}+\sum_{n=1}^{\infty}a_n\cos nx.$$

例 11.57 求函数

$$f(x)=\begin{cases}-1, & -\pi<x<0,\\ 0, & x=0,\pm\pi,\\ 1, & 0<x<\pi\end{cases}$$

在$[-\pi,\pi]$上的傅氏展开式.

解 这个函数只在$[-\pi,\pi]$上有定义,可将 $f(x)$ 按周期 2π 拓广到$(-\infty,+\infty)$上,得到周期延拓 $g(x)$. 如图 11.11 所示.

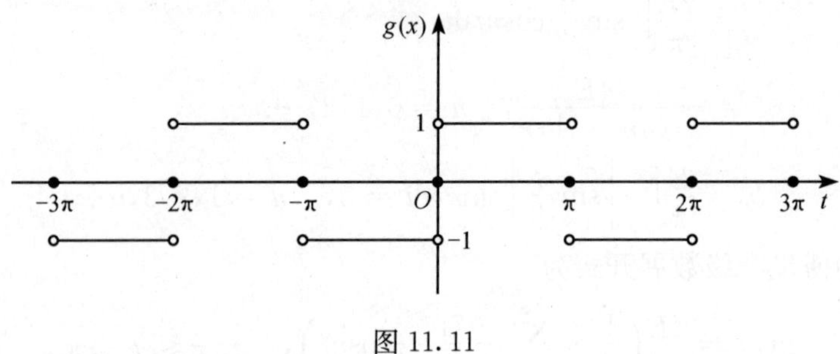

图 11.11

$g(x)$满足狄利克雷条件,因此可在$(-\infty,+\infty)$上作傅氏展开. 又因为 $g(x)$为奇函数,所以

$$a_n=0,\quad n=0,1,2,\cdots,$$

$$b_n=\frac{2}{\pi}\int_0^\pi g(x)\sin nx\,\mathrm{d}x=\frac{2}{\pi}\int_0^\pi f(x)\sin nx\,\mathrm{d}x$$

$$=\begin{cases}\dfrac{4}{(2k-1)\pi}, & n=2k-1,\\ 0, & n=2k,\end{cases}\quad k=1,2,\cdots,$$

于是得到 $g(x)$的傅氏级数

$$g(x)\sim\sum_{n=1}^{\infty}b_n\sin nx$$

$$=\frac{4}{\pi}\sum_{k=1}^{\infty}\frac{1}{2k-1}\sin(2k-1)x$$

$$=\frac{4}{\pi}\left(\sin x+\frac{1}{3}\sin 3x+\frac{1}{5}\sin 5x+\cdots\right).$$

若限制在区间$[-\pi,\pi]$上讨论,则左端 $g(x)$即 $f(x)$.

因为 $f(x)$在$(-\pi,0)$及$(0,\pi)$内连续,且在间断点 $x=0$ 处有

$$\frac{f(0+0)+f(0-0)}{2}=\frac{1-1}{2}=0=f(0),$$

所以由收敛定理知,此傅氏级数在整个区间$(-\pi,\pi)$内处处收敛到 $f(x)$本身,在端点 $x=\pm\pi$ 处,有 $f(\pm\pi)=0$,而傅氏级数的和

$$S(\pm\pi)=\frac{f(-\pi+0)+f(\pi-0)}{2}$$

$$=\frac{-1+1}{2}=0=f(\pm\pi),$$

于是得到 $f(x)$在$[-\pi,\pi]$上的傅氏展开式

$$f(x)=\frac{4}{\pi}\left(\sin x+\frac{1}{3}\sin 3x+\frac{1}{5}\sin 5x+\frac{1}{7}\sin 7x+\cdots\right),\quad -\pi\leqslant x\leqslant\pi.$$

图 11.12 表示此傅氏级数的部分和在$(-\pi,\pi)$内逐渐接近于函数 $f(x)$的情形.

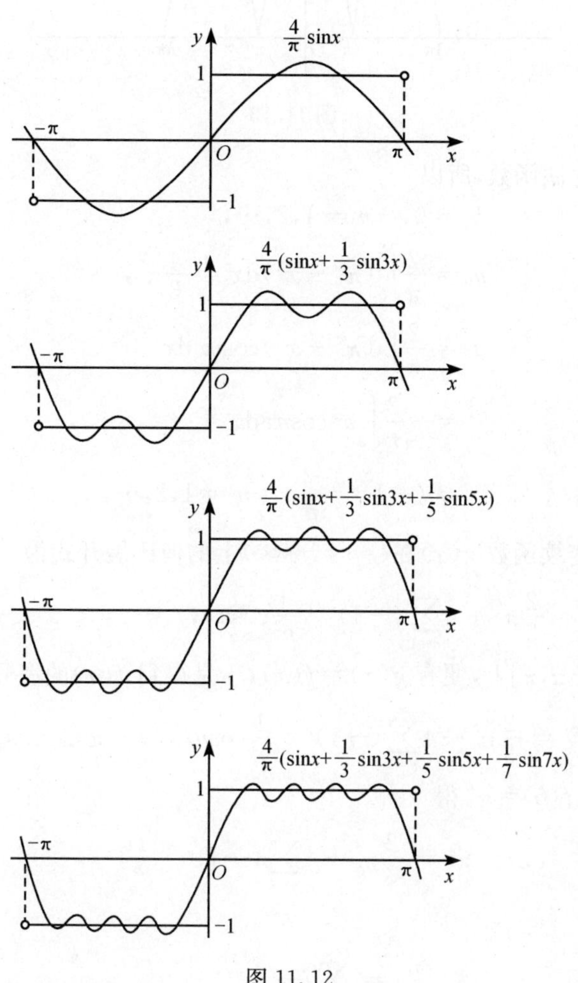

图 11.12

例 11.58　试将函数 $f(x)=\pi^2-x^2$ 在区间$[-\pi,\pi]$上作傅氏展开,并求交错级数 $\sum\limits_{n=1}^{\infty}(-1)^{n-1}\dfrac{1}{n^2}$ 的和.

解　将 $f(x)$按周期 2π 延拓到$(-\infty,+\infty)$上,得到周期延拓 $g(x)$(图 11.13).

可将 $g(x)$在$(-\infty,+\infty)$上作傅氏展开.

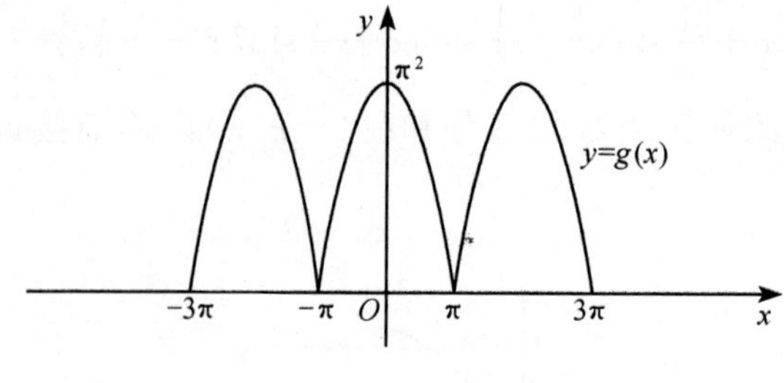

图 11.13

因为 $g(x)$ 为偶函数，所以

$$b_n = 0,\quad n = 1,2,\cdots,$$

$$a_0 = \frac{2}{\pi}\int_0^{\pi}(\pi^2 - x^2)\mathrm{d}x = \frac{4}{3}\pi^2,$$

$$a_n = \frac{2}{\pi}\int_0^{\pi}(\pi^2 - x^2)\cos nx\,\mathrm{d}x$$

$$= -\frac{2}{\pi}\int_0^{\pi}x^2\cos nx\,\mathrm{d}x$$

$$= (-1)^{n-1}\frac{4}{n^2},\quad n = 1,2,\cdots,$$

由收敛定理知，连续函数 $g(x)$ 在 $(-\infty,+\infty)$ 上的傅氏展开式为

$$g(x) = \frac{2}{3}\pi^2 + 4\sum_{n=1}^{\infty}(-1)^{n-1}\frac{1}{n^2}\cos nx,\quad -\infty < x < +\infty,$$

若限制在区间 $[-\pi,\pi]$ 上，便有 $g(x)=f(x)$，于是得到 $f(x)$ 的展开式

$$f(x) = \frac{2}{3}\pi^2 + 4\sum_{n=1}^{\infty}(-1)^{n-1}\frac{1}{n^2}\cos nx,\quad -\pi \leqslant x \leqslant \pi.$$

又令 $x=0$，则由 $f(0)=\pi^2$ 得

$$\pi^2 = \frac{2}{3}\pi^2 + 4\sum_{n=1}^{\infty}(-1)^{n-1}\frac{1}{n^2},$$

即有

$$\frac{\pi^2}{12} = \sum_{n=1}^{\infty}(-1)^{n-1}\frac{1}{n^2}.$$

例 11.59 设 $f(x)$ 是周期为 2π 的周期函数，它在 $[-\pi,\pi)$ 上的表达式为 $f(x)=x$，将 $f(x)$ 展开成傅里叶级数.

解 首先，所给函数满足收敛定理的条件，它在点

$$x = (2k+1)\pi\quad (k = 0,\pm 1,\pm 2,\cdots)$$

处不连续. 因此 $f(x)$ 的傅里叶级数在点 $x=(2k+1)\pi$ 处收敛于

$$\frac{f(\pi^-) + f(-\pi^+)}{2} = \frac{\pi + (-\pi)}{2} = 0,$$

在连续点 $x(x\neq(2k+1)\pi)$处收敛于 $f(x)$. 和函数的图形如图 11.14 所示.

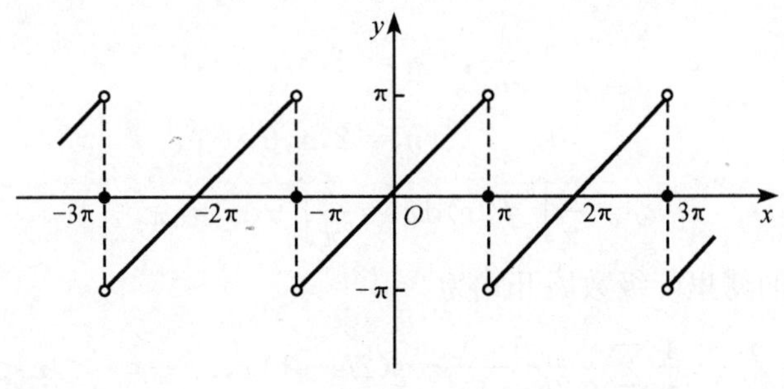

图 11.14

其次,若不计 $x=(2k+1)\pi(k=0,\pm1,\pm2,\cdots)$,则 $f(x)$是周期为 2π 的奇函数.

$$a_n=0,\quad n=0,1,2,\cdots,$$

$$b_n=\frac{2}{\pi}\int_0^{\pi}f(x)\sin nx\,\mathrm{d}x=\frac{2}{\pi}\int_0^{\pi}x\sin nx\,\mathrm{d}x$$

$$=\frac{2}{n}(-1)^{n+1},\quad n=1,2,3,\cdots.$$

所以 $f(x)$的傅里叶级数展开式为

$$f(x)=2\sum_{n=1}^{\infty}\frac{(-1)^{n+1}}{n}\sin nx,\quad -\infty<x<+\infty,x\neq\pm\pi,\pm3\pi,\cdots.$$

例 11.60 设 $f(x)$是周期为 2π 的周期函数,它在$[-\pi,\pi)$上的表达式为 $f(x)=|x|$,将 $f(x)$展开成傅里叶级数.

解 所给函数满足收敛定理的条件,它在整个数轴上连续(图 11.15),因此 $f(x)$的傅里叶级数处处收敛于 $f(x)$.

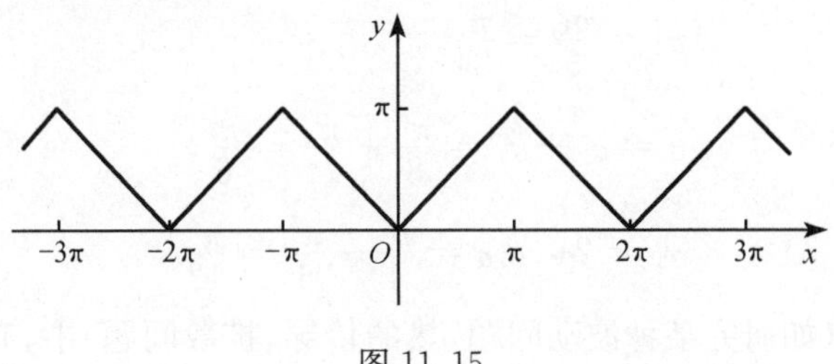

图 11.15

因为 $f(x)$是偶函数,所以

$$b_n=0,$$

$$a_n=\frac{2}{\pi}\int_0^{\pi}f(x)\cos nx\,\mathrm{d}x$$

$$= \frac{2}{\pi}\int_0^\pi x\cos nx\,dx$$

$$= \begin{cases} -\dfrac{4}{\pi n^2}, & n = 1,3,5,\cdots, \\ 0, & n = 2,4,6,\cdots; \end{cases}$$

$$a_0 = \frac{2}{\pi}\int_0^\pi f(x)\,dx = \frac{2}{\pi}\int_0^\pi x\,dx = \pi.$$

所以 $f(x)$ 的傅里叶级数展开式为

$$f(x) = \frac{\pi}{2} - \frac{4}{\pi}\sum_{k=1}^{\infty}\frac{1}{(2k-1)^2}\cos(2k-1)x, \quad -\infty < x < +\infty.$$

在上式中令 $x=0$，便得

$$\sum_{k=1}^{\infty}\frac{1}{(2k-1)^2} = \frac{\pi^2}{8}.$$

设

$$\sigma = 1 + \frac{1}{2^2} + \frac{1}{3^2} + \frac{1}{4^2} + \cdots,$$

$$\sigma_1 = 1 + \frac{1}{3^2} + \frac{1}{5^2} + \cdots \left(= \frac{\pi^2}{8}\right),$$

$$\sigma_2 = \frac{1}{2^2} + \frac{1}{4^2} + \frac{1}{6^2} + \cdots,$$

$$\sigma_3 = 1 - \frac{1}{2^2} + \frac{1}{3^2} - \frac{1}{4^2} + \cdots.$$

因为

$$\sigma_2 = \frac{\sigma}{4} = \frac{\sigma_1 + \sigma_2}{4},$$

所以

$$\sigma_2 = \frac{\sigma_1}{3} = \frac{\pi^2}{24},$$

$$\sigma = \sigma_1 + \sigma_2 = \frac{\pi^2}{8} + \frac{\pi^2}{24} = \frac{\pi^2}{6},$$

$$\sigma_3 = 2\sigma_1 - \sigma = \frac{\pi^2}{4} - \frac{\pi^2}{6} = \frac{\pi^2}{12}.$$

在实际应用(如研究某种波动问题，热的传导、扩散问题)中，有时还需要把定义在区间 $[0,\pi]$ 上的函数 $f(x)$ 展开成正弦级数或余弦级数.

根据前面讨论的结果，这类展开问题可以按如下的方法解决：设函数 $f(x)$ 定义在区间 $[0,\pi]$ 并且满足收敛定理的条件，在开区间 $(-\pi,0)$ 内补充函数 $f(x)$ 的定义，得到定义在 $(-\pi,\pi]$ 上的函数 $F(x)$，使它在 $(-\pi,\pi)$ 上成为奇函数(偶函数). 按这种方式拓广函数定义域的过程称为**奇延拓**(**偶延拓**). 然后将奇延拓(偶延拓)

后的函数展开成傅里叶级数，这个级数必定是正弦级数(余弦级数). 再限制 x 在 $(0,\pi]$上，此时 $F(x)\equiv f(x)$，这样便得到 $f(x)$的正弦级数(余弦级数)展开式.

例 11.61 将函数

$$f(x)=\begin{cases}\cos x, & 0\leqslant x<\dfrac{\pi}{2},\\ 0, & \dfrac{\pi}{2}\leqslant x\leqslant\pi\end{cases}$$

分别展开成正弦级数和余弦级数.

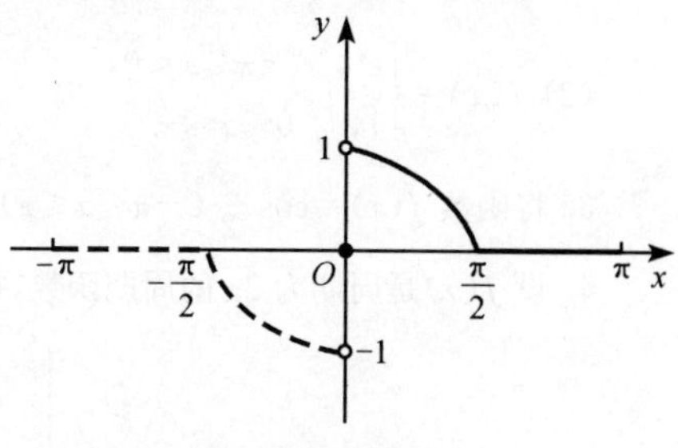

图 11.16

解 先展开成正弦级数. 为此对函数 $f(x)$做奇延拓(图 11.16).

$$b_n=\frac{2}{\pi}\int_0^{\pi}f(x)\sin nx\,\mathrm{d}x=\frac{2}{\pi}\int_0^{\frac{\pi}{2}}\cos x\sin nx\,\mathrm{d}x$$

$$=\frac{2}{\pi(n^2-1)}\left(n-\sin\frac{n\pi}{2}\right),\quad n=2,3,\cdots.$$

$$b_1=\frac{2}{\pi}\int_0^{\pi}f(x)\sin x\mathrm{d}x=\frac{2}{\pi}\int_0^{\frac{\pi}{2}}\cos x\sin x\mathrm{d}x=\frac{1}{\pi}.$$

所以 $f(x)$的正弦级数展开式为

$$f(x)=\frac{1}{\pi}\left[\sin x+2\sum_{n=2}^{\infty}\frac{1}{n^2-1}\left(n-\sin\frac{n\pi}{2}\right)\sin nx\right],\quad 0<x\leqslant\pi.$$

再展开成余弦级数. 为此对函数 $f(x)$做偶延拓(图 11.17).

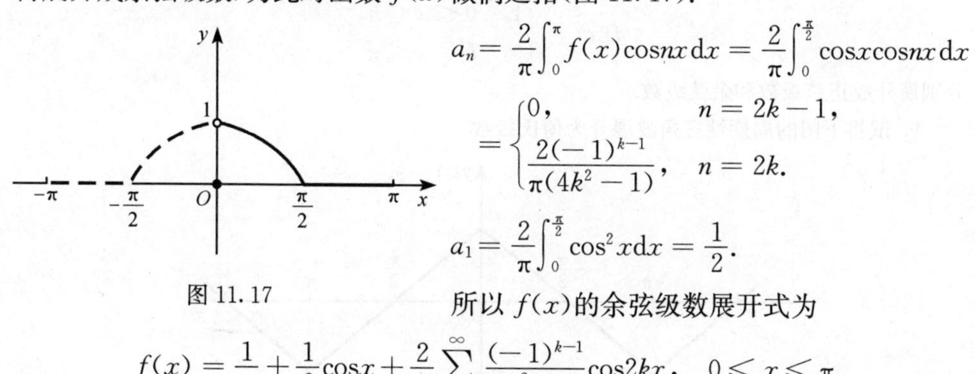

图 11.17

$$a_n=\frac{2}{\pi}\int_0^{\pi}f(x)\cos nx\,\mathrm{d}x=\frac{2}{\pi}\int_0^{\frac{\pi}{2}}\cos x\cos nx\,\mathrm{d}x$$

$$=\begin{cases}0, & n=2k-1,\\ \dfrac{2(-1)^{k-1}}{\pi(4k^2-1)}, & n=2k.\end{cases}$$

$$a_1=\frac{2}{\pi}\int_0^{\frac{\pi}{2}}\cos^2x\mathrm{d}x=\frac{1}{2}.$$

所以 $f(x)$的余弦级数展开式为

$$f(x)=\frac{1}{\pi}+\frac{1}{2}\cos x+\frac{2}{\pi}\sum_{k=1}^{\infty}\frac{(-1)^{k-1}}{4k^2-1}\cos 2kx,\quad 0\leqslant x\leqslant\pi.$$

习 题 11.6

1. 下列周期函数 $f(x)$的周期为 2π，试将 $f(x)$展开成傅里叶级数：

(1) $f(x)=3x^2+1(-\pi\leqslant x<\pi)$；

(2) $f(x)=\mathrm{e}^{2x}(-\pi\leqslant x<\pi)$；

(3) $f(x)=\begin{cases}bx, & -\pi\leqslant x<0,\\ ax, & 0\leqslant x<\pi\end{cases}$($a,b$ 为常数，且 $a>b>0$).

2. 将下列函数 $f(x)$ 展开成傅里叶级数：

(1) $f(x)=2\sin\frac{x}{3}(-\pi\leqslant x<\pi)$；

(2) $f(x)=\begin{cases}e^x, & -\pi\leqslant x<0,\\ 1, & 0\leqslant x\leqslant\pi.\end{cases}$

3. 将函数 $f(x)=\cos\frac{x}{2}(-\pi\leqslant x\leqslant\pi)$ 展开成傅里叶级数.

4. 设 $f(x)$ 是周期为 2π 的周期函数，它在 $[-\pi,\pi)$ 上的表达式为

$$f(x)=\begin{cases}-\frac{\pi}{2}, & -\pi\leqslant x<-\frac{\pi}{2},\\ x, & -\frac{\pi}{2}\leqslant x<\frac{\pi}{2},\\ \frac{\pi}{2}, & \frac{\pi}{2}\leqslant x<\pi,\end{cases}$$

将 $f(x)$ 展开成傅里叶级数.

5. 将函数 $f(x)=\frac{\pi-x}{2}(0\leqslant x\leqslant\pi)$ 展开成正弦级数.

6. 将函数 $f(x)=2x^2(0\leqslant x\leqslant\pi)$ 分别展开成正弦级数和余弦级数.

7. 设周期函数 $f(x)$ 的周期为 2π. 证明：

(1) 如果 $f(x-\pi)=-f(x)$，则 $f(x)$ 的傅里叶系数 $a_0=0,a_{2k}=0,b_{2k}=0(k=1,2,\cdots)$；

(2) 如果 $f(x-\pi)=f(x)$，则 $f(x)$ 的傅里叶系数 $a_{2k+1}=0,b_{2k+1}=0(k=0,1,2,\cdots)$；

8. 将函数

$$f(x)=\begin{cases}1, & 0\leqslant x\leqslant h,\\ 0, & h<x\leqslant\pi\end{cases}$$

分别展开成正弦级数和余弦级数.

9. 试将下图的周期性三角波展开为傅氏级数.

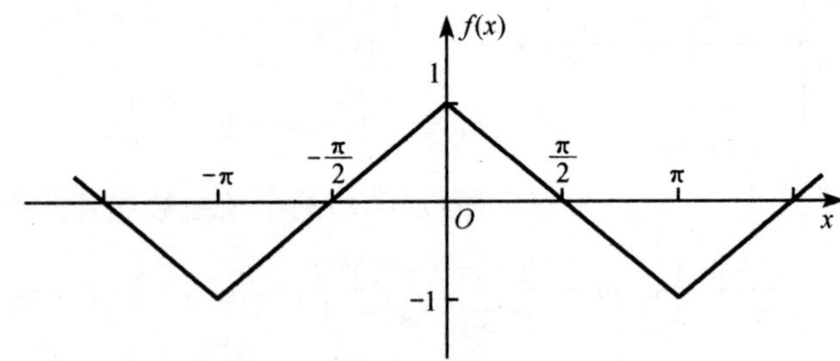

10. 在指定区间上把下列函数展开成傅氏级数：

(1) $f(x)=\begin{cases}0, & -\pi\leqslant x<0,\\ x, & 0\leqslant x\leqslant\pi;\end{cases}$

(2) $f(x)=\sin^4 x, x\in[-\pi,\pi]$；

(3) $f(x)=e^{ax}(a\neq0), x\in[-\pi,\pi]$；

(4) $f(x)=x^2, x\in[-\pi,\pi]$；

(5) $f(x)=x^2, x\in[0,2\pi]$.

11.7 一般周期函数的傅里叶级数

前面讨论的周期函数都是以 2π 为周期的. 但是实际问题中所遇到的周期函数,它的周期不一定是 2π. 下面讨论周期为 $2l$ 的周期函数的傅里叶级数.

定理 11.23 设周期为 $2l$ 的周期函数 $f(x)$ 满足收敛定理的条件,则它的傅里叶级数展开式为

$$f(x)=\frac{a_0}{2}+\sum_{n=1}^{\infty}\left(a_n\cos\frac{n\pi x}{l}+b_n\sin\frac{n\pi x}{l}\right),\quad x\in C,$$

其中

$$a_n=\frac{1}{l}\int_{-l}^{l}f(x)\cos\frac{n\pi x}{l}\mathrm{d}x,\quad n=0,1,2,\cdots,$$

$$b_n=\frac{1}{l}\int_{-l}^{l}f(x)\sin\frac{n\pi x}{l}\mathrm{d}x,\quad n=1,2,3,\cdots,$$

$$C=\left\{x\mid f(x)=\frac{1}{2}[f(x^-)+f(x^+)]\right\}$$

当 $f(x)$ 为奇函数时

$$f(x)=\sum_{n=1}^{\infty}b_n\sin\frac{n\pi x}{l},\quad x\in C,$$

其中

$$b_n=\frac{2}{l}\int_{0}^{l}f(x)\sin\frac{n\pi x}{l}\mathrm{d}x,\quad n=1,2,3,\cdots.$$

当 $f(x)$ 为偶函数时

$$f(x)=\frac{a_0}{2}+\sum_{n=1}^{\infty}a_n\cos\frac{n\pi x}{l},\quad x\in C,$$

其中

$$a_n=\frac{2}{l}\int_{0}^{l}f(x)\cos\frac{n\pi x}{l}\mathrm{d}x,\quad n=0,1,2,3,\cdots.$$

证 作变量代换 $z=\frac{\pi x}{l}$,于是区间 $-l\leqslant x\leqslant l$ 就变换成 $-\pi\leqslant z\leqslant\pi$. 设函数 $f(x)=f\left(\frac{lz}{\pi}\right)=F(z)$,从而 $F(z)$ 是周期为 2π 的周期函数,并且它满足收敛定理的条件,将 $F(z)$ 展开成傅里叶级数

$$F(z)=\frac{a_0}{2}+\sum_{n=1}^{\infty}(a_n\cos nz+b_n\sin nz),$$

其中

$$a_n = \frac{1}{\pi}\int_{-\pi}^{\pi} F(z)\cos nz\,\mathrm{d}z;\quad b_n = \frac{1}{\pi}\int_{-\pi}^{\pi} F(z)\sin nz\,\mathrm{d}z.$$

在以上式子中令 $z=\frac{\pi x}{l}$，并注意到 $F(z)=f(x)$，于是有

$$f(x) = \frac{a_0}{2} + \sum_{n=1}^{\infty}\left(a_n\cos\frac{n\pi x}{l} + b_n\sin\frac{n\pi x}{l}\right),$$

而且

$$a_n = \frac{1}{l}\int_{-l}^{l} f(x)\cos\frac{n\pi x}{l}\mathrm{d}x,\quad b_n = \frac{1}{l}\int_{-l}^{l} f(x)\sin\frac{n\pi x}{l}\mathrm{d}x.$$

类似地，可以证明定理的其余部分.

例 11.62　试将函数 $f(x)=x^2$ 在区间$[-1,1]$上展开成傅氏级数.

解　首先，将函数作周期延拓，使之在整个数轴上有定义，且周期为 2(图 11.18).

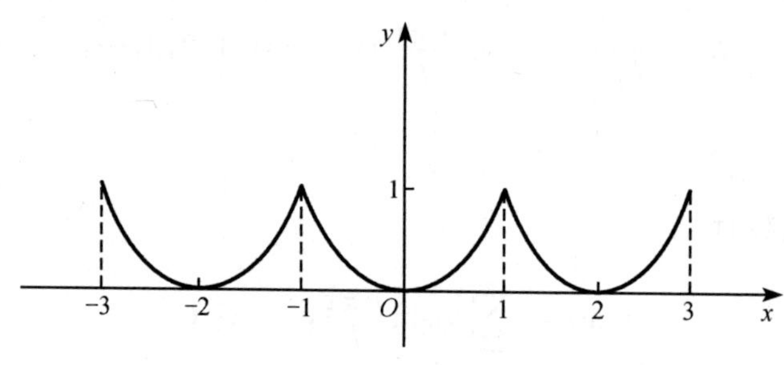

图 11.18

$$a_0 = \frac{1}{l}\int_{-l}^{l} f(x)\mathrm{d}x = \frac{2}{l}\int_0^l f(x)\mathrm{d}x = 2\int_0^1 x^2\mathrm{d}x = \frac{2}{3},$$

$$a_n = \frac{1}{l}\int_{-l}^{l} f(x)\cos\frac{n\pi}{l}x\,\mathrm{d}x = \frac{2}{l}\int_0^l x^2\cos\frac{n\pi}{l}x\,\mathrm{d}x$$

$$= (-1)^n\frac{4}{n^2\pi^2},\quad n=1,2,\cdots,$$

$$b_n = 0,\quad n=1,2,\cdots,$$

从而得到 $f(x)$在$[-1,1]$上的傅氏级数

$$f(x) \sim \frac{a_0}{2} + \sum_{n=1}^{\infty} a_n\cos n\pi x$$

$$= \frac{1}{3} - \frac{4}{\pi^2}\left(\frac{\cos\pi x}{1^2} - \frac{\cos 2\pi x}{2^2} + \frac{\cos 3\pi x}{3^2} - \cdots\right).$$

因为 $f(x)=x^2$ 在$[-1,1]$上连续，且在端点处此级数的和为

$$S(\pm 1) = \frac{1}{2}[f(-1+0) + f(1-0)] = \frac{1+1}{2} = 1,$$

正好等于函数值 $f(\pm 1)$，所以由收敛定理知

$$x^2=\frac{1}{3}-\frac{4}{\pi^2}\left(\frac{\cos\pi x}{1^2}-\frac{\cos2\pi x}{2^2}+\frac{\cos3\pi x}{3^2}-\cdots\right),\quad -1\leqslant x\leqslant 1.$$

当 $x=0$ 时,得到

$$0=\frac{1}{3}-\frac{4}{\pi^2}\left(1-\frac{1}{2^2}+\frac{1}{3^2}-\frac{1}{4^2}+\cdots\right),$$

即

$$\frac{\pi^2}{12}=1-\frac{1}{2^2}+\frac{1}{3^2}-\frac{1}{4^2}+\cdots+(-1)^{n+1}\frac{1}{n^2}+\cdots.$$

例 11.63 交流电压 $E(t)=E\sin\omega t$ 经过半波整流后,只剩下正压. 试将图 11.19 中半波整流电压函数 $E(t)$ 展开为傅氏级数. 已知在周期区间 $\left[-\frac{T}{2},\frac{T}{2}\right]=\left[-\frac{\pi}{\omega},\frac{\pi}{\omega}\right]$ 上,$E(t)$ 的表达式为

$$E(t)=\begin{cases}0, & -\frac{\pi}{\omega}\leqslant t<0,\\ E\sin\omega t, & 0\leqslant t<\frac{\pi}{\omega}.\end{cases}$$

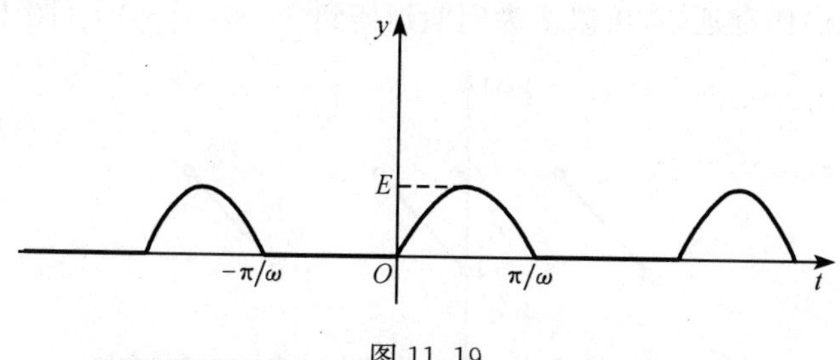

图 11.19

解 在这里,周期 $T=\frac{2\pi}{\omega}=2l$,因此 $l=\frac{\pi}{\omega}$,于是

$$\begin{aligned}a_0&=\frac{1}{l}\int_{-l}^{l}f(t)\,\mathrm{d}t=\frac{\omega}{\pi}\int_{-\pi/\omega}^{\pi/\omega}f(t)\,\mathrm{d}t\\&=\frac{\omega}{\pi}\int_{0}^{\pi/\omega}E\sin\omega t\,\mathrm{d}t=\frac{2E}{\pi},\\a_n&=\frac{1}{l}\int_{-l}^{l}f(t)\cos\frac{n\pi}{l}t\,\mathrm{d}t\\&=\frac{\omega}{\pi}\int_{0}^{\pi/\omega}E\sin\omega t\cdot\cos n\omega t\,\mathrm{d}t\\&=\begin{cases}0, & n=2k+1,\\ \dfrac{2E}{(1-4k^2)\pi}, & n=2k\end{cases}\qquad k=1,2,\cdots,\end{aligned}$$

$$b_n=\frac{1}{l}\int_{-l}^{l}f(t)\sin\frac{n\pi}{l}t\,\mathrm{d}t$$
$$=\frac{\omega}{\pi}\int_0^{\pi/\omega}E\sin\omega t\cdot\sin n\omega t\,\mathrm{d}t=0,\quad n=2,3,\cdots.$$

当 $n=1$ 时,有

$$a_1=\frac{\omega}{\pi}\int_0^{\pi/\omega}E\sin\omega t\cdot\cos\omega t\,\mathrm{d}t=0,$$
$$b_1=\frac{\omega}{\pi}\int_0^{\pi/\omega}E\sin\omega t\cdot\sin\omega t\,\mathrm{d}t=\frac{E}{2}.$$

所以

$$E(t)=\frac{a_0}{2}+a_1\cos\omega t+b_1\sin\omega t+\sum_{n=2}^{\infty}(a_n\cos n\omega t+b_n\sin n\omega t)$$
$$=\frac{E}{\pi}+\frac{E}{2}\sin\omega t-\frac{2E}{\pi}\sum_{k=1}^{\infty}\frac{1}{4k^2-1}\cos k\omega t,\quad -\infty<x<+\infty,$$

其中$\frac{E}{\pi}$是直流分量,$\frac{E}{2}\sin\omega t$ 是基波,$-\frac{2E}{3\pi}\cos 2\omega t$ 是二次谐波,等等.

例 11.64　试将函数 $f(x)=x+1$ 在$[0,1]$上展开为正弦级数及余弦级数.

解　将 $f(x)$作奇延拓,再以 2 为周期延拓到$(-\infty,+\infty)$上(图 11.20).

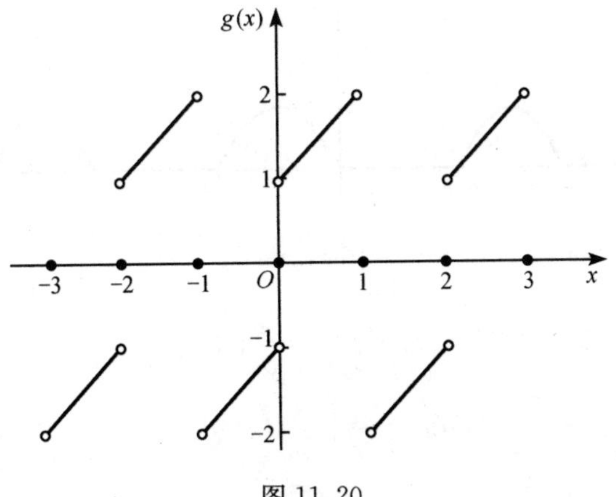

图 11.20

于是有

$$a_n=0,\quad n=0,1,2,\cdots,$$
$$b_n=\frac{2}{l}\int_0^{l}g(x)\sin\frac{n\pi}{l}x\,\mathrm{d}x=2\int_0^1 f(x)\sin n\pi x\,\mathrm{d}x$$
$$=2\int_0^1(x+1)\sin n\pi x\,\mathrm{d}x$$
$$=\frac{2}{n\pi}[1-2(-1)^n],\quad n=1,2,\cdots.$$

从而得到正弦级数：

$$g(x) \sim \sum_{n=1}^{\infty} b_n \sin n\pi x = \frac{2}{\pi}\sum_{n=1}^{\infty} \frac{1-2(-1)^n}{n}\sin n\pi x.$$

于是

$$f(x) = \frac{2}{\pi}\sum_{n=1}^{\infty} \frac{1-2(-1)^n}{n}\sin n\pi x, \quad 0 < x < 1.$$

将 $f(x)$作偶延拓，再以 2 为周期延拓到$(-\infty,+\infty)$上(图 11.21).

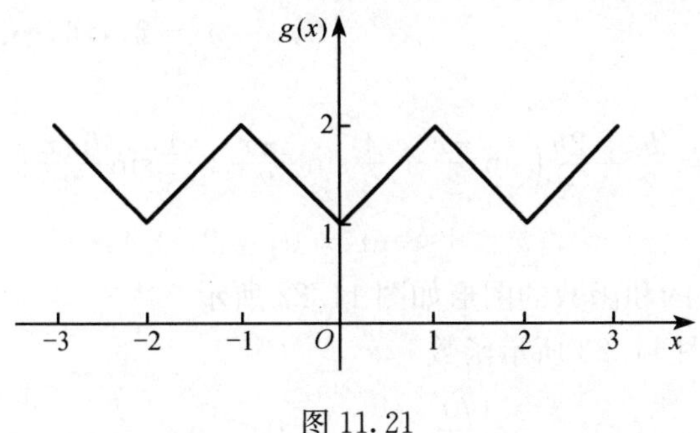

图 11.21

于是有

$$\begin{aligned}
b_n &= 0, \quad n = 1,2,\cdots, \\
a_0 &= \frac{2}{l}\int_0^l g(x)\mathrm{d}x = 2\int_0^1 (x+1)\mathrm{d}x = 3, \\
a_n &= \frac{2}{l}\int_0^l g(x)\cos\frac{n\pi}{l}x\,\mathrm{d}x \\
&= 2\int_0^1 (x+1)\cos n\pi x\,\mathrm{d}x \\
&= \begin{cases} -\dfrac{4}{(2k-1)^2\pi^2}, & n = 2k-1, \\ 0, & n = 2k. \end{cases} \quad k = 1,2,\cdots.
\end{aligned}$$

从而得到余弦级数

$$g(x) \sim \frac{a_0}{2} + \sum_{n=1}^{\infty} a_n \cos n\pi x = \frac{3}{2} - \frac{4}{\pi^2}\sum_{k=1}^{\infty} \frac{1}{(2k-1)^2}\cos(2k-1)x.$$

于是

$$x+1 = \frac{3}{2} - \frac{4}{\pi^2}\sum_{k=1}^{\infty} \frac{1}{(2k-1)^2}\cos(2k-1)x, \quad 0 \leqslant x \leqslant 1.$$

例 11.65 设 $f(x)$是周期为 4 的周期函数，它在$[-2,2)$上的表达式为

$$f(x) = \begin{cases} 0, & -2 \leqslant x < 0, \\ h, & 0 \leqslant x < 2 \end{cases} \quad h \neq 0.$$

将 $f(x)$展开成傅里叶级数.

解

$$a_n = \frac{1}{2}\int_0^2 h\cos\frac{n\pi x}{2}\mathrm{d}x = 0, \quad n \neq 0,$$

$$a_0 = \frac{1}{2}\int_{-2}^0 0\mathrm{d}x + \frac{1}{2}\int_0^2 h\mathrm{d}x = h,$$

$$b_n = \frac{1}{2}\int_0^2 h\sin\frac{n\pi x}{2}\mathrm{d}x = \begin{cases}\dfrac{2h}{n\pi}, & n = 1,3,5,\cdots, \\ 0, & n = 2,4,6,\cdots.\end{cases}$$

所以

$$f(x) = \frac{h}{2} + \frac{2h}{\pi}\left(\sin\frac{\pi x}{2} + \frac{1}{3}\sin\frac{3\pi x}{2} + \frac{1}{5}\sin\frac{5\pi x}{2} + \cdots\right),$$
$$-\infty < x < +\infty; x \neq 0, \pm 2, \pm 4, \cdots$$

$f(x)$的傅里叶级数的和函数的图形如图 11.22 所示.

例 11.66 将图 11.23 所示函数

$$M(x) = \begin{cases}\dfrac{px}{2}, & 0 \leqslant x < \dfrac{l}{2}, \\ \dfrac{p(l-x)}{2}, & \dfrac{l}{2} \leqslant x \leqslant l\end{cases}$$

分别展开成正弦级数和余弦级数.

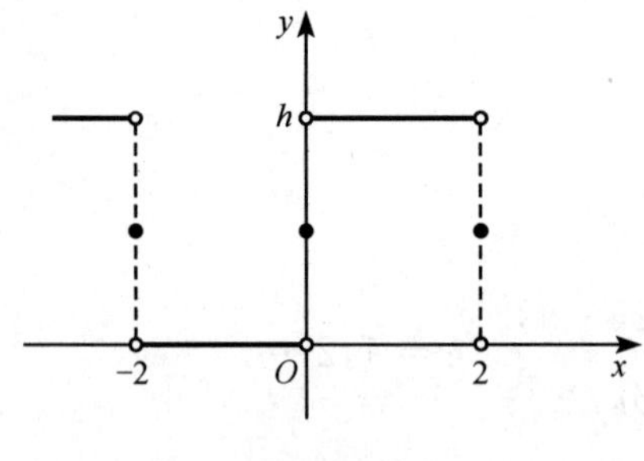

图 11.22

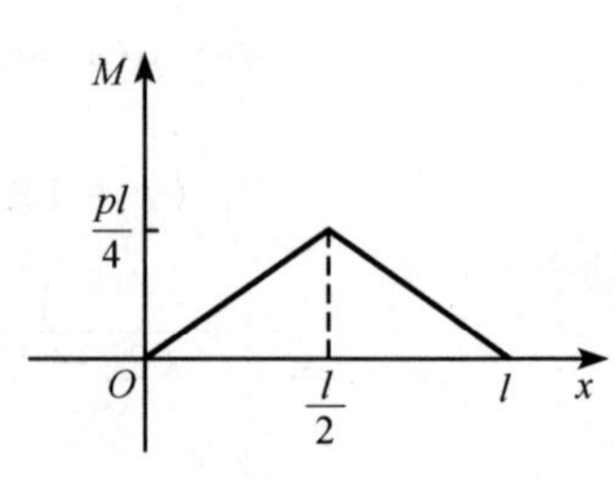

图 11.23

解 将 $M(x)$作奇延拓,

$$\begin{aligned} b_n &= \frac{2}{l}\int_0^l M(x)\sin\frac{n\pi x}{l}\mathrm{d}x \\ &= \frac{2}{l}\left[\int_0^{\frac{l}{2}}\frac{px}{2}\sin\frac{n\pi x}{l}\mathrm{d}x + \int_{\frac{l}{2}}^l \frac{p(l-x)}{2}\sin\frac{n\pi x}{l}\mathrm{d}x\right] \\ &= \begin{cases} 0, & n = 2k; \\ \dfrac{2pl(-1)^{k-1}}{(2k-1)^2\pi^2}, & n = 2k-1.\end{cases}\end{aligned}$$

所以

$$M(x)=\frac{2pl}{\pi^2}\sum_{k=1}^{\infty}\frac{(-1)^{k-1}}{(2k-1)^2}\sin\frac{(2k-1)\pi x}{l},\quad 0\leqslant x\leqslant l.$$

将 $M(x)$ 作偶延拓，

$$\begin{aligned}a_n&=\frac{4}{l}\int_0^{\frac{l}{2}}M(x)\cos\frac{2n\pi x}{l}\mathrm{d}x\\&=\frac{4}{l}\int_0^{\frac{l}{2}}\frac{px}{2}\cos\frac{2n\pi}{l}\mathrm{d}x\\&=\begin{cases}0, & n=2,4,6,\cdots,\\-\dfrac{pl}{n^2\pi^2}, & n=1,3,5,\cdots,\end{cases}\\a_0&=\frac{4}{l}\int_0^{\frac{l}{2}}\frac{px}{2}\mathrm{d}x=\frac{pl}{4},\end{aligned}$$

所以

$$M(x)=\frac{pl}{8}-\frac{pl}{\pi^2}\sum_{k=1}^{\infty}\frac{1}{(2k-1)^2}\cos\frac{2(2k-1)\pi x}{l},\quad 0\leqslant x\leqslant l.$$

习 题 11.7

1. 将下列各周期函数展开成傅里叶级数(下面给出函数在一个周期内的表达式)：

(1) $f(x)=1-x^2\left(-\frac{1}{2}\leqslant x<\frac{1}{2}\right)$；

(2) $f(x)=\begin{cases}x, & -1\leqslant x<0,\\1, & 0\leqslant x<\frac{1}{2},\\-1, & \frac{1}{2}\leqslant x<1;\end{cases}$

(3) $f(x)=\begin{cases}2x+1, & -3\leqslant x<0,\\1, & 0\leqslant x<3.\end{cases}$

2. 将下列函数分别展开成正弦函数和余弦函数：

(1) $f(x)=\begin{cases}x, & 0\leqslant x<\frac{l}{2},\\l-x, & \frac{l}{2}\leqslant x\leqslant l;\end{cases}$

(2) $f(x)=x^2(0\leqslant x\leqslant 2)$.

3. 将函数 $f(x)=\frac{\pi}{2}-x$ 在$[0,\pi]$上展成余弦级数，并讨论收敛情况.

4. 将函数 $f(x)=\cos\frac{x}{2}$ 在$[0,\pi]$上展成余弦级数，并讨论收敛情况.

5. 将函数 $f(x)=x^3$ 在$[0,\pi]$上展成正弦级数,并讨论收敛情况.

6. 将函数 $f(x)=\frac{\pi}{4}$ 在$[0,\pi]$上展成正弦级数,并由它推出:

(1) $1-\frac{1}{3}+\frac{1}{5}-\frac{1}{7}+\cdots=\frac{\pi}{4}$;

(2) $1+\frac{1}{5}-\frac{1}{7}-\frac{1}{11}+\frac{1}{13}+\frac{1}{17}+\cdots=\frac{\pi}{3}$;

(3) $1-\frac{1}{5}+\frac{1}{7}-\frac{1}{11}+\frac{1}{13}-\frac{1}{17}+\cdots=\frac{\sqrt{3}}{6}\pi$.

7. 全波整流的波形在一个周期内的表达式为

$$u(t)=\begin{cases}-U_m\sin\omega t, & -\frac{T}{2}\leqslant t<0,\\ U_m\sin\omega t, & 0\leqslant t<\frac{T}{2},\end{cases}$$

求出它的傅氏展开$\left(\text{其中 } T=\frac{2\pi}{\omega}\right)$.

习题答案

第8章

习题8.1

1. (1) 开集,无界集,导集:R^2,边界:$\{(x,y)|x=0$ 或 $y=0\}$;

   (2) 既非开集,又非闭集,有界集,导集:$\{(x,y)|1\leqslant x^2+y^2\leqslant 4\}$,
   边界:$\{(x,y)|x^2+y^2=1\}\cup\{(x,y)|x^2+y^2=4\}$;

   (3) 开集,区域,无界集,导集:$\{(x,y)|y\geqslant x^2\}$,边界:$\{(x,y)|y=x^2\}$;

   (4) 闭集,有界集,导集:集合本身,
   边界:$\{(x,y)|x^2+(y-1)^2=1\}\cup\{(x,y)|x^2+(y-2)^2=4\}$.

2. $t^2f(x,y)$.

3. 略.

4. $(x+y)^{xy}+(xy)^{2x}$.

5. (1) $\{(x,y)|y^2-2x+1>0\}$;

   (2) $\{(x,y)|x+y>0,x-y>0\}$;

   (3) $\{(x,y)|x\geqslant 0,y\geqslant 0,x^2\geqslant y\}$;

   (4) $\{(x,y)|y-x>0,x\geqslant 0,x^2+y^2<1\}$;

   (5) $\{(x,y,z)|r^2<x^2+y^2+z^2\leqslant R^2\}$;

   (6) $\{(x,y,z)|x^2+y^2-z^2\geqslant 0,x^2+y^2\neq 0\}$;

   (7) $\{(x,y)|x\geqslant 0,y\geqslant 0\}$;

   (8) $\{(x,y)|x+y<0\}$;

   (9) $\{(x,y)|1\leqslant x^2+y^2\leqslant 4\}$;

   (10) $\{(x,y)||y|\leqslant|x|,x\neq 0\}$;

   (11) $\{(x,y)||z|>\sqrt{x^2+y^2}\}$.

6. (1) 1; (2) ln2; (3) $-\dfrac{1}{4}$; (4) -2; (5) 2; (6) 0; (7) 2; (8) a; (9) 0;

   (10) 1; (11) 0; (12) 0; (13) 1; (14) ln2; (15) 1; (16) $\dfrac{10}{3}$.

7. 略.

8. $\{(x,y)|y^2=2x\}$.

9-10. 略.

11. $\{(x,y)|0<x^2+y^2<1,y^2\leqslant 4x\}$, $\dfrac{\sqrt{2}}{\ln\dfrac{3}{4}}$.

12-16. 略.

习题 8.2

1. (1) $\frac{\partial z}{\partial x}=3x^2y-y^3,\frac{\partial z}{\partial y}=x^3-3xy^2$;

(2) $\frac{\partial s}{\partial u}=\frac{1}{v}-\frac{v}{u^2},\frac{\partial s}{\partial v}=\frac{1}{u}-\frac{u}{v^2}$;

(3) $\frac{\partial z}{\partial x}=\frac{1}{2x\sqrt{\ln(xy)}},\frac{\partial z}{\partial y}=\frac{1}{2y\sqrt{\ln(xy)}}$;

(4) $\frac{\partial z}{\partial x}=y[\cos(xy)-\sin(2xy)],\frac{\partial z}{\partial y}=x[\cos(xy)-\sin(2xy)]$;

(5) $\frac{\partial z}{\partial x}=\frac{2}{y}\csc\frac{2x}{y},\frac{\partial z}{\partial y}=-\frac{2x}{y^2}\csc\frac{2x}{y}$;

(6) $\frac{\partial z}{\partial x}=y^2(1+xy)^{y-1},\frac{\partial z}{\partial y}=(1+xy)^y\left[\ln(1+xy)+\frac{xy}{1+xy}\right]$;

(7) $\frac{\partial u}{\partial x}=\frac{y}{z}x^{\frac{y}{z}-1},\frac{\partial u}{\partial y}=\frac{1}{z}x^{\frac{y}{z}}\ln x,\frac{\partial u}{\partial z}=-\frac{y}{z^2}x^{\frac{y}{z}}\ln x$;

(8) $\frac{\partial u}{\partial x}=\frac{z(x-y)^{z-1}}{1+(x-y)^{2z}},\frac{\partial u}{\partial y}=-\frac{z(x-y)^{z-1}}{1+(x-y)^{2z}},\frac{\partial u}{\partial z}=\frac{(x-y)^z\ln(x-y)}{1+(x-y)^{2z}}$;

(9) $\frac{\partial z}{\partial x}=4x^3-8xy^2,\frac{\partial z}{\partial y}=4y^3-8x^2y$;

(10) $\frac{\partial z}{\partial x}=y+\frac{1}{y},\frac{\partial z}{\partial y}=x-\frac{x}{y^2}$;

(11) $\frac{\partial z}{\partial x}=\sin(x+y)+x\cos(x+y),\frac{\partial z}{\partial y}=x\cos(x+y)$;

(12) $\frac{\partial z}{\partial x}=\frac{y}{x^2+y^2},\frac{\partial z}{\partial y}=\frac{-x}{x^2+y^2}$;

(13) $\frac{\partial u}{\partial x}=\frac{z}{y}\left(\frac{x}{y}\right)^{z-1},\frac{\partial u}{\partial y}=-\frac{z}{y}\left(\frac{x}{y}\right)^z,\frac{\partial u}{\partial z}=\left(\frac{x}{y}\right)^z\ln\frac{x}{y}$;

(14) $\frac{\partial u}{\partial x}=z^{xy}y\ln z,\frac{\partial u}{\partial y}=z^{xy}x\ln z,\frac{\partial u}{\partial z}=xyz^{xy-1}$;

(15) $\frac{\partial u}{\partial x}=\frac{2x}{y\cos^2\frac{x^2}{y}},\frac{\partial u}{\partial y}=\frac{-x^2}{y^2\cos^2\frac{x^2}{y}}$.

2. (1) $z_x(x,1)=1,z_y(1,y)=\arcsin\frac{1}{\sqrt{y}}+\frac{1-y}{2y\sqrt{y-1}}$;

(2) $z_x(1,0)=0,z_y(0,1)=0$;

(3) $z_x(0,0)=1,z_y(1,1)=0$;

(4) 1, −1.

3-4. 略.

5. ρ.

6. 略.

7. $f_x(0,0)=f_y(0,0)=0$，当$(x,y)\neq(0,0)$时，

$$f_x(x,y)=\frac{y^3}{(x^2+y^2)^{\frac{3}{2}}},f_y(x,y)=\frac{x^3}{(x^2+y^2)^{\frac{3}{2}}}.$$

8-10. 略.

11. $f_{xx}(0,0)=f_{yy}(0,0)=0$.

12-13. 略.

14. $\frac{\pi}{4}$.

15. (1) $\frac{\partial^2 z}{\partial x^2}=12x^2-8y^2,\frac{\partial^2 z}{\partial y^2}=12y^2-8x^2,\frac{\partial^2 z}{\partial x\partial y}=-16xy$;

(2) $\frac{\partial^2 z}{\partial x^2}=\frac{2xy}{(x^2+y^2)^2},\frac{\partial^2 z}{\partial y^2}=-\frac{2xy}{(x^2+y^2)^2},\frac{\partial^2 z}{\partial x\partial y}=\frac{y^2-x^2}{(x^2+y^2)^2}$;

(3) $\frac{\partial^2 z}{\partial x^2}=y^x\ln^2 y,\frac{\partial^2 z}{\partial y^2}=x(x-1)y^{x-2},\frac{\partial^2 z}{\partial x\partial y}=y^{x-1}(1+x\ln y)$;

(4) $\frac{\partial^2 z}{\partial x^2}=-\frac{1}{(x+y^2)^2},\frac{\partial^2 z}{\partial y^2}=\frac{2(x-y^2)}{(x+y^2)^2},\frac{\partial^2 z}{\partial x\partial y}=-\frac{2y}{(x+y^2)^2}$;

(5) $\frac{\partial^2 u}{\partial x^2}=\frac{-2x}{(1+x^2)^2},\frac{\partial^2 u}{\partial y^2}=\frac{-2y}{(1+y^2)^2},\frac{\partial^2 u}{\partial x\partial y}=0$.

16. $f_{xx}(0,0,1)=2,f_{xz}(1,0,2)=2,f_{yz}(0,-1,0)=0,f_{zzx}(2,0,1)=0$.

17. $\frac{\partial^3 z}{\partial x^2\partial y}=0,\frac{\partial^3 z}{\partial x\partial y^2}=-\frac{1}{y^2}$.

18. $u_{x^3}=-12x\sin(x^2+y^2)-8x^3\cos(x^2+y^2),u_{y^3}=-12y\sin(x^2+y^2)-8y^3\cos(x^2+y^2)$.

19. $m!n!$.

20. 略.

21. $f_x(x,y)=\begin{cases}\frac{2xy^3}{(x^2+y^2)^2}, & x^2+y^2\neq 0,\\ 0, & x^2+y^2=0,\end{cases}$ $f_y(x,y)=\begin{cases}\frac{x^2(x^2-y^2)}{(x^2+y^2)^2}, & x^2+y^2\neq 0,\\ 0, & x^2+y^2=0.\end{cases}$

习题 8.3

1. (1) $\left(y+\frac{1}{y}\right)dx+x\left(1-\frac{1}{y^2}\right)dy$;

(2) $-\frac{1}{x}e^{\frac{y}{x}}\left(\frac{y}{x}dx-dy\right)$;

(3) $-\frac{x}{(x^2+y^2)^{\frac{3}{2}}}(ydx-xdy)$;

(4) $yzx^{yz-1}dx+zx^{yz}\ln x dy+yx^{yz}\ln x dz$;

(5) $mx^{m-1}y^n dx+nx^m y^{n-1}dy$;

(6) $\frac{xdx+ydy}{\sqrt{x^2+y^2}}$;

(7) $\frac{(x^2+y^2)dz-2xzdx-2yzdy}{(x^2+y^2)^2}$;

(8) $\frac{-(xdx+ydy)}{(x^2+y^2)^{\frac{3}{2}}}$;

(9) $\frac{-(xdx+ydy+zdz)}{\sqrt{R^2-x^2-y^2-z^2}}$.

2. (1) (0,0)处为 0,(1,1)处为$-4(dx+dy)$;

(2) (0,0)处为 0,$\left(\frac{\pi}{4},\frac{\pi}{4}\right)$处为 dx;

(3) (0,1,2)处为$\frac{dx+2dy+12dz}{9}$.

3. (1) 0.1; (2) 0.

4-5. 略.

6. $\frac{1}{3}dx+\frac{2}{3}dy$.

7. $\Delta z=-0.119, dz=-0.125$.

8. $0.25e$.

9. 略.

习题 8.4

1. $\frac{\partial z}{\partial x}=4x,\frac{\partial z}{\partial y}=4y$.

2. $u_x=2xf'(x^2+y^2+z^2), u_{x^2}=4x^2f''(x^2+y^2+z^2)+2f'(x^2+y^2+z^2)$,

$u_{xy}=4xyf''(x^2+y^2+z^2)$.

3. $z_y=\left(-\frac{x}{y^2}\right)f_2'\left(x,\frac{x}{y}\right), z_{xy}=-\frac{x}{y^2}f_{12}''\left(x,\frac{x}{y}\right)-\frac{x}{y^3}f_{22}''\left(x,\frac{x}{y}\right)-\frac{1}{y^2}f_2'\left(x,\frac{x}{y}\right)$.

4. $3f_{11}''(x+y+z,x^2+y^2+z^2)+2(x+y+z)f_{12}''(x+y+z,x^2+y^2+z^2)$

$+2(x+y+z)f_{21}''(x+y+z,x^2+y^2+z^2)$

$+6f_2'(x+y+z,x^2+y^2+z^2)+4(x^2+y^2+z^2)f_{22}''(x+y+z,x^2+y^2+z^2)$.

5. $u_{ss}=f_{11}''e^{2s}\cos^2 t+f_{12}''e^{2s}\sin t\cos t+f_1'e^s\cos t+f_2'e^s\sin t+f_{21}''e^{2s}\sin t\cos t+f_{22}''e^{2s}\sin^2 t$.

$u_{tt}=-e^s[f_1'\cos t+f_2'\sin t]+e^{2s}[f_{11}''\sin^2 t-f_{12}''\sin t\cos t-f_{21}''\sin t\cos t+f_{22}''\cos^2 t]$.

6. $z_x=f_1'+f_2', z_{xy}=f_{11}''-f_{12}''+f_{21}''-f_{22}''$.

7. $\frac{-10xy}{(2x-y)^2}$.

8-10. 略.

11. $\frac{\lambda}{2}(x^2+y^2)+C$.

12. $c\left(\frac{x}{y}\right)^{\lambda}$.

13-14. 略.

15. (1) $f'(t)(dx+dy)$; (2) $\frac{1}{\sqrt{x^2+y^2}}f'(t)(xdx+ydy)$.

16-17. 略.

18. $\frac{\partial z}{\partial x}=\frac{2x}{y^2}\ln(3x-2y)+\frac{3x^2}{(3x-2y)y^2},\frac{\partial z}{\partial y}=-\frac{2x^2}{y^3}\ln(3x-2y)-\frac{2x^2}{(3x-2y)y^2}$.

19. $e^{\sin t-2t^3}(\cos t-6t^2)$.

20. $\frac{3(1-4t^2)}{\sqrt{1-(3t-4t^3)^2}}$.

21. $\dfrac{e^x(1+x)}{1+x^2e^{2x}}$.

22. $e^{ax}\sin x$.

23. 略.

24. (1) $\dfrac{\partial u}{\partial x}=2xf_1'+ye^{xy}f_2'$, $\dfrac{\partial u}{\partial y}=-2yf_1'+xe^{xy}f_2'$;

(2) $\dfrac{\partial u}{\partial x}=\dfrac{1}{y}f_1'$, $\dfrac{\partial u}{\partial y}=-\dfrac{x}{y^2}f_1'+\dfrac{1}{z}f_2'$, $\dfrac{\partial u}{\partial z}=-\dfrac{y}{z^2}f_2'$;

(3) $\dfrac{\partial u}{\partial x}=f_1'+yf_2'+yzf_3'$, $\dfrac{\partial u}{\partial y}=xf_2'+xzf_3'$, $\dfrac{\partial u}{\partial z}=xyf_3'$.

25-26. 略.

27. $\dfrac{\partial^2 z}{\partial x^2}=2f'+4x^2f''$, $\dfrac{\partial^2 z}{\partial x\partial y}=4xyf''$, $\dfrac{\partial^2 z}{\partial y^2}=2f'+4y^2f''$.

28. (1) $\dfrac{\partial^2 z}{\partial x^2}=y^2f_{11}''$, $\dfrac{\partial^2 z}{\partial x\partial y}=f_1'+y(xf_{11}''+f_{12}'')$, $\dfrac{\partial^2 z}{\partial y^2}=x^2f_{11}''+2xf_{12}''+f_{22}''$;

(2) $\dfrac{\partial^2 z}{\partial x^2}=f_{11}''+\dfrac{2}{y}f_{12}''+\dfrac{1}{y^2}f_{22}''$, $\dfrac{\partial^2 z}{\partial x\partial y}=-\dfrac{x}{y^2}\left(f_{12}''+\dfrac{1}{y}f_{22}''\right)-\dfrac{1}{y^2}f_2'$, $\dfrac{\partial^2 z}{\partial y^2}=\dfrac{2x}{y^3}f_2'+\dfrac{x^2}{y^4}f_{22}''$;

(3) $\dfrac{\partial^2 z}{\partial x^2}=2yf_2'+y^4f_{11}''+4xy^3f_{12}''+4x^2y^2f_{22}''$,

$\dfrac{\partial^2 z}{\partial x\partial y}=2yf_1'+2xf_2'+2xy^3f_{11}''+2x^3yf_{22}''+5x^2y^2f_{12}''$.

$\dfrac{\partial^2 z}{\partial y^2}=2xf_1'+4x^2y^2f_{11}''+4x^3yf_{12}''+x^4f_{22}''$;

(4) $\dfrac{\partial^2 z}{\partial x^2}=e^{x+y}f_3'-\sin xf_1'+\cos^2xf_{11}''+2e^{x+y}\cos xf_{13}''+e^{2(x+y)}f_{33}''$,

$\dfrac{\partial^2 z}{\partial x\partial y}=e^{x+y}f_3'-\cos x\sin yf_{12}''+e^{x+y}\cos xf_{13}''-e^{x+y}\sin yf_{32}''+e^{2(x+y)}f_{33}''$,

$\dfrac{\partial^2 z}{\partial y^2}=e^{x+y}f_3'-\cos yf_2'+\sin^2yf_{22}''-2e^{x+y}\sin yf_{23}''+e^{2(x+y)}f_{33}''$.

29. 略.

30. $\dfrac{du}{dt}=yx^{y-1}\varphi'(t)+x^y\ln x\psi'(t)$.

31. $f(y-x,z-x)$.

32. $f(xy)$.

33. $f(x+y)+g(x+3y)$.

34. $\dfrac{c_1}{\sqrt{x^2+y^2+z^2}}+c_2$.

35. $f(x+t)+g(x-t)$.

36. $au_{s^2}+2bu_{st}+cu_{t^2}-au_s-cu_t=0$.

37. $\dfrac{1}{\sqrt{x^2+y^2+z^2}}[\varphi(\sqrt{x^2+y^2+z^2}+t)+\psi(\sqrt{x^2+y^2+z^2}-t)]$.

38. $\dfrac{\partial z}{\partial \xi}=-\dfrac{\partial z}{\partial v}+\dfrac{\partial z}{\partial w}$, $\dfrac{\partial z}{\partial \eta}=\dfrac{\partial z}{\partial u}-\dfrac{\partial z}{\partial w}$, $\dfrac{\partial z}{\partial \zeta}=-\dfrac{\partial z}{\partial u}+\dfrac{\partial z}{\partial v}$.

39. $\dfrac{\partial^2 z}{\partial x\partial y}=xe^{2y}f''_{uu}+e^y f''_{uy}+xe^y f''_{xu}+f''_{xy}+e^y f'_u$.

习题 8.5

1. $\dfrac{y^2-e^x}{\cos y-2xy}$.

2. (1) $\dfrac{\partial z}{\partial x}=-\dfrac{x^{n-1}}{z^{n-1}},\dfrac{\partial z}{\partial y}=-\dfrac{y^{n-1}}{z^{n-1}}$; (2) $\dfrac{\partial z}{\partial x}=-1,\dfrac{\partial z}{\partial y}=-1$;

(3) $\dfrac{\partial z}{\partial x}=\dfrac{z}{x+z},\dfrac{\partial z}{\partial y}=\dfrac{z^2}{y(x+z)}$; (4) $\dfrac{\partial z}{\partial x}=\dfrac{z\ln z}{z\ln y-x},\dfrac{\partial z}{\partial y}=\dfrac{z^2}{xy-zy\ln y}$.

3. $z_x=\dfrac{yz}{z^2-xy},z_y=\dfrac{xz}{z^2-xy},z_{x^2}=\dfrac{-2xy^3z}{(z^2-xy)^3}$.

4. $e^z\dfrac{1}{(1-e^z)^3}$.

5. $z_y=-\dfrac{yz}{x^2-y^2},z_{y^2}=-\dfrac{x^2z}{(x^2-y^2)^2}$.

6. $z_x=-\dfrac{F_1'+F_2'+F_3'}{F_3'},z_y=-\dfrac{F_2'+F_3'}{F_3'}$.

7. (1) $\dfrac{-zf_1'\mathrm{d}x+f_2'\mathrm{d}y}{xf_1'+f_2'-1}$; (2) $\dfrac{(f_3'-f_1')\mathrm{d}x+(f_1'-f_2')\mathrm{d}y}{f_3'-f_2'}$;

(3) $\dfrac{(f_1'+f_2'+f_3')\mathrm{d}x+(f_2'+f_3')\mathrm{d}y}{-f_3'}$.

8. $z_x=-3uv,z_y=\dfrac{3}{2}(u+v)$.

9. $z_x=-\dfrac{x}{z}$.

10-12. 略.

13. 0,−1.

14. $\mathrm{d}u=\dfrac{(\sin v+x\cos v)\mathrm{d}x-(\sin u-x\cos v)\mathrm{d}y}{x\cos v+y\cos u}$,

$\mathrm{d}v=\dfrac{-(\sin v-y\cos u)\mathrm{d}x+(\sin u+y\cos u)\mathrm{d}y}{x\cos v+y\cos u}$.

15. $\dfrac{\mathrm{d}y}{\mathrm{d}x}=2\left(t+\dfrac{1}{t}\right),\dfrac{\mathrm{d}z}{\mathrm{d}x}=3\left(t^2+\dfrac{1}{t^2}+1\right),\dfrac{\mathrm{d}^2y}{\mathrm{d}x^2}=2,\dfrac{\mathrm{d}^2z}{\mathrm{d}x^2}=6\left(t+\dfrac{1}{t}\right)$.

16. $\dfrac{x+y}{x-y}$.

17. $\dfrac{\partial z}{\partial x}=\dfrac{yz-\sqrt{xyz}}{\sqrt{xyz}-xy},\dfrac{\partial z}{\partial y}=\dfrac{xz-2\sqrt{xyz}}{\sqrt{xyz}-xy}$.

18. $\dfrac{\partial z}{\partial x}=\dfrac{z}{x+z},\dfrac{\partial z}{\partial y}=\dfrac{z^2}{y(x+z)}$.

19-21. 略.

22. $\dfrac{2y^2ze^z-2xy^3z-y^2z^2e^z}{(e^z-xy)^3}$.

23. $\dfrac{z(z^4-2xyz^2-x^2y^2)}{(z^2-xy)^3}$.

24. (1) $\dfrac{\mathrm{d}y}{\mathrm{d}x}=-\dfrac{x(6z+1)}{2y(3z+1)},\dfrac{\mathrm{d}z}{\mathrm{d}x}=\dfrac{x}{3z+1}$; (2) $\dfrac{\mathrm{d}x}{\mathrm{d}z}=\dfrac{y-z}{x-y},\dfrac{\mathrm{d}y}{\mathrm{d}z}=\dfrac{z-x}{x-y}$;

(3) $\dfrac{\partial u}{\partial x}=\dfrac{-uf_1'(2yvg_2'-1)-f_2'g_1'}{(xf_1'-1)(2yvg_2'-1)-f_2'g_1'},\dfrac{\partial v}{\partial x}=\dfrac{g_1'(xf_1'+uf_1'-1)}{(xf_1'-1)(2yvg_2'-1)-f_2'g_1'}$;

(4) $\dfrac{\partial u}{\partial x}=\dfrac{\sin v}{\mathrm{e}^u(\sin v-\cos v)+1},\dfrac{\partial u}{\partial y}=\dfrac{-\cos v}{\mathrm{e}^u(\sin v-\cos v)+1}$,

$\dfrac{\partial v}{\partial x}=\dfrac{\cos v-\mathrm{e}^u}{u[\mathrm{e}^u(\sin v-\cos v)+1]},\dfrac{\partial v}{\partial y}=\dfrac{\sin v+\mathrm{e}^u}{u[\mathrm{e}^u(\sin v-\cos v)+1)]}$.

25. 略.

26. $\dfrac{\partial z}{\partial x}=(v\cos v-u\sin v)\mathrm{e}^{-u},\dfrac{\partial z}{\partial y}=(u\cos v+v\sin v)\mathrm{e}^{-u}$.

习题 8.6

1. 切线方程:$\dfrac{x-\left(\frac{\pi}{2}-1\right)}{1}=\dfrac{y-1}{1}=\dfrac{z-2\sqrt{2}}{\sqrt{2}}$,法平面方程:$x+y+\sqrt{2}z=\dfrac{\pi}{2}+4$.

2. 切线方程:$\dfrac{x-\frac{1}{2}}{1}=\dfrac{y-2}{-4}=\dfrac{z-1}{8}$,法平面方程:$2x-8y+16z=1$.

3. 切线方程:$\dfrac{x-x_0}{1}=\dfrac{y-y_0}{\frac{m}{y_0}}=\dfrac{z-z_0}{-\frac{1}{2z_0}}$,

法平面方程:$(x-x_0)+\dfrac{m}{y_0}(y-y_0)-\dfrac{1}{2z_0}(z-z_0)=0$.

4. 切线方程:$\dfrac{x-1}{16}=\dfrac{y-1}{9}=\dfrac{z-1}{-1}$,法平面方程:$16x+9y-z=24$.

5. $P_1(-1,1,-1),P_2\left(-\dfrac{1}{3},\dfrac{1}{9},-\dfrac{1}{27}\right)$.

6. 切平面方程:$x+2y-4=0$,法线方程:$\begin{cases}\dfrac{x-2}{1}=\dfrac{y-1}{2},\\ z=0.\end{cases}$

7. 切平面方程:$ax_0x+by_0y+cz_0z=1$,法线方程:$\dfrac{x-x_0}{ax_0}=\dfrac{y-y_0}{by_0}=\dfrac{z-z_0}{cz_0}$.

8. 切平面方程:$x-y+2z=\pm\sqrt{\dfrac{11}{2}}$.

9. $\cos\gamma=\dfrac{3}{\sqrt{22}}$.

10. 略.

11. 切线方程:$\begin{cases}x=a,\\ by-az=0,\end{cases}$ 法平面方程:$ay+bz=0$.

12. $(-3,-1,3),\dfrac{x+3}{1}=\dfrac{y+1}{3}=\dfrac{z-3}{1}$.

13. (1) $\dfrac{x-\frac{\sqrt{2}}{2}a\cos\beta}{-\cos\beta}=\dfrac{y-\frac{\sqrt{2}}{2}a\sin\beta}{-\sin\beta}=\dfrac{z-\frac{\sqrt{2}}{2}a}{1}$, $x\cos\beta+y\sin\beta-z=0$;

(2) $\dfrac{x-1}{1}=\dfrac{y-1}{1}=\dfrac{z-1}{2}$, $x+y+2z-4=0$;

(3) $\dfrac{x-1}{1}=\dfrac{y+2}{0}=\dfrac{z-1}{-1}$, $x-z=0$;

(4) $\dfrac{x-\frac{3}{4}a}{\sqrt{3}a}=\dfrac{y-\frac{\sqrt{3}}{4}b}{-b}=\dfrac{z-\frac{1}{4}c}{-\sqrt{3}c}$, $\sqrt{3}a\left(x-\frac{3}{4}a\right)-b\left(y-\frac{\sqrt{3}}{4}b\right)-\sqrt{3}c\left(z-\frac{1}{4}c\right)=0$.

14-15. 略.

16. $x+4y+6z=21$, $x+4y+6z=-21$.

17. $\beta=\arccos\dfrac{8}{\sqrt{77}}$.

习题 8.7

1. $1+2\sqrt{3}$.

2. $\dfrac{\partial z}{\partial l}=y\cos\alpha+x\cos\beta$, $\mathbf{grad}\ z=\{y,x\}$，最大的方向微商为 $\sqrt{x^2+y^2}$，最小的方向微商为 $-\sqrt{x^2+y^2}$.

3. $\dfrac{1}{(x_0-a)^2+(y_0-b)^2}\{y_0-b,-(x_0-a)\}$.

4. $4[-1+x_0(x_0-2y_0)+x_0^2y_0^2]\{y_0-x_0,-x_0y_0^2,x_0-x_0^2y_0\}$.

5. 最大方向微商$\sqrt{2}$，最小方向微商$-\sqrt{2}$.

6. $\mathbf{grad}\ r=\dfrac{1}{r}\{x,y,z\}$, $\mathbf{grad}\ \dfrac{1}{r}=-\dfrac{1}{r^3}\{x,y,z\}$.

7. $\dfrac{\sqrt{2}}{3}$.

8. $\dfrac{1}{ab}\sqrt{2(a^2+b^2)}$.

9. 5.

10. $\dfrac{11}{7}$.

11. $\dfrac{98}{13}$.

12. $\dfrac{6}{7}\sqrt{14}$.

13. $x_0+y_0+z_0$.

14. 略.

15. $\nabla u=\{3x^2-3yz,3y^2-3xz,3z^2-3xy\}$. (1) 曲面 $z^2=xy$ 上； (2) 平面 $x=y$ 上； (3) 直线 $x=y=z$ 上.

16. $\arccos\left(-\dfrac{8}{9}\right)$.

17. $\mathbf{grad}\, f(0,0,0)=3\boldsymbol{i}-2\boldsymbol{j}-6\boldsymbol{k}$, $\mathrm{grad} f(1,1,1)=6\boldsymbol{i}+3\boldsymbol{j}$.

18. 略.

19. 增加最快的方向为 $\boldsymbol{n}=\frac{1}{\sqrt{21}}(2\boldsymbol{i}-4\boldsymbol{j}+\boldsymbol{k})$,方向导数为 $\sqrt{21}$. 减少最快的方向为 $-\boldsymbol{n}=\frac{1}{\sqrt{21}}(-2\boldsymbol{i}+4\boldsymbol{j}-\boldsymbol{k})$,方向导数为 $-\sqrt{21}$.

20. $\frac{\partial f}{\partial l}=\cos\theta+\sin\theta$. (1) $\theta=\frac{\pi}{4}$; (2) $\theta=\frac{5\pi}{4}$; (3) $\theta=\frac{3\pi}{4},\frac{7\pi}{4}$.

21. $\frac{\partial u}{\partial \boldsymbol{n}}=\frac{2}{\sqrt{\frac{x_0^2}{a^4}+\frac{y_0^2}{b^4}+\frac{z_0^2}{c^4}}}$.

习题 8.8

1. 极大值:$f(2,-2)=8$.

2. (1) 无极值; (2) 极小值为 $f(1,1)=-1$; (3) 极大值为 $f\left(\frac{\pi}{3},\frac{\pi}{6}\right)=\frac{3}{2}\sqrt{3}$;

   (4) 极小值为 $f(1,1)=f(-1,-1)=-2$; (5) 极小值为 $f(0,0)=0$.

3. (1) 方程决定两个函数

   $z_1=2+\sqrt{4^2-(x-1)^2-(y-1)^2}$, $z_2=2-\sqrt{4^2-(x-1)^2-(y-1)^2}$.

   z_1 的最大值为 6,最小值为 2. z_2 的最大值为 2,最小值为 -2.

   (2) 极小值 $f(-3-\sqrt{6},-3-\sqrt{6})=-4-2\sqrt{6}$. 极大值 $f(-3+\sqrt{6},-3+\sqrt{6})=-4+2\sqrt{6}$.

4. (1) 最小值 $-\frac{1}{ab}\sqrt{a^2+b^2}$,最大值 $\frac{1}{ab}\sqrt{a^2+b^2}$; (2) 最小值 $\frac{a^2b^2}{\sqrt{a^2+b^2}}$;

   (3) 最小值 $1-\frac{1}{\sqrt{2}}$,最大值 $1+\frac{1}{\sqrt{2}}$; (4) 最小值 $-\frac{1}{3\sqrt{6}}$,最大值 $\frac{1}{3\sqrt{6}}$.

5. 极大值:$f(3,2)=36$.

6. 极小值:$f\left(\frac{1}{2},-1\right)=-\frac{e}{2}$.

7. 极大值:$z\left(\frac{1}{2},\frac{1}{2}\right)=\frac{1}{4}$.

8. 两边都是 $\frac{l}{\sqrt{2}}$ 时.

9. 长宽都是 $\sqrt[3]{2k}$,高为 $\frac{1}{2}\sqrt[3]{2k}$ 时.

10. $\left(\frac{8}{5},\frac{16}{5}\right)$.

11. $x=\frac{2}{3}a,\theta=\frac{\pi}{3}$.

12. 三边分别为 $\frac{1}{2}p,\frac{3}{4}p,\frac{3}{4}p$,绕边长为 $\frac{1}{2}p$ 的边旋转.

13. $\frac{7}{8}\sqrt{2}$.

14. $d=\dfrac{|Ax_0+By_0+Cz_0+D|}{\sqrt{A^2+B^2+C^2}}$.

15. 最近点$\left(9,\dfrac{1}{8},\dfrac{3}{8}\right)$,最远点$\left(-9,-\dfrac{1}{8},-\dfrac{3}{8}\right)$.

16. $\dfrac{c}{n}$.

17. 边长为$\dfrac{2p}{3}$,$\dfrac{p}{3}$,绕短边旋转.

18. 长宽高都为$\dfrac{2a}{\sqrt{3}}$.

19. 最大值$\sqrt{9+5\sqrt{3}}$,最小值$\sqrt{9-5\sqrt{3}}$.

20. 最热点$\left(-\dfrac{1}{2},\pm\dfrac{\sqrt{3}}{2}\right)$,最冷点$\left(\dfrac{1}{2},0\right)$.

21. 最热点$\left(\pm\dfrac{4}{3},-\dfrac{4}{3},-\dfrac{4}{3}\right)$.

22. $\left(\dfrac{4}{5},\dfrac{3}{5},\dfrac{35}{12}\right)$.

23. 切点$\left(\dfrac{a}{\sqrt{3}},\dfrac{b}{\sqrt{3}},\dfrac{c}{\sqrt{3}}\right)$,$V_{\min}=\dfrac{\sqrt{3}}{2}abc$.

24. 当 $p_1=80$,$p_2=120$ 时,最大总利润为 605.

25. (1) $g(x_0,y_0)=\sqrt{5x_0^2+5y_0^2-8x_0y_0}$; (2) 起点$(5,-5)$或$(-5,5)$.

第 9 章

习题 9.1

1. (1) $\iint_D(x+y)^2\mathrm{d}\sigma\geqslant\iint_D(x+y)^3\mathrm{d}\sigma$;

(2) $\iint_D(x+y)^3\mathrm{d}\sigma\geqslant\iint_D(x+y)^2\mathrm{d}\sigma$;

(3) $\iint_D\ln(x+y)\mathrm{d}\sigma\geqslant\iint_D[\ln(x+y)]^2\mathrm{d}\sigma$;

(4) $\iint_D[\ln(x+y)]^2\mathrm{d}\sigma\geqslant\iint_D\ln(x+y)\mathrm{d}\sigma$.

2. (1) $0\leqslant I\leqslant 2$; (2) $0\leqslant I\leqslant\pi^2$; (3) $2\leqslant I\leqslant 8$; (4) $36\pi\leqslant I\leqslant 100\pi$.

习题 9.2

1. (1) $\dfrac{8}{3}$; (2) $\dfrac{20}{3}$; (3) 1; (4) $-\dfrac{3\pi}{2}$; (5) $\dfrac{1}{2}\mathrm{e}^4-2\mathrm{e}$; (6) $\dfrac{1}{21}p^5$; (7) $(\mathrm{e}-1)^2$;

(8) $\pi-2$; (9) 0; (10) 0; (11) $\dfrac{32}{45}$; (12) $\dfrac{4}{3}$; (13) $\dfrac{2}{3}\pi-\dfrac{7}{8}\sqrt{3}$;

(14) $\pi(\cos\pi^2-\cos4\pi^2)$; (15) $\dfrac{2}{3}\pi R^3$; (16) $\dfrac{2}{3}R^3\left(\dfrac{\pi}{2}-\dfrac{2}{3}\right)$; (17) $\dfrac{25}{96}$; (18) $\dfrac{149}{144}$.

2. (1) $\dfrac{6}{55}$; (2) $\dfrac{64}{15}$; (3) $\mathrm{e}-\mathrm{e}^{-1}$; (4) $\dfrac{13}{6}$; (5) $\dfrac{3}{2}+\cos1+\sin1-\cos2-2\sin2$;

(6) $\pi^2-\frac{40}{9}$； (7) $\frac{\pi}{4}R^4+9\pi R^2$.

3. 略.

4. (1) $\int_0^4 dx\int_x^{2\sqrt{x}} f(x,y)dy, \int_0^4 dy\int_{\frac{y^2}{4}}^{y} f(x,y)dx$；

(2) $\int_{-r}^{r} dx\int_0^{\sqrt{r^2-x^2}} f(x,y)dy, \int_0^r dy\int_{-\sqrt{r^2-y^2}}^{\sqrt{r^2-y^2}} f(x,y)dx$；

(3) $\int_1^2 dx\int_{\frac{1}{x}}^{x} f(x,y)dy, \int_{\frac{1}{2}}^{1} dy\int_{\frac{1}{y}}^{2} f(x,y)dx+\int_1^2 dy\int_y^2 f(x,y)dx$；

(4) $\int_{-1}^{1} dx\int_{\sqrt{1-x^2}}^{\sqrt{4-x^2}} f(x,y)dy+\int_{-1}^{1} dx\int_{-\sqrt{4-x^2}}^{-\sqrt{1-x^2}} f(x,y)dy$

$+\int_{-2}^{-1} dx\int_{-\sqrt{4-x^2}}^{\sqrt{4-x^2}} f(x,y)dy+\int_1^2 dx\int_{-\sqrt{4-x^2}}^{\sqrt{4-x^2}} f(x,y)dy$,

$\int_1^2 dy\int_{-\sqrt{4-y^2}}^{\sqrt{4-y^2}} f(x,y)dx+\int_{-2}^{-1} dy\int_{-\sqrt{4-y^2}}^{\sqrt{4-y^2}} f(x,y)dx$

$+\int_{-1}^{1} dy\int_{-\sqrt{4-y^2}}^{-\sqrt{1-y^2}} f(x,y)dx+\int_{-1}^{1} dy\int_{\sqrt{1-y^2}}^{\sqrt{4-y^2}} f(x,y)dx$；

(5) $\int_0^2 dx\int_0^1 f(x,y)dy, \int_0^1 dy\int_0^2 f(x,y)dx$；

(6) $\int_0^1 dx\int_0^x f(x,y)dy, \int_0^1 dy\int_y^1 f(x,y)dx$；

(7) $\int_0^a dx\int_0^x f(x,y)dy+\int_a^{2a} dx\int_0^a f(x,y)dy+\int_{2a}^{3a} dx\int_{x-2a}^{a} f(x,y)dy$,

$\int_0^a dy\int_y^{y+2a} f(x,y)dx$；

(8) $\int_{-1}^{0} dx\int_0^{1+x} f(x,y)dy+\int_0^1 dx\int_0^{1-x} f(x,y)dy, \int_0^1 dy\int_{y-1}^{1-y} f(x,y)dx$；

(9) $\int_{-2}^{1} dx\int_{x^2}^{2-x} f(x,y)dy, \int_0^1 dy\int_{-\sqrt{y}}^{\sqrt{y}} f(x,y)dx+\int_1^4 dy\int_{-\sqrt{y}}^{2-y} f(x,y)dx$；

(10) $\int_{-\sqrt{2}}^{\sqrt{2}} dx\int_{x^2}^{4-x^2} f(x,y)dy, \int_0^2 dy\int_{-\sqrt{y}}^{\sqrt{y}} f(x,y)dx+\int_2^4 dy\int_{-\sqrt{4-y}}^{\sqrt{4-y}} f(x,y)dx$；

(11) $\int_0^1 dx\int_{\frac{1}{2}x}^{2x} f(x,y)dy+\int_1^2 dx\int_{\frac{1}{2}x}^{\frac{2}{x}} f(x,y)dy, \int_0^1 dy\int_{\frac{y}{2}}^{2y} f(x,y)dx+\int_1^2 dy\int_{\frac{y}{2}}^{\frac{2}{y}} f(x,y)dx$.

5. 略.

6. (1) $\int_0^1 dx\int_x^1 f(x,y)dy$； (2) $\int_0^4 dx\int_{\frac{x}{2}}^{\sqrt{x}} f(x,y)dy$； (3) $\int_{-1}^{1} dx\int_0^{\sqrt{1-x^2}} f(x,y)dy$.

(4) $\int_0^1 dy\int_{2-y}^{1+\sqrt{1-y^2}} f(x,y)dx$； (5) $\int_0^1 dy\int_{e^y}^{e} f(x,y)dx$；

(6) $\int_{-1}^{0} dy\int_{-2\arcsin y}^{\pi} f(x,y)dx+\int_0^1 dy\int_{\arcsin y}^{\pi-\arcsin y} f(x,y)dx$；

(7) $\int_{-2}^{0} dx\int_{2x+4}^{4-x^2} f(x,y)dy$； (8) $\int_0^2 dx\int_{\frac{1}{2}x}^{3-x} f(x,y)dy$；

(9) $\int_0^1 dy\int_0^{y^2} f(x,y)dx+\int_1^2 dy\int_0^{\sqrt{2y-y^2}} f(x,y)dx$;

(10) $\int_0^a dy\int_y^a f(x,y)dx$; (11) $\int_0^1 dy\int_{\sqrt{y}}^{\sqrt[3]{y}} f(x,y)dx$;

(12) $\int_{-a}^0 dx\int_{-x}^a f(x,y)dy+\int_0^{\sqrt{a}} dx\int_{x^2}^a f(x,y)dy$;

(13) $\int_{-\frac{1}{4}}^0 dy\int_{-\sqrt{y+\frac{1}{4}}-\frac{1}{2}}^{\sqrt{y+\frac{1}{4}}-\frac{1}{2}} f(x,y)dx+\int_0^2 dy\int_{y-1}^{\sqrt{y+\frac{1}{4}}-\frac{1}{2}} f(x,y)dx$.

7-8. 略.

9. $\frac{3}{2}a^2\pi$.

10. $\frac{1}{2}\int_{-\frac{\pi}{2}}^{\frac{\pi}{2}}\cos^2\theta f(\tan\theta)d\theta$.

11. $\frac{1}{3}(b^3-a^3)\left(\frac{1}{\sqrt{1+\alpha^2}}-\frac{1}{\sqrt{1+\beta^2}}\right)$.

12. 0.

13. $\frac{\pi}{6a}$.

14. $\frac{\pi}{2}$.

15. $\frac{\sqrt{2}}{2}\pi$.

16. $\int_0^1 du\int_0^{+\infty} f\left[\frac{u}{1+v},\frac{uv}{1+v}\right]\frac{u}{(1+v)^2}dv$.

17. $\frac{1}{3}(b-a)(q-p)$.

18. $\frac{4}{3}$.

19. $\frac{7}{2}$.

20. $\frac{17}{6}$.

21. 6π.

22. (1) $\int_0^{2\pi} d\theta\int_0^a f(\rho\cos\theta,\rho\sin\theta)\rho d\rho$;

(2) $\int_{-\frac{\pi}{2}}^{\frac{\pi}{2}} d\theta\int_0^{2\cos\theta} f(\rho\cos\theta,\rho\sin\theta)\rho d\rho$;

(3) $\int_0^{2\pi} d\theta\int_a^b f(\rho\cos\theta,\rho\sin\theta)\rho d\rho$;

(4) $\int_0^{\frac{\pi}{2}} d\theta\int_0^{\frac{1}{\cos\theta+\sin\theta}} f(\rho\cos\theta,\rho\sin\theta)\rho d\rho$;

(5) $\int_0^{\frac{\pi}{4}} d\theta\int_0^{\sec\theta\tan\theta} f(\rho\cos\theta,\rho\sin\theta)\rho d\rho+\int_{\frac{\pi}{4}}^{\frac{3\pi}{4}} d\theta\int_0^{\csc\theta} f(\rho\cos\theta,\rho\sin\theta)\rho d\rho$

$+\int_{\frac{3\pi}{4}}^{\pi}\mathrm{d}\theta\int_{0}^{\sec\theta\tan\theta}f(\rho\cos\theta,\rho\sin\theta)\rho\mathrm{d}\rho$;

(6) $\int_{-\frac{\pi}{2}}^{\frac{\pi}{2}}\mathrm{d}\theta\int_{0}^{a\cos\theta}f(r\cos\theta,r\sin\theta)r\mathrm{d}r$;

(7) $\int_{0}^{\pi}\mathrm{d}\theta\int_{0}^{b\sin\theta}f(r\cos\theta,r\sin\theta)r\mathrm{d}r$;

(8) $\int_{\frac{\pi}{4}}^{\arctan 2}\mathrm{d}\theta\int_{4\cos\theta}^{8\cos\theta}f(r\cos\theta,r\sin\theta)r\mathrm{d}r$;

(9) $\int_{0}^{\frac{\pi}{4}}\mathrm{d}\theta\int_{0}^{a\sin\theta}f(r\cos\theta,r\sin\theta)r\mathrm{d}r+\int_{\frac{\pi}{4}}^{\frac{\pi}{2}}\mathrm{d}\theta\int_{0}^{a\cos\theta}f(r\cos\theta,r\sin\theta)r\mathrm{d}r$.

23. (1) $\int_{0}^{\frac{\pi}{4}}\mathrm{d}\theta\int_{0}^{\sec\theta}f(\rho\cos\theta,\rho\sin\theta)\rho\mathrm{d}\rho+\int_{\frac{\pi}{4}}^{\frac{\pi}{2}}\mathrm{d}\theta\int_{0}^{\csc\theta}f(\rho\cos\theta,\rho\sin\theta)\rho\mathrm{d}\rho$;

(2) $\int_{\frac{\pi}{4}}^{\frac{\pi}{3}}\mathrm{d}\theta\int_{0}^{2\sec\theta}f(\rho)\rho\mathrm{d}\rho$;

(3) $\int_{0}^{\frac{\pi}{2}}\mathrm{d}\theta\int_{\frac{1}{\cos\theta+\sin\theta}}^{1}f(\rho\cos\theta,\rho\sin\theta)\rho\mathrm{d}\rho$;

(4) $\int_{0}^{\frac{\pi}{4}}\mathrm{d}\theta\int_{\sec\theta\tan\theta}^{\sec\theta}f(\rho\cos\theta,\rho\sin\theta)\rho\mathrm{d}\rho$.

24. (1) $\frac{3}{4}\pi a^4$; (2) $\frac{1}{6}a^3[\sqrt{2}+\ln(1+\sqrt{2})]$; (3) $\sqrt{2}-1$; (4) $\frac{1}{8}\pi a^4$.

25. $f(x,y)=\sqrt{1-x^2-y^2}+\frac{8}{9\pi}-\frac{2}{3}$.

26. (1) $\pi(\mathrm{e}^4-1)$; (2) $\frac{\pi}{4}(2\ln 2-1)$; (3) $\frac{3}{64}\pi^2$.

27. (1) $\frac{9}{4}$; (2) $\frac{\pi}{8}(\pi-2)$; (3) $14a^4$; (4) $\frac{2}{3}\pi(b^3-a^3)$.

28. $\frac{1}{40}\pi^5$.

29. $\frac{1}{3}R^3\arctan k$.

30. $\frac{3}{32}\pi a^4$.

31. (1) $\frac{\pi^4}{3}$; (2) $\frac{7}{3}\ln 2$; (3) $\frac{\mathrm{e}-1}{2}$; (4) $\frac{1}{2}\pi ab$.

32. (1) $2\ln 3$; (2) $\frac{1}{8}$.

33-34. 略.

习题 9.3

1. (1) $\int_{0}^{1}\mathrm{d}x\int_{0}^{1-x}\mathrm{d}y\int_{0}^{xy}f(x,y,z)\mathrm{d}z$;

(2) $\int_{-1}^{1}\mathrm{d}x\int_{-\sqrt{1-x^2}}^{\sqrt{1-x^2}}\mathrm{d}y\int_{x^2+y^2}^{1}f(x,y,z)\mathrm{d}z$;

(3) $\int_{-1}^{1}\mathrm{d}x\int_{-\sqrt{1-x^2}}^{\sqrt{1-x^2}}\mathrm{d}y\int_{x^2+2y^2}^{2-x^2}f(x,y,z)\mathrm{d}z$;

(4) $\int_0^a dx\int_0^{b\sqrt{1-\frac{x^2}{a^2}}} dy\int_0^{\frac{xy}{c}} f(x,y,z)dz$.

2. (1) $\frac{59}{480}\pi R^5$； (2) 0； (3) $\frac{250}{3}\pi$； (4) $\frac{3}{4}-\ln 2$； (5) $\frac{1}{180}$； (6) $\frac{1}{364}$； (7) $\frac{1}{48}$；

(8) $\frac{1}{384}\pi^4-\frac{1}{8}\pi^2+1$； (9) $\frac{4}{15}\pi a^5(l+m+n)$； (10) $\frac{1}{6}\pi h^4$； (11) $\frac{16}{3}\pi$； (12) $\frac{8}{15}\pi a^5$；

(13) $\frac{2}{3}\pi[(a^2+h^2)^{\frac{3}{2}}-h^3-a^3]$； (14) $\frac{7}{12}\pi$； (15) $\frac{2}{15}a^5\left(\pi-\frac{16}{15}\right)$； (16) $\frac{32}{15}\pi$；

(17) $\frac{1}{5}\pi R^5(2-\sqrt{2})$； (18) $\frac{\pi}{48}R^6$； (19) $\frac{\pi}{10}$； (20) $\frac{4}{15}(b^5-a^5)\pi$；

(21) $\frac{4}{3}\pi a^2$； (22) $4\pi\left(\frac{1}{a}-\frac{1}{b}\right)$； (23) $\frac{7}{6}\pi a^4$； (24) $\frac{1}{4}\pi^2$； (25) $\frac{1}{4}\pi^2 abc$；

(26) $\frac{4}{3}\pi R^3(a+b+c)$.

3. (1) 单调递增； (2) 略.

4. $\frac{3}{2}$.

5. 略.

6. $\frac{1}{2}\left(\ln 2-\frac{5}{8}\right)$.

7. 0.

8. $\frac{\pi}{4}h^2R^2$.

9. (1) $\frac{4\pi}{5}$； (2) $\frac{7}{6}\pi a^4$.

10. (1) $\frac{1}{8}$； (2) 8π.

11. (1) $\frac{2}{3}ma^3$； (2) $2\pi abc\left(\frac{2}{3}\sqrt{2}-\frac{7}{12}\right)$； (3) $16a^3\left(1-\frac{\sqrt{2}}{2}\right)$.

12. (1) $\frac{32}{3}\pi$； (2) πa^3； (3) $\frac{\pi}{6}$； (4) $\frac{2}{3}\pi(5\sqrt{5}-4)$； (5) $\frac{15}{64}\pi a^3$； (6) $\frac{15}{64}\pi a^3$；

(7) $\frac{V_{上}}{V_{下}}=\frac{27}{37}$.

13. $\frac{2}{3}\pi a^3$.

14. $\frac{8\sqrt{2}-7}{6}\pi$.

15. $k\pi R^4$.

16. $\int_{-1}^1 dx\int_{x^2}^1 dy\int_0^{x^2+y^2} f(x,y,z)dz$.

习题 9.4

1. $2a^2(\pi-2)$.

2. (1) $2\pi a^2$； (2) $\frac{2}{3}\pi(2\sqrt{2}-1)$； (3) $\frac{2}{3}\pi a^2(2\sqrt{2}-1)$； (4) $24R^2(2-\sqrt{2})$；

(5) $\frac{\pi}{4}[\sqrt{2}+\ln(1+\sqrt{2})]$.

3. $\sqrt{2}\pi$.

4. $16R^2$.

5. $\frac{1}{2}\sqrt{a^2b^2+b^2c^2+c^2a^2}$.

6. (1) $\bar{x}=\frac{3}{5}x_0, \bar{y}=\frac{3}{8}y_0$； (2) $\bar{x}=0, \bar{y}=\frac{4b}{3\pi}$； (3) $\bar{x}=\frac{b^2+ab+a^2}{2(a+b)}, \bar{y}=0$.

7. $\bar{x}=\frac{35}{48}, \bar{y}=\frac{35}{54}$.

8. $\bar{x}=\frac{2}{5}a, \bar{y}=\frac{2}{5}a$.

9. (1) $\left(0,0,\frac{3}{4}\right)$； (2) $\left(0,0,\frac{3(A^4-a^4)}{8(A^3-a^3)}\right)$； (3) $\left(\frac{2}{5}a,\frac{2}{5}a,\frac{7}{30}a^2\right)$.

10. $\left(0,0,\frac{5}{4}R\right)$.

11. $\sqrt{\frac{2}{3}}R$.

12. $\left(0,0,\frac{3}{8}b\right)$.

13. 在中心轴距顶点$\frac{3}{4}h$处.

14. $m=\frac{3}{2}$,质心为$\left(\frac{5}{9},\frac{5}{9},\frac{5}{9}\right)$.

15. $\left\{0,0,-\frac{4}{17}R\right\}$.

16. (1) $I_y=\frac{1}{4}\pi a^3 b$； (2) $I_x=\frac{72}{5}, I_y=\frac{96}{7}$； (3) $I_x=\frac{1}{3}ab^3, I_y=\frac{1}{3}ba^3$.

17. $\frac{1}{12}Mh^2, \frac{1}{12}Mb^2 (M=bh\mu)$.

18. (1) $\frac{8}{3}a^4$； (2) $\bar{x}=\bar{y}=0, \bar{z}=\frac{7}{15}a^2$； (3) $\frac{112}{45}a^6\rho$.

19. $\frac{1}{2}a^2M(M=\pi a^2h\rho)$.

20. $I=\frac{368}{105}\mu$.

21. $\frac{16}{3}\pi\rho$.

22. $\frac{4}{15}\pi R^5\rho$.

23. $\frac{1}{10}\pi h a^4$.

24. $\boldsymbol{F}=\left\{2G\mu\left(\ln\frac{R_2+\sqrt{R_2^2+a^2}}{R_1+\sqrt{R_1^2+a^2}}-\frac{R_2}{\sqrt{R_2^2+a^2}}+\frac{R_1}{\sqrt{R_1^2+a^2}}\right),0,\right.$

$\pi G a \mu\left(\frac{1}{\sqrt{R_2^2+a^2}}-\frac{1}{\sqrt{R_1^2+a^2}}\right)\Big\}$

25. $F_x=F_y=0, F_z=-2\pi G\rho[\sqrt{(h-a)^2+R^2}-\sqrt{R^2+a^2}+h]$.

26. $\boldsymbol{F}=\left\{0, \frac{4GmM}{\pi R^2}\left(\ln\frac{R+\sqrt{R^2+a^2}}{a}-\frac{R}{\sqrt{R^2+a^2}}\right), -\frac{2GmM}{R^2}\left(1-\frac{a}{\sqrt{R^2+a^2}}\right)\right\}$.

27. $\frac{4}{3}\pi k\mu\frac{R^3}{l^2}$.

28. $4\pi k\mu m(\sqrt{5}-2)$.

29. $\mu|_{r=0}=\frac{3M}{\pi R^3}$.

30. 略.

第 10 章

习题 10.1

1. (1) $I_x=\int_L y^2\mu(x,y)\mathrm{d}s, I_y=\int_L x^2\mu(x,y)\mathrm{d}s$;

(2) $\bar{x}=\frac{\int_L x\mu(x,y)\mathrm{d}s}{\int_L \mu(x,y)\mathrm{d}s}, \bar{y}=\frac{\int_L y\mu(x,y)\mathrm{d}s}{\int_L \mu(x,y)\mathrm{d}s}$.

2. (1) $2\pi a^{2n+1}$; (2) $\sqrt{2}$; (3) $\frac{1}{12}(5\sqrt{5}+6\sqrt{2}-1)$; (4) $\mathrm{e}^a\left(2+\frac{\pi}{4}a\right)-2$;

(5) $\frac{\sqrt{3}}{2}(1-\mathrm{e}^{-2})$; (6) 9; (7) $\frac{256}{15}a^3$; (8) $2\pi^2a^3(1+2\pi^2)$; (9) $\frac{(2+t_0^2)^{\frac{3}{2}}-2\sqrt{2}}{3}$;

(10) $2a^2$; (11) $1+\sqrt{2}$; (12) $\pi\sqrt{a^2+b^2}\left(2a^2+\frac{8}{3}b^2\pi^2\right)$; (13) $\frac{4}{3}(2\sqrt{2}-1)$;

(14) $4a^{\frac{7}{3}}$; (15) $\frac{2\pi a^3}{3}$.

3. 力的大小为$\frac{2Gm_0\mu}{R}$,方向由圆心指向半圆弧的中点.

4. $\frac{a}{8}(3\sqrt{3}-1)+\frac{3}{16}a\ln\frac{3+2\sqrt{3}}{3}$.

5. 质心在扇形的对称轴上且与圆心距离$\frac{a\sin\varphi}{\varphi}$处.

6. (1) $I_z=\frac{2}{3}\pi a^2\sqrt{a^2+k^2}(3a^2+4\pi^2k^2)$;

(2) $\bar{x}=\frac{6ak^2}{3a^2+4\pi^2k^2}, \bar{y}=\frac{-6\pi ak^2}{3a^2+4\pi^2k^2}, \bar{z}=\frac{3k(\pi a^2+2\pi^3k^2)}{3a^2+4\pi^2k^2}$.

习题 10.2

1-2. 略.

3. (1) $-\frac{56}{15}$; (2) $-\frac{\pi}{2}a^3$; (3) 0; (4) -2π; (5) $\frac{k^3\pi^3}{3}-a^2\pi$; (6) 13; (7) $\frac{1}{2}$;

(8) $-\frac{14}{15}$； (9) 0； (10) ① 1;② $\frac{1}{2}$e;③ $\frac{3}{2}$;④ $\frac{1}{2}+\frac{1}{2}$e； (11) 0； (12) $\frac{\sqrt{2}}{16}\pi$；

(13) $\frac{1}{35}$.

4. (1) $\frac{1}{3}$； (2) $\frac{1}{12}$； (3) $\frac{17}{30}$； (4) $-\frac{1}{20}$.

5. (1) $\frac{5}{6}$； (2) $-\frac{1}{2}$.

6. (1) 2； (2) 2.

7. 0.

8. $\frac{3\pi a^{\frac{4}{3}}}{16}$.

9. $\frac{1}{35}$.

10. (1) 1； (2) 1.

11. $-\frac{8}{3}$.

12. 0.

13. $2a^2\pi(\cos\beta-\sin\beta)$.

14. 略.

15. (1) $\frac{34}{3}$； (2) 11； (3) 14； (4) $\frac{32}{3}$.

16. $-|F|R$.

17. $mg(z_2-z_1)$.

18. (1) $\int_L \frac{P(x,y)+Q(x,y)}{\sqrt{2}}\mathrm{d}s$； (2) $\int_L \frac{P(x,y)+2xQ(x,y)}{\sqrt{1+4x^2}}\mathrm{d}s$.

(3) $\int_L [yP(x,y)+(1-x)Q(x,y)]\mathrm{d}s$.

19. $\int_\Gamma \frac{P+2xQ+3yR}{\sqrt{1+4x^2+9y^2}}\mathrm{d}s$.

习题 10.3

1. (1) $\frac{1}{30}$； (2) 8.

2. (1) $\frac{3}{8}\pi a^2$； (2) 12π； (3) πa^2； (4) πab； (5) a^2.

3. $-\pi$.

4. (1) $-2\pi a^2$； (2) πa^2.

5. (1) $\frac{5}{2}$； (2) 236； (3) 5.

6. (1) 12； (2) 0； (3) $\frac{\pi^2}{4}$； (4) $\frac{\sin 2}{4}-\frac{7}{6}$； (5) $-2\pi ab$； (6) $\frac{1}{2}\pi a^4$； (7) -2；

(8) $\frac{1}{5}(1-e^{\pi})$； (9) 1； (10) $\frac{\pi m a^2}{8}$.

7. 略.

8. 62，$-291\frac{3}{5}$，$244\frac{1}{5}$.

9. 略.

10. $u(x,y)=\frac{1}{3}x^3+x^2y+\frac{1}{5}y^5$，$\frac{23}{15}$.

11. 略.

12. $2S$，S 为 l 所围的面积.

13. $\frac{1}{2}\ln(x^2+y^2)$.

14. 略.

15. (1) 略； (2) $\frac{c}{d}-\frac{a}{b}$.

16. (1) $\frac{1}{2}x^2+2xy+\frac{1}{2}y^2$； (2) x^2y； (3) $-\cos2x\sin3y$；

(4) $x^3y+4x^2y^2-12e^y+12ye^y$； (5) $y^2\sin x+x^2\cos y$.

17. 略.

18. (1) $x^3+3x^2y^2+\frac{4}{3}y^3=C$； (2) $a^2x-x^2y-xy^2-\frac{1}{3}y^3=C$； (3) $xe^y-y^2=C$.

(4) $x\sin y+y\cos x=C$； (5) $xy-\frac{1}{3}x^3=C$； (6) 不是； (7) $\rho(1+e^{2\theta})=C$；

(8) 不是.

19. $\lambda=-1$，$u(x,y)=-\arctan\frac{y}{x^2}+C$.

20-21. 略.

习题 10.4

1. $I_x=\iint_{\Sigma}(y^2+z^2)\mu(x,y,z)\mathrm{d}S$.

2. (1) $\frac{13}{3}\pi$； (2) $\frac{149}{30}\pi$； (3) $\frac{111}{10}\pi$.

3. (1) $\frac{1+\sqrt{2}}{2}\pi$； (2) 9π.

4. (1) $4\sqrt{61}$； (2) $-\frac{243}{4}$； (3) $\pi a(a^2-h^2)$； (4) $2\pi\arctan\frac{H}{R}$；

(5) $(\sqrt{3}-1)\ln2+\frac{1}{2}(3-\sqrt{3})$.

5. $\frac{2\pi}{15}(6\sqrt{3}+1)$.

6. $\frac{4}{3}\mu_0\pi a^4$.

7. $\left(0,0,\frac{a}{2}\right)$.

8. $\pi^2[a\sqrt{1+a^2}+\ln(a+\sqrt{1+a^2})]$.

9. $\frac{1}{2}\pi a^4\cos^2\alpha\sin\alpha$.

10. $2\pi kR\left[\frac{1}{R}-\frac{1}{\sqrt{R^2+h^2}}\right]$.

习题 10.5

1. $\frac{8}{3}\pi R^3$.

2. $-\frac{\pi}{2}h^2$.

3. $\frac{1}{4}a^2b^2c$.

4. $acg(0)+abh(c)$.

5. (1) $\frac{2}{105}\pi R^7$； (2) $\frac{3}{2}\pi$； (3) $\frac{1}{2}$； (4) $\frac{1}{8}$； (5) $-\frac{\pi R^7}{28}$； (6) $4\pi R^3$；

(7) $\frac{4}{3}\pi R^3$； (8) $2\pi e^2$； (9) $4\pi abc\left(\frac{1}{a^2}+\frac{1}{b^2}+\frac{1}{c^2}\right)$； (10) 6π； (11) 0；

(12) πr^2R； (13) $\frac{1}{2}\pi c(b^2-a^2)$.

6. (1) $\iint_\Sigma\left(\frac{3}{5}P+\frac{2}{5}Q+\frac{2\sqrt{3}}{5}R\right)dS$； (2) $\iint_\Sigma\frac{2xP+2yQ+R}{\sqrt{1+4x^2+4y^2}}dS$.

习题 10.6

1. (1) $3a^4$； (2) $\frac{12}{5}\pi a^5$； (3) $\frac{2}{5}\pi a^5$； (4) 81π； (5) $\frac{3}{2}$； (6) $-\frac{9}{2}\pi$；

(7) $-\frac{1}{2}\pi h^4$； (8) $\frac{4}{15}\pi abc(a^2+b^2+c^2)$.

2. (1) $-\frac{\pi}{4}h^4$； (2) $2\pi R^3$； (3) $\frac{2}{15}$.

3. 略.

4. $4\pi R^2$.

5. (1) 4π； (2) 4π； (3) 0.

6. 略.

7. (1) 0； (2) $a^3\left(2-\frac{a^2}{6}\right)$； (3) 108π； (4) 3.

8. (1) $\operatorname{div}\mathbf{A}=2x+2y+2z$； (2) $\operatorname{div}\mathbf{A}=ye^{xy}-x\sin(xy)-2xz\sin(xz^2)$；

(3) $\operatorname{div}\mathbf{A}=2x$.

9-10. 略.

习题 10.7

1. (1) $-\sqrt{3}\pi a^2$； (2) $-2\pi a(a+b)$； (3) -20π； (4) 9π.

2. (1) $\operatorname{rot}\mathbf{A}=2\boldsymbol{i}+4\boldsymbol{j}+6\boldsymbol{k}$； (2) $\operatorname{rot}\mathbf{A}=\boldsymbol{i}+\boldsymbol{j}$；

(3) $\operatorname{rot}\mathbf{A}=[x\sin(\cos z)-xy^2\cos(xz)]\boldsymbol{i}-y\sin(\cos z)\boldsymbol{j}+[y^2z\cos(xz)-x^2\cos y]\boldsymbol{k}$.

3. (1) 0； (2) -4.

4. (1) 2π； (2) 12π.

5. 0.

6. $\frac{3}{2}$.

7. $2R\pi r^2$.

第 11 章

习题 11.1

1. (1) 发散； (2) 收敛； (3) 发散； (4) 收敛； (5) 收敛； (6) 收敛.

2. (1) 收敛； (2) 发散； (3) 发散； (4) 发散； (5) 收敛； (6) 收敛； (7) 发散；
   (8) 发散； (9) 发散； (10) 发散； (11) 收敛； (12) 发散； (13) 发散； (14) 发散.

3. (1) 收敛； (2) 发散； (3) 收敛； (4) 发散； (5) 发散.

4. 略.

5. 不收敛.

6-8. 略.

习题 11.2

1. (1) 发散； (2) 发散； (3) 收敛； (4) 收敛； (5) $a>1$ 时收敛,$a\leqslant 1$ 时发散.

2. (1) 收敛； (2) 发散； (3) 发散； (4) 收敛； (5) 收敛； (6) 发散； (7) 收敛；
   (8) 发散； (9) 收敛； (10) 发散； (11) 收敛； (12) 收敛.

3. (1) 发散； (2) 收敛； (3) 收敛.

4. (1) 收敛； (2) 收敛； (3) 收敛； (4) $b<a$ 时收敛,$b>a$ 时发散,$b=a$ 时不能肯定.

5. (1) 收敛； (2) 收敛； (3) 发散； (4) 收敛； (5) 发散； (6) 发散；
   (7) 发散； (8) 发散； (9) 收敛； (10) 发散；
   (11) $a<1$ 时收敛,$a>1$ 时发散,$a=1,s>1$ 时收敛,$a=1,s\leqslant 1$ 时发散；
   (12) 收敛； (13) 发散； (14) 收敛； (15) 收敛； (16) 收敛；
   (17) 收敛;(18) 收敛； (19) 收敛； (20) 发散；
   (21) $0<\alpha<1$ 或 $\alpha=1,0<\beta\leqslant 1$ 时发散;$\alpha>1$ 或 $\alpha=1,\beta>1$ 时收敛.

6. (1) 条件收敛； (2) 绝对收敛； (3) 绝对收敛； (4) 条件收敛； (5) 发散；
   (6) $p>1$ 时绝对收敛,$0<p\leqslant 1$ 时条件收敛,$p\leqslant 0$ 时发散；
   (7) 绝对收敛； (8) 条件收敛； (9) 绝对收敛； (10) 绝对收敛； (11) 条件收敛；
   (12) 绝对收敛； (13) 绝对收敛； (14) 条件收敛； (15) 条件收敛；
   (16) $0<\alpha<1$ 或 $\alpha=1,\beta\leqslant 1$ 时条件收敛,$\alpha>1$ 或 $\alpha=1,\beta>1$ 时绝对收敛；
   (17) 条件收敛； (18) 条件收敛； (19) 条件收敛.

7. (1) 当 $|x|<3$ 时绝对收敛,当 $x=-3$ 时条件收敛,当 $|x|>3$ 或 $x=3$ 时发散；
   (2) 当 $|x|<2,x\neq -1$ 时绝对收敛,当 $|x|\geqslant 2$ 时发散；
   (3) 当 $|x|>1$ 时绝对收敛,当 $x=-1$ 时条件收敛,其他情况发散；
   (4) 当 $p>1,x\neq k(k=-1,-2,\cdots)$ 时绝对收敛,当 $0<p\leqslant 1,x\neq k(k=-1,-2,\cdots)$ 时条件收敛,当 $p\leqslant 0$ 时发散；
   (5) 当 $x\neq -1$ 时绝对收敛；
   (6) 当 $|x|\neq 1$ 时绝对收敛,当 $|x|=1$ 时发散；

(7) 当 $x>0$ 时绝对收敛，当 $x=0$ 时条件收敛，当 $x<0$ 时发散.

8. 略.

9. 不一定. 考虑级数 $\sum\limits_{n=1}^{\infty}(-1)^n\frac{1}{\sqrt{n}}$ 及 $\sum\limits_{n=1}^{\infty}\left((-1)^n\frac{1}{\sqrt{n}}+\frac{1}{n}\right)$.

10. (1) 发散； (2) 不一定.

11. $u_n=\frac{1}{n}$.

12-14. 略.

15. 0.

16-17. 略.

习题 11.3

1. (1) $(-1,1)$； (2) $(-1,1)$； (3) $(-\infty,+\infty)$； (4) $(-3,3)$； (5) $\left(-\frac{1}{2},\frac{1}{2}\right)$；

(6) $(-1,1)$； (7) $(-\sqrt{2},\sqrt{2})$； (8) $(4,6)$； (9) $\left(-\frac{1}{5},\frac{1}{5}\right)$； (10) $\left(-\frac{1}{\mathrm{e}},\frac{1}{\mathrm{e}}\right)$；

(11) $(-2,0)$； (12) $(-\sqrt{2},\sqrt{2})$.

2. (1) $[-1,1)$； (2) $(-1,1)$； (3) $[-1,1)$； (4) $(-\infty,+\infty)$； (5) $[-1,1]$；

(6) $\left[-\frac{1}{a},\frac{1}{a}\right]$； (7) $(-R,R)$，$R=\max\{a,b\}$； (8) $(-1,1)$； (9) $\left[-\frac{1}{4},\frac{1}{4}\right)$；

(10) $\left[-\frac{4}{3},-\frac{2}{3}\right)$； (11) $[-1,0)$； (12) $\left(\frac{1}{\mathrm{e}},\mathrm{e}\right)$； (13) $|x|>1$； (14) $(0,+\infty)$.

3. 当 $R_1<R_2$ 时，收敛半径为 R_1；当 $R_1=R_2$ 时，收敛半径不能求.

4. (1) $s(x)=\frac{2+x^2}{(2-x^2)^2}$，$(-\sqrt{2},\sqrt{2})$； (2) $s(x)=\arctan x$，$[-1,1]$；

(3) $s(x)=\frac{x-1}{(2-x)^2}$，$(0,2)$； (4) $s(x)=\begin{cases}1+\left(\frac{1}{x}-1\right)\ln(1-x), & x\in[-1,0)\cup(0,1),\\ 0, & x=0,\\ 1, & x=1.\end{cases}$

5. (1) $\frac{1}{(1-x)^2}(-1<x<1)$；

(2) $\frac{1}{4}\ln\frac{1+x}{1-x}+\frac{1}{2}\arctan x-x(-1<x<1)$；

(3) $\frac{1}{2}\ln\frac{1+x}{1-x}(-1<x<1)$；

(4) $\frac{2x}{(1-x)^3}$，$|x|<1$；

(5) $2x\arctan x-\ln(x^2+1)$，$|x|\leqslant 1$；

(6) $(2x^2+1)\mathrm{e}^{x^2}$，$|x|<+\infty$.

6-7. 略.

习题 11.4

1. $\cos x=\cos x_0+\cos\left(x_0+\frac{\pi}{2}\right)(x-x_0)+\cdots+\frac{\cos\left(x_0+\frac{n\pi}{2}\right)}{n!}(x-x_0)^n+\cdots$，$(-\infty,+\infty)$.

2. (1) $\dfrac{e^x-e^{-x}}{2}=\sum\limits_{n=1}^{\infty}\dfrac{x^{2n-1}}{(2n-1)!},(-\infty,+\infty)$;

(2) $\ln(a+x)=\ln a+\sum\limits_{n=1}^{\infty}(-1)^{n-1}\dfrac{1}{n}\left(\dfrac{x}{a}\right)^n,(-a,a]$;

(3) $\sin^2 x=\sum\limits_{n=1}^{\infty}(-1)^{n-1}\dfrac{(2x)^{2n}}{2(2n)!},(-\infty,+\infty)$;

(4) $(1+x)\ln(1+x)=x+\sum\limits_{n=2}^{\infty}\dfrac{(-1)^n x^n}{n(n-1)},(-1,1]$;

(5) $\dfrac{x}{\sqrt{1+x^2}}=x+\sum\limits_{n=1}^{\infty}(-1)^n\dfrac{2(2n)!}{(n!)^2}(\dfrac{x}{2})^{2n+1},[-1,1]$.

3. (1) $\sqrt{x^3}=1+\dfrac{3}{2}(x-1)+\sum\limits_{n=0}^{\infty}(-1)^n\dfrac{(2n)!}{(n!)^2}\dfrac{3}{(n+1)(n+2)2^n}\left(\dfrac{x-1}{2}\right)^{n+2},[0,2]$.

(2) $\lg x=\dfrac{1}{\ln 10}\sum\limits_{n=1}^{\infty}(-1)^{n-1}\dfrac{(x-1)^n}{n},(0,2]$.

4. $\cos x=\dfrac{1}{2}\sum\limits_{n=0}^{\infty}(-1)^n\left[\dfrac{\left(x+\dfrac{\pi}{3}\right)^{2n}}{(2n)!}+\sqrt{3}\dfrac{\left(x+\dfrac{\pi}{3}\right)^{2n+1}}{(2n+1)!}\right],(-\infty,+\infty)$.

5. $\dfrac{1}{x}=\dfrac{1}{3}\sum\limits_{n=0}^{\infty}(-1)^n\dfrac{(x-3)^n}{3^n},(0,6)$.

6. $\dfrac{1}{x^2+3x+2}=\sum\limits_{n=0}^{\infty}\left(\dfrac{1}{2^{n+1}}-\dfrac{1}{3^{n+1}}\right)(x+4)^n,(-6,-2)$.

7. (1) $\ln(x+\sqrt{x^2+1})=x+\sum\limits_{n=1}^{\infty}(-1)^n\dfrac{(2n-1)!!}{(2n)!!}\dfrac{x^{2n+1}}{2n+1},x\in[-1,1]$.

(2) $\dfrac{1}{(2-x)^2}=\sum\limits_{n=1}^{\infty}\dfrac{n}{2^{n+1}}x^{n-1},x\in(-2,2)$.

8. (1) 2e;　(2) $\dfrac{1}{2}(\cos 1+\sin 1)$.

9. (1) $\sum\limits_{n=0}^{\infty}\dfrac{\ln^n a}{n!}x^n,\ |x|<+\infty$;　(2) $\sum\limits_{n=0}^{\infty}\dfrac{(-1)^n x^{2n+1}}{(2n+1)n!},\ |x|<+\infty$;

(3) $\sum\limits_{n=0}^{\infty}\dfrac{1}{a^{n+1}}x^n,\ |x|<|a|$;　(4) $\ln a+\sum\limits_{n=1}^{\infty}(-1)^{n-1}\dfrac{1}{n}\left(\dfrac{x}{a}\right)^n,x\in(-a,a]$;

(5) $1+\sum\limits_{n=1}^{\infty}(-1)^n\dfrac{1}{(2n)!}2^{2n-1}x^{2n},\ |x|<+\infty$;

(6) $\dfrac{3}{4}\sum\limits_{n=1}^{\infty}(-1)^n\dfrac{1-3^{2n}}{(2n+1)!}x^{2n+1},\ |x|<+\infty$;

(7) $\dfrac{\sqrt{2}}{2}\sum\limits_{n=0}^{\infty}(-1)^n\left[\dfrac{x^{2n}}{(2n)!}+\dfrac{x^{2n+1}}{(2n+1)!}\right],\ |x|<+\infty$;

(8) $\sum\limits_{n=1}^{\infty}\dfrac{(-1)^{n-1}2^n-1}{n}x^n,x\in\left(-\dfrac{1}{2},\dfrac{1}{2}\right]$;

(9) $\dfrac{1}{3}\sum\limits_{n=1}^{\infty}[1+(-1)^{n+1}2^n]x^n,\ |x|<\dfrac{1}{2}$;

(10) $\sum_{n=0}^{\infty} \frac{x^{4n+1}}{4n+1}, |x|<1.$

10. (1) $(x-1)^2+4(x-1)+4, |x|<+\infty;$

(2) $\frac{1}{2}\sum_{n=0}^{\infty}(-1)^n\left[\frac{\left(x+\frac{\pi}{3}\right)^{2n}}{(2n)!}+\sqrt{3}\frac{\left(x+\frac{\pi}{3}\right)^{2n+1}}{(2n+1)!}\right], |x|<+\infty;$

(3) $e\sum_{n=0}^{\infty}\frac{(x-1)^n}{n!}, |x|<+\infty;$

(4) $\frac{1}{3}\sum_{n=0}^{\infty}(-1)^n\left(\frac{x-3}{3}\right)^n, x\in(0,6).$

11. $\sum_{n=1}^{\infty}\frac{nx^{n-1}}{(n+1)!}.$

习题 11.5

1. (1) $y=Ce^{\frac{x^2}{2}}+\left[-1+x+\frac{1}{1\cdot 3}x^3+\cdots+\frac{x^{2n-1}}{1\cdot 3\cdot 5\cdots(2n-1)}+\cdots\right];$

(2) $y=a_0e^{-\frac{x^2}{2}}+a_1\left[x-\frac{1}{1\cdot 3}x^3+\frac{x^5}{1\cdot 3\cdot 5}-\cdots+(-1)^{n-1}\frac{x^{2n-1}}{1\cdot 3\cdot 5\cdots(2n-1)}+\cdots\right];$

(3) $y=C(1-x)+x^3\left[\frac{1}{3}+\frac{1}{6}x+\frac{1}{10}x^2+\cdots+\frac{2}{(n+2)(n+3)}x^n+\cdots\right].$

2. (1) $y=\frac{1}{2}+\frac{1}{4}x+\frac{1}{8}x^2+\frac{1}{16}x^3+\frac{9}{32}x^4+\cdots;$

(2) $y=x+\frac{1}{1\cdot 2}x^2+\frac{1}{2\cdot 3}x^3+\frac{1}{3\cdot 4}x^4+\cdots.$

3. $e^x\cos x=\sum_{n=0}^{\infty}2^{\frac{n}{2}}\cos\frac{n\pi}{4}\cdot\frac{x^n}{n!}, (-\infty,+\infty).$

习题 11.6

1. (1) $f(x)=\pi^2+1+12\sum_{n=0}^{\infty}\frac{(-1)^n}{n^2}\cos nx, (-\infty,+\infty);$

(2) $f(x)=\frac{e^{2\pi}-e^{-2\pi}}{\pi}\left[\frac{1}{4}+\sum_{n=1}^{\infty}\frac{(-1)^n}{n^2+4}(2\cos nx-n\sin nx)\right],$

$(x\neq(2n+1)\pi, n=0,\pm1,\pm2,\cdots);$

(3) $f(x)=\frac{a-b}{4}\pi+\sum_{n=1}^{\infty}\left\{\frac{[1-(-1)^n](b-a)}{n^2\pi}\cos nx+\frac{(-1)^{n-1}(a+b)}{n}\sin nx\right\},$

$(x\neq(2n+1)\pi, n=0,\pm1,\pm2,\cdots);$

2. (1) $2\sin\frac{x}{3}=\frac{18\sqrt{3}}{\pi}\sum_{n=1}^{\infty}(-1)^{n-1}\frac{n\sin nx}{9n^2-1}, (-\pi,\pi);$

(2) $f(x)=\frac{1+\pi-e^{-\pi}}{2\pi}+\frac{1}{\pi}\sum_{n=1}^{\infty}\left\{\frac{1-(-1)^ne^{-\pi}}{1+n^2}\cos nx\right.$

$\left.+\left[\frac{-n+(-1)^nne^{-\pi}}{1+n^2}+\frac{1}{n}(1-(-1)^n)\right]\sin nx\right\}, (-\pi,\pi).$

3. $\cos\frac{x}{2}=\frac{2}{\pi}+\frac{4}{\pi}\sum_{n=1}^{\infty}\frac{(-1)^{n-1}}{4n^2-1}\cos nx, [-\pi,\pi].$

4. $f(x)=\frac{2}{\pi}\sum_{n=1}^{\infty}\left[\frac{1}{n^2}\sin\frac{n\pi}{2}+(-1)^{n+1}\frac{\pi}{2n}\right]\sin nx\ (x\neq(2n+1)\pi, n=0,\pm1,\pm2,\cdots)$.

5. $\frac{\pi-x}{2}=\sum_{n=1}^{\infty}\frac{1}{n}\sin nx, (0,\pi]$.

6. $2x^2=\frac{4}{\pi}\sum_{n=1}^{\infty}\left[-\frac{2}{n^3}+(-1)^n\left(\frac{2}{n^3}-\frac{\pi^2}{n}\right)\right]\sin nx, [0,\pi)$.

$2x^2=\frac{2}{3}\pi^2+8\sum_{n=1}^{\infty}\frac{(-1)^n}{n^2}\cos nx, [0,\pi]$.

7. 略.

8. $f(x)=\frac{2}{\pi}\sum_{n=1}^{\infty}\frac{1-\cos nh}{n}\sin nx, x\in(0,h)\cup(h,\pi]$.

$f(x)=\frac{h}{\pi}+\frac{2}{\pi}\sum_{n=1}^{\infty}\frac{\sin nh}{n}\cos nx, x\in[0,h)\cup(h,\pi]$.

9. $f(x)=\frac{a_0}{2}+\sum_{n=1}^{\infty}a_n\cos nx=\frac{8}{\pi^2}\sum_{k=1}^{\infty}\frac{1}{(2k-1)^2}\cos(2k-1)x$

$=\frac{8}{\pi^2}\left(\cos x+\frac{1}{3^2}\cos 3x+\frac{1}{5^2}\cos 5x+\cdots\right)(-\infty<x<+\infty)$.

10. (1) $\frac{\pi}{4}-\sum_{k=1}^{\infty}\frac{2}{(2k-1)^2\pi}\cos(2k-1)x-\sum_{n=1}^{\infty}\frac{1}{n}(-1)^n\sin nx$;

(2) $\frac{3}{8}-\frac{1}{2}\cos 2x+\frac{1}{8}\cos 4x$;

(3) $\frac{1}{a\pi}\operatorname{sh}a\pi+\sum_{n=1}^{\infty}\frac{2(-1)^n\operatorname{sh}a\pi}{\pi(a^2+\pi^2)}(a\cos nx-n\sin nx)$;

(4) $\frac{\pi^2}{3}+4\sum_{n=1}^{\infty}(-1)^n\frac{\cos nx}{n^2}$;

(5) $\frac{4}{3}\pi^2+4\sum_{n=1}^{\infty}\left(\frac{\cos nx}{n^2}-\frac{\pi\sin nx}{n}\right)$.

习题 11.7

1. (1) $f(x)=\frac{11}{12}+\frac{1}{\pi^2}\sum_{n=1}^{\infty}\frac{(-1)^{n+1}}{n^2}\cos 2n\pi x, (-\infty,+\infty)$;

(2) $f(x)=-\frac{1}{4}+\sum_{n=1}^{\infty}\left\{\left[\frac{1-(-1)^n}{n^2\pi^2}+\frac{2\sin\frac{n\pi}{2}}{n\pi}\right]\cos n\pi x+\frac{1-2\cos\frac{n\pi}{2}}{n\pi}\sin n\pi x\right\}$,

$\left(x\neq 2k, 2k+\frac{1}{2}, k=0,\pm1,\pm2,\cdots\right)$.

(3) $f(x)=-\frac{1}{2}+\sum_{n=1}^{\infty}\left\{\frac{6}{n^2\pi^2}[1-(-1)^n]\cos\frac{n\pi x}{3}+\frac{6}{n\pi}(-1)^{n+1}\sin\frac{n\pi x}{3}\right\}$,

$(x\neq 3(2k+1), k=0,\pm1,\pm2,\cdots)$.

2. (1) $f(x)=\frac{4l}{\pi^2}\sum_{k=1}^{\infty}\frac{(-1)^{k-1}}{(2k-1)^2}\sin\frac{(2k-1)\pi x}{l}, [0,l]$;

$f(x)=\frac{l}{4}-\frac{2l}{\pi^2}\sum_{k=1}^{\infty}\frac{1}{(2k-1)^2}\cos\frac{2(2k-1)\pi x}{l}, [0,l]$.

(2) $f(x)=\frac{8}{\pi}\sum_{n=1}^{\infty}\left\{\frac{(-1)^{n+1}}{n}+\frac{2}{n^3\pi^2}[(-1)^n-1]\right\}\sin\frac{n\pi x}{2},[0,2]$;

$$f(x)=\frac{4}{3}+\frac{16}{\pi^2}\sum_{n=1}^{\infty}\frac{(-1)^n}{n^2}\cos\frac{n\pi x}{2},[0,2].$$

3. $\frac{4}{\pi}\sum_{n=1}^{\infty}\frac{\cos(2n-1)x}{(2n-1)^2}$.

4. $\frac{\pi^3}{4}+\sum_{n=1}^{\infty}\left\{\frac{6}{n^2}\pi(-1)^n+\frac{12}{n^4\pi}[1-(-1)^n]\right\}\cos nx$.

5. $\frac{8}{\pi}\sum_{n=1}^{\infty}\frac{n}{4n^2-1}\sin nx$.

6. $\sum_{k=1}^{\infty}\frac{1}{2k-1}\sin(2k-1)x$.

7. $\frac{2}{\pi}U_{\mathrm{m}}-\sum_{k=1}^{\infty}\frac{4U_{\mathrm{m}}\cos 2k\omega x}{\pi(2k^2-1)}$.